机械工程前沿著作系列 HEP MEF
HEP Series in Mechanical Engineering Frontiers

柔性设计

柔性机构的分析与综合

Flexure Design

Analysis and Synthesis of Compliant Mechanism

ROUXING SHEJI

于靖军　毕树生　裴　旭　赵宏哲　宗光华　著

高等教育出版社·北京

内容简介

本书基于作者对柔性机构学基础理论长达 20 多年的研究和积累，密切结合精密工程、仿生机器人等应用需求，系统地总结了面向柔性设计的理论与方法。

全书总共分为三篇：分析建模篇、设计综合篇与设计实例篇。

第 1~6 章为分析建模篇，是全书的理论基础。第 1 章为绪论，系统介绍了柔性设计与应用研究进展，以及主流柔性设计方法；第 2 章对与柔性设计主题相关的基本概念进行了全面概述；第 3、4 章分别对基本柔性单元和柔性模块（简单柔性机构）进行了分析建模；第 5 章针对柔性机构特有的主运动与寄生运动问题进行了研究；第 6 章则对柔性机构的动力学问题进行了初步探讨。

第 7~12 章为设计综合篇，是全书精华所在，分别从自由度、刚度、精度、强度、能效等多维度对柔性设计方法进行了探索。第 7 章系统介绍了柔性机构的图谱化构型综合方法；第 8 章从刚度综合的角度，利用参数化思想，实现了柔性机构构型与尺度的统一综合；第 9 章则从胞元结构与胞元式设计方法两个层面来探索柔性机构的创新设计问题；第 10 章基于大行程、高精度的柔性设计需求，提出了寄生运动误差补偿与对称设计方法；第 11 章借助结构屈曲理论构建了大转角柔性铰链的强度设计方法；第 12 章则从能效的角度，对柔性系统的驱动 / 传动、静平衡问题进行了初步探索，是对柔性设计理论及方法的有益补充。

第 13~15 章为设计实例篇，是对前两篇理论方法的综合应用。第 13 章介绍了一种大行程柔性轴承的设计过程，借助的是胞元与精度设计方法；第 14 章给出了一种两自由度柔性移动平台的设计，借助的是图谱、胞元与刚度设计方法；第 15 章从系统的角度给出了多轴并 / 混联柔性机构在微操作机器人系统中的成功应用。

作为全书的数学基础，在附录中还增加了旋量理论基础的概述。

本书可供机构学、机器人学、精密机械与仪器等相关专业的研究生参考，也可以作为相关行业工程师、设计师的参考资料。

前　言

柔性机构 (或称柔顺机构) 是一类借助柔性单元的变形实现运动、力或能量传递与转换的装置。与传统的刚性机构相比, 柔性机构具有高精度、高可靠性、无间隙、无摩擦、无磨损、免润滑、免装配、可整体加工、易于小型化等优点, 在先进制造、光学工程、生物医学、航空航天等领域的应用日渐广泛, 已成为高端装备的核心关键技术之一, 在精密工程领域扮演着重要角色。

然而, 由于柔性机构的运动总是伴随着复杂的变形过程, 使得对其建模、分析和设计比刚性机构困难得多; 特别是大行程柔性机构, 涉及非线性、运动和力相互耦合等复杂问题求解, 精确建模十分困难, 更缺少有效的方法来指导创新设计。柔性机构学权威 Howell 教授在其著作 *Handbook of Compliant Mechanisms* 中指出:"将不同功能集成到单个或少数几个零件的做法虽有一定的优势, 但也导致必须对运动和力学特性进行同步设计; 柔性机构中的变形通常是非线性的, 这无疑使设计变得更加困难"。

针对柔性设计过程中的精确建模与创新设计等难题, 北京航空航天大学从 1994 年开始, 系统地开展了 "高精度柔性机构设计理论与方法" 研究。研究过程中, 注重机构学与数学、力学、机器人学以及精密工程等学科的交叉, 在构型综合、创新设计、性能评价、参数化建模、运动学分析与综合等方面形成了系统性的研究成果。目前, 已发表相关学术论文 120 余篇, 其中在 *ASME Transaction*、*Mechanism and Machine Theory*、*Precision Engineering*、*Review of Scientific Instruments* 等国际核心期刊发表 SCIE 论文 40 余篇。所提出的理论方法得到国际同行认可, 并予以借鉴。此外, 相关研究成果获中国发明专利授权近 20 项。

全书共分为三篇。第 1~6 章为分析建模篇, 也是全书的理论基础; 第 7~12 章为设计综合篇, 从多个视角对柔性设计方法进行了探索; 第 13~15 章为设计实例篇, 是对前两篇理论方法的综合应用。

第 1 章系统介绍了柔性设计与应用研究进展, 以及主流柔性设计方法。第 2 章对与柔性设计主题相关的基本概念进行了全面概述。第 3、4 章分别对基本柔性单元和柔性模块进行了分析建模。第 5 章对柔性机构的主运动与寄生运动问题进行了研究。第 6 章对柔性机构中的一些动力学问题进行了初步探讨。第 7 章系统介绍了柔性机构的图谱化构型综合方法。第 8 章利用参数化思想尝试了柔性机构的刚度综合。第 9 章从胞元结构与胞元式设计方法两个维度来探索柔性机构的创新设计问题。第 10 章基于大行程高精度的柔性设计需求, 提出寄生运动误差补偿与对称设计方法。第 11 章借助结构屈曲理论构建了大转角柔性铰链的强度设计方法。第 12 章从能效的角度, 对柔性系统的驱动/传动、静平衡问题进行了初步探索。第 13 章介绍了一种大行程柔性轴承的设计, 借助的是胞元与精度设计方法。第 14 章介绍了两自由度 XY 柔性纳米定位平台的设计。第 15 章从系统的角度给出了多轴并/混联柔性机构在微操作机器人系统中的应用。作为全书的主要数学基础, 在附录中增加了对旋量理论基础的概述。

本书作者均为从事柔性机构学基础理论及技术应用研究的科研人员。第 1、2 章由于靖军、毕树生、宗光华撰写; 第 3、4 章由于靖军、裴旭、赵宏哲撰写; 第 5 章由于靖军、宗光华撰写; 第 6 章由毕树生、于靖军撰写; 第 7 章由于靖军、裴旭、宗光华撰写; 第 8 章由于靖军、裴旭撰写; 第 9、10 章由于靖军、裴旭、赵宏哲撰写; 第 11 章由宗光华撰写; 第 12 章由毕树生、于靖军撰写; 第 13 章由毕树生撰写; 第 14 章由于靖军撰写; 第 15 章由毕树生、宗光华、于靖军撰写; 附录由于靖军撰写。全书由于靖军统稿、编辑和校对。

作者指导的博士生和硕士生的研究成果为本书的撰写提供了素材。博士毕业生包括李守忠、余志伟、刘浪、张述卿、姚艳彬、贾明、晁代宏、吴钪、赵玮等; 硕士毕业生包括陆登峰、贾瑞鹏、张雷、徐熠、李振国等。我们对本书的所有贡献者表示诚挚的感谢!

本书涉及的研究工作得到了国家自然科学基金、教育部博士点基金等项目的资助。本书的出版得到了高等教育出版社的大力支持, 在此表示衷心感谢!

由于作者水平有限, 书中难免有疏虞之处, 热忱欢迎读者和专家批评指正。

作者

2017 年春

目　录

第一篇　分析建模

第二篇 设计综合

第一篇　分 析 建 模

第 1 章　绪　　论

自然界中到处可见柔性设计的实例, 人类从中获取灵感并成功使用柔性的历史也有 8 000 多年, 但作为一门科学对其进行系统研究只有不到 30 年的时间。特别在机构学领域, 柔性设计理论的研究得到了迅猛发展, 各种设计方法层出不穷; 柔性设计广泛应用到精密工程、仿生机械与机器人、智能结构、日常用品等多个领域。

本章将从柔性的历史发展、柔性机构的优缺点、应用与设计方法等方面对其进行较全面的概述, 希望读者能够对柔性及柔性机构有个整体认识。

1.1　历史沿革

人与自然之间存在很多差异, 其中一方面可体现在 "产品" 设计方式上: 人类缔造的伟大工程, 总是体现出刚而强的一面, 而自然设计的万物往往是刚柔并济的。

以生物界来说, 许多生物体可通过巧妙地使用自身机体的柔性将能量转化为精妙复杂的运动。例如, 如图 1.1 所示, 蝗虫的腿通过特定的柔性设计, 将其肌肉内储存的能量快速地释放出来, 产生高出自身尺寸数百倍的跳跃; 蜈蚣依赖分布柔性完成掘洞或其他功能; 许多昆虫或鸟类依靠胸腔的柔性能够以很高的频率来拍打翅膀; 人类心脏的瓣膜更是柔性应用的伟大 "杰作": 柔性可使其抵抗数以百亿次的冲击而不疲劳。

人类从自然界中获取柔性灵感的历史可以追溯到 8 000 年前, 那时的人类已发明和使用弓和弹弓之类的工具 (图 1.2a)。弩也是古人利用柔性的典型实例, 如亚历山大的攻城弩、中国的连弩等。处于大同盆地地震带上的山西应县木塔 (图 1.2b), 自 1056 年建成以来, 经历了多次地震洗礼, 仍安然无恙。研究发现, 是木塔结构中的柔性吸收了地震能所致[1]。

虽然人类认识并利用柔性的原理由来已久, 但是对其进行科学研究却只有几百

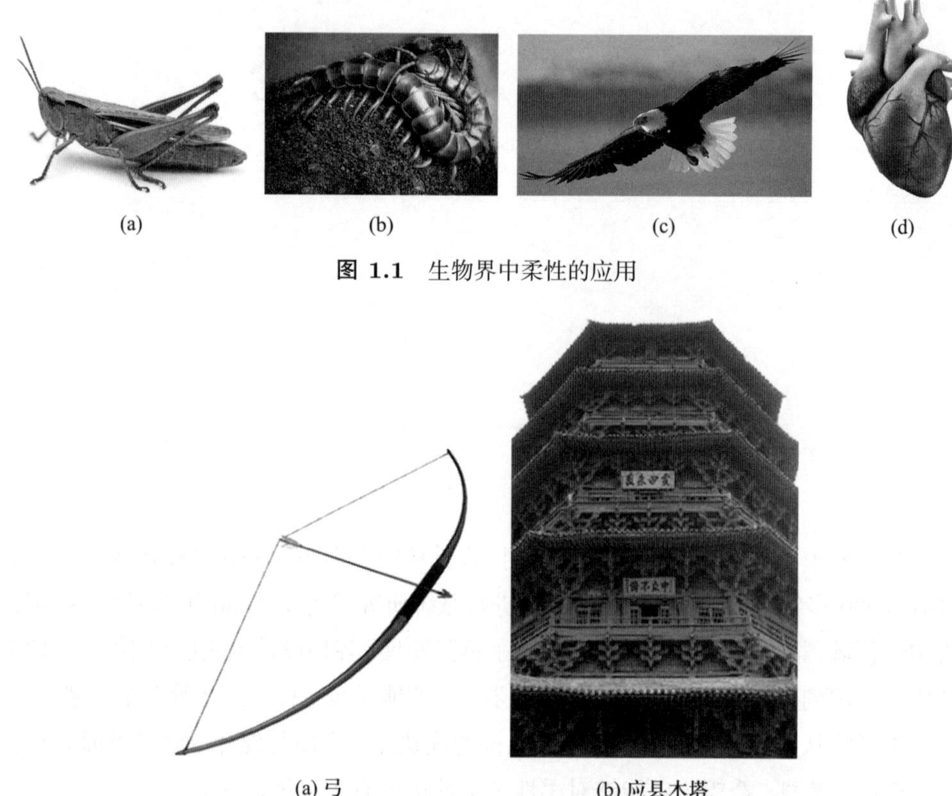

(a) (b) (c) (d)

图 1.1 生物界中柔性的应用

(a) 弓 (b) 应县木塔

图 1.2 早期的人工柔性设计实例

年的历史。1638 年, 伽利略 (Galileo) 在其所著的《关于两门新学科的对话》一书中总结了质点动力学和结构材料的力学性能, 奠定了弹性力学的研究基础。1678 年, 胡克 (Hooke) 提出了著名的弹性定律, 并在其著作《势能的恢复》中, 描述了弹簧的伸长与所受拉力成正比这一规律。这是柔性机械形成的理论基础。1744 年, 伯努利 (Bernoulli) 和欧拉 (Euler) 提出了柔性悬臂梁的受力变形理论。1828 年, 柯西 (Cauchy) 建立了各向同性和各向异性弹性力学的本构方程。1864 年, 麦克斯韦 (Maxwell) 利用材料的弹性变形来实现精密定位; 1890 年, 他提出了约束与自由度对偶法则, 并利用该法则为精密科学仪器设计了多种柔性系统[2]。

不过, 对柔性单元以及具有柔性单元的机构进行理论研究却发端于 20 世纪。柔性单元的主要表现形式是柔性铰链 (flexure hinge)[3]。1965 年, Paros 等提出了圆弧缺口型 (right-circular necked down) 柔性铰链的结构形式, 并给出了其弹性变形表达式。20 世纪 80 年代末期, 美国普渡大学的米德哈 (Midha) 等才真正开始对具有柔性单元的机构进行系统性的研究, 并赋予了该类机构一个专门术语 —— 柔性机构或柔顺机构, (compliant mechanism)[4], 意与通常人们所提的弹性机构 (flexible mechanism) 区分开来。因为在弹性机构中, 人们更多考虑的是如何避免或消除因其自身所具有的弹性而造成的变形及振动。

与刚性机构不同，柔性机构是指利用材料的变形传递或转换运动、力或能量的新型机构[4]。柔性机构实施运动时若通过柔性铰链来实现，通常称为柔性铰链机构 (flexure mechanism)[5]；如果应用在精密工程场合，该类机构又称为柔性精微机构。在仿生机械及机器人领域，柔性机构正发挥着越来越重要的作用。例如，各种新型柔性关节 (compliant joint)、柔性爬虫等大大改善了机械 (或机器人) 的灵活性或机动性能。这类机构通常又称为柔性机器人 (compliant robot)[6]。在很多智能结构中，往往将驱动元件、传感元件和控制系统融合在柔性机构中，感知外部环境和内部状态变化，并通过自身机制对信息加以识别和推断，合理决策，并驱动机构作出响应，这类机构也称为柔性智能机构或柔性智能结构 (compliant adaptive structure)[7]。

在短短不足 30 年间，柔性机构得到了迅猛发展，特别是诞生了一系列柔性机构基础理论，为柔性机构成功应用奠定了坚实的基础。随着对柔性及柔性机构认识的不断深入，柔性机构得到了广泛应用。

1.2 柔性机构的优缺点

较之于传统的刚性机构，柔性机构具有如下优点：

(1) 可以整体化或一体化 (monolithic) 设计和加工，故易于轻量化、微 (小) 型化，免于装配，降低成本，提高可靠性。

研究表明：装配成本占整个劳动力成本的 40%，占整个制造成本的 50%。因此，设计者总是尽力减少装配成本，提高产品质量。为减少装配部件份额，一种方法是基于装配设计 (DFA)，以增大部件的集成度为设计原则；另一种方法是免装配设计 (DFNA)，其特点是在满足小运动的条件下，将具有相对运动的部件设计成一体化的机械装置，机构中无明显的装配痕迹。采用该方法进行产品设计，其优点是显然的。以钉书器的设计为例，一种方法是采用 DFA，结果是减少了部件数的同时却增加了制造加工的复杂度和成本；而采用 DFNA，利用注模工艺设计成整体式全柔性结构，加工和装配成本都大大减少。尽管 DFNA 不是万能的，但在某些应用上确实是个节省成本的好办法。

微机电系统 (MEMS) 技术为柔性机构微型化提供了一种有效的技术手段，也为微型柔性机构提供了更加广泛的应用前景，如微纳尺度的驱动器、传感器，甚至功能系统等 (图 1.3)。

(2) 无间隙 (backlash) 和摩擦 (friction)，可实现高精度运动。

间隙和摩擦是影响机构精度的两个主要因素。由传统铰链构成的机构都不可避免地存在着间隙和摩擦。摩擦消耗能量，产生机械迟滞 (hysteresis)，低速情况下甚至

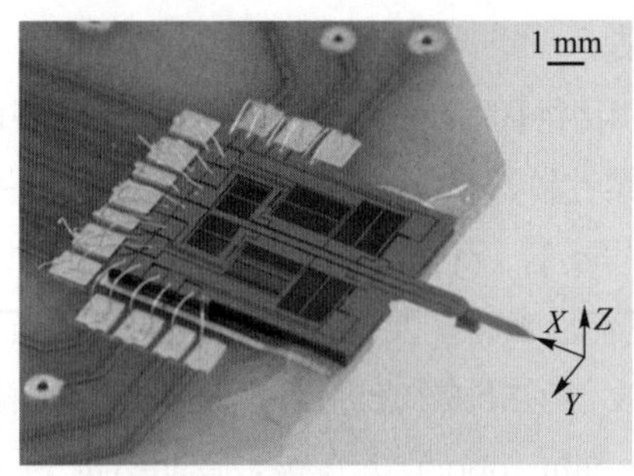

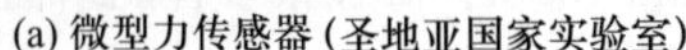
(a) 微型力传感器 (圣地亚国家实验室)

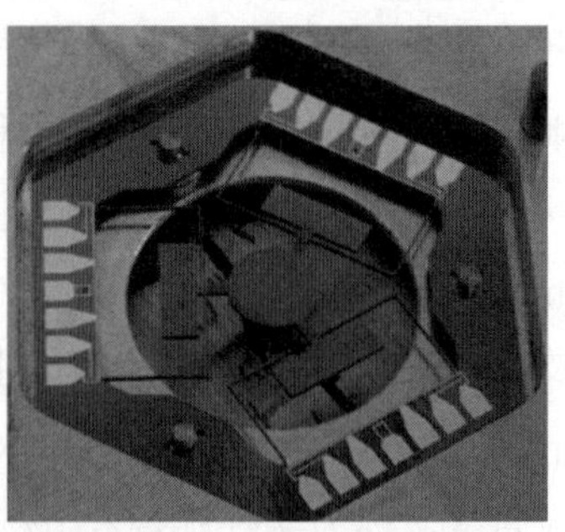
(b) 微型多轴纳米定位系统 (MIT)

图 1.3 微型柔性机构

会因为“黏滑现象 (stick-slip effect)”而造成运动的中断, 从而降低了机构的运动分辨率 (resolution)。而间隙对机构精度的影响就更大些。在以轴承作为支承的传统机构中, 为提高精度, 通常采用对轴承进行偏载或者预载的方法消除间隙, 但结果却增大了摩擦。消除一方总是以牺牲另一方为代价。而不合适的机械结构对精度的影响基本上是无法消除的, 如间隙和摩擦就很难通过传感器和控制器克服掉。由于精巧的柔性设计可以避免间隙和摩擦, 因此很适合精密机械的设计。

(3) 免于磨损, 减少噪声, 提高寿命。

在以轴承作为支承的传统机构中, 轴与轴承的磨损是不可避免的。磨损后, 接触部位发生几何变形, 从而改变了二者之间的接触方式, 使机械间隙增大, 导致轴承的精度降低; 同时, 也会极大地降低轴与轴承的寿命。柔性铰链中没有摩擦, 从而消除了发生磨损的主要根源, 而此时限制其寿命的唯一因素是材料的疲劳 (fatigue)。如果设计时保证柔性铰链处所受的最大应力低于材料的疲劳极限, 就可极大地提高机构的使用寿命。

(4) 免于润滑, 避免污染。

由轴承作为支承的传统机构中, 为减少磨损, 在轴承处加润滑剂是必要的。这些润滑剂在一定程度上会污染环境, 同样外界的灰尘等也会对机构正常运转产生不良的影响。而柔性铰链 (机构) 可避免上述情况的发生。

(5) 改变结构刚度, 增强环境适应性。

机构的整体结构刚度越大, 其高精度的性能越容易得到保证。对于由滚动轴承作为支承的机构, 其刚性往往受到小半径滚子的限制。在柔性机构中, 柔性铰链可设计得比滚动轴承更有刚性。此外, 相对刚性机构, 柔性机构更容易实现变刚度设计, 从而提高对不同工作及作业环境的适应性。

(6) 便于能量储存和转化, 可提高驱动及传动效率。

(7) 利用柔性可以抵抗冲击和恶劣环境, 避免设备损坏。

凡事都有两面性。柔性机构具有很多优点的同时, 也存在一些短板问题[4,8]:

(1) 运动由变形产生, 运动范围往往受到限制, 如目前还没有可以整周旋转的柔性轴承。

(2) 柔性的引入对系统整体结构刚度带来影响, 往往伴随寄生运动 (parasitic motion), 通常无法承受大载荷。

(3) 大多数柔性系统都要考虑强度 (strength) 与疲劳寿命的问题。

(4) 长时间经受应力或高温的柔性结构可能会出现应力松弛 (stress relaxation) 或蠕变 (creep) 现象; 诸如此类。

1.3 柔性机构的应用

柔性机构发端于平面机构, 因其结构简单、免于装配而广泛应用于工业产品及日常用品中: 工业产品如 HP 紫外线记录仪; 日常用品如各类运动器材、香波瓶盖、订书机以及鱼钳等。不过, 随着精密工程、机器人、智能结构学科的迅猛发展, 柔性机构的作用越来越突出, 应用也越来越广泛, 已成为柔性机构应用的三大主阵地[9] (图 1.4)。新型柔性机构不断涌现, 应用不断扩展[8,9]。

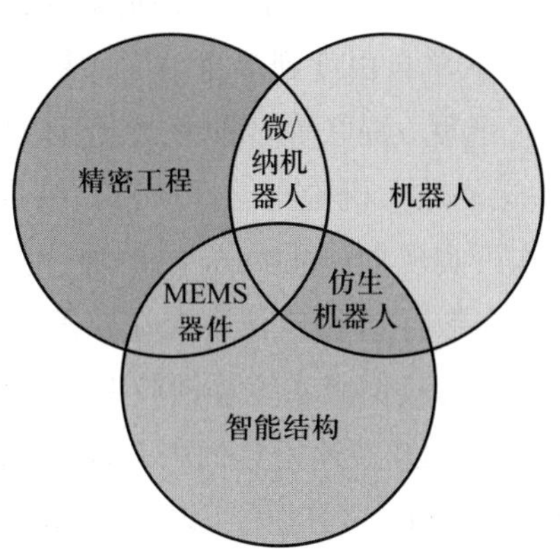

图 1.4 柔性机构的主要应用领域

1.3.1 柔性机构与精密工程

伴随着微纳米技术所引发的制造、信息、材料、生物、医疗和国防等众多领域的革命性变化, 使柔性机构在微电子、光电子元器件的微制造和微操作、MEMS、生物医学工程等定位精度要求一般在亚微米级甚至纳米级的领域中得到了广泛应用。例如, 基于传统刚性铰链结构的商用精密定位平台所能达到的分辨率极限是 50 nm, 精度为 1 μm, 很难突破这一瓶颈。而柔性定位平台可以使同类产品的精度提高 1~3 个数量级。在精微领域, 柔性机构可以设计做成精密运动工作台、超精密加工机床、精密传动装置、执行器、传感器等。表 1.1 给出了常用柔性精密定位平台的类型及典型应用。

表 1.1 常用柔性精密定位平台的类型及典型应用

维度	平台类型	典型结构与主要特点	典型应用
1	1T*	柔性直线运动平台	精密传动
	1R	柔性铰链	超精机床刀具进给系统
2	2T (XY)	并联式 XY 平台	扫描隧道显微镜的 2 维扫描
	2R ($\theta_X\theta_Y$)	串联式柔性虎克铰	精密指向
3	3T (XYZ)	并联式 Delta 机器人 (XYZ 平台)	原子力显微镜的 3 维扫描、微操作手
	1R2T ($XY\theta_Z$)	并联式 3–RRR 面内结构、结构紧凑	光刻机等设备上的精密操作
	2R1T ($\theta_X\theta_Y Z$)	并联式 3–RPS 机构	精密调平、指向
6	3R3T	并联式 Stewart 平台	精密操作
	1R2T+2R1T	混联式 3–RRR&3–RPS 机构	光纤自动对接系统

注: R 表示转动, T 表示移动。

1. 微定位及微进给用精密运动工作台

目前, 柔性机构应用最广的领域是微定位, 特别是具有纳米级运动分辨率的超精密定位技术领域。它经历了从单自由度到多自由度, 从 1 维到平面再到 3 维的发展历程[10]。结构类型有串联、并联、混联等多种形式, 但以并联为主。早期的精密定位单元及精密定位平台采用运动放大机构与柔性铰链相结合的整体式结构, 可将驱动器位移放大 20 余倍。机构可实现 50~500 μm 的单轴行程, 位移分辨率为 1 nm。随着微定位技术逐渐向 3 维扩展, 柔性微定位平台在原子力显微镜 (AFM)、扫描隧道显微镜 (STM) 以及超精机床刀具伺服系统等领域中也得到了广泛应用。例如, MIT 研发的大行程、高频宽直线移动式快速刀具伺服系统 (最大行程为 2 mm, 最大加速度和带宽分别可达 260 mm/s^2 和 140 Hz)[11] 和转动式快速刀具伺服系统 (最大频宽可达 2 000 Hz)[12]。

2. 精密姿态调整

精密机械或精密仪器中的微调是经常遇到的问题, 如照相机的调焦等。采用柔性铰链 (机构) 可有效地提高精度。HP 紫外线记录仪中就采用了柔性四杆机构在微小范围内调整光学检流计的镜子。此外, 在航空航天领域中, 如低温分光计、空载大型望远镜、光源同步加速器及气象卫星中的光学器件姿态调整, 以及空间飞行器中姿态调整机构、天文望远镜上自适应场调整机构、航天器上微波天线的对准机构、太阳能帆板折叠机构等[13], 这些场合环境恶劣, 温度低、温差变化大、辐射强、真空度高, 不但要求柔性铰链 (机构) 拥有较大的运动范围、很高的定位精度, 而且不能有润滑油和摩擦屑的存在。瑞士 PSI 研究所提出了一种用于激光指向的柔性万向节[14], 两轴均可实现 2° 的转角和 1″ 的旋转精度。德国 PI 公司推出了用于显微镜的自动聚焦装置[15], 其中采用柔性机构克服了传统丝杠传动的回差 (backlash), 实现了 10 nm 的精度。另外,MIT 设计了一种用于 X 射线望远镜光学镜片的柔性约束机构[16], 可有效减小重力、摩擦力及热力学对镜片表面拓扑变形的影响, 提高了光学测量的可重复性。

3. 微执行器

精微系统中的执行器主要用于操作微小对象, 其中最典型的微执行器是微装配系统的夹持器 (micro gripper)。由于同环境相接触, 会受到尺度效应 (size effect) 等的影响, 需要考虑力、位移、速度及精度的影响。因此, 很多微夹持器采用柔性运动放大机构[17] 或柔性铰链来实现。瑞士 EPFL 设计了一种应用于光学精密系统的柔性夹持器[18], 在夹持器上采用了交叉簧片型柔性铰链, 以完成精细的微操作。

4. 多自由度的微操作及微装配机器人

在微电子、光电子元器件的精密对准、微装配或封装, 生物工程及显微手术的微操作等应用场合, 都对微操作机器人的自由度及运动精度提出了很高的要求。例如, 大多数的微纳组装/操作, 如晶片/MEMS/生物芯片键合对准装配、光电子器件耦合对准装配等, 由于在同一工作空间中可以容纳多种功能单元、部件供料器和执行器, 通常要求工作台能实现灵巧的操作与装配任务。近年来的研究表明, 柔性平台非常适合 MEMS/MOEMS 产品的操作及装配[19]。因此, 多自由度的柔性微操作机器人得到了广泛应用。PI 公司利用两台 6 自由度 (6–DOF) 的柔性并联机构[15] 完成光电子元器件的对准和封装。北京航空航天大学研制了一套用于细胞操作的左右手微操作机器人系统, 其中右手机构采用 3–DOF 并联柔性机构, 以压电陶瓷驱动, 分辨率可达 60 nm[20]。为有效解决微操作过程中经常出现的高精度与大行程之间的矛盾, 多采用宏微双平台 (macro-micro motion dual stage) 系统[21], 大行程由刚性系统完成, 而微调功能通过柔性机构来实现。不过, 最近有关大行程柔性铰链[22] 以及多自由度柔性系统的成功推出[5,23-25] 提供了一条用单平台代替双平台系统的有效途径。

5. 非接触式超精密加工装置

近年来, 柔性机构在精密制造领域的应用已成为一大亮点。瑞士的 EPFL[26] 利用柔性 Delta 机构设计了微电火花加工机床, 其结构尺寸非常紧凑, 可实现 μJ 量级的放电能量。EPFL 还提出了将柔性 Orion MinAngle 用作五轴机床的主体机构[27]。韩国 KAIST 利用 6–DOF 柔性机构构造了纳米压印机[28]。东京工业大学利用柔性杠杆机构增大了压电陶瓷驱动器的行程, 以此驱动 6 自由度的精密加工机床, 精度可达 100 nm[29]。半导体光刻加工中, 大行程柔性平台也大有用武之地。美国德州大学农工学院使用交叉簧片型柔性铰链设计了一个大位移 XY 精密移动平台[30], 用于真空环境中的 MEMS 器件加工。MIT 搭建了用于光刻加工的 XY 平台, 行程可达 5 mm×5 mm, 两个轴的耦合误差小于 1%, 平台的旋转角度小于 $1''$[5]。

6. 柔性 MEMS

在自然界中, 近 90%的生物体是无脊椎动物, 而且随着尺寸维数的下降, 无脊椎动物的比例不断增大。在微生物 (尺寸与 MEMS 相符合) 王国中, 柔性更是占据着不可压倒的支配性优势。自然界的这种偏好绝非偶然, 因为尺度效应在改变着万物。正是由于尺度效应的存在, MEMS 产品受非线性表面力的影响要比宏尺度的产品显著得多。而这种非线性造成的不利影响恰可通过柔性设计来避免。一般情况下,MEMS 产品都有很高的精度要求。由于柔性机构无间隙和摩擦, 因此很适合 MEMS 设计[19]。另外, 由于柔性机构可设计成免装配的整体结构, 使加工和装配成本大大减少。因此, 从机械角度来看, 柔性机构为 MEMS 产品的开发提供了一条切实可行的途径。

利用柔性设计 MEMS 器件及系统的例子很多, 如微驱动器、微传感器、微阀、微鼠标以及多自由度微型操作手等。微双稳态 MEMS 柔性机构便是其中较为典型的一种, 可作为微阀、微开关等。美国 BYU 利用 MEMS 工艺设计了一种收缩式柔性双稳态 (bi-stable) 机构[31], 该机构尺寸约 300 μm, 整个行程仅有 8.5 μm, 大大降低了所需的驱动功耗。

7. 精密传感器与驱动器

随着惯导、传感等技术的高速发展, 对其中核心器件的精度要求也越来越高。以重力梯度仪为例, 1 维或多维重力梯度测量的精度范围都应分布在 $10^{-10} \sim 10^{-8}\ \mathrm{s}^{-2}$ 之间。因此说, 重力梯度仪的敏感元件 —— 敏感机构应是具有纳米级精度的可动部件。为满足如此高的精度要求, 柔性机构自然成为重力梯度敏感机构的首选。例如, 在美国马里兰大学设计的重力梯度仪中, 轴向分量敏感机构为柔性膜片结构, 交叉分量敏感机构中则使用了柔性铰链机构[32]。采用柔性来设计多维重力梯度敏感机构, 可能具有更多的潜在优势, 如便于实现刚度匹配、变形均匀、轴间运动解耦等。目前, 国内外一些学者已经开始有关柔性重力敏感机构的研究, 北京航空航天大学设计了一种具有移动与转动自由度的重力梯度柔性敏感结构[33]。麻省理工学院 (MIT) 基于柔性联轴器原理设计了金属膜片式柔性铰链, 用在压力传感器设计中[34]。

PI 公司利用尺蠖原理, 研制了最大行程 20 mm、开环分辨率高于 1 nm 的柔性驱动器 NEXLINE[15], 克服了压电陶瓷等精密驱动器行程小的缺点。MIT 利用环形柔性铰链设计了一种大行程、高频率的微步进电机[35]。

1.3.2 柔性机构与仿生机器人

在仿生机械及机器人领域, 柔性机构也发挥着越来越重要的作用。各种新型柔性关节及驱动器的开发大大改善了仿生机械及仿生机器人的灵活性与机动性, 如多足机器人、蛇形臂等。自然界中动物的肌肉均具有柔性, 昆虫的胸腔更是由柔性骨骼与肌肉组成, 因此柔性设计是仿生与实际应用的必然结果[36]。另外, 由于尺度效应对微小型生物的影响起着支配作用, 因此在微小型仿生机械的研究及研制过程中, 也很难离开柔性的作用。目前, 柔性在微小型仿生机械中的应用越来越多, 如微小型飞行器、机器鱼、仿生爬虫、机器跳蚤、仿生壁虎等。

1. 微小型飞行器

早在 1993 年, 日本东京大学就开始研发毫米尺度的微型飞行器[37]。他们利用 MEMS 技术设计了一款平面五杆扑翼机构。扑翼机构与翅膀之间由柔性铰链连接。该扑翼机构只能简单地模仿昆虫翅膀的上下扇动, 难以形成翅攻角。加州大学伯克利分校研制的微型机器昆虫 MFI[38] 采用柔性机构构造胸腔, 由压电陶瓷驱动, 集成力传感器进行反馈控制。由于翅膀的两个自由度由两组驱动装置分别控制, 所以可以模拟昆虫扑翼实现复杂的翅膀运动。北京航空航天大学将 “分布式全柔性机构” 的概念引入扑翼式微型飞行机器人设计中[39], 通过控制柔性胸腔各部位的不同柔度, 使翅膀产生不同形式的复杂扑翼运动。最近, 哈佛大学开发了一种能够像苍蝇一样飞行的机器苍蝇[40], 主体用碳纤维制成, 体重只有 80 mg, 翼展 3 cm, 连续飞行时间超过 20 s。

2. 机器鱼

近年来, 研制新型、低噪、高速、高效、高机动性的柔性机器鱼已成为仿生机器人领域的一个热点。应用柔性机构, 可以降低仿生系统的复杂程度。刚性摆动鳍需要结合平动、转动、摆动的复合运动才能够实现驱动, 而柔性摆动鳍仅以简单摆动运动, 依靠鳍本身的柔性变形即可实现有效攻角, 使驱动大大简化。另外, 合理的柔性分布有利于推力的产生和推进效率的提高, 同时减小非功能方向上的波动, 提升运动稳定性。

美国普林斯顿大学用柔性机构实现自驱动的胸鳍摆动运动[41]。美国密歇根大学提出了一种柔性胸鳍[42] 的设计方法, 以濑鱼为仿生对象, 通过组合平面柔性机构生成复杂的胸鳍 3 维变形运动, 其基本模块是经过拓扑优化了的柔性肋骨, 每根肋骨是主动可变形的骨架结构, 由两个线性驱动器实现肋骨的倾斜与弯曲。北京航空航天大学针对柔性薄板状仿形鳍、3 维柔性机体以及多鳍条驱动鳍面可控变形的仿生摆动鳍机器鱼 (图 1.5) 进行研究, 研发了 5 代原理样机, 均实现了良好的推进功能[43]。此外, 多气动空腔驱动机构[44]、柔性磁致多维驱动机构[45], 以及基于嵌入式柔性单元的仿生摆动胸鳍设计[46] 都成为柔性机构成功用于机器鱼的典范。

3. 仿生爬虫

很多人憧憬着能像蜘蛛、壁虎一样灵巧爬壁。因此, 爬壁机器人的研究一直受到仿生机器人领域的关注。目前, 最成功的爬壁机器人当属美国斯坦福大学研制的 RiSE[47]。它采用了模块化设计和仿生设计思想, 指端和腿部采用柔性机构, 使指端能与壁面充分贴合, 减小指端位置扰动对附着力的影响。当机器人在玻璃等光

图 1.5 扑翼鱼 (仿生摆动鳍机器鱼)

滑表面爬行时, 在指端处安装黏接贴片实现附着, 爬壁角度可达 65°; 在树等软材质上爬行时, 使用硬爪的穿刺效应实现附着; 在砖墙等坚硬人造壁面上爬行时, 使用微刺指端实现附着, 此时多个弹性微刺并列构成微刺指, 并与足端通过柔性球铰连接, 可实现 90° 壁面爬行。Waalbot 是斯坦福大学用仿生纳米附着材料设计的一款轮足式爬壁机器人样机[48]。它在构型设计上与 RiSE 有类似之处: ① 足端与机体弹性连接; ② 足端的附着与脱离利用被动柔性机构实现, 无需额外驱动。此外,MIT 也正在基于柔性软体材料研制高机动性的仿生壁虎[49]。不过, 最近有文献指出, 无骨骼的毛虫具有最高超的 3 维空间爬行运动能力[50]。

4. 柔性腿及跳跃机器人

袋鼠、猎豹等动物经过长时间进化, 具备非凡的奔跑速度、能量效率以及越障能力。生物学研究表明: 上述优点源于动物体内的弹性肌腱、韧带等结构的储能及瞬间释放特性。受此启发, 有学者开始模仿快速奔跑类动物的这些功能, 将柔性元件引入机器人腿部结构设计中。作为运动最直接的执行者 —— 腿, 其性能优劣直接影响到仿生机器人的技术水平。目前, 有关柔性仿生腿的研究尚处于起步阶段: 美国波士顿动力公司 (Boston Dynamic) 研制的著名四足机器人 BigDog[51] 的腿部驱动中就含有柔性单元; 加拿大麦吉尔大学的 RHex 柔性腿机器人[52] 利用腿与地面接触时发生的弹性变形储存能量, 在离开地面时释放并转化为机器人的动能, 从而减少动力源的能量支出, 提高移动效率, 增强稳定性。

仿生跳跃机器人模仿生物腿部柔性弹射机构, 通过变形储能, 释放能量实现跳跃。随着各种记忆合金和弹性变形材料的出现, 该类机器人成为近几年的一个研究热点。柔性机构和柔性驱动是进行缓冲、提高能量效率的有效方法。柔性设计体现在机构弹性储能、柔性脚掌和肢体设计、变刚度关节设计, 以及驱动元器件的变力矩输出抗冲击能力。从脊椎动物的肌腱储能、韧带缓冲和非脊椎动物弹性腿机构储能特性中获得灵感, 柔性设计使机器人能够储存更多的能量, 具有更高的能量质量比、力 (力矩) 输出质量比, 以提高跳跃机器人的能量使用效率, 缓解着地过程冲击以及减小驱动力矩, 这些对于跳跃机器人弹跳性能的提高起着重要作用。

5. 柔性仿生多足机器人

大型哺乳动物如虎、狼、狮等四足动物, 都有极快的奔跑速度和步态变换身体协调能力。不管地形多么复杂, 其运动特性发挥得淋漓尽致, 尤其是柔性的巧妙应用, 加速、跳跃、急停、漫步等无不显示出大自然赋予足式动物运动的奥妙之处。因此, 目前仿生机器人多采用四足式。在东京工业大学研制的 Tekken 系列[53] 中, 具有自适应性的 Tekken Ⅱ 机器人由电动机、机械弹簧和柔性关节共同驱动, 通过 CPG 实施控制, 能够完成步行、对角小跑、溜蹄、奔跑等多种运动步态以及步态的转换, 运动速度达到 0.6~0.8 m/s, 甚至可以完成 12° 的爬坡、跨越 4 cm 高的障碍等。在 DARPA 资助下, 波士顿动力公司与美国若干所知名大学合作研制了 BigDog 和 LittleDog 四足机器人系列[54]。它们的每条腿有 4 个主动旋转关节和一个安装在足端基于气动弹簧的被动柔性缓冲关节。

6. 柔性关节

大多数仿生机械及机器人研究中几乎面临的一个共性问题就是柔性关节设计。大变形柔性铰链可用于仿生人造关节[55], 例如仿生手指、人造膝关节 (图 1.6), 以及用于脊椎运动功能重建的柔性椎间盘和柔性踝关节等。美国 BYU[56] 对集中式柔性被动关节进行了研究和设计, 这种关节具有储存能量、减小冲击等优点, 为设计紧凑型柔性关节提供了参考。该项目组还提出一种基于滚动支撑柔性单元 (CORE) 的柔性被动膝关节[57], 可以改变刚度, 且结构紧凑; 他们还尝试将 CORE 应用于仿生踝关节。MIT 利用多簧片环形柔性铰链, 开发了一种踝关节辅助康复医疗装置[58]。

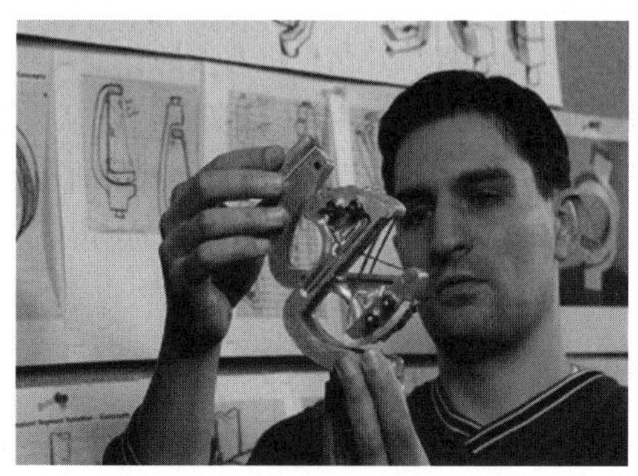

图 1.6 柔性人造膝关节[58]

7. 柔性驱动器

柔性驱动器 (elastic actuator) 是指通过在系统中引入柔性单元而产生某种柔性运动特性的被动式驱动器。柔性驱动器的主要优点包括: ① 缓冲能力强, 抗冲击性好; ② 传感器数量少, 结构紧凑, 产生较小的惯性力; ③ 能吸收和储存能量; ④ 安全性高; ⑤ 力学仿生性能好等。

国外对柔性驱动器的系统研究始于 20 世纪 90 年代。根据原理不同, 柔性驱动器可分为四大类[59]: 平衡位置式、对立布置式、变结构式和机械式。传统意义上的这四类驱动器中, 存在一个共性特征: 将弹簧作为柔性结构单元实现所需要的运动及刚度特性。随着当前仿生机器人的快速发展, 对性能的可控性期望以及小型化的应用需求, 都亟待驱动器结构形式的再突破及设计方法的再创新。鉴于柔性机构 (及铰链) 所具有的结构紧凑、无间隙、无摩擦、无磨损、精度高等特点, 可使整个柔性关节系统体积更小、精度更高。应用于柔性驱动器的紧凑型柔性铰链研究的需求由此产生[60-61]。

8. 连续体机器人及蛇形臂

由柔性结构及软体材料组成的连续体机器人正成为仿生机器人领域的一大研究热点。典型代表有: 外置驱动方面, 有基于丝驱动的仿象鼻机器人[62] 和仿章鱼触角机器人[63]。前者由 4 段 4 丝驱动的 2–DOF 类骨节式弹性柱组成, 每段最大转角 40°; 后者由 3 段 2–DOF 的柔索和弹性柱组成, 机器人能够模拟章鱼触角实现灵活的弯曲运动。内置驱动方面, 有基于气动人工肌肉驱动的仿章鱼触角机器人[64], 由 4 段 3–DOF 弹性柱组成, 每段的弯曲和伸缩运动通过 3 节或 6 节人工肌肉实现。混合驱动方面, 有一种仿象鼻机器人[65], 采用气压产生一定刚度以支撑机器人的形状, 柔索驱动产生 2–DOF 弯曲运动, 轴向伸展及收缩运动则由柔索与气压共同实现。

连续体机器人在医疗领域已得到一定应用, 如采用超弹性钛镍合金管或弹簧骨架作为弹性柱的柔索驱动机器人。此外, 英国 OC 公司[66] 将连续体机器人应用于工业生产线及航空制造领域。

总之, 柔性机构已渗入仿生机械及仿生机器人的各个领域。从弹性材料到柔性软体材料, 从集中柔性到全柔性, 从刚柔耦合到柔性软体, 从驱动, 感测, 执行元件分立到三者的有机集成, 同时借助 3D 打印技术和智能材料的迅猛发展, 柔性仿生机器人变得越来越智能, 也越来越逼近人类对仿生机器人的期望。

1.3.3 柔性智能结构

近年来智能结构 (smart, adaptive structures) 成为发达国家重视的新材料高技术体系。1989 年, 日本高木俊宜教授首次提出了将信息科学融合于材料的物性与功能这一概念。其全部的构思源于仿生, 目标是要获得类似人的各种功能的 "活" 的材料。结构中集成智能与生命特征, 达到减小质量、降低能耗、产生自适应功能的目的。因此, 智能结构是指将驱动元件、传感元件和控制系统融合在基体材料中, 感知外部环境和内部状态的变化, 并通过自身机制对信息加以识别和推断, 合理地决策并驱动机构作出响应的一种新型结构[67]。

柔性机构中, 能量先以应变能 (strain energy) 的形式储存, 然后释放出来执行一些有用的任务。柔性机构的固有弹性使其更容易与其他非机械作用相结合, 不需要附加弹簧来回复机构到原始位置, 在机构内部它也可以与传感器有机融合。因此, 柔性机构与智能结构的系统集成在航空航天、机器人和医疗外科领域具有重要的科学探索价值和巨大的应用潜能[68]。

目前, 柔性智能结构主要应用在: ① 空间结构的精确定位、校正和拓扑保形; ② 结构外形的自适应调节和拓扑变换; ③ 结构监测和寿命预测; ④ 减振降噪; ⑤ 储能。例如, 用柔性智能结构制作的一种 "柔性机翼" 可在各种飞行速度下始终自动保持最佳翼型, 大幅度提高了飞行效率, 并可对出现的危险振动自行抑制; 柔性智能结构用于潜艇, 可抑制噪声传播; 用于地面车辆可提高车辆的性能和乘坐舒适度。

在航天领域, 卫星太阳能帆板、天线等外部机构需要实现多工况条件下位姿与形状可变, 同时结构简单、轻质。美国 Aerospace 公司[69] 将 C 型柔性铰链用于小型卫星太阳能帆板展开机构中, 这种铰链的使用不仅减小了太阳能帆板展开机构的几何尺寸和质量, 而且降低了制造装配成本, 增强了稳定性。

1. 变体飞机与柔性自适应机翼

在航空领域, 变体与变形翼飞机设计已成为 21 世纪研究的热点。不过也包含很多瓶颈技术, 如轻量化设计、变刚度、防结冰等。柔性自适应机翼的引入可提供有效解决上述问题的捷径。特别是在小型无人机领域, 由于隐身等特殊要求, 其体积较小、载油量有限, 为增加航程必须增加无人机的能效, 而柔性变形机翼几乎是实现这一目标的必由之路。

早在 2000 年, 美国密歇根大学的 Kota 教授等[70] 就开始研究柔性自适应机翼的设计问题, 试图通过柔性机构改变机翼肋板的形状来提高飞机的性能。为此,Kota 还成立了专门的公司 (FlexSys), 加快变形翼飞机商业化的步伐。之后, 宾夕法尼亚州立大学、科罗拉多大学、剑桥大学、美国空军实验室等也加入了对柔性自适应机翼的研究[71-74]。2007 年,Kota 等[73] 设计了一款柔性自适应机翼 MAC, 能够实现后缘 $\pm 10^\circ$ 的偏转和 3° 左右的扭转, 可控性提高 40%的同时可降低 25%的空气阻力。2015 年,FlexSys 公司研发的 FlexFoil 变形机完成了首次试飞。特别值得提出的是, 宾夕法尼亚州立大学近 10 年来一直从事柔性自适应机翼结构设计方面的前沿基础理论研究[75-77]。例如, 他们设计了一种可展向变形机翼, 其中采用了刚柔结合的设计理念, 在翼弦方向上采用刚性设计, 翼展方向上则采用柔性设计。前者可避免弦向的尺寸变化, 后者具有大应变的特点, 从而实现展向伸缩变形的功能。另外, 该团队在柔性变形翼结构拓扑优化算法、胞元结构设计等方面做了大量持续的研究工作。国内方面, 西北工业大学也开展了针对柔性自适应机翼前后缘结构优化设计的研究[78-79]。

在变体飞机中, 柔性机构除了可用于设计柔性蒙皮外, 还可用于设计变形机翼的桁架。哈佛大学设计了一种可以展向变形的机翼桁架[80]。经过风洞实验测试, 机翼的展向伸缩变形量可达 100%, 气动载荷作用下的面外变形量小于 2.54 mm。

总之, 柔性机构在变体飞机和变形机翼方面的研究已成为柔性智能结构领域一个十分活跃的研究方向, 但距离真正商品化仍有较长的路要走。例如, 适合多工况和复杂环境的结构设计问题、大变形变刚度的实现、与驱动传感的系统集成设计与控制、系统稳定性与可靠性设计等, 特别对柔性机构的动力学设计提出了新的挑战, 衍生出柔性机构领域若干新的研究方向。

2. 柔性支架与外科手术工具

随着近年来心血管病人数量的急速增加, 支架植入术在治疗血管狭窄引起的冠心病中得到了越来越多的应用。尽管目前国内外有许多学者投入到冠脉支架的研究与设计中, 但冠脉支架的设计仍缺少指导性的方法, 冠脉支架依然存在轴向缩短率较大、轴向柔顺性较差、易引起血管壁损伤等缺点。引入柔性机构的设计理念, 可改进现有冠脉支架的不足。

柔性支架 (图 1.7) 从几何机构上可简单分为两类: 一类是开槽的管状结构, 如 Palmaz–Schatz 支架; 另一类是缠绕的丝状结构, 如 Giantuco–Roubin 支架。随着制造技术的不断进步, 管状结构支架以其良好的力学性能, 成为冠脉支架设计的主流。目前, 全球的支架市场几乎被强生、美敦力、波士顿和佳腾四家公司所垄断。除了以上四家公司推出的产品外, 很多学者也对冠脉支架的设计进行了详细研究。具有代表性的是, 意大利帕维亚大学和米兰理工大学使用有限元方法模拟了支架的膨胀和回弹过程, 分析了钻石形冠脉支架的几何参数对其力学性能的影响, 得到了支架形状和性能优化时的有效措施[81]。为了提高冠脉支架的柔顺性, 他们设计了两款不同连接筋花型的冠脉支架。国内, 大连理工大学设计了 4 种冠脉支架, 研究和分析了支架狗骨 (dogboning) 现象产生的原因以及支架膨胀时轴向缩短的产生机制[82]。

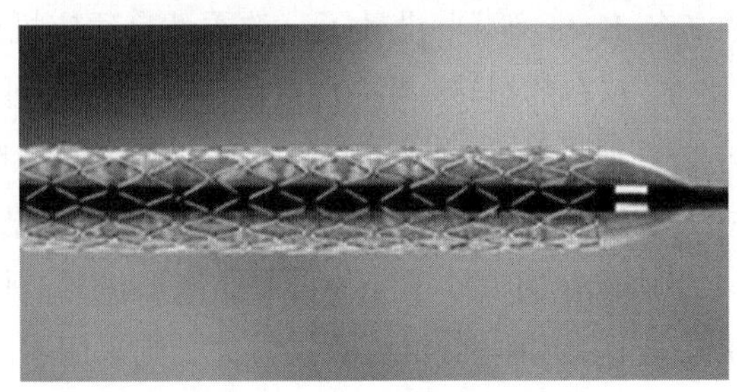

图 1.7 血管支架

外科手术器械的革命性变革和快速发展使得包括微创、经自然腔道等在内的外科手术变得越来越为患者所接受。具有自适应性功能的柔性手术工具[83] 便是其中成功的代表。美国约翰霍普金斯大学[84] 在其所开发的喉部微创手术机器人系统中, 就嵌入了具有蛇形臂结构的柔性手术工具, 以实现狭小空间内灵活缝合等复杂动作。法国 CEA[85] 在微创机器人手术钳设计中用到了柔性机构, 来实现对环境的自适应 (图 1.8)。

图 1.8 外科手术工具[85]

1.3.4 几种颇具应用前景的新型柔性机构

柔性机构研究的早期, 利用能量储存特性的柔性双稳态及多稳态机构[86-87] 等因其特有的应用场合而得到了广泛的研究。随着研究的深入, 越来越多的颇具应用前景的新型柔性机构被挖掘出来。这里举几个典型的例子。

1. 胞元式柔性机构

胞元式柔性机构或结构 (cellular compliant mechanism) 一般是指通过微观结构的周期排列所形成的、宏观上有特殊性能的机构或结构[88]。其中, 微观和宏观的概念是相对的, 一般来说宏观结构的尺寸远大于微观结构尺寸。蜂窝结构材料 (图 1.9) 是生活中常见的一种胞元式柔性结构, 其中的六边形单元即为胞元。这一概念的出现使得柔性机构与柔性结构的界限变得更加模糊。

由于胞元结构普遍具有轻质特性, 而且通过巧妙的胞元设计, 可以得到具有某些特殊性能的机构或结构。因此, 胞元式柔性机构在精密工程、仿生机器人、航空航天、生物医学工程等众多领域展现了诱人的应用前景, 例如用作微创手术器械或机器人执行器、变形机翼、可展天线、冠脉支架、免充气轮胎等[89-90]。

2. 辅助接触式柔性机构

多数柔性机构运动行程相对较小、运动平滑连续难以实现间歇运动, 这些缺点在一定程度上限制了柔性机构的应用。受高副机构 (凸轮、齿轮机构等) 启发, 印度理工学院提出了基于柔性高副的辅助接触式柔性机构 (contact aided compliant mechanism, CCM)[91]。

图 1.9 蜂窝结构材料[88]

CCM 是一类通过柔性构件相互接触实现特定任务或改善自身特性的柔性机构[92], 其中的核心元素是接触式的柔性高副。柔性高副可以是简单的单点接触形式, 也可以是不同构件间形成的复杂多重接触类型。其中, 最典型的高副类型为纯滚接触式柔性高副。CCM 可以实现非线性的刚度输出、缓解应力集中、生成非光滑路径、输出大转角等[93]。

应用方面, 印度理工学院提出了一种限定位移的辅助接触式柔性夹持器[92], 用于腹腔镜外科手术中。美国 BYU 基于辅助接触式柔性设计理念, 通过两个或多个圆柱形及椭圆柱形滚子之间滚动接触, 构造滚动支撑柔性单元 (CORE, 图 1.10)[93-95]。在此基础上, 分别设计了人工脊椎关节和人工膝关节。宾夕法尼亚州立大学提出了一种特殊的辅助接触式柔性机构类型: 由 3 个直角柔性铰链组成的弯展式柔性机构[96], 希望将其用于小型飞行器的变形翼设计中, 实现两个正交轴的转动。

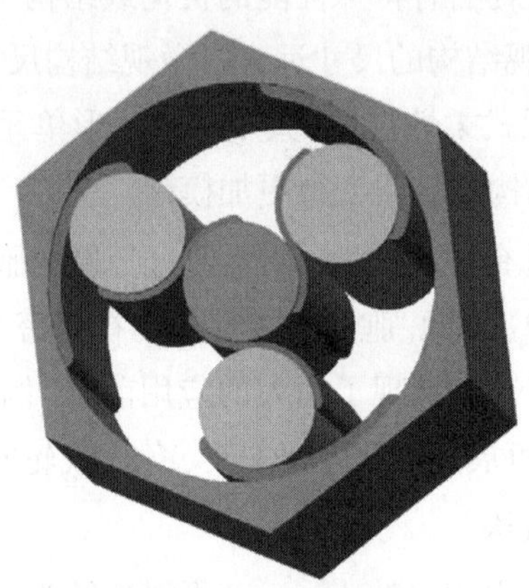

图 1.10 CORE[93]

总之,CCM 作为一种特殊的高副机构类型, 既弥补了传动柔性机构的若干缺陷, 同时保留了传统高副机构的某些优点, 在生物医学工程、航空航天等领域展现出光明的应用前景。

3. 平板折展机构

将折纸艺术与变胞机构结合, 用同一薄片材料制成的、可在制造平面之外运动的一种新的柔性机构类型, 被 Howell 定义为平板折展机构 (lamina emergent mechanism, LEM)[97]。它既可以实现如四杆机构、滑块机构等简单的运动, 还能实现如球面四杆机构、Sarrus 机构等复杂的运动[98]。

LEM 具有的独特优点不但使其加工过程简单、经济, 加工材料种类多、成本低, 而且在设备空间受限时, 能够满足设计需求; 同时, 它在运输和存储等需节省空间成本的场合也有广泛应用, 如航空旅行、医疗设备、电子工业、自动化工业、生物医学、搜救场合等。以医疗领域的应用为例, 含 LEM 的注射器便于携带出行, 可在紧急状况下注射药物, 注射时借助 LET 铰链[99] 的变形旋转实现垂直运动。哈佛大学以 LEM 为基础研制出平板折展式微型机器蜜蜂[100] (图 1.11), 高度仅 2.4 mm。LEM 已经发展为能应用于商业产品, 实现特定功能的科学技术。LEM 尤其适用于 MEMS 设计, 如投影机、显微镜的驱动系统以及基于 MEMS 的光调幅器; 医学 MEMS 设备能在身体的单个细胞上进行各种操作, 诊断疾病并释放对症的药物; 微切割机构可用于清理血管动脉结块, 避免繁琐的外科医治。此外,LEM 也可用于运动场地、跑马场、运动鞋、坐垫的减振设计; 用多层减振 LEM 机构设计的装甲防护装备也具有较好的防弹效果[101]。

图 1.11 平板折展式微型机器蜜蜂[100]

4. 柔性静平衡机构

为了克服柔性机构功能方向刚度带来的不利影响, 多位学者将静平衡 (static balance) 理念引入其中, 利用额外的装置抵消柔性机构的弹性力。柔性机构具备弹簧的部分特性, 因此可以利用弹簧 – 弹簧平衡的原理使柔性机构达到静平衡状态。理想的零刚度 (zero stiffness) 机构由于对外呈现刚度为零的状态, 所以理论上可以停留在行程中的任意位置, 所以也称之为柔性静平衡机构[102]。

有关柔性静平衡机构的早期研究多集中在柔性微型手术钳上。传统内窥镜手术钳的钳口一般通过刚性转动副连接, 但因其工作环境在人体内部, 润滑不便, 摩擦较大, 力传递性能差, 对手术钳这类需要人工操作的装置来讲, 会对手感产生影响, 不利于医生手术的精确性。有学者用柔性微型手术钳作为替代品, 解决了摩擦问题, 其优点不言而喻。但是由于其弹性变形, 操作者感受到的反馈力仍不够准确。为此, 荷兰塔夫特理工大学利用柔性双稳态机构作为补偿系统[103-104] (图 1.12), 分析了柔性静平衡手术钳的可行性。

图 1.12 柔性钳口及补偿系统[103]

其他应用方面, 塔夫特理工大学在传统弹簧平衡器的基础上设计了具有零刚度特性的交叉簧片型柔性铰链[105]。北京航空航天大学利用簧片的失稳特性和移动负刚度模块构建了无寄生运动的零刚度柔性移动副, 利用弹簧平衡器和铰支屈曲簧片负刚度模块构建了零刚度柔性转动模块[106] (图 1.13)。西安电子科技大学利用多稳态机构正负刚度交替出现的特性, 通过串联两个多稳态机构实现了大行程的柔性静平衡机构设计[107]。

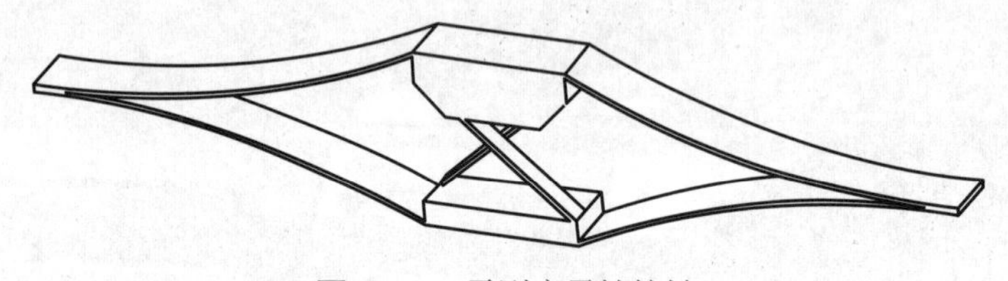

图 1.13 零刚度柔性铰链

1.4 分析与综合方法概述

日益增加的应用需求同时也在催生柔性机构基础理论研究的快速发展, 近 30 年间已诞生了多种柔性机构设计领域特有的方法。

在柔性机构的概念设计阶段, 创造性的设计方法占有非常重要的地位。新型柔性机构的产生总是离不开设计方法的有力支持。早期的柔性机构设计倾向于使用试错法 (trial and error), 这是一类非系统化的创新设计方法, 很大程度上依赖于设计者的经验和灵感。当柔性机构作为系统理论体系开始进行研究时, 有关柔性机构设计的新方法才开始萌发。更多的研究者普遍采用了基于拓扑结构的系统化分析及设计方法, 如刚体替换法 (典型的有伪刚体模型法、结构矩阵法)、连续法 (典型的有拓扑优化法、均匀化法、基础结构法、窗函数法、水平集法) 等。前者旨在将构型综合与尺度综合分离, 而后者意在将构型综合与尺度综合统一起来。系统化方法在设计平面柔性机构中较为成功, 综合出了大量的功能型柔性机构, 如导向机构、运放机构、常力机构、稳态机构等[4], 特别在 MEMS 器件及支撑装备上已经得到了广泛的应用。但这些方法也有其各自的缺点: 例如, 伪刚体模型法虽然可以提供简单的参数化模型, 但由于精度等原因很难直接用于空间结构; 而连续法在优化设计过程中需要考虑的参数太多 (多数要借助有限元仿真来实现)。

正是基于此原因, 学者们又提出了其他几种柔性机构分析及设计方法, 如约束设计法、梁模型法、基于旋量理论的自由度与约束空间拓扑综合 (FACT) 法、模块法、屈曲设计法等。这些方法在某些层面上可以很好地弥补上述方法的不足。例如, 用在大行程、高精度柔性机构创新设计上, 弥补了早期方法的不足, 也不乏成功的实例, 而且约束设计和模块法还很适合向空间结构拓展。不过, 这些方法也存在各自的不足: 例如, 约束设计法将约束作为基本单元, 而非传统上由运动单元来构造柔性机构, 相比之下, 构型受限, 不容易觅得最优解。模块法囿于先建模块库, 再由库元素衍生新机构, 难免创新活性不足, 等等。2012 年出版的 *Handbook of Compliant Mechanisms* 对梁模型法、FACT 法、伪刚体模型法、拓扑优化法、模块法等有较详细的描述[8]。

从综合角度考虑, 上述方法又可归到图 1.14 所示的三大类中, 即运动综合法、约束综合法和能量综合法[108]。

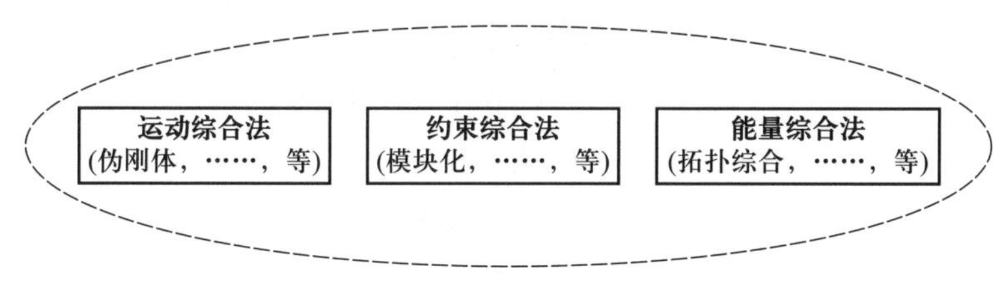

图 1.14 用于柔性机构设计的综合方法

下面主要对几种主流柔性设计方法进行简单的概述。

1. 伪刚体模型法

伪刚体模型 (pseudo-rigid-body model, 简称 PRBM) 方法由 Midha 和 Howell 等最先提出[109], 他们对多种基本柔性单元 (悬臂梁、固定 – 导向梁等) 进行了伪刚体建模, 为伪刚体模型法的应用奠定了基础。

如图 1.15 所示, 将两根连杆铰接并施加扭簧来模拟柔性悬臂梁的变形, 通过建立铰接点位置和弹簧刚度在不同载荷情况下的关系，以刚性杆的位移近似逼近柔性梁的变形。这样，柔性杆的运动特性由带有铰链的刚性杆模拟，其刚度特性由附加的弹簧来描述。借助伪刚体模型，可以在柔性机构和刚性机构之间搭建起一座桥梁，找到相互对应的关系。

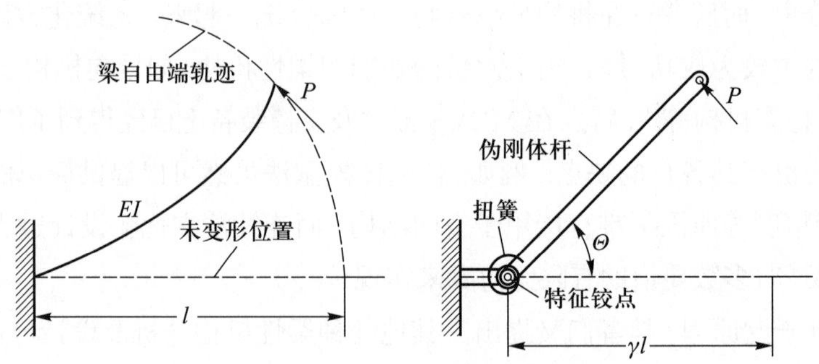

图 1.15 悬臂柔性梁及其伪刚体模型[4]

就本质而言，伪刚体模型法是一种基于运动学的刚体置换 (rigid-body replacement) 法。通过合理地运动学等效 (kinematic equivalence) 替换，可以借鉴刚性机构成熟的理论和方法来研究柔性机构。例如，文献 [110] 采用伪刚体模型分析了末端受力和力矩作用的柔性梁的变形情况，并用数值积分求解了梁方程，随后用此方法综合得到了满足预期路径的柔性四杆机构 (图 1.16)。

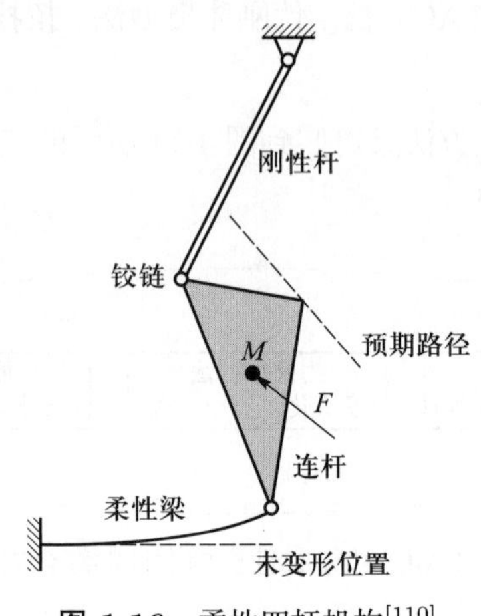

图 1.16 柔性四杆机构[110]

PRBM 提出者的初衷主要为分析非线性大变形单元提供一种简单实效的方法，这无疑也是该方法最大的亮点。利用 PRBM 可以快速验证一个初始概念设计的正确性，但直接采用该方法来生成初始概念设计却非易事。另外，刚性机构也仅仅是柔性机构的一种特例，因此这种方法大大限制了柔性机构的构型种类，目前还主要应用于平面机构中。

2. 拓扑优化设计法

拓扑优化设计 (topology optimization) 方法[111–114] 的主要思想是根据机构所要求的运动以及约束等设计目标函数, 在给定的边界条件下, 利用寻优算法生成合理构型。具体又可细分为基础结构法 (ground structure approach)、连续体法 (continuum approach) 以及水平集法 (level-set method) 等。基础结构法是指在一个基础结构 (由桁架或梁单元组成的稠密网格状矩形结构) 上利用优化算法选择性地去掉网格, 进而生成设计构型 (图 1.17)。连续体法通常将矩形结构离散成更为精细的网格, 如四边形有限单元等。由于使用了精细网格, 其结构模型在描述连续体时比基结构模型更为准确。

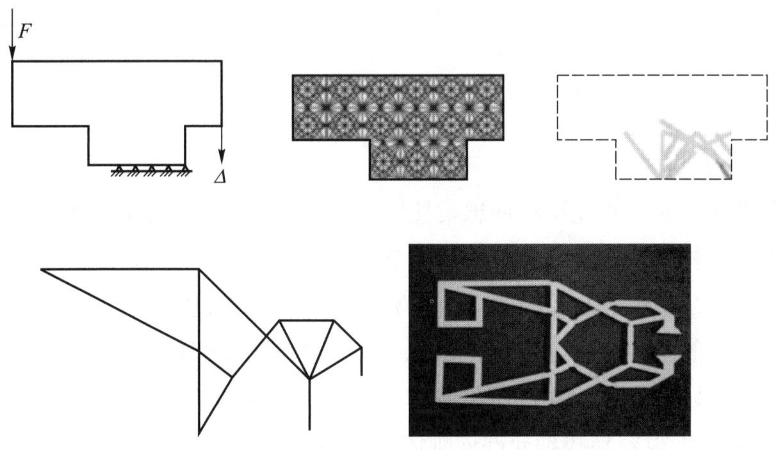

图 1.17 基于基础结构法设计的柔性夹钳[8]

拓扑优化设计方法本质上是一种基于数 (力) 学的非运动学综合方法, 能够从问题要求中直接生成初始设计方案。但是该方法严重依赖于设计的目标函数以及优化算法, 且有时生成的设计常常会出现尖点柔铰 (point flexure) 和集中柔度区域而难以实用。目前, 该方法还仅限于平面柔性机构的综合。

3. 结构矩阵法

柔性机构尤其复杂的空间柔性机构中往往含有大量的柔性单元, 受负载作用时的变形通常也比较复杂 (如产生空间变形), 这样很难再建立相对准确而有效的平面伪刚体模型, 需要将伪刚体模型扩展到空间。受有限元法的启发, 对柔性机构进行 “分块”, 机构中的柔性单元或模块与其他部分分别对待, 前者是具有多维柔度的变形单元, 而后者视为刚性杆; 通过空间坐标变换, 得到可反映系统整体结构的空间柔度或刚度矩阵模型; 再以此模型为核心来研究柔性机构的各种性能, 如刚度、精度等 (图 1.18), 这种方法就称为结构矩阵法[10]。不同学者在使用结构矩阵法[115-116] 时的区别主要体现在对柔性单元或柔性模块的维度控制上 (1 ~ 3 维或者 6 维)[116-123]。由于结构矩阵法既是一种扩展的伪刚体模型法, 同时也是简化了的有限元方法, 因此计算结果要比一般平面伪刚体模型的精度高，同时也可通过商业有限元软件的计算结果进行验证。

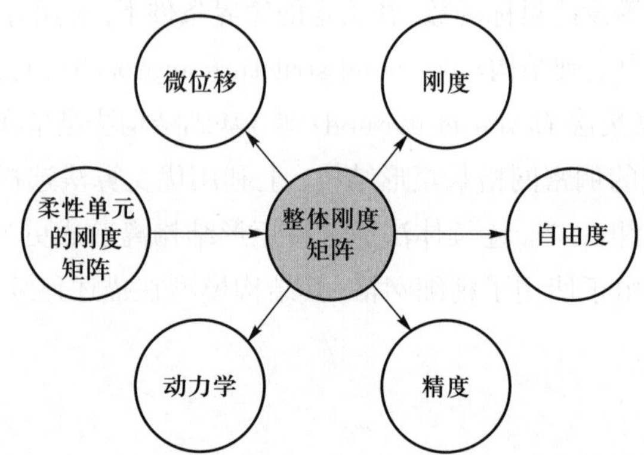

图 1.18 利用结构矩阵法对柔性机构建模的基本思路

4. 约束设计法

约束设计法的核心在于将理想柔性约束 (ideal flexure constraint) 作为基本单元来构造柔性机构。该方法始于 Maxwell 提出的自由与约束对偶原理[2]，即加在一个系统上的非冗余约束数与系统的自由度数之和为 6。Blanding 等[124] 提出了自由与约束对偶原理的可视化法则，简称为 Blanding 法则，即系统的所有约束线都与其自由线相交。例如，如图 1.19 所示的刚体受到 5 条线约束 (实线所示) 的作用，则根据 Blanding 法则很容易找到允许该刚体运动的一条转轴位置 (虚线所示)，而且仅此一条。MIT 深入研究了约束设计方法，并设计了多个柔性精密定位平台，论证了其方法在设计精微机械时的有效性[125-127]。

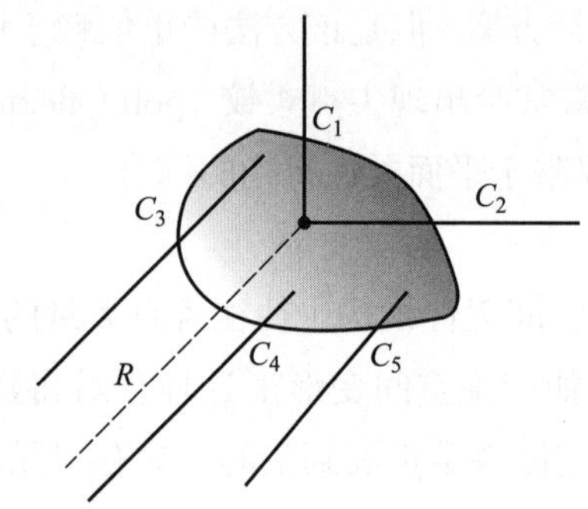

图 1.19 应用 Blanding 法则分析机构的自由度

约束设计方法在精密工程领域得到了广泛应用，它的基本思想是首先确定一个机构中所有约束的位置和方向，然后利用自由度与约束对偶原理来确定机构的运动。其优点在于，可以可视化表达机构的运动，因此该方法比较适合柔性机构的早期设计。但是该方法没有一个系统化的设计过程，不容易得出最优设计，而且需要长期的知识和经验的积累。

5. 自由与约束空间拓扑法

自由度与约束空间拓扑综合 (FACT) 法由 Hopkins 等[128−130] 受 Blanding 的理论启发, 并有机结合旋量理论 (screw theory) 发展延伸而来, 而后逐渐完善, 已发展成为一种系统化的柔性机构构型综合方法。该方法具体从旋量系理论出发, 按照物体所允许的运动引入了一系列具有特定维度的自由度空间 (FS) 和约束空间 (CS), FS 代表物体在空间中所允许的运动, 而 CS 则代表物体在空间中受限的运动, 即物体所受约束。这些空间通过几何表达显得更加形象直观。实际上, FS 与 CS 之间的关系可由互易旋量系 (reciprocal screw system) 来表达, 而 Blanding 法则可以看作旋量系互易的一种特例 (旋量退化为线矢量)。自由度与约束空间拓扑方法可以系统实现对多自由度柔性机构的构型综合, 一种典型的综合过程如图 1.20 所示。该方法物理含义清晰, 过程简单, 在旋量理论的指导下, 得到的构型也具有一定程度的完备性。之后, Su 等[131-132] 给出了 FACT 法的旋量解析。Yu 等[133-134] 在旋量理论的框架下, 实现了对包括基于约束单元和运动单元类型的并联、串联、混联柔性机构的构型综合。

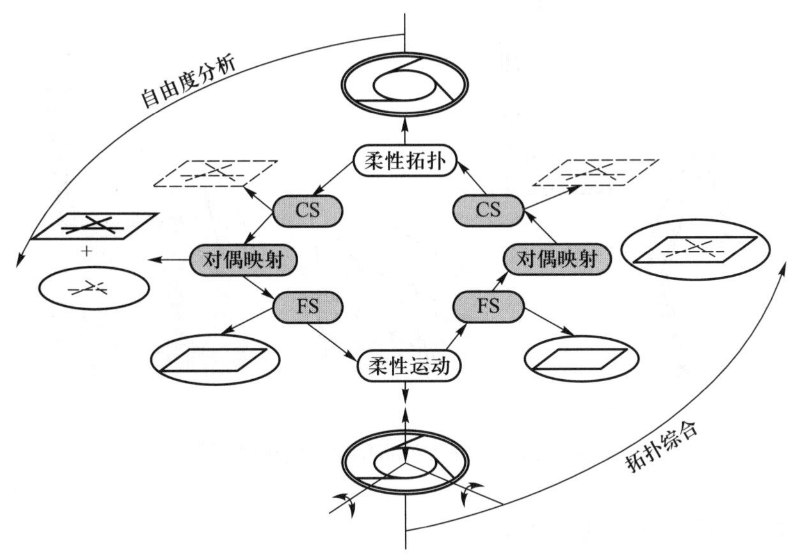

图 1.20 FACT 法进行柔性机构综合的流程

FACT 法的优点是物理含义清晰、过程简单, 在旋量理论的指导下, 得到的构型具有一定程度的完备性。但是, 这种利用旋量理论的设计方法一般不能用于大变形柔性设计。

6. 模块化法

模块化的设计方法是利用已知特性的柔性单元或机构作为模块, 按照一定的规则串联或并联起来实现所要求的运动性能[135-136]。模块化方法的一般设计思路是: 首先将综合问题具体描述 (包括所要求运动的性能指标), 抽象成数学或几何表达 (如自由度空间等); 然后根据要求的性能跟模块库中的各模块进行匹配, 若有满足要求或性能更优的模块, 则此模块便为最终构型; 若无合适模块, 则将问题分解, 然后再对子问题与模块库进行匹配; 依此类推, 直至找到满足子问题的所有模块。最后, 按一定的组合方法将各模块组合起来形成最终的机构构型。该方法的前提是建立模块库, 库中的模块必须是特性已知的柔性单元或机构。作为一种概念设计方法, 利用模块化方法可以生成较好的构型, 但同时寻优过程可能不收敛, 致使综合不到合适的构型。

Kim[137-138] 通过引入柔度椭球概念来研究柔性模块的特性, 并利用柔性折梁模块组合得到了一些机构构型, 如图 1.21 所示; 随后又提出了一种基于瞬心的模块组合方法来综合运放机构, 如图 1.22 所示。这种瞬心设计方法操作简单、物理含义明确, 但其应用范围较小; 而且, 为了简化问题, 采用了线性分析方法, 在大变形时将产生一定的误差。

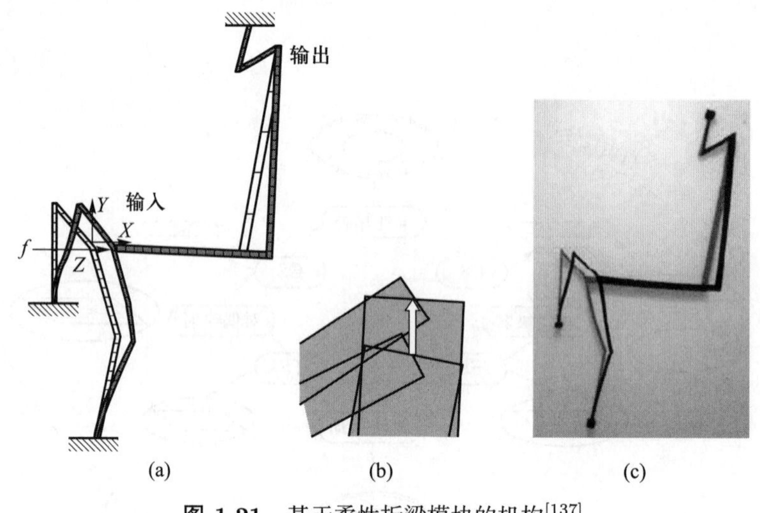

图 1.21 基于柔性折梁模块的机构[137]

7. 基于屈曲原理的创新设计

在传统缺口型柔性铰链设计方法研究中, Howell[139] 提出了避免柔性铰链屈曲的两种方法 —— 倒置法和转移法。图 1.23 所示为其采用转移法设计的大变形贝壳式柔性铰链。此外, 为避免屈曲,EPFL[140] 还提出了一种设计柔性铰链的阻挡法, 就是在柔性铰链及其机构中增加一些辅助的阻挡结构, 以限制其因受到高压载荷而产生的过大变形运动, 这样就起到了 "过载保护" 的作用。但是, 与倒置法和转移法相比, 阻挡法只能用于载荷较小的场合。图 1.24 所示为利用阻挡法所设计的 2–DOF 柔性移动副。北京航空航天大学为了实现对缺口型大行程柔性铰链的设计, 系统研

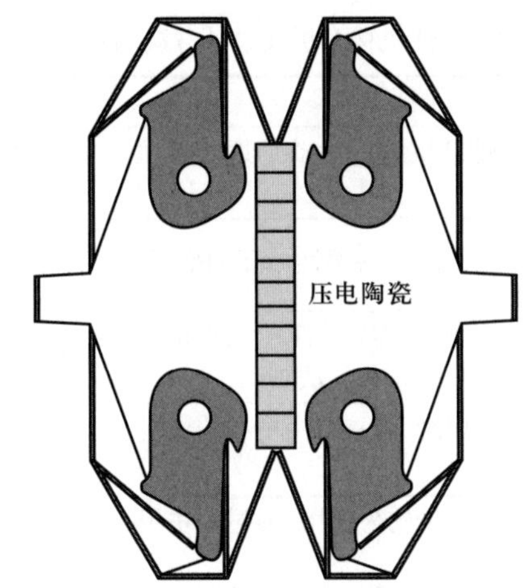

图 1.22　压电运动放大机构[138]

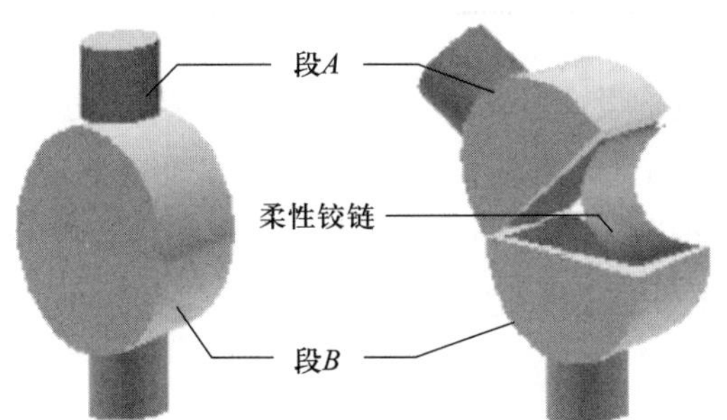

图 1.23　贝壳式柔性铰链[139]

图 1.24　阻挡法应用实例[140]

究了屈曲设计法[141]。

表 1.2 对上述几种柔性机构分析及设计方法的特点与适用范围进行了总结。

表 1.2　柔性机构分析及设计方法的总结与比较

类型	特点	适用范围
伪刚体模型法	以平面刚性杆机构的运动逼近柔性单元的变形	平面机构的分析建模与综合
结构矩阵法	用单元柔度矩阵反映柔性单元的变形	平面、空间机构的分析建模与综合
约束设计法	将理想约束作为基本柔性单元来构造柔性机构, 满足 Blanding 法则	构型综合
FACT 法	基于旋量系理论, 建立自由度与约束空间的对偶关系	构型综合
模块化法	以柔性单元或机构为模块, 通过模块组合实现性能	构型、尺度 (统一) 综合
拓扑优化法	以运动或约束等目标函数, 给定边界条件, 利用寻优算法生成合理构型	平面机构的构型、尺度 (统一) 综合

事实上, 在柔性机构设计过程中, 构型 (尺度) 综合、分析建模与设计方法往往是相互关联、交织的。构型综合离不开分析设计方法的支持, 而好的构型会大大简化分析建模的过程, 多种有效的分析及设计方法也会相融其中。关键在于挖掘其中的联系, 提供给柔性机构一个强有力的设计工具。

1.5　本书内容

从 1994 年开始, 北京航空航天大学在国家自然科学基金 (NSFC) 的持续资助下, 始终围绕柔性设计理论与应用这一主题独立开展研究。研究过程中, 注重机构学与数 (力) 学、机器人, 以及精密工程等学科的交叉, 系统地开展了柔性机构构型综合理论与设计方法、柔性机构性能评价与参数化建模、大行程高精度柔性系统、多轴纳米定位平台等共性基础理论与关键技术的研究。

以国家自然科学基金委员会 1994 年资助 "并联微操作机构研究" 项目为契机, 迄今, 完成了 30 余项由 NSFC、863 计划、教育部博士点基金资助的有关柔性机构及应用方面的研究课题 (表 1.3)。理论研究涉及柔性机构分析与综合的方方面面。主要研究成果有:

表 1.3　北京航空航天大学柔性机构课题组已承担的国家自然科学基金项目

序号	项目起止时间	项目名称
1	1994—1996	并联微操作机构研究 (59385021)
2	1998—2000	面向生物工程的微操作机器人系统的研究 (59975047)
3	1999—2001	微操作系统光机电集成设计方法研究 (59975002)

续表

序号	项目起止时间	项目名称
4	2001—2003	全柔性机构的分析与设计方法研究 (50075010)
5	2003—2005	微型飞行机器人全柔性扑翼机构的研究 (50275004)
6	2005—2007	空间柔性铰链机构性能改善的理论与实验研究 (50475002)
7	2005—2007	RCM 机构的设计研究 (50405007)
8	2007—2009	功能型广义柔性铰链的分析与设计 (50675007)
9	2008—2010	面向微纳制造的大行程柔性平台的设计及实现 (50775007)
10	2009—2011	胞元式柔性机构的创新设计研究 (50875008)
11	2010—2012	基于约束行为的柔性精微机构设计方法研究 (50975007)
12	2010—2012	基于 VCM 概念的轮式移动机器人自适应机构设计及研究 (50905005)
13	2011—2013	基于嵌入式柔性驱动单元的仿生机器鱼柔性胸鳍研究 (51005006)
14	2012—2015	基于少自由度并混联机构的负载模拟器设计原理与应用研究 (51175011)
15	2012—2015	柔性精微机构刚度设计方法研究 (51175010)
16	2012—2015	基于能量特性的大行程柔性精密机构设计 (51105014)
17	2013—2016	基于簧片式柔性铰链的柔性驱动器研究 (51275017)
18	2013—2016	用于移动机器人系统的柔性功能模块的设计与分析研究 (51275552)
19	2013—2016	基于柔性特征的胸鳍摆动推进模式研究 (51205011)
20	2016—2019	可实现滚动运动模式的大转角并联/柔性机构设计理论 (51575017)

(1) 对传统伪刚体模型进行了拓展, 提出了结构矩阵法和针对簧片型柔性单元的等效刚体模型。

(2) 提出了多种柔性精微机构构型综合及创新设计方法: 例如, 图谱法、约束法、虚拟转动中心 (VCM) 法、胞元法、参数化刚度综合法、屈曲法等 (图 1.25), 丰富和完善了柔性机构设计理论体系, 为缓解乃至消除柔性机构行程、刚度与精度之间的矛盾提供了可行性。

(3) 率先开展了大行程高精度柔性铰链及多轴柔性定位平台的基础理论、技术及应用研究, 较早地将柔性机构应用于生物细胞微操作机器人、仿生机器人、高精度驱动器等研发中。

(4) 自行设计并搭建了柔性铰链及柔性机构实验综合性能测试平台及各专项性能测试平台, 可以测试刚度、精度、压稳性、疲劳寿命、运动范围、工作载荷及固有频率等技术参数。

本书将从柔性设计的角度, 对课题组的前阶段主要研究工作进行梳理和总结, 希望能有更多的学者关注和研究柔性机构。

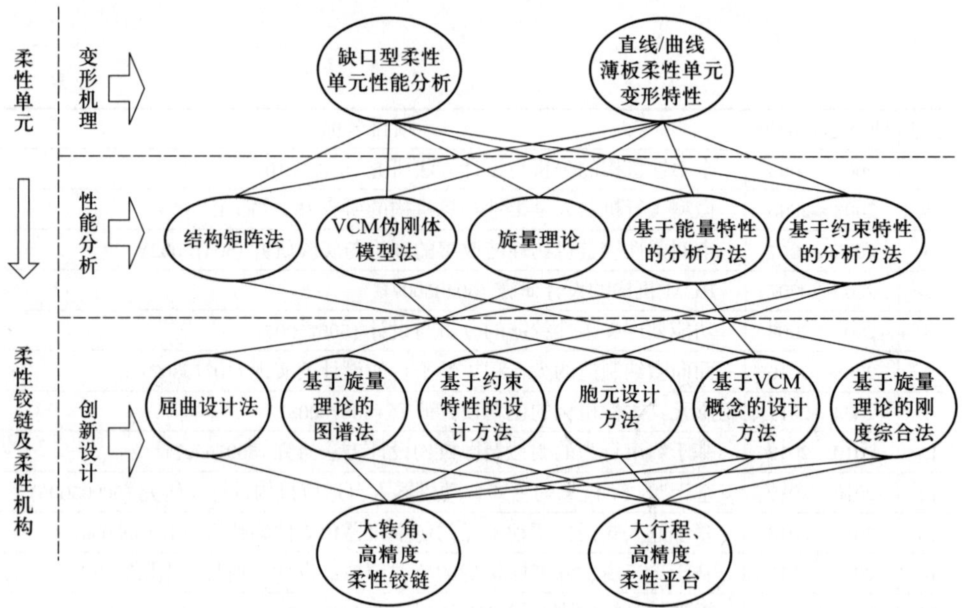

图 1.25 在柔性机构设计理论方面的主要研究点分布

参考文献

[1] 李大华, 徐扬, 郑鹄. 山西应县木塔与历史地震. 山西地震, 2003(1): 34-39.

[2] Maxwell J C, Niven W D. General considerations concerning scientific apparatus. New York: Courier Dover Publications, 1890.

[3] Paros J M, Weisbord L. How to design flexure hinges. Machine Design, 1965, 37(27): 151-156.

[4] Howell L L. 柔顺机构学. 余跃庆, 译. 北京: 高等教育出版社, 2006.

[5] Awtar S, Slocum A H. Constant-based design of parallel kinematic XY flexure mechanisms. Journal of Mechanical Design, Transaction of the ASME, 2007, 129(8): 816-830.

[6] Dickinson M H, Farley C T, Full R J, et al. How animals move: An integrative view. Science, 2000, 288(7):100-106.

[7] Kota S. Shape control of adaptive structures using compliant mechanisms. Standard Form, 2000, 298: 1-7.

[8] Howell L L, Olsen B M, Magleby S P. 柔顺机构设计理论与实例. 陈贵敏, 于靖军, 马洪波, 等, 译. 北京: 高等教育出版社, 2015.

[9] 于靖军, 陈贵敏, 郝广波, 等. 柔性机构及其应用研究进展. 机械工程学报, 2015, 51(13): 53-68.

[10] 于靖军. 全柔性机器人机构分析及设计方法研究. 博士学位论文. 北京: 北京航空航天大学, 2002.

[11] Rakuff S, Cuttino J F. Design and testing of a long-range, precision fast tool servo system for diamond turning. Precision Engineering, 2009, 33: 18-25.

[12] Montesanti R C, Trumper D L. A 10 kHz short-stroke rotary fast tool servo//Proceedings of the American Society for Precision Engineering 2004 Annual Meeting, 2004, 34: 44-47.

[13] Henein S, Spanoudakis P, Droz S, et al. Flexure pivot for aerospace mechanisms. San Sebastian, Spain, 2003: 1-4.

[14] Zelenika S, Rohrer M, Rossetti D. Ultra-high precision gimbal-mount for optical elements. France, 2005.

[15] Stefan V. PI catalog: The world of micro-and nanopositioning. Karlsruhe, Germany, 2014.

[16] Akilian M, Forest C R, Slocum A H, et al. Thin optic constraint. Precision Engineering, 2007, 31: 130-138.

[17] 于靖军, 毕树生, 宗光华. 全柔性微位移放大机构的设计技术研究. 航空学报, 2004(1): 74-78.

[18] Henein S, Thurner M, Steinecker A. Flexible micro-gripper for micro-factory robots. 2003.

[19] 于靖军, 宗光华, 毕树生. 全柔性机构与 MEMS. 光学精密工程, 2001, 9(1): 1-5.

[20] Yu J J, Hu Y D, Bi S S, et al. Kinematics feature analysis of a 3 DOF in-parallel compliant mechanism for micro manipulation. Chinese Journal of Mechanical Engineering, 2004, 17(1): 127-131.

[21] Park H J, Lee D S, Park J H. Ultraprecision positioning system for servo-motor piezo-actuator using the dual servo loop and digital filter implementation. Machine Tools and Manufacture, 2001, 41: 51-63.

[22] Pei X, Yu J J, Zong G H, Bi S S. A family of butterfly flexural joints: Q-LITF pivots. Journal of Mechanical Design, Transaction of the ASME, 2012, 134(12): 121005.

[23] Dong W, Sun L N, Du Z J. Design of a precision compliant parallel positioner driven by dual piezoelectric actuators. Sensors and Actuators A: Physical, 2007, 135(1): 250-256.

[24] Tang X Y, Chen I M, Li Q. Design and nonlinear modeling of a large-displacement XYZ flexure parallel mechanism with decoupled kinematic structure. Review of Scientific Instruments, 2006, 77(11): 115101-115101-11.

[25] Hao G B, Kong X W. A novel large-range XY compliant parallel manipulator with enhanced out-of-plane stiffness. Journal of Mechanical Design, Transaction of the ASME, 2012, 134(6): 061009.

[26] Bacher J P, Joseph C, Clavel R. Flexures for high precision robotics. Industrial Robot. 2002, 29(4): 349-353.

[27] Pham P, Regamey Y, Fracheboud M, et al. Orion MinAngle: A flexure-based, double-tilting parallel kinematics for ultra-high precision applications requiring high angles of rotation//Proc. of the 36th ISR International Symposium on Robotics, Tokyo, 2005: 1-7.

[28] Choi K B, Lee J J. Passive compliant wafer stage for single-step nano-imprint lithography. Review of Scientific Instruments. 2005, 76(7): 237-792.

[29] Furutani K, Suzuki M, Kudoh R. Nanometre-cutting machine using a Stewart-platform parallel mechanism. Measurement Science and Technology. 2004, 15(2): 467-474.

[30] Choi K, Kim D. Monolithic parallel linear compliant mechanism for two axes ultraprecision linear motion. Review of Scientific Instruments, 2006, 77(6): 065106.1-7.

[31] Masters N D, Howell L L. A self-retracting fully compliant bistable micromechanism. IEEE Journal of Microelectromechanical Systems, 2003, 12(3): 273-280.

[32] Justin A R. Gravity gradiometer aided inertial navigation with non-gas environments. America: University of Maryland, 2008.

[33] 贾明, 杨功流. 基于超导的全张量重力梯度敏感头设计. 中国惯性技术学报, 2012, 20(1):11-14.

[34] Slocum A H, Awtar S. Parasitic error-free symmetric diaphragm flexure, and a set of precision compliant mechanisms based it: Three and five DOF flexible torque couplings, five DOF motion stage, single DOF linear/axial bearing. Mechanism and Machine Theory, 2006, 41(1):147-163.

[35] Sarajilic E, Yamahata C, Cordero M, et al. Three-phase electrostatic rotary stepper micromotor with a flexural pivot bearing. Journal of Microelectromechanical System, 2012, 19(2):338-349.

[36] Ijspeert A J. Biorobotics: Using robots to emulate and investigate agile locomotion. Science, 2014, 346(6206): 196-203.

[37] Kubo Y, Shimoyama I, Kaneda T, et al. Study on wings of flying microrobots//Proceeding of the 1994 IEEE International Conference on Robotics & Automation, 1994: 834-839.

[38] Fearing R S, Chiang K H, Dickinson M H, et al. Wing transmission for a micromechanical flying insect//Proceeding of the 2000 IEEE International Conference on Robotics and Automation, 2000: 1509-1516.

[39] 宗光华, 贾明, 毕树生, 等. 扑翼式微型飞行器的升力测量与分析. 机械工程学报, 2005, 41(8): 120-124.

[40] Wood R. Design, fabrication, and analysis of a 3DOF, 3cm flapping-wing MAV//Conference on Intelligent Robots and Systems, 2007:1576-1581.

[41] Elizabeth P. Bio-inspired engineering: Manta machines. Science, 2011, 232: 1028-1029.

[42] Trease B P, Lu K J, Kota S. Biomimetic compliant system for smart actuator-driven aquatic propulsion: Preliminary results//2003 ASME International Mechanical Engineering Congress, Nov. 15-21, 2003, Washington, DC, United states. New York: ASME, 2003: 43-52.

[43] 蔡月日, 毕树生. 胸鳍摆动推进模式仿生鱼研究进展. 机械工程学报, 2011, 47(19): 30-37.

[44] Suzumori K, Endo S, Kanda T, Kato N, et al. A bending pneumatic rubber actuator realizing soft-bodied manta swimming robot//2007 IEEE International Conference on Robotics and Automation. Roma, Italy, 2007: 4975-4980.

[45] 张永顺, 李海亮, 刘巍, 等. 超磁致伸缩薄膜尾鳍机器鱼的仿生游动机理. 机械工程学报, 2006,42(2):37-42.

[46] 王振龙, 杭观荣, 李健, 等. 面向水下无声推进的形状记忆合金丝驱动柔性鳍单元. 机械工程学报, 2009,45(2):126-131.

[47] Spenko M J, Haynes G C, Saunders J A, et al. Biologically inspired climbing with a hexapedal robot. Journal of Field Robotics, 2008, 25(4-5): 223-242.

[48] Murphy M P, Sitti M. Waalbot: An agile small-scale wall-climbing robot utilizing dry elastomer adhesives. IEEE/ASME Transactions on Mechatronics, 2007, 12(3): 330-338.

[49] Kim S, Asbeck A, Provancher W, et al. Spinybot Ⅱ: climbing hard walls with compliant micro-spines//Proc. of IEEE International Conference on Advanced Robotics, July 18-20, Seattle, WA, 2005.

[50] Dickinson M H, Farley C T, Full R J, et al. How animals move: An integrative view. Science, 2000, 288(7):80-83.

[51] http://www.bostondynamics.com/robot_bigdog.html.

[52] Geoff H. Quadruped trotting with passive knees design control and experiments//IEEE International Conference on Robotics & Automation, 2000.

[53] Kimura H. Stable quadrupedal running based on a spring loaded two segment legged model//IEEE International Conference on Robotics & Automation, 2004.

[54] Michael P, Murphy M R. The LittleDog robot. International Journal of Robotics Research, 2011, 30(2):145-149.

[55] Halverson P A, Howell L L, Bowden A E. A flexure-based bi-axial contact-aided compliant mechanism for spinal arthroplasty//2008 ASME International Mechanical Engineering Congress, Aug. 36, 2008, Brooklyn, NY, USA: DETC2008-50121.

[56] Gurinot A, Magleby S, Howell L L, et al. Compliant joint design principles for high compressive load situations. Journal of Mechanical Design, Transaction of the ASME, 2005, 127(4): 774-781.

[57] Cannon J R, Lusk C P, Howell L L. Compliant rolling-contact element mechanisms// ASME Design Engineering Technical Conferences, DETC05/DAC, vol. 7A, 2005: 3-13.

[58] Sung E, Slocum A H, Ma J R, et al. Design of an ankle rehabilitation device using compliant mechanism. Journal of Medical Devices, Transaction of the ASME, 2011, 5(1): 011001.

[59] Van H R, Sugar T G, Vanderborght B, et al. Compliant actuator design-review of actuators with passive adjustable compliance/controllable stiffness for robotic applications. Journal of Robotics & Automation Magazine. 2009, 16(3): 81-94.

[60] Palli G, Melchiorri C, Berselli G, et al. Design and modeling of variable stiffness joints based on compliant flexures//International Design Engineering Technical Conferences & Computers and Information in Engineering Conference. Montreal, Quebec, Canada, 2010: 1-10.

[61] Bi S S, Qiao T, Zhao H Z, Yu J J. Stiffness analysis of two compliant pivots used in series elastic actuators. Transactions of the Canadian Society for Mechanical Engineering, 2012, 36(3): 315-328.

[62] Walker I D, Dawson D M, Flash T, et al. Continuum robot arms inspired by cephalopods. SPIE Unmanned Ground Vehicle Technology Ⅶ, vol. 5804, Bellingham, WA, USA, 2005:303-314.

[63] Boccolato G, Manta F, Dumitru S, et al. 3D kinematics of a tentacle robot. International Journal of Systems Applications, Engineering and Development, 2010, 4(1): 1-8.

[64] Jones B A, Walker I D. Kinematics for multisection continuum robots. IEEE Transaction on Robotics, 2006, 22(1): 43-55.

[65] Mcmahan W, Chitrakaran V, Csencsits M, et al. Field trials and testing of the OctArm continuum manipulator//IEEE International Conference on Robotics and Automation, 2006, Piscataway, NJ, USA: 2336-2341.

[66] OC Robotics. Snake-arm robots access the inaccessible. Nuclear Technology International, 2008, 1: 92-94.

[67] 陶宝琪. 智能材料结构. 北京: 国防工业出版社, 1997.

[68] Kota S. Flexible, bio-inspired machines are the future of engineering. Scientific American, 2014.

[69] Hinkley D, Simburger E J. A multifunctional flexure hinge for deploying omnidirectional solar arrays//42nd AIAA/ASME/ASCE/AHS/ASC Structural Dynamics and Materials Conference and Exhibit, USA,California, 2001: 316-323.

[70] Kota S. Shape control of adaptive structures using compliant mechanisms. Standard Form, 2000, 298(1): 1-7.

[71] Lu K J, Kota S. Design of compliant mechanisms for morphing structural shapes. Journal of Intelligent Materials, Systems, and Structures, 2003, 14(6): 379-391.

[72] Reed J L, Hemmelgran C D, Pelley B M, et al. Adaptive wing structures//Smart Structures and Materials 2005: Industrial and Commercial Applications of Smart Structures Technologies, Proceedings of SPIE, V. 5762.

[73] Hetrick J A, Osborn R F, Kota S. Flight testing of mission adaptive compliant wing// 48nd AIAA/ASME/ASCE/AHS/ASC Structural Dynamics and Materials Conference and Exhibit, USA, California, 2007: 23-26.

[74] Trease B, Kota S. Design of adaptive and controllable compliant systems with embedded actuators and sensors. Journal of Mechanical Design, Transaction of the ASME, 2009, 131: 111001.

[75] Frecker M. Recent advances in optimization of smart structures and actuators. Journal of Intelligent Material Systems and Structures, 2003, 14(5): 207-216.

[76] Lesieutre G A, Browne J A, Frecker M. Scaling of performance, weight and actuation of a 2D compliant cellular frame structure for a morphing wing. Journal of Intelligent Material Systems and Structures, 2011, 22(10): 979-986.

[77] Wissa A, Tummala Y, Hubbard J E, et al. Passively morphing ornithopter wings using a novel compliant spine: Design and testing. Smart Materials and Structures, 2012, 21: 094028.

[78] 黄杰, 葛文杰. 自适应机翼的发展现状及其关键技术研究. 航空兵器, 2010, 2: 8-12.

[79] 黄杰, 葛文杰, 杨方. 实现机翼前缘形状变化柔性机构的拓扑优化. 航空学报, 2007, 28(4): 988-922.

[80] Vocke R D, Kothera C S, Woods B K. Development and testing of a span-extending morphing wing. Journal of Intelligent Material Systems and Structures, 2011, 22(9): 879-890.

[81] Migliavacca F, Petrini L, Colombo M, et al. Mechanical behavior of coronary stents investigated through the finite element method. Journal of Biomechanics, 2002, 35: 803-811.

[82] 王伟强. 冠状动脉支架力学行为有限元分析及其结构优化. 大连: 大连理工大学, 2005.

[83] Jelinek F, Arkenbout E A, Henselmanse P, et al. Classification of joints used in steerable instruments for minimally invasive surgery: A review of the state of the art. Journal of Medical Devices, Transaction of the ASME, 2015, 9(1): 010801.

[84] Simaan N, Xu K, Wei W, et al. Design and integration of a telerobotics system for minimally invasive surgery of the throat. International Journal of Robotics Research, 2009, 28(9): 1134-1153.

[85] Solano B, Rotinat-Libersa C. A new dexterous robotized instrument tip for mini-invasive surgery, based on flexible mechanisms and miniature hydraulic actuation//European Robotics Forum 2011, Enabling Innovation: From Research to Products, Workshop on Surgical Robotics, April 6-8, 2011, Sweden.

[86] Jensen B D, Howell L L, Salmon L G. Design of two-link, in-plane, bistable compliant micro-mechanisms. Journal of Mechanical Design, Transaction of the ASME, 1999, 121(2): 416-423.

[87] Chen G M, Aten Q T, Howell L L, Jensen B D. A tristable mechanism configuration employing orthogonal compliant mechanisms. Journal of Mechanisms and Robotics, Transaction of the ASME, 2010, 2(1): 014501.

[88] Olympio K R, Gandhi F. Zero Poisson's ratio cellular honeycombs for flex skins undergoing one-dimensional morphing. Journal of Intelligent Material Systems and Structures, 2010, 21(17):1737-1753.

[89] Lesieutre G A, Browne J A. Scaling of performance, weight, and actuation of a 2-D compliant cellular frame structure for a morphing wing. Journal of Intelligent Material Systems and Structures, 2011, 22(10): 979-986.

[90] Hopkins J B, Lange K J, Spadaccini C M. Designing microstructural architectures with thermally actuated properties using freedom, actuation, and constraint topologies. Journal of Mechanical Design, Transaction of the ASME, 2013, 135(6): 061004.

[91] Mankame N, Ananthasuresh G K. Contact aided compliant mechanism: Concept and preliminaries//2002 ASME International Mechanical Engineering Congress, Sep. 29-Oct. 2, 2002, Montreal, Canada: DETC2002/MECH-34211.

[92] Mankame N, Ananthasuresh G K. A novel compliant mechanism for converting reciprocating translation into enclosing curved paths. Journal of Mechanical Design, Transaction of the ASME, 2004, 126(4): 667-672.

[93] Halverson P A, Howell L L, Bowden A E. A flexure-based bi-axial contact-aided compliant mechanism for spinal arthroplasty//2008 ASME International Mechanical Engineering Congress, Aug. 36, 2008, Brooklyn, NY, USA: DETC2008-50121.

[94] Cannon J R, Howell L L. A compliant contact-aided revolute joint. Mechanism and Machine Theory, 2005, 40(11): 1273-1293.

[95] Montierth J R, Todd R H, Howell L L. Analysis of elliptical rolling contact joints in compression//2009 ASME International Mechanical Engineering Congress, Aug. 30-Sep. 2, 2009, San Diego, California, USA: DETC2009-87447.

[96] Tummala Y, Frecker M, Wissa A, Hubbard J. Design and optimization of a bend-and-sweep compliant mechanism. Smart Materials and Structures, 2013, 22: 094019.

[97] Jacobsen J O, Winder B G, Howell L L, et al. Lamina emergent mechanisms and their basic elements. Journal of Mechanisms and Robotics, Transaction of the ASME, 2010, 2(1): 011003-1-9.

[98] Wilding S E, Howell L L, Magleby S P. Spherical lamina emergent mechanisms. Mechanism and Machine Theory, 2012, 49: 187-197.

[99] Jacobsen J O, Chen G, Howell L L, et al. Lamina emergent torsional (LET) joint. Mechanism and Machine Theory, 2009, 44(11): 2098-2109.

[100] http://www.3dmgame.com/zt/201202/41797.html.

[101] Andersen C S, Magleby S P, Howell L L. Principles and preliminary concepts for compliant mechanically reactive armor// International Conference on Reconfigurable Mechanisms and Robots, 2009: 370-376.

[102] Herder J L, Berg V D. Statically balanced compliant mechanisms (SBCM's), an example and prospects//Baltimore, Maryland, 2000.

[103] Stapel A, Herder J L. Feasibility study of a fully compliant statically balanced laparoscopic grasper//Salt Lake City, Utah, USA, 2004.

[104] Tolou N, Herder J L. Concept and modeling of a statically balanced compliant laparoscopic grasper//San Diego, California, USA, 2009

[105] Hoetmer K, Woo G, Kim C, et al. Negative stiffness building blocks for statically balanced compliant mechanisms: Design and testing. Journal of Mechanisms and Robotics, Transaction of the ASME, 2010, 2(4): 041007.

[106] 张雷, 毕树生, 赵宏哲, 等. 零刚度交叉簧片柔性铰链的设计与仿真. 机械设计与制造. 2012, 12: 19-21.

[107] Chen G M, Zhang S. Fully-compliant statically-balanced mechanisms without prestressing assembly: Concepts and case studies. Mechanical Sciences, 2011, 2 (2): 169-174.

[108] 于靖军, 裴旭, 毕树生, 等. 柔性铰链机构设计方法的研究进展. 机械工程学报, 2010, 46(13): 2-13.

[109] Howell L L, Midha A. Parametric deflection approximations for end-loaded, large-deflection beams in compliant mechanisms. Journal of Mechanical Design, Transaction of the ASME, 1995, 117(1): 156-165.

[110] Hetrick J A, Kota S. An energy formulation for parametric size and shape optimization of compliant mechanisms. Journal of Mechanical Design, Transaction of the ASME, 1999, 121(2): 229-234.

[111] Frecker M I, Ananthasuresh G K, Nishiwaki S, et al. Topological synthesis of compliant mechanisms using multi-criteria optimization. Journal of Mechanical Design, Transaction of the ASME, 1997, 119(2): 238-245.

[112] Wang M Y, Chen S, Wang X, et al. Design of multimaterial compliant mechanisms using level-set methods. Journal of Mechanical Design, Transaction of the ASME, 2005, 127(5): 941-956.

[113] Zhou H, Ting K L. Topological synthesis of compliant mechanisms using spanning tree theory. Journal of Mechanical Design, Transaction of the ASME, 2005. 127(4): 753-759.

[114] Hull P V, Canfield S. Optimal synthesis of compliant mechanisms using subdivision and commercial FEA. Journal of Mechanical Design, Transaction of the ASME, 2006, 128(2): 337-348.

[115] 于靖军, 毕树生, 宗光华. 空间全柔性机构位置分析的刚度矩阵法. 北京航空航天大学学报, 2002, 28(3): 323-326.

[116] 于靖军, 毕树生, 宗光华, 等. 基于伪刚体模型法的全柔性机构位置分析. 机械工程学报, 2002, 38(2): 75-78.

[117] Lobontiu N. Compliant mechanisms: Design of flexure hinges. Boca Raton: CRC Press, 2003.

[118] Li Y M, Xu Q S. Design and analysis of a totally decoupled flexure-based XY parallel micromanipulator. IEEE Transactions on Robotics, 2009, 25(3): 645-657.

[119] Ryu J W, Gweon D G, Moonk S. Optimal design of a flexure hinge based XYφ wafer stage. Precision Engineering, 1997, 21(1): 18-28.

[120] Wang H, Zhang X M. Input coupling analysis and optimal design of a 3-DOF compliant micro-positioning stage. Mechanism and Machine Theory, 2008, 43(4): 400-410.

[121] Tang X Y, Chen I M, Li Q. Design and nonlinear modeling of a large-displacement XYZ flexure parallel mechanism with decoupled kinematic structure. Review of Scientific Instruments, 2006, 77(11): 115101.

[122] Koseki Y, Tanikawa T, Arai T, et al. Kinematic analysis of translational 3-DOF micro parallel mechanism using matrix method//2000 IEEE/RSJ International Conference on Intelligent Robots and Systems, Oct. 31-Nov. 5, 2000, Takamatsu, Japan. Piscataway: IEEE, 2001(1): 786-792.

[123] Dong W, Sun L N, Du Z J. Stiffness research on a high-precision, large-workspace parallel mechanism with compliant joints. Precision Engineering, 2008, 32(3): 222-231.

[124] Blanding D L. Exact constraint: Machine design using kinematic principle. New York: ASME Press, 1999.

[125] Slocum A H. Precision machine design. New York: Prentice-Hall Inc., 1992.

[126] Hale L C. Principles and techniques for designing precision machines. Ph. D. Thesis, Boston: Massachusetts Institute of Technology, 1999.

[127] Awtar S. Constant-based design of parallel kinematic XY flexure mechanisms. Ph. D. Thesis, Boston: Massachusetts Institute of Technology, 2004.

[128] Hopkins J B, Culpepper M L. Synthesis of multi-degree of freedom, parallel flexure system concepts via freedom and constraint topology (FACT). Part I: Principles. Precision Engineering, 2010, 34(2): 259-270.

[129] Hopkins J B, Culpepper M L. Synthesis of multi-degree of freedom, parallel flexure system concepts via freedom and constraint topology (FACT). Part Ⅱ: Practice. Precision Engineering, 2010, 34(2): 271-278.

[130] Hopkins J B. Design of flexure-based motion stages for mechatronic systems via freedom, actuation and constraint topologies (FACT). Ph. D. Thesis, Boston: Massachusetts Institute of Technology, 2010.

[131] Su H J, Dorozhkin D V, Vance J M. A screw theory approach for the conceptual design of flexible joints for compliant mechanisms. Journal of Mechanisms and Robotics, Transaction of the ASME, 2009, 1(4): 041009.

[132] Su H J, Shi H L, Yu J J. A symbolic formulation for analytical compliance analysis and synthesis of flexure mechanisms. Journal of Mechanical Design, Transaction of the ASME, 2012, 134(5): 051009.

[133] Yu J J, Li S Z, Su H J, et al. Screw theory based methodology for the deterministic type synthesis of flexure mechanisms. Journal of Mechanism and Robotics, Transaction of the ASME, 2011, 3(3): 031008.

[134] Yu J J, Li S Z, Pei X, et al. A unified approach to type synthesis of both rigid and flexure parallel mechanisms. Science in China Series E: Technological Sciences, 2011, 54(5), 1206-1219.

[135] Kim C J. A conceptual approach to the computational synthesis of compliant mechanisms. Ph. D. Thesis, Ann Harbor: University of Michigan, 2005.

[136] Bernardoni P, Bidaud P, Bidard C, et al. A new compliant mechanism design methodology based on flexible building blocks//Proceedings of Smart Structures, SPIE Modeling, Sign. Proc. Cont., 66, Mar. 15-18, 2004, San Diego, USA. SPIE, 2004: 244-254.

[137] Kim C J, Kota S, Moon Y M. An instant center approach toward the conceptual design of compliant mechanisms. Journal of Mechanical Design, Transaction of the ASME, 2006, 128(3): 542-550.

[138] Kim C J, Moon Y M, Kota S. A building block approach to the conceptual synthesis of compliant mechanisms utilizing compliance and stiffness ellipsoids. Journal of Mechanical Design, Transaction of the ASME, 2008, 130(2): 022308.

[139] Guerinot E, Magleby S P, Howell L L, et al. Compliant joint design principles for high compressive load situation. Journal of Mechanical Design, Transaction of the ASME, 2005, 127(4): 774-781.

[140] http://dmtwww.epfl.ch/isr/hpr/artist.html.

[141] 余志伟. 基于屈曲的柔性机构设计方法. 博士学位论文. 北京: 北京航空航天大学, 2007.

第 2 章　基本概念

柔性机构学历经 30 余年的发展, 逐渐成为机构学领域一个自成体系的前沿研究方向。其中的一些基本概念也自然构成了柔性机构学的研究基础和主题: 如柔性单元、柔性铰链、变形、行程、柔度、刚度、精度、轴漂、屈曲、疲劳等。

本章将对这些基本概念进行较全面的概述, 希望读者能够厘清柔性机构与刚性机构的区别, 初步认识柔性设计的特殊性。

2.1　柔性单元、柔性铰链、柔性机构与柔性模块

2.1.1　柔性单元

柔性单元 (flexure element), 又称变形单元或柔性元件, 是柔性机构的变形源。梁 (beam) 是最基本的柔性单元。以梁为基础, 衍生出的柔性单元包括*缺口型* (notch) 柔性单元、*簧片型* (sheet 或 blade) 柔性单元、*细长杆型* (wire) 柔性单元等, 如图 2.1 所示。

如图 2.2 所示, 缺口型柔性单元是一种具有*集中柔度* (lumped compliance) 的柔性元件, 它在缺口处产生集中变形; 而板簧和细长杆在受力情况下, 其中每个部分都产生变形, 它们是具有*分布柔度* (distributed compliance) 的柔性元件。缺口型柔性单元在缺口处易产生应力集中, 局部应力最先达到材料的弹性极限, 使得材料的性能不能充分发挥。细长杆和薄板 (又称为板簧或簧片), 尽管在其功能方向上具有相当高的柔度, 在拉伸和压缩时却具有相当高的刚度。这些元件的抗弯刚度与抗拉刚度可能会相差几个数量级。板簧和柔性杆结构与缺口型结构比较, 有以下特点: ① 无严重的应力集中现象; ② 元件的每部分都参与变形, 材料的性能得到充分发挥; ③ 变形机理复杂, 理论推导比较困难。

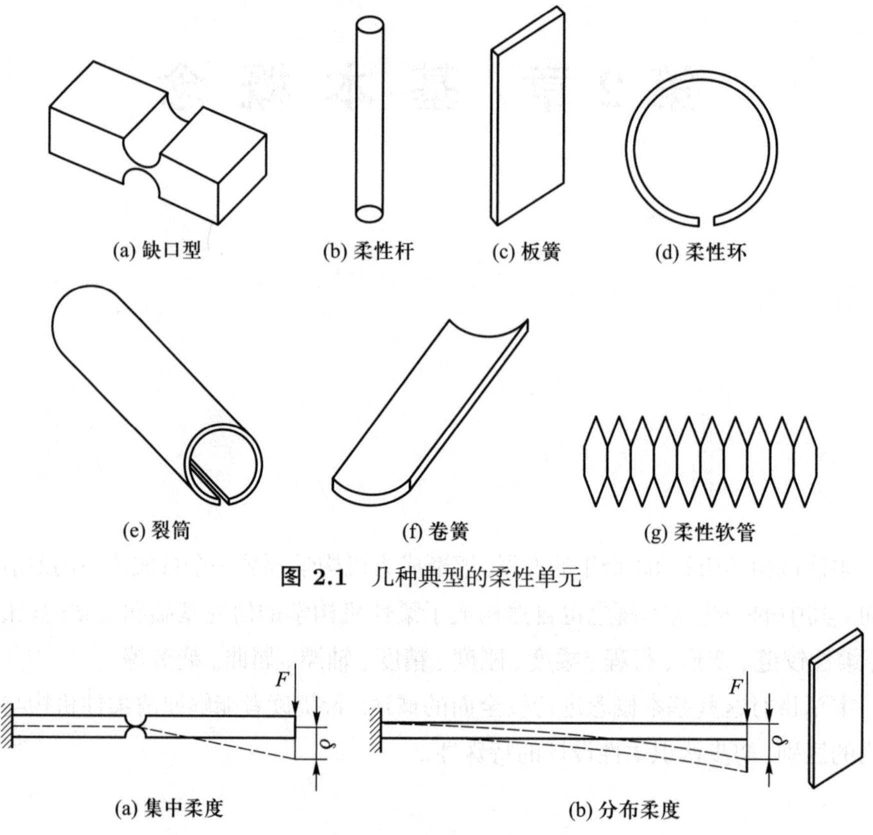

图 2.1 几种典型的柔性单元

图 2.2 集中柔度和分布柔度

2.1.2 柔性铰链

柔性铰链是柔性机构中最常见的组成元素。一般来讲, 柔性铰链 (flexure hinge, flexible joint, 或 compliant joint) 是指在外部力或力矩的作用下, 利用材料的变形在相邻刚性杆之间产生相对运动的一种运动副结构形式[1-3], 这与传统刚性运动副的结构有很大不同 (图 2.3)。此外, 具有大变形特征的柔性杆或板簧也通常作为柔性机构 (或柔性铰链) 中的基本柔性单元, 但性能上与柔性铰链有很大不同, 应区别开来。

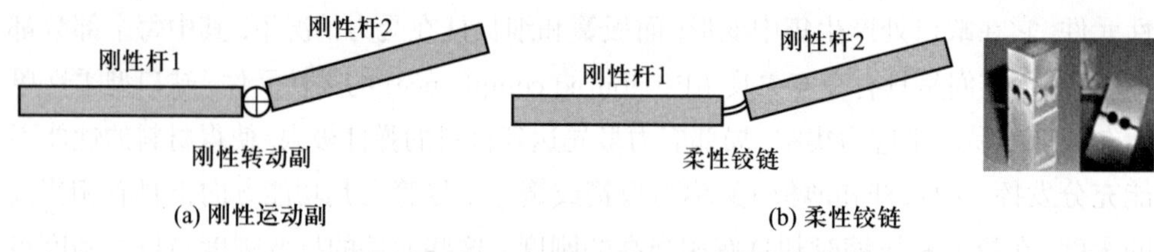

图 2.3 刚性运动副与柔性铰链的区别

注意, 在英语世界中,flexure hinge(或 flexible joint) 与 compliant joint 是有所区别的。前者主要是指利用材料的弹性变形; 而后者所涵盖的范围更广些, 也包括各类非线性变形。在本书中, 如不特别指明, 两者不作区分。

由基本柔性单元可以组合成种类各异的柔性铰链, 以实现与之相对应的刚性运动副的运动功能。但是, 无论簧片型柔性铰链还是缺口型柔性铰链都存在着较为明显的缺点, 如前者轴漂大, 后者转角小等。如果将这些基本的柔性单元组合, 可以得到性能更佳的柔性运动副构型。例如, 由若干簧片的组合可以衍生出多种形式的柔性转动副, 如交叉簧片型结构和多簧片型结构等。下面将根据运动类型对常用的柔性铰链进行分类枚举。

1. 柔性转动副

柔性转动副 (flexural pivot) 是指通过材料变形并按照特定的几何方式构建, 使与之相连接的两构件间发生相对转动的一种结构形式。功能上, 用以仿效传统形式的转动副 (图 2.4)。柔性转动副是一种最常用也是最基本的柔性铰链, 因为通过它可以组合成柔性移动副、柔性虎克铰以及柔性球铰等。

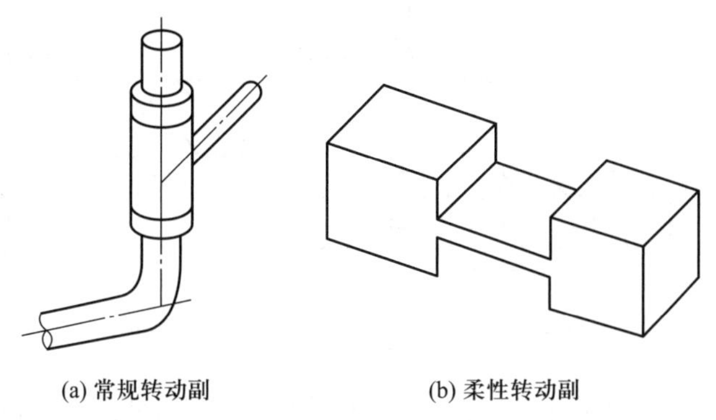

(a) 常规转动副　　(b) 柔性转动副

图 2.4　转动副

柔性转动副中只存在绕一个功能方向的轴线转动, 这个轴线通常称为敏感轴 (sensitive axis)[4]。以缺口型柔性转动副为例, 除了敏感轴之外, 还存在一个沿铰链切口轮廓变化方向的纵向轴和与敏感轴及纵向轴相垂直的横向轴, 如图 2.5 所示。

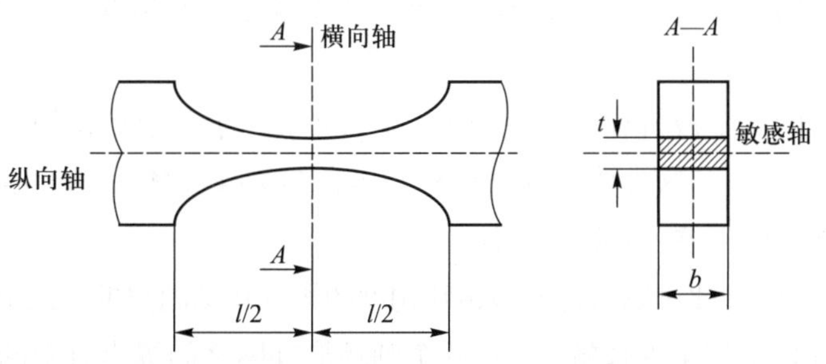

图 2.5　缺口型柔性转动副的几何模型

从结构是否对称角度来看, 缺口型柔性转动副又可分为横、纵向轴均对称 (图 2.6a), 纵向轴对称而横向轴不对称, 横向轴对称而纵向轴不对称 (图 2.6b), 以及横、纵向轴均不对称四种表现形式。

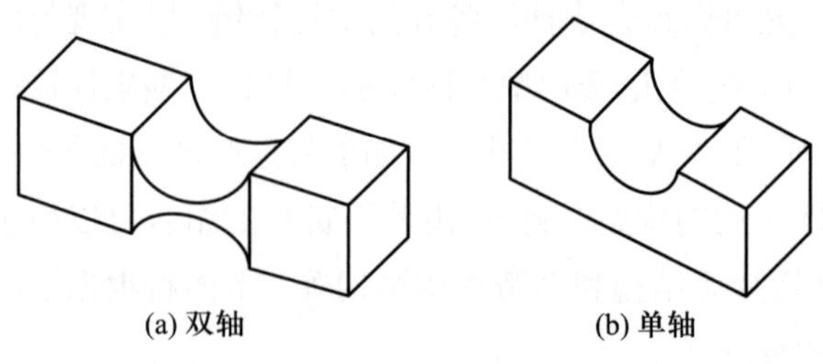

图 2.6　单、双面柔性转动副

按铰链切口轮廓划分, 缺口型柔性转动副可包括以下几种: 圆弧型 (通常是半圆型)、直角型、圆角型、椭圆型、双曲线型、抛物线型、反抛物线型、正割线型、混合型等, 部分如图 2.7 所示。

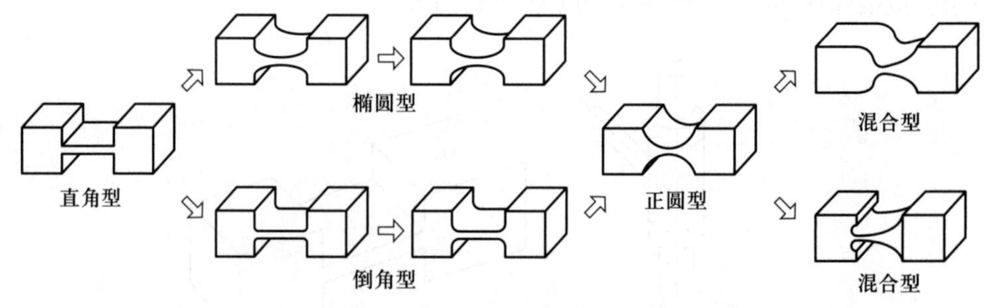

图 2.7　不同轮廓曲线的缺口型柔性铰链

缺口型柔性转动副的主要特征是: 结构简单、加工方便, 但运动范围较小, 转动角度一般不超过 5°。为了实现更大的转角, 通常的做法是: 将簧片作为基本柔性单元进行有机组合, 形成簧片型柔性转动副。

典型的簧片型柔性转动副是交叉簧片型 (cross-spring) 柔性铰链[5], 如图 2.8 所示。交叉簧片型柔性铰链由两个相同的板簧叠合而成, 柔性很大, 转动幅度最大可超过 ±20°。但由于是组合装配式结构, 因此不可避免地存在装配误差, 且转动轴漂较大。

若将分立的两个板簧有机地整合到一起, 可以设计成更为紧凑的一体化对称性结构, 如图 2.9 所示。这类典型的结构称为车轮形柔性铰链 (cartwheel hinge)[6], 可以有效地消除装配误差, 轴漂也很小。

3 根或更多的簧片可以组合成多簧片构型的柔性转动副, 如图 2.10 所示。图 2.10a 所示为三簧片构型的柔性铰链, 可在两个圆环形外圈之间提供有限的相对转动, 因此可作为柔性转动副使用。图 2.10c 所示为蝶形柔性铰链 (butterfly-type flexure)[7], 通过车轮形柔性铰链的叠加可增大转动角度, 并进一步减小轴漂, 提高精度。

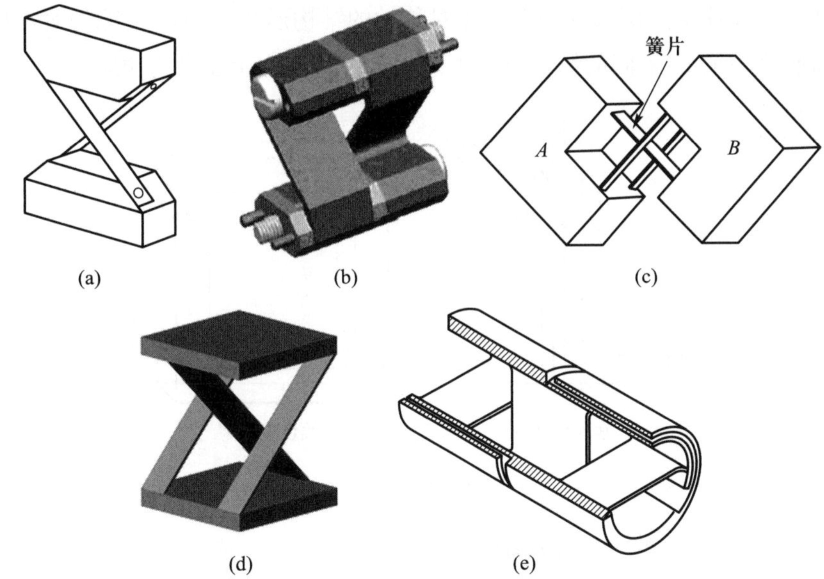

簧片

A B

(a) (b) (c)

(d) (e)

图 2.8 交叉簧片型柔性铰链

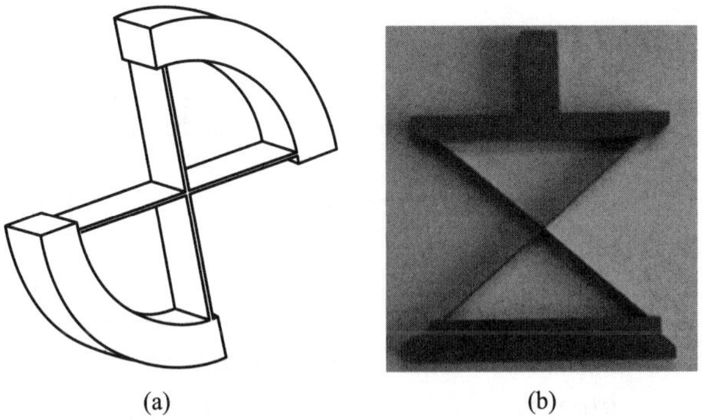

(a) (b)

图 2.9 车轮形柔性铰链

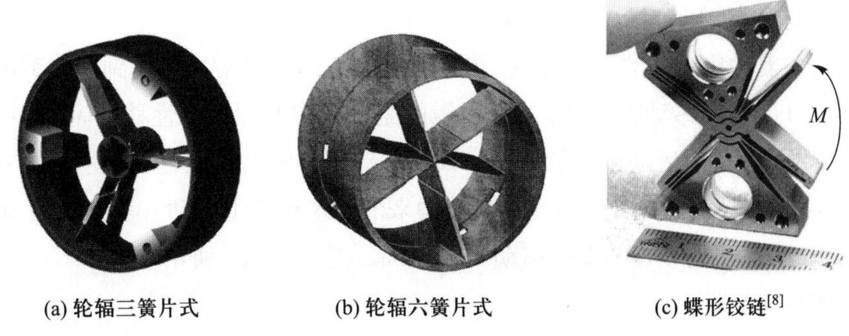

(a) 轮辐三簧片式 (b) 轮辐六簧片式 (c) 蝶形铰链[8]

图 2.10 具有多簧片构型的柔性转动副

2. 柔性移动副

与柔性转动副类似, 柔性移动副也是一种通过特殊的结构设计及基本柔性单元组合, 使与之相连接的两构件间发生相对移动的结构形式。功能上, 能仿效常规形式的移动副 (图 2.11)。不同的结构类型可满足柔性移动副所要求的功能。

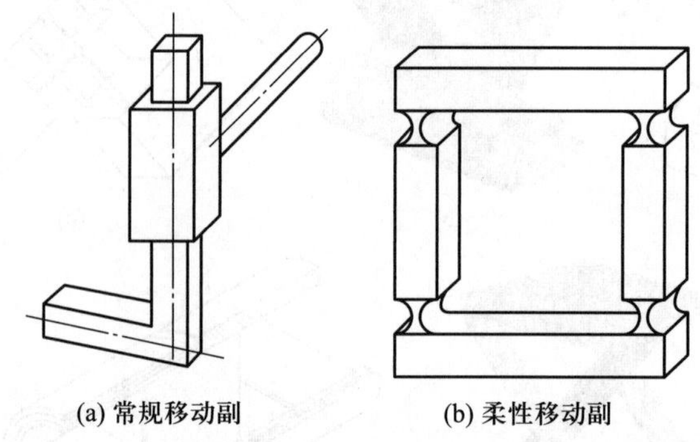

(a) 常规移动副　(b) 柔性移动副

图 2.11　移动副

1) 具有集中柔度的柔性移动副

最为常用的是如图 2.12 所示的平行四杆型, 其结构源于刚性平行四杆机构。该柔性移动副包含有 4 个缺口型柔性转动副, 具有良好的运动性能与导向精度, 可实现平动的功能, 但是运动行程小。

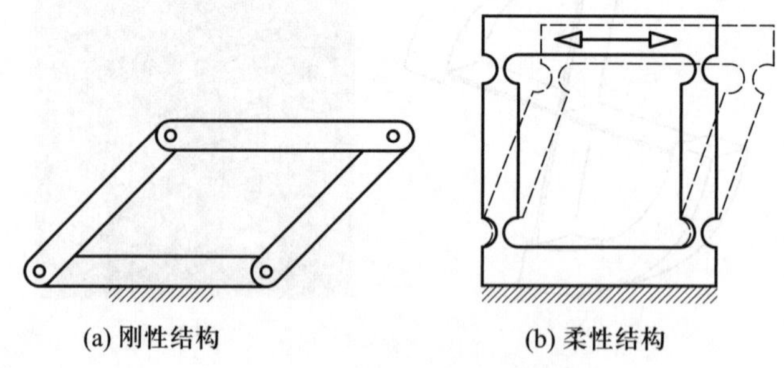

(a) 刚性结构　(b) 柔性结构

图 2.12　缺口型平行四杆机构

2) 具有分布柔度的柔性移动副

为增大柔性移动副的运动范围, 可将多个簧片组合成柔性移动副来代替图 2.12 所示的缺口型柔性移动副。图 2.13a 所示的是平行双簧片型柔性移动副构型。其中的两个支链是簧片, 运动行程较大。但该柔性铰链在竖直方向存在着明显的寄生误差, 可采用图 2.13b 和 c 所示的复合型结构来消除这种寄生运动 (parasitic motion)。

此外, 还有其他形式的柔性移动副结构, 具体如图 2.14 所示。

3. 柔性虎克铰

柔性虎克铰主要实现两个正交轴方向的转动。其中的两个功能轴分别称为敏感轴 I 和敏感轴 II, 此外还存在一个沿铰链切口轮廓变化方向的纵向轴。具体如图 2.15 所示。

物理实现上, 还可以通过柔性转动副组合 (串联) 来实现柔性虎克铰的功能。

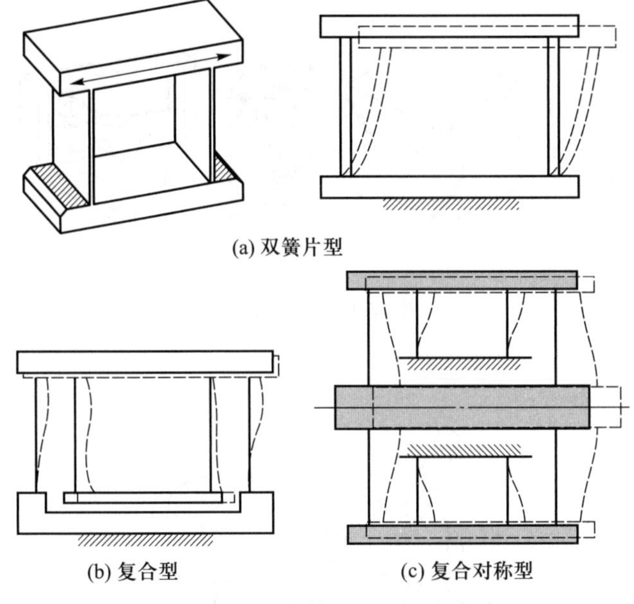

图 2.13 平行簧片型柔性移动副

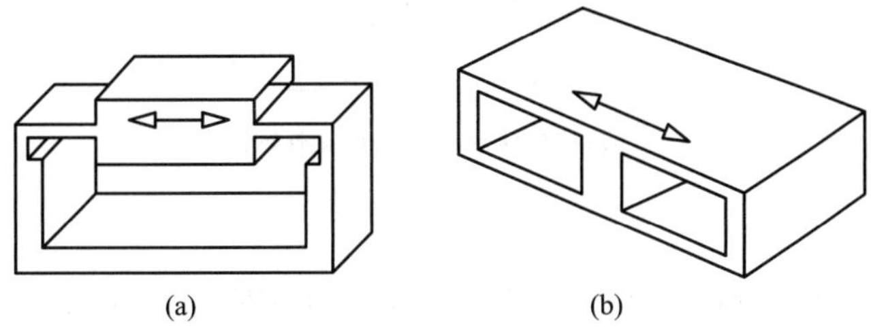

图 2.14 其他形式的平行簧片型柔性移动副

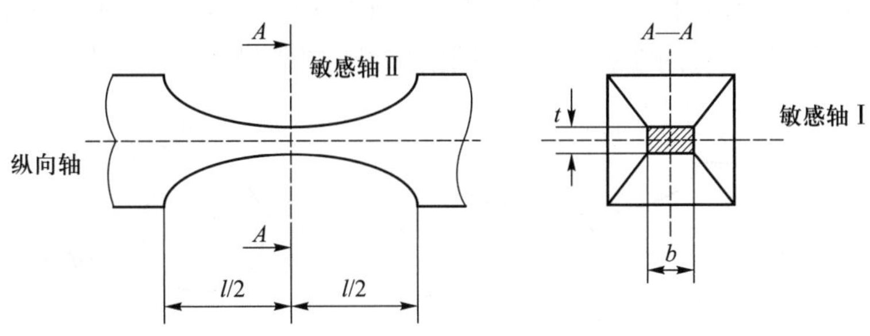

图 2.15 柔性虎克铰的几何模型

图 2.16a 中给出了柔性虎克铰的原理变形结构，而图 2.16b 和 c 中给出了两种更为紧凑、精度更高的构型。其中，图 2.16b 给出的是轴线相交的柔性虎克铰类型，而图 2.16c 给出的则是轴线交错的柔性虎克铰类型。

4. 柔性球铰

柔性球铰也是一种常用运动副结构，它可以在小运动范围内实现传统球铰的功

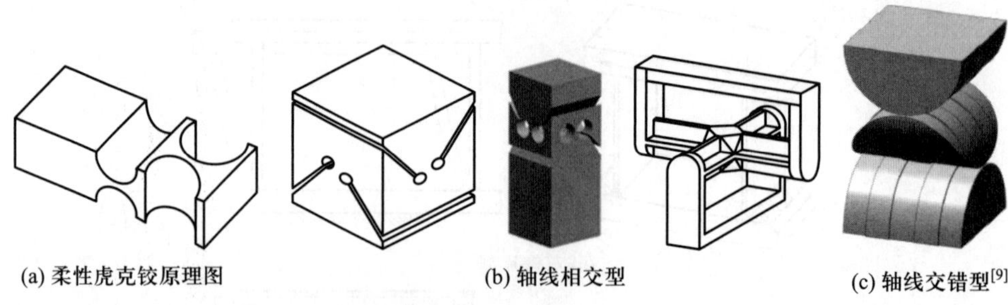

(a) 柔性虎克铰原理图　(b) 轴线相交型　(c) 轴线交错型[9]

图 2.16　柔性虎克铰

能 (图 2.17)。

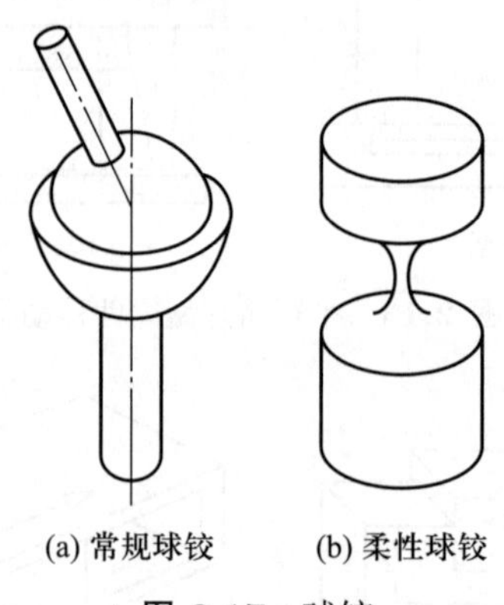

(a) 常规球铰　(b) 柔性球铰

图 2.17　球铰

图 2.18 所示的缺口型柔性球铰中存在 3 个功能轴线方向的运动, 分别称为瞬时敏感轴、瞬时横向轴和纵向轴。柔性球铰的切口截面为圆形, 理想柔性球铰的切口为两个圆锥相对组合而成, 三轴的转动中心为圆锥顶点。实际上受加工条件及其他条件的限制, 不能将铰链的细颈处加工得很细, 否则必然导致误差存在。

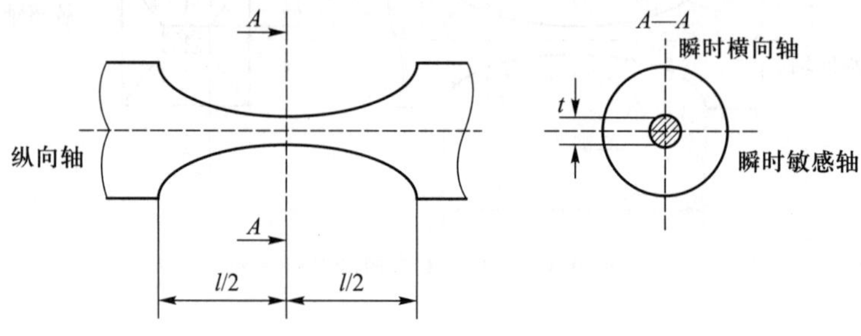

图 2.18　柔性球铰的几何模型

图 2.19 所示的结构均可作为柔性球铰使用。其中, 图 2.19b 所示的柔性球铰构型通过 FACT 方法[8] 综合得到。此外, 还可以通过柔性虎克铰和柔性转动副组合的方式得到柔性球铰。图 2.19c 所示的柔性球铰中就包含有前文给出的轴线相交型柔性虎克铰。

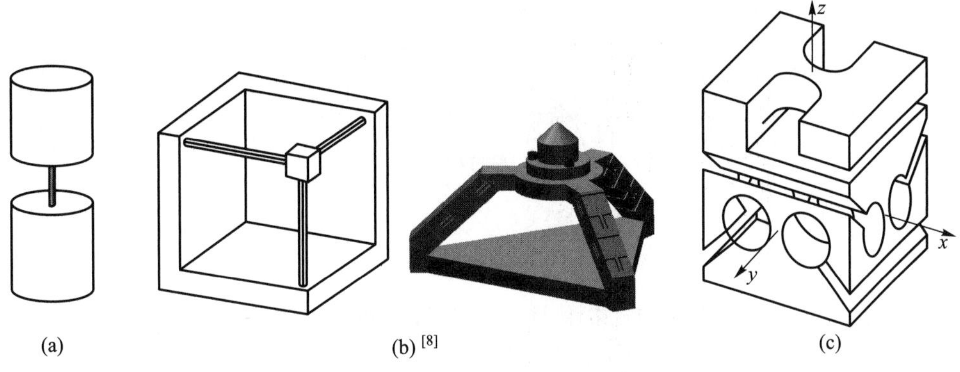

图 2.19 几种典型的柔性球铰

实际上, 柔性铰链族中有一类特殊的类型, 称为柔性轴承 (flexure bearing), 这是一类具有良好机械接口的柔性运动副, 与刚性轴承相对应。相对于其他类型的柔性铰链, 柔性轴承对性能指标有着更为严格的要求, 如大行程、低轴漂、高负载以及高寿命特性等, 如图 2.20 所示。

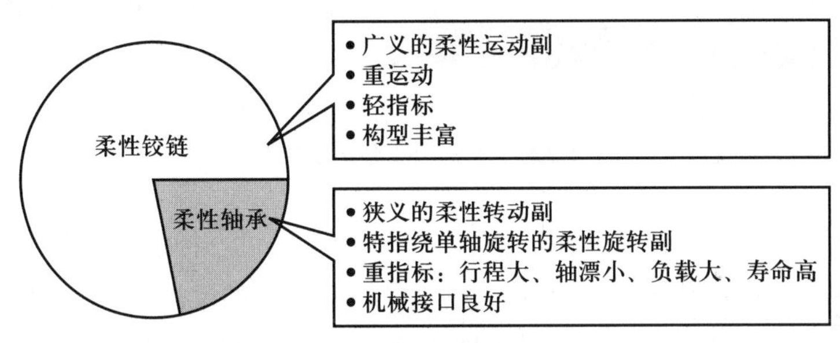

图 2.20 柔性铰链与柔性轴承的关系

2.1.3 柔性机构

绪论中已经给出了柔性机构的定义。柔性机构是相对刚性机构而言的, 从结构上, 两者的区别在于是否在机构中存在柔性单元。

首先有必要区分一下柔性铰链机构 (flexure mechanism) 与柔性机构 (compliant mechanism): 柔性机构实施运动时若通过柔性铰链来实现, 则通常称为柔性铰链机构。柔性铰链机构通常用于精密工程场合, 它实际上是柔性机构族中的一种特殊类型 (图 2.21)。

与柔性铰链类似, 根据柔性单元的柔度分布特性, 可将柔性机构分为集中柔度柔性机构和分布柔度柔性机构。前者的特征表现在拓扑结构与其对应的刚性机构类似, 多用集中柔度型柔性运动副代替传统运动副类型; 后者的特征是整个机构中并无任何铰链的存在, 柔性相对均衡地分布在整个机构之中。图 2.22 所示的两种柔性夹钳

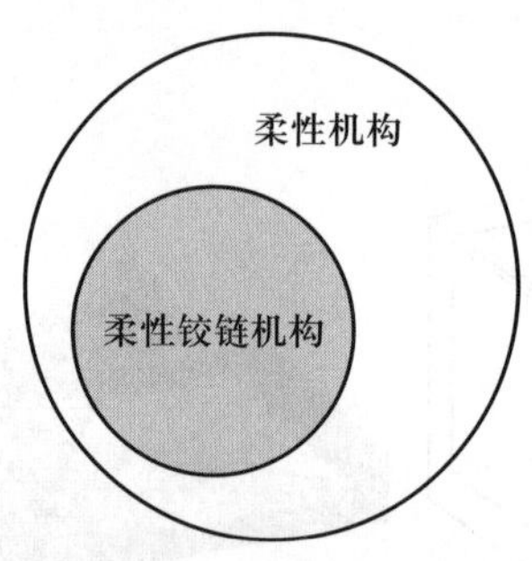

图 2.21 柔性机构与柔性铰链机构之间的关系

机构中, 图 a 中机构的柔性来自缺口型柔性铰链, 而图 b 中钳口末端的变形则来自机构中的分布柔性。

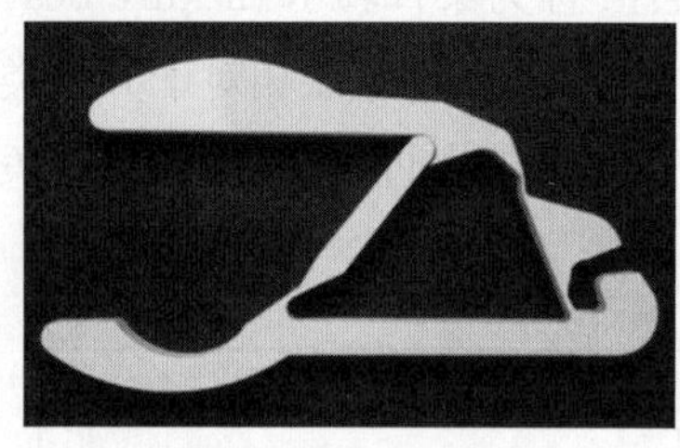

(a) 集中柔度式[6]

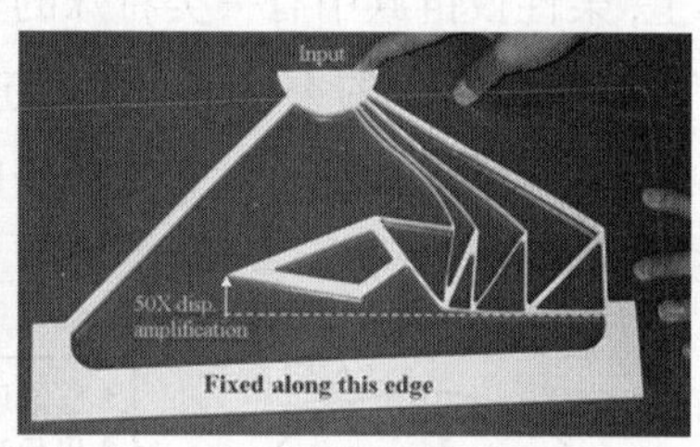

(b) 分布柔度式[6]

图 2.22 两种不同类型的柔性夹钳

柔性机构种类繁多, 表现形式多样, 因此很难通过一种统一的分类方式涵盖所有的柔性机构类型。鉴于本书主要关注面向精密工程的柔性设计, 因此偏重从运动维度上对其进行划分。比较典型的柔性机构运动类型包括: 1 维转动 (R)、移动 (T)、螺旋运动 (H); 2 维转动 (R_xR_y)、移动 (T_xT_y)、圆柱运动 (R_xT_x); 3 维 (球面) 转动 ($R_xR_yR_z$)、移动 ($T_xT_yT_z$)、平面运动 ($T_xT_yR_z$)、面外运动 ($R_xR_yT_z$); 6 维运动 ($R_xR_yR_zT_xT_yT_z$) 等。典型实例如图 2.23 所示。

2.1.4 柔性模块

柔性模块通常是指具有某种特定功能的柔性单元组合体。事实上, 柔性模块是模块化设计思想中的核心概念。为了更加清晰地反映这种思想, 有时不妨将那些由柔性单元组成的基本功能模块称为基本柔性模块或简单柔性模块 (simple flexure module); 而为了提高性能, 将若干个基本柔性模块组合在一起实现某种特定功能的模块称为复合柔性模块或复杂柔性模块 (compound or complex compliant module)。

柔性单元、柔性铰链与柔性机构均可作为柔性模块, 根据需要可进行串并联或更为复杂的组合。按照连接方式可将柔性模块分为并联式、串联式和混联式 (图 2.24)。

图 2.25 ~ 图 2.27 分别给出了基于柔性单元串联、并联、混联形式组合而成的

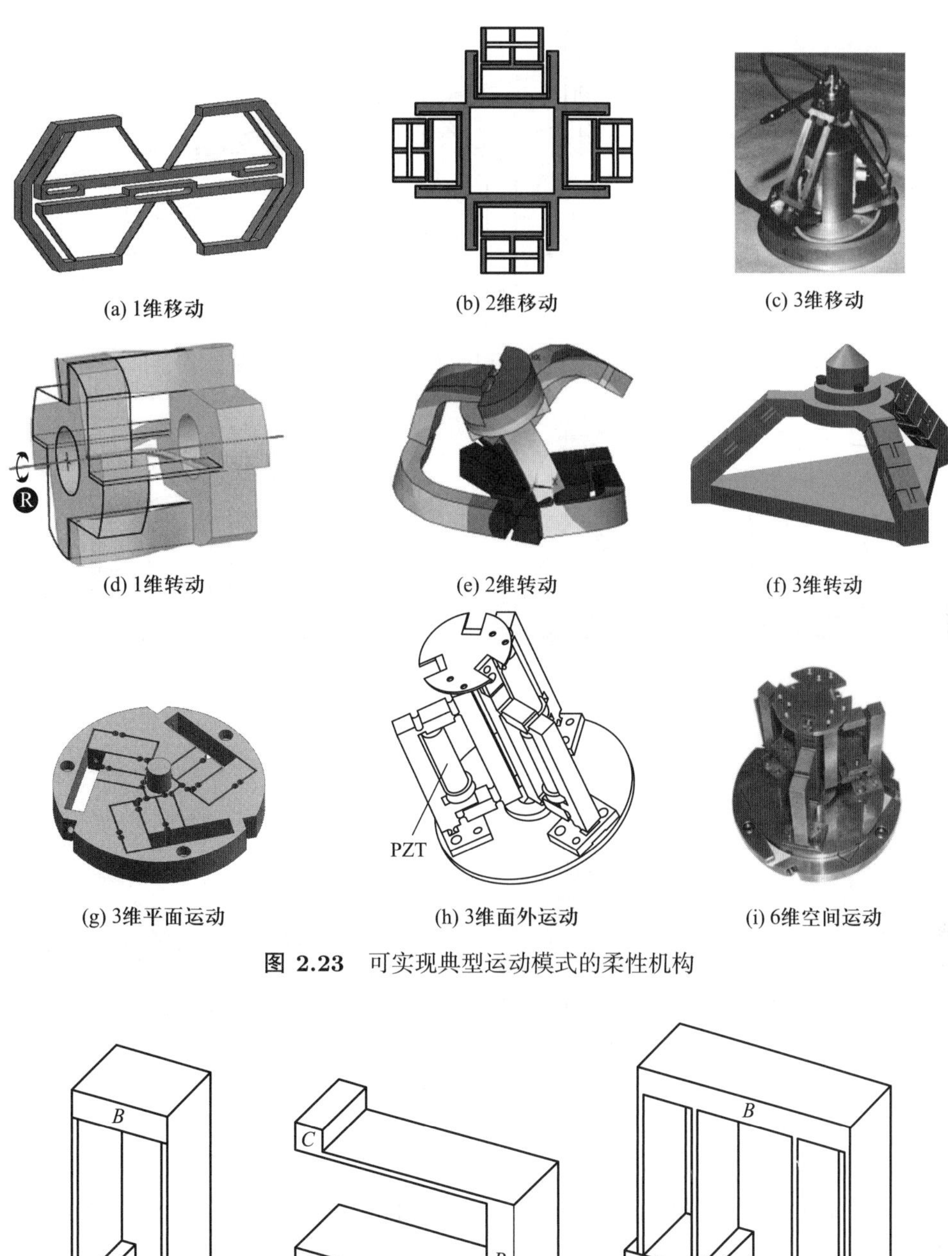

图 2.23 可实现典型运动模式的柔性机构

(a) 并联 (b) 串联 (c) 混联

图 2.24 基本柔性单元的组合类型

柔性模块。

通过对柔性模块再串联、并联或者混联，可进一步组合而成结构比较复杂的柔性铰链或柔性机构。图 2.28 ~ 图 2.29 给出了两个模块组合实例 —— 大转角柔性铰

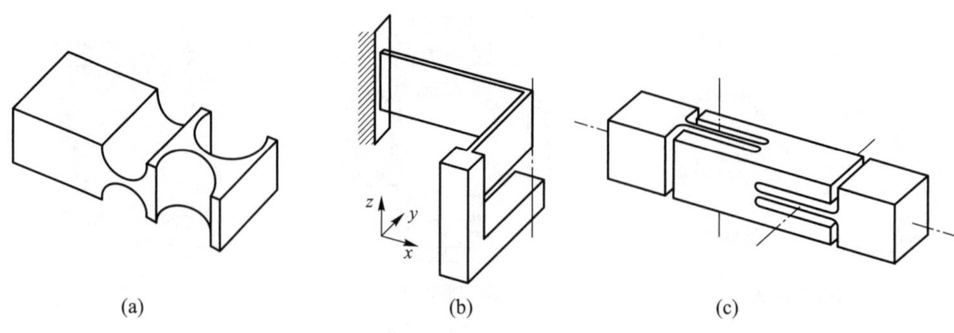

图 2.25　由柔性单元串联组合而成的柔性模块

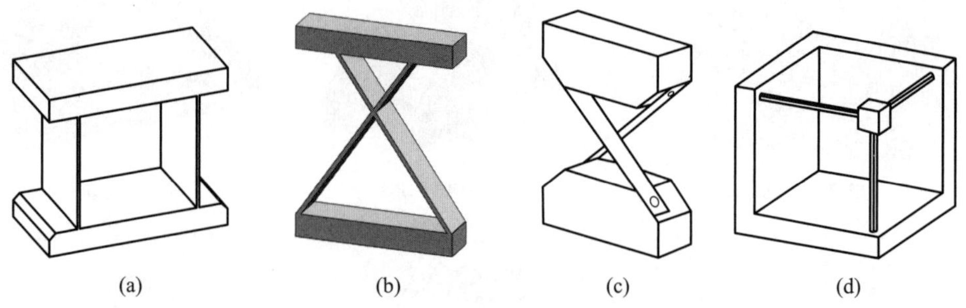

图 2.26　由柔性单元并联组合而成的柔性模块

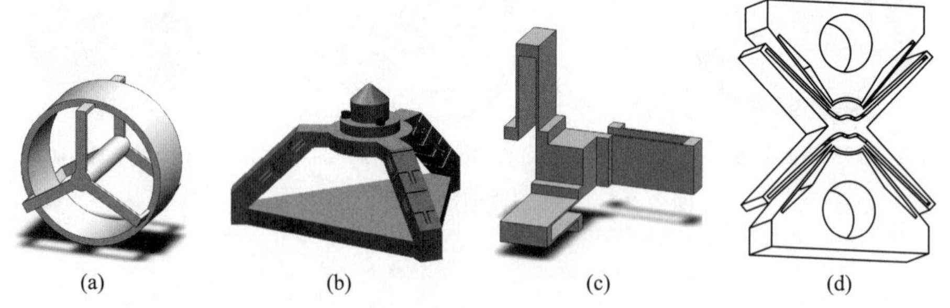

图 2.27　由柔性单元混联组合而成的柔性模块

链和大行程 XY 柔性机构。

图 2.30 给出了柔性单元、柔性模块、柔性铰链、柔性机构等概念之间的拓扑结构。可以看出, 它们之间存在复杂的隶属与交织关系。

2.1.5　典型的柔性系统 —— 柔性工作台

柔性平台或柔性工作台 (compliant stage) 特指超精密定位用的柔性装置或柔性系统, 内含机构本体、驱动器、控制器以及传感器等。图 2.31 给出了一种可实现 2 维平动 (XY) 的柔性工作台及其组成情况。该平台中除了含有柔性机构本体外, 还包括音圈电机驱动器、精密控制器以及光栅尺位移传感器。各个子系统的有机匹配可实现纳米级的定位精度。

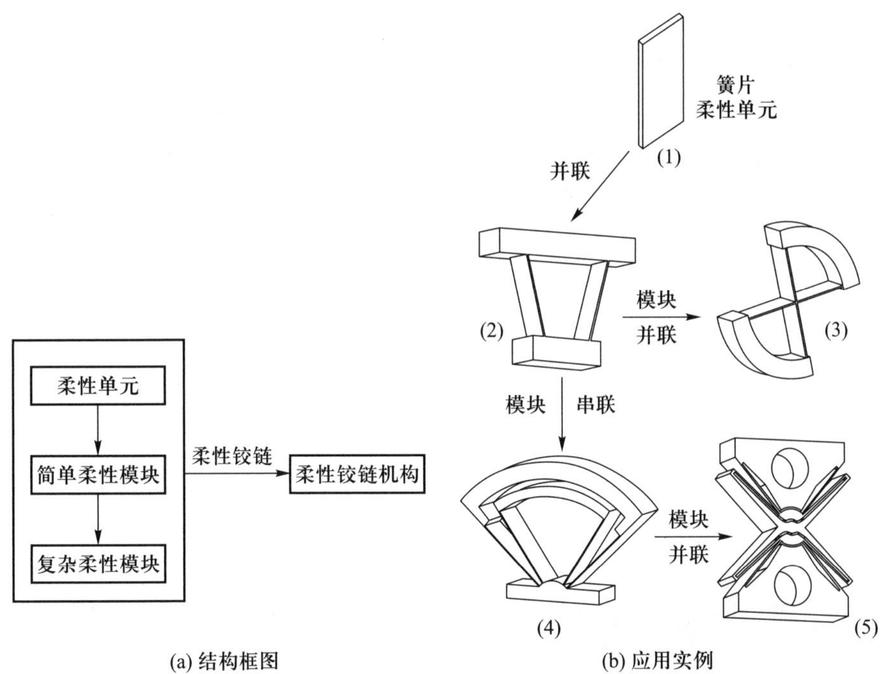

图 2.28 组合方式之一: 由柔性模块组成的大转角柔性铰链

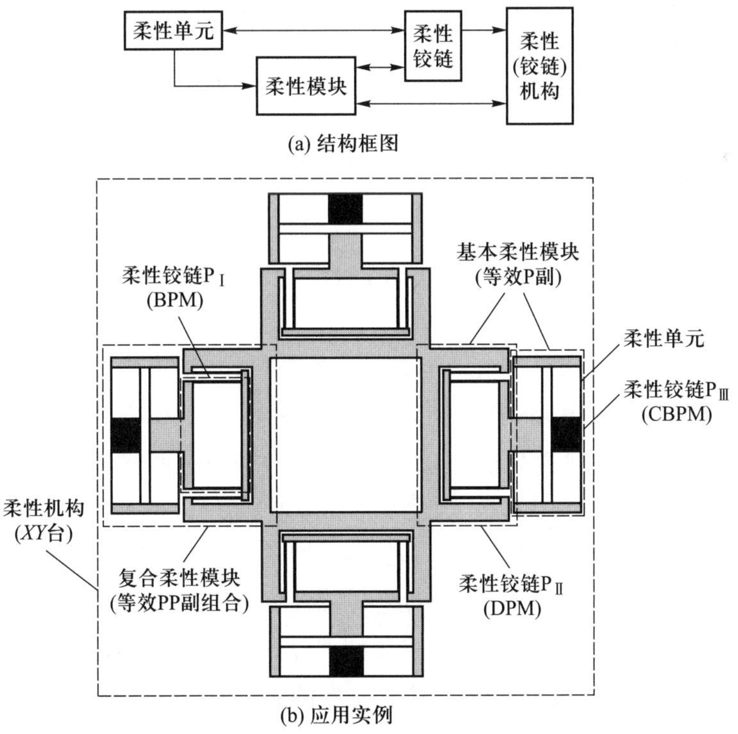

图 2.29 组合方式之二: 由柔性模块组成的大行程 XY 柔性机构

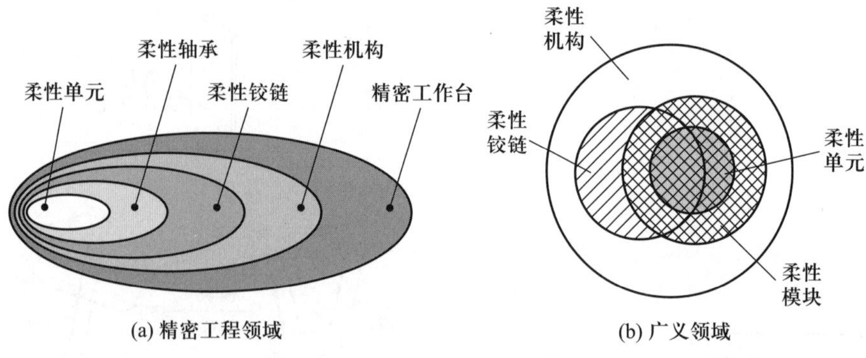

图 2.30 几个概念之间的拓扑关系

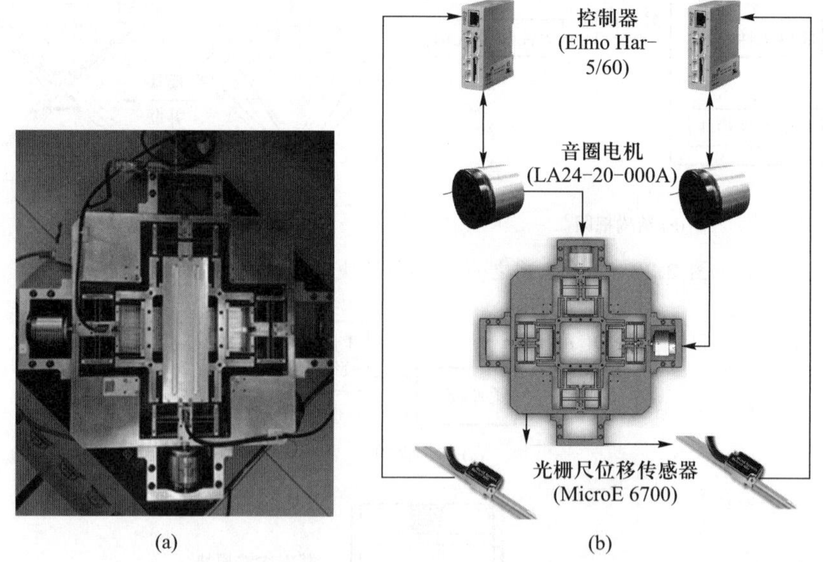

图 2.31 典型的柔性平台结构组成

从应用层面上看, 柔性平台结构类型沿着两个不同的方向发展: 一个方向是平面分布式; 另一个方向则是空间整体式。两者的区别如表 2.1 所示。

事实上, 商品化的平面分布式柔性超精密定位平台已先于空间整体式平台在市场上找到了自己的位置。究其原因, 主要是制造工艺简单 (更容易实现一体化加工)、加工精度容易保证, 而且控制简单。但这并不意味着空间整体式柔性平台应用前景黯淡。正好相反, 随着精细作业的日益复杂, 对执行机构的自由度、工作空间、刚度等性能提出了更高的要求, 平面分布式柔性平台将受到极大的限制; 另一方面, 随着加工工艺等领域的不断进步, 整体式柔性平台的应用前景越来越光明。

从结构形式上, 柔性平台与并联机构 (parallel mechanism) 有着密切的联系。从机构学的角度来看, 并联机构的一些特点在一定程度上正好加强和弥补了柔性机构的优点与不足, 两者的有机结合正好满足一些应用领域中特有的运动分辨率高 (nm

级)、响应快 (几十到几百 Hz)、尺寸小等要求。这些优点具体体现在以下几个方面:

表 2.1 两类典型柔性平台结构之比较

	平面分布式	空间整体式
来源	一块板料上一次加工而成	可在整块材料上一次性加工, 也可通过装配、组合等方式整合而成
自由度	1 ~ 3, 多为 1 或者 2	3 ~ 6
柔性铰链	一般只有柔性转动副	可含有多种形式的柔性铰链 (如柔性球铰等)
传动链	串联或并联式结构	普遍采用并/混联式结构
运动耦合性	单轴解耦、控制简单	运动耦合、控制复杂
应用范围	超精密定位平台	精密定位、微操作、微装配等
驱动方式	多为间接驱动	多为直接驱动
运放机构	复杂杠杆、特殊机构	无 (或简单杠杆)

(1) 精度高。从运动学的角度看, 尽管柔性平台中由于采用柔性铰链而避免了运动副的间隙误差, 但柔性铰链自身也会造成变形误差。并联结构各运动链的 (对称) 布置可以限制这种误差的累积与放大, 这使其更适合作为高精度的执行机构。

(2) 刚度大。较高的刚度才能保证机构具有较高的定位精度和良好的抗干扰性能。柔性铰链在一定程度上会降低机构整体的刚度, 而采用并联式的结构设计可弥补由此造成的 “缺憾”。因为并联机构的运动平台通过多个运动链与机架连接, 增加了结构的整体刚度。

(3) 结构紧凑。并联式结构可比串联式结构设计得更为紧凑, 所占空间更小。另外, 小的机构本体尺寸意味着更小的惯性力和表面力的影响。

(4) 便于对称性设计。因为对称性的结构设计便于补偿加工或温度变化等因素引起的误差, 从而在整体上改进机构的精度。另外, 对称性的结构也意味着加工简单、易于模块化。

(5) 驱动装置固定。采用并联结构很容易将驱动装置放在机座上, 减轻了运动构件的质量, 从而减少了运动负载和系统惯性, 改善了机构的动态性能, 可获得较高的动力学精度。这尤其适合高精度的场合, 同时也有助于提高末端执行器的速度。

(6) 存在消极副。并联结构中消极副的存在可使机构变得结构紧凑、整体小型化, 更重要的是可改善机构的受力情况, 避免杆件的纵向弯曲。

总之, 并联式结构所具有的精度高、刚度大、结构紧凑、对称性好、速度高、自重负荷比小、动力学性能好等优点使其更适合作为柔性平台的构型。实际上, 这也正是目前绝大多数的整体式柔性平台采用并联式结构的原因所在。

另外, 作为并联机构主要缺点之一 —— 工作空间小, 对柔性平台而言不再是缺点。因为目前众多的精密作业领域对于工作空间的要求并不很高, 一般并联机构的工作空间都可满足要求, 而真正限制柔性平台工作空间大小的因素是驱动器的性能和柔性铰链的性能。限制并联机构在精密领域应用的瓶颈是它的运动耦合性和变形复杂性: 前者是并联机构的固有特性, 除非采用特殊的结构分布, 否则难以克服; 而后者才是恶化柔性平台性能的 “罪魁祸首”。

2.2 线性变形与非线性变形

在精密运动场合应用的柔性机构一般遵循的都是线性小变形假设, 即假设相对结构的几何尺寸而言其变形很小、材料的应变与应力成正比。而实际中, 当有结构非线性的情况发生时, 这种假设将会失效。结构非线性可分成两类: 即材料非线性和几何非线性。材料非线性是指应力与应变不成正比的情况 (即不满足胡克定律), 典型的例子是发生塑性变形、超弹性变形及蠕变等。几何非线性通常是指几何大变形、应力刚化 (stress stiffening) 或大应变的情况。当结构的刚度是变形的函数时, 就会出现应力刚化[10]。这时, 应力与应变仍然成正比, 而变形体的挠曲线方程为

$$\frac{1}{\rho}=\frac{\dfrac{\mathrm{d}^2y}{\mathrm{d}x^2}}{\left[1+\left(\dfrac{\mathrm{d}y}{\mathrm{d}x}\right)^2\right]^{3/2}} \tag{2.1}$$

2.3 行程与载荷

材质 (许用应力) 与几何形状决定柔性机构运动行程的大小。柔性机构的运动行程反映了柔性单元在其保持线弹性范围内的最大转动或移动范围。也就是说柔性单元在运动过程中, 在能回复到初始位置的前提下所能达到的最大变形量。运动行程并不是越大越好, 要符合工程应用的要求。

对转动型柔性系统而言, 我们更为关注的是其最大的转角变形, 即角位移的大小; 而对于移动型系统, 则更加关注其线位移的大小。而对于移动转动耦合型的多自由度柔性系统, 其线、角位移的大小都值得关注。

运动行程还与载荷的类型 (力载荷或位移载荷) 和施加方式 (含边界条件) 有关。一般情况下, 对于相同的柔性梁而言, 拉伸变形要小于弯曲变形。

2.4 强度与应力

在柔性机构中, 强度 (strength) 特性很重要, 因为它反映的是承受负载 (或抵抗柔性元素失效) 能力的大小, 即任何柔性元件都有变形的极限 (一般以到达屈服强度极限为标志)。这有别于机构的刚度特性 (用来衡量机构在负载条件下的变形程度)。

疲劳断裂是许多机械零件发生破坏的主要原因。柔性单元在经过一定次数的运动循环后，也会产生疲劳。疲劳寿命受许多因素的影响，如表面粗糙度、缺口类型、应力水平等。对这些因素进行研究，可以找到提高柔性单元疲劳强度的方法和途径。

2.5 刚度与柔度

刚度 (stiffness) 是指在运动方向上产生单位位移时所需要力的大小，这里所说的位移和力都是指广义的；而柔度 (compliance) 是与刚度互逆的，指的是在运动方向上施加单位力所产生的位移量。

功能方向是柔性系统 (包括柔性单元、柔性铰链及柔性机构等) 的主要运动方向，是其发挥作用的方向。柔性系统在其功能方向上拥有较小的刚度，即意味着驱动时需要较小的力，因此功能方向上的刚度越小越好。非功能方向是指柔性系统在运动时产生寄生运动的方向。寄生运动对柔性系统来说是消极的，会减小它的运动精度，造成较大误差，影响柔性系统的运动性能，是不希望存在的。因此，柔性系统非功能方向上的刚度要尽可能地大。

在柔性系统中，刚度与强度的概念经常被混淆。本质上，强度与抵御失效的能力有关，刚度反映的是抵抗变形的能力。换句话说，刚度大的不一定强，强度大的也不一定刚。从现实应用中，既有刚而强的例子，也有柔而强的实例：前者如桥梁、建筑等，后者如秋千、肌腱等。

2.6 自由度与约束

传统意义上的刚性机构中，约束 (constraint) 是指当两个刚体通过运动副连接后，各自的运动都会受到不同程度的限制，而这种限制就称为约束。自由度 (degree of freedom, DOF) 则是确定机械装置的位形 (configuration) 或位姿 (pose) 所需要的独立变量或广义坐标数，也是独立输入的个数。例如：平面内的刚体具有 3 个自由度，而空间内的刚体具有 6 个自由度。

空间中的一个刚体最多具有 6 个自由度：分别是沿笛卡儿坐标系 (Cartesian frame, 即直角坐标系) 3 个坐标轴的 3 个移动和绕 3 个轴线的转动。这是一种最基本的定量描述机构运动的方式。因此，任何刚体的运动都可以分解为这 6 个基本运动 (图 2.32)。

任何刚体，如果受到约束的作用，其运动都会受到限制，其自由度数相应变少。具体被约束的自由度数称为约束度 (degree of constraint, DOC)。根据麦克斯韦 (Maxwell) 理论，任何物体 (无论刚性体还是柔性体) 如果在空间运动，其自由度 f

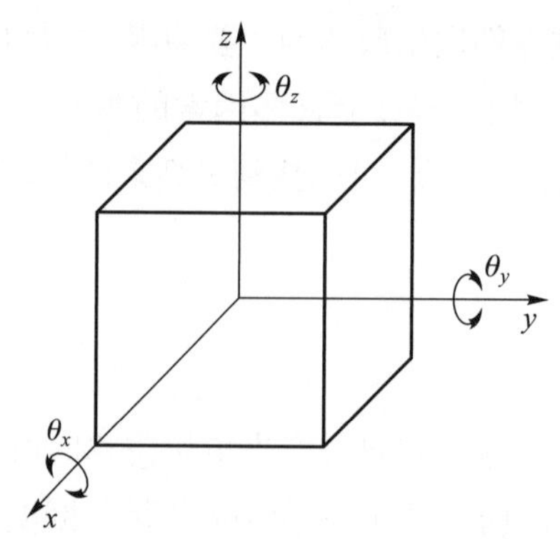

图 2.32 笛卡儿坐标系下刚体运动的分解

和约束度 c 都满足如下公式:

$$f + c = 6 \tag{2.2}$$

如果在平面运动, 则满足

$$f + c = 3 \tag{2.3}$$

对刚性机械装置而言, 约束在物理上通常表现为运动副的形式。这时, 运动副提供的往往是理想约束 (ideal constraint), 即在功能方向上柔度无穷大, 而在非功能方向上刚度无穷大。柔性机构则不然, 局部或整体柔性导致无论是柔性单元、柔性模块还是柔性铰链都无法实现像刚性机构中那样提供理想约束, 即无论在功能方向上还是在非功能方向上柔度或刚度都是有限的实际约束。本书第 5 章将详述如何通过等效约束模型建立实际约束与自由度 (或约束度) 之间的近似映射。

2.7 精度: 轴漂与寄生运动

以柔性铰链为例, 几乎所有的柔性铰链都会不可避免地出现轴心漂移的情况, 这也是影响柔性铰链性能的一个非常重要的因素。例如, 柔性转动副在转动过程中, 转动中心并不是恒定不变的, 而是随着转角的变化发生偏移。这种现象称为轴心漂移(parasitic axis drift), 简称轴漂。又如, 在平行四杆型柔性移动副运动过程中, 其上边的杆会产生纵向寄生运动。两种情况如图 2.33 所示。在产生相同变形的条件下, 轴漂或寄生运动越小越好。轴漂与寄生运动都可以作为衡量柔性铰链精度的重要指标。

2.8 材料选择

材料对柔性机构的性能有着重要的影响, 材料过柔会影响机构的整体刚度, 直

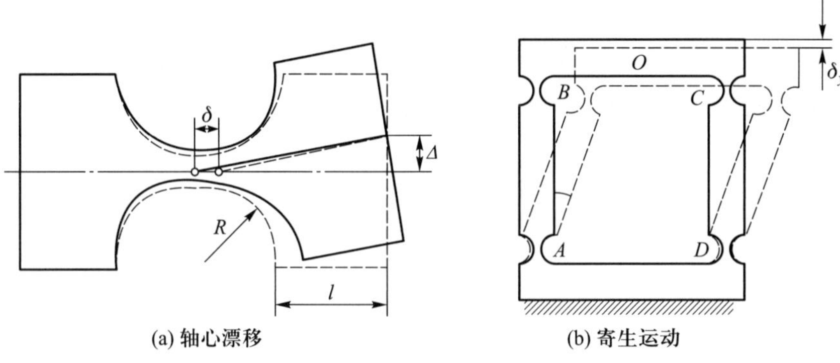

图 2.33 柔性铰链的精度评价

至影响其动态性能及精度; 过刚又会影响机构工作行程 (stroke) 或工作空间 (workspace) 的大小。

表 2.2 列举出了在几种典型形状的截面下, 最大应力值 (一般取屈服强度 σ_s) 与变形的关系。

表 2.2 不同截面下, 许用应力、尺寸参数与功能方向变形之间的关系

截面类型	功能方向最大变形与屈服强度之间的关系
矩形	$\delta_{\max} = \dfrac{2l^2\sigma_s}{3Et}$
圆形	$\delta_{\max} = \dfrac{l^2\sigma_s}{3Er}$

表 2.2 中, l 为柔性单元的长度; r 为半径; t 为最小壁厚。从表中可知

$$\delta = k\frac{\sigma_s}{E} \tag{2.4}$$

由图 2.2 可知, 变形量与截面的材料和形状有关, σ_s/E 只与材料有关, 而 k 值根据截面的形状不同而变化。如果考虑机构弹性部位能产生较大的变形, 从材料的角度就要有较大的强度极限与弹性模量比 (σ_s/E), 而且越大越好。由此给出了柔性机构材料选择的几个基本原则:

(1) 主要考虑其强度极限 (σ_s) 与弹性模量 (E) 之比。表 2.3 给出了常用材料的强度极限与弹性模量比。从中可看出, 铍青铜、钛合金等都是首选的金属弹性材料, 而聚丙烯、多晶硅等是理想的非金属弹性材料。

(2) 充分考虑材料的抗疲劳指标。由于柔性铰链处的变形大小受到材料许用应力的限制, 而许用应力的大小又直接与材料的疲劳强度有关。由于柔性铰链是通过周期性负载的作用而产生变形的, 因此必须考虑材料的抗疲劳指标。材料需要有较长的疲劳寿命才可能正常地实现其功能。总体上非金属弹性材料的疲劳寿命要比金

属小得多。有些材料具有很好的柔性和抗疲劳性能, 但加工较为困难, 如钛合金等。确保材料在变形时不会发生张力松弛或蠕变。长期的应力作用或高温环境会造成材料的张力松弛或蠕变, 应尽量避免这种情况的出现。

表 2.3 常用材料的强度与弹性模量比

材料种类	屈服强度 σ_s/GPa	弹性模量 E/GPa	比值
钛合金 (Ti–6Al–4V)	1.18	117	0.010
聚丙烯 (Polypropylene)	0.032	1.36	0.023
淬火钢 (Steel AISI 4142 quenched)	1.62	206	0.007 8
多晶硅 (Polysilicon)	1.2	170	0.007 1
铝合金 (Aluminum T-6061)	0.275	68.6	0.004 0
合金钢 (Steel AISI 1040CD)	0.488	206	0.002 4
回火钢 (Tempered steel)	1.0	210	0.004 7
Perunal(Al-Zn-Mg-Cu)	0.48	72	0.006 6
铍青铜 (CuBe2)	0.75	126	0.006

(3) 材料的脆、韧性并不影响作为柔性单元的选择。应用在大变形场合的柔性单元, 可优选脆性材料, 因为脆性材料可承受较大变形而不失效。多晶硅就是这类材料的典型代表。同样, 如果要充分利用材质的话, 韧性材料也是一个不错的选择。因为这类材料即使超过了其屈服极限仍不会失效, 例如聚丙烯。很多柔性仿生机构可以优先选用此类材料。

2.9 加工方法概述

目前, 柔性机构的加工多采用非机械接触加工的方法, 如电火花线切割加工 (EDM)、快速成型、3D 打印、半导体加工、光刻以及 SPM 等。以上方法中, 线切割是其中最为普遍的一种加工方法。国内外对该加工技术不断探索与完善, 已使得它在与柔性机构加工相结合及实用化方面取得了较大进展。现在发展的趋势是利用多功能复合加工的方法, 如半导体加工技术、光刻技术、电火花与电解加工复合方法以及 SPM 技术等。此外, 还有注塑法、钻孔法、数控铣切割、激光切割、水切割等。不过, 无论采取何种方法, 都要优先考虑一体化的加工方式。另外, 不同的加工方法会对材料的性能参数 (如弹性模量 E、屈服强度 σ_s 等) 造成影响, 由此导致的加工误差也有所不同。

数控铣削法只适用于非金属材料, 如聚丙烯等。若用该法加工金属材料, 由于产生的铣削力较大, 易产生振动, 且产生很多的热量, 容易使柔性单元断裂, 或导致材料的过烧, 使其弹性性能受到影响。

注塑法只适用于非金属材料 (如聚丙烯等), 优点是成本低、速度快、切口处光滑、各向同性好、寿命长等。但非金属材料的弹性及疲劳强度往往不如金属材料。

激光切割法可加工的材料很多, 如钢、不锈钢、钛、铝、黄铜、青铜、塑料、陶瓷等, 在加工过程中也不产生应力。但激光切割法只适用于平面机构加工, 效率低、成本高。对于导热性好的金属 (如铝、铜合金等), 激光束的热量会被迅速吸收, 因此不易加工块状的金属。

电火花加工是利用工件和工具电极之间的脉冲性火花放电, 产生瞬间高温, 使工件材料局部熔化和汽化, 从而达到蚀除加工的目的。实现电火花加工的关键在于工具电极的在线制作与微量伺服进给、系统控制及加工工艺方法等。但电火花加工不易加工形状过于复杂的结构。

线切割加工的丝直径一般为 33~50 μm, 当产生火花加工时, 两侧会各产生 3.8 μm 的间隙。如果在加工柔性单元时, 以丝中心轨迹作为柔性单元的轮廓, 将产生误差。此外, 线切割加工易产生残余应力, 如果冷处理不当, 可能导致变形 (图 2.34)。

(a) 线切割加工

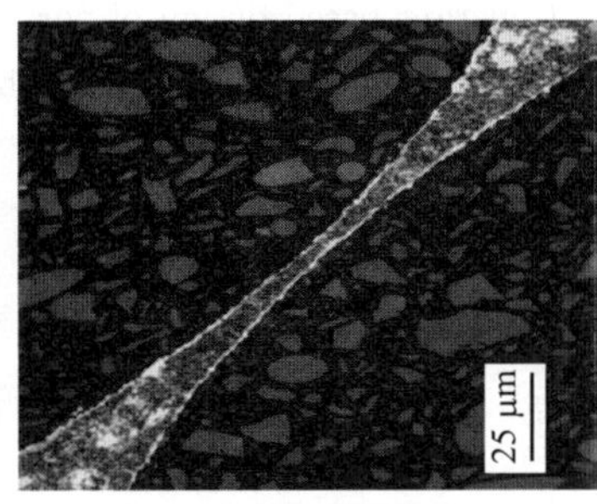

(b) 显微镜观察线切割加工质量

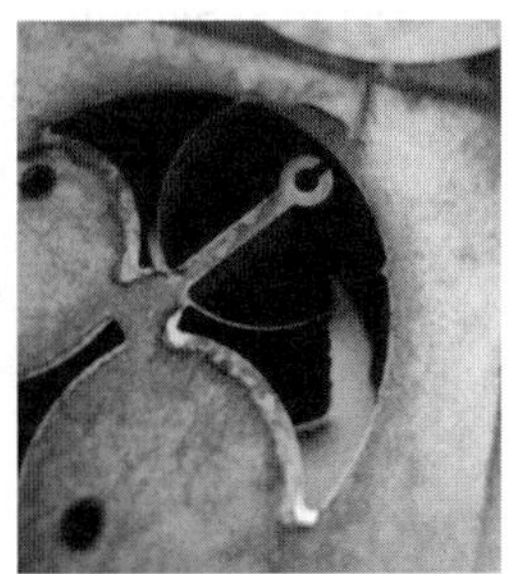

(c) 残余应力导致变形

图 2.34 线切割加工柔性机构

激光成型加工时利用紫外光硬化树脂作为被加工材料。当树脂受到紫外光照射时, 可由液态变为固态; 控制曝光方式, 即可成型各种 3 维结构。进行激光成型加工时, 聚焦的紫外光斑依靠 XYZ 工作台的运动扫描硬化一层树脂, 然后 Z 向运动调节光斑聚焦位置, 扫描硬化相邻层树脂。3 维结构的成型就是由这样一层一层的 2 维形状叠加而成。成型尺寸和精度取决于光硬化树脂的光敏分辨率、光源聚焦精度、机械结构 XYZ 方向的运动控制精度以及液态树脂的黏性等。

参考文献

[1] Paros J M, Weisbord L. How to design flexure hinges. Machine Design, 1965, 37(27): 151-156.

[2] Smith S T. Flexures: Elements of elastic mechanisms. New York: Gordon and Breach Science Publishers, 2000.

[3] Trease B P, Moon Y M, Kota S. Design of large-displacement compliant joints. Journal of Mechanical Design, Transaction of the ASME, 2005, 127(4): 788-798.

[4] Lobontiu N. Compliant mechanisms: Design of flexure hinges. Boca Raton: CRC, 2003.

[5] Jensen B D, Howell L L. The modeling of cross-axis flexural pivots. Mechanism and Machine Theory, 2002, 37: 461-476

[6] Howell L L. Compliant mechanisms. New York: Wiley Interscience, 2001.

[7] Henein S, Spanoudakis P, Droz S, et al. Flexure pivot for aerospace mechanisms//10th European Space Mechanisms and Tribology Symposium, San Sebastian, Spain, 2003: 1-4.

[8] Hopkins J B, Culpepper M L. Synthesis of multi-degree of freedom, parallel flexure system concepts via freedom and constraint topology (FACT), Part Ⅱ: Practice. Precision Engineering, 2010, 34(2): 271-278.

[9] Cannon J R, Lusk C P, Howell L L. Compliant rolling-contact element mechanisms//The 2005 ASME International Design Engineering Technical Conferences, Long Beach, California, 2005, DETC2005-84073.

[10] Awtar S, Slocum A H. Constant-based design of parallel kinematic XY flexure mechanisms. Journal of Mechanical Design, Transaction of the ASME, 2007, 129(8): 816-830.

第 3 章　柔性单元的柔度建模

作为最基本的柔性单元, 柔性梁的性能令人关注。几个世纪前伯努利 – 欧拉就给出了小变形条件下均质悬臂梁结构的弹性力学模型[1]。而后, 对悬臂梁的研究不断深入, 不同载荷作用下不同维度的模型相继建立[2-5]。为了提供一种简单的分析大变形、非线性系统的方法, Howell、Su 和 Yu 等[6-8] 相继提出了刚柔运动等效的 1R、3R、2R 等多种伪刚体模型及有限元模型。同时注意到, 在复杂载荷作用下, 梁的变形不仅发生在 1 维功能方向。为了研究柔性梁的各种非线性属性, Awtar 等[9] 通过简化给出了近似的位移 – 载荷解析表达。除了对基本均质梁的建模之外, 大量研究还集中在缺口型柔性单元上[10-12]。

作者对柔性单元的研究[13-18] 始于小变形的缺口型柔性铰链, 采用的是结构矩阵法和旋量理论; 之后扩展到大变形的簧片研究, 提出了基于瞬时转动中心的等效刚体模型法和改进的平面梁约束模型法。本章即是对这几种方法的描述。

3.1　小变形条件下柔性梁的一般力学模型

鉴于任何柔性单元实际上都是柔性梁, 因此, 可以基于弹性小变形的假设, 建立起一般形式的柔性梁力学模型。这时, 应满足线性叠加原理。

3.1.1　均质梁

首先以均质梁为例, 描述建模的具体过程。

3.1.1.1 悬臂梁末端处的柔度矩阵

如图 3.1 所示, 在动平台上的柔性梁末端参考点处建立一局部坐标系

$O_{\mathrm{E}}X_{\mathrm{E}}Y_{\mathrm{E}}Z_{\mathrm{E}}$, 全局坐标系 $O_{\mathrm{G}}X_{\mathrm{G}}Y_{\mathrm{G}}Z_{\mathrm{G}}$ 建立在静平台上的柔性梁末端参考点处, 且与局部坐标系 $O_{\mathrm{E}}X_{\mathrm{E}}Y_{\mathrm{E}}Z_{\mathrm{E}}$ 的初始位置重合。此时, 悬臂梁末端对应柔度矩阵的求解思路如下所述。

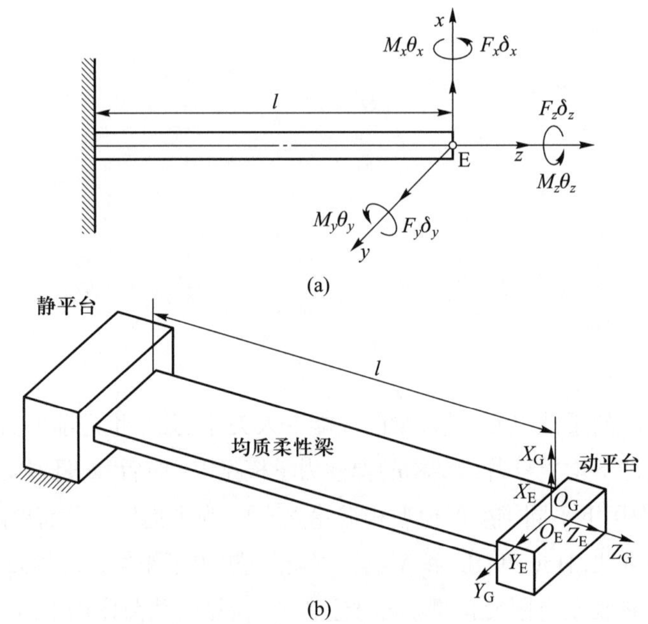

图 3.1 坐标系建在柔性梁末端参考点处

首先, 在动平台上的柔性梁末端参考点处 (即局部坐标系 $O_{\mathrm{E}}X_{\mathrm{E}}Y_{\mathrm{E}}Z_{\mathrm{E}}$ 原点) 作用广义力 $\boldsymbol{W}_{\mathrm{E}} = [M_x\ M_y\ M_z\ F_x\ F_y\ F_z]^{\mathrm{T}}$; 然后计算动平台上的柔性梁末端在各分力 M_x、M_y、M_z、F_x、F_y、F_z 分别作用时的变形, 令其变形分别为 $\boldsymbol{T}_{1\mathrm{E}}$、$\boldsymbol{T}_{2\mathrm{E}}$、$\boldsymbol{T}_{3\mathrm{E}}$、$\boldsymbol{T}_{4\mathrm{E}}$、$\boldsymbol{T}_{5\mathrm{E}}$、$\boldsymbol{T}_{6\mathrm{E}}$; 最后, 计算柔性梁末端参考点处的总变形 $\boldsymbol{T}_{\mathrm{E}} = \boldsymbol{T}_{1\mathrm{E}} + \boldsymbol{T}_{2\mathrm{E}} + \boldsymbol{T}_{3\mathrm{E}} + \boldsymbol{T}_{4\mathrm{E}} + \boldsymbol{T}_{5\mathrm{E}} + \boldsymbol{T}_{6\mathrm{E}}$, 并确定 $\boldsymbol{T}_{\mathrm{E}}$ 和 $\boldsymbol{W}_{\mathrm{E}}$ 的关系。

1. 求解各分力单独作用下的变形

根据材料力学的知识, 容易求得在动平台上的柔性梁末端分别作用 M_x、M_y、M_z、F_x、F_y、F_z 时, 柔性梁末端参考点处的变形。

单独作用 M_x 时

$$\boldsymbol{T}_{1\mathrm{E}} = \begin{bmatrix} \dfrac{M_x l}{EI_x} & 0 & 0 & 0 & -\dfrac{M_x l^2}{2EI_x} & 0 \end{bmatrix}^{\mathrm{T}}$$

单独作用 M_y 时

$$\boldsymbol{T}_{2\mathrm{E}} = \begin{bmatrix} 0 & \dfrac{M_y l}{EI_y} & 0 & \dfrac{M_y l^2}{2EI_y} & 0 & 0 \end{bmatrix}^{\mathrm{T}}$$

单独作用 M_z 时

$$\boldsymbol{T}_{3\mathrm{E}} = \begin{bmatrix} 0 & 0 & \dfrac{M_z l}{GJ} & 0 & 0 & 0 \end{bmatrix}^{\mathrm{T}}$$

单独作用 F_x 时

$$\boldsymbol{T}_{4\mathrm{E}}=\begin{bmatrix}0 & \dfrac{F_xl^2}{2EI_y} & 0 & \dfrac{F_xl^3}{3EI_y} & 0 & 0\end{bmatrix}^{\mathrm{T}}$$

单独作用 F_y 时

$$\boldsymbol{T}_{5\mathrm{E}}=\begin{bmatrix}-\dfrac{F_yl^2}{2EI_x} & 0 & 0 & 0 & \dfrac{F_yl^3}{3EI_x} & 0\end{bmatrix}^{\mathrm{T}}$$

单独作用 F_z 时

$$\boldsymbol{T}_{6\mathrm{E}}=\begin{bmatrix}0 & 0 & 0 & 0 & 0 & \dfrac{F_zl}{EA}\end{bmatrix}^{\mathrm{T}}$$

式中,I_x、I_y 为截面惯性矩; $J=I_x+I_y$ 为极惯性矩; E、G 分别为杨氏弹性模量和剪切模量; A 为均质柔性梁的截面积。

2. 求解柔度矩阵

动平台上的柔性梁末端参考点 E 处的总变形为

$$\boldsymbol{T}_{\mathrm{E}}=\boldsymbol{T}_{1\mathrm{E}}+\boldsymbol{T}_{2\mathrm{E}}+\boldsymbol{T}_{3\mathrm{E}}+\boldsymbol{T}_{4\mathrm{E}}+\boldsymbol{T}_{5\mathrm{E}}+\boldsymbol{T}_{6\mathrm{E}} \tag{3.1}$$

$$\boldsymbol{T}_{\mathrm{E}}=\begin{bmatrix}-\dfrac{F_yl^2}{2EI_x}+\dfrac{M_xl}{EI_x}\\ \dfrac{F_xl^2}{2EI_y}+\dfrac{M_yl}{EI_y}\\ \dfrac{M_zl}{GJ}\\ \dfrac{F_xl^3}{3EI_y}+\dfrac{M_yl^2}{2EI_y}\\ \dfrac{F_yl^3}{3EI_x}-\dfrac{M_xl^2}{2EI_x}\\ \dfrac{F_zl}{EA}\end{bmatrix}=\begin{bmatrix}\dfrac{l}{EI_x} & 0 & 0 & 0 & -\dfrac{l^2}{2EI_x} & 0\\ 0 & \dfrac{l}{EI_y} & 0 & \dfrac{l^2}{2EI_y} & 0 & 0\\ 0 & 0 & \dfrac{l}{GJ} & 0 & 0 & 0\\ 0 & \dfrac{l^2}{2EI_y} & 0 & \dfrac{l^3}{3EI_y} & 0 & 0\\ -\dfrac{l^2}{2EI_x} & 0 & 0 & 0 & \dfrac{l^3}{3EI_x} & 0\\ 0 & 0 & 0 & 0 & 0 & \dfrac{l}{EA}\end{bmatrix}\cdot$$

$$\begin{bmatrix}M_x\\ M_y\\ M_z\\ F_x\\ F_y\\ F_z\end{bmatrix}=\boldsymbol{C}_{\mathrm{E}}\boldsymbol{W}_{\mathrm{E}} \tag{3.2}$$

因而, 如图 3.1 所示, 在柔性梁末端 E 处建立局部坐标系和全局坐标系时, 对应

的柔度矩阵为

$$
\boldsymbol{C}_{\mathrm{E}}=\begin{bmatrix}
\dfrac{l}{EI_x} & 0 & 0 & 0 & -\dfrac{l^2}{2EI_x} & 0 \\
0 & \dfrac{l}{EI_y} & 0 & \dfrac{l^2}{2EI_y} & 0 & 0 \\
0 & 0 & \dfrac{l}{GJ} & 0 & 0 & 0 \\
0 & \dfrac{l^2}{2EI_y} & 0 & \dfrac{l^3}{3EI_y} & 0 & 0 \\
-\dfrac{l^2}{2EI_x} & 0 & 0 & 0 & \dfrac{l^3}{3EI_x} & 0 \\
0 & 0 & 0 & 0 & 0 & \dfrac{l}{EA}
\end{bmatrix} \tag{3.3}
$$

3.1.1.2 悬臂梁中心位置处的柔度矩阵

如图 3.2 所示, 将局部坐标系 $O_{\mathrm{C}}X_{\mathrm{C}}Y_{\mathrm{C}}Z_{\mathrm{C}}$ 建立在动平台上的柔性梁中心位置 (假想延展动平台至柔性梁中心位置) 处, 全局坐标系 $O_{\mathrm{G}}X_{\mathrm{G}}Y_{\mathrm{G}}Z_{\mathrm{G}}$ 仍建立在静平台上的柔性梁末端 E 处, 且与局部坐标系 $O_{\mathrm{E}}X_{\mathrm{E}}Y_{\mathrm{E}}Z_{\mathrm{E}}$ 的初始位置重合。此时, 悬臂梁中心位置对应柔度矩阵的求解思路如下。

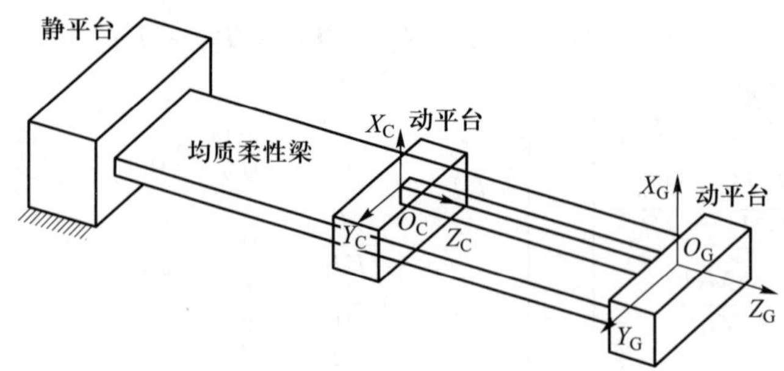

图 3.2 局部坐标系建立在板簧中心位置

首先, 在动平台上的柔性梁中心位置处 (即局部坐标系 $O_{\mathrm{C}}X_{\mathrm{C}}Y_{\mathrm{C}}Z_{\mathrm{C}}$ 原点) 作用广义力 $\boldsymbol{W}_{\mathrm{C}}=[M_xM_yM_zF_xF_yF_z]^{\mathrm{T}}$; 然后求解在各分力 M_x、M_y、M_z、F_x、F_y、F_z 分别作用时, 动平台上柔性梁中心位置处的变形, 令其变形分别为 $\boldsymbol{T}_{1\mathrm{C}}$、$\boldsymbol{T}_{2\mathrm{C}}$、$\boldsymbol{T}_{3\mathrm{C}}$、$\boldsymbol{T}_{4\mathrm{C}}$、$\boldsymbol{T}_{5\mathrm{C}}$、$\boldsymbol{T}_{6\mathrm{C}}$; 最后, 计算柔性梁中心位置处的总变形 $\boldsymbol{T}_{\mathrm{C}}=\boldsymbol{T}_{1\mathrm{C}}+\boldsymbol{T}_{2\mathrm{C}}+\boldsymbol{T}_{3\mathrm{C}}+\boldsymbol{T}_{4\mathrm{C}}+\boldsymbol{T}_{5\mathrm{C}}+\boldsymbol{T}_{6\mathrm{C}}$, 并确定 $\boldsymbol{T}_{\mathrm{C}}$ 和 $\boldsymbol{W}_{\mathrm{C}}$ 的关系。

1. 求解各分力单独作用下的变形

1) 单独作用 F_x 时

在动平台上对应柔性梁中心的位置单独作用 F_x 时 (图 3.3a), 中心位置的变形求解如下。首先, 利用力的平移定理, 将 F_x 平移至动平台上柔性梁末端 E 处, 此时产生附加力矩 M_{y1}, 如图 3.3b 所示; 然后, 利用前文求得的柔度矩阵, 求得图 3.3b 中动平台上柔性梁末端 E 处 (即局部坐标系 $O_EX_EY_EZ_E$ 原点) 在全局坐标系 $O_GX_GY_GZ_G$ 下的变形 $\boldsymbol{T}_{4E}$; 当动平台在局部坐标系 $O_EX_EY_EZ_E$ 原点的变形已知时, 容易求得动平台在局部坐标系 $O_CX_CY_CZ_C$ 原点的变形 $\boldsymbol{T}_{4C}$。其中, $M_{y1}=-F_xl/2$。

图 3.3b 中, 动平台上柔性梁末端 E 处的变形为

$$\boldsymbol{T}_{4E}=\boldsymbol{C}_E\begin{bmatrix}0 & M_{y1} & 0 & F_x & 0 & 0\end{bmatrix}^T=\begin{bmatrix}0 & 0 & 0 & \dfrac{F_xl^3}{12EI_y} & 0 & 0\end{bmatrix}^T$$

由变形结果可知, 此时动平台只有移动没有转动, 故动平台在对应柔性梁中心的位置, 其变形 (即位移) 也只有平移, 没有转动, 且有

$$\boldsymbol{T}_{4C}=\boldsymbol{T}_{4E}=\begin{bmatrix}0 & 0 & 0 & \dfrac{F_xl^3}{12EI_y} & 0 & 0\end{bmatrix}^T$$

(a) 力平移之前

(b) 力平移之后

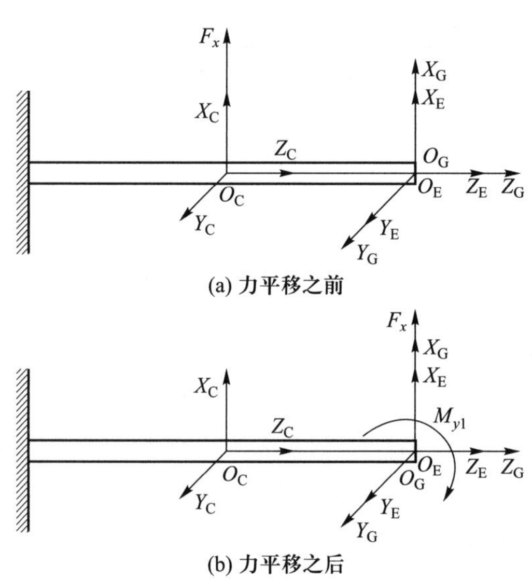

图 3.3 力的等价平移

2) 单独作用 F_y、F_z 时

同理可求得, 在动平台上对应柔性梁中心 C 的位置单独作用 F_y、F_z 时, C 处所产生的变形 $\boldsymbol{T}_{5C}$、$\boldsymbol{T}_{6C}$ 分别为

$$\boldsymbol{T}_{5C}=\boldsymbol{T}_{5E}=\begin{bmatrix}0 & 0 & 0 & 0 & \dfrac{F_yl^3}{12EI_x} & 0\end{bmatrix}^T$$

$$\boldsymbol{T}_{6C}=\boldsymbol{T}_{6E}=\begin{bmatrix}0 & 0 & 0 & 0 & 0 & \dfrac{F_zl}{EA}\end{bmatrix}^T$$

3) 单独作用 M_y 时

在动平台上对应柔性梁中心 C 的位置作用 M_y 时, C 处的变形可按如下求解。首先, 利用力偶平移定理, 将 M_y 平移至动平台上柔性梁末端 E 处, 如图 3.4 所示;

然后, 利用前文求得的柔度矩阵, 容易求得图 3.4b 中动平台上柔性梁末端 E 处在全局坐标系 $O_{\mathrm{G}}X_{\mathrm{G}}Y_{\mathrm{G}}Z_{\mathrm{G}}$ 下的变形 $\boldsymbol{T}_{5\mathrm{E}}$。当动平台在局部坐标系 $O_{\mathrm{E}}X_{\mathrm{E}}Y_{\mathrm{E}}Z_{\mathrm{E}}$ 原点的变形已知时, 容易求得动平台在局部坐标系 $O_{\mathrm{C}}X_{\mathrm{C}}Y_{\mathrm{C}}Z_{\mathrm{C}}$ 原点处的变形 $\boldsymbol{T}_{2\mathrm{C}}$。

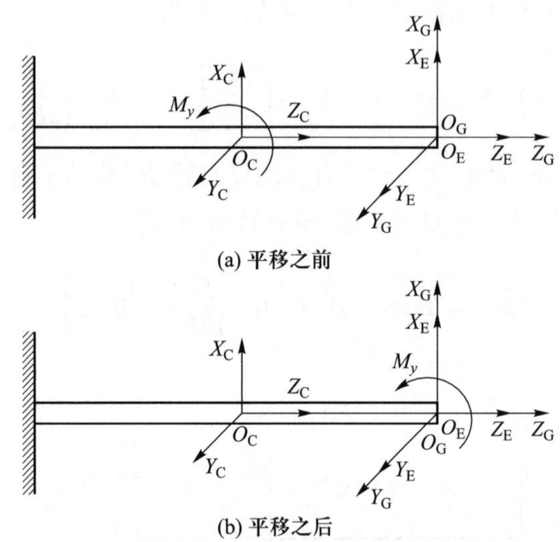

图 3.4 力偶的等价平移

图 3.4b 中, 动平台上柔性梁末端 E 处的变形为

$$\boldsymbol{T}_{2\mathrm{E}} = \boldsymbol{C}_{\mathrm{E}}\begin{bmatrix}0 & M_y & 0 & 0 & 0 & 0\end{bmatrix}^{\mathrm{T}} = \begin{bmatrix}0 & \dfrac{M_y l}{EI_y} & 0 & \dfrac{M_y l^2}{2EI_y} & 0 & 0\end{bmatrix}^{\mathrm{T}}$$

在全局坐标系 $O_{\mathrm{G}}X_{\mathrm{G}}Y_{\mathrm{G}}Z_{\mathrm{G}}$ 下, 当动平台在局部坐标系 $O_{\mathrm{E}}X_{\mathrm{E}}Y_{\mathrm{E}}Z_{\mathrm{E}}$ 原点的变形已知时, 根据刚体的性质, 利用如图 3.5 所示的几何关系, 容易求得动平台在局部坐标系 $O_{\mathrm{C}}X_{\mathrm{C}}Y_{\mathrm{C}}Z_{\mathrm{C}}$ 原点的变形 $\boldsymbol{T}_{2\mathrm{C}}$。

$$\delta_{x\mathrm{C}} + \frac{l}{2}\sin\theta_y = \delta_{x\mathrm{E}}$$

式中, $\delta_{x\mathrm{E}} = M_y l^2/(2EI_y)$; 小变形下,$\sin\theta_y \approx \theta_y = M_y l/(EI_y)$。代入上式得到 $\delta_{x\mathrm{C}} \approx$

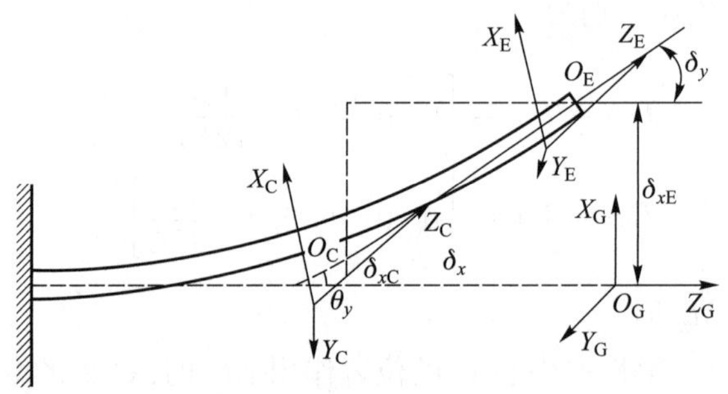

图 3.5 受纯力矩作用下柔性梁的变形

0。因此

$$\boldsymbol{T}_{2\mathrm{C}}=\begin{bmatrix}0 & \dfrac{M_y l}{EI_y} & 0 & 0 & 0 & 0\end{bmatrix}^{\mathrm{T}}$$

4) 单独作用 M_x、M_z 时

同理可求得, 在动平台上对应柔性梁中心 C 的位置单独作用 M_x、M_z 时, C 处所产生的变形 $\boldsymbol{T}_{1\mathrm{C}}$、$\boldsymbol{T}_{3\mathrm{C}}$ 分别为

$$\boldsymbol{T}_{1\mathrm{C}}=\begin{bmatrix}\dfrac{M_x l}{EI_x} & 0 & 0 & 0 & 0 & 0\end{bmatrix}^{\mathrm{T}}$$

$$\boldsymbol{T}_{3\mathrm{C}}=\begin{bmatrix}0 & 0 & \dfrac{M_z l}{GJ} & 0 & 0 & 0\end{bmatrix}^{\mathrm{T}}$$

2. 求解柔度矩阵

在广义力 $\boldsymbol{W}_{\mathrm{C}}$ 作用下, 动平台上对应柔性梁中心 C 处的总变形为

$$\boldsymbol{T}_{\mathrm{C}}=\boldsymbol{T}_{1\mathrm{C}}+\boldsymbol{T}_{2\mathrm{C}}+\boldsymbol{T}_{3\mathrm{C}}+\boldsymbol{T}_{4\mathrm{C}}+\boldsymbol{T}_{5\mathrm{C}}+\boldsymbol{T}_{6\mathrm{C}} \tag{3.4}$$

$$\boldsymbol{T}_{\mathrm{C}}=\begin{bmatrix}\dfrac{M_x l}{EI_x}\\ \dfrac{M_y l}{EI_y}\\ \dfrac{M_z l}{GJ}\\ \dfrac{F_x l^3}{12EI_y}\\ \dfrac{F_y l^3}{12EI_x}\\ \dfrac{F_z l}{EA}\end{bmatrix}=\begin{bmatrix}\dfrac{l}{EI_x} & 0 & 0 & 0 & 0 & 0\\ 0 & \dfrac{l}{EI_y} & 0 & 0 & 0 & 0\\ 0 & 0 & \dfrac{l}{GJ} & 0 & 0 & 0\\ 0 & 0 & 0 & \dfrac{l^3}{12EI_y} & 0 & 0\\ 0 & 0 & 0 & 0 & \dfrac{l^3}{12EI_x} & 0\\ 0 & 0 & 0 & 0 & 0 & \dfrac{l}{EA}\end{bmatrix}\begin{bmatrix}M_x\\ M_y\\ M_z\\ F_x\\ F_y\\ F_z\end{bmatrix}=\boldsymbol{C}_{\mathrm{C}}\boldsymbol{W}_{\mathrm{C}} \tag{3.5}$$

因此, 柔性梁中心 C 处对应的柔度矩阵为

$$\boldsymbol{C}_{\mathrm{C}}=\begin{bmatrix}\dfrac{l}{EI_x} & 0 & 0 & 0 & 0 & 0\\ 0 & \dfrac{l}{EI_y} & 0 & 0 & 0 & 0\\ 0 & 0 & \dfrac{l}{GJ} & 0 & 0 & 0\\ 0 & 0 & 0 & \dfrac{l^3}{12EI_y} & 0 & 0\\ 0 & 0 & 0 & 0 & \dfrac{l^3}{12EI_x} & 0\\ 0 & 0 & 0 & 0 & 0 & \dfrac{l}{EA}\end{bmatrix} \tag{3.6}$$

显然, 均质柔性梁中心处的柔度矩阵为一对角阵, 与 Von Mises 所给结果[19] 一致。

例如, 可直接给出半径为 r、长度为 l 的等圆截面柔性梁 ($r \ll l$) 的空间柔度矩阵 $\boldsymbol{C}_{\mathrm{E}}$ 和 $\boldsymbol{C}_{\mathrm{C}}$。由于 $A=\pi r^2, I_x=I_y=\pi r^4/4, J=I_x+I_y=\pi r^4/2$, 分别代入式 (3.3) 和式 (3.6) 中, 得

$$
\boldsymbol{C}_{\mathrm{E}}=\begin{bmatrix}
\dfrac{4l}{E\pi r^4} & 0 & 0 & 0 & -\dfrac{2l^2}{E\pi r^4} & 0\\
0 & \dfrac{4l}{E\pi r^4} & 0 & \dfrac{2l^2}{E\pi r^4} & 0 & 0\\
0 & 0 & \dfrac{2l}{G\pi r^4} & 0 & 0 & 0\\
0 & \dfrac{2l^2}{E\pi r^4} & 0 & \dfrac{4l^3}{3E\pi r^4} & 0 & 0\\
-\dfrac{2l^2}{E\pi r^4} & 0 & 0 & 0 & \dfrac{4l^3}{3E\pi r^4} & 0\\
0 & 0 & 0 & 0 & 0 & \dfrac{l}{E\pi r^2}
\end{bmatrix},
$$

$$
\boldsymbol{C}_{\mathrm{C}}=\begin{bmatrix}
\dfrac{4l}{E\pi r^4} & 0 & 0 & 0 & 0 & 0\\
0 & \dfrac{4l}{E\pi r^4} & 0 & 0 & 0 & 0\\
0 & 0 & \dfrac{2l}{G\pi r^4} & 0 & 0 & 0\\
0 & 0 & 0 & \dfrac{l^3}{3E\pi r^4} & 0 & 0\\
0 & 0 & 0 & 0 & \dfrac{l^3}{3E\pi r^4} & 0\\
0 & 0 & 0 & 0 & 0 & \dfrac{l}{E\pi r}
\end{bmatrix}
\tag{3.7}
$$

3.1.2 变截面梁

对变截面的悬臂梁, 当建立如图 3.6 所示的坐标系时, 其末端对应的柔度矩阵也满足与式 (3.3) 相同的形式, 即

$$
\boldsymbol{C}_{\mathrm{E}}=\begin{bmatrix}
C_{11} & 0 & 0 & 0 & C_{15} & 0\\
0 & C_{22} & 0 & C_{24} & 0 & 0\\
0 & 0 & C_{33} & 0 & 0 & 0\\
0 & C_{24} & 0 & C_{44} & 0 & 0\\
C_{15} & 0 & 0 & 0 & C_{55} & 0\\
0 & 0 & 0 & 0 & 0 & C_{66}
\end{bmatrix}
\tag{3.8}
$$

不妨以双面圆弧型截面为例, 对小变形缺口型柔性单元进行柔度建模。

具体将该柔性单元视为一变截面悬臂梁, 应用材料力学的相关知识来计算其空间柔度矩阵。图 3.6b 和 3.6c 给出了该柔性转动副的结构参数与受力情况。为方便表示, 令 $\beta=t/(2R)$, $\gamma=1-\cos\phi_{\max}$ (该设定对本小节均适用)。

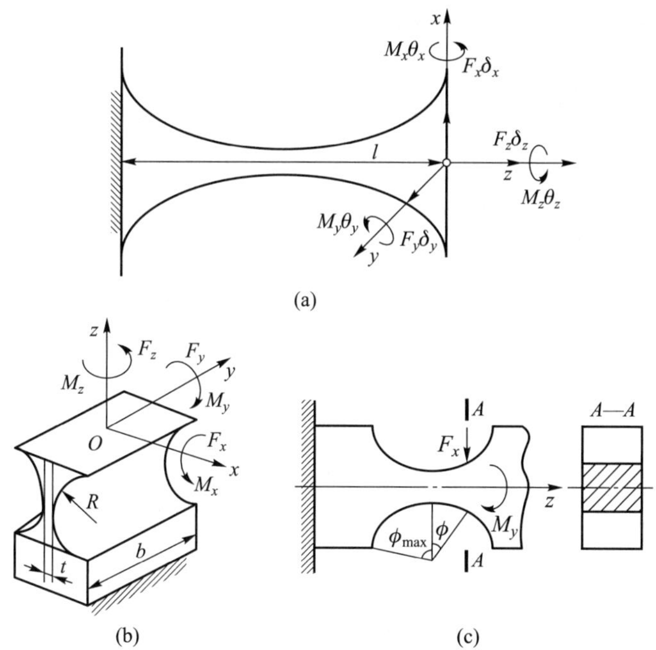

图 3.6 柔性转动副的结构参数与受力情况

3.1.2.1 M_y 和 F_x 作用下绕 y 轴的转角刚度

柔性铰链一端固定, 可将其看作变截面的悬臂梁, 其转角变化是许多微段 dz 弯曲变化的累积结果。在研究微段的变形时, 可认为微段是长度为 dz 的等截面矩形梁。根据假设可将柔性铰链的变形看作小变形, 因此由材料力学中关于梁的变形微分方程得

$$\theta_y = \frac{\mathrm{d}x}{\mathrm{d}z} = \int_0^{z_{\max}} \frac{M_y(z)}{EI_y(z)}\mathrm{d}z = \int_0^{z_{\max}} \frac{M_{yw}(z)}{EI_y(z)}\mathrm{d}z + \int_0^{z_{\max}} \frac{M_{yf}(z)}{EI_y(z)}\mathrm{d}z \tag{3.9}$$

式中, $M_y(z) = M_y + F_x(R\sin\varphi_{\max} - R\sin\varphi)$ 为作用在微段 dz 上的弯矩; $M_{yw}(z) = M_y$ 为转矩 M_y 单独作用的结果; $M_{yf}(z) = F_x(R\sin\varphi_{\max} - R\sin\varphi)$ 为力 F_x 单独作用的结果; $I_y(z) = \dfrac{b}{12}[t + 2(R - R\cos\varphi)]^3$ 为作用在 y 轴上的惯性矩。且

$$z_{\max} = 2R\sin\varphi_{\max}, \quad z = R\sin\varphi_{\max} + R\sin\varphi$$

因此, 式 (3.9) 可化为

$$\theta_y = \theta_{yw} + \theta_{yf} \tag{3.10}$$

$$\theta_{yw} = \int_0^{z_{\max}} \frac{M_{yw}(z)}{EI_y(z)}\mathrm{d}z = \int_0^{z_{\max}} \frac{M_y}{EI_y(z)}\mathrm{d}z \tag{3.11}$$

$$\theta_{yf} = \int_0^{z_{\max}} \frac{M_{yf}(z)}{EI_y(z)}\mathrm{d}z = \int_0^{z_{\max}} \frac{F_x(R\sin\varphi_{\max} - R\sin\varphi)}{EI_y(z)}\mathrm{d}z \tag{3.12}$$

代入相关值, 分别对式 (3.11) 和 (3.12) 进行求解

$$\theta_{yw}=\frac{3M_y}{2EbR^2}\int_0^{2R\sin\varphi_{\max}}\frac{\cos\varphi}{(1+\beta-\cos\varphi)^3}\mathrm{d}\varphi$$

设其积分项为 C_{ayw}, 简化得

$$C_{ayw}=\frac{1}{2\beta+\beta^2}\left\{\left[\frac{1+\beta}{(\beta+\gamma)^2}+\frac{(\beta+1)^2+2}{(\beta+\gamma)(\beta^2+2\beta)}\right]\sqrt{2\gamma-\gamma^2}+\right.$$
$$\left.\frac{6(1+\beta)}{(\beta^2+2\beta)^{3/2}}\left[\arctan\left(\frac{\gamma}{\sqrt{2\gamma-\gamma^2}}\sqrt{\frac{2+\beta}{\beta}}\right)\right]\right\} \tag{3.13}$$

则

$$\theta_{yw}=\frac{3C_{ayw}}{2EbR^2}M_y \tag{3.14}$$

$$\theta_{yf}=\frac{3F_x}{2EbR^2}\int_0^{2R\sin\varphi_{\max}}\frac{(R\sin\varphi_{\max}-R\sin\varphi)\cos\varphi}{\left(1+\dfrac{t}{2R}-\cos\varphi\right)^3}\mathrm{d}\varphi$$

设其积分项为 C_{ayf}, 进行简化得

$$C_{ayf}=\frac{R\sqrt{2\gamma-\gamma^2}}{2\beta+\beta^2}\left\{\left[\frac{1+\beta}{(\beta+\gamma)^2}+\frac{(\beta+1)^2+2}{(\beta+\gamma)(\beta^2+2\beta)}\right]\sqrt{2\gamma-\gamma^2}+\right.$$
$$\left.\frac{6(1+\beta)}{(\beta^2+2\beta)^{3/2}}\left[\arctan\left(\frac{\gamma}{\sqrt{2\gamma-\gamma^2}}\sqrt{\frac{2+\beta}{\beta}}\right)\right]\right\} \tag{3.15}$$

则

$$\theta_{yf}=\frac{3C_{ayf}}{2EbR^2}F_x \tag{3.16}$$

3.1.2.2 M_x 和 F_y 作用下绕 x 轴的转角刚度

$$\theta_x=\frac{\mathrm{d}y}{\mathrm{d}z}=\int_0^{z_{\max}}\frac{M_x(z)}{EI_x(z)}\mathrm{d}z=\int_0^{z_{\max}}\frac{M_{xw}(z)}{EI_x(z)}\mathrm{d}z+\int_0^{z_{\max}}\frac{M_{xf}(z)}{EI_x(z)}\mathrm{d}z \tag{3.17}$$

式中, $M_x(z)=M_x+F_y(R\sin\phi_{\max}-R\sin\phi)$ 为作用在微段 $\mathrm{d}z$ 上的弯矩; $M_{xw}(z)$ 为转矩 M_x 单独作用的结果; $M_{xf}(z)$ 为力 F_y 单独作用的结果; $I_x(z)=\dfrac{b^3}{12}[t+2(R-R\cos\phi)]$ 为作用在 x 轴上的惯性矩。

仿照前面的分析过程, 可得到

$$C_{axw}=-2\arctan\left(\frac{\gamma}{\sqrt{2\gamma-\gamma^2}}\sqrt{\frac{2+\beta}{\beta}}\right)+\frac{2(1+\beta)}{(\beta^2+2\beta)^{1/2}}\cdot$$
$$\left[\arctan\left(\frac{\gamma}{\sqrt{2\gamma-\gamma^2}}\sqrt{\frac{2+\beta}{\beta}}\right)\right] \tag{3.18}$$

$$C_{axf}=R\sqrt{2\gamma-\gamma^2}C_{axw} \tag{3.19}$$

则

$$\theta_{xw} = \frac{12C_{axw}}{Eb^3}M_x \tag{3.20}$$

$$\theta_{xf} = \frac{12C_{axf}}{Eb^3}F_y \tag{3.21}$$

3.1.2.3 M_y 和 F_x 作用下沿 x 轴的线刚度

在轴向力 F_x 作用下, 沿 x 轴的线位移 δ_x 为铰链弯曲变形时的挠度。这时, 偏转角

$$\theta_y = \frac{\mathrm{d}x}{\mathrm{d}z} \tag{3.22}$$

因此, 由式 (3.9) 得

$$\delta_x = \int_0^{z_{\max}} \theta_y(z)\mathrm{d}z = \int_0^{z_{\max}} \left(\int_0^{z_{\max}} \frac{M_{yw}(z)}{EI_y(z)}\mathrm{d}z + \int_0^{z_{\max}} \frac{M_{yf}(z)}{EI_y(z)}\mathrm{d}z \right) \mathrm{d}z \tag{3.23}$$

同样, 可将上式分为两个部分, 前者代表力矩 M_y 作用下产生的沿 x 轴方向上的线位移, 后者代表力 F_x 作用下产生的沿 x 轴方向上的线位移。所对应的积分项分别为

$$\begin{aligned} C_{dxw} = & \frac{R\sqrt{2\gamma-\gamma^2}}{2\beta+\beta^2} \left\{ \left[\frac{1+\beta}{(\beta+\gamma)^2} + \frac{(\beta+1)^2+2}{(\beta+\gamma)(\beta^2+2\beta)} \right] \sqrt{2\gamma-\gamma^2} + \right. \\ & \left. \frac{6(1+\beta)}{(\beta^2+2\beta)^{3/2}} \left[\arctan\left(\frac{\gamma}{\sqrt{2\gamma-\gamma^2}} \sqrt{\frac{2+\beta}{\beta}} \right) \right] \right\} \end{aligned} \tag{3.24}$$

$$\begin{aligned} C_{dxf} = & R\sqrt{2\gamma-\gamma^2}C_{dxw} - \frac{3}{2Eb} \left\{ \sqrt{2\gamma-\gamma^2} \left[\frac{1+\beta}{(\beta+\gamma)^2} - \frac{3\beta^2+6\beta+1}{(\beta+\gamma)(2\beta+\beta^2)} \right] + \right. \\ & \left[\frac{4(1+\beta)}{\sqrt{\beta^2+2\beta}} - \frac{2(1+\beta)}{(\beta^2+2\beta)^{3/2}} \right] \arctan\left(\sqrt{\frac{2+\beta}{\beta}} \right) \frac{\gamma}{\sqrt{2\gamma-\gamma^2}} - \\ & \left. 4\arctan\frac{\gamma}{\sqrt{2\gamma-\gamma^2}} \right\} \end{aligned} \tag{3.25}$$

则

$$\delta_{xw} = \frac{3C_{dxw}}{2EbR^2}M_y, \quad \delta_{xf} = \frac{3C_{dxf}}{2EbR^2}F_x \tag{3.26}$$

如果考虑剪切力 F_x 的影响, x 轴方向的线刚度还应包括一项, 即

$$\delta_{xg} = \left(\int_0^{z_{\max}} GA(z)\mathrm{d}z \right) F_x \tag{3.27}$$

而积分系数

$$C_{dxg} = \int_0^{z_{\max}} GA(z)\mathrm{d}z = \frac{12}{b^2} \int_0^{z_{\max}} GI_x(z)\mathrm{d}z \tag{3.28}$$

即

$$C_{dxg}=\frac{1}{Gb}\left\{-2\arctan\left(\frac{\gamma}{\sqrt{2\gamma-\gamma^2}}\right)+\frac{2(1+\beta)}{(\beta^2+2\beta)^{1/2}}\left[\tan^{-1}\left(\frac{\gamma}{\sqrt{2\gamma-\gamma^2}}\sqrt{\frac{2+\beta}{\beta}}\right)\right]\right\} \tag{3.29}$$

所以

$$\delta_{xg}=C_{dxg}F_x \tag{3.30}$$

3.1.2.4 转矩 M_x 和力 F_y 作用下沿 y 轴的线刚度

在轴向力 F_y 作用下, 沿 y 轴的线位移 δ_y 为铰链弯曲变形时的挠度。这时, 偏转角

$$\theta_x=\frac{\mathrm{d}y}{\mathrm{d}z} \tag{3.31}$$

因此由式 (3.17) 得

$$\delta_y=\int_0^{z_{\max}}\theta_x(z)\mathrm{d}z=\int_0^{z_{\max}}\left(\int_0^{z_{\max}}\frac{M_{xw}(z)}{EI_x(z)}\mathrm{d}z+\int_0^{z_{\max}}\frac{M_{xf}(z)}{EI_x(z)}\mathrm{d}z\right)\mathrm{d}z \tag{3.32}$$

同样, 可将上式分为两个部分, 前者代表在力矩 M_x 作用下产生的沿 y 轴方向上的线位移, 后者代表在力 F_y 作用下产生的沿 y 轴方向上的线位移。所对应的积分项分别为

$$C_{dyw}=R\sqrt{2\gamma-\gamma^2}\left\{-2\arctan\left(\frac{\gamma}{\sqrt{2\gamma-\gamma^2}}\sqrt{\frac{2+\beta}{\beta}}\right)+\frac{2(1+\beta)}{(\beta^2+2\beta)^{1/2}}\cdot\left[\arctan\left(\frac{\gamma}{\sqrt{2\gamma-\gamma^2}}\sqrt{\frac{2+\beta}{\beta}}\right)\right]\right\} \tag{3.33}$$

$$C_{dyf}=R\sqrt{2\gamma-\gamma^2}C_{dyw}+\left[\left(\frac{3}{2}+\beta-\frac{1}{2}\gamma\right)\sqrt{2\gamma-\gamma^2}+2\left(\beta^2+\beta+\frac{1}{2}\right)\cdot\arctan\left(\frac{\gamma}{\sqrt{2\gamma-\gamma^2}}\right)-2(1+\beta)\sqrt{2\beta+\beta^2}\frac{\gamma}{\sqrt{2\gamma-\gamma^2}}\arctan\left(\sqrt{\frac{2+\beta}{\beta}}\right)\right] \tag{3.34}$$

则

$$\delta_{yw}=\frac{12C_{dyw}}{Eb^3}M_x,\quad \delta_{yf}=\frac{12C_{dyf}}{Eb^3}F_y \tag{3.35}$$

如果考虑剪切力 F_y 的影响,y 轴方向的线刚度还应包括一项, 即

$$\delta_{yg}=\left(\int_0^{z_{\max}}GA(z)\mathrm{d}z\right)F_y \tag{3.36}$$

而积分系数

$$C_{dyg}=\int_0^{z_{\max}}GA(z)\mathrm{d}z=\frac{12}{b^2}\int_0^{z_{\max}}GI_x(z)\mathrm{d}z \tag{3.37}$$

即

$$C_{dyg}=\frac{1}{Gb}\left\{-2\arctan\left(\frac{\gamma}{\sqrt{2\gamma-\gamma^2}}\right)+\frac{2(1+\beta)}{(\beta^2+2\beta)^{1/2}}\left[\arctan\left(\frac{\gamma}{\sqrt{2\gamma-\gamma^2}}\sqrt{\frac{2+\beta}{\beta}}\right)\right]\right\} \tag{3.38}$$

所以,

$$\delta_{yg}=C_{dyg}F_y \tag{3.39}$$

3.1.2.5 力 F_z 作用下沿 z 轴的线刚度

$$\delta_z=\left(\int_0^{z_{\max}}EA(z)\mathrm{d}z\right)F_z \tag{3.40}$$

而积分系数

$$C_{dz}=\int_0^{z_{\max}}EA(z)\mathrm{d}z=\frac{12}{b^2}\int_0^{z_{\max}}EI_x(z)\mathrm{d}z \tag{3.41}$$

即

$$C_{dz}=\frac{1}{Eb}\left\{-2\arctan\left(\frac{\gamma}{\sqrt{2\gamma-\gamma^2}}\right)+\frac{2(1+\beta)}{(\beta^2+2\beta)^{1/2}}\left[\arctan\left(\frac{\gamma}{\sqrt{2\gamma-\gamma^2}}\sqrt{\frac{2+\beta}{\beta}}\right)\right]\right\} \tag{3.42}$$

所以

$$\delta_z=C_{dz}F_z \tag{3.43}$$

3.1.2.6 扭矩 M_z 作用下绕 z 轴的转角刚度

在扭矩 M_z 作用下, 考虑柔性铰链尺寸较其他结构尺寸小得多, 可认为绕 z 轴的扭转只发生在柔性铰链部位。这时根据弹性力学理论可导出

$$\theta_z=\int_0^{z_{\max}}\frac{M_z}{GJ_z(z)}\mathrm{d}z \tag{3.44}$$

式中, M_z 为绕 z 轴的扭矩; G 为材料的弹性剪切模量; $J_z(z)=\lambda b(f(z))^3=\lambda b(2R+t-2\sqrt{R^2-z^2})^3$ 为绕 z 轴的等效极惯性矩。

而系数 λ 的取值可参考表 3.1。

表 3.1 系数 λ 的取值

$f(z)/b$	1.0	2.0	10.0	∞
λ	0.141	0.229	0.312	0.333

代入相关公式, 求得

$$C_{az}=\frac{1}{2\beta+\beta^2}\left\{\left[\frac{1+\beta}{(\beta+\gamma)^2}+\frac{(\beta+1)^2+2}{(\beta+\gamma)(\beta^2+2\beta)}\right]\sqrt{2\gamma-\gamma^2}+\right.$$
$$\left.\frac{6(1+\beta)}{(\beta^2+2\beta)^{3/2}}\left[\arctan\left(\frac{\gamma}{\sqrt{2\gamma-\gamma^2}}\sqrt{\frac{2+\beta}{\beta}}\right)\right]\right\} \tag{3.45}$$

设其积分项为 C_{az}, 它的值与 C_{ayw} 相等。所以

$$\theta_z=\frac{C_{az}}{8\lambda GbR^2}M_z \tag{3.46}$$

根据以上各式, 便可确定柔性转动副柔度矩阵中的各元素值。

实际设计中, 经常将柔性转动副的圆弧设计成半圆形, 而且其结构参数可满足 $\beta\ll 1$, 则式 (3.8) 中各元素可简化为

$$\begin{gathered}
C_{11}=\frac{9\pi R^{5/2}}{2Ebt^{5/2}}+\frac{1}{Gb}\left(-\frac{2+\pi}{2}+\pi\sqrt{\frac{R}{t}}\right),\quad C_{15}=\frac{9\pi R^{3/2}}{2Ebt^{5/2}}\\
C_{22}=\frac{12\pi R^2}{Eb^3}\left(-\frac{1}{4}+\sqrt{\frac{R}{t}}\right)+\frac{1}{Gb}\left(-\frac{2+\pi}{2}+\pi\sqrt{\frac{R}{t}}\right),\\
C_{24}=\frac{12R}{Eb^3}\left(-\frac{2+\pi}{2}+\pi\sqrt{\frac{R}{t}}\right)\\
C_{33}=\frac{1}{Eb}\left(-\frac{2+\pi}{2}+\pi\sqrt{\frac{R}{t}}\right),\quad C_{44}=\frac{12}{Eb^3}\left[\pi\left(\frac{R}{t}\right)^{1/2}-\frac{2+\pi}{2}\right],\\
C_{55}=\frac{9\pi R^{1/2}}{2Ebt^{5/2}},\quad C_{66}=\frac{3\pi R^{1/2}}{8\lambda Gbt^{5/2}}
\end{gathered} \tag{3.47}$$

图 3.7 给出了另一种变截面 (可作为柔性球铰) 的结构参数及受力情况。

利用与缺口型柔性单元柔度建模类似的方法可以求得柔性球铰柔度矩阵的各个参数。在 $\beta\ll 1,\beta\ll\gamma$ 情况下, 柔度矩阵中的各个元素为

$$\begin{gathered}
C_{11}=\frac{20R^{5/2}}{Et^{7/2}}+\frac{4R^{3/2}}{Et^{5/2}}+\frac{2R^{1/2}}{Gt^{3/2}},\quad C_{15}=\frac{20R^{3/2}}{Et^{7/2}},\\
C_{22}=\frac{20R^{5/2}}{Et^{7/2}}+\frac{4R^{3/2}}{Et^{5/2}}+\frac{2R^{1/2}}{Gt^{3/2}}\\
C_{24}=\frac{20R^{3/2}}{Et^{7/2}},\quad C_{33}=\frac{2R^{1/2}}{Et^{3/2}},\quad C_{44}=\frac{20R^{1/2}}{Et^{7/2}},\\
C_{55}=\frac{20R^{1/2}}{Et^{7/2}},\quad C_{66}=\frac{10R^{1/2}}{Gt^{7/2}}
\end{gathered} \tag{3.48}$$

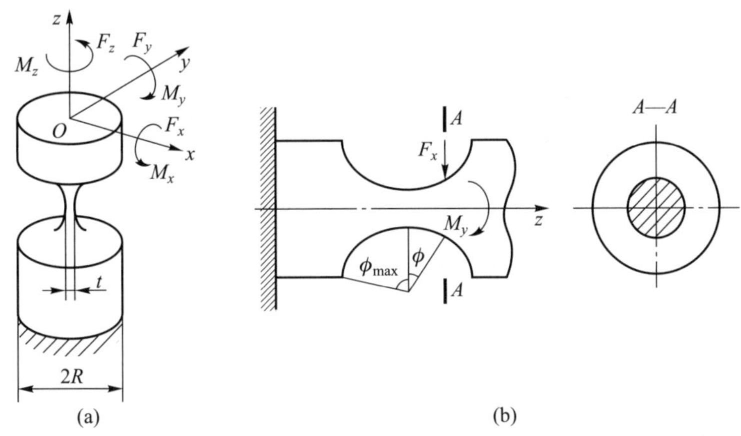

图 3.7 柔性球铰的结构参数与受力情况

3.2 基于旋量理论的柔度建模

3.2.1 Von Mises 的梁变形理论

梁是柔性机构中最基本的柔性单元, 无论细长杆还是板簧都是梁的一种。对于均质梁结构, 伯努利 – 欧拉 (Bernoulli-Euler) 和铁木辛柯 (Timoshenko) 分别给出了细长及短粗均质悬臂梁结构的弹性力学模型, 后人则利用旋量方法导出了同样的结果[20-21]。如图 3.8 所示, 当在均质梁末端施加载荷时, 梁末端产生变形或者微小运动, 根据旋量理论, 在图 3.8 所示的坐标系下, 梁末端的变形可用运动旋量 $\boldsymbol{T} = (\boldsymbol{\theta};\boldsymbol{\delta}) = (\theta_x,\theta_y,\theta_z;\delta_x,\delta_y,\delta_z)$ 来表示; 施加在其上的载荷可以用力旋量 $\boldsymbol{W} = (\boldsymbol{M};\boldsymbol{F}) = (M_x,M_y,M_z;F_x,F_y,F_z)$ 来表示。这里, $\boldsymbol{\theta}$、$\boldsymbol{\delta}$ 分别代表梁末端的角变形和线变形, 而 $\boldsymbol{M}$、$\boldsymbol{F}$ 则代表了施加在梁上的力矩和纯力。二者之间的关系表达如式 (3.49)。

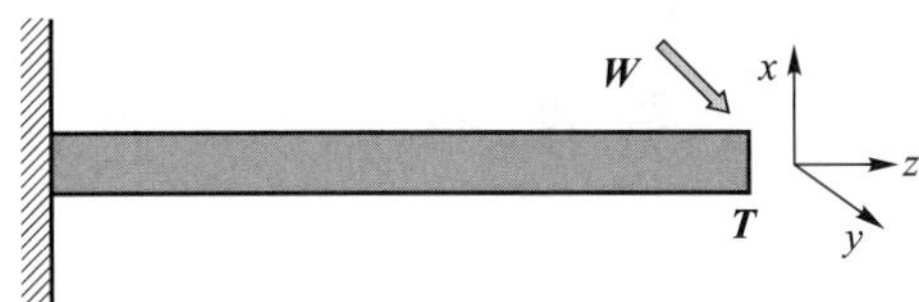

图 3.8 均质悬臂梁的弹性力学模型

在满足线弹性假设前提下, 运动旋量与力旋量之间存在如下的关系:

$$\boldsymbol{T} = \boldsymbol{C}\boldsymbol{W}, \quad \boldsymbol{W} = \boldsymbol{K}\boldsymbol{T}, \quad \boldsymbol{C} = \boldsymbol{K}^{-1} \tag{3.49}$$

式中, $\boldsymbol{C}$ 和 $\boldsymbol{K}$ 分别表示机构的 6 阶柔度矩阵和刚度矩阵。

根据 Von Mises 梁变形理论, 坐标系位于梁的质心时, 长度为 l 的空间均质梁柔

度矩阵为

$$\begin{aligned}\boldsymbol{C} &= \mathrm{diag}(c_{11} \quad c_{22} \quad c_{33} \quad c_{44} \quad c_{55} \quad c_{66}) \\ &= \mathrm{diag}\left(\frac{l}{EI_x} \quad \frac{l}{EI_y} \quad \frac{l}{GJ} \quad \frac{l^3}{12EI_y} \quad \frac{l^3}{12EI_x} \quad \frac{l}{EA}\right)\end{aligned} \tag{3.50}$$

变换式 (3.50), 可以得到

$$\boldsymbol{C} = \frac{l}{EI_y}\begin{bmatrix} \frac{I_y}{I_x} & & & & & \\ & 1 & & & & \\ & & \frac{EI_y}{GJ} & & & \\ & & & \frac{l^2}{12} & & \\ & & & & \frac{l^2}{12}\frac{I_y}{I_x} & \\ & & & & & \frac{I_y}{A} \end{bmatrix} \tag{3.51}$$

3.2.1.1 柔性板簧

当图 3.8 中的均质梁截面为矩形时, 若满足 $t \ll w$ 和 $t \ll l$, 均质梁将变为板簧, 如图 3.9a 所示。

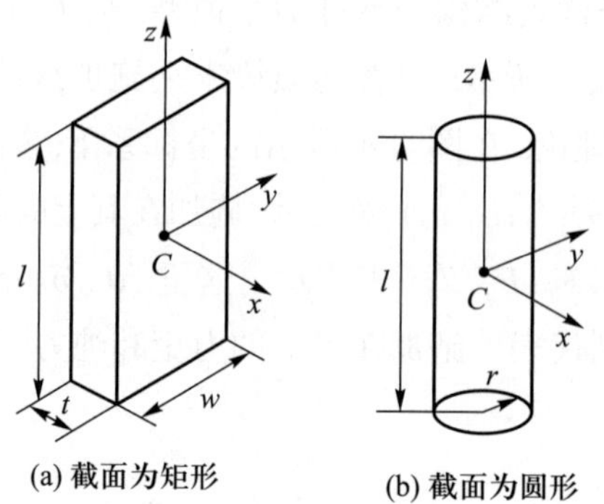

(a) 截面为矩形　　(b) 截面为圆形

图 3.9　均质梁单元

对于柔性板簧

$$I_x = \frac{w^3 t}{12}, \quad I_y = \frac{wt^3}{12}, \quad J = I_x + I_y, \quad A = wt \tag{3.52}$$

代入式 (3.51), 有

$$\frac{I_y}{I_x} = \left(\frac{t}{w}\right)^2, \quad \frac{I_y}{A} = \frac{t^2}{12} = \frac{l^2}{12}\left(\frac{t}{l}\right)^2 \tag{3.53}$$

令

$$\alpha = \left(\frac{t}{w}\right)^2, \quad \beta = \left(\frac{t}{l}\right)^2, \quad \chi = \frac{G}{E} = \frac{1}{2(1+\nu)}, \quad \gamma = \frac{J}{I_y} \tag{3.54}$$

式中, ν 为泊松比。将式 (3.53) 和式 (3.54) 代入式 (3.51), 可得到参数化的板簧柔度矩阵。

$$C = \frac{l}{EI_y}\begin{bmatrix} \alpha & & & & & \\ & 1 & & & & \\ & & \frac{1}{\chi\gamma} & & & \\ & & & \frac{l^2}{12} & & \\ & & & & \frac{l^2}{12}\alpha & \\ & & & & & \frac{l^2}{12}\beta \end{bmatrix} \tag{3.55}$$

式中, γ 是剪切常数与惯性矩的比值[12-13]。梁截面为矩形时

$$\gamma = 12\left\{\frac{1}{3} - 0.21\frac{t}{w}\left[1 - \frac{1}{12}\left(\frac{t}{w}\right)^4\right]\right\} \tag{3.56}$$

当 t/w 很小时, $\gamma \approx 4$。进一步可以发现 C 由 5 个参数 $(l/EI_y, \alpha, \beta, \chi, l)$ 决定。如果有 $\alpha = (t/w)^2 \ll 1, \beta = (t/l)^2 \ll 1$, C 中 1、5、6 行的元素足够小, 可忽略。

3.2.1.2 柔性杆

当图 3.8 中的均质梁截面为圆形时, 若满足 $t \ll l$ 和 $w \ll l$, 均质梁变为柔性杆, 如图 3.9b 所示。对于柔性杆, 有

$$I_x = I_y = \frac{\pi r^4}{4}, \quad A = \pi r^2, \quad J = 2I_y \tag{3.57}$$

代入式 (3.51), 令

$$\eta = \left(\frac{r}{l}\right)^2, \quad \chi = \frac{G}{E} = \frac{1}{2(1+\nu)}, \quad \gamma = \frac{J}{I_y} = 2 \tag{3.58}$$

将式 (3.57) 和式 (3.58) 代入式 (3.51), 可得到参数化的柔性杆柔度矩阵

$$C = \frac{l}{EI_y}\begin{bmatrix} 1 & & & & & \\ & 1 & & & & \\ & & \frac{1}{2\chi} & & & \\ & & & \frac{l^2}{12} & & \\ & & & & \frac{l^2}{12} & \\ & & & & & \frac{l^2}{4}\eta \end{bmatrix} \tag{3.59}$$

同样可以发现, C 由 4 个参数 $(l/EI_y, \eta, \chi, l)$ 决定。当 $\eta = (t/l)^2 \ll 1$ 时, C 中第 6 行的元素足够小, 可忽略。

3.2.2 柔度的坐标变换

一般情况下, 对柔度矩阵 (或刚度矩阵) 的讨论只有在同一个坐标系下才有意义。例如, 为了建立柔性系统的整体柔度 (或刚度) 矩阵, 需要将各局部坐标系下的柔度 (或刚度) 矩阵转化到统一的参考坐标系 (或全局坐标系) 下, 即涉及柔度 (或刚度) 矩阵的坐标变换。

首先来推导柔度 (或刚度) 矩阵在不同坐标系下的映射关系。

假设在参考坐标系下, 运动旋量和力旋量分别表示为 ${}^{\mathrm{S}}\boldsymbol{\xi} = ({}^{\mathrm{S}}\boldsymbol{\theta}; {}^{\mathrm{S}}\boldsymbol{\delta})$ 和 ${}^{\mathrm{S}}\boldsymbol{W} = ({}^{\mathrm{S}}\boldsymbol{M}; {}^{\mathrm{S}}\boldsymbol{F})$; 而在局部坐标系下, 运动旋量和力旋量分别表示为 ${}^{\mathrm{B}}\boldsymbol{\xi} = ({}^{\mathrm{B}}\boldsymbol{\theta}; {}^{\mathrm{B}}\boldsymbol{\delta})$ 和 ${}^{\mathrm{B}}\boldsymbol{W} = ({}^{\mathrm{B}}\boldsymbol{M}; {}^{\mathrm{B}}\boldsymbol{F})$; 其中运动旋量是旋量的射线坐标 (ray coordinate) 表达, 而力旋量则是旋量的轴线坐标 (axis coordinate) 表达。

由式 (3.49) 可得

$$ {}^{\mathrm{S}}\boldsymbol{T} = {}^{\mathrm{S}}\boldsymbol{C}{}^{\mathrm{S}}\boldsymbol{W}, \quad {}^{\mathrm{B}}\boldsymbol{T} = {}^{\mathrm{B}}\boldsymbol{C}{}^{\mathrm{B}}\boldsymbol{W} \tag{3.60} $$

另设局部坐标系与参考坐标系间坐标变换的旋转矩阵为 $\boldsymbol{R}$, 平移向量为 $\boldsymbol{t} = (x, y, z)^{\mathrm{T}}$, 则坐标变换的伴随矩阵 $\mathrm{Ad} = \begin{bmatrix} \boldsymbol{R} & \boldsymbol{0} \\ \boldsymbol{T}\boldsymbol{R} & \boldsymbol{R} \end{bmatrix}$, 其中,$\widehat{\boldsymbol{t}} = \begin{bmatrix} 0 & -z & y \\ z & 0 & -x \\ -y & x & 0 \end{bmatrix}$ 为由平移向量 $\boldsymbol{t}$ 定义的反对称矩阵。引入算子 $\boldsymbol{\Delta}$

$$ \boldsymbol{\Delta} = \begin{bmatrix} \boldsymbol{0} & \boldsymbol{I} \\ \boldsymbol{I} & \boldsymbol{0} \end{bmatrix} \tag{3.61} $$

式中, $\boldsymbol{I}$ 为 3 阶单位矩阵。算子 $\boldsymbol{\Delta}$ 可以将轴线坐标表达的力旋量 $\boldsymbol{W}$ 转化成射线坐标形式 $\boldsymbol{\Delta W}$。因此, 在射线坐标系下, 运动旋量和力旋量的坐标变换如下:

$$ {}^{\mathrm{S}}\boldsymbol{T} = \mathrm{Ad}{}^{\mathrm{B}}\boldsymbol{T}, \quad \boldsymbol{\Delta}{}^{\mathrm{S}}\boldsymbol{W} = \mathrm{Ad}\boldsymbol{\Delta}{}^{\mathrm{B}}\boldsymbol{W} \tag{3.62} $$

由式 (3.60) 和式 (3.62) 可以导出柔度矩阵在不同坐标系下的变换关系式。首先

$$ {}^{\mathrm{S}}\boldsymbol{T} = {}^{\mathrm{S}}\boldsymbol{C}{}^{\mathrm{S}}\boldsymbol{W} = \mathrm{Ad}{}^{\mathrm{B}}\boldsymbol{T} = \mathrm{Ad}{}^{\mathrm{B}}\boldsymbol{C}{}^{\mathrm{B}}\boldsymbol{W} \tag{3.63} $$

由于 $\boldsymbol{\Delta}^{-1} = \boldsymbol{\Delta}$, 式 (3.62) 变成

$$ {}^{\mathrm{S}}\boldsymbol{W} = \boldsymbol{\Delta}\mathrm{Ad}\boldsymbol{\Delta}{}^{\mathrm{B}}\boldsymbol{W} \tag{3.64} $$

将式 (3.64) 代入式 (3.63), 得到

$$ {}^{\mathrm{S}}\boldsymbol{C}\boldsymbol{\Delta}\mathrm{Ad}\boldsymbol{\Delta}{}^{\mathrm{B}}\boldsymbol{W} = \mathrm{Ad}{}^{\mathrm{B}}\boldsymbol{C}{}^{\mathrm{B}}\boldsymbol{W} \tag{3.65} $$

整理得到

$$ {}^{\mathrm{S}}\boldsymbol{C} = \mathrm{Ad}{}^{\mathrm{B}}\boldsymbol{C}\boldsymbol{\Delta}\mathrm{Ad}^{-1}\boldsymbol{\Delta} \tag{3.66} $$

注意到

$$\mathrm{Ad}^{-1}=\begin{bmatrix}\boldsymbol{R}^{\mathrm{T}} & \boldsymbol{0}\\ -\boldsymbol{R}^{\mathrm{T}}\widehat{\boldsymbol{t}} & \boldsymbol{R}^{\mathrm{T}}\end{bmatrix},\quad \mathrm{Ad}^{\mathrm{T}}=\begin{bmatrix}\boldsymbol{R}^{\mathrm{T}} & -\boldsymbol{R}^{\mathrm{T}}\widehat{\boldsymbol{t}}\\ 0 & \boldsymbol{R}^{\mathrm{T}}\end{bmatrix} \tag{3.67}$$

因此

$$\boldsymbol{\Delta}\mathrm{Ad}^{-1}\boldsymbol{\Delta}=\begin{bmatrix}\boldsymbol{0} & \boldsymbol{I}\\ \boldsymbol{I} & \boldsymbol{0}\end{bmatrix}\begin{bmatrix}\boldsymbol{R}^{\mathrm{T}} & \boldsymbol{0}\\ -\boldsymbol{R}^{\mathrm{T}}\widehat{\boldsymbol{t}} & \boldsymbol{R}^{\mathrm{T}}\end{bmatrix}\begin{bmatrix}\boldsymbol{0} & \boldsymbol{I}\\ \boldsymbol{I} & \boldsymbol{0}\end{bmatrix}=\mathrm{Ad}^{\mathrm{T}} \tag{3.68}$$

将式 (3.68) 代入式 (3.66), 得到柔度矩阵在不同坐标系下的变换关系

$${}^{\mathrm{S}}\boldsymbol{C}=\mathrm{Ad}^{\mathrm{B}}\boldsymbol{C}\mathrm{Ad}^{\mathrm{T}} \tag{3.69}$$

对于刚度矩阵, 变换关系可根据 $\boldsymbol{K}=\boldsymbol{C}^{-1}$ 直接得到

$${}^{\mathrm{S}}\boldsymbol{K}=(\mathrm{Ad}^{-1})^{\mathrm{TB}}\boldsymbol{K}\mathrm{Ad}^{-1} \tag{3.70}$$

式 (3.69) 和式 (3.70) 分别给出了柔度矩阵和刚度矩阵在不同坐标系下的映射关系。

例如, 图 3.10 所示为矩形截面均质悬臂梁。参考坐标系选在梁的质心 (中点) 处, 一力旋量作用在该点。根据 Von Mises 的梁变形理论, 对于空间均质梁, 其柔度矩阵为对角阵。

$$\boldsymbol{C}_{\mathrm{C}}=\mathrm{diag}\left(\frac{l}{EI_x}\quad\frac{l}{EI_y}\quad\frac{l}{GJ}\quad\frac{l^3}{12EI_y}\quad\frac{l^3}{12EI_x}\quad\frac{l}{EA}\right) \tag{3.71}$$

式中, $I_x=tb^3/12$; $I_y=bt^3/12$; $J=I_x+I_y=tb(t^2+b^2)/12$。

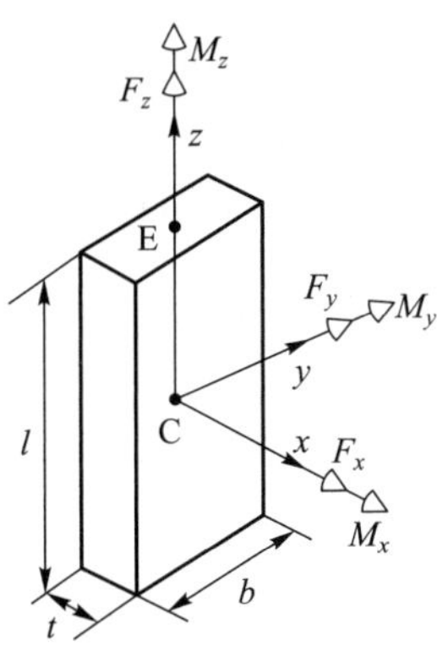

图 3.10 坐标系的建立

由于通常情况下, 力旋量作用在梁的末端。这时, 有必要进行柔度矩阵的坐标变换, 即将梁在中点处的柔度矩阵转换成在其末端处的柔度矩阵表达。为此, 需采用伴随矩阵 (adjoint matrix)

$$\mathrm{Ad}=\begin{bmatrix}\boldsymbol{I} & \boldsymbol{0}\\ \widehat{\boldsymbol{t}} & \boldsymbol{I}\end{bmatrix} \tag{3.72}$$

式中

$$\hat{\boldsymbol{t}} = \begin{bmatrix} 0 & \dfrac{l}{2} & 0 \\ -\dfrac{l}{2} & 0 & 0 \\ 0 & 0 & 0 \end{bmatrix} \tag{3.73}$$

这样, 新坐标系下的柔度矩阵表达为

$$\boldsymbol{C}_{\mathrm{E}} = \mathrm{Ad}\boldsymbol{C}_{\mathrm{C}}\mathrm{Ad}^{\mathrm{T}} = \begin{bmatrix} \dfrac{l}{EI_x} & 0 & 0 & 0 & -\dfrac{l^2}{2EI_x} & 0 \\ 0 & \dfrac{l}{EI_y} & 0 & \dfrac{l^2}{2EI_y} & 0 & 0 \\ 0 & 0 & \dfrac{l}{GJ} & 0 & 0 & 0 \\ 0 & \dfrac{l^2}{2EI_y} & 0 & \dfrac{l^3}{3EI_y} & 0 & 0 \\ -\dfrac{l^2}{2EI_x} & 0 & 0 & 0 & \dfrac{l^3}{3EI_x} & 0 \\ 0 & 0 & 0 & 0 & 0 & \dfrac{l}{EA} \end{bmatrix} \tag{3.74}$$

可以看到, 式 (3.74) 与式 (3.3) 有着相同的结构形式。

3.3 大变形柔性单元的伪刚体模型

3.3.1 经典伪刚体模型[22]

由于簧片的变形较大, 往往难以满足小变形假设, 而分析几何非线性条件下柔性单元的变形往往需要用到椭圆积分或数值积分, 过程比较复杂。为此 Howell 等[22] 提出一种简化求解的 1R 伪刚体模型方法, 可预测大变形柔性单元的变形情况。

如图 3.11 所示, 将两根杆铰接并施加扭簧来模拟悬臂梁的变形, 通过建立铰接点位置和弹簧刚度在不同载荷情况下的关系, 以刚性杆的位移近似逼近柔性梁的变

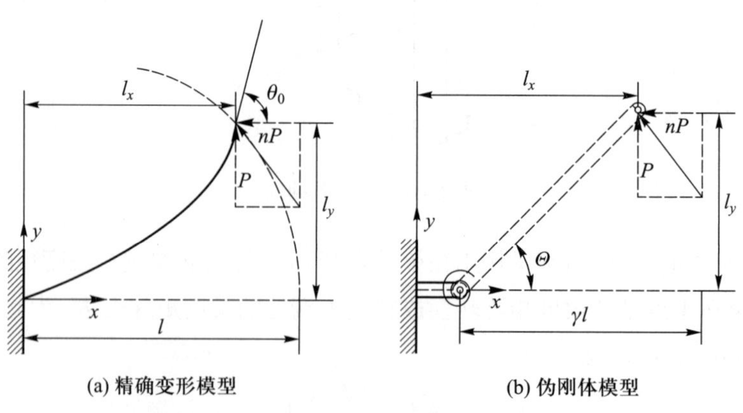

图 3.11 长杆型柔性单元及其伪刚体模型

形。这样, 柔性杆的运动特性由带有铰链的刚性杆模拟, 其刚度特性由附加的扭簧来描述。借助于伪刚体模型, 可以在柔性机构和刚性机构之间搭建起一座桥梁, 找到相互对应的关系, 有利于借鉴成熟的刚性机构分析设计理论。

下面讨论短杆型柔性单元在纯弯矩作用下的伪刚体模型。

通常将刚体杆的长度与柔性单元的长度比大于 10 的情况称为短杆型柔性单元 (即 $L/l > 10$, 如图 3.12 所示)。定义该情况下柔性单元的伪刚体模型: 大变形转动视为绕某个特征转动中心的转动, 且转动中心在 $l/2$ 处。

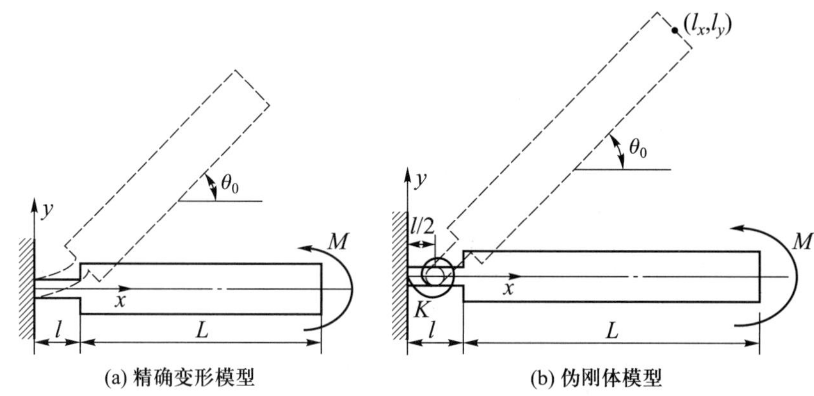

图 3.12 短杆型柔性单元及其伪刚体模型

柔性梁的弯曲变形方程为

$$\theta_0 = \frac{Ml}{EI} \tag{3.75}$$

这时, 可建立与柔性单元对应的伪刚体模型的相关参数表达式

$$\Theta = \theta_0 \tag{3.76a}$$

$$l_x = \frac{l}{2} + \left(L + \frac{l}{2}\right)\cos\Theta \tag{3.76b}$$

$$l_y = \left(L + \frac{l}{2}\right)\sin\Theta \tag{3.76c}$$

$$M = \frac{EI}{l}\theta_0 \tag{3.76d}$$

$$K = \frac{EI}{l} \tag{3.76e}$$

在纯弯矩的作用下, 式 (3.76) 不仅适用于小变形的情况; 即使发生大变形, 利用伪刚体模型所得结果与精确解计算结果也非常相近。

表 3.2 中列举了在不同载荷情况下大变形柔性单元相对应的伪刚体模型及其计算参数。

表 3.2 不同载荷情况下大变形柔性单元的伪刚体模型[22]

序号	基本模型	伪刚体模型	负载特征	基本关系式
1	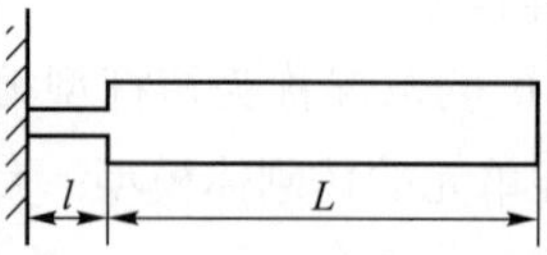	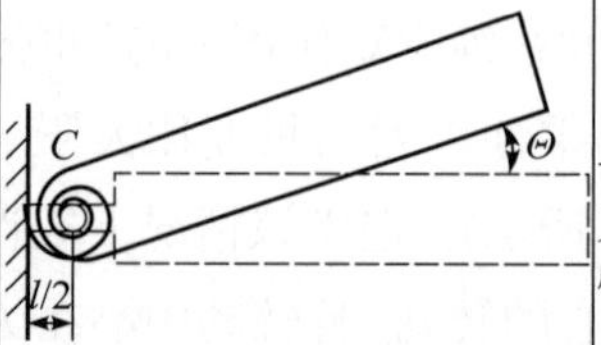	短杆型柔性单元末端受常力矩作用 (悬臂梁模型)	$\gamma=\frac{l}{2}$ $l_x=\frac{l}{2}+\left(L+\frac{l}{2}\right)\cos\Theta$ $l_y=\left(L+\frac{l}{2}\right)\cdot\sin\Theta$
2	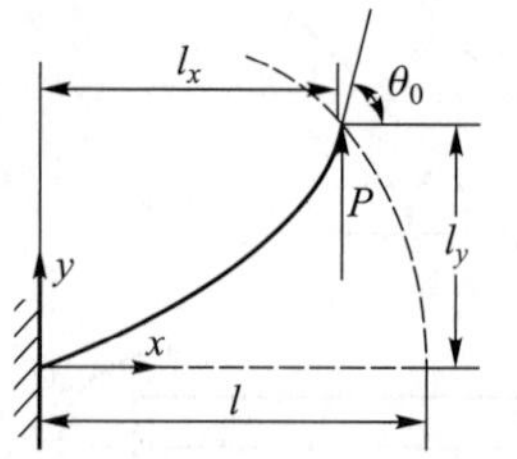	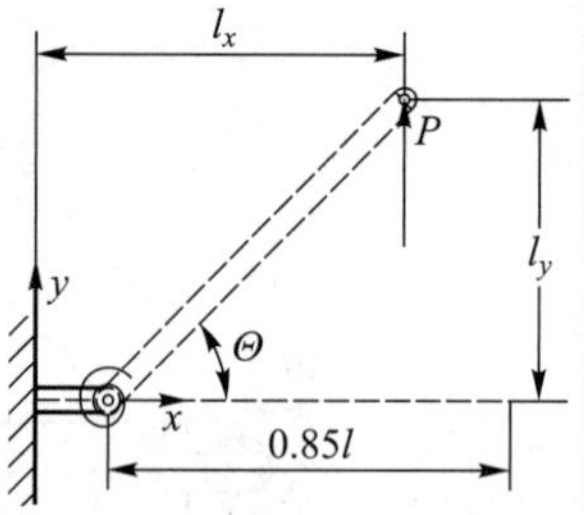	长杆型柔性单元末端受到竖直方向的常力作用 (悬臂梁模型)	$\gamma=0.85$ $l_x=l[1-0.85\times(1-\cos\Theta)]$ $l_y=0.85l\sin\Theta$ $K=2.25\frac{EI}{l}$
3	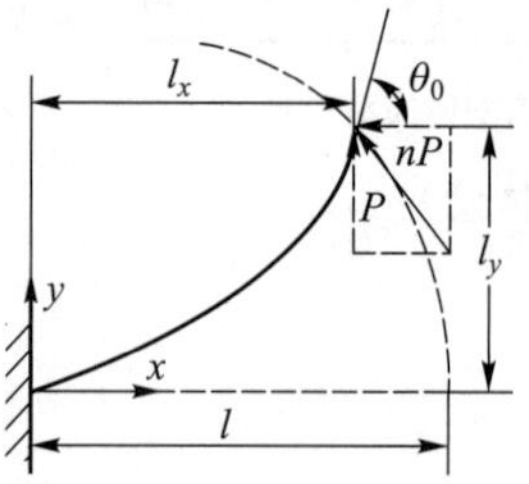	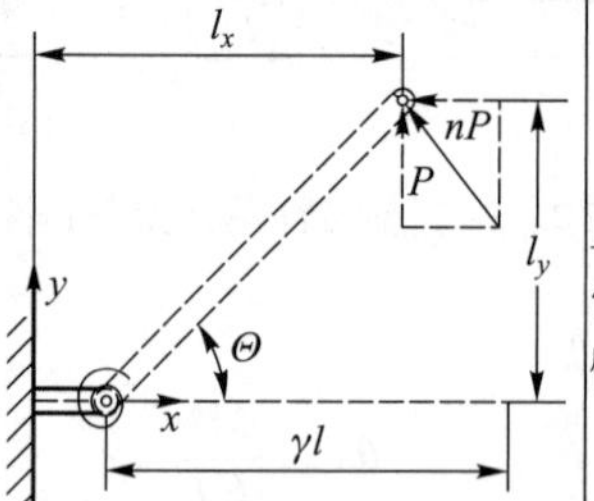	长杆型柔性单元末端受到常力作用 (悬臂梁模型)	$l_x=l[1-\gamma\cdot(1-\cos\Theta)]$ $l_y=\gamma l\sin\Theta$ $K=\gamma K_\Theta\frac{EI}{l}$
4	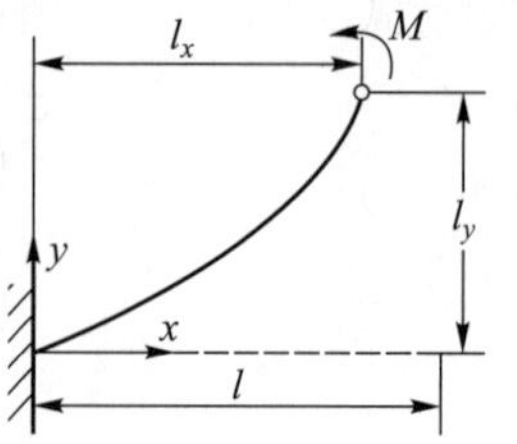	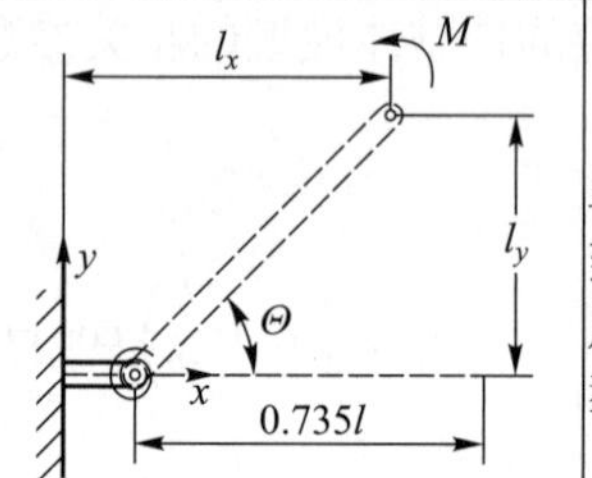	长杆型柔性单元末端受到常力矩作用 (悬臂梁模型)	$\gamma=0.734\ 6$ $l_x=l[1-0.734\ 6\times(1-\cos\Theta)]$ $l_y=0.734\ 6l\sin\Theta$ $K=1.516\ 4\frac{EI}{l}$
5	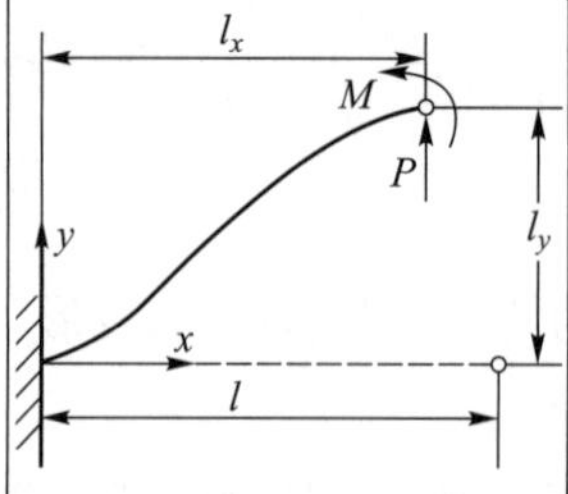	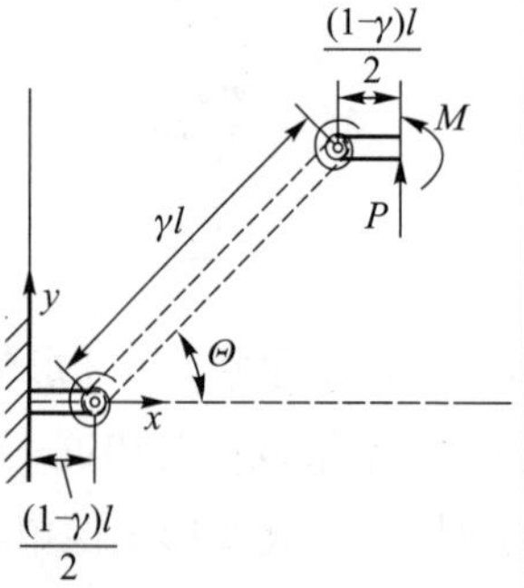	长杆型柔性单元末端同时受到常力和力矩作用 (固定导向梁模型)	$l_x=l[1-\gamma\cdot(1-\cos\Theta)]$ $l_y=\gamma l\sin\Theta$ $K=2\gamma K_\Theta\frac{EI}{l}$

3.3.2 基于瞬心概念的簧片伪刚体模型

假设簧片的一端固定，另一端沿某条特定曲线运动。这时，可将簧片看作“一端导向”的梁结构，即悬臂梁一端固定，另一端的角度和位置都随转动角度的变化而呈现规律性的变化。对于这样的悬臂梁，很容易找到端点运动的瞬心 (ICR)。ICR 可看作虚拟转动中心 (VCM) 在小变形下的具体表现。将此概念推而广之，凡由簧片单元组成的柔性模块，即使含有多个簧片，均可按照“一端导向”的梁结构进行分析和建模。

对于初始形状为平板的簧片来说，ICR 位于其轴线或延长线上。平行簧片型柔性模块两根簧片的 ICR 位于无穷远处，而簧片型等腰梯形柔性模块 (LITFM) 中两根簧片的 ICR 与其转动中心重合 (图 3.13)。

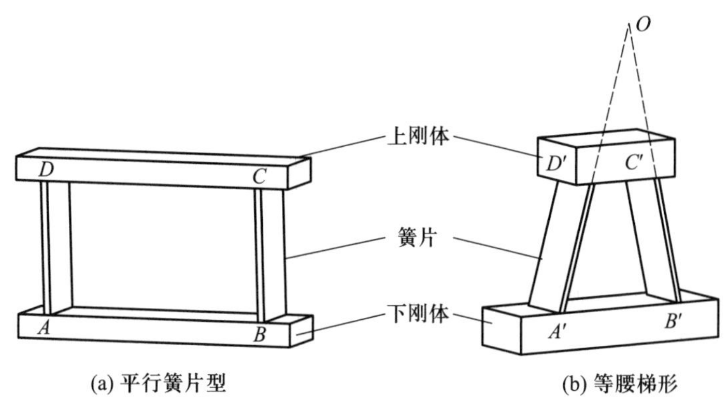

(a) 平行簧片型　　(b) 等腰梯形

图 3.13　两种柔性模块

将这样的一根簧片单独拿出来，其模型如图 3.14a 所示。簧片 AD 的一端 A 固定于基座上，另一端 D 在初始位置附近绕着 ICR，即点 O 转动。刚体 DO 用来等效

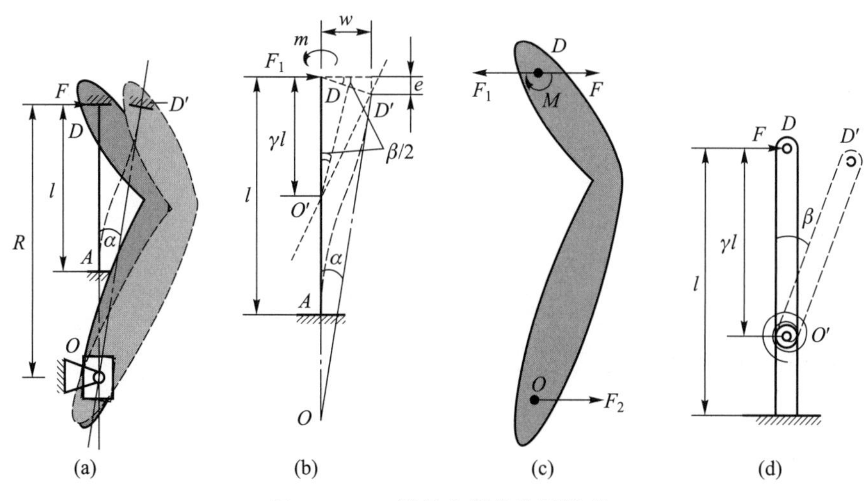

(a)　(b)　(c)　(d)

图 3.14　一端导向梁的分析模型

模拟簧片自由端 D 的导向运动。刚体 DO 和基座在 O 点由一个转动副和一个移动副连接。转动副限制自由端 D 的切线方向通过点 O。因为移动端 D 的运动轨迹并非一个精确的以 O 点为圆心的圆, 故引入移动副消除刚体 DO 对簧片的附加约束。当自由端 D 受到一个切向力 F 的作用时, D 转动到 D'。

引入系数 n 表示 ICR 的相对位置, 即

$$n = \frac{R}{l} \tag{3.77}$$

式中, l 为簧片 AD 的长度; R 为 ICR 到自由端 D 的距离。

这时, n 的取值范围为 $(-\infty, \infty)$。由于簧片结构关于中点上下对称, 故可取其一半进行研究。这样, n 的取值范围变为 $[0.5, \infty)$。可以看出, 平行四杆型柔性机构为 $n = \infty$ 的一种特例; 簧片型等腰梯形柔性铰链 (LITFP) 中, $n \in [1, \infty)$; 交叉簧片型柔性铰链中, $n \in [0.5, 1)$。

建立簧片伪刚体模型的步骤如下: 首先确定刚性铰链的位置, 然后再确定加在铰链上扭簧的刚度。

3.3.2.1 铰链点的位置

簧片 AD 在导向刚体 DO 的约束下, 可以当作一端受切向力 F_1 和弯矩 M 共同作用的悬臂梁, 受力模型如图 3.14b 所示。由于一般应用中, 簧片轴向力引起的变形相对来说非常小, 故可忽略以便简化分析过程。于是簧片变形后, 端点 D 切向的位移为

$$w = \frac{F_1 l^3}{3EI} - \frac{Ml^2}{2EI} \tag{3.78}$$

轴向的位移为

$$e = \frac{8F_1^2 l^5 - 25MF_1 l^4 + 20M^2 l^3}{120E^2 I^2} \tag{3.79}$$

式中, F_1 为簧片受到的切向力; M 为簧片受到的弯矩; I 为簧片的截面惯性矩。

由于假设自由端 D 运动的切线方向通过点 O, 因此可得 DO 和 $D'O$ 之间的夹角

$$\alpha = \frac{F_1 l^2}{2EI} - \frac{Ml}{EI} \tag{3.80}$$

弯矩 m 则可由上式解出, 即

$$M = \frac{F_1 l^2 - 2\alpha EI}{2l} \tag{3.81}$$

将式 (3.78) ~ 式 (3.81) 代入下式

$$\alpha R = w \tag{3.82}$$

则可以解出 α, 即

$$\alpha = \frac{F_1 l^2}{6EI(2n-1)} \tag{3.83}$$

将式 (3.83) 代入式 (3.81) 中, 可得

$$M = \frac{F_1 l(2-3n)}{3(1-2n)} \tag{3.84}$$

同时, 从图中可以看出, 伪刚体模型铰链 O' 的位置应该满足

$$\tan\frac{\beta}{2} = \frac{e}{w} \tag{3.85}$$

$$\gamma l \sin\left(\frac{\beta}{2}\right) = \frac{\sqrt{w^2+e^2}}{2} \tag{3.86}$$

式中, β 为端点 D 绕着伪刚体模型铰链 O' 转动的角度; γ 为伪刚体模型的特征半径系数 (characteristic radius factor); 乘积 γl 即为端点 D 到铰链 O' 之间的距离。

由三角函数公式可知

$$\sin(\arctan x) = \frac{x}{\sqrt{1+x^2}} \tag{3.87}$$

根据式 (3.85) ~ 式 (3.87), 当 EI 远大于长度 l 时, 即

$$\frac{EI}{l} \gg 1 \tag{3.88}$$

可以解出 γ, 并简化为

$$\gamma = \frac{15n^2}{18n^2-3n+2} \tag{3.89}$$

式 (3.88) 在一般应用场合都可以满足。根据式 (3.89) 可以绘制出 n 和 γ 的关系曲线, 如图 3.15 所示。曲线的峰值 ($\gamma = 8/9$) 发生在 $n = 4/3$ 时。当 n 趋向于无穷大时, γ 趋向于 5/6; 当 $n = 1/2$ 时, $\gamma = 3/4$。

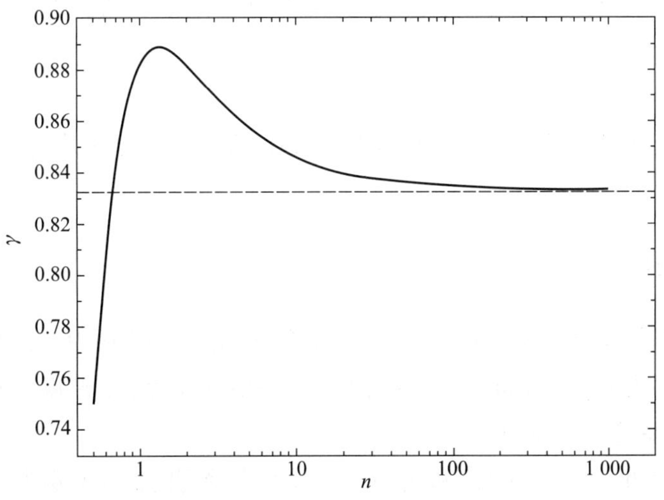

图 3.15 特征半径系数 γ 随 n 的变化曲线

3.3.2.2 扭簧的刚度系数

在得到铰链位置, 也就是 γ 值后, 下一步将确定加在铰链上的扭簧的刚度系数。这首先需要计算出簧片的载荷。

图 3.14c 所示为对刚体 DO 的受力分析示意。力 F 为外部施加到模型上的力; 力 F_1 和 M 为簧片对刚体的反作用力; F_2 为基座对刚体的反作用力。在这里, 假设 F_1 和 M 的正方向如图 3.14c 所示, 则可得如下方程:

$$F + F_2 = F_1 \tag{3.90}$$

$$M = F_2 R \tag{3.91}$$

将式 (3.90) 和式 (3.91) 代入式 (3.82), 可解出

$$F = \frac{4EI(3n^2 - 3n + 1)}{nl^2}\alpha \tag{3.92}$$

$$F_1 = \frac{6EI(2n - 1)}{l^2}\alpha \tag{3.93}$$

$$F_2 = \frac{2EI(3n - 2)}{nl^2}\alpha \tag{3.94}$$

由胡克定律可知, 扭簧的刚度系数 K 为受到的弯矩与转角的比值, 即

$$K = \frac{F\gamma l}{\beta} \tag{3.95}$$

在小变形条件下, 端点 D 运动的弧线长度可近似为切线方向的位移 w, 则有

$$w = \beta\gamma l \tag{3.96}$$

合并式 (3.78), 以及式 (3.92) ~ 式 (3.96), 可得刚度系数 K 的表达式

$$K = \frac{4EI\gamma^2(3n^2 - 3n + 1)}{n^2 l} \tag{3.97}$$

一旦确定了铰链的位置和弹簧的刚度系数, 就可建立起簧片的伪刚体模型, 如图 3.14d 所示。

3.3.2.3 最大行程

为了求解柔性机构的最大行程, 需要计算变形部分的内应力。对于单个的簧片, 就是计算其最大的转动角度。由于簧片长度 l 一般都远大于其厚度 t, 所以剪应力可以忽略, 仅考虑弯矩的作用。

结合式 (3.92) ~ 式 (3.94) 和式 (3.84), 簧片上受到的最大弯矩为

$$M_{\max} = F_1 l - M = \frac{2EI(3n - 1)}{l}\alpha \tag{3.98}$$

最大应力为

$$\sigma_{\max} = \frac{M_{\max} t}{2I} = \frac{Et(3n-1)}{l}\alpha \tag{3.99}$$

当用材料的屈服强度 σ_s 代替最大应力 $\sigma_{\max}$ 时, 可得簧片的最大转动角度

$$\alpha_{\max} = \frac{l}{Et(3n-1)}\sigma_s \tag{3.100}$$

3.4 大变形柔性单元的约束模型

大变形柔性机构基本都以柔性梁为基本柔性单元构造而成, 因此对大变形柔性梁的建模研究变得非常重要。当前对大变形柔性梁 (多为簧片) 的建模主要有 4 种方法:

(1) 伪刚体模型法。前面已介绍过这种方法。该法由于简单、直观而受到广大研究者的青睐。但是, 伪刚体模型无法考虑轴向载荷的变形, 也无法准确评估铰链位置和扭簧刚度在运动过程中的变化, 使得柔性梁的约束特性过于理想化, 因此伪刚体模型法在应用方面具有一定的局限性。

(2) 有限元法。对柔性机构,ANSYS 等有限元商用软件提供了非线性和大变形分析功能, 可以非常准确地预测性能。但是, 有限元法在参数化设计方面, 并不是那么游刃有余。尤其在概念设计阶段, 无法揭示设计参数的物理意义, 诸多设计变量对性能的影响也很难定量评估。不过, 利用有限元分析对理论分析和设计结果进行验证, 不失为一种明智的选择。

(3) 椭圆积分及数值算法。利用数学上求解椭圆积分的算法或查询椭圆积分表, 可以得到比较精确的结果。最近, Jensen 等[23] 利用椭圆积分对大挠度柔性梁进行了精确的柔度建模, 但椭圆积分的求解非常繁琐。虽然一些学者提出了新的算法, 如 Banerjee 等[24] 利用非线性打靶和 Adomian 分解方法来代替椭圆积分, 但其依然是一种数值算法, 求解运算量并未减少太多。而且这类数值算法使设计人员很难理解参数的物理意义, 工程经验无法涉入其中。

(4) 梁约束模型法。由于上述 3 种分析方法无法兼顾计算量和模型精度, 使得它们的应用范围受到一定的制约。为此,Awtar[9] 作了一些数学上的处理, 即在特定假设情况下忽略了一些次要因素, 得到了简单的分析和设计模型。需要强调的是, 虽然采用了一些假设, 但并非人为简化变形状态, 而是忽略高阶小量, 因此模型的精度非常高。

本节以簧片为例, 说明大变形柔性梁约束模型的建模过程。

一般情况下, 簧片的变形可视为平面应变状态。如图 3.16 所示, 在自由端 B 施加一般性的平面载荷: 弯矩 M、轴向力 P 和切向力 F, 簧片的末端将产生 3 个位移: 转角 θ、轴向位移 Δ_x 和切向位移 Δ_y。如果仅有弯矩载荷的作用, 根据式 (2.1)

的 Bernoulli–Euler 方程, 切向位移和转角均可得到解析表达式, 进而通过数学操作, 将很方便地获得轴向位移

$$\frac{1}{\rho(x)}=\frac{M(x)}{EI} \tag{3.101}$$

式中, $\rho(x)$ 为曲率半径; $M(x)$ 为内弯矩; E 为材料的弹性模量; I 为簧片的截面惯性矩。由于纯弯矩作用时, 内弯矩 $M(x)$ 为常值, 使得簧片特性分析相对简单一些。

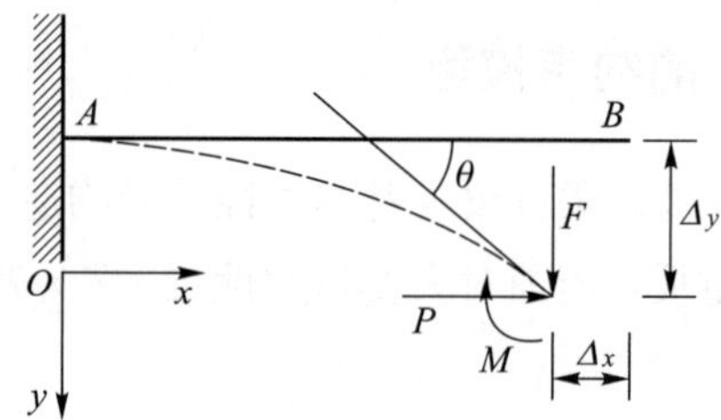

图 3.16 簧片的受力变形状态

簧片特性分析的难点主要源于载荷作用的情况比较复杂, 主要体现在以下三个方面:

(1) 挠曲线的曲率半径。簧片长度方向上, 任意一点的挠曲线曲率半径表达式为

$$\frac{1}{\rho}=\frac{Y''}{(1+Y'^2)^{3/2}} \tag{3.102}$$

这是一个非常复杂的微分方程。当变形限定在一定范围内时, 可将此表达式的分母简化为 1; 而变形足够大时, 这种简化将带来一定的误差。这给簧片型柔性机构的变形特性分析带来了困难。

(2) 载荷。当有力载荷作用于簧片自由端时, 式 (3.101) 中的内弯矩将沿长度方向变化。同时考虑完整的挠曲线曲率半径, 末端位移的表达式可整理为椭圆积分形式。而这类椭圆积分表达式在数学上不可积, 由此带来了复杂的数值算法。

(3) 载荷 – 位移关系。即使对挠曲线曲率半径表达式进行简化而避免了椭圆积分, 即使纯弯矩作用下得到了解析解, 但载荷 – 位移表达式依然为三角函数或双曲函数等复杂的超越方程。设计参数的作用效果和物理意义很难体现, 这也是簧片分析理论方面的囹圄所在。

3.4.1 Awtar 模型

Awtar 的提出的梁约束模型 (简称 Awtar 模型) 中, 将挠曲线表达式的分母简化为 1。对金属材料, 柔性机构中簧片的末端转角一般小于 15°, 如此简化不会产生较大的误差, 这也是学者们基本都认可的处理办法。从而可以避免繁琐的椭圆积分, 得到解析表达式。但是, 这些超越表达式阻碍了簧片柔性单元特性的揭示, Awtar 模型最重要的贡献就在于对这些超越方程的处理。这里, 简单回顾建模的过程。

为了简化设计变量, Awtar 模型对载荷和位移进行了归一化处理, 得到了以下量纲一参数:

$$
\begin{aligned}
m=\frac{ML}{EI},\quad f=\frac{FL^2}{EI},\quad p=\frac{PL^2}{EI},\quad x=\frac{X}{L},\\
y=\frac{Y}{L},\quad \delta_y=\frac{\Delta_y}{L},\quad \delta_x=\frac{\Delta_x}{L},\quad d=12\left(\frac{L}{T}\right)^2
\end{aligned}
\tag{3.103}
$$

式中, 小写字母代表量纲一参数; 有量纲的载荷和位移如前文定义, 如图 3.17 所示。L、W 和 T 分别表示簧片的长度、宽度和厚度; I 为截面惯性矩; E 为材料的弹性模量。L、W 和 T 定义了簧片的形状, 这里称为*形状参数*。

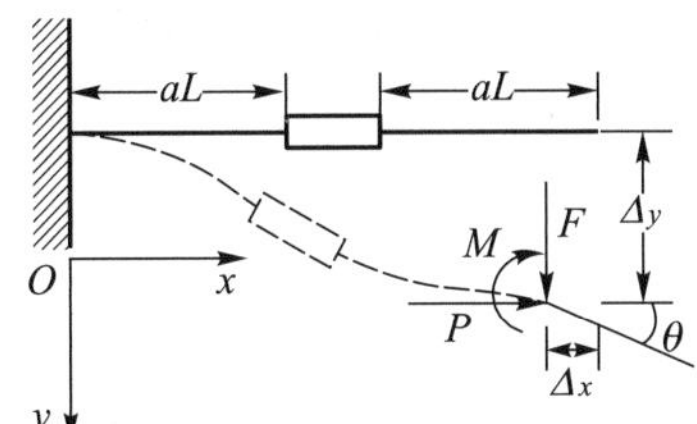

图 3.17 I 型广义簧片的受力变形状态

沿着簧片长度方向 (坐标系的 x 轴), 任意一点的内弯矩为

$$
m(x)=m+f(1-\delta_x-x)-p(\delta_y-y) \tag{3.104}
$$

根据 Bernoulli–Euler 方程, 可得

$$
y''=m+f(1-\delta_x-x)-p(\delta_y-y) \tag{3.105}
$$

进一步可整理为

$$
y^{(4)}-k^2y''=0 \tag{3.106}
$$

式中,$p=k^2$。当载荷 p 为负值时,k 为虚数。求解此微分方程很容易得到解析解

$$
y=c_1\cosh kx+c_2\sinh kx+c_3x+c_4 \tag{3.107}
$$

同时, 可得到下面两组边界条件:

边界条件 1: $y(0)=0$, $y'(0)=0$, $y''(1)=m$, $y^{(3)}(1)=-f+py'(1)$。

边界条件 2: $y(0)=0$, $y'(0)=0, y(1)=\delta_y$, $y'(1)=\tan\theta$。

利用边界条件 1, 可以确定式 (3.107) 中的系数, 进一步得到簧片任意一点的挠度、转角与末端位移、末端载荷的关系。而在柔性机构中, 一般仅需要考虑簧片末端的位移, 从而有

$$
\delta_y=f\left(\frac{k-\tanh k}{k^3}\right)+\left(\frac{\cosh k-1}{k^2\cosh k}\right)m \tag{3.108}
$$

$$
\theta=f\left(\frac{\cosh k-1}{k^2\cosh k}\right)+m\left(\frac{\tanh k}{k}\right) \tag{3.109}
$$

以上是柔度表示形式, 根据边界条件 2, 可进一步转化为刚度表示形式

$$f = \frac{k^3 \sinh k}{k \sinh k - 2\cosh k + 2}\delta_y + \frac{k^2(1-\cosh k)}{k \sinh k - 2\cosh k + 2}\theta \tag{3.110}$$

$$m = \frac{k^2(1-\cosh k)}{k \sinh k - 2\cosh k + 2}\delta_y + \frac{k^2 \cosh k - k\sinh k}{k \sinh k - 2\cosh k + 2}\theta \tag{3.111}$$

根据式 (3.107) 中的系数, 通过求导可获得簧片任意一点的转角

$$\begin{aligned} y'(x) = &\frac{1}{k \sinh k - 2\cosh k + 2}[\sinh kx \ \ (\cosh kx - 1)] \cdot \\ &\begin{bmatrix} k(\cosh k - 1) & (k - \sinh k) \\ -k\sinh k & (\cosh k - 1) \end{bmatrix} \begin{bmatrix} \delta_y \\ \theta \end{bmatrix} \end{aligned} \tag{3.112}$$

在计算簧片末端的轴向位移时, 分两部分考虑

$$\delta_x = \delta_x^e + \delta_x^k \tag{3.113}$$

式中的第一部分为轴向载荷的贡献, 定义为柔性分量, 即

$$\delta_x^e = -\frac{p}{d} \tag{3.114}$$

第一部分描述了簧片长度的伸缩量。第二部分假设簧片的长度不变, 由于簧片末端在 X 方向上产生了位移, 从而定义其为运动分量。根据始末状态的弧长相等条件, 可得

$$\int_0^{1-\delta_x^e} \mathrm{d}s = \int_0^{1-\delta_x} (1+y'^2)^{1/2}\mathrm{d}x \approx \int_0^{1-\delta_x}\left(1+\frac{1}{2}y'^2\right)\mathrm{d}x = 1-\delta_x + \frac{1}{2}\int_0^{1-\delta_x} y'^2 \mathrm{d}x \tag{3.115}$$

运动分量可进一步整理为

$$\delta_x^k = \frac{1}{2}\int_0^1 y'^2 \mathrm{d}x \tag{3.116}$$

代入式 (3.113) 并进行积分运算, 即可求解得到运动分量的表达式

$$\delta_x^k = \begin{bmatrix} \delta_y & \theta \end{bmatrix} \begin{bmatrix} c_{31} & c_{32} \\ c_{32} & c_{33} \end{bmatrix} \begin{bmatrix} \delta_y \\ \theta \end{bmatrix} \tag{3.117}$$

式中

$$c_{31} = \frac{k^2(\cosh^2 k + \cosh k - 2) - 3k\sinh k(\cosh k - 1)}{2(k\sinh k - 2\cosh k + 2)^2}$$

$$c_{32} = -\frac{k^2(\cosh k - 1) + k\sinh k(\cosh k - 1) - 4(\cosh k - 1)^2}{4(k\sinh k - 2\cosh k + 2)^2}$$

$$c_{33} = \frac{-k^3 + k^2\sinh k(\cosh k + 2) - 2k(2\cosh^2 k - \cosh k - 1) + 2\sinh k(\cosh k - 1)}{4k(k\sinh k - 2\cosh k + 2)^2}$$

至此, 3 个位移和载荷的关系均已得到, 但这些超越方程很难体现设计参数的物理含义, 而 Awtar 最重要的贡献就是通过略掉高阶项, 得到了多项式形式的表达式, 便于清楚地分析簧片的变形特性

$$\begin{bmatrix} f \\ m \end{bmatrix} \approx \begin{bmatrix} c_{11} & c_{12} \\ c_{12} & c_{13} \end{bmatrix} \begin{bmatrix} \delta_y \\ \theta \end{bmatrix} + p \begin{bmatrix} c_{21} & c_{22} \\ c_{22} & c_{23} \end{bmatrix} \begin{bmatrix} \delta_y \\ \theta \end{bmatrix} \tag{3.118}$$

式中, 矩阵中各系数的取值由表 3.3 给出。

表 3.3 各常值系数的取值

c_{11}	c_{12}	c_{13}	c_{21}	c_{22}	c_{23}
12	–6	4	6/5	–1/10	2/15
c_{31}	c_{32}	c_{33}	c_{41}	c_{42}	c_{43}
3/5	–1/20	1/15	–1/700	1/1 400	–11/6 300

而柔度形式也有类似的简化表示

$$\begin{bmatrix} \delta_y \\ \theta \end{bmatrix} \approx \begin{bmatrix} \dfrac{1}{3(1+2p/5)} & \dfrac{1}{2(1+5p/12)} \\ \dfrac{1}{2(1+5p/12)} & \dfrac{(1+p/10)}{(1+17p/40+7p^2/600)} \end{bmatrix} \begin{bmatrix} f \\ m \end{bmatrix} \tag{3.119}$$

由此得出结论: 簧片的量纲一刚度与形状参数无关, 只有轴向载荷 p 对其产生影响。另外, 轴向位移可简化为

$$\delta_x \approx -\frac{p}{d} + \begin{bmatrix} \delta_y & \theta \end{bmatrix} \begin{bmatrix} c_{31} & c_{32} \\ c_{32} & c_{33} \end{bmatrix} \begin{bmatrix} \delta_y \\ \theta \end{bmatrix} + p \begin{bmatrix} \delta_y & \theta \end{bmatrix} \begin{bmatrix} c_{41} & c_{42} \\ c_{42} & c_{43} \end{bmatrix} \begin{bmatrix} \delta_y \\ \theta \end{bmatrix} \tag{3.120}$$

式中, 第一项为柔性分量; 后两项为运动分量, 其中第二项完全由运动决定, 而第三项体现了柔性和运动的共同作用效果。系数取值见表 3.3。

Awtar 进一步推导了更一般性的簧片变形特性。如图 3.17 所示, 这里称为 I 型广义簧片, 其载荷 – 位移关系为

$$\begin{bmatrix} f \\ m \end{bmatrix} \approx \begin{bmatrix} c_{11} & c_{12} \\ c_{12} & c_{13} \end{bmatrix} \begin{bmatrix} \delta_y \\ \theta \end{bmatrix} + p \begin{bmatrix} c_{21} & c_{22} \\ c_{22} & c_{23} \end{bmatrix} \begin{bmatrix} \delta_y \\ \theta \end{bmatrix} \tag{3.121}$$

$$\delta_x \approx -2a\frac{p}{d} + \begin{bmatrix} \delta_y & \theta \end{bmatrix} \begin{bmatrix} c_{31} & c_{32} \\ c_{32} & c_{33} \end{bmatrix} \begin{bmatrix} \delta_y \\ \theta \end{bmatrix} + p \begin{bmatrix} \delta_y & \theta \end{bmatrix} \begin{bmatrix} c_{41} & c_{42} \\ c_{42} & c_{43} \end{bmatrix} \begin{bmatrix} \delta_y \\ \theta \end{bmatrix} \tag{3.122}$$

式中, 矩阵的系数与形状参数 a 有关, 可整理为如下表达形式:

$$c_{11}=\frac{6}{a(4a^2-6a+3)}$$
$$c_{12}=\frac{-3}{a(4a^2-6a+3)}$$
$$c_{13}=\frac{2a^2-3a+3}{a(4a^2-6a+3)}$$
$$c_{21}=\frac{-9(24a^3-60a^2+50a-15)}{15(4a^2-6a+3)^2}$$
$$c_{22}=\frac{3a(40a^3-84a^2+60a-15)}{15(4a^2-6a+3)^2}$$
$$c_{23}=\frac{a(40a^4-180a^3+276a^2-180a+45)}{15(4a^2-6a+3)^2}$$
$$c_{31}=\frac{3(15-50a+60a^2-24a^3)}{10(3-6a+4a^2)^2}$$
$$c_{32}=-\frac{a(15-60a+84a^2-40a^3)}{10(3-6a+4a^2)^2}$$
$$c_{33}=\frac{a(15-60a+92a^2-60a^3+40/3a^4)}{10(3-6a+4a^2)^2}$$
$$c_{41}=-\frac{a^32(105-630a+1\ 440a^2-1\ 480a^3+576a^4)}{175(3-6a+4a^2)^3}$$
$$c_{42}=\frac{a^3(105-630a+1\ 440a^2-1\ 480a^3+576a^4)}{175(3-6a+4a^2)^3}$$
$$c_{43}=-\frac{a^3(105-630a+1\ 560a^2-2\ 000a^3+1\ 408a^4-560a^5+1\ 120/9a^6)}{175(3-6a+4a^2)^3}$$

当 a 为 1/2 时, I 型广义簧片将退化为等值厚度的簧片。此时, 这些系数为表 3.3 中的常值。I 型广义簧片的意义在于: 根据形状参数 a, 可选择合适的变形特性, 以满足柔性铰链和柔性机构的要求。

Awtar 模型具有简单直观的参数化载荷 - 位移关系。然而, 在设计超精密柔性铰链和柔性机构时, 其中忽略的因素可能会产生较大的误差。此外, Awtar 并未对簧片末端的连接刚体进行建模, 而此种情况可能会出现在特定铰链的设计中。

3.4.2 改进的 Awtar 模型

Awtar 模型中, 除了超越函数略掉了高阶量之外, 在以下 3 个方面也引入了误差:

(1) 悬臂梁末端斜率的简化

$$\tan\theta\approx\theta \tag{3.123}$$

(2) 积分上限的简化

$$1-\delta_x \approx 1 \tag{3.124}$$

(3) 对簧片微段弧长的计算作了简化

$$\mathrm{d}s=\sqrt{1+y'^2}\mathrm{d}x \approx \left(1+\frac{1}{2}y'^2\right)\mathrm{d}x \tag{3.125}$$

为了得到更精确的簧片变形模型, 对于 (1), 需要保留 θ 的三次项; 而对于 (2), 认为 δ_x 为常值, 并采用 $1-\delta_x$ 为积分上限。由此得到

$$\begin{aligned}\int_0^{1-\delta_x} y'^2\mathrm{d}x \approx & \left(\frac{4}{45}\theta^4-\frac{1}{15}\theta^3\delta_y+\frac{2}{15}\theta^2-\frac{1}{5}\theta\delta_y+\frac{6}{5}\delta_y^2\right)+\\ & p\left(\frac{-11}{4\ 725}\theta^4+\frac{1}{1\ 050}\theta^3\delta_y-\frac{11}{3\ 150}\theta^2+\frac{1}{350}\theta\delta_y-\frac{1}{350}\delta_y^2\right)-\\ & \delta_x^k\left[\left(\frac{4}{45}\theta^4+\frac{2}{15}\theta^2-\frac{6}{5}\delta_y^2\right)+\right.\\ & \left.p\left(\frac{-11}{1\ 575}\theta^4+\frac{1}{525}\theta^3\delta_y-\frac{11}{1\ 050}\theta^2+\frac{1}{175}\theta\delta_y-\frac{1}{350}\delta_y^2\right)\right]\end{aligned} \tag{3.126}$$

$$\begin{aligned}\int_0^{1-\delta_x} y'^4\mathrm{d}x \approx & \left(\frac{2}{35}\theta^4+\frac{1}{35}\theta^3\delta_y+\frac{18}{35}\theta^2\delta_y^2-\frac{36}{35}\theta\delta_y^3+\frac{72}{35}\delta_y^4\right)+\\ & p\left(\frac{-19}{11\ 550}\theta^4+\frac{3}{3\ 850}\theta^3\delta_y-\frac{3}{154}\theta^2\delta_y^2+\frac{39}{1\ 925}\theta\delta_y^3-\frac{36}{1\ 925}\delta_y^4\right)-\\ & \delta_x^k\left[\left(\frac{2}{35}\theta^4-\frac{18}{35}\theta^2\delta_y^2+\frac{72}{35}\theta\delta_y^3-\frac{216}{35}\delta_y^4\right)+\right.\\ & \left.p\left(\frac{-19}{3\ 850}\theta^4+\frac{3}{1\ 925}\theta^3\delta_y-\frac{3}{154}\theta^2\delta_y^2+\frac{36}{1\ 925}\delta_y^4\right)\right]\end{aligned} \tag{3.127}$$

对于 (3), 同样多保留一项, 轴向位移可整理为

$$\delta_x^k \approx \frac{1}{2}\int_0^1 y'^2\mathrm{d}x-\frac{1}{2}\int_0^{1-\delta_x} y'^4\mathrm{d}x \tag{3.128}$$

进而求得轴向位移的计算公式如下:

$$\begin{aligned}\delta_x^k \approx & \left(\frac{-1}{15}\theta^2+\frac{1}{10}\theta\delta_y-\frac{3}{5}\delta_y^2\right)+\left(\frac{-23}{700}\theta^4+\frac{127}{4\ 200}\theta^3\delta_y+\frac{9}{140}\theta^2\delta_y^2-\right.\\ & \left.\frac{12}{175}\theta\delta_y^3-\frac{18}{175}\delta_y^4\right)+p\left[\left(\frac{11}{6\ 300}\theta^2-\frac{1}{700}\theta\delta_y+\frac{1}{700}\delta_y^2\right)+\left(\frac{683}{1\ 386\ 000}\theta^4+\right.\right.\\ & \left.\left.\frac{199}{462\ 000}\theta^3\delta_y-\frac{771}{154\ 000}\theta^2\delta_y^2+\frac{34}{9\ 625}\theta\delta_y^3-\frac{9}{3\ 850}\delta_y^4\right)\right]\end{aligned} \tag{3.129}$$

由于改进的模型保留了四次项, 使得对其运动特性的描述更加准确。尤其当设计的铰链或柔性机构需要抵消二次项时, 改进的模型可突破原有模型精度不足的限制, 实现更精确的性能分析和特性评估。

另外, Awtar 模型虽然分析了 I 型广义簧片的变形特性, 但对于图 3.18 所示的 Ⅱ 型广义簧片柔性单元却并未研究。而一些复杂的柔性机构可用后者的模型进行等效, 从而实现更简单的性能分析。

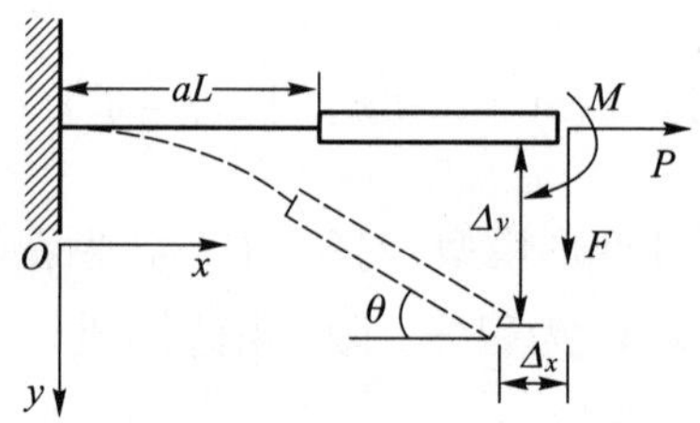

图 3.18 Ⅱ 型广义簧片的受力变形状态

Ⅱ 型广义簧片中, 柔性段的 Bernoulli–Euler 方程为

$$y'' = m + f(1 + \delta_x - x) - p(\delta_y - y), \quad x \in [0, a] \tag{3.130}$$

因此, 根据上述微分方程, 簧片沿长度方向的挠度可表示为

$$y = c_{11}\cosh kx + c_{21}\sinh kx + c_{31}x + c_{41}, \quad x \in [0, a] \tag{3.131}$$

而簧片中柔性段两个端部应满足边界条件

$$y(0) = 0, \quad y'(0) = 0, \quad y''(a) = \theta, y(a) = \delta_y - (1-a)\theta$$

根据边界条件, 求解下列方程组即可得到系数的取值:

$$\begin{cases} c_{11} + c_{41} = 0 \\ c_{21}k + c_{31} = 0 \\ c_{11}k\sinh ak + c_{21}k\cosh ak + c_{31} = \theta \\ c_{11}\cosh ak + c_{21}\sinh ak + c_{31}a + c_{41} = \delta_y - (1-a)\theta \end{cases} \tag{3.132}$$

为导出载荷 – 位移关系式, 引入下面的载荷边界条件:

$$c_{11}k^2\cosh ak + c_{21}k^2\sinh ak = m + f(1-a) - p(1-a)\theta \tag{3.133}$$

$$p\theta - f = c_{11}k^3\sinh ak + c_{21}k^3\cosh ak \tag{3.134}$$

略掉高阶项, 并将与形状参数有关的系数项代入矩阵中, 整理可得最终的载荷 – 位移关系式。

$$\begin{aligned} \begin{bmatrix} f \\ m \end{bmatrix} = &\begin{bmatrix} 12/a^3 & 6(a-2)/a^3 \\ 6(a-2)/a^3 & 4(a^2-3a+3)/a^3 \end{bmatrix} \begin{bmatrix} \delta_y \\ \theta \end{bmatrix} + \\ &p\begin{bmatrix} 6/(5a) & (11a-12)/(10a) \\ (11a-12)/(10a) & 2(a^2-9a+9)/(15a) \end{bmatrix} \begin{bmatrix} \delta_y \\ \theta \end{bmatrix} \end{aligned} \tag{3.135}$$

同时, 根据轴向位移的计算方法, 很容易得到其计算公式如下:

$$\delta_x = -a\frac{p}{d} + \begin{bmatrix} \delta_y & \theta \end{bmatrix} \begin{bmatrix} 3/(5a) & (11a-12)/(20a) \\ (11a-12)/(20a) & (a^2-9a+9)/(15a) \end{bmatrix} \begin{bmatrix} \delta_y \\ \theta \end{bmatrix} - \frac{ap}{6\ 300} \begin{bmatrix} \delta_y & \theta \end{bmatrix} \begin{bmatrix} 9 & 9(a-2)/2 \\ 9(a-2)/2 & (11a^2-9a+9) \end{bmatrix} \begin{bmatrix} \delta_y \\ \theta \end{bmatrix} \tag{3.136}$$

很显然, 当形状参数 a 为 1 时, 簧片退化为等值厚度的情况, 而矩阵中的系数也退化为表 3.3 中的常值。同样, 根据形状参数 a, 可调整簧片柔性单元的变形特性, 来满足柔性铰链和柔性机构的设计要求。

3.4.3 簧片的特性评估

在对簧片的变形特性的描述中, 有 3 个重要参数: 输出位移、载荷和刚度 (或柔度)。只要知道其二即可确定第 3 个参数。一般情况下, 多选择刚度和输出位移作为设计目标。因此, 这里仅对它们的特性进行评估。

3.4.3.1 刚度

首先, 对于等值厚度的 Ⅱ 型广义簧片, 其刚度约束受到轴向力 p 的影响, 图 3.19 所示为各个刚度随轴向力 p 的变化规律。其中, f 对位移 θ 和 m 对位移 δ_y 的刚度随着轴向力 p 的增加而减小, 而另外两个刚度则随着轴向力 p 的增加而增加。同时, 根据这些刚度 (或柔度), 可以得到失稳载荷。此时, 意味着刚度约束几乎消失, 任意

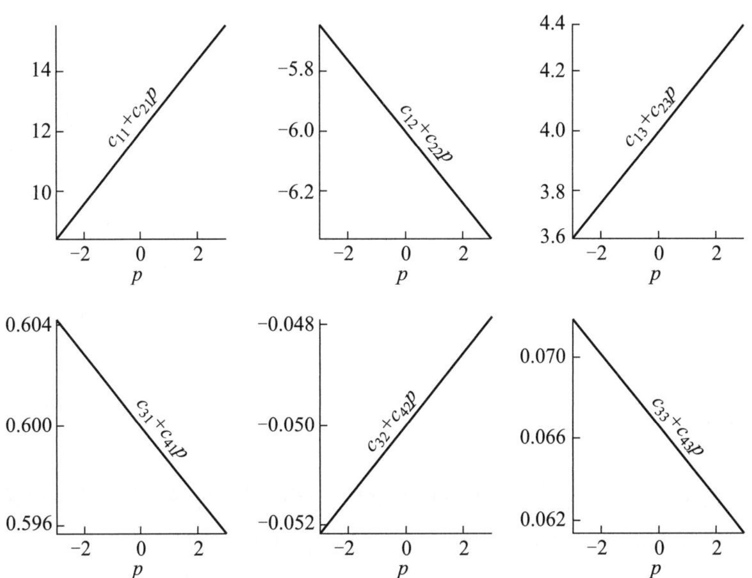

图 3.19 等值厚度 Ⅱ 型广义簧片的各个刚度随轴向力 p 的变化规律

小的切向力均会使位移达到很大值。例如,根据柔度表达式 (3.119),当 m 为零,f 对位移 δ_y 和转角 θ 的柔度分别在 $p=-2.5$ 和 $p=-2.4$ 时达到最大,也即达到失稳载荷。同样,当 θ 为零时,f 对位移 δ_y 的刚度在 $p=-10$ 时将为零,刚度约束消失。另外,考虑轴向位移 δ_x,轴向力 p 对其影响较小;而切向位移 δ_y 和转角 θ 中,前者对轴向位移 δ_x 的影响要大一些。

对于非等值厚度的 Ⅱ 型广义簧片,其刚度约束特性与非等值厚度的 Ⅰ 型广义簧片有所不同。如图 3.20 所示,当形状参数 a 减小,也就是刚体段增加时,切向位移 δ_y 和转角 θ 的刚度增加,并且轴向力 p 对这两个刚度的作用将增强;而切向位移 δ_y 和转角 θ 对轴向位移 δ_x 的贡献增大,轴向力 p 对轴向位移 δ_x 的贡献将减小。与等值厚度的簧片相比,其刚度增加,轴向位移增加,并且载荷刚化效应更显著。

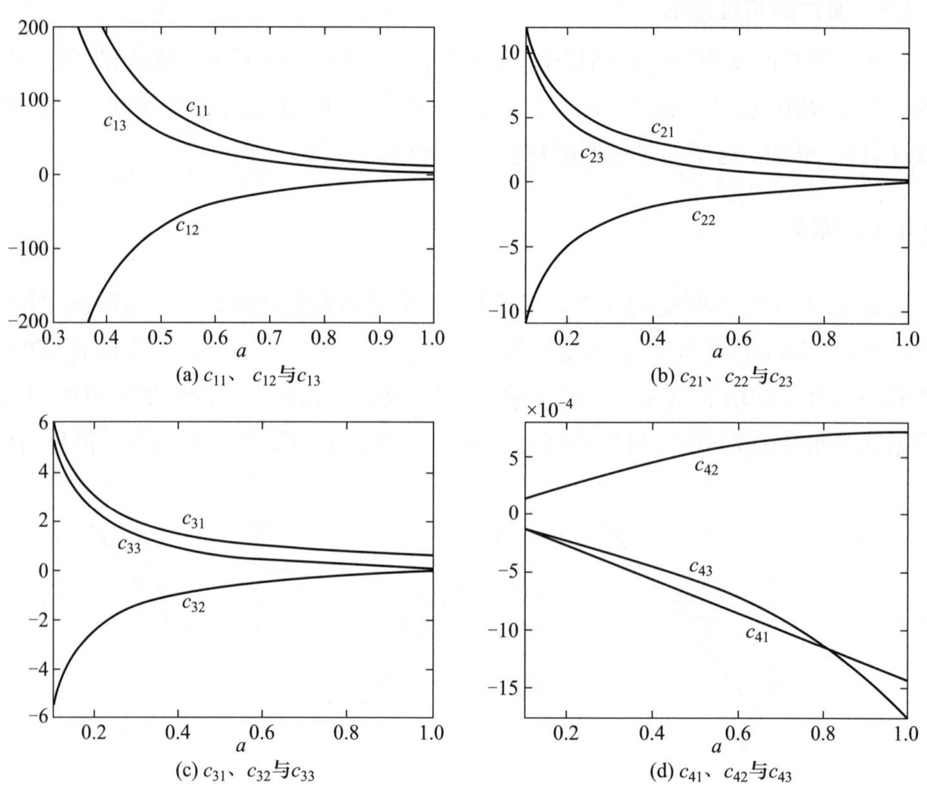

图 3.20 非等值厚度 Ⅱ 型广义簧片的各个刚度随形状参数 a 的变化规律

3.4.3.2 位移

簧片末端的运动类型有 3 种:轴向位移、切向移动和旋转运动。对簧片施加不同的载荷,其自由端的 3 个位移将呈现多种变形状态。

1. 平移运动

当等值厚度的簧片末端实现零转角的运动时, 根据式 (3.118), 需满足

$$m=-\frac{60+p}{12(10+p)}f \tag{3.137}$$

在没有轴向力 ($p=0$) 的作用下, 式 (3.137) 退化为

$$m=-\frac{f}{2} \tag{3.138}$$

当切向力作用在如图 3.21 的位置时, 簧片的末端将仅有横向位移而不作转动。此时并未施加任何实际约束, 只需要满足条件 (3.138), 或选择在该处施加切向力即可实现平移运动。

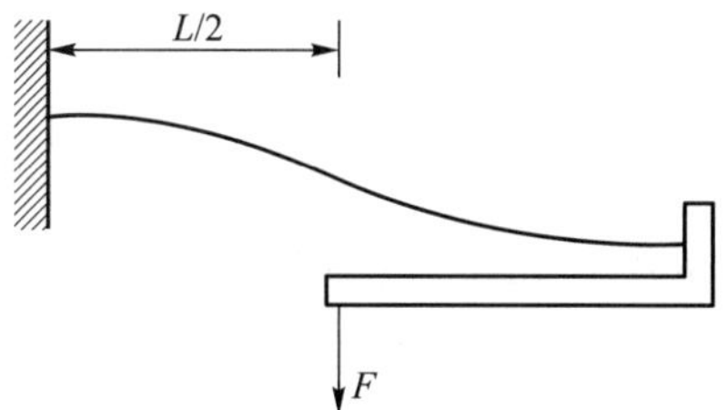

图 3.21 切向力作用下, 簧片末端作平移运动的示意图

2. 旋转运动

另一方面, 当受到如下位移约束时, 簧片的末端将作近似圆周运动:

$$\delta_y=\lambda\theta \tag{3.139}$$

根据式 (3.118), 还必须满足载荷条件

$$m=\left[2(-3\lambda+2)+p\left(-0.1\lambda+\frac{2}{15}\right)\right]\theta \tag{3.140}$$

$$f=[6(2\lambda-1)+p(1.2\lambda-0.1)]\theta \tag{3.141}$$

两种载荷 f 和 m 之间存在着一定的关系, 由此可以得到簧片长度方向上的载荷分布情况。其固定端的弯矩

$$m_a=(m+f)-p\lambda\theta=2(3\lambda-1)+p_l\left(\frac{1}{10}\lambda+\frac{1}{30}\right) \tag{3.142}$$

簧片运动端的弯矩

$$m_b=m \tag{3.143}$$

从而可以得到簧片上任意一点的内弯矩, 如图 3.22 所示。其中, 轴向载荷 p 影响着内弯矩的分布。当最大的内弯矩为 $m_{\max}$ 时, 簧片内的最大弯曲应力为

$$\sigma_b=\frac{\sqrt{3}Em_{\max}}{\sqrt{d}} \tag{3.144}$$

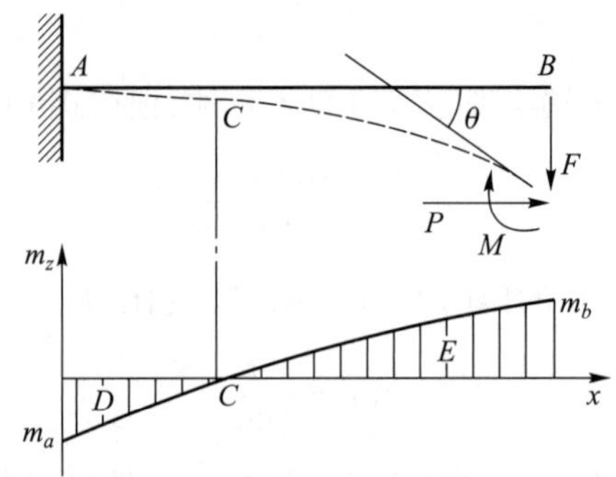

图 3.22 簧片末端作转动时的内弯矩分布图

当 $p=0$ 时, 要获得最大的转角, 应力需要最小, 两端的内弯矩幅值应该相等。此时

$$\lambda=\frac{1}{2} \tag{3.145}$$

由此可以得出结论: 簧片末端绕长度中点旋转时, 应力水平最低。此种情况具有一个很重要的特征: 切向力 f 为零。这也意味着, 簧片两端的受载情况完全相同。

这里需要强调的是, 尽管 Y 方向采用了旋转运动的假设, 但由于轴向位移不满足圆周运动要求, 簧片的末端运动轨迹为近似圆弧, 其转动中心有一定的漂移 (图 3.23)。

为了使簧片末端的运动尽可能趋近于圆周, 下面来研究如何优化旋转中心的位置。为此, 对 X 方向的运动也进行约束。对如图 3.23 所示的圆周运动, 轴向位移须满足

$$\delta_x=\lambda(1-\cos\theta)\approx\frac{\lambda\theta^2}{2} \tag{3.146}$$

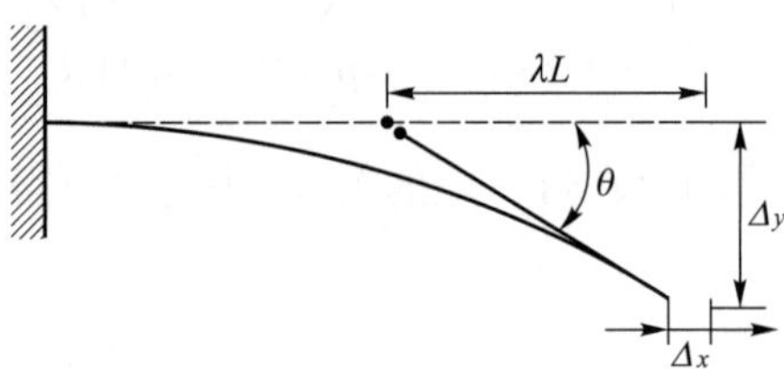

图 3.23 等值厚度簧片转动中心的漂移

将 Y 方向的位移约束式 (3.139) 代入簧片的轴向位移表达式 (3.120) 中, 可得

$$9\lambda^2-9\lambda+1=0 \tag{3.147}$$

求解此方程, 有

$$\lambda=\frac{3\pm\sqrt{5}}{6} \tag{3.148}$$

因此, 当转动中心位于长度的 12.732 2% 或 87.267 8% 时, 簧片末端的轨迹可以很高的精度逼近圆周。

同样, 可以通过形状参数 a 来调节旋转半径。如图 3.24a 所示, 对非等值厚度的 I 型广义簧片, 当参数 a 减小, 也即刚体段增加时, 转动中心向簧片的两端移动; 而对非等值厚度的 II 型广义簧片, 当形状参数 a 减小时, 如图 3.24b 所示, 转动中心可以在簧片任意位置选取。其半径表达式为

$$\lambda = 1 + \frac{(-3 \pm \sqrt{5})a}{6} \tag{3.149}$$

然而, 一个有趣的现象是: 如果去除刚体段, 转动中心在等值厚度簧片的位置依然满足式 (3.148)。由此可以得出结论: 对转动半径为 λ 的等值厚度簧片, 必然对应着 II 型广义簧片的一个形状参数 a, 使其转动半径位于 1/2 处。这意味着, 无论等值厚度簧片的转动半径为何值, 总可以转化为绕长度中心旋转的 II 型广义簧片。

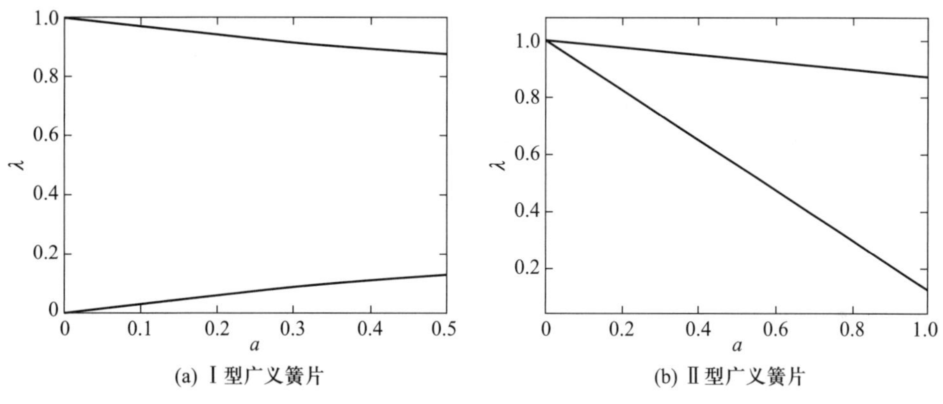

(a) I 型广义簧片　(b) II 型广义簧片

图 3.24 作精确圆周运动的半径随形状参数的变化规律

3.4.4 模型验证

以非等值厚度的 II 型广义簧片为例进行有限元仿真。其中, 仿真采用 Beam3 单元, 并利用大变形选项来进行计算。分析的簧片形状参数和材料属性由表 3.4 给出。

表 3.4 有限元分析使用的形状参数和弹性模量

L/mm	T/mm	W/mm	a	E/Pa
60	0.5	6	0.5	0.73×10^{11}

不失一般性, 分别在水平力 f 和弯矩 m 作用下, 考虑了轴向力 p 对刚度和各种系数的影响。如图 3.25 所示, 与前文分析的一致, 正 (或负) 的轴向力 p 使转角 θ 和切向位移 δ_y 的刚度增大 (或减小), 从而进一步影响轴向位移, 也使 δ_x 相应地减

小 (或增大)。比较仿真数据与分析模型数据, 二者具有很好的一致性。

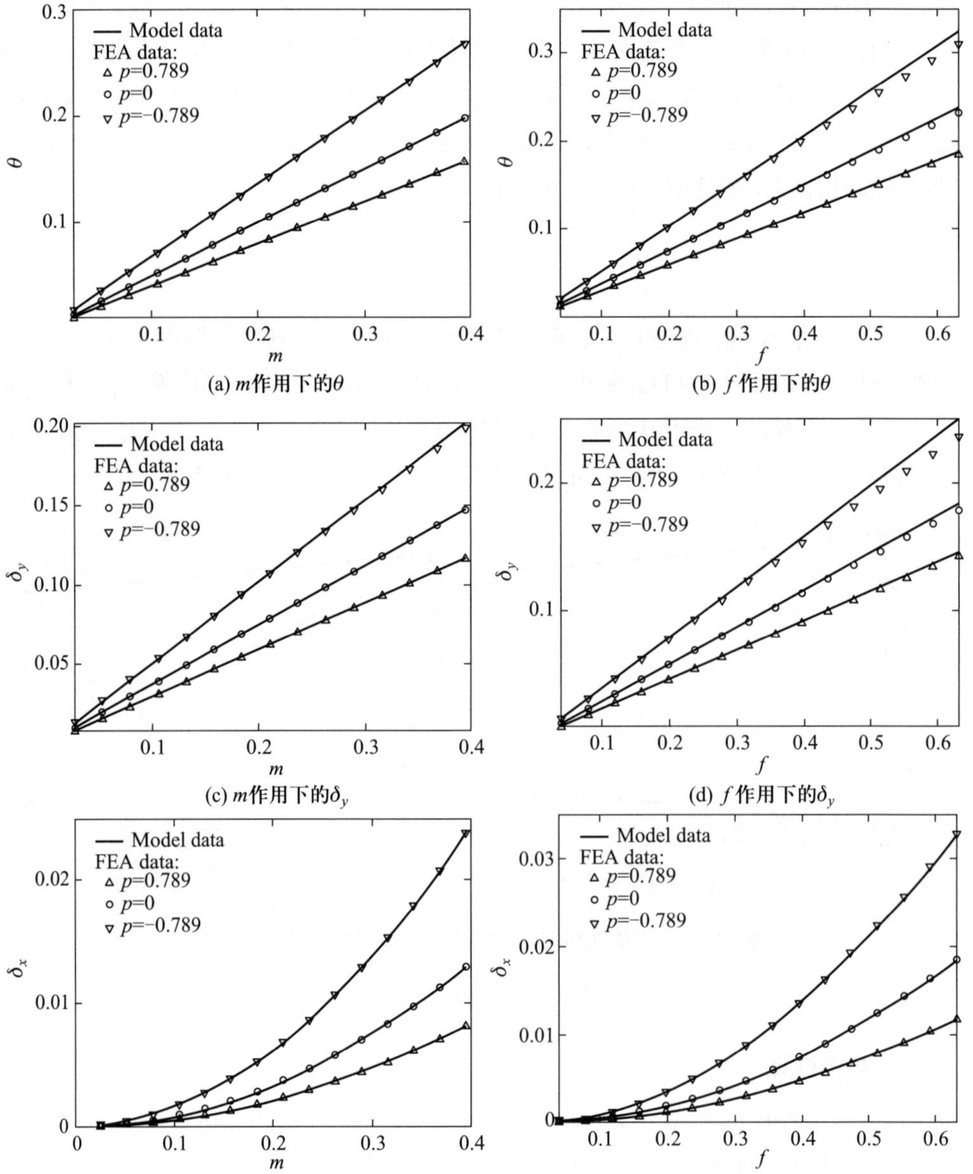

(a) m作用下的θ　　(b) f作用下的θ

(c) m作用下的δ_y　　(d) f作用下的δ_y

(e) m作用下的δ_x　　(f) f作用下的δ_x

图 3.25 Ⅱ 型广义簧片的有限元验证

3.5 有关柔度概念的分类思考

回到有关柔度矩阵的基本公式中, 即

$$\boldsymbol{T} = \boldsymbol{C}\boldsymbol{W} \tag{3.150}$$

展开得到

$$\begin{bmatrix}\theta_x\\ \theta_y\\ \theta_z\\ \delta_x\\ \delta_y\\ \delta_z\end{bmatrix}=\begin{bmatrix}C_{11}&C_{12}&C_{13}&C_{14}&C_{15}&C_{16}\\ C_{21}&C_{22}&C_{23}&C_{24}&C_{25}&C_{26}\\ C_{31}&C_{32}&C_{33}&C_{34}&C_{35}&C_{36}\\ C_{41}&C_{42}&C_{43}&C_{44}&C_{45}&C_{46}\\ C_{51}&C_{52}&C_{53}&C_{54}&C_{55}&C_{56}\\ C_{61}&C_{62}&C_{63}&C_{64}&C_{65}&C_{66}\end{bmatrix}\begin{bmatrix}M_x\\ M_y\\ M_z\\ F_x\\ F_y\\ F_z\end{bmatrix}\tag{3.151}$$

1. 分类方法之一

6 维层面上按移动和转动分解。这种情况下柔度矩阵中包含 3×3 阶移动柔度矩阵 $\boldsymbol{C}_{\mathrm{tt}}$、$3\times3$ 阶转动刚度矩阵 $\boldsymbol{C}_{\mathrm{rr}}$ 以及 3×3 阶移动转动耦合柔度矩阵 $\boldsymbol{C}_{\mathrm{rt}}$ 或 $\boldsymbol{C}_{\mathrm{tr}}$。

$$\begin{bmatrix}\theta_x\\ \theta_y\\ \theta_z\\ \delta_x\\ \delta_y\\ \delta_z\end{bmatrix}=\left[\begin{array}{ccc:ccc}C_{11}&C_{12}&C_{13}&C_{14}&C_{15}&C_{16}\\ C_{21}&C_{22}&C_{23}&C_{24}&C_{25}&C_{26}\\ C_{31}&C_{32}&C_{33}&C_{34}&C_{35}&C_{36}\\ \hdashline C_{41}&C_{42}&C_{43}&C_{44}&C_{45}&C_{46}\\ C_{51}&C_{52}&C_{53}&C_{54}&C_{55}&C_{56}\\ C_{61}&C_{62}&C_{63}&C_{64}&C_{65}&C_{66}\end{array}\right]\begin{bmatrix}M_x\\ M_y\\ M_z\\ F_x\\ F_y\\ F_z\end{bmatrix}=\begin{bmatrix}\boldsymbol{C}_{\mathrm{rr}}&\boldsymbol{C}_{\mathrm{rt}}\\ \boldsymbol{C}_{\mathrm{tr}}&\boldsymbol{C}_{\mathrm{tt}}\end{bmatrix}\begin{bmatrix}M_x\\ M_y\\ M_z\\ F_x\\ F_y\\ F_z\end{bmatrix}\tag{3.152}$$

2. 分类方法之二

6 维层面上按面内 (in-plane) 和面外 (out-of-plane) 分解。这种情况下柔度矩阵中包含 3×3 阶面内刚度矩阵 $\boldsymbol{C}_{\mathrm{ii}}$、$3\times3$ 阶面外柔度矩阵 $\boldsymbol{C}_{\mathrm{oo}}$ 以及 3×3 阶面内外耦合柔度矩阵 $\boldsymbol{C}_{\mathrm{io}}$ 或 $\boldsymbol{C}_{\mathrm{oi}}$。

$$\begin{bmatrix}\delta_x\\ \delta_y\\ \theta_z\\ \theta_x\\ \theta_y\\ \delta_z\end{bmatrix}=\left[\begin{array}{ccc:ccc}C_{44}&C_{45}&C_{43}&C_{41}&C_{42}&C_{46}\\ C_{54}&C_{55}&C_{53}&C_{51}&C_{52}&C_{56}\\ C_{34}&C_{35}&C_{33}&C_{31}&C_{32}&C_{36}\\ \hdashline C_{14}&C_{15}&C_{13}&C_{11}&C_{12}&C_{16}\\ C_{24}&C_{25}&C_{23}&C_{21}&C_{22}&C_{26}\\ C_{64}&C_{65}&C_{63}&C_{61}&C_{62}&C_{66}\end{array}\right]\begin{bmatrix}F_x\\ F_y\\ M_z\\ M_x\\ M_y\\ F_z\end{bmatrix}\begin{bmatrix}\boldsymbol{C}_{\mathrm{ii}}&\boldsymbol{C}_{\mathrm{io}}\\ \boldsymbol{C}_{\mathrm{oi}}&\boldsymbol{C}_{\mathrm{oo}}\end{bmatrix}\begin{bmatrix}F_x\\ F_y\\ M_z\\ M_x\\ M_y\\ F_z\end{bmatrix}\tag{3.153}$$

3.6 本章小结

本章主要讨论基本柔性单元 (含柔性杆、柔性簧片、缺口型柔性铰链等) 分别在小、大变形等情况下的柔度建模问题。

首先分别应用材料力学知识和旋量理论导出了小变形条件下柔性梁的一般力学模型, 给出了柔性杆、柔性簧片、缺口型柔性转动副、柔性球铰等基本柔性单元的柔度矩阵表达 (6×6 阶), 为后面研究柔性模块及复杂柔性机构性能分析与综合问题奠定了理论基础。

针对大变形情况的柔性单元建模，本章提出了两种方法：基于瞬心的等效刚体模型法和改进的平面梁约束模型 (亦称改进的 Awtar 模型) 法。前者针对瞬心在平面运动中的普适性，结合经典的伪刚体模型概念，提出了等效刚体模型以简化建模过程；而后者通过扩展高阶元素以及载荷分布，可有效提高传统梁约束模型的精度。这两种方法都是后面章节进行大行程或大转角柔性模块及柔性机构性能分析与参数综合的重要基础。

参考文献

[1] Timoshenko S P. History of strength of materials. New York: Courier Dover Publications, 1983: 452.

[2] Lyckegaard A, Thomsen O T. Nonlinear analysis of a curved sandwich beam joined with a straight sandwich beam. Composites Part B-Engineering. 2006, 37(2-3): 101-107.

[3] Gonzalez C, Llorca J. Stiffness of a curved beam subjected to axial load and large displacements. International Journal of Solids and Structures. 2005, 42(5-6): 1537-1545.

[4] Kimball C, Tsai L W. Modeling of flexural beams subjected to arbitrary end loads. Journal of Mechanical Design, Transaction of the ASME, 2002, 124(2): 223-235.

[5] Banerjee A, Bhattacharya B, Mallik A K. Large deflection of cantilever beams with geometric non-linearity: Analytical and numerical approaches. International Journal of Non-Linear Mechanics, 2008, 43: 366-376.

[6] Howell L L, Midha A. Parametric deflection approximations for end-loaded, large-deflection beams in compliant mechanisms. Journal of Mechanical Design, Transaction of the ASME, 1995, 117(1): 156-165.

[7] Su H J. A load independent pseudo-rigid-body 3R model for determining large deflection of beams in compliant mechanisms//2008 ASME International Design Engineering Conference, Aug. 3-6, 2008, New York City, USA. New York: ASME, 2008(2): 109-121.

[8] Venkiteswaran V K, Su H J. Development of a 3-spring pseudo rigid body model of compliant joints for robotic applications//ASME 2014 International Design Engineering Technical Conferences. Buffalo, 2014, DETC2014-34520.

[9] Awtar S, Slocum A H, Sevincer E, Characteristics of beam-based flexure modules. Journal of Mechanical Design, Transaction of the ASME, 2007, 129(6): 625-639.

[10] Paros J M, Weisbord L. How to design flexure hinges. Machine Design, 1965, 37(27): 151-156.

[11] Lobontiu N. Compliant mechanisms: Design of flexure hinges. Boca Raton: CRC Press, 2003.

[12] Chen G M, Liu X Y, Gao H W, et al. A generalized model for conic flexure hinges. Review of Scientific Instruments, 2009, 80(5): 055106.

[13] 于靖军. 全柔性机器人机构分析及设计方法研究. 博士学位论文. 北京: 北京航空航天大学, 2002.

[14] 裴旭. 基于虚拟运动中心概念的机构设计理论与方法. 博士学位论文. 北京: 北京航空航天大学, 2008.

[15] 李守忠. 基于旋量理论的柔性精微机构综合. 博士学位论文. 北京: 北京航空航天大学, 2012.

[16] 赵宏哲. 基于约束特性的柔性精密运动模块参数化设计. 博士学位论文. 北京: 北京航空航天大学, 2010.

[17] 贾瑞鹏. 基于刚度的柔性机构参数化设计及应用. 硕士学位论文. 北京: 北京航空航天大学, 2014.

[18] 于靖军, 毕树生, 宗光华. 空间全柔性机构位置分析的刚度矩阵法. 北京航空航天大学学报, 2002, 28(3): 323-326.

[19] Von M. Motorrechnung: ein neues hilfsmittel in der mechanic. zeitschrift fur angewandte mathematic und mechanic, 1924, 4(2): 155-181.

[20] Selig J M, Ding X L. A Screw theory of static beams//Proc. of the 2001 IEEE/RSJ Int. Conf. on Intelligent Robots and Systems, Oct. 29-Nov. 3, 2001, Piscataway: IEEE, 2001: 312-317.

[21] Selig J M, Ding X L. Screw theory of Timoshenko beams. Journal of Applied Mechanics, Transaction of the ASME, 2009, 76(3): 031003.

[22] Howell L L. Compliant mechanisms. New York: John Wiley & Sons, 2001.

[23] Jensen B D, Howell L L. The modeling of cross-axis flexural pivots. Mechanism and Machine Theory, 2002, 37(5): 461-476.

[24] Banerjee A, Bhattacharya B, Mallik A K. Large deflection of cantilever beams with geometric non-linearity: Analytical and numerical approaches. International Journal of Non-Linear Mechanics, 2008, 43(5): 366-376.

[13] [illegible] 2002.

[14] [illegible]

[15] [illegible] 2012.

[16] [illegible] 2010.

[17] [illegible] 2014.

[18] [illegible] 2002, [illegible]

[19] [illegible]

[20] [illegible] 2001 IEEE [illegible]

[21] [illegible] Transactions of the ASME, 2003, [illegible]

[22] Howell L L. Compliant mechanisms. New York: John Wiley & Sons, 2001.

[23] Jensen B D, Howell L L. [illegible] Mechanism and Machine Theory, 2002, [illegible]

[24] [illegible] Large deflection of cantilever beams with [illegible] International Journal of Non-Linear Mechanics, 2008, [illegible]

第 4 章　柔性模块的建模与性能评价

第 3 章给出了针对柔性单元的若干建模方法, 本章将继续建模的主题, 深入探讨柔性模块 (含柔性铰链和简单柔性机构) 的建模与性能评价问题。需要指出的是, 本章主要针对的是运动学和运动静力学, 有关动力学的讨论将放在第 6 章。

鉴于柔度 (或者刚度) 在柔性机构中占有重要地位, 尤其能够反映出柔性机构作为真实机构的特性; 而且, 柔度与机构的其他性能如自由度、行程、精度、动态性能等密切相关[1]。因此, 本章以柔度建模为主线, 沿袭第 3 章对柔性单元建模的思路, 采用不同方法进行研究[2-13], 进而扩展对柔性模块其他性能的分析与评价[14-16]。

4.1　主要性能参数

柔性铰链作为典型的柔性模块, 其主要性能指标包括行程、刚度、精度等[17]。

1. 行程

柔性铰链的行程指在线弹性变形范围内沿其功能方向上的最大转动或移动范围。也就是说, 在能回复到原始位置的前提下柔性铰链所能达到的最大运动范围。柔性铰链的行程与其材料、尺寸以及拓扑结构相关。

2. 强度与应力

在柔性机构中, 强度特性很重要, 因为它反映的是承受负载 (或抵抗柔性元素失效) 能力的大小, 这使得任何柔性元件都有变形的极限 (一般以到达屈服强度极限为标志)。另外, 疲劳断裂也是许多柔性铰链发生破坏的主要原因。

3. 刚度/柔度

柔性铰链的刚度指在其运动方向上产生单位位移所需要力的大小。柔性铰链的刚度可分为功能方向上的刚度和非功能方向上的刚度两类。功能方向是柔性铰链的主要运动方向, 是其发挥使用功能的方向。柔性铰链在其功能方向上的刚度越小, 意味着所需的驱动力越小。非功能方向是指柔性铰链在受力条件下不希望其产生运动的方向。非功能方向的运动对柔性铰链来说是消极的, 会降低运动精度, 影响柔性铰链的运动性能。显然, 非功能方向上的刚度越大, 柔性铰链对各个方向上的载荷变化越不敏感, 对非功能方向上的影响就越小。一个柔性铰链在功能方向上的刚度越小, 且非功能方向上的刚度足够大, 则该柔性铰链越接近刚性的理想转动副。

4. 精度

对于转动而言, 理想的铰链应绕着某个固定的中心以固定的半径作旋转运动。由于柔性铰链产生运动的机理为材料变形, 而变形的区域是分散的, 所以在转动时不可避免地伴有寄生运动。这种寄生运动表现为转动中心, 或转动半径随铰链转动角度改变。对于柔性铰链来说, 寄生运动是一个固有的缺点, 只能想办法减小, 而无法完全消除。

一般而言, 柔性铰链的转动误差, 即寄生运动的大小, 可以用转动轴线的漂移 (axis drift, 简称轴漂) 来衡量。柔性铰链的轴漂反映了柔性铰链在转动精度上和理想转动铰链之间的差别。轴漂的大小不仅和其拓扑形状、材料特性有关, 而且也受到载荷形式的影响。

现有文献对轴漂的定义并不统一, 主要可归为下面几类:

(1) 如图 4.1a 所示, 柔性铰链的 G 端固定, D 端转动。当 D 转动到 D' 时, 柔性铰链的实际转动中心 O 移动到 O'。则轴漂 d 可定义为柔性铰链的几何中心点 O 的偏移量, 即

$$d = OO' \tag{4.1}$$

如果需要考虑铰链转动中心漂移的方向, 也可采用矢量进行定义, 即轴漂 $\boldsymbol{d}$ 为

$$\boldsymbol{d} = \boldsymbol{OO'} \tag{4.2}$$

这种定义的方法简单、易于测量和计算, 但很粗糙, 难以准确地反映实际转动中心的变化, 现主要用于缺口型柔性铰链的研究[18]。

(2) 对于簧片型柔性铰链, 铰链转动中心可以定义为转动端簧片的切线和未转动位置的交点。如图 4.1b 所示, 转动中心即为铰链未转动位置上距离转动端 s 的点 O', 则轴漂可以定义为铰链转动中心点的移动距离, 其定义公式与式 (4.1) 和式 (4.2) 相同。

这种轴漂定义方法仅考虑了簧片末端的方向, 而未考虑其转动半径的变化。现主要用于单个簧片 (或悬臂梁) 构成的柔性铰链中[19]。

(3) 将柔性铰链转动中心用一个理想铰链代替, 如图 4.1c 所示, 则可将理想转动的转动端和实际转动端之间的偏差 d 定义为柔性铰链的轴漂。这种度量方法由 Howell 等[20] 提出, 它固定了转动中心, 仅考虑转动半径的变化, 较为准确、可信。

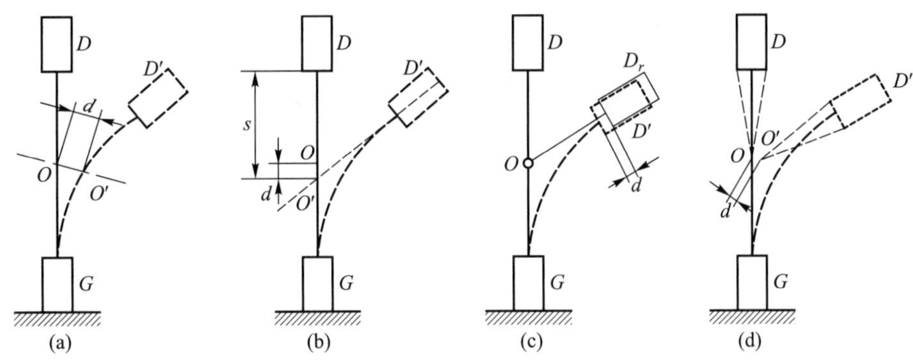

图 4.1 轴漂的不同定义示意图

(4) 与定义 (1) 相似, 转动中心点 O 仍选在未变形铰链的实际转动中心处, 但点 O 相对于转动端固定, 而非附着于柔性部件上, 如图 4.1d 所示。随柔性铰链转动, 它移动到点 O' 处。则可定义轴漂为中心点 O 的偏移量, 定义公式与式 (4.1) 和式 (4.2) 相同。

与 (3) 相比, 固定了转动半径, 只考虑转动中心的变化, 与 (3) 的效果大致相同, 主要用于大变形复合型柔性铰链的分析中[21]。

(5) 鉴于上面 4 种定义均无法完全反映刚体转动的本质特征, 提出一种基于瞬心 (ICR) 的定义。柔性铰链转动时, 转动端在每一时刻都可以唯一确定其在无穷小移动范围内的转动中心。该 ICR 对应于不同转动角度所形成的轨迹即为柔性铰链的轴漂曲线, 其上任意一点与初始中心位置的距离即为对应转动角度时铰链的轴漂。

上述 5 种定义中, 定义 (1) 和 (2) 忽略了柔性铰链转动中转动半径的变化, 因此可在小变形情况下使用; 但随变形增大, 误差也会增大。定义 (3) 固定了转动中心, 仅考虑转动半径的变化; 而定义 (4) 固定了转动半径, 仅考虑转动中心位置的变化; 它们都比较简单、准确, 可用于大变形柔性铰链。定义 (5) 反映了刚体转动的实质, 最为准确, 但计算复杂, 且难以用实验验证。

4.2 基于旋量理论的柔度建模与性能评价

本节主要考虑柔性单元发生小变形条件下, 柔性模块的柔度建模与性能评价问题。

4.2.1 全局柔度矩阵的建模公式

可将若干柔性单元通过串联、并联或混联方式组合成柔性模块或者柔性机构。组合后的柔度矩阵在形式上也有所不同。

串联式柔性机构末端变形是各柔性单元变形的总和, 因此在参考坐标系下串联式柔性机构的全局柔度矩阵为各柔性单元柔度矩阵的总和。设串联式柔性机构各柔性单元的柔度矩阵为 $\boldsymbol{C}_{\mathrm{s}i}$, 则整个柔性机构的柔度矩阵计算如下:

$$\boldsymbol{C}_{\mathrm{s}} = \sum_{i=1}^{m} \mathrm{Ad}_i \boldsymbol{C}_{\mathrm{s}i} \mathrm{Ad}_i^{\mathrm{T}} \tag{4.3}$$

式中, Ad_i 为串联式柔性机构中第 i 个柔性单元到参考坐标系的坐标变换运算; m 为柔性单元的数量。

并联式柔性机构中, 动平台产生相同变形所需载荷为各柔性单元所需载荷的总和, 因此在参考坐标系下并联式柔性机构的全局刚度矩阵为各柔性单元刚度矩阵的总和。设并联式柔性机构各柔性单元柔度矩阵为 $\boldsymbol{C}_{\mathrm{p}i}$, 则整个柔性机构的柔度矩阵计算如下:

$$C_{\mathrm{p}} = \left(\sum_{j=1}^{n} (\mathrm{Ad}_j C_{\mathrm{p}j} \mathrm{Ad}_j^{\mathrm{T}})^{-1} \right)^{-1} \tag{4.4}$$

式中, Ad_j 为并联式柔性机构中第 j 个柔性单元到参考坐标系的坐标变换运算; n 为柔性单元的数量。

式 (4.3) 和式 (4.4) 分别给出了串联式和并联式柔性机构全局柔度矩阵的计算公式。利用这两个式子可以对各种柔性机构进行柔度矩阵建模。注意到, 本节针对的是满足小变形假设条件的柔性精微机构, 因此所得到的柔度矩阵为一实对称矩阵, 一般形式如下:

$$\boldsymbol{C} = \begin{bmatrix} C_{11} & 0 & 0 & 0 & C_{15} & 0 \\ 0 & C_{22} & 0 & C_{24} & 0 & 0 \\ 0 & 0 & C_{33} & 0 & 0 & 0 \\ 0 & C_{42} & 0 & C_{44} & 0 & 0 \\ C_{51} & 0 & 0 & 0 & C_{55} & 0 \\ 0 & 0 & 0 & 0 & 0 & C_{66} \end{bmatrix} \tag{4.5}$$

下面以几个简单的柔性模块为例, 来说明小变形条件下, 柔性模块柔度建模与性能分析的具体过程。

4.2.2 实例分析

4.2.2.1 串、并、混联 3 种柔性模块的柔度矩阵建模

1. 串联柔性模块

一种串联式柔性模块及其柔度矩阵的建模过程如图 4.2 所示。具体由两个簧片 1、2 正交串联而成, 以簧片各自的中心处建立局部坐标系 $O_1x_1y_1z_1$ 和 $O_2x_2y_2z_2$, 在铰链的末端平台处建立参考坐标系 $Oxyz$。

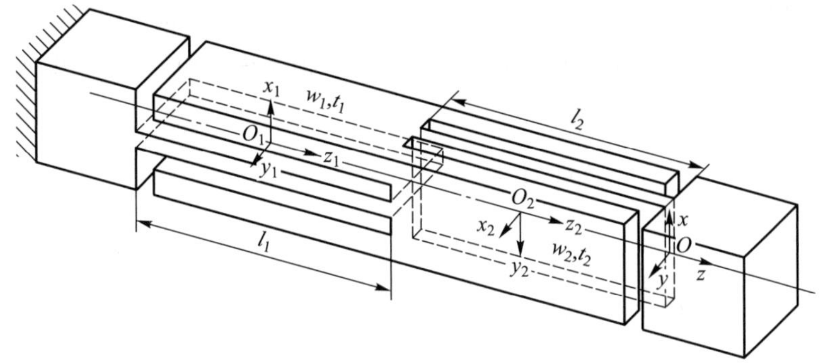

图 4.2 串联柔性模块及其柔度建模图

对于簧片 1、2, 相应的坐标变换满足

$$\boldsymbol{R}_1=\boldsymbol{I},\quad \boldsymbol{t}_1=(0,0,-l_1/2-l_2)^{\mathrm{T}} \tag{4.6}$$

$$\boldsymbol{R}_2=\boldsymbol{R}_z(\pi/2),\quad \boldsymbol{t}_2=(0,0,-l_2/2)^{\mathrm{T}} \tag{4.7}$$

铰链的整体连接方式为串联。因此, 由式 (4.3), 计算得到整个系统的柔度矩阵, 即

$$\boldsymbol{C}=\mathrm{Ad}_1\boldsymbol{C}_{\mathrm{b}1}\mathrm{Ad}_1^{\mathrm{T}}+\mathrm{Ad}_2\boldsymbol{C}_{\mathrm{b}2}\mathrm{Ad}_2^{\mathrm{T}} \tag{4.8}$$

$\boldsymbol{C}$ 中各元素可写成

$$c_{11}=\frac{l_1l_2}{Et_1w_1^3}+\frac{l_2^2}{Et_2^3w_2}$$

$$c_{22}=\frac{l_1l_2}{Et_1^3w_1}+\frac{l_2^2}{Et_2w_2^3}$$

$$c_{66}=\frac{l_1}{Et_1w_1}+\frac{l_2}{Et_2w_2}$$

$$c_{33}=\frac{l_1}{G[(t_1^3w_1/12)+(t_1w_1^3/12)]}+\frac{l_2}{G[(t_2^3w_2/12)+(t_2w_2^3/12)]}$$

$$c_{44}=\frac{l_1^3+l_1l_2(l_1/2+l_2)^2}{Et_1^3w_1}+\frac{4l_2^3}{Et_2w_2^3}$$

$$c_{55}=\frac{l_1^3+l_1l_2(l_1/2+l_2)^2}{Et_1w_1^3}+\frac{4l_2^3}{Et_2^3w_2}$$

$$c_{51}=c_{15}=-\frac{6l_2^2}{Et_2^3w_2}-\frac{l_1l_2(l_1/2+l_2)}{Et_1w_1^3}$$

$$c_{42}=c_{24}=\frac{6l_2^2}{Et_2w_2^3}+\frac{l_1l_2(l_1/2+l_2)}{Et_1^3w_1}$$

若取参数 $l_1=l_2=0.2\ \mathrm{m}$, $w_1=w_2=0.05\ \mathrm{m}$, $t_1=t_2=0.002\ \mathrm{m}$, $E=70\times10^9\ \mathrm{Pa}$, $\nu=0.346, G=E/[2(1+\nu)]$, 代入式 (4.8), 可计算得到该模块的柔度矩阵值为

$$
\boldsymbol{C}=10^{-3}\begin{bmatrix}
85.851\,4 & & & & -8.612\,6 & \\
 & 85.851\,4 & & 25.728\,0 & & \\
 & & 0.737\,2 & & & \\
 & 25.728\,0 & & 8.001\,8 & & \\
-8.612\,6 & & & & 1.155\,7 & \\
 & & & & & 0.000\,1
\end{bmatrix} \tag{4.9}
$$

2. 并联柔性模块

一种并联式柔性模块及其柔度矩阵建模过程如图 4.3 所示。具体由 3 个柔性杆 1、2、3 并联而成, 在杆各自的中心处建立局部坐标系 $O_1x_1y_1z_1$、$O_2x_2y_2z_2$ 和 $O_3x_3y_3z_3$, 在铰链的末端平台处建立参考坐标系 $Oxyz$。

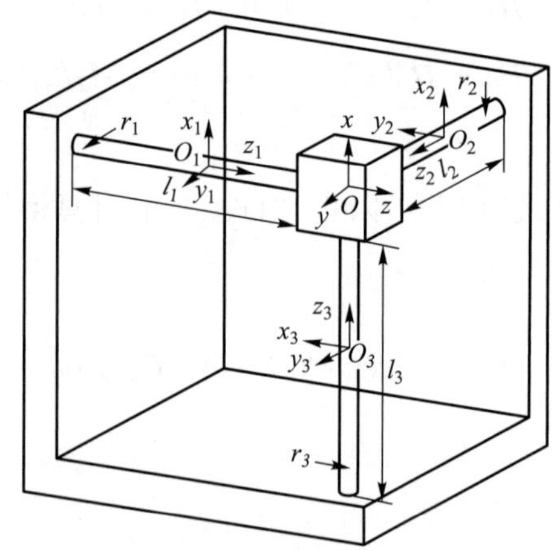

图 4.3 并联柔性模块及其柔度建模图

对于柔性杆 1、2、3, 相应的坐标变换满足

$$\boldsymbol{R}_1=\boldsymbol{I},\quad \boldsymbol{t}_1=(0,0,-l_1/2)^{\mathrm{T}} \tag{4.10a}$$

$$\boldsymbol{R}_2=\boldsymbol{R}_x(-\pi/2),\quad \boldsymbol{t}_2=(0,-l_2/2,0)^{\mathrm{T}} \tag{4.10b}$$

$$\boldsymbol{R}_3=\boldsymbol{R}_y(\pi/2),\quad \boldsymbol{t}_3=(-l_3/2,0,0)^{\mathrm{T}} \tag{4.10c}$$

铰链的整体连接方式为并联。因此由式 (4.4) 和式 (4.10), 计算得到该并联系统的柔度矩阵, 即

$$\boldsymbol{C}=[(\mathrm{Ad}_1\boldsymbol{C}_{\mathrm{w}1}\mathrm{Ad}_1^{\mathrm{T}})^{-1}+(\mathrm{Ad}_2\boldsymbol{C}_{\mathrm{w}2}\mathrm{Ad}_2^{\mathrm{T}})^{-1}+(\mathrm{Ad}_3\boldsymbol{C}_{\mathrm{w}3}\mathrm{Ad}_3^{\mathrm{T}})^{-1}]^{-1} \tag{4.11}$$

若取参数 $l_1=l_2=l_3=0.2\ \mathrm{m}$, $r_1=r_2=r_3=0.05\ \mathrm{m}$, $E=70\times10^9\ \mathrm{Pa}$, $\nu=0.346, G=E/[2(1+\nu)]$, 代入式 (4.11), 可计算得到该并联柔性模块的柔度矩阵

值为

$$
\boldsymbol{C}=10^{-4}\begin{bmatrix}
6.6659 & -0.0043 & -0.0043 & 0 & -0.0012 & 0.0012 \\
-0.0043 & 6.6659 & -0.0043 & 0.0012 & 0 & -0.0012 \\
-0.0043 & -0.0043 & 6.6659 & -0.0012 & 0.0012 & 0 \\
0 & 0.0012 & -0.0012 & 0.0004 & 0 & 0 \\
-0.0012 & 0 & 0.0012 & 0 & 0.0004 & 0 \\
0.0012 & -0.0012 & 0 & 0 & 0 & 0.0004
\end{bmatrix} \tag{4.12}
$$

3. 混联柔性模块

一种混联式柔性模块及其柔度矩阵建模过程如图 4.4 所示。该模块可先拆为 3 个串联模块和 1 个并联模块。具体为簧片 1、2 组成串联模块 1, 簧片 3、4 组成串联模块 2, 簧片 5、6 组成串联模块 3, 串联模块 1、2、3 再并联构成图示的混联柔性模块。在各簧片的中心处建立局部坐标系 $O_1x_1y_1z_1$、$O_2x_2y_2z_2$、$O_3x_3y_3z_3$、$O_4x_4y_4z_4$、$O_5x_5y_5z_5$ 和 $O_6x_6y_6z_6$, 在末端平台中心处建立参考坐标系 $Oxyz$。

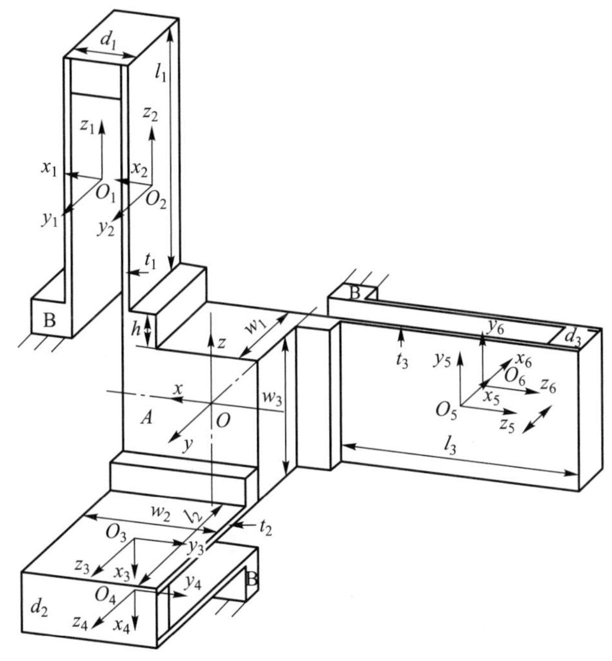

图 4.4 混联柔性模块及其柔度建模图

对于串联模块 1, 以中间坐标系 $O_{11}x_{11}y_{11}z_{11}$ 为参考坐标系, 则有

$$
\boldsymbol{R}_1=\boldsymbol{R}_2=\boldsymbol{I},\quad \boldsymbol{t}_1=(d_1,0,l_1/2)^{\mathrm{T}},\quad \boldsymbol{t}_2=(0,0,l_1/2)^{\mathrm{T}} \tag{4.13}
$$

进而得到串联模块 1 的柔度矩阵为

$$
\boldsymbol{C}_{\mathrm{s1}}=\mathrm{Ad}_1\boldsymbol{C}_{\mathrm{b1}}\mathrm{Ad}_1^{\mathrm{T}}+\mathrm{Ad}_2\boldsymbol{C}_{\mathrm{b1}}\mathrm{Ad}_2^{\mathrm{T}} \tag{4.14}
$$

对于串联模块 2, 以中间坐标系 $O_{22}x_{22}y_{22}z_{22}$ 为参考坐标系, 则有

$$\boldsymbol{R}_3=\boldsymbol{R}_4=\boldsymbol{I},\quad \boldsymbol{t}_3=(0,0,l_2/2)^{\mathrm{T}},\quad \boldsymbol{t}_4=(d_2,0,l_2/2)^{\mathrm{T}} \tag{4.15}$$

进而得到串联模块 2 的柔度矩阵

$$\boldsymbol{C}_{\mathrm{s}2}=\mathrm{Ad}_3\boldsymbol{C}_{\mathrm{b}2}\mathrm{Ad}_3^{\mathrm{T}}+\mathrm{Ad}_4\boldsymbol{C}_{\mathrm{b}2}\mathrm{Ad}_4^{\mathrm{T}} \tag{4.16}$$

同样对于串联模块 3, 以中间坐标系 $O_{33}x_{33}y_{33}z_{33}$ 为参考坐标系, 则有

$$\boldsymbol{R}_5=\boldsymbol{R}_6=\boldsymbol{I},\quad \boldsymbol{t}_5=(0,0,l_3/2)^{\mathrm{T}},\quad \boldsymbol{t}_6=(d_3,0,l_3/2)^{\mathrm{T}} \tag{4.17}$$

进而得到串联模块 3 的柔度矩阵

$$\boldsymbol{C}_{\mathrm{s}3}=\mathrm{Ad}_5\boldsymbol{C}_{\mathrm{b}3}\mathrm{Ad}_5^{\mathrm{T}}+\mathrm{Ad}_6\boldsymbol{C}_{\mathrm{b}3}\mathrm{Ad}_6^{\mathrm{T}} \tag{4.18}$$

最后再以 3 个中间坐标系 $O_{11}x_{11}y_{11}z_{11}$、$O_{22}x_{22}y_{22}z_{22}$、$O_{33}x_{33}y_{33}z_{33}$ 为局部坐标系, 平台中心坐标系 $Oxyz$ 为参考坐标系, 得到 3 个串联模块的旋转和平移矩阵为

$$\begin{gathered}\boldsymbol{R}_7=\boldsymbol{I},\quad \boldsymbol{R}_8=\boldsymbol{R}_x(-\pi/2)\boldsymbol{R}_z(\pi/2),\quad \boldsymbol{R}_9=\boldsymbol{R}_y(-\pi/2)\boldsymbol{R}_z(-\pi/2),\\ \boldsymbol{t}_7=(w_2/2,0,w_3/2+h)^{\mathrm{T}},\quad \boldsymbol{t}_8=(0,w_1/2+h,-w_3/2)^{\mathrm{T}},\\ \boldsymbol{t}_9=(-w_2/2-h,-w_1/2,0)^{\mathrm{T}}\end{gathered} \tag{4.19}$$

由此可计算得到整个混联模块的柔度矩阵, 即

$$\boldsymbol{C}=[(\mathrm{Ad}_7\boldsymbol{C}_{\mathrm{s}1}\mathrm{Ad}_7^{\mathrm{T}})^{-1}+(\mathrm{Ad}_8\boldsymbol{C}_{\mathrm{s}2}\mathrm{Ad}_8^{\mathrm{T}})^{-1}+(\mathrm{Ad}_9\boldsymbol{C}_{\mathrm{s}3}\mathrm{Ad}_9^{\mathrm{T}})^{-1}]^{-1} \tag{4.20}$$

若取参数 $l_1=l_2=l_3=0.2\ \mathrm{m}$, $w_1=w_2=w_3=0.05\ \mathrm{m}$, $t_1=t_2=t_3=0.002\ \mathrm{m}$, $d_1=d_2=d_3=0.1\ \mathrm{m}$, $h=0.025\ \mathrm{m}$, $E=70\times10^9\ \mathrm{Pa}$, $\nu=0.346$, $G=E/[2(1+\nu)]$, 代入式 (4.20), 计算得到该混联柔性模块的柔度矩阵值为

$$\boldsymbol{C}=10^{-3}\begin{bmatrix}19.006\,9 & 0.344\,6 & 0.344\,6 & 0.076\,3 & 2.784\,9 & 1.345\,1\\ 0.344\,6 & 19.006\,9 & -0.344\,6 & 1.345\,1 & 0.076\,3 & -2.784\,9\\ 0.344\,6 & -0.344\,6 & 19.006\,9 & 2.784\,9 & -1.345\,1 & 0.076\,3\\ 0.076\,3 & 1.345\,1 & 2.784\,9 & 0.783\,2 & -0.193\,3 & -0.193\,3\\ 2.784\,9 & 0.076\,3 & -1.345\,1 & -0.193\,3 & 0.783\,2 & 0.193\,3\\ 1.345\,1 & -2.784\,9 & 0.076\,3 & -0.193\,3 & 0.193\,3 & 0.783\,2\end{bmatrix} \tag{4.21}$$

4.2.2.2 两种柔性移动模块的柔度建模与性能对比

1. PTM_CR 型柔性模块的柔度分析

PTM_CR 型柔性模块由两个完全相同的支链对称并联而成, 每个支链包含两个簧片 FE_{i1}, FE_{i2} $(i=1,2)$ 和一个刚性体, 如图 4.5 所示。设该机构上下平台的间距

为 H, 两支链中线间距为 D, 支链中刚性体长度为 l, 簧片的长度、宽度、厚度分别为 $(H-l)/2$、w、t。参考坐标系 $Oxyz$ 建立在动平台中心, 各坐标轴方向如图中所示; 簧片的局部坐标系建立在各自质心处, 各坐标轴方向与参考坐标系相同。

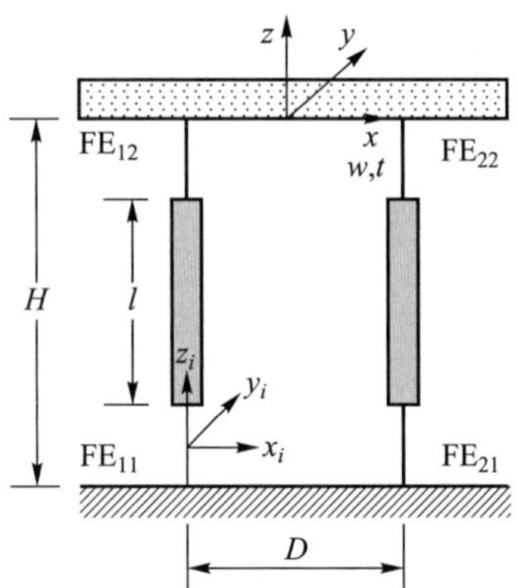

图 4.5 PTM_CR 型柔性机构

1) 柔度矩阵建模

局部坐标系下, 各簧片单元的柔度矩阵相同, 即

$$\boldsymbol{C}_{\mathrm{b}}=\operatorname{diag}\left(\frac{6(H-l)}{Ew^3t} \quad \frac{6(H-l)}{Ewt^3} \quad \frac{6(H-l)}{Gwt(w^2+t^2)} \quad \frac{(H-l)^3}{8Ewt^3} \quad \frac{(H-l)^3}{8Ew^3t} \quad \frac{H-l}{2Ewt}\right) \tag{4.22}$$

各簧片单元局部坐标系到参考坐标系的坐标变换 (用伴随矩阵表示) 如下:

$$\mathrm{Ad}_{11}=\begin{bmatrix}\boldsymbol{I} & \boldsymbol{0}\\ \widehat{\boldsymbol{t}}_{11} & \boldsymbol{I}\end{bmatrix},\quad \mathrm{Ad}_{12}=\begin{bmatrix}\boldsymbol{I} & \boldsymbol{0}\\ \widehat{\boldsymbol{t}}_{12} & \boldsymbol{I}\end{bmatrix},\quad \mathrm{Ad}_{21}=\begin{bmatrix}\boldsymbol{I} & \boldsymbol{0}\\ \widehat{\boldsymbol{t}}_{21} & \boldsymbol{I}\end{bmatrix},\quad \mathrm{Ad}_{22}=\begin{bmatrix}\boldsymbol{I} & \boldsymbol{0}\\ \widehat{\boldsymbol{t}}_{22} & \boldsymbol{I}\end{bmatrix} \tag{4.23}$$

式中

$$\widehat{\boldsymbol{t}}_{11}=\begin{bmatrix}0 & (3H+l)/4 & 0\\ -(3H+l)/4 & 0 & D/2\\ 0 & -D/2 & 0\end{bmatrix},\ \widehat{\boldsymbol{t}}_{12}=\begin{bmatrix}0 & (H-l)/4 & 0\\ -(H-l)/4 & 0 & D/2\\ 0 & -D/2 & 0\end{bmatrix}$$

$$\widehat{\boldsymbol{t}}_{21}=\begin{bmatrix}0 & (3H+l)/4 & 0\\ -(3H+l)/4 & 0 & -D/2\\ 0 & D/2 & 0\end{bmatrix},\ \widehat{\boldsymbol{t}}_{22}=\begin{bmatrix}0 & (H-l)/4 & 0\\ -(H-l)/4 & 0 & -D/2\\ 0 & D/2 & 0\end{bmatrix}$$

由此得到 PTM_CR 型柔性模块在参考坐标系下的柔度矩阵

$$\boldsymbol{C}=[(\mathrm{Ad}_{11}\boldsymbol{C}_{\mathrm{b}}\mathrm{Ad}_{11}^{\mathrm{T}}+\mathrm{Ad}_{12}\boldsymbol{C}_{\mathrm{b}}\mathrm{Ad}_{12}^{\mathrm{T}})^{-1}+(\mathrm{Ad}_{21}\boldsymbol{C}_{\mathrm{b}}\mathrm{Ad}_{21}^{\mathrm{T}}+\mathrm{Ad}_{22}\boldsymbol{C}_{\mathrm{b}}\mathrm{Ad}_{22}^{\mathrm{T}})^{-1}]^{-1} \tag{4.24}$$

2) 柔度分析

经计算, PTM_CR 型柔性模块的柔度矩阵具有如式 (4.15) 一样的形式。为便于比较, 这里只给出该柔性模块 x (功能方向) 和 z 方向 (非功能方向) 的移动柔度

$$C_x = C_{44} = \frac{H-l}{2Ewt^3}\frac{3D^2(H^2+Hl+l^2)+t^2(4H^2+Hl+l^2)}{3D^2+t^2} \tag{4.25}$$

$$C_z = C_{66} = \frac{H-l}{2Ewt} \tag{4.26}$$

考虑到, 对簧片单元, $t \ll H, t \ll D, t \ll l$。因此, 式 (4.25) 可简化为

$$C_x \approx \frac{H-l}{2Ewt^3}(H^2+Hl+l^2) \tag{4.27}$$

根据式 (4.25) 和式 (4.26), 可以找到 PTM_CR 型柔性模块的 x 和 z 方向移动柔度随各结构参数的变化规律。容易发现, 支链间距 D 对 C_x 和 C_z 的影响基本可以忽略。

令 $\lambda = l/H$, 则 λ 表示支链中刚性体的相对长度。于是, 式 (4.25) 和式 (4.26) 变为

$$C_x = \frac{H^3(1-\lambda)}{2Ewt^3}\frac{3D^2(1+\lambda+\lambda^2)+t^2(4+\lambda+\lambda^2)}{3D^2+t^2} \approx \frac{H^3(1-\lambda)(1+\lambda+\lambda^2)}{2Ewt^3} \tag{4.28}$$

$$C_z = \frac{H(1-\lambda)}{2Ewt} \tag{4.29}$$

给定一组参数如下: $w = 20$ mm, $t = 5$ mm, $H = 10$ cm, $D = 6$ cm, $E = 70$ GPa。通过仿真, 可以得到 C_x 和 C_z 随刚性体相对长度 λ 的变化关系曲线如图 4.6a 和 b 所示。

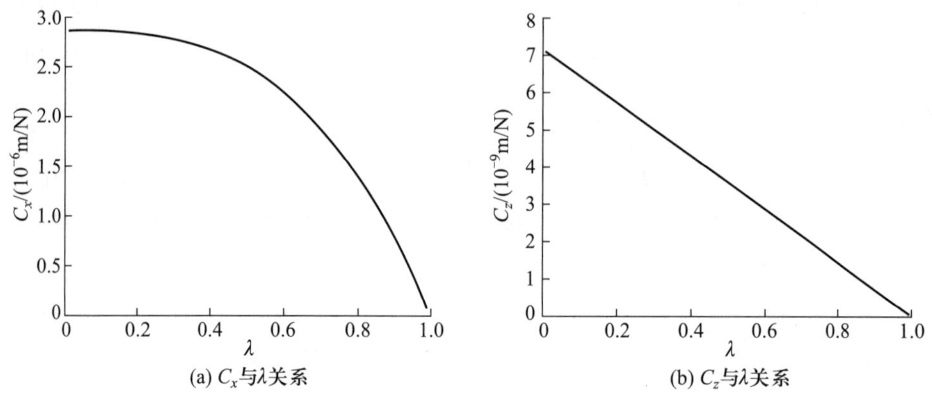

图 4.6 柔度 C_x 和 C_z 随 λ 变化曲线

由图 4.6 可以看出, PTM_CR 型柔性模块在 x 和 z 方向的移动柔度都随刚性体相对长度的增大而减小。当 $\lambda = 0$ 时, 该模块变为图 3.13a 所示的平行双簧片型柔性机构, 此时柔度 C_x 和 C_z 最大; 当 $\lambda = 1$ 时, 机构变为纯刚性机构, 柔度为零。仿真结果与实际相符。

2. PTM_CP 型柔性模块的柔度分析

PTM_CP 型柔性模块由多个相同的平行簧片以并联方式均匀分布在动平台与基座之间, 如图 4.7 所示。簧片单元从左到右编号为 $1, 2, \cdots, n+2$。局部坐标系建立在各簧片单元的质心处, 参考坐标系建立在动平台的中心。坐标系中各坐标轴方向及结构参数如图 4.7 所示。

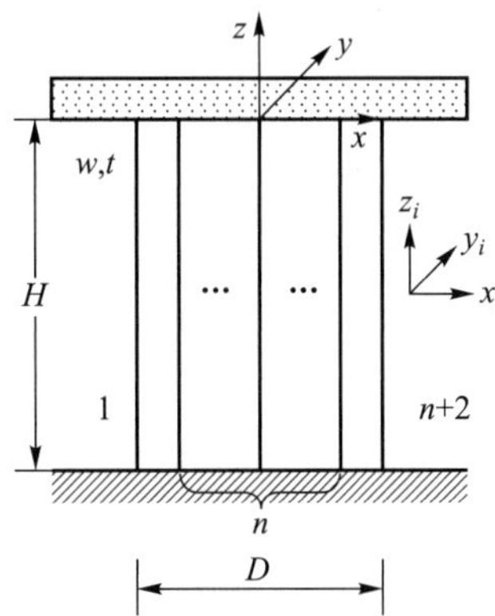

图 4.7 PTM_CP 型柔性机构

1) 柔度建模分析

各簧片单元从局部坐标系到参考坐标系的伴随矩阵如下:

$$\mathrm{Ad}_i = \begin{pmatrix} \boldsymbol{I} & \boldsymbol{0} \\ \widehat{\boldsymbol{t}}_i & \boldsymbol{I} \end{pmatrix}, \quad i = 1, 2, \cdots, n+2 \tag{4.30}$$

式中

$$\widehat{\boldsymbol{t}}_i = \begin{bmatrix} 0 & \dfrac{H}{2} & 0 \\ -\dfrac{H}{2} & 0 & \dfrac{D}{2} - \dfrac{(i-1)D}{n+1} \\ 0 & -\dfrac{D}{2} + \dfrac{(i-1)D}{n+1} & 0 \end{bmatrix} \tag{4.31}$$

根据式 (4.4), 计算得到 PTM_CP 型柔性模块在参考坐标系下的柔度矩阵表达式为

$$\boldsymbol{C} = \left[\sum_{i=1}^{n+2} \left(\mathrm{Ad}_i \boldsymbol{C}_{\mathrm{b}} \mathrm{Ad}_i^{\mathrm{T}}\right)^{-1}\right]^{-1} \tag{4.32}$$

同 PTM_CR 型柔性模块类似, 只给出 PTM_CP 型柔性模块的 x 和 z 方向移动柔度, 即

$$C_x = C_{44} = \frac{H^3}{(n+2)Ewt^3} \frac{(n+3)D^2 + 4(n+1)t^2}{(n+3)D^2 + (n+1)t^2} \tag{4.33}$$

$$C_z = C_{66} = \frac{H}{(n+2)Ewt} \tag{4.34}$$

由于 $t \ll D$, 式 (4.33) 可近似简化为

$$C_x \approx \frac{H^3}{(n+2)Ewt^3} \tag{4.35}$$

2) PTM_CP 与 PTM_CR 型柔性模块的柔度对比

下面讨论当 z 方向的移动柔度相等时, PTM_CP 与 PTM_CR 型柔性模块在 x 方向的移动柔度比较。PTM_CP 型柔性模块各参数与 PTM_CR 均相同。

由式 (4.26) 和式 (4.34) 可知, 当 C_z 相等时, 得到

$$n = \frac{2}{1-\lambda} - 2 \tag{4.36}$$

此时, 根据式 (4.25) 和式 (4.33), PTM_CP 与 PTM_CR 型柔性模块在 x 方向的移动柔度分别为

$$\text{PTM\_CP}: \ C_x = \frac{H^3}{(n+2)Ewt^3} = \frac{H^3(1-\lambda)}{2Ewt^3} \tag{4.37}$$

$$\text{PTM\_CR}: \ C_x = \frac{H^3(1-\lambda)(1+\lambda+\lambda^2)}{2Ewt^3} \tag{4.38}$$

由于 $0 \leqslant \lambda \leqslant 1$, 因此对比式 (4.37) 和式 (4.38) 可以得到如下结论: 当满足非功能方向柔度相同时,PTM_CP 型柔性模块的功能方向柔度比 PTM_CR 要小。二者之间的关系还可用如图 4.8 所示的曲线表示。可以看出, 所增加的簧片数量越多, 整体行程越小, 系统弹性分摊得越平均。这种现象称为弹性平均 (elastic average)[22]。

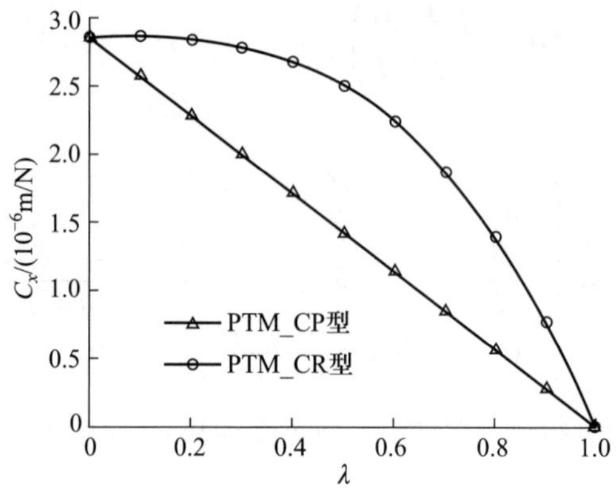

图 4.8 PTM_CP 与 PTM_CR 型柔性模块在功能方向的柔度对比

4.2.2.3 一种复合型柔性移动模块的柔度建模

通过将两个串联式双平行四杆型柔性模块并联, 可构成如图 4.9 所示的柔性移动模块 P, 该移动模块的柔度矩阵为

$$\boldsymbol{C} = \sum_{i=1}^{2} \mathrm{Ad}_i \boldsymbol{C}_{\mathrm{ps}} \mathrm{Ad}_i^{\mathrm{T}} \tag{4.39}$$

式中, 伴随矩阵 Ad_i 对应的位移向量和旋转矩阵如下:

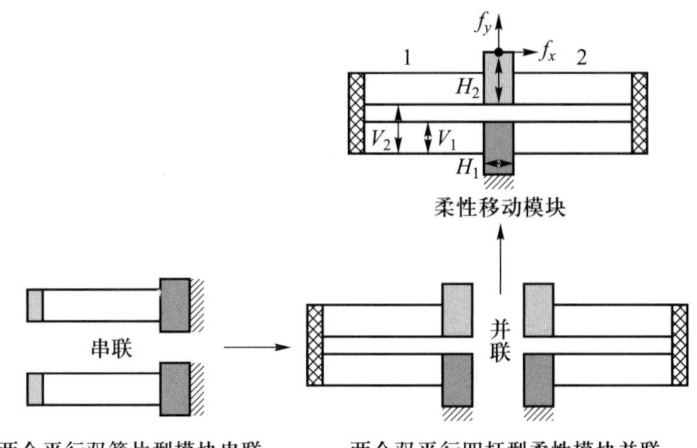

图 4.9　复合型柔性移动模块

$$\widehat{\boldsymbol{t}}_1=(-H_1,-H_2,0)^{\mathrm{T}},\quad \boldsymbol{R}_1=\boldsymbol{R}_z(0)$$
$$\widehat{\boldsymbol{t}}_2=(H_1,-H_2,0)^{\mathrm{T}},\quad \boldsymbol{R}_2=\boldsymbol{R}_y(\pi)$$

其中, 每个串联式双平行四杆型柔性模块又由 2 个平行四杆型柔性单元串联而成。根据串联柔度叠加原则, 可获得其柔度矩阵为

$$\boldsymbol{C}_{\mathrm{ps}}=\sum_{i=1}^{2}(\mathrm{Ad}_{\mathrm{ps}i}^{-1})^{\mathrm{T}}\boldsymbol{C}_{\mathrm{p}}\mathrm{Ad}_{\mathrm{ps}i}^{-1} \tag{4.40}$$

式中

$$\boldsymbol{R}_{\mathrm{ps1}}=\boldsymbol{R}_z(0),\quad \widehat{\boldsymbol{t}}_{\mathrm{ps1}}=(0,0,0)^{\mathrm{T}}$$
$$\boldsymbol{R}_{\mathrm{ps1}}=\boldsymbol{R}_y(\pi),\quad \widehat{\boldsymbol{t}}_{\mathrm{ps2}}=(-L,-(V_1+V_2),0)^{\mathrm{T}}$$

假设各簧片单元的尺寸长度 $L=33\,\mathrm{mm}$, 厚度 $T=0.4\,\mathrm{mm}$, 宽度 $W=24\,\mathrm{mm}$, 而柔性移动单元的尺寸参数 $V_1=19.4\,\mathrm{mm}$, $V_2=25.3\,\mathrm{mm}$, $H_1=11\,\mathrm{mm}$, $H_2=9.7\,\mathrm{mm}$。将尺寸参数代入式 (4.40) 中, 计算得到模块 P 的柔度矩阵值为

$$\boldsymbol{C}_{\mathrm{p}}=\begin{bmatrix}3.136\,6 & 0.000\,0 & 0.000\,0 & 0.000\,0 & 0.000\,0 & 1.005\,3\\ 0.000\,0 & 0.941\,5 & 0.000\,0 & 0.000\,0 & 0.000\,0 & 0.000\,0\\ 0.000\,0 & 0.000\,0 & 2.257\,8 & -0.072 & 0.000\,0 & 0.000\,0\\ 0.000\,0 & 0.000\,0 & -0.072 & 0.002\,9 & 0.000\,0 & 0.000\,0\\ 0.000\,0 & 0.000\,0 & 0.000\,0 & 0.000\,0 & 1.447\,8 & 0.000\,0\\ 1.005\,3 & 0.000\,0 & 0.000\,0 & 0.000\,0 & 0.000\,0 & 0.004\,1\end{bmatrix}\times 10^{-4} \tag{4.41}$$

对该移动模块施加一平面载荷, 即力旋量 $\boldsymbol{W}=(0,0,M_z;F_x,F_y,0)^{\mathrm{T}}$, 则根据式 (3.49), 对应的运动旋量为

$$\boldsymbol{T}=\boldsymbol{C}\boldsymbol{W}=\begin{bmatrix}0\\0\\2.257\,8M_z-0.072F_x\\0.002\,9F_x-0.072M_z\\1.447\,8F_y\\0\end{bmatrix}\times10^{-4} \tag{4.42}$$

不妨取一组具体载荷参数: $M_z=0.22$ N·m, $F_x=10$ N, $F_y=10$ N, 根据式 (4.42) 计算出运动刚体的柔度矩阵值, 再通过与有限元数值仿真结果比较, 具体如表 4.1 所示。

表 4.1 理论模型与有限元模型结果对比

	θ_z/rad	δ_x/mm	δ_y /mm
理论模型	-2.23×10^{-5}	0.001 3	1.447 8
有限元模型	-2.27×10^{-5}	0.003 9	1.515 3
偏差	1.75%	66.39%	4.45%

4.2.2.4 两种柔性转动模块的柔度建模与性能对比

1. 柔性转动模块 I

柔性转动模块 I 如图 4.10 所示, 由两个正交分布的簧片并联连接在动平台上。建立如图 4.10c 所示的局部坐标系。

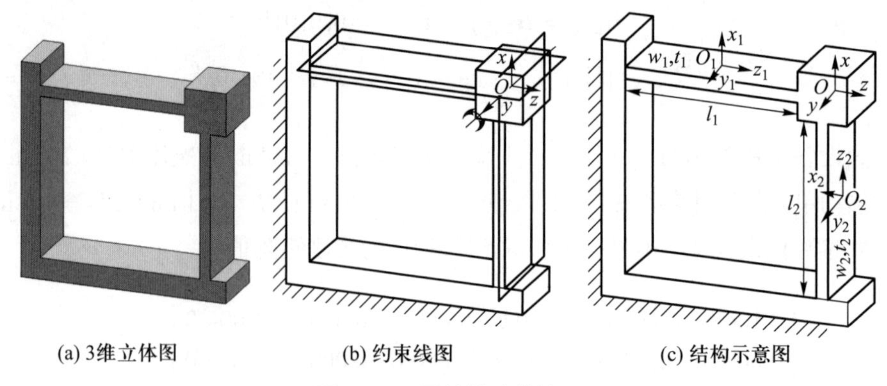

(a) 3维立体图 (b) 约束线图 (c) 结构示意图

图 4.10 柔性转动模块 I

根据并联结构的柔度矩阵计算公式 (4.4), 并采用簧片参数化形式的柔度矩阵 [式 (3.55)], 可计算得到在参考坐标系 $Oxyz$ 下, 柔性转动模块 I 的柔度矩阵表达式

为

$$\begin{bmatrix}\theta_x\\ \theta_y\\ \theta_z\\ \delta_x\\ \delta_y\\ \delta_z\end{bmatrix}=\frac{l}{EI_y}\begin{bmatrix}c_{11} & & c_{13} & & c_{15} & \\ & c_{22} & & c_{24} & & c_{26}\\ c_{31} & & c_{33} & & c_{35} & \\ & c_{42} & & c_{44} & & c_{46}\\ c_{51} & & c_{53} & & c_{55} & \\ & c_{62} & & c_{64} & & c_{66}\end{bmatrix}\begin{bmatrix}M_x\\ M_y\\ M_z\\ F_x\\ F_y\\ F_z\end{bmatrix} \tag{4.43}$$

假设单独作用 M_y, 其他载荷均为 0, 式 (4.43) 可进一步简化为

$$\begin{cases}\theta_y=\dfrac{l}{EI_y}(c_{22}M_y)\\ \delta_x=\dfrac{l}{EI_y}(c_{42}M_y)\\ \delta_z=\dfrac{l}{EI_y}(c_{62}M_y)\end{cases} \tag{4.44}$$

根据式 (4.44), 可以判断此柔性模块在 M_y 单独作用下, 产生功能方向转动 θ_y 的同时, 还会产生寄生运动 δ_x 和 δ_z。

定义 z 轴方向和 x 轴方向寄生运动对应的误差圆半径 (简称寄生误差圆半径) 为

$$\begin{cases}R_{z-M_y}=\dfrac{\delta_x}{\theta_y}=\dfrac{c_{42}}{c_{22}}\\ R_{x-M_y}=\dfrac{\delta_z}{\theta_y}=\dfrac{c_{62}}{c_{22}}\end{cases} \tag{4.45}$$

式中, $c_{22}=\dfrac{1}{2}\dfrac{\beta+1}{\beta+4}$ (功能方向柔度); $c_{42}=\dfrac{l}{4}\dfrac{\beta}{\beta+4}$; $c_{62}=-\dfrac{l}{4}\dfrac{\beta}{\beta+4}$。其中, $\beta=\left(\dfrac{t}{l}\right)^2$。为了进一步直观比较, 量纲一化式 (4.45), 得到量纲一的寄生误差圆半径

$$\begin{cases}r_{z-M_y}=\left|\dfrac{R_{z-M_y}}{l}\right|=\dfrac{\delta_x}{l\theta_y}=\dfrac{c_{42}}{lc_{22}}=\dfrac{1}{2}\dfrac{\beta}{\beta+1}\\ r_{x-M_y}=\left|\dfrac{R_{x-M_y}}{l}\right|=\dfrac{\delta_z}{l\theta_y}=\dfrac{c_{62}}{lc_{22}}=\dfrac{1}{2}\dfrac{\beta}{\beta+1}\end{cases} \tag{4.46}$$

通过上述柔度分析, 同时结合图 4.11, 可以归纳出如下结论:

(1) 在力矩 M_y 单独作用下, 柔性转动模块 I 在产生功能方向转动 θ_y 的同时, 也产生寄生运动 δ_x 和 δ_z。寄生误差圆半径量纲一化后, r_{x-M_y} 与 r_{z-M_y} 相等, 说明在 x 轴和 z 轴方向的寄生误差圆半径大小相等。

(2) 功能方向柔度 c_{22}(决定 y 轴转动的难易程度) 随 β 增大而增大, 同时带来寄生运动 δ_x 和 δ_z 的增大。

(3) 寄生误差圆半径经量纲一化后, 数值 r_{x-M_y} 与 r_{z-M_y} 随 β 减小而减小, 当 β 取值足够小时, 寄生运动误差趋于零。

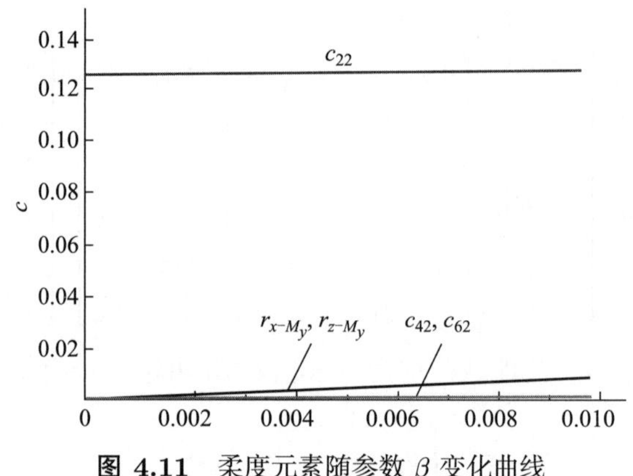

图 4.11 柔度元素随参数 β 变化曲线

2. 柔性转动模块 Ⅱ: 广义交叉簧片型柔性铰链

广义交叉簧片型柔性铰链的实体模型如图 4.12 所示, 两根簧片的尺寸, 交叉点和运动端的距离为 λL, 交叉角为 2θ。

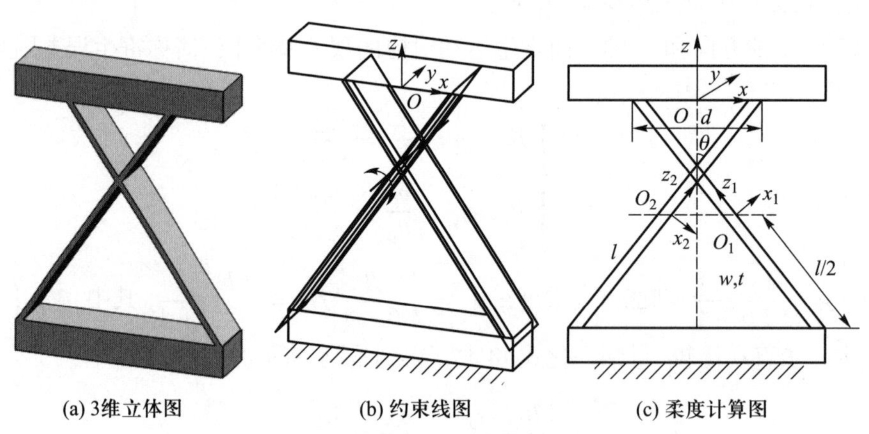

图 4.12 广义交叉簧片型柔性铰链

根据并联结构柔度矩阵计算公式 (4.4), 并采用簧片参数化形式的柔度矩阵 [式 (3.55)] 可计算得到在参考坐标系 $Oxyz$ 下, 广义交叉簧片型柔性铰链的柔度矩阵为

$$\begin{bmatrix} \theta_x \\ \theta_y \\ \theta_z \\ \delta_x \\ \delta_y \\ \delta_z \end{bmatrix} = \frac{l}{EI_y} \begin{bmatrix} c_{11} & & & & c_{15} & \\ & c_{22} & & c_{24} & & \\ & & c_{33} & & & \\ & c_{42} & & c_{44} & & \\ c_{51} & & & & c_{55} & \\ & & & & & c_{66} \end{bmatrix} \begin{bmatrix} M_x \\ M_y \\ M_z \\ F_x \\ F_y \\ F_z \end{bmatrix} \tag{4.47}$$

假设单独作用 M_y, 其他载荷均为 0, 式 (4.47) 可进一步简化为

$$\begin{cases} \theta_y = \dfrac{l}{EI_y}(c_{22}M_y) \\ \delta_x = \dfrac{l}{EI_y}(c_{42}M_y) \end{cases} \tag{4.48}$$

根据式 (4.48), 可判断此柔性铰链在 M_y 单独作用下, 在产生功能方向转动 θ_y 的同时, 还会产生寄生运动 δ_x。由式 (4.48) 进一步得到 z 轴方向寄生误差圆半径

$$R_{z-M_y} = \frac{\delta_x}{\theta_y} = \frac{c_{42}}{c_{22}} \tag{4.49}$$

式中

$$c_{22} = \frac{1}{2}\frac{\beta - \cos 2\theta + \beta\cos 2\theta + 1}{\beta - 4\cos 2\theta + 6\rho^2 + 4 - 12\rho\sin\theta + \beta\cos 2\theta} \quad (\text{功能方向柔度})$$

$$c_{42} = \frac{l}{4}\frac{\rho\sin 2\theta - \rho\beta\sin 2\theta + 2\beta\cos\theta}{\beta - 4\cos 2\theta + 6\rho^2 + 4 - 12\rho\sin\theta + \beta\cos 2\theta}$$

其中, $\beta = (t/l)^2$; θ 为两簧片夹角的一半; $\rho = d/l$ (d 为两簧片在功能体间的距离), 如图 4.12c 所示。令 $\beta = (t/l)^2 = 0.01$, 当 $\theta \in [0, \pi/2]$, 取 $\rho = 0, 0.2, 0.5, 1$, 画出功能柔度 c_{22} 的变化曲线, 如图 4.13 所示。分析得到:

(1) 无论 ρ 取值如何, 总对应一个 θ 值, 使得功能方向柔度 c_{22} 取值达到最大, 最大值不超过 0.5。

(2) 随着 ρ 取值的增加, 对应功能方向柔度 c_{22} 最大值时 θ 也不断增大。

(3) $\rho = 0$ 时, 对应功能方向柔度 c_{22} 取最大值, θ 也为零, 此时两簧片夹角为零且重合, 即转换为单簧片。

(4) $\theta = 0$ 时, 随着 ρ 取值的增加, 功能方向柔度 c_{22} 不断减小; 当广义交叉簧片型柔性模块转换为平行双簧片型时, 随着 d 的增加, c_{22} 不断减小。

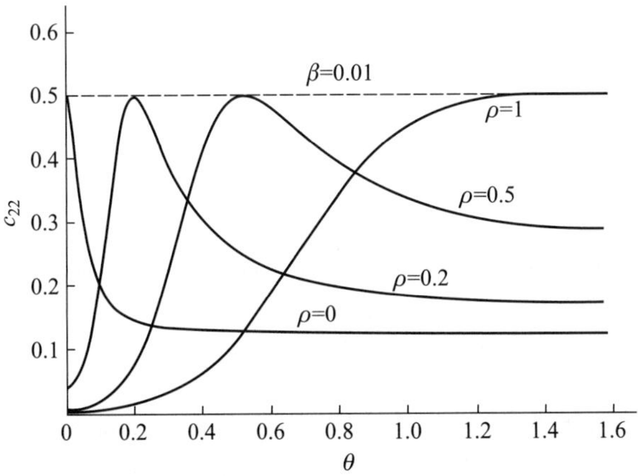

图 4.13 $\theta \in [0, \pi/2]$ 时功能柔度 c_{22} 随参数 ρ 变化的曲线

由图 4.12c 可知, 理想的寄生误差圆圆心为两簧片的交点 $(0,0,-d\cot\theta/2)^{\mathrm{T}}$, 半径大小为 $d\cot\theta/2$。为了方便分析, 对 z 轴方向寄生误差圆半径即式 (4.49) 量纲一化, 可得到

$$r_{z-M_y}=\left|\frac{R_{z-M_y}}{l}\right|=\frac{\delta_x}{l\theta_y}=\frac{c_{42}}{lc_{22}}=\frac{1}{2}\frac{(1-\beta)\rho\sin 2\theta+2\beta\cos\theta}{\beta+(\beta-1)\cos 2\theta+1} \tag{4.50}$$

故总的 z 轴方向寄生误差圆半径 $r_{z-M_y}^1$ 为

$$r_{z-M_y}^1=\frac{d}{2}\cot\theta-p_{rz}=\frac{d}{2}\cot\theta-\frac{1}{2}\frac{(1-\beta)\rho\sin 2\theta+2\beta\cos\theta}{\beta+(\beta-1)\cos 2\theta+1} \tag{4.51}$$

同样, 作寄生误差圆 $r_{z-M_y}^1$ 变化曲线, 如图 4.14 所示。分析得到:

(1) 当 $\rho=\sin\theta$ 时, 此时 $r_{z-M_y}^1$ 取值为 0。理论上满足此条件的交叉型簧片不存在寄生运动。

(2) 随着 θ 取值的增加, 总的 z 轴方向寄生误差圆半径 $r_{z-M_y}^1$ 值大小趋近于 0。实际设计时, 为了避免寄生误差, 在满足 ρ 的情况下, θ 值应尽量取大。

(3) 同一 θ 下, 随着 ρ 的增加, 总的 z 轴方向寄生误差圆半径 $r_{z-M_y}^1$ 值不断增加。实际设计时, 为了避免寄生误差, 在满足 θ 的情况下, ρ 值应尽量取小。

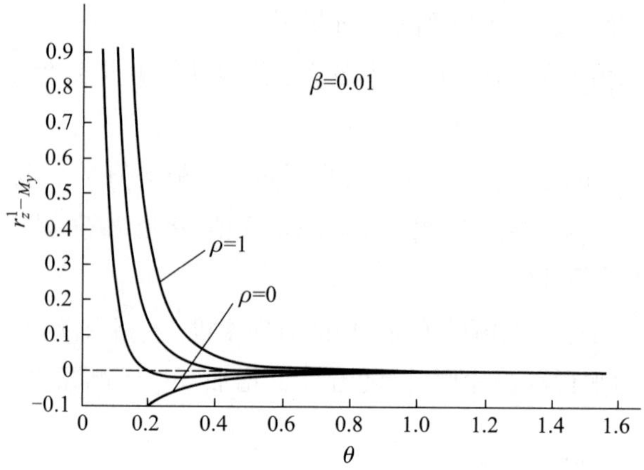

图 4.14 $\theta\in[0,\pi/2]$ 时寄生误差随参数 ρ 变化的曲线

3. 性能比较

1) 功能方向柔度

通过前面分析总结可以发现, 在功能柔度方面, 对于柔性转动模块 I

$$C_1=\frac{l}{EI_y}c_{22}=\frac{l}{EI_y}\frac{1}{2}\frac{\beta+1}{\beta+4} \tag{4.52}$$

对于柔性转动模块 II (广义交叉簧片型柔性铰链), 功能柔度

$$C_2=\frac{l}{EI_y}c_{22}=\frac{l}{EI_y}\frac{1}{2}\frac{\beta-\cos 2\theta+\beta\cos 2\theta+1}{\beta-4\cos 2\theta+6\rho^2+4-12\rho\sin\theta+\beta\cos 2\theta} \tag{4.53}$$

为方便比较, 假设两个柔性模块采用相同参数的簧片, $\alpha = (t/w)^2 = 0.01$, $\beta = (t/l)^2 = 0.002\,5$, 泊松比 $\nu = 0.35$, 则 $\chi = G/E = 1/2(1+\nu) = 0.37$, 取 $\rho = 0, 0.2, 0.5, 1, 2$, $\theta \in [0, \pi/2]$, 量纲一化后各铰链功能方向柔度 $c_1 = C_1/(l/EI_y), c_2 = C_2/(l/EI_y)$, 如图 4.15 所示。

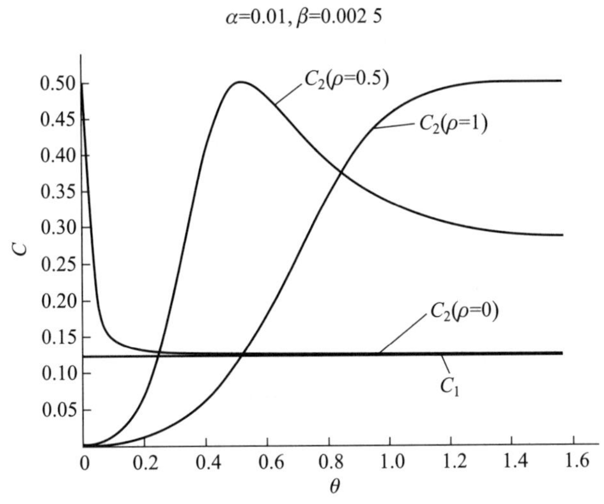

图 4.15 $\theta \in [0, \pi/2]$ 时各模块的功能柔度随参数 ρ 变化的曲线

由图 4.15 可以得到: ① c_1 为定值; ② 对于任意 ρ, 总存在 θ 使 c_2 达到最大值; ③ 量纲一化后, 比较功能方向柔度最大值有 $c_{2\max} > c_{1\max}$。

2) 寄生误差

在寄生误差方面, 对于柔性模块 I

$$p_1 = r_{z-M_y} = r_{x-M_y} = \frac{1}{2}\frac{\beta}{\beta+1} \tag{4.54}$$

对于柔性转动模块 II (广义交叉簧片型柔性铰链), 寄生误差

$$p_2 = r^1_{z-M_y} = \frac{\beta \cot\theta(\rho - \sin\theta)}{\beta + (\beta-1)\cos 2\theta + 1} \tag{4.55}$$

参数假设条件与上一小节一致, 比较各模块的寄生误差 p_1、p_2 (图 4.16), 分析得到:

(1) 寄生误差圆半径 p_1 为定值, 且不为 0;

(2) 寄生误差圆半径 p_2 对于任意取值 ρ, 总存在 θ, 当满足 $\rho = \sin\theta$ 时, 使 p_2 取最小值 0, 理论上此条件下不存在寄生误差;

通过前面对两种柔性转动模块的综合分析, 可得到表 4.2 中所示的分析结果。

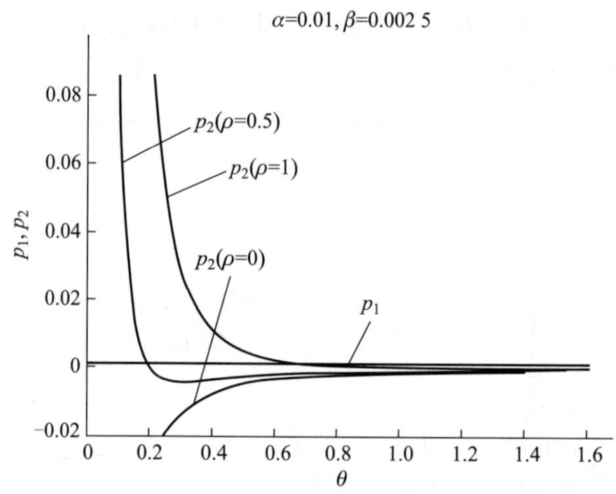

图 4.16 $\theta \in [0, \pi/2]$ 时各模块的寄生误差随参数 ρ 变化的曲线

表 4.2 两种柔性转动模块性能的综合比较

性能参数 \ 模型	转动模块 I	广义交叉簧片型柔性铰链
3 维模型		
作用力偶	M_y	M_y
功能方向运动	θ_y	θ_y
寄生运动	δ_x、δ_z	δ_x
最优模型参数	—	$\rho = \sin\theta$
最优模型的寄生运动可否完全消除	×	√
最优模型功能方向的柔度	小	大
最优模型量纲一化寄生误差圆半径	大	小

4.3 等效伪刚体建模与性能评价

3.3.2 节给出了基于瞬心概念的簧片伪刚体模型。在所有基于簧片结构的大行程柔性模块中，平行双簧片型柔性模块、等腰梯形柔性模块 (LITFM) 以及交叉簧片型柔性铰链被认为是最简单、最常见的，它们可以由两根簧片以不同的夹角组合而成，

覆盖了 n 从 ∞ 到 1/2 的取值范围。平行双簧片型柔性模块和交叉簧片型柔性铰链已有广泛研究, 因而下面仅将它们的计算结果和现有文献进行比较, 重点是对一种特殊的柔性模块 —— LITFP 进行详细建模。

4.3.1 平行双簧片型柔性模块

平行双簧片型柔性模块 (可视为柔性移动副) 的受力变形示意图如图 4.17a 所示, 运动刚体和基座之间由两条平行等长的簧片连接。设在受到水平切向力 F 的作用下, 运动刚体沿 x 方向运动 d_x, 同时在 y 方向伴有寄生运动 d_y。对每根簧片, 其瞬心 (ICR) 的位置可认为在无穷远处, 即

$$n = \infty \tag{4.56}$$

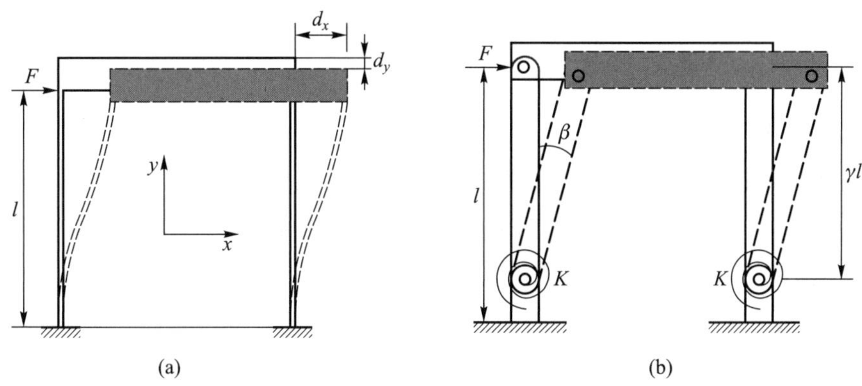

图 4.17 平行双簧片型柔性模块及其伪刚体模型

对于每根簧片, 由式 (3.89) 和式 (3.97) 可以得到

$$\gamma = \frac{5}{6} \tag{4.57}$$

$$K = \frac{12EI\gamma^2}{l} \tag{4.58}$$

平行双簧片型柔性模块相应的伪刚体模型如图 4.17b 所示。根据伪刚体模型可知

$$d_x = \gamma l \sin\beta \approx \gamma l \beta \tag{4.59}$$

$$d_y = \gamma l (1 - \cos\beta) \approx \frac{\gamma l \beta^2}{2} \tag{4.60}$$

式中, β 为伪刚体模型中铰链转动的角度。

由此可解出寄生运动和直线位移之间的关系满足

$$d_y = \frac{d_x^2}{2\gamma l} = \frac{3d_x^2}{5l} \tag{4.61}$$

而水平切向力 F_x 用两个扭簧来平衡

$$F = \frac{2K\beta}{\gamma l} \tag{4.62}$$

对于整个平行双簧片型柔性模块而言，其在运动方向 (x 方向) 的刚度系数 K_x 可定义为

$$K_x = \frac{F}{d_x} \tag{4.63}$$

将式 (4.58) 和式 (4.62) 代入式 (4.63)，可得

$$K_x = \frac{2K}{\gamma^2 l^2} = \frac{24EI}{l^3} \tag{4.64}$$

平行双簧片型柔性模块沿 x 方向的最大行程为

$$d_{x\max} = \alpha_{\max} R = \frac{l^2}{3Et}\sigma_{\mathrm{s}} \tag{4.65}$$

4.3.2 LITFP

等腰梯形柔性铰链 (ITFP) 实质上是一种具有虚拟转动中心 (VCM) 的柔性模块 (图 4.18)。在初始状态，ITFP 的结构呈等腰梯形结构，即上下刚体平行，左右两腰相等，沿铰链中心线对称。图 4.18a 所示为采用缺口型柔性铰链的集中柔度型 ITFP；图 4.18b 所示为采用簧片 (或梁) 的分布柔度型 ITFP，即簧片型等腰梯形柔性铰链 (LITFP)。LITFP 的主要参数示于图 4.19a，所对应的四杆型伪刚体模型 (four-bar model) 如图 4.19b 所示，实质上是一个 VCM 机构，且瞬时转动中心唯一，即在两腰的延长线交点处。当固定梯形上底或下底时，另外一方可绕瞬时转动中心转动。加大转动角度时，瞬时转动中心将发生改变，以及 LITFP 的每根簧片自身存在轴漂，使得 LITFP 的精度变差。

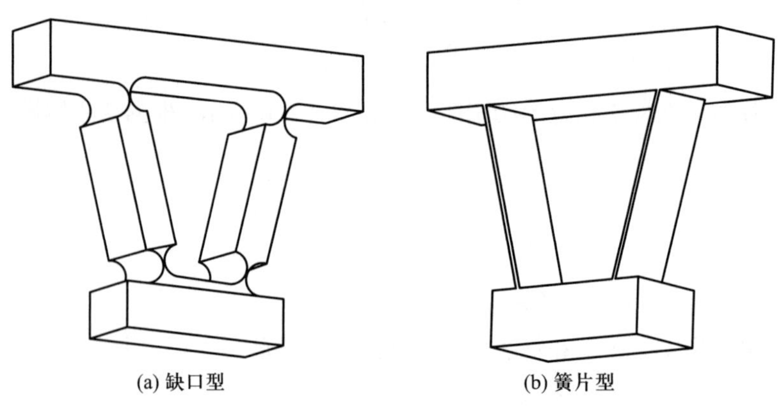

(a) 缺口型　　(b) 簧片型

图 4.18　ITFP

对于任一个 LITFP 构型, 都需要有 3 个独立的参数来描述, 这里选择如下参数 (LITFP 放置如图 4.19a 所示): ① H_{f}—— 上刚体 (梯形较长的底边) DC 到虚拟转动中心 O 点的距离; ② h_{f}—— 下刚体 (梯形较短的底边) AB 到虚拟转动中心 O 点的距离; ③ φ—— 两根簧片轴线夹角的一半。

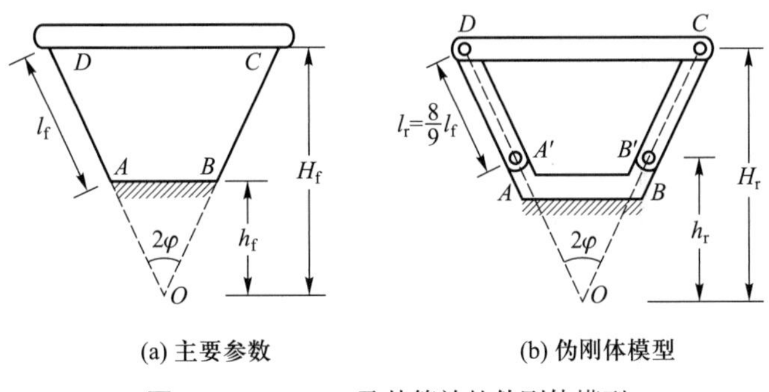

(a) 主要参数　　(b) 伪刚体模型

图 4.19　LITFP及其等效的伪刚体模型

4.3.2.1 转动精度

LITFP 中的 n 值可以用下面的公式来计算:

$$n=\frac{H}{H-h_{\mathrm{f}}} \tag{4.66}$$

由图 3.15 可以看出, 当 n 从 1 到 ∞ 变化时, γ 的值从 15/17 向 5/6 变化, 并在 n=4/3 时有最大值 $\gamma=8/9$。由于 γ 在最大值附近变化较小, 所以当 n 值不太大时, 可近似地认为 γ 为固定值 8/9。

对应等效伪刚体模型如图 4.19b 所示, 夹角 φ 值保持不变, 其余两个参数的等效关系满足

$$H_{\mathrm{r}}=H_{\mathrm{f}}=H \tag{4.67}$$

$$h_{\mathrm{r}}=H-(H-h_{\mathrm{f}})\gamma \tag{4.68}$$

式中, 下角标 f 代表柔性体; 下角标 r 代表刚性体。

图 4.20 所示为 LITFP 的伪刚体模型分析图, 图中参数可以表示为

$$a=H\tan\varphi \tag{4.69}$$

$$c=h_{\mathrm{r}}\tan\varphi \tag{4.70}$$

$$l_{\mathrm{r}}=\|DA\|=\frac{H-h_{\mathrm{r}}}{\cos\varphi} \tag{4.71}$$

$$R=\|OD\|=\sqrt{a^2+H^2} \tag{4.72}$$

以上刚体的转动角度 θ 表示铰链的变形程度, 逆时针方向为正。设上刚体 DC 转动 θ 后达到位置 $D'C'$, 其坐标值可由下列方程组计算得到:

$$\begin{cases}(x_1+c)^2+(y_1-h_{\rm r})^2=l_{\rm r}^2\\(x_2-c)^2+(y_2-h_{\rm r})^2=l_{\rm r}^2\\y_1-y_2=2a\sin\theta\\x_2-x_1=2a\cos\theta\end{cases}\tag{4.73}$$

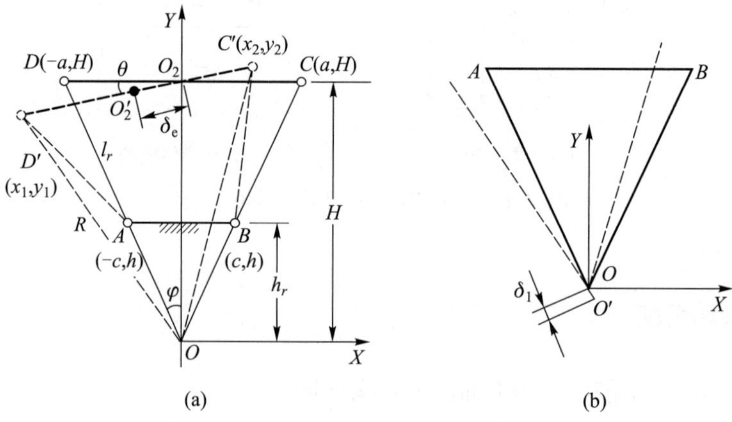

图 4.20 LITFP的伪刚体模型分析图

求解式 (4.73) 可得

$$x_1=-a\cos\theta+\frac{aK_1\sin\theta}{a(a^2+3c^2)\cos\theta-c(2a^2+c^2+a^2\cos2\theta)}\tag{4.74}$$

$$y_1=h_{\rm r}+a\sin\theta+\frac{K_1}{a^2+c^2-2ac\cos\theta}\tag{4.75}$$

$$x_2=\frac{a[a(a^2+3c^2)\cos^2\theta-c(2a^2+c^2+a^2\cos2\theta)\cos\theta+K_1\sin\theta]}{a(a^2+3c^2)\cos\theta-c(2a^2+c^2+a^2\cos2\theta)}\tag{4.76}$$

$$y_2=h_{\rm r}-a\sin\theta+\frac{K_1}{a^2+c^2-2ac\cos\theta}\tag{4.77}$$

式中

$$K_1=\sqrt{-(c-a\cos\theta)^2(a^2+c^2-2ac\cos\theta)(a^2+c^2-l^2-2ac\cos\theta)}\tag{4.78}$$

则转动中心 O 点的位移 (这里选用 4.1 节给出的轴漂定义 (4), 本节下同), 即轴漂 δ_1, 可由下式计算

$$\begin{cases}\delta_{1x}=x_1+R\cos(90-\varphi+\theta)=x_1+R\sin(\varphi-\theta)\\\delta_{1y}=y_1-R\sin(90-\varphi+\theta)=y_1-R\cos(\varphi-\theta)\end{cases}\tag{4.79}$$

$$\delta_1=\sqrt{\delta_{1x}^2+\delta_{1y}^2}\tag{4.80}$$

轴漂的矢量形式为

$$\boldsymbol{\delta}_1 = \delta_{1x} + \mathrm{i}\delta_{1y} \tag{4.81}$$

求解式 (4.79) 可得

$$\frac{\delta_{1x}}{H} = -B_1 \sin\theta \tag{4.82}$$

$$\frac{\delta_{1y}}{H} = \left(1 - \frac{\gamma}{n} - \cos\theta\right) B_1 \tag{4.83}$$

式中

$$B_1 = \tan\varphi\sqrt{\frac{B_3}{B_2} - 1} - 1 \tag{4.84}$$

$$B_2 = \gamma^2 - 2(\gamma - n)n(1 - \cos\theta) \tag{4.85}$$

$$B_3 = \frac{\gamma^2}{\sin^2\varphi} \tag{4.86}$$

轴漂的幅值可简化为

$$\delta = \|\boldsymbol{\delta}_1\| = \frac{B_1 H}{n}\sqrt{B_2} \tag{4.87}$$

如果考虑柔性铰链精度的相对值大小, 可选用相对量 ζ 对其评价, 即

$$\zeta = \frac{\delta_\mathrm{e}}{\delta} \tag{4.88}$$

式中, δ_e 为上刚体 DC 的中点 O_2 移动的距离, 可由下式计算

$$\delta_\mathrm{e} = \frac{1}{2}\sqrt{(x_1 + x_2)^2 + (y_1 + y_2 - 2H)^2} \tag{4.89}$$

当铰链的轴漂很小时, 式 (4.88) 将非常近似于

$$\zeta = \frac{\theta H}{\delta} \tag{4.90}$$

ζ 的大小表征的是柔性铰链行程与精度的相对关系。设计一个柔性铰链, 与其希望轴漂越小越好, 不如希望 ζ 越大越好。

下面具体分析各个参数对 LITFP 的轴漂的影响。图 4.21a 和 b 为 $H = 35$ mm, $\varphi = 15°$, $\theta = 1.5°$ 的条件下, δ 和 ζ 分别随高度 h_r 变化的情况; 图 4.21c 和 d 为 $H = 35$ mm, $h_\mathrm{r} = 10$ mm, $\theta = 1.5°$ 的条件下, δ 和 ζ 分别随 φ 变化的情况; 图 4.21e 和 f 为 $h_\mathrm{r} = 10$ mm, $\varphi = 15°$, $\theta = 1.5°$ 的条件下, δ 和 ζ 分别随高度 H 变化的情况; 图 4.21g 和 h 为 $H = 35$ mm, $h_\mathrm{r} = 10$ mm, $\varphi = 15°$ 的条件下, δ 和 ζ 分别随 θ 变化的情况; 图 4.21i 和 j 为 $H/h_\mathrm{r} = 7$, $\theta = 1.5°$ 时, δ 和 ζ 分别随 φ 和 H 变化的情况。

由图 4.21 可知, 各参数对 LITFP 的轴漂产生的影响如下:

(1) 当其他参数不变时, 轴漂幅值 δ 分别随 θ、h_r、φ 的增大而增大, 而 ζ 分别随 θ、h_r、φ 的增大而减小。

(2) 当参数 θ、h_r、φ 固定时, 轴漂幅值 δ 随 H 的增大而减小, 而 ζ 随 H 的增大而增大。

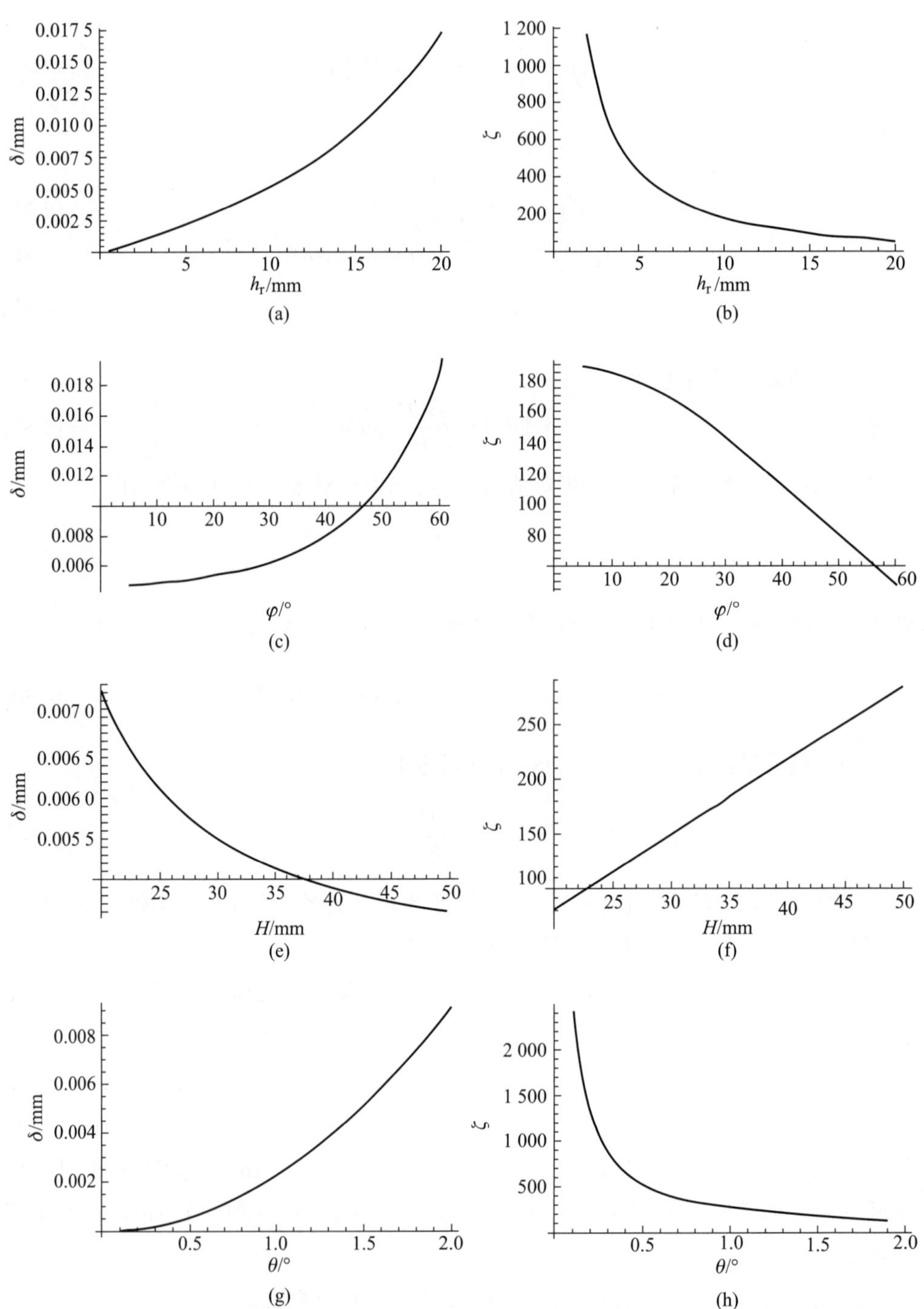

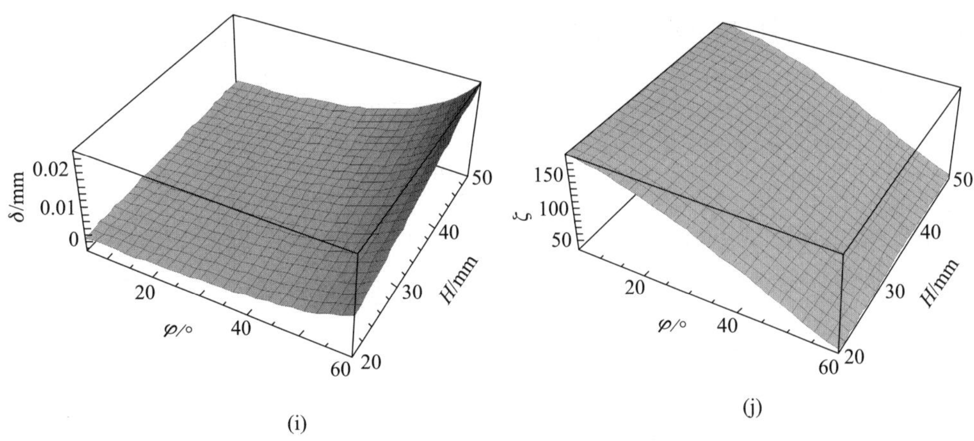

图 4.21 伪刚体模型各参数对 LITFP 轴漂的影响

(3) 当参数 θ、H/h_{r}、φ 固定时, 轴漂的幅值 δ 与 H 成正比, 即

$$\frac{\delta}{H}=\frac{\delta'}{H'} \tag{4.91}$$

(4) 当参数 θ、H/h_r、φ 固定时, ζ 则保持不变。

总之, LITFP 若以提高精度为目的, 应减小 φ 或加大比值 H/h_{r} (即减小 n 值)。当 h_{r} 等于 0 时, 结构退化为一个三角形, 转动时的轴漂为 0。

4.3.2.2 转动刚度

式 (3.97) 可用来计算 LITFP 的每根簧片伪刚体模型的刚度系数。不过欲求模块的整体刚度, 还需考虑更多的因素。下面对该柔性模块受到不同载荷的情况分别进行说明。

1. 受纯弯矩作用

如图 4.22a 所示, LITFP 受一弯矩 M 作用于上刚体 DC 上。图中弯矩由两根扭簧平衡, 它们的转动角度分别为 β_1、β_2。上刚体 DC 的受力分析如图 4.22b 所示, 反作用力 P_D 和 P_C 分别垂直于连杆 $A'D$ 和 $B'C$, N_D 和 N_C 分别代表连杆 $A'D$ 和 $B'C$ 的轴向力。之间的关系满足

$$F_{Dx}=N_D\sin(\varphi-\beta_1)-P_D\cos(\varphi-\beta_1) \tag{4.92}$$

$$F_{Dy}=-N_D\cos(\varphi-\beta_1)-P_D\sin(\varphi-\beta_1) \tag{4.93}$$

$$F_{Cx}=N_C\sin(\varphi+\beta_2)-P_C\cos(\varphi+\beta_2) \tag{4.94}$$

$$F_{Cy}=N_C\cos(\varphi+\beta_2)+P_C\sin(\varphi+\beta_2) \tag{4.95}$$

式中, β_1 和 β_2 可以由下式计算得到:

$$\beta_1 = 2\arcsin\frac{d_D}{2l_{\mathrm{r}}} \tag{4.96}$$

$$\beta_2 = 2\arcsin\frac{d_C}{2l_{\mathrm{r}}} \tag{4.97}$$

其中, l_{r} 表示连杆 $A'D$ 或 $B'C$ 的长度, 即等于 γl; d_D 和 d_C 分别代表铰链点 D 和 C 移动的距离, 它们是转动角度 θ 的函数, 可利用式 (4.74) ~ 式 (4.77) 计算得到。

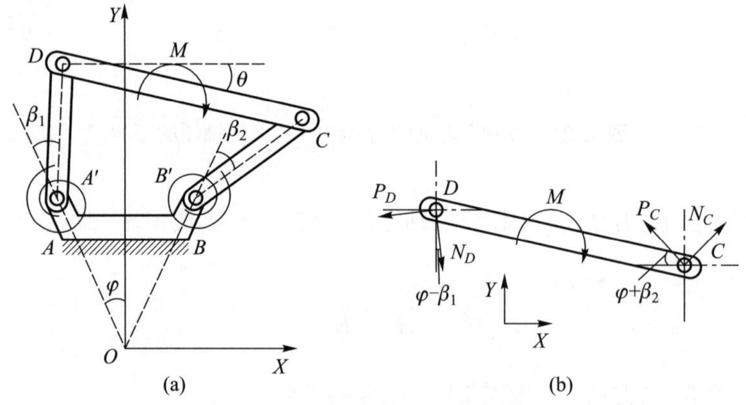

图 4.22 受纯弯矩作用时, LITFP 的伪刚体模型受力分析图

力 P_D 和 P_C 可由下列公式计算:

$$P_D = \frac{\beta_1 K}{l_{\mathrm{r}}} \tag{4.98}$$

$$P_C = \frac{\beta_2 K}{l_{\mathrm{r}}} \tag{4.99}$$

施加于刚体 DC 上的力应满足平衡条件

$$F_{Cx} + F_{Dx} = 0 \tag{4.100}$$

$$F_{Cy} + F_{Dy} = 0 \tag{4.101}$$

$$2aF_{Dx}\sin\theta + 2aF_{Dy}\cos\theta = M \tag{4.102}$$

式中, a 为连杆 DC 长度的一半, 可用式 (4.69) 计算。

结合式 (4.92) ~ 式 (4.95) 和式 (4.100) ~ 式 (4.102), 可求得弯矩 M, 即

$$M = -2a\frac{P_C\cos(\beta_1-\theta-\varphi) + P_D\cos(\beta_2-\theta+\varphi)}{\sin(\beta_1-\beta_2-2\varphi)} \tag{4.103}$$

对于给定模块, 弯矩 M 由转角 θ 通过式 (4.103) 确定; 反之, 如果已知弯矩 M 大小, 也可通过数值解法确定转角 θ 的大小。

2. 受方向不变的纯力作用

如图 4.23a 所示, LITFP 受一方向不变的力 F 作用于其上刚体 DC 上, F 的方向始终水平向右。上刚体 DC 的受力分析如图 4.23b 所示, 其上的作用力应满足

$$F_{Cx} + F_{Dx} = F \tag{4.104}$$

$$F_{Cy} + F_{Dy} = 0 \tag{4.105}$$

$$2aF_{Dx}\sin\theta + 2aF_{Dy}\cos\theta = aF\sin\theta \tag{4.106}$$

从中可解得

$$F = 2\frac{P_C\cos(\beta_1 - \theta - \varphi) + P_D\cos(\beta_2 - \theta + \varphi)}{\cos(\beta_1 + \beta_2 - \theta) + \cos\theta\cos(\beta_1 - \beta_2 - 2\varphi)} \tag{4.107}$$

类似地, 对于给定铰链, 力 F 由转角 θ 通过式 (4.107) 确定; 反之, 如果已知力 F 大小, 可通过数值解法确定转角 θ 的大小。

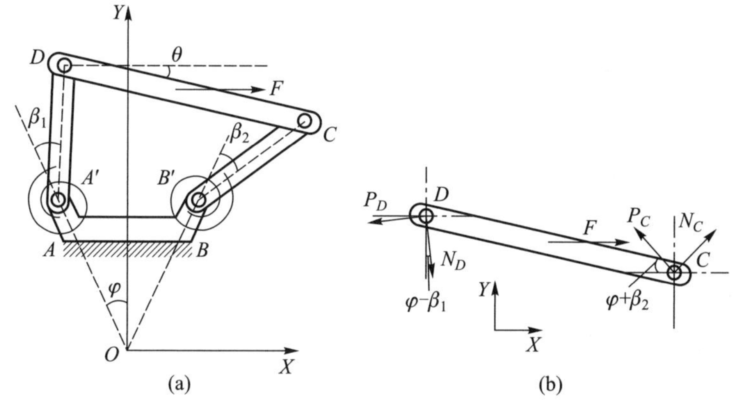

图 4.23 LITFP 受常纯力作用时的伪刚体模型受力分析图

3. 单铰链模型 (pin-joint model) 的转动刚度分析

鉴于从整体角度看, 柔性铰链表现为转动功能特性, 因此任一柔性铰链均可等效为一个刚性的铰链加扭簧, 对 LITFP 也不例外。LITFP 的单铰链伪刚体模型如图 4.24 所示, 伪刚体模型的铰链即加在柔性铰链虚拟转动中心处, 扭簧的刚度可以通过对四杆型伪刚体模型化简得到。

当转动角度 θ 较小时, 由三角函数的泰勒级数展开得到

$$\sin\theta = \theta, \quad \cos\theta = 1 \tag{4.108}$$

将式 (4.108) 代入式 (4.103), 可得

$$M = \frac{8EI(H^2 + Hh_{\mathrm{f}} + h_{\mathrm{f}}^2)\cos\varphi}{(H - h_{\mathrm{f}})^3}\cos\left[\frac{H + 8h_{\mathrm{f}}}{8(H - h_{\mathrm{f}})}\theta\right]\theta \tag{4.109}$$

则扭簧的刚度为

$$K = \frac{8EI(H^2 + Hh_{\mathrm{f}} + h_{\mathrm{f}}^2)\cos\varphi}{(H - h_{\mathrm{f}})^3}\cos\left[\frac{H + 8h_{\mathrm{f}}}{8(H - h_{\mathrm{f}})}\theta\right] \tag{4.110}$$

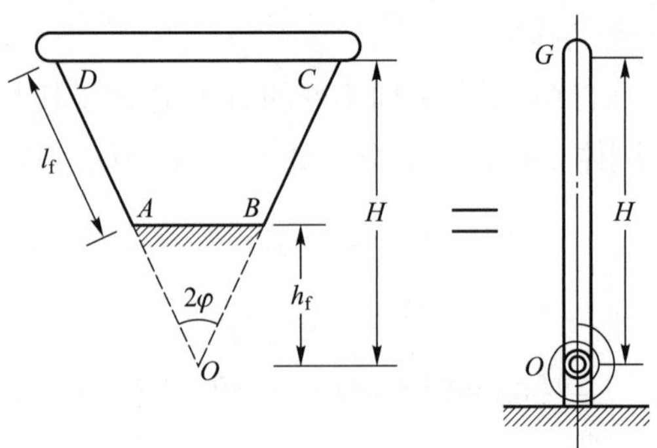

图 4.24　LITFP 的单铰链伪刚体模型

当 $\dfrac{h_f}{H} \leqslant \dfrac{7}{16}$, 即 $\dfrac{H+8h_f}{8(H-h_f)} \leqslant 1$ 时, 式 (4.110) 可简化为

$$K = \frac{8EI(H^2 + Hh_f + h_f^2)\cos\varphi}{(H-h_f)^3} \tag{4.111}$$

将式 (4.66) 代入式 (4.11) 中, 可得

$$K = \frac{8EIn(1-3n+3n^2)\cos\varphi}{H} \tag{4.112}$$

4.3.2.3 最大行程

LITFP 在转动时的最大应力为

$$\sigma_s = \frac{Et(3n-1)}{l}\theta = \frac{Etn(3n-1)\cos\varphi}{H}\theta \tag{4.113}$$

因此, 最大转角为

$$\theta_{max} = \frac{l}{Et(3n-1)}\sigma_s = \frac{H\sigma_s}{Etn(3n-1)\cos\varphi} \tag{4.114}$$

4.3.2.4 模型验证

1. 精度

采用实验和仿真两种方法来验证上述所建 LITFP 伪刚体模型的准确性和有效性。仿真软件采用 ANSYS; 实验平台如图 4.25a 所示, 主要由日本 NIKON 公司生产的工具显微镜 MM-40, NIKON 2×2 工作台 (X 和 Y 方向最大行程均为 50 mm, 光栅尺及其读数显示器的分辨率为 0.1 μm) 以及美国 MARK-10 测力仪 (量程 1 N, 分辨率为 0.000 5 N) 等组成。

LITFP 实验样件如图 4.25b 所示。该 LITFP 的下刚体被固定在工具显微镜的工作台上, 上刚体由连接测力仪的顶杆顶推动, 完成转动。LITFP 转动时的轴漂可以通过工具显微镜读取上刚体上某两个特征点的坐标间接计算得到。

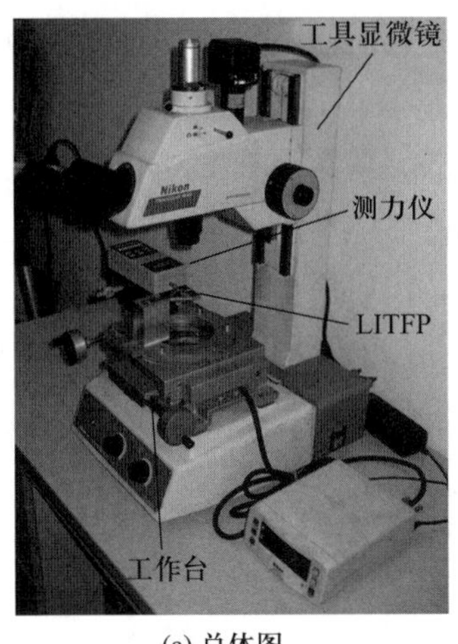

(a) 总体图

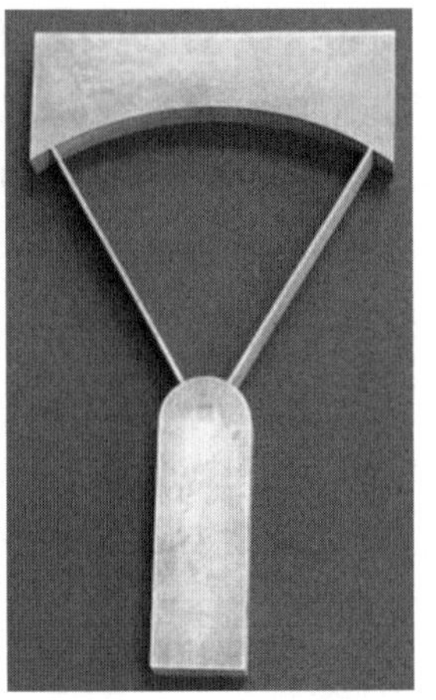
(b) 铰链 I 实物图

图 4.25 实验平台

两个 LITFP 实验样件的参数如表 4.3 所示。其中, t 为簧片的厚度; b 为簧片的宽度, 亦即整个铰链的厚度; σ_s 为材料的屈服强度。柔性铰链由黄铜板 (弹性模量 $E=126$ GPa, 泊松比 $\nu=0.31$) 用慢走丝线切割机床一体化加工而成。

表 4.3 LITFP 两个实验样件的参数

	H/mm	h_f/mm	φ/°	t/mm	b/mm	σ_s/MPa
铰链 I	35	5	30	0.5	6	750
铰链 II	35	5	15	0.2	6	750

两个样件轴漂特性的实验结果、仿真结果以及伪刚体模型的计算结果如图 4.26 所示。从图中曲线可以看出, 3 种方法所得结果非常接近, 验证了所建伪刚体模型的准确性。

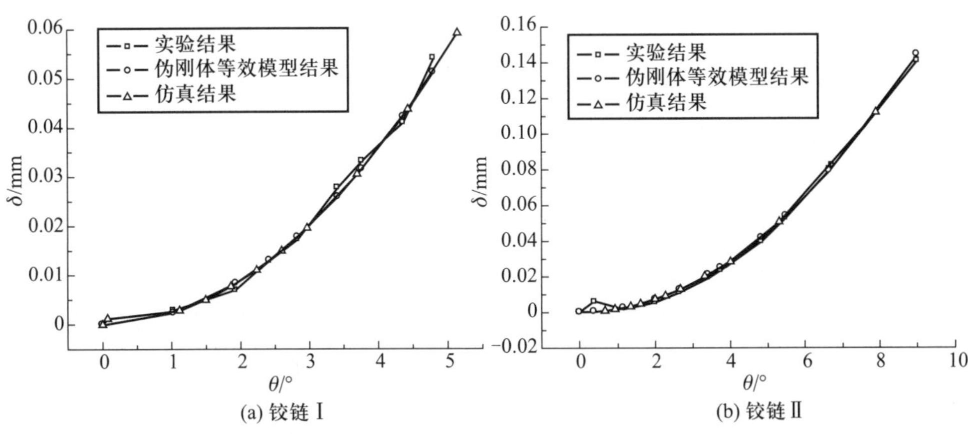

(a) 铰链 I　　(b) 铰链 II

图 4.26 LITFP 轴漂的实验、仿真与伪刚体模型计算结果比较

下面来进一步分析各参数对伪刚体模型准确性的影响。图 4.27a 所示为当角度 φ 变化 ($5^\circ \sim 60^\circ$), 而其他参数保持不变 ($h_{\rm f} = 5$ mm, $H = 35$ mm, $\theta = 2^\circ$) 时, 轴漂的仿真结果和伪刚体模型计算结果的比较。从图中看出, 随 φ 减小, 伪刚体模型计算的轴漂也随之减小, 而仿真结果却会增大。这主要是当 φ 减小时, 两根簧片之间的距离也随之减小 (由 H 和 $h_{\rm f}$ 固定所致), 使簧片所受到的轴向力增大, 从而引起铰链轴漂误差增大。图 4.27b 所示为当 $h_{\rm f}$ 变化 ($2 \sim 28$ mm), 而其他参数保持不变 ($H = 35$ mm, $\varphi = 15^\circ, \theta = 2^\circ$) 时, 轴漂的仿真结果和伪刚体模型计算结果的比较。在 $h_{\rm f}$ 变化时, 两种结果的曲线之间差值很小。

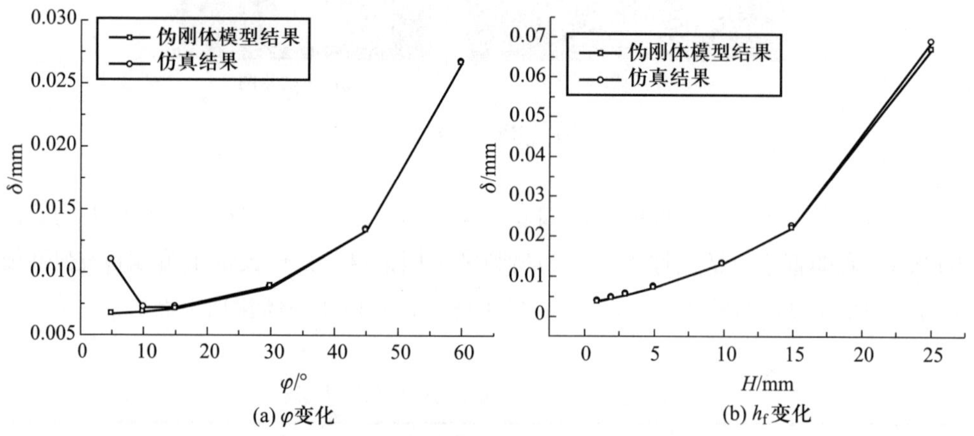

图 4.27 LITFP 轴漂仿真与伪刚体模型的计算结果比较

由于受材料限制, 图 4.26 所示的曲线所对应的转动角度 θ 都较小; 若转角过大, 可能出现转角误差过大的问题。因此, 在使用伪刚体模型时, 需要确定在误差允许前提下的可用范围。下面以铰链 I 为例, 计算伪刚体模型在大转角时的误差。首先假设仿真结果更接近于真值, 定义相对误差为

$$\varepsilon = \frac{|r_{\rm p} - r_{\rm s}|}{r_{\rm s}} \tag{4.115}$$

式中, $r_{\rm s}$ 为仿真结果; $r_{\rm p}$ 为伪刚体模型计算结果。可认为相对误差在 10% 以内时, 计算结果的精度可以接受。

两种受力情况下 (受纯力或纯弯矩作用) 相对误差的曲线如图 4.28 所示。曲线表明, 在两种情况下, 当铰链的转动角度分别达到约 52° (受水平切向力作用) 和 58° (受纯弯矩作用) 时, 相对误差达到 10%。

再进一步, 为了更准确地反映转动中心的位移和方向, 可以绘制转动中心的位置图, 如图 4.29 所示, 其上的数据点与图 4.28 相对应。经过对比发现, 仿真结果和伪刚体模型计算结果基本吻合。

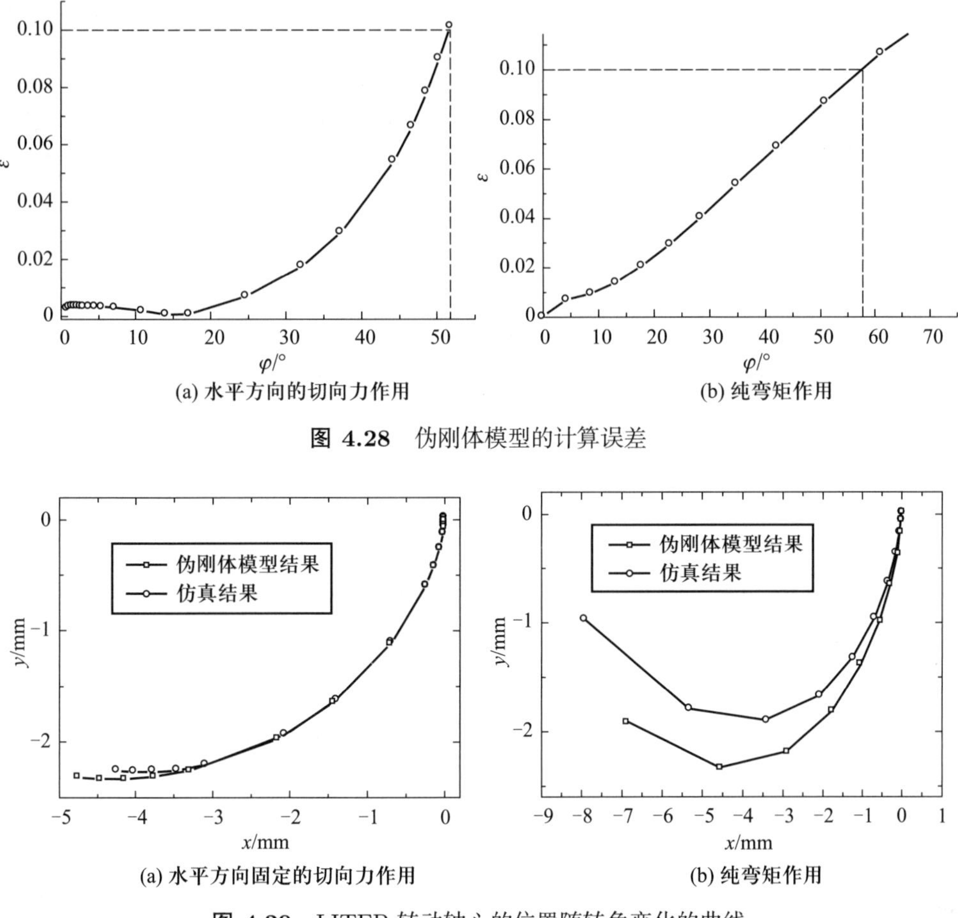

图 4.28 伪刚体模型的计算误差

图 4.29 LITFP 转动轴心的位置随转角变化的曲线

2. 刚度

为验证 LITFP 伪刚体模型在刚度方面的准确性, 选择铰链参数为: $h_{\rm f} = 5$ mm, $H = 35$ mm, $\varphi = 30°, t = 0.5$ mm, $b = 5$ mm, 材料为铝合金, 弹性模量 $E = 71$ GPa, 泊松比 $\nu = 0.33$。用 ANSYS 软件进行大变形非线性仿真。针对两种不同的受力情况, 仿真结果和两种伪刚体模型 (四杆型和单铰链型) 的计算结果曲线如图 4.30 所示。

从图中可以看出, 在两种受力情况下, 四杆型伪刚体模型的刚度计算结果与仿真结果保持了较高的一致性。而单铰链伪刚体模型毕竟是四杆型伪刚体模型的线性简化, 故在转角较小区段, 精度较高。用式 (4.115) 定义的相对误差来衡量两种伪刚体模型的计算结果, 它们相对于有限元仿真的误差如图 4.31 所示。在受到纯弯矩作用下, 当四杆型伪刚体模型的转动角度达到 60° 和单铰链模型达到 26° 时, 铰链刚度计算相对误差达到 10%; 对于受水平切向力的情况, 当单铰链模型达到 19° 时, 铰链刚度计算相对误差达到 10%, 而四杆型伪刚体模型的转动角度达到 50° 时, 其误差仅为 2.5%。

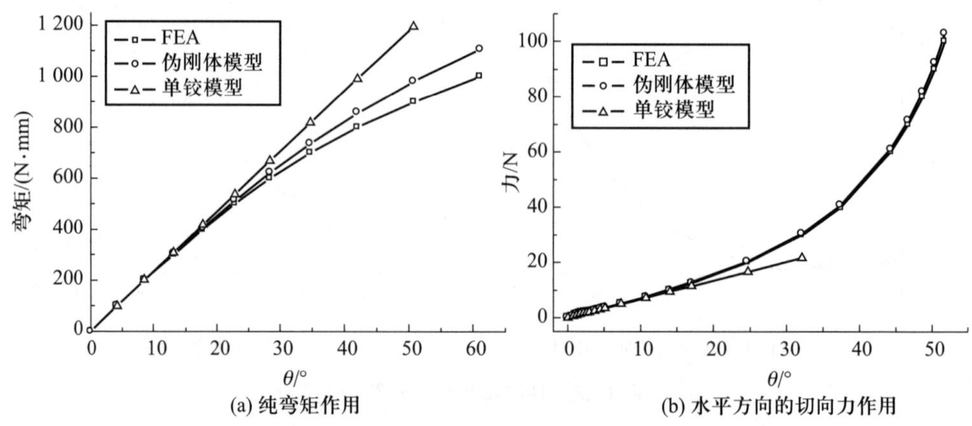

(a) 纯弯矩作用　　(b) 水平方向的切向力作用

图 4.30　LITFP 转动时所需的力或弯矩

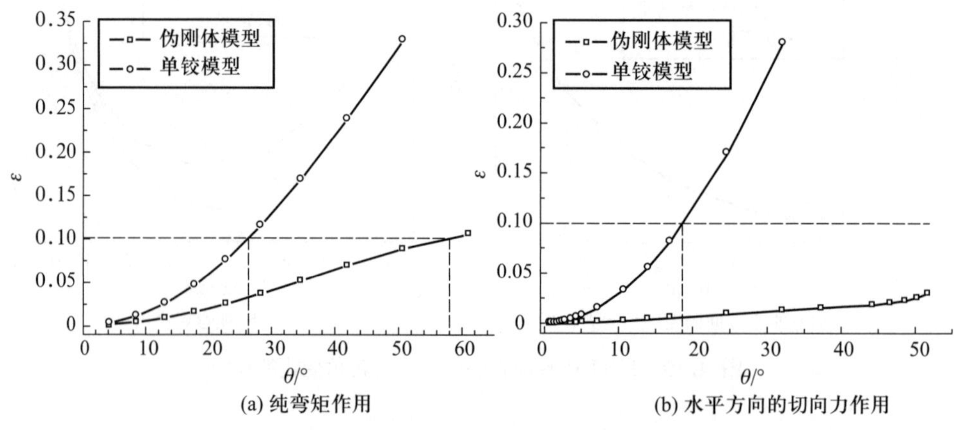

(a) 纯弯矩作用　　(b) 水平方向的切向力作用

图 4.31　两种伪刚体模型的相对误差

4.3.3　交叉簧片型柔性铰链

交叉簧片型柔性铰链是目前应用最广泛的一种大变形柔性铰链。它主要由两根或多根相互交叉的等长簧片连接动刚体和基座, 动刚体可绕着簧片交叉的轴线转动。不失一般性, 这里选择两条簧片交叉的情况进行分析, 两条簧片具有相同尺寸, 并由 3 个参数确定铰链构型, 即交叉点 O 和上刚体之间的距离 H, 交叉点 O 和基座之间的距离 h_{f}, 两条簧片之间夹角的一半 φ, 如图 4.32a 所示。这里 n 取值范围为 [0.5, 1), 可用下面公式计算:

$$n=\frac{H}{H+h_{\mathrm{f}}} \tag{4.116}$$

每根簧片的长度 l 为

$$l=\frac{H+h_{\mathrm{f}}}{\cos\varphi} \tag{4.117}$$

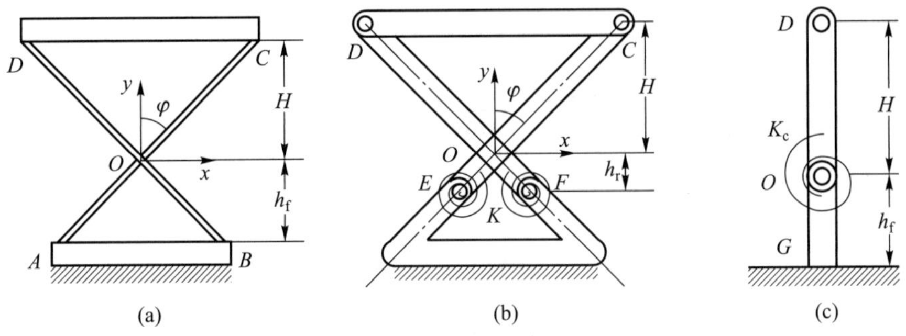

图 4.32 交叉簧片型柔性铰链及其伪刚体模型

对每条簧片进行刚体等效后, 可得交叉簧片型柔性铰链的伪刚体模型如图 4.32b 所示。设交叉点 O 和基座 EF 的距离为 h_{r}, 计算可得

$$h_{\mathrm{r}}=(H+h_{\mathrm{f}})\gamma-H \tag{4.118}$$

该计算模型轴漂的方法与 LITFP 相似。这里直接给出如下结果:

$$\frac{\delta_x}{H}=-B_1\sin\theta \tag{4.119}$$

$$\frac{\delta_y}{H}=\left(\cos\theta-1+\frac{\gamma}{n}\right)B_1 \tag{4.120}$$

式中, B_1 由式 (4.84) 计算得到。轴漂改写成向量形式为

$$\boldsymbol{\delta}=\delta_x+\mathrm{i}\delta_y \tag{4.121}$$

与 LITFP 类似, 交叉簧片型柔性铰链的刚度可通过对伪刚体模型求解得到, 其简化的单铰链模型如图 4.32c 所示。简化的模型虽然丧失了一定的精度, 但使用方便。在单铰链模型中, 扭簧的刚度 K_{c} 为

$$K_{\mathrm{c}}=\frac{8EI(1-3n+3n^2)n\cos\varphi}{H} \tag{4.122}$$

最大转角可通过将式 (4.116) 和式 (4.117) 代入式 (3.100) 得到

$$\frac{\alpha_{\max}}{H}=\frac{1}{Et(3n-1)n\cos\varphi}\sigma_{\mathrm{s}} \tag{4.123}$$

以上结果可对具体参数的取值情况进一步化简, 如最常用的交叉簧片型柔性铰链一般取 $H=h_{\mathrm{f}}$, φ=45° 的情况。此时

$$n=0.5,\quad \gamma=\frac{3}{4} \tag{4.124}$$

式 (4.121) 可简化为

$$\frac{\|\boldsymbol{\delta}\|}{H}=\frac{1}{2}\sqrt{5+4\cos\theta}\left(\sqrt{\frac{18}{5+4\cos\theta}-1}-1\right) \tag{4.125}$$

利用泰勒级数展开, 得到

$$\|\boldsymbol{\delta}\| = \frac{\sqrt{2}l}{12}\theta^2 - \frac{\sqrt{2}l}{144}\theta^4 + \frac{29\sqrt{2}l}{38\ 880}\theta^6 + \cdots \tag{4.126}$$

忽略二阶以上的高阶小项, 可得

$$\|\boldsymbol{\delta}\| \approx \frac{\sqrt{2}l}{12}\theta^2 \tag{4.127}$$

相应地, 式 (4.122) 和式 (4.123) 可简化为

$$K_{\mathrm{c}} = \frac{EI}{\sqrt{2}H} \tag{4.128}$$

$$\alpha_{\max} = \frac{4\sqrt{2}H}{Et}\sigma_{\mathrm{s}} = \frac{2l}{Et}\sigma_{\mathrm{s}} \tag{4.129}$$

式 (4.128) 和式 (4.129) 也可由参考文献 [19] 得到。

交叉簧片型柔性铰链的另一个有趣的现象是, 当簧片的交叉点位于其簧片长度的 87.3% 时, 其轴漂在理论上最小[23]。这一点也可由本文提出的伪刚体模型得到证明。

假设轴漂为 0, 即

$$\delta = 0 \tag{4.130}$$

结合式 (4.121) 可知, 要满足式 (4.130) 需有

$$\gamma = n \tag{4.131}$$

将上式代入式 (3.89), 则可得

$$n = \frac{1}{2} + \frac{\sqrt{5}}{6} \approx 0.873 \tag{4.132}$$

这一结果可用伪刚体模型直观地进行说明: 当 n 满足式 (4.132) 时, 交叉簧片型柔性铰链的伪刚体模型如图 4.33 所示。此时, 两个铰链 E、F 重合于交叉点 O, 恰如 DOC 形成一个三角形绕着 O 点转动, 自然轴漂最小。

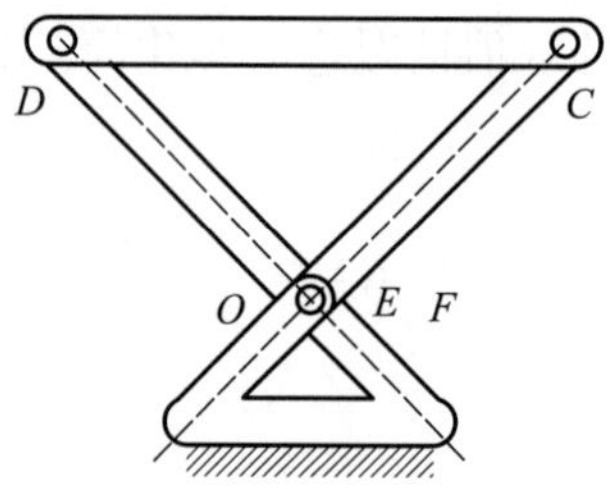

图 4.33 轴漂为 0 时, 交叉簧片型柔性铰链的伪刚体模型

4.3.4 车轮形柔性铰链

如图 4.34a 所示，一般情况下，车轮形柔性铰链的两条簧片互相垂直，整个铰链在一个平面上，这样更利于车轮形柔性铰链的一体化加工，减少装配误差，提高铰链精度。研究表明：与交叉簧片型柔性铰链相比，车轮形柔性铰链的转动行程减小为 1/4，而轴漂也减小 (精度增加) 为 1/5[19]。

4.3.4.1 伪刚体模型

由于结构对称，车轮形柔性铰链可以看作两个 h_f 为 0 的 LITFP 相对组合而成，因此其伪刚体模型如图 4.34b 所示。

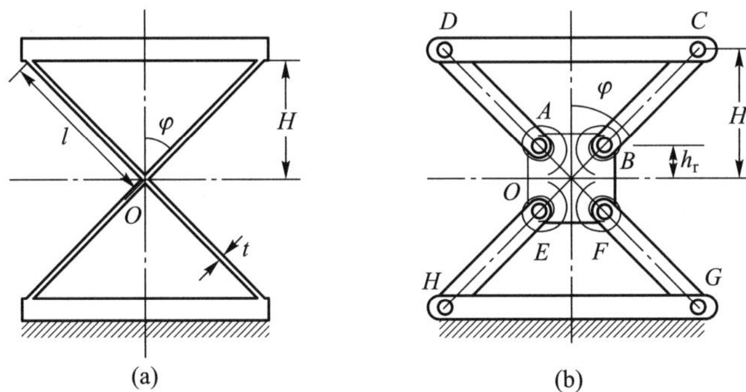

图 4.34 车轮形柔性铰链及其对应的伪刚体模型

对于车轮形柔性铰链，有

$$n = 1 \tag{4.133}$$

由式 (3.89) 可得

$$\gamma = \frac{15}{17} \tag{4.134}$$

因此，在车轮形柔性铰链的伪刚体模型中

$$h_r = H(1-\gamma) = \frac{2H}{17} \tag{4.135}$$

$$K = \frac{4EI\gamma^2}{l} \tag{4.136}$$

由于车轮形柔性铰链结构对称，可认为它的两个 LITFP 转角相同；当受到纯弯矩作用时 (图 4.35b)，弯矩和转角的关系与式 (4.103) 相似，可以写成

$$M = -2b\frac{P_C\cos(\beta_1-\theta/2-\varphi)+P_D\cos(\beta_2-\theta/2+\varphi)}{\sin(\beta_1-\beta_2-2\varphi)} \tag{4.137}$$

在转角较小时，可将式 (4.137) 化简，从而得到车轮形柔性铰链的单铰链伪刚体模型，如图 4.35c 所示。其扭簧的刚度系数为

$$K = \frac{4EI}{H}\cos\varphi \tag{4.138}$$

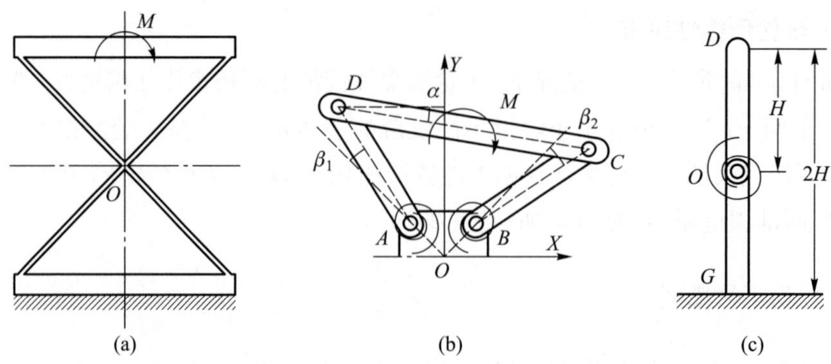

图 4.35 车轮形柔性铰链受弯矩作用时的伪刚体模型

建立如图 4.36 所示的坐标系, 则车轮形柔性铰链转动时的轴漂可通过求解其上刚体 DC 的坐标 (x_1, y_1) 和 (x_2, y_2) 得到

$$\begin{cases} \delta_x = x_1 + l\cos(90 - \varphi + \theta) = x_1 + l\sin(\varphi - \theta) \\ \delta_y = y_1 - l\sin(90 - \varphi + \theta) = y_1 - l\cos(\varphi - \theta) \end{cases} \tag{4.139}$$

可解得

$$\delta = \sqrt{\delta_x^2 + \delta_y^2} \tag{4.140}$$

对式 (4.79) 进行求解可得

$$\frac{\delta}{H} = \left(\frac{2}{17} - \cos\theta\right) B_1 \tag{4.141}$$

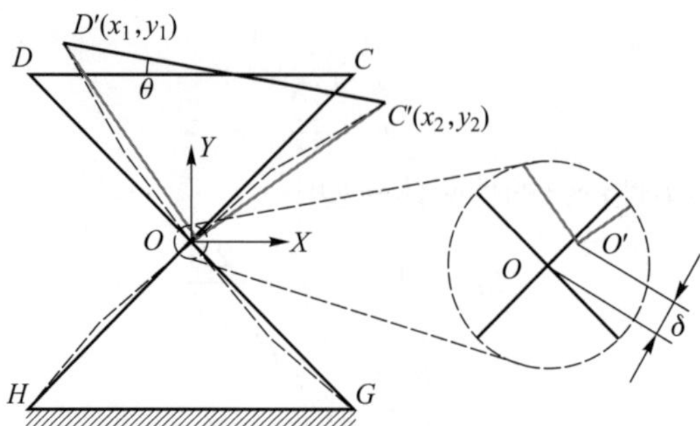

图 4.36 车轮形柔性铰链转动的轴漂

B_1 由式 (4.82) ~ 式 (4.85) 确定, 对于车轮形柔性铰链可简化为

$$B_1 = \tan\varphi\sqrt{\frac{B_3}{B_2} - 1} - 1 \tag{4.142}$$

$$B_2 = \frac{229}{289} - \frac{4}{17}\cos\theta \tag{4.143}$$

$$B_3 = \frac{225}{289\sin^2\varphi} \tag{4.144}$$

由式 (4.114) 可知, 车轮形柔性铰链的最大转动角度为

$$\theta_{\max}=\frac{\sigma_{\mathrm{s}}l}{Et}=\frac{\sigma_{\mathrm{s}}H}{Et\cos\varphi} \tag{4.145}$$

4.3.4.2 模型验证

为了验证车轮形柔性铰链的伪刚体模型, 选择如表 4.4 所示参数的两种铰链。使用 ANSYS 进行大变形非线性仿真验证, 选择梁单元 Beam3 进行网格划分。对柔性铰链的转角、轴漂等进行测量, 并与伪刚体模型的计算结果进行比较。

表 4.4 车轮形铰链的两种具体结构参数

	H/mm	φ/°	t/mm	b/mm	E/MPa	ν	σ_{s}/MPa
铰链 I	20	45	0.5	5	71 000	0.31	275
铰链 II	10	30	0.2	3	126 000	0.33	750

图 4.37 所示为当铰链受到纯弯矩作用时, 有限元仿真、四杆型伪刚体模型以及单铰链伪刚体模型方法三者的转角曲线对比。3 条曲线十分接近。

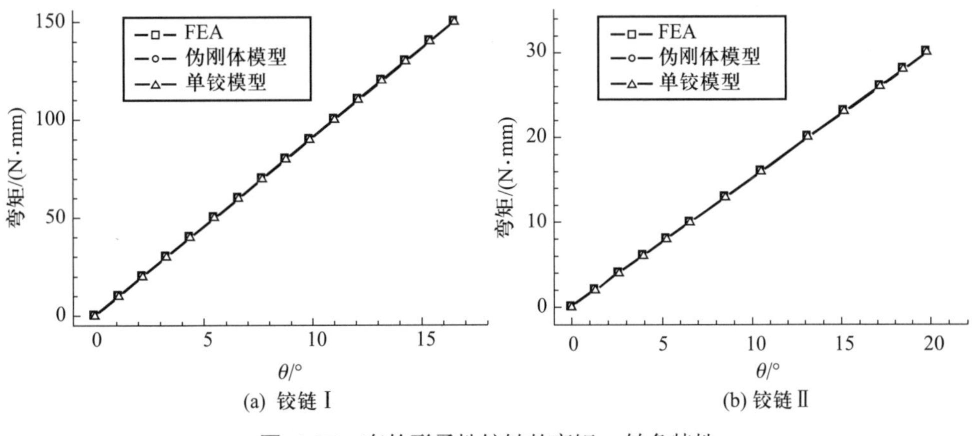

(a) 铰链 I　(b) 铰链 II

图 4.37 车轮形柔性铰链的弯矩 – 转角特性

两种铰链的轴漂曲线如图 4.38 所示, 由于单铰链型伪刚体模型不能反映轴漂, 故仅对四杆型伪刚体模型和仿真结果进行了比较。图 4.39 所示为两个铰链的应力曲线。从图中看出, 伪刚体模型在这两方面都是比较准确的。由图 4.39 可得铰链 I 的最大转动角度为 12.5°; 铰链 II 的最大转动角度为 18.7°。

4.3.4.3 讨论

当 $\varphi=45°$ 时, 如铰链 I, 车轮形铰链的轴漂式 (4.88) 可进行泰勒展开, 并忽略

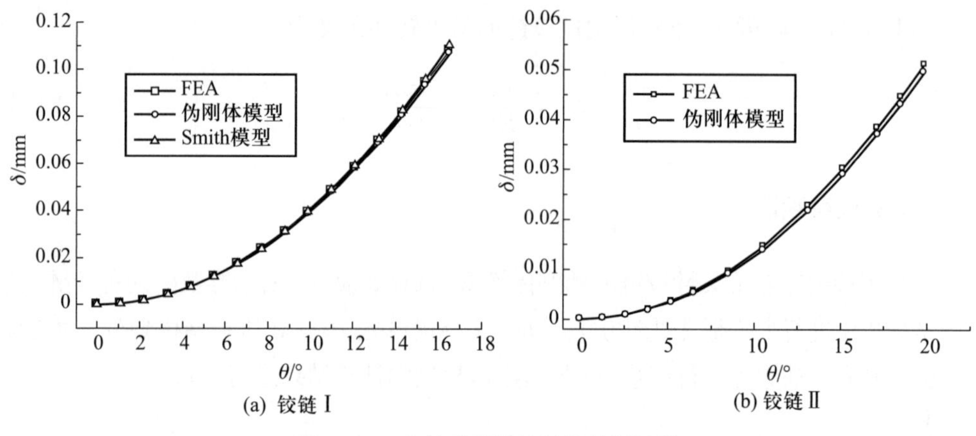

图 4.38 车轮形柔性铰链的轴漂特性

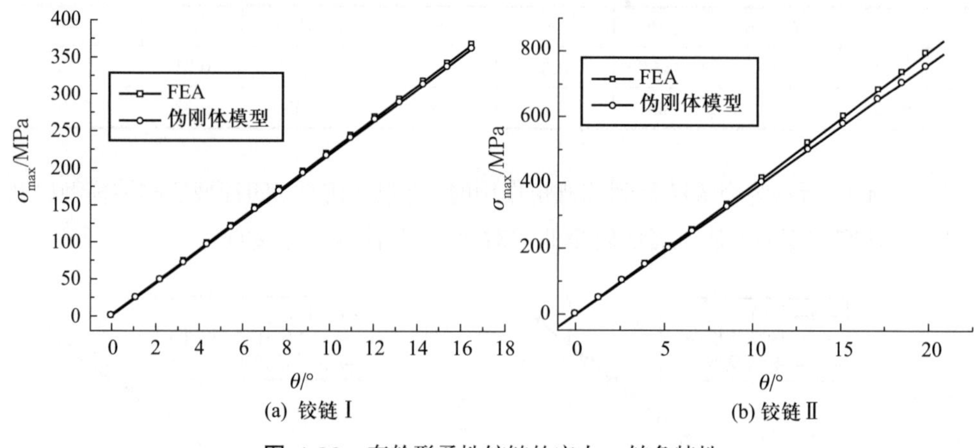

图 4.39 车轮形柔性铰链的应力 – 转角特性

高阶小项得到

$$\delta \approx \frac{\sqrt{2}l}{60}\theta^2 \tag{4.146}$$

$$K = \frac{2\sqrt{2}EI}{H} \tag{4.147}$$

$$\theta_{\max} = \frac{\sigma_{\rm s}l}{Et} = \frac{\sqrt{2}H\sigma_{\rm s}}{Et} \tag{4.148}$$

Smith[19] 分析过当 $\varphi = 45°$ 时的车轮形铰链性能, 所给出的轴漂、刚度以及最大转角公式分别与式 (4.146)、式 (4.147) 以及式 (4.148) 相同。

对于车轮形柔性铰链, 夹角 φ 取不同的值会对柔性铰链性能产生影响。例如, 对于铰链 I, 当转动角度 $\theta = 2°$, 所需转动力矩随 φ 值的变化如图 4.40a 所示, 轴漂特性如图 4.40b 所示。当 φ 角增大时, 铰链的刚度减小, 精度变差。当 φ 大于 60° 时, 其轴漂显著增大。从图中可以看出, $\varphi = 45°$ 是精度和刚度折中的一种最优值。而当其他参数固定时, 铰链的高度 H 与铰链的刚度成反比, 与轴漂以及最大转动角度都成正比。

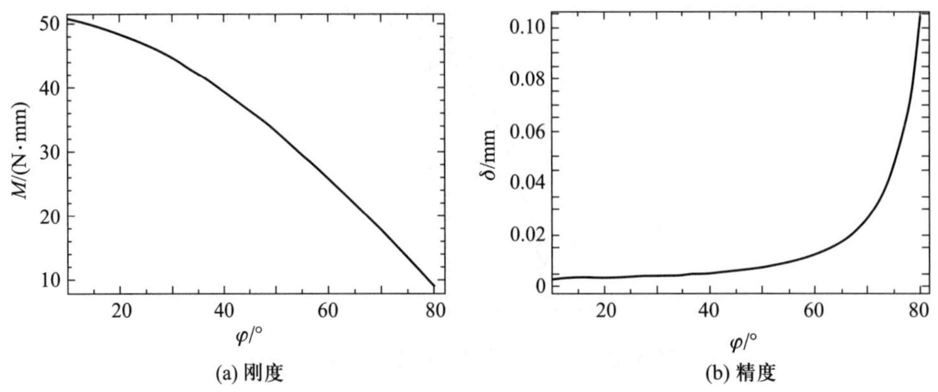

图 4.40 φ 值对车轮形柔性铰链性能的影响

4.3.5 蝶形柔性铰链

蝶形柔性铰链如图 4.41a 所示，可以看作由 4 个 LITFP 串联组合而成。蝶形铰链左右结构和上下结构都分别对称。为了更直观地观察其构造，可将蝶形柔性铰链简化成线条图，如图 4.41b 所示。将组成蝶形铰链的 4 个 LITFP 编号，顺序如图所示。从铰链的对称性可知，1 号和 4 号，2 号和 3 号各自取相同参数。

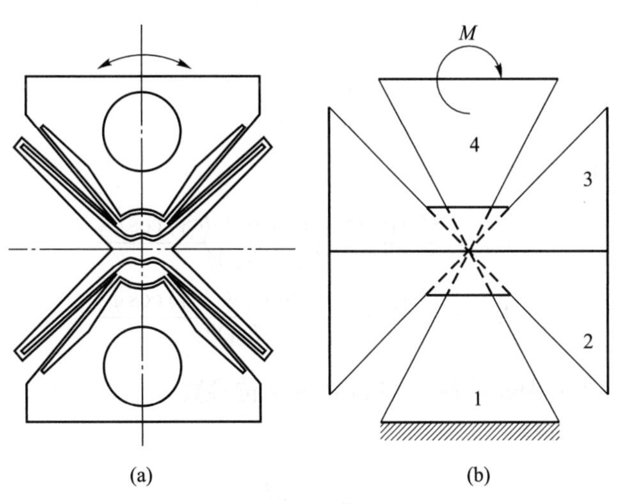

图 4.41 蝶形柔性铰链及其概念图

研究蝶形柔性铰链的刚度特征时，可采用 LITFP 的单铰伪刚体模型，得到的伪刚体模型如图 4.42 所示。图中刚性杆分别对应相应的蝶形铰链中的 4 个 LITFP。实际上，图中 4 个铰链的位置是重合的，在分析柔性铰链刚度时，刚性铰链的位置并不影响最终的计算结果。

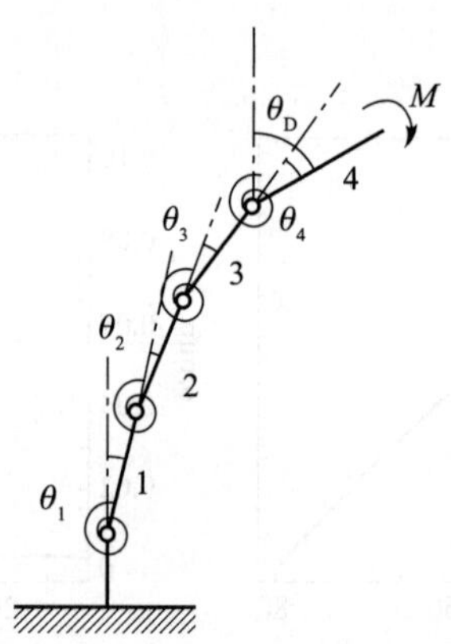

图 4.42 蝶形柔性铰链的单铰伪刚体模型

设在弯矩 M 的作用下, 伪刚体模型中连杆 1 相对基座转动的角度为 θ_1, 其转动的刚度为 K_1; 连杆 2 相对连杆 1 转动的角度为 θ_2, 转动的刚度为 K_2。依此类推。末端连杆 4 相对基座转动的角度, 即整个蝶形铰链转动的角度为 θ_{D}。则有

$$\theta_1 = \theta_4, \quad \theta_2 = \theta_3 \tag{4.149}$$

$$K_1 = K_4, \quad K_2 = K_3 \tag{4.150}$$

$$\theta_{\mathrm{D}} = \theta_1 + \theta_2 + \theta_3 + \theta_4 = 2(\theta_1 + \theta_2) \tag{4.151}$$

$$M = K_1\theta_1 = K_2\theta_2 = \cdots \tag{4.152}$$

且

$$\frac{\theta_1}{\theta_2} = \frac{K_2}{K_1} \tag{4.153}$$

而由式 (4.111) 可知

$$K_1 = \frac{8EI_1(H_1^2 + H_1h_{1\mathrm{f}} + h_{1\mathrm{f}}^2)\cos\varphi_1}{(H_1 - h_{1\mathrm{f}})^3} \tag{4.154}$$

$$K_2 = \frac{8EI_2(H_2^2 + H_2h_{2\mathrm{f}} + h_{2\mathrm{f}}^2)\cos\varphi_2}{(H_2 - h_{2\mathrm{f}})^3} \tag{4.155}$$

式中, 下角标 1、2 分别表示各自 LITFP 的结构参数。

结合上述公式可得

$$\theta_1 = \frac{M}{K_1} \tag{4.156}$$

$$\theta_{\mathrm{D}} = 2\left(1 + \frac{K_1}{K_2}\right)\theta_1 \tag{4.157}$$

将式 (4.156) 代入式 (4.157), 可得

$$\theta_{\mathrm{D}} = 2\left(\frac{K_1 + K_2}{K_1K_2}\right)M \tag{4.158}$$

式 (4.158) 即为多个扭簧串联的刚度计算公式。

当蝶形铰链转动角度为 θ_{D} 时, 可由式 (4.157) 及式 (4.153) 确定 1 和 2 各自的转动角度, 再通过式 (4.114) 可分别确定两个 LITFP 在对应转动角度的最大应力, 设为 $\sigma_{1\max}$ 和 $\sigma_{2\max}$。则整个蝶形铰链此时的最大应力为

$$\sigma_{\max} = \max[\sigma_{1\max}, \sigma_{2\max}] \tag{4.159}$$

由式 (4.114) 可得到 1 和 2 的最大转动角度, 设它们分别为 $\theta_{1\max}$ 和 $\theta_{2\max}$。则当

$$\theta_{1\max} > \frac{K_2}{K_1}\theta_{2\max} \tag{4.160}$$

时, LITFP2 为整个蝶形柔性铰链最先达到许用应力的部分, 则整个蝶形铰链的最大转角为

$$\theta_{\mathrm{D}\max} = 2\frac{K_1+K_2}{K_1}\theta_{2\max} = 2\frac{K_1+K_2}{K_1}\frac{l_2}{Et_2(3n_2-1)}\sigma_{\mathrm{s}} \tag{4.161}$$

否则, LITFP1 为整个蝶形柔性铰链最先达到许用应力的部分, 有

$$\theta_{\mathrm{D}\max} = 2\frac{K_1+K_2}{K_2}\theta_{1\max} = 2\frac{K_1+K_2}{K_2}\frac{l_1}{Et_1(3n_2-1)}\sigma_{\mathrm{s}} \tag{4.162}$$

或者, 直接用下式得到蝶形铰链的最大转角:

$$\theta_{\mathrm{D}\max} = \min\left[2\frac{K_1+K_2}{K_2}\theta_{1\max}, 2\frac{K_1+K_2}{K_1}\theta_{2\max}\right] \tag{4.163}$$

若要使组成蝶形柔性铰链的 4 个 LITFP 同时达到最大转动角度, 需要满足

$$\theta_{1\max} = \frac{K_2}{K_1}\theta_{2\max} \tag{4.164}$$

即满足

$$\frac{l_1K_1}{t_1(3n_1-1)} = \frac{l_2K_2}{t_2(3n_2-1)} \tag{4.165}$$

4.4 基于梁约束模型的柔性模块性能分析与评价

本节以图 4.43 所示的广义交叉簧片柔性模块为例, 说明如何采用第 3 章介绍的梁约束模型进行柔性模块的建模、性能分析与评价。

不失一般性, 当典型的外部载荷 (弯矩 M, 水平力 F, 垂直力 P) 施加于运动刚体上时, 广义交叉簧片型柔性铰链旋转了角度 θ。同时, 通过运动刚体, 这些外部载荷被传递到两根簧片的运动端。因此, 问题转化为单根簧片的受力情况, 可以借助簧片柔性单元的变形特性模型来求解, 即确定出载荷平衡关系、几何协调关系和物理本构关系 3 个条件。

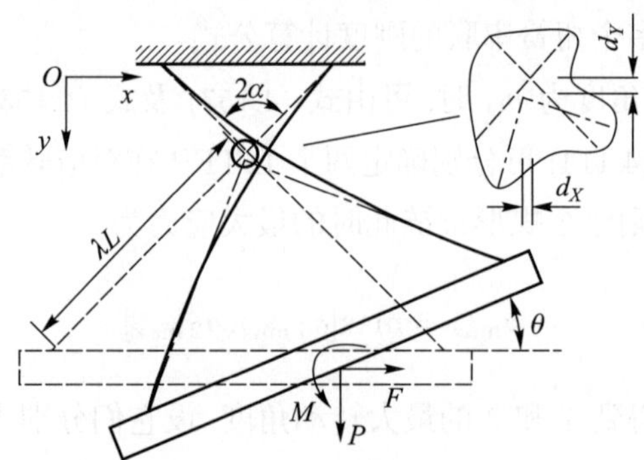

图 4.43 广义交叉簧片的参数定义

首先, 如图 4.44 所示, 根据载荷平衡条件, 可得到簧片与铰链的载荷关系

$$\begin{cases}(P_2-P_1)\sin\alpha+(F_1+F_2)\cos\alpha=F\\(P_1+P_2)\cos\alpha+(F_1-F_2)\sin\alpha=P\\(M_1+M_2)+[(P_1-P_2)\cos\alpha+(F_1+F_2)\sin\alpha]\lambda L\sin\alpha\cos\theta-\\ [(P_1+P_2)\sin\alpha-(F_1-F_2)\cos\alpha]\lambda L\sin\alpha\sin\theta=M\end{cases}\tag{4.166}$$

式中, 下角标 1 和 2 分别指簧片 1 和簧片 2, 所有的载荷均参照各自的局部坐标系 $O_1x_1y_1$ 和 $O_2x_2y_2$, 且载荷和位移的方向在运动过程中均保持不变。

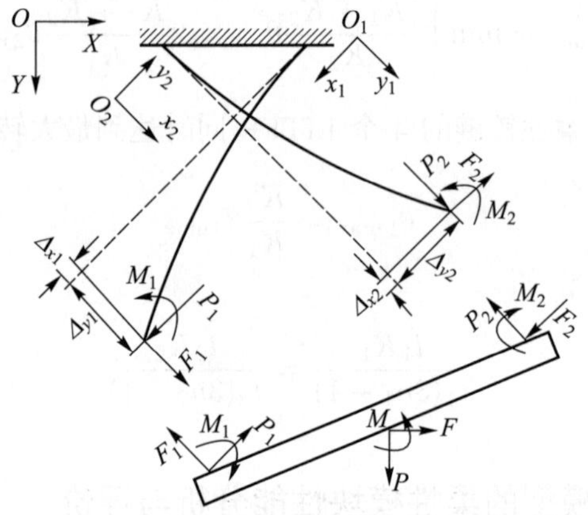

图 4.44 广义交叉簧片型柔性铰链的变形分解图

其次, 可得到簧片与柔性铰链的几何相容关系, 即

$$\begin{cases}(\delta_{y1}-\delta_{y2})\cos\alpha+(\delta_{x1}+\delta_{x2})\sin\alpha=2\lambda\sin\alpha(1-\cos\theta)\\(\delta_{y1}+\delta_{y2})\sin\alpha-(\delta_{x1}-\delta_{x2})\cos\alpha=2\lambda\sin\alpha\sin\theta\end{cases}\tag{4.167}$$

而物理本构关系参照单根簧片的变形模型即可得到。此 3 种关系表征了约束的作用效果, 由此可对广义交叉簧片型柔性铰链进行建模。

4.4.1 建模

4.4.1.1 转角模型

根据广义交叉簧片型柔性铰链的位移约束特性, 对簧片作如下假设来简化式 (4.166) 和式 (4.167), 从而便于整个问题的求解:

$$\delta_{y1} \approx \delta_{y2} \approx \lambda\theta \tag{4.168}$$

$$\begin{aligned} f_1 - f_2 &= 12(\delta_{y1} - \delta_{y2}) + \frac{6}{5}(p_1\delta_{y1} - p_2\delta_{y2}) - \frac{1}{10}(p_1 - p_2)\theta \\ &= \frac{1}{10}(p_1 - p_2)(12\lambda - 1)\theta \end{aligned} \tag{4.169}$$

$$f_1 + f_2 = \left[12(2\lambda - 1) + \frac{1}{10}(p_1 + p_2)(12\lambda - 1)\right]\theta \tag{4.170}$$

$$m_1 + m_2 = \left[4(-3\lambda + 2) + \frac{1}{30}(p_1 + p_2)(-3\lambda + 4)\right]\theta \tag{4.171}$$

联立载荷关系式 (4.166) 以及式 (4.168) ~ 式 (4.171) 可得到 f_1+f_2、f_1-f_2、p_1+p_2、p_1-p_2 与 m_1+m_2 的表达式。由于这些表达式仅是 θ 的函数, 代入式 (4.166) 的第三式中, 可得到 θ 的表达式, 略掉高阶项, 表示为

$$\theta = \frac{15\cos\alpha(\lambda f\cos\alpha + m)}{(18\lambda^2 - 18\lambda + 15\lambda\cos\alpha^2 + 2)p + 120\cos\alpha(3\lambda^2 - 3\lambda + 1)} \tag{4.172}$$

由于后面的分析会用到, 因而将 f_i、p_i 和 $m_i(i = 1, 2)$ 关于 θ 的表达式也一并列出

$$\begin{aligned} p_1 &= \frac{1}{2}\overline{F}_{11} - \frac{1}{20}\left[(1-12\lambda)\overline{F}_{12} + 120\cot\alpha(1-2\lambda)\right]\theta \\ p_2 &= \frac{1}{2}\overline{F}_{21} + \frac{1}{20}\left[(1-12\lambda)\overline{F}_{22} + 120\cot\alpha(1-2\lambda)\right]\theta \\ f_1 &= \frac{-1}{20}\left[(1-12\lambda)\overline{F}_{11} + 120(1-2\lambda)\right]\theta + \\ &\quad \frac{1}{200}\left[(1-12\lambda)^2\overline{F}_{12} + 40\cot\alpha(108\lambda^2 - 78\lambda + 7) - \right. \\ &\quad \left.\frac{160}{\sin\alpha\cos\alpha}(9\lambda^2 - 9\lambda + 1)\right]\theta^2 \\ f_2 &= \frac{-1}{20}\left[(1-12\lambda)\overline{F}_{21} + 120(1-2\lambda)\right]\theta - \\ &\quad \frac{1}{200}\left[(1-12\lambda)^2\overline{F}_{22} + 40\cot\alpha(108\lambda^2 - 78\lambda + 7) - \right. \\ &\quad \left.\frac{160}{\sin\alpha\cos\alpha}(9\lambda^2 - 9\lambda + 1)\right]\theta^2 \\ m_1 &= \frac{1}{60}\left[(4-3\lambda)\overline{F}_{11} + 120(2-3\lambda)\right]\theta - \\ &\quad \frac{1}{600}\left[(1-12\lambda)(4-3\lambda)\overline{F}_{12} + 120\cot\alpha(24\lambda^2 - 29\lambda + 6) - \right. \end{aligned}$$

$$\frac{240}{\sin\alpha\cos\alpha}(9\lambda^2-9\lambda+1)\Big]\theta^2$$

$$m_2=\frac{1}{60}\left[(4-3\lambda)\overline{F}_{21}+120(2-3\lambda)\right]\theta+$$

$$\frac{1}{600}\Big[(1-12\lambda)(4-3\lambda)\overline{F}_{22}+120\cot\alpha(24\lambda^2-29\lambda+6)-$$

$$\frac{240}{\sin\alpha\cos\alpha}(9\lambda^2-9\lambda+1)\Big]\theta^2$$

式中

$$\overline{F}_{11}=\left(\frac{-f}{\sin\alpha}+\frac{p}{\cos\alpha}\right),\quad \overline{F}_{12}=\left(\frac{f}{\cos\alpha}+\frac{p}{\sin\alpha}\right),$$

$$\overline{F}_{21}=\left(\frac{f}{\sin\alpha}+\frac{p}{\cos\alpha}\right),\quad \overline{F}_{22}=\left(\frac{-f}{\cos\alpha}+\frac{p}{\sin\alpha}\right)$$

4.4.1.2 轴漂模型

首先, 在第一根簧片的运动端, 通过简单的几何运算可得到以下轴漂表达式:

$$\begin{cases} d_x=\lambda\sin(\alpha-\theta)-\lambda\sin\alpha+\delta_{x1}\sin\alpha+\delta_{y1}\cos\alpha \\ d_y=\lambda\cos\alpha-\lambda\cos(\alpha-\theta)-\delta_{x1}\cos\alpha+\delta_{y1}\sin\alpha \end{cases} \tag{4.173}$$

类似地, 对第二根簧片, 可得到

$$\begin{cases} d_x=\lambda\sin\alpha-\lambda\sin(\alpha+\theta)-\delta_{x2}\sin\alpha+\delta_{y2}\cos\alpha \\ d_y=\lambda\cos\alpha-\lambda\cos(\alpha+\theta)-\delta_{x2}\cos\alpha-\delta_{y2}\sin\alpha \end{cases} \tag{4.174}$$

联立式 (4.173) 和式 (4.174), 同时考虑广义交叉簧片型柔性铰链的几何相容关系 (4.167), 可得到

$$\begin{cases} d_x=\dfrac{\delta_{x1}-\delta_{x2}}{2\sin\alpha} \\ d_y=\dfrac{\delta_{y1}-\delta_{y2}}{2\sin\alpha} \end{cases} \tag{4.175}$$

式 (4.175) 反映了两根簧片之间位移约束的协调结果。由此可见, 两根簧片的位移互相约束之后, 其转动中心的漂移在抑制作用下, 以相互抵消的方式大幅减小。而且有:

(1) X (或 Y) 方向的轴漂正比于两根簧片运动端 X (或 Y) 方向的位移之差。

(2) 柔性铰链的轴漂反比于交叉半角 α 的正弦值。

由式 (4.167) 的第一项可进一步导出

$$\delta_{y1}-\delta_{y2}=\tan\alpha[2\lambda(1-\cos\theta)-(\delta_{x1}+\delta_{x2})] \tag{4.176}$$

根据簧片模型, 可以得到

$$\delta_{x1}+\delta_{x2}\approx-\left[(p_1+p_2)\frac{1}{d}-\frac{3}{5}(\delta_{y1}^2+\delta_{y2}^2)+\frac{1}{10}(\delta_{y1}+\delta_{y2})\theta-\right.$$
$$\left.\frac{2}{15}\theta^2+\frac{(p_1+p_2)}{3\,600}(9\delta_y^2-9\delta_y\theta+11\theta^2)\right] \tag{4.177}$$

为计算方便起见, 令 $X=\delta_{x1}-\delta_{x2}, Y=\delta_{y1}-\delta_{y2}$, 则

$$\delta_{y1}+\delta_{y2}=2\lambda\sin\theta+(\delta_{x1}-\delta_{x2})\cot\alpha=2\lambda\sin\theta+X\cot\alpha \tag{4.178}$$

$$\delta_{y1}^2+\delta_{y2}^2=\frac{1}{2}(\delta_{y1}+\delta_{y2})^2+\frac{1}{2}(\delta_{y1}-\delta_{y2})^2=\frac{1}{2}(\delta_{y1}+\delta_{y2})^2+\frac{1}{2}Y^2 \tag{4.179}$$

将式 (4.178) 和式 (4.179) 代入式 (4.177), 可得的 $\delta_{x1}+\delta_{x2}$ 的表达式, 进一步将此式代入式 (4.176) 中, 有

$$\delta_{y1}-\delta_{y2}\approx\tan\alpha\left\{\left(-\frac{6}{5}\lambda^2+\frac{6}{5}\lambda-\frac{2}{15}\right)\theta^2+\left(\frac{2}{5}\lambda^2-\frac{7}{60}\lambda\right)\theta^4+\right.$$
$$\left(-\frac{6}{5}\lambda+\frac{1}{10}\right)\theta X\cot\alpha-\frac{3}{10}\left(X^2\cot^2\alpha+Y^2\right)+$$
$$\left.(p_1+p_2)\left[\frac{1}{d}+\left(\frac{1}{700}\lambda^2-\frac{1}{700}\lambda+\frac{11}{6\,300}\right)\theta^2\right]\right\} \tag{4.180}$$

类似地, 可得到 $\delta_{x1}-\delta_{x2}$ 的表达式

$$\delta_{x1}-\delta_{x2}\approx-\left\{Y\left[\left(-\frac{6}{5}\lambda+\frac{1}{10}\right)\theta+\frac{1}{5}\lambda\theta^3-\frac{3}{5}X\cot\alpha\right]+(p_1-p_2)\cdot\right.$$
$$\left.\left[\frac{1}{d}+\left(\frac{1}{700}\lambda^2-\frac{1}{700}\lambda+\frac{11}{6\,300}\right)\theta^2\right]\right\} \tag{4.181}$$

需要注意的是, $\delta_{x1}-\delta_{x2}$ 和 $\delta_{y1}-\delta_{y2}$ 分别为 θ^3 和 θ^2 阶次, 略掉高阶项。根据式 (4.175), 广义交叉簧片型柔性铰链的轴漂表达式可写为

$$d_x=\frac{\delta_{x1}-\delta_{x2}}{2\sin\alpha}\approx-\frac{1}{150\cos\alpha}(108\lambda^3-117\lambda^2+21\lambda-1)\theta^3-$$
$$\frac{(p_1-p_2)}{2\sin\alpha}\left[\frac{1}{d}+\left(\frac{1}{700}\lambda^2-\frac{1}{700}\lambda+\frac{11}{6\,300}\right)\theta^2\right] \tag{4.182}$$

$$d_y=\frac{\delta_{y1}-\delta_{y2}}{2\sin\alpha}\approx\frac{1}{2\cos\alpha}\left\{\left(-\frac{6}{5}\lambda^2+\frac{6}{5}\lambda-\frac{2}{15}\right)\theta^2+\frac{1}{1\,500}(2\,592\lambda^4-\right.$$
$$3\,024\lambda^3+1\,338\lambda^2-241\lambda+2)\theta^4+(p_1-p_2)\cot\alpha\left(\frac{6}{5}\lambda-\frac{1}{10}\right)\cdot$$
$$\left[\frac{1}{d}+\left(\frac{1}{700}\lambda^2-\frac{1}{700}\lambda+\frac{11}{6\,300}\right)\theta^2\right]\theta+$$
$$\left.(p_1+p_2)\left[\frac{1}{d}+\left(\frac{1}{700}\lambda^2-\frac{1}{700}\lambda+\frac{11}{6\,300}\right)\theta^2\right]\right\} \tag{4.183}$$

如果水平载荷 $f=0$, 仅有弯矩和垂直力载荷的作用时, 可进一步将此轴漂表达式化简, 以便于评估有效载荷的作用效果。有

$$d_x = -\frac{1}{\cos\alpha}\left\{\frac{1}{150}(9\lambda^2-9\lambda+1)(12\lambda-1)\theta^3+6\cot^2\alpha(2\lambda-1)\left[\frac{\theta}{d}+\frac{1}{6\,300}\cdot (9\lambda^2-9\lambda+11)\theta^3\right]\right\}-\frac{(12\lambda-1)}{20\sin^2\alpha}\left[\frac{\theta}{d}+\frac{1}{6\,300}(9\lambda^2-9\lambda+11)\theta^3\right]p \tag{4.184}$$

$$d_y = \frac{1}{2\cos\alpha}\left\{\frac{-2}{15}(9\lambda^2-9\lambda+1)\theta^2+\frac{1}{1\,500}(2\,592\lambda^4-3\,024\lambda^3+1\,338\lambda^2-241\lambda+2)\theta^4\right\}+\frac{1}{2\cos^2\alpha}\left[\frac{1}{d}+\frac{1}{6\,300}(9\lambda^2-9\lambda+11)\theta^2\right]p \tag{4.185}$$

由式 (4.184) 和式 (4.185) 可知, 当满足

$$9\lambda^2-9\lambda+1=0,\quad 即\ \lambda=\frac{3\pm\sqrt{5}}{6} \tag{4.186}$$

时, 广义交叉簧片型柔性铰链轴漂的主导项退化为零, 轴漂将大幅减小。

在簧片柔性单元的位移约束特性分析时, 也得到过此关系。当满足式 (4.186) 时, 两根簧片末端的位移最接近于圆周运动, 因此二者的相互抑制作用非常小, 使得广义交叉簧片型柔性铰链的转动达到很高的精度。Wittrick[23] 也曾给出此结论。

然而, 此轴漂模型对 λ 大于 0.5 的情况, 尤其当 λ 为 87.267 8%时, 精度不是特别理想。因为这种情况下 δ_{y1} 和 δ_{y2} 的量值相对较大, 略掉高阶项将会产生较大的误差。为了克服此缺陷, 提出了一种转化模型, 如图 4.45 所示。当 λ 大于 0.5 时, 利用此模型可转化为 $1-\lambda$ 的情况, 此时即可利用前面的轴漂模型。为了实现此转化过程的等效性, 必须满足以下两个条件:

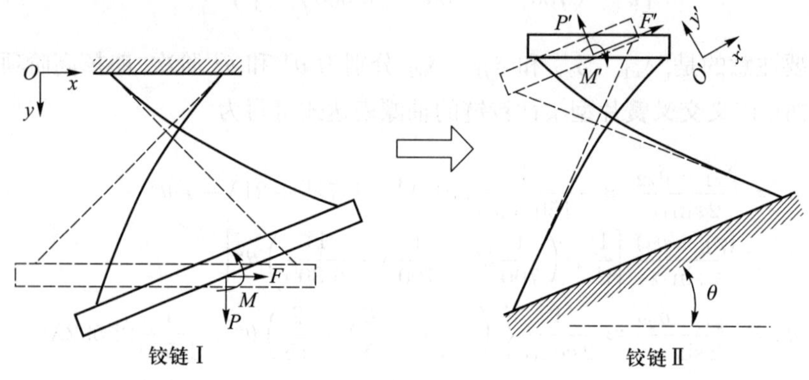

图 4.45 一种转化模型示意图

(1) 边界条件。铰链 II 被固定在一个 “转动基座” 上, 局部坐标系随着此基座转动, 而载荷与位移在此局部坐标系中建立。此条件定义了一个虚拟基座。

(2) 初始条件。铰链 II 的运动刚体与全局坐标系的 X 轴在旋转的终了时刻平

行。运动刚体在初始时刻, 与处于终了时刻的局部坐标系 X 轴平行。此条件定义了一个虚拟的初始位置。

对铰链 Ⅱ, 在局部坐标系 $O'x'y'$ 中, 外部载荷为

$$\begin{cases} F' = -F\cos\theta + P\sin\theta \\ P' = P\cos\theta + F\sin\theta \\ M' = M + F\left[\lambda L\cos\alpha\cos\theta + (1-\lambda)L\cos\alpha\right] - P\lambda L\cos\alpha\sin\theta \end{cases} \tag{4.187}$$

将式 (4.187) 代入式 (4.172), 并用 $1-\lambda$ 代替 λ', 可得到与式 (4.172) 相同的表达式, 这也意味着转角表达式 (4.172) 在 $\lambda \in [0,1]$ 范围内均有足够的精度。

进一步, 将式 (4.187) 代入式 (4.184) 和式 (4.185), 可得到铰链 Ⅱ 的轴漂, $d_{x'}$ 和 $d_{y'}$。铰链 I 的轴漂可由此导出

$$\begin{cases} d_x = -d_{x'}\cos\theta + d_{y'}\sin\theta \\ d_y = d_{y'}\cos\theta + d_{x'}\sin\theta \end{cases} \tag{4.188}$$

最后, 用 $1-\lambda$ 代替 λ', 可得到 λ 大于 0.5 的铰链轴漂

$$\begin{aligned} d_x = {} & \frac{1}{\cos\alpha}\left\{\frac{1}{150}(1-12\lambda)(9\lambda^2-9\lambda+1)\theta^3 + 6\cot^2\alpha(1-2\lambda)\cdot\right. \\ & \left.\left[\frac{\theta}{d} + \frac{1}{6\ 300}(9\lambda^2-9\lambda+11)\theta^3\right]\right\} + \left[\frac{(11-12\lambda)}{20}\left(\frac{1}{\sin^2\alpha} + \frac{\theta^2}{\cos^2\alpha}\right) - \right. \\ & \left.\frac{1}{2}\left(\frac{1}{\sin^2\alpha} - \frac{1}{\cos^2\alpha}\right)\right]\left[\frac{\theta}{d} + \frac{1}{6\ 300}(9\lambda^2-9\lambda+11)\theta^3\right]p \end{aligned} \tag{4.189}$$

$$\begin{aligned} d_y = {} & \frac{-1}{15\cos\alpha}(9\lambda^2-9\lambda+1)\theta^2 + \frac{1}{\cos\alpha}\left[\frac{1}{3\ 000}(2\ 592\lambda^4 - 5\ 184\lambda^3 + \right. \\ & \left. 3\ 678\lambda^2 - 1\ 511\lambda + 447) - \frac{\cot^2\alpha(1-2\lambda)}{1\ 050}(9\lambda^2-9\lambda+11)\right]\theta^4 + \\ & \left[\frac{(11-12\lambda)}{20}\left(\frac{1}{\cos^2\alpha} - \frac{1}{\sin^2\alpha}\right)\theta^2 + \frac{1}{2}\left(\frac{1}{\cos^2\alpha} + \frac{\theta^2}{\sin^2\alpha}\right)\right]\cdot \\ & \left[\frac{1}{d} + \frac{1}{6\ 300}(9\lambda^2-9\lambda+11)\theta^2\right]p \end{aligned} \tag{4.190}$$

至此, 已完全确定广义交叉簧片型柔性铰链的轴漂模型 [由式 (4.184)、式 (4.185)、式 (4.189) 和式 (4.190) 构成的分段函数组成]。

4.4.1.3 两种特例

1. 交叉簧片型柔性铰链

交叉簧片型柔性铰链在如图 4.46 所示的变形状态下, 其转角为

$$\theta = \frac{3\cos\alpha(2m + f\cos\alpha)}{p(3\cos^2\alpha - 1) + 12\cos\alpha}$$

轴漂模型为

$$\begin{cases} d_x = \dfrac{1}{2\sin\alpha}\left[\dfrac{2f - p\theta}{2\sin\alpha}\left(\dfrac{1}{d} + \dfrac{11\theta^2}{6\,300}\right) + \dfrac{\theta^3}{12}\tan\alpha\right] \\ d_y = \dfrac{1}{2\cos\alpha}\left[\dfrac{\theta^2}{6} + \dfrac{f\theta + 2p}{2\cos\alpha}\left(\dfrac{1}{d} + \dfrac{\theta^2}{720}\right)\right] \end{cases}$$

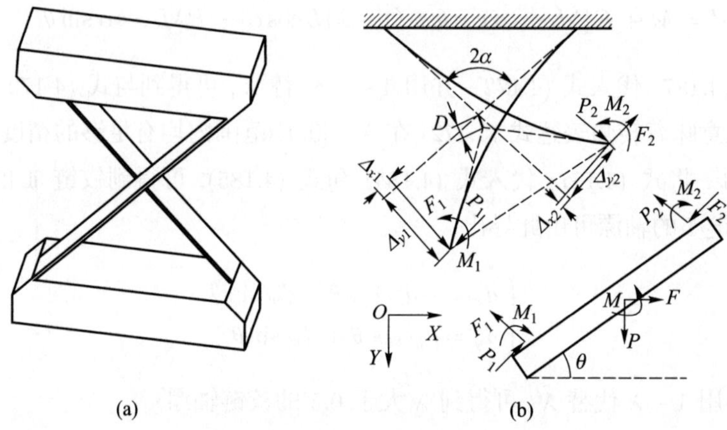

图 4.46　交叉簧片型柔性铰链的实体及变形分解图

当水平力 f 和垂直力 p 为零时, 这些表达式退化为 Smith 的结果[19]。

2. 三角形柔性铰链

同理, 对如图 4.47 所示的三角形柔性铰链, 其假设条件为

$$\delta_{y1} = \delta_{y2} = \frac{(\delta_{y1} + \delta_{y2})}{2} = \theta$$

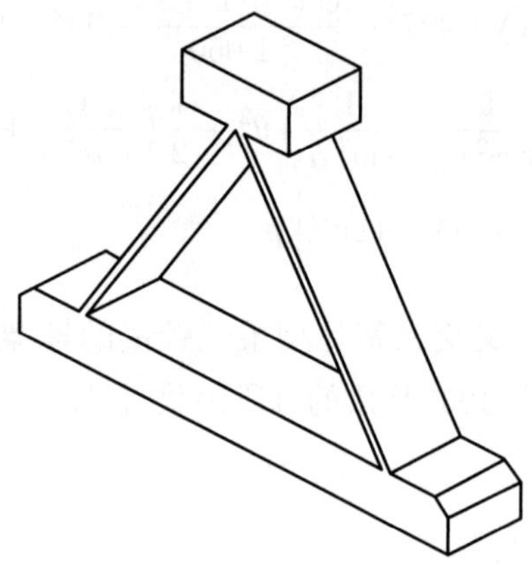

图 4.47　三角形柔性铰链的实体图

从而很容易得到其转角模型

$$\theta = \frac{15\cos\alpha(m + f\cos\alpha)}{p(2 + 15\cos^2\alpha) + 120\cos\alpha}$$

以及轴漂模型

$$
\begin{cases}
d_x = \left[\left(\dfrac{f(100\cos^2\alpha + 121\theta^2\sin^2\alpha) - 110p\theta\cos 2\alpha}{100\sin\alpha\cos^2\alpha} - 12\theta\cot\alpha\right)\cdot\right.\\
\qquad \left.\left(\dfrac{1}{d} + \dfrac{11\theta^2}{6\ 300}\right) - \dfrac{11\theta^3}{75}\tan\alpha\right]\dfrac{1}{2\sin\alpha}\\
d_y = \dfrac{1}{2\cos\alpha}\left[\dfrac{-2\theta^2}{15} + \dfrac{11f\theta + 10p}{10\cos\alpha}\left(\dfrac{1}{d} + \dfrac{11\theta^2}{6\ 300}\right)\right]
\end{cases}
$$

在纯弯矩作用下, 简单比较这两种特殊柔性铰链。不难发现, 交叉簧片型柔性铰链的刚度仅为三角形柔性铰链的 1/8; 而后者的轴心漂移量要略小于前者, 但二者轴漂的方向不同。

4.4.2 特性分析

4.4.2.1 刚度特性分析与有限元验证

从转角的表达式可以得到刚度的计算公式。另外, 从式 (4.172) 可以看出: 弯矩和水平切向力是转动的动力源, 这里称为驱动载荷; 而垂直力影响着铰链的刚度, 一般情况下代表着有效载荷; 几何参数决定着刚度的特性, 影响着外部载荷的作用效果。

根据式 (4.172), 弯矩和切向力的作用效果是解耦的, 便于对弯矩和切向力作用下的刚度特性分别进行分析。对应的刚度称为弯矩刚度 K_{m} 和切向力刚度 K_{f}, 且

$$
K_{\mathrm{m}} = \left[\frac{2(9\lambda^2 - 9\lambda + 1)}{15\cos\alpha} + \lambda\cos\alpha\right]p + 8(3\lambda^2 - 3\lambda + 1) \tag{4.191}
$$

$$
K_{\mathrm{f}} = \frac{K_{\mathrm{m}}}{\lambda\cos\alpha} = \left[\frac{2(9\lambda^2 - 9\lambda + 1)}{15\lambda\cos^2\alpha} + 1\right]p + \frac{8}{\lambda\cos\alpha}(3\lambda^2 - 3\lambda + 1) \tag{4.192}
$$

由式 (4.191) 和式 (4.192) 可知, 弯矩刚度 K_{m} 是切向力刚度 K_{f} 的 $\lambda\cos\alpha$ 倍。从物理意义上不难理解: 作用在运动刚体上的切向力将在交叉点 O 处产生力矩, 此时的力臂即为 $\lambda\cos\alpha$。

1. 弯矩刚度

为便于分析, 弯矩刚度 K_{m} 可表示为以下形式:

$$
K_{\mathrm{m}} = A_{\mathrm{m}}p + B_{\mathrm{m}} \tag{4.193}
$$

式中

$$
A_{\mathrm{m}} = \frac{2(9\lambda^2 - 9\lambda + 1)}{15\cos\alpha} + \lambda\cos\alpha, \quad B_{\mathrm{m}} = 8(3\lambda^2 - 3\lambda + 1)
$$

如果给定几何参数 α 和 λ, 弯矩刚度 K_{m} 与垂直力 p 呈线性关系, A_{m} 和 B_{m} 分别为此直线的斜率和截距。二者以不同的方式影响着弯矩刚度 K_{m} : A_{m} 为垂直力 p

对弯矩刚度的影响权重; 当垂直力 p 为零时, 也即纯弯载荷作用下的刚度。很明显, B_{m} 为 λ 的抛物线函数, 当 $\lambda = 1/2$ (也即交叉点在簧片长度中点) 时, B_{m} 取极小值。另外, 当纯弯矩作用于柔性铰链时, 可以得到以下两条结论:

(1) 若 λ 给定, 即使 α 变化, 弯矩刚度 K_{m} 始终为常值。

(2) 对构型参数分别为 λ 和 $1-\lambda$ 的两种柔性铰链, 它们的弯矩刚度 K_{m} 相等。这也意味着, 交换铰链的运动刚体和固定刚体, 将不影响其弯矩刚度。

因此, 对纯弯矩载荷情况, 可以综合出一类具有等值刚度的转动型柔性铰链, 这类铰链可作为柔性模块, 来组成更高性能的复合柔性模块。例如,4 个三角形柔性铰链 (λ 为 0 或 1) 可组合为高性能的蝶形复合柔性模块。由于具有相同的刚度特性, 在旋转的过程中, 4 个三角形柔性铰链将转动相同的角度。另一方面, 由于轴漂主要由转角决定, 而 4 个柔性铰链的轴漂通过抵消, 使得蝶形复合柔性模块达到很高的旋转精度。

由式 (4.193) 可知, 要使 A_{m} 为零, 必须满足

$$\cos^2\alpha = \frac{-2(9\lambda^2 - 9\lambda + 1)}{15\lambda} \tag{4.194}$$

式中

$$\lambda \in \left(\frac{1}{2} - \frac{\sqrt{5}}{6}, \frac{1}{2} + \frac{\sqrt{5}}{6}\right), \quad \alpha \in \left(\arccos\sqrt{\frac{2}{5}}, \frac{\pi}{2}\right)$$

图 4.48 所示的曲线反映了这种关系。可以看出, 曲线将几何参数的设计空间 $(0, \pi/2) \times [0, 1]$ 划分为两部分: 在区域 A, A_{m} 为负; 而在区域 B, A_{m} 为正。若 A_{m} 为正, 弯矩刚度将随着正垂直力的增加而增加, 随着负垂直力幅值的增加而减小; 此结论当 A_{m} 为负时将相反。相比于纯弯矩载荷, 区域 B 的柔性铰链在转动的过程中, 将被垂直拉力刚化, 这与单根簧片的特性一致; 而区域 A 的铰链将被垂直压力刚化,

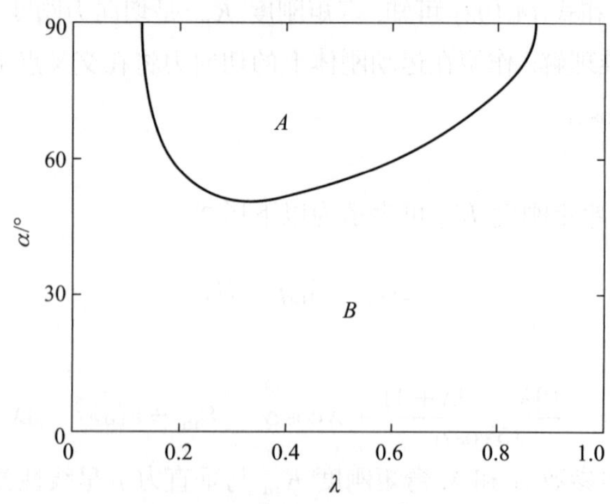

图 4.48 几何参数设计空间的划分曲线

这有别于我们以往的经验认知! 进一步, 选择距离此曲线越远的几何参数时, 垂直力对弯矩刚度的影响越大。

2. 切向力刚度

类似于弯矩刚度 K_{m}, 切向力刚度 K_{f} 可写为

$$K_{\mathrm{f}} = A_{\mathrm{f}}p + B_{\mathrm{f}} \tag{4.195}$$

式中

$$A_{\mathrm{f}} = \frac{2(9\lambda^2 - 9\lambda + 1)}{15\lambda\cos^2\alpha} + 1, \quad B_{\mathrm{f}} = \frac{8}{\lambda\cos\alpha}(3\lambda^2 - 3\lambda + 1)$$

首先, 如果 $\lambda = 0, A_{\mathrm{f}}$ 和 B_{f} 将为无穷大。此时, 切向力的作用线穿过交叉点 O, 切向力将不会在此点产生弯矩。

若给定交叉半角 α, A_{f} 和 B_{f} 均为 λ 的双曲线函数。从而, 当 $\lambda = \sqrt{3}/3$ 时, B_{f} 取得极小值 $8(2\sqrt{3}-3)/\cos\alpha$; 当 $\lambda = 1/3$ 时, A_{f} 取得极小值。即

$$A_{\mathrm{f\,min}} = 1 - \frac{2}{5\cos^2\alpha}$$

若外部载荷 m 和 f 同时施加于柔性铰链时, 二者都将对旋转角度产生影响。而当 $m = -\lambda\cos\alpha f$ 时, $\theta = 0$。这也意味着, 如果切向力在交叉点处产生的力矩与外部弯矩量值相等但方向相反, 则铰链不会转动。

3. 失稳载荷

当垂直载荷作用使得旋转刚度为 $0(K_{\mathrm{m}} = 0)$ 时, 此载荷称为失稳载荷。由式 (4.191) 可得到失稳载荷的表达式

$$p = \frac{-120\cos\alpha(3\lambda^2 - 3\lambda + 1)}{2(9\lambda^2 - 9\lambda + 1) + 15\lambda\cos\alpha^2} \tag{4.196}$$

λ 和 α 对失稳载荷的影响如图 4.49 所示。如果 $\alpha \in (0, \arccos\sqrt{2/5})$, 当 λ 小于 0.5 时, 失稳载荷的幅值较大; 但当 λ 大于 0.5 时, 失稳载荷达到一个较固定的值 (约为 –10)。如果 $\alpha \in (\arccos\sqrt{2/5}, \pi/2)$ 范围, A_{m} (或 A_{f}) 随着几何参数 λ 的变化, 可能存在正值、零和负值三种状态, 因此失稳载荷也将被曲线划分为负值、无穷大和正值 3 个区间。另外, 当垂直力接近但在幅值上小于失稳载荷时, 旋转刚度将急剧减小。

4. 有限元验证

通过有限元软件 ANSYS 的大变形分析模块, 来验证以上特性的有效性以及模型的准确性。其中, 有限元类型采用了 Beam3 的梁单元。所有铰链具有相同的形状参数和材料属性, 具体如表 4.5 所示。

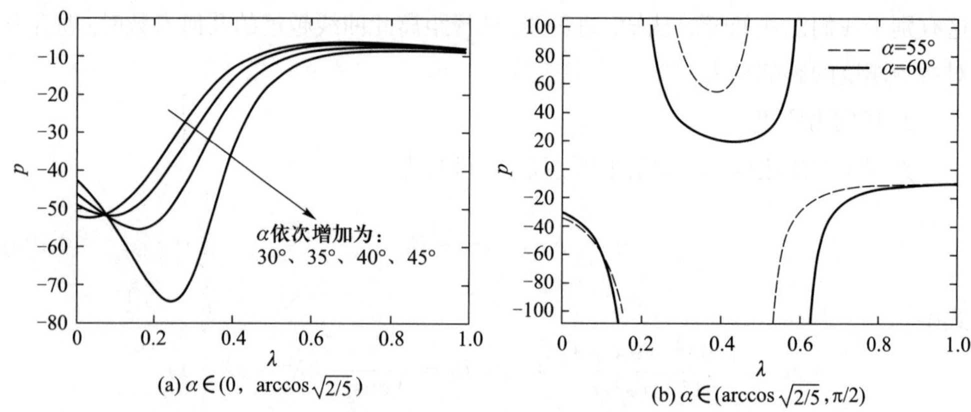

图 4.49 几何参数 λ 和 α 对失稳载荷的影响

表 4.5 有限元分析使用的形状参数和弹性模量

L/mm	T/mm	W/mm	E/Pa
60	0.5	6	0.73×10^{11}

选择 6 种典型的广义交叉簧片型柔性铰链来验证刚度分析模型的准确性，其几何参数如表 4.6 所示。

表 4.6 有限元分析所使用的 6 种铰链的几何参数

编号	λ	α
1	$1/2-\sqrt{5}/6$	$\pi/4$
2	$1/2+\sqrt{5}/6$	$\pi/4$
3	$1/3$	$\pi/4$
4	$1/3$	$\arccos\sqrt{2/5}$
5	0.82	$\pi/4$
6	0.43	$\pi/3$

首先，针对铰链 1 和铰链 2，分别仿真了弯矩刚度和切向力刚度，如图 4.50 所示。虽然几何参数 λ 和外部载荷不同，但图 4.50a 和 b 的刚度特性非常相似。事实上，满足下面两点，即可将二者相互转化。

(1) 根据弯矩刚度特性，作为一种特殊情况，如果对铰链 1 和铰链 2 施加的垂直力满足下面的条件，弯矩刚度将会相同：

$$\frac{p_{\text{pivot1}}}{p_{\text{pivot2}}}=\frac{\lambda_{\text{pivot2}}}{\lambda_{\text{pivot1}}}$$

(2) 若弯矩 m 为切向力 f 的 $\lambda\cos\alpha$ 倍，同时垂直力相等，其旋转刚度将相同，旋转角也相等。

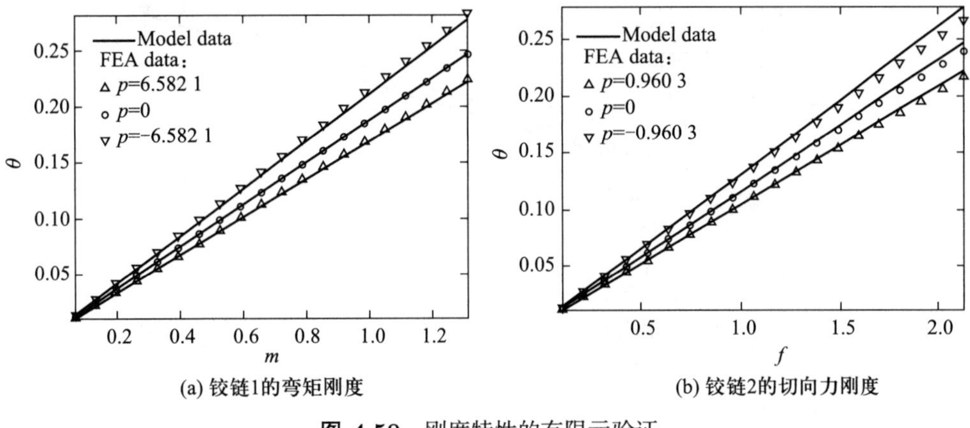

(a) 铰链1的弯矩刚度　　(b) 铰链2的切向力刚度

图 4.50　刚度特性的有限元验证

由于几何参数满足式 (4.194), 铰链 4 具有等值刚度特性。图 4.51 则很明显地反映了这一特性。为了进行对比, 同时仿真了垂直力对铰链 3 的弯矩刚度影响。由于铰链 3 不具有等值刚度特性, 因此当施加了与铰链 4 相同的垂直拉压力时, 刚度变化较大。

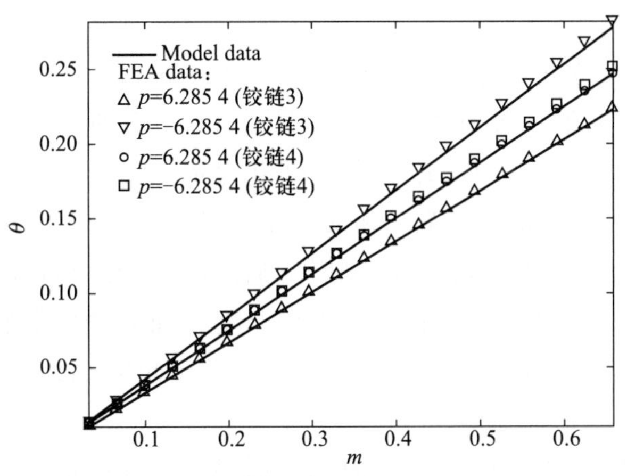

图 4.51　铰链 3 和铰链 4 的刚度特性

另一方面, 可以利用垂直力大幅影响旋转刚度的特性。正如前文所言, 当垂直力接近但在幅值上小于失稳载荷时, 旋转刚度将大幅减小。如图 4.52 所示, 弯矩刚度可减小数倍! 值得注意的是, 当几何参数 α 和 λ 取值于区域 A 和区域 B 时, 失稳载荷的方向是不同的。图 4.52a 中, 铰链 5 的几何参数使得 A_{m} 为正, 弯矩刚度因受负的垂直力而减小; 而对铰链 6, 因为 A_{m} 为负, 正的垂直力减小了其弯矩刚度, 如图 4.52b 所示。

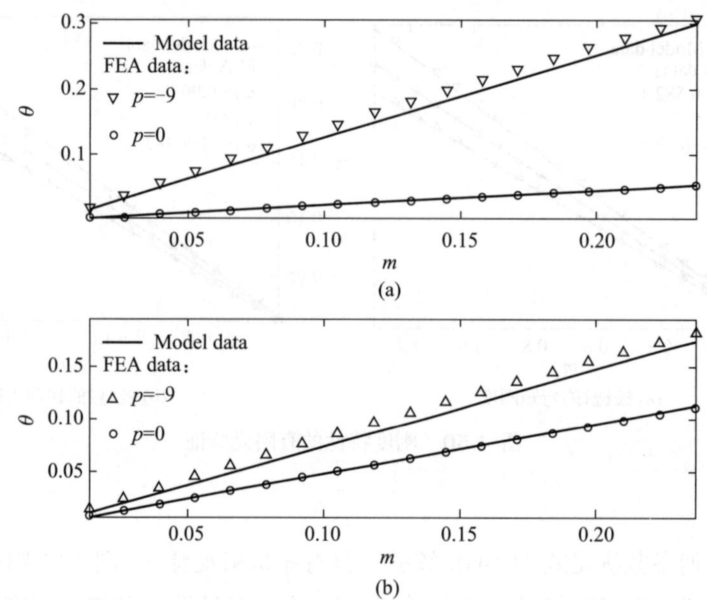

图 4.52 垂直力对铰链 5 和铰链 6 的弯矩刚度影响

4.4.2.2 精度特性分析与验证

1. 轴漂分析

在上文已经建立起来的轴漂模型基础上, 下面来分析轴漂的特性。首先, 作为转角的多项式函数, 轴漂在 X 和 Y 方向的分量 d_x 和 d_y, 分别为 θ^3 和 θ^2 阶次。而当 λ 为 12.732 2% 或 87.267 8% 时, d_x 和 d_y 将退化为 θ^3 和 θ^4 阶次。其中, d_x 虽然阶次未降, 但主导项已经消除。由于转角和轴漂的非线性关系, 如果多个广义交叉簧片型柔性铰链串联组合, 转动相同的角度, 则组合后复合柔性模块的轴漂将大幅下降。

如果不考虑垂直力 p 和水平力 f, 几何参数 λ 和 α 决定了轴漂分量。当转角为 15° 时, 几何参数 λ 和 α 对轴漂 d_x 和 d_y 的影响如图 4.53 所示。分别对二者进行分析:

(1) d_x: 很显然, 当 λ 大约为 0.8 时, d_x 的符号将由正转负。

(2) d_y : d_y 为 λ 的幂函数, 且函数曲线关于 $\lambda = 0.5$ 对称。当 λ 为 12.732 2% 或 87.267 8% 时, d_y 的主导项为 0; 但当 λ 为 0、0.5 和 1 时, d_y 的幅值达到局部极大值。同时, d_y 的幅值随着 α 的增大而增大。值得注意的是, 从簧片的角度看, 即使当 λ 大于 0.5 时, δ_{y1} 和 δ_{y2} 的量值稍大, 但 $\delta_{y1} - \delta_{y2}$ 的量值却与几何参数为 $1-\lambda$ 的铰链相同。

另一方面, 根据广义交叉簧片型柔性铰链的刚度特征, 垂直载荷 p 通过旋转角间接地影响着轴漂。例如, 当 λ 为 12.732 2%或 87.267 8%时, 由于轴漂的幅值趋近 0, 垂直载荷 p 将极大地影响轴漂, 尤其对 d_y 分量。如图 4.54 所示, 当 λ 为 87.267 8%时,

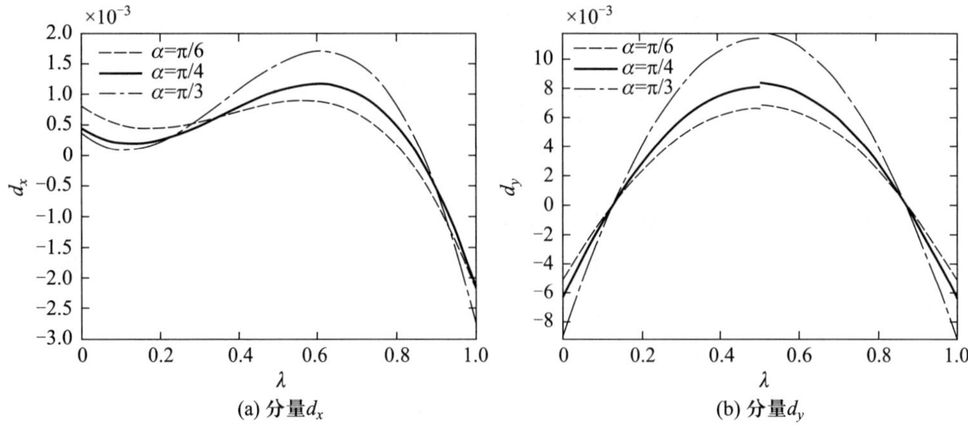

(a) 分量d_x　　(b) 分量d_y

图 4.53　几何参数 λ 和 α 对轴漂的影响

虽然小幅值的垂直力 p 对 d_x 的影响较小, 但却对 d_y 有显著的影响。

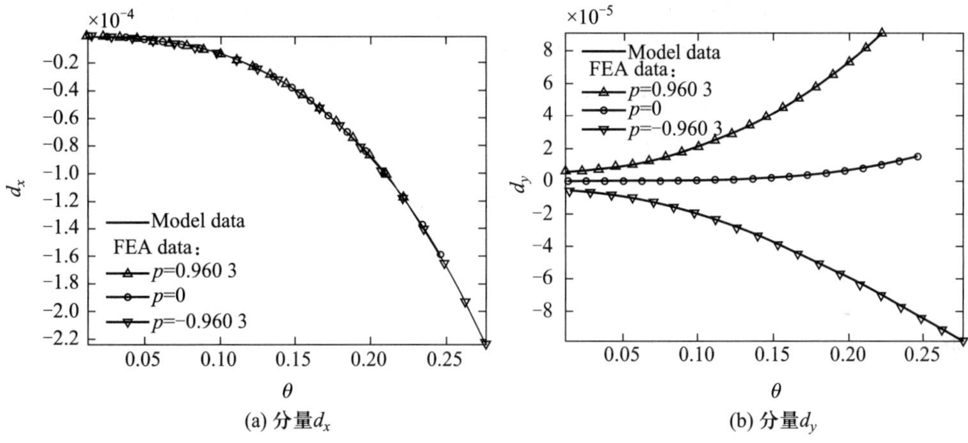

(a) 分量d_x　　(b) 分量d_y

图 4.54　垂直力 p 对轴漂的影响

2. 加工误差分析

在实际应用中, 由于加工误差的存在, 广义交叉簧片型柔性铰链的运动特性与设计阶段要求的目标会产生一定偏差, 尤其是轴漂性能。

1) 簧片形状参数 W 和 T 引起的误差

簧片形状参数 W 和 T 的加工误差分别为 ΔW 和 ΔT。由于加工误差远远小于其名义尺寸, 因此实际载荷可写为

$$\begin{cases} \overline{f}_W^* = \dfrac{W}{W-\Delta W}\overline{f} \approx (1+\delta_W)\overline{f} \\ \overline{f}_T^* = \dfrac{T^3}{(T-\Delta T)^3}\overline{f} \approx (1+3\delta_T)\overline{f} \end{cases} \tag{4.197}$$

式中, $\overline{f}$ 为 3 种载荷 f、p 和 m 中的任意一种; δ_W 和 δ_T 分别表示相对误差 $\Delta W/W$

和 $\Delta T/T$。另外, ΔT 同时也会改变参数 d

$$d_T^* = \frac{T^2}{(T-\Delta T)^2}d \approx (1+2\delta_T)d \tag{4.198}$$

其他的量纲一参数保持不变。由此可以得到以下结论: 对典型的簧片, 由于厚度的相对误差 δ_T 远远大于宽度的相对误差 δ_W。因此, 可采用传统的设备, 如铣床或磨床, 来加工簧片的宽度, 但必须采用高精密的加工设备, 如线切割来去除厚度方向的材料。

2) 簧片位置偏移引起的误差

如图 4.55a 所示, 实线表示加工后的实际铰链尺寸, 而虚线为设计尺寸。若加工误差分别使簧片 1 和簧片 2 偏移 $\varDelta_1$ 和 $\varDelta_2$, 几何参数 λ 将变为

$$\lambda^* = \lambda - \frac{\delta_1+\delta_2}{\sin 2\alpha} \tag{4.199}$$

式中, δ_i 为两根簧片的相对误差 $\varDelta_i/L(i=1,2)$。当 $\delta_1=-\delta_2$ 时, 加工误差将不影响铰链的性能, 此结论也有助于工程人员选择合理的加工工艺。

3) 簧片长度 L 引起的误差

首先, 不失一般性, 令簧片的形状参数 L 引入误差 X, 则量纲一参数变为

$$\begin{cases} f_L^* = \dfrac{(L-X)^2}{L^2}f \approx (1-2x)f \\ p_L^* = \dfrac{(L-X)^2}{L^2}p \approx (1-2x)p \\ m_L^* = \dfrac{(L-X)}{L}m \approx (1-x)m \\ d_L^* = \dfrac{(L-X)^2}{L^2}d \approx (1-2x)d \end{cases} \tag{4.200}$$

式中, x 为相对误差 X/L。如图 4.55b 所示, 如果加工误差导致运动刚体和固定刚体的位置发生变化, 簧片的形状参数 L 将引入误差。这种类型的误差将几何参数 λ 变为

$$\lambda_L^* = \frac{\lambda L-\varDelta_b}{L-(\varDelta_a+\varDelta_b)} = \frac{1}{1-(\delta_a+\delta_b)}\lambda - \frac{\delta_b}{1-(\delta_a+\delta_b)} \tag{4.201}$$

式中, δ_j 为簧片 A、B 两端的相对误差 $\varDelta_j/L(j=a,b)$。当 $\lambda\delta_a=(1-\lambda)\delta_b$ 时, 实际的几何参数 λ 将不受加工误差的影响。同样需要注意的是, 根据式 (3.43), 当 $\delta_a=-\delta_b$ 时, 即使簧片长度未发生变化, 几何参数 λ 依然会产生误差。

4) 簧片的交叉半角 α 引起的误差

当几何参数 α 引入了加工误差 $\Delta\alpha$ 时, 如图 4.55c 所示, 实际的交叉半角 α 将变为

$$\alpha^* = \alpha - \Delta\alpha \tag{4.202}$$

另外, 簧片的长度也发生了变化

$$L_{\alpha}^{*}=\frac{\cos\alpha}{\cos\alpha^{*}}L=L-\frac{\cos\alpha^{*}-\cos\alpha}{\cos\alpha^{*}}L \tag{4.203}$$

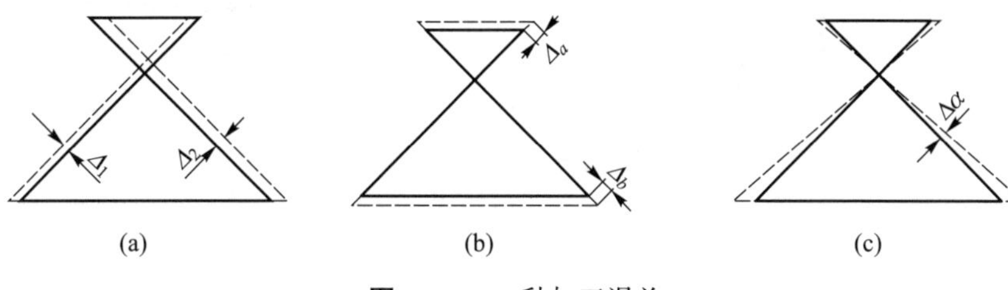

图 4.55　3 种加工误差

3. 有限元验证

由精度特性可知, 当几何参数 λ 为 12.732 2% 或 87.267 8% 时, 广义交叉簧片型柔性铰链的轴漂最小。为此, 选用了表 4.7 给出的两种柔性铰链。

表 4.7　有限元分析所使用的两种铰链的几何参数

编号	λ	α
1	$1/2-\sqrt{5}/6$	$\pi/4$
2	$1/2+\sqrt{5}/6$	$\pi/4$

首先, 对铰链 1 和铰链 2 的轴漂特性进行了仿真, 结果如图 4.56 和图 4.57 所示。对铰链 1 (或铰链 2), 垂直力 p 的作用对 d_y 影响极大, 而且垂直力 p 决定了 d_y 增加的方向: 正的垂直力 p 使得 d_y 沿着正 Y 轴增加, 负的垂直力 p 使得 d_y 沿着负 Y 轴增加。

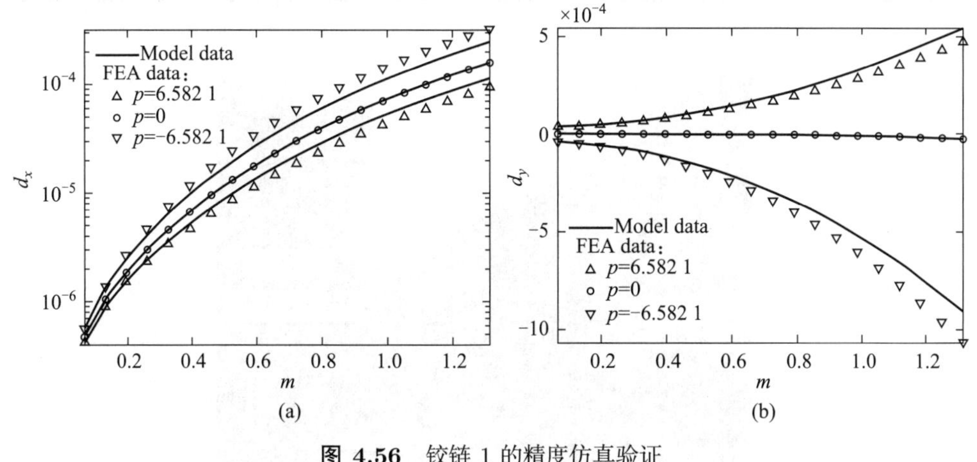

图 4.56　铰链 1 的精度仿真验证

比较铰链 1 和铰链 2, 虽然垂直力 p 的幅值不同, 但二者轴漂的 X 分量非常相

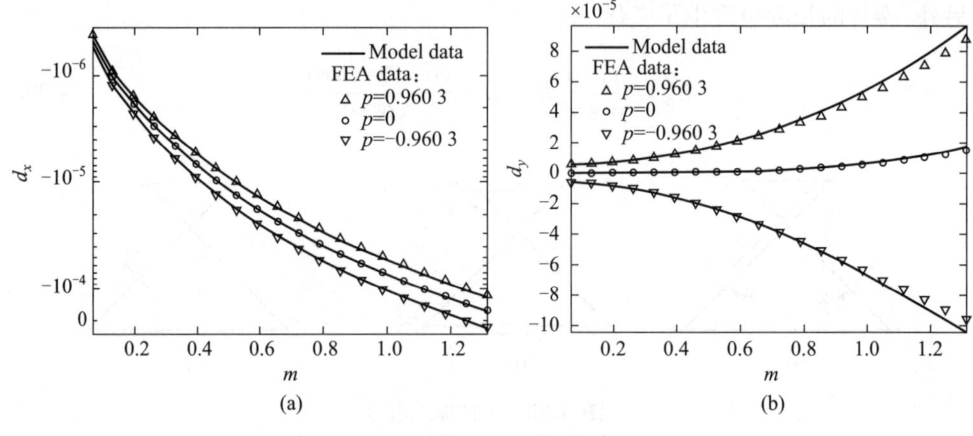

图 4.57　铰链 2 的精度仿真验证

似。这也说明垂直力 p 对 d_x 的影响较小。另一方面, d_x 的符号对两个铰链是相反的, 这也与图 4.55 所得结论相吻合。

4. 实验验证

进一步利用实验来简单地验证分析模型的有效性。图 4.58 所示为交叉簧片型柔性铰链的实验测试平台。柔性铰链是在高精度慢走丝线切割机床上经过一体化加工而成的, 其材料使用 AL6061–T6; 相关的参数如表 4.8 所示。实验平台与测试柔性单元时相似, 这里不再赘述。

表 4.8　实验测试的样件参数

L/mm	T/mm	W/mm	α	λ	B/mm	C/mm	E/Pa
60	0.405	6	π/4	0.5	5	28	0.73×10^{11}

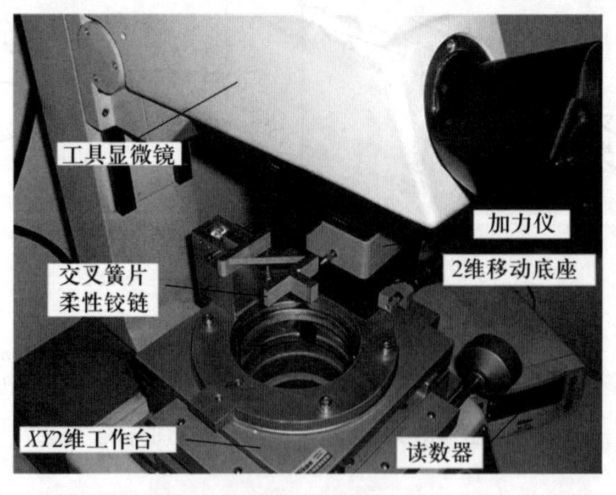

图 4.58　交叉簧片型柔性铰链的测试平台 (见书后彩图)

上述实验测试平台可用来验证刚度和轴漂模型, 具体如图 4.59 和图 4.60 所示。欲测试铰链的刚度, 首先记录施加的载荷, 通过铰链转动刚体上两点 (x_1, y_1) 和 (x_3, y_3) 在显微镜下的坐标求得转角位移, 即可得到转动刚度。而在测量轴漂时, 可利用间接测量方法, 测得 (x_2, y_2), 以及 (x_2, y_2) 在未加载时的坐标值 (x_{20}, y_{20}), 待得到转角的正切值 K 之后, 测量坐标系 $O_{\mathrm{m}}x_{\mathrm{m}}y_{\mathrm{m}}$ 下的轴漂值可通过下式计算得到:

$$\begin{cases} DX_{\mathrm{m}} = x_2 - x_{20} - \dfrac{LK\cos\alpha}{2\sqrt{K^2+1}} \\ DY_{\mathrm{m}} = y_2 - y_{20} + \dfrac{L\cos\alpha}{2}\left(\dfrac{1}{\sqrt{K^2+1}} - 1\right) \end{cases} \tag{4.204}$$

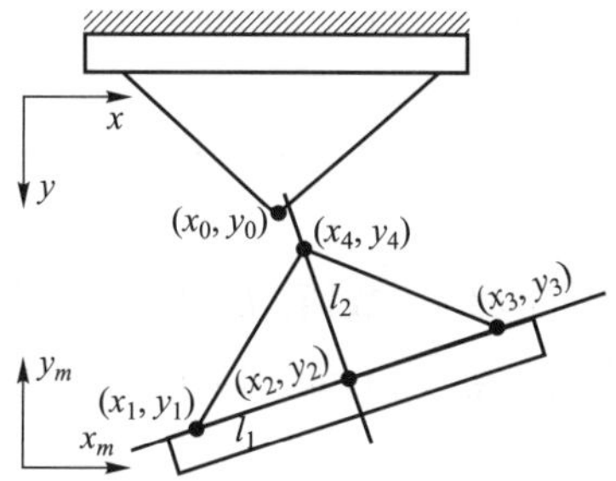

图 4.59 轴漂的间接计算示意图

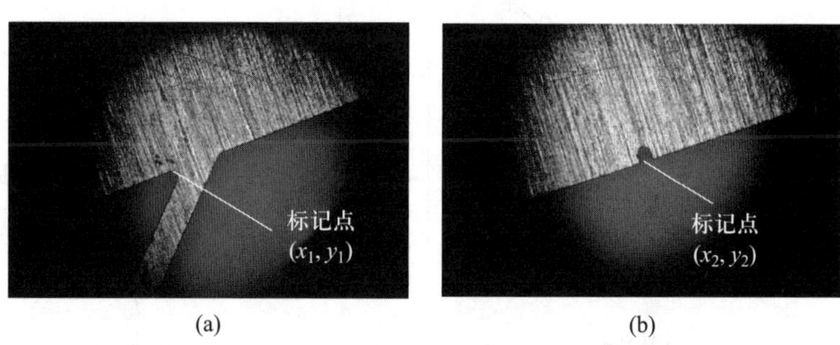

图 4.60 显微镜下的测试标记点 (见书后彩图)

进一步, 再将轴漂数据转化到全局坐标系中, 并转化为量纲一的结果

$$\begin{cases} d_x = \dfrac{x_2 - x_{20}}{L} - \dfrac{K\cos\alpha}{2\sqrt{K^2+1}} \\ d_y = \dfrac{y_{20} - y_2}{L} + \dfrac{\cos\alpha}{2}\left(1 - \dfrac{1}{\sqrt{K^2+1}}\right) \end{cases} \tag{4.205}$$

需要注意的是, 施加的载荷并不是作用在转动刚体的中部, 这和模型分析的情况有所不同。因此, 还需将实验加载的载荷 F_{e} 转化到模型的加载点 (图 4.61), 即

$$\begin{cases} F = F_{\mathrm{e}} \\ M = F_{\mathrm{e}}(B\cos\theta + C\sin\theta) \end{cases} \tag{4.206}$$

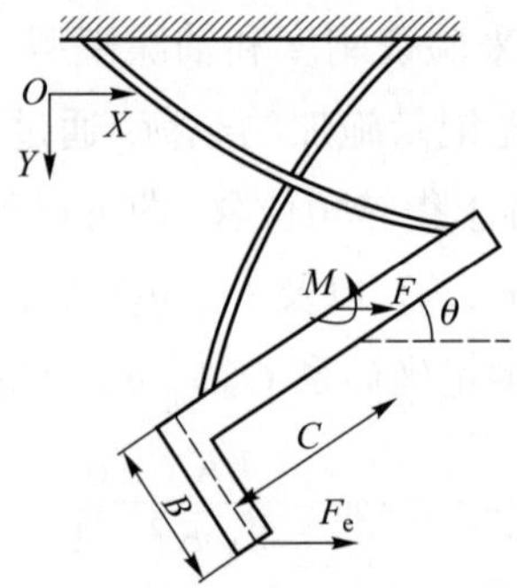

图 4.61　铰链加载位置示意图

测试时, 并未施加垂直力, 因此, 将式 (4.206) 代入转角表达式中, 即可得到实验测试的转角关系式

$$\theta = \frac{2b + \cos\alpha}{2(2 - f_e c)} f_e \tag{4.207}$$

式中,b 和 c 为相应大写变量的量纲一数值; B 和 C 的尺寸由表 4.8 给出。最终, 根据测试数据、仿真以及分析模型数据, 绘制出如图 4.62 所示的曲线。

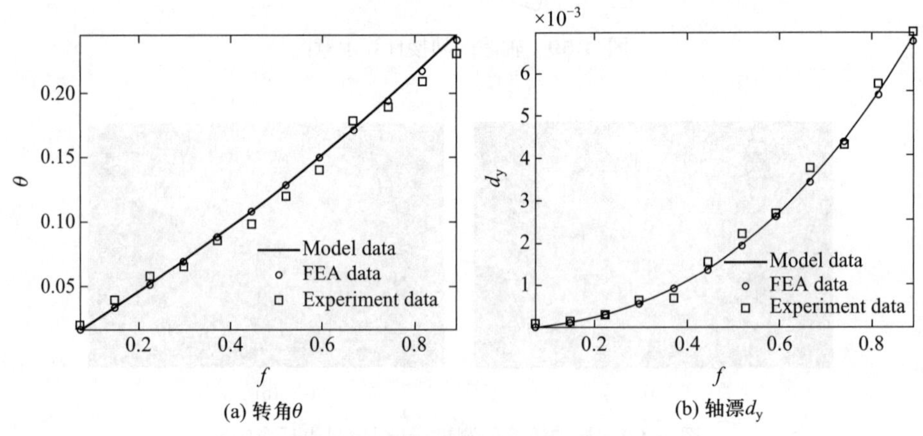

(a) 转角θ　　(b) 轴漂d_y

图 4.62　实验测试数据的对比

由图 4.62 可以看出, 对转角 θ 和轴漂 d_y, 实验测试数据、仿真数据与分析模型数据的一致性非常高。然而, 由于轴漂 d_x 的量值较小, 而测试工具的精度有限, X 方向的轴漂测试数据与仿真数据及分析模型数据的差别较大。

4.4.3　设计实例: 高精度、常值刚度的柔性铰链设计

上节的分析中主要考虑了广义交叉簧片型柔性铰链的弯矩刚度和切向力刚度特性, 基本忽略了垂直力刚度对性能的影响。即使在式 (4.172) 给出的转角模型中包含了垂直力载荷 p, 但出于便捷、直观等因素的考虑, 式中也略去了 p 的高阶项, 这对

模型轴漂的精度并没有产生足够的影响, 却使较大垂直力 p 对弯矩刚度的影响体现不足。为此, 给出保留 p 的二阶项的转角公式, 即

$$\theta \approx \frac{\lambda f\cos\alpha + m}{8(3\lambda^2-3\lambda+1)+\left[\dfrac{2(9\lambda^2-9\lambda+1)}{15\cos\alpha}+\lambda\cos\alpha+\dfrac{6(2\lambda-1)\sin^2\alpha}{d\cos\alpha}\right]p+\dfrac{(12\lambda-1)\sin^2\alpha}{20d\cos^2\alpha}p^2} \tag{4.208}$$

根据式 (4.208), 铰链相对弯矩载荷 m 的弯矩刚度可以表示为

$$K_{\mathrm{m}}=\frac{\mathrm{d}m}{\mathrm{d}\theta}\approx 8(3\lambda^2-3\lambda+1)+\left[\frac{2(9\lambda^2-9\lambda+1)}{15\cos\alpha}+\lambda\cos\alpha+\frac{6(2\lambda-1)\sin^2\alpha}{d\cos\alpha}\right]p+\frac{(12\lambda-1)\sin^2\alpha}{20d\cos^2\alpha}p^2 \tag{4.209}$$

弯矩刚度 K_{m} 与垂直力载荷 p 以及铰链参数 λ、α 之间的关系如图 4.63 所示。当垂直力载荷 p 比较小时, 弯矩刚度 K_{m} 主要表现为近似常值。随着垂直力载荷 p 的不断增大, 弯矩刚度 K_{m} 的非线性特征开始体现。因此, 若削弱垂直力 p 对铰链转角 θ 的影响, 垂直力载荷 p 的取值不宜过大。

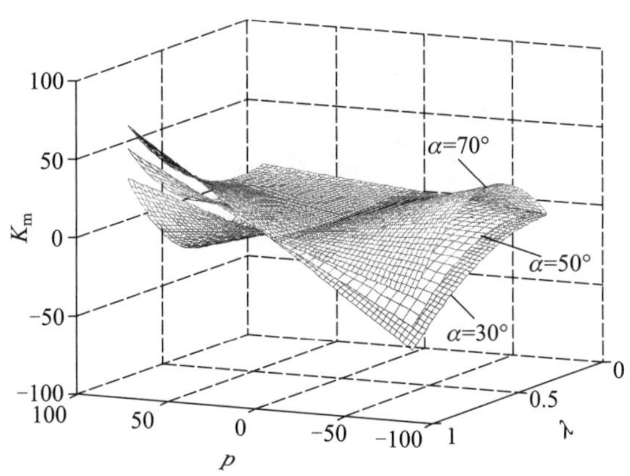

图 4.63 弯矩刚度与 p、λ、α 关系 (见书后彩图)

由上图可以看出, 满足刚度简化式 (4.194) 的不同 λ、α 组合, 弯矩刚度 K_{m} 对一定范围内的 p 皆不敏感。

再根据式 (4.208), 铰链相对 p 的垂直力刚度可以表示为

$$K_{\mathrm{p}}=\frac{\mathrm{d}p}{\mathrm{d}\theta}\approx\frac{-15m\cos\alpha}{\left\{\left[2(9\lambda^2-9\lambda+1)+15\lambda\cos^2\alpha+\dfrac{90(2\lambda-1)\sin^2\alpha}{d}\right]+\dfrac{3(12\lambda-1)\sin^2\alpha}{2d\cos\alpha}p\right\}\theta^2} \tag{4.210}$$

通过式 (4.210) 可知, 垂直力刚度 K_{p} 与转角 θ 和垂直力载荷 p 及几何参数 λ、α 皆相关。首先, 若转角 θ 足够小, 则 K_{p} 的值足够大, 垂直力载荷 p 引起的转角 θ_{p}

就趋于 0。因此, 转角 θ 在小范围内, 垂直力载荷 p 对转角的贡献几乎为 0。随着转角 θ 的增大, 垂直力刚度变小, 进而垂直力载荷 p 引起的转角 θ_{p} 在铰链转角 θ 中所占比例也将增大, 此时垂直力 p 表现为一种驱动载荷, 对转角 θ 的影响不可忽略。

当 λ 和 α 取值满足刚度简化式 (4.194) 时, 垂直力刚度 K_{p} 可以表示为

$$K_{\mathrm{p}} \approx \frac{-15m\cos\alpha}{\left[\dfrac{90\,(2\lambda-1)\sin^2\alpha}{d}+\dfrac{3(12\lambda-1)\sin^2\alpha}{2d\cos\alpha}p\right]\theta^2},\quad \theta\neq 0, p\neq -\frac{60(2\lambda-1)\cos\alpha}{12\lambda-1} \tag{4.211}$$

此时, K_{p} 与 λ、p 之间的关系如图 4.64 所示。若 p 的取值满足

$$p=-\frac{60(2\lambda-1)\cos\alpha}{12\lambda-1} \tag{4.212}$$

则垂直力刚度 K_{p} 将趋于无穷大, 此时 p 与 λ 之间的关系如图 4.65 所示。对于小转角场合, 如果铰链参数的选取和垂直力载荷之间搭配合理, 可以大大削弱垂直力载荷对铰链转角的影响。

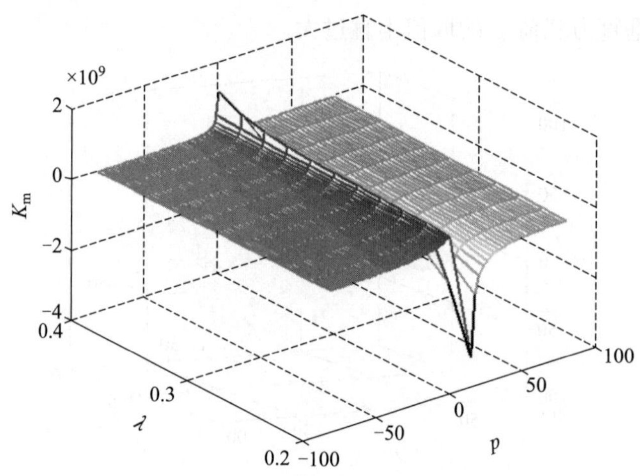

图 4.64 垂直力刚度曲面 (见书后彩图)

为衡量铰链精度性能, 引入如下轴漂的定义:

$$\delta=\sqrt{\delta_x^2+\delta_y^2} \tag{4.213}$$

参数取值为 $W=10$ mm, $T=0.45$ mm, $L=40$ mm, 外载荷 $P=100$ N, 力矩载荷 $M=0.4$ g·cm, 轴漂 δ 随比例系数 λ 和铰链转角 θ 的变化规律如图 4.66 所示。可以看出, 小转角条件下轴漂受 λ 的影响不明显, 随着转角的增大而轴漂受比例系数 λ 的影响增大。

有了以上基础, 下面来找弯矩刚度为近似常值且轴漂最小的广义交叉簧片型柔性铰链几何参数。

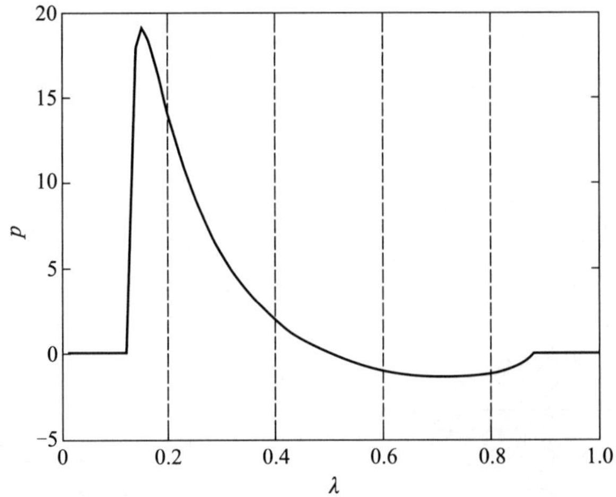

图 4.65 垂直力刚度无穷大时 p、λ 的取值

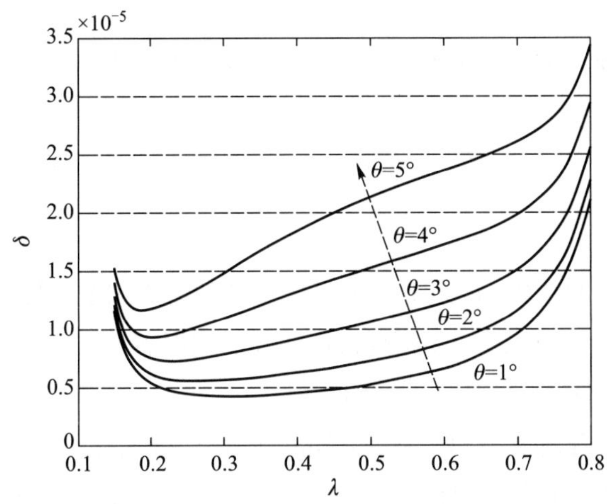

图 4.66 交叉簧片柔性铰链综合轴漂 δ 随转角 θ 的变化规律

如前所述, 为了削弱铰链弯矩刚度的非线性特性, 减小驱动控制过程中非线性特性的不利影响, 铰链几何参数 λ 和 α 之间的关系需要满足刚度简化式 (4.194)。一定几何参数及外载荷下, 满足刚度简化式 (即弯矩刚度不受垂直力影响) 的几何参数 λ、α 与铰链轴漂 δ 之间的关系如图 4.67a 所示。通过观察两个曲面相交线上点对应的轴漂的变化趋势可以发现, 铰链轴漂随着交叉半角 α 的增大而增大, 随着比值 λ 的增大先减小后增大。因此, 对于满足化简关系的参数 λ、α, 一定存在确定的一组值使得铰链轴漂取值最小。

再观察刚度简化式 (4.194), λ、α 之间并非简单的一次函数关系, 二者的关系如图 4.67b 所示。通过观察关系曲线可知, 图中斜率为 0 的点, 即所寻找的能使轴漂达到最小值的点。因此, 对刚度简化式进行变换, 用 λ 来表示 α, 即

$$\alpha = \arccos\sqrt{\frac{-2(9\lambda^2 - 9\lambda + 1)}{15\lambda}} \tag{4.214}$$

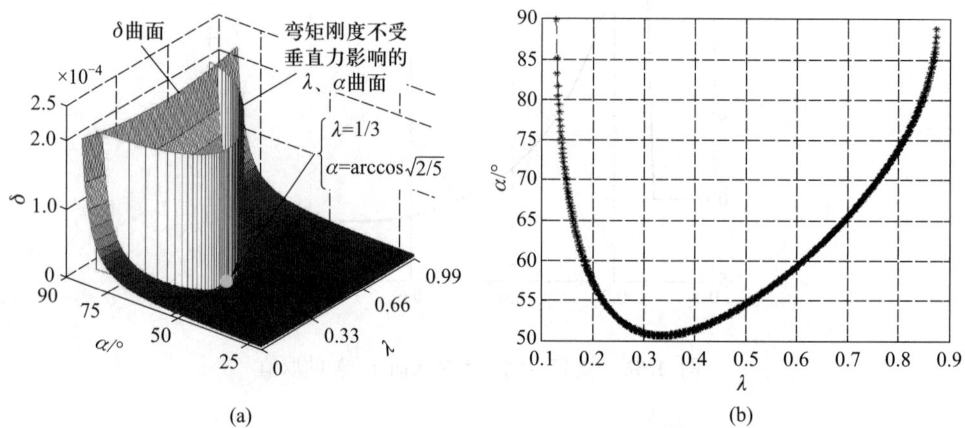

图 4.67 满足刚度简化式的 λ、α 关系曲线 (见书后彩图)

令

$$\frac{\mathrm{d}\alpha}{\mathrm{d}\lambda} = 0 \tag{4.215}$$

解得 $\lambda = 1/3, \alpha = 50.77°$。该组取值即是使铰链的弯矩刚度近似常值而且转动精度尽可能高的几何参数值。进一步根据铰链实际的刚度需求、尺寸大小及量纲一参数的定义规则, 可以确定铰链具体的结构参数。

因此, 取一组参数值为: $W = 10$ mm, $T = 0.45$ mm, $L = 40$ mm, $\lambda = 1/3$, $\alpha = 50.8°$。材料选取航空用铝合金 7075–T6 ($E = 71$ GPa), 设计出相应的柔性铰链, 模型样件如图 4.68 所示。

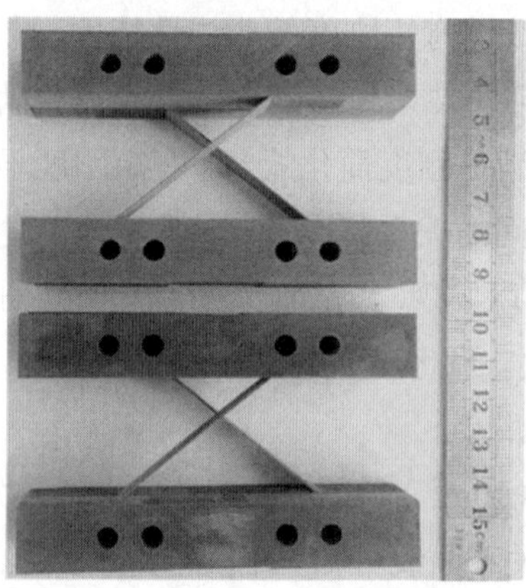

图 4.68 模型样件

4.5 本章小结

本章在第 3 章柔度建模基础上, 以典型的柔性模块 (柔性铰链为主) 为研究对象, 围绕柔性模块的主要性能指标 (刚度、行程、精度等), 采用不同方法探讨了柔性模块的建模与性能评价问题。

首先, 针对柔性单元发生小变形的情况, 基于旋量理论, 给出了串联、并联、混联 3 种类型柔性模块 (也适用于结构复杂的柔性机构) 的空间柔度矩阵计算公式。进而提出了基于柔度矩阵的性能分析与评价方法。首先, 建立了柔度矩阵的一般参数化计算模型, 在此基础上对几种典型柔性模块 (串联、并联或混联连接而成的柔性移动副、柔性转动副等) 的柔度进行了建模与性能对比分析。结果表明, 旋量理论在小变形柔性模块的分析中既简洁又通用。

其次, 针对由簧片单元组成的大行程或大转角柔性模块, 提出了一种基于 VCM 概念的等效伪刚体建模方法, 可方便确定伪刚体模型的铰链位置以及所加扭矩弹簧的刚度。与传统的伪刚体建模方法不同, 所提方法不仅可准确、快速地计算出伪刚体模型的参数, 而且得到的伪刚体模型精度很高。为了验证方法的有效性, 选择对几种典型的大转角柔性铰链 (平行双簧片型柔性模块、LITFP、交叉簧片型柔性铰链、车轮形柔性铰链以及蝶形柔性铰链) 的刚度、精度和最大行程特性进行深入分析, 最后用实验或仿真进行了验证。结果表明, 这种方法建立的伪刚体模型精度高, 并在铰链较大变形 ($50^\circ \sim 60^\circ$) 时仍能保持一定精度 (误差不超过 10%)。为了进一步简化上述柔性铰链的伪刚体模型, 提出了一种单铰等效伪刚体模型。单铰模型模拟了柔性铰链的转动功能, 可方便计算该柔性铰链的刚度; 不过, 精度比杆件模型稍低, 可用的转角范围相对较小。

最后, 以一种典型的大转角柔性铰链 —— 广义交叉簧片型柔性铰链为例, 利用改进的梁约束模型法对柔性模块的刚度、精度特性进行了分析建模。此模型考虑了一般性的载荷作用 (包括弯矩、水平力和垂直力), 但无需借助繁琐的数值迭代算法, 可以方便地揭示载荷的作用效果, 以及设计参数的物理意义。通过有限元分析及实验验证, 得出此类分析模型具有较高的精度。此外, 还揭示了广义交叉簧片型柔性铰链的轴漂与簧片末端位移的关系, 特别当交叉点位于簧片长度的 12.732 2%或 87.267 8%处时, 该柔性铰链的精度最高。

参考文献

[1] 于靖军. 全柔性机器人机构分析及设计方法研究. 博士学位论文. 北京: 北京航空航天大学, 2002.

[2] 李守忠. 基于旋量理论的柔性精微机构综合. 博士学位论文. 北京: 北京航空航天大学, 2012.

[3] 裴旭. 基于虚拟运动中心概念的机构设计理论与方法. 博士学位论文. 北京: 北京航空航天大学, 2008.

[4] 赵宏哲. 基于约束特性的柔性精密运动模块参数化设计. 博士学位论文. 北京: 北京航空航天大学, 2010.

[5] 贾瑞鹏. 基于刚度的柔性机构参数化设计及应用. 硕士学位论文. 北京: 北京航空航天大学, 2014.

[6] 李振国. 大行程高精度二维移动柔性工作台设计. 硕士学位论文. 北京: 北京航空航天大学, 2014.

[7] Pei X, Yu J J, Zong G H, et al. The modeling of leaf-type isosceles-trapezoidal flexural pivots. Journal of Mechanical Design, Transactions of the ASME, 2008, 130(8): 082303.

[8] Pei X, Yu J J, Zong G H, et al.The modeling of cartwheel flexural hinges. Mechanism and Machine Theory, 2009, 44(10): 1900-1909.

[9] Pei X, Yu J J, Zong G H, et al. An effective pseudo-rigid-body method for beam-based compliant mechanisms. Precision Engineering, 2010, 34(3): 634-639.

[10] Su H J, Shi H L, Yu J J. A symbolic formulation for analytical compliance analysis and synthesis of flexure mechanisms. Journal of Mechanical Design, Transactions of the ASME, 2012, 134(5): 051009.

[11] Bi S S, Zhao H Z, Yu J J. Modeling of a cartwheel flexural pivot. Journal of Mechanical Design, Transactions of the ASME, 2009, 131(6): 061010.

[12] Bi S S, Yao Y B, Zhao S S, et al. Modeling of cross-spring pivots subjected to generalized planar loads. Chinese Journal of Mechanical engineering, 2012, 25(6): 1075-1085.

[13] 赵宏哲, 毕树生, 于靖军. 三角形柔性铰链的建模与分析. 机械工程学报, 2009, 45(8): 1-5.

[14] Pei X, Yu J J, Zong G H, et al. Analysis of rotational precision for an isosceles-trapezoidal flexural pivot. Journal of Mechanical Design, Transactions of the ASME, 2008, 130(5): 052302.

[15] Zhao H Z, Bi S S, Yu J J. Nonlinear deformation behavior of a beam-based flexural pivot with monolithic arrangement. Precision Engineering, 2011, 35(2): 369-382.

[16] 张述卿. 用于不平衡力矩测量的柔性静平衡仪关键技术研究. 博士学位论文. 北京: 北京航空航天大学, 2016.

[17] Trease B P, Moon Y M, Kota S. Design of large-displacement compliant joints. Journal of Mechanical Design, Transactions of the ASME, 2005, 127(4): 788-798.

[18] 陈贵敏, 贾建援, 刘小院. 柔性铰链精度特性研究. 仪器仪表学报, 2004, 25(4): 107-109.

[19] Smith S T. Flexures: elements of elastic mechanisms. New York: Gordon and Breach Science. 2000:153-230.

[20] Jensen B D, Howell L L. The modeling of cross-axis flexural pivots. Mechanism and Machine Theory, 2002, 37: 461-476.

[21] Zelenika S, Bona F D. Analytical and experimental characterisation of high-precision flexural pivots subjected to lateral loads. Precision Engineering, 2002, 26: 381-388.

[22] Slocum A H. Precision machine design. New York: Prentice-Hall, 1992.

[23] Wittrick W H. The properties of crossed flexure pivots and the influence of the point at which the strips cross. Aer Quart, 1951 (2): 272-292.

第 5 章　柔性机构的主运动与寄生运动分析

自由度是衡量机构运动能力的一个重要指标。有关刚性机构的自由度分析方法已比较成熟, 典型的如修正的 G–K 公式[1-2]。对柔性机构而言, 由于结构的特殊性, 其自由度分析更加困难。完全将评价刚性体机构自由度的方法照搬到柔性机构的运动能力分析中显然已不再适合, 包括原有的计算公式对柔性机构而言也不再有什么意义。为此,Murphy 和 Howell 提出了一种计算平面柔性机构自由度的方法[3], 但这种方法对衡量复杂的空间柔性机构的运动能力很受限制, 因此亟待一种更为合理的自由度分析方法。

为此, 本章提出了两种针对柔性机构的自由度分析方法[4-9]: 一种是基于理想约束的图谱法; 另一种则建立在对柔度矩阵特征分析的基础上。注意到, 刚性机构自由度分析中的一些方法及概念仍对研究柔性机构的自由度问题有帮助, 例如冗余约束的概念仍适用于柔性机构。另外, 柔性机构的寄生运动作为特色问题也是本章重点讨论的一个议题。

5.1　柔性单元的等效自由度与约束模型

梁是柔性机构中最基本的柔性单元。对于均质梁结构, 伯努利 – 欧拉 (Bernoulli-Euler) 和铁木辛柯 (Timoshenko) 分别给出了细长及短粗均质悬臂梁结构的弹性力学模型及公式。根据 Von Mises 的梁变形理论[10], 当参考坐标系位于梁质心时, 长度为 l 的空间均质梁柔度矩阵为一对角阵, 即

$$\boldsymbol{C}=\frac{l}{EI_y}\begin{bmatrix}\dfrac{I_y}{I_x} & & & & & \\ & 1 & & & & \\ & & \dfrac{EI_y}{GJ} & & & \\ & & & \dfrac{l^2}{12} & & \\ & & & & \dfrac{l^2}{12}\dfrac{I_y}{I_x} & \\ & & & & & \dfrac{I_y}{A}\end{bmatrix} \tag{5.1}$$

式中,I_x、I_y 为梁的截面惯性矩; $J=I_x+I_y$ 为极惯性矩; E、G 分别为杨氏弹性模量和剪切模量; A 为截面积。

对于图 5.1a 所示的矩形截面梁, 有

$$A=wt,\quad I_x=\frac{w^3t}{12},\quad I_y=\frac{wt^3}{12},\quad J=I_x+I_y=\frac{wt(w^2+t^2)}{12}$$

对于图 5.1b 所示的圆截面梁, 有

$$A=\pi r^2,\quad I_x=I_y=\frac{\pi r^4}{4},\quad J=I_x+I_y=\frac{\pi r^4}{2}$$

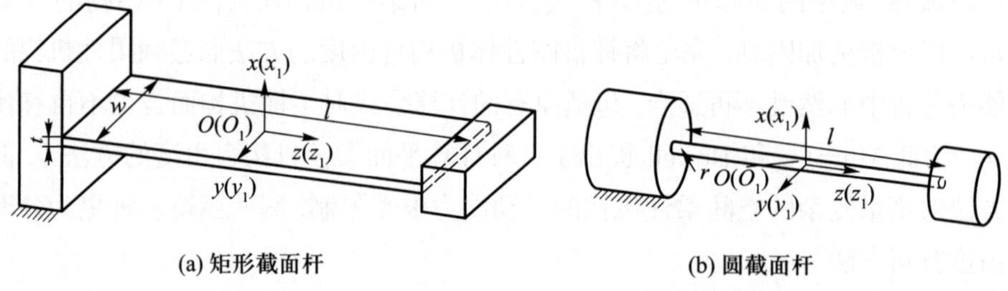

图 5.1 均质梁单元

3.2.1 节已经给出了上述两种柔性梁的参数化柔度矩阵表达式, 这里为方便, 再重写一遍

$$\boldsymbol{C}_{\mathrm{b}}=\frac{l}{EI_y}\begin{bmatrix}\alpha & & & & & \\ & 1 & & & & \\ & & \dfrac{1}{\chi\gamma} & & & \\ & & & \dfrac{l^2}{12} & & \\ & & & & \dfrac{l^2}{12}\alpha & \\ & & & & & \dfrac{l^2}{12}\beta\end{bmatrix},\quad \boldsymbol{C}_{\mathrm{w}}=\frac{l}{EI_y}\begin{bmatrix}1 & & & & & \\ & 1 & & & & \\ & & \dfrac{1}{2\chi} & & & \\ & & & \dfrac{l^2}{12} & & \\ & & & & \dfrac{l^2}{12} & \\ & & & & & \dfrac{l^2}{4}\eta\end{bmatrix} \tag{5.2}$$

式中

$$\alpha=\left(\frac{t}{w}\right)^2,\quad \beta=\left(\frac{t}{l}\right)^2,\quad \chi=\frac{G}{E}=\frac{1}{2(1+\nu)},\quad \gamma=\frac{J}{I_y},\quad \eta=\left(\frac{r}{l}\right)^2$$

其中, ν 为泊松比。

$\boldsymbol{C}_{\mathrm{b}}$ 的 6 个主对角线元素中, c_{11}、c_{22}、c_{33} 量纲为一, c_{44}、c_{55}、c_{66} 具有量纲 L^2, 不可以直接比较。不妨对 c_{44}、c_{55}、c_{66} 进行量纲一化处理, 具体为 $c_4 = c_{44}/l^2, c_5 = c_{55}/l^2, c_6 = c_{66}/l^2$。则量纲一的主对角元素为 $c_1 = \alpha, c_2 = 1, c_3 = 1/(\chi\gamma), c_4 = 1/12, c_5 = \alpha/12, c_6 = \beta/12$。它们由 5 个参数 $(l/(EI_y), \alpha, \beta, \chi, \gamma)$ 所决定。选取均质梁材料为铝合金时, 可取 $\nu = 0.35, \chi = G/E = 1/2(1+\nu) = 0.37, \gamma = J/I_y \approx 4$ (α 取值很小时), 而系数 $l/(EI_y)$ 并不改变量纲一化后主对角元素之间的大小比较, 因此这时的各元素值由两个参数 (α, β) 即可确定。

如果取 $\alpha = (t/w)^2 = (1/20)^2, \beta = (t/l)^2 = (1/30)^2$。此时 $c_2 = 1, c_3 = 1/1.48, c_4 = 1/12$ 远大于 $c_1 = 1/400, c_5 = 1/4\,800, c_6 = 1/10\,800$。$c_2$、$c_3$、$c_4$ 相对于 c_1、c_5、c_6 太小可忽略。此时, 柔性板簧 (图 5.2a) 具有 3 个自由度 θ_y、θ_z、δ_x, 3 个约束 M_x、F_y、F_z。这与一般情况将柔性板簧看作平面约束的结论是一致的。

如果取 $\alpha = (t/w)^2 = (1/10)^2, \beta = (t/l)^2 = (1/100)^2$。此时 $c_1 = 1/100, c_2 = 1, c_3 = 1/1.48, c_4 = 1/12$ 远大于 $c_5 = 1/192, c_6 = 1/120\ 000$。$c_1$、$c_2$、$c_3$、$c_4$ 相对于 c_5、c_6 太小可忽略。此时, 柔性板簧变为柔性板条 (图 5.2b), 具有 4 个自由度 θ_x、θ_y、θ_z、δ_x, 以及 2 个约束 F_y、F_z。

同样对 $\boldsymbol{C}_{\mathrm{w}}$ 量纲一化, 其主对角元素为 $c_1 = 1, c_2 = 1, c_3 = 1/2\chi, c_4 = 1/12, c_5 = 1/12, c_6 = \eta/4$。由 3 个参数 $(l/(EI_y), \eta, \chi)$ 所决定。选取均质梁材料为铝时, $\nu = 0.35, \chi = G/E = 1/2(1+\nu) = 0.37$, 而系数 $l/(EI_y)$ 并不改变量纲一化后主对角元素之间的大小比较, 因此这时的各元素值由一个参数 (η) 即可确定。

如果取 $\eta = (r/l)^2 = (1/40)^2$。此时 $c_1 = 1, c_2 = 1, c_3 = 1/0.74, c_4 = 1/12, c_5 = 1/12$ 远大于 $c_6 = 1/6\ 400$。c_6 相对于 c_1、c_2、c_3、c_4、c_5 太小可忽略。此时柔性杆 (图 5.2c) 具有 5 个自由度 θ_x、θ_y、θ_z、δ_x、δ_y, 一个沿杆长方向的约束 F_z。这与一般情况将柔性杆看作线约束的结论是一致的。

如果取 $\eta = (r/l)^2 = (1/4)^2$。此时 $c_1 = 1, c_2 = 1, c_3 = 1/0.74, c_4 = 1/12, c_5 = 1/12, c_6 = 1/64$。在精度允许范围内, 可忽略 c_4、c_5、c_6。此时, 柔性杆 (如图 5.2d) 变为柔性短杆, 相当于柔性球铰, 具有 3 个自由度 θ_x、θ_y、θ_z, 以及 3 个约束 F_x、F_y、F_z。

总结以上 4 种特殊情况, 可以得出如下结论:

(1) 矩形截面的薄板结构 (长 l : 宽 w : 厚 t 近似为 100 : 60 : 1) —— 宽板簧, 其等效理想约束模型是平面约束 (y, z, θ_x)。

(2) 矩形截面的薄板结构 (长 l : 宽 b : 厚 t 近似为 100 : 10 : 1) —— 窄板条, 其等效理想约束模型是平面平行约束 (z, θ_x)。

(3) 圆截面的细长杆结构 (杆长与直径比近似为 20 : 1), 其等效理想约束模型是线约束 (z)。

(4) 圆截面的短杆结构 (杆长与直径比近似为 2 : 1), 其等效理想约束模型是空间共点约束 (x, y, z)。

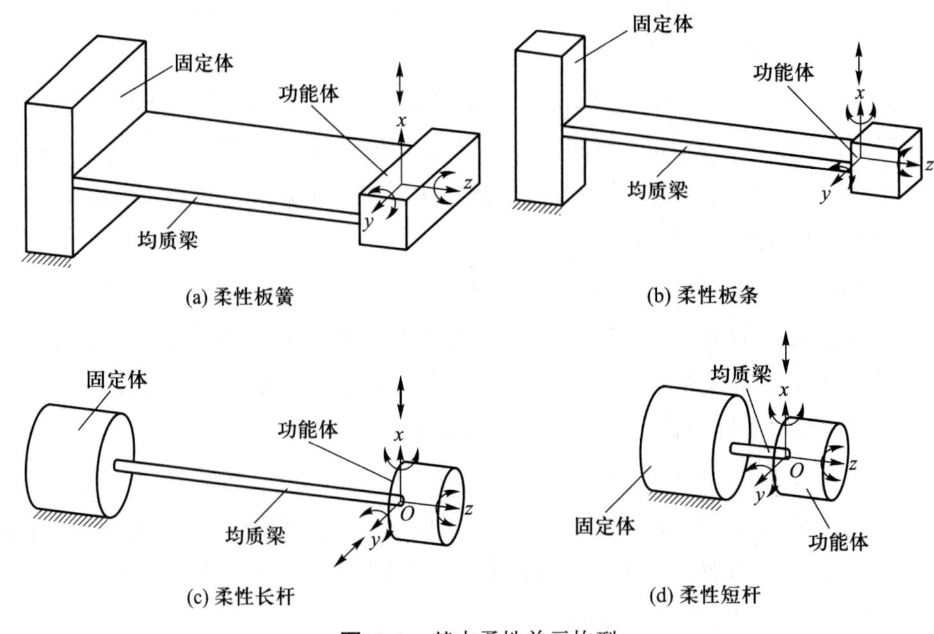

图 5.2 基本柔性单元构型

通过对簧片和柔性杆两种典型柔性单元的柔度分析可以看出, 单元材料差异、几何尺寸影响着其自身的自由度及相应的构型。从柔度计算结果来看, 板簧完全可以看作平面约束; 另一方面, 板簧也可以看作由分布在同一平面的无数多个细长杆组成, 每个细长杆都可以提供一个线约束。根据约束空间的特性, 平面内只要有 3 个不同轴、不平行、不共点汇交的线约束即可构成平面 3 维约束, 即约束整个平面, 其他约束均构成冗余约束。因此, 从约束空间的角度来看, 板簧可以看作由无数个柔性杆 (线约束) 组成的平面约束, 只是进行了弹性平均[11]。

采用类似的方法同样可以得到其他柔性单元的等效理想约束及自由度模型。表 5.1 列出了 7 种常见柔性单元的等效约束和自由度模型, 其约束线图与自由度线图满足对偶线图法则。可以看到, 基本柔性单元很难实现力偶约束, 一般情况下为线约束 (力约束)。有关自由度约束线图及空间的详细介绍见附录。

按照惯例, 鉴于如板簧、柔性杆等基本柔性单元的约束特性更为直观, 将其称为柔性约束单元; 而如缺口型柔性转动副、柔性球铰等基本柔性单元的运动特性更为突出, 将其称为柔性运动单元。相应地, 将完全由柔性运动单元组成的柔性机构称为运动型柔性机构 (KFM), 完全由柔性约束单元组成的柔性机构称为约束型柔性机构 (CFM)[12]。每种类型下还包括并联、串联、混联 3 种连接形式, 表 5.2 给出了各自对应的一些典型设计实例。

表 5.1　柔性单元的等效约束和自由度模型

柔性单元	等效约束线图		等效自由度线图	
	维数	图示	维数	图示
	1		5	
	3		3	
	2		4	
	3		3	
	5		1	
	3		3	
	1		5	

表 5.2 典型的并联、串联、混联式柔性机构

CFM		
并联式	串联式	混联式
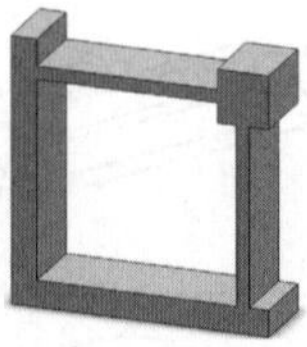	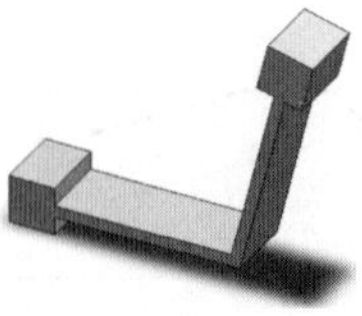	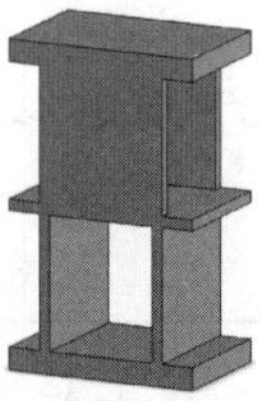
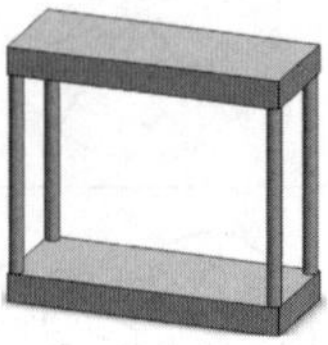		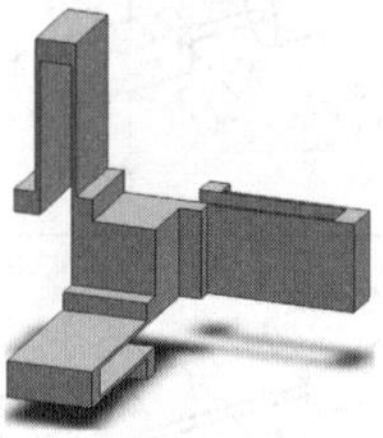
KFM		
并联式	串联式	混联式
	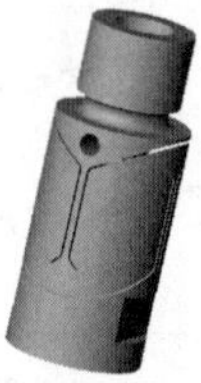	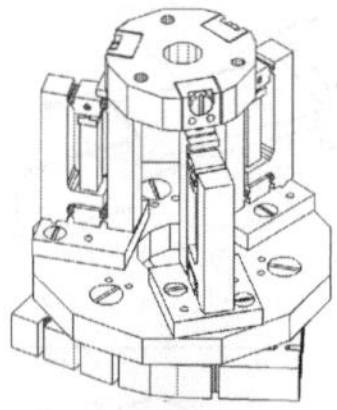

5.2 基于图谱法的自由度与过约束分析

5.2.1 一般分析方法

图谱法[13] 可实现对柔性机构的自由度分析。有关图谱法的知识, 附录中有少许描述, 更详细的介绍请参考文献 [13]。这里直接给出应用图谱法对并联、串联、混联式柔性机构进行自由度分析的方法及步骤。以 CFM 为例。

对并联式 CFM, 自由度分析过程如下:

(1) 确定各支链对动平台提供的约束线图。5.1 节已经给出了基本柔性单元的等效自由度与约束线图。求支链约束线图时, 需要遵循如下原则: 如果是单一柔性单元, 则直接给出约束线; 如果是并联连接, 则将约束线求并; 如果是串联连接, 则将自由度线求并, 再根据图谱法的对偶线图法则求约束。

(2) 将各支链的约束线图求并, 得到动平台的约束空间。根据组合线图的维数公式, 得到动平台约束空间的维数 n 以及具体的约束线图。

(3) 求柔性机构的自由度。显然, 柔性机构的自由度为 $6-n$。

(4) 确定柔性机构的自由度性质, 包括自由度类型及转轴位置等。根据图谱法的对偶线图法则, 得到与动平台约束空间对偶的自由度空间。依据自由度空间的线图表达, 进而得出包括自由度类型 (直线表示转动, 两端带箭头的线段表示移动等) 以及转轴位置等信息。

作为一个例证, 下面根据上述分析过程来分析如图 5.3 所示的并联式 CFM。该柔性机构由一个动平台、一个基平台以及 4 个柔性杆组成。其中, 柔性杆 1 和 2 平行, 所在平面通过基平台中心; 柔性杆 3 和 4 相交于基平台中心, 二者所在平面与柔性杆 1、2 所在平面垂直。

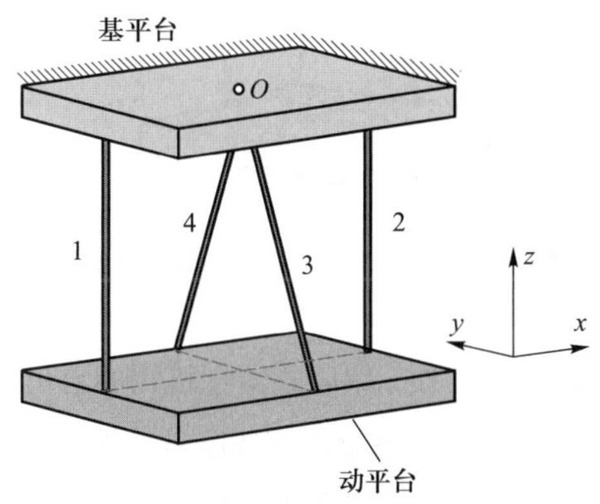

图 5.3 并联式 CFM

由前面对基本柔性单元的等效自由度及约束讨论可知, 每个柔性杆单元提供沿杆轴线的 1 维线约束。对 4 条支链所提供的约束求并, 就可以得到动平台的约束空间 (3 维), 如图 5.4a 所示。根据对偶线图法则, 得到该柔性机构的自由度空间 (3 维), 如图 5.4b 所示。图 5.4c 所示的自由度线图是该机构自由度空间的同维子空间。由上可知, 该柔性机构的自由度为 3, 类型是 2R1T ($R_xR_zT_x$), 如图 5.5 所示。

对串联式 CFM, 自由度分析过程如下:

(1) 对参与串联的各个柔性模块进行自由度分析, 得到各个模块的自由度线图。柔性模块的自由度分析方法参见并联式 CFM 的自由度分析。

(2) 将各模块自由度线图求并, 得到机构末端的自由度空间。

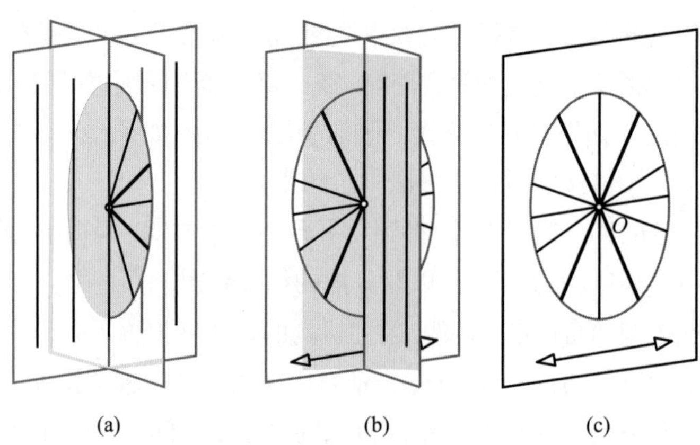

图 5.4 动平台的约束空间及自由度空间

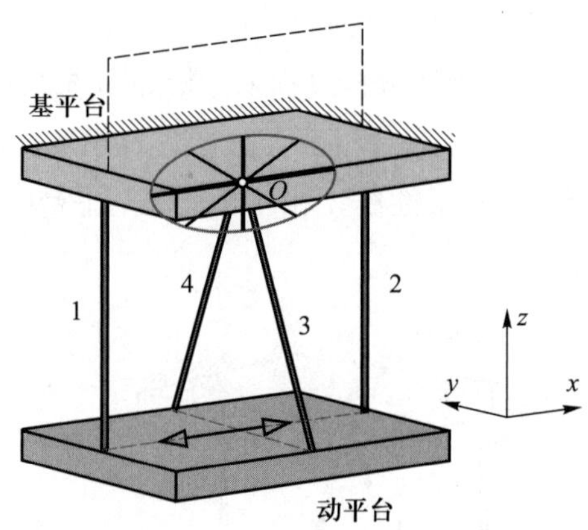

图 5.5 并联式 CFM 的自由度特征图示

(3) 确定机构自由度及其性质。串联式柔性机构的自由度为末端自由度空间维数。自由度的性质同样可依据自由度空间的线图表达得出。

作为一个例证, 下面对图 5.6 所示的串联式 CFM 进行自由度分析。该柔性机构由两个正交分布的柔性板簧单元组成。

由前面对基本柔性单元的讨论可知, 每个柔性板簧单元提供一个 3 维平面约束, 根据对偶线图法则, 得到每个板簧的自由度空间, 如图 5.7a 所示; 对这两个自由度空间求并, 就可以得到末端平台的自由度空间 (5 维), 如图 5.7b 所示; 图 5.7c 所示的自由度线图是该机构自由度空间的同维子空间。由上可知, 该柔性机构的自由度为 5, 类型是 3R2T ($\mathrm{R}_x\mathrm{R}_y\mathrm{R}_z\mathrm{T}_x\mathrm{T}_y$), 如图 5.8 所示。

以上给出了利用图谱法来对并联式和串联式柔性机构进行自由度分析的一般方法。一般地, 对于结构更为复杂的柔性机构, 如混联式柔性机构, 可以将其分解为并联和串联模块的组合。对每个模块遵循各自的分析方法, 进而得到整个机构的自由度。

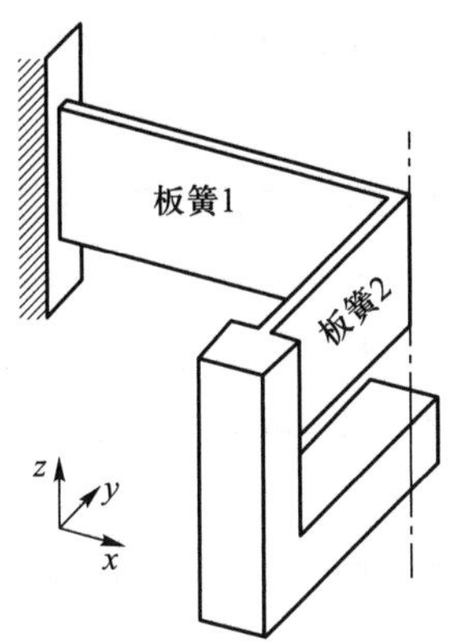

图 5.6　串联式 CFM

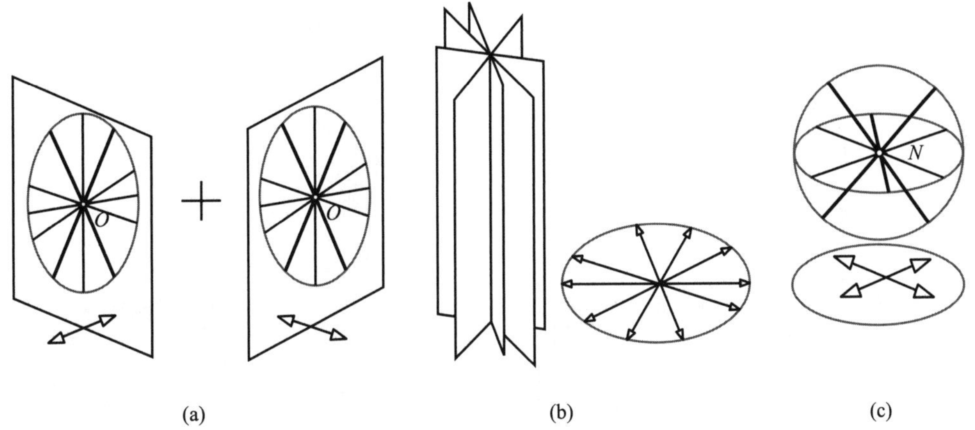

图 5.7　末端平台的自由度空间

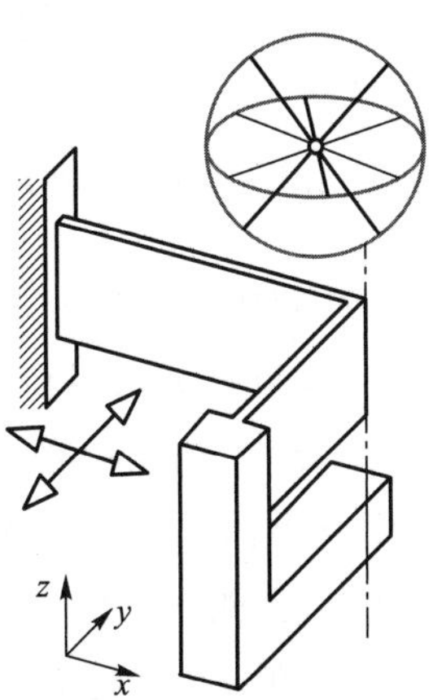

图 5.8　串联式 CFM 的自由度特征图示

对混联式 CFM, 还需细分为两类: 一类是整体并联; 另一类为整体串联。整体并联的混联式 CFM 自由度分析过程类似于并联式 CFM, 具体如下:

(1) 确定各支链对动平台提供的约束线图。按前面介绍的串联式 CFM 自由度分析过程确定每个支链的约束线图。

(2) 将各支链约束线图求并, 得到动平台的约束空间。根据组合线图的维数公式, 得到动平台约束空间的维数 n 以及具体的约束线图。

(3) 求柔性机构的自由度。显然, 柔性机构的自由度为 $6-n$。

(4) 确定柔性机构的自由度性质, 包括自由度类型及转轴位置等。根据图谱法的对偶线图法则, 可以得到与动平台约束空间对偶的自由度空间。依据自由度空间的线图表达, 进而得出包括自由度类型 (直线表示转动, 两端带箭头的线段表示移动等) 以及转轴位置等信息。

作为整体并联型的一个例证, 下面根据上述分析过程来分析如图 5.9 所示的混联式 CFM。该柔性机构由一个动平台、一个基平台以及 3 条支链组成。其中, 每个支链又由两个平行分布的板簧串联组合而成, 3 条支链各自所在的平面相互正交。

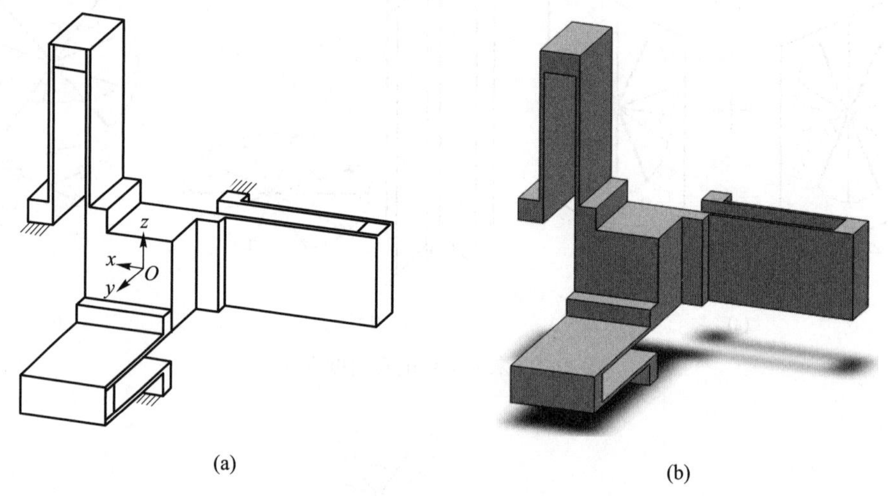

图 5.9 混联式 CFM

任取一个支链, 按串联式 CFM 自由度分析方法得到每个支链提供给动平台的约束空间 (1 维), 如图 5.10a 所示。按同样方法得到其他支链的约束空间, 再将所有支链的约束空间求并, 得到动平台的约束空间 (3 维), 如图 5.10b 所示。根据对偶线图法则, 得到该柔性机构的自由度空间 (3 维), 如图 5.10c 所示。由上可知, 该柔性机构的自由度为 3, 类型是 3T ($\mathrm{T}_x\mathrm{T}_y\mathrm{T}_z$), 如图 5.11 所示。

整体串联型的混联式 CFM 自由度分析过程类似于串联式 CFM, 具体如下:

(1) 对参与串联的各个柔性模块进行自由度分析, 得到各个模块的自由度线图。并联柔性模块的自由度分析方法参见并联式柔性机构的自由度分析。

(2) 将各模块自由度线图求并, 得到机构末端的自由度空间。

(3) 确定机构自由度及其性质。串联式 CFM 的自由度为末端自由度空间维数。

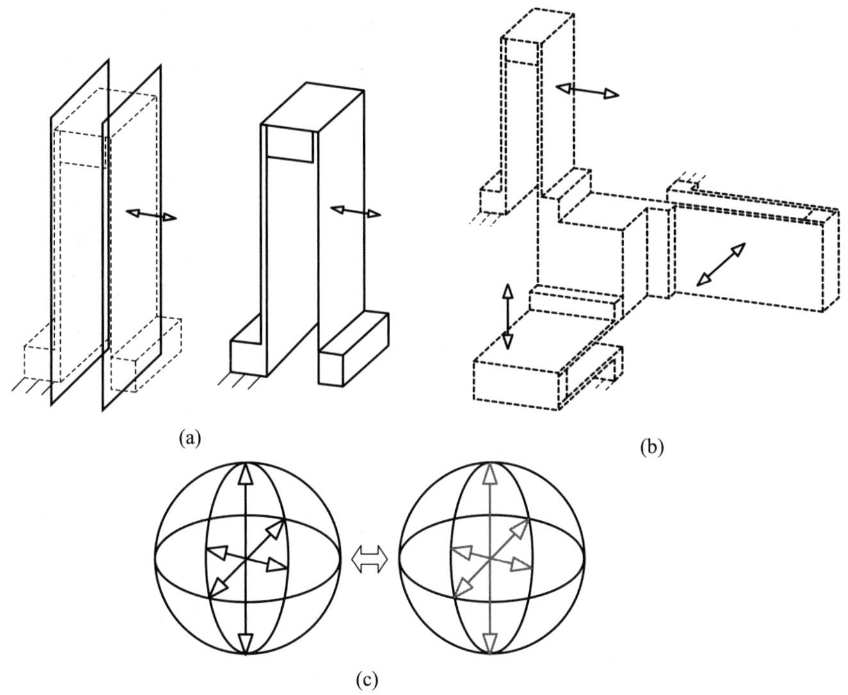

图 5.10 动平台的约束空间及自由度空间

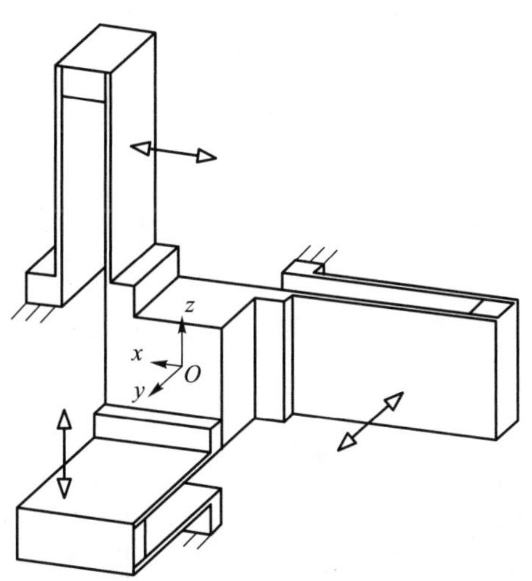

图 5.11 混联式 CFM 的自由度特征图示

自由度的性质同样可据自由度空间的线图表达得出。

例子从略。

5.2.2 柔性机构中的冗余约束

为有效提高柔性系统的总体结构刚度, 柔性设计中通常采用过 (冗余) 约束形式。例如, 为提升图 5.12a 所示柔性平行导向机构的刚度, 通常将其设计成平行双簧片式柔性构型 (图 5.12b); 为进一步提高系统的刚度, 实际系统常由 3 个以上平行簧片并联而成 (图 5.12c)。

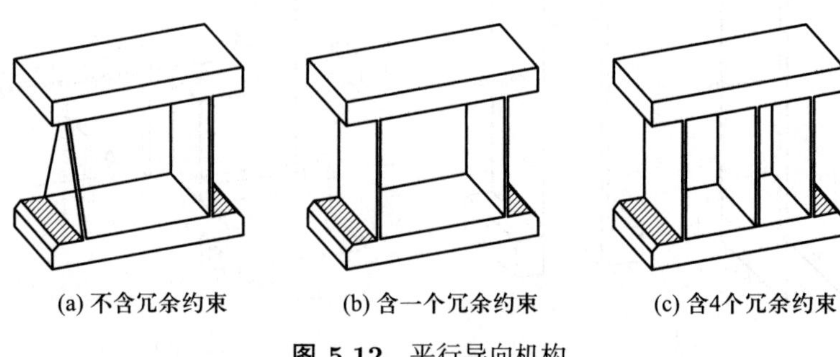

图 5.12 平行导向机构

并联系统冗余约束度的确定方法如下: 将各柔性约束模块提供的约束度求代数和, 减去系统的约束空间维数, 即为该系统的冗余约束度。

例如, 在图 5.12b 所示的柔性机构中, 由于每根簧片提供 3 维约束, 并联后两个簧片总共提供了 6 个约束。不过它们之间的平行关系提供了一个公共约束 (可通过对偶约束法则确定出来), 即系统的约束空间维数为 5, 这样系统的冗余约束度应为 $6-5=1$。而图 5.12c 所示的柔性机构中, 由于每个簧片提供 3 维约束, 3 根簧片并联后总共提供了 9 个约束。不过它们之间的平行关系提供了一个公共约束 (可通过对偶约束法则确定出来), 即系统的约束空间维数为 5, 这样系统的冗余约束度应为 $9-5=4$。

以上计算并联柔性系统冗余约束的方法并不适于计算串联式柔性系统。例如, 对于图 5.13 所示的两个串联柔性系统。它们的共性是两根簧片串联组合后, 系统总的自由度是 5, 因此它的约束空间维数为 1。不过, 这时系统的冗余约束度应为 0。

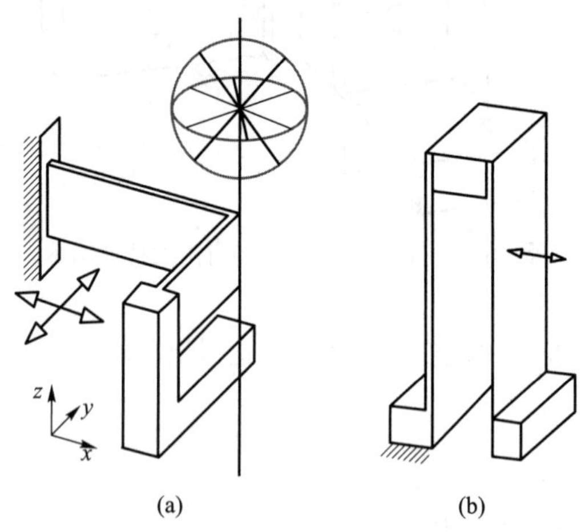

图 5.13 两个串联柔性系统 (不含冗余约束)

5.2.3 一种用于验证自由度分析结果的模块化、可重构柔性教具

除了利用图谱法进行柔性机构自由度分析之外，还可以将这种理念反哺，通过设计出一种精巧的可视化柔性教具[14]，将其应用到机械原理及机构学等课程的教学中[15]。具体而言，希望能实现如下功能：一是帮助学生直观理解自由度、约束与过约束等概念；二是作为实物验证，并演示自由度与约束之间的定性定量关系 (对偶法则)。作为教学用具，该系统需具有简单、紧凑、直观易用等特点。当然，如果教具还能具有如乐高玩具那样模块化、可重构的功能，会显得更加有趣。

为此，借助图谱法及柔性机构的有关知识，设计了两种可能方案，具体如图 5.14 所示。由于空间自由刚体有 3 个相互垂直的平移自由度和 3 个相互垂直的旋转自由度，很容易联想到图 5.14a 所示的正交型结构。正方体作为空间刚体，施加法向约束力与约束力偶在正方体的各平面上，垂直于平面的力可以限制与力平行方向的移动自由度，与坐标轴平行的力偶可以限制这个方向的转动自由度。用单个杆表示 1 维力约束，两个平行杆则可提供 1 维力偶约束。这个结构虽然简单易懂，但是制作起来非常困难。为此，采用了另外一种并联式构型方案 (图 5.14b)：先假定有两个刚体 (平板)，二者通过线约束 (柔性细长杆) 相连；当其中一个刚体固定时，另一刚体的自由度取决于约束的个数和具体分布情况。

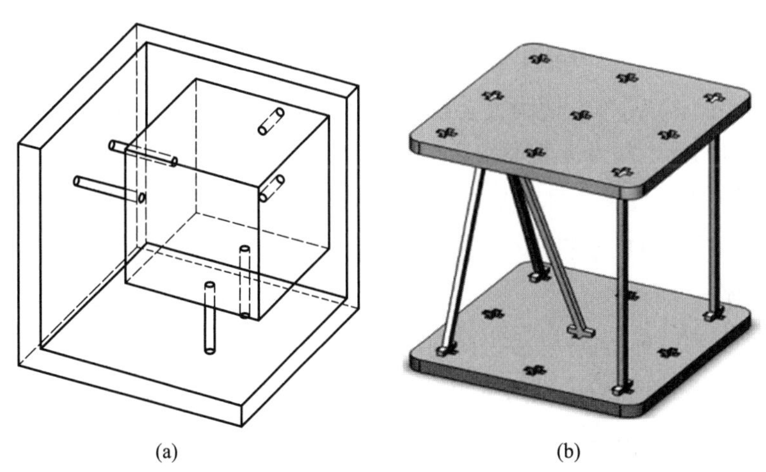

(a) (b)

图 5.14 两种教具实现方案

整个教具套件包含 2 个基板 (刚性平板)，以及 5 种不同类型的基本柔性模块，即单直杆、单斜杆、1 斜 1 直杆、2 斜杆、2 斜 1 直杆，它们均位居同一平面内，以便于一体化加工。具体形状如图 5.15 所示。在不影响可搭接构型完备性的前提下，并考虑到加工及装配的方便，上下平板各均匀分布 9 个十字孔，以供各个柔性杆插拔。具体分布见图 5.16。

对教具的材料进行选择时，要求材料在常值力或力矩作用下，有较大变形而不失

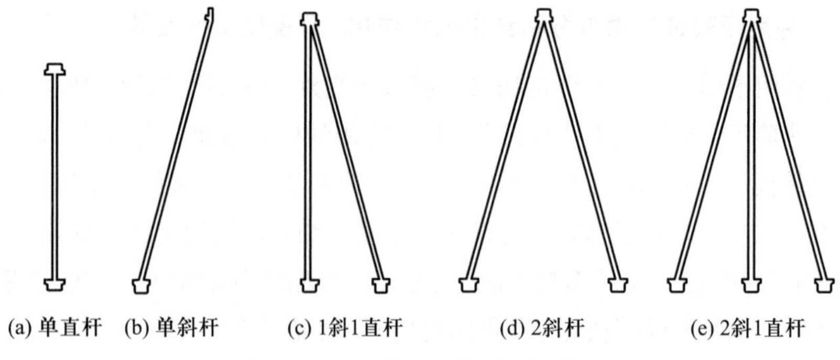

图 5.15 各基本杆件的具体形状

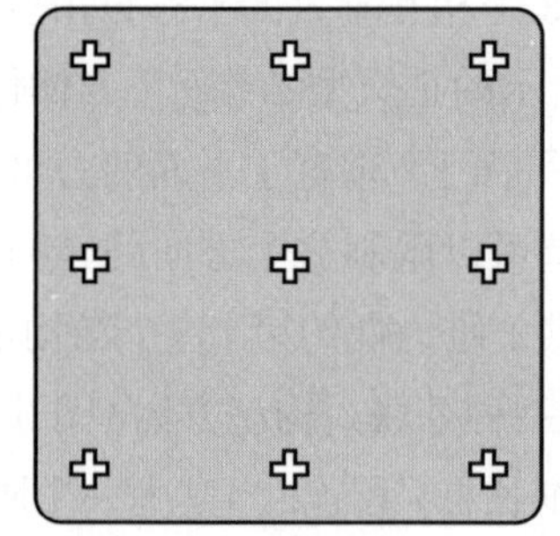

图 5.16 刚性平板及十字孔分布

效, 即有较小的刚度、较大的许用应力和较好的稳定性。结合柔性教具对材料高强度模量比、加工制作成本低、使用安全等的设计要求可知, 金属材料不太适合制作柔性教具, 而塑料的优点与设计要求相吻合, 故教具中的柔性杆优先选用塑料 (ABS、聚丙烯等)。因为柔性教具中的基板 (即固定和移动平板) 要有足够的刚度, 而且要移动方便, 同时一定厚度的塑料板可有较大的刚度和较小的质量, 所以教具中的基板也选用塑料制作。

该教具作为一种实物模型, 可面向课内实验教学, 主要用于: ① 演示机构自由度与约束间的关系, 判断验证过约束的情况, 辅助学习自由度、约束及过约束等基本概念; ② 帮助初学者了解柔性单元及柔性机构的相关概念; ③ 作为学生课外实验的平台, 验证演示自由度与约束对偶法则; ④ 验证柔性机构构型设计的多解性; ⑤ 辅助旋量理论教学。

下面以验证柔性机构自由度分析结果是否正确为例, 来说明该柔性教具的使用。

假设柔性机构的动平台能够绕其上的某一轴线转动, 首先可根据自由度与约束对偶法则确定独立约束线的个数为 5, 进而根据图谱法布置各种可行的约束线分布方式。例如, 若要使动平台具有 1R 的自由度, 构型可选含 3 组约束的构型。前两组约束均为两条平面相交的线约束, 且这两组约束所在的平面平行; 第三组约束为与前两组约束所在平面空间相交的一条线约束, 且此线约束位于经过前两组约束交点的平面内。具体的两种搭接构型如图 5.17 所示。

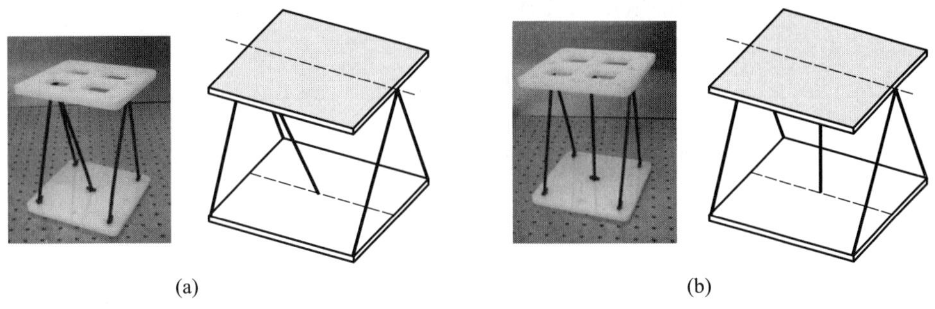

(a) (b)

图 5.17 无冗余约束柔性机构及实物构型

根据约束的独立性可以知道, 平面内平行的直线至多 2 条相互独立。再结合线约束的等效性, 可构造出满足含冗余约束的常见实体构型, 如图 5.18 所示。

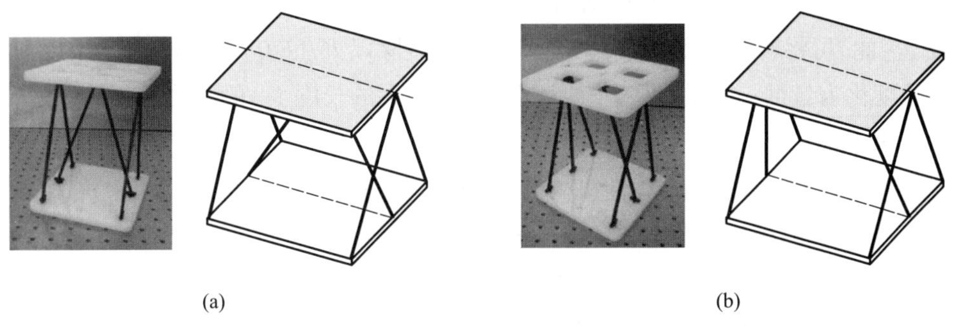

(a) (b)

图 5.18 含冗余约束的柔性机构及实物构型

5.3 基于特征柔度矩阵的自由度分析

5.3.1 一般分析方法

基于图谱法的柔性机构自由度分析是建立在柔性单元等效自由度或约束模型基础上的, 这种等效是一种近似的、理想化的等效。举例来说, 柔性细长杆单元的理想约束模型为 1 维线约束, 而实际上除了该线约束外, 柔性杆同样提供了其他方向上的约束, 只不过其他方向的约束能力相比于轴线约束要弱很多。

从前面的讨论中可以看到, 这些等效模型是通过比较柔性单元各方向的柔度得出的。如果柔性单元某一方向上的移动柔度要远大于其他柔度, 则可认为柔性单元在该方向上具有一个移动自由度。而这种比较只有在相同的量纲下才有意义。受此启发, 在将转动柔度和移动柔度量纲一化的基础上, 提出了一种基于真实柔度的柔性机构自由度解析分析方法[4-9]。

由附录可知, 在力旋量 $W=(\boldsymbol{M};\boldsymbol{F})$ 的作用下, 机构的动平台产生微小变形 $\boldsymbol{T}=(\boldsymbol{\theta};\boldsymbol{\delta})$ (实质上是个运动旋量), 二者满足

$$\boldsymbol{T}=\boldsymbol{C}\boldsymbol{W} \tag{5.3}$$

假设力旋量与运动旋量是同一个旋量的标积, 则可以得到下面的特征值方程, 即

$$\lambda\overline{\boldsymbol{e}}=\boldsymbol{C}\overline{\boldsymbol{e}} \tag{5.4}$$

一般地, 式 (5.4) 中有 6 个特征值 λ_i 和 6 个特征向量 $\overline{\boldsymbol{e}}_i$。其中, 特征值 λ_i 称为*特征柔度* (eigen-compliance), 它是运动旋量与力旋量的比值。与特征值对应的特征向量 $\overline{\boldsymbol{e}}_i$ 称为柔度的*特征旋量* (eigen-screw)。这些特征旋量可表示柔性机构在笛卡儿坐标系中的基本运动模式, 柔性机构的所有运动均可由这些特征旋量线性表示。

前面提到, 转动柔度和移动柔度具有不同的量纲, 因此不能直接对二者进行比较。为此, 可将转动柔度除以 $l/(EI_y)$, 移动柔度除以 $l^3/(EI_y)$, 从而将转动柔度和移动柔度化为量纲一的量。这里, l 为机构中梁单元的长度 (一般取最长者作为标准), I_y 为其截面惯性矩。

下面给出解析法确定柔性机构自由度的一般过程:

(1) 计算机构的柔度矩阵 $\boldsymbol{C}$, 单位统一采用国际单位制。

(2) 计算柔度矩阵 $\boldsymbol{C}$ 的特征值及特征向量。

(3) 将特征值按其表示的柔度类型 (转动柔度或移动柔度) 进行量纲一化。

(4) 对量纲为一的特征值进行比较, 方法如下: 取量纲一特征值中的最大者, 记为 $\lambda_{\max}$; 将其余特征值 λ_i 与 $\lambda_{\max}$ 相比, 若 $|\lambda_i/\lambda_{\max}|\ll 1$, 则将该特征值赋值为 0。

(5) 处理后, 非零特征值的数目即为柔性机构的自由度数目。

(6) 寻找与零特征值对应的特征向量 (旋量), 这些特征向量构成了机构的约束旋量空间。注意: 由与零特征值对应的所有特征向量组成的线性空间同机构所受的所有约束旋量组成的线性空间是完全一致的。

(7) 根据自由度空间与约束空间的对偶性, 求得机构 (动平台) 的自由度空间。

5.3.2 实例分析

按照上述方法, 可以对实际柔性机构的自由度特性进行分析。下面通过实例来验证。

5.3.2.1 平行双簧片型柔性模块

该模块的柔度矩阵由式 (4.32) 给出。参考坐标系以及结构参数如图 5.19 所示。

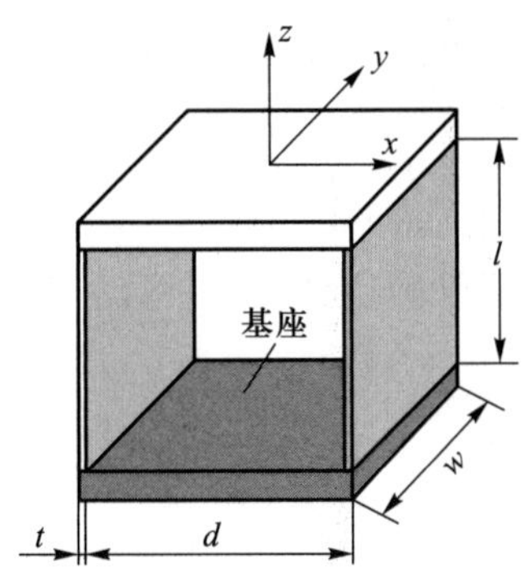

图 5.19 平行双簧片型柔性模块

给定平行双簧片型柔性模块参数: $l = 100$ mm, $d = 80$ mm, $w = 50$ mm, $t = 2$ mm, $E = 70$ GPa, 泊松比 $\nu = 0.346$, 代入式 (4.32), 可直接计算得到柔度矩阵 $\boldsymbol{C}$

$$\boldsymbol{C} = \begin{bmatrix} 34.285\,7 & 0 & 0 & 0 & -1.714\,3 & 0 \\ 0 & 4.463\,4 & 0 & 0.223\,2 & 0 & 0 \\ 0 & 0 & 14.958\,7 & 0 & 0 & 0 \\ 0 & 0.223\,2 & 0 & 17.868\,3 & 0 & 0 \\ -1.714\,3 & 0 & 0 & 0 & 0.114\,3 & 0 \\ 0 & 0 & 0 & 0 & 0 & 0.007\,1 \end{bmatrix} \times 10^{-6}$$

$\boldsymbol{C}$ 的特征值矩阵与特征向量矩阵为

$$\lambda = \mathrm{diag}\begin{pmatrix} 34.371\,5 & 4.459\,6 & 14.958\,7 & 17.872 & 0.028\,5 & 0.007\,1 \end{pmatrix} \times 10^{-6}$$

$$\boldsymbol{V} = \begin{bmatrix} 0 & 0 & 0 & 1 & 0 & 0 \\ 0.05 & 0 & 0 & 0 & 1 & 0 \\ 0 & 0 & 0 & 0 & 0 & 1 \\ -1 & 0 & 0 & 0 & 0.05 & 0 \\ 0 & 1 & 0 & 0 & 0 & 0 \\ 0 & 0 & 1 & 0 & 0 & 0 \end{bmatrix}$$

将特征值量纲一化后, 得到

$$\begin{aligned} \boldsymbol{\lambda} &= \mathrm{diag}\begin{pmatrix} 0.802 & 0.104 & 0.349 & 41.7 & 0.066\,5 & 0.016\,67 \end{pmatrix} \times 10^{-3} \\ &\approx \mathrm{diag}\begin{pmatrix} 0 & 0 & 0 & 41.7 & 0 & 0 \end{pmatrix} \times 10^{-3} \end{aligned}$$

与零特征值对应的特征向量组成机构的约束空间 (列向量表示约束力旋量), 即

$$\boldsymbol{W} = \begin{bmatrix} 0 & 0 & 0 & 0 & 0 \\ 0.05 & 0 & 0 & 1 & 0 \\ 0 & 0 & 0 & 0 & 1 \\ -1 & 0 & 0 & 0.05 & 0 \\ 0 & 1 & 0 & 0 & 0 \\ 0 & 0 & 1 & 0 & 0 \end{bmatrix}$$

根据自由度空间与约束空间的对偶性, 可得动平台的自由度空间

$$\boldsymbol{T} = (0, 0, 0; 1, 0, 0) \tag{5.5}$$

上式表明平行双簧片型柔性模块具有一个沿 x 方向的移动自由度。利用图谱法也可以得出与之相同的结论。

5.3.2.2 车轮形柔性铰链

车轮形柔性铰链的两个板簧单元相交于点 O, 且关于 O 点对称。参考坐标系及各结构参数如图 5.20 所示。

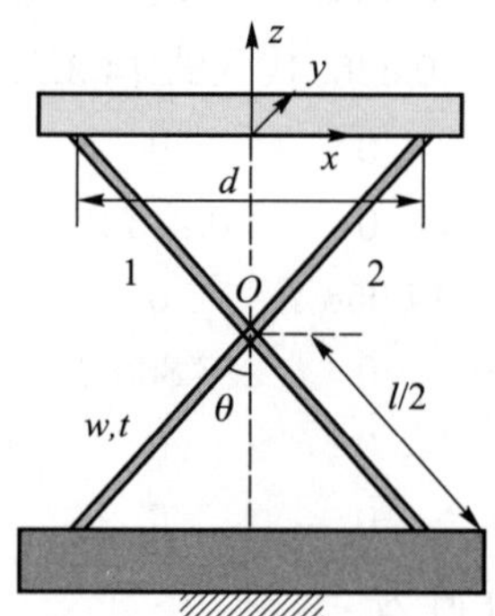

图 5.20 车轮形柔性模块

板簧单元 1、2 坐标变换的伴随矩阵如下:

$$\mathrm{Ad}_1 = \begin{bmatrix} \boldsymbol{R}_1 & \boldsymbol{0} \\ \widehat{\boldsymbol{t}}_1 \boldsymbol{R}_1 & \boldsymbol{R}_1 \end{bmatrix}, \quad \mathrm{Ad}_2 = \begin{bmatrix} \boldsymbol{R}_2 & \boldsymbol{0} \\ \widehat{\boldsymbol{t}}_2 \boldsymbol{R}_2 & \boldsymbol{R}_2 \end{bmatrix} \tag{5.6}$$

式中

$$\boldsymbol{R}_1 = \begin{bmatrix} \cos\theta & 0 & \sin\theta \\ 0 & 1 & 0 \\ -\sin\theta & 0 & \cos\theta \end{bmatrix}, \quad \boldsymbol{R}_2 = \begin{bmatrix} \cos\theta & 0 & -\sin\theta \\ 0 & 1 & 0 \\ \sin\theta & 0 & \cos\theta \end{bmatrix},$$

$$\widehat{\boldsymbol{t}}_1 = \widehat{\boldsymbol{t}}_2 = \begin{bmatrix} 0 & l\cos\theta/2 & 0 \\ -l\cos\theta/2 & 0 & 0 \\ 0 & 0 & 0 \end{bmatrix}$$

因此, 车轮形柔性模块在参考坐标系下的柔度矩阵为

$$\boldsymbol{C} = [(\mathrm{Ad}_1 \boldsymbol{C}_\mathrm{b} \mathrm{Ad}_1^\mathrm{T})^{-1} + (\mathrm{Ad}_2 \boldsymbol{C}_\mathrm{b} \mathrm{Ad}_2^\mathrm{T})^{-1}]^{-1} \tag{5.7}$$

给定该柔性铰链参数: $l = 200$ mm, $d = 100$ mm, $w = 50$ mm, $t = 2$ mm, $\theta = 30°$,

$E = 70$ GPa, $\nu = 0.346$, 将上述各参数代入式 (5.7), 可计算得到柔度矩阵 $\boldsymbol{C}$

$$\boldsymbol{C} = \begin{bmatrix} 0.813\,4 & 0 & 0 & 0 & -0.070\,4 & 0 \\ 0 & 428.571\,4 & 0 & 37.115\,4 & 0 & 0 \\ 0 & 0 & 1.296\,2 & 0 & 0 & 0 \\ 0 & 37.115\,4 & 0 & 3.214\,9 & 0 & 0 \\ -0.070\,4 & 0 & 0 & 0 & 0.008\,4 & 0 \\ 0 & 0 & 0 & 0 & 0 & 0.000\,2 \end{bmatrix} \times 10^{-4}$$

$\boldsymbol{C}$ 的特征值矩阵与特征向量矩阵为

$$\boldsymbol{\lambda} = \text{diag}(1.296\,2 \quad 431.785\,7 \quad 0.819\,5 \quad 0.002\,3 \quad 0.000\,6 \quad 0.000\,2) \times 10^{-4}$$

$$\boldsymbol{V} = \begin{bmatrix} 0 & 0.086 & 0 & 0 & 1 & 0 \\ 0 & 0 & -0.086 & 1 & 0 & 0 \\ 0 & 0 & 0 & 0 & 0 & 1 \\ 0 & 0 & 1 & 0.086 & 0 & 0 \\ 0 & 1 & 0 & 0 & -0.086 & 0 \\ 1 & 0 & 0 & 0 & 0 & 0 \end{bmatrix}$$

将特征值进行量纲一化后, 得到

$$\begin{aligned} \boldsymbol{\lambda} &= \text{diag}(1.5 \quad 503.8 \quad 0.956\,1 \quad 0.066\,17 \quad 0.016\,54 \quad 0.005\,55) \times 10^{-3} \\ &\approx \text{diag}(0 \quad 503.8 \quad 0 \quad 0 \quad 0 \quad 0) \times 10^{-3} \end{aligned}$$

与零特征值对应的特征向量组成机构的约束空间 (列向量表示约束力旋量), 即

$$\boldsymbol{W} = \begin{bmatrix} 0 & 0 & 0 & 1 & 0 \\ 0 & -0.086 & 1 & 0 & 0 \\ 0 & 0 & 0 & 0 & 1 \\ 0 & 1 & 0.086 & 0 & 0 \\ 0 & 0 & 0 & -0.086 & 0 \\ 1 & 0 & 0 & 0 & 0 \end{bmatrix}$$

根据自由度空间与约束空间的对偶性, 可得动平台的自由度空间

$$\boldsymbol{T} = (0, 1, 0; 0.086, 0, 0) \tag{5.8}$$

式 (5.8) 表明车轮形柔性铰链具有一个转动自由度, 转动轴线平行于 y 轴, 且通过点 $(0, 0, -0.086)^{\mathrm{T}}$。注意到理想情况下, O 点坐标为 $(0, 0, -l\sin\theta/2)^{\mathrm{T}} = (0, 0, -0.086\,6)^{\mathrm{T}}$。因此, 车轮形柔性铰链的转动轴线通过 O 点, 这与利用图谱法得到的结论一致。

5.3.2.3 组合型柔性模块

图 5.21 所示的组合式柔性模块由前面提及的平行双簧片型模块与车轮形模块串联组合而成。参考坐标系建立在相交板簧的交线中点, 各坐标轴方向及结构参数如图中所示。各参数意义与车轮形柔性模块相同。该柔性模块的柔度矩阵可由平行双簧片型和车轮形模块在参考坐标系下的柔度矩阵相加直接得到。下文不再赘述柔度矩阵的计算过程, 而直接给出计算结果。

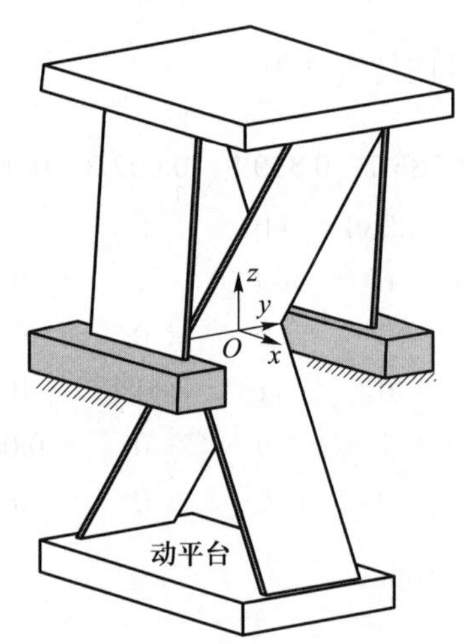

图 5.21 组合式柔性模块

给定该柔性模块参数: $l = 200$ mm, $d_1 = d_2 = 100$ mm, $w = 100$ mm, $t = 2$ mm, $\theta = 30°$, $E = 70$ GPa, $\nu = 0.346$, 直接给出该参数下该柔性模块的柔度矩阵 $\boldsymbol{C}$

$$\boldsymbol{C} = \begin{bmatrix} 0.114\,1 & 0 & 0 & 0 & 0.000\,5 & 0 \\ 0 & 214.322\,8 & 0 & -0.001\,6 & 0 & 0 \\ 0 & 0 & 0.170\,6 & 0 & 0 & 0 \\ 0 & -0.001\,6 & 0 & 0.000\,4 & 0 & 0 \\ 0.000\,5 & 0 & 0 & 0 & 0.058\,3 & 0 \\ 0 & 0 & 0 & 0 & 0 & 0.000\,1 \end{bmatrix} \times 10^{-4} \tag{5.9}$$

$\boldsymbol{C}$ 的特征值矩阵与特征向量矩阵为

$$\boldsymbol{\lambda} = \mathrm{diag}(0.114\,1 \quad 214.322\,8 \quad 0.106\,1 \quad 0.000\,4 \quad 0.058\,3 \quad 0.000\,1) \times 10^{-4}$$

$$\boldsymbol{V} = \begin{bmatrix} 0 & 0 & 0 & 1 & 0 & 0 \\ 0 & 0 & 0 & 0 & 1 & 0 \\ 0 & 0 & 0 & 0 & 0 & 1 \\ 1 & 0 & 0 & 0 & 0 & 0 \\ 0 & 1 & 0 & 0 & 0 & 0 \\ 0 & 0 & 1 & 0 & 0 & 0 \end{bmatrix}$$

将特征值量纲一化后, 得到

$$\begin{aligned}\lambda &= \mathrm{diag}(0.133\,1 \quad 250 \quad 0.199 \quad 0.011 \quad 1.7 \quad 0.003\,68) \times 10^{-3} \\ &\approx \mathrm{diag}(0 \quad 250 \quad 0 \quad 0 \quad 1.7 \quad 0) \times 10^{-3}\end{aligned} \tag{5.10}$$

与零特征值对应的特征向量组成机构所受约束 (列向量表示力旋量), 如下所示:

$$\boldsymbol{W} = \begin{bmatrix} 0 & 0 & 1 & 0 \\ 0 & 0 & 0 & 0 \\ 0 & 0 & 0 & 1 \\ 1 & 0 & 0 & 0 \\ 0 & 0 & 0 & 0 \\ 0 & 1 & 0 & 0 \end{bmatrix}$$

根据运动旋量与力旋量的互易性, 可得机构的运动旋量, 即

$$\begin{cases} \boldsymbol{T}_1 = (0, 1, 0; 0, 0, 0) \\ \boldsymbol{T}_2 = (0, 0, 0; 0, 1, 0) \end{cases} \tag{5.11}$$

式 (5.11) 表明, 该类型柔性模块具有一个转动自由度和一个移动自由度, 其中转动轴线与 y 轴重合, 移动方向沿 y 轴。因此, 该柔性模块可以作为柔性圆柱副使用。根据图谱法对串联柔性机构的自由度分析也可以得出相同结论。此外, 由式 (5.10) 还可以看出, 该柔性模块的转动柔度比其移动柔度要大。

5.4 柔性机构的寄生运动分析

柔性机构的寄生运动又称伴随运动, 是相对于功能方向运动而言的, 是不希望具有的运动。对移动自由度而言, 动平台应沿着移动方向作直线运动。但由于机构中柔性单元的变形, 使得动平台在非移动方向上产生了位移, 这种不期望存在的位移即是寄生运动。对转动自由度而言, 理想情况下, 动平台应绕着某个固定的中心以固定的半径作旋转运动。而由于柔性机构产生运动的机理为材料变形, 而变形的区域是分散的, 所以在转动时也不可避免地伴有寄生运动。这种寄生运动表现为转动中心或转动半径随转角而改变, 其大小可以用轴漂来衡量。

一般地, 寄生运动的存在会对柔性机构的精度、控制等产生消极影响, 应尽量将其减小[16]。然而寄生运动的大小不仅和其拓扑形状、材料特性有关, 而且也受到载荷形式的影响, 是一个复杂的问题。Su 等[17] 对寄生运动分析进行了有益尝试。本节在对柔性机构进行柔度分析的基础上, 利用瞬心的概念来定性地考量小变形条件下的寄生运动。

如前所述,柔性机构的柔度矩阵具有式 (4.5) 所示的形式。当对柔性机构动平台施加某一方向的力 F 时,动平台不仅产生沿该方向的移动 δ,同时伴随有一个寄生转动 θ。例如,当对动平台施加一个 y 方向的力 F_y 时,动平台产生 y 方向移动 δ_y 和绕 x 轴的寄生转动 θ_x。该寄生转动瞬心的 z 方向位置分量可由下式给出:

$$R_{z-F_y}=\frac{\delta_y}{\theta_x}=\frac{C_{55}F_y}{C_{15}F_y}=\frac{C_{55}}{C_{15}} \tag{5.12}$$

当对柔性机构动平台施加绕某一轴的力矩 M 时,动平台产生绕该轴转动位移 θ,同时伴随有寄生移动 δ。例如,当对动平台施加绕 y 轴的力矩 M_y 时,动平台产生绕 y 轴的转动 θ_y 和沿 x 方向的寄生移动 δ_x。类似地,该转动瞬心的 z 方向位置分量如下:

$$R_{z-M_y}=\frac{\delta_x}{\theta_y}=\frac{C_{42}M_y}{C_{22}M_y}=\frac{C_{42}}{C_{22}} \tag{5.13}$$

同样地,对于其他的载荷情况亦可采取上述分析方法。

由式 (5.12) 和式 (5.13) 可以看出,寄生运动与瞬心位置是有关系的,更进一步说,寄生运动也是与机构柔度相关联的。下面我们来定性地研究寄生运动大小与瞬心位置之间的关系。

由图 5.22a 易知,对于相同的功能方向移动而言,瞬心的位置矢量越大,伴随的寄生转动越小。以式 (5.12) 所示情况为例,为减小寄生转动 θ_x,则需要增大 R_{z-F_y}。一种可行的手段是减小柔度 C_{15}。理想情况下,当 C_{15} 趋于 0 时,R_{z-F_y} 趋于无穷,这是我们所期望的情况。

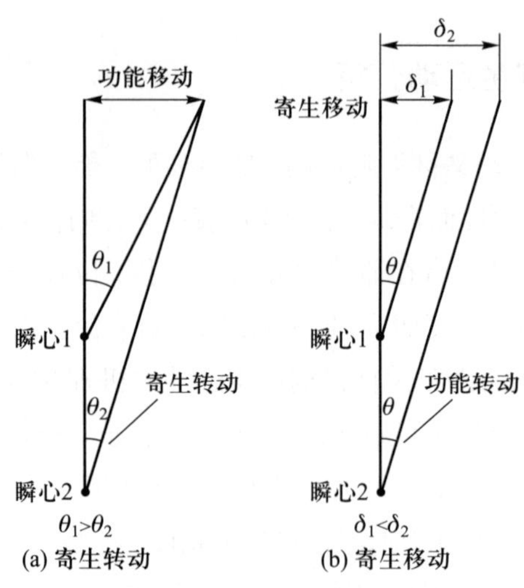

图 5.22 瞬心与寄生运动

同样地,由图 5.22b 易知,对于相同的功能方向转动而言,瞬心的位置矢量越小,伴随的寄生移动就越小。以式 (5.13) 所示的情况为例,为减小寄生移动 δ_x,则需要

减小 R_{z-M_y}, 也即是要减小柔度 C_{42}。理想情况下, 当 C_{42} 趋于 0 时, R_{z-M_y} 也趋于 0, 这是我们所期望的情况。

通过上述分析, 可以归纳出如下结论: 对于柔性机构移动自由度所伴随的寄生转动, 其瞬心离得越远越好; 而对于柔性机构转动自由度所伴随的寄生移动, 其瞬心离转动轴越近越好。更进一步讲, 不管哪种类型的寄生运动, 柔性机构柔度矩阵的非对角线元素的绝对值 $|C_{ij}|_{i\neq j}$ 应尽可能小, 即柔度矩阵应最大程度地对角化。理想情况下, $|C_{ij}|=0$, 此时柔度矩阵变为对角矩阵 (仅主对角线元素不全为 0)。这也为后面 (第 10 章) 开展利用寄生运动补偿来提高柔性机构运动精度的研究提供了理论依据。

5.4.1 梯形柔性模块

下面以图 5.23 所示的等腰梯形柔性模块为例, 来说明寄生运动的分析方法。

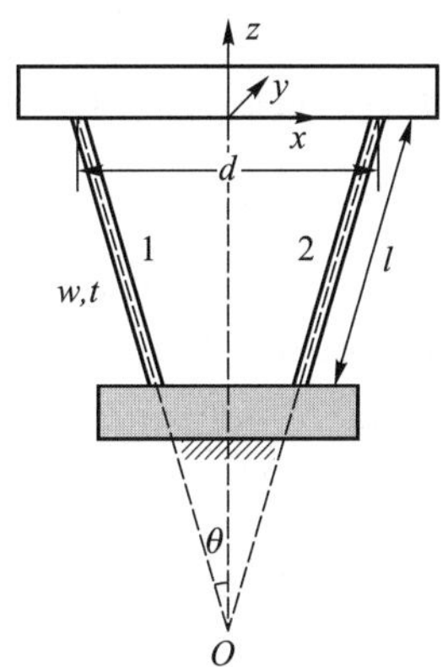

图 5.23 等腰梯形柔性模块

该柔性模块呈梯形结构, 由两个完全相同的板簧单元对称并联组成, 且两板簧有一个虚拟的交点 O。两板簧上端间距为 d, 夹角为 2θ。板簧的长度、宽度、厚度分别为 l、w、t。参考坐标系建立在动平台下表面的中心。

在分析寄生运动之前, 首先需要计算该柔性模块的柔度矩阵。

板簧单元在位于其质心的局部坐标系下的柔度矩阵为

$$\boldsymbol{C}_{\rm b}=\operatorname{diag}\left(\frac{12l}{Ew^3t}\ \frac{12l}{Ewt^3}\ \frac{12l}{Gwt(w^2+t^2)}\ \frac{l^3}{Ewt^3}\ \frac{l^3}{Ew^3t}\ \frac{l}{Ewt}\right) \tag{5.14}$$

板簧单元 1、2 坐标变换的伴随矩阵如下:

$$\mathrm{Ad}_1=\begin{bmatrix}\boldsymbol{R}_1 & \boldsymbol{0}\\ \widehat{\boldsymbol{t}}_1\boldsymbol{R}_1 & \boldsymbol{R}_1\end{bmatrix},\quad \mathrm{Ad}_2=\begin{bmatrix}\boldsymbol{R}_2 & \boldsymbol{0}\\ \widehat{\boldsymbol{t}}_2\boldsymbol{R}_2 & \boldsymbol{R}_2\end{bmatrix} \tag{5.15}$$

式中

$$\boldsymbol{R}_1=\begin{bmatrix}\cos\theta & 0 & \sin\theta\\ 0 & 1 & 0\\ -\sin\theta & 0 & \cos\theta\end{bmatrix},\quad \boldsymbol{R}_2=\begin{bmatrix}\cos\theta & 0 & -\sin\theta\\ 0 & 1 & 0\\ \sin\theta & 0 & \cos\theta\end{bmatrix},$$

$$\widehat{\boldsymbol{t}}_1=\begin{bmatrix}0 & \dfrac{l\cos\theta}{2} & 0\\ -\dfrac{l\cos\theta}{2} & 0 & \dfrac{d-l\sin\theta}{2}\\ 0 & \dfrac{l\sin\theta-d}{2} & 0\end{bmatrix},\quad \widehat{t}_2=\begin{bmatrix}0 & \dfrac{l\cos\theta}{2} & 0\\ -\dfrac{l\cos\theta}{2} & 0 & \dfrac{l\sin\theta-d}{2}\\ 0 & \dfrac{d-l\sin\theta}{2} & 0\end{bmatrix}$$

因此, 该柔性模块在参考坐标系下的柔度矩阵为

$$\boldsymbol{C}=[(\mathrm{Ad}_1C_{\mathrm{b}}\mathrm{Ad}_1^{\mathrm{T}})^{-1}+(\mathrm{Ad}_2\boldsymbol{C}_{\mathrm{b}}\mathrm{Ad}_2^{\mathrm{T}})^{-1}]^{-1} \tag{5.16}$$

利用图谱法分析, 可以得到该梯形柔性模块只有一个转动自由度, 其转动轴线通过点 O 且平行 y 轴。当对动平台施加力矩 M_y 时, 动平台产生功能方向转动变形 $\theta_y=C_{22}M_y$ 和寄生移动变形 $\delta_x=C_{42}M_y$。这儿直接给出 C_{22} 和 C_{42}, 即

$$C_{22}=\frac{6l}{Ewt^3}\frac{l^2\sin^2\theta+t^2\cos^2\theta}{3d^2+4l^2\sin^2\theta-6dl\sin\theta+t^2\cos^2\theta} \tag{5.17}$$

$$C_{42}=\frac{-3l\cos\theta}{Ewt^3}\frac{2l^3\sin^2\theta-dl^2\sin\theta+t^2l\cos2\theta+dt^2\sin\theta}{3d^2+4l^2\sin^2\theta-6dl\sin\theta+t^2\cos^2\theta} \tag{5.18}$$

根据式 (5.13), 可以得到 z 轴上的瞬心位置为

$$\frac{C_{42}}{C_{22}}=\frac{-\cos\theta}{2}\frac{2l^3\sin^2\theta-dl^2\sin\theta+t^2l\cos2\theta+dt^2\sin\theta}{l^2\sin^2\theta+t^2\cos^2\theta} \tag{5.19}$$

令 $\rho=d/l,\eta=t/l$, 式 (5.19) 可化为

$$\frac{C_{42}}{C_{22}}=\frac{-d\cot\theta}{2}\left[1-\frac{(2\sin^2\theta+\eta^2\cos2\theta)(\rho-\sin\theta)}{\rho(\sin^2\theta+\eta^2\cos^2\theta)}\right] \tag{5.20}$$

理想情况下, 等腰梯形柔性模块的名义瞬心位于点 O, 其位置矢量为 $\boldsymbol{r}=(0,0,-d\cot\theta/2)^{\mathrm{T}}$。因此, 该柔性模块的寄生运动 (轴漂) 可表示为

$$\varepsilon=\frac{C_{42}}{C_{22}}+\frac{d\cot\theta}{2}=\frac{d\cot\theta(2\sin^2\theta+\eta^2\cos2\theta)(\rho-\sin\theta)}{2\rho(\sin^2\theta+\eta^2\cos^2\theta)} \tag{5.21}$$

根据式 (5.21), 可以在满足其他设计要求的前提下, 通过调整参数 ρ、η 和 θ 来使寄生运动达到最小。特别地, 当 $\rho=\sin\theta$ 时, $\varepsilon=0$。此时, $d=l\sin\theta$, 则等腰梯形柔性模块演化为如图 5.20 所示的车轮形柔性模块。

5.4.2 平行双簧片型柔性模块

下面再来分析平行双簧片型柔性模块的寄生运动。平行双簧片型柔性模块如图 5.19 所示，其柔度矩阵在前面已有计算。从另一个角度来讲，平行双簧片型柔性模块可以看作上述等腰梯形模块当 $\theta=0°$ 时的构型。此时，由式 (5.19) 可得

$$\frac{C_{42}}{C_{22}}=-\frac{l}{2} \tag{5.22}$$

式 (5.22) 表明，平行双簧片型柔性模块在力矩 M_y 作用下的转动瞬心在 z 轴 $-l/2$ 处。

再来考虑动平台施加 x 方向水平力 F_x 的情况。此时，动平台产生 x 方向移动位移 δ_x 和绕 y 轴的寄生转动 θ_y。同前面分析类似，该寄生转动的瞬心位置由下式确定:

$$R_{z-F_x}=\frac{\delta_x}{\theta_y}=\frac{C_{44}F_x}{C_{24}F_x}=\frac{C_{44}}{C_{24}}=-\frac{2}{3}l-\frac{\rho^2 l}{2\eta^2} \tag{5.23}$$

这里,C_{44} 和 C_{24} 直接给出，如下所示:

$$C_{44}=\frac{l}{2Ewt\eta^2}\left(\frac{3\rho^2+4\eta^2}{3\rho^2+\eta^2}\right) \tag{5.24}$$

$$C_{24}=\frac{-3}{Ewt}\left(\frac{1}{3\rho^2+\eta^2}\right) \tag{5.25}$$

由于 $\eta^2\ll 1$，式 (5.23) 说明，在水平力 F_x 作用下，动平台寄生转动的瞬心在 z 轴上远离 $-2l/3$ 处。这说明，相对于移动而言，寄生转动非常小。因此，平行双簧片型柔性模块可作为移动模块使用。

5.5 本章小结

本章首先对典型的基本柔性单元 (包括柔性板簧、柔性杆等) 进行了参数化的柔度建模，给出了与之对应的等效自由度及约束模型。在此基础上，提出了两种自由度分析方法: 一种是图谱法，从理想约束的角度定性分析求解; 另一种是基于特征柔度矩阵的分析方法，从真实约束的角度定量分析求解。通过若干实例验证了两种方法的有效性。通过对柔性机构寄生运动的研究，提出了基于瞬心的寄生运动定性分析方法，该方法的关键在于利用移动柔度与转动柔度比值来确定瞬心位置。

参考文献

[1] Huang Z, Li Q C, Ding H F. Theory of parallel mechanisms. Springer-Verlag, 2013.

[2] 黄真, 刘婧芳, 李艳文. 论机构自由度 —— 寻找了 150 年的自由度通用公式. 北京: 科学出版社, 2011.

[3] Murphy M D, Midha A, Howell L L. On the mobility of compliant mechanisms//Machine Elements and Machine Dynamics, ASME 1994, DE-Vol. 71, 475-480.

[4] 贾瑞鹏. 基于刚度的柔性机构参数化设计及应用. 硕士学位论文. 北京: 北京航空航天大学, 2014.

[5] 李守忠. 基于旋量理论的柔性精微机构综合. 博士学位论文. 北京: 北京航空航天大学, 2012.

[6] 于靖军. 全柔性机器人机构分析及设计方法研究. 博士学位论文. 北京: 北京航空航天大学, 2002.

[7] Yu J J, Bi S S, Zong G H. A method to evaluate and calculate the mobility of a general compliant parallel manipulator//ASME International DETC2004, Volume 2: 28th Biennial Mechanisms and Robotics Conference, Salt Lake City, Utah, 2004: 743-748.

[8] Yu J J, Bi S S, Zong G H, et al. Mobility characteristics of a flexure-based compliant manipulator with three legs//IROS2006, Beijing, 1076-1081.

[9] Yu J J, Li S Z, Pei X, et al. A unified approach to type synthesis of both rigid and flexure parallel mechanisms. Science China: Technological Sciences, 2011, 54(5): 1206-1219.

[10] Von M. Motorrechnung: Ein neues hilfsmittel in der mechanic. zeitschrift fur angewandte mathematic und mechanic, 1924, 4(2): 155-181.

[11] Slocum A H. Precision machine design. Prentice-Hall, 1992.

[12] Yu J J, Li S Z, Su H J, et al. Screw theory based methodology for the deterministic type synthesis of flexure mechanisms. Journal of Mechanisms and Robotics, Transactions of the ASME, 2011, 3(3): 031008.1-14.

[13] 于靖军, 裴旭, 宗光华. 机械装置的图谱化创新设计. 北京: 科学出版社, 2014.

[14] Li S Z, Yu J J, Wu Y, et al. Development of a reconfigurable compliant education kit for undergraduate mechanical engineering education//Conference on Reconfigurable Mechanisms and Robots (ReMAR2012), Tianjin, China, 2012.

[15] Yu J J, Lu D F, Ding X L, et al. Teaching creative mechanism design by integrating synthesis methodology and physical models//The 2013 ASME International Design Engineering Technical Conferences, Oregon, Portland, 2013, DETC2013-12173.

[16] Hopkins J B, Culpepper M L. A screw theory basis for quantitative and graphical design tools that define layout of actuators to minimize parasitic errors in parallel flexure systems. Precision Engineering, 2010, 34(4): 767-776.

[17] Su H J, Shi H L, Yu J J. A symbolic formulation for analytical compliance analysis and synthesis of flexure mechanisms. Journal of Mechanical Design, Transactions of the ASME, 2012, 134(5): 051009.

第 6 章 柔性机构动力学基础

柔性机构的动力学分析主要包括动力学建模、动力学特性分析、动态响应等问题，是机构控制、结构设计与驱动器选型的基础。对柔性机构而言，其动力学的研究除了包含一般刚性体动力学的内容 (如正向动力学和逆向动力学) 以外，还包含结构动力学方面的内容。前者旨在机构能实现更好的控制，而后者对改善柔性系统的动态特性大有裨益。

由于柔性铰链的引入，消除了铰链处的摩擦与回差，提高了机构的运动精度。同时，也会产生一些新的动力学问题：如改变了传统刚性机构的动力学行为，增加了结构动力学方面的研究内容；降低了机构的刚度，对动力学性能造成显著的影响，由此产生的振动现象更与我们的任务要求背道而驰。实际上，在利用所建立的柔性微操作机器人实验平台进行有关的动态实验过程中出现的抖动现象就明确地表明了对柔性机构动力学的研究已很有必要。柔性机构中，其结构的复杂性可能会造成其动力学分析变得较为复杂。

总之，柔性机构动力学研究的意义在于：① 实现对柔性系统的动力学控制；② 通过动态结构设计，消除振动。

本章内容主要建立在课题组近年来有关柔性动力学研究基础之上[1-5]。

6.1 柔性动力学建模方法简介

目前，关于柔性机构动力学建模的方法主要有 4 种：集中参数法[6]、有限元法[7]、伪刚体模型法[8] 和梁约束模型法[9]。

1. 集中参数法

集中参数法是指将柔性结构划分为若干个单元，再把每个单元的分布质量按静力学平衡力分解原理集中于单元的两个端点，而集中质量之间的连接刚度仍与原结构的相应刚度相同。该方法特别适用于物理参数分布不均匀的系统。通常, 将惯性和刚度较大的部件当作质量集中的支点和刚体, 而惯性小、弹性大的部件则抽象为无质量的弹簧, 它们的质量忽略不计或者折算到集中质量上去。但在对实际结构简化时, 不论实际结构多么复杂, 集中参数模型只使用单一的当量梁单元, 因此所建立的理论模型比较粗糙。

2. 有限元法

有限元法主要是对连续体结构进行简化, 且认为质量和弹性是分布式的, 它用节点处的有限个自由度代替了连续弹性体的无限个自由度。利用有限元建立的柔性机构动力学模型精度较高, 且可对系统的动态响应、频率特性以及动应力等动态特性进行深入分析。目前, 多种商业软件均可以实现成熟、可靠的有限元静力学及动力学仿真。但在柔性机构设计阶段, 需要考虑众多参数的变化对机构性能的影响, 有限元方法显得比较复杂和耗时。事实上, 有限元分析和仿真更适合于理论分析和设计结果的验证。

3. 伪刚体模型法

为了提供一种能够分析经受非线性大变形的柔性机构的简单方法, Howell 等[10]提出了伪刚体模型法。伪刚体模型采用刚性连杆和弹簧来模拟柔性机构的运动与受力特性, 从而可以借鉴传统刚性机构的分析和设计方法来求解柔性机构。这种对柔性机构分析和建模的方法直观、简单。例如, 他们利用伪刚体模型, 结合拉格朗日方程建立了平行四杆柔性机构的动力学模型, 并分析了它的基频特性, 初步验证了将伪刚体模型引入柔性机构的动力学建模的可行性。此外, 还利用伪刚体模型以及拉格朗日方程建立了固定 – 铰接柔性梁、固定 – 固定柔性梁、短臂柔铰以及柔性常力机构的动力学模型[11]。

4. 梁约束模型法

Awtar[9] 对簧片的变形特性进行了数学上的处理, 在特定假设情况下忽略了一些次要因素, 得到了简洁的平面梁约束分析和设计模型。利用该模型建立的大行程柔性机构的动力学模型能够充分考虑簧片的变形特性, 同时能够揭示轴向载荷对其动态特性的影响, 这在概念设计阶段显得尤为重要。

6.2 单自由度柔性机构的动力学建模

6.2.1 基于集中参数法的柔性机构动力学建模

6.2.1.1 平行双簧片型柔性机构的动力学建模

平行双簧片型柔性机构是一种典型的大行程柔性铰链, 两根直簧片一端固定, 一端连接运动块, 如图 6.1a 所示。这里将对其一阶固有频率进行分析。

1. 固有频率的理论计算模型

由动力学知识可知, 这种模型可以等效为水平方向的弹簧 - 滑块模型, 如图 6.1b 所示。此时将簧片看作水平运动的弹簧, 而运动块相当于连接在弹簧上的滑块。这时, 影响柔性铰链频率特性的参数主要有两个: 一个是将铰链等效为弹簧的刚度 K; 另一个是运动部分的质量 M。

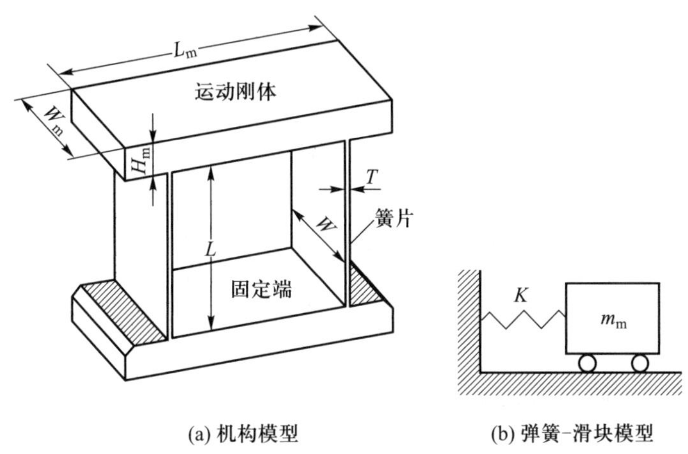

图 6.1 平行双簧片柔性机构的动力学模型

首先计算单根簧片的质量, 材料密度为 ρ, 簧片的厚度为 T, 长度为 L, 宽度为 W, 则簧片的质量 m_p 为

$$m_p = \rho TLW \tag{6.1}$$

簧片的运动可以看作绕固定端的转动, 为使结果尽可能准确, 将簧片的质量折算到质量块上。由于簧片质心的运动位移大约为运动块运动位移的 1/2, 因此, 簧片折算到运动块的质量 $\overline{m}_p$ 为

$$\overline{m}_p = \frac{m_p}{4} = \frac{\rho TLW}{4} \tag{6.2}$$

运动部分的质量主要集中在运动块上。运动块的高度为 H_m, 水平方向的长度为 L_m, 则运动块的质量 m_m 为

$$m_m = \rho L_m H_m W_m \tag{6.3}$$

为加工方便, 一般情况下, 平行双簧片型柔性机构都是在一块金属板上一体化加工而成的, 运动端质量块与簧片的宽度相同, 考虑簧片质量和运动块质量的总质量 M 为

$$M = m_m + 2\overline{m}_p = \frac{1}{2}\rho W(2L_m H_m + TL) \tag{6.4}$$

下面来计算簧片的刚度。这里主要考虑簧片在功能 (水平) 方向上的刚度。对单根簧片而言, 量纲为一的刚度 k_y 为

$$k_y = \frac{f_y}{u_{y1}} = k_{11}^{(0)} + f_x k_{11}^{(1)} \tag{6.5}$$

不考虑轴向力 f_x, 代入横向刚度系数 $k_{11}^{(0)}$ 与截面惯性矩的取值, 将上式转化为如下形式:

$$K_y = \frac{EIk_y}{L^3} = \frac{12EI}{L^3} \tag{6.6}$$

簧片的截面惯性矩 I 为

$$I = \frac{WT^3}{12} \tag{6.7}$$

将其代入式 (6.6) 中, 进而可得整个机构在切向方向的刚度

$$K_y = 2K_y = \frac{2EWT^3}{L^3} \tag{6.8}$$

根据动力学原理, 得到平行双簧片型柔性机构的一阶固有频率, 即

$$f = \frac{1}{2\pi}\sqrt{\frac{K_y}{M}} = \frac{1}{2\pi}\sqrt{\frac{4EWT^3}{\rho WL^3(2L_\mathrm{m}H_\mathrm{m}+TL)}} \tag{6.9}$$

2. 有限元验证

为验证理论模型的可靠性, 采用 ANSYS 对柔性铰链进行仿真。选取相同的几何参数 (表 6.1), 分别代入动力学模型和有限元模型。模态分析的结果为 25.99 Hz, 理论模型计算结果为 26.71 Hz, 与有限元仿真结果接近, 误差在允许范围之内, 验证了理论模型的准确性。

表 6.1 平行双簧片柔性机构的仿真参数

参数名称	参数值	参数名称	参数值
E/Pa	0.73×10^{11}	W/mm	5
ρ/(kg/m^3)	2 700	L_m/mm	40
L/mm	60	H_m/mm	6
T/mm	0.3	W_m/mm	5

6.2.1.2 双平行四杆柔性机构的动力学模型

1. 固有频率的理论计算模型

继续用能量法对图 6.2a 所示的双平行四杆柔性机构进行动力学建模。

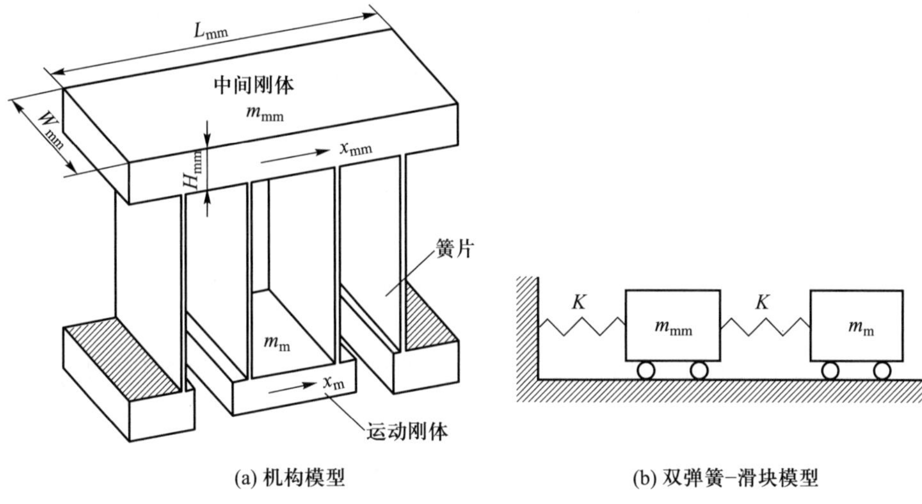

(a) 机构模型　　(b) 双弹簧–滑块模型

图 6.2　双平行四杆柔性机构

采用模块化思想, 将两个平行双簧片柔性机构分别看作一个独立模块, 在此基础上建立双平行四杆柔性机构的模型。中间刚体与相应簧片构成的平行双簧片柔性模块的质量 M_{mm} 为

$$M_{\mathrm{mm}} = m_{\mathrm{mm}} + 2\overline{m}_{\mathrm{p}} = \frac{1}{2}\rho W(2L_{\mathrm{mm}}H_{\mathrm{mm}} + TL) \tag{6.10}$$

运动块与相应簧片构成的平行双簧片柔性模块的质量 M_{m} 为

$$M_{\mathrm{m}} = m_{\mathrm{m}} + 2\overline{m}_{\mathrm{p}} = \frac{1}{2}\rho W(2L_{\mathrm{m}}H_{\mathrm{m}} + TL) \tag{6.11}$$

同样, 在主运动方向上, 中间刚体与相应簧片构成的平行双簧片柔性模块的刚度 K_{mm} 为

$$K_{\mathrm{mm}} = \frac{EWT^3}{L^3} \tag{6.12}$$

在主运动方向上, 运动块与相应簧片构成的平行双簧片柔性模块的刚度 K_{m} 与 K_{mm} 相同, 即

$$K_{\mathrm{m}} = \frac{EWT^3}{L^3} \tag{6.13}$$

系统的动能为运动块和中间刚体的动能之和, 即

$$T = \frac{1}{2}M_{\mathrm{mm}}\dot{x}_{\mathrm{mm}}^2 + \frac{1}{2}M_{\mathrm{m}}\dot{x}_{\mathrm{m}}^2 \tag{6.14}$$

系统的弹性势能也为两个模块的簧片弹性势能之和, 即

$$V = \frac{1}{2}K_{\mathrm{mm}}x_{\mathrm{mm}}^2 + \frac{1}{2}K_{\mathrm{m}}x_{\mathrm{m}}^2 \tag{6.15}$$

应用拉格朗日方程, 可得

$$\begin{cases} \dfrac{\mathrm{d}}{\mathrm{d}t}\left(\dfrac{\partial(T-V)}{\partial \dot{x}_{\mathrm{mm}}}\right)-\dfrac{\partial(T-V)}{\partial x_{\mathrm{mm}}}=0 \\ \dfrac{\mathrm{d}}{\mathrm{d}t}\left(\dfrac{\partial(T-V)}{\partial \dot{x}_{\mathrm{m}}}\right)-\dfrac{\partial(T-V)}{\partial x_{\mathrm{m}}}=0 \end{cases} \tag{6.16}$$

整理得到

$$\begin{cases} M_{\mathrm{mm}}\ddot{x}_{\mathrm{mm}}+(K_{\mathrm{mm}}+K_{\mathrm{m}})x_{\mathrm{mm}}-K_{\mathrm{m}}x_{\mathrm{m}}=0 \\ M_{\mathrm{m}}\ddot{x}_{\mathrm{m}}+K_{\mathrm{m}}x_{\mathrm{m}}-K_{\mathrm{m}}x_{\mathrm{mm}}=0 \end{cases} \tag{6.17}$$

因此, 双平行四杆柔性机构可以看作由两个弹簧 – 滑块结构串联的模型。对式 (6.17) 进一步整理, 有

$$\boldsymbol{M}\ddot{\boldsymbol{X}}+\boldsymbol{K}\boldsymbol{X}=\boldsymbol{0} \tag{6.18}$$

式中, X 为坐标向量 $[x_{\mathrm{mm}} \quad x_{\mathrm{m}}]^{\mathrm{T}}$, 质量矩阵 $\boldsymbol{M}$ 为

$$\boldsymbol{M}=\begin{bmatrix} M_{\mathrm{mm}} & 0 \\ 0 & M_{\mathrm{m}} \end{bmatrix} \tag{6.19}$$

而刚度矩阵 $\boldsymbol{K}$ 为

$$\boldsymbol{K}=\begin{bmatrix} K_{\mathrm{mm}}+K_{\mathrm{m}} & -K_{\mathrm{m}} \\ -K_{\mathrm{m}} & K_{\mathrm{m}} \end{bmatrix} \tag{6.20}$$

则可以得到其特征值问题为

$$(\boldsymbol{K}-\omega^2\boldsymbol{M})\boldsymbol{X}=\boldsymbol{0} \tag{6.21}$$

令

$$\boldsymbol{D}=\boldsymbol{K}-\omega^2\boldsymbol{M} \tag{6.22}$$

代入各刚度与质量表达式, 可得

$$\boldsymbol{D}=\begin{bmatrix} \dfrac{2EWT^3}{L^3}-\dfrac{\rho W(2L_{\mathrm{mm}}H_{\mathrm{mm}}+TL)}{2}\omega^2 & -\dfrac{EWT^3}{L^3} \\ -\dfrac{EWT^3}{L^3} & \dfrac{EWT^3}{L^3}-\dfrac{\rho W(2L_{\mathrm{m}}H_{\mathrm{m}}+TL)}{2}\omega^2 \end{bmatrix} \tag{6.23}$$

通过求解特征多项式 $\det(\boldsymbol{D})=0$, 可得该系统前两阶固有频率。

2. 有限元验证

为验证理论模型的可靠性, 采用 ANSYS 对柔性机构该进行仿真。选取相同的几何参数 (表 6.2), 分别代入动力学模型和有限元模型。一阶固有频率的理论计算结果为 15.7 Hz, 有限元仿真结果为 14.6 Hz。理论计算与仿真结果基本符合, 验证了动力学模型的有效性。

表 6.2　平行四杆柔性机构的仿真参数

参数名称	参数值	参数名称	参数值
E/Pa	0.73×10^{11}	H_{m}/mm	6
ρ/(kg/m^3)	2 700	W_{m}/mm	5
L/mm	60	L_{mm}/mm	40
T/mm	0.3	H_{mm}/mm	6
W/mm	5	W_{mm}/mm	5
L_{m}/mm	60		

另一方面可以看出, 在簧片长度与平行双簧片柔性机构相同的情况下, 双平行四杆机构的工作频率有明显的下降。一方面由于刚度串联的问题导致了刚度下降; 另一方面二级运动块的质量也对系统本身的质量产生了一定的影响。

6.2.1.3 广义交叉簧片型柔性铰链的动力学模型

继续用能量法对图 6.3a 所示的广义交叉簧片型柔性铰链进行动力学建模。

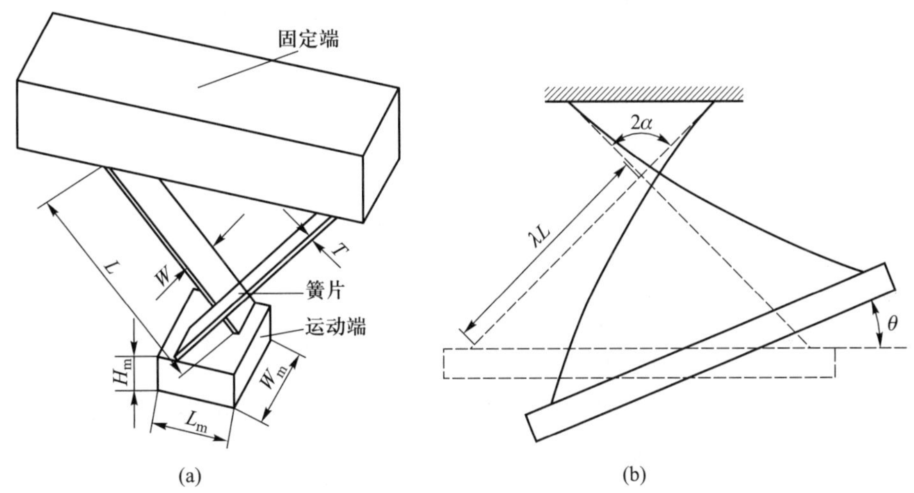

图 6.3　广义交叉簧片型柔性铰链的参数定义

1. 动能

簧片的质量 $m_{\mathrm{l}}=\rho TLW$ 相对较小, 将其视为绕铰链交叉点作转动的集中质量。其转动半径 r_{l} 为

$$r_{\mathrm{l}}=\left|\frac{1}{2}-\lambda\right|L \tag{6.24}$$

因此, 单根簧片的转动惯量 J_{p} 为

$$J_{\mathrm{p}}=m_{\mathrm{p}}r_{\mathrm{p}}^2=\left(\frac{1}{2}-\lambda\right)^2\rho TL^3W \tag{6.25}$$

运动端质量块的质量 $m_\mathrm{m}=\rho L_\mathrm{m}H_\mathrm{m}W_\mathrm{m}$, 远大于簧片, 是影响铰链质量特性的主要因素。其质心不仅绕铰链交叉点转动, 质量块也绕自身质心转动。首先, 其质心到铰链交叉点的距离 r 为

$$r=\lambda L\cos\alpha \tag{6.26}$$

此部分的转动惯量 $J_1=m_\mathrm{m}r^2=\rho\cos^2\alpha\lambda^2L^2L_\mathrm{m}H_\mathrm{m}W_\mathrm{m}$, 运动块绕自身质心的转动惯量 $J_2=\dfrac{1}{12}m_\mathrm{m}L_\mathrm{m}^2=\dfrac{1}{12}\rho L_\mathrm{m}^3H_\mathrm{m}W_\mathrm{m}$, 因此运动块总的转动惯量为

$$J_\mathrm{m}=J_1+J_2=\rho L_\mathrm{m}H_\mathrm{m}W_\mathrm{m}\left(\lambda^2L^2\cos^2\alpha+\frac{1}{12}\rho L_\mathrm{m}^2\right) \tag{6.27}$$

整个柔性铰链的转动惯量为

$$J=J_\mathrm{m}+2J_\mathrm{p}=\rho L_\mathrm{m}H_\mathrm{m}W_\mathrm{m}\left(\lambda^2L^2\cos^2\alpha+\frac{1}{12}\rho L_\mathrm{m}^2\right)+2\left(\frac{1}{2}-\lambda\right)^2\rho TL^3W \tag{6.28}$$

因此, 整个铰链的动能为

$$T=\frac{1}{2}J\dot{\theta}^2=\frac{1}{2}\left[\rho L_\mathrm{m}H_\mathrm{m}W_\mathrm{m}\left(\lambda^2L^2\cos^2\alpha+\frac{1}{12}\rho L_\mathrm{m}^2\right)+2\left(\frac{1}{2}-\lambda\right)^2\rho TL^3W\right]\dot{\theta}^2 \tag{6.29}$$

2. 势能

由式 (4.193) 可知, 铰链转动的量纲一刚度

$$K_\mathrm{m}=A_\mathrm{m}p+B_\mathrm{m} \tag{6.30}$$

式中

$$A_\mathrm{m}=\frac{2(9\lambda^2-9\lambda+1)}{15\cos\alpha}+\lambda\cos\alpha,\quad B_\mathrm{m}=8(3\lambda^2-3\lambda+1)$$

计算固有频率时不考虑垂直载荷, 因此转化为如下形式的刚度:

$$K=\frac{EI}{L}K_\mathrm{m}=\frac{EI}{L}B_\mathrm{m}=8(3\lambda^2-3\lambda+1)\frac{EI}{L} \tag{6.31}$$

式中, I 为簧片的截面惯性矩。进而可得广义交叉簧片型柔性铰链的势能

$$V=\frac{1}{2}K\theta^2=\frac{EWT^3(3\lambda^2-3\lambda+1)}{3L}\theta^2 \tag{6.32}$$

3. 固有频率

利用拉格朗日方程进行推导, 可得

$$\left[\rho L_\mathrm{m}H_\mathrm{m}W_\mathrm{m}\left(\lambda^2L^2\cos^2\alpha+\frac{1}{12}\rho L_\mathrm{m}^2\right)+2\left(\frac{1}{2}-\lambda\right)^2\rho TL^3W\right]\ddot{\theta}+\frac{2EWT^3(3\lambda^2-3\lambda+1)}{3L}\theta=0 \tag{6.33}$$

由此, 可得系统的一阶固有频率为

$$f=\frac{1}{2\pi}\sqrt{\frac{2EWT^3(3\lambda^2-3\lambda+1)}{3L\left[\rho L_{\mathrm{m}}H_{\mathrm{m}}W_{\mathrm{m}}\left(\lambda^2L^2\cos^2\alpha+\dfrac{1}{12}\rho L_{\mathrm{m}}^2\right)+2\left(\dfrac{1}{2}-\lambda\right)^2\rho TL^3W\right]}} \tag{6.34}$$

特别, 当交叉点位于簧片长度中点 (即 $\lambda=1/2$) 时, 该系统的一阶固有频率为

$$f=\frac{1}{2\pi}\sqrt{\frac{2EWT^3}{L\rho L_{\mathrm{m}}H_{\mathrm{m}}W_{\mathrm{m}}(3L^2\cos^2\alpha+\rho L_{\mathrm{m}}^2)}} \tag{6.35}$$

6.2.2 基于瞬心的大行程柔性铰链动力学建模

第 4 章中, 基于瞬心 (ICR) 的概念, 提出了一种大行程柔性铰链的伪刚体模型, 该方法在保持较高的静力学分析精度的同时, 可将铰链位置和刚度用简单的公式进行表达。为此, 在该模型基础上提出了一种基于瞬心的大行程柔性铰链动力学建模方法, 总体属于伪刚体法。

6.2.2.1 柔性悬臂梁的弹性势能

1. 末端切向力作用

根据功能等效原理, 在末端切向力 F 作用下, 悬臂梁的弹性变形能与切向力所作的功相同, 即

$$U=\int_0^s F\mathrm{d}s \tag{6.36}$$

根据图 3.14b, 端点 D 的轨迹为半径 γl 的圆弧, 小变形情况下, 位移 $\mathrm{d}s$ 可表示为

$$\mathrm{d}s=\gamma l\mathrm{d}\theta \tag{6.37}$$

将式 (6.37) 代入式 (6.36), 可得

$$U=\int_0^\theta F\gamma L\mathrm{d}\theta \tag{6.38}$$

展开得

$$U=\frac{2EI\gamma^2(1-3n+3n^2)}{n^2l}\theta^2 \tag{6.39}$$

2. 末端弯矩作用

纯弯矩作用下, 悬臂梁的变形分析模型如图 3.14a 所示。梁末端的转动角度为 α, 悬臂梁的弹性变形能可表示为弯矩 M 所作的功, 即

$$U=\int_0^\alpha M\mathrm{d}\alpha \tag{6.40}$$

展开得

$$U=\frac{2EI\gamma^2(1-3n+3n^2)}{n^2l}\theta^2 \tag{6.41}$$

对比式 (6.39) 与式 (6.41) 可以看出, 铰链在末端受切向力作用与受弯矩作用两种情况下, 其势能表达式相同。为此, 定义动力学刚度系数为

$$K_{\mathrm{d}}=\frac{4EI\gamma^2(1-3n+3n^2)}{n^2l} \tag{6.42}$$

动力学刚度系数 K_{d} 的表达不受末端载荷的影响, 进而得出簧片在不同载荷作用下通用的弹性势能表达式, 即

$$U=\frac{1}{2}K_{\mathrm{d}}\theta^2 \tag{6.43}$$

6.2.2.2 梯形柔性模块的动力学模型

利用上述方法, 建立梯形柔性模块的动力学模型。

1. 梯形柔性模块的动能

为研究方便, 假设梯形柔性模块的两根簧片的交点均处于其延长线上。梯形柔性模块的结构及其伪刚体模型分别如图 6.4a 和 b 所示, 该模块的瞬时转动中心为两腰的延长线交点 O。

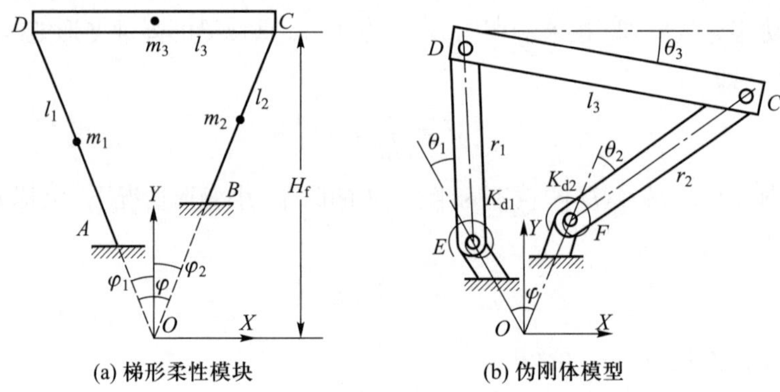

图 6.4 梯形柔性模块及其伪刚体模型

图 6.4a 中, 刚体 CD 到瞬时转动中心 O 点的距离

$$H_{\mathrm{f}}=\frac{l_3\cos\varphi_1}{\sin\varphi_1+\cos\varphi_1\tan\varphi_2} \tag{6.44}$$

式中, φ_1 与 φ_2 分别为簧片 AD、BC 与 Y 轴的夹角; l_1 与 l_2 分别为簧片 AD 和 BC 的长度。

定义簧片 AD 与簧片 BC 的瞬时转动中心的相对位置系数

$$n_1=\frac{H_{\mathrm{f}}}{l_1\cos\varphi_1},\quad n_2=\frac{H_{\mathrm{f}}}{l_2\cos\varphi_2} \tag{6.45}$$

式中, n_1 与 n_2 的取值范围均为 $[1,+\infty)$。

图 6.4b 为梯形柔性模块的伪刚体模型, 该模型为典型的四杆机构。连杆 AD 的长度 R_1 和 BC 的长度 R_2 分别为

$$r_1=\gamma_1 l_1=\frac{15n_1^2l_1}{2-3n_1+18n_1^2},\quad r_2=\gamma_2 l_2=\frac{15n_2^2l_2}{2-3n_2+18n_2^2} \tag{6.46}$$

连杆 AD 的质心速度为

$$V_{1\text{c}}=\frac{r_1\dot{\theta}_1}{2} \tag{6.47}$$

对于图 6.4b 所示系统, 其动能表达式如下:

$$T_\text{d}=\frac{1}{2}M_{\text{f}1}V_{1\text{c}}^2+\frac{1}{2}M_{\text{f}2}V_{2\text{c}}^2+\frac{1}{2}M_\text{r}V_{3\text{c}}^2+\frac{1}{2}J_{\text{f}1}\dot{\theta}_1^2+\frac{1}{2}J_{\text{f}2}\dot{\theta}_2^2+\frac{1}{2}J_\text{r}\dot{\theta}_3^2 \tag{6.48}$$

式中, $M_{\text{f}1}$、$M_{\text{f}2}$ 与 M_r 分别为簧片 AD、簧片 BC 以及刚体 CD 的质量; $J_{\text{f}1}$、$J_{\text{f}2}$ 与 J_r 分别为簧片 AD、簧片 BC 以及刚体 CD 的转动惯量; $V_{2\text{c}}$ 与 $V_{3\text{c}}$ 分别为连杆 BC 与 CD 的质心的速度。

式 (6.48) 可简化为

$$T_\text{d}=\frac{1}{2}M_\text{d}\dot{\theta}_1^2 \tag{6.49}$$

式中,M_d 为系统的等效质量。

2. 梯形柔性模块的动力学方程

根据式 (6.43) 可得出伪刚体模型的总势能为

$$U_\text{d}=\frac{1}{2}(K_{\text{d}1}\theta_1^2+K_{\text{d}2}\theta_1^2) \tag{6.50}$$

式中, θ_1 和 θ_2 分别为扭簧 $K_{\text{d}1}$ 与 $K_{\text{d}2}$ 的转角。将式 (6.49) 和式 (6.50) 代入拉格朗日方程, 可得梯形柔性模块的动力学方程, 即

$$M_\text{d}\ddot{\theta}_1+(K_{\text{d}1}+K_{\text{d}2})\theta_1=0 \tag{6.51}$$

一般情况下, 柔性机构的阻尼对其固有频率的影响很小, 从而可得梯形柔性模块的一阶固有频率为

$$f=\frac{1}{2\pi}\sqrt{\frac{K_{\text{d}1}+K_{\text{d}1}}{M_\text{d}}} \tag{6.52}$$

6.2.2.3 平行双簧片型柔性机构的动力学建模

平行双簧片型柔性机构是一种典型的大行程柔性铰链, 下面利用上述方法和结论建立其动力学模型。如图 6.5a 所示, 基座 AB 与导向刚体 CD 通过簧片 AD 和 BC 连接。为研究方便, 本文假设两条簧片的尺寸参数和材料均相同。

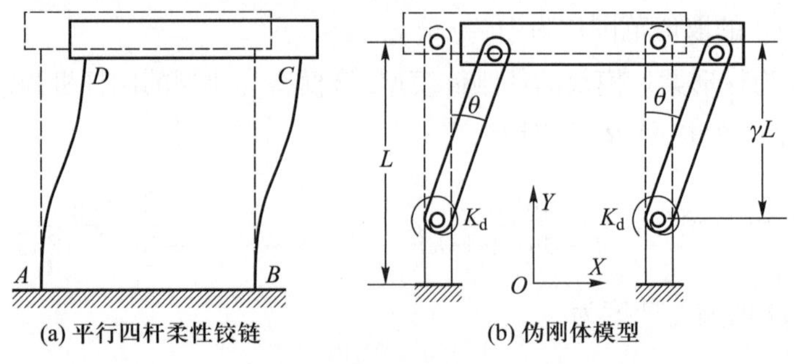

图 6.5 平行双簧片型柔性机构及其伪刚体模型

对于每条簧片, 其瞬心可认为在无穷远处, 且与 Y 轴的夹角均为 0°, 因而有

$$n_1 = n_2 = \infty \tag{6.53}$$

由此得到

$$\gamma_1 = \gamma_2 = \gamma = \frac{5}{6} \tag{6.54}$$

由式 (6.42), 可得

$$K_{\mathrm{d}} = \frac{12EI\gamma^2}{L} \tag{6.55}$$

根据以上结果以及式 (6.43), 可以得到系统的弹性势能表达式, 即

$$U_{\mathrm{d}} = 2 \times \frac{1}{2}K_{\mathrm{d}}\theta^2 = \frac{12EI\gamma^2}{L}\theta^2 \tag{6.56}$$

式中, θ 为伪刚体模型中扭簧的转角。由此可得系统的动能

$$T_{\mathrm{d}} = 2 \times \left[\frac{1}{2}M_{\mathrm{f}}\left(\frac{\gamma L}{2}\right)^2\dot{\theta}^2 + \frac{1}{2}J_{\mathrm{f}}\dot{\theta}^2\right] + \frac{1}{2}M_{\mathrm{r}}(\lambda L\dot{\theta})^2 = \left(\frac{1}{4}M_{\mathrm{f}}\gamma^2L^2 + \frac{1}{2}M_{\mathrm{r}}\gamma^2L^2 + J_{\mathrm{f}}\right)\dot{\theta}^2 \tag{6.57}$$

式中, M_{f} 为簧片的质量; J_{f} 为簧片的转动惯量; M_{r} 为导向刚体的质量。由此导出平行双簧片型柔性机构的无阻尼动力学方程, 即

$$\left(\frac{1}{2}M_{\mathrm{f}}\gamma^2L^2 + M_{\mathrm{r}}\gamma^2L^2 + 2J_{\mathrm{f}}\right)\ddot{\theta} + \frac{24EI\gamma^2}{L}\theta = 0 \tag{6.58}$$

进而, 可导出平行双簧片型柔性机构的一阶固有频率计算公式

$$f = \frac{10}{\pi}\sqrt{\frac{3EI}{(25M_{\mathrm{f}}L^2 + 50M_{\mathrm{r}}L^2 + 144J_{\mathrm{f}})L}} \tag{6.59}$$

6.2.3 基于梁约束模型的大行程柔性铰链动力学建模

6.2.3.1 柔性悬臂梁的应变能模型

通常情况下, 簧片的变形可视为平面应变状态。如图 6.6 所示, 在自由端施加广

义的平面载荷 (弯矩 M、轴向力 P 和切向力 F), 簧片的末端将产生转角 θ, 轴向位移 Δ_x (本文规定轴向伸长方向为正) 和切向位移 Δ_y。

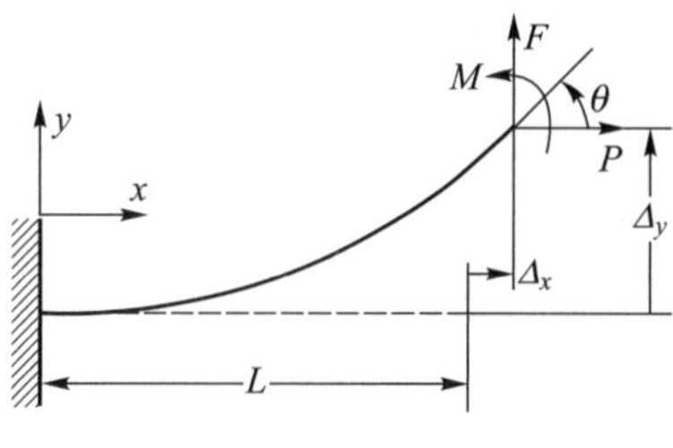

图 6.6 簧片受力变形模型

Awtar[9] 对簧片受力变形模型进行了归一化处理, 得到下列量纲一参数:

$$\delta_x = \frac{\Delta_x}{L},\quad \delta_y = \frac{\Delta_y}{L},\quad k_{33} = 12\left(\frac{L}{H}\right)^2,\quad m = \frac{ML}{EI},\quad p = \frac{PL^2}{EI},\quad f = \frac{FL^2}{EI}$$

式中, L、W 和 H 分别表示簧片的长度、宽度和厚度, 定义 L、W、H 为簧片的形状参数; I 为簧片截面惯性矩; E 为材料的弹性模量。基于 Euler–Benoulli 梁假设, Awtar 通过特定假设和化简得到了以下的簧片分析模型:

$$\begin{bmatrix} f \\ m \end{bmatrix} = \begin{bmatrix} k_{11}^{(0)} & k_{12}^{(0)} \\ k_{12}^{(0)} & k_{22}^{(0)} \end{bmatrix} \begin{bmatrix} \delta_y \\ \theta \end{bmatrix} + p \begin{bmatrix} k_{11}^{(1)} & k_{12}^{(1)} \\ k_{12}^{(1)} & k_{22}^{(1)} \end{bmatrix} \begin{bmatrix} \delta_y \\ \theta \end{bmatrix} \tag{6.60}$$

$$\delta_x = \frac{p}{d} - \frac{1}{2}\begin{bmatrix} \delta_y & \theta \end{bmatrix} \begin{bmatrix} k_{11}^{(1)} & k_{12}^{(1)} \\ k_{12}^{(1)} & k_{22}^{(1)} \end{bmatrix} \begin{bmatrix} \delta_y \\ \theta \end{bmatrix} - p \begin{bmatrix} \delta_y & \theta \end{bmatrix} \begin{bmatrix} k_{11}^{(2)} & k_{12}^{(2)} \\ k_{12}^{(2)} & k_{22}^{(2)} \end{bmatrix} \begin{bmatrix} \delta_y \\ \theta \end{bmatrix} \tag{6.61}$$

式 (6.61) 中, 左边第一项由轴向载荷产生, 定义为柔性分量; 后两项为运动分量, 第二项完全由运动决定, 而第三项则为轴向载荷和运动共同作用的效果。式 (6.60) 和式 (6.61) 中各系数取值见表 6.3。

表 6.3 各常值系数的取值[9]

$k_{11}^{(0)}$	$k_{12}^{(0)}$	$k_{22}^{(0)}$	$k_{11}^{(1)}$	$k_{12}^{(1)}$
12	–6	4	6/5	–1/10
$k_{22}^{(1)}$	$k_{11}^{(2)}$	$k_{12}^{(2)}$	$k_{22}^{(2)}$	
2/15	–1/700	1/1400	–11/6300	

以上分析模型不但揭示了簧片的非线性约束特性, 同时简洁、直观地反映了参数化载荷 – 位移关系。Awtar 命名该簧片分析模型为梁约束模型 (简称 BCM)。然而, 当利用 BCM 分析柔性机构时, 需要计算相关的内力。因此, 对于复杂的柔性机构就会涉及繁杂的数学推导及计算。为了解决该问题,Awtar 在以上模型的基础上提

出了梁约束模型的应变能表达式[12]

$$u=\frac{d}{2}\frac{\left[\delta_x-\frac{1}{2}\left(k_{11}^{(1)}\delta_y^2+2k_{12}^{(1)}\delta_y\theta+k_{22}^{(1)}\theta^2\right)\right]^2}{1-k_{33}\left(k_{11}^{(2)}\delta_y^2+k_{12}^{(2)}\delta_y\theta+k_{22}^{(2)}\theta^2\right)}+\frac{1}{2}\left(k_{11}^{(0)}\delta_y^2+2k_{12}^{(0)}\delta_y\theta+k_{22}^{(0)}\theta^2\right) \tag{6.62}$$

式中, δ_x、δ_y 与 θ 为独立的位移变量。

利用应变能表达式 (6.62) 并结合虚功原理, 可以避开复杂的内力和位移计算, 简化了具有簧片结构的柔性机构分析与设计。

以上两种表达方式具有本质的统一性, 均反映了柔性梁的约束特性, 且可以相互转化。根据虚功原理, 应变能的变化等于外力在虚位移 $\mathrm{d}\delta_x$、$\mathrm{d}\delta_y$ 和 $\mathrm{d}\theta$ 上所作的虚功, 即

$$\mathrm{d}u=p\mathrm{d}\delta_x+f\mathrm{d}\delta_y+w\mathrm{d}\theta \tag{6.63}$$

将式 (6.62) 代入式 (6.63), 可以得到与式 (6.60) 和式 (6.61) 相同的结果。

6.2.3.2 案例: 平行双簧片型柔性机构的动力学建模

首先以平行双簧片型柔性机构为研究对象, 阐述利用梁约束模型建立大行程柔性铰链的运动学模型的方法, 其精确分析模型如图 6.7 所示。Δ_{x1} 和 Δ_{y1} 为簧片 1 的末端位移在其局部坐标系 Ox_1y_1 下的表达, Δ_{x2} 和 Δ_{y2} 为簧片 2 的末端位移在其局部坐标系 Ox_2y_2 下的表达, Δ_x、Δ_y 和 θ 为末端刚体的位移在全局坐标系 Oxy 下的表达, L_1 表示两簧片之间的距离。

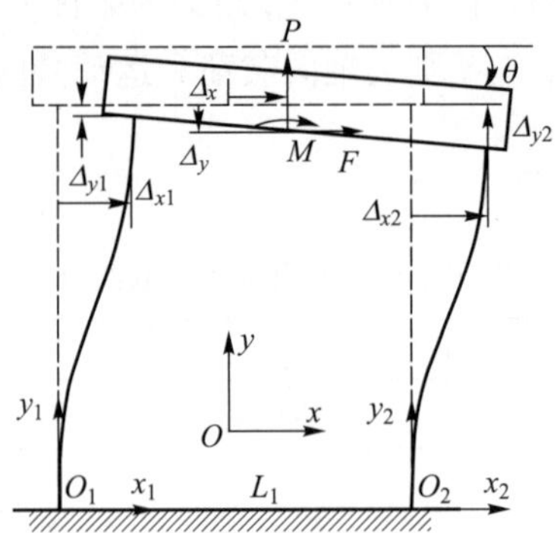

图 6.7 平行双簧片型柔性机构的动力学模型

根据平行双簧片型柔性机构的变形特性, 其末端刚体的转动角度非常小 (一般为 10^{-3} rad 数量级), 因此采用以下近似不会影响模型的精度:

$$\cos\theta=1,\quad \sin\theta=\theta \tag{6.64}$$

由式 (6.64) 的近似表达以及机构变形特性, 可得

$$\delta_{y1} \approx \delta_y + \frac{l_1\theta}{2}, \quad \delta_{x1} \approx \delta_x \tag{6.65}$$

$$\delta_{y2} \approx \delta_y - \frac{l_1\theta}{2}, \quad \delta_{x2} \approx \delta_x \tag{6.66}$$

式中, 下角标 1、2 分别表示簧片 1 和簧片 2, 所有载荷和位移的方向在运动过程中均保持不变; δ_x、δ_y、δ_{x1}、δ_{y1}、δ_{x2} 和 δ_{y2} 分别表示 Δ_x、Δ_y、Δ_{x1}、Δ_{y1}、Δ_{x2} 和 Δ_{y2} 与簧片长度 L 的比值。

根据式 (6.62)、式 (6.65) 和式 (6.66), 可得平行双簧片型柔性机构的应变能, 即

$$u_{\mathrm{d}} = \frac{k_{33}\sum\limits_{i=1}^{2}\left[\delta_{yi} + \frac{1}{2}\left(k_{11}^{(1)}\delta_x^2 + 2k_{12}^{(1)}\delta_x\theta + k_{22}^{(1)}\theta^2\right)\right]^2}{2\left[1 - k_{33}\left(k_{11}^{(2)}\delta_x^2 + k_{12}^{(2)}\delta_x\theta + k_{22}^{(2)}\theta^2\right)\right]} + \left(k_{11}^{(0)}\delta_x^2 + 2k_{12}^{(0)}\delta_x\theta + k_{22}^{(0)}\theta^2\right) \tag{6.67}$$

下面利用应变能表达式 (6.67)、动能以及拉格朗日方程建立其动力学方程。

通常情况下, 大行程柔性机构由若干簧片连接刚体构成。对于图 6.6 所示的柔性梁, 可将其分布式惯性参数等效到末端 P 处, 得到 3 个方向的非耦合等效惯性参数[12], 即

$$M_{\mathrm{f}x} = \frac{M_{\mathrm{f}}}{3}, \quad M_{\mathrm{f}y} = \frac{33M_{\mathrm{f}}}{140}, \quad J_{\mathrm{f}z} = \frac{2M_{\mathrm{f}}H^2}{45} \tag{6.68}$$

式中, M_{f} 为簧片质量; $M_{\mathrm{f}x}$ 为簧片在 x 轴方向的等效质量; $M_{\mathrm{f}y}$ 为簧片在 y 轴方向的等效质量; $J_{\mathrm{f}z}$ 为簧片的等效转动惯量。

将式 (6.68) 的等效惯性参数量纲一化, 得到

$$\overline{M}_{\mathrm{f}x} = \frac{M_{\mathrm{f}x}}{\rho L^3}, \quad \overline{M}_{\mathrm{f}y} = \frac{M_{\mathrm{f}y}}{\rho L^3}, \quad \overline{J}_{\mathrm{f}z} = \frac{J_{\mathrm{f}z}}{\rho L^5} \tag{6.69}$$

对于动平台的惯性参数, 定义以下量纲一表达方式:

$$\overline{M}_{\mathrm{r}} = \frac{M_{\mathrm{r}}}{\rho L^3}, \quad \overline{J}_{\mathrm{r}} = \frac{J_{\mathrm{r}}}{\rho L^5} \tag{6.70}$$

式中, M_{r} 为动平台的质量; J_{r} 为动平台的转动惯量。

对于图 6.7 所示的平行双簧片型柔性机构, 末端刚体在 x 轴向的位移 δ_x 可以作为系统的广义坐标。系统的势能可由 (6.67) 得出, 系统动能的量纲一表达式为

$$t_{\mathrm{d}} = \overline{M}_{\mathrm{f}x}\dot{\delta}_{x1}^2 + \overline{M}_{\mathrm{f}y}\dot{\delta}_{y1}^2 + \overline{J}_{\mathrm{f}z}\dot{\theta}^2 + \frac{1}{2}\overline{M}_{\mathrm{r}}\left(\dot{\delta}_x^2 + \dot{\delta}_y^2\right) + \frac{1}{2}\overline{J}_{\mathrm{f}}\theta^2 \tag{6.71}$$

将式 (6.67) 和式 (6.71) 代入拉格朗日方程, 经整理可得机构动力学模型的量纲一表达, 即

$$\left(\overline{M}_{\mathrm{r}} + \frac{33\overline{M}_{\mathrm{f}}}{70}\right)\ddot{\delta}_x + k_x\delta_x = f \tag{6.72}$$

根据式 (6.72), 可得无阻尼情况下, 系统的一阶固有频率 (单位为 Hz), 即

$$f=\frac{1}{2\pi}\sqrt{\frac{\left(2k_{11}^{(0)}+\dfrac{PL^2}{EI}k_{11}^{(1)}\right)EI}{\left(M_{\rm r}+\dfrac{33M_{\rm f}}{70}\right)L^3}} \tag{6.73}$$

6.2.4 3 种动力学建模方法的有限元模态验证与对比

以上分别探讨了 3 种不同的动力学建模方法。下面以平行双簧片型柔性机构为对象, 以有限元模态分析结果为基准, 验证不同建模方法的精确度。

首先定义 6.2.2 节给出的动力学模型为模型 A(Model A),6.2.3 节给出的动力学模型为模型 B(Model B), 由文献 [3] 得到的动力学模型为模型 C(Model C, 与 6.2.1 节给出的动力学模型相一致)。模型分析结果相对于有限元模态分析结果的相对误差定义为

$$\varepsilon=\frac{|\omega-\omega_{\rm F}|}{\omega_{\rm F}} \tag{6.74}$$

式中, ω_F 为有限元模态分析得到的结果; ω 为理论模型的计算结果。

一般情况下, 大行程柔性铰链的末端刚体质量均大于簧片的质量。为了探讨末端刚体与簧片的质量比对动力学模型精度的影响, 定义质量比系数

$$m_{\rm r}=\frac{M_{\rm r}}{M_{\rm f}} \tag{6.75}$$

利用 ANSYS11.0 模态分析功能得到有限元模态分析结果, 仿真采用 BEAM4 单元。平行双簧片型柔性机构的参数和材料属性由表 6.4 给出。其中, 刚体宽度 W_3 为变量, 通过改变 W_3 的值来改变刚体与簧片的质量比。

表 6.4 平行双簧片型柔性机构的参数及材料属性

L/mm	H/mm	W/mm	L_3/mm	H_3/mm	W_3/mm	E/GPa	ρ/(m^3/kg)
250	4	10	100	10	10~100	72	2 810

如图 6.8 所示, 3 种模型均能有效预测平行双簧片型柔性机构的一阶固有频率, 其中 Model A 的精度最高。随着质量比系数逐渐增大, 3 种模型的精度均有所提高, 且当质量比大于一定数值时 (约为 6),Model B 的精度会高于模型 Model C。这主要是由于随着质量比的增加, 刚体的惯性特性逐渐占主导地位, 进而可以忽略因簧片惯性特性的近似等效所带来的误差。因此, 当刚体质量远大于簧片质量时, 可以忽略簧片的惯性特性对柔性机构动态特性的影响。通常情况下, 大行程柔性铰链的末端刚体质量远大于簧片质量, 因此以上 3 种模型均能应用于大行程柔性铰链的动力学分析与设计, 且可保证较高的精度。

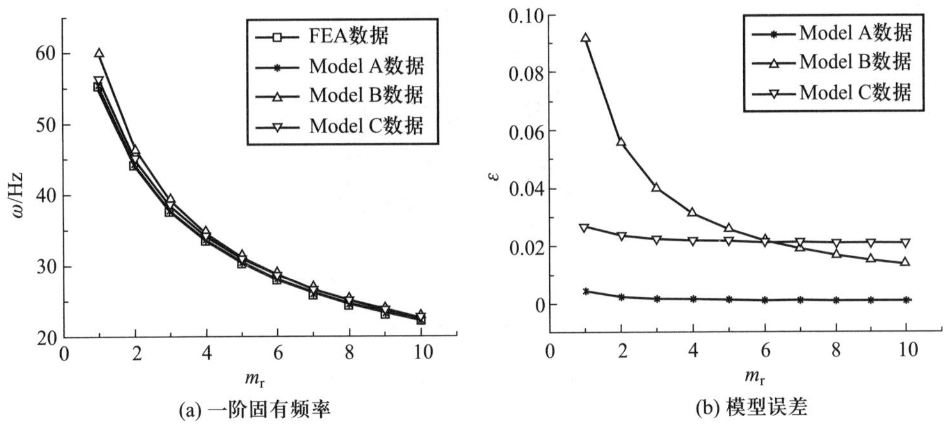

图 6.8 $P=0$ 时平行四杆柔性机构的有限元模态验证

由图 6.9 可以发现, Model B 能有效反映外载荷对系统固有频率的影响。而对于需考虑轴向载荷影响的大行程柔性铰链, 最好采用梁约束模型进行动力学建模。

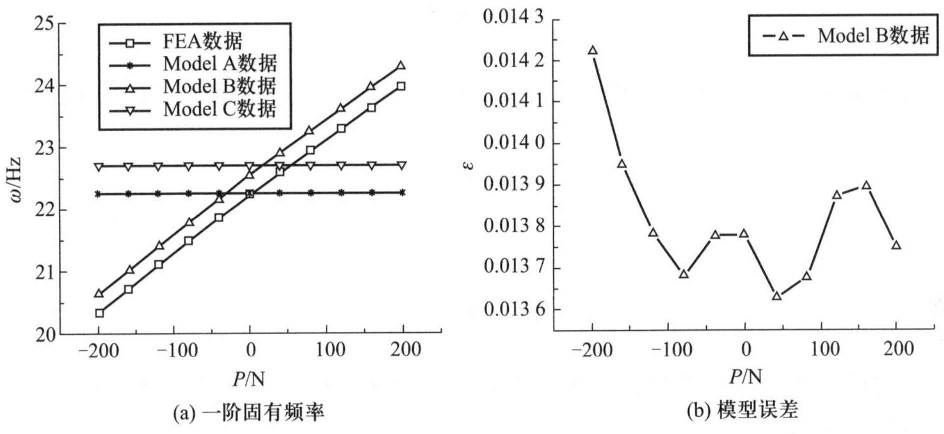

图 6.9 $m_{\mathrm{r}}=10$ 时平行双簧片型柔性机构的有限元模态验证

6.3 多自由度柔性机构的动力学建模

6.3.1 简化模型

6.3.1.1 理论模型

根据对柔性机构的假设, 它可看作一个完全由弹性系统支撑 + 刚体的结构形式 (图 6.10)。这时从严格意义上讲, 刚体应具有 6 个自由度, 即全自由度。

在满足线性小变形的情况下, 柔性机构的结构动力学方程可表示为

$$\boldsymbol{M}\ddot{\boldsymbol{X}}+\boldsymbol{K}\boldsymbol{X}=\boldsymbol{P} \tag{6.76}$$

图 6.10 柔性机构的弹性几何模型

式中 $\boldsymbol{M}$ 为 6×6 阶惯性矩阵; $\boldsymbol{K}$ 为 6×6 阶系统刚度矩阵; $\boldsymbol{X}$ 为 6×1 阶位移向量 (包括 3 个微转动和 3 个微移动); $\boldsymbol{P}$ 为 6×1 阶激振力向量。

在静力学条件下 (不考虑激振力), 应满足

$$\boldsymbol{M}\ddot{\boldsymbol{X}}+\boldsymbol{K}\boldsymbol{X}=\mathbf{0} \tag{6.77}$$

由结构动力学的有关理论可知, 系统的固有频率可通过求解系统的特征方程得到

$$\left|\boldsymbol{K}-\omega^2\boldsymbol{M}\right|=0 \tag{6.78}$$

令

$$\boldsymbol{H}=\boldsymbol{K}\boldsymbol{M}^{-1} \tag{6.79}$$

通过求矩阵 $\boldsymbol{H}$ 的特征值再开方可间接地得到机构的固有频率 $\omega_i(i=1,2,\cdots,6)$ 单位为 rad/s。

6.3.1.2 案例: XY 柔性精密定位平台

本节以一种特殊的 XY 柔性精密定位平台 (详细描述可见第 14 章) 为例, 来说明多轴柔性系统的动力学建模过程。

1. 动力学建模

4–PP&1–E 柔性平台由 4 个 2–DOF 柔性移动模块 (各个模块由双平行四杆柔性模块 I 和双平行四杆柔性模块 II 串联而成) +1 个平面约束模块并联而成。由参考文献 [12] 可知, 双平行四杆柔性模块可以等效为不计质量的弹簧系统, 如图 6.11 所示。

用虚线弹簧表示双平行四杆柔性模块的切向刚度, 实线弹簧表示其轴向刚度。相对于二级平台, 簧片和一级平台的质量忽略不计。

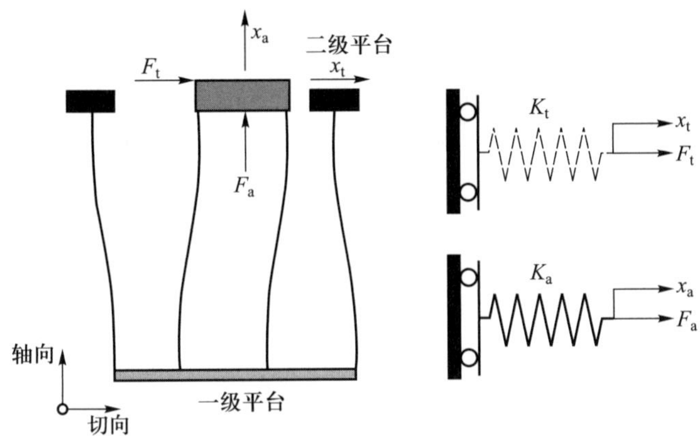

图 6.11 双平行四杆柔性模块动力学模型

为简化分析, 这里只考虑柔性平台在 X 方向变形这一种情况 (Y 方向变形时平台的动力学分析与 X 方向类似), 图 6.12 给出了 4–PP&1–E 型柔性平台的动力学等效模型。

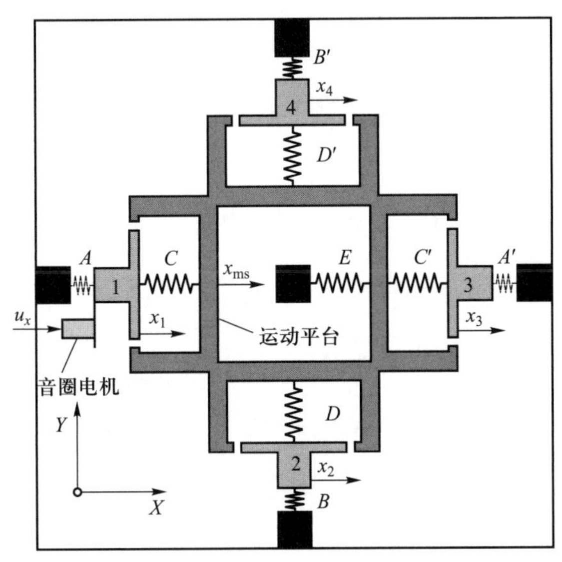

图 6.12 4–PP&1–E 平台的动力学模型

平台 1 ~ 4 和运动平台这 5 个刚体在 X 方向的移动决定了此系统具有 5 个自由度。作用在平台 1 上的沿 X 方向驱动力代表了系统的输入 u_x, 运动平台沿 X 方向的位移代表了系统的输出 x_{ms}。根据拉格朗日定理可建立系统的自由运动方程, 即

$$\boldsymbol{M}\ddot{\boldsymbol{X}} + \boldsymbol{K}\boldsymbol{X} = \boldsymbol{0} \tag{6.80}$$

式中, $\boldsymbol{X} = [x_1 \quad x_2 \quad x_3 \quad x_4 \quad x_{ms}]^{\mathrm{T}}$ 代表的是位移向量矩阵。质量矩阵和刚度矩阵

的定义如下:

$$
\boldsymbol{M}=\begin{bmatrix} M_{1\mathrm{s}} & & & & \\ & M_{2\mathrm{s}} & & & \\ & & M_{3\mathrm{s}} & & \\ & & & M_{4\mathrm{s}} & \\ & & & & M_{\mathrm{ms}} \end{bmatrix} \tag{6.81}
$$

$$
\boldsymbol{K}=\begin{bmatrix} K_{\mathrm{t}}^{(A)}+K_{\mathrm{a}}^{(C)} & & & & -K_{\mathrm{a}}^{(C)} \\ & K_{\mathrm{t}}^{(D)}+K_{\mathrm{a}}^{(B)} & & & -K_{\mathrm{t}}^{(D)} \\ & & K_{\mathrm{t}}^{(A')}+K_{\mathrm{a}}^{(C')} & & -K_{\mathrm{a}}^{(C')} \\ & & & K_{\mathrm{t}}^{(D')}+K_{a}^{(B')} & -K_{\mathrm{t}}^{(D')} \\ -K_{\mathrm{a}}^{(C)} & -K_{\mathrm{t}}^{(D)} & -K_{\mathrm{a}}^{(C')} & -K_{\mathrm{t}}^{(D')} & \begin{pmatrix} K_{\mathrm{t}}^{(D)}+K_{\mathrm{a}}^{(C)}+ \\ K_{t}^{(D')}+ \\ K_{\mathrm{a}}^{(C')}+K_{\mathrm{a}}^{(E)} \end{pmatrix} \end{bmatrix} \tag{6.82}
$$

式中, $M_{i\mathrm{s}}=0.098\ 4\ \mathrm{kg}$ 是平台 $i(i=1,2,3,4)$ 的质量; $M_{\mathrm{ms}}=0.636\ \mathrm{kg}$ 为运动平台的质量。在刚度矩阵中 $K_{\mathrm{t}}^{(A)}$ 代表柔性 $\mathrm{P_I}$ 副的切向刚度; $K_{\mathrm{a}}^{(A)}$ 代表柔性 $\mathrm{P_I}$ 副的轴向刚度; 其他符号所代表的意义依此类推。柔性 P 副 I 和 Ⅱ 的轴向和切向刚度的具体值如下:

$$
\begin{aligned}
K_{\mathrm{a}}^{(C)}=K_{\mathrm{a}}^{(D)}=K_{\mathrm{a}}^{(C')}=K_{\mathrm{a}}^{(D')}&=\frac{1}{0.425\times10^{-7}}\\
K_{\mathrm{t}}^{(C)}=K_{\mathrm{t}}^{(D)}=K_{\mathrm{t}}^{(C')}=K_{\mathrm{t}}^{(D')}&=\frac{1}{0.289\ 9\times10^{-3}}\\
K_{\mathrm{a}}^{(A)}=K_{\mathrm{a}}^{(B)}=K_{\mathrm{a}}^{(A')}=K_{\mathrm{a}}^{(B')}&=\frac{1}{0.406\ 4\times10^{-5}}\\
K_{\mathrm{t}}^{(A)}=K_{\mathrm{t}}^{(B)}=K_{\mathrm{t}}^{(A')}=K_{\mathrm{t}}^{(B')}&=\frac{1}{0.144\ 7\times10^{-3}}
\end{aligned}
$$

由于平面 E 副没有所谓的轴向和切向刚度, 现定义平面 E 副沿 X 方向的移动刚度为轴向刚度, 即

$$
K_{\mathrm{a}}^{(E)}=K_{\mathrm{e}}^{x}=\frac{1}{0.506\ 8\times10^{-3}}
$$

求解方程

$$
|\boldsymbol{K}-\omega^2\boldsymbol{M}|=0 \tag{6.83}
$$

将刚度矩阵和质量矩阵代入式 (6.83) 中可得 $\omega_1=164.684\ \mathrm{rad/s}$, 进而得到 4–PP&1–E 型平台在 x 方向的固有频率 $f_1=\omega_1/(2\pi)=26.21\ \mathrm{Hz}$, 同理可得 4–PP&1–E 型平台在 y 方向的固有频率 $f_2=\omega_2/(2\pi)=26.21\ \mathrm{Hz}$。由于是旋转对称结构, 两个方向的固有频率完全一样。

2. FEA 验证

为了验证平台动力学建模的正确性, 现采用有限元方法对两种平台进行模态分析, 并将仿真结果与理论数据进行对比。有限元仿真采用通用有限元分析软件 ANSYS 13.0, 实体单元选择 SOLID186, 网格单元最小尺寸为 0.2 mm, 分析类型为模态分析, 且提取平台前两阶固有频率。仿真分析结果如表 6.5 所示。可以看出, FEA 所得的结果与理论方法得到的结果几乎相同, 从而验证了运用自由振动方程建立动力学模型的正确性。

表 6.5 固有频率变化

振型	理论固有频率/Hz	FEA /Hz	误差/ %
第 1 阶	26.21	25.12	4.84
第 2 阶	26.21	25.12	4.84

对 4–PP&1–E 型柔性平台前 4 阶的模态振型进行仿真。从模态振型结果也可以看出平台在前两阶模态下更容易发生变形, 因此工作台具有两个移动自由度。

6.3.2 考虑阻尼的动力学建模

在对柔性机构进行动力学分析时, 一般采用结构动力学建模的方法。考虑到部分柔性机构结构的复杂性, 可借助柔性并联机构的伪刚体模型, 对其进行动力学仿真和驱动选型[13]。

一种柔性 8R 机构及其对应的伪刚体模型如图 6.13 所示。图 6.13 中扭簧的刚度等于柔性铰链的转动刚度。然而对于伪刚体模型, 是否需要考虑关节阻尼是一个

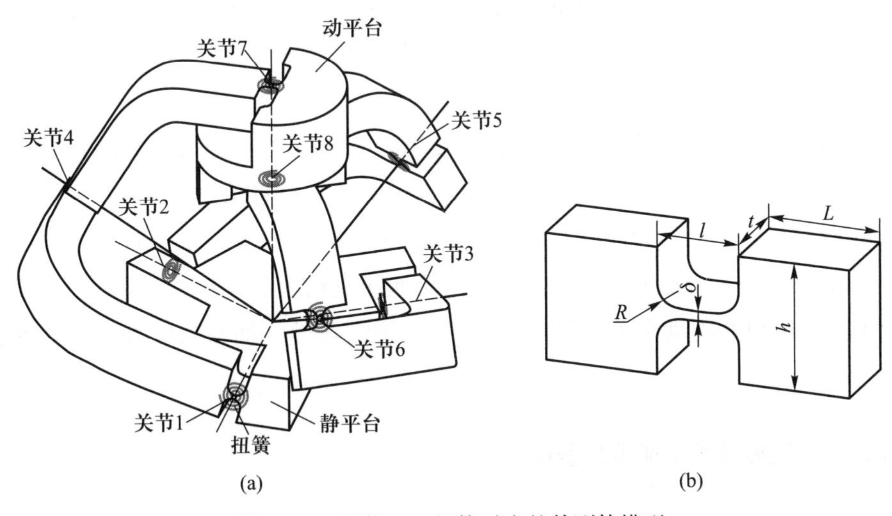

图 6.13 柔性 8R 机构对应的伪刚体模型

值得探讨的问题。一般来讲, 传统的伪刚体模型认为铰链材质阻尼引起的关节阻尼很小, 可以忽略不计。然而在伪刚体模型中, 若忽略关节阻尼, 则在驱动关节上施加驱动力矩时, 动平台的振动在所难免。不过, 在实际的柔性机构中, 这种振动现象很少出现。因此, 严格意义上讲, 伪刚体模型中忽略关节阻尼与实际不符。

不妨考虑柔性铰链的关节阻尼对柔性机构动力学的影响, 不过首先要确定柔性铰链的关节阻尼。下面给出一种确定柔性铰链关节阻尼的方法。

6.3.2.1 柔性铰链关节阻尼的确定

柔性铰链的关节阻尼一般可通过实验的方法测试得到, 也可在铰链的材质阻尼已知的条件下, 由有限元软件仿真得到。第一种方法以实验为基础, 所以要求较高、操作复杂, 但数据可靠且精度较高; 第二种方法以材料的通用测试数据为基础, 借用有限元软件仿真, 所以简单易行、容易实现, 一般可作为参考。考虑到实现的难易和研究的渐进性, 这里以第二种方法确定柔性铰链的关节阻尼。假定柔性铰链的材质特性和几何参数均已知, 确定关节阻尼的具体过程为: ① 利用有限元软件, 对铰链进行静力学分析, 得到柔性铰链的转动刚度; ② 使用有限元软件, 对柔性铰链进行瞬态动力学分析, 得到柔性铰链的阶跃响应; ③ 根据二阶系统阶跃响应的理论模型, 取不同的阻尼比时, 拟合仿真曲线, 得到柔性铰链近似的关节阻尼。

取铰链的材质为尼龙 66, 其弹性模量为 3.3 GPa, 密度为 1 150 kg/m^3, 泊松比为 0.33, 材料阻尼为 0.05。柔性铰链几何参数为 $L = 15$ mm, $h = 15$ mm, $t = 10$ mm, $l = 5$ mm, $R = 1.75$ mm, $\delta = 0.6$ mm。首先使用 ANSYS, 求得柔性铰链的等效刚度, 即伪刚体模型中扭簧的刚度 $K = 4.78$ N·mm/(°)。然后, 使用 ANSYS 对柔性铰链进行瞬态动力学分析, 得到柔性铰链的阶跃响应, 结果如图 6.14 所示。根据二阶系统阶跃响应的理论模型, 取不同的阻尼比, 可拟合仿真曲线, 进而得到柔性铰链的近似阻尼。通过拟合, 可得此柔性铰链的关节阻尼近似为 $D = 0.226$ N·mm·s/(°), 拟合曲线也如图 6.14 中所示。

在得到了柔性铰链的关节阻尼后, 需要验证关节阻尼与铰链缺口参数的相关性。在柔性铰链其他参数不变的条件下, 改变铰链的非缺口参数, 使 $L = 20$ mm, $h = 20$ mm。使用上述方法, 可再次得到柔性铰链的转动刚度 $K = 4.80$ N·mm/(°), 关节阻尼近似为 $D = 0.229$ N·mm·s/(°)。通过两次仿真结果的比较, 可知柔性铰链的伪刚体模型中, 扭簧刚度和关节阻尼主要与缺口参数相关, 而与缺口所连的刚体参数无关。

6.3.2.2 柔性铰链关节阻尼的影响

将图 6.13 中的伪刚体模型导入 ADAMS 软件中进行仿真, 设定动平台作 $\gamma = 10°$

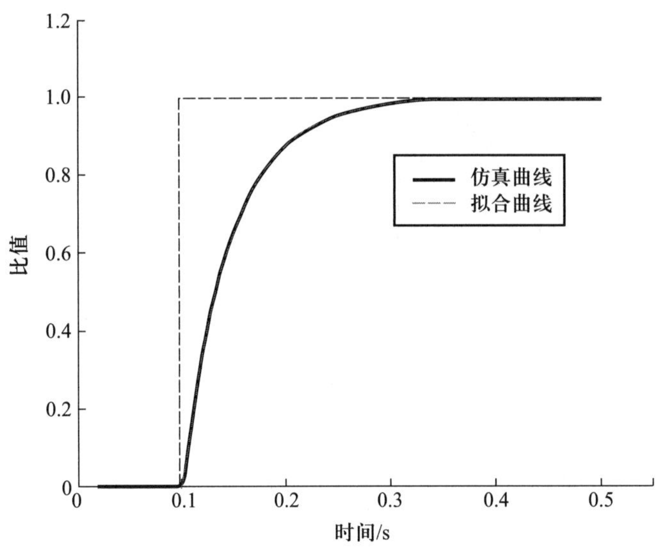

图 6.14 ANSYS 仿真结果和理论拟合曲线

的圆周运动, 周期为 1 s。测得驱动关节上的输入力矩如图 6.15 所示, 图中 J_1、J_2 分别代表关节 1、2 所需要的驱动力矩, 符号 "$-$no" 表示不考虑关节阻尼,"$-d_1$" 表示关节阻尼 $D = 0.226$ N·mm·s/(°)。在考虑阻尼和不考虑阻尼两种情况下, 驱动关节输入力矩的差值随时间的变化如图 6.16 所示, $T_{\mathrm{J}i}$ 为关节 i 的输入力矩偏差, $i = 1, 2$。

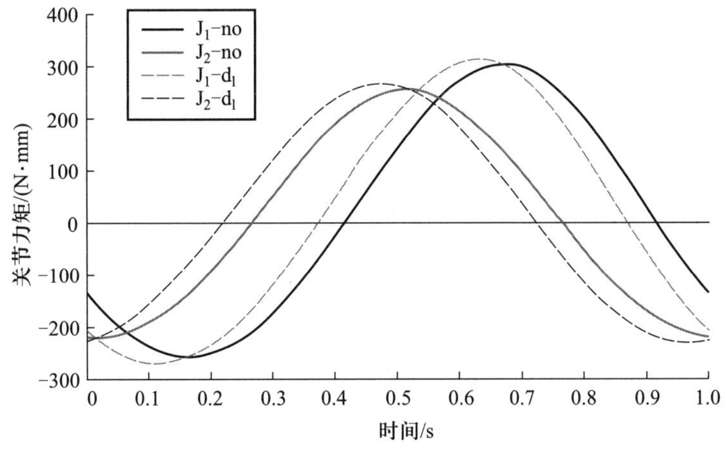

图 6.15 主驱关节输入力矩随时间的变化

通过对图 6.15 中曲线的对比分析可知, 不同关节阻尼对应的最大驱动力矩非常接近, 如表 6.6 所示, 可见关节阻尼对驱动选型的影响不大。但是从控制的角度来说, 考虑阻尼与不考虑阻尼的差别较大。对于阻尼为 0.226 N·mm·s/(°) 的关节, 有阻尼和无阻尼力矩的最大差值可达 86.40 N·mm, 占关节最大驱动力矩的 28.45%, 可见关节阻尼对机构控制的影响不可忽略。

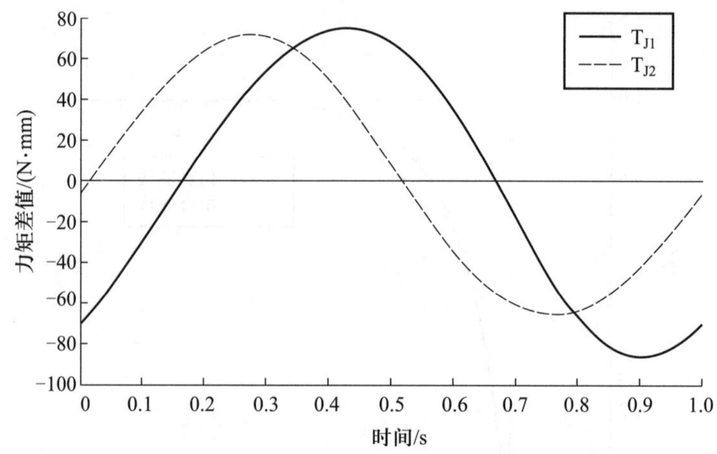

图 6.16 考虑阻尼时主驱关节输入力矩偏差随时间的变化

表 6.6 不同阻尼下主驱关节的最大力矩

关节名称	无阻尼 (N·m)	有阻尼/(N·m)	相对偏差/%
关节 1	303.7	312.9	3.03
关节 2	255.6	266.4	4.21

6.4 柔性动力学实验

6.4.1 基本原理

通过动力学实验, 一方面可以检验动力学模型的有效性和精确性; 另一方面可以从实验的角度进一步探索柔性机构的动力学特性, 得到工程中实用的动力学结果。

目前, 针对柔性机构的模态实验主要是将加速度传感器固定于机构本体上以反馈相应信号[14]。但当柔性系统本体的质量较轻时, 加速度传感器系统的质量会对模态测试结果带来较大影响。为此, 设计了一种利用锤击并结合激光测振的柔性机构动力学实验系统, 由于激光测振仪与柔性机构的安装是分离的, 因此可以消除激光测振仪的质量对柔性机构动态特性的影响, 提高模态测试的精度和可靠度。下面利用该实验系统, 以平行双簧片型柔性机构为测试对象, 验证理论模型的准确性。

图 6.17 所示为加工的平行双簧片型柔性机构, 其实际参数见表 6.7。

表 6.7 平行双簧片型柔性机构及其安装图

L/mm	H/mm	W/mm	L_3/mm	H_3/mm	W_3/mm
50	0.517	5.148	50	5	5.148

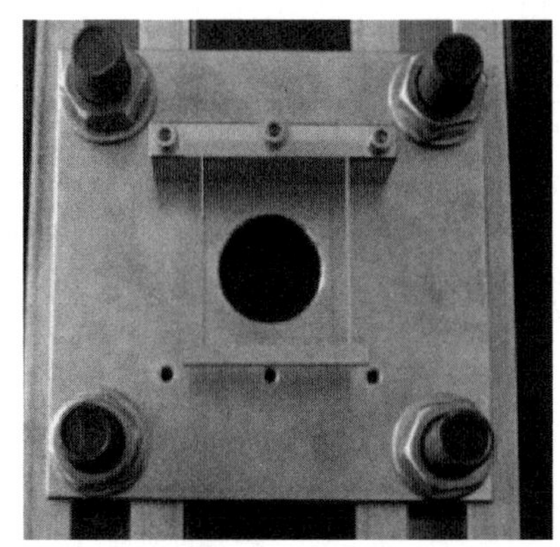

图 6.17 平行双簧片型柔性机构及其安装图

6.4.2 实验设备与方案

1. 实验设备

本实验主要测试柔性机构处于初始状态时的频率特性。所用实验设备包括:

(1) MSC–1 小型弹性力锤。测力范围为 0 ~ 500 kg; 灵敏度为 4 pc/N; 质量为 50 g。

(2) YE5872A 型功率放大器。额定输出功率为 192 VA; 额定输出电压为 16 V; 额定输出电流为 12 A; 信噪比: 低阻抗 >80 db, 高阻抗 >60 db; 频率范围: 满功率为 20 Hz~5 kHz, 降额功率为 0 Hz~50 kHz。

(3) INV3051 高精度数据采集仪。独立 4 通道 24 位高精度 A/D 输入, 并行无时差; 单通道模拟输出; 连续大容量不间断数据采集;120 dB 动态范围; 并行通道一致性: 幅值 0.05 dB, 相位 0.1°。

(4) NLV–2500 紧凑型数字式激光测振仪。速度分辨率为 0.02 μm/s; 最大速度为 10 m/s; 位移分辨率为 0.015 nm; 最大位移测量为 50 mm; 工作距离为 0.2 ~5 m。

(5) IRB120 型工业机器人。工作空间半径为 580 mm; 负载为 3 kg; 重复定位精度为 0.01 mm。

2. 实验方案

图 6.18a 和 b 分别给出了模态实验框图与实验现场图。柔性机构通过支架固定在基座上, 近似认为基座的导纳为零。本实验系统将激光测振仪安装在工业机器人末端, 通过改变机器人的位姿, 即可方便地测试柔性机构各个方向的频率。测试时对每个激振点敲击 3 次, 取平均值。

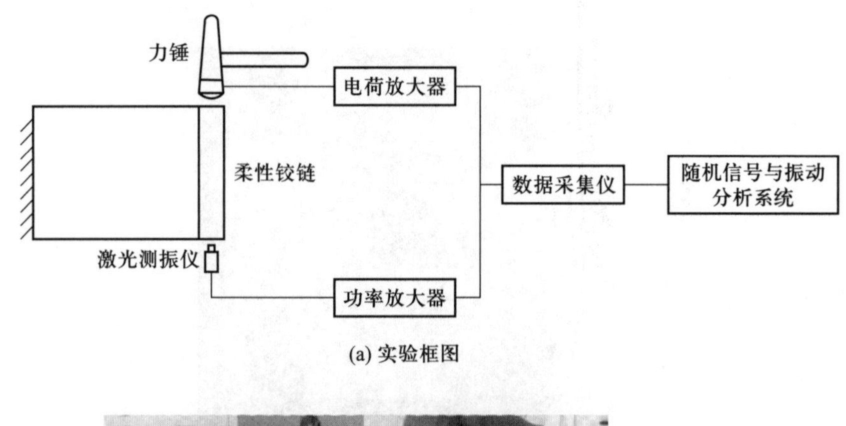

(a) 实验框图

(b) 实验现场图

图 6.18 模态实验框图

6.4.3 实验过程与结果分析

图 6.19 所示为平行双簧片型柔性机构的模态测试的激振点和拾振点分布示意图。

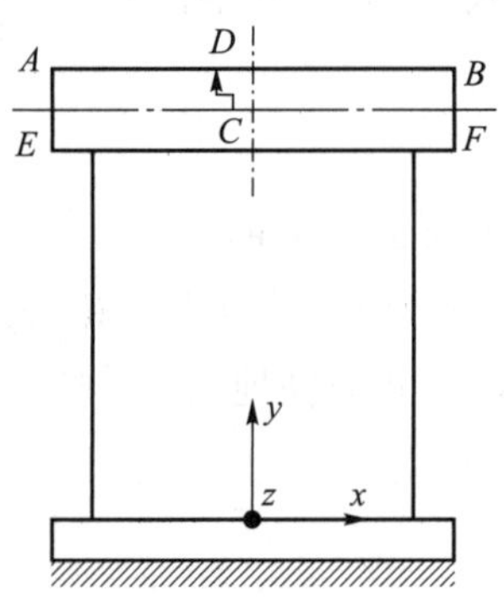

图 6.19 平行四杆柔性铰链模态测试示意图

平行双簧片型柔性机构沿 x 方向运动的固有频率, 即铰链的一阶固有频率 ω, 采用 A 点激振、B 点拾振的方式, 测得的幅频特性曲线及其对应的相函数曲线如图 6.20 所示。

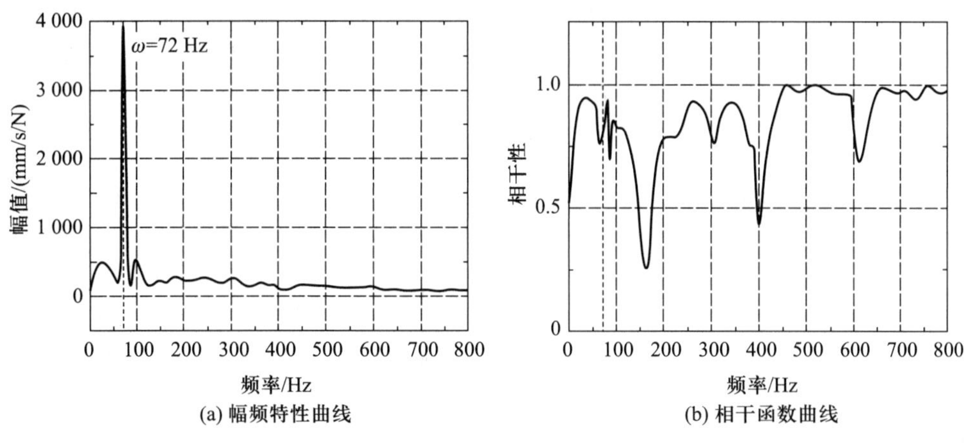

图 6.20　A 点激振、B 点拾振时幅频特性及相干函数曲线

平行双簧片型柔性机构沿 y 方向运动的固有频率 ω_y, 分别采用 E 点激振、D 点拾振以及 F 点激振、D 点拾振的方法测试, 所得的幅频特性曲线及其对应的相干函数曲线如图 6.21 和图 6.22 所示。

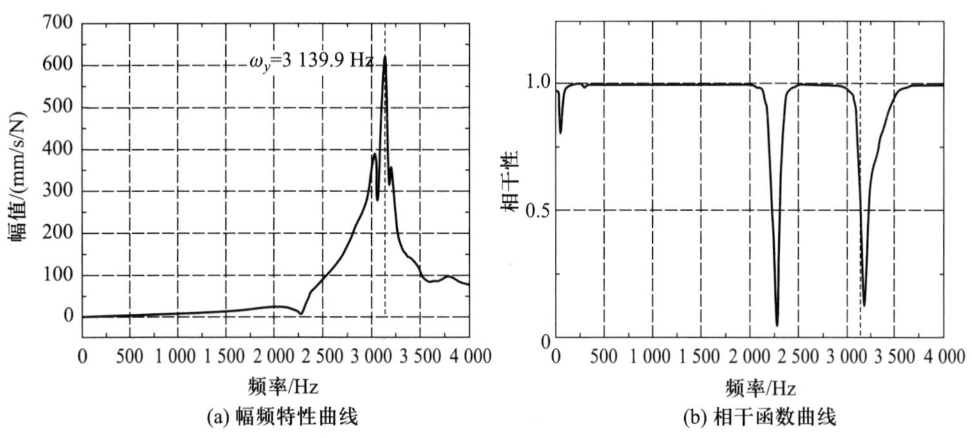

图 6.21　E 点激振、D 点拾振时幅频特性及相干函数曲线

平行双簧片型柔性机构沿 z 方向运动的固有频率 ω_z, 分别采用 A 点激振、C 点拾振以及 B 点激振、C 点拾振的方法测试, 所得的幅频特性曲线及其对应的相干函数曲线如图 6.23 和图 6.24 所示。

表 6.8 为理论模型 (按式 (6.9) 计算)、ANSYS 仿真以及实验得到的各个方向的频率对比。

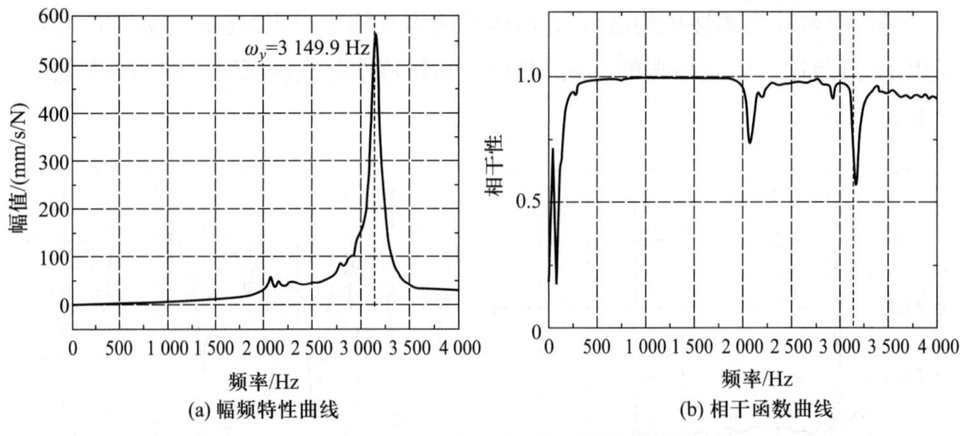

(a) 幅频特性曲线 (b) 相干函数曲线

图 6.22 F 点激振、D 点拾振时幅频特性及相干函数曲线

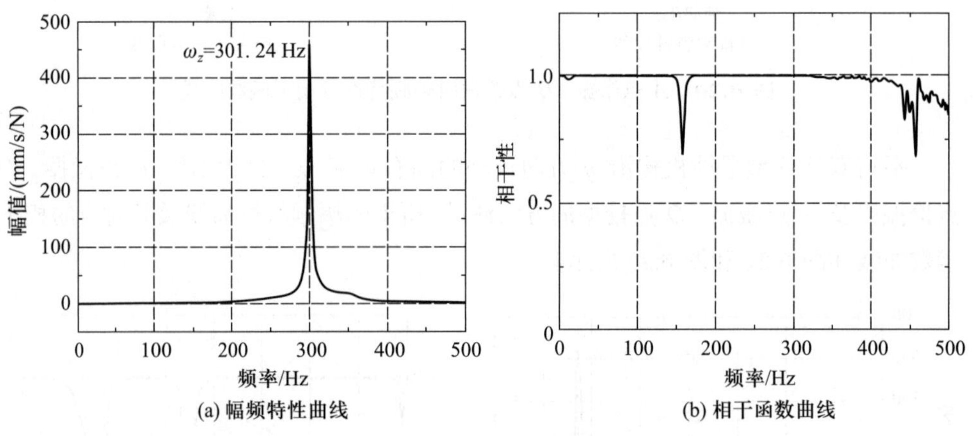

(a) 幅频特性曲线 (b) 相干函数曲线

图 6.23 A 点激振、C 点拾振时幅频特性及相干函数曲线

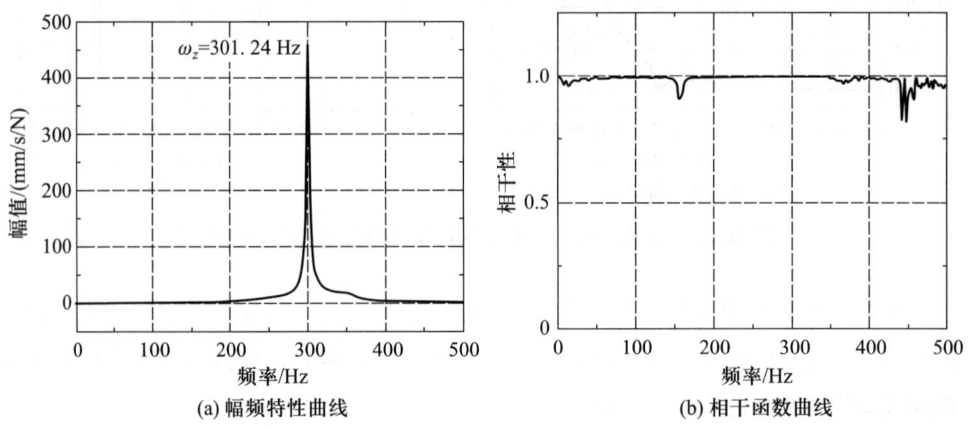

(a) 幅频特性曲线 (b) 相干函数曲线

图 6.24 B 点激振、C 点拾振时幅频特性及相干函数曲线

表 6.8 平行四杆柔性铰链的固有频率

频率	实验值/Hz	仿真值/Hz	理论值/Hz
ω	72	70.34	73.02
ω_y	3 140/3 150	2 903.2	
ω_z	301.24	331.97	

由表 6.8 可以看出, 理论模型相对实验数据的误差为 1.4%, 仿真数据相对实验数据的最大误差分别为 2.3%、10.2%和 7.8%。理论结果、实验结果和仿真数据的一致性验证了实验方法以及理论模型的准确性和有效性。

6.5 本章小结

本章探讨的主题是柔性机构动力学分析的基础理论, 重点放在动力学建模方法上, 给出了当前几种主流的建模方法: 集中参数法、有限元法、伪刚体模型法、梁约束模型法以及柔度矩阵法。

(1) 利用集中参数法建立了典型单自由度柔性系统的动力学模型, 分析了其固有频率特性。有限元仿真验证了理论模型的有效性。通过分析仿真可以发现, 为提高柔性机构的固有频率, 需要尽量减小运动刚体的质量, 提高功能方向的刚度。

(2) 提出了一种基于瞬心的大行程柔性铰链动力学伪刚体建模方法, 并对利用梁约束模型建立大行程柔性铰链动力学模型的可行性进行了分析。通过分析平行双簧片型柔性机构的一阶固有频率, 验证了两种大行程柔性机构动力学建模方法的有效性和精确性。

(3) 以 XY 柔性工作台为例, 给出了基于柔度矩阵方法建立多轴柔性系统动力学模型的一般过程。

(4) 最后, 给出了一种预估柔性系统动力学性能的非接触式实验测试方法。具体利用锤击并结合激光测振测试柔性系统的模态, 搭建了相应的测试平台。由于激光测振仪与柔性铰链的安装是分离的, 消除了激光测振仪的质量特性对柔性铰链动态特性的影响, 提高了模态测试的精度和可靠度; 利用该系统测试了平行双簧片型柔性机构的频率特性。理论结果、仿真结果以及实验结果的一致性互证了测试方法、测试平台以及理论模型的准确性和有效性。

参考文献

[1] 姚艳彬. 大行程柔性铰链动力学分析与综合. 博士学位论文, 北京: 北京航空航天大学, 2012.

[2] 于靖军. 全柔性机器人机构分析与设计方法研究. 博士学位论文, 北京: 北京航空航天大学, 2002.

[3] 徐熠. 模块化柔性精密直线运动机构的设计与实验研究. 硕士学位论文, 北京: 北京航空航天大学, 2013.

[4] Yao Y B, Bi S S. Dynamic modeling and analysis of cross-spring pivots. IEEE International Conference on Cyber Technology in Automation, Control, and Intelligent, 2012: 442-446.

[5] 于靖军, 毕树生, 宗光华, 等. 全柔性机器人机构结构动力学分析方法研究. 机械工程学报, 2004, 40(8): 54-58.

[6] Choi K B. Dynamics of a compliant mechanism based on flexure hinges//Proc. IMechE Part C: J. Mechanical Engineering Science. 2005, 219: 225-235.

[7] Li Z, Kota S. Dynamic analysis of compliant mechanisms//Proceedings of ASME 2002 Design Engineering Technical Conferences. 2002: 256-261.

[8] Lyon S M, Evans M S, Erickson P A, et al. Dynamic response of compliant mechanisms using the pseudo-rigid body model//Proceeding of DETC'97 ASME Design Engineering Technical Conferences, Sacramento, California, USA, 1997, 9: 267-272.

[9] Atwar S, Slocum A H. Constraint-based design of parallel kinematic XY flexure mechanism. Journal of Mechanical design, Transactions of the ASME, 2007, 129(8): 816-829.

[10] Howell L L. Compliant mechanisms. New York: John Wiley & Sons, 2001.

[11] Yu Y Q, Howell L L, Lusk C, et al. Dynamic modeling of compliant mechanisms based on the pseudo-rigid body model. Journal of Mechanical Design, Transactions of the ASME, 2005, 127(4): 750-765.

[12] Awtar S, Parmar G. Design of a large range XY nanopositioning system. Journal of Mechanisms and Robotics, Transactions of the ASME, 2013, 5(2): 021008.

[13] Yu J J, Lu D F, Hao G B. Design and analysis of a 2-DOF compliant parallel pan-tilt platform. Meccanica, 2016, DOI10.1007/s11012-015-0116-1.

[14] Lyon S M, Erickson P A, Evans M S, et al. Prediction of the first modal frequency of compliant mechanisms using the pseudo-rigid-body model. Journal of Mechanical Design, Transactions of the ASME, 1999, 121: 309-313.

第二篇　设计综合

第 7 章　图谱化构型综合

从本章开始来讨论柔性机构的设计与综合问题。事实上, 柔性设计是一个非常广阔的主题。从柔性机构这一概念刚刚建立到现在, 这个主题一直是研究热点。30 年间诞生了多种柔性设计理论与方法: 拓扑优化理论、约束设计理论、基于伪刚体模型的等效刚体替换法、旋量理论、自由度与约束空间拓扑综合 (FACT) 等。第 1 章已对这些方法做了简介。如果从刚性机构角度来看机构设计 (或机构综合) 这个主题, 设计问题还可以再细分: 按设计过程划分有构型综合、尺度综合等; 按性能指标划分有自由度 (或运动模式) 综合、运动综合、精度综合、动力学综合等。柔性设计问题在考虑自身特性的基础上也可以沿袭刚性机构的综合分类方法。例如, 按性能指标可细分为自由度综合、刚度综合、精度综合、强度综合、动力学综合等。本篇对柔性机构设计方法的阐述就是按照这样的分类思路来展开的。

自由度综合, 就是我们在刚性研究领域更为熟悉的构型综合。这时, 一个自然的疑问是: 刚性机构 (如并联机构) 领域已广泛使用的构型综合方法中有哪些能有效地 “移植” 到柔性设计中? 通过国内外学者 10 余年的探索, 证明了至少旋量理论是一个对刚、柔性机构都比较通用的工具。早在 2000 年, 本书作者便尝试用旋量理论研究 3 维平动并联柔性机构的构型综合问题[1], 综合过程与刚性机构基本无异, 得到的构型也是经过对相应的刚性机构进行简单的运动副等效替换转化而来。麻省理工学院的 Hopkins 等从约束设计的思想中得到启示, 又从旋量理论中找到了注解, 开始系统研究基于约束柔性单元的可视化柔性机构构型综合方法, 即 FACT 方法[2-3]。这一工作无疑是开创性的, 其主要贡献在于一方面大大丰富了柔性机构的种类; 另一方面实现了旋量系的可视化。同时, 开展此类研究的还有 SU 和作者于靖军。SU 强调旋量解析法的应用[4], 而于靖军将 FACT 的思想扩展到 KFM 与 CFM 的统一综合[5]、刚柔机构的统一综合[6], 进而形成了机械装置的图谱化创新设计理论[7]。本章内容即是作者于靖军及其指导的博士生在柔性机构图谱化构型综合方面研究成果的具体反映[5-16]。

7.1 图谱化构型综合的基本思路

柔性机构的图谱化构型综合旨在从期望的自由度入手, 找到与自由度空间对偶的约束空间 (相关概念的详细解释请参考附录和文献 [7]), 并通过物理方法来实现。不过, 在柔性机构的概念设计过程中, 一般需要遵循以下几个原则: ① 综合得到的机构应尽可能简单、紧凑, 这样有利于减小误差、振动、热变形等; ② 为了提高柔性机构的性能, 需要合理选择和安排各支链结构; ③ 折中柔性机构的 (大) 行程和 (高) 精度, 在满足要求行程的前提下, 尽可能地提高精度。此外, 还需要考虑并联、串联等连接方式, 通过串联增大行程, 利用并联提高系统的刚度。

下面以 1 维柔性并联移动机构 (典型的如柔性移动副) 为例来阐述图谱化构型综合的思路。

第 1 步: 根据机构所要求的自由度特征确定其自由度空间及其对偶约束空间 (图 7.1)。

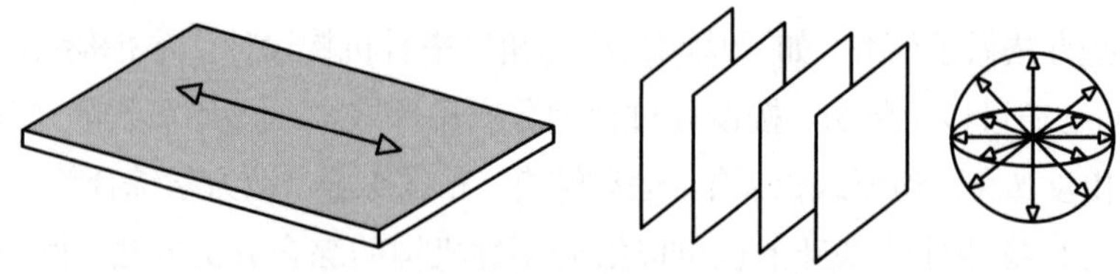

图 7.1 一维移动机构的 F&C 线图

第 2 步: 通过寻找约束空间的同维子空间, 为机构选择合适的约束子空间。不妨选择如图 7.2 所示的一种模块组合类型 (两个平行平面并联组合)。

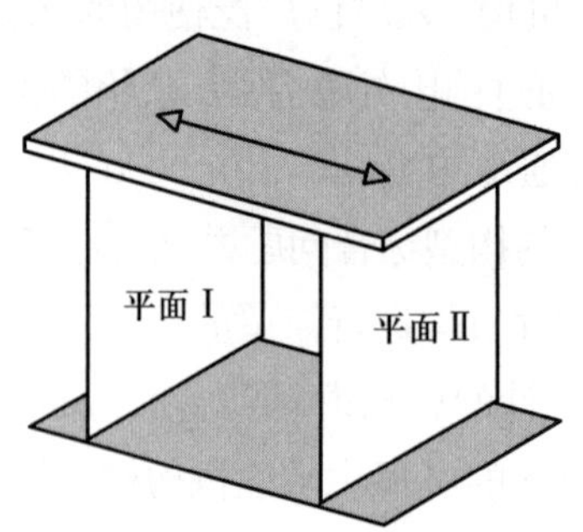

图 7.2 选择一组合适的约束空间

第 3 步: 在约束子空间内为机构选择合适的约束。例如, 选用两种不同的约束类型, 可在平面 I 中选用 3 条线约束 (物理模块对应柔性杆), 而在平面 II 内选用一个

平面约束 (物理模块对应柔性板簧), 如图 7.3a 所示。当然, 也可以选用两种完全相同的约束类型, 例如同为平面约束, 具体如图 7.3b 所示。

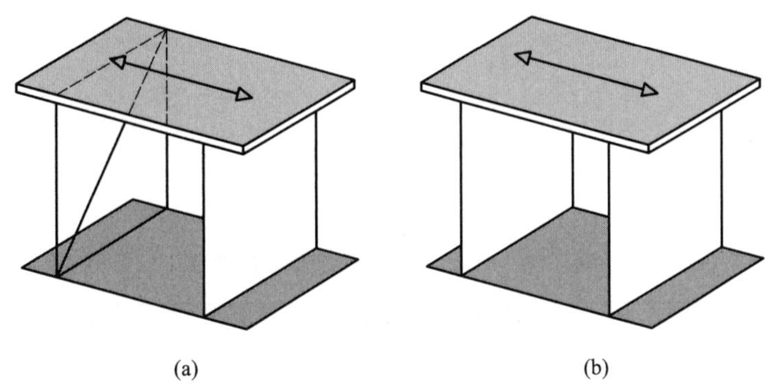

(a) (b)

图 7.3 选择合适的物理约束

第 4 步: 为机构配置冗余约束。考虑到线约束的刚性较差或其他因素 (如存在寄生运动等), 故有必要对其配置冗余约束, 具体如图 7.4 所示。

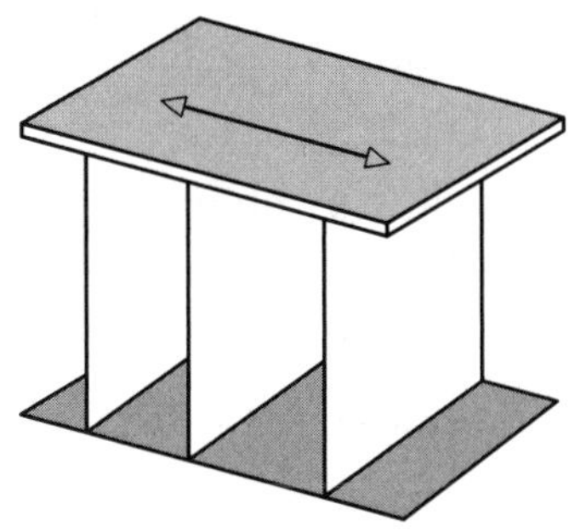

图 7.4 配置冗余约束

第 5 步: 重复步骤 2~4, 可综合出其他类型的 1 维移动柔性机构。部分机构如图 7.5 所示。

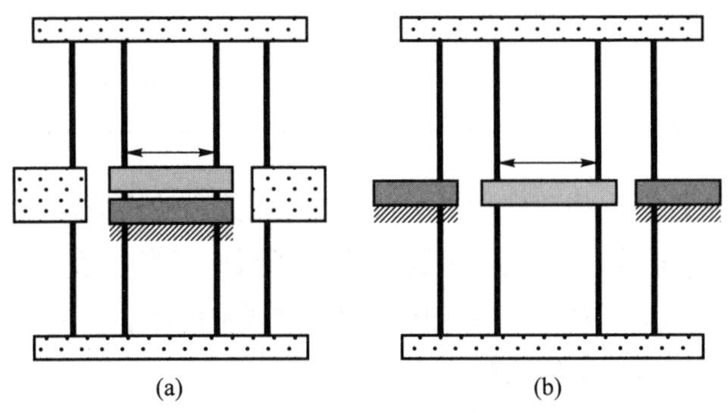

(a) (b)

图 7.5 其他两种 1 维柔性并联移动机构

从上面的例子中可以看出, 柔性机构的构型综合过程中涉及几个关键环节: 除了查附录表 A.2 外, 还要寻找自由度 (或约束) 空间的同维子空间以及对其进行低维子空间分解。

7.2 子空间

7.2.1 同维子空间

看一个例子。考察如图 7.6 所示的组合线图, 它包含两个基本模块: 包含空间所有平行线的立方体 A 和一个平面 B, 两者的交集是无数条平行线组成的平面 (2 维)。根据集合的维数定理, 可知该空间的维数为 4, 即该空间中存在 4 条非冗余线。

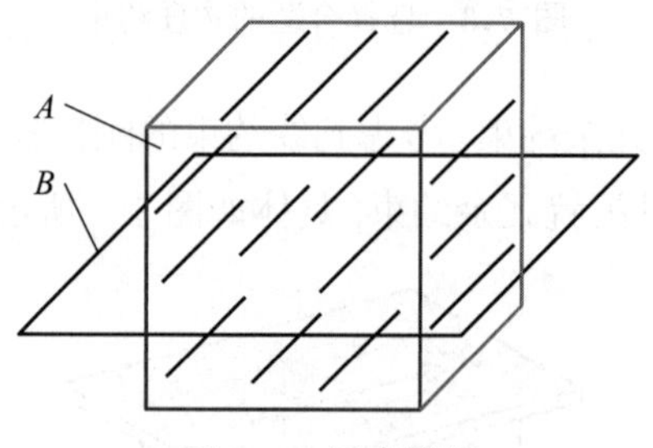

图 7.6 组合线图

根据组合原理, 从两个模块中选出 4 条独立线会出现以下几种组合情况, 见表 7.1。表达上, 规定子空间符号后面括号内的数字代表该子空间的维数。

表 7.1 独立线的组合方式 (I)

	立方体 A (3)	平面 B (3)
从每个模块中选取的线数	$\geqslant 4$	0
	0	$\geqslant 4$
	$\geqslant 3$	1
	1	$\geqslant 3$
	$\geqslant 2$	$\geqslant 2$

容易看出, 上述情况中前两种是不可取的。因为无论立方体 A 还是平面 B, 其中的独立线的维数都是 3, 因此从中选取的 4 条线中必有一条是冗余的, 不符合要求。表 7.2 列出了从 A、B 两个模块中选取独立线数的所有可能组合形式。从形式上看, 很类似于刚体机构中的数综合。

为与表 7.2 中选取的独立线数相对应, 将 A、B 两个 3 维模块分解成若干个低阶基本模块, 具体如图 7.7 所示。

表 7.2 独立线的组合方式 (Ⅱ)

	立方体 A (3)	平面 B (3)
从每个模块中可能选取的独立线数	1	3
	2	2
	3	1
	2	3
	3	2
	3	3

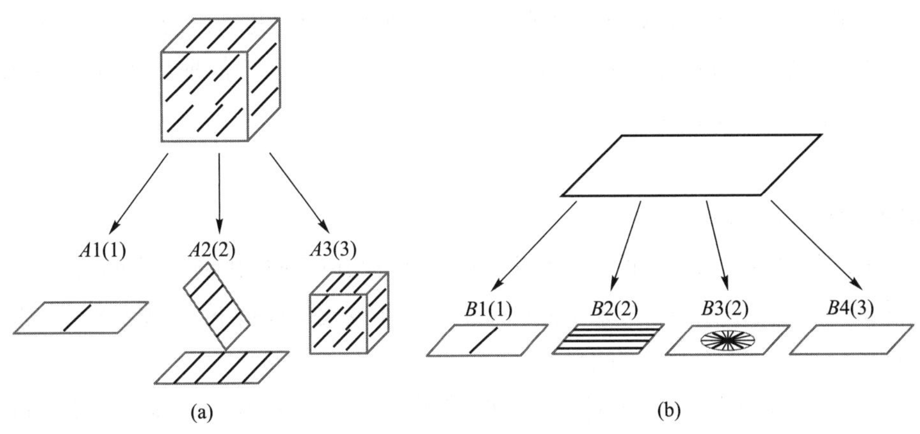

图 7.7 模块分解

由于每个子模块都对应确定的维数 (括号内的数字), 因此可与表 7.2 中的数字相对应, 从而有效地实现数型综合。注意, 从各模块选取线时应遵循以下原则:

(1) 选取的独立线数之和不小于组合线图的维数;

(2) 从各模块中选取线时, 不能同时选取公共线。

下面举例说明选取过程。考虑从立方体 A 中选 3 条, 平面 B 中选 1 条的情况 (图 7.8)。这时仅有一种选取方法: 在 A 中选取 3 条不在同一平面上的直线, 在 B 中任意选 1 条与 A 中的线不平行的线, 如图中粗线所示。

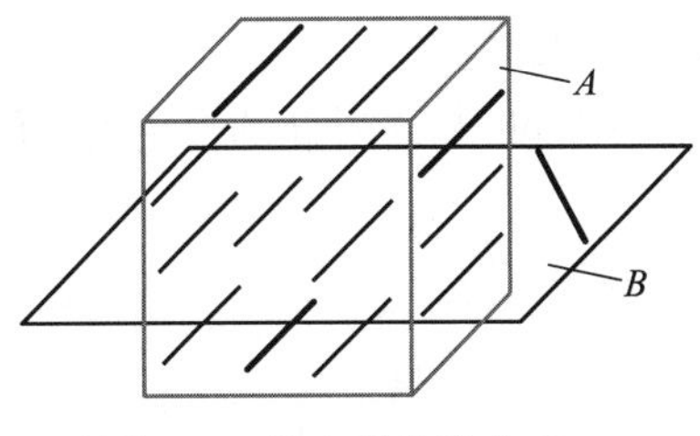

图 7.8 独立线选取方式一

类似地, 从平面 B 中选 3 条, 立方体 A 中选 1 条 (图 7.9)。这时, 也仅有一种选取方法: 在 B 中选 3 条不汇交于同一点的直线, 在 A 中任意选 1 条不在 B 中的直线, 如图中粗线所示。

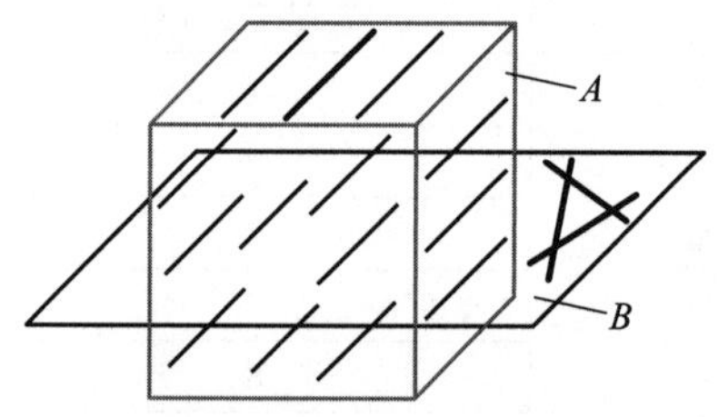

图 7.9 独立线选取方式二

采用类似的方法, 可以找出所有线图的同维子空间。表 7.3 给出了常用 3~4 维线图及其同维子空间。显而易见, 维度越高, 可选的同维子空间种类越多, 意味着所对应的机构构型就越丰富。

7.2.2 约束空间的分解

在并联柔性机构构型设计过程中, 除了寻找约束空间的同维子空间之外, 还有一项重要的任务是在保证约束空间的维度不发生变化的前提下, 根据支链数量的不同为每条支链配置约束子空间。

首先根据自由度空间的维度 (n) 确定约束空间的维度 ($6-n$)。鉴于一般情况下, 机构的驱动元件数等于机构的自由度数, 以保证机构具有确定的运动。若每条支链上配置一个驱动元件, 这就意味着机构的支链数一般与其自由度数相同。当然也有例外, 如为提高机构的刚性或精度等指标, 为机构配置被动支链或冗余支链也是常有的事情。

选取完支链的数量后, 通过对约束空间分解, 为每条支链配置约束子空间也是一件颇具艺术性的工作。一般来讲, 可能配置的子空间种类越多, 将来综合得到的构型数量就越多, 即尽可能做到枚举。而为保证这一点, 最好在其同维子空间中进行分解和枚举 (这是因为同维子空间中线少、图形简单、便于枚举), 不过有可能出现重复的现象。

下面以一个具体的例子来说明。

图 7.10 所示为 4 维约束空间, 与之对偶的自由度空间的维度为 2。故选定机构具有 2 条支链。

表 7.3 常用 3 ~ 4 维线图及其同维子空间

维数	线图类型	同维子空间
3	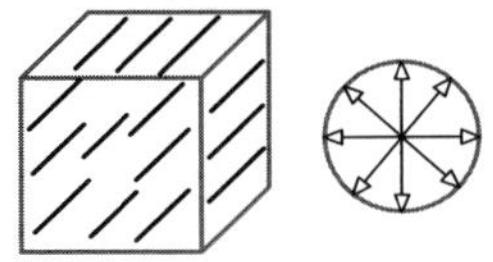	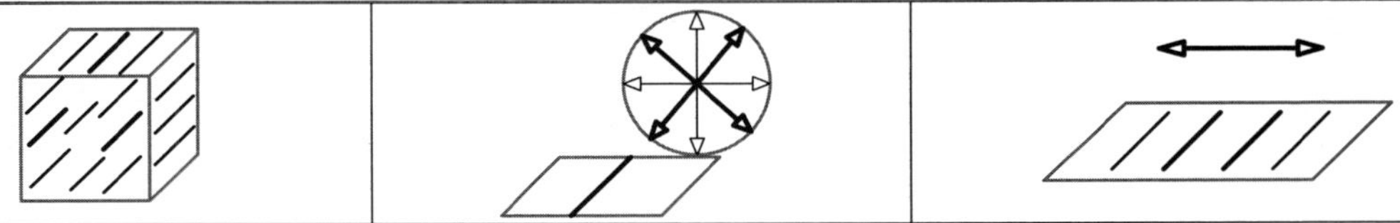
	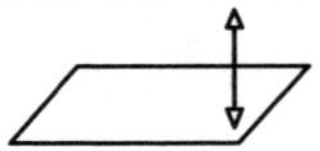	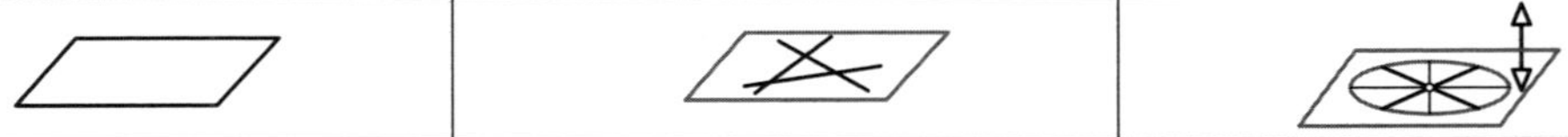
	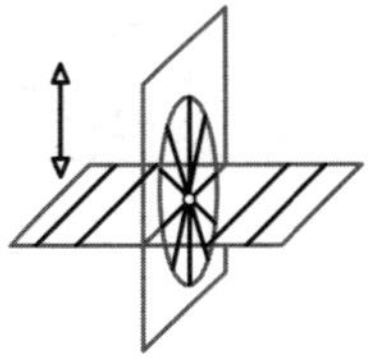	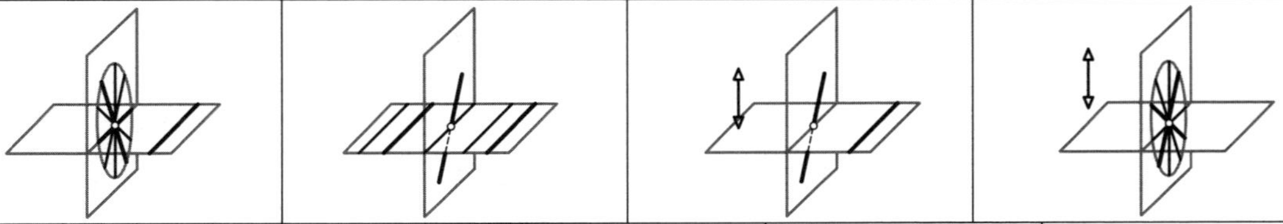
	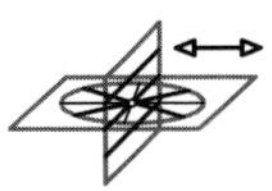	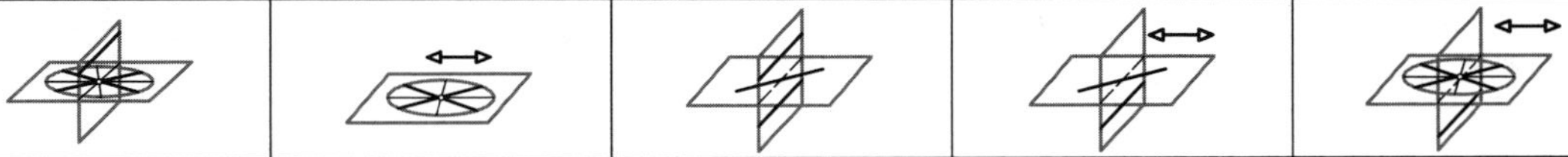
	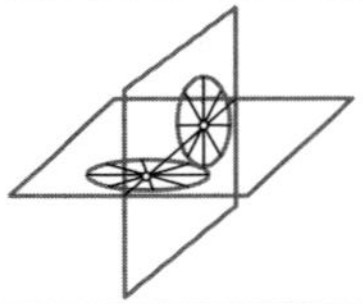	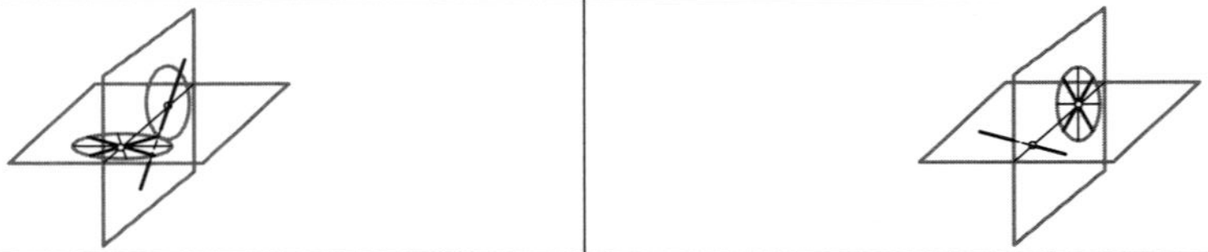
4	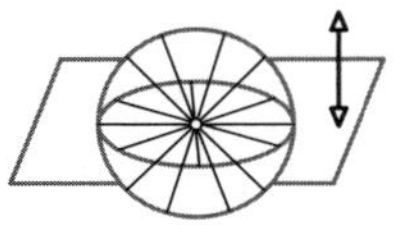	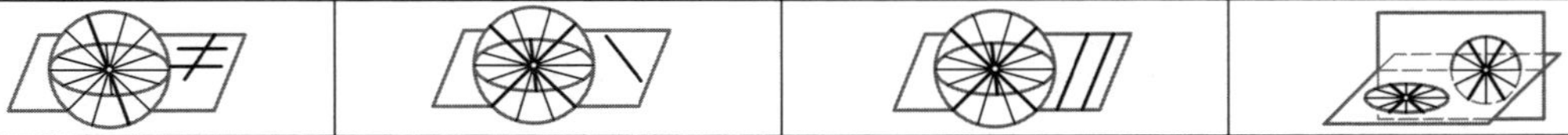
		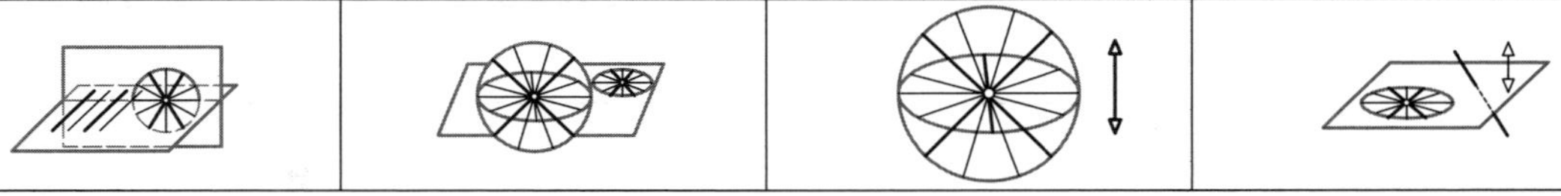

续表

维数	线图类型	同维子空间
4	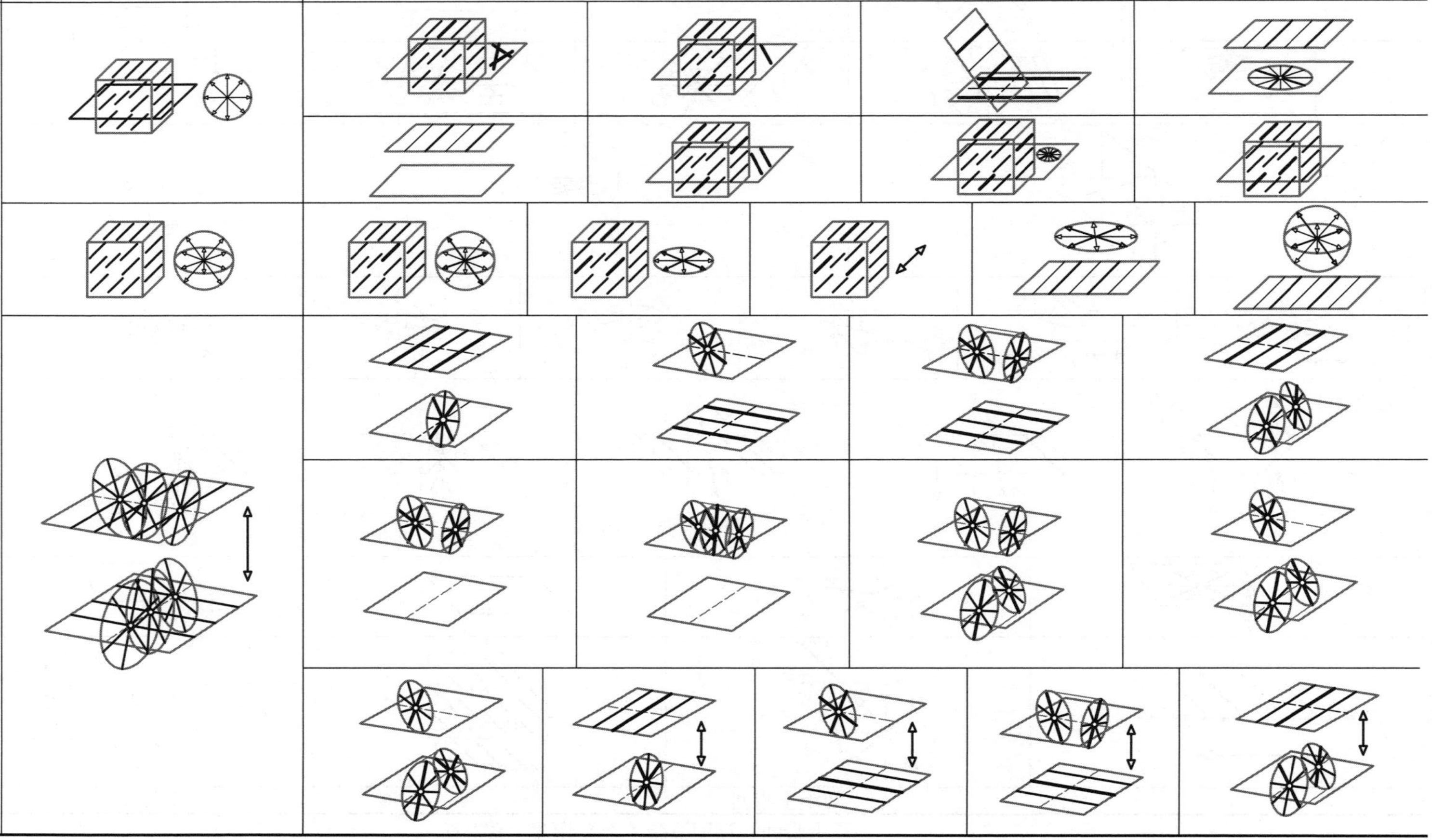	

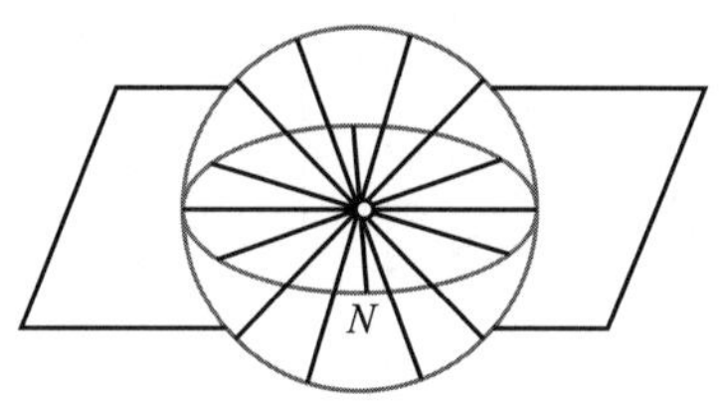

图 7.10 4 维约束空间

表 7.3 中给出了该约束空间的 7 种同维子空间。这里, 只对第 1 种和第 2 种情况进行讨论。

首先对情况 1 进行分解, 如图 7.11 所示。

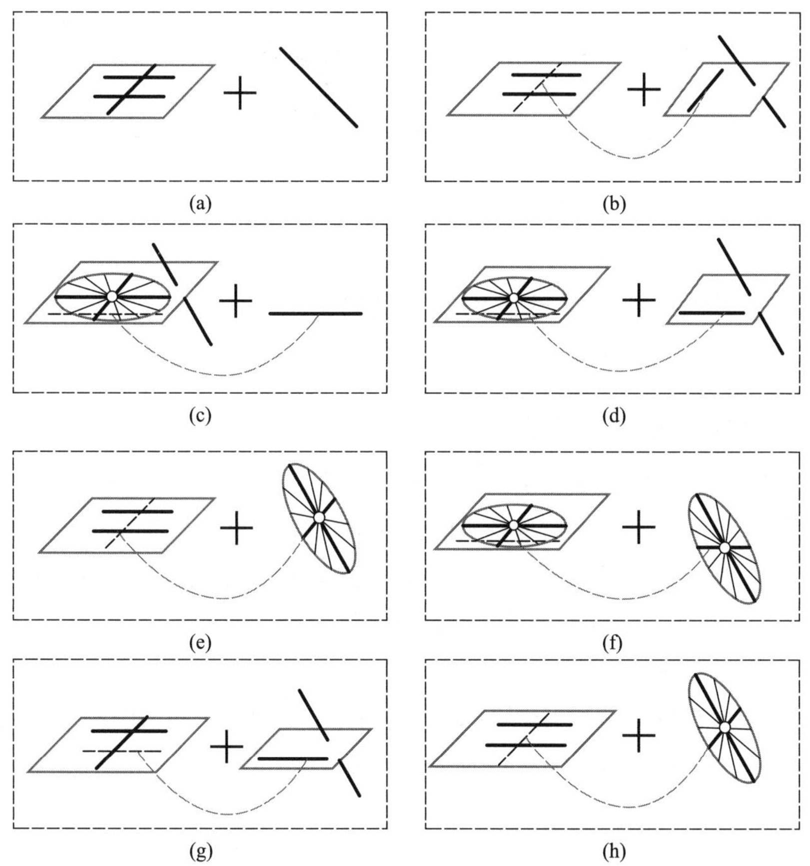

图 7.11 情况 1 同维子空间的分解图示

再对情况 2 进行分解, 如图 7.12 所示。

可以看出, 图 7.11d 同图 7.12b 属于同一类型, 图 7.11f 同图 7.12d 属于同一类型。

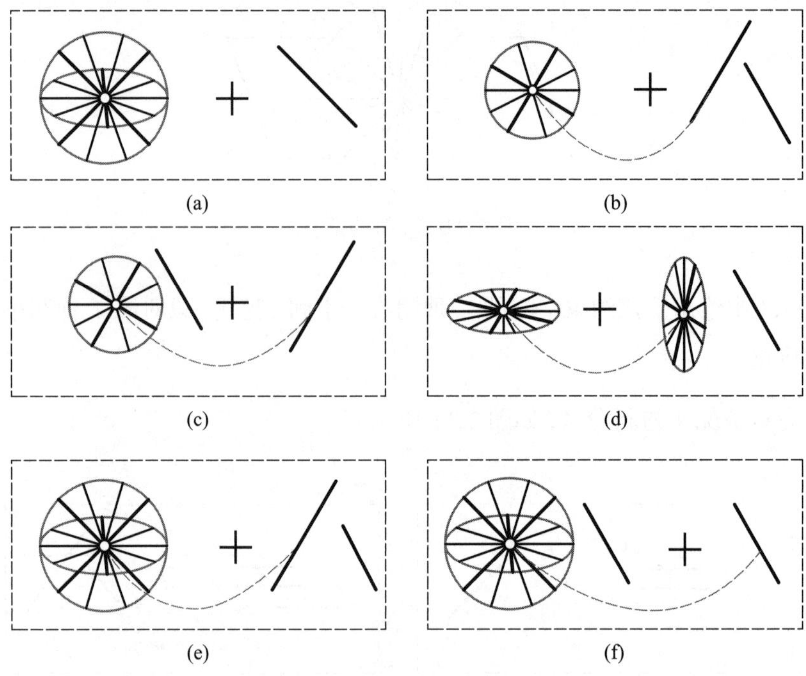

图 7.12 情况 2 同维子空间的分解图示

7.3 常见柔性铰链及柔性机构的分类综合

7.3.1 柔性铰链的分类与枚举

无论簧片型柔性铰链还是缺口型柔性铰链都存在着一些明显的缺点, 如前者轴漂大, 后者转角小等。若将这些基本的柔性单元组合, 可以得到性能更佳的柔性铰链。第 2 章已经给出这些常见柔性铰链的构型及分类, 下面再从自由度和约束空间的角度来重新审视一下这种分类的依据和意义。

1. 柔性转动副

柔性转动副只有一个转动自由度, 其自由度空间如图 7.13a 所示。根据对偶线图法则, 柔性转动副应具有如图 7.13 所示的约束空间。

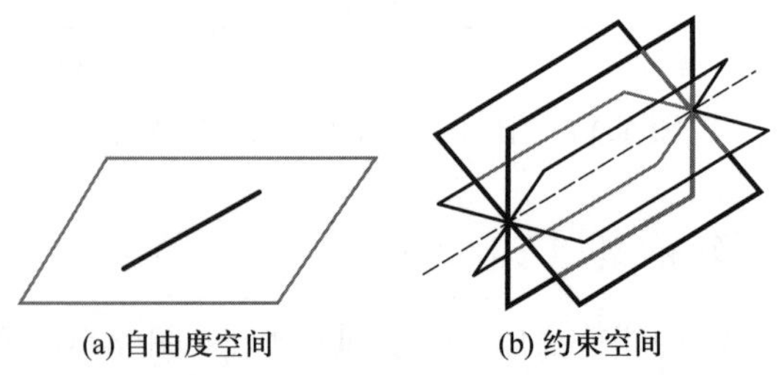

图 7.13 柔性转动副的自由度与约束空间

从约束空间中可以选取两个或两个以上交叉型平面约束 (以簧片来实现), 并形成不同的空间分布, 即可组成图 2.8 ~ 图 2.10 所示的各种柔性转动副构型。

2. 柔性移动副

同样, 柔性移动副只有一个移动自由度, 其自由度空间如图 7.14a 所示。根据对偶线图法则, 约束空间如图 7.14b 所示。

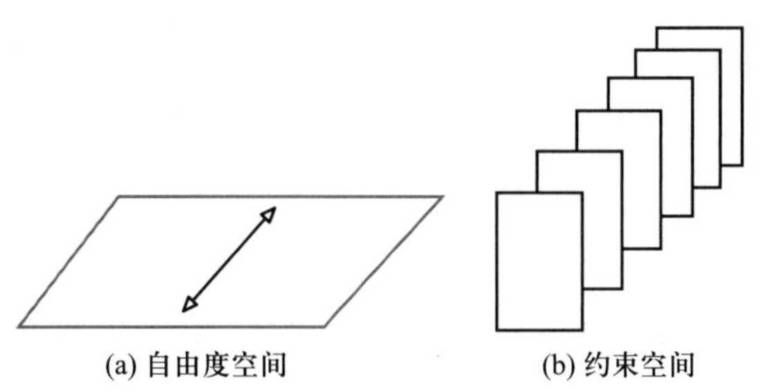

图 7.14 柔性移动副的自由度与约束空间

从约束空间中可以选取两个或两个以上平行平面约束 (以簧片来实现), 并形成不同的空间分布, 即可组成图 2.13 所示的各种柔性移动副构型。

3. 柔性虎克铰

柔性虎克铰具有两个转动自由度, 当两个转动轴线相交时, 其自由度与约束空间如图 7.15 所示; 而当两个转动轴线空间交错时, 其自由度与约束空间如图 7.16 所示。图 2.16b 中给出了两个轴线相交的柔性虎克铰类型, 而图 2.16c 给出的则是轴线交错的柔性虎克铰类型。

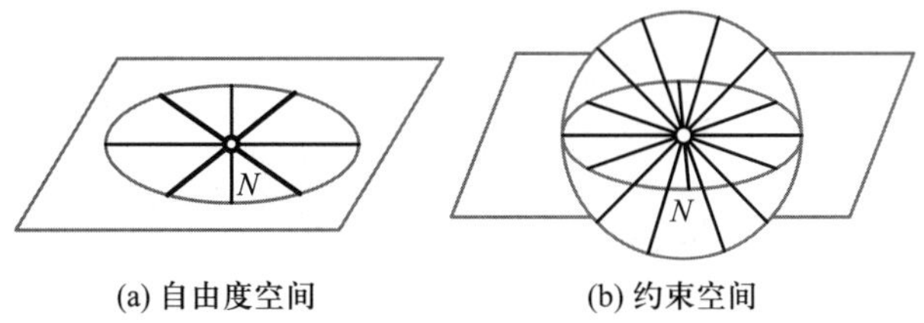

图 7.15 柔性虎克铰轴线相交时的自由度与约束空间

4. 柔性球副

柔性球副有 3 个转动自由度, 且转动轴线相交于空间一点, 其自由度与约束空间如图 7.17 所示。

从约束空间中可以选取 3 个空间汇交线约束 (以柔性杆来实现), 即可组成图 2.18 所示的各种柔性球副构型。

值得一提的是, 图 2.19b 所示第 2 种构型的支链结构如图 7.18 所示, 它由两个或多个簧片单元串联而成, 因此该柔性铰链具有 3R2T 自由度, 其自由度空间如图 7.19a 所示。根据对偶线图法则, 该柔性铰链只能提供 1 维线约束 (图 7.19b), 其

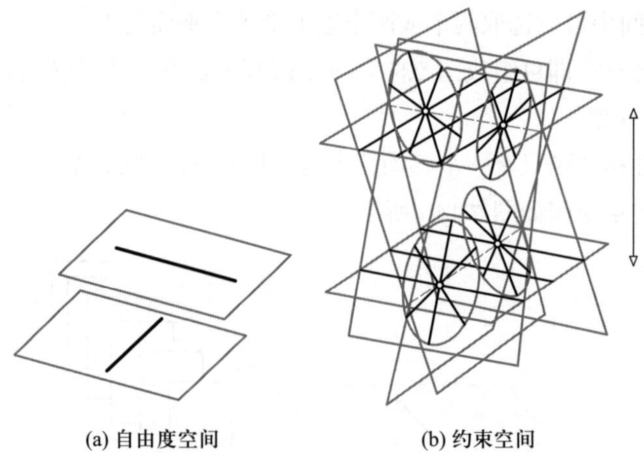

图 7.16 柔性虎克铰轴线交错时的自由度与约束空间

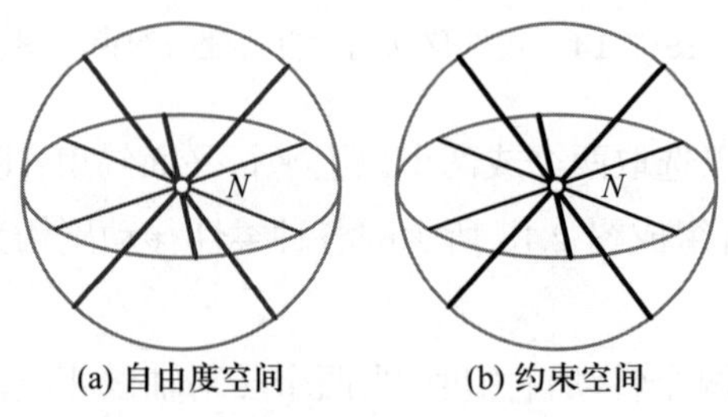

图 7.17 柔性球副的自由度与约束空间

效果等同于柔性杆单元, 但较之性能更佳。

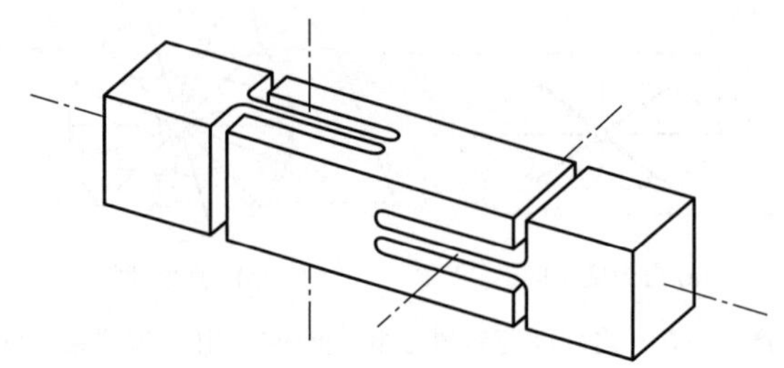

图 7.18 具有 3R2T 自由度的柔性模块

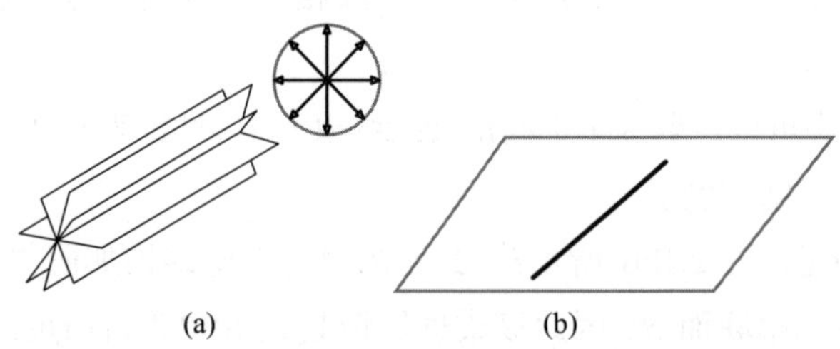

图 7.19 3R2T 柔性机构的自由度空间与约束空间

综上, 以上针对不同类型的自由度及约束空间, 对常见的柔性铰链进行了分类综合。在进行柔性机构的构型设计时, 这些柔性铰链同基本柔性单元一样, 也可作为模块直接使用, 便于丰富柔性机构的构型。

7.3.2 常用的多轴柔性机构

下面再对文献中经常出现的柔性机构 (模块) 按照自由度和约束空间类型进行分类综合。这些柔性机构 (模块) 在结构上比 7.3.1 节中的柔性铰链要相对复杂些。但与 7.3.1 节中的柔性铰链和基本柔性单元一样, 这些柔性机构 (模块) 在进行柔性机构构型综合时也可作为模块直接使用。

1. 2T 型柔性机构 (T_xT_y)

2T 型柔性机构的自由度与对偶约束线图如图 7.20 所示。

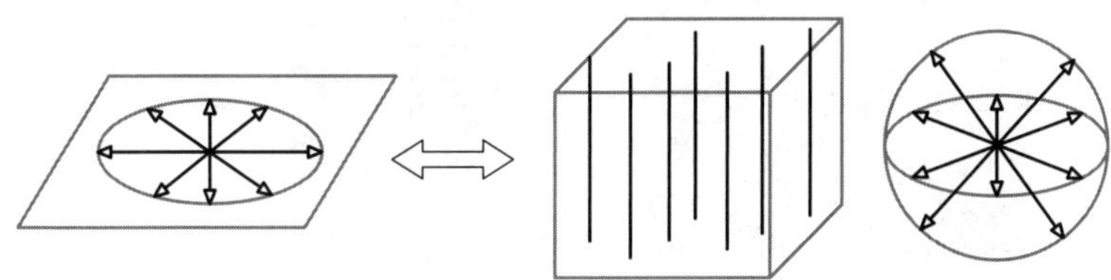

图 7.20 具有 2T 运动的自由度空间与对偶约束空间

一些典型的 2T 型柔性机构如图 7.21 所示。其中图 7.21a 所示柔性机构由 4 个平行四杆型移动机构组成, 每个支链由两个平行四杆移动机构串联而成;7.21b 所示柔性机构由 4 个完全相同的 XY 移动支链并联组合而成。不管哪种构型, 这些 2T 型柔性机构都具有如图 7.20 所示的自由度空间和约束空间。

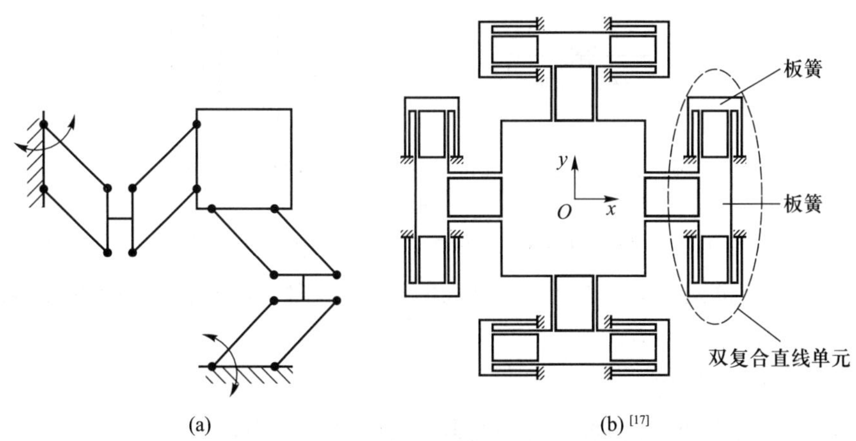

图 7.21 平行四杆组合型 2T 机构

2. 具有面外运动的 2R1T 型柔性机构

一种 2R1T 型 ($R_xR_yT_z$) 柔性机构的自由度与对偶约束线图如图 7.22 所示。

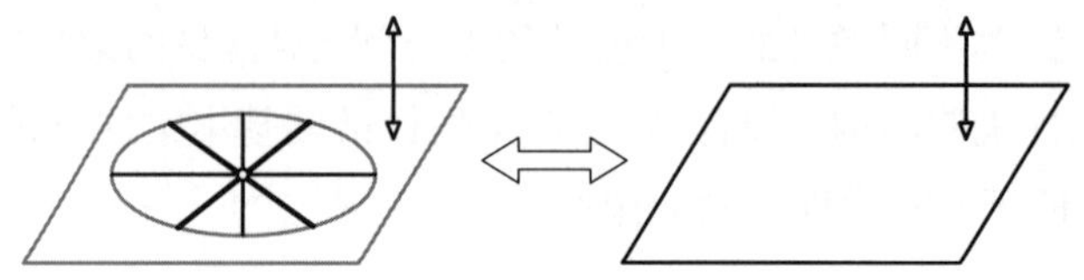

图 7.22 2R1T 运动的自由度空间与对偶约束空间

与之对应的部分 2R1T 型柔性机构如图 7.23 所示。该类机构均由 3–RPS 机构衍生而来, 每条支链仅提供一个线约束, 3 条支链提供的 3 个线约束共面且不汇交, 形成平面约束。

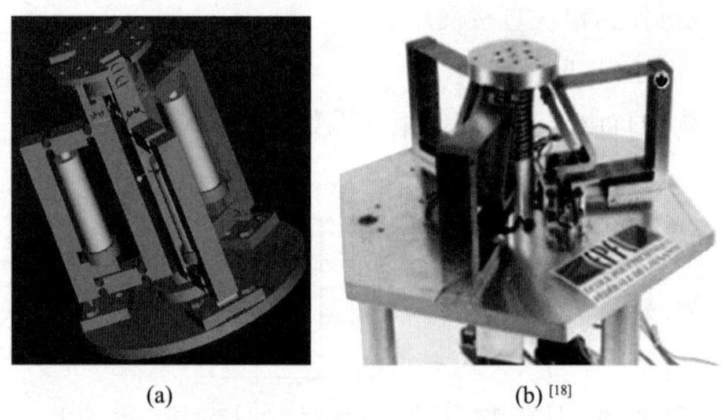

(a) (b) [18]

图 7.23 2R1T 型柔性机构

3. 具有平面运动的 1R2T 型柔性机构 ($T_xT_yR_z$)

1R2T 型柔性机构的自由度与对偶约束线图如图 7.24 所示。

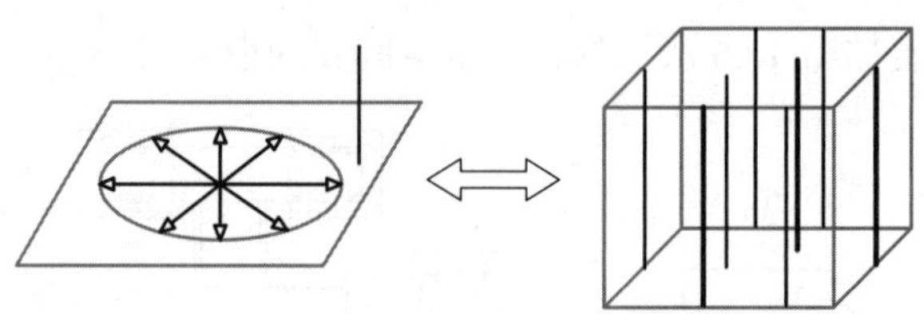

图 7.24 1R2T 运动的自由度空间与对偶约束空间

一些典型的 1R2T 型柔性机构如图 7.25 所示。这些机构大多由 3–RRR 机构衍生而来, 每条支链提供空间平行且不共面的 3 维线约束, 3 条支链提供的线约束彼此平行, 形成空间平行约束。

4. 3T 型柔性机构

3T 型柔性机构的自由度与对偶约束线图如图 7.26 所示。

一些典型的 3T 型柔性机构如图 7.27 所示。这些机构大多由 3–PPP 机构衍生而来, 每条支链提供 3 维力偶约束, 3 条支链提供的约束求并后仍为 3 维力偶约束。

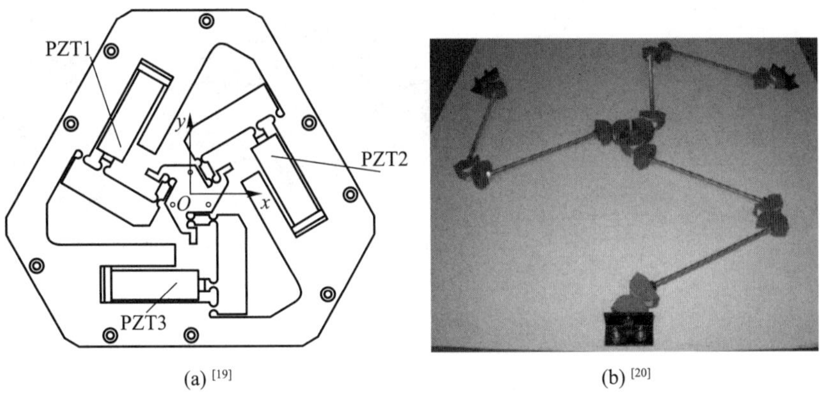

(a) [19] (b) [20]

图 7.25 1R2T 型柔性机构

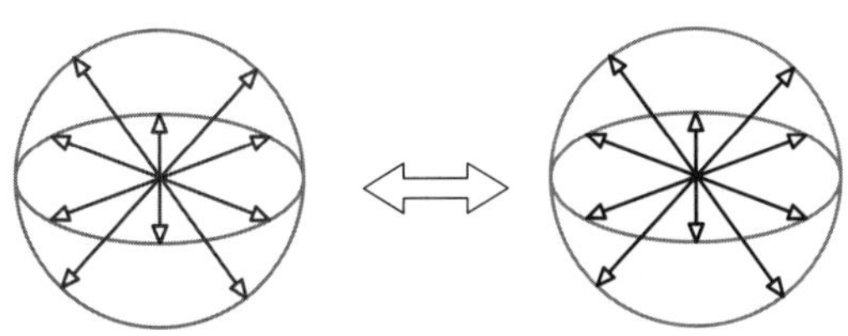

图 7.26 3T 运动的自由度空间与对偶约束空间

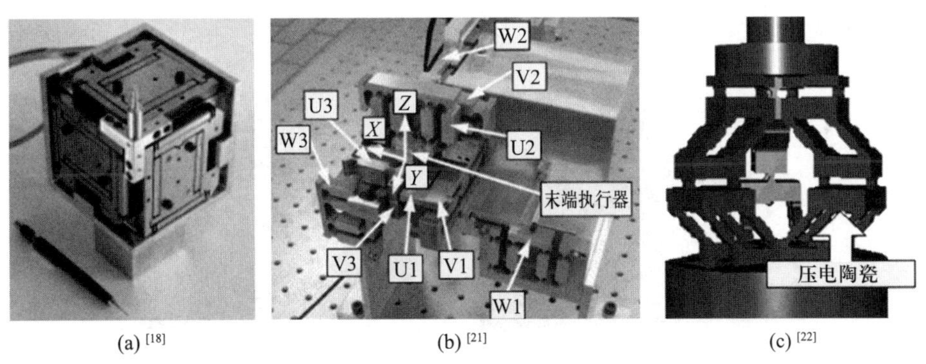

(a) [18] (b) [21] (c) [22]

图 7.27 3T 型柔性机构

5. 3R3T 型柔性机构

3R3T 型柔性机构具有完全 6 个自由度, 每条支链对平台都不提供约束。比较典型的 3R3T 型柔性机构既可能由全并联结构组成, 也可能通过两个并联机构串接而成。例如, 图 7.28a 所示的结构由 PSS 支链并联而成; 图 7.28b 和 c 所示的结构则由一个具有面内 (in-plane) 运动的柔性机构和一个面外 (out-of-plane) 运动机构串联组合而成。

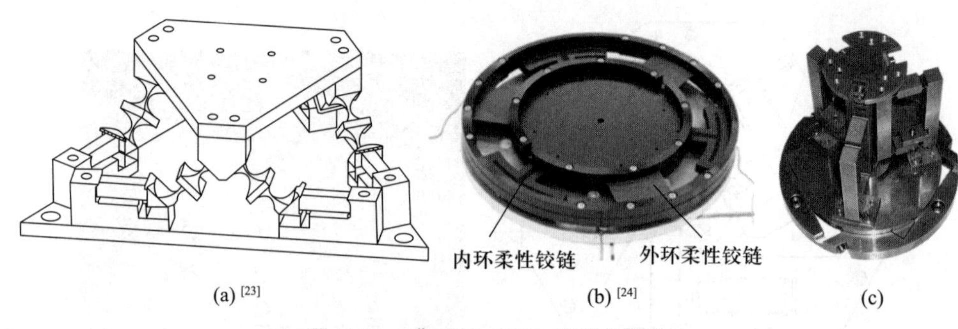

(a) [23]　(b) [24]　(c)

图 7.28　典型的 3R3T 型柔性机构

7.4　多轴柔性机构的图谱化构型综合

7.4.1　并联式柔性机构的图谱化构型综合

下面再来讨论一下如何利用图谱法对并联式柔性机构进行构型综合。为描述方便, 本章将并联式柔性机构分为两类: 一类是简单全并联式柔性机构, 其中每个柔性约束单元 (柔性杆或板簧) 就构成一条支链, 如图 7.29a 所示; 另一类称为广义并联式柔性机构, 每条支链是由基本柔性单元通过并联或串联组合而成的柔性模块, 如图 7.29b 所示。

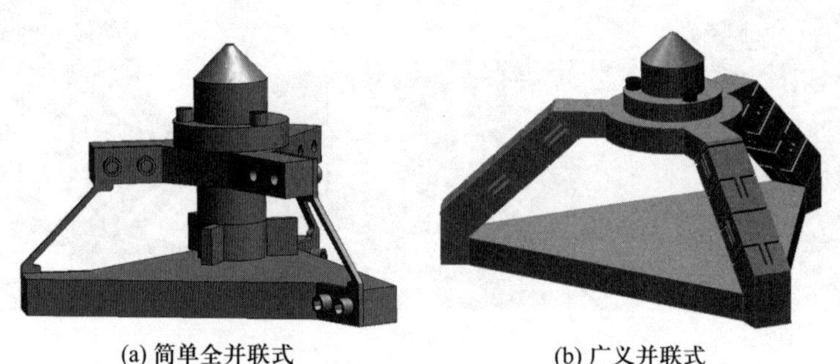

(a) 简单全并联式　(b) 广义并联式

图 7.29　简单全并联式与广义并联式柔性机构

无论简单全并联式柔性机构还是广义并联式柔性机构, 都可以采用下面的构型综合步骤:

(1) 根据所要综合的自由度类型, 以线图形式表示柔性机构的自由度空间 $\boldsymbol{S}_T$;

(2) 根据对偶线图法则或者 F&C 图谱 (附录表 A.2), 确定与自由度空间 $\boldsymbol{S}_T$ 对偶的约束空间 $\boldsymbol{S}_W$;

(3) 找出约束空间 $\boldsymbol{S}_W$ 的所有同维子空间 (多个);

(4) 给定柔性机构的支链数目 (可以有多种取法);

(5) 根据所选支链数目, 对约束空间的同维子空间进行枚举式分解 (可以得到多

个分解方案);

(6) 对步骤 (5) 中得到的每一个分解方案, 采用柔性模块 (亦可为基本柔性单元) 实现各支链所提供的约束;

(7) 合理配置各支链, 得到满足要求的并联式柔性机构。

下面以 2R 型柔性机构的构型综合为例, 来说明上述构型方法的有效性。该例中要求柔性机构具有两个轴线相交的转动自由度 ($\mathrm{R}_x\mathrm{R}_y$), 前面小节提到的柔性虎克铰即可满足要求, 而现有的柔性虎克铰多为串联结构。利用上述构型综合方法, 可以得到并联式 2R 柔性机构, 具体构型综合过程如下:

第 1 步: 用线图表示自由度空间。该例中柔性机构具有如图 7.30 所示的自由度空间, 自由度空间维数为 2。

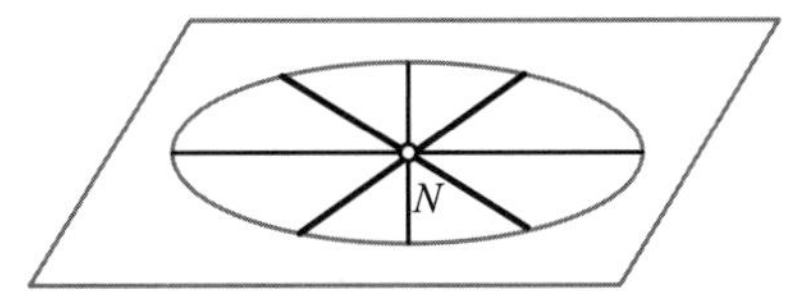

图 7.30 2R 型柔性机构的自由度空间

第 2 步: 求约束空间。根据对偶线图法则, 或附录表 A.2 所示的图谱, 可以得到如图 7.31 所示的约束空间, 约束空间维数为 4。

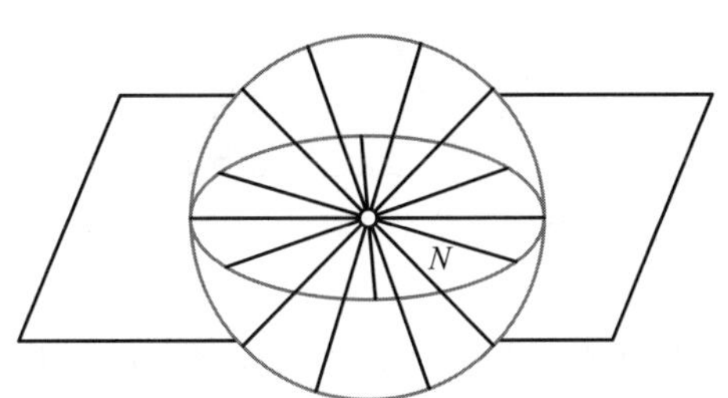

图 7.31 2R 型柔性机构的约束空间

第 3 步: 找同维子空间。该例约束空间的同维子空间前文已有讨论, 详见表 7.3 中 4 维空间中的第 1 类。该约束空间存在 6 种同维子空间。

第 4 步: 选择支链数目。这里取柔性支链的数目为 2。

第 5 步: 分解同维子空间。为避免繁复, 这里仅对 8 种同维子空间的前两种进行分解。具体的分解方案见图 7.11 和图 7.12。

第 6~7 步: 配置柔性支链, 并组合成机构。这里以图 7.11 和图 7.12 中的分解方案 (a) 为例, 来配置各柔性支链。

图 7.11 分解方案 (a) 中, 同维子空间被分解为一个 3 维平面约束和一个 1 维线约束。根据前文对基本柔性单元的讨论, 柔性板簧可以等效为平面约束, 柔性杆可以

等效为线约束, 如图 7.32 所示。事实上, 任一提供平面约束的柔性模块都可以替代柔性板簧, 任一提供 1 维线约束的柔性模块也可以替代柔性杆。

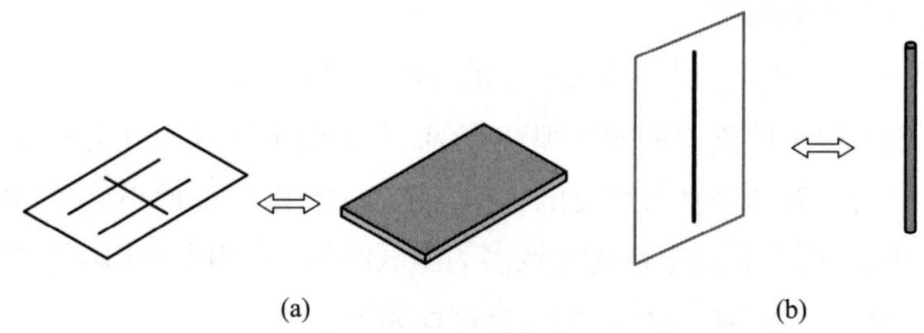

图 7.32　柔性板簧与柔性杆的等效约束模型

这里, 分别将柔性板簧和柔性杆作为一个支链, 可以得到如图 7.33 所示的简单全并联式柔性机构。

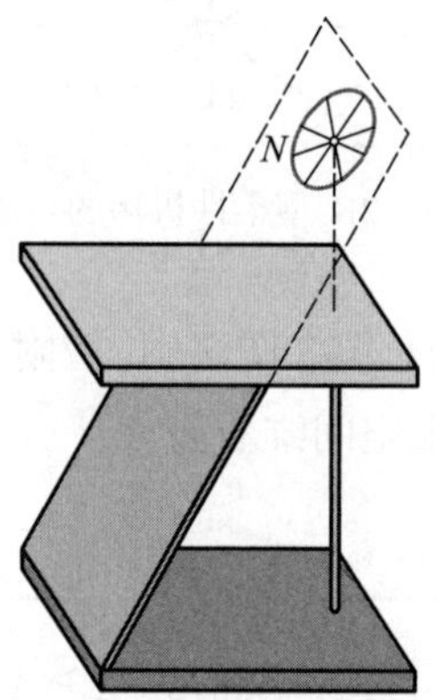

图 7.33　简单全并联式 2R 柔性机构

再者, 图 7.12 的分解方案 (a) 中, 同维子空间被分解为一个 3 维空间汇交线约束和一个 1 维线约束。我们知道, 柔性球铰正好可以提供空间汇交线约束。因此, 可分别采用图 7.34 所示的柔性球铰和柔性杆作为支链。

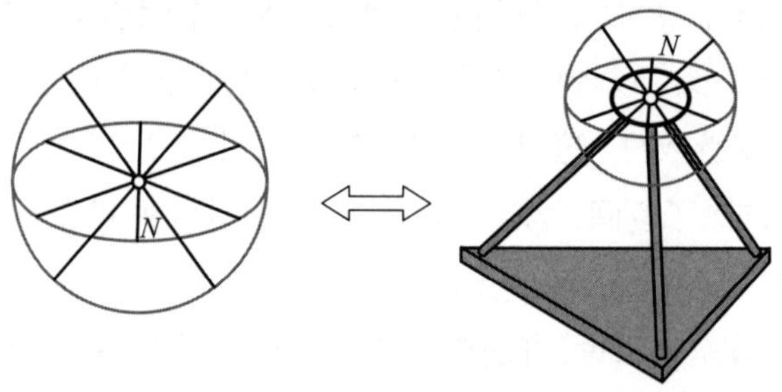

图 7.34　柔性球铰等效约束模型

支链组合后可以得到如图 7.35 所示的并联柔性机构。

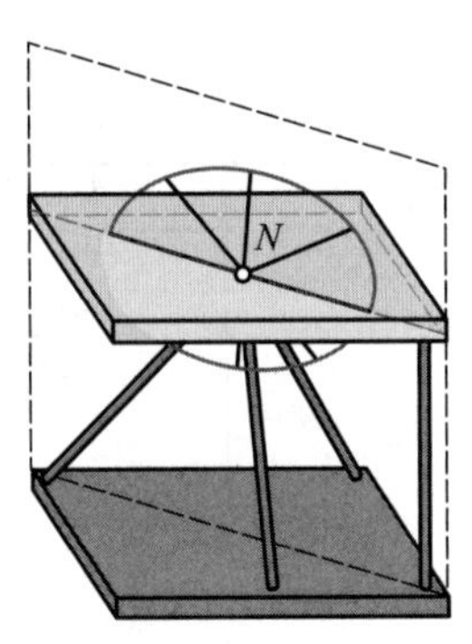

图 7.35 简单并联式 2R 柔性机构

类似地, 对于每一种分解方案, 都可以得到不同的构型。从而为后面的构型优选、参数优化等提供丰富构型库资源。可以看出, 利用图谱法进行柔性机构构型综合时, 简单直观, 而且得到的构型具有一定的完备性。

表 7.4 ~ 表7.6 给出了利用上述构型综合步骤得到的部分少自由度 (1 ~ 3) 并联柔性机构。表格中同时给出了自由度与约束对偶线图、约束同维子空间及相应的构型图示。

表 7.4 部分 1 自由度并联柔性机构综合实例

类型	自由度与约束对偶线图	约束同维子空间	构型图示
1R			
1T			

表 7.5 部分 2 自由度并联柔性机构综合实例

类型	自由度与约束对偶线图	约束同维子空间	构型图示
2R			

续表

类型	自由度与约束对偶线图	约束同维子空间	构型图示
		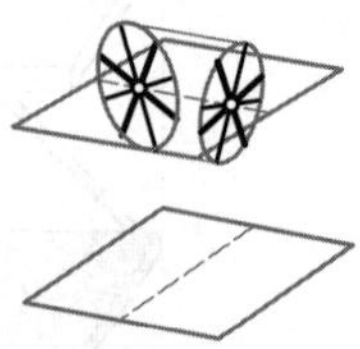	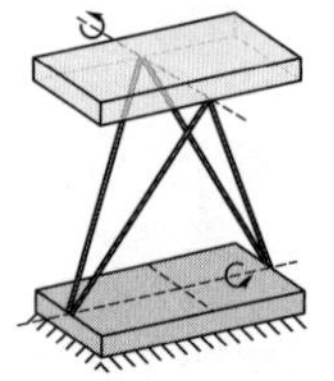
		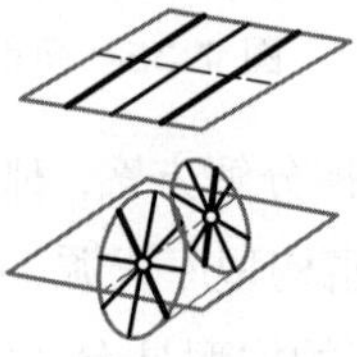	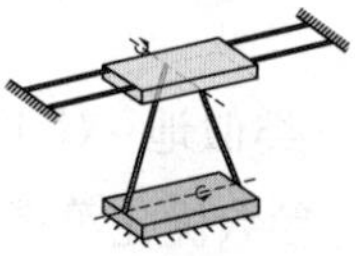
		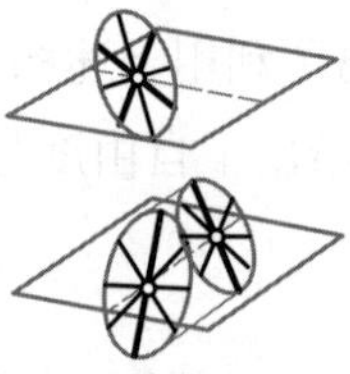	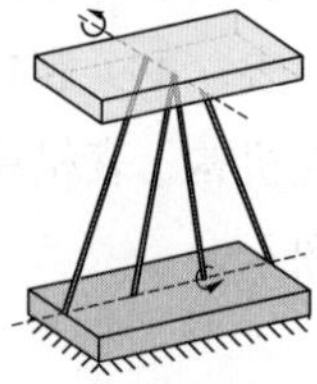
2R	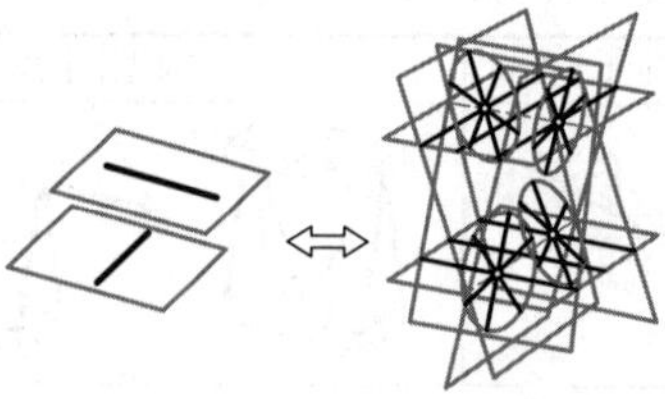	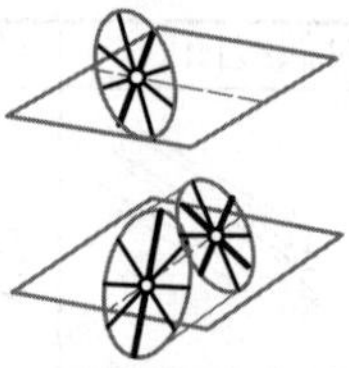	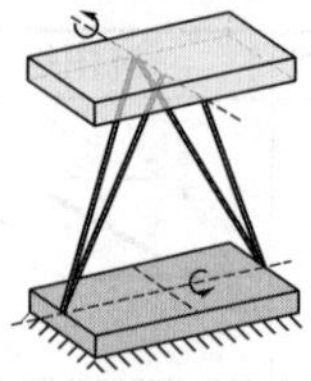
		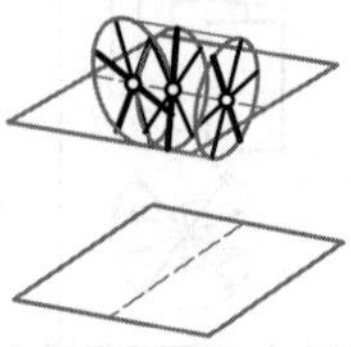	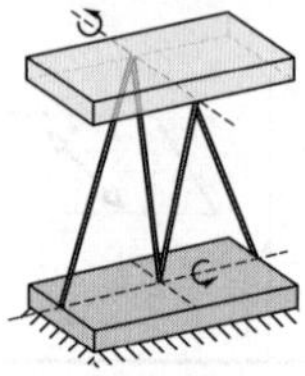
		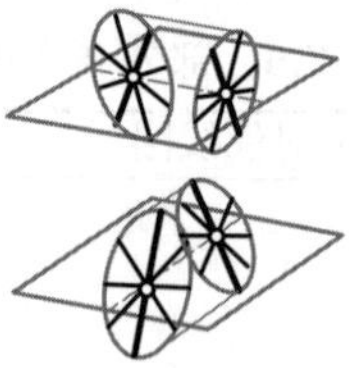	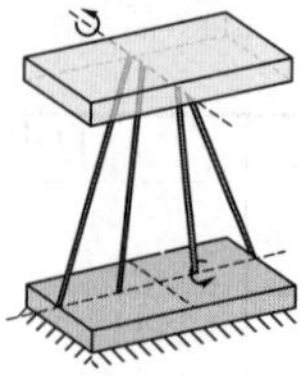
		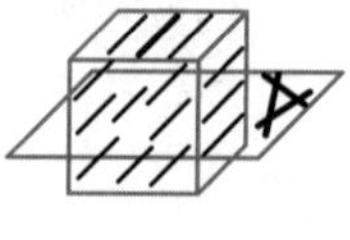	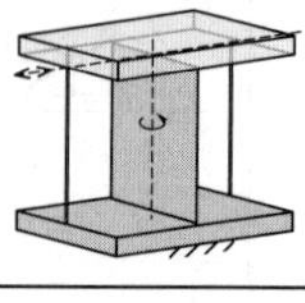

续表

类型	自由度与约束对偶线图	约束同维子空间	构型图示
2R		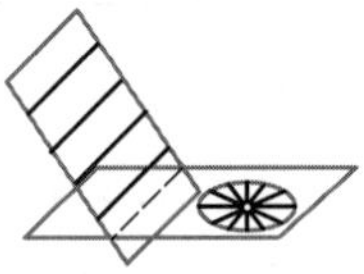	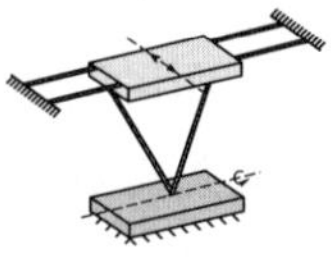
		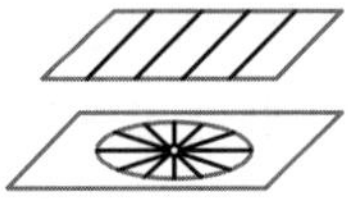	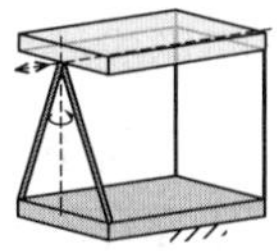
	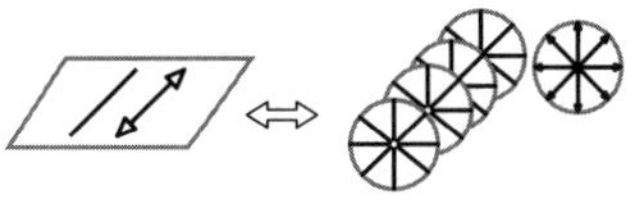	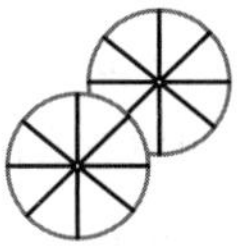	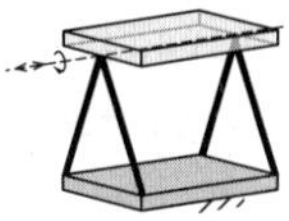
		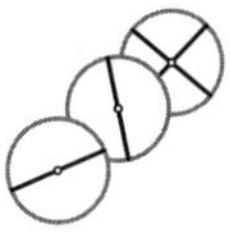	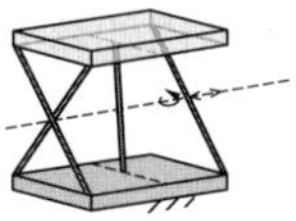

表 7.6 部分 3 自由度并联柔性机构综合实例

类型	自由度与约束对偶线图	约束同维子空间	构型图示
3R	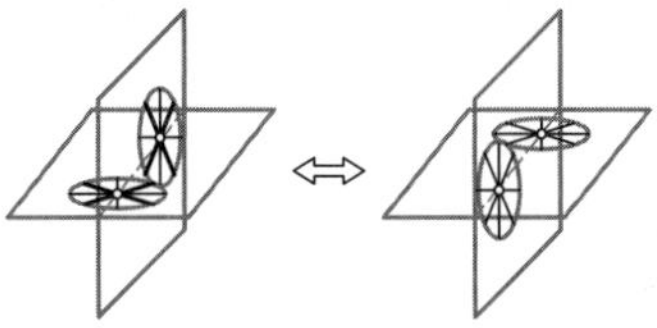	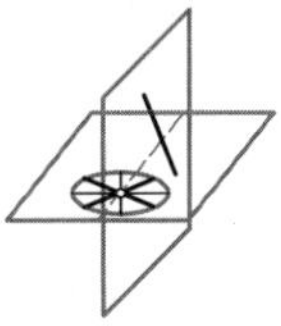	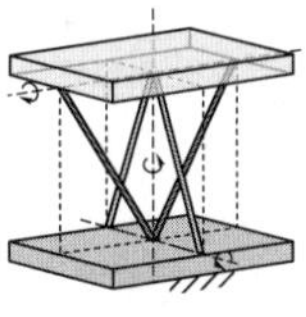
2R1T	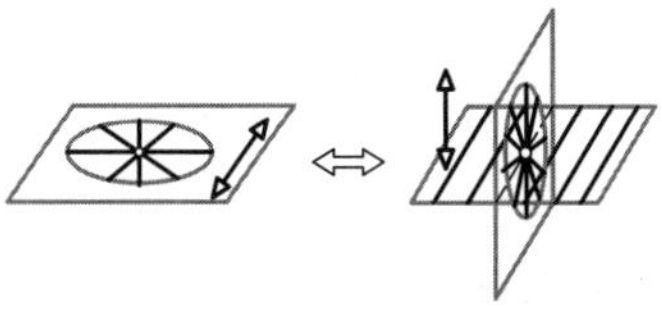	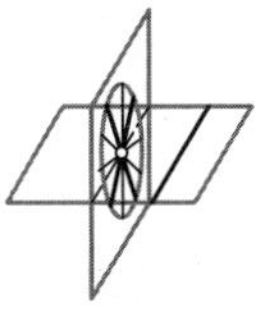	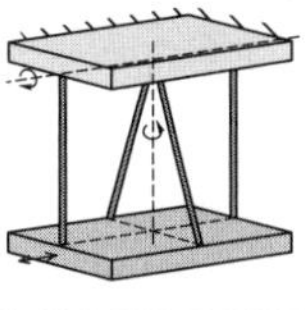
	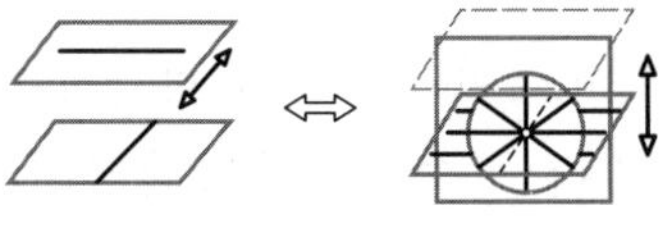	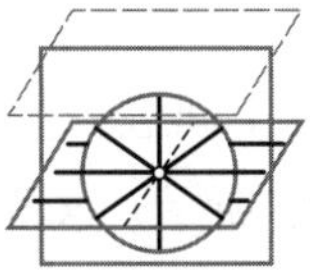	
1R2T	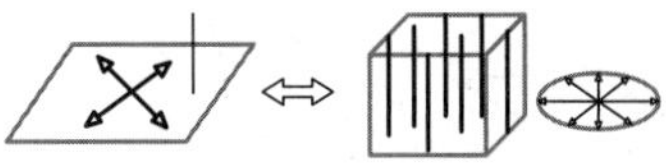	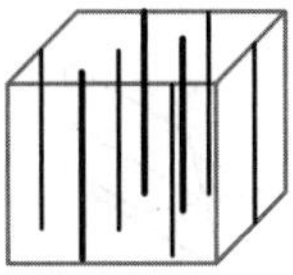	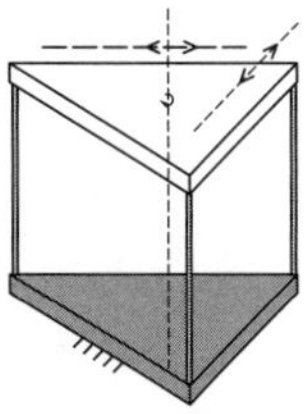

7.4.2 串/混联式柔性机构的构型综合

下面讨论如何利用图谱法实现对串联式柔性机构的构型综合。这里的串联式柔性机构是指由多个基本柔性单元或柔性模块以串联方式连接在末端执行器和基座之间形成的机构。特别地, 当以柔性模块 (并联或串联) 首尾相连, 在末端执行器和基座之间形成机构时, 也称作混联式柔性机构。

下面利用图谱法对串联式柔性机构进行构型综合, 具体的步骤如下:

(1) 根据所要综合的自由度类型, 以线图形式表示柔性机构的自由度空间 $\boldsymbol{S}_T$。

(2) 将自由度空间分解为几个低维子空间的并集 $\boldsymbol{S}_T = \boldsymbol{S}_{T1} \cup \boldsymbol{S}_{T2} \cup \cdots \cup \boldsymbol{S}_{Tn}$, 分解方案的多样性有利于得到更多的构型。

(3) 对每个自由度子空间 $\boldsymbol{S}_{Ti}(i = 1, 2, \cdots, n)$ 进行构型综合, 构型方法同并联式柔性机构的构型综合; 每个自由度子空间可以得到多个构型, 这些构型可作为柔性模块使用。

(4) 从各子空间中任选一柔性模块以串联方式连接, 从而得到满足要求的串联式柔性机构; 注意, 柔性模块的连接顺序可以改变。

按照上述构型综合步骤可以得到串联式柔性机构。作为一个例证, 下面利用本节给出的构型综合方法来综合图 7.18 所示的 3R2T 串联式柔性模块。

第 1 步: 以线图形式表达自由度空间。该例中, 自由度与对偶约束空间如图 7.36 所示。

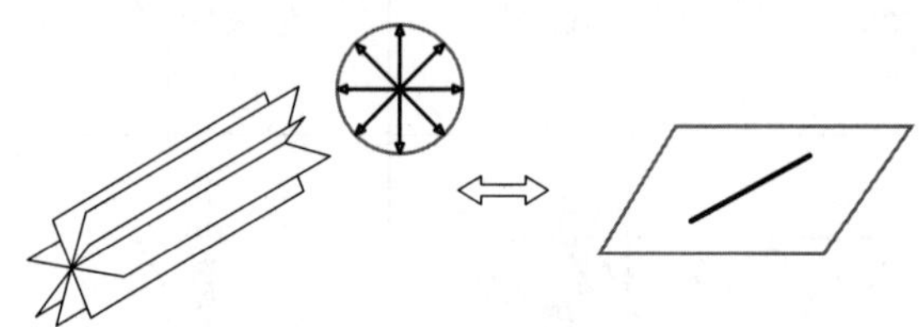

图 7.36 3R2T 自由度与约束对偶线图

第 2 步: 对自由度空间进行分解。将 3R2T 的自由度空间分解为两个 2R1T 子空间的并集, 如图 7.37 所示。这两个子空间有一个公共的转动自由度, 即两平面的交线。

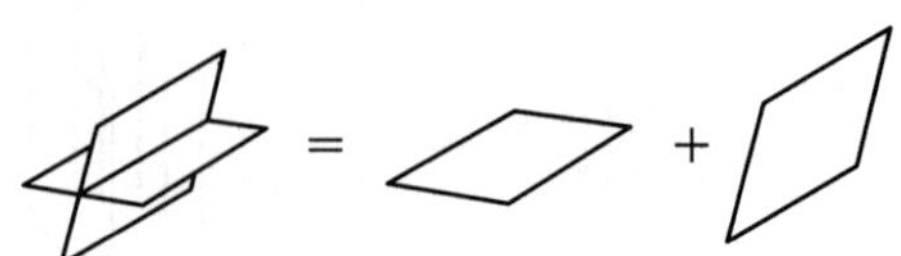

图 7.37 3R2T 自由度空间分解

第 3 步: 子空间的构型综合。2R1T 子空间的自由度与约束对偶线图如图 7.38 所示。可以看到, 每个 2R1T 子空间在物理上可以用板簧来实现。

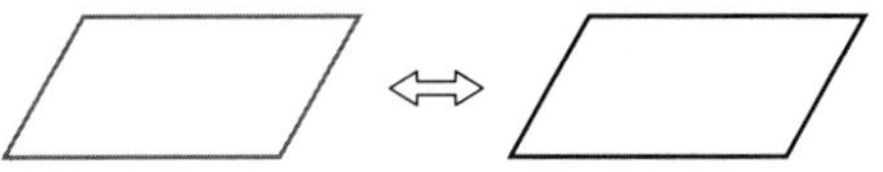

图 7.38 2R1T 自由度与约束对偶线图

第 4 步: 以串联方式连接子空间对应的柔性模块。本例中, 两个板簧串联在一起, 且相互正交, 就得到了图 7.18 所示的串联式柔性模块。

图 7.39 详细展示了本例的整个构型过程。

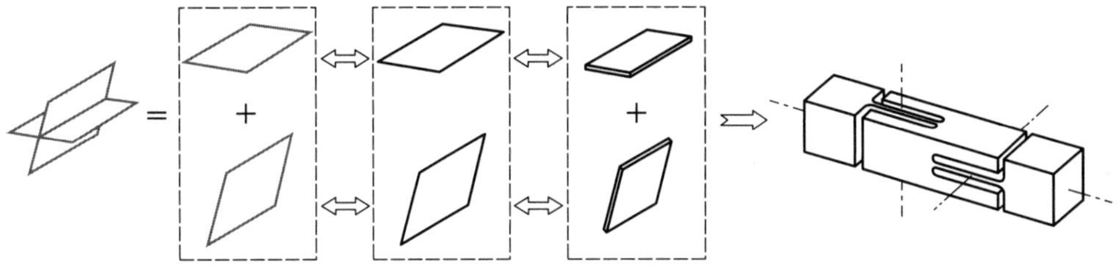

图 7.39 3R2T 串联式柔性机构的构型综合过程图示

7.5 并/混联柔性机构构型综合的深层考虑

7.5.1 简单全并联的实现条件

给定某一机械装置的 n 维自由度空间, 根据对偶法则, 该机械装置必存在 $6-n$ 维的约束空间。但是该约束空间却并不一定能由 $6-n$ 个线性无关的直线张成, 换句话说该约束空间内不一定存在一个同维线子空间。所谓同维线子空间, 即是约束空间中仅由线约束组成的且与约束空间维数相同的子空间。同维线子空间存在的现实意义在于: 在柔性机构设计中, 多采用柔性杆和柔性板簧等基本柔性单元作为约束支链, 而由前面对基本柔性单元的分析知, 这些基本柔性单元一般只提供线约束。因此, 约束空间中只有存在同维线子空间才可能实现简单全并联式构型设计。

例如, 设计的目标是一个可实现 2 维移动的柔性精密定位平台 ($\mathrm{T}_x\mathrm{T}_y$)。该装置的自由度和对偶约束空间 (不考虑一般旋量的存在) 如图 7.40 所示。

可以看出, 约束空间中包含两个模块: 一个 3 维线子空间和一个 3 维偶量子空间。因此, 无法在该约束空间中找到 4 条线性无关的直线。这就意味着, 无法搭建一个直接用柔性杆或板簧等基本柔性单元作为支链的简单全并联式柔性平台, 只能转而考虑构造其他类型的结构。

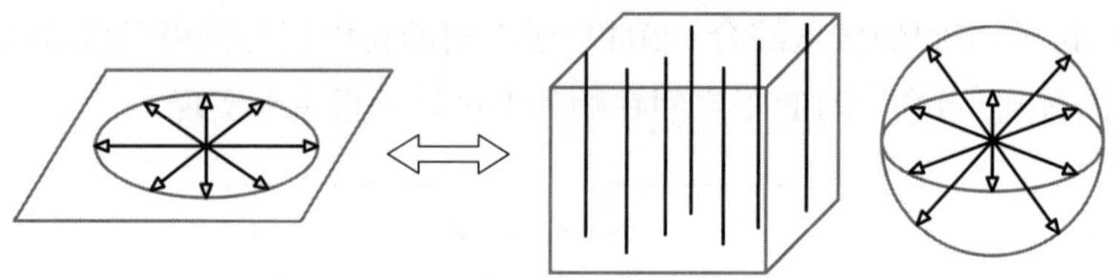

图 7.40 2 维移动平台的自由度与对偶约束空间

同样的道理, 对于 3 维移动的柔性装置而言, 简单全并联式结构同样不能实现。相反, 如果想要设计一个可实现平面 1 维移动的柔性精密定位平台, 由该装置的自由度线图和对偶约束线图可以看到, 该约束空间 (5 维) 中存在 5 维线子空间, 因此可直接用柔性杆或板簧等基本柔性单元作为支链搭建出简单全并联式柔性平台, 如图 7.41 所示。

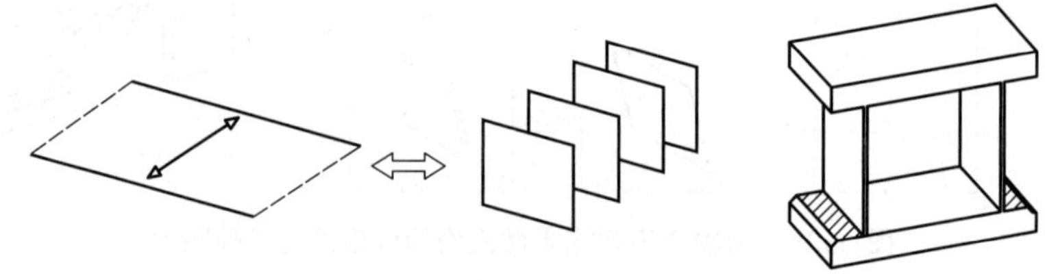

图 7.41 1 维移动柔性机构

简言之, 一个柔性机构能否通过简单全并联实现, 取决于其自由度空间的对偶约束空间中是否存在同维线子空间[10]。若存在, 则说该柔性机构 (或者该自由度空间) 可采用简单全并联实现; 若不存在, 则该柔性机构不能通过简单全并联实现, 只能采用其他方式 (如串联或混联) 实现。

由于自由度空间和约束空间实质上都是一种旋量空间, 因此该问题可抽象为判断一个旋量空间是否具有对偶线空间。旋量空间具有对偶线空间是指, 该旋量空间的对偶旋量空间内存在同维线子空间。文献 [10] 给出了对偶旋量空间内是否存在同维线子空间的条件及判断方法, 这里不再赘述。事实上, 利用该方法可以判断任一旋量空间的对偶空间中是否包含同维线子空间。这里直接给出常见的 1 ~ 3 维自由度空间及其对偶约束空间, 并对这些自由度空间判断能否通过简单全并联实现。具体的描述及结果列于表 7.7。

表 7.8 给出了以 5.2.3 节所给教具实现的 1~3 维自由度空间通过简单全并联实现的模型。

表 7.7 对 1 ~ 3 维自由度空间简单全并联实现的简易判断

自由度数	类型	自由度线图	自由度线图特征	约束线图	并联实现	同维的约束线子空间
1	1R	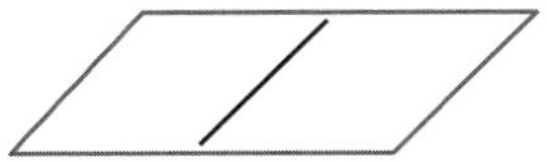	1 维转动自由度	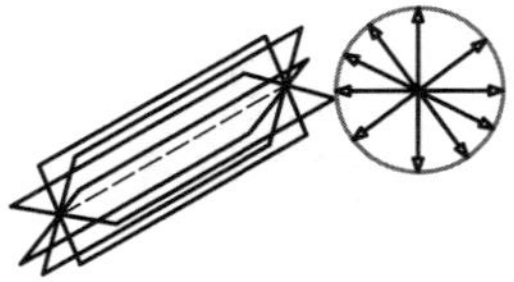	Y	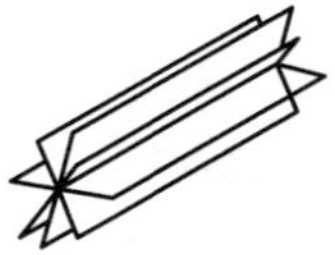
	1T	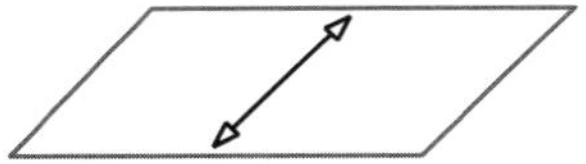	1 维移动自由度	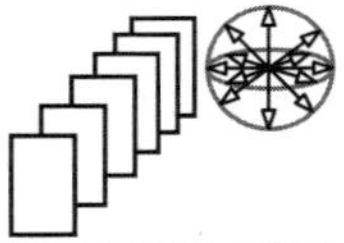	Y	
2	2R	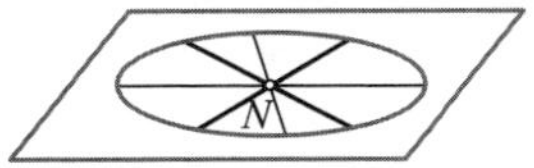	轴线平面汇交的 2 维转动自由度	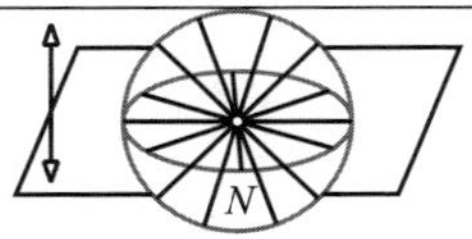	Y	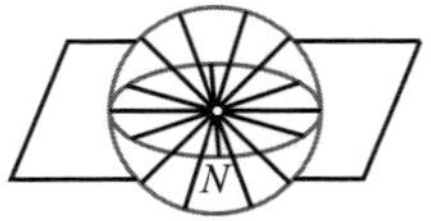
		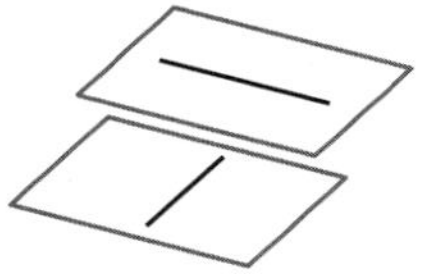	轴线异面的 2 维转动自由度	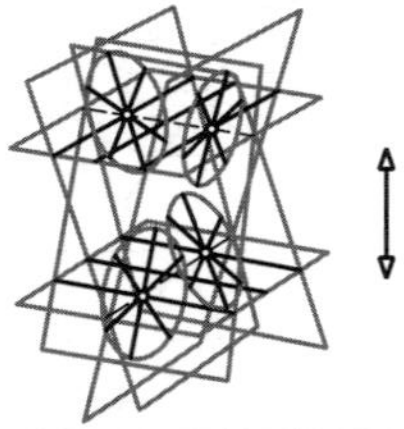	Y	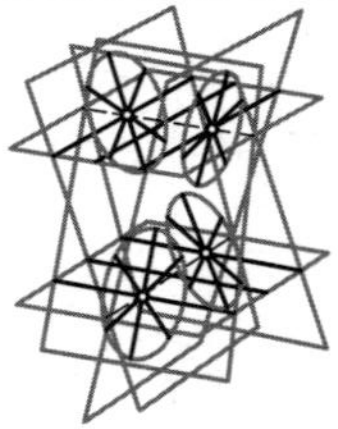
	2T	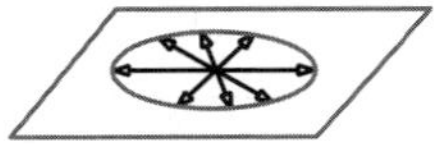	2 维移动自由度	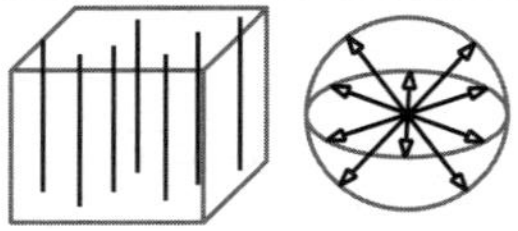	N	
	1R1T	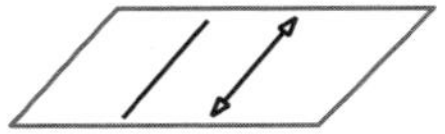	1 维转动 +1 维同轴移动自由度		Y	

续表

自由度数	类型	自由度线图	自由度线图特征	约束线图	并联实现	同维的约束线子空间
2	1R1T	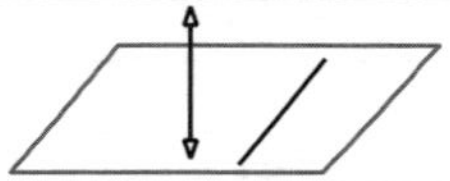	1 维转动 +1 维移动, 且移动方向与转动轴线正交	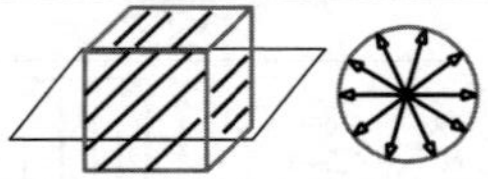	Y	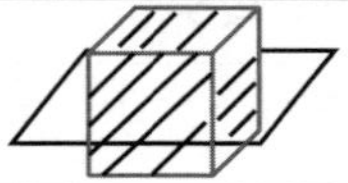
		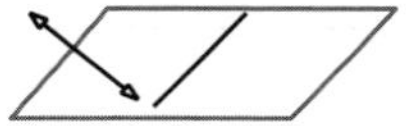	1 维转动 +1 维移动, 且移动方向与转动轴线既不平行也不正交	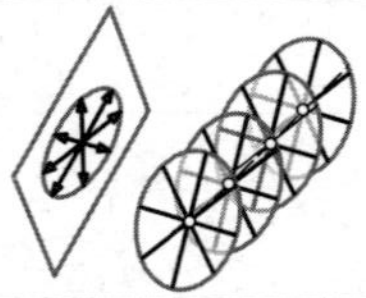	Y	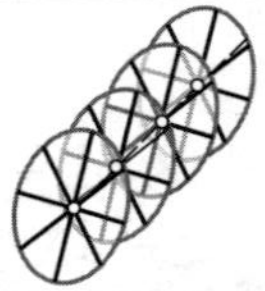
		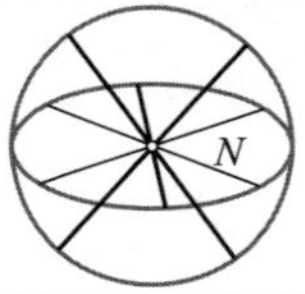	轴线空间汇交的 3 维转动自由度	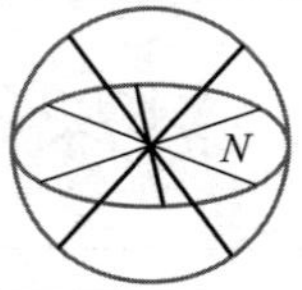	Y	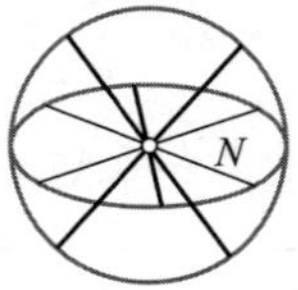
		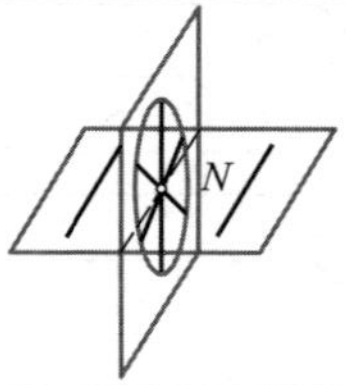	空间 3 维转动自由度, 其中两个转动轴线平面相交, 第 3 个转动轴线在平面外且与平面平行	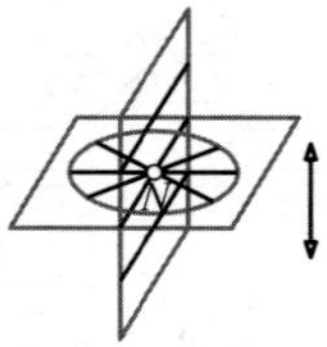	Y	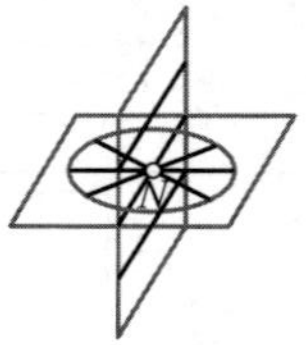
		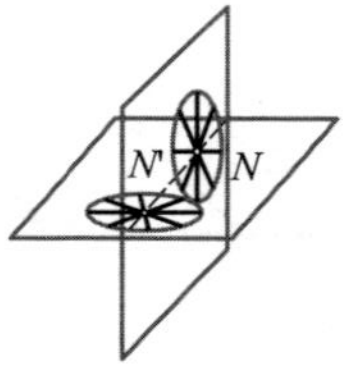	空间 3 维转动自由度, 其中两个转动轴线平面相交, 第 3 个转动轴线在平面外且通过两个平面交线	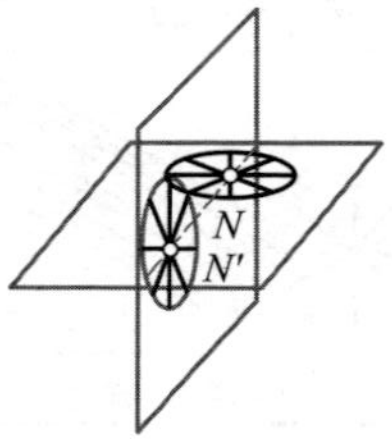	Y	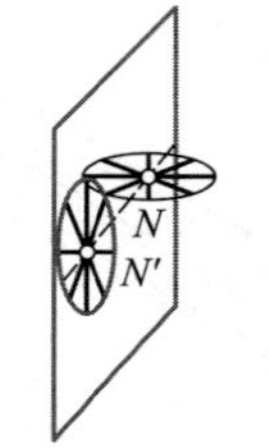

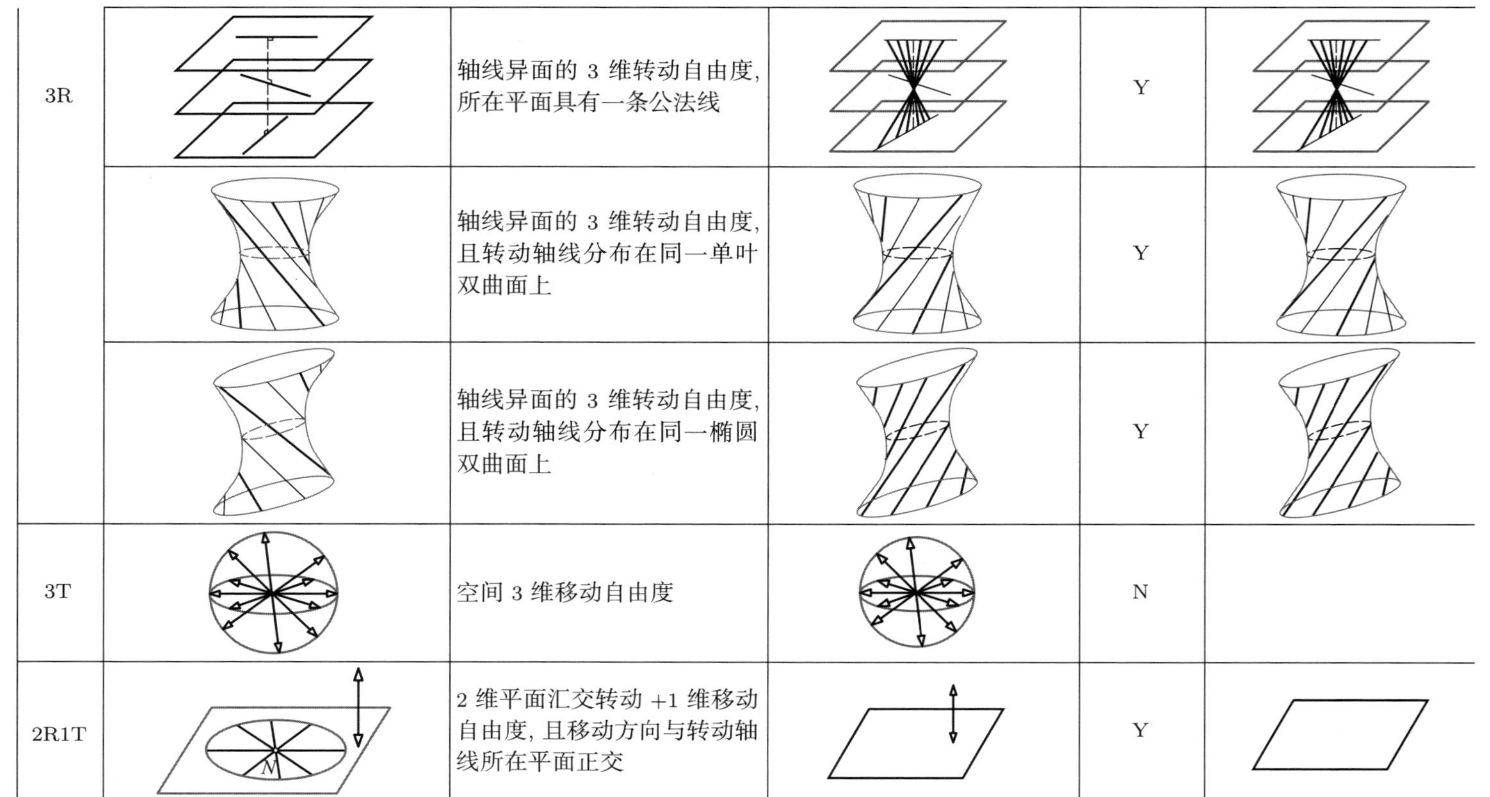

3	3R		轴线异面的 3 维转动自由度，所在平面具有一条公法线		Y	
			轴线异面的 3 维转动自由度，且转动轴线分布在同一单叶双曲面上		Y	
			轴线异面的 3 维转动自由度，且转动轴线分布在同一椭圆双曲面上		Y	
	3T		空间 3 维移动自由度		N	
	2R1T		2 维平面汇交转动 +1 维移动自由度，且移动方向与转动轴线所在平面正交		Y	

续表

自由度数	类型	自由度线图	自由度线图特征	约束线图	并联实现	同维的约束线子空间
		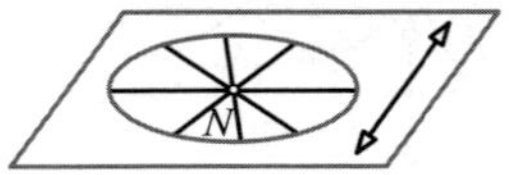	2 维平面汇交转动 +1 维移动自由度，且移动方向与转动轴线所在平面平行	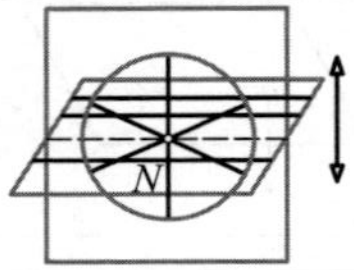	Y	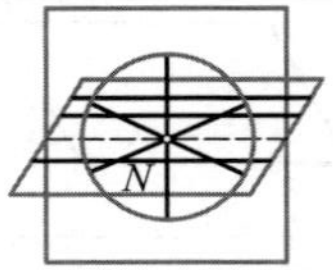
		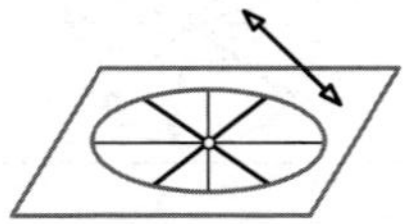	2 维平面汇交转动 +1 维移动自由度，且移动方向与转动轴线所在平面既不平行也不正交	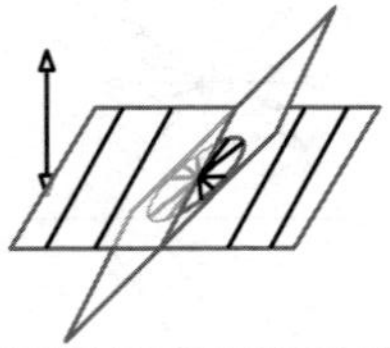	Y	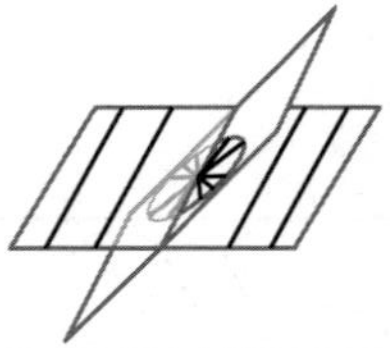
	2R1T	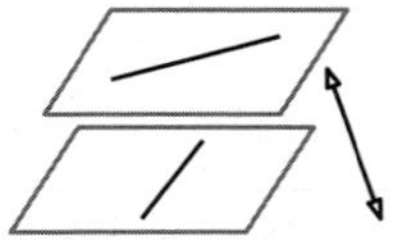	2 维轴线异面转动 +1 维移动自由度，且移动方向与两个转动轴线既不平行也不正交	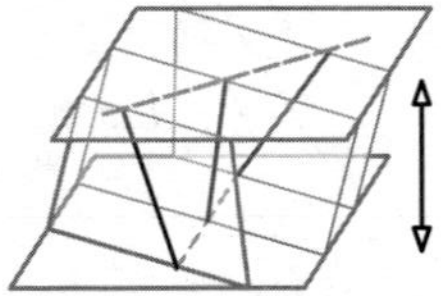	Y	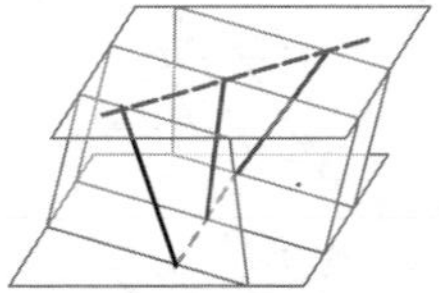
		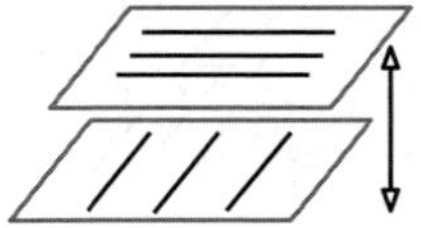	2 维轴线异面转动 +1 维移动自由度，且移动方向与两个转动轴线既不平行也不正交	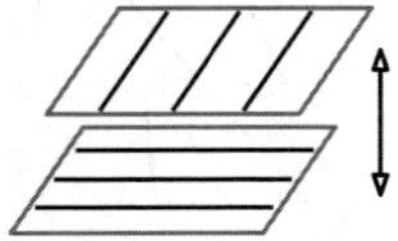	Y	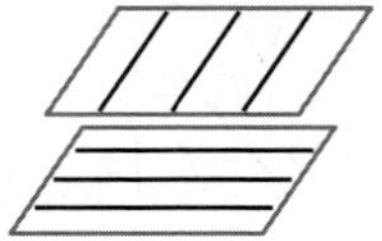
3		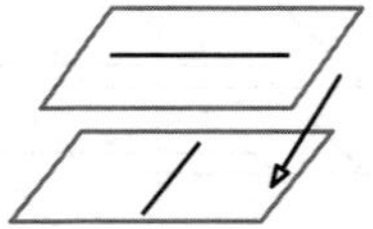	2 维轴线异面转动 +1 维移动自由度，且移动方向与其中一转动轴线平行，与另一个转动轴线正交	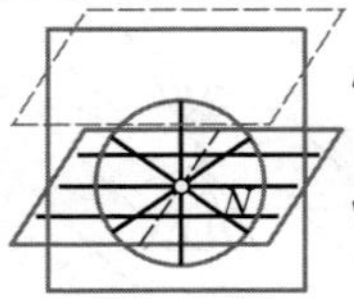	Y	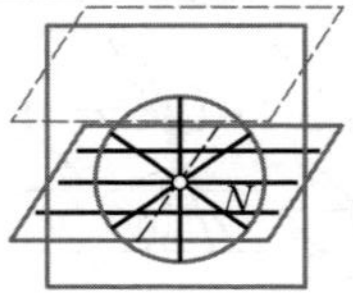

1R2T	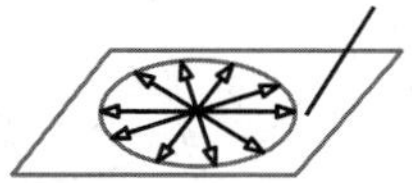	1 维转动 +2 维移动自由度，且转动轴线与移动方向既不平行也不正交	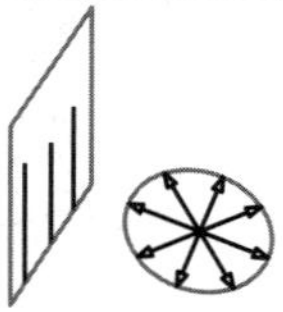	N	
	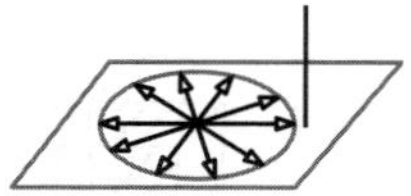	1 维转动 +2 维移动自由度，且转动轴线与移动方向正交	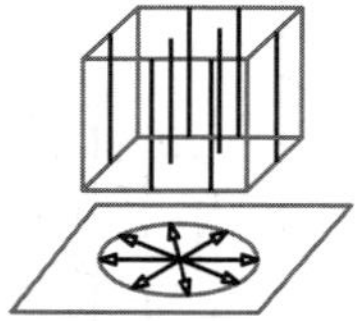	Y	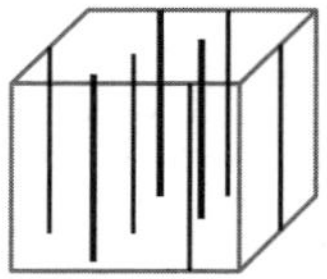
	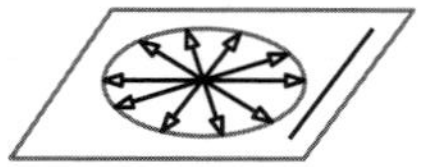	1 维转动 +2 维移动自由度，且转动轴线与移动方向所在平面平行	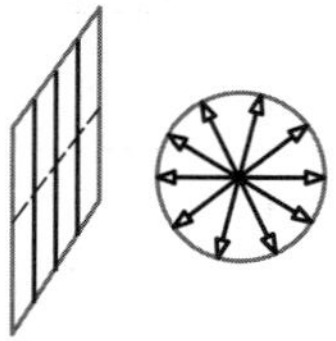	N	

表 7.8 1～3 维自由度空间通过简单全并联实现的模型

自由度数	类型	自由度线图	约束线图	模型概念设计
1	1R	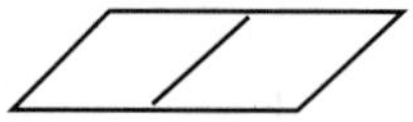	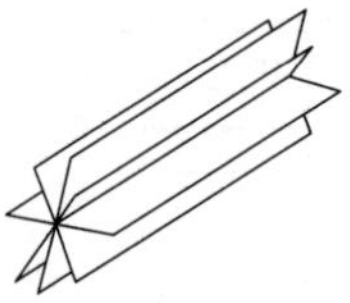	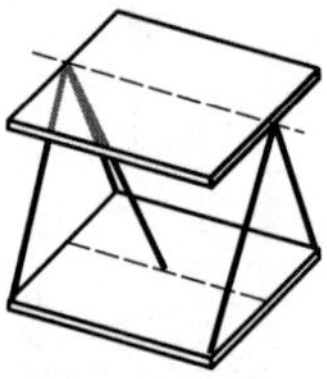
	1T	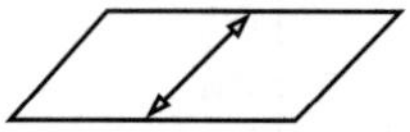	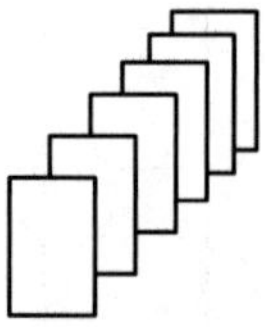	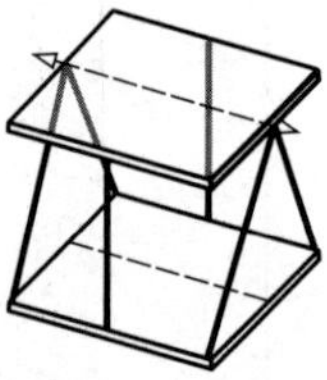
	1H	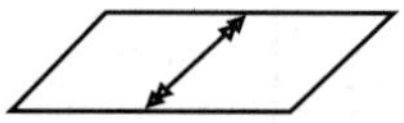	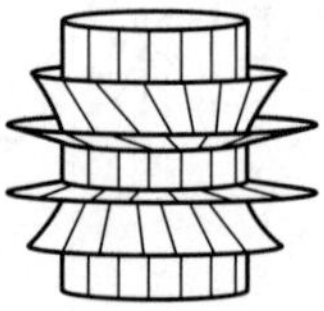	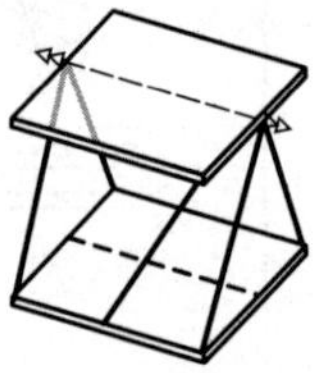
2	2R	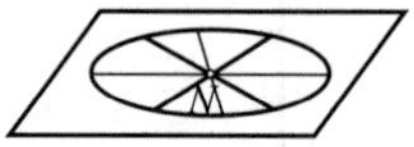	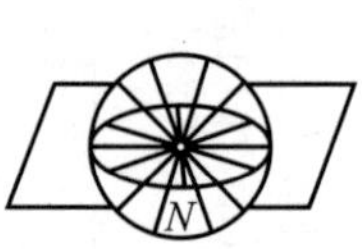	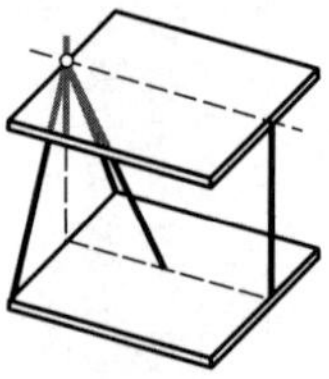
	1R1T	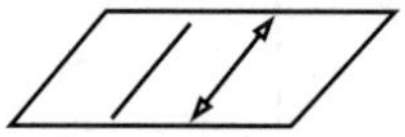	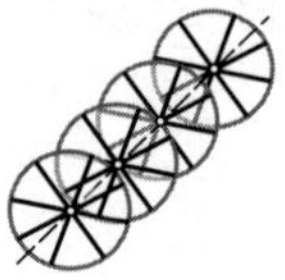	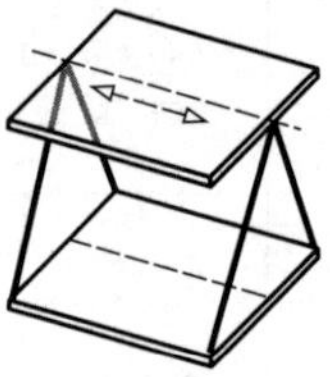
		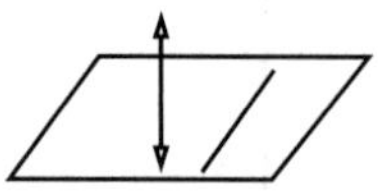	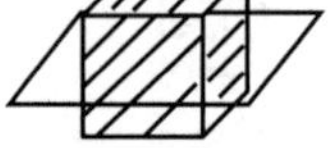	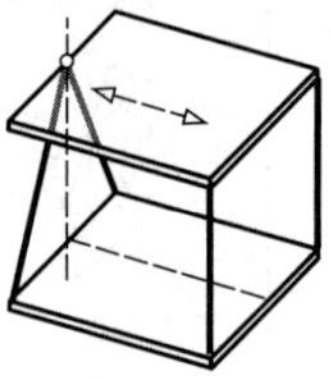
		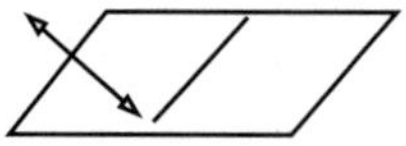		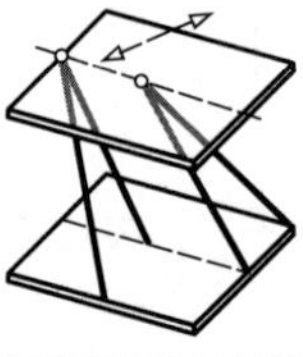

续表

自由度数	类型	自由度线图	约束线图	模型概念设计
3	3R	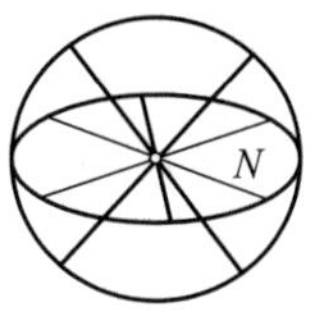 N	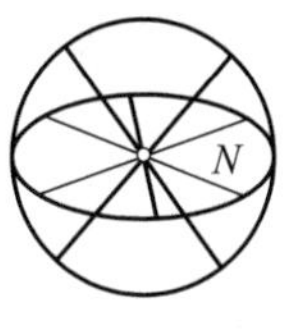 N	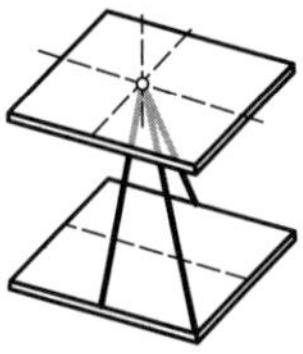
		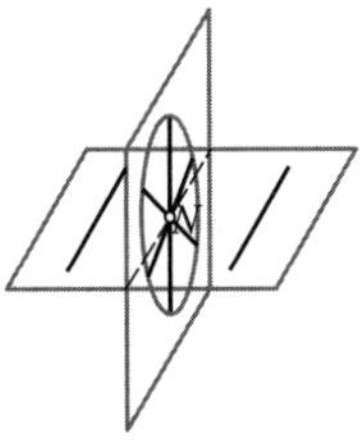 N	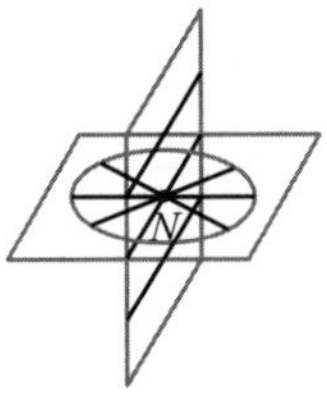 N	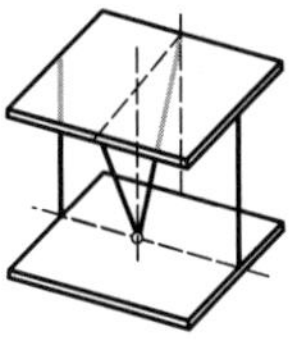
		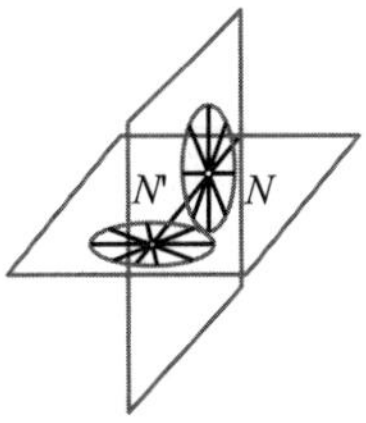 N' N	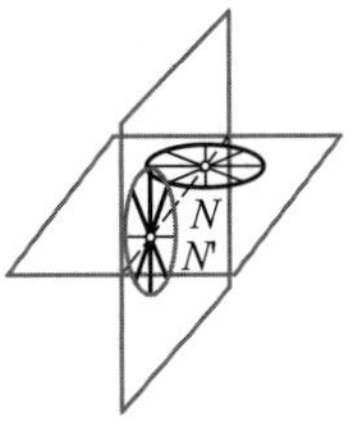 N N'	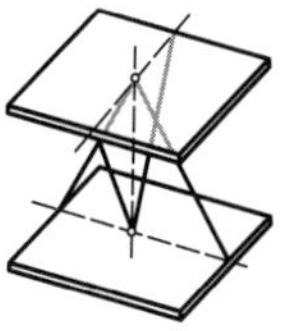
		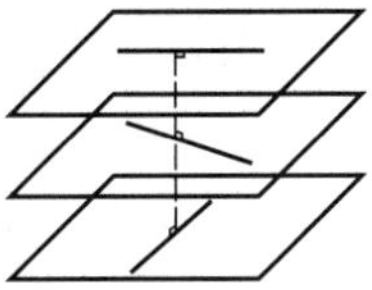	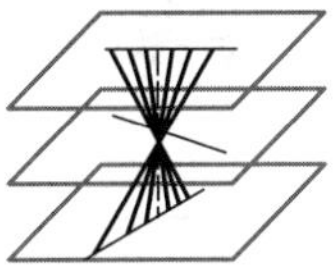	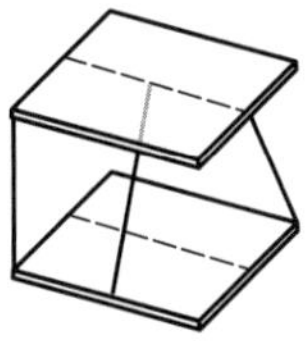
		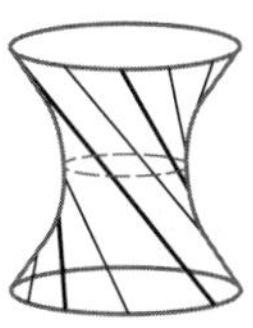	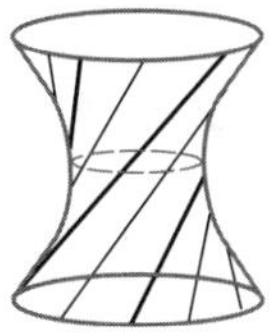	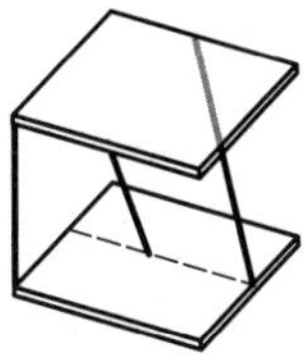
	2R1T	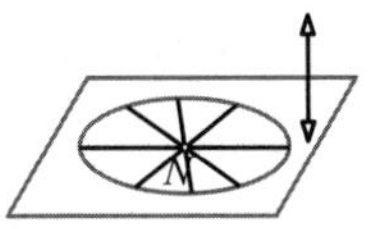 N	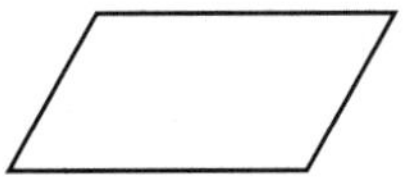	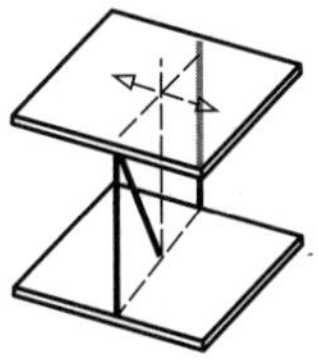
		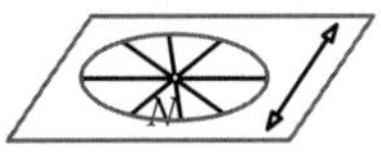 N	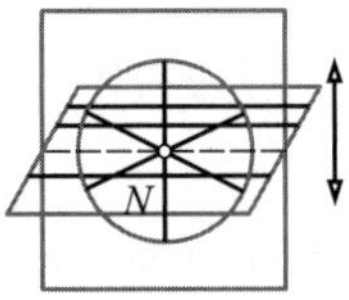 N	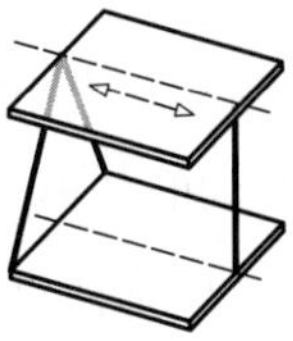

续表

自由度数	类型	自由度线图	约束线图	模型概念设计
3	2R1T	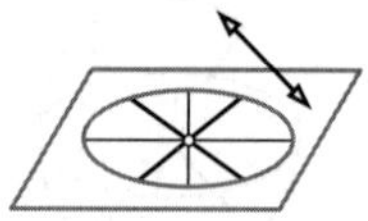		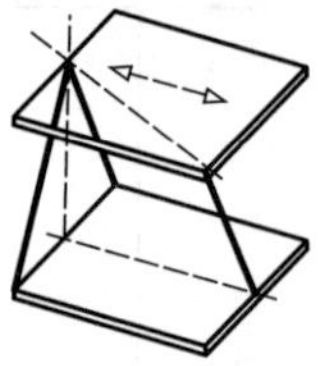
		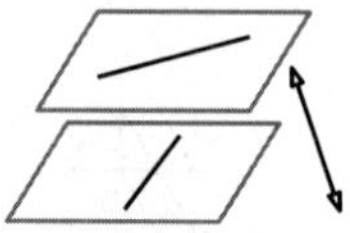	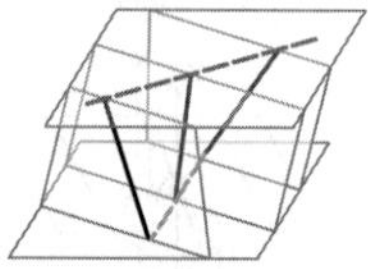	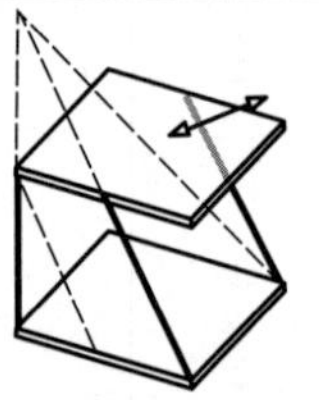
		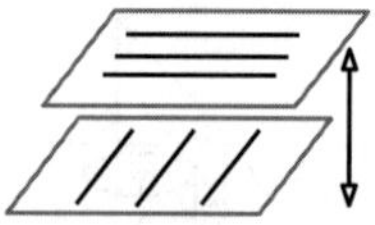	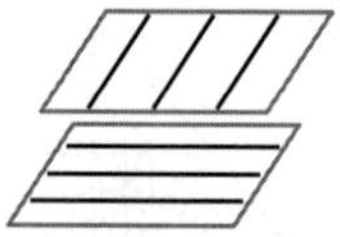	
		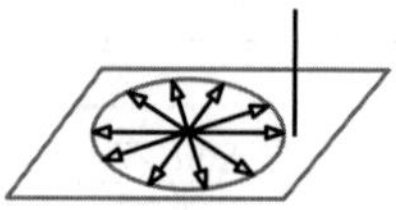	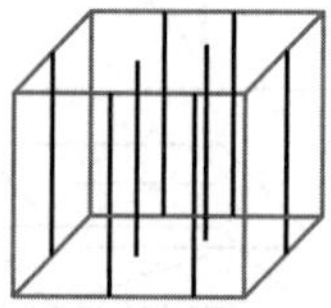	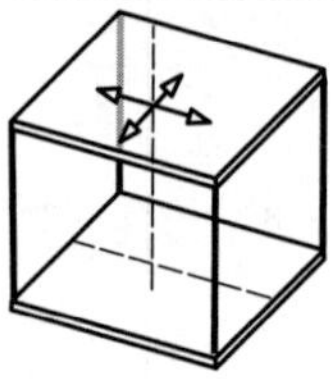

7.5.2 柔性机构的串/混联实现

由上面的讨论可知, 并非所有的运动都可通过简单全并联来实现。如表 7.7 中所述的 2 维移动以及 3 维移动, 均不能以简单全并联的方式实现。然而这些运动却可以通过其他连接方式, 如串/混联来实现。以 2 维移动为例, 2 维移动可由两个 1 维移动模块通过串联方式来实现。之所以采用这种方式实现, 是因为 1 维移动可以通过简单全并联实现。换句话说, 采用这种模块串联实现的前提是分解后单个模块的运动可通过简单全并联实现。下面给出采用模块串联的方式实现自由度空间时应该遵循的一般原则与过程[10]:

(1) 将自由度空间分解为自由度子空间的并集。例如, 2 维移动可分解为两个 1 维移动的并集。

(2) 确保自由度子空间可通过简单全并联实现。若自由度子空间不能全并联实现, 则将该自由度子空间继续分解为更低维的子空间, 直至能够简单全并联实现。

事实上, 采用柔性模块串联的方式在理论上可实现所有类型的运动。因为 1 维

运动 (包括 1 维转动、1 维移动以及 1 维螺旋运动) 均可通过简单全并联实现, 而不管何种类型的运动都可分解为 1 维运动串联的形式。下面给出可实现任意运动的一般设计步骤:

(1) 用矩阵形式表达给定运动的 n 维自由度空间 $\boldsymbol{S}_T$;

(2) 判断自由度空间 $\boldsymbol{S}_T$ 能否简单全并联实现; 若能实现, 则执行步骤 (3)~(4), 否则执行步骤 (5)~(7);

(3) 计算自由度空间的对偶约束空间 $\boldsymbol{S}_W$, 并构造约束空间的同维线子空间;

(4) 采用柔性单元或柔性模块实现约束线子空间;

(5) 将自由度空间分解成各子空间的并集, 直至各子空间能简单全并联实现为止;

(6) 对每个自由度子空间重复步骤 (3)~(4), 将得到的机构作为模块;

(7) 串联连接各个自由度子空间模块。

图 7.42 给出了实现任意运动的一般流程。按照给定的流程可以实现任意类型的运动。

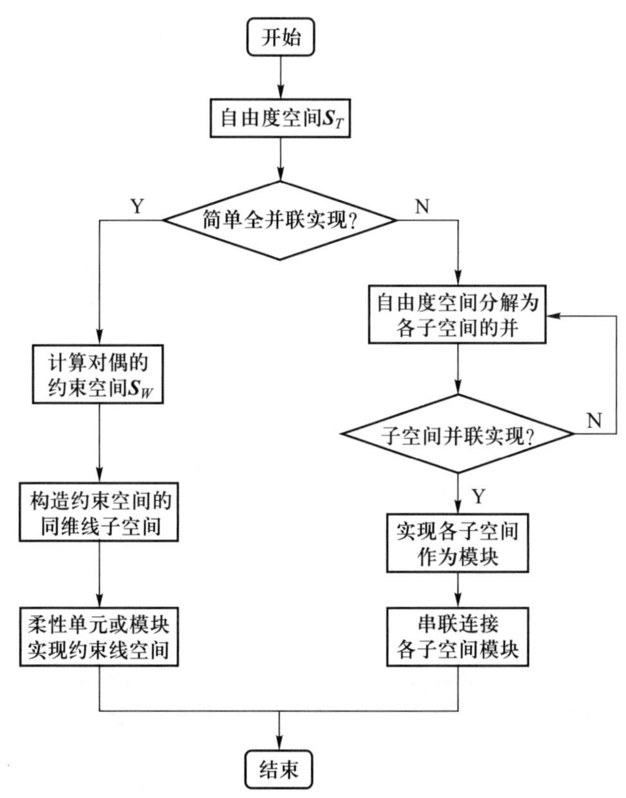

图 7.42 给定运动的设计流程

对柔性机构而言, 大多数高维度的运动都很难通过简单全并联的方式来实现, 比如 4 ~ 6 维的自由度空间。表 7.9 中, 对常用的 4 ~ 6 维自由度空间能否通过简单全

表 7.9 4 ~ 6 维自由度空间的简单全并联实现判断及自由度空间分解

<table>
<tr><th>自由度类型</th><th>自由度空间</th><th>简单全并联实现</th><th colspan="3">约束线空间/自由度空间分解方案</th></tr>
<tr><td></td><td></td><td>Y</td><td colspan="3">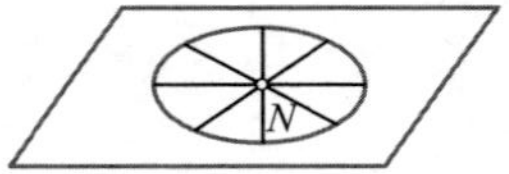</td></tr>
<tr><td></td><td>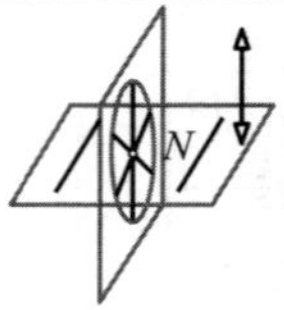</td><td>Y</td><td colspan="3">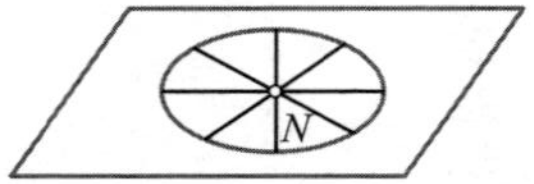</td></tr>
<tr><td></td><td>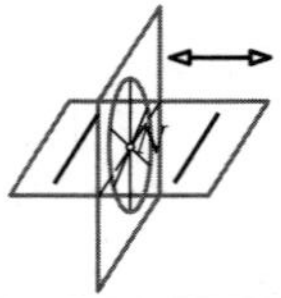</td><td>Y</td><td colspan="3"></td></tr>
<tr><td rowspan="2"></td><td rowspan="2">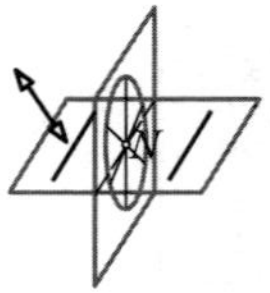</td><td rowspan="2">N</td><td>(1) 3R+1T</td><td>(2) 2R+1R1T</td><td>(3) 1R+2R1T</td></tr>
<tr><td>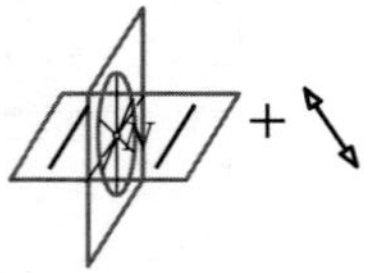</td><td>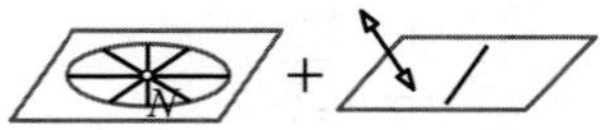</td><td>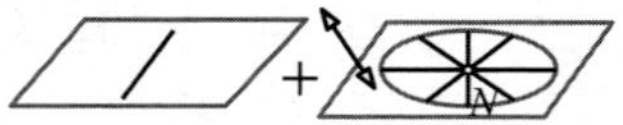</td></tr>
<tr><td>3R1T</td><td>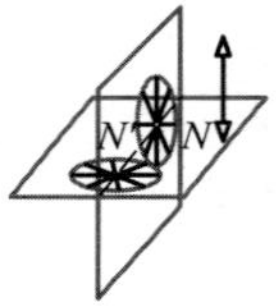</td><td>Y</td><td colspan="3">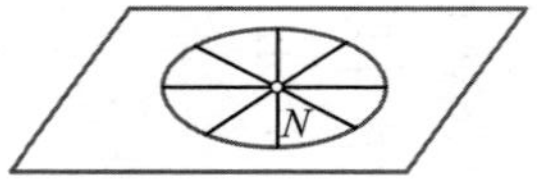</td></tr>
</table>

	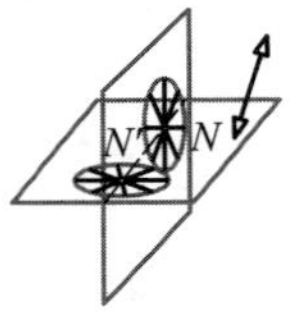	N	(1) 3R+1T 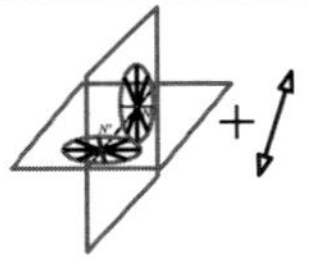	(2) 2R+1R1T 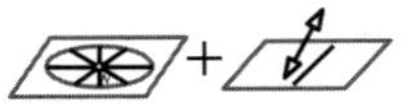	(3) 1R+2R1T 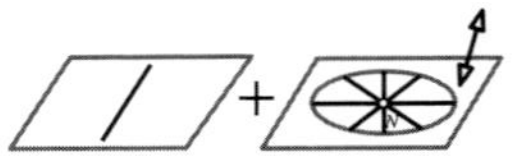
	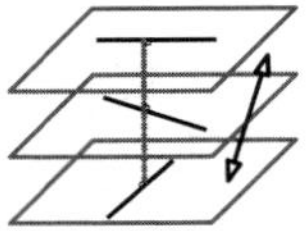	N	(1) 3R+1T 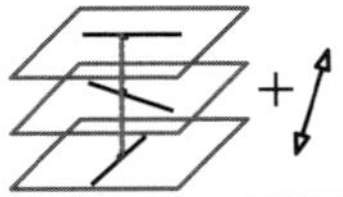	(2) 2R+1R1T 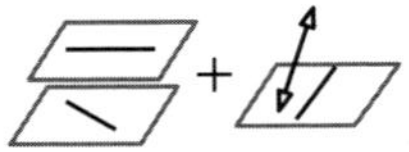	(3) 1R+2R1T 
	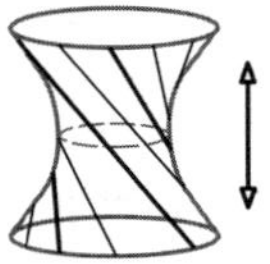	N	(1) 3R+1T 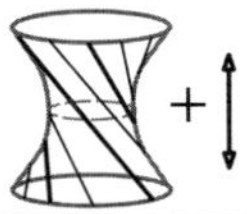	(2) 2R+1R1T 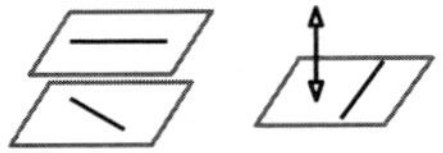	(3) 1R+2R1T 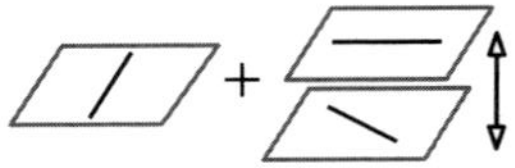
	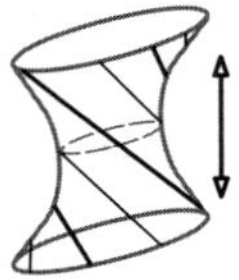	N	(1) 3R+1T 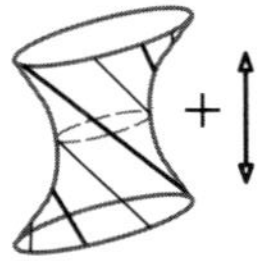	(2) 2R+1R1T 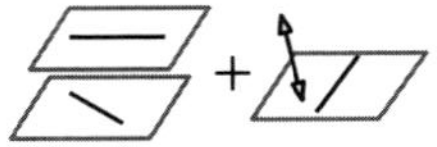	(3) 1R+2R1T 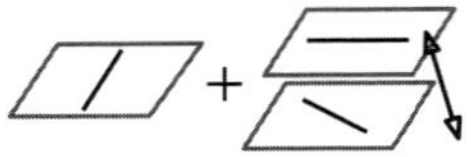
1R3T	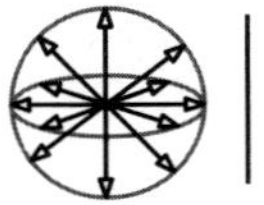	N	(1) 1T+1R2T 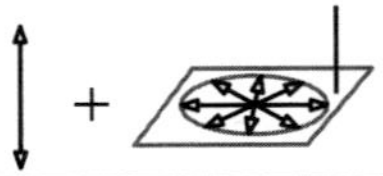	(2) 1T+1T+1R1T 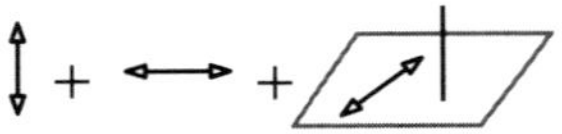	

续表

自由度类型	自由度空间	简单全并联实现	约束线空间/自由度空间分解方案	
2R2T	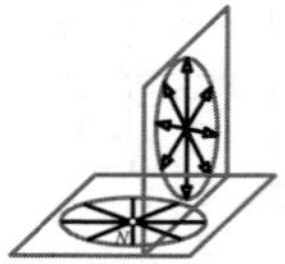	Y	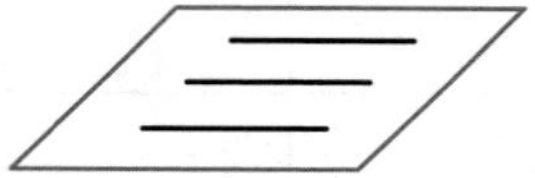	
	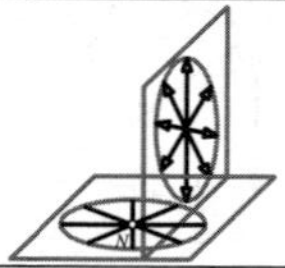	N	(1) 2R1T+1T 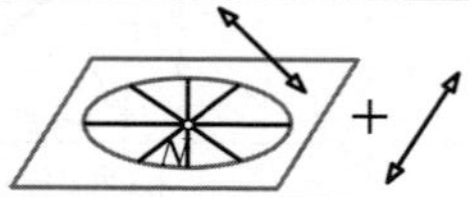	(2) 1R1T+1R1T 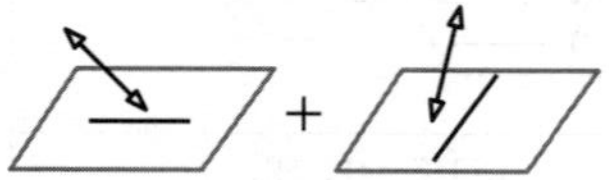
	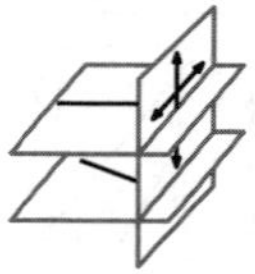	Y	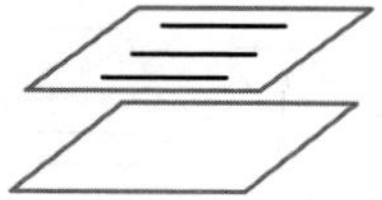	
	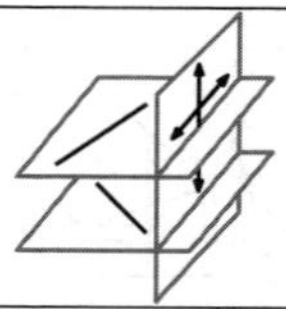	N	(1) 2R1T+1T 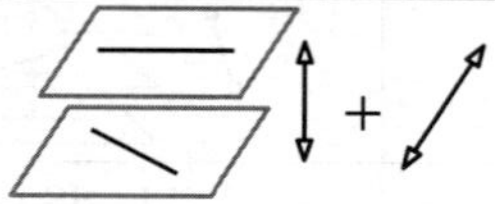	(2) 1R1T+1R1T 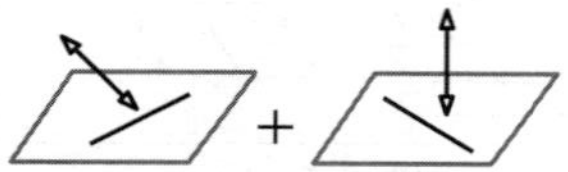
3R2T		Y	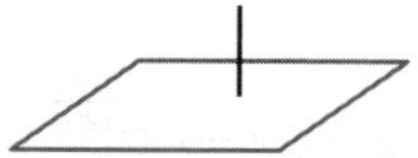	
	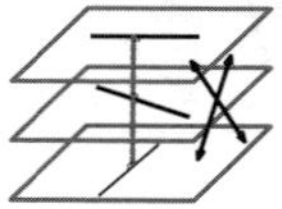	N	(1) 3R+1T+1T 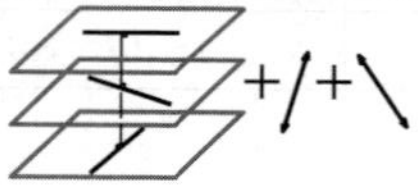	(2) 2R1T+1R1T 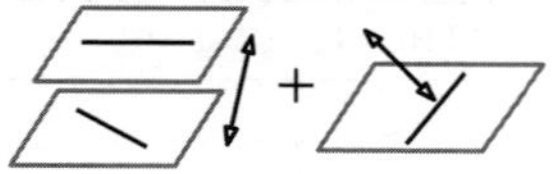

	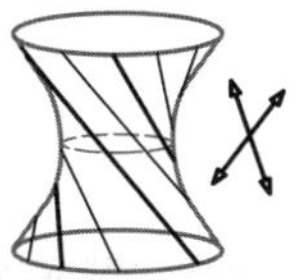	N	(1) 3R+1T+1T 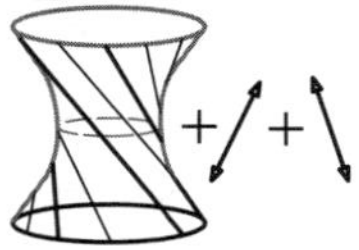	(2) 2R1T+1R1T 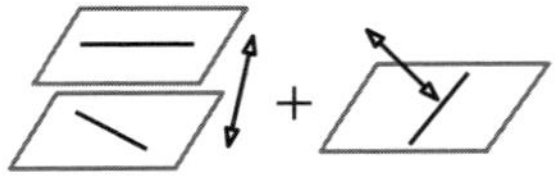	
2R3T	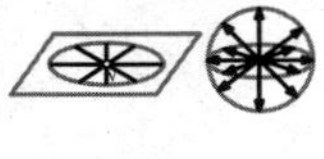	N	(1) 2R1T+1T+1T 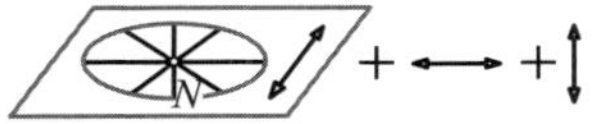	(2) 2R+1T+1T+1T 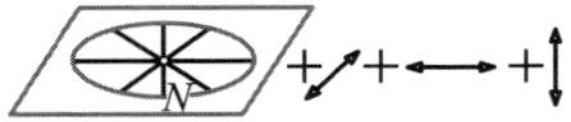	(3) 1R2T+1R1T 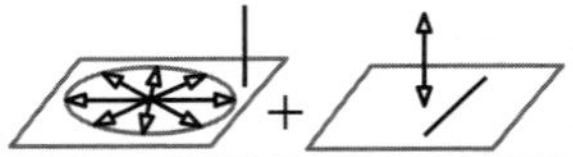
	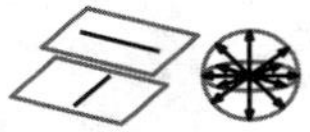	N	(1) 2R1T+1T+1T 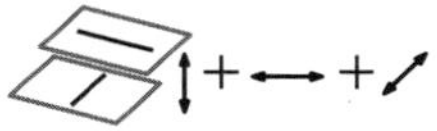	(2) 2R+1T+1T+1T 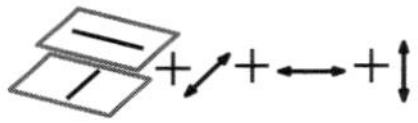	(3) 1R2T+1R1T 
3R3T	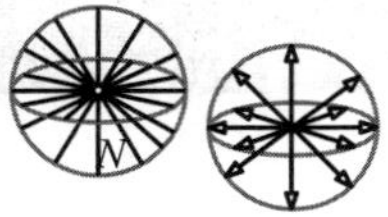	N	(1) 2R1T+1R2T 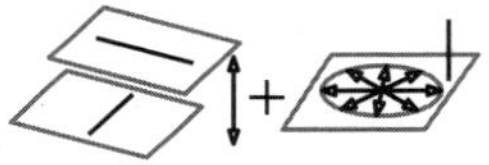	(1) 3R+1T+1T+1T 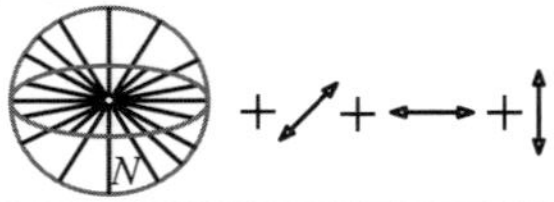	
	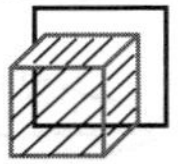	Y	∅		
		Y	∅		

并联实现进行了枚举。对于能简单全并联实现的自由度空间给出了其对偶约束线空间; 对于不能简单全并联实现的自由度空间则给出了几种可行的分解方案。

构型综合实例: 2 维平动柔性机构的混联设计。为方便起见, 假设 2 维平动的方向正交解耦, 分别沿 x 轴和 y 轴方向。

该机构自由度空间的一组基可由下式表示:

$$\boldsymbol{S}_T = \begin{pmatrix} 0 & 0 & 0 & ; & 1 & 0 & 0 \\ 0 & 0 & 0 & ; & 0 & 1 & 0 \end{pmatrix} \tag{7.1}$$

其约束空间的一组基可根据互易积公式计算如下:

$$\boldsymbol{S}_W = \begin{pmatrix} 0 & 0 & 1 & ; & 0 & 0 & 0 \\ 0 & 0 & 0 & ; & 1 & 0 & 0 \\ 0 & 0 & 0 & ; & 0 & 1 & 0 \\ 0 & 0 & 0 & ; & 0 & 0 & 1 \end{pmatrix} \tag{7.2}$$

因此, 约束空间中一般旋量可表示为

$$\boldsymbol{\$} = (0,\ 0,\ a;\ b,\ c,\ d) \tag{7.3}$$

式中, a、b、c、d 为任意实数, 但不同时为 0。

由式 (7.3) 可以看出, 即使对 a、b、c、d 取不同值, 也无法得到 4 个线性无关的直线 (组成一组基)。因此, 根据上节所提条件, 此例中的 2 维平动无法通过简单全并联方式实现, 只能采用串联或混联来实现。

这里采用混联的形式, 即将两个分别沿 x 轴和 y 轴方向平动的并联柔性机构串联起来, 组合得到的混联机构可实现预期目标, 其概念设计模型如图 7.43 所示。

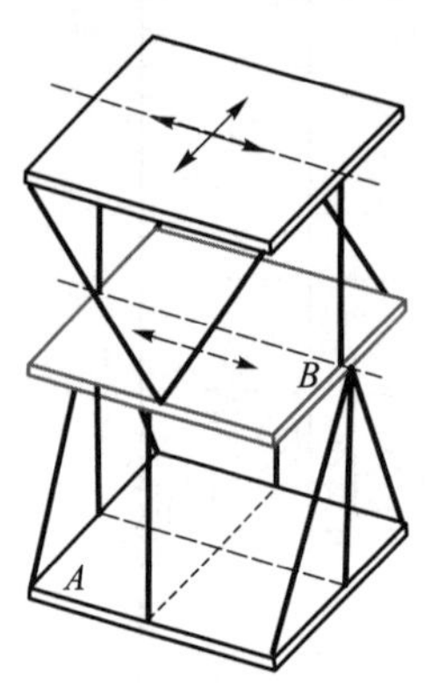

(a) 概念设计图

(b) 模型图

图 7.43 2 维平动柔性机构的构型设计

7.6 柔性机构的驱动空间

前面已经讨论了柔性机构的图谱化构型综合问题, 但从系统设计的角度而言, 仅有这些是不够的。对于一个主动的实际柔性系统而言, 如何选取和配置驱动也很重要。目前, 柔性系统中常见的驱动元件主要是压电陶瓷和音圈电机。其中, *压电陶瓷* (piezo ceramics) 多为直线驱动。另一种则是*音圈电机* (voice coil motor), 有直线型音圈电机与摆动型音圈电机两种。一般地, 压电陶瓷驱动和直线型音圈电机驱动可以看作对系统提供了*驱动力*, 而摆动型音圈电机驱动则可看作对系统提供了*驱动力矩*。如果驱动配置不当, 可能会给柔性系统引入额外的误差, 从而降低控制精度, 影响机构性能; 或者造成驱动之间的干涉、驱动冗余等。事实上, 这些问题的讨论同样可以归结到有关驱动空间[25] 的议题。

对于拓扑结构源于刚性机构的柔性机构 (即通过等效刚体模型法得到的柔性机构), 其驱动空间与驱动副选取的问题可沿用刚性体机构驱动选取方法[7]; 而对于拓扑结构中无明显主动副和被动副而只有约束单元的柔性机构, 其驱动空间的选取方法有其特殊之处。

由于机构的驱动实质上也是力旋量, 因此与自由度空间与约束空间类似, 驱动空间也可用线图的方式来表达, 称为*驱动线图* (actuation line pattern)。为此, 本节中用粗直线表示驱动力, 用两端带箭头的线段表示驱动力矩。

文献 [11, 16] 导出了 "*柔性系统在发生小变形条件下, 驱动空间与约束空间线性无关*", 并作为驱动空间综合的重要准则。因篇幅所限, 这里不再重复。由线性代数的知识可得, 驱动空间又可看作约束空间的补空间。换言之,*不包含在约束线图中的任一直线或者偶量都可以作为驱动线图中的元素*。这一结论可作为图谱法驱动空间综合的重要准则。

举例说明: 不妨考虑 2R1T ($\mathrm{R}_x\mathrm{R}_y\mathrm{T}_z$) 型柔性机构, 其自由度与约束对偶空间如图 7.44 所示。

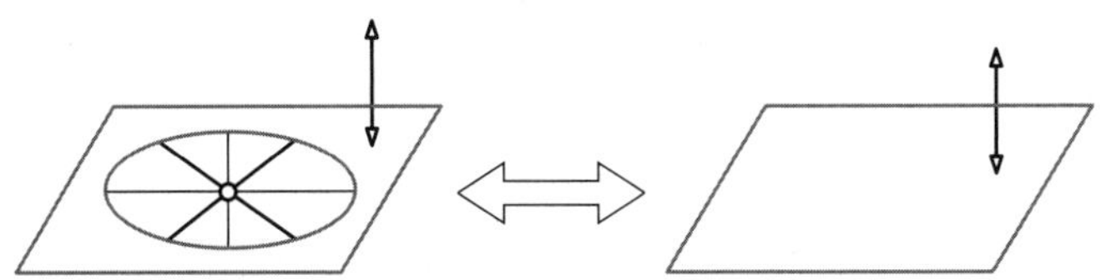

图 7.44 2R1T 运动类型的自由度与对偶约束空间

根据驱动空间图谱综合的准则, 驱动线图内不能包含上述约束线图中的任何线以及偶量。按照这样的思路来确定驱动空间在实际操作上并非易事; 不过, 可直接通过观察得到驱动空间中的几个同维子空间, 如图 7.45 所示。

易知, 与约束平面正交 (或斜交) 的空间平行线以及过平面外一点的空间汇交线

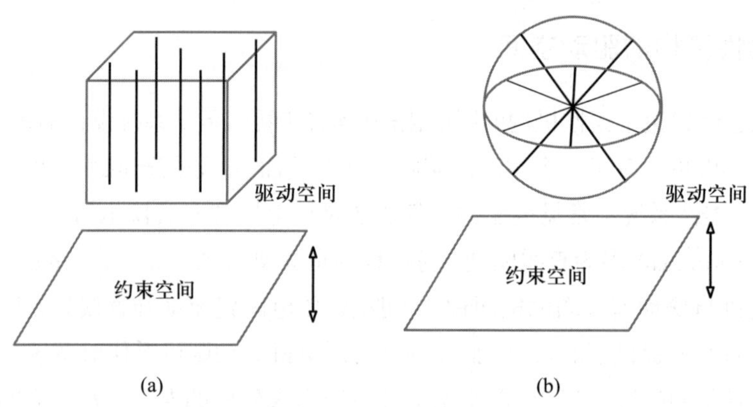

图 7.45 两种同维驱动子空间

都可以选作驱动力。所选取的驱动维数一般要与自由度数目相同。

通过上述分析, 可以归纳出利用图谱来综合驱动空间的一般过程[11]:

(1) 以线图形式表示柔性机构的自由度空间;

(2) 根据广义对偶线图法则或者 F&C 图谱 (附录图 A.2), 得到机构的约束线图;

(3) 根据驱动空间的图谱综合准则, 在约束线图的补空间中选取一组线性无关的线或者偶量作为驱动力或者驱动力矩。

下面通过几个例子来具体说明驱动空间的图谱化综合方法。

1. 3R 转动 (柔性球铰)

一个典型柔性球铰的自由度空间与约束空间如图 7.46 所示。由驱动空间的图谱综合准则易知, 不通过约束线汇交点的平面以及垂直平面的偶量均为满足要求的驱动, 如图 7.46 所示。因此, 可选取平行于基平台的平面作为驱动子空间。

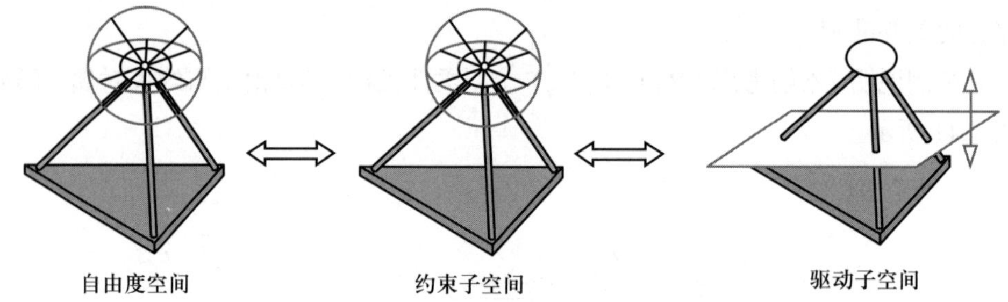

图 7.46 柔性球铰的同维驱动子空间线图

由于柔性球铰有 3 个自由度, 因此可在驱动子空间平面内取 3 条不共点的直线作为驱动力; 或者取两条直线作为驱动力, 外加一个偶量作为驱动力矩。

2. 1R1T 正交运动

直接给出该运动类型的一个柔性机构实例, 如图 7.47 所示, 其中自由度空间与约束空间在图中标出。由驱动空间的图谱法综合准则易知, 若一个平面 A 不通过约束线圆盘中心, 并且与平面 B 的交线不为平面 B 内的约束线, 那么该平面即是满足要求的一个驱动平面。图 7.48 所示为与基平台平行且不通过约束线圆盘中心的驱动平面。

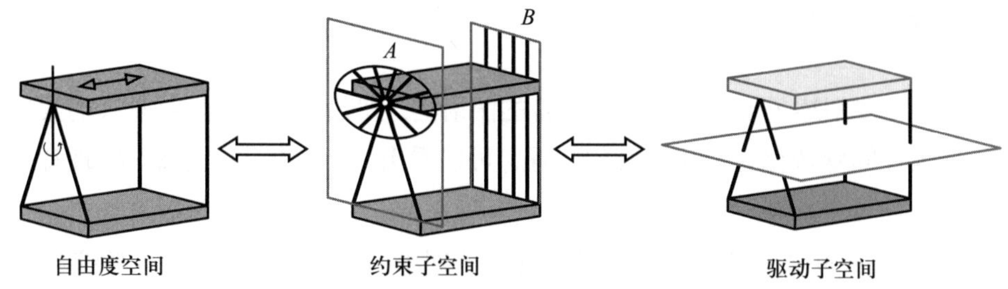

图 7.47 1R1T 正交运动的驱动子空间线图

由于该例中机构具有两个自由度, 因此可在综合得到的驱动平面内选取两条直线作为驱动力。两种常用的选取方式如图 7.48 所示。

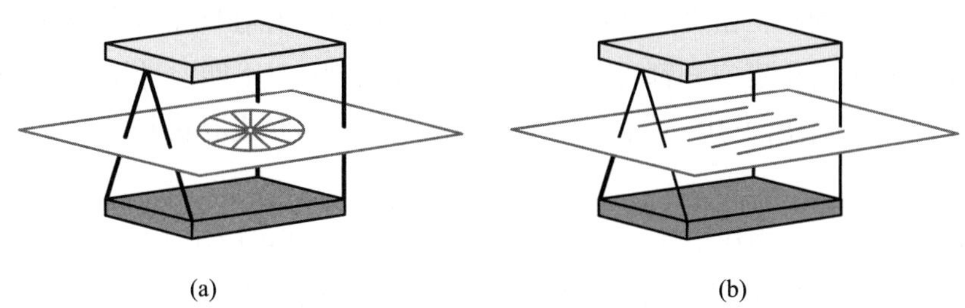

图 7.48 1R1T 正交运动的驱动力选取

3. 2R1T 运动

下面直接给出 2R1T 运动类型的一个柔性机构实例, 如图 7.49 所示, 其中自由度空间与约束空间在图中标出。与 1R1T 正交运动类似, 若一个平面不通过约束线圆盘 A 中心, 并且与平面 B 的交线不为平面 B 内的约束线, 那么该平面即是满足要求的一个驱动平面。图 7.49 所示为与基平台平行且不通过约束线圆盘中心的驱动平面以及与驱动平面垂直的偶量。

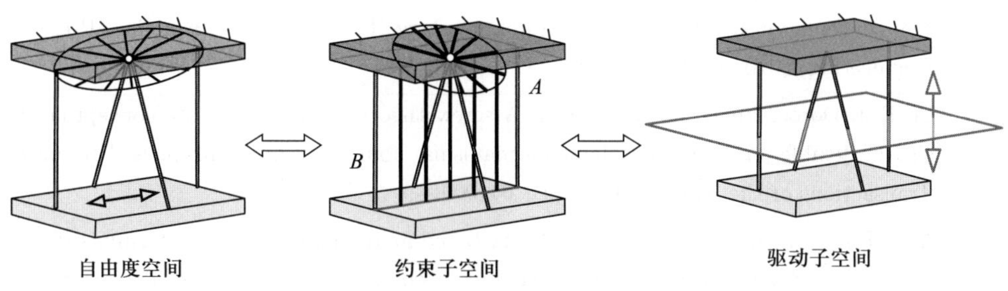

图 7.49 2R1T 运动的驱动子空间

由于该机构具有 3 个自由度, 因此可在驱动子空间平面内取 3 条不共点的直线作为驱动力; 或者取两条直线作为驱动力, 外加一个偶量作为驱动力矩。

7.7 本章小结

本章主要阐述了柔性机构构型综合的图谱法。该方法的宗旨是将复杂的柔性机构创新设计问题转化为形象的几何描述。可以看出, 该方法简单直观、物理意义明确。

(1) 针对并联式和串/混联式柔性机构, 分别给出了基于图谱法的构型综合过程: ① 由于柔性机构多用于微动或小变形, 因此无需像刚性机构那样再进行机构运动连续性判别; ② 简单全并联式柔性机构的构型是柔性机构中的一种特有构型, 图谱法对这类机构的构型综合显得非常简单。

(2) 基于旋量理论, 给出了柔性机构的自由度空间可实现简单全并联的条件。简言之, 核心在于判断自由度空间的对偶约束空间中是否存在同维线子空间。可以看出, 并非所有的自由度空间都可通过简单全并联实现; 对不能通过简单全并联实现的自由度空间则给出了基于自由度分解, 并通过模块串联或混联方式实现的方法途径。

(3) 图谱法不仅用在柔性机构本体的构型综合中, 还可以用于综合驱动空间, 为此给出了一种利用图谱法综合柔性机构驱动空间的简单方法。

参考文献

[1] 于靖军, 毕树生, 宗光华, 等. 面向生物工程的微操作机器人机构型综合研究. 北京航空航天大学学报, 2001, 26(3): 356-360.

[2] Hopkins J B, Culpepper M L. Synthesis of multi-degree of freedom, parallel flexure system concepts via freedom and constraint topology (FACT), Part I: Principles. Precision Engineering, 2010, 34(2): 259-270.

[3] Hopkins J B, Culpepper M L. Synthesis of multi-degree of freedom, parallel flexure system concepts via freedom and constraint topology (FACT), Part Ⅱ: Practice. Precision Engineering, 2010, 34(2): 271-278.

[4] Su H J, Dorozhkin D V, Vance J M. A screw theory approach for the conceptual design of flexible joints for compliant mechanisms. Journal of Mechanisms and Robotics, Transactions of the ASME 2009, 1(4): 041009.1-9.

[5] Yu J J, Li S Z, Su H J, et al. Screw theory based methodology for the deterministic type synthesis of flexure mechanisms. Journal of Mechanisms and Robotics, Transactions of the ASME 2009, 2011, 3(3): 031008.1-14.

[6] Yu J J, Li S Z, Pei X, et al. A unified approach to type synthesis of both rigid and flexure parallel mechanisms. Science China: Technological Sciences, 2011, 54(5): 1206-1219.

[7] 于靖军、裴旭、宗光华. 机械装置的图谱化创新设计, 北京: 科学出版社, 2014.

[8] 李守忠. 基于旋量理论的柔性精微机构综合. 博士学位论文. 北京: 北京航空航天大学, 2012.

[9] 裴旭. 基于虚拟运动中心概念的机构设计理论与方法. 博士学位论文. 北京: 北京航空航天大学, 2009.

[10] Li S Z, Yu J J, Zong G H. Conditions for realizable configurations in synthesis of constraint-based flexure mechanisms. Chinese Journal of Mechanical Engineering, 2012, 48(6): 1086-1095.

[11] Yu J J, Li S Z, Qiu C. An analytical approach for synthesizing line actuation spaces of parallel flexure mechanisms. Journal of Mechanical Design, Transactions of the ASME, 2013, 135(6): 12450.

[12] Yu J J, Li S Z, Bi S S, et al. Symmetry design in flexure systems using kinematic principles//The 2013 ASME International Design Engineering Technical Conferences. 2013, Aug. 4-7, Oregon, Portland, DETC2013-12385.

[13] Yu J J, Li S Z, Pei X, et al. Type synthesis principle and practice of flexure systems in the framework of screw theory part I: General methodology//ASME, DETC2010-28783.

[14] Yu J J, Li S Z, Pei X, et al. Type synthesis principle and practice of flexure systems in the framework of screw theory part Ⅱ: Numerations and synthesis of large-displacement flexible joints//ASME, DETC2010-28794.

[15] Li S Z, Yu J J, Pei X, et al. Type synthesis principle and practice of flexure systems in the framework of screw theory part Ⅲ: Numerations and type synthesis of flexure mechanisms//ASME, DETC2010-28963.

[16] Qiu C, Yu J J, Li S Z, et al. Synthesis of actuation spaces of multi-axis parallel flexure mechanisms based on screw theory//ASME International DETC2011, DETC2011-48252.

[17] Choi K, Kim D. Monolithic parallel linear compliant mechanism for two axes ultraprecision linear motion. Review of Scientific Instruments, 2006, 77(6): 065106.1-7.

[18] Pernette E, Henein S, Magnani I, et al. Design of parallel robots in microrobots. Robotica, 1997, 15: 417-420.

[19] Ryu J W, Gweon D, Moon K S. Optimal design of a flexure hinge based XYφ wafer stage. Precision Engineering, 1997, 21(1): 18-28.

[20] Jeanneau A, Herder J, Laliberte T, et al. A compliant rolling contact joint and its application in a 3-DOF planar parallel mechanism with kinematic analysis//Proc. of the 2004 ASME Design Engineering Technical Conferences, Chicago, Illinois, USA, 2004, DETC2004-57264.

[21] Tang X, Chen I M. A large-displacement and decoupled XYZ flexure parallel mechanism for micromanipulation//IEEE Int. Conf. Automation Science and Engineering, Shanghai, China, 2006: 73-78.

[22] Koseki Y, Tanikawa T, Arai T, et al. Kinematic analysis of translational 3-DOF micro parallel mechanism using matrix method//Proc. IEEE/RSJ IROS2000, Takamatsu, Japan, 2000: 786-792.

[23] Wu T L, Chen J H, Chang S H. A six-DOF prismatic-spherical-spherical parallel compliant nanopositioner. IEEE Trans. Ultrasonics, Ferroelectrics, and Frequency Control, 2008, 55(12): 2544-2551.

[24] Choi K B, Lee J J. Passive compliant wafer stage for single-step nano-imprint lithography. Review of Scientific Instruments, 2005, 76(7): 075106.

[25] Hopkins J B, Culpepper M L. A screw theory basis for quantitative and graphical design tools that define layout of actuators to minimize parasitic errors in parallel flexure systems. Precision Engineering, 2010, 34(4): 767-776.

第 8 章　参数化刚度综合

尽管构型综合是机构原始创新之源，但从系统的角度，机构设计的内涵更为丰富，在构型的基础上还涉及结构优选、基于运动学或动力学性能的尺度综合与参数优化、驱动配置与优化，等等。也就是说，要实现真实简单、实用有效的柔性机构终极设计目标，除构型综合外，尚有很多后续的工作要做。鉴于刚度在柔性机构中占有重要地位，尤其能够反映柔性机构作为真实机构的特性，而且刚度与机构的其他性能如自由度、行程、精度、动态性能等密切相关，因此本章以刚度设计为主题，侧重从刚度的角度来考量柔性机构的设计，以实现上述目标。

众所周知，构件和铰链的刚度与机构末端的刚度存在双向数学变换关系，通常称为机构的刚度映射。一般而言，已知构件及铰链刚度，求解末端刚度的过程称为机构的刚度分析 (stiffness analysis)；反之称为机构的刚度综合 (stiffness synthesis)。柔性机构的刚度设计则偏重对后一问题的研究。现有相关研究中，有关柔 (弹) 性机构的刚度分析研究较多，方法也比较成熟，典型的如结构矩阵法、旋量法、有限元法、试验法等[1-3]。刚度综合的研究目前主要聚焦在基于弹簧的弹性机构刚度综合[4−6]，鲜有真正意义上柔性机构刚度综合的报道。

事实上，考察真实柔性机构的设计，构型综合 – 分析建模 – 参数设计往往相互关联、交织一体。关键在于挖掘其中的联系，提供给柔性机构一个强有力的设计工具。因此，本章介绍的刚度设计方法[7-9] 实质上是建立在构型与参数统一综合基础之上的。

8.1 刚度与自由度之间的映射关系

8.1.1 基本思想

第 4 章给出了运动 (或变形) 旋量与力旋量关系式, 即 $\boldsymbol{T}=\boldsymbol{C}\boldsymbol{W},\boldsymbol{W}=\boldsymbol{C}^{-1}\boldsymbol{T}$。不妨设 c_{mn} 为柔度矩阵 $\boldsymbol{C}$ 的第 m 行和 n 列的元素值, c_{mn} 由参数 f 决定, 包括机构材料的弹性模量、泊松比、几何尺寸以及构型。将运动旋量 $\boldsymbol{T}=(\theta_x,\theta_y,\theta_z;\delta_x,\delta_y,\delta_z)$ 和 $\boldsymbol{W}=(M_x,M_y,M_z;F_x,F_y,F_z)$ 代入式 (3.49), 可以得到

$$\begin{bmatrix}\theta_x\\\theta_y\\\theta_z\\\delta_x\\\delta_y\\\delta_z\end{bmatrix}=\begin{bmatrix}C_{11}&C_{12}&C_{13}&C_{14}&C_{15}&C_{16}\\C_{21}&C_{22}&C_{23}&C_{24}&C_{25}&C_{26}\\C_{31}&C_{32}&C_{33}&C_{34}&C_{35}&C_{36}\\C_{41}&C_{42}&C_{43}&C_{44}&C_{45}&C_{46}\\C_{51}&C_{52}&C_{53}&C_{54}&C_{55}&C_{56}\\C_{61}&C_{62}&C_{63}&C_{64}&C_{65}&C_{66}\end{bmatrix}\begin{bmatrix}M_x\\M_y\\M_z\\F_x\\F_y\\F_z\end{bmatrix}\tag{8.1}$$

展开第一行, 得到

$$\theta_x=C_{11}M_x+C_{12}M_y+C_{13}M_z+C_{14}\theta_x+C_{15}\theta_y+C_{16}\theta_z\tag{8.2}$$

假设单独作用 M_x, 式 (8.3) 可简化为

$$\theta_x=C_{11}M_x,\quad C_{11}=\frac{\theta_x}{M_x}\tag{8.3}$$

由式 (8.3) 可知: 在 M_x 的作用下, 只产生 x 轴的转动运动 θ_x, 大小由主对角线柔度值 C_{11} 决定 (其余柔度值均产生寄生运动), 不妨以 C_{11} 度量 x 轴的转动自由度。同理, 主对角线柔度值 C_{22}、C_{33} 度量 y 轴和 z 轴的转动自由度,C_{44}、C_{55}、C_{66} 度量 x 轴、y 轴和 z 轴的移动自由度, 而这些主对角线柔度值均可看作由参数 f 决定。本章将重点讨论参数 f 对不同柔性机构主对角线柔度值的大小影响, 即对机构自由度的影响。

8.1.2 柔性单元结构参数对自由度的影响

对于矩形截面的均质梁模型 (图 8.1), 当参考坐标系建立在其中心 O_1 时, 柔度矩阵可以用式 (3.55) 表示; 当参考坐标系建立在均质梁的末端时, 根据式 (3.69) 柔度矩阵在不同坐标系下的变换公式可计算得到参数化形式的柔度矩阵

$$
\boldsymbol{C}_{\mathrm{b}} = \frac{l}{EI_y}\begin{bmatrix} \alpha & & & & -\frac{l}{2}\alpha & \\ & 1 & & \frac{l}{2} & & \\ & & \frac{1}{\chi\gamma} & & & \\ & \frac{l}{2} & & \frac{l^2}{3} & & \\ -\frac{l}{2}\alpha & & & & \frac{l^2}{3}\alpha & \\ & & & & & \frac{l^2}{12}\beta \end{bmatrix} \tag{8.4}
$$

式中, $\alpha=(t/w)^2;\beta=(t/l)^2;\chi=G/E;\gamma=J/I_y\approx 4$ (当 α 取值很小时)。

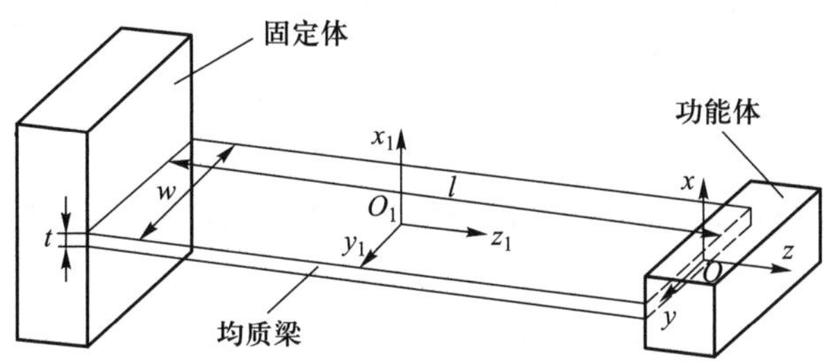

图 8.1 均质矩形截面梁模型

对 $\boldsymbol{C}_{\mathrm{b}}$ 的主对角线元素作量纲一处理得到 (详见 5.1 节), $c_1=\alpha, c_2=1, c_3=1/(\chi\gamma), c_4=1/3, c_5=\alpha/3, c_6=\beta/12$。它们由 5 个参数 $(l/(EI_y),\alpha,\beta,\chi,\gamma)$ 所决定。材料为铝时, $\chi=0.37$, 考虑以下两种情况:

(1) 若取 $\alpha=(1/20)^2,\beta=(1/30)^2$, 此时 $c_2=1,c_3=1/1.48$, $c_4=1/3$, 远大于 $c_1=1/400,c_5=1/1\,200,c_6=1/10\,800$。$c_1$、$c_5$、$c_6$ 相对于 c_2、c_3、c_4 太小可忽略。此时柔性板簧有 3 个自由度 θ_y、θ_z、δ_x, 3 个约束 M_x、F_y、F_z。

(2) 若取 $\alpha=(1/6)^2,\beta=(1/30)^2$, 此时 $c_1=1/36,c_2=1,c_3=1/1.48,c_4=1/12$, 远大于 $c_5=1/192,c_6=1/10\,800$。c_5、c_6 相对于 c_1、c_2、c_3、c_4 太小可忽略。此时柔性板簧转变为柔性板条, 有 4 个自由度 θ_x、θ_y、θ_z、δ_x, 2 个约束 F_y、F_z。

通过以上分析看出, 单元材料差异、几何尺寸取值的不同都会影响自身的自由度类型。

8.2 刚度综合流程

通过上节对简单柔性单元的柔度分析, 可以发现由于参数 f 的不同, 柔性单元存在着不同的自由度及相应的构型, 即自由度与刚度之间存在映射关系。这种关系同样适用于其他柔性机构。

对于一般的柔性机构, 参数化柔度分析及基于自由度的构型综合流程如图 8.2 所示。

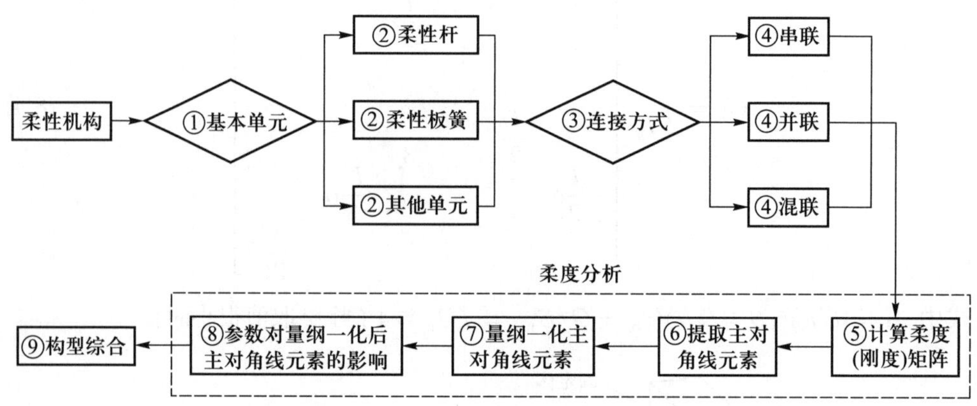

图 8.2 柔度分析及构型综合流程图

根据图 8.2 所示的柔度分析及构型综合流程图, 详细的参数化柔度分析及基于自由度的构型综合步骤归纳如下:

(1) 首先判断构成柔性机构的柔性单元类型, 包括柔性杆、柔性板簧及其他柔性单元。

(2) 柔性单元的柔度 (刚度) 矩阵均采用参数化形式。若基本柔性单元为柔性板簧, 柔度矩阵 $\boldsymbol{C}_{\mathrm{b}}$ 采用式 (3.55) 计算; 若基本柔性单元为柔性杆, 柔度矩阵 $\boldsymbol{C}_{\mathrm{w}}$ 采用式 (3.59) 计算。

(3) 判断柔性机构的连接方式, 包括串联、并联和混联。对于采用串联连接方式的, 柔性机构的柔度矩阵 $\boldsymbol{C}_{\mathrm{s}}$ 计算采用式 (4.3); 对于采用并联连接方式的, 柔性机构的柔度矩阵 $\boldsymbol{C}_{\mathrm{p}}$ 计算采用式 (4.4); 对于采用混联连接方式的, 先将柔性机构分解成串联和并联模块, 串联模块柔度矩阵 $\boldsymbol{C}_{\mathrm{s}}$ 采用式 (4.3) 计算, 并联模块柔度矩阵 $\boldsymbol{C}_{\mathrm{p}}$ 采用式 (4.4) 计算, 最后组合计算得到混联机构的柔度矩阵。

(4) 提取由步骤 (3) 计算得到的柔度矩阵主对角元素: c_{11}、c_{22}、c_{33}、c_{44}、c_{55}、c_{66}。

(5) 量纲一化主对角元素, 得到 c_1、c_2、c_3、c_4、c_5、c_6, 具体为

$$c_1 = c_{11}, \quad c_2 = c_{22}, \quad c_3 = c_{33}, \quad c_4 = \frac{c_{44}}{l^2}, \quad c_5 = \frac{c_{55}}{l^2}, \quad c_6 = \frac{c_{66}}{l^2} \tag{8.5}$$

式中, l 为柔性单元的最大长度。

(6) 通过改变参数 f, 观察 c_1、c_2、c_3、c_4、c_5、c_6 值大小的变化。这里规定: 量纲一化后的柔度 c_i、c_j 若满足如下关系:

$$\frac{c_i}{c_j} > \xi \tag{8.6}$$

则可认为 c_j 相对于 c_i 足够小, 且可忽略; 否则不可忽略。ξ 的具体值根据柔性机构材料、尺寸及精度要求选取。本章均选取 ξ 为 20。

(7) 通过步骤 (6) 的参数讨论, 比较主对角线柔度值的大小, 得到不同自由度下的柔性机构构型。

8.3 综合实例

上节中, 步骤 (1) ~ (7) 详细归纳了参数化的柔度分析及基于自由度的构型综合步骤, 本节主要通过串联、并联、混联的柔性机构案例具体加以说明。

8.3.1 串联式柔性机构

根据上节给出的柔性机构柔度分析及构型综合的流程图和步骤, 对图 8.3 中的串联柔性模块进行具体分析。

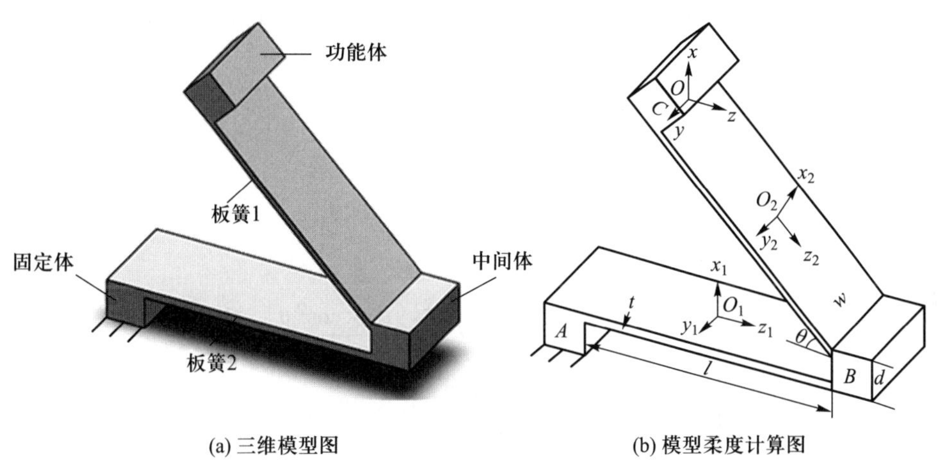

(a) 三维模型图　　(b) 模型柔度计算图

图 8.3 串联柔性模块

根据步骤 (1)~(3), 首先确定柔性机构由两个柔性板簧串联连接而成。柔性板簧的柔度矩阵 $\boldsymbol{C}_{\rm b}$ 采用式 (3.55), 串联柔性机构的柔度矩阵 $\boldsymbol{C}_{\rm s}$ 计算采用式 (4.3)。计算得到该串联柔性机构的柔度矩阵为

$$\boldsymbol{C}_{\rm s}=\frac{l}{EI_y}\begin{bmatrix} c_{11} & & c_{13} & & c_{15} & \\ & c_{22} & & c_{24} & & c_{26} \\ c_{31} & & c_{33} & & c_{35} & \\ & c_{42} & & c_{44} & & c_{46} \\ c_{51} & & c_{53} & & c_{55} & \\ & c_{62} & & c_{64} & & c_{66} \end{bmatrix} \tag{8.7}$$

根据步骤 (4), 提取柔度矩阵的主对角元素

$$\begin{cases} c_{11} = \alpha(1+\cos^2\theta) + \dfrac{\sin^2\theta}{\chi\gamma} \\ c_{22} = 2 \\ c_{33} = \alpha\sin^2\theta + \dfrac{1+\cos^2\theta}{\chi\gamma} \\ c_{44} = l^2\left[\left(\dfrac{1}{2}-\cos\theta\right)^2 + \dfrac{1+\cos^2\theta}{3} + \dfrac{1+\beta\sin^2\theta}{12}\right] \\ c_{55} = l^2\left\{\alpha\left[\dfrac{1}{3}+\left(\dfrac{1}{2}-\cos\theta\right)^2\right] + \dfrac{(\lambda+\sin\theta)^2}{\chi\gamma}\right\} \\ c_{66} = l^2\left[\dfrac{\sin^2\theta}{3} + \dfrac{\beta(1+\cos^2\theta)}{12} + (\lambda+\sin\theta)^2\right] \end{cases} \tag{8.8}$$

式中, $\lambda = d/l$。主对角元素由参数 $(l/(EI_y), l, \alpha, \beta, \chi, \gamma, \theta, \lambda)$ 所决定。

再根据步骤 (5), 对参数化的主对角元素量纲一化。为方便讨论, 可取 $\alpha = (1/20)^2 = 0.002\ 5 \ll 1, \beta = (1/60)^2 = 0.000\ 3 \ll 1, \chi = 0.37, \gamma \approx 4$。则主对角元素可进一步简化为

$$\begin{cases} c_1 = c_{11} = \dfrac{\sin^2\theta}{1.48} \\ c_2 = c_{22} = 2 \\ c_3 = c_{33} = \dfrac{1+\cos^2\theta}{1.48} \\ c_4 = \dfrac{c_{44}}{l^2} = \left(\dfrac{1}{2}-\cos\theta\right)^2 + \dfrac{1+\cos^2\theta}{3} + \dfrac{1}{12} \\ c_5 = \dfrac{c_{55}}{l^2} = \dfrac{(\lambda+\sin\theta)^2}{1.48} \\ c_6 = \dfrac{c_{66}}{l^2} = \dfrac{\sin^2\theta}{3} + (\lambda+\sin\theta)^2 \end{cases} \tag{8.9}$$

注意式 (8.9), 此时有 $f(l/(EI_y), \theta, \lambda), l/(EI_y)$ 不改变柔度矩阵元素间的相对大小, 故量纲一化后的主对角元素主要由两柔性板簧的夹角 θ 以及板簧间的相对距离 λ 所决定。

根据步骤 (6), 通过改变参数 θ、λ 的大小, 观察 c_1、c_2、c_3、c_4、c_5、c_6 值的大小变化。

(1) $\lambda = 0, \theta = 0$。此时结构转变为单簧片 (图 8.4a), 存在 3 个自由度 (两个转动和一个移动),3 个约束。另一方面, 由式 (8.9) 计算得到量纲一化后主对角线元素 $c_1 = 0, c_2 = 2, c_3 = 2/1.48 = 1.35, c_4 = 1, c_5 = 0, c_6 = 0$。可以看出, 存在 3 个自由度 θ_y、θ_z、δ_x, 3 个约束 M_x、F_y、F_z。

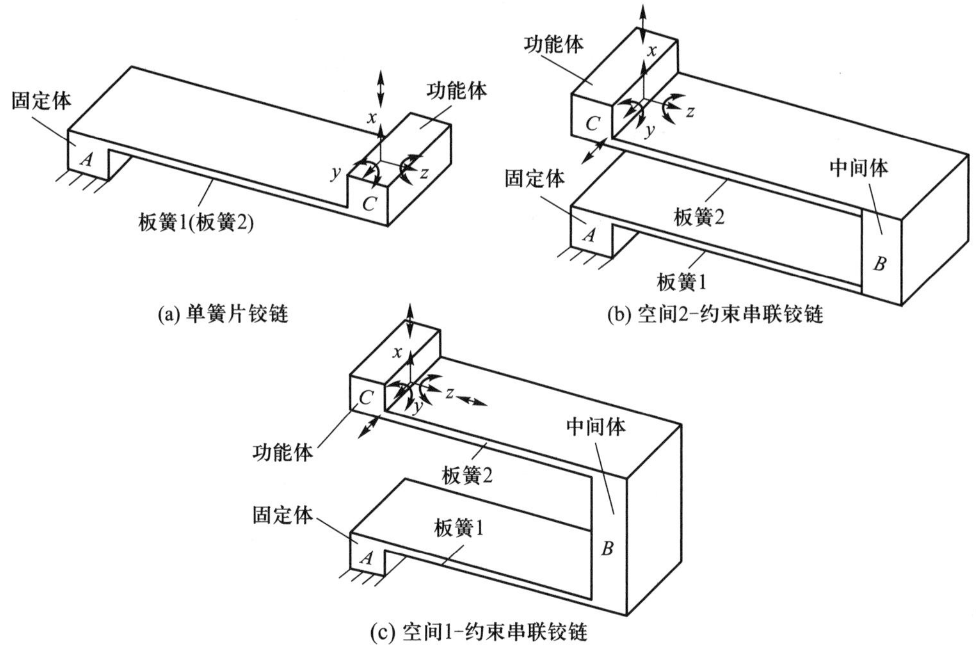

图 8.4 串联柔性铰链演化后的构型

(2) $\lambda \neq 0, \theta = 0$。进一步化简式 (8.9) 可得到 $c_1 = 0, c_2 = 2, c_3 = 1/0.74 = 1.35, c_4 = 1, c_5 = \lambda^2/1.48, c_6 = \lambda^2$。可以发现, 此时 c_1、c_2、c_3、c_4 为定值, 其中 c_2 最大, c_5、c_6 是 λ 的函数, 作图 8.5a。由图可以看出, 量纲一化后主对角线元素 c_5、c_6 随 λ 的增大而增大。$\lambda < 0.32$ 时, $c_2/c_5 > 20, c_2/c_6 > 20$, 根据步骤 (6) 规定, 此时 c_5、c_6 可忽略, 结构转变单簧片; $0.32 \leqslant \lambda < 0.38$ 时, $c_2/c_5 > 20, c_2/c_6 \leqslant 20$, 此时 c_5 可忽略, 结构转变为空间 2–约束并联铰链 (图 8.4b), 存在两个约束 M_x、F_y, 4 个自由度 θ_y、θ_z、δ_x、δ_z; $0.38 \leqslant \lambda \leqslant 2$ 时, $c_2/c_5 \leqslant 20, c_2/c_6 \leqslant 20$, 此时 c_5、c_6 均不可忽略, 结构转变为单约束并联铰链 (图 8.4c), 存在一个约束 M_x, 5 个自由度 θ_y、θ_z、δ_x、δ_y、δ_z。

(3) $\lambda = 0, 1/4, 1/2, 1, 2, \theta \in (0, \pi)$。根据式 (8.9) 可以发现 $c_2 = 2$ 为定值,c_1、c_3、c_4 是 θ 的函数, 与 λ 取值无关,c_5、c_6 是 λ、θ 的函数。作图 8.5b, 由图中各主柔度曲线可以看出, 除了 c_4 外, c_1、c_2、c_3、c_5、c_6 的取值在 $\theta \in (0, \pi)$ 范围关于 $\theta = \pi/2$ 对称分布。而在 $\theta \in (0, \pi)$ 时, $c_2/c_4 \leqslant 20$, 根据步骤 (6) 规定, c_4 不可忽略。故在只考虑串联铰链自由度设计时, 两板簧夹角的取值为 θ 和 $\pi - \theta$ 的结果一致。接下来的讨论角度限于 $(0, \pi/2]$。$\theta \in (0, \pi/2]$ 时, 图中 c_3、c_4 曲线均在虚线 (代表曲线 $c_2/20$) 以上。故不管 λ 取值如何, $c_2/c_4 \leqslant 20, c_2/c_3 \leqslant 20$, 故铰链至少有 3 个自由度 θ_y、θ_z、δ_x。c_1 随着 θ 的取值增大而增大, 当 $\theta \in (0, 0.39)$ 时, $c_2/c_1 > 20$, c_1 可忽略; $\theta \in [0.39, \pi/2]$ 时, $c_2/c_1 \leqslant 20$, 同时角度在此范围内, 不管 λ 取值, $c_5/c_1 \leqslant 20$, $c_6/c_1 \leqslant 20$, 此时理论

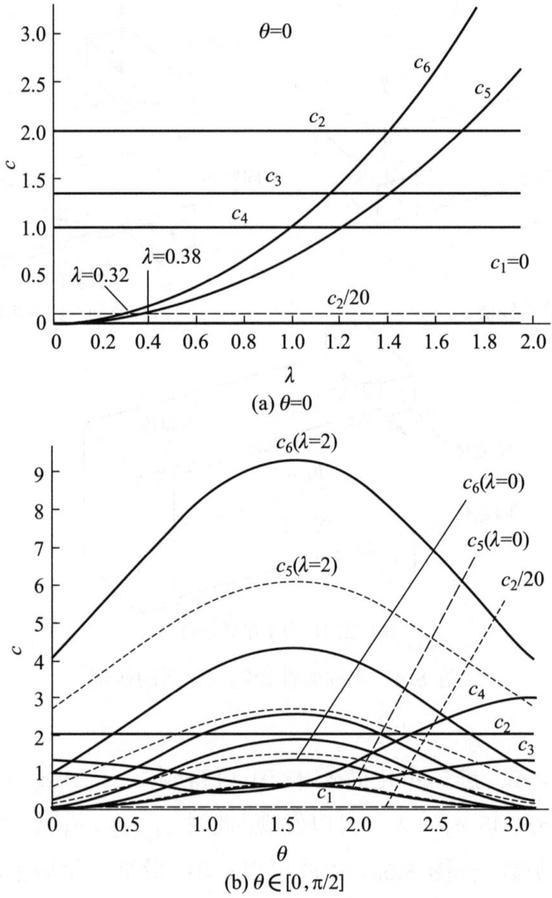

图 8.5 主柔度随参数 λ 变化的曲线

上铰链存在 6 个自由度 θ_x、θ_y、θ_z、δ_x、δ_y、δ_z。设计者在实际设计时, 为保证得到预期的约束, 两板簧的夹角应尽可能小于 30°。

综合前面的讨论结果可以发现, 两柔性板簧的夹角 θ 以及板簧间的相对距离 λ 对该串联柔性机构 (铰链) 的自由度及构型有着显著影响, 具体关系如表 8.1 所示。

表 8.1 基于刚度参数化的串联式柔性机构构型综合

参数		自由度	约束	转换后模型
$\theta=0$	$0<\lambda<0.32$	θ_y、θ_z、δ_x	M_x、F_y、F_z	

续表

参数		自由度	约束	转换后模型
$\theta=0$	$0.32\leqslant\lambda<0.38$	θ_y、θ_z、δ_x、δ_z	M_x、F_y	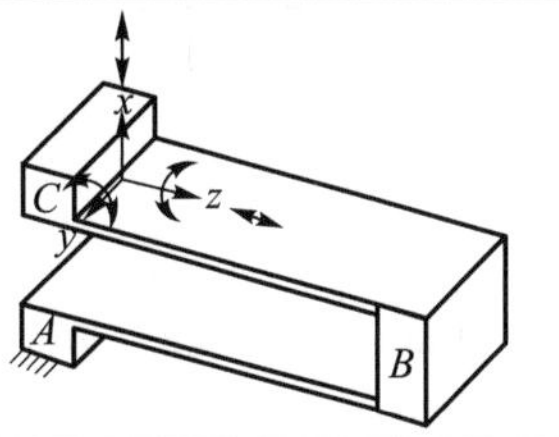
	$0.32\leqslant\lambda\leqslant 2$	θ_y、θ_z、δ_x、δ_y、δ_z	M_x	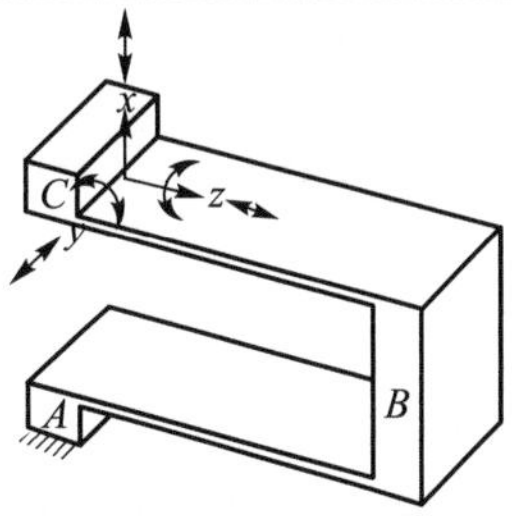
$\theta\in(0,0.28)$	$0\leqslant\lambda< -\sin\theta+\sqrt{\dfrac{1}{10}-\dfrac{\sin^2\theta}{3}}$	θ_y、θ_z、δ_x	M_x、F_y、F_z	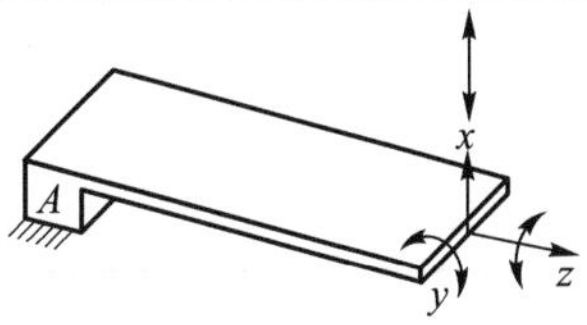
	$-\sin\theta+\sqrt{\dfrac{1}{10}-\dfrac{\sin^2\theta}{3}}\leqslant\lambda<0.38-\sin\theta$	θ_y、θ_z、δ_x、δ_z	M_x、F_y	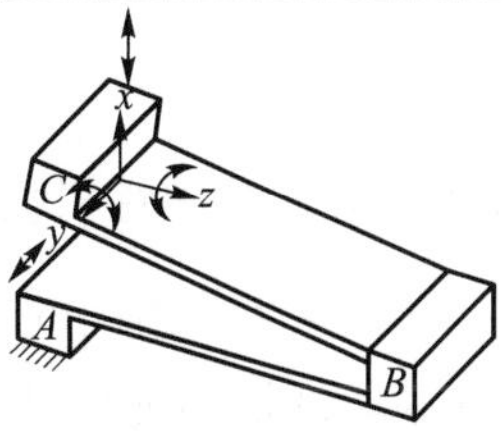
	$0.38-\sin\theta\leqslant\lambda\leqslant 2$	θ_y、θ_z、δ_x、δ_y、δ_z	M_x	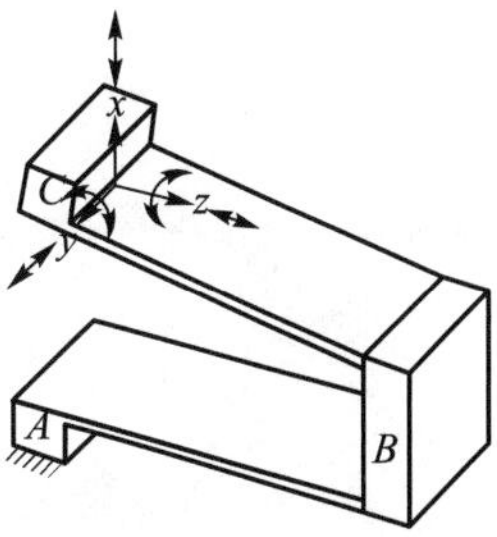
$\theta\in[0.28,0.39)$	$0\leqslant\lambda<0.38-\sin\theta$	θ_y、θ_z、δ_x、δ_z	M_x、F_y	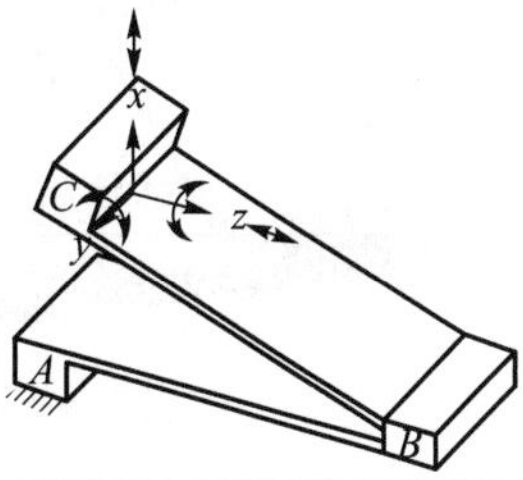

续表

参数		自由度	约束	转换后模型
$\theta\in$ [0.28, 0.39)	$0.38-\sin\theta\leqslant\lambda\leqslant 2$	θ_y、θ_z、δ_x、δ_y、δ_z	M_x	
$\theta\in$ [0.39, π/2]	$0\leqslant\lambda\leqslant 2$	θ_x、θ_y、θ_z、δ_x、δ_y、δ_z	—	

8.3.2 并联式柔性机构

根据 8.2 节给出的柔性机构柔度分析及构型综合的流程图和步骤, 对图 8.6a 中的并联柔性机构进行具体分析。

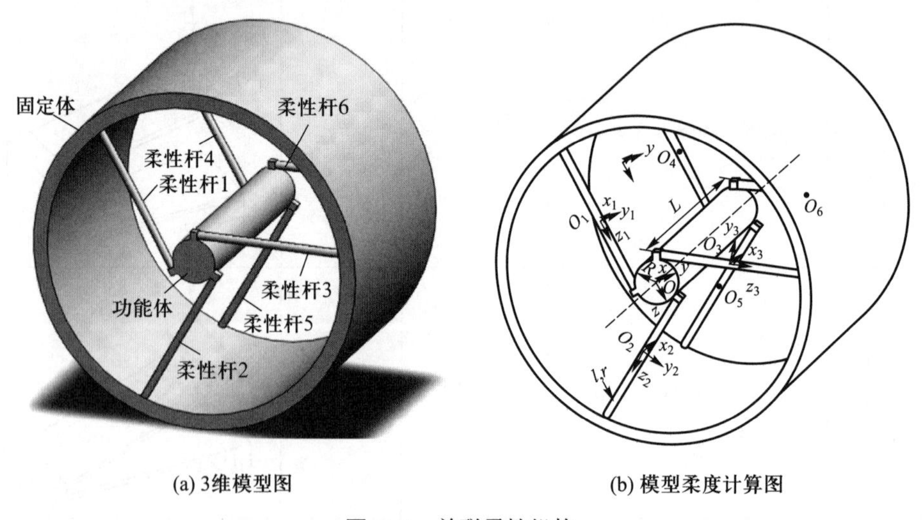

(a) 3维模型图　　(b) 模型柔度计算图

图 8.6　并联柔性机构

根据步骤 (1)~(3) 首先确定柔性机构由基本柔性单元柔性杆构成, 每个平面 3 个柔性杆呈 120° 均匀布开, 采用并联方式连接。柔性杆的柔度矩阵 $\boldsymbol{C}_{\mathrm{w}}$ 采用式 (3.59), 并联柔性机构的柔度矩阵 $\boldsymbol{C}_{\mathrm{p}}$ 计算采用式 (4.4)。计算得到该机构的参数化柔度矩阵

$$\boldsymbol{C}_{\mathrm{p}} = \frac{l}{EI_y}\begin{bmatrix} c_{11} & & & & & \\ & c_{22} & & & & c_{26} \\ & & c_{33} & & c_{35} & \\ & & & c_{44} & & \\ & & c_{53} & & c_{55} & \\ & c_{62} & & & & c_{66} \end{bmatrix} \tag{8.10}$$

根据步骤 (4) 提取柔度矩阵的主对角元素

$$\begin{cases} c_{11} = \dfrac{1}{24(\rho/\eta+1)} \\ c_{22} = \dfrac{1}{9k+36\rho+12+3k/\eta+6\chi} \\ c_{33} = \dfrac{1}{9k+36\rho+12+3k/\eta+6\chi} \\ c_{44} = \dfrac{1}{72}l^2 \\ c_{55} = \dfrac{l^2}{6}\dfrac{3k+6\rho+2+k/\eta+\chi}{(3+1/\eta)(3k+12\rho+4+k/\eta+2\chi)} \\ c_{66} = \dfrac{l^2}{6}\dfrac{3k+6\rho+2+k/\eta+\chi}{(3+1/\eta)(3k+12\rho+4+k/\eta+2\chi)} \end{cases} \tag{8.11}$$

式中, $\eta=(r/l)^2$, $\rho=(R/l)^2$, $k=(L/l)^2$。主对角元素由参数 $(l/(EI_y), l, \eta, \chi, k, \rho)$ 所决定。

再根据步骤 (5), 对参数化的主对角元素量纲一化。为方便讨论, 可取 $\eta=(1/40)^2=0.000\ 625$, $\chi=0.37$。则量纲一化后的主对角元素可进一步简化为

$$\begin{cases} c_1 = c_{11} = \dfrac{1}{38\ 400\rho+24} \\ c_2 = c_{22} = \dfrac{1}{4\ 809k+36\rho+14.22} \\ c_3 = c_{33} = \dfrac{1}{4\ 809k+36\rho+14.22} \\ c_4 = \dfrac{c_{44}}{l^2} = \dfrac{1}{72} \\ c_5 = \dfrac{c_{55}}{l^2} = \dfrac{1\ 603k+6\rho+2.37}{9\ 618(1\ 603k+12\rho+4.74)} \\ c_6 = \dfrac{c_{66}}{l^2} = \dfrac{1\ 603k+6\rho+2.37}{9\ 618(1\ 603k+12\rho+4.74)} \end{cases} \tag{8.12}$$

注意式 (8.12), 此时有 $f((l/EI_y),k,\rho)$, l/EI_y 不改变柔度矩阵元素间的相对大小, 故量纲一化后的主对角元素主要由并联机构中间圆柱功能体相对半径 ρ 以及功能体的相对长 k 所决定。

根据步骤 (6), 通过改变参数 ρ、k 的大小, 观察 c_1、c_2、c_3、c_4、c_5、c_6 值的大小变化。

(1) $\rho=0,k=0$。此时结构转变为 3 杆汇交于一点的平面构型。一方面, 如图 8.7 所示, 由自由度约束线图可知存在两个线约束, 由其对偶的自由度线图可知存在 4 个自由度。另一方面, 由式 (8.12) 计算得到量纲一化后主对角线元素 $c_1=1/24$, $c_2=c_3=1/14.22$, $c_4=1/72$, $c_5=c_6=1/19\ 236\approx 0$。可以看出, 铰链存在 4 个自由度 θ_x、θ_y、θ_z、δ_x 和两个约束 F_y、F_z, 这与自由度约束线图得出的结论是一致的。

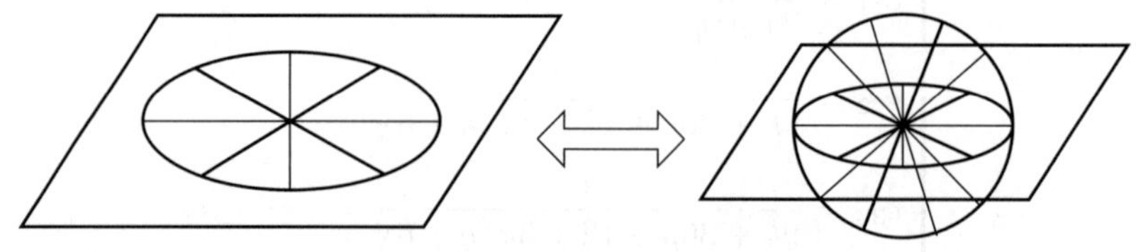

图 8.7 平面汇交构型自由度约束线图

(2) $\rho=0$, $k\in(0,1]$。化简式 (8.12) 得到 $c_1=1/24$, $c_2=c_3=1/(4\ 809k+14.22)$, $c_4=1/72$, $c_5=c_6=(1\ 603k+2.37)/[9\ 618(1\ 603k+4.74)]$。可以发现, 此时 c_1、c_4 为定值, c_2、c_3、c_5、c_6 是 k 的函数, 作图 8.8。

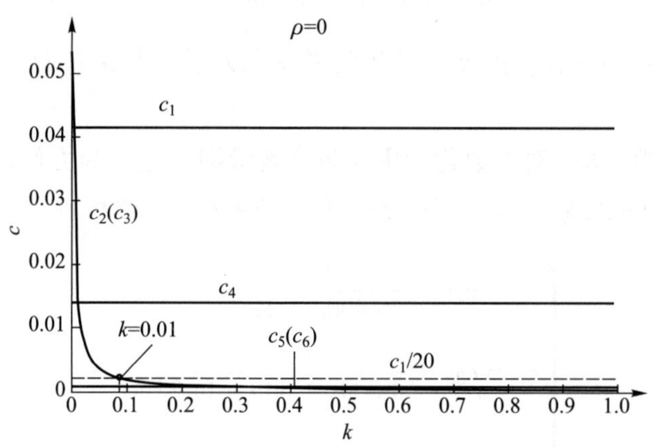

图 8.8 $\rho=0$ 时, 量纲一化各主柔度随参数 k 变化的曲线

观察图 8.8 中量纲一化后主对角线元素,c_1、c_4 为定值且 $c_4>c_1/20$, c_5、c_6 远小于其他主对角元素, 可忽略不计。c_2、c_3 随 k 的增大而减小, $k\leqslant 0.01$, $c_1/c_2\leqslant 20$, 根据步骤 (6), 此时 c_2、c_3 不可忽略, 同样结构转变为 3 杆汇交于一点的平面构型 (图 8.9a), 铰链存在两个约束 F_y、F_z 和 4 个自由度 θ_x、θ_y、θ_z、δ_x; $k>0.01$,

$c_1/c_2 > 20$, 此时 c_1、c_2 可忽略, 结构变为空间 1R1T 型柔性构型 (图 8.9b), 其中存在 4 个约束 M_y、M_z、F_y、F_z 和两个自由度 θ_x、δ_x。

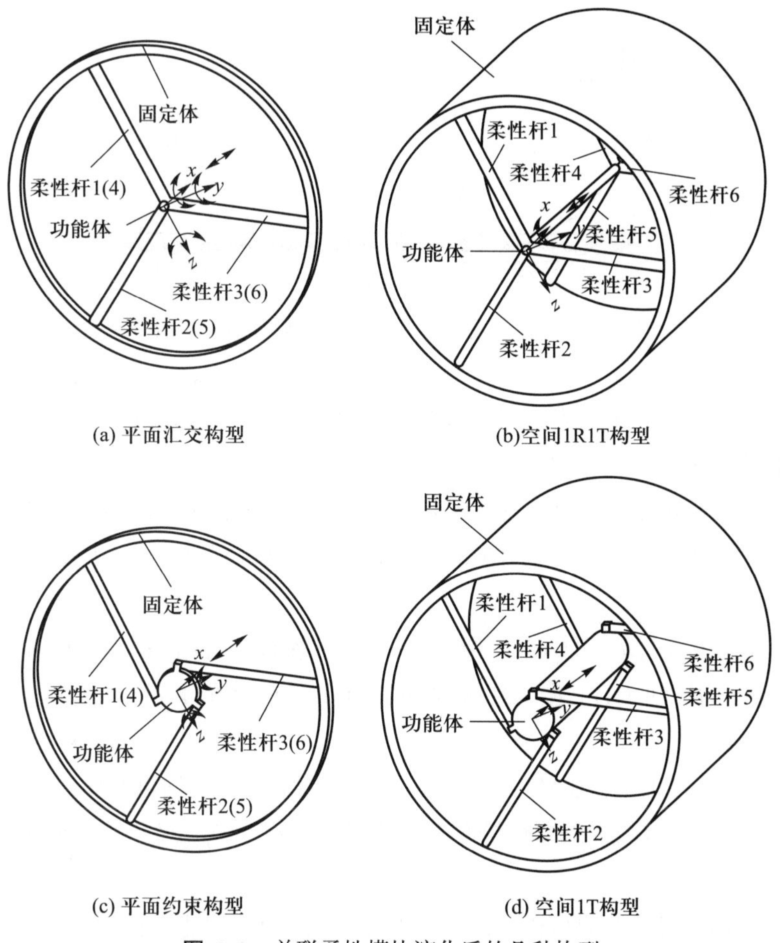

(a) 平面汇交构型

(b)空间1R1T构型

(c) 平面约束构型

(d) 空间1T构型

图 8.9 并联柔性模块演化后的几种构型

(3) $\rho = (1/6)^2, (1/5)^2, (1/4)^2, (1/3)^2$, $k \in [0,1]$。进一步化简式 (8.12) 发现, c_1 随 ρ 的不同变化较大, $c_2(c_3)$、$c_5(c_6)$ 随 ρ 的不同变化较小, 可忽略, c_4 为定值。作图 8.10。

由图 8.10 可知, 量纲一化后主对角线元素 c_4 为定值。c_5、c_6 远小于其他主对角元素, 可忽略不计。c_1 随 ρ 的不同取不同的常数, 对于任意取值 k, $\rho \leqslant 0.04$, $c_4/c_1 \leqslant 20$, 同样根据步骤 (6) 规定, c_1 不可忽略, 此时铰链具有两个自由度或者 4 个自由度; $\rho > 0.04$, $c_4/c_1 > 20$, c_1 过小可忽略, 此时铰链具有一个自由度或者 3 个自由度。c_2、c_3 随 k 的增大而减小。$k \leqslant 0.3$, $c_4/c_2 \leqslant 20$, 此时 c_2、c_3 不可忽略; $k > 0.3$, $c_4/c_2 > 20$, 此时 c_2、c_3 可忽略。综合考虑 c_1、c_2、c_3、c_4、c_5、c_6 值的大小变化。

(1) $0 < k \leqslant 0.3, \rho \leqslant 0.04$。$c_1$、$c_2$、$c_3$ 相对于 c_4 不可忽略, c_5、c_6 相对于 c_4 可

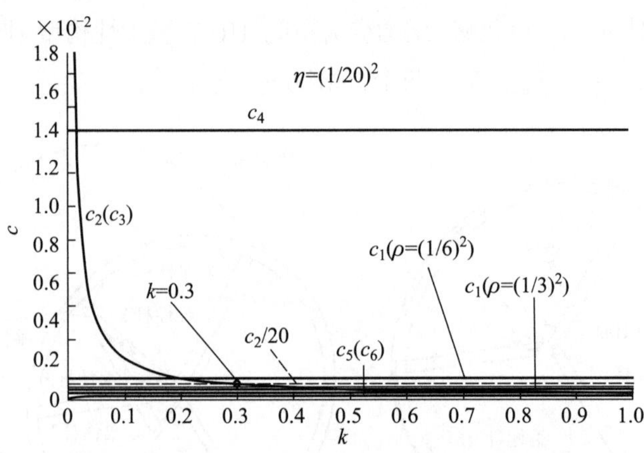

图 8.10 $k \in (0, 1]$ 时主柔度随参数 ρ 变化的曲线

忽略; 结构转变为 3 杆汇交于一点的平面构型 (图 8.9a), 铰链存在两个约束 F_y、F_z 和 4 个自由度 θ_x、θ_y、θ_z、δ_x。

(2) $0 < k \leqslant 0.3, \rho > 0.04$。$c_2$、$c_3$ 相对于 c_4 不可忽略, c_1、c_5、c_6 相对于 c_4 可忽略; 结构演变为平面约束构型 (图 8.9c), 铰链存在 3 个约束 M_x、F_y、F_z, 3 个自由度 θ_y、θ_z、δ_x。

(3) $0.3 < k \leqslant 1, \rho \leqslant 0.04$。$c_1$ 相对于 c_4 不可忽略, c_2、c_3、c_5、c_6 相对于 c_4 可忽略; 结构演变为空间 1R1T 型柔性机构 (图 8.9b), 铰链存在 4 个约束 M_y、M_z、F_y、F_z 和两个自由度 θ_x、δ_x。

(4) $0.3 < k \leqslant 1$, $\rho > 0.04$。c_1、c_2、c_3、c_5、c_6 相对于 c_4 均可忽略; 结构演变为空间 1T 型柔性机构 (图 8.9d), 铰链存在 5 个约束 M_x、M_y、M_z、F_y、F_z 和一个自由度 δ_x。

综合前面的讨论结果可以发现, 并联机构中间圆柱功能体相对半径 ρ 和功能体的相对长 k 对柔性机构 (铰链) 自由度及构型有着显著影响, 具体的关系如表 8.2 所示。

表 8.2 基于刚度参数化的并联式柔性机构构型综合

参数		自由度	约束	转换后模型
$\rho = 0$	$0 \leqslant k \leqslant 0.1$	θ_x、θ_y、θ_z、δ_x	F_y、F_z	

续表

参数		自由度	约束	转换后模型
$\rho=0$	$0.1<k\leqslant 1$	θ_x、δ_x	M_y、M_z、F_y、F_z	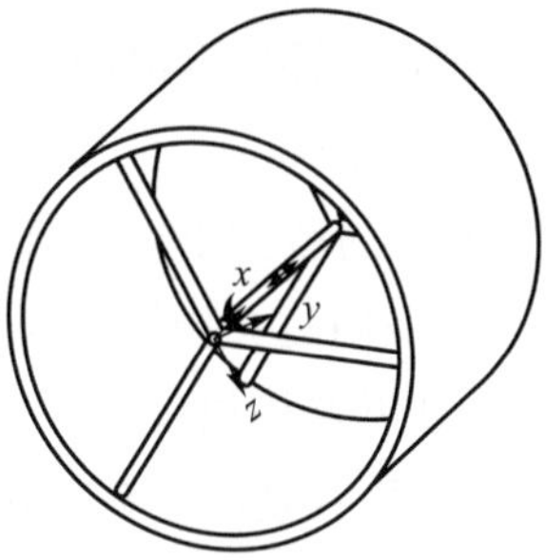
$0.001<\rho\leqslant 0.04$	$0\leqslant k\leqslant 0.3$	θ_x、θ_y、θ_z、δ_x	F_y、F_z	
	$0.3<k\leqslant 1$	θ_x、δ_x	M_y、M_z、F_y、F_z	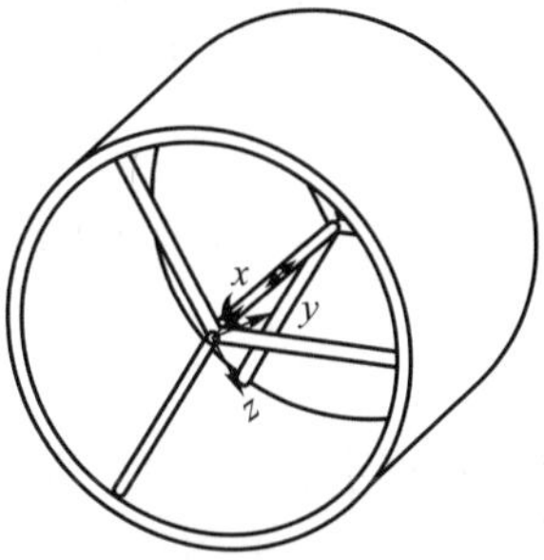
$0.04<\rho\leqslant 0.5$	$0\leqslant k\leqslant 0.3$	θ_y、θ_z、δ_x	M_x、F_y、F_z	
	$0.3<k\leqslant 1$	δ_x	M_x、M_y、M_z、F_y、F_z	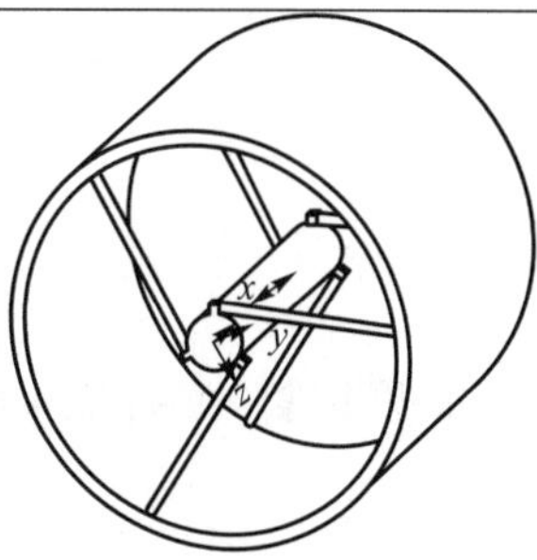

8.3.3 混联式柔性机构

实际设计中, 大多数的柔性机构采用混联形式。混联式柔性机构的柔度分析和构型综合同样可以根据 8.2 节的流程和步骤进行, 只是在建模和计算柔度 (刚度) 矩阵时有所不同。

具体过程如下: 首先将混联式柔性机构划分串联模块和并联子模块, 接着在各自子模块内建立物体坐标系和参考坐标系。对于串联模块采用式 (4.3) 计算柔度矩阵, 对于并联模块采用式 (4.4) 计算柔度矩阵。最后, 以各子模块的参考坐标系为局部坐标系, 在功能平台上建立参考坐标系, 求得该混联式柔性机构的柔度矩阵。然后再对图 8.11 所示的混联柔性铰链进行具体分析。

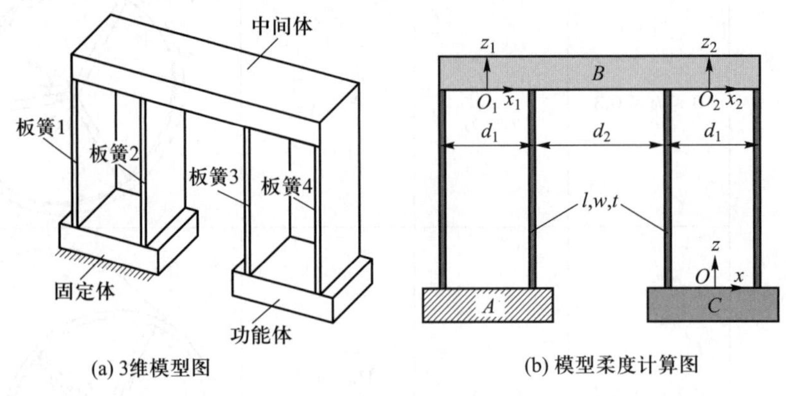

图 8.11 混联柔性铰链

根据步骤 (1)~(3) 确定该柔性机构由柔性板簧采用混联方式连接。柔性板簧的柔度矩阵 $\boldsymbol{C}_{\mathrm{b}}$ 采用式 (3.55)。该混联式柔性机构整体为串联形式, 每个串联模块由两个柔性板簧并联而成。串联模块的柔度矩阵 $\boldsymbol{C}_{\mathrm{s}}$ 计算采用式 (4.3), 并联模块的柔度矩阵 $\boldsymbol{C}_{\mathrm{p}}$ 计算采用式 (4.4)。由此计算得到该混联式柔性机构的柔度矩阵如下:

$$\boldsymbol{C}_{\mathrm{h}} = \frac{l}{EI_y}\begin{bmatrix} c_{11} & & & & c_{15} & \\ & c_{22} & & c_{24} & & c_{26} \\ & & c_{33} & & c_{35} & \\ & c_{42} & & c_{44} & & c_{46} \\ c_{51} & & c_{53} & & c_{55} & \\ & c_{62} & & c_{64} & & c_{66} \end{bmatrix} \tag{8.13}$$

根据步骤 (4), 提取柔度矩阵的主对角元素

$$
\begin{cases}
c_{11} = \alpha \\
c_{22} = \dfrac{\beta}{3\mu^2 + \beta} \\
c_{33} = \dfrac{\alpha}{3\mu^2 + \alpha\chi\gamma} \\
c_{44} = l^2 \left[\dfrac{3\mu^2 + 4\beta}{12(3\mu^2 + \beta)}\right] \\
c_{55} = l^2 \left[\dfrac{\alpha}{3} + \dfrac{\alpha(\mu + \sigma)^2}{2(3\mu^2 + \alpha\chi\gamma)}\right] \\
c_{66} = l^2 \left[\dfrac{\beta}{12} + \dfrac{\beta(\mu + \sigma)^2}{2(3\mu^2 + \beta)}\right]
\end{cases}
\tag{8.14}
$$

式中, $\mu = d_1/l$; $\sigma = d_2/l$。主对角元素由参数 $(l/(EI_y), l, \alpha, \beta, \chi, \gamma, \mu, \sigma)$ 所决定。

再根据步骤 (5), 对参数化的主对角元素量纲一化。为方便讨论, 可取 $\alpha = (1/20)^2 = 1/400$, $\beta = (t/l)^2 = (1/60)^2 = 1/3\ 600$, $\chi = 0.37$, $\gamma = 4$。则量纲一化后的主对角元素可进一步简化为

$$
\begin{cases}
c_1 = c_{11} = \alpha = \dfrac{1}{400} \\
c_2 = c_{22} = \dfrac{\beta}{3\mu^2 + \beta} = \dfrac{1/3\ 600}{3\mu^2 + 1/3\ 600} \\
c_3 = c_{33} = \dfrac{\alpha}{3\mu^2 + \alpha\chi\gamma} = \dfrac{1/400}{3\mu^2 + 1.48/400} \\
c_4 = \dfrac{c_{44}}{l^2} = \dfrac{3\mu^2 + 4\beta}{12(3\mu^2 + \beta)} = \dfrac{3\mu^2 + 4/3\ 600}{12(3\mu^2 + 1/3\ 600)} \\
c_5 = \dfrac{c_{55}}{l^2} = \dfrac{\alpha}{3} + \dfrac{\alpha(\mu + \sigma)^2}{2(3\mu^2 + \alpha\chi\gamma)} = \dfrac{1}{1\ 200} + \dfrac{(\mu + \sigma)^2}{800(3\mu^2 + 1.48/400)} \\
c_6 = \dfrac{c_{66}}{l^2} = \dfrac{1}{43\ 200} + \dfrac{(\mu + \sigma)^2}{7\ 200(3\mu^2 + 1/3\ 600)}
\end{cases}
\tag{8.15}
$$

注意式 (8.15), 此时有 $f(l/(EI_y), \mu, \sigma)$, l/EI_y 不改变柔度矩阵元素间的相对大小, 故量纲一化后的主对角元素主要由并联模块平行板簧相对间距 μ 以及串联模块相对间距 σ 所决定。

根据前述步骤, 通过改变参数 μ、σ 的大小, 观察 c_1、c_2、c_3、c_4、c_5、c_6 值大小变化。

(1) $\mu = 0$,$\sigma = 0$。此时结构变为单簧片, 提供 3 个约束。另一方面, 由式 (8.15) 计算得到量纲一化后主对角线元素 $c_1 = 0.002\ 5$, $c_2 = 1$, $c_3 = 1/1.48 \approx 0.68$, $c_4 = 1/3$, $c_5 \approx 0$, $c_6 \approx 0$。可以看出, 此时的柔性机构存在 3 个自由度 θ_y、θ_z、δ_x 和 3 个约束 M_x、F_y、F_z, 这与自由度约束线图得出的结论是一致的。

(2) $\mu = 0$, $\sigma \neq 0$。此时结构演变成两板簧串联的柔性机构, 铰链的参数讨论与

本节串联柔性机构中 $\lambda \neq 0, \theta = 0$ 对 λ 的参数讨论结果一致, 只要将 λ 换成 σ 即可, 这里不再讨论。

(3) $\mu \in (0,1]$, $\sigma = 1/20, 1/10, 1/5, 1/2, 0$。由式 (8.15) 化简结果可知 $c_1 = 1/400$ 为定值, c_2、c_3、c_4 是 μ 的函数, 与 σ 取值无关;c_5、c_6 是 μ、σ 的函数。作 c_1、c_2、c_3、c_4、c_5、c_6 的变化曲线, 如图 8.12 所示。

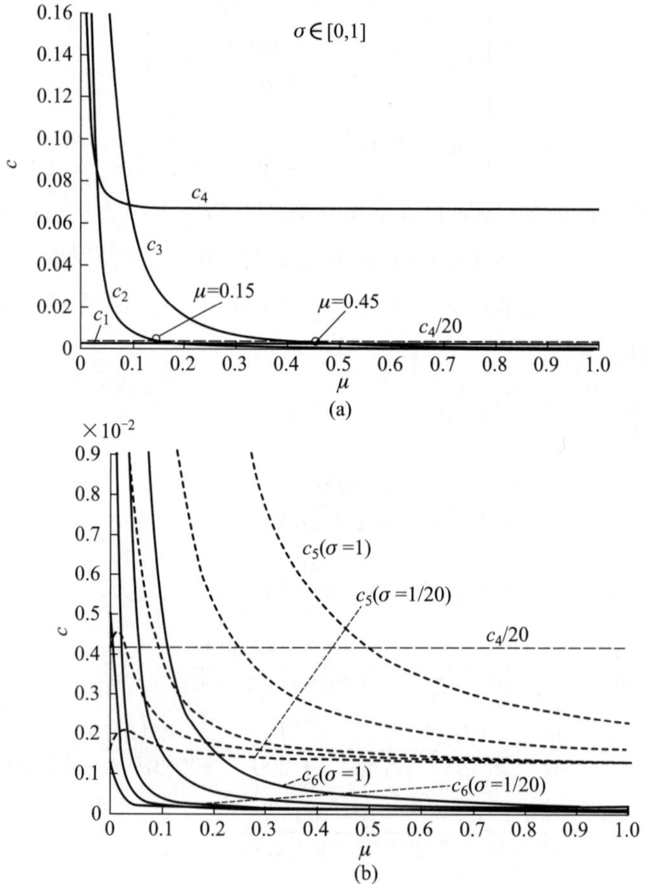

图 8.12 $\sigma \in [0,1]$ 时, 主柔度随参数 μ 变化的曲线

观察图 8.12a, c_2、c_3、c_4 的取值大小随着 μ 的增大急剧减小, c_2、c_3 取值随着 μ 的增大趋近于 0, c_4 取值随着 μ 的增大趋近于常数 1/12。作曲线 $y_5 = 1/240$, 与 c_2 曲线交于 $\mu = 0.15$ 处, 与 c_3 曲线交于 $\mu = 0.45$ 处。根据前述步骤规定, $0 < \mu < 0.15$ 时, $c_4/c_1 > 20$, $c_4/c_2 \leqslant 20$, $c_4/c_3 \leqslant 20$, c_1 可忽略, c_2、c_3 不可忽略; $0.15 \leqslant \mu < 0.45$ 时, $c_4/c_1 > 20$, $c_4/c_2 > 20$, $c_4/c_3 \leqslant 20$, c_1、c_2 可忽略, c_3 不可忽略; $0.45 \leqslant \mu \leqslant 1$ 时, $c_4/c_1 > 20$, $c_4/c_2 > 20$, $c_4/c_3 > 20$, c_1、c_2、c_3 均可忽略。

观察图 8.12b, c_5、c_6 的取值随着 $\mu(\mu > 0.05)$ 的增大急剧减小, c_5 取值随着 μ 的增大趋近于常数 1/800, c_6 取值随着 μ 的增大趋近于常数 1/14 400。在同一 μ 的

取值下, c_5、c_6 的取值随着 σ 的增大而增大。作曲线 $y_5 = 1/240,\ 0 < \mu < 0.15$, 由图可知, 此时 c_4 不再是常数, c_2、c_3、c_4 均不可忽略, 为了方便计算, 将 c_5、c_6 分别与 c_2、c_3 作比较。根据步骤 (6) 规定, 令 $c_2/c_6 > 20,\ c_3/c_5 > 20$, 解得 $\sigma < \sqrt{1/10} - \mu$; 同样令 $c_2/c_6 \leqslant 20,\ c_3/c_5 \leqslant 20$, 解得 $\sigma \geqslant \sqrt{1/10} - \mu$。$0.15 \leqslant \mu \leqslant 1$, 由图中曲线可知, 此时 c_4 趋近于常数 1/12, 再将 c_5、c_6 与 c_4 作比较, 根据前述步骤规定, 对相应的柔度进行比较, 从而判断构型的自由度, 具体的参数取值如表 8.3 所示。

表 8.3 基于刚度参数化的混联式柔性机构构型综合

参数		自由度	约束	转换后模型
$\mu = 0$	$0 \leqslant \sigma < 0.32$	θ_y、θ_z、δ_x	M_x、F_y、F_z	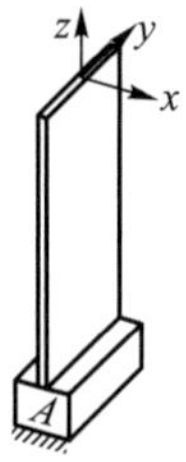
	$0.32 \leqslant \sigma < 0.38$	θ_y、θ_z、δ_x、δ_z	M_x、F_y	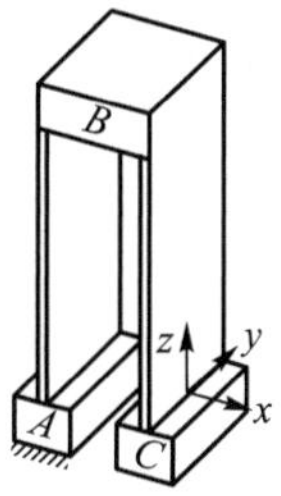
	$0.32 \leqslant \sigma \leqslant 1$	θ_y、θ_z、δ_x、δ_y、δ_z	M_x	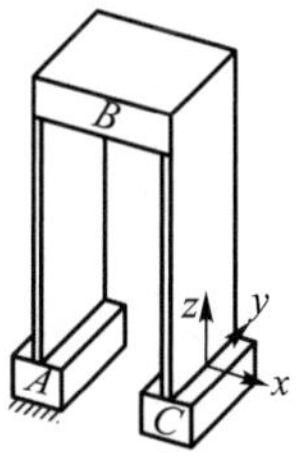
$\mu \in (0, 0.15)$	$0.17 < \sigma < \sqrt{\dfrac{1}{10}} - \mu$	θ_y、θ_z、δ_x	M_x、F_y、F_z	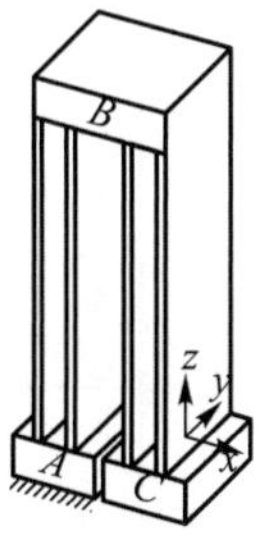

续表

参数		自由度	约束	转换后模型
$\mu \in (0, 0.15)$	$\sqrt{\frac{1}{10}} - \mu \leqslant \sigma < 0.32$	θ_y、θ_z、δ_x、δ_y、δ_z	M_x	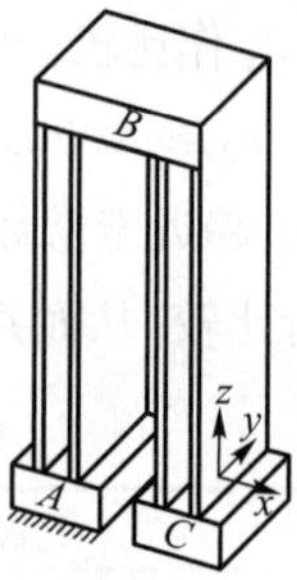
$\mu \in [0.15, 0.45)$	$0.28 \leqslant \sigma < -\mu + \sqrt{8\mu^2 + \frac{1.48}{150}}$	θ_z、δ_x	M_x、M_y、F_y、F_z	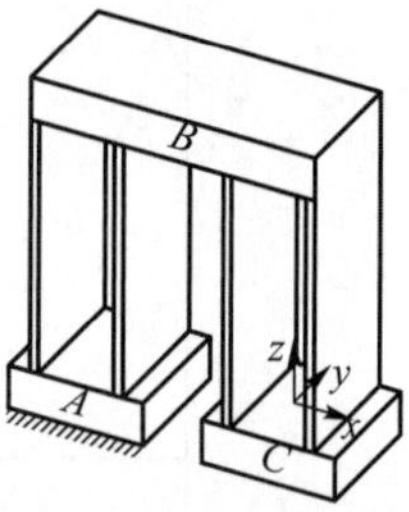
	$-\mu + \sqrt{8\mu^2 + \frac{1.48}{150}} \leqslant \sigma < 0.82$	θ_z、δ_x、δ_z	M_x、M_y、F_y	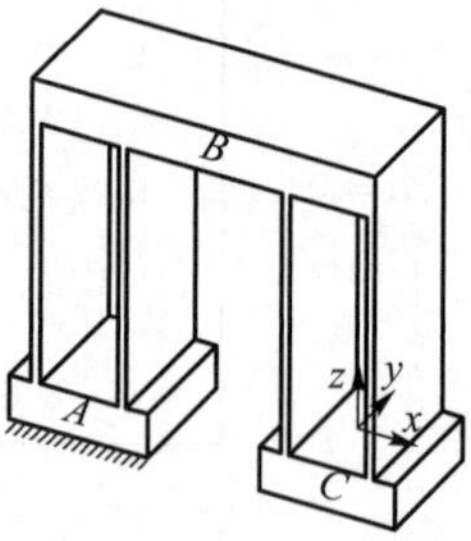
$\mu \in [0.45, 0.55)$	$0.82 \leqslant \sigma < -\mu + \sqrt{8\mu^2 + \frac{1.48}{150}}$	δ_x	M_x、M_y、M_z、F_y、F_z	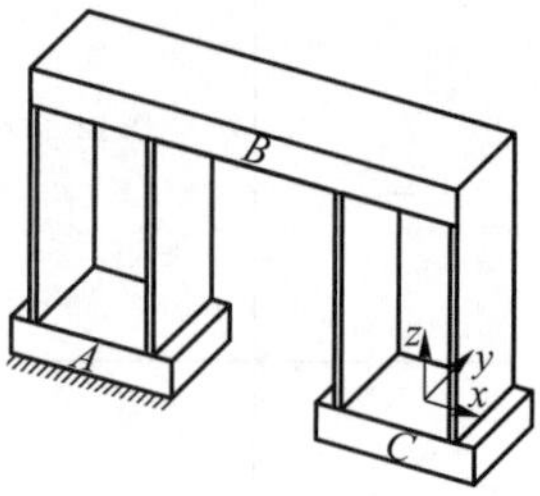
	$-\mu + \sqrt{8\mu^2 + \frac{1.48}{150}} \leqslant \sigma < 1$	δ_x、δ_z	M_x、M_y、M_z、F_y	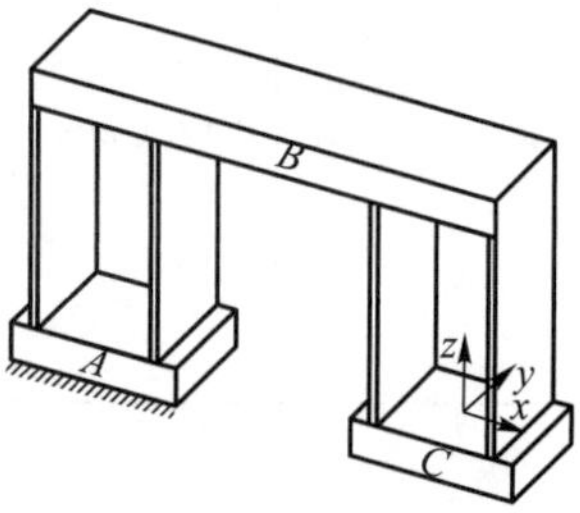

续表

参数		自由度	约束	转换后模型
$\mu \in [0.55, 1]$	$0 \leqslant \sigma \leqslant 1$	δ_x	M_x、M_y、M_z、F_y、F_z	

综合前面的讨论结果, 可以发现平行四杆模块平行板簧相对间距 μ 以及串联模块相对间距 σ 对混联柔性机构自由度及构型有着显著影响, 具体关系如表 8.3 所示。

8.3.4 仿真验证

以上节中的混联式柔性机构 (图 8.11) 为例进行仿真验证。一方面计算出该机构的理论柔度矩阵并提取其主对角元素; 另一方面通过 ANSYS 仿真得到柔度矩阵的主对角元素。最后将仿真值与理论值进行比较, 并验证由仿真值得到的结论是否与表 8.3 中的参数选取和构型综合相一致。

混联式柔性机构具体参数为 $l = 0.12$ m, $w = 0.04$ m, $t = 0.002$ m, $E = 70 \times 10^9$ Pa, $\chi = 0.37$。d_1 和 d_2 分别取 A、B 两组机构参数, 即

$$\text{A 组} \quad d_1 = 0.07, \quad d_2 = 0.03, \quad \mu = d_1/l = 0.58, \quad \sigma = d_2/l = 0.25$$

$$\text{B 组} \quad d_1 = 0.03, \quad d_2 = 0.05, \quad \mu = d_1/l = 0.25, \quad \sigma = d_2/l = 0.42$$

A 和 B 两种情况的计算结果分别如表 8.4 和表 8.5 所示。

由此得出以下结论:

(1) 理论结果很接近于仿真值, 相比于仿真值, 理论值的最大误差小于 6%。

表 8.4 A 组参数下, 主对角线柔度理论值与 ANSYS 仿真值的比较

主对角线柔度	c_1	c_2	c_3	c_4	c_5	c_6
计算公式	$\dfrac{\theta_x}{M_x} l^2$	$\dfrac{\theta_x}{M_x} l^2$	$\dfrac{\theta_x}{M_x} l^2$	$\dfrac{\delta_x}{F_x}$	$\dfrac{\delta_y}{F_y}$	$\dfrac{\delta_z}{F_z}$
理论值/10^{-5}	0.231 4	0.025 2	0.166 1	7.720 6	0.134 8	0.010 9
仿真值/10^{-5}	0.221 3	0.024 3	0.159 2	7.320 7	0.130 6	0.010 5
误差/%	4.56	3.70	4.33	5.46	3.22	3.81

表 8.5 B 组参数下，主对角线柔度理论值与 ANSYS 仿真值的比较

主对角线柔度	c_1	c_2	c_3	c_4	c_5	c_6
计算公式	$\frac{\theta_x}{M_x}l^2$	$\frac{\theta_x}{M_x}l^2$	$\frac{\theta_x}{M_x}l^2$	$\frac{\delta_x}{F_x}$	$\frac{\delta_y}{F_y}$	$\frac{\delta_x}{F_x}$
理论值/10^{-5}	0.231 4	0.136 9	0.413 3	7.748 5	0.169 0	0.032 6
仿真值/10^{-5}	0.223 8	0.131 3	0.407 1	7.349 2	0.161 5	0.031 0
误差/%	3.40	4.27	1.52	5.43	4.64	5.16

(2) 观察表 8.4 的量纲一化主柔度仿真结果, $c_4/c_1>20$, $c_4/c_2>20$, $c_4/c_3>20$, $c_4/c_5>20$, $c_4/c_6>20$, c_1、c_2、c_3、c_5、c_6 相比于 c_4 足够小, 可忽略, 这与理论值得到的结论是一致的。故该混联式柔性机构的量纲一化主对角元素可认为只存在 c_4, 此时机构只存在一个移动自由度 δ_x。另一方面, $\mu=0.58$, $\sigma=0.25$, 对应表 8.3 最后一行所示的机构构型, 同样可以看出, 此时的柔性机构只存在一个移动自由度 δ_x。

(3) 观察表 8.5 的量纲一化主对角线柔度仿真结果, $c_4/c_1>20$, $c_4/c_2>20$, $c_4/c_3<20$, $c_4/c_5>20$, $c_4/c_6>20$, c_1、c_2、c_5、c_6 相比于 c_4 足够小, 可忽略, 这与理论值得到的结论是一致的。故该混联式柔性机构的量纲一化主对角元素可认为只存在 c_3、c_4, 此时机构只存在一个移动自由度 δ_x 和一个转动自由度 θ_z。另一方面,$\mu=0.25$, $\sigma=0.42$, 对应表 8.3 中第 6 行所示的机构构型, 也可看出, 此时的混联式柔性机构中存在一个移动自由度 δ_x 和一个转动自由度 θ_z。

8.4 应用实例: 一种 2–DOF 重力梯度敏感机构的刚度设计

在惯性导航领域, 扰动重力引起的误差已成为高精度惯性导航系统中的主要误差源。为提高惯性导航系统的精度, 迫切需要在运动载体上实时测量重力梯度数据。通过重力梯度测量, 可以准确地分离出载体所在位置的重力, 从而实时地对重力扰动分量和垂线偏差进行估计; 或者利用图形匹配技术导航, 以减小系统的定位误差。这样惯性导航系统无需定期利用外部信息就可以有效抑制导航系统误差的长期积累, 从而使运载体实现长期、自主、高精度、全天候隐蔽航行和定位。不仅如此, 重力梯度测量在大地测量、地球物理、地质、地震、海洋、导弹弹道、航空和空间等多个学科领域也有着广泛的应用前景[10]。

实际上, 理想的重力梯度测量不仅限于竖直方向, 还应包括其他坐标方向的轴向分量以及轴间的交叉分量。为实现有效测量, 无论何种应用场合, 一维或多维重力梯度测量的精度范围都应分布在 10^{-10} ~10^{-8} s^{-2} 之间。因此, 用于重力梯度测量的敏感装置 —— 敏感头机构 (简称敏感机构) 应是具有纳米精度的结构部件, 为此适宜采用柔性来设计重力梯度敏感机构。

目前, 比较典型的重力梯度敏感机构包含 3 类: 用于测量单个轴向线加速度或

角加速度 (单一敏感方向) 的机构, 以及对线加速度或角加速度同时敏感的机构。尤其是后者, 具有结构紧凑、制造成本低、测量精度高等优势。为了满足如此高的精度要求, 柔性机构凭借着其自身的诸多优点, 自然成为重力梯度敏感机构的首选。目前, 比较成熟的重力梯度敏感机构多是一维敏感机构的简单组合。这种敏感机构只能单独测量单个轴向的线或角加速度, 只有通过 3 轴组合才能获得重力梯度在 3 个方向的轴向和交叉分量。另外, 为了对残余误差进行补偿, 还需外加 3 个用于干扰项测量的加速度计。

为了避免干扰项的重复测量, 敏感机构至少应具有轴向分量与交叉分量同时测量的能力。换句话说, 敏感机构至少具有一个移动自由度和一个转动自由度[10]。为此, 下面研究中, 对于重力梯度敏感机构的设计, 将重点考虑两类 1R1T (轴线正交、平行) 型柔性机构, 并进行构型优选和参数优化。

8.4.1 构型综合

以旋量理论作为数学工具, 结合第 7 章介绍的图谱法, 不难得到 1R1T 型重力梯度敏感机构的自由度约束线图, 如图 8.13 所示, 其中红色线图代表自由度空间, 蓝色线图代表约束空间。

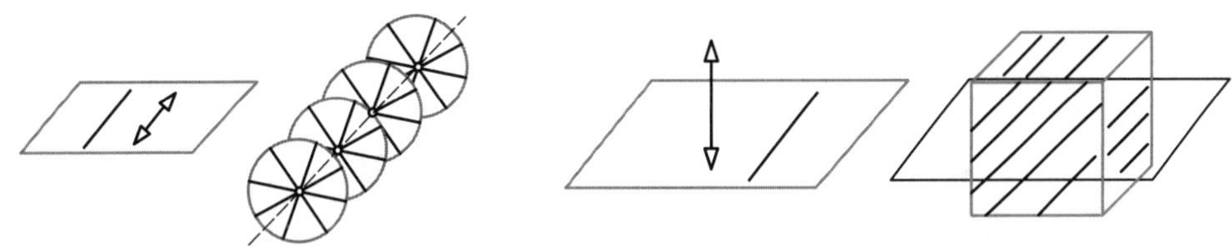

(a) 旋转自由度和移动自由度平行　　(b) 旋转自由度和移动自由度正交

图 8.13　1R1T 型柔性机构自由度与约束空间 (见书后彩图)

以目前常用的柔性杆和柔性板簧作为基本单元, 在第 7 章中, 已经对 1R1T 型柔性机构进行了构型综合。主要构型从串联、并联、混联等连接方式出发, 如图 8.14 所示。其中, 构型 (a)、(b)、(c) 中旋转自由度与移动自由度正交, 构型 (d)、(e)、(f) 中旋转自由度与移动自由度平行。

8.4.2 基于刚度的构型优选

重力梯度敏感机构需具有多分量测量、精度高、灵敏度高、分量耦合小等性能要求。图 8.14 中构型 (a)~(f) 仅仅是通过综合不同的几何构型来满足机构自由度特性, 并不涉及机构的材料特性、实际尺寸等; 而刚度综合则是从机构柔度矩阵出发, 通过实际尺寸等参数的选取, 满足预期的刚度、精度等性能要求。因此, 有必要对满足自由度要求的上述 6 种构型进行刚度分析, 作为构型优选的主要依据。

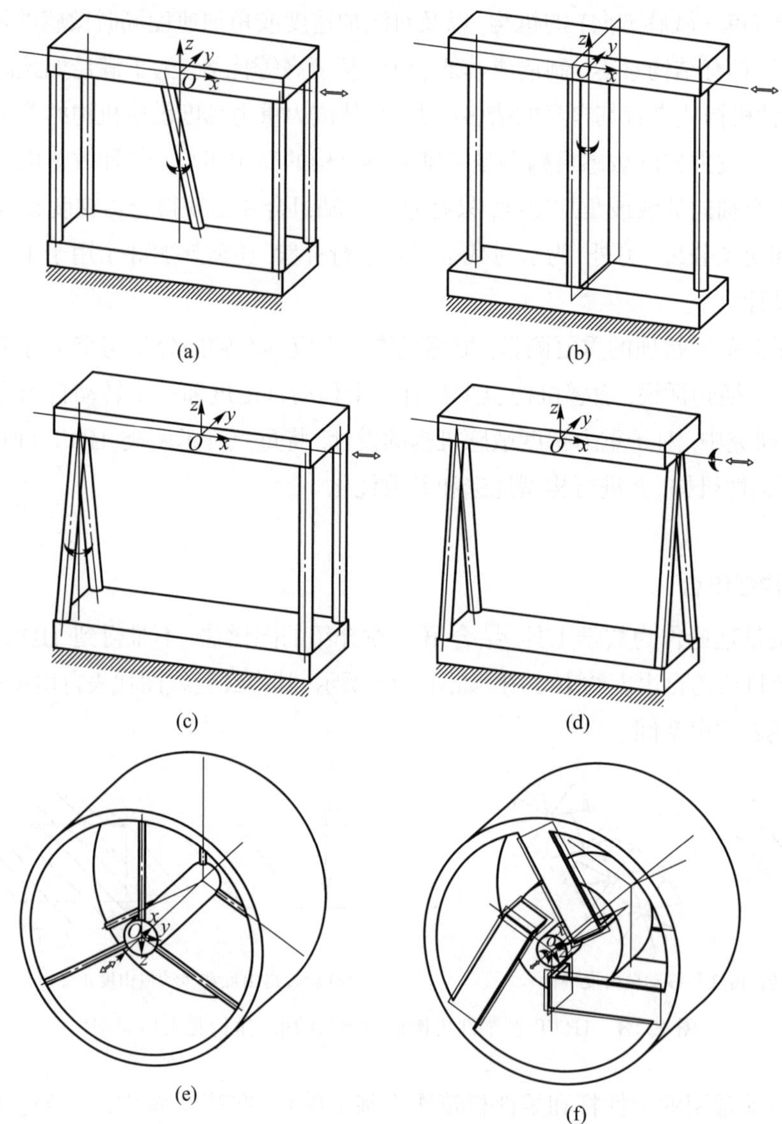

图 8.14　1R1T 型柔性机构构型综合

初步给定图 8.15 所示 6 种模型的结构参数 (公共参数: $E = 70 \times 10^9$ Pa, 泊松比 $\nu = 0.346$)。

模型 a: $l_1 = 0.4$ m, $r_1 = r_2 = 0.005$ m, $d = 0.2$ m, $D = 0.4$ m

模型 b: $l_1 = 0.4$ m, $w_1 = 0.1$ m, $t_1 = 0.005$ m, $r = 0.005$ m, $d = 0.4$ m

模型 c: $l_1 = 0.4$ m, $r_1 = r_2 = 0.005$ m, $D = 0.4$ m, $d = 0.2$ m

模型 d: $l = 0.4$ m, $r = 0.005$ m, $D = 0.4$ m, $d = 0.2$ m

模型 e: $l = 0.4$ m, $r = 0.005$ m, $L = 0.4$ m, $R = 0.08$ m

模型 f: $l_1 = 0.4$ m, $l_2 = 0.2$ m, $w_1 = w_2 = 0.1$ m, $t_1 = t_2 = 0.005$ m, $L = 0.8$ m,

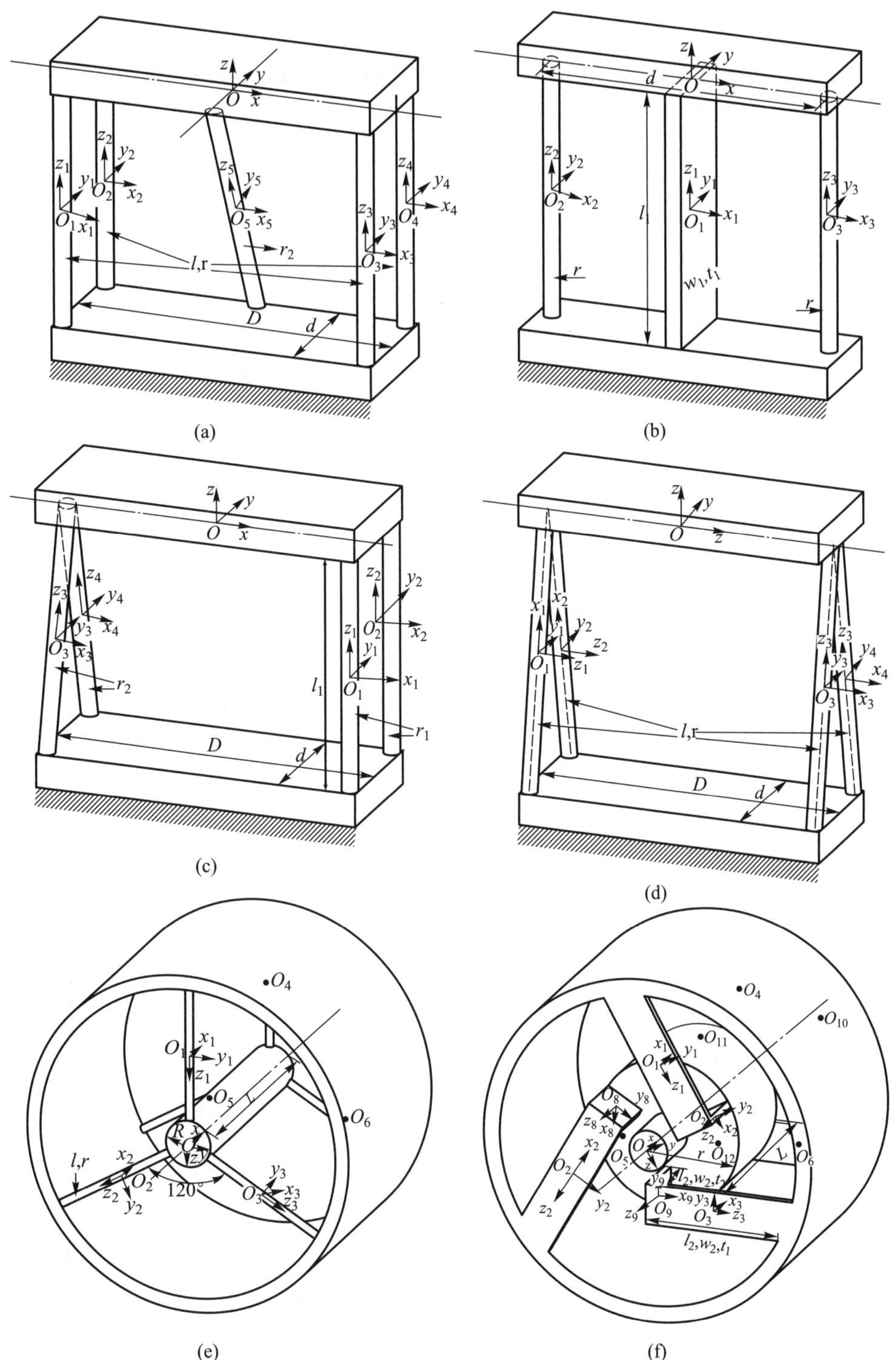

图 8.15　6 种 1R1T 型柔性机构的柔度建模

$r = 0.12$ m

根据第 4 章介绍的柔性机构柔度建模方法计算得到上述 6 种模型的柔度矩阵。具体过程从略，这里直接给出结果。

$$\boldsymbol{C}_1 = 10^{-4}\begin{bmatrix} 0.018\,2 & & & & -0.003\,6 & \\ & 0.004\,5 & & 0.000\,9 & & \\ & & 6.231\,1 & & & \\ & 0.000\,9 & & 0.329\,3 & & \\ -0.003\,6 & & & & 0.005\,5 & 0.000\,4 \\ & & & & 0.000\,4 & 0.000\,2 \end{bmatrix}$$

$$\boldsymbol{C}_2 = 10^{-4}\begin{bmatrix} 0.136\,8 & & & & -0.027\,4 & \\ & 0.009\,1 & & 0.001\,8 & & \\ & & 0.359\,7 & & & \\ & 0.001\,8 & & 0.329\,3 & & \\ -0.027\,4 & & & & 0.007\,3 & \\ & & & & & 0.000\,1 \end{bmatrix}$$

$$\boldsymbol{C}_3 = 10^{-4}\begin{bmatrix} 0.036\,3 & & -0.015\,0 & & -0.003\,1 & \\ & 0.004\,8 & & 0.001\,0 & & 0.000\,1 \\ -0.015\,0 & & 4.075\,8 & & 0.802\,0 & \\ & 0.001\,0 & & 0.405\,9 & & \\ -0.003\,1 & & 0.802\,0 & & 0.164\,1 & \\ & 0.000\,1 & & & & 0.000\,2 \end{bmatrix}$$

$$\boldsymbol{C}_4 = 10^{-4}\begin{bmatrix} 7.314\,0 & & & & -0.010\,5 & \\ & 0.004\,8 & & 0.000\,9 & & \\ & & 0.072\,1 & & & \\ & 0.000\,9 & & 0.388\,2 & & \\ -0.010\,5 & & & & 0.002\,9 & \\ & & & & & 0.000\,2 \end{bmatrix}$$

$$\boldsymbol{C}_5 = 10^{-4}\begin{bmatrix} 2.820\,0 & & & & & \\ & 0.006\,1 & & & & 0.001\,2 \\ & & 0.006\,1 & & -0.001\,2 & \\ & & & 0.258\,7 & & \\ & & -0.001\,2 & & 0.000\,5 & \\ & 0.001\,2 & & & & 0.000\,5 \end{bmatrix}$$

$$\boldsymbol{C}_6 = 10^{-4}\begin{bmatrix} 3.787\,4 & & & & & \\ & 1.170\,4 & & & & 0.468\,2 \\ & & 1.170\,4 & & -0.468\,2 & \\ & & & 16.258\,3 & & \\ & & -0.468\,2 & & 0.374\,0 & \\ & 0.468\,2 & & & & 0.374\,0 \end{bmatrix}$$

基于柔度矩阵，可以进一步确定每种柔性机构中的寄生误差。这里仅以模型 a 为例，说明寄生运动的建模过程。模型 a 的主运动为 θ_z 和 δ_x。根据式 (4.5)，可得如下关系式:

$$\begin{cases}\theta_y = C_{22}M_y + C_{24}F_x \\ \theta_z = C_{33}M_z \\ \delta_x = C_{42}M_y + C_{44}F_x\end{cases} \tag{8.16}$$

实际应用中，假设重力梯度敏感头仅感应重力敏感信息 F_x 以及转矩敏感信息 M_z，此时关系式 (8.16) 可进一步化简为

$$\begin{cases}\theta_y = C_{24}F_x \\ \theta_z = C_{33}M_z \\ \delta_x = C_{44}F_x\end{cases} \tag{8.17}$$

不难看出，重力梯度敏感头在敏感信息 M_z 的作用下只产生主运动 θ_z，不存在其他寄生运动；在敏感信息 F_x 的作用下，在产生主运动 δ_x 的同时，还产生寄生运动 θ_y。根据第 4 章介绍的知识，以寄生误差圆半径衡量寄生运动的影响程度，z 轴方向无量纲一化的寄生误差圆半径为

$$r_1 = r_{z-F_x} = \frac{\theta_y}{l\delta_x} = \frac{c_{24}}{lc_{44}} \tag{8.18}$$

式中，l 为柔性机构中柔性单元的最大长度。因此

$$r_1 = \frac{c_{24}}{lc_{44}} = \frac{0.000\ 9}{0.4 \times 0.329\ 3} = 0.006\ 8 \tag{8.19}$$

为了便于比较，对以上 6 种模型的分析结果进行总结，同时从自由度、主方向柔度、寄生误差、精度、构型复杂性等方面进行综合比较，详见表 8.6。

分析表 8.6 给出的结果，可以得出如下结论：

(1) 构型 (a)~(e) 均能同时实现两自由度运动，包括一个移动自由度和一个转动自由度，即作为重力敏感机构时，能同时敏感到重力信息和转矩信息。其中，构型 (a)~(c) 的移动自由度轴线与转动自由度轴线正交，构型 (d)~(f) 的移动自由度轴线与转动自由度轴线平行。

(2) 构型 (a)~(d) 进行主运动时，均产生寄生运动，其中构型 (a) 和 (b) 仅在移动运动时产生转动的寄生运动，构型 (c) 和 (d) 在转动 (敏感转矩信息) 和移动 (敏感重力信息) 运动时均产生寄生运动，比较量纲一化的寄生误差，构型 (c) 最大，构型 (b) 其次，构型 (d) 最小。相反，构型 (e) 和 (f) 在进行转动和移动运动时，不存在其他任何寄生运动，即构型 (e) 和 (f) 在 6 种构型中的精度是最高的。

(3) 不难知道，柔度越大，受到同样大小的力或力矩时，移动和转动的幅度越大，传感器越容易测量，在此定义其为*敏感度*。在 6 种构型的基本柔性单元参数、尺寸大小、材料特性几乎相同的情况下，对其主柔度进行比较。轴向柔度方面，6 种构型均在 10^{-5} 量级，其中构型 (c) 敏感度最高，构型 (f) 敏感度最低；转动柔度方面，构型 (a)、构型 (c)~(e) 在 10^{-4} 量级，其中构型 (d) 敏感度最高，构型 (b) 在 10^{-5} 量级，而构型 (f) 敏感度最低，在 10^{-7} 量级。

表 8.6　6 种 1R1T 型柔性机构的性能比较

<table>
<tr><th colspan="2">项目 \ 构型</th><th colspan="2">构型 (a)</th><th colspan="2">构型 (b)</th><th colspan="2">构型 (c)</th><th colspan="2">构型 (d)</th><th colspan="2">构型 (e)</th><th colspan="2">构型 (f)</th></tr>
<tr><td colspan="2">3 维模型</td><td colspan="2"></td><td colspan="2"></td><td colspan="2"></td><td colspan="2"></td><td colspan="2"></td><td colspan="2"></td></tr>
<tr><td colspan="2">约束线图</td><td colspan="2"></td><td colspan="2"></td><td colspan="2"></td><td colspan="2"></td><td colspan="2"></td><td colspan="2"></td></tr>
<tr><td colspan="2">连接方式</td><td colspan="2">并联</td><td colspan="2">并联</td><td colspan="2">并联</td><td colspan="2">并联</td><td colspan="2">并联</td><td colspan="2">混联</td></tr>
<tr><td colspan="2">加工难易程度</td><td colspan="2">适中</td><td colspan="2">简单</td><td colspan="2">适中</td><td colspan="2">适中</td><td colspan="2">适中</td><td colspan="2">复杂</td></tr>
<tr><td rowspan="2">敏感载荷</td><td>力</td><td colspan="2">F_x</td><td colspan="2">F_x</td><td colspan="2">F_x</td><td colspan="2">F_x</td><td colspan="2">F_x</td><td colspan="2">F_x</td></tr>
<tr><td>力矩</td><td colspan="2">M_z</td><td colspan="2">M_z</td><td colspan="2">M_z</td><td colspan="2">M_x</td><td colspan="2">M_x</td><td colspan="2">M_x</td></tr>
<tr><td colspan="2">自由度位置关系</td><td colspan="2">正交</td><td colspan="2">正交</td><td colspan="2">正交</td><td colspan="2">平行</td><td colspan="2">平行</td><td colspan="2">平行</td></tr>
<tr><td colspan="2">主运动</td><td>θ_z</td><td>δ_x</td><td>θ_z</td><td>δ_x</td><td>θ_z</td><td>δ_x</td><td>θ_x</td><td>δ_x</td><td>θ_x</td><td>δ_x</td><td>θ_x</td><td>δ_x</td></tr>
<tr><td colspan="2">寄生运动</td><td>—</td><td>θ_y</td><td>—</td><td>θ_y</td><td>θ_x, δ_y</td><td>θ_y</td><td>δ_y</td><td>θ_y</td><td>—</td><td>—</td><td>—</td><td>—</td></tr>
<tr><td colspan="2">量纲一化寄生误差最大值</td><td colspan="2">0.006 8</td><td colspan="2">0.011 9</td><td colspan="2">0.078 7</td><td colspan="2">0.005 8</td><td colspan="2">—</td><td colspan="2">—</td></tr>
<tr><td colspan="2">轴向柔度/$(10^{-4}\mathrm{N}^{-1}\cdot\mathrm{m})$</td><td colspan="2">0.329 3</td><td colspan="2">0.376 9</td><td colspan="2">0.405 9</td><td colspan="2">0.388 2</td><td colspan="2">0.258 7</td><td colspan="2">0.162 6</td></tr>
<tr><td colspan="2">轴向柔度量级</td><td colspan="2">10^{-5}</td><td colspan="2">10^{-5}</td><td colspan="2">10^{-5}</td><td colspan="2">10^{-5}</td><td colspan="2">10^{-5}</td><td colspan="2">10^{-5}</td></tr>
<tr><td colspan="2">转动柔度/$(10^{-4}\mathrm{N}^{-1}\cdot\mathrm{m}^{-1})$</td><td colspan="2">6.231 1</td><td colspan="2">0.359 7</td><td colspan="2">4.075 8</td><td colspan="2">7.314 0</td><td colspan="2">2.820 0</td><td colspan="2">0.003 8</td></tr>
<tr><td colspan="2">转动柔度量级</td><td colspan="2">10^{-4}</td><td colspan="2">10^{-5}</td><td colspan="2">10^{-4}</td><td colspan="2">10^{-4}</td><td colspan="2">10^{-4}</td><td colspan="2">10^{-7}</td></tr>
</table>

(4) 从连接方式出发, 构型 (a)~(e) 采用并联方式, 构型 (f) 采用混联方式。除了构型 (b) 和 (f) 中采用柔性板簧作为柔性单元外, 其余构型均采用了柔性杆作为基本柔性单元, 因此从构型的加工难易及复杂程度出发, 构型 (a)~(e) 适中, 构型 (f) 由于采用了 12 块柔性板簧混联而成, 其结构最为复杂, 也最不易加工。

综合以上分析, 从自由度、主方向柔度、精度、敏感度、构型复杂及加工难易等方面进行综合考虑, 构型 (e) 体积重量小、结构紧凑、精度高、敏感度高、变形均匀、易于加工。因此, 在 6 种构型 (a)~(f) 中, 优选构型 (e) 作为重力梯度敏感机构。

8.4.3 刚度综合与优化设计

本节试图从基本参数出发, 在刚度参数化建模的基础上对构型优选后的重力梯度敏感机构 (构型 (e)) 进行优化设计, 以期减少分量耦合, 提高性能指标。提取构型 (e) 柔度矩阵的主对角元素, 即

$$\begin{cases} c_{11} = \dfrac{1}{24(3s^2+3s+1)} \\ c_{22} = \dfrac{1}{9t^2+36s^2+12+3t^2/\eta+6\chi+36s} \\ c_{33} = \dfrac{1}{9t^2+36s^2+12+3t^2/\eta+6\chi+36s} \\ c_{44} = \dfrac{1}{72}l^2 \\ c_{55} = \dfrac{l^2}{6}\dfrac{3t^2+6s^2+2+t^2/\eta+\chi+6s}{(3+1/\eta)(3t^2+12s^2+4+t^2/\eta+2\chi+12s)} \\ c_{66} = \dfrac{l^2}{6}\dfrac{3t^2+6s^2+2+t^2/\eta+\chi+6s}{(3+1/\eta)(3t^2+12s^2+4+t^2/\eta+2\chi+12s)} \end{cases} \tag{8.20}$$

式中, $\eta=(r/l)^2; s=(R/l)^2; t=L/l$; 主对角元素由参数 $(l/(EI_y), l, \eta, \chi, s, t)$ 所决定。

再对参数化的主对角元素量纲一化。为方便讨论, 可取 $\eta=(r/l)^2=(1/40)^2$, 材料选择具有完全抗磁性的第一类超导体 Nb, 密度为 $8.7\times10^3\ \mathrm{kg/m^3}$, 弹性模量 $E=100\ \mathrm{GPa}$, 泊松比 $\nu=0.39$, $\chi=0.36$。则量纲一化后的主对角元素可进一步简化为

$$\begin{cases} c_1 = c_{11} = \dfrac{1}{24(3s^2+3s+1)} \\ c_2 = c_{22} = \dfrac{1}{4\,809t^2+36s^2+36s+14.16} \\ c_3 = c_{33} = \dfrac{1}{4\,809t^2+36s^2+36s+14.16} \\ c_4 = \dfrac{c_{44}}{l^2} = \dfrac{1}{72} \\ c_5 = \dfrac{c_{55}}{l^2} = \dfrac{1\,603t^2+6s^2+6s+2.36}{9\,618(1\,603t^2+12s^2+12s+4.72)} \\ c_6 = \dfrac{c_{66}}{l^2} = \dfrac{1\,603t^2+6s^2+6s+2.36}{9\,618(1\,603t^2+12s^2+12s+4.72)} \end{cases} \tag{8.21}$$

注意式 (8.21), 此时简化为 $f(l/(EI_y),s,t)$, l/EI_y 不改变柔度矩阵元素间的相对大小, 故量纲一化后的主对角元素主要由重力梯度敏感机构中间圆柱功能体相对半径 s 以及功能体的相对长 t 所决定。

最后进行讨论, 通过改变参数 s、t 的大小, 观察 c_1、c_2、c_3、c_4、c_5、c_6 值的变化。从式 (8.21) 中不难看出, 轴向移动柔度 c_4 为定值, 轴向转动柔度 c_1 仅是 s 的函数, 且随着 s 的增大而减小, 其余柔度均是 s 和 t 的函数。根据实际设计的要求, 参数 $t \in (0,1]$, 参数 $s \in (0,1/5]$。

为了保证重力梯度敏感机构的敏感度尽可能大, 柔度 c_1、c_4 应尽可能取大值。换言之, s 的取值尽量小。另一方面, 为了减少分量耦合, c_2、c_3、c_5、c_6 应尽可能取小。量纲一化后最大柔度 c_i 和任意柔度 c_j 若满足关系 $c_i/c_j > \xi(=20)$, 则可认为 c_j 相对于 c_i 足够小, 且可忽略; 否则不可忽略。先作柔度 c_1、c_4 曲线, 如图 8.16 所示, 从图中容易看出, 在参数 $t \in (0,1]$ 及 $s \in (0,1/5]$ 时, c_1 始终大于 c_4, 可选 $c_4/20$ 作为临界值。

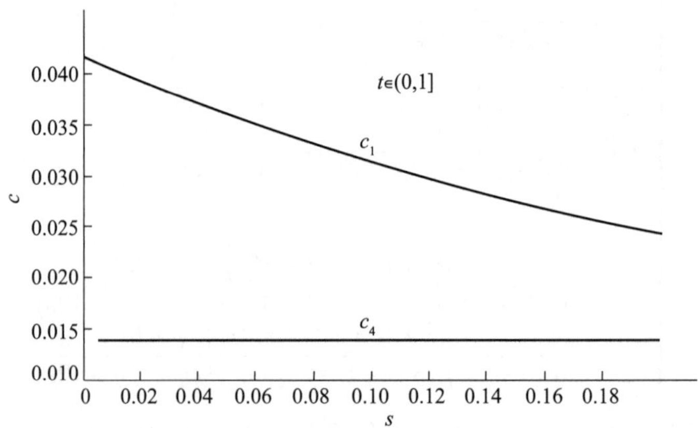

图 8.16 $t \in (0,1]$ 时, 量纲一化的柔度 c_1、c_2 随参数 s 变化曲线

再作图 8.17, 从三维曲线图 8.17a 中可以看出, 无论参数 t、s 的取值如何, c_5、c_6 始终小于 $c_4/20$, 即根据规定, 柔度 c_5、c_6 相对于柔度 c_1、c_4 足够小可以忽略。

最后考虑 c_2、c_3, 按照规定可知, 只需保证柔度 $c_2(c_3)$ 小于 $c_4/20$ 即可, 即

$$\frac{1}{4\ 809t^2+36s^2+36s+14.16} < \frac{1}{1\ 440} \tag{8.22}$$

从图 8.17b 中可以看出, $s \in (0,1/5]$ 时, s 的取值对柔度 $c_2(c_3)$ 几乎没有影响, 为了始终满足式 (8.22), s 可取最小值 0。式 (8.22) 进一步化简为

$$\frac{1}{4\ 809t^2+14.16} < \frac{1}{1\ 440} \tag{8.23}$$

可解得 $t > 0.544\ 5$。为了使重力梯度机构的结构尽可能紧凑, s、t 应尽可能取小值。综合以上考虑, 可取 $s = R/l = 1/6, t = L/l = 0.55$。

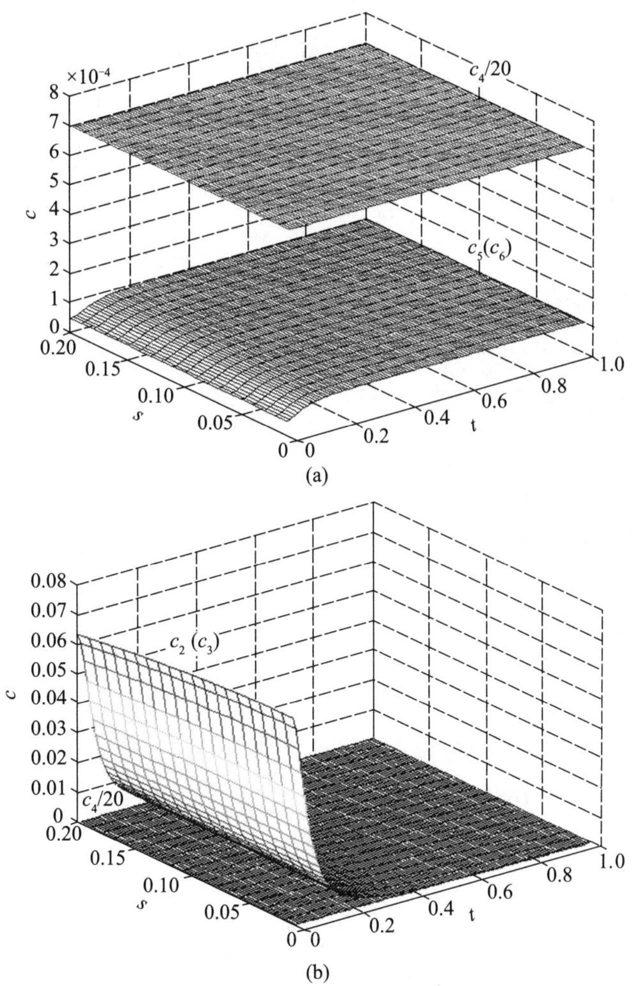

图 8.17 $t \in (0, 1]$ 时, 量纲一化的柔度 c_2、c_3、c_5、c_6 随参数 s、t 变化曲线 (见书后彩图)

通过以上的分析和计算, 可得到重力梯度敏感机构具体的设计参数, 选用第一类超导材料 Nb, 若杆长 $l = 600$ mm, 则所有参数如表 8.7 所示。

表 8.7 重力梯度敏感机构的设计参数

参数	与 l 的关系	具体数值
l/mm	1	600
r/mm	$\eta = (r/l)^2$	15
R/mm	$s = R/l$	100
L/mm	$t = L/l$	330
E/GPa	—	100
ν	—	0.39
$\rho/(\mathrm{kg{\cdot}m^{-3}})$	—	8.7

结合实际应用, 设计出超导重力梯度敏感结构尺寸, 其 3 维视图如图 8.18a 所示, 其对称布局并且圆弧角度为 90°, 质量块的质心间距为 0.8 m。2 维尺寸图如图 8.18b 所示。

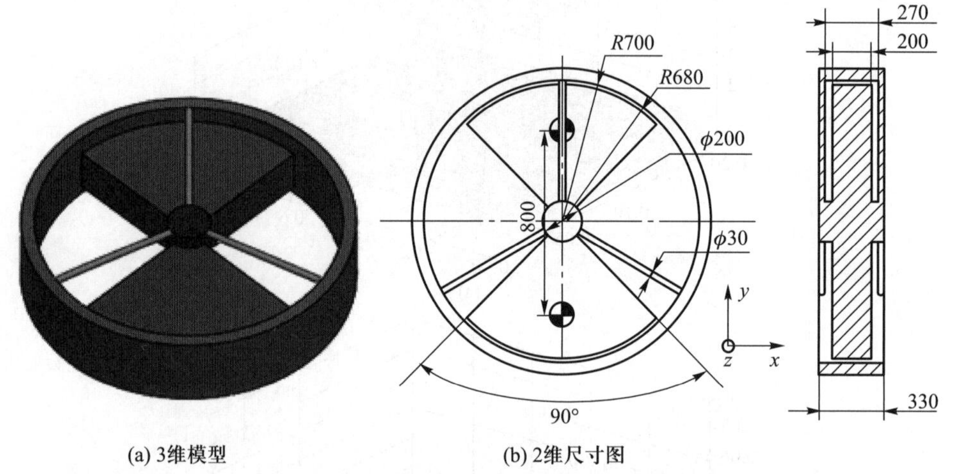

(a) 3维模型　　(b) 2维尺寸图

图 8.18　超导重力梯度敏感机构 3 维视图

将 3 对相同的敏感结构布置在正六面体固定框的 6 个面上, 可测量得到 3 维空间的全张量重力梯度, 其中沿 z 轴的重力梯度敏感结构布置如图 8.19 所示。

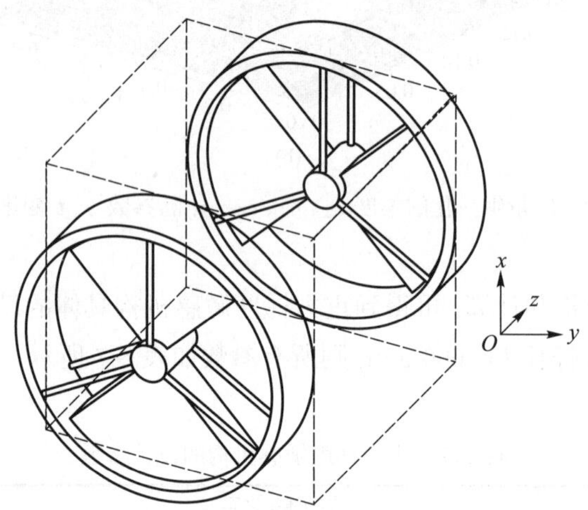

图 8.19　重力梯度沿 z 轴的敏感机构布局

8.4.4　仿真分析与验证

1. 自由度分析

对图 8.19 所示的两分量重力梯度敏感机构进行有限元仿真分析, 仿真软件选用 ANSYS 13.0, 基本结构单元选用 SOLID186。根据前面对敏感机构材料的选择,选用第一类超导材料 Nb(铌), 密度为 $8.7 \times 10^3\ \mathrm{kg/m^3}$, 弹性模量 $E = 100$ GPa。根据模态分析结果, 容易得出一阶频率和二阶频率为敏感机构低阶模态, 其中一阶模态 (31.9 Hz) 代表敏感机构的移动自由度; 二阶模态 (158.2 Hz) 代表敏感机构的转动自由度。三阶以上频率为其高阶模态。仿真结果与 8.4.1 节的分析结果相一致。

2. 寄生误差 (精度) 分析

仿真分析敏感机构在分别实现一个移动自由度或一个转动自由度时的运动情况[7]。结果表明, 重力梯度敏感机构在敏感主运动时, 几乎不存在其他方向的寄生误差; 敏感机构在进行非主运动 δ_y 时, 存在寄生运动 θ_x, 在进行非主运动 θ_x 时, 存在寄生运动 θ_x。仿真结果与 8.4.1 节的分析结果相一致。

8.5 本章小结

本章是第 7 章内容 (构型综合) 的延伸。虽然使用的数学工具都是旋量理论, 但本章的主题是刚度综合。具体提出了一种基于柔度矩阵参数化的构型与参数统一综合方法。首先, 通过对基本柔性单元的柔度矩阵进行参数化建模, 发现尺寸参数取值不同可能导致自由度类型的变化, 即在刚度和自由度之间存在确定的映射关系。对该思想进一步延伸, 给出了柔性机构柔度分析及构型综合方法的一般流程和步骤, 并将其应用到串联、并联、混联式柔性机构的刚度综合中, 选取实际参数进行了有限元仿真验证, 在线性范围内, 相比于仿真结果, 分析误差限定在较小范围 (6%) 以内。

利用所提的刚度综合方法, 设计了一种 2–DOF 柔性重力梯度敏感机构。通过有限元仿真, 验证了理论模型的正确性。

参考文献

[1] Pham H H, Chen I M. Stiffness modeling of flexure parallel mechanism. Precision Engineering, 2005, 29(4): 467-478.

[2] Patil C B, Sreenivasan S V, Longoria R G. Analytical and experimental characterization of parasitic motion in flexure-based selectively compliant precision mechanisms//ASME, IDETC2008, 2008, MECH-43260.

[3] Ding X L, Dai J S. Compliance analysis of mechanisms with spatial continuous compliance in the context of screw theory and Lie group//Proc. IMechE Part C: J. Mechanical Engineering Science, 2010, 224(11): 2493-2504.

[4] Patterson T, Lipkin H. Classification of robot compliance. Journal of Mechanical Design, Transactions of the ASME, 1993,115: 581–584.

[5] Patterson T, Lipkin H. Structure of robot compliance. Journal of Mechanical Design, Transactions of the ASME, 1993, 115(3): 576-580.

[6] Roberts R G. Minimal realization of a spatial stiffness matrix with simple springs connected in parallel. IEEE Transactions on Robotics and Automation, 1999, 15(5): 953-958.

[7] 贾瑞鹏. 基于刚度的柔性机构参数化设计及应用. 硕士学位论文. 北京: 北京航空航天大学, 2014.

[8] Jia M, Jia R P, Yu J J. A Compliance-based parameterization approach for type synthesis of flexure mechanisms. Journal of Mechanism and Robotics, Transactions of the ASME, 2015, 7(3): 031014.

[9] Su H J, Shi H L, Yu J J. A symbolic formulation for analytical compliance analysis and synthesis of flexure mechanisms. Journal of Mechanical Design, Transactions of the ASME, 2012, 134(9): 1-9.

[10] 贾明, 杨功流. 基于超导的全张量重力梯度敏感头设计. 中国惯性技术学报, 2012, 20(1):11-14.

第 9 章 胞元设计

本章中的 "胞元" 包含两层含义: 一是 "胞元" 设计 (cell-based design) 方法, 反映的是模块化思想; 二是胞元结构 (cellular structure), 例如蜂窝等中空特征的柔性结构, 具有高强比、高刚比等某些特殊功能。两者之间尽管内涵不同, 但相互联系, 特别是后者的设计充分体现了胞元设计思想。

本章重点阐述的是胞元设计方法在柔性机构创新中的应用[1-3]。该方法结合前面介绍的图谱法、对称设计原理、虚拟转动中心 (VCM) 概念等, 可提供一种相对简单、实用的柔性机构概念设计方法, 一定意义上也是 "另类" 的构型与尺度统一综合之表现。而有关胞元结构的内容相对较少, 主要围绕两种特殊应用展开[4]。

9.1 胞元设计的基本思想

在柔性铰链和柔性机构研究的早期, 人们习惯于沿用传统的试错法 (trial and error)。它属于非程式化的设计方法, 更多地依赖设计者的经验和灵感, 严格说, 无章可循。而后, 更多人尝试基于拓扑结构的系统化设计方法, 如伪刚体法、连续法等。前者旨在将构型综合与尺度综合分离, 后者则主张构型综合、尺度综合与拓扑综合三者统一。系统化设计方法在设计平面柔性机构中较为成功, 目前问世的多数功能型柔性机构, 如导向机构、运放机构、常力机构、稳态机构等, 都是该方法的杰作。它们在微机电系统 (MEMS) 器件以及支撑装备上得到了应用 (如微定位平台、微夹钳、微开关、微传感器等)。不过系统化设计方法也暴露一些不足。例如, 伪刚体法, 虽然其参数化模型简单明了, 但精度不够高; 由于要与有限元相结合, 连续法在优化过程中涉及的参数太多。总之, 如果对象复杂, 系统化设计方法就难得到满意的结果, 尤其面对空间机构问题, 显得束手无策。再者, 无论伪刚体法还是连续法, 由于设计中缺少必要的人为干预, 设计出的机构往往很荒唐, 有的简直就不可用[5]。为了改善这样的状况，人们寄希望于“胞元式”设计方法。

最近几年有研究者尝试将模块化 (building block) 的设计思想引入平面柔性机构设计，其初衷与刚性机构设计的情况[6] 很类似。模块化设计的理念在于以基本单元、组合单元间的组合或分解进行复杂柔性机构的概念设计，代表性的研究机构有洛桑联邦理工学院、麻省理工学院、密歇根大学、巴黎大学等[7-10]。方法的优点在于系统化设计与非系统化设计兼而有之，融合了人的“自然”天性和严谨的科学推理。

在将这种方法拓展到柔性机构之前必须先构建模块。柔性模块与刚性模块存在本质的区别。首先，在描绘刚性机构的拓扑结构时，它的基本单元 —— 运动副与构件的几何概念和物理意义很清楚。柔性机构则不然，构件和运动副往往“你中有我，我中有你”，无法从严格意义上加以区分。其次，两者的性能指标和影响因素也不尽相同。柔性单元 (典型的如柔性铰链) 的刚度/柔度分配会对机构整体性能 (工作行程、整体刚度、运动精度等) 产生极其重要的影响，因此如果沿用刚性单元的概念设计，会导致牵扯的参数很多，难以建立准确的模型。反倒是柔性单元或柔性模块，因结构简单、功能单一，更容易建立简洁而又足够精确的模型。

总之，柔性模块应该是一些“高内聚、低耦合”的，“封装”有良好性能的单元，然后遵循一定的组合原则将相同或不同的模块搭建柔性机构整体。例如，现有研究成果表明，将柔性模块对称组合起来的结构对改善刚度、提高精度极其有效，甚至能赋予新的性能[8]。模块“封装”后性能良好、集成方便，有助于克服上述系统化设计方法的一些缺点。

柔性机构的胞元以单一功能 (function) 为出发点。如前所述，在柔性机构中无法严格区分构件、运动副和运动链，所以将基本功能机构作为组成复杂机构的最小单元，即胞元，可能最省事也有其内在的合理性。胞元间的组合需考虑的因素更多。图 9.1 所示的“直线运动胞元”，是一个两根连架杆为簧片的平行四边形机构，基本

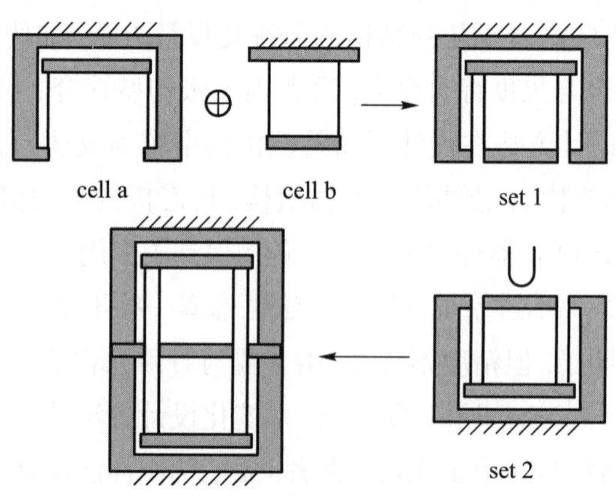

图 9.1　胞元式直线运动模块的设计过程

功能就是直线移动, 但存在寄生运动。通过两个相同的基本胞元 (cell a 和 cell b) 串联叠加得到组合胞元 (set 1), 再对两个相同的组合胞元镜像叠加, 得到单自由度直线运动模块。图 9.2 中同样功能的胞元组成 2 维运动定位模块, 组合前后各自的功能未变, 不过性能 (如刚度、行程、寄生运动、误差、稳定性等) 却大大改善。

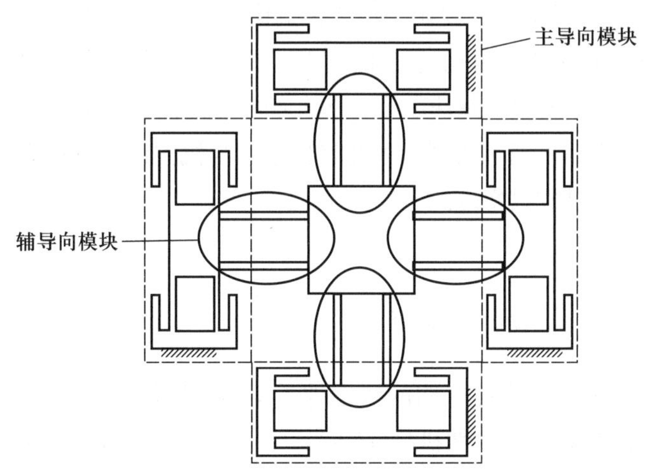

图 9.2 *XY* 柔性定位平台的模块组成

目前按功能划分, 可以定义的 "胞元" 有: 点轨迹运动型 (直线运动、圆弧运动、特殊曲线运动、RCM/VCM 运动等)、正交运动型、间歇运动型、运动放大型、力放大 (或常力) 型、稳态型 (双稳态、三稳态、多稳态), 等等。

胞元组合既可以沿用刚性模块串联、并联、混联等组合方式, 也可以更为复杂, 如阵列、层叠、卷曲、融合等。通过演进、遗传、图论或拓扑方法, 胞元可以在从 1 维向 2 维、从 2 维向 3 维空间生成方面找到一些规律性的东西。也就是说, 基于胞元的生长规律性具有较高的普遍适用性。

生成柔性机构时既可以同类组合, 也可以异类组合。同类组合指将同一功能胞元重复叠加后得到能满足更高性能要求的柔性机构, 这是迄今由胞元生成柔性机构的一种主要方式。图 9.3 给出阵列式组合的示例。同类组合所遵循的规则可以从生物生长和晶格生成方式中得到启发。实践证明, 同类组合在一些性能方面能够获得

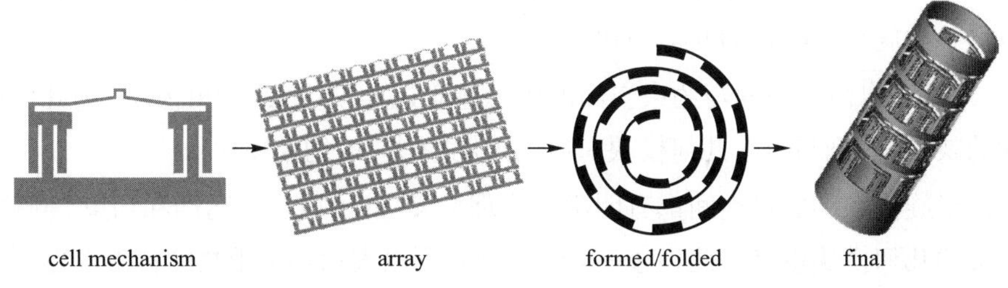

图 9.3 胞元组合成柔性机构的过程 (麻省理工学院)

十分明显的效果, 如运动放大、力放大、抑制寄生运动等。异类组合是指将不同功能的胞元交替叠加后生成柔性机构的方式。异类组合也是一种创新的方法, 可以提高柔性机构复合功能的集成度, 如平面运动、不同类型运动 (例如直线运动和转动) 的复合、空间多维运动输出等。

总之, 引入胞元的概念主要用于构造新机构, 为柔性机构创新设计提供新思路、新方法。而以胞元作为柔性机构的 “细胞”, 还有另一潜在的考虑: 当用 MEMS/NEMS 等现代制造手段及新材料等解决了微型胞元的制备之后, 就可以在更深的层次上模仿细胞生成生物个体的行为方式。如此将仿生学与机构设计有机完美地相结合, 恐怕这在刚性机构中是难以实现的。

9.2 基于模块分层的构型设计

在第 5 章曾提到, 柔性机构的构型种类很多, 大类中不仅有约束型柔性机构 (CFM) 类型, 还有运动型柔性机构 (KFM) 类型。鉴于从构型角度可将 KFM 看作刚性构型的衍生品, 因此实现 CFM 和 KFM 统一构型综合的意义可以扩展至刚柔机构的统一综合。

为此提出了一种建立在旋量系理论框架下的基于不同模块分层映射的图谱化构型综合方法[11]。具体从线几何出发, 基于旋量空间的概念构建一系列具有明确物理意义的几何模块 (GBB), 此为数学层面上的模块; 进而通过旋量系理论将其各自映射成运动模块 (KBB) 或约束模块 (CBB), 此为物理层面上的模块。由于运动与约束之间满足对偶关系, 可以已知一方来确定另一方, 即很容易建立起双方的映射; 然后借用位移群/流形理论 (对柔性机构需建立柔性模块的等效约束或运动模型), 将其映射成机械模块 (MBB), 此为机械层面上的模块; 最后基于集合论和某些特殊的几何约束完成基于机械模块组合的机构构型综合。反映该构型综合方法的整体框架如图 9.4 所示。

(1) 基于旋量系与旋量空间的概念构建几何模块。

由于旋量系本质上是由 $1 \sim 6$ 个旋量组成的线性集合, 因此可以同时在其空间内定义若干能够形成特定维数的子集合。每类子集都构成特定维数的旋量空间, 这里将每一类旋量空间称为几何模块。

(2) 基于自由度空间与约束空间的概念建立运动模块 (或约束模块) 与几何模块之间的映射, 找到与每个几何模块对应的运动模块 (或约束模块)。

由于旋量系和旋量空间都有明确的物理意义, 即可以表示运动和约束。同样, 上述定义的几何模块也是如此。每一类模块都既可以表示特定维数的自由度也可以表示特定维数的约束。因此, 通过赋予每一类旋量空间物理意义, 可以映射为自由度空间和约束空间, 相应的几何模块同样可以映射为运动模块和约束模块。

(3) 基于运动与对偶约束原理 (旋量系理论等) 建立运动模块与约束模块之间的映射关系, 可以利用纯几何图谱方式来表达。

每一类运动模块实际上都有约束模块与之对应。旋量系理论完美地诠释了运动与约束之间的对偶关系, 并且得到了广泛应用。为实现两者之间的互求, 除了基于线性代数的解析推演法之外, 其几何不变量的特性更容易得到如附录表 A.2 所示的几何图谱。总之, 可以建立起运动模块与约束模块之间的对偶映射关系。

(4) 构造与运动模块 (或约束模块) 对应的机械模块 (运动生成元或约束生成元), 并建立二者之间的映射联系。

机构最终要通过机械元素 (运动副、杆件等) 体现出来, 因此一个完整的机构构型综合过程必须考虑物理上的可实现性。例如, 对于柔性机构, 真正可以实施约束的机械模块为簧片、柔性杆等。总之需要构造与运动模块 (或约束模块) 对应的机械模块 (运动生成元或约束生成元), 并且要建立起两者之间的映射联系。这样, 在几何模块、物理模块与机械模块之间就建立起了有机桥梁。表 5.1 已经给出了柔性机构构型综合中经常用到的一些基本型机械模块。

需要注意的是, 机械模块往往与功能结合得很紧密。这里的功能主要体现在特

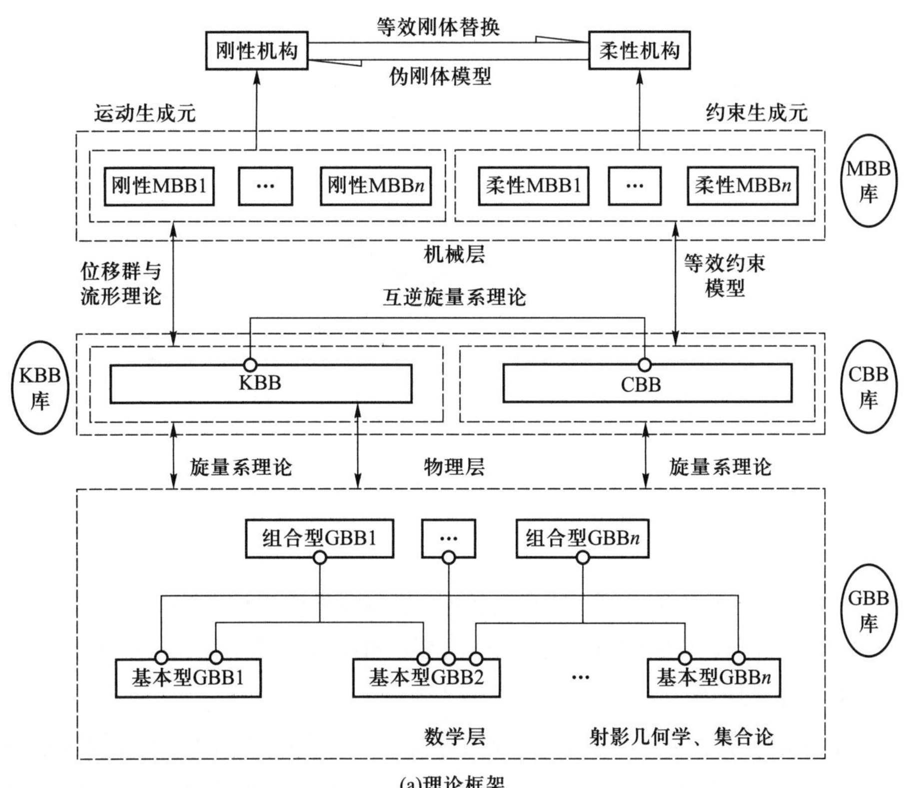

(a)理论框架

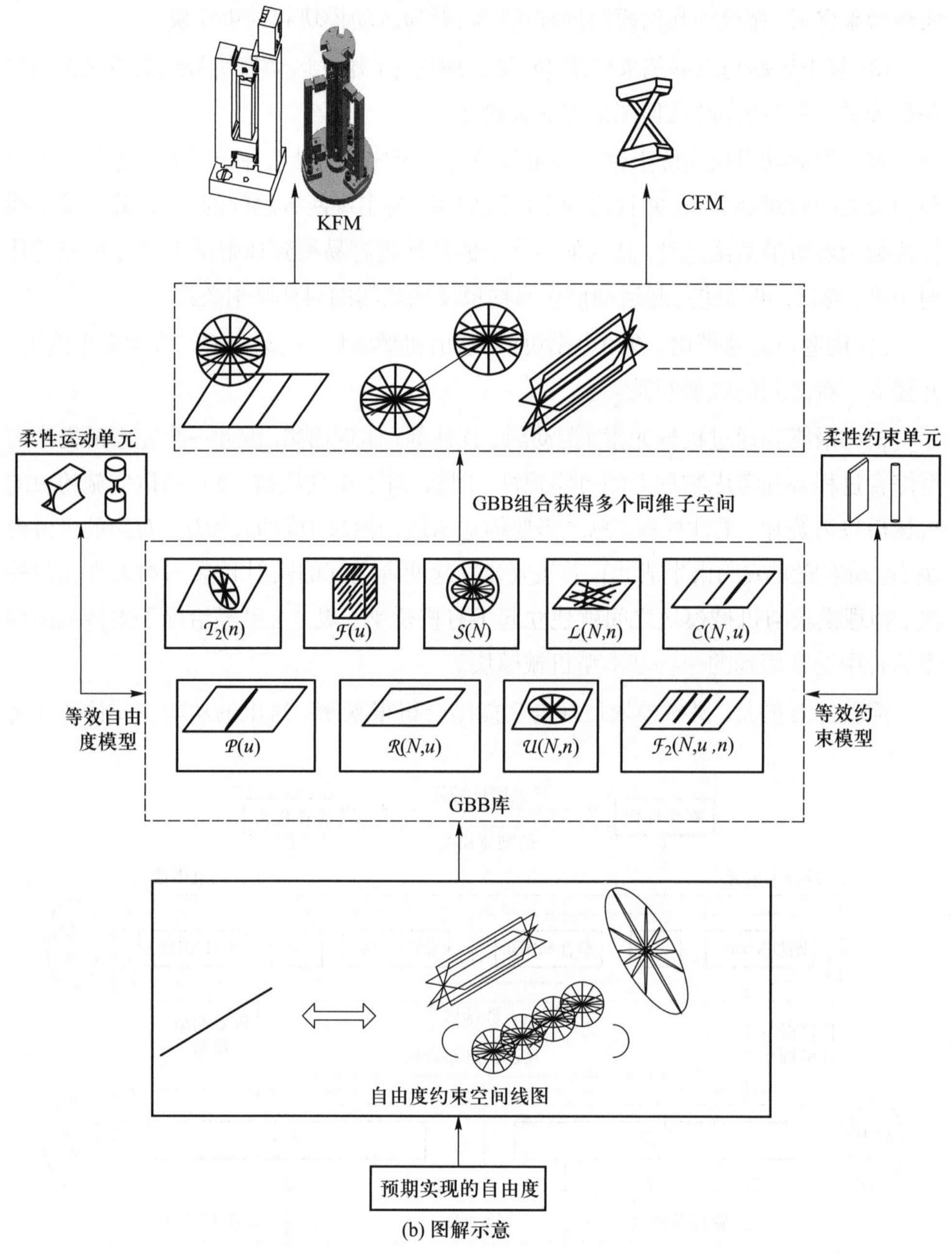

(b) 图解示意

图 9.4 机构构型综合的模块分层法

殊运动方面, 如传统意义上的直线运动机构 (或直线导向机构) 可以构成直线运动模块。这样的话, 机械模块在有些情况下会以基本机械模块的组合体形式出现, 如双平行四边形柔性模块等。

显而易见的是, 同一运动模块 (或约束模块) 可以通过不同的机械模块来实现, 即存在不同机械模块的运动 (或约束) 等效性问题, 从而导致构型的多样性。这也是进行构型综合的重要意义所在。需要指出的是: 基于运动模块 (或约束模块) 的集合本质特性, 利用集合间的等效运算是构造多种机械模块的有效途径。

(5) 基于集合论, 通过模块之间的组合实现对柔性机构的构型综合。不过有时需要考虑组合过程中应遵循的特殊几何条件。

此过程通常与前面的几个步骤混杂在一起。这里是为了突出模块化思想和集合论才人为分开的。不过应该说明的是, 有时简单地利用集合运算是无法实现复杂机构的构型综合的。必须考虑组合过程中应遵循的特殊几何条件, 而这需要具体问题具体分析。

该构型综合方法既可以实现新的机械模块构建, 也可以实现基于已知机械模块的新机构构型综合。对于后者, 需要将已知机械模块首先映射到运动模块 (或约束模块), 找到机构综合所需的几何条件, 进而再映射到几何模块, 利用几何模块的集合特性来实现新机构的构型综合。

该方法的详细阐述请参考文献 [11]。

9.3 基于特殊柔性胞元的大行程柔性机构设计

9.3.1 复合型柔性机构的优势

一种普遍的观点认为, 柔性机构的行程和精度是互相矛盾的两个性能指标, 即行程增大将恶化精度性能。这也成为制约柔性机构向大行程发展的囹圄所在。然而, 对相同或不同柔性模块之间放大优点、抑制缺点, 组合得到复合型柔性铰链或柔性机构的方式, 不失为一种迈过大行程门槛的有效途径。

不可否认, 并联组合方式可通过过约束的相互制约作用, 来减小寄生运动, 得到高精度的复合型柔性机构。但是, 纯粹的并联组合也会极大地减小运动范围, 增加主运动方向的刚度, 其应用领域往往局限于一些需要高精度而无行程要求的特殊场合。

首先来分析柔性模块的串联组合方式在性能实现方面的优势:

刚度。当 n 个相同的柔性铰链串联时, 其组合模块的刚度约为单个铰链的 $1/n$, 大幅降低了驱动阻抗, 节省了驱动能量。

精度。以广义交叉簧片型柔性铰链为例, 根据单个铰链的精度特性, 寄生运动 (即轴漂) 和旋转主运动之间存在着非线性关系: 随着转角增大, 寄生运动急剧地增加。因此, 根据这种非线性关系, 若对模块进行组合, 单个模块所承担的旋转位移量降低, 可使整个组合模块的轴漂大幅减小。另外, 可利用各个模块轴漂之间的相互补偿, 来抵消寄生误差, 实现高精度的运动。

行程。n 个基本柔性模块进行串联组合, 复合型柔性机构的行程为所有基本模块的运动范围之和。

可加工性。若多个模块的组合可在一块金属平板上制造而成 (例如, 采用可一体化加工的构型), 其加工特性自不待言。而如果需要装配, 多个相同的模块构型可通过合理的机械重组而进行层叠切割, 缩短了加工时间, 减少了加工成本。

紧凑性。可充分利用单个柔性铰链的结构空间, 通过合理的设计来制造结构紧凑的复合型柔性机构, 从而大幅提高加工材料的利用率, 实现小型化的精密机械设计。

9.3.2 基于 VCM 胞元的大行程柔性铰链设计

本节以簧片型等腰梯形柔性模块 (LITFM) 为例, 阐述如何利用胞元组合实现大行程柔性铰链设计的思路。

9.3.2.1 双等腰梯形柔性铰链的设计

1. 两种机架选取方式下的轴漂

第 4 章分析了 LITFM 短边被固定时模块的刚度、精度等性能 (图 9.5)。现在将 LITFM 的长边固定, 由于模块本身没有变化, 因而与方向无关的结果如刚度、最大转角、轴漂大小均不受这种变化的影响, 而与方向相关的量 (如轴漂的方向) 则呈现微小区别。

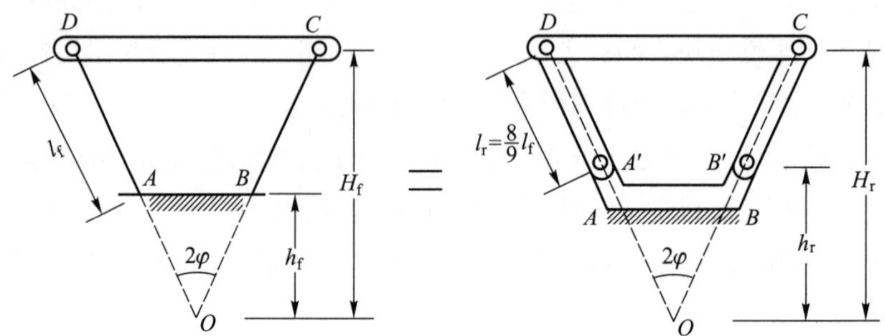

图 9.5 短边固定时,LITFM 及其伪刚体模型

假设 LITFM 短边固定时的情况为情况 TI, 短边转动时的情况为情况 TⅡ。

首先简单推算 TI 条件下的轴漂。轴漂的矢量形式为

$$\boldsymbol{\delta}_1 = \delta_{1x} + \mathrm{i}\delta_{1y} \tag{9.1}$$

$$\frac{\delta_{1x}}{H} = -B_1 \sin\theta \tag{9.2}$$

$$\frac{\delta_{1y}}{H} = \left(1 - \frac{\gamma}{n} - \cos\theta\right) B_1 \tag{9.3}$$

式中

$$B_1 = \tan\varphi\sqrt{\frac{B_3}{B_2} - 1} - 1 \tag{9.4}$$

$$B_2 = \gamma^2 - 2(\gamma - n)n\,(1 - \cos\theta) \tag{9.5}$$

$$B_3 = \frac{\gamma^2}{\sin^2\varphi} \tag{9.6}$$

轴漂的幅值可简化为

$$\|\boldsymbol{\delta}_1\| = \frac{B_1 H}{n}\sqrt{B_2} \tag{9.7}$$

如图 9.6 所示, 长边 CD 固定, 转动杆件为 AB 杆。铰链转动时, AB 杆顺时针转动到 $A'B'$, 两者的夹角 θ 即柔性模块转动的角度。

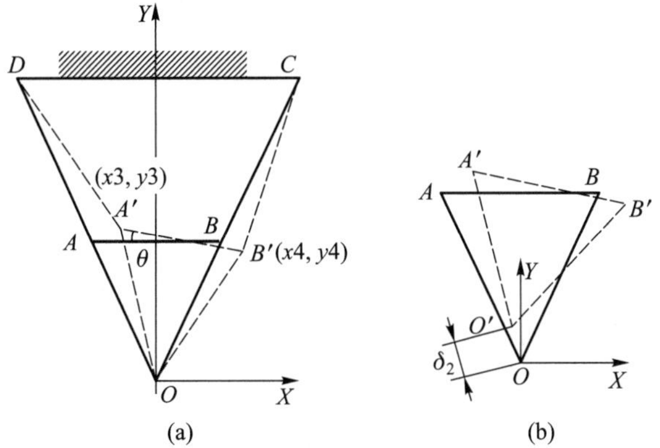

图 9.6 短边转动 (TⅡ) 时 LITFM 的伪刚体模型

借用前面相同的分析方法, 可得到情况 TⅡ 下的铰链轴漂 $\boldsymbol{\delta}_2$ 沿坐标轴方向的分量为

$$\frac{\delta_{2x}}{H} = B_1\left(1 - \frac{\gamma}{n}\right)\sin\theta \tag{9.8}$$

$$\frac{\delta_{2y}}{H} = \left[1 - \left(1 - \frac{\gamma}{n}\right)\cos\theta\right]B_1 \tag{9.9}$$

因此, 轴漂矢量为

$$\boldsymbol{\delta}_2 = \delta_{2x} + \mathrm{i}\delta_{2y} \tag{9.10}$$

$$\|\boldsymbol{\delta}_2\| = \frac{B_1 H}{n}\sqrt{B_2} \tag{9.11}$$

下面来比较一下 TI 和 TⅡ 两种条件下的轴漂。

(1) 两种情况下轴漂的大小相等, 即

$$\|\boldsymbol{\delta}_1\| = \|\boldsymbol{\delta}_2\| \tag{9.12}$$

(2) 两种情况下轴漂的方向不同, 且满足

$$\begin{aligned}\boldsymbol{\delta}_2(-\theta) &= -\mathrm{e}^{-\theta \mathrm{i}}\boldsymbol{\delta}_1(\theta)\\ \boldsymbol{\delta}_1(-\theta) &= -\mathrm{e}^{-\theta \mathrm{i}}\boldsymbol{\delta}_2(\theta)\end{aligned} \tag{9.13}$$

(3) 由于

$$(h_{\mathrm{r}}-H)^2 \geqslant (h_{\mathrm{r}}^2+H^2-2h_{\mathrm{r}}H\cos\theta) \tag{9.14}$$

成立, 当且仅当 $h_{\mathrm{r}}=H$ 时等号成立, 而这种情况实际不会出现, 因此

$$B_1 > 1 \tag{9.15}$$

将式 (9.15) 代入轴漂计算式 (9.7) 和式 (9.11) 可知, 对于情况 TI, 轴漂 $\boldsymbol{\delta}_1$ 位于第四象限内; 反观情况 TⅡ, 轴漂 $\boldsymbol{\delta}_2$ 位于第一象限内。这也就是说, 当 LITFM 选取不同机架方式时, 轴漂的大小相同, 但方向发生变化。因此, 可以得到一个十分重要的结论: 可以利用柔性模块的组合来抵消或减小轴漂, 设计出精度更高的柔性铰链。

2. D–LITFP 的构型设计

将多个柔性模块串联起来是一种比较常见的获得更大行程或性能改善的方法; 不过, 前提是必须有合理的设计方法来支撑。所谓合理的设计是指在增大特定性能指标的同时尽量减小对其他性能指标的影响, 甚至达到总体性能优化的目标。例如双平行四杆型柔性机构, 如果两个平行双簧片型柔性模块在同侧串联, 仅能提高最大行程, 却导致精度性能变差。同样, 两个 LITFP 串联构成一个簧片型双等腰梯形柔性铰链 (double leaf-type isosceles-trapezoidal flexural pivot, D–LITFP) 可以有多种形式, 有些合理, 有些不合理。下面以其中一种具体构型为例, 说明合理运用构型综合在设计大行程柔性铰链中的重要意义, 具体如图 9.7 所示。

为了简便起见, 用 TI (或 TⅡ) 直接表示放置成 TI(或 TⅡ) 的 LITFP 构型。如果铰链放置方向与图 9.5 (或图 9.6) 中的方向相反, 则在其前面加负号表示, 即 –TI 或 –TⅡ。

(1) 首先选择两个 LITFP, 它们可以有相同的构型和尺寸, 也可不同。在本节中, 由于是概念设计, 仅考虑两个尺寸参数相同的 LITFP 的情况。不妨选择 –TI 和 TⅡ, 如图 9.7a 所示。

(2) 合理配置两个铰链的位置, 使其虚拟转动中心重合。在图 9.7b 中, TⅡ 被放置于 –TI 上方, 它们的虚拟转动中心重合于点 O。

(3) 添加中间刚体 (intermediate element, IE) 连接一个铰链的基座和另一个铰链的运动刚体 (movable element, ME), 则剩余的基座和运动刚体成为新铰链的基座和运动刚体。在图 9.7c 中, TⅡ 的基座和 –TI 的运动刚体连接。新构造的铰链中, 当 –TI

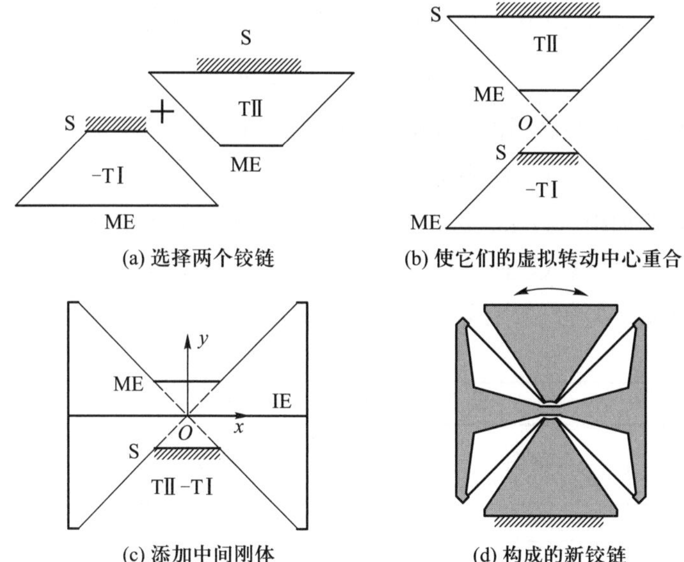

(a) 选择两个铰链　(b) 使它们的虚拟转动中心重合

(c) 添加中间刚体　(d) 构成的新铰链

图 9.7　串联 D-LITFP 的设计方法举例 (IE 代表中间连接刚体, ME 代表运动刚体, S 代表固定端)

的基座被固定时, TⅡ 的运动刚体成为整个铰链的输出。图 9.7d 所示为新铰链的具体构型。

接下来对上面新构造的柔性铰链进行性能分析。由于采用了两个铰链串联而成, 且两个铰链的结构参数相同, 故可假设两个铰链的转动角度相同, 均为新铰链转角的一半, 即

$$\theta = \frac{1}{2}\theta_{\mathrm{D}} \tag{9.16}$$

式中, θ 为单个 LITFP 的转动角度; θ_{D} 为整个 D–LITFP 的转动角度。因此有

$$\begin{aligned} K_{\mathrm{D}} &= \frac{1}{2}K_{\mathrm{S}} \\ \theta_{\mathrm{D\,max}} &= 2\theta_{\mathrm{S\,max}} \end{aligned} \tag{9.17}$$

式中, K_{S} 和 $\theta_{\mathrm{S\,max}}$ 分别为单个 LITFP 的刚度和最大转动角度; K_{D} 和 $\theta_{\mathrm{D\,max}}$ 分别为整个 D–LITFP 的刚度和最大转动角度。

再来计算 D–LITFP 的转动精度特性。如前所述, 轴漂的大小依赖于具体构型的方式。对于如图 9.7d 所示的 D–LITFP, 轴漂为

$$\boldsymbol{\delta}_{2-1} = -\boldsymbol{\delta}_1(\theta) + \boldsymbol{\delta}_2(\theta)\mathrm{e}^{\theta\mathrm{i}} \tag{9.18}$$

考虑 TⅡ 可认为是放置在中间刚体上, 而中间刚体转动的角度为 θ。结合式 (9.13) 以及式 (9.18) 可得

$$\boldsymbol{\delta}_{2-1} = \boldsymbol{\delta}_2(-\theta)\mathrm{e}^{\theta\mathrm{i}} + \boldsymbol{\delta}_2(\theta)\mathrm{e}^{\theta\mathrm{i}} = 2\delta_{2y}i\mathrm{e}^{\theta\mathrm{i}} \tag{9.19}$$

一般情况下, θ 总是小于 10°, 而 n 也接近于 1, 此时有

$$\|\boldsymbol{\delta}_{2-1}\| = 2\delta_{2y} > \delta \tag{9.20}$$

式 (9.20) 表明, 组合后的铰链转动 2θ 时的轴漂大于单个铰链转动至 θ 时的轴漂, 经过组合后铰链精度的趋势是变差了。

利用串联叠加组合方法共可得到 8 种 D–LITFP 构型, 如表 9.1 所示。在表 9.1 的铰链简图中, 粗实线代表刚性部分, 细实线表示柔性部分。如果 D–LITFP 构型精度特性的趋势是 "变差", 则在轴漂趋势列中标明负号, 反之标正号。

表 9.1 D–LITFP 构型枚举

构型	组合类型	简图	轴漂	轴漂大小	轴漂趋势	轴漂的复角
(1)	TI–TII	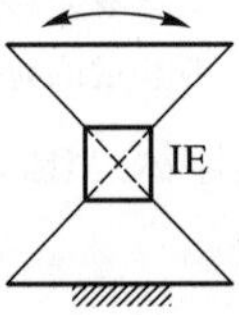 IE	$-\boldsymbol{\delta}_2 + \boldsymbol{\delta}_1 e^{\theta i} = 2\delta_{1y} i e^{\theta i}$	$2\delta_{1y}$	+	$\frac{\pi}{2} + \theta$
(2)	TII–TI	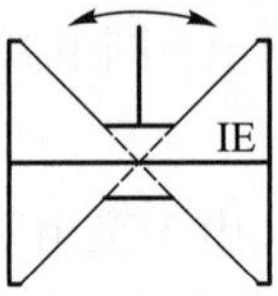 IE	$-\boldsymbol{\delta}_1 + \boldsymbol{\delta}_2 e^{\theta i} = 2\delta_{2y} i e^{\theta i}$	$2\delta_{2y}$	+	$\frac{\pi}{2} + \theta$
(3)*	TI–TI	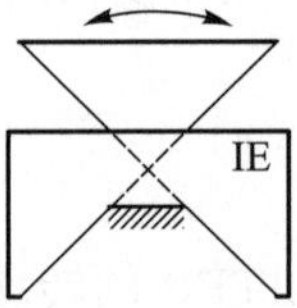 IE	$-\boldsymbol{\delta}_1 + \boldsymbol{\delta}_1 e^{\theta i}$	$\delta\sqrt{2(1-\cos\theta)}$	–	$\mathrm{Arg}\boldsymbol{\delta}_1 + \mathrm{Arg}(e^{\theta i} - 1)$
(4)	TII–TII	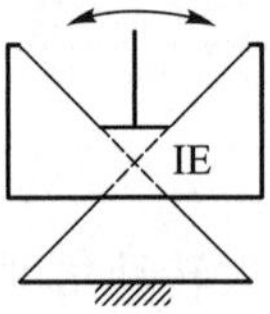 IE	$-\boldsymbol{\delta}_2 + \boldsymbol{\delta}_2 e^{\theta i}$	$\delta\sqrt{2(1-\cos\theta)}$	–	$\mathrm{Arg}\boldsymbol{\delta}_2 + \mathrm{Arg}(e^{\theta i} - 1)$
(5)**	TI+TII	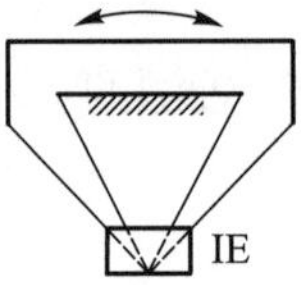 IE	$\boldsymbol{\delta}_2 + \boldsymbol{\delta}_1 e^{\theta i} = 2\delta_{1x} e^{\theta i}$	$2\delta_{1x}$	–	θ
(6)	TII+TI	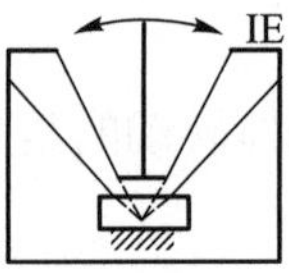 IE	$\boldsymbol{\delta}_1 + \boldsymbol{\delta}_2 e^{\theta i} = 2\delta_{2x} e^{\theta i}$	$2\delta_{2x}$	–	θ

续表

构型	组合类型	简图	轴漂	轴漂大小	轴漂趋势	轴漂的复角
(7)	TI+TI	IE	$\boldsymbol{\delta}_1+\boldsymbol{\delta}_1\mathrm{e}^{\theta\mathrm{i}}$	$\delta\sqrt{2(1+\cos\theta)}$	+	$\mathrm{Arg}\boldsymbol{\delta}_1+$ $\mathrm{Arg}(\mathrm{e}^{\theta\mathrm{i}}+1)$
(8)	TⅡ+TⅡ	IE	$\boldsymbol{\delta}_2+\boldsymbol{\delta}_2\mathrm{e}^{\theta\mathrm{i}}$	$\delta\sqrt{2(1+\cos\theta)}$	+	$\mathrm{Arg}\boldsymbol{\delta}_2+$ $\mathrm{Arg}(\mathrm{e}^{\theta\mathrm{i}}+1)$

* 构型 (3) 和 (4) 实质上是相同的, 但轴漂方向不同, 因此仍按两种构型对待。

** 构型 (5) ~ (8) 的结构简图中, 为了表达清楚起见, D–LITFP 的两个 LITFP 被绘制成具有不同的夹角。

3. 模型验证与结果讨论

采用 ANSYS 软件进行大变形进行非线性仿真。选择构造 D–LITFP 的 LITFM 参数为: h_{f} =5 mm, H =35 mm, $\varphi=30°, t=0.5$ mm, $b=5$ mm, 材料为铝合金, $E=71$ GPa, $\nu=0.33, \sigma_{\mathrm{s}}$ =250 MPa。依据 BEAM3 进行网格单元的划分。铰链的受力为空间方向固定的力, 方向与初始运动方向平行 (在图 9.7c 所示的坐标系下, 力的方向为 $-x$), 力的初始作用点为 $(0, H)$。通过伪刚体模型计算可知, LITFM 的最大转角为 5.6°, 则 D–LITFP 的最大转角是其 2 倍, 为 11.2°。

选择表 9.1 中序号为 (2) 和 (5) 的两种 D–LITFP, 研究其刚度特性, 有限元仿真结果和伪刚体模型计算结果的比较如图 9.8 所示。图中横坐标为 D–LITFP 的转动角度, 纵坐标为所需的力。由于两种铰链的伪刚体模型结果是相同的, 所以只有一条通过伪刚体模型计算的曲线绘制在图上。从图中可以看出, 3 条曲线是非常接近的。

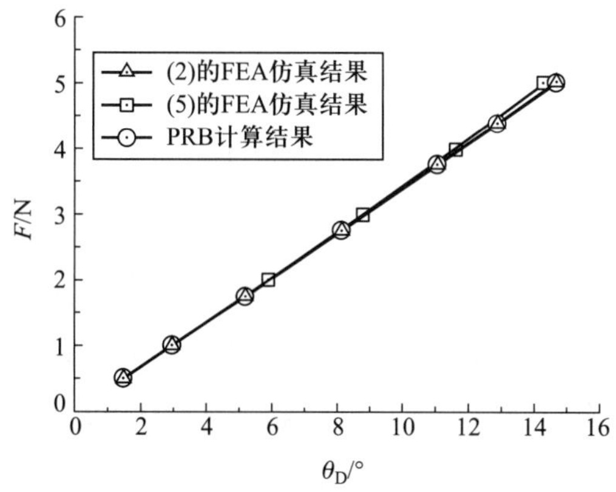

图 9.8 构型 (2) 和 (5) 的力和位移特性

图 9.9 和图 9.10 给出了 构型 (2) 和 (5) 两种 D–LITFP 的精度特性对比: ① 仿真和伪刚体模型轴漂的曲线对比表明, 对于 D–LITFP, 伪刚体模型仍然适用; ② 观察转动中心的位置曲线, 由于 D–LITFP 由 4 条簧片构成, 对载荷形式以及一些非理想条件敏感, 轴漂的微小分量更易受影响, 所以图 9.9b 的 x 轴和图 9.10b 的 y 轴都有一定误差。但构型 (2) 的轴漂方向更接近于 y 轴, 而构型 (5) 的轴漂方向更接近于 x 轴。

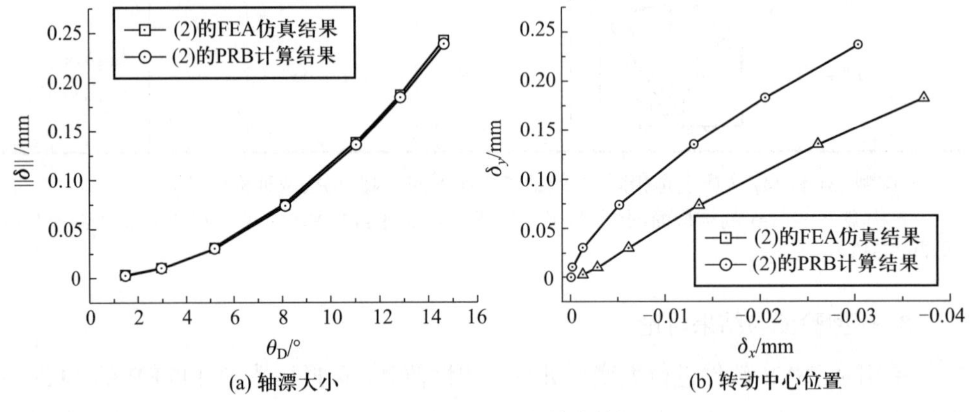

图 9.9 构型 (2) 的精度特性

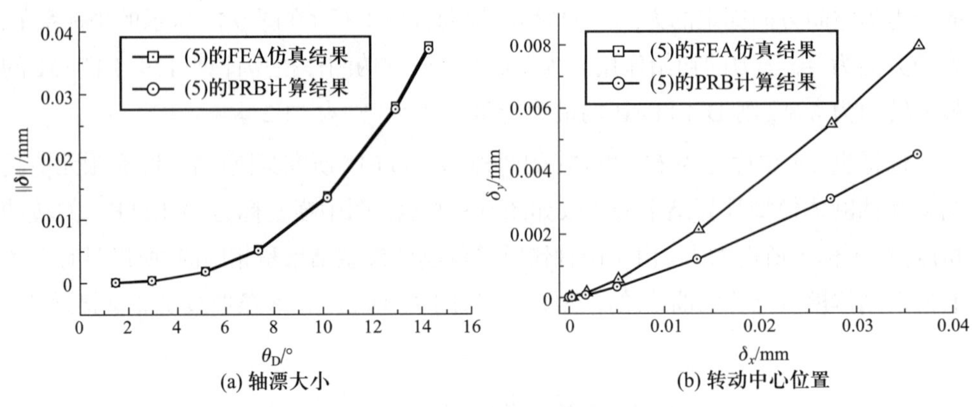

图 9.10 构型 (5) 的精度特性

将表 9.1 中的铰链构型再与经典柔性铰链性能相比较, 可以看出, 车轮形柔性铰链可看作构型 (1) 的一种特殊情况; 蝶形铰链可以看作由 2 个构型 (5) 构成。而其他的 D–LITFP 都是新的柔性铰链构型, 它们为大行程高精度柔性铰链的设计提供了丰富的备选构型库。例如, 构型 (3) 可以替代车轮形柔性铰链, 以提供更好的精度性能和抗失稳性能; 构型 (6) ~ (8) 可以用来构造新的蝶形铰链。

当构成 D–LITFP 的每个 LITFM 的结构参数相同时, 所列的 8 种 D–LITFP 的刚度、行程特性几乎一样, 但精度特性有所不同。图 9.11 反映了 8 种 D–LITFP 轴漂大小的比较。为便于对比, 单条 LITFP 的轴漂曲线也绘制于图中。从图 9.11 可以看出, 组合后的 8 种 D–LITFP 的轴漂都比单独的 LITFP 小。其中, 趋势为 "+" 的构型有 (1)、(2)、(7) 和 (8), 虽然它们的轴漂大小略有不同, 但非常接近。趋势为 "–" 的构型有 (3)、(4)、(5) 和 (6), 而构型 (6) 的轴漂最小, 但随柔性铰链的 n_{f} 增大, 构型 (3) 和 (4) 的轴漂逐渐变得更小, 如图 9.12 所示。

4. 设计举例

表 9.1 中的构型 (1) 对应的就是车轮形柔性铰链构型。从图 9.11 中可以看出, 这种构型的转动精度在 8 种构型中是较差的, 而 (3) 或 (4) 的精度较高。但车轮形铰链的优势在于可以取 $h_{\mathrm{f}} = 0$。接下来的问题是, 能否将上述几种柔性铰链的优点汇集在一起, 设计出新的铰链构型? 答案是肯定的。

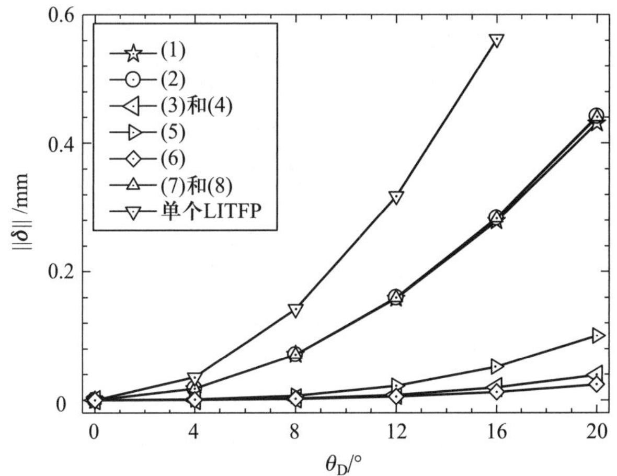

图 9.11 8 种 D–LITFP 的轴漂大小 ($n_{\mathrm{f}} = 1/7$)

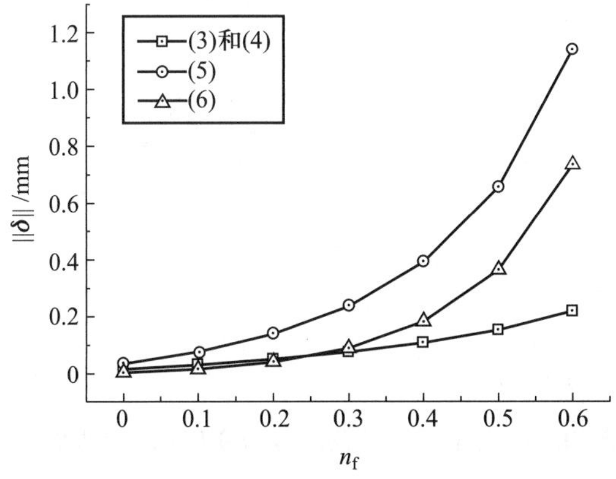

图 9.12 D–LITFP 的轴漂随 n_{f} 变化 ($\theta_{\mathrm{D}} = 20°$)

对应于构型 (4) 的 D–LITFP 的具体结构设计如图 9.13 所示。选择构造 D–

LITFP 的 LITFM 参数为: $H = 20$ mm, $\varphi = 45°, h_{\text{f}} = 3$ mm。与之对照的车轮形柔性铰链的 LITFM 参数为: $H = 20$ mm, $\varphi = 45°, h_{\text{f}} = 0$ mm。在不同的转动角度下，两个铰链的轴漂如图 9.14a 所示。从图中可以看出, 构型 (4) 的 D–LITFP 比车轮形柔性铰链的轴漂要小得多。为了进一步说明精度的差别, 计算车轮形柔性铰链的轴漂 d_1 与 D–LITFP 的轴漂 d_4 的比值, 结果如图 9.14b 所示。图中曲线表明, 转动角度越小, D–LITFP 的转动精度越高。随转动角度增大, 比值逐渐减小, 直到 D–LITFP 的转动角度至 10°, 车轮形柔性铰链的轴漂仍为 D–LITFP 的 9 倍。由此可以得出结论, 在实际应用中可用构型 (4) 的 D–LITFP 代替车轮形柔性铰链, 它的结构不算复杂, 最大转动角度等特性损失小, 而精度更高。

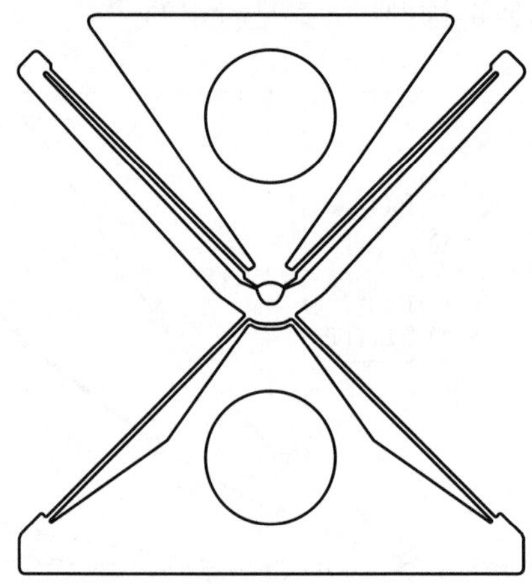

图 9.13　构型 (4) 的 D–LITFP

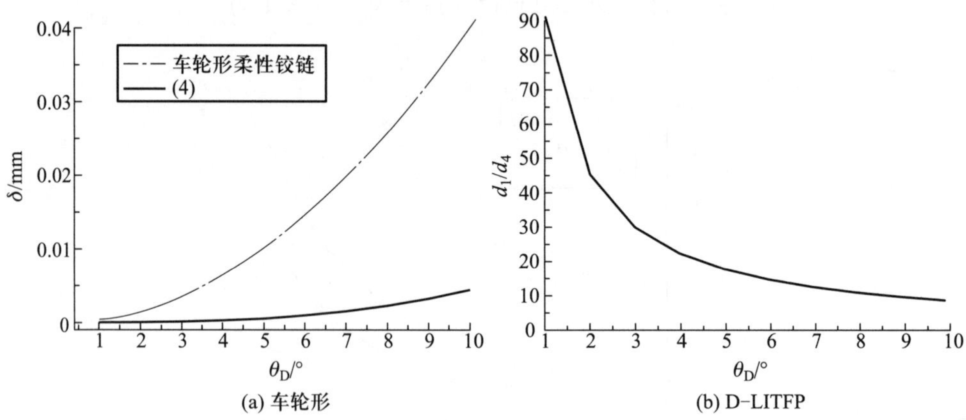

图 9.14　车轮形柔性铰链与 D–LITFP 的轴漂比较

9.3.2.2 四等腰梯形柔性铰链的设计

1. Q–LITFP 的构型设计

将 D–LITFP 再组合, 就构成簧片型四等腰梯形柔性铰链 (quaternary leaf-type isosceles-trapezoidal flexural pivot, Q–LITFP), 蝶形铰链就可看作 Q–LITFP 的一种。也可以选择表 9.1 的构型 (5) ∼ (8) 作为构造 Q–LITFP 的基本单元。若不考虑 Q–LITFP 轴漂的方向而仅考虑大小 (即不考虑非对称柔性铰链的放置方向), 且由于 Q–LITFP 结构较为复杂, 不再考虑 4 个 LITFP 位于同一侧的情况, 则两两组合可得到 10 种不同的 Q–LITFP 构型, 如表 9.2 所示。其中, Q–LITFP 的两个单元为相同构型的有 4 种, 剩下的 6 种为非对称结构 Q–LITFP。与表 9.1 一样, 表 9.2 中的简图用粗实线代表铰链的刚性部分, 细实线代表柔性部分。D–LITFP 构型编号的规则是, 符号表示放置的方向, 如编号 –5+6 表示构型 (5) D–LITFP 倒置, 上面放置构型 (6) D–LITFP。将组成 Q–LITFP 的 4 个 LITFP 从基座到运动端编号, 顺序如表 9.2 中第 1 种构型概念图 (简图) 所示。一般来说, 考虑单个 LITFP 之间轴漂相互抵消和加工等因素, 令 1 号 LITFP 和 4 号,2 号和 3 号的参数分别相同。但是 1 号和 4 号 LITFP 的夹角 φ 较小。

2. 转动精度

在表 9.2 的 10 种 Q–LITFP 构型中, 对刚度特性和最大转动角度的分析都与第 4 章对蝶形铰链的分析方法相似, 这里不再一一讨论, 这里主要关注 Q–LITFP 的轴漂。

蝶形铰链的轴漂可表示为

$$\boldsymbol{\delta} = -\boldsymbol{\delta}_{2-1} - \boldsymbol{\delta}_{1-2}\mathrm{e}^{\theta_1 \mathrm{i}} + \left(\boldsymbol{\delta}_{2-3} + \boldsymbol{\delta}_{1-4}\mathrm{e}^{\theta_3 \mathrm{i}}\right)\mathrm{e}^{(\theta_1+\theta_2)\mathrm{i}} \tag{9.21}$$

式中, δ_{i-j}、θ_j 的下角标 i 代表 LITFP 的放置方式; j 代表表 9.2 中的 LITFP 构型编号。由于对称布置, 1 号 LITFP 和 4 号, 2 号和 3 号的参数分别相同, 为了避免公式中符号混淆, 将 $\boldsymbol{\delta}_{i-2}$ 用 $\boldsymbol{d}_i$ 代替, 于是式 (9.21) 可写为

$$\boldsymbol{\delta} = -\boldsymbol{\delta}_2 - \boldsymbol{d}_1\mathrm{e}^{\theta_1 \mathrm{i}} + \left(\boldsymbol{d}_2 + \boldsymbol{\delta}_1\mathrm{e}^{\theta_2 \mathrm{i}}\right)\mathrm{e}^{(\theta_1+\theta_2)\mathrm{i}} \tag{9.22}$$

对上式化简, 可得

$$\boldsymbol{\delta} = -\boldsymbol{\delta}_2 + \boldsymbol{\delta}_1\mathrm{e}^{(\theta_1+2\theta_2)\mathrm{i}} + 2\mathrm{i}d_{2y}\mathrm{e}^{(\theta_1+\theta_2)\mathrm{i}} \tag{9.23}$$

选取第 4 章中蝶形铰链的参数对式 (9.23) 进行验证。轴漂的有限元仿真和伪刚体计算结果曲线如图 9.15 所示。从图中可以看出两者相差很小。

其他 Q–LITFP 构型的轴漂计算公式见表 9.2, 其中 $\boldsymbol{\delta}$ 和 $\boldsymbol{d}$ 的定义与式 (9.22) 相同。

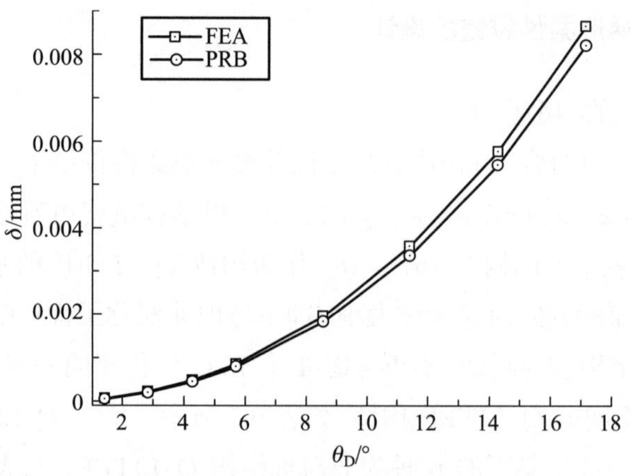

图 9.15 蝶形铰链的轴漂

表 9.2 Q–LITFP 构型枚举

序号	构型编号*	简图	轴漂	序号	构型编号	简图	轴漂
1	−5+5	4 3 2 1	$-\boldsymbol{d}_2$ $-\boldsymbol{d}_1\mathrm{e}^{\theta_1\mathrm{i}}$ $+\boldsymbol{d}_2\mathrm{e}^{(\theta_1+\theta_2)\mathrm{i}}$ $+\boldsymbol{\delta}_1\mathrm{e}^{(\theta_1+2\theta_2)\mathrm{i}}$	5	−6+6		$-\boldsymbol{\delta}_1$ $-\boldsymbol{d}_2\mathrm{e}^{\theta_1\mathrm{i}}$ $+\boldsymbol{d}_1\mathrm{e}^{(\theta_1+\theta_2)\mathrm{i}}$ $+\boldsymbol{\delta}_2\mathrm{e}^{(\theta_1+2\theta_2)\mathrm{i}}$
2	−5+6		$-\boldsymbol{\delta}_2$ $-\boldsymbol{d}_1\mathrm{e}^{\theta_1\mathrm{i}}$ $+\boldsymbol{d}_1\mathrm{e}^{(\theta_1+\theta_2)\mathrm{i}}$ $+\boldsymbol{\delta}_2\mathrm{e}^{(\theta_1+2\theta_2)\mathrm{i}}$	6	−6+7		$-\boldsymbol{\delta}_1$ $-\boldsymbol{d}_2\mathrm{e}^{\theta_1\mathrm{i}}$ $+\boldsymbol{d}_1\mathrm{e}^{(\theta_1+\theta_2)\mathrm{i}}$ $+\boldsymbol{\delta}_1\mathrm{e}^{(\theta_1+2\theta_2)\mathrm{i}}$
3	−5+7		$-\boldsymbol{\delta}_2$ $-\boldsymbol{d}_1\mathrm{e}^{\theta_1\mathrm{i}}$ $+\boldsymbol{d}_1\mathrm{e}^{(\theta_1+\theta_2)\mathrm{i}}$ $+\boldsymbol{\delta}_1\mathrm{e}^{(\theta_1+2\theta_2)\mathrm{i}}$	7	−6+8		$-\boldsymbol{\delta}_1$ $-\boldsymbol{d}_2\mathrm{e}^{\theta_1\mathrm{i}}$ $+\boldsymbol{d}_2\mathrm{e}^{(\theta_1+\theta_2)\mathrm{i}}$ $+\boldsymbol{\delta}_2\mathrm{e}^{(\theta_1+2\theta_2)\mathrm{i}}$
4	−5+8		$-\boldsymbol{\delta}_2$ $-\boldsymbol{d}_1\mathrm{e}^{\theta_1\mathrm{i}}$ $+\boldsymbol{d}_2\mathrm{e}^{(\theta_1+\theta_2)\mathrm{i}}$ $+\boldsymbol{\delta}_2\mathrm{e}^{(\theta_1+2\theta_2)\mathrm{i}}$	8	−7+7		$-\boldsymbol{\delta}_2$ $-\boldsymbol{d}_2\mathrm{e}^{\theta_1\mathrm{i}}$ $+\boldsymbol{d}_1\mathrm{e}^{(\theta_1+\theta_2)\mathrm{i}}$ $+\boldsymbol{\delta}_1\mathrm{e}^{(\theta_1+2\theta_2)\mathrm{i}}$

续表

序号	构型编号*	简图	轴漂	序号	构型编号	简图	轴漂
9	–7+8		$-\boldsymbol{\delta}_2$ $-\boldsymbol{d}_2\mathrm{e}^{\theta_1 \mathrm{i}}$ $+\boldsymbol{d}_2\mathrm{e}^{(\theta_1+\theta_2)\mathrm{i}}$ $+\boldsymbol{\delta}_2\mathrm{e}^{(\theta_1+2\theta_2)\mathrm{i}}$	10	–8+8		$-\boldsymbol{\delta}_1$ $-\boldsymbol{d}_1\mathrm{e}^{\theta_1 \mathrm{i}}$ $+\boldsymbol{d}_2\mathrm{e}^{(\theta_1+\theta_2)\mathrm{i}}$ $+\boldsymbol{\delta}_2\mathrm{e}^{(\theta_1+2\theta_2)\mathrm{i}}$

* 编号的意义: 数字表示 D–LITFP 构型的编号, 符号表示放置的方向, 例如 –5+6 即表示构型 (5) D–LITFP 倒置, 上面放置构型 (6) D–LITFP。

3. 结果讨论

由于采用了两种不同参数的 LITFP 组合, 故 Q–LITFP 铰链的精度可以通过优化这两种 LITFP 的参数来改善。例如蝶形铰链, 如保持其他参数不变, 仅将 φ_1 的值改为 43°, 优化后铰链的转动精度将大大提高, 结果如图 9.16 所示。若整个铰链转动角度改为 18°, 优化后的轴漂是原来的 1/14.5。

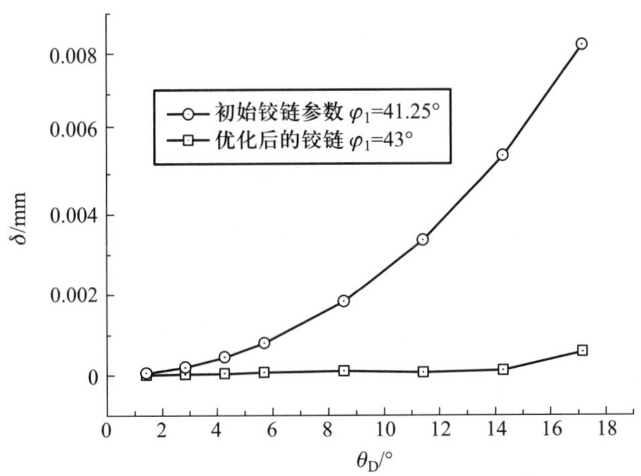

图 9.16 角度优化前后, 蝶形铰链的轴漂比较

由于 Q–LITFP 铰链的精度可以通过改变各 LITFP 的参数得到改善, 所以将 10 种 Q–LITFP 构型集中在一起进行比较没有意义。这里, 在不考虑可加工性等条件下, 仅定性地进行说明。仍然假设各 Q–LITFP 铰链的参数取值与蝶形铰链相同, 则 10 种 Q–LITFP 的轴漂曲线如图 9.17 所示。按轴漂大小将 10 种 Q–LITFP 分为两组: 图 9.17a 所示一组中的 4 种 Q–LITFP 轴漂较小, 在设定参数下, 表 9.2 中构型编号 (–6+6) 和 (–5+5) 的轴漂大小差不多, 构型编号 (–7+8) 的精度更好一些; 图 9.17b 所示另一组的 6 种 Q–LITFP 轴漂较大, 其中构型编号 (–7+7) 和 (–8+8), 构型编号 (–5+7) 和 (–6+8), 构型编号 (–5+8) 和 (–6+7) 的轴漂大小分别大致相等, 而构型

编号 (-7+7) 和 (-8+8) 的轴漂最大。

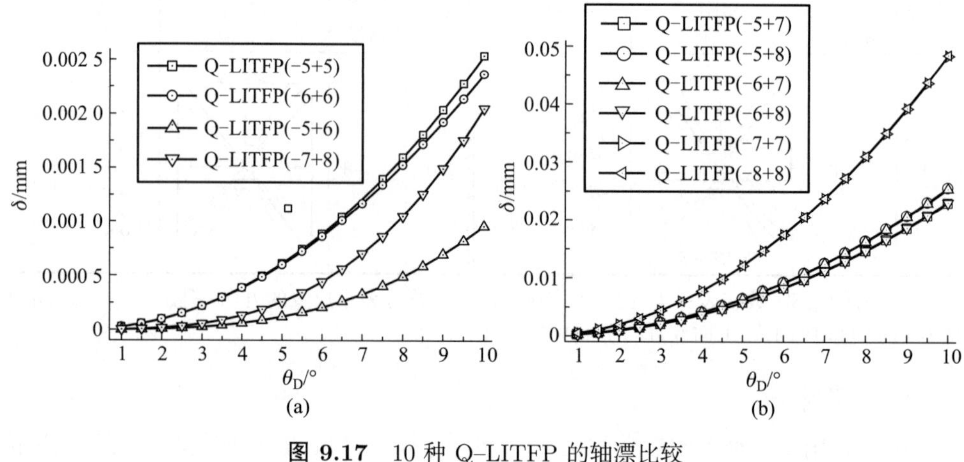

图 9.17 10 种 Q-LITFP 的轴漂比较

9.3.3 基于 GCSFM 胞元的大行程柔性铰链设计

本节讨论基于另外一种柔性模块的组合实现大行程柔性铰链的设计。

将第 4 章的广义交叉簧片型柔性模块 (GCSFM) 封装为具有特定功能和用途的基本柔性模块, 通过基本模块 "高内聚, 低耦合" 的优点, 来组合复合型柔性铰链, 可大大减少设计参数, 实现概念设计阶段的简易性和便捷性。下面, 以可一体化加工的柔性铰链为例, 如图 9.18 所示, 来简单说明这类模块的串联组合方式, 以及在组合过程中应遵循的原则。

由于 GCSFM 的转动中心近似位于交叉点处, 因此为了使组合后复合型柔性铰链单自由度旋转的运动性质不变, 各个基本柔性模块的交叉点必须重合。另外, 虽然在组合时, 各个柔性模块可以任意夹角进行串联, 但为了结构的紧凑性, 同时便于对同阶次 (X 和 Y 方向的轴漂分别为 θ^3 和 θ^2 阶次) 的轴漂进行补偿, 建议以各模块的对称轴重合的方式进行组合。如图 9.18a~c 所示, 可以在交叉点的同一侧, 将 n 个柔性模块的运动刚体与固定刚体首尾相连, 实现串联组合。然而, 为了使整个结构能分布在同一平面内, 需要合理地设计两个端部刚体的连接方式。根据转动特性, 当铰链个数 n 为奇数, 基本柔性模块的轴漂成对补偿之后, 剩余单个模块的寄生运动将无法抵消。因此, 基本采用偶数个柔性模块进行组合。

同时, 也可以在交叉点的两侧进行镜像组合, 如图 9.18d 所示。当一对模块镜像组合后, 形成的即是车轮形柔性铰链; 而两对模块的镜像组合即为蝶形柔性铰链, 如图 9.19 所示。因此, 利用这种对称的模块组合方法, 可以得到多种性能优良的柔性铰链。

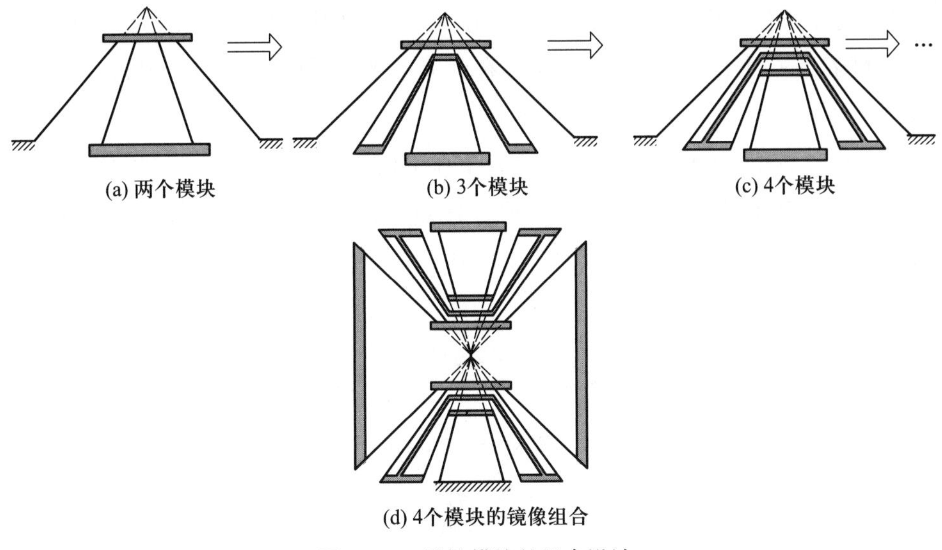

图 9.18 柔性模块的组合设计

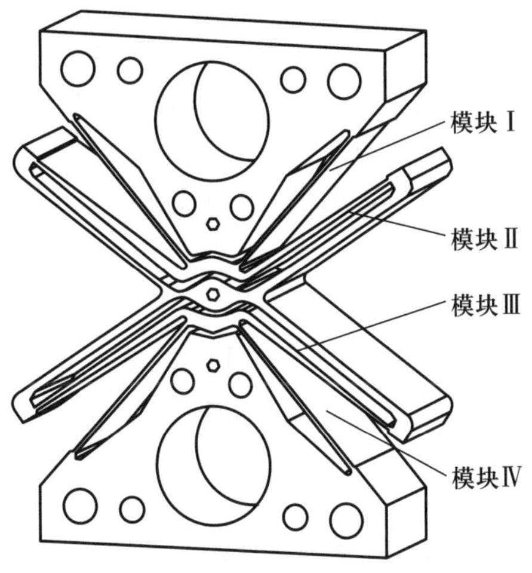

图 9.19 蝶形柔性铰链的实体图

9.3.3.1 建模

不失一般性, 下面以两个 GCSFM 为例, 来组合新型的大行程柔性铰链。通过此例, 探索一种模块化的设计方法。同时, 通过研究两个基本模块组合过程中约束之间的关系, 可将此模块化理念进一步推广到更一般性的模块组合设计中。

1. 组合后的通用模型

首先以任意几何参数的 GCSFM 为基本柔性模块, 来建立如图 9.20 所示的复合型柔性铰链 D–GCSFM 的运动模型。为有效利用第 4 章给出的分析结果, 提出了一种等效模型。如图 9.21 所示, 这种等效模型需要满足两个条件:

(1) 边界条件: 两个基本柔性模块共用一个 “转动基座”, 各基本柔性模块的局部坐标系随着此基座转动, 而载荷与位移在此局部坐标系中定义。此条件定义了一个虚拟基座。

(2) 初始条件: 基本柔性模块 Ⅱ 的运动刚体和全局坐标系的 X 轴在旋转终止时刻处于平行。基本柔性模块 Ⅱ 的运动刚体在初始时刻, 与终止时刻局部坐标系的 X 轴平行。此条件定义了一个虚拟的初始位置。

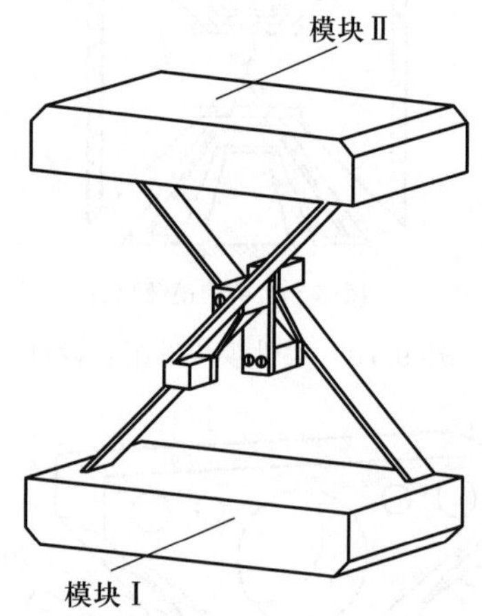

图 9.20 D–GCSFM 的组合模块

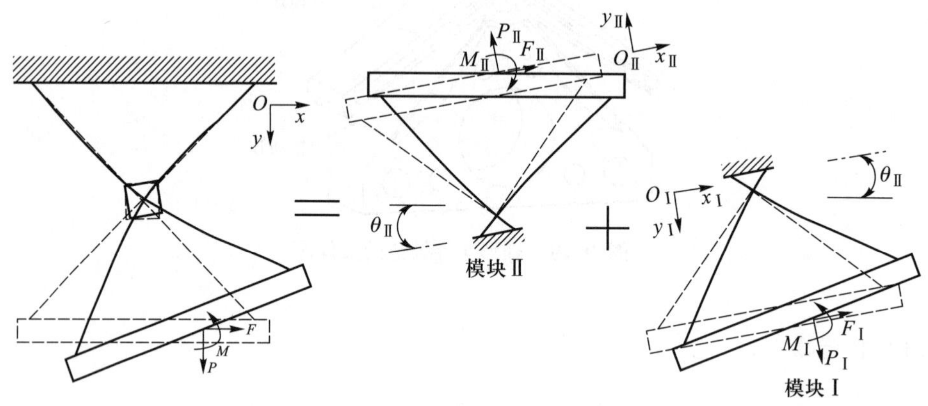

图 9.21 D–GCSFM 的等效模型

基于上述的等效约束模型, 可将 D–GCSFM 的外部载荷转化到单个基本模块上。在局部坐标系 $O_{\rm I}x_{\rm I}y_{\rm I}$ 中, 模块 I 的载荷为

$$\begin{cases} F_{\rm I} = F\cos\theta_{\rm I} - P\sin\theta_{\rm I} \\ P_{\rm I} = P\cos\theta_{\rm I} + F\sin\theta_{\rm I} \\ M_{\rm I} = M \end{cases} \tag{9.24}$$

在局部坐标系 $O_{\mathrm{II}}x_{\mathrm{II}}y_{\mathrm{II}}$ 中, 模块 II 的载荷为

$$\begin{cases} F_{\mathrm{II}} = -F\cos\theta_{\mathrm{II}} + P\sin\theta_{\mathrm{II}} \\ P_{\mathrm{II}} = P\cos\theta_{\mathrm{II}} + F\sin\theta_{\mathrm{II}} \\ M_{\mathrm{II}} = M + F\lambda L\cos\alpha[1+\cos(\theta_{\mathrm{I}}+\theta_{\mathrm{II}})] - P\lambda L\cos\alpha\sin(\theta_{\mathrm{I}}+\theta_{\mathrm{II}}) \end{cases} \tag{9.25}$$

由此, 可导出 GCSFM 的特性: 输入载荷参数, 利用封装的转角模型和轴漂模型, 即可得到相应的输出位移。然而, 这里特别需要注意的是, 与单个柔性铰链的转化模型不同, 此等效模型的基本柔性模块有各自的转角 θ_{I} 和 θ_{II}。当局部坐标系 $O_{\mathrm{I}}x_{\mathrm{I}}y_{\mathrm{I}}$ 中的载荷代入转角表达式求解 θ_{I} 的时候, θ_{II} 还是未知数。为此, 根据两个模块各自的转角计算式 (4.172), 可得

$$\frac{\theta_{\mathrm{II}}}{\theta_{\mathrm{I}}} = 1 + \frac{2f\cos\alpha(\lambda-1) + p\cos\alpha\,[-\lambda\theta_{\mathrm{I}} + (1-\lambda)\theta_{\mathrm{II}}]}{m + f\cos\alpha - p\theta_{\mathrm{II}}\cos\alpha} \tag{9.26}$$

从而可以联立方程组进行求解。而对于典型的载荷和典型的构型, 式 (9.26) 可以进一步简化为

$$\theta_{\mathrm{II}} \approx \theta_{\mathrm{I}} \tag{9.27}$$

将式 (9.24) 和式 (9.27) 代入模块 I 的转角模型中, 可得到

$$\theta_{\mathrm{I}} = \frac{15m\cos\alpha}{2(9\lambda^2 - 9\lambda + 15\lambda\cos^2\alpha + 1)p + 120\cos\alpha(3\lambda^2 - 3\lambda + 1)} \tag{9.28}$$

这里需要说明的是, D–GCSFM 的外部载荷并不直接作用于基本柔性模块, 而需要通过式 (5.1) 和式 (9.25) 转化到基本模块的运动刚体上, 因此式 (9.28) 与第 4 章得到的结果有所不同。

同时, 根据 θ_{I} 和 θ_{II} 的关系, 导出 θ_{II} 的表达式。最终, D–GCSFM 的转角可通过 θ_{I} 和 θ_{II} 相加得到

$$\theta = \theta_{\mathrm{I}} + \theta_{\mathrm{II}} \tag{9.29}$$

不难看出, 通过组合, D–GCSFM 的运动范围增大了约一倍。

建立了主运动的转角模型之后, 接着考虑 D–GCSFM 的寄生运动, 也即轴漂的表达式。将局部坐标系下的转角和外部载荷代入 GCSFM 的轴漂模型中, 可得到基本柔性模块 I 和模块 II 的轴漂分别为 $d_{x_{\mathrm{I}}}$, $d_{y_{\mathrm{I}}}$ 和 $d_{x_{\mathrm{II}}}$, $d_{y_{\mathrm{II}}}$。从而得到在全局坐标系下 D–GCSFM 的轴漂表达式, 即

$$\begin{cases} d_x = (d_{x_{\mathrm{I}}} - d_{x_{\mathrm{II}}})\cos\theta_{\mathrm{II}} + (d_{y_{\mathrm{I}}} + d_{y_{\mathrm{II}}})\sin\theta_{\mathrm{II}} \\ d_y = (d_{y_{\mathrm{I}}} + d_{y_{\mathrm{II}}})\cos\theta_{\mathrm{II}} - (d_{x_{\mathrm{I}}} - d_{x_{\mathrm{II}}})\sin\theta_{\mathrm{II}} \end{cases} \tag{9.30}$$

此公式反映了两个基本柔性模块在初始转动中心重合的位移约束下, 轴漂相互补偿的结果。

需要说明的是, 虽然采用了两个相同的 GCSFM 进行组合, 但上述建模分析方法可以很方便地推广到形状参数和几何参数相异的情况。特别是轴漂的补偿关系式 (9.30), 可为高精度设计要求下的任意复合型柔性铰链提供组合策略的分析依据。

2. 车轮形柔性铰链的模型

车轮形柔性铰链的等效约束模型如图 9.22 所示。将其转化为两个三角形基本柔性模块, 可以直接采用后者的分析结果进行建模。

由于两个基本模块的转角之间存在着如下关系:

$$\frac{\theta_2}{\theta_1} \approx 1 - \frac{p\cos\alpha}{m + f\cos\alpha}\theta_1 \approx 1 \tag{9.31}$$

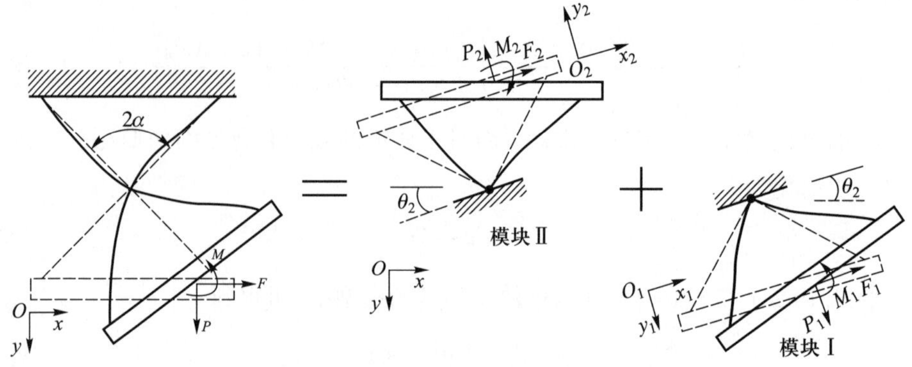

图 9.22 车轮形柔性铰链的等效模型

其中, 模块 I 的转角表达式为

$$\theta_1 = \frac{15\cos\alpha(m + f\cos\alpha)}{p(30\cos^2\alpha + 2) + 120\cos\alpha} \tag{9.32}$$

模块 Ⅱ 的转角表达式为

$$\theta_2 = \frac{15\cos\alpha[(f\theta_1^2 + 2p\theta_1)\cos\alpha - 2(f\cos\alpha + m)]}{(2 + 15\cos^2\alpha)(p\theta_1^2 - 2f\theta_1 - 2p) - 240\cos\alpha} \tag{9.33}$$

根据式 (9.29), 即可得到车轮形柔性铰链的旋转位移, 而由式 (9.30), 轴漂表达式也不难得到。

下面将对纯弯矩作用下, 车轮形柔性铰链的转角行程、转动刚度和轴漂量值进行简单的分析, 为设计者提供参考信息。

根据第 4 章给出的三角形柔性模块的旋转范围, 车轮形柔性铰链的行程可通过简单的相加即可得到, 即

$$\theta_{\max} = \frac{\sqrt{d}\sigma_s}{2\sqrt{3}E} = \frac{L}{T}\frac{\sigma_s}{E} \tag{9.34}$$

当纯弯矩载荷作用时, 两个基本柔性模块具有相同的外部载荷, 因而也经历相同的变形状态。因此, 根据三角形柔性模块的模型, 导出刚度的关系式。由于

$$\frac{\theta}{2} = \theta_1 = \theta_2 = \frac{m}{8} \tag{9.35}$$

因此, 车轮形柔性铰链的刚度可表示为

$$m = 4\theta \tag{9.36}$$

相比于三角形柔性模块, 车轮形柔性铰链的刚度减小为前者的 1/2。另外, 由于具有相同的变形状态, 复合模块的轴漂表达式 (9.30) 可简化为

$$\begin{cases} d_x = 2d_{y_1}\sin\theta_2 \\ d_y = 2d_{y_1}\cos\theta_2 \end{cases} \tag{9.37}$$

即可得到两个轴漂分量 d_x 和 d_y 的比值关系

$$\frac{d_x}{d_y} = \tan\theta_2 = \tan\frac{\theta}{2} \ll 1 \tag{9.38}$$

因此, 车轮形柔性铰链的轴漂主要由 Y 向分量贡献, 其矢量的长度 d_{xy} 可近似为

$$d_{xy} = \sqrt{d_x^2 + d_y^2} \approx |d_y| \tag{9.39}$$

根据三角形柔性模块的轴漂分析结果, 最终可得到车轮形柔性铰链的轴漂

$$d_y = \frac{-\theta^2\cos(\theta/2)}{30\cos\alpha} \approx \frac{-\theta^2}{30\cos\alpha} \tag{9.40}$$

当交叉半角 α 为 45° 时, 轴漂的大小为 $\sqrt{2}\theta^2/30$。Smith[12] 在其著作中, 也得到了纯弯矩载荷作用下车轮形柔性铰链的转角和轴漂表达式, 与上述结果完全吻合。而 Smith 的模型只是一种特殊载荷情况, 普适性不强。

9.3.3.2 特性评估与创新设计

1. 组合后的轴漂特性评估

由复合型柔性铰链的轴漂计算公式 (9.30), 可以得出以下结论:

(1) 复合型柔性铰链轴漂的单个分量, 与基本柔性模块两个方向的轴漂均相关。然而, 根据奇、偶函数的运算, 复合模块正、反向旋转时的特性相同。

(2) 组合后, 两个基本柔性模块 X 方向的轴漂相互抵消, 而 Y 方向的轴漂相互叠加。

根据结论 (2), 可以得到如下启发: 如图 9.23 所示, 如果将两个基本柔性模块在交叉点的同侧进行组合, Y 方向的轴漂将相互抵消。虽然 X 方向的轴漂因此而叠加, 但考虑到 X 和 Y 方向的轴漂量值差异 (分别为 θ^3 和 θ^2 阶次), 这种设计将大幅减小复合型柔性铰链轴漂的幅值。

另外, 对于非对称构型, 广义交叉簧片型柔性铰链的 Y 向轴漂分量减小, X 向分量增加。因此, 根据结论 (2), 组合这种非对称构型将带来旋转精度的提高, 如图 9.24 所示。

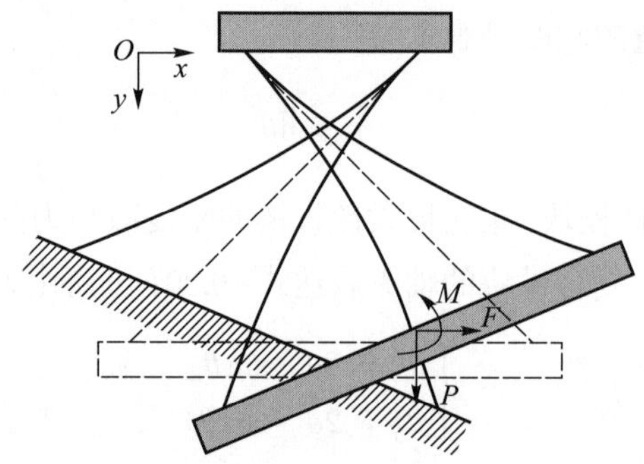

图 9.23 交叉点同侧的组合方式示意图

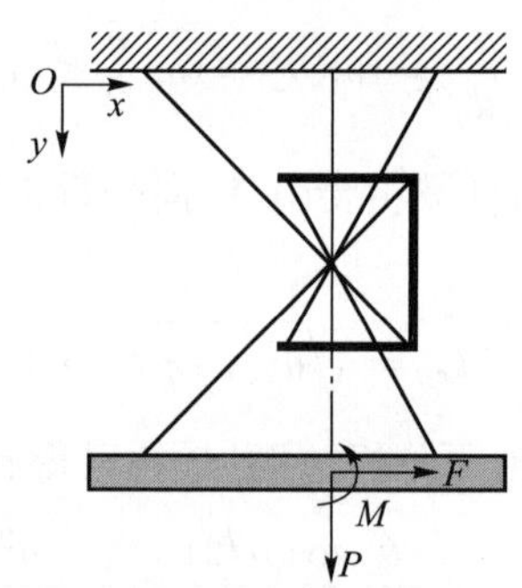

图 9.24 非对称构型的模块组合

这里需要澄清一个事实: 由式 (9.30) 可知, 镜像组合后的复合型柔性铰链, 其轴漂的 X 向分量相互抵消, 而 Y 向分量相互叠加。从形式上看, 组合后 Y 向轴漂分量似乎增加了。事实并非如此。下面, 不失一般性, 以任意模块为例, 来分析组合后轴漂的 Y 向分量。

首先, 假设单个基本柔性模块在 Y 方向的轴漂为

$$\mathrm{d}y_{\text{module}} \approx C_y\theta^2 \tag{9.41}$$

式中, C_y 为主导项的系数。组合后, 当复合型柔性铰链转动角度 θ 时, 单个模块的运动量为 $\theta/2$。因此, 复合型柔性铰链轴漂的 Y 向分量为

$$\mathrm{d}y \approx \mathrm{d}y_{\text{module}} + \mathrm{d}y_{\text{module}} \approx C_y\left(\frac{\theta}{2}\right)^2 + C_y\left(\frac{\theta}{2}\right)^2 = \frac{C_y}{2}\theta^2 = \frac{1}{2}\mathrm{d}y_{\text{module}} \tag{9.42}$$

虽然轴漂的 Y 向分量相互叠加, 但最终复合型柔性铰链的 Y 向分量依然下降了。究其原因, 主要是寄生运动和主运动之间的非线性关系所致。因此, 充分利用此非线性关系可获得一些设计灵感。

2. 一种高精度柔性铰链的创新设计

当将几何参数 λ 为 12.732 2% 或 87.267 8% 的广义交叉簧片型柔性铰链, 作为基本柔性模块进行组合时, 所得到的复合型柔性铰链的轴漂会进一步减小。为了表

明这种柔性铰链轴漂特性的优势，与图 9.19 所示的蝶形柔性铰链进行比较。其中，蝶形柔性铰链的基本模块 Ⅰ (或模块 Ⅳ) 和模块 Ⅱ (或模块 Ⅲ) 的半交角分别为 40° 和 50°，而 GCSM 的交叉半角为 45°。为了具有可比性，两个组合后的复合铰链结构尺寸相同，而除簧片长度之外的其他形状参数也均保持一致。轴漂的有限元仿真结果如图 9.25 所示。可以看出，由 GCSM 组合的铰链 (pivot 1) 比蝶形铰链 (pivot 2) 更具有竞争力，转角越大，优势越明显。另一方面，前者在实现大行程运动的过程中，由于簧片的层叠布置，避免了相互干涉。而蝶形铰链在大转角的情况下，各个簧

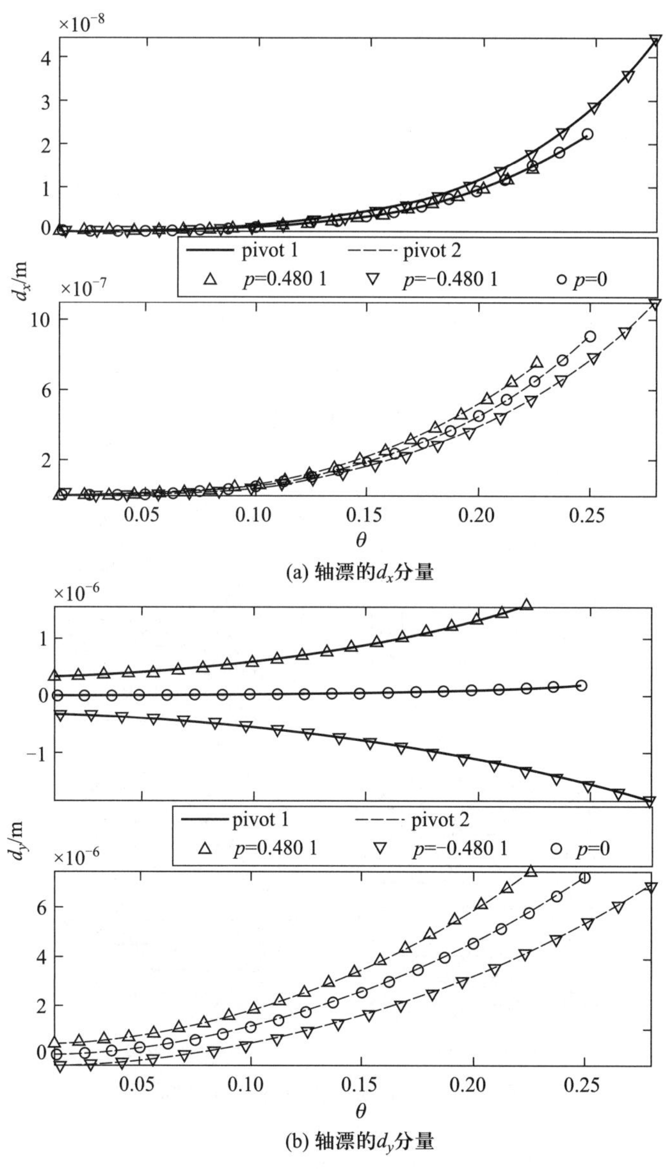

(a) 轴漂的d_x分量

(b) 轴漂的d_y分量

图 9.25 由广义交叉簧片型柔性铰链组合的复合铰链与蝶形铰链的轴漂性能比较

片在狭小的范围内可能发生接触, 影响了转动精度。为了避免这种情况, 上部 (或下部) 两个基本柔性模块的簧片夹角要有一定差异, 而这种差别越大, 蝶形铰链的轴漂就越大。这是一个矛盾的选择, 需进行折中来确定夹角的差异。而前者则不涉及这些问题。

当然, 这种由 GCSM 组合的铰链, 在精度分析时并未考虑装配误差。而在实际中, 轴漂特性肯定会受到加工和装配条件的影响。

9.4 胞元结构与柔性设计

有关胞元结构的基本概念在本书第 1 章绪论中已有介绍。

9.4.1 常见胞元结构的分类

胞元结构的分类方法很多, 这里主要从胞元维数、属性和形状等方面对常见胞元进行分类。

1. 按胞元结构的维数分类

常见胞元结构按其维数可分为两类: 2 维胞元和 3 维胞元。图 9.26 中所示的 4 种典型 2 维胞元结构通常用作轻质高强度的材料或用作缓冲吸振的材料。图 9.27 中的 3 维胞元通常用于制作空间的轻质高强比材料。

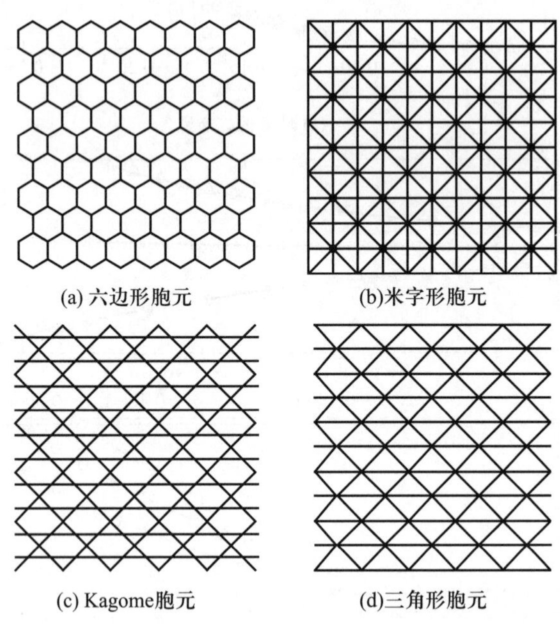

图 9.26 缓冲吸振的 2 维胞元结构[13]

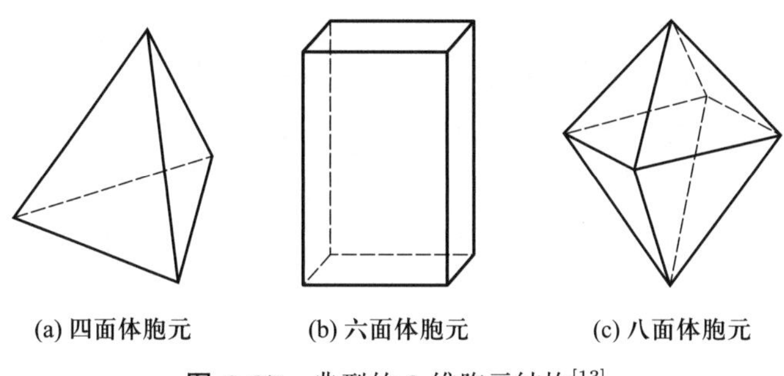

图 9.27 典型的 3 维胞元结构[13]

2. 按胞元结构的属性分类

尽管可将胞元结构看作一类特殊的柔性机构, 但其宏观表现为一种结构, 因而胞元结构又可视为一种特殊材料。因而可以从材料的性质出发, 对胞元结构进行分类。对于常见的胞元结构, 其材料特性主要体现在较大的屈服变形、变刚度特性、负泊松比特性、高强轻质特性、热收缩特性等[14-18], 如图 9.28 所示。需要指出的是, 一种胞元结构可能同时具有以上多种属性。比如, 图 9.28c 中的负泊松比胞元结构, 除具有负泊松比的特性外, 还具有大变形的特性。

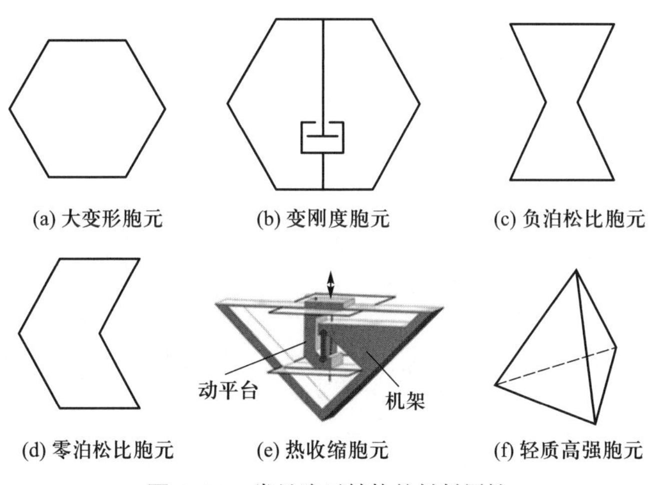

图 9.28 常见胞元结构的材料属性

3. 按胞元结构的形状分类

当胞元按照维数或者材料属性进行分类后, 属于同一类别的胞元结构仍具有不同的表现形式, 为了区别同一类别中的不同胞元, 通常按形状进行分类。例如, 图 9.29 中的胞元结构均具有负泊松比的特性, 但它们的构型不同, 可按形状再进行细分。

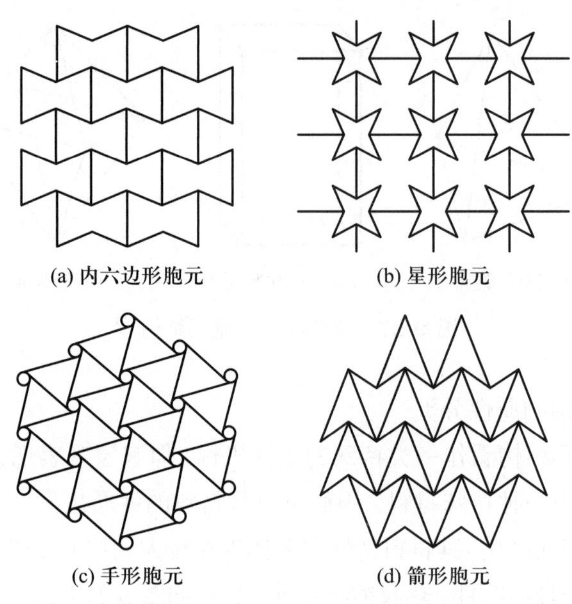

(a) 内六边形胞元　(b) 星形胞元　(c) 手形胞元　(d) 箭形胞元

图 9.29　负泊松比的胞元结构

9.4.2　常见大应变胞元结构的特性分析

几种常见的大应变胞元结构如图 9.30 所示, 这些结构均具有轻质高强度、大应变、大变形等特点。对这些典型的胞元结构进行分析, 不仅有利于加深对胞元结构工作原理的理解, 而且有利于胞元结构的改进设计和应用推广。

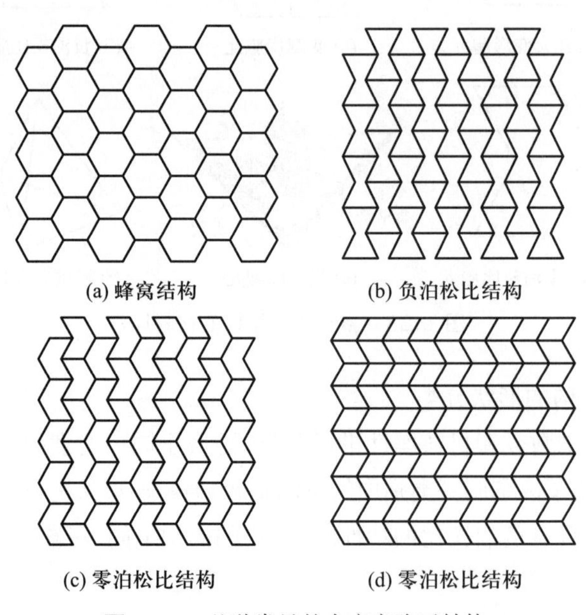

(a) 蜂窝结构　(b) 负泊松比结构　(c) 零泊松比结构　(d) 零泊松比结构

图 9.30　几种常见的大应变胞元结构

图 9.31 所示为这几种典型胞元结构的单元 (胞元结构中的基本单元) 形式, 使

用图谱法容易判断图 9.31 中的单元 (a) ~(c) 均具有面内的 3 个自由度; 图 9.31 中的单元 (d) 具有面内的两个移动自由度。单元自由度的宏观表现即可反映出胞元结构整体的大应变、大变形特性。

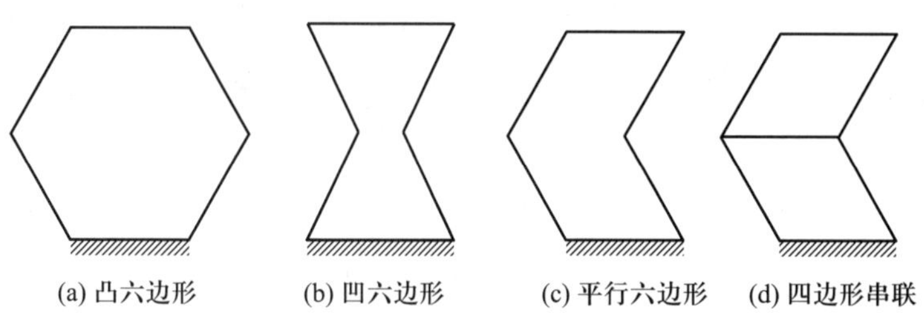

图 9.31 常见的大变形单元

9.4.3 基于不同特性的胞元式柔性机构设计

9.4.3.1 胞元式柔性免充气轮胎的设计

月球探测和行星探测具有重大的经济和军事意义。月球探测车可以扩大人类活动的能力, 代替宇航员从事危险性大的工作, 提高月球表面作业的安全性、可靠性, 减小月球探测、开发的风险和成本。月球车车轮是月球车移动系统的重要执行部件, 是保证月球车实现预期功能的基础。由于月球表面路况复杂, 且存在大温差、真空、强辐射等现象, 要求月球车车轮具有良好的可靠性、稳定性、越障能力和耐磨性, 而免充气轮胎恰好满足月球车车轮的性能要求。为此可将柔性机构理论和胞元结构思想应用到月球车车轮的设计中。

胞元式免充气轮胎中, 胞元结构的性能优劣直接影响整个轮胎的性能, 因此胞元结构设计是免充气轮胎设计的基础。下面结合月球车的应用背景, 进行免充气轮胎胞元结构的概念设计。免充气轮胎的胞元设计主要有两种思路: 一种是借鉴现有的免充气轮胎胞元, 进行改进设计; 另一种是利用柔性机构原理进行创新设计。

1. 常见免充气轮胎胞元的性能比较

现有免充气轮胎的胞元主要有 3 种形式: 六边形胞元、双弧线胞元、弧线交叉胞元, 三者对应的胞元形式及轮胎结构如图 9.32 所示。为比较 3 种轮胎的性能差异, 使用有限元仿真的方法, 分析轮胎的刚度和自由度。

在进行有限元仿真分析时, 需要首先确定模型材料。考虑到这里只是对胞元结构应用于月球车轮胎设计的原理进行探索, 为方便样机加工, 该模型中的材质选择适于 3D 打印的 PLA 材料。PLA 材料的基本力学参数如下: 弹性模量 $E = 1.5$ GPa, 密度 $\rho = 1\ 250$ kg/m^3, 弯曲应力大于 60 MPa, 泊松比 $\nu = 0.4$。

在使用有限元分析 (FEA) 比较 3 种轮胎的性能差异时, 还需要限定轮胎的尺

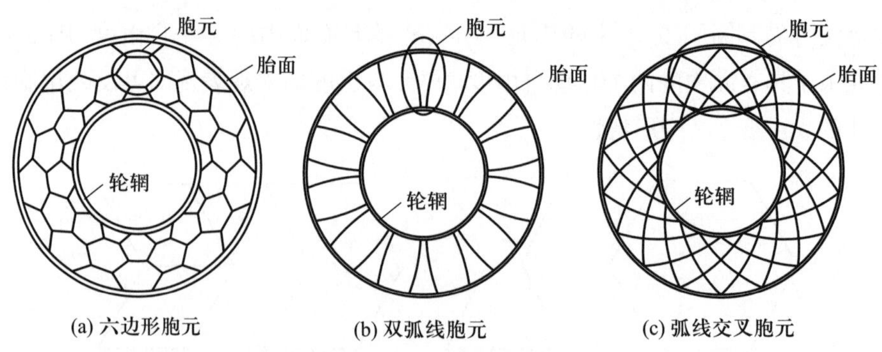

图 9.32 3 种典型的免充气轮胎及其胞元

寸、轮胎中胞元的个数、胞元中各簧片的尺寸。参考现有免充气轮胎的设计指标, 限定 3 种轮胎的外圆为 85 mm, 内圆为 45 mm, 胎面的厚度为 1.2 mm, 胞元簧片的厚度为 0.8 mm, 轮胎中胞元的数目为 18 个。

在进行轮胎移动刚度仿真分析时, 施加的载荷为力, 大小为 80 N; 在进行轮胎扭转刚度仿真分析时, 施加的载荷为力矩, 大小为 80 N×42.5 mm (其中, 42.5 mm 为轮胎外圆的半径), 这是为了方便比较移动和转动的自由度。在图 9.33 所示的载荷作用下, 3 种轮胎对应的径向变形、轴线扭转变形、侧向变形、竖直扭转变形如表 9.3 所示。其中, 轴线扭转变形和竖直扭转变形为远离旋转轴线的轮胎胎面变形, 单位为 mm。

表 9.4 为径向变形与其他 3 种变形的比值, 用于比较轮胎各方向刚度的差异。其中, 径周变形比为径向变形与轴线扭转变形的比值; 径侧变形比为径向变形与侧向变形的比值; 径扭变形比为径向变形与竖直扭转变形的比值。为了保证轮胎良好的转向性能, 轮胎的径侧变形比、径扭变形比要大; 为了避免车轮加减速时的 "延迟" 与波动, 径周变形比也要大。对于性能较好的轮胎, 一般要求上述 3 种变形比值最好大于 10。

表 9.3 3 种胞元式轮胎的变形

胞元类型	六边形胞元	双弧线胞元	弧线交叉胞元
径向变形 γ_Y/mm	0.835 14	0.362 58	1.265 90
轴线扭转变形 α_Z/mm	0.298 35	0.367 32	0.190 56
侧向变形 γ_Z/mm	0.043 26	0.018 76	0.156 15
竖直扭转变形 α_Y/mm	0.060 70	0.017 76	0.203 04

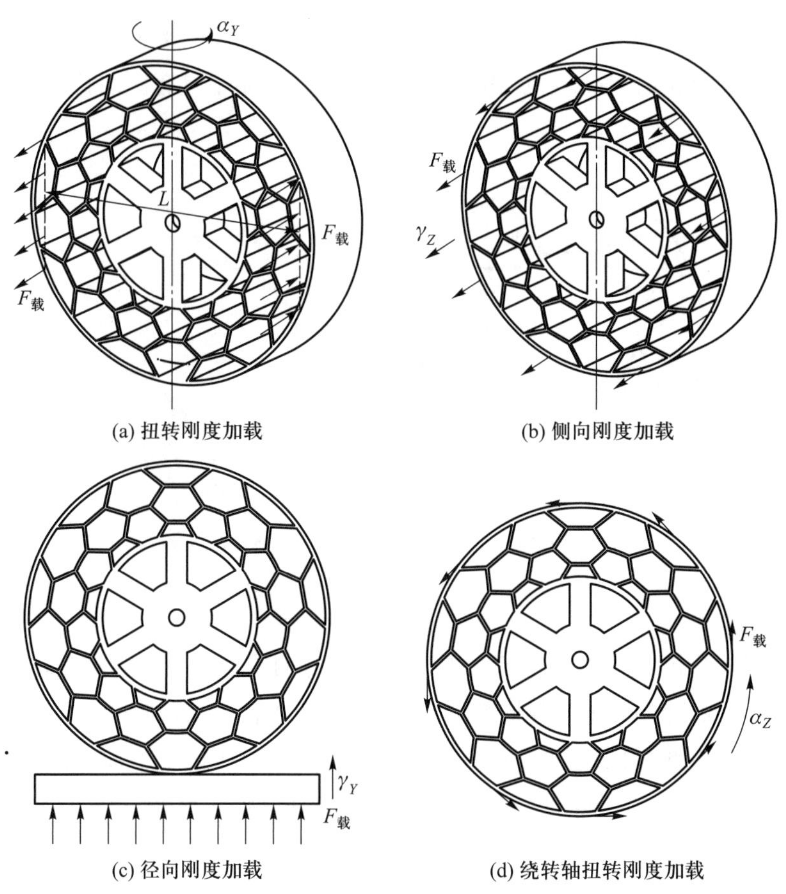

图 9.33 有限元仿真轮胎刚度时的加载方式

表 9.4 3 种胞元式轮胎各方向变形的比值

胞元类型	六边形胞元	双弧线胞元	弧线交叉胞元
径周变形比 γ_Y/α_Z	2.799	0.987 1	6.643
径侧变形比 γ_Y/γ_Z	19.30	19.32	8.107
径扭变形比 γ_Y/α_Y	13.76	20.42	6.235

由表 9.3 和表 9.4 可知, 弧线交叉胞元对应轮胎的径向变形最大, 轴线扭转变形最小, 径周变形比为 6.643, 是一个较大的比值。图 9.34 所示为弧线交叉胞元对应免充气轮胎的径向变形和轴线扭转变形的仿真结果。由图中簧片的变形可知, 轮胎中的簧片发生了屈曲变形, 进而使轮胎具有了径向柔度和轴线扭转柔度。

由表 9.4 可知, 六边形胞元和双弧线胞元的径侧变形比和径扭变形比较大, 说明轮胎不具有轴向移动和竖直转动自由度; 径周变形比较小, 说明轮胎具有径向移动自由度的同时, 具有轴线扭转自由度。而弧线交叉胞元式轮胎的径周变形比、径侧变形比、径扭变形比相差不多, 为中间值。考虑到实际中, 轮胎的侧向载荷、竖直扭转载荷相比于径向载荷较小, 相应的变形也减小, 故而弧线交叉胞元式轮胎的径侧变形比、径扭变形比会提高, 可认为弧线交叉胞元式轮胎不具有侧向移动和竖直转动自由度。

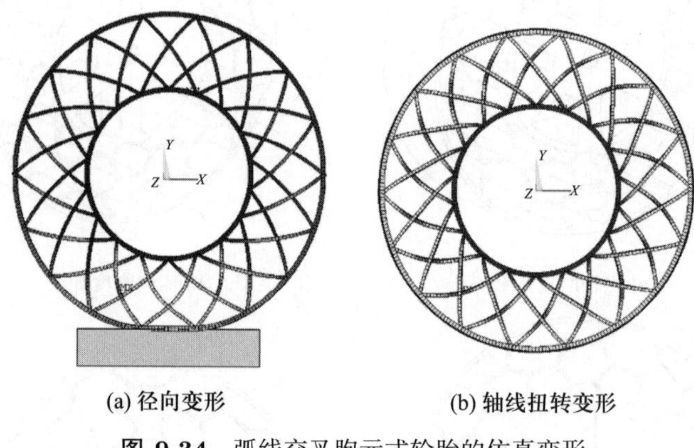

(a) 径向变形　　(b) 轴线扭转变形

图 9.34　弧线交叉胞元式轮胎的仿真变形

综合以上分析, 上述 3 种胞元对应的轮胎均不具有侧向移动和竖直转动自由度。因而这里更关心径向变形和径周变形比。综合表 9.3 和表 9.4 数据可得, 弧线交叉胞元更适于免充气轮胎的设计, 因为它不仅具有较大的径向变形, 而且满足径周变形比大的要求。不过, 为了得到性能更好的免充气轮胎, 弧线交叉胞元的径周变形比还有待提高。

2. 弧线交叉胞元的优化设计

弧线交叉胞元 (以下简称交叉胞元) 对应轮胎的几何参数如图 9.35 所示, 主要包括胎面厚度 t_1、簧片厚度 t_2、簧片分布圆周角 θ、簧片的半径 R、胞元的数目 N。假定相关参数值如下: $t_1 = 1.2$ mm, $t_2 = 0.8$ mm, $\theta = 40°$, $R = 50$ mm, $N = 30$ 个,

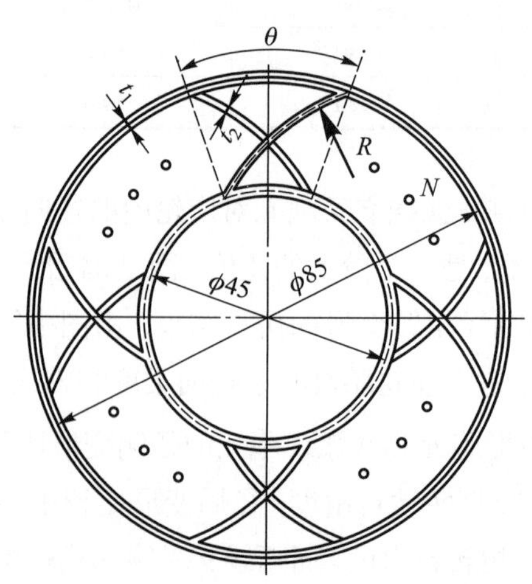

图 9.35　交叉胞元式轮胎的几何参数

分别分析各参数的变化对轮胎性能的影响。在确定各参数对轮胎性能的影响基础上优选各参数, 使得免充气轮胎具有较优的性能。选取轮胎参数的基本原则是: 轮胎的径周变形比要大, 同时轮胎的径向变形也要大, 介于 1.0 ~ 3.0 mm 之间。

不同参数变化对轮胎性能的影响如图 9.36 所示。

(1) 当胎面厚度 t_1 值发生变化, 而其他参数不变时, 胎面厚度对轮胎性能的影响如图 9.36a 所示。由图可知, 轮胎的径向变形随着 t_1 的增大而减小, 而周向变形随着 t_1 的增大而变化很小。轮胎的径周变形比在 t_1 较小时, 比值较大; 并随着 t_1 的增大而逐渐减小。根据轮胎参数的选取原则, 可选的胎面厚度为 0.8 mm 或 1.0 mm。考虑到轮胎的胎面磨损严重, 一般胎面厚度不应小于簧片的厚度。

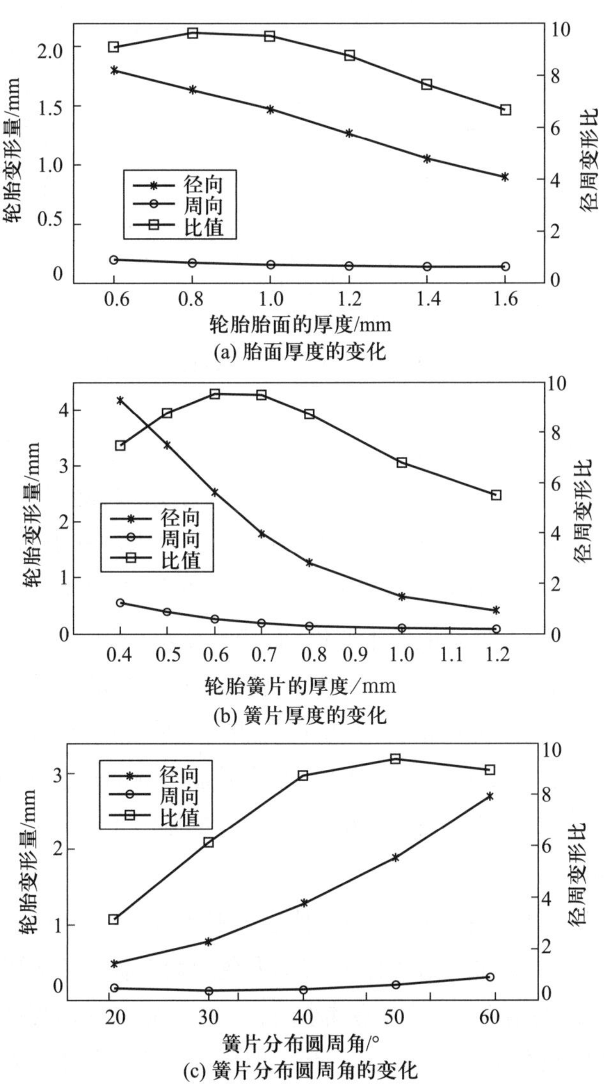

(a) 胎面厚度的变化

(b) 簧片厚度的变化

(c) 簧片分布圆周角的变化

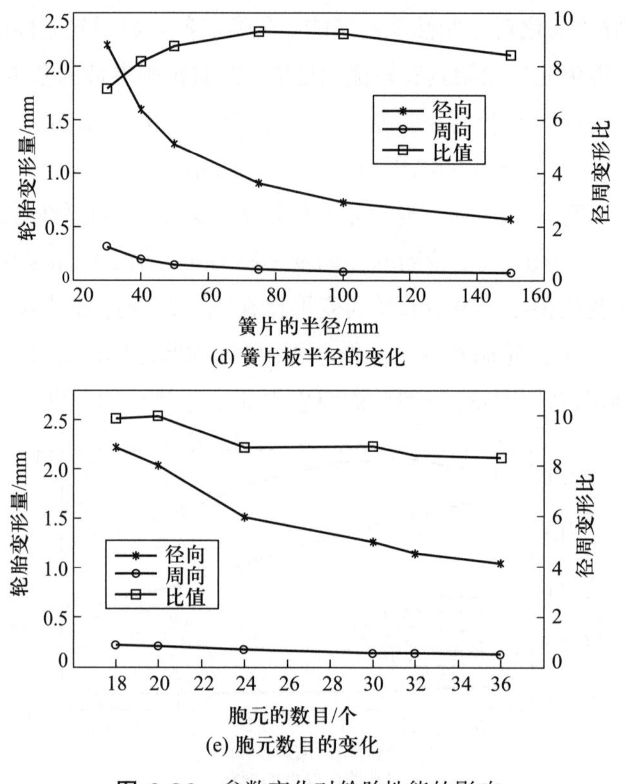

(d) 簧片板半径的变化

(e) 胞元数目的变化

图 9.36 参数变化对轮胎性能的影响

(2) 当簧片厚度 t_2 值发生变化, 而其他参数不变时, 簧片厚度对轮胎性能的影响如图 9.36b 所示。由图可知, 轮胎的径向变形和周向变形均随着簧片厚度 t_2 的增大而减小; 轮胎的径周变形比随着簧片厚度的增大, 先增大后减小, 在 $t_2 = 0.6$ mm 时取得极大值。根据轮胎参数的选取原则, 簧片厚度可选为 0.6 mm 或 0.7 mm。

(3) 当簧片分布圆周角 θ 值发生变化, 而其他参数不变时, 簧片分布圆周角 θ 对轮胎性能的影响如图 9.36c 所示。由图可知, 轮胎的径向变形和周向变形均随着 θ 的增大而增大, 但径向变形的增幅更大, 所以轮胎的径周变形比也随着 θ 的增大而增大, 并在 $\theta = 50°$ 左右时, 有极大值 9.39。根据轮胎参数的选取原则, 簧片分布圆周角可取 $\theta = 50°$ 或 60°。考虑到 $\theta = 60°$ 时, 簧片的倾斜角度较大, 结构中的应力也较大, 故取 $\theta = 50°$。

(4) 当簧片半径 R 值发生变化, 而其他参数不变时, 簧片半径对轮胎性能的影响如图 9.36d 所示。由图可知, 轮胎的径向和周向变形均随着 R 的增大而减小; 轮胎的径周变形比随着 R 的增大, 先增大后减小, 且在 $R > 50$ mm 时保持较大值。轮胎径周变形比的极值出现在 $R = 75$ mm 时, 但此时的径向变形较小, 仅为 0.896 mm。根据轮胎参数的选取原则, 优选的簧片半径 $R = 50$ mm。

(5) 当胞元数目 N 值发生变化, 而其他参数不变时, 胞元数目对轮胎性能的影响, 如图 9.36e 所示。由图可知, 轮胎的径向和周向变形均随着 N 的增大而减小。这是显而易见的, 因为在载荷一定的情况下, 胞元的数目越多, 作用在每个胞元上的载荷越小, 进而可知其变形也越小。此外, 轮胎的径周变形比随着胞元数目的增多先增大后减小, 且一直为较大值, 介于 $8.31 \sim 9.86$ 之间。根据轮胎参数的选取原则, 优先选取的胞元个数 $N = 20$; 但考虑到胞元数目较少时, 单个胞元的破坏对轮胎性能的影响较大, 所以胞元的数目可较大一些, 不妨取 $N = 30$。

综合以上分析, 表 9.5 给出了满足设计指标的免充气轮胎的两组几何参数, 以及在相应参数下, 轮胎的径向变形、轴线扭转变形、径周变形比。其中, 为保证轮胎整体性能较优, 参数选择的顺序为: 先选择与胞元构型相关的参数, 包括胞元数目 N、簧片分布的圆周角 θ 和簧片半径 R; 再选择胞元中簧片的厚度 t_2 和胎面的厚度 t_1。在表 9.5 的两种案例中, 轮胎在最大变形时存在的最大应力分别为 51.47 MPa 和 53.59 MPa, 均小于 PLA 的弯曲应力, 满足设计要求。

表 9.5 满足设计指标的免充气轮胎案例枚举

序号	几何参数	径向变形/mm	轴线扭转变形/mm	径周变形比
1	$N = 30, \theta = 50^\circ, R = 50$ mm, $t_1 = 0.8$ mm, $t_2 = 0.8$ mm	2.381	0.224 6	10.60
2	$N = 30, \theta = 40^\circ, R = 75$ mm, $t_1 = 0.8$ mm, $t_2 = 0.6$ mm	2.427	0.181 0	13.41

3. 轮胎胞元的创新设计

如图 9.37 所示, 免充气轮胎要求胎面相对于轮辋有且只有一个移动自由度, 即径向移动自由度。因为连接胞元沿着轮辋的圆周方向布置, 且以并联的形式连接胎面和轮辋, 所以若假定胎面和轮毂均为刚体, 则图 9.37 中的轮胎自由度为 0, 即胎面相对于轮辋的自由度为 0。这里需要指出的是, 实际的轮胎胎面不是刚体, 具有一定的柔性; 另一方面, 轮胎需要的径向自由度是指胎面的局部具有径向自由度, 而无需

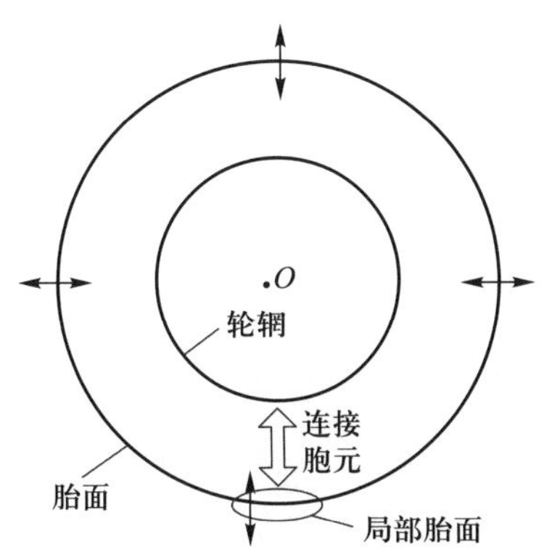

图 9.37 免充气轮胎胞元的设计要求

整个胎面相对于轮毂具有径向自由度。

考虑到轮胎自由度分析的复杂性, 可以借鉴柔性机构设计理论, 进行轮胎胞元的创新设计。分析前文中提到的 3 种轮胎胞元, 其共性的自由度特征表现是: 具有面内的移动自由度, 不具有面外的移动自由度。因而设计轮胎胞元的思路为: 首先, 找出几种包含面内的移动自由度, 且不含面外移动自由度的典型胞元; 然后, 将胞元沿圆周阵列, 并连接于轮毂和胎面之间; 最后, 有限元仿真验证整个结构是否满足轮胎的设计要求。

包含面内移动自由度的几种常见平面胞元如图 9.38 所示。由前面的分析可知, 免充气轮胎的胞元中不仅要具有面内的移动自由度, 而且不能具有面外的移动自由度, 以便满足轮胎的变形要求。对于图 9.38 中的 3 种胞元, 胞元 (a)、(b) 显然具有面内的移动自由度, 不具有面外的移动自由度。对于图 9.38 中的胞元 (c), 若要满足胞元具有面内的移动自由度, 且不具有面外的移动自由度, 则胞元中两板簧的间距小于板簧长度的 38%[19]。

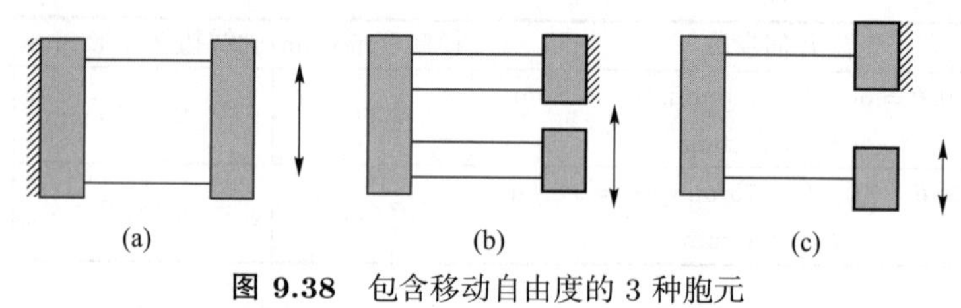

图 9.38 包含移动自由度的 3 种胞元

因为轮胎中的胞元呈圆周阵列布置, 为了保障轮胎绕轴线正转和反转时的变形特性相同, 需要再将图 9.38 中的胞元结构进行对称设计, 如图 9.39 所示。对于图 9.39 中的 3 种胞元, 为比较性能优劣, 可限定 3 种胞元对应轮胎中簧片的层数。假定簧片的层数为 4 层, 3 种胞元对应的轮胎形式如图 9.40 所示。其中, 胞元 (a) 和胞元 (b) 对应的轮胎形式相同, 如图 9.40a 所示, 胞元 (c) 对应的轮胎形式如图 9.40b 所示。考虑到图 9.39 中胞元 (a)、(b) 只具有移动自由度, 不妨称其为移动胞元; 图 9.39 中胞元 (c) 为矩形, 不妨称其为矩形胞元。

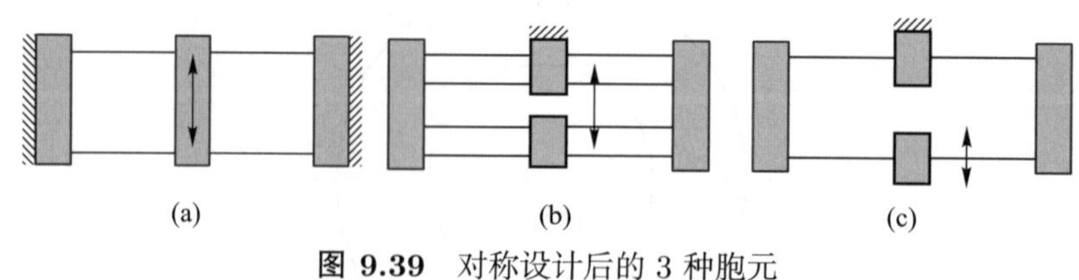

图 9.39 对称设计后的 3 种胞元

对于图 9.40 中的两种胞元式免充气轮胎, 为比较两者的性能差异, 使用有限元仿真的方法进行分析。假定轮胎的外径为 85 mm, 内径为 60 mm, 胎面的厚度为 1.2 mm, 径向簧片的厚度为 1.2 mm, 周向簧片的厚度为 0.4 mm, 胞元的个数为 18, 作用于轮

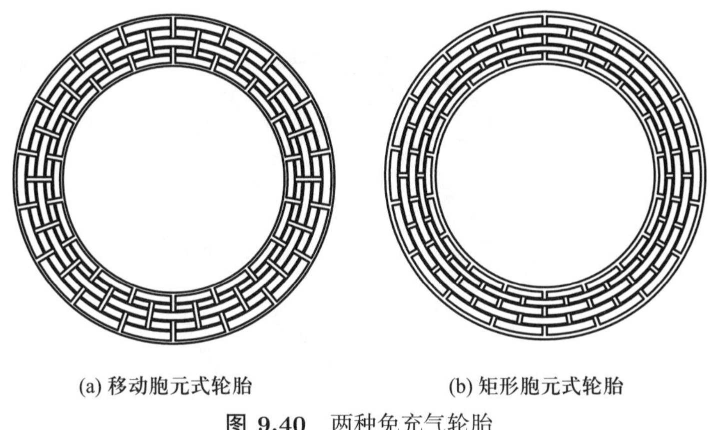

(a) 移动胞元式轮胎　　(b) 矩形胞元式轮胎

图 9.40　两种免充气轮胎

胎的径向载荷大小为 80 N, 作用于轮胎的轴向扭转力矩为 80 N×42.5 mm。有限元软件 ANSYS 的仿真结果如表 9.6 所示。

表 9.6　两种免充气轮胎的性能比较

	移动胞元式	矩形胞元式
径向变形/mm	1.290 3	2.019 8
周向变形/mm	0.133 0	0.195 2
径周变形比	9.710	10.34

由表 9.6 可知, 两种胞元对应的免充气轮胎均具有较大的径周变形比, 都比较适合用于免充气轮胎的设计。移动胞元的径向变形较小, 说明其径向刚度大, 适合重载设计; 而矩形胞元的径向变形较大, 说明其刚度较小, 适合轻载设计。考虑到月球车的设计背景, 因为轮胎的负载不大, 所以应选择适合轻载的矩形胞元进行免充气轮胎的设计。

4. 矩形胞元的参数设计

尽管上述参数的矩形胞元已满足前文中免充气轮胎的设计指标, 但为了实现轮胎更优的性能, 仍需要研究矩形胞元式轮胎的几何参数变化对轮胎性能的影响。矩形胞元的几何参数, 如图 9.41 所示, 主要包括胎面厚度 t_1、径向板簧厚度 t_2、周向板簧厚度 t_3、轮胎内径 d、胞元的个数 N(每个胞元对应的圆周角 $\theta = 180°/N$)。首先, 暂取轮胎中簧片的层数为 3, 假定矩形胞元各参数的初始值如下: $t_1 = 1.2$ mm, $t_2 = 1.2$ mm, $t_3 = 0.6$ mm, $d = 45$ mm, $N = 18$; 然后分析各参数对轮胎性能的影响; 最后, 在确定各参数对轮胎性能的影响后, 优选各参数, 以保证免充气轮胎具有较优的性能。

通过仿真分析, 不同参数变化对轮胎性能的影响如图 9.42 所示。

(1) 当胎面厚度 t_1 值发生变化, 而其他参数不变时, 胎面厚度 t_1 对轮胎性能的

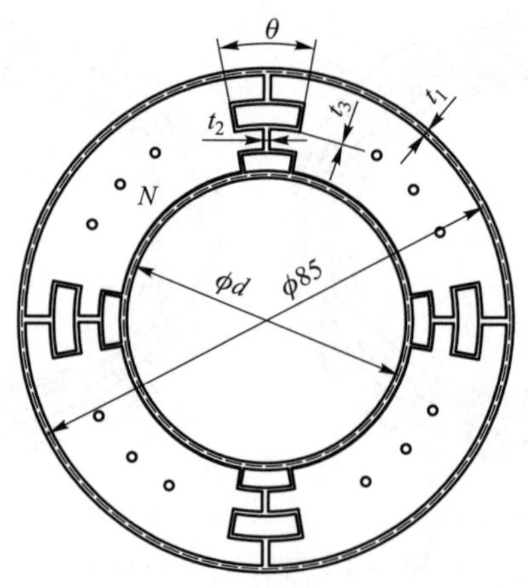

图 9.41 矩形胞元式轮胎的几何参数

影响如图 9.42a 所示。由图可知, 轮胎的径向变形随着 t_1 的增大而减小, 而轮胎的周向变形随着 t_1 的增大几乎不变。这说明轮胎的周向变形和轮胎的厚度关联较小, 也即轮胎的周向变形几乎不受胎面厚度的影响。考虑到胎面厚度对轮胎径向刚度的影响, 可暂取胎面厚度 $t_1 = 0.8$ mm。

(2) 当径向板簧厚度 t_2 值发生变化, 而其他参数不变时, 径向板簧厚度对轮胎性能的影响如图 9.42b 所示。由图可知, 轮胎的径向变形和周向变形均随着 t_2 的增大而减小, 而轮胎的径周变形比随着 t_2 的增大而增大。这说明随着 t_2 的增大, 周向变形的减小幅度更大, 也即周向变形对径向板簧厚度的变化更敏感。为了保证周向变形在一个较小的范围内, 径向板簧厚度应不小于 1.2 mm, 暂取 $t_2 = 1.2$ mm。

(3) 当周向簧片厚度 t_3 值发生变化, 而其他参数不变时, 周向簧片厚度对轮胎性能的影响如图 9.42c 所示。由图可知, 轮胎的径向变形和周向变形均随着 t_3 的增大而减小, 而轮胎的径周变形比随着 t_3 的增大, 表现为先增大后减小, 并在 $t_3 = 0.6$ mm 时取得极大值。为了保证较大的径向变形, 并兼顾径周变形比, 可暂取 $t_3 = 0.6$ mm。

(4) 当内圈直径 d 值发生变化, 内圈直径对轮胎性能的影响如图 9.42d 所示。由图可知, 随着 d 的增大, 轮胎的径向变形变化很小。这是因为轮胎的径向变形主要取决于周向板簧的层数, 与周向板簧的径向间距关联较小。根据该图还可以知道, 随着轮胎内圈直径的增大, 轮胎的周向变形大幅减小。这说明轮胎的周向变形与轮胎的内外圈间距密切相关, 且内外圈间距越小, 轮胎的周向变形越小。这种周向变形的减小, 使得轮胎的径周变形比大幅增大, 可达 20 以上。为了保证较大的径周变形比, 同时考虑轮胎的高宽比, 可取轮胎的内圈直径 $d = 60$ mm。

(5) 当胞元总数 N 值发生变化时, 胞元总数对轮胎性能的影响如图 9.42e 所示。由图可知, 随着 N 的增大, 轮胎的径向变形和周向变形减小, 径周变形比也减小, 且在 $N < 18$ 时, 减幅较小; 在 $N > 18$ 时, 减幅较大。为了保证较大的径周变形比, 同

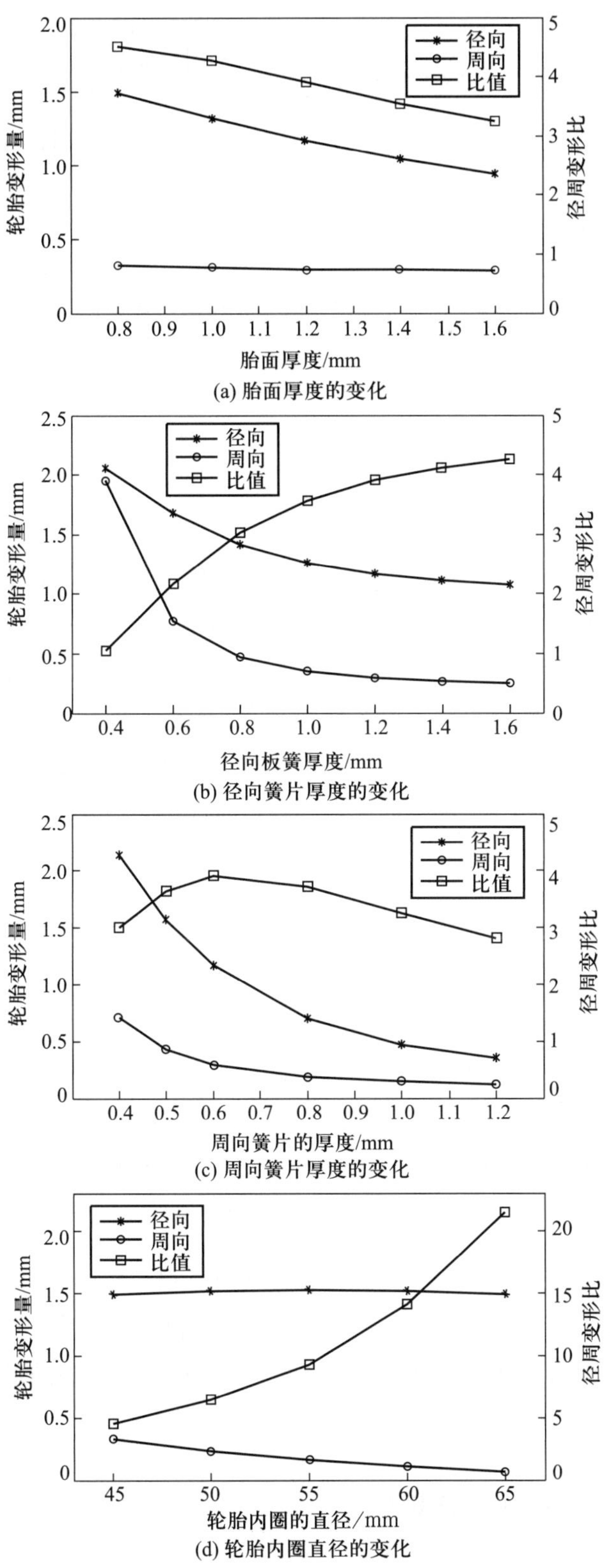

(a) 胎面厚度的变化

(b) 径向簧片厚度的变化

(c) 周向簧片厚度的变化

(d) 轮胎内圈直径的变化

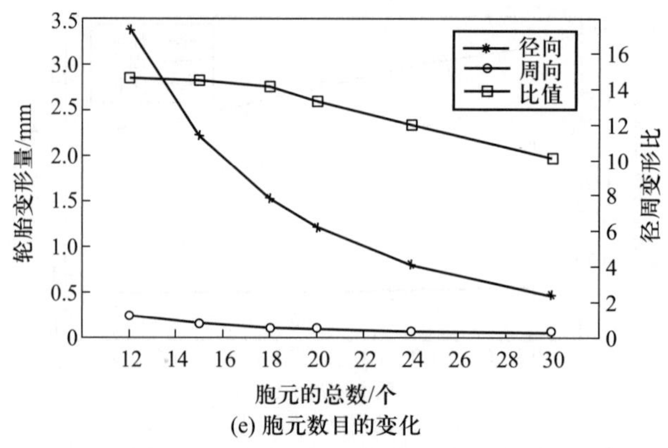

(e) 胞元数目的变化

图 9.42 参数变化对轮胎性能的影响

时考虑径向变形量, 可取轮胎的胞元总数 $N = 18$。

综合以上分析, 表 9.7 给出了满足设计指标的矩形胞元式免充气轮胎的两组几何参数, 以及在相应参数下, 轮胎的径向变形、轴向扭转变形、径周变形比。其中, 为保证轮胎整体性能较优, 参数的选取顺序为: 先选择与胞元构型相关的参数, 包括轮胎内圈直径 d、胞元数目 N; 再选择胞元中簧片的厚度和胎面的厚度。另外, 在表 9.7 给出的两种设计案例中, 轮胎在最大变形时存在的最大应力分别为 60.13 MPa 和 54.80 MPa, 均小于 PLA 的弯曲应力, 满足设计要求。

表 9.7 满足设计指标的免充气轮胎的结构参数

序号	几何参数	径向变形/mm	轴向扭转变形/mm	径周变形比
1	$N = 18, d = 60, t_1 = 0.8$ mm, $t_2 = 1.2$ mm, $t_3 = 0.4$ mm	2.492	0.262 0	9.511
2	$N = 15, d = 60, t_1 = 0.8$ mm, $t_2 = 1.2$ mm, $t_3 = 0.6$ mm	2.211	0.152 8	14.47

5. 模型制作

对于前文中提到的弧线交叉胞元式轮胎和矩形胞元式轮胎, 在确定其基本的几何参数后, 可设计出该轮胎的三维模型。考虑到该轮胎的形状复杂, 使用传统的加工方法费时费力, 因而尝试使用 3D 打印技术进行轮胎实验样品的加工。加工后的实验样品如图 9.43 所示。

9.4.3.2 热不变形圆环的胞元设计

高速电机相比普通电机, 具有功率密度高、传动效率高、占地空间小等优点, 已

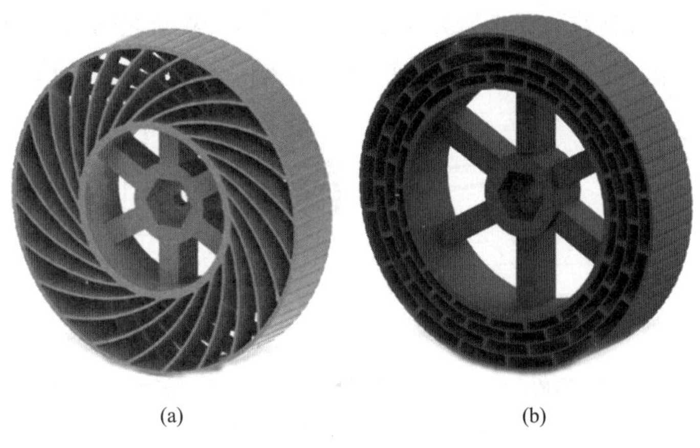

图 9.43 实物样品

经在工业发展中有着重要应用。但在高速电机使用的过程中, 因轴承发热引起轴承抱死的事故时有发生。这主要是由轴承受热后内外圈的膨胀量不同引起的。在轴承受热后, 由于轴承外圈受到轴承座的约束, 所以其膨胀量小于内圈的膨胀量, 进而使轴承间隙减小, 引起轴承抱死。为避免轴承因受热而抱死, 可设计出受热不变形的轴承。为此通过分析和研究热收缩胞元的工作机理, 借鉴现有的二维热缩收胞元, 将二维热收缩胞元应用到热不变形圆环的设计上, 探索热收缩胞元的工程应用。

1. 二维热收缩胞元的特性分析

近年来, 国内外许多学者投入到热收缩材料或结构的研究中。其中, 比较典型的是美国学者 Hopkins 等[18] 尝试从机构设计的角度提出一种具有热收缩特性的胞元结构, 如图 9.44 所示。图中, 浅色和深色为不同热膨胀系数的两种材料。一般将浅色材料称为基体材料, 深色材料称为驱动材料。下面分析此收缩胞元的受热收缩机理。

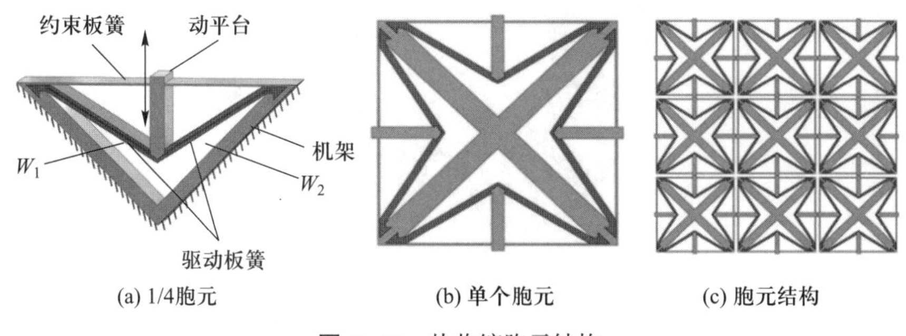

图 9.44 热收缩胞元结构

在图 9.44a 所示的 1/4 胞元中, 动平台通过约束板簧和驱动板簧连接机架。其中的约束板簧提供一个平面约束, 使动平台只具有两个转动和一个移动自由度, 如图 9.45a 所示。驱动板簧提供两个相交的平面约束, 使动平台只具有一个转动自由度, 但是当板簧受热伸长时, 动平台将额外具有一个竖直的移动自由度, 如图 9.45b

所示。由于约束板簧与驱动板簧并联连接在动平台和机架之间, 因此动平台的自由度为二者的交集, 即此胞元仅当受热变形时, 具有一个垂直方向的移动自由度。

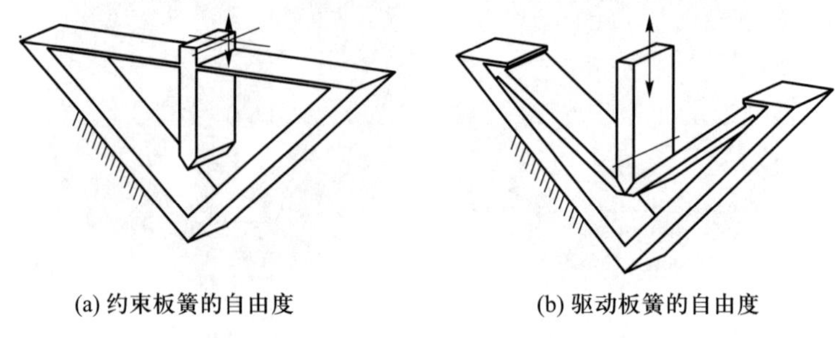

图 9.45 1/4 胞元的自由度分析

当深色材质的热膨胀系数较浅色材质大得多时, 会出现受热后胞元整体膨胀增大, 但动平台末端向内收缩的现象, 进而使得整个胞元结构表现为 “受热收缩”。

2. 热不变形圆环的设计与分析

本节主要以热不变形轴承为研究背景, 结合上节中的 2 维热收缩胞元, 尝试设计一种热不变形的圆环, 预期用作热不变形轴承的内外圈。

首先借鉴 2 维热收缩胞元的工作机理, 进行热不变形圆环的设计。图 9.46 所示为热不变形圆环的结构示意图。图中浅色部分为基体材料, 深色部分为驱动材料, 二者的线膨胀系数不同。

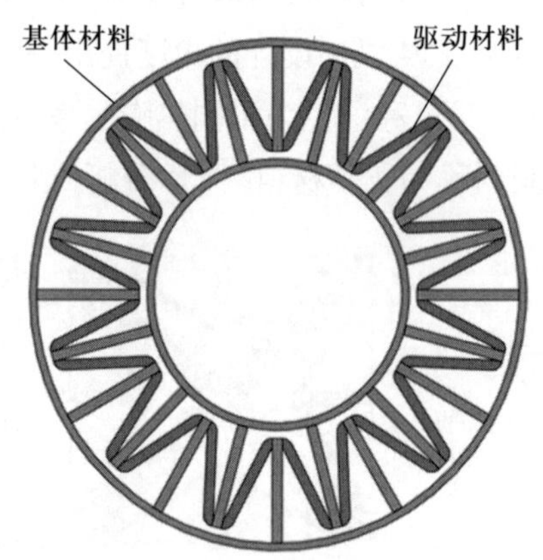

图 9.46 热不变形圆环的结构示意图

图 9.47 所示为热不变形圆环的主要几何参数, 主要包括圆环外径 D、内径 d、内环支撑段长度 l_1、驱动段长度 l_2、外环支撑段长度 l_3、内外环支撑段夹角 θ、内环板厚 t_1、外环板厚 t_2、支撑段和驱动段板厚 t、圆环的宽度 w。

下面分析图 9.47 中圆环的受热变形情况。首先分析圆环中胞元尺寸间的关系。在图 9.48 中的单个胞元中, 设线段 OA 的长度为 ρ_A, 线段 OB 的长度为 ρ_B, 根据

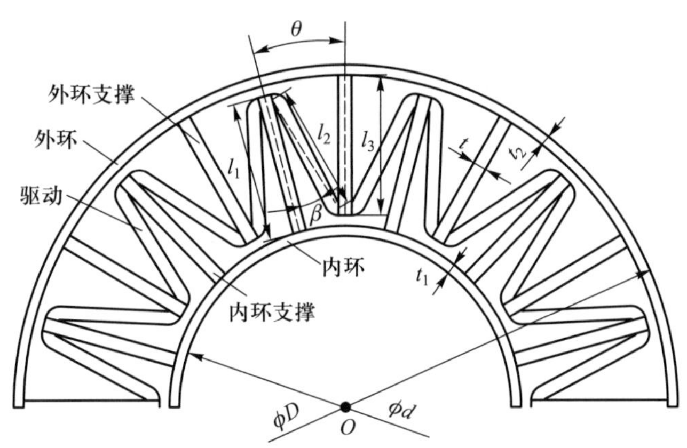

图 9.47　热不变形圆环的几何参数

几何关系容易求得线段 AB 的长度

$$l_{AB}=\sqrt{(\rho_A\cos\theta-\rho_B)^2+(\rho_A\sin\theta)^2}=\sqrt{\rho_A^2+\rho_B^2-2\rho_A\rho_B\cos\theta} \tag{9.43}$$

由于胞元中 θ 较小, 一般有 $\theta<15°$, 因此 $\cos\theta$ 的值接近 1, 线段 AB 的长度近似有

$$l_{AB}\approx\rho_A-\rho_B \tag{9.44}$$

假定圆环中驱动段和基体的材料相同, 则温度升高且均匀一致后, 圆环中胞元的形状如图 9.49 中虚线所示, 驱动材料的两端点为 A、B。当胞元中的驱动段换成一种有较大热膨胀系数的材料后, 线段 AB 将伸长, 伸长后的线段为 $A'B'$。但由于内环支撑和外环支撑的限制, 线段 AB 的伸长将被部分限制, 不妨令其被抑制的伸长量为 δ_3; 同理, 驱动段的伸长, 也会使内环、内环支撑、外环支撑以及外环伸长, 不妨令其伸长量分别为 δ_1、δ_2、δ_4、δ_5。

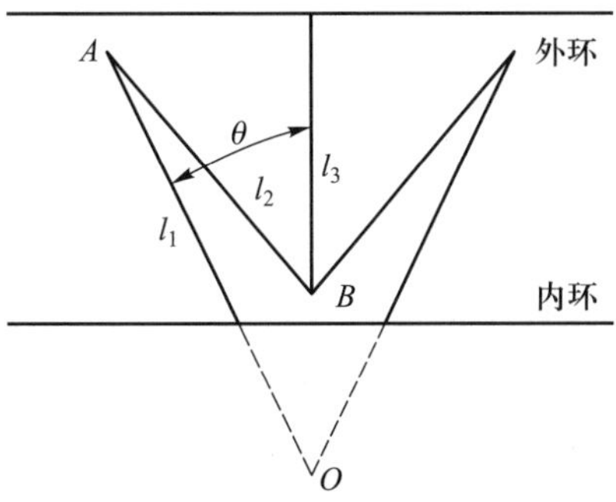

图 9.48　圆环中单个胞元的几何参数

设基体材料的线膨胀系数为 α_1、驱动材料的线膨胀系数为 α_2、设温升为 T_Δ,

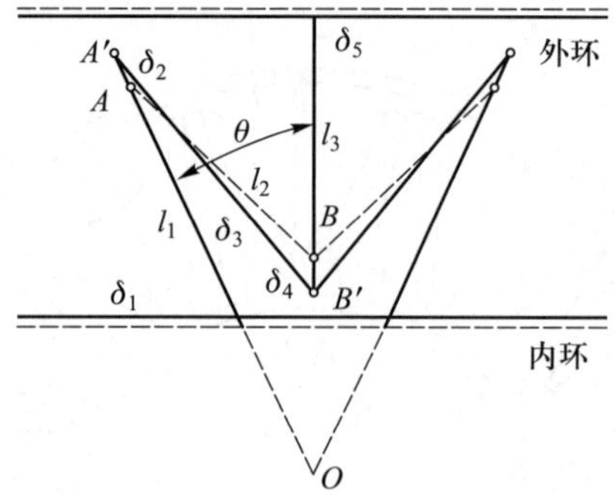

图 9.49 圆环中单个胞元的变形示意

则温度升高后, 线段 $A'B'$ 的长度为

$$l_{A'B'} \approx \rho_{A'} - \rho_{B'} = \left(\frac{d}{2} + l_1\right)(1 + \alpha_1 T_\Delta) + \delta_1 + \delta_2 - \left[\left(\frac{D}{2} - l_3\right)(1 + \alpha_1 T_\Delta) - \delta_4 - \delta_5\right] \tag{9.45}$$

对上式化简可得

$$l_{A'B'} = \left(\frac{d}{2} + l_1 + l_3 - \frac{D}{2}\right)(1 + \alpha_1 T_\Delta) + \delta_1 + \delta_2 + \delta_4 + \delta_5 \tag{9.46}$$

由于 $d/2 + l_1 + l_3 - D/2 = \rho_A - \rho_B \approx l_{AB} = l_2$, 因此上式可化简为

$$l_{A'B'} = l_2(1 + \alpha_1 T_\Delta) + \delta_1 + \delta_2 + \delta_4 + \delta_5 \tag{9.47}$$

此外, 从驱动材料自身的受热变形进行分析, 可得线段 $A'B'$ 的长度

$$l_{A'B'} = l_2(1 + \alpha_2 T_\Delta) - \delta_3 \tag{9.48}$$

结合式 (9.47) 和式 (9.48) 可得

$$l_2(1 + \alpha_1 T_\Delta) + \delta_1 + \delta_2 + \delta_4 + \delta_5 = l_2(1 + \alpha_2 T_\Delta) - \delta_2 \tag{9.49}$$

化简上式可得

$$\delta_1 + \delta_2 + \delta_3 + \delta_4 + \delta_5 = l_2(\alpha_2 T_\Delta - \alpha_1 T_\Delta) \tag{9.50}$$

当驱动段和基体为不同材质时, 温升会使结构中出现内力, 这些内力使得驱动段的伸长受到抑制, 内环、内环支撑、外环支撑以及外环都产生额外的伸长。

下面分析圆环中的胞元受力。圆环中的胞元是圆周阵列布置, 由对称性可知, 内外环支撑只能发生径向的变形, 即只承受径向的拉压力。圆环中的胞元受力如图 9.50 所示, 设内外环支撑承受的径向力分别为 F_1 和 F_2。其中, $F_2 = 2F_1 \cos\theta$, 当 $\theta < 15°$ 时, 近似有 $F_2 = 2F_1$。

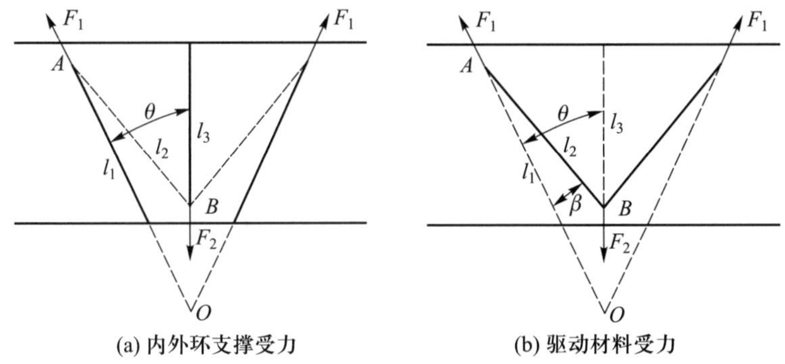

(a) 内外环支撑受力　　(b) 驱动材料受力

图 9.50　圆环中胞元的受力示意图

根据材料力学的相关知识, 容易计算得到

$$\delta_1=\frac{F_1 d}{2E_1\theta w t_1},\quad \delta_2=\frac{2F_1 l_1}{E_1 w t},\quad \delta_3=\frac{F_1 l_2\cos\beta}{E_2 w t},\quad \delta_4=\frac{2F_1 l_3\cos\theta}{E_1 w t},\quad \delta_5=\frac{F_1 D\cos\theta}{2E_1\theta w t_2} \tag{9.51}$$

当 $\theta<15^\circ$ 时, $\cos\theta\approx 1$, 所以上式可化简为

$$\delta_1=\frac{F_1 d}{2E_1\theta w t_1},\quad \delta_2=\frac{2F_1 l_1}{E_1 w t},\quad \delta_3=\frac{F_1 l_2\cos\beta}{E_2 w t},\quad \delta_4=\frac{2F_1 l_3}{E_1 w t},\quad \delta_5=\frac{F_1 D}{2E_1\theta w t_2} \tag{9.52}$$

将式 (9.52) 代入式 (9.51), 可得

$$\frac{F_1 d}{2E_1\theta w t_1}+\frac{2F_1 l_1}{E_1 w t}+\frac{F_1 l_2\cos\beta}{E_2 w t}+\frac{2F_1 l_3}{E_1 w t}+\frac{F_1 D}{2E_1\theta w t_2}=l_2(\alpha_2-\alpha_1)T_\Delta \tag{9.53}$$

不妨令 $t_2=t_1$, 则由上式可得

$$\frac{F_1}{E_1 w}\left(\frac{D+d}{2\theta t_1}+\frac{2l_1+2l_3}{t}+\frac{l_2 E_1\cos\beta}{tE_2}\right)=l_2(\alpha_2-\alpha_1)T_\Delta \tag{9.54}$$

若令 $K=\dfrac{D+d}{2\theta t_1}+\dfrac{2l_1+2l_3}{t}+\dfrac{l_2E_1\cos\beta}{tE_2}$, 则由式 (9.54) 容易计算得到内力

$$F_1=\frac{E_1 w l_2(\alpha_2-\alpha_1)T_\Delta}{K} \tag{9.55}$$

圆环受热膨胀后, 内外圈间距

$$H'=\left(\frac{1}{2}D'-\delta_5\right)-\left(\frac{1}{2}d'+\delta_1\right)=\frac{1}{2}(D-d)(1+\alpha_1T_\Delta)-\delta_1-\delta_5 \tag{9.56}$$

若圆环膨胀前后, 内外圈间距保持不变, 则

$$H'=H=\frac{1}{2}(D-d) \tag{9.57}$$

由上式可推导得到

$$\frac{1}{2}(D-d)\alpha_1 T_\Delta-\delta_1-\delta_5=0 \tag{9.58}$$

将式 (9.52) 代入式 (9.58), 可得

$$(D-d)\alpha_1 T_\Delta=\frac{F_1(D+d)}{E_1\theta w t_1} \tag{9.59}$$

将式 (9.55) 代入式 (9.59), 可得

$$(D-d)\alpha_1=\frac{(D+d)l_2(\alpha_2-\alpha_1)}{K\theta t_1} \tag{9.60}$$

在圆环中, 内外环的直径厚度比远大于支撑板和驱动板的长度比时, 有 $\dfrac{D+d}{2\theta t_1}\gg \dfrac{2l_1+2l_3}{t}+\dfrac{l_2E_1\cos\beta}{tE_2}$, 近似有 $K\approx\dfrac{D+d}{2\theta t_1}$。将其代入式 (9.60) 中, 可得

$$(D-d)\alpha_1=2l_2(\alpha_2-\alpha_1) \tag{9.61}$$

进而可得驱动段的长度

$$l_2=\frac{(D-d)\alpha_1}{2(\alpha_2-\alpha_1)} \tag{9.62}$$

式 (9.62) 即是热不变形圆环的设计公式。在圆环中, 当式 (9.62) 成立时, 圆环在受热前后内外环间距保持不变。

3. 仿真

为验证热不变形圆环的设计与分析是否正确, 下面通过有限元仿真的方法进行验证。假定图 9.46 所示的圆环中, 浅色材质为钛合金, 深色材质为铝合金, 二者的线膨胀系数分别为 $2.32\times10^{-5}/°\text{C}$、$0.88\times10^{-5}/°\text{C}$。在满足式 (9.62) 的条件下, 圆环的主要几何参数为: $D=100$ mm、$d=75$ mm、$l_1=8.5$ mm、$l_2=7.86$ mm、$l_3=8.5$ mm、$t=2$ mm、$t_1=1.5$ mm、$w=20$ mm、$\theta=10°$。

使用有限元软件进行仿真分析, 当温度场由 0°C 上升到 100°C 后, 圆环的内环和外环的径向膨胀量分别为 $3.946\,7\times10^{-5}$ m 和 $3.993\,0\times10^{-5}$ m。因而可知, 温度升高后圆环的内外环间距变化量为 4.63×10^{-7} m。

若不采用上述设计, 圆环中的材质均为钛合金, 则温度升高后内外环间距变化量为 1.125×10^{-5} m。可见, 基于柔性胞元结构设计的热不变形圆环确实可以有效减小温升时内外环的间距变化, 设计的热不变形圆环可以达到预期目的。

9.5 本章小结

本章重点阐述的是胞元设计方法在柔性机构创新中的应用。该方法用到了前面介绍的图谱法、对称设计原理、VCM、GCSFM 等概念和方法, 结合定性描述与定量

评价, 提供了一种相对简单、实用的柔性机构概念设计方法, 在一定意义上也是 “另类” 的构型与尺度统一综合。

本章还对柔性胞元结构的设计问题作了一些粗浅的探索。通过把胞元结构看作一类特殊的柔性机构, 将柔性机构的相关理论和分析方法用到特殊功能胞元结构的设计与分析中。

(1) 首先以免充气轮胎为背景, 从改进设计和创新设计两种思路, 设计了两种胞元式柔性结构模型; 通过分析轮胎胞元的几何参数对性能的影响, 来优选胞元的几何参数, 最终得到了满足预期要求的两种新型免充气轮胎。

(2) 以热不变形轴承为研究背景, 分析了 2 维热收缩胞元的变形机理, 并将 2 维热收缩胞元应用到热不变形圆环的设计上, 导出了圆环内外间距保持不变时, 圆环中胞元的几何参数、材质线膨胀系数之间的关系式。有限元仿真表明, 该计算公式可有效指导热不变形圆环的设计。

参考文献

[1] 于靖军, 裴旭, 宗光华. 机械装置的图谱化创新化设计. 北京: 科学出版社, 2014.

[2] 裴旭. 基于虚拟运动中心概念的机构设计理论与方法. 博士学位论文. 北京: 北京航空航天大学, 2009.

[3] 赵宏哲. 基于约束特性的柔性精密运动模块参数化设计. 博士学位论文. 北京: 北京航空航天大学, 2010.

[4] 陆登峰. 胞元式柔性机构及结构的特性分析与应用. 硕士学位论文. 北京: 北京航空航天大学, 2015.

[5] Trease B P, Lu K J, Kota S. Biomimetic compliant system for smart actuator-driven aquatic propulsion: Preliminary results//2003 ASME International Mechanical Engineering Congress, IMECE2003-41446.

[6] Bacher J P, Bottinelli S, Breguet J M, et al. Delta3: Design and control of a flexure hinges mechanism//Microrobotics and Microassembly, Proceedings of SPIE Vol. 4568, 2001: 135-142.

[7] 瞿嘉骏. 基元式机构概念设计方法之研究. 博士学位论文. 中国台湾: 成功大学,2004.

[8] Awtar S, Slocum A H. Constant-based design of parallel kinematic XY flexure mechanisms. ASME Journal of Mechanical Design, Transactions of the ASME, 2007, 129: 816-830.

[9] Kim C J, Kota S, Moon Y M. An instant center approach toward the conceptual design of compliant mechanisms. ASME Journal of Mechanical Design, Transactions of the ASME, 2006, 128(2): 542-550.

[10] Bernardoni P, Bidaud P, Bidard C, et al. A new compliant mechanism design methodology based on flexible building blocks//Proceedings of Smart Structures, SPIE Modeling, Sign. Proc. Cont., 66, San Diego, USA, 2004.

[11] Yu J J, Li S Z, Pei X, et al. A unified approach to type synthesis of both rigid and flexure parallel mechanisms. Science in China Series E: Technological Sciences, 2011, 54(5), 1206-1219.

[12] Smith S T, Chetwynd D G. Foundations of ultraprecision mechanism design. Gordon and Breach Science Publishers, 1992.

[13] 范华林, 方岱宁. 胞元材料拓扑构型与力学性能的相关性. 清华大学学报 (自然科学版), 2007, 47(11): 2072-2075.

[14] Olympio K R, Gandhi F. Zero Poisson's ratio cellular honeycombs for flex skins undergoing one-dimensional morphing. Journal of Intelligent Material Systems and Structures, 2010, 21(17): 1737-1753.

[15] Vocke R D, Kothera C S. Woods B K. Development and testing of a span-extending morphing wing. Journal of Intelligent Material Systems and Structures, 2011, 22(9): 879-890.

[16] Evans A G, Hutchinson J W, Fleck N A, et al. The topological design of multifunctional cellular metals. Progress in Materials Science, 2001, 46(3-4): 309-327.

[17] Rhyne T B, Cron S M. Development of a non-pneumatic wheel. Tire Science and Technology, 2006, 34(3): 150-169.

[18] Hopkins J B, Lange K J, Spadaccini C M. Designing microstructural architectures with thermally actuated properties using freedom, actuation, and constraint topologies. Journal of Mechanical Design, Transactions of the ASME, 2013, 135(6): 061004.

[19] Jia M, Jia R P, Yu J J. A Compliance-based parameterization approach for type synthesis of flexure mechanisms. Journal of Mechanism and Robotics, Transactions of the ASME, 2015, 7(3): 031014.

第 10 章 基于误差补偿的精度设计

第 4、5 章曾对柔性机构的精度及寄生运动进行了分析与评估, 初步探索了减小寄生运动的参数优化方法。本章是对该问题的深化和扩展, 重点研究柔性机构的精度设计。

众所周知, 柔性机构普遍存在寄生运动, 这会降低运动精度。尽管学者们提出了一些高精度的柔性构型, 如 Awtar 等提出的平面移动机构[1-2], 但其设计之初却并非以精度为首要目标, 而且设计主要依赖于设计者的经验和直觉, 缺乏系统化的设计方法。目前, 主要存在两种提高柔性机构精度的方法: 一种是改变结构参数和材料特性, 但该方法不能克服构型本身存在的缺点, 因此对精度的改善非常有限; 另一种则是通过补偿的方式提高精度, 该方法研究焦点目前主要集中在对直线机构的误差补偿上, 如平行四杆柔性机构[2]、柔性 Roberts 机构[3-4] 以及 Scott–Russell 机构[5-6]等。总之, 现有精度补偿方面的研究大多局限于对单自由度的移动机构的讨论, 鲜有多自由度 (转动、移动混合) 机构寄生运动补偿问题的研究。但上述文献中提出的部分设计理念还是可以借鉴的, 如寄生运动的抵消处理[7]、对称设计[8] 等。

本章将从寄生运动补偿的角度出发, 全方位地对大行程, 高精度的单、多轴柔性机构设计进行研究[9-16]。尽管都可归为误差补偿法, 但所采用的补偿机理及方法有所不同。

10.1 柔性机构的误差源

柔性机构中的误差源很多, 主要有两种: 一种是由于加工精度 (包括装配) 引起的误差, 包括柔性单元的结构参数误差、铰链间的位置误差、杆件的长度误差等; 另一种是由驱动器、运动传动机构及环境等外围元件或外部因素引起的误差[17-18]。

10.1.1 柔性单元的误差源分析

10.1.1.1 加工误差

首先以圆弧缺口型柔性铰链为例，说明加工误差对精度的影响。从式 (3.47) 可知，柔度矩阵中的各元素都是柔性转动副尺寸参数 (壁厚 t、切口圆弧半径 R 和铰链宽度 b) 的函数，即

$$C_{ij} = C_{ij}(t, R, b) \tag{10.1}$$

因此，如果在铰链制造加工过程中因为某种原因造成这 3 个参数产生误差 (统称这种误差为加工误差)，必然会影响机构的最终精度。

具体而言，加工误差可分为以下几种：① 切口圆弧半径大小加工误差；② 切口圆弧中心位置误差；③ 切口圆弧圆度误差；④ 铰链宽度加工误差。其中，情况①同时改变了 R 和 t 的值；情况②不仅改变了 t 的值，还改变了转轴中心的位置；而情况③的出现不仅改变了 R 和 t 的值，还使得第 3 章用于计算刚度的公式不再适用；情况④则仅改变了 b 的值。不过，无论发生上述哪种情况，都使铰链结构参数产生了加工误差，从而在一定程度上影响了铰链的刚度。

假定由于产生了加工误差 Δt、ΔR、Δb，上述 3 个参数分别变为 t^*、R^*、b^*，则柔性转动副的柔度矩阵元素变成了这 3 个参数的函数

$$C_{ij}^* = C_{ij}^*(t^*, R^*, b^*) \tag{10.2}$$

除此之外，切口圆弧中心线垂直度误差也是影响铰链变形的一个重要因素。这里将其单列出来，是因为这种情况改变了铰链整个的空间变形方式。下面将重点讨论该情况对铰链变形的影响。

图 10.1 给出了两种特殊情况下的切口圆弧中心线垂直度误差：一种是中心线绕 x 轴的转角误差；另一种是中心线绕 z 轴的转角误差。

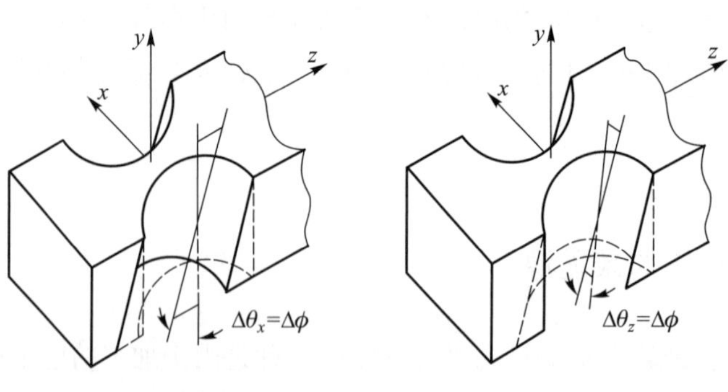

(a) 中心线绕x轴的转角误差　　(b) 中心线绕z轴的转角误差

图 10.1 圆弧切口中心线垂直度误差

还有一种更为普遍的转角误差, 即绕任意轴线的转角误差。这种情况下可通过坐标变换的方法得到铰链在新坐标系下的柔度矩阵, 由式 (3.69) 得

$$\boldsymbol{C}^{**}=\begin{bmatrix}\boldsymbol{R}_{x,y,z} & \boldsymbol{0}\\ \boldsymbol{0} & \boldsymbol{R}_{x,y,z}\end{bmatrix}\boldsymbol{C}\begin{bmatrix}\boldsymbol{R}_{x,y,z} & \boldsymbol{0}\\ \boldsymbol{0} & \boldsymbol{R}_{x,y,z}\end{bmatrix}^{\mathrm{T}} \tag{10.3}$$

式中

$$\boldsymbol{R}_{x,y,z}=\boldsymbol{R}_z(\theta_z)\boldsymbol{R}_y(\theta_y)\boldsymbol{R}_x(\theta_x)=\begin{bmatrix}\mathrm{c}\theta_z & -\mathrm{s}\theta_z & 0\\ \mathrm{s}\theta_z & \mathrm{c}\theta_z & 0\\ 0 & 0 & 1\end{bmatrix}\begin{bmatrix}\mathrm{c}\theta_y & 0 & \mathrm{s}\theta_y\\ 0 & 1 & 0\\ -\mathrm{s}\theta_y & 0 & \mathrm{c}\theta_y\end{bmatrix}\begin{bmatrix}1 & 0 & 0\\ 0 & \mathrm{c}\theta_x & -\mathrm{s}\theta_x\\ 0 & \mathrm{s}\theta_x & \mathrm{c}\theta_x\end{bmatrix} \tag{10.4}$$

假定由于产生加工误差 $\Delta\phi$, 参数变为 ϕ^*, 则柔性铰链的柔度矩阵元素变成了包含该变量的函数

$$C_{ij}^{**}=C_{ij}^{**}(t,R,b,\phi^*) \tag{10.5}$$

综合以上几种可能的加工误差, 造成柔性铰链的柔度矩阵元素的误差可写成以下的函数形式:

$$\Delta C_{ij}=C_{ij}(\Delta t,\Delta R,\Delta b,\Delta\phi) \tag{10.6}$$

再以平行四杆型柔性移动副为例, 说明加工误差对精度的影响。由于该柔性移动副中主要的变形单元是柔性转动副, 因此其中的主要误差源仍然包括前面所讲的柔性转动副中存在的 4 种加工误差。也就是说, Δt、ΔR、Δb 与 $\Delta\phi$ 仍然影响着移动副的精度。除此之外, 柔性移动副还有一个重要的结构参数, 即连杆长度 l。很明显, 由加工引起的杆长误差 Δl 也会对运动副的整体变形产生影响。

利用第 3 章的知识, 很容易导出柔性移动副在功能方向上的柔度为

$$C_x=\frac{9\pi l^2R^{1/2}}{8Ebt^{5/2}} \tag{10.7}$$

根据此模型可预估由于加工误差造成的柔性移动副功能方向的最大变形误差 (相对误差) 为

$$\left|\frac{d_x}{x}\right|_{\max}=\left|\frac{\Delta R}{R}\right|+\left|\frac{\Delta b}{b}\right|+\left|\frac{2\Delta l}{l}\right|+\left|\frac{5\Delta t}{2t}\right| \tag{10.8}$$

10.1.1.2 理论模型误差

除了加工引起的误差外, 柔性机构中还存在着因为理论模型建立不准确所造成的误差, 这类误差同样不能忽视。仍以简单的圆弧缺口型柔性铰链为例。

1. 转轴中心发生偏移引起的相对误差

理想的柔性铰链希望在功能方向上刚度越小越好, 而在非功能方向上刚度越大越好, 而实际的设计无法达到这一境界, 经常是非功能方向上的刚度有限。由于机构

尤其空间机构受力比较复杂，结果必然导致柔性铰链的非理想变形，转动中心也随之发生改变。另外，柔性转动副与常规转动副之间的驱动方式有着很大的不同：传统的驱动方式是由电动机给转动副施加一个力矩，使之产生旋转运动；而柔性铰链一般由压电陶瓷直线驱动，这时相当于施加了一个力矩的同时还产生了剪切力。该剪切力将使柔性铰链不再绕其固定的转轴中心作纯弯曲运动。图 10.2 给出了一种较为简单的因为转轴中心发生转移引起误差 (只考虑功能方向) 的情况。

若转轴中心只有横向的偏移，偏移量为 δ，柔性铰链的理论转角为 φ，实际转角为 φ^*，则柔性铰链转角的理论值与实际值的偏差

$$\mathrm{d}\varphi = \varphi^* - \varphi \approx \frac{\Delta}{R+l-\delta} - \frac{\Delta}{R+l} = \frac{\Delta\delta}{(R+l-\delta)(R+l)} \tag{10.9}$$

假设柔性转动副的结构参数为：$R = 2$ mm，$l = 2$ mm，$\Delta = 100\mu\text{m}$，$\delta = 50$ μm，这时柔性铰链的理论转角 $\varphi = 1.43°$，而柔性铰链转角的理论值与实际值的偏差 $\mathrm{d}\varphi \approx 0.18°$，几乎是理论值的 1/8，可见该误差不容忽视。另外，由式 (10.9) 可看出：转角偏差 $\mathrm{d}\varphi$ 与偏离量 δ 基本成正比，δ 越大，转角偏差越大，精度越低，并最终影响机构的定位精度。

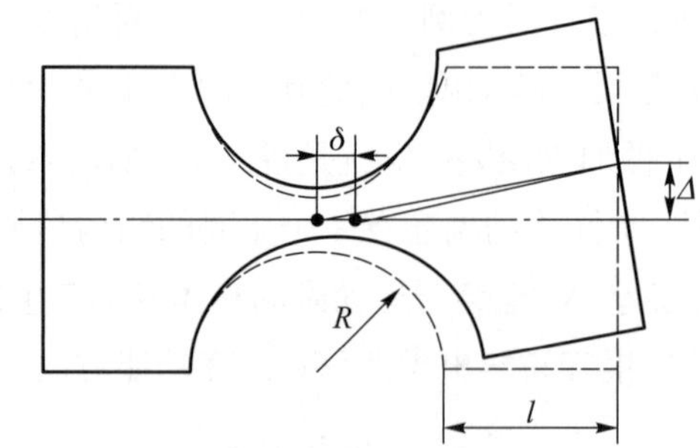

图 10.2 转轴中心发生转移引起的误差

2. 理论模型简化所造成的相对误差

由第 3 章的分析可知，式 (3.47) 中对应的各个元素均是进行简化后的结果，一般都要满足薄壁厚度 t 远远小于切口圆弧半径 R 的条件才能保证简化的结果具有足够的精确度。如果按式 (3.47) 所给的公式来计算铰链的刚度，R/t 比值越小，误差值就越大。实际上，由于受到加工工艺的限制，薄壁的厚度不可能加工得很薄，很难保证 t 远远小于 R 的条件，因此误差值也很难降低到可以忽略的程度。另外，有时为了增加机构的承载能力，提高功能方向上的刚度，确保机构末端具有较好的动态特性及抗干扰能力，往往要增加厚度 t，减小 R。这样，对刚度的影响，通常会造成理论计算值比实际变形值偏高。为此，Smith[19] 给出了柔性转动副在不同 R/t 比值的情况下计算其功能方向上刚度的经验公式，以减小理论模型简化所造成的绝对误差。

10.1.1.3 寄生运动误差

柔性移动副中存在着寄生运动误差, 又称纵向耦合误差, 如图 10.3 所示。通常情况下, 当移动副沿水平方向产生 d_x 的位移时, 在垂直方向上同时会产生微位移 d_y。一般情况下, 纵向的微位移相对横向位移很小, 可忽略不计。例如, 移动副的横向位移为 50 μm, 铰链间距离 l 为 50 mm, 其他参数如表 10.1 所示, 则计算所得的纵向耦合误差 d_y 只有 7 nm。但当对柔性机构有很高的精度要求 (如纳米级) 时, 就不能忽略这种交叉耦合误差的影响。

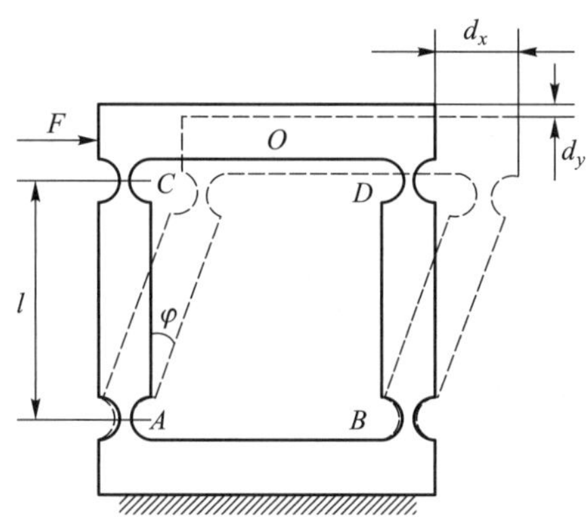

图 10.3 柔性移动副中的寄生运动误差

表 10.1 柔性转动副的几何参数

R/mm	b/mm	t/mm	E/GPa	ν
2	10	1	126	0.3

10.1.2 外围元件及外部因素的误差源分析

10.1.2.1 驱动器安装引起的误差

以压电陶瓷为例, 在安装压电陶瓷时, 应注意到压电陶瓷驱动器与被驱动部位之间的接触方式。若采用面接触方式, 则可能引入较大误差。因为在给压电陶瓷施加电压之前, 两者之间是面接触; 当给压电陶瓷施加电压时, 接触方式变成了点接触, 接触点的位置也发生了转移。如果依然按照面接触方式计算柔性铰链的转角, 则必然会带来误差。解决该问题的一种方法是使压电陶瓷与驱动部位之间一直保持点接触。另外, 考虑到柔性铰链是机构中对温度变化最为敏感的部件, 为尽量减小热变形对机构精度的影响, 应使驱动器远离柔性铰链。

10.1.2.2 测量引起的随机误差

高精度测量引起的误差源很多, 如测量仪器的零点漂移、测量环境的改变 (温度、湿度等) 等, 这些不确定因素所造成的误差均可称为随机误差。在高精度要求的前提下, 这些不确定影响并不能完全忽略, 因此需要将不同时间多次测量得到的误差以概率的方法进行分析, 得到有关的概率数字特征, 最后进行误差评估。

10.1.2.3 环境误差

在柔性机构精度的误差源中, 外部环境也是其中重要的因素。这些影响多来源于地基的振动、环境的噪声以及温差等。而有时这些环境引起的误差对柔性机构的精度影响却是致命的。

因超高精度的定位要求, 柔性机构对温度的影响更加敏感。在可能引起机构温度发生变化的两大来源中 (一个是驱动元件, 一个是外部环境), 由于柔性机构的驱动器多选用几乎不发热的压电陶瓷, 可不予考虑其造成的影响, 而主要考虑环境温度的影响。应寻找该因素对机构精度的影响方式与规律, 以便采取合理的措施来减小或者消除这种影响, 进而提高机构的精度。

热变形对柔性机构精度的影响可通过商用有限元软件 ANSYS 进行模拟。由于实际中热源方式、热传导途径等因素经常发生变化, 很难实现对机构的热变形进行高精度的预测。目前, 主要的减小机构热效应的方法是隔离热源, 如采用特定的温控箱; 或者监控环境温度, 以便在控制中加以补偿。

另外, 来源于环境的振动及噪声也会极大地影响柔性机构的精度。由于其中的柔性铰链在一定程度上降低了机构的刚度, 自然地降低了机构的固有频率, 多数柔性机构的一阶固有频率局限于 $30 \sim 500$ Hz, 这个频率范围内的设备对环境的振动十分敏感。而且与机构最可能发生直接联系的控制单元的固有频率也接近这个频率带。如果不采取任何隔振措施, 很容易与机构发生共振。

10.2 基于刚柔寄生运动相互补偿的单轴柔性机构精度设计

10.2.1 寄生运动分析

寄生运动又称伴随运动, 是相对功能运动而言的, 也是不希望存在的运动。根据其来源不同, 可以分为刚性寄生运动和柔性寄生运动。

10.2.1.1 刚性寄生运动

图 10.4a 所示的刚性杆 AB 由一个理想的转动副连接于基座上, 当杆 AB 绕着转动副 A 顺时针旋转时, 另一端 B 的运动轨迹为一段圆弧。在转动角度很小的条件下, 可认为点 B 沿 x 轴线方向作近似直线运动。这时, y 轴方向的运动定义为刚性寄生运动, 其位移大小为

$$d_y = H_{\mathrm{p}}(1 - \cos\theta) \tag{10.10}$$

式中, H_{p} 为 AB 的长度; θ 为转动角度。对式 (10.10) 进行泰勒展开, 可得

$$d_y = \frac{H_{\mathrm{p}}}{2}\theta^2 - \frac{H_{\mathrm{p}}}{24}\theta^4 + \frac{H_{\mathrm{p}}}{720}\theta^6 - \cdots \tag{10.11}$$

式 (10.11) 可写为

$$d_y = a_2\theta^2 + a_4\theta^4 + a_6\theta^6 + \cdots \tag{10.12}$$

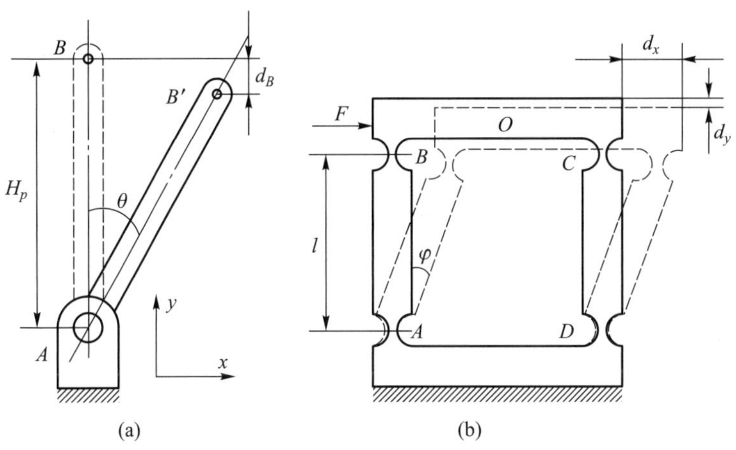

图 10.4 刚性寄生运动

从上面分析可以看出, 让单个杆件充当近似直线机构, 虽然结构简单, 但是随转角 θ 增加, 误差 d_y 快速增加。不过对于小行程的柔性机构而言, 这种近似直线机构的误差表现并不突出。通过伪刚体模型的逆变换, 图 10.4a 可以等效为一个簧片或缺口型柔性铰链连接的刚性杆件。于是, 图 10.4b 所示的平行四杆型柔性机构即等效为两个这种近似直线机构并联而成的柔性直线导向机构。

由上可知, 由理想转动副构成的刚性机构误差 d_B 实质上是由于坐标系选择造成的人为寄生运动。为区别起见, 这里称为*刚性寄生运动*。

10.2.1.2 柔性寄生运动

轴漂是柔性机构寄生运动的另外一种表现方式, 是一个基本无法克服的问题。对于柔性铰链, 一般希望轴漂越小越好, 转动精度越高越好。

下面考虑带有轴漂的柔性铰链 (图 10.5)。设柔性铰链转动时, 轴漂 d 导致端点 D 在 x 方向偏移 δ_x,y 方向偏移 δ_y。这里将轴漂导致的寄生运动定义为柔性寄生运动。

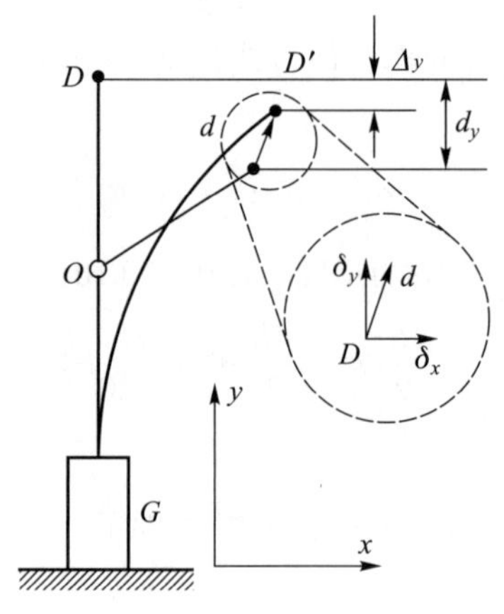

图 10.5 柔性寄生运动

10.2.1.3 刚柔耦合寄生运动

下面考虑刚柔耦合对寄生运动的影响。以图 10.5 所示的柔性铰链为例, 如前所述, 假设点 D 沿初始方向, 即 x 轴正方向作近似直线运动, 在 y 轴方向则会表现出刚柔耦合寄生运动的影响, 其位移大小可表示成

$$\Delta_y = d_y - \delta_y \tag{10.13}$$

可以看出, 铰链的轴漂改变了端点 D 的偏移量。

10.2.2 基于刚柔寄生运动补偿的柔性直线导向机构设计方法

10.2.2.1 补偿机理

由式 (10.13) 可知, 假设柔性寄生运动 δ_y 恰好能够抵消刚性寄生运动 d_y, 则柔性铰链在 y 轴方向的位移 Δ_y 为 0, 即 D 点将作直线运动。至于 δ_x, 由于它的方向与 x 轴方向相同, 且大小远比行程小得多, 故可忽略。这就是刚柔寄生运动的补偿机理, 同时提供了一种新的柔性直线导向机构设计方法。

实际上, 完全消除轴漂非常困难, 不过可使式 (10.13) 的值达到最小。为此, 在选择柔性铰链时应该符合以下条件:

(1) 柔性铰链轴漂方向应与转动偏移量的方向相反, 如在图 10.5 中, δ_y 的方向为 y 轴的正方向;

(2) δ_y 应尽可能接近 d_y, 把 δ_y 也泰勒展开为式 (10.12) 的形式, 可判断接近的程度。

需要指出的是, 上述构造直线机构的方法必须以柔性铰链轴漂的准确计算为前提。

对于符合上述两个条件的柔性铰链, 可以再进行优化, 以便在特定的行程范围内构造精度最优的近似直线机构。

10.2.2.2 设计步骤

基于刚柔寄生运动相互补偿机理构造高精度柔性直线机构的具体设计步骤如下:

(1) 选择一种柔性转动单元或模块。

这里不妨选交叉簧片型柔性铰链。

(2) 对柔性模块的轴漂进行分析, 重点分析待补偿的分量。

例如, 在图 10.6 中, 将交叉簧片型柔性铰链轴漂的 y 轴分量进行泰勒展开, 可得

$$\delta_y = b_2\theta^2 + b_4\theta^4 + \cdots \tag{10.14}$$

式中

$$b_2 = \frac{n_\mathrm{r}}{2(n_\mathrm{r}+1)\cos^2\varphi}H \tag{10.15}$$

$$b_4 = -\frac{n_\mathrm{r}(7-4n_\mathrm{r}+n_\mathrm{r}^2+3n_\mathrm{r}/\cos^2\varphi)}{24(1+n_\mathrm{r})^3\cos^2\varphi}H \tag{10.16}$$

$$n_\mathrm{r} = \frac{h_\mathrm{r}}{H} \tag{10.17}$$

对于该柔性铰链, 式 (10.17) 可写为

$$n_\mathrm{r} = \frac{\gamma}{n_\mathrm{f}} - 1 \tag{10.18}$$

(3) 分析柔性模块对应伪刚体模型的刚性寄生运动。

柔性模块对应的伪刚体模型的刚性寄生运动可由式 (10.11) 计算得到。

(4) 计算刚柔耦合寄生运动所产生的位移差 ε。

比较式 (10.14) 和式 (10.12) 可知, 交叉簧片型柔性铰链的轴漂方向和大小满足上面所述的两个条件, 因此它具有被优化成某直线机构的可能性。在图 10.6 中, 动刚体 DC 的垂直平分线上连接刚体 EP, 设点 P 到转动中线 O 的距离为 H_p, 为使点 P 的运动轨迹接近直线, 式 (10.12) 和式 (10.14) 应满足

$$a_2 = b_2 \tag{10.19}$$

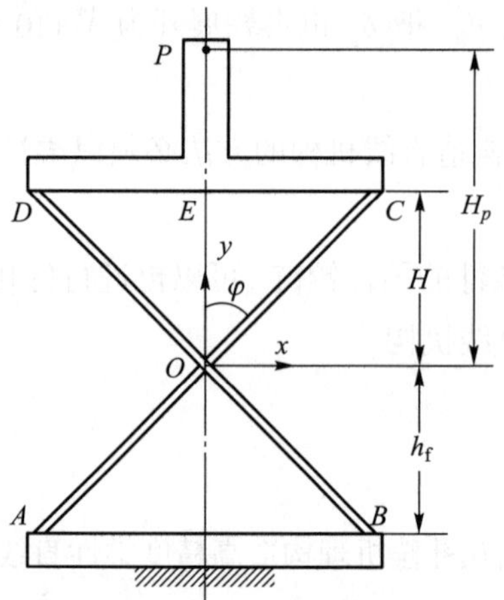

图 10.6 用交叉簧片型柔性铰链构造柔性直线导向机构

则刚柔耦合寄生运动所产生的位移差 ε (即 $\varDelta_y$) 为

$$\varepsilon=\delta_y-d_y\approx(a_4-b_4)\theta^4=\frac{n_{\rm r}(2-2n_{\rm r}+n_{\rm r}/\cos^2\varphi)}{8(1-n_{\rm r})^3\cos^2\varphi}H\theta^4 \tag{10.20}$$

可以计算得到交叉簧片型柔性铰链的直线运动特征点 P 的高度为

$$H_{\rm p}=\frac{n_{\rm r}}{(1+n_{\rm r})\cos^2\varphi}H \tag{10.21}$$

取交叉簧片型柔性铰链的参数为: $\varphi=45°, H=h_{\rm f}$, 代入式 (10.20) 与式 (10.21), 可得到

$$H_{\rm p}=\frac{2}{3}H \tag{10.22}$$

$$\varepsilon=-\frac{2}{27}H\theta^4 \tag{10.23}$$

(5) 对结构参数优化, 以使 ε 最小, 并保证其他性能, 再通过仿真验证结果的有效性。

例如, 对于由 $H=20$ mm 的交叉簧片型柔性铰链构成的直线机构, 计算得 $H_{\rm p}=13.333$ mm。有限元仿真和计算结果的曲线如图 10.7 所示。由于 $\varDelta_y$ 相对于 $\varDelta_x$ 非常小, 所以可认为 P 点作近似直线运动。

根据式 (10.23), 因为 $H_{\rm p}=2H/3$, 于是可判断点 P 在柔性铰链内部。通过改变铰链参数可以调整点 P 的位置, 例如让 $H=h_{\rm f}$ 保持不变, 让 φ 变化, 只要满足 $\varphi>54.73°$, 点 P 即落在 DC 连线的上方。

基于上述步骤便可完成对柔性直线机构的设计。总之, 这种设计方法依赖于对柔性铰链轴漂的计算, 而后借助有限元分析方法开展进一步的优化。

(6) 利用对称设计等方法进一步得到精度更高的柔性直线机构。

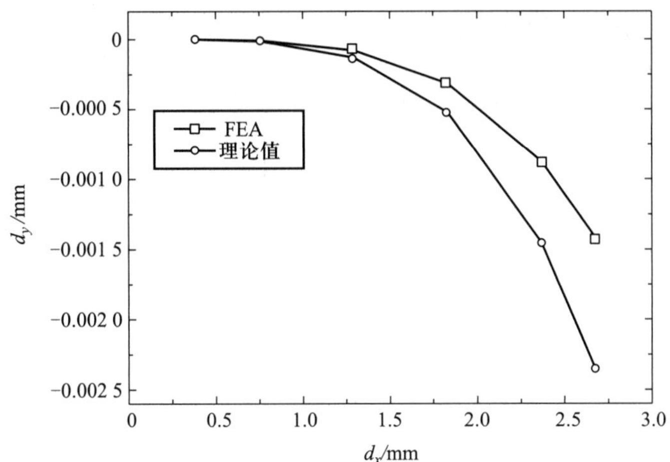

图 10.7 交叉簧片型柔性铰链特征点 P 的位移

通常, 从简单柔性直线模块获得直线度更高的柔性机构的方法是在串、并联的基础上采取对称设计。

10.2.3 设计实例 —— 基于 LITFP 模块的柔性直线导向机构设计

10.2.3.1 簧片式柔性直线机构的设计

由第 4 章和第 9 章对簧片型等腰梯形柔性铰链 (LITFP) 轴漂的计算可知, TI 的轴漂方向不符合 10.2.2.1 节轴漂补偿机理的第 (1) 个条件, 而 TⅡ 满足。下面再解释 TⅡ 也满足条件 (2), 如图 10.8 所示 (这样布置的 LITFP 所对应的刚性直线机构即为 Roberts 直线机构)。

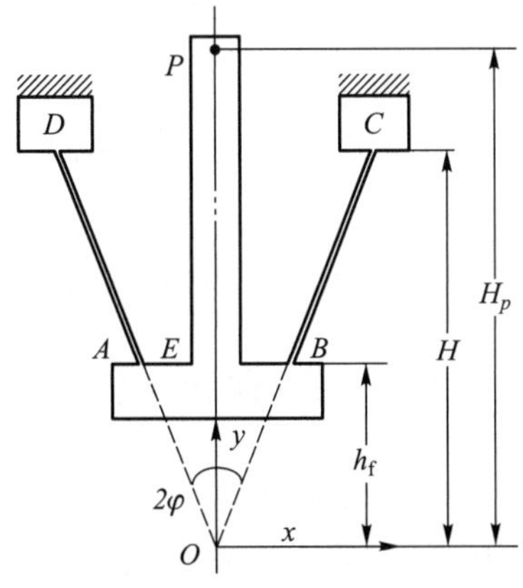

图 10.8 LITFP 构造的柔性直线机构 (P点为特征点)

TⅡ 的轴漂沿 y 轴分量的泰勒展开为

$$\delta_{2y} = b_2\theta^2 + b_4\theta^4 + b_6\theta^6 + \cdots \tag{10.24}$$

式中

$$b_2 = \frac{n_{\rm r}}{2(1-n_{\rm r})\cos^2\varphi}H \tag{10.25}$$

$$b_4 = -\frac{n_{\rm r}\left(1+n_{\rm r}+7n_{\rm r}^2-3n_{\rm r}\tan^2\varphi\right)}{2(1-n_{\rm r})^3\cos^2\varphi}H \tag{10.26}$$

由式 (10.17) 可知

$$n_{\rm r} = 1-\frac{\gamma}{n_{\rm f}} \tag{10.27}$$

比较式 (10.24) 和式 (10.12) 可知, TⅡ 的 LITFP 轴漂满足 10.2.2.1 节轴漂补偿机理的第 (2) 个条件, 这意味着它可以被优化为一个直线机构。类似 10.2.2.2 节的步骤 (4), 在 LITFP 动刚体 AB 的垂直平分线上连接刚体 EP, 由式 (10.20) 可解得

$$H_{\rm p} = \frac{n_{\rm r}}{(1-n_{\rm r})\cos^2\varphi}H \tag{10.28}$$

$$\varepsilon = \frac{n_{\rm r}^2\left(1+2n_{\rm r}-\tan^2\varphi\right)}{8(1-n_{\rm r})^3\cos^2\varphi}H\theta^4 \tag{10.29}$$

点 P 在直线运动方向的位移为

$$\varDelta_x = H_{\rm p}\sin\theta \approx H_{\rm p}\theta \tag{10.30}$$

为使近似直线机构的误差减小, 应该使式 (10.29) 的 ε 尽量小。下面用有限元仿真来验证 P 点的运动。

选择 LITFP 的参数为: $h_{\rm f}=8.75$ mm, $H=20$ mm, $\varphi=30°, t=0.5$ mm, $b=5$ mm。根据式 (10.28) 计算出 $H_{\rm p}=25.667$ mm。假设材料为铝合金, $E=71$ GPa, $\nu=0.33$, 用 BEAM3 单元划分网格。令 LITFP 的长边固定, 在短边上施加一弯矩, 记录其转动角度和 P 点位置变化的关系, 曲线如图 10.9 所示。由图中可以看出, 在 d_x 较小的区段, 可认为点 P 作近似直线运动, 且计算结果与有限元分析结果之间的误差很小。

利用对称设计进一步得到精度更高的柔性直线机构。

10.2.3.2 基于 ITFP 模块的柔性直线导向机构的设计

1. 集中柔度 Roberts 机构的伪刚体模型

柔性 Roberts 直线机构中既可采用分布柔度的簧片, 也可采用集中柔度的缺口型柔性铰链 (如图 10.10a 所示)。不过由于采用伪刚体模型, 它们的设计过程都是一

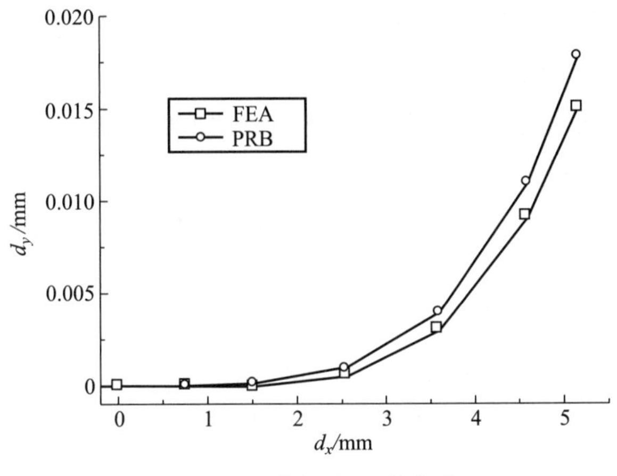

图 10.9 特征点 P 的位移

样的。该柔性机构的伪刚体模型可以等效为图 10.10b 所示机构。等效的方法是在各柔性铰链的转动中心处用刚性铰链加以替换, 并用等效扭矩弹簧替代柔性铰链的刚度。刚性 Roberts 直线机构是一种特殊的平面四杆双摇杆机构, 连架杆 AD 和 BC 长度相等, 连杆 AB 的长度小于机架 DC 的长度; 特征点 P 位于 AB 的中垂线上, 靠近 DC 一侧; 当机构运动时, 点 P 作近似直线运动。

坐标系的选取如图 10.10b 所示, 期望 P 点沿 x 方向实现直线位移, 记为 δ_x; P 点沿 y 方向的位移为运动的垂直偏移量, 记为 δ_y。为了衡量直线机构上特征点运动轨迹与理想直线的吻合程度, 这里引入直线度的概念, 并由下式定义:

$$\lambda = \frac{\delta_x}{\delta_y} \tag{10.31}$$

直线度 λ 的物理意义在于, 衡量特征点在直线运动时寄生运动的相对大小。有关直线导向机构的运动精度指标主要涉及特征点运动的直线度, 显然 λ 越大越好。

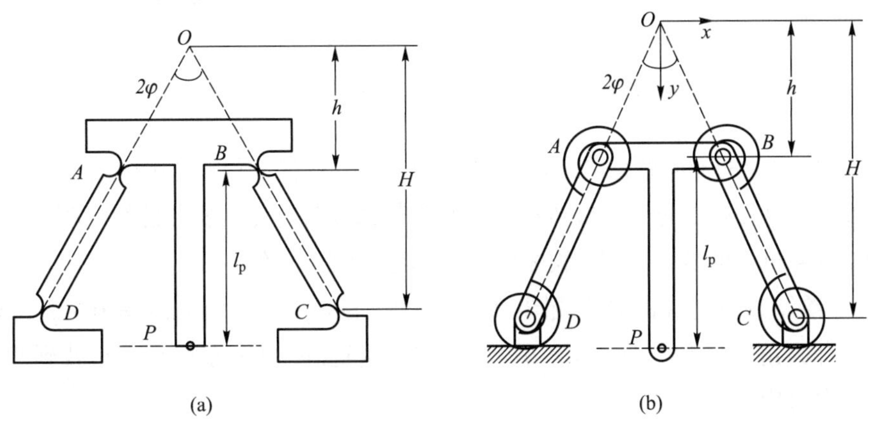

图 10.10 柔性 Roberts 直线机构及其伪刚体模型

与 LITFP 的描述类似, Roberts 机构初始状态下 (AB 与 DC 平行) 为等腰梯形, 由 4 个参数确定构型:

(1) H —— 梯形下底与两腰延长线交点 O 之间的距离;

(2) φ —— 梯形两腰夹角的一半;

(3) h —— 梯形上底与两腰延长线交点 O 之间的距离, 本文中也用与 H 的相对关系 n 表示, $n = h/H$;

(4) l_{p} —— 特征点 P 距离梯形上底 AB 的距离。

机构运动位置一般参数用 AB 杆转动的角度 θ 表示, 不过有时也可用直线运动的位移即 δ_x 代替 θ。δ_x 是 θ 的函数, 当 θ 较小时, 可通过下式进行估算:

$$\delta_x = (h + l_{\mathrm{p}})\theta \tag{10.32}$$

2. 特征点位置的选择

Roberts 机构的几何参数对特征点运动的直线度有很大影响。当 H、h 以及 φ 给定后, 通过优化点 P 的位置 (l_{p} 值) 可能使轨迹达到较高的直线度。在这里, 主要研究 l_{p} 对直线度的影响, 而假设其他各参数固定。图 10.11 给出 $H = 20$ mm, $n = 0.5, \varphi = 30°$ 的条件下, 不同 l_{p} 取值所对应的 P 点轨迹的误差曲线。图中, δ_y 为 P 点在 y 方向上的偏移量; δ_x 为 P 点在 x 方向上的行程。可以看出, 对应于不同的期望行程 $\delta_{x\mathrm{m}}$, 总能找到一个 l_{p} 使得整个行程上轨迹的直线偏移量最小。

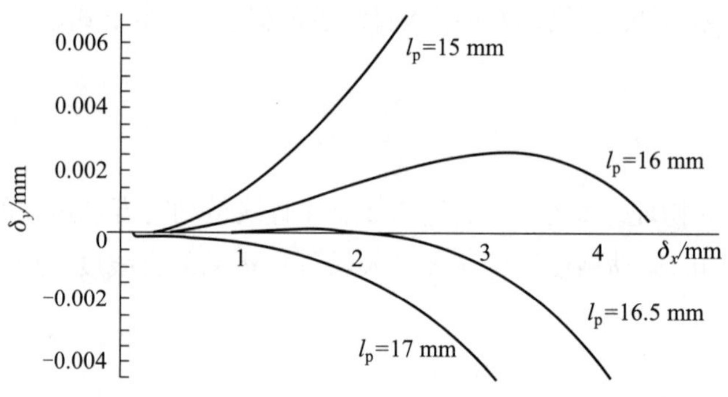

图 10.11 l_{p} 不同取值对应的 P 点轨迹误差曲线

反之, 对应的逆问题是给定行程, 如何求得 l_{p}, 以保证行程范围内的直线度达到设计要求? 这往往是近似直线机构设计及参数选取时首先需要考虑的问题。下面给出 Roberts 机构的例子, 通过作图方法求解较精确的 l_{p} 值。

(1) 绘制直线度 λ 的等值线图, 如图 10.12 所示 ($H = 20$ mm, $n = 0.5, \varphi = 30°$)。其横坐标为角度 θ, 纵坐标为 l_{p}。l_{p} 取值在 l_{p0} 附近, 图中的每个 λ, 都可找到两条等值线与之对应。

(2) 给定期望直线度值, 并在对应的两条等值线之间找到适合期望行程的 l_{p}。如

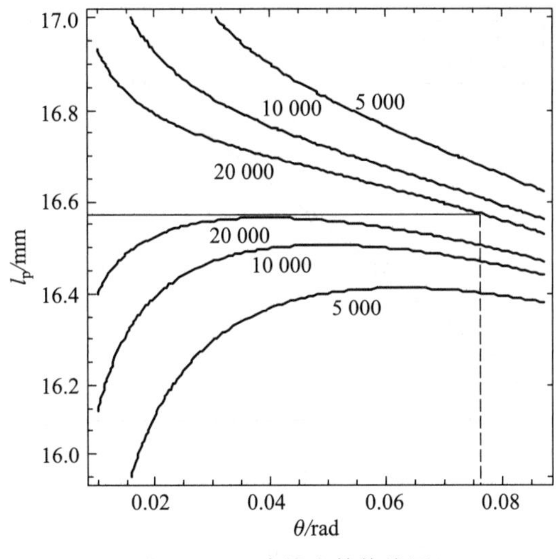

图 10.12 直线度等值线图

选择 $\lambda = 20\ 000$, 则可以找到期望行程的最大转角约为 $\theta = 0.076$ rad, 对应的 $l_{\mathrm{p}} = 16.57$ mm, 此时 δ_x 约为 2 mm。

由于柔性铰链转动的不确定性, 伪刚体模型存在一定的误差, 这样将导致上述误差分析结果的不确定。下面通过有限元仿真和伪刚体模型结果的比较加以说明。

使用 ANSYS 进行大变形非线性仿真。模型参数为: $H = 20$ mm, $n = 0.5, \varphi = 30°, l_{\mathrm{p}} = 16.57$ mm。每个柔性铰链长 0.5 mm, 厚 0.2 mm, 并假设刚性杆的刚度远大于柔性铰链的刚度。

有限元仿真结果与伪刚体模型的计算结果如图 10.13 所示。图 10.13a 为 δ_x 与转角 θ 的对应关系。图 10.13b 为点 P 在 y 方向上的偏移量 δ_y。从图中可以看出:

(1) 伪刚体模型在计算柔性 Roberts 机构点 P 的位移 δ_x 方面有较高的精度, 但在计算点 P 的偏移量 δ_y 时有较大误差。分析原因, 主要在于偏移量的绝对值非常小, 伪刚体模型等效带来的微小误差就无法忽略。这时, 伪刚体模型的计算结果只能作为设计的参考值。

(2) 从伪刚体模型中得到的规律仍对柔性机构的设计有借鉴作用。例如, 图 10.13b 中 $l_{\mathrm{p}} = 16.57$ mm 时仿真结果的曲线对应于 l_{p} 偏大的情况, 这时可减少 l_{p} 值。当减小至 16 mm 时, 机构的直线度更高。

(3) 在已知伪刚体模型 l_{p} 值的基础上, 借助有限元仿真和优化, 柔性 Roberts 机构可获得较高的直线度。

3. 柔性直线导向机构

尽管 Roberts 机构特征点能够作单点直线运动, 但它所在的构件存在转动, 因此单个 Roberts 机构还不足以构成直线导向机构, 必须由两个或两个以上的 Roberts

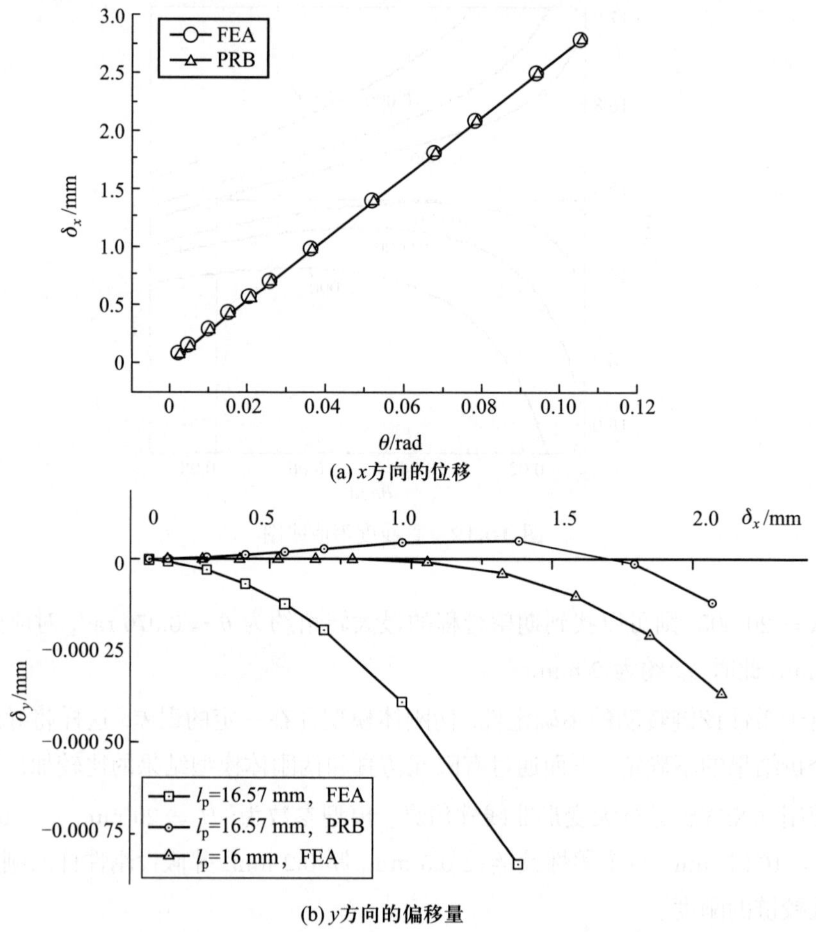

(a) x方向的位移

(b) y方向的偏移量

图 10.13 有限元仿真与伪刚体模型结果的比较

机构构造一个直线导向机构。当然构造的方法很多, 最简单的是将两个 Roberts 机构并联, 如图 10.14 所示。

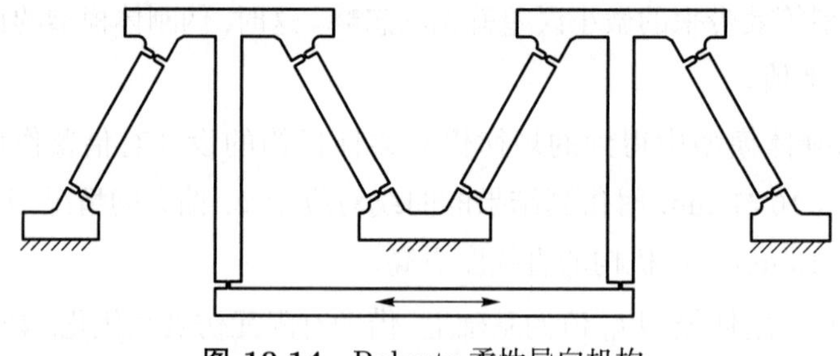

图 10.14 Roberts 柔性导向机构

4. 实验验证

为了验证 Roberts 柔性导向机构的精度特性, 设计了如图 10.15 所示的实验装置。当顶杆推动柔性导向机构的直线运动平台运动时, 垂直于运动方向的偏移量可由固定在基座上的位移传感器 (电涡流位移传感器 eddyNCDT3300, 量程 1 mm, 分辨率 0.1 μm) 测量得到。

实验中的两个待测柔性导向机构样件用线切割一体成型, 材料为黄铜。它们各单元的参数分别为: ① 样件 I: $H = 60$ mm, $n = 0.5, \varphi = 15°, l_{\mathrm{p}} = 32$ mm; ② 样件 Ⅱ: $l_{\mathrm{p}} = 30.5$ mm, 其他参数与样件 I 相同 (基于前面仿真优化后得到的结果)。实验和仿真结果如图 10.16 所示。

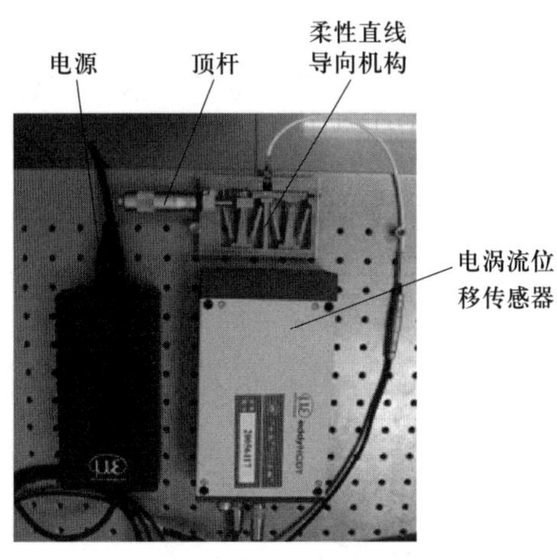

图 10.15 实验装置

从图可以看出: 样件 Ⅱ 具有更高的精度, 当直线运动平台行程 $\delta_x < \pm 2$ mm 时, 偏移量 $\delta_y < 1$ μm。

10.3 基于约束特性的误差补偿原理与单轴柔性直线机构设计

10.3.1 基于约束特性的误差补偿原理

10.3.1.1 现有移动型柔性模块的缺点

对移动型的柔性模块, 研究最多的平行双簧片式结构, 如图 10.17a 所示。由于运动刚体对转角的位移约束, 两根簧片末端实现了无转动的平移运动。然而, 由于平行簧片本身伴随有寄生误差, 对应的柔性模块也无法幸免。如图 10.17b 所示, 当运动刚体在 X 方向移动时, 在 Y 方向将伴随寄生运动, 使得运动刚体无法实现高精度的直线导向功能。为补偿其寄生运动, 文献 [20] 利用车轮形柔性铰链替换平行四杆的刚性铰链, 得到了如图 10.17c 所示的移动型柔性模块。

考虑图 10.17c 所示的构型, 根据车轮形柔性铰链的轴漂特性, 在运动过程中, 其转动中心将向固定刚体端移动。这意味着, 单个支链上两个柔性模块转动中心之间

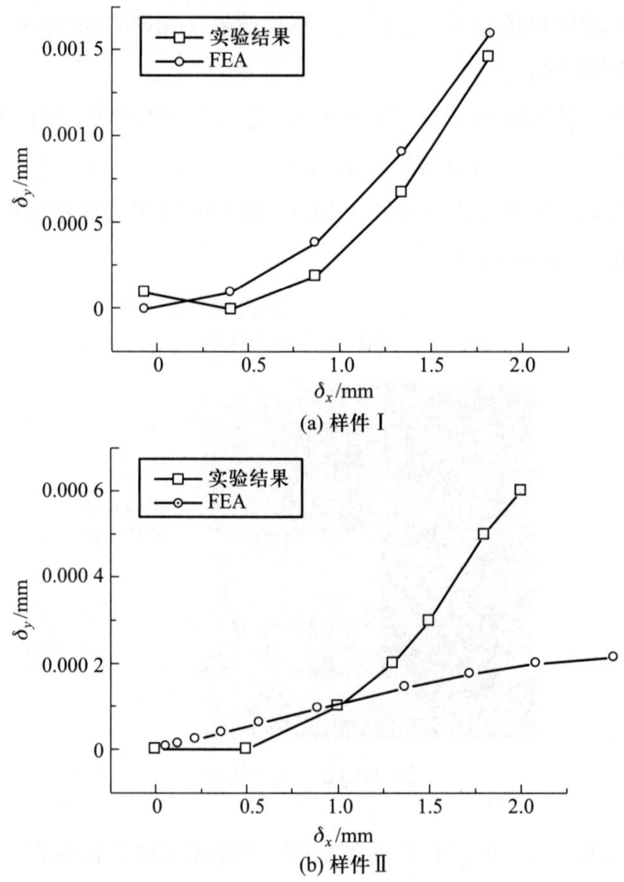

(a) 样件 Ⅰ

(b) 样件 Ⅱ

图 10.16 导向机构的运动精度

的距离减小; 而在运动过程中, 平行四杆的运动刚体和基座的距离本身也是在缩短。因此, 采用车轮形柔性铰链的后果, 是进一步加剧了平行四杆的寄生运动。尽管如此, 却提供了一种有效补偿这类柔性机构寄生误差的设计思想。

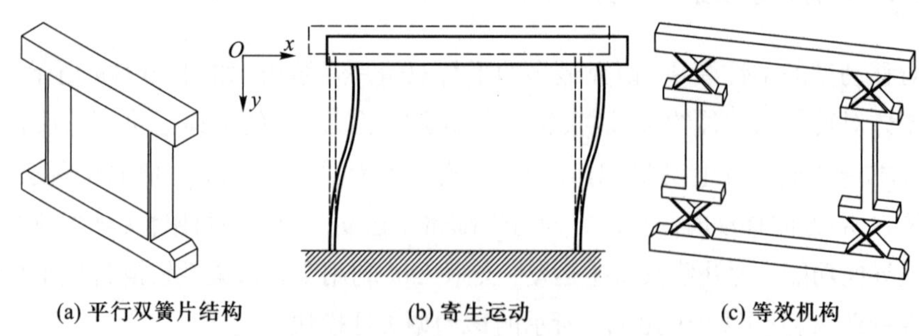

(a) 平行双簧片结构　(b) 寄生运动　(c) 等效机构

图 10.17 柔性平行四杆的寄生误差示意图

10.3.1.2 柔性平行四杆移动模块的误差补偿原理

受到图 10.17c 所示构型的启发, 可选用合适的转动型柔性铰链来替换刚性铰链, 充分利用轴漂的特性, 变缺陷为优点, 来补偿平行四杆所固有的寄生运动。这是一种非常有前景的设计理念, 尤其对簧片型的柔性模块, 可以同时实现高精度和大行程。另外, 由于簧片同时起着铰链和连杆的作用, 从而可使移动型柔性模块设计得非常紧凑。为了更清楚地阐述寄生运动的补偿原理, 下面将利用刚体等效模型, 来分析柔性平行四杆运动模块的单个支链。

为此提出了两种寄生误差的补偿方案, 如图 10.18 所示。首先, 定义单个支链上两个柔性铰链转动中心的初始距离, 为刚性连杆的长度。铰链在转动过程中, 连杆在 Y 方向的投影缩短, 缩短量定义为 d_{y_1}。另一方面, 柔性铰链的轴漂可视为两个移动副, 分别沿 X 和 Y 方向作微位移运动 (X 方向的移动副未标示在图中)。因此, 在 Y 方向, 柔性铰链的轴漂 $d_{y_{no}}$ 可用于补偿刚性连杆的投影缩短量。

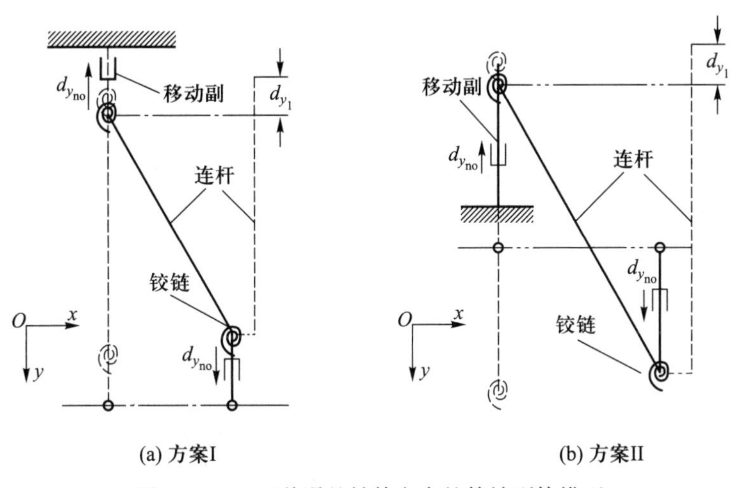

(a) 方案I (b) 方案II

图 10.18 两种误差补偿方案的等效刚体模型

为了抵消寄生误差, 轴漂的 Y 向分量必须沿着图 10.18 中箭头所示的方向。对两种方案, 由于约束边界和刚性连杆的拓扑关系相异, 所要求的轴漂方向也不同。具体而言, 方案 I 中, 为了使单个柔性铰链两端刚体的距离增加, 其瞬心需向运动刚体端移动; 而对方案 II, 铰链的转动中心则需向固定刚体端移动。

因此, 从轴漂方向的角度来判断, 车轮形柔性铰链满足方案 II 的补偿条件。然而, 要想补偿掉其中全部的寄生误差, 还需要定量分析。当连杆长度 L_1 被柔性平行四杆的特征长度 L 量纲一化之后, 连杆在 Y 方向的投影缩短量可计算如下:

$$d_{y_1} = \frac{L_1}{L}(1-\cos\theta) = l_1(1-\cos\theta) \approx l_1\frac{\theta^2}{2} \tag{10.33}$$

由式 (10.33) 可知, 投影的缩短量由两个因素所决定: 量纲一化的连杆长度 l_1 和

柔性铰链的转角 θ。进而, 如果轴漂 Y 方向的分量满足下面的位移约束关系, 寄生运动的主导项将被抵消掉, 从而实现高精度的直线运动:

$$\text{方案 I}: \quad dy_{\text{no}} = \frac{dy_1}{2} \approx \frac{l_1\theta^2}{4} \tag{10.34}$$

$$\text{方案 II}: dy_{\text{no}} = -\frac{dy_1}{2} \approx -\frac{l_1\theta^2}{4} \tag{10.35}$$

根据单根簧片柔性单元的特征, 其轴向位移为 θ^2 阶次, 补偿的可能性存在。注意到 l_1 为量纲一参数, 而连杆的长度和柔性铰链的尺寸相互冲突, 使得连杆的缩短量和柔性铰链的轴漂存在着位移的相互抑制。因此, 协调连杆和柔性铰链的尺寸参数就变得十分重要, 即保证二者的轴漂位移满足式 (10.34) 和式 (10.35) 的约束, 来最终实现柔性平行四杆寄生误差的补偿。

10.3.2 高精度柔性直线导向机构的设计

10.3.2.1 柔性铰链的选择

目前, 交叉簧片型柔性铰链是应用最广的柔性转动副之一。而其扩展形式 —— 广义交叉簧片型柔性铰链 (图 10.19), 在功能和特性方面则具有更广阔的应用空间。因此这类性能优良、构型相对简单的柔性铰链, 可作为转动型柔性模块, 进一步组合成柔性直线导向机构。

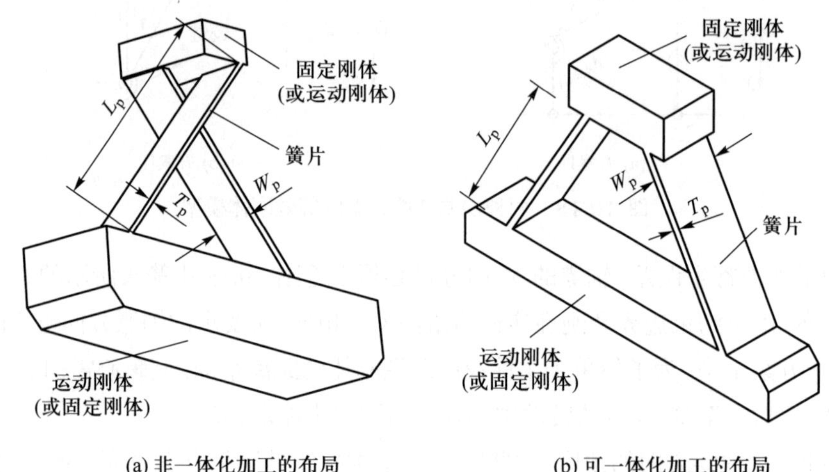

(a) 非一体化加工的布局　　(b) 可一体化加工的布局

图 10.19 两种可作为转动模块的广义交叉簧片型柔性铰链

根据第 4 章和第 9 章分析的结果, 广义交叉簧片型柔性铰链的轴漂可表示如下:

$$\begin{cases} d_{x_\text{p}} = C_{x\theta\text{-p}}\theta_\text{p}^3 + H_{x\theta\text{-p}} + C_{xf\text{-p}}f_\text{p} + C_{xp\text{-p}}p_\text{p} \\ d_{y_\text{p}} = C_{y\theta\text{-p}}\theta_\text{p}^2 + H_{y\theta\text{-p}} + C_{yf\text{-p}}f_\text{p} + C_{yp\text{-p}}p_\text{p} \end{cases} \tag{10.36}$$

式中, 下角标 p 代表铰链的参数。当 $\lambda < 0.5$ 时 ($\lambda > 0.5$ 时, 通过转化模型即可得到), 各系数为

$$
\begin{cases}
C_{x\theta\_\mathrm{p}} = \dfrac{-1}{150\cos\alpha}(9\lambda^2 - 9\lambda + 1)(12\lambda - 1) \\
H_{x\theta\_\mathrm{p}} = \dfrac{600\cos\alpha(1-2\lambda)\theta_\mathrm{p}}{A_3\sin^2\alpha}\left(\dfrac{1}{d_\mathrm{p}} + A_2\theta_\mathrm{p}^2\right) + \dfrac{\theta_\mathrm{p}^5}{6\ 300A_3\cos^3\alpha}\cdot \\
\qquad \left[-300A_1\sin^2\alpha - 30\cos^2\alpha(12\lambda-1)(2\lambda-1)\right](9\lambda^2 + 15\lambda - 1) \\
C_{xf\_\mathrm{p}} = \dfrac{50}{A_3\sin^2\alpha}\left(\dfrac{1}{d_\mathrm{p}} + A_2\theta_\mathrm{p}^2\right) + \dfrac{(12\lambda-1)\theta_p^4}{2\ 520A_3\cos^2\alpha}(9\lambda^2 + 15\lambda - 1) \\
C_{xp\_\mathrm{p}} = \dfrac{1}{2A_3}\left[\dfrac{\theta_\mathrm{p}^3}{126\cos^2\alpha}(9\lambda^2 + 15\lambda - 1) - \dfrac{10(12\lambda-1)\theta_\mathrm{p}}{\sin^2\alpha}\left(\dfrac{1}{d_\mathrm{p}} + A_2\theta_\mathrm{p}^2\right)\right] \\
C_{y\theta\_\mathrm{p}} = \dfrac{-1}{15\cos\alpha}(9\lambda^2 - 9\lambda + 1) \\
H_{y\theta\_\mathrm{p}} = \dfrac{1}{2\cos\alpha}\left[\dfrac{-3\tan^2\alpha}{10}A_1^2 + \dfrac{1}{1\ 500}(2\ 592\lambda^4 - 3\ 024\lambda^3 + 1\ 338\lambda^2 - 241\lambda + 2)\right]\cdot \\
\qquad \theta_\mathrm{p}^4 + \dfrac{1}{2\cos\alpha}\left(1 - \dfrac{3\tan^2\alpha}{10}A_1\theta_\mathrm{p}^2\right)\left\{\dfrac{\theta_\mathrm{p}^2}{A_3\cos^2\alpha}\left(\dfrac{1}{d_\mathrm{p}} + A_2\theta_\mathrm{p}^2\right)\cdot\right. \\
\qquad \left[-1\ 200A_1\sin^2\alpha - 120\cos^2\alpha(12\lambda-1)(2\lambda-1)\right] + \\
\qquad \left.\dfrac{1\ 200(2\lambda-1)\theta_\mathrm{p}^2\cot^2\alpha}{A_3}\left[\dfrac{12\lambda-1}{10}\left(\dfrac{1}{d_\mathrm{p}} + A_2\theta_\mathrm{p}^2\right) + \dfrac{A_1\tan^2\alpha}{1\ 400}(2\lambda-1)\theta_\mathrm{p}^2\right]\right\} \\
C_{yf\_\mathrm{p}} = \dfrac{-5}{A_3\cos^2\alpha}\left(1 - \dfrac{3\tan^2\alpha}{10}A_1\theta_\mathrm{p}^2\right)\left\{-(12\lambda-1)\theta_\mathrm{p}\left(\dfrac{1}{d_\mathrm{p}} + A_2\theta_\mathrm{p}^2\right) + \right. \\
\qquad \left. 10\cot^2\alpha\left[\dfrac{12\lambda-1}{10}\left(\dfrac{1}{d_\mathrm{p}} + A_2\theta_\mathrm{p}^2\right) + \dfrac{\tan^2\alpha}{1\ 400}(2\lambda-1)A_1\theta_\mathrm{p}^2\right]\theta_\mathrm{p}\right\} \\
C_{yp\_\mathrm{p}} = \dfrac{1}{2A_3\cos^2\alpha}\left[1 - \dfrac{3\tan^2\alpha}{10}A_1\theta_\mathrm{p}^2\right]\left\{100\left(\dfrac{1}{d_\mathrm{p}} + A_2\theta_\mathrm{p}^2\right) + \right. \\
\qquad \left.(12\lambda-1)\theta_\mathrm{p}^2\cot^2\alpha\left[(12\lambda-1)\left(\dfrac{1}{d_\mathrm{p}} + A_2\theta_\mathrm{p}^2\right) + \dfrac{\tan^2\alpha}{140}(2\lambda-1)A_1\theta_\mathrm{p}^2\right]\right\}
\end{cases}
$$

其中, $A_1 = \dfrac{-2}{15}(9\lambda^2 - 9\lambda + 1)$; $A_2 = \dfrac{1}{6\ 300}(9\lambda^2 - 9\lambda + 11)$。

同时, 此柔性铰链的模型中, 簧片的长度用 L_p 来表示。因此, 各量纲一参数的定义如下:

$$
m_\mathrm{p} = \frac{M_\mathrm{p}L_\mathrm{p}}{EI}, \quad f_\mathrm{p} = \frac{F_\mathrm{p}L_\mathrm{p}^2}{EI}, \quad p_\mathrm{p} = \frac{P_\mathrm{p}L_\mathrm{p}^2}{EI},
$$
$$
d_{y_\mathrm{p}} = \frac{DY}{L_\mathrm{p}}, \quad d_{x_\mathrm{p}} = \frac{DX}{L_\mathrm{p}}, \quad d_\mathrm{p} = 12\left(\frac{L_\mathrm{p}}{T_\mathrm{p}}\right)^2
$$

根据 Y 向轴漂的表达式 d_{y_p}, 无论几何参数 λ 的范围如何, 其主导项 $d_{y_{\mathrm{p,d}}}$ 均可表示为如下形式:

$$
d_{y_{\mathrm{p,d}}} = \frac{-1}{15\cos\alpha}(9\lambda^2 - 9\lambda + 1)\theta^2 \tag{10.37}
$$

根据广义交叉簧片型柔性铰链的特性 (见第 4 章), 如果几何参数 λ 在范围 (0.127 322, 0.872 678) 内, Y 向轴漂的主导项 $d_{y_{\mathrm{p,d}}}$ 将为正值; 而当几何参数 λ 在范围 $(-\infty, 0.127\,322)$ 或 $(0.872\,678, +\infty)$ 内, $d_{y_{\mathrm{p,d}}}$ 将为负值。由于这两类柔性铰链的轴漂方向分别满足误差补偿方案 I 和方案 Ⅱ 的要求, 因此将二者分别称为 I 型铰链和 Ⅱ 型铰链。另外, 考虑误差补偿所需位移约束的量值, 主导项 $d_{y_{\mathrm{p,d}}}$ 的幅值也为 θ^2 阶次, 满足两种方案的要求。

10.3.2.2 柔性直线导向机构的构型综合

通过简单的综合过程, 可得到 6 种柔性平行四杆的构型, 如图 10.20 所示。其中, 细实线代表簧片, 而粗实线表示刚体。构型 1 利用 I 型铰链, 由误差补偿方案 I 得到, 而构型 $2 \sim 6$ 采用 Ⅱ 型铰链, 通过方案 Ⅱ 综合而成。这里需要指出的是, 虽然有些构型在本质上是相同的, 但考虑到簧片之间的几何拓扑关系, 仍然区别对待。例如, 构型 2 和构型 5 均根据误差补偿方案 Ⅱ 得到, 但前者的簧片可在单个平面内布置; 而后者的簧片必须层叠, 所以整个模块需要进行装配。

另外, 为了描述这类构型的配置, 定义了几何参数 μ、a 和 α (簧片的交叉半角 α 未在图中标注)。并且, 将机构的宽度 L 作为特征长度, 以此来对其他参数进行归一化处理。

10.3.2.3 寄生误差的补偿条件

本节将针对以上 6 种构型的几何参数, 分别给出寄生误差的补偿条件。

广义交叉簧片型柔性铰链通过簧片的长度 L_{p} 来进行归一化处理, 而柔性直线机构选取了其宽度 L 作为特征长度, 来对参数实施量纲一化。因此, 需要统一量纲一参数, 这里选择将柔性铰链的参数向柔性机构进行转化。首先, 柔性铰链的簧片长度 L_{p} 与机构宽度 L 之间的关系满足

$$L_{\mathrm{p}} = \frac{L}{\xi} \tag{10.38}$$

式中, $\xi = \cos\alpha/\mu$。因此, 量纲为一的轴漂可转化为

$$d_{x_{\mathrm{p}}} = \xi d_{x_{\mathrm{no}}}, \quad d_{y_{\mathrm{p}}} = \xi d_{y_{\mathrm{no}}} \tag{10.39}$$

式中, 下角标 no 代表柔性铰链的序号, 对应的参数被特征长度 L 量纲一化。

转化了量纲一参数之后, 在各个构型中, 可得到连杆在 Y 向投影缩短量 d_{y_1} 的主导项 $d_{y_{1,\mathrm{d}}}$, 以及 Y 向轴漂 $d_{y_{\mathrm{no}}}$ 的主导项 $d_{y_{\mathrm{no,d}}}$, 如表 10.2 所示。

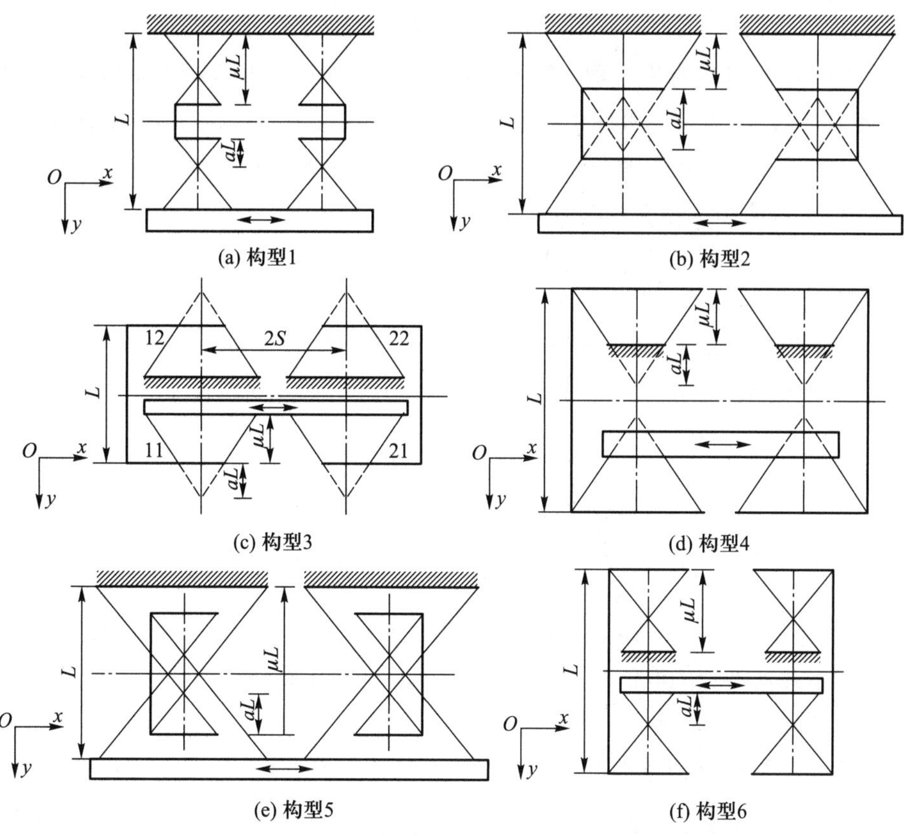

图 10.20 柔性直线导向机构的 6 种构型

表 10.2 约束条件和参数关系的表达式

构型序号	λ	$d_{y_{\mathrm{no,d}}}$	$d_{y_{1,\mathrm{d}}}$	约束条件*
1	$\lambda=1-a/\mu$	$\dfrac{-(9a^2-9a\mu+\mu^2)\theta^2}{15\mu\cos^2\alpha}$	$\dfrac{1-2(\mu-a)}{2}\theta^2$	$b_1<\lambda<b_2$*** $0\leqslant\mu-a<1/2$
2**	$\lambda=1+a/\mu$	$\dfrac{-(9a^2+9a\mu+\mu^2)\theta^2}{15\mu\cos^2\alpha}$	$\dfrac{2(a+\mu)-1}{2}\theta^2$	$\lambda\geqslant1$ $a+\mu>1/2$
3**	$\lambda=1+a/\mu$	$\dfrac{-(9a^2+9a\mu+\mu^2)\theta^2}{15\mu\cos^2\alpha}$	$\dfrac{1+2a}{2}\theta^2$	$\lambda\geqslant1$
4	$\lambda=-a/\mu$	$\dfrac{-(9a^2+9a\mu+\mu^2)\theta^2}{15\mu\cos^2\alpha}$	$\dfrac{1-2(a+\mu)}{2}\theta^2$	$\lambda\leqslant0$ $a+\mu<1/2$
5	$\lambda=1-a/\mu$	$\dfrac{-(9a^2-9a\mu+\mu^2)\theta^2}{15\mu\cos^2\alpha}$	$\dfrac{2(\mu-a)-1}{2}\theta^2$	$0\leqslant\lambda<b_1$ 或 $b_2<\lambda\leqslant1$ $\mu-a>1/2$
6	$\lambda=a/\mu$	$\dfrac{-(9a^2-9a\mu+\mu^2)\theta^2}{15\mu\cos^2\alpha}$	$\dfrac{1-2(\mu-a)}{2}\theta^2$	$0\leqslant\lambda<b_1$ 或 $b_2<\lambda\leqslant1$ $0\leqslant\mu-a<1/2$

* 6 种构型的几何参数均满足条件: $0<\mu<1, a\geqslant0$。

** 若考虑可一体化加工的性能, 条件将更严格: $0<\mu<1/2$。

*** $b_1=(3-\sqrt{5})/6, b_2=(3+\sqrt{5})/6$。

根据寄生误差的补偿原理, 可消除掉柔性机构的寄生运动的主导项。构型 1 通过式 (10.34) 来补偿寄生运动, 而其他 5 种构型利用式 (10.35) 来获得高精度的直线运动。所以, 各个构型的补偿方程即可得到, 过程不再详述, 结果由式 (10.40)~式 (10.45) 给出。同时考虑表 10.2 所列的约束条件以及补偿方程, 即可获得各个构型的几何参数所需满足的补偿条件。

$$\text{构型 1:}\quad (4-30\cos^2\alpha)\mu^2+\left[15\cos^2\alpha(2a+1)-36a\right]\mu+36a^2=0 \tag{10.40}$$

$$\text{构型 2:}\quad (4-30\cos^2\alpha)\mu^2+\left[36a+15\cos^2\alpha(1-2a)\right]\mu+36a^2=0 \tag{10.41}$$

$$\text{构型 3:}\quad 4\mu^2+\left[36a-15\cos^2\alpha(1+2a)\right]\mu+36a^2=0 \tag{10.42}$$

$$\text{构型 4:}\quad (4+30\cos^2\alpha)\mu^2+\left[36a+15\cos^2\alpha(2a-1)\right]\mu+36a^2=0 \tag{10.43}$$

$$\text{构型 5:}\quad (4-30\cos^2\alpha)\mu^2+\left[15\cos^2\alpha(2a+1)-36a\right]\mu+36a^2=0 \tag{10.44}$$

$$\text{构型 6:}\quad (4+30\cos^2\alpha)\mu^2-\left[15\cos^2\alpha(2a+1)+36a\right]\mu+36a^2=0 \tag{10.45}$$

需要注意的是, 一些补偿方程在形式上是相同的。例如, 式 (10.41) 和式 (10.44)。然而, 由于几何参数的取值范围不同, 且在实际应用中簧片的布置也不同, 因此将它们视为两种构型而区别对待。

进一步, 根据补偿条件可得到各个构型的几何参数 μ、a 和 α 的设计空间, 如图 10.21 所示。需要说明的是, 虽然图中的交叉半角 α 被限制在范围 $[\pi//6,\pi/3]$ 内, 但此范围之外的结果也不难得到。

10.3.2.4 柔性直线导向机构的特性分析与比较

以上虽然给出了 6 种寄生误差补偿后的柔性直线导向机构, 但它们的性能尚需作进一步的评估。为此, 以构型 1 为例, 进一步进行定量分析与比较。

首先, 由于图 10.17 中的配置和构型 1 均源自平行双簧片式直线导向机构, 根据误差补偿方案中的刚体支链模型, 其主运动 (即移动位移 d_x) 均与铰链转角 θ_{12} 成正比。

另一方面, 由于构型 1 补偿了寄生运动的主导项, 根据广义交叉簧片型柔性铰链的轴漂特性, 高阶项为 θ^4 阶次。因此, 主运动和寄生运动的关系为

$$d_y=O(d_x^4) \tag{10.46}$$

对平行双簧片式直线导向机构 (图 10.17a), 文献 [20] 给出了如下简化关系:

$$d_y=-\frac{3}{5}d_x^2 \tag{10.47}$$

再考虑由车轮形柔性铰链构建的直线导向机构 (图 10.17c)。首先根据车轮形柔

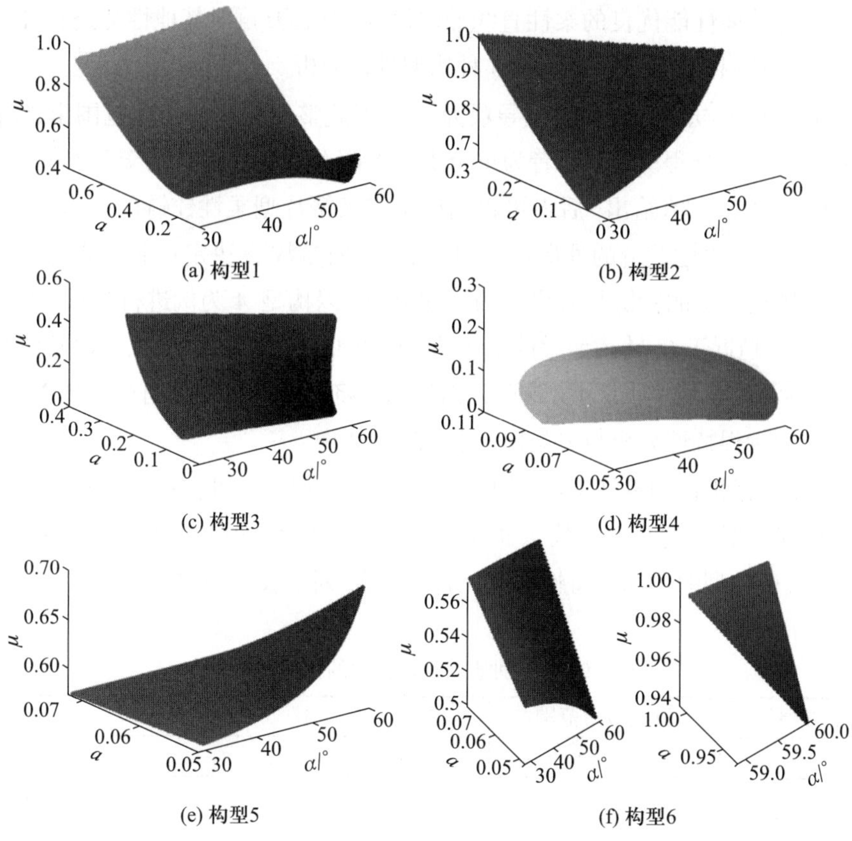

(a) 构型1 (b) 构型2 (c) 构型3 (d) 构型4 (e) 构型5 (f) 构型6

图 10.21 几何参数 μ、a 和 α 的设计空间 (见书后彩图)

性铰链寄生运动的特性, 给出 Y 方向轴漂的主导项

$$d_{y_{\mathrm{p}}} \approx -\frac{\theta^2}{30\cos\alpha} \tag{10.48}$$

通过参数转化, 同时考虑刚性连杆在 Y 方向的投影缩短量, 可得到这种直线导向机构的寄生运动

$$d_y \approx -\frac{\theta_{12}^2}{15\xi\cos\alpha} - \frac{1-\mu}{2}\theta_{12}^2 = -\left[\frac{\mu}{15\cos^2\alpha} + \frac{(1-\mu)}{2}\right]\theta_{12}^2 \tag{10.49}$$

由于几何参数 μ 在范围 $(0, 1/2)$ 内, 方括号所含项不能相互抵消, 因此机构固有的寄生运动无法被补偿掉。另外, 考虑主运动和转角的关系, 可得到

$$d_y = O(d_x^2) \tag{10.50}$$

由此可见, 在主运动的移动量相同时, 图 10.17 所示的两种直线导向机构, 其寄生运动均远远大于构型 1。因此, 这类基于寄生误差补偿原理的综合方法在精度提高方面具有显著的效果。

为获得整体性能优良的柔性直线导向机构，有必要再对其他性能进行评估。为此，就运动范围和易加工性分别对 6 种构型进行分析。

首先，在 X 方向，位移的主导项为 $l_1\theta$，因此整个机构的运动范围由连杆的长度和铰链的转角行程决定。前者为单个支链上两个柔性铰链初始交叉点的距离，由表 10.2 中的 $d_{y_{1,\mathrm{d}}}$ 值给出；后者可根据广义交叉簧片型柔性铰链的应力特性得到。相对而言，如果柔性铰链的外形尺寸相同 (由几何参数 μ 决定)，非一体化加工的铰链比可一体化加工的铰链具有更大的转动范围。以构型 4 为例进行分析，其几何参数 $\lambda(-\alpha/\mu)$ 趋近于 0，转动型柔性铰链的力刚度非常大。并且，根据几何参数的设计空间，铰链的尺寸 (μ) 非常小。这两方面的因素将导致构型 4 具有较小的运动范围。其他构型的行程特性分析与之类似，列于表 10.3 中。

其次，考虑机构的易加工性。构型 2、3 以及 4 似乎均可在一块金属板上加工而成。但根据构型 2 的几何参数 μ 的取值范围，其簧片必须通过双层布局配置而成。类似地，其他构型的可加工特性通过比较、评估，列于表 10.3 中。

表 10.3　6 种直线运动模块的性能评估*

构型序号	铰链转角范围	连杆长度	模块行程	可加工性
1	+	0	+	0
2	0	0	0	0
3	0	+	+	+
4	–	–	–	+
5	+	0	0	–
6	+	–	0	–

* 符号的含义为: "–" 表示较差, "0" 表示一般, "+" 表示较优。

因此，根据表 10.3，构型 3 的性能最好。由此，可以在实际设计中，很方便地选择需要的构型方式。

当构型形式选定后，几何参数对机构性能的影响也需要作进一步的细化，以指导设计者通过定性或定量方式快速选择合理的参数，实现设计要求。

下面以构型 1 为例，来说明几何参数对行程的影响。首先，如果广义交叉簧片型柔性铰链的转角给定，为了实现大行程，必须使连杆尽可能长。如表 10.2 所列的参数，构型 1 的连杆长度

$$l_1 = 1 - 2(\mu - a)$$

同时，为了实现高精度的直线运动，几何参数必须满足寄生误差的补偿条件。当几何参数 α 分别为 π/6、π/4 和 π/3 时，补偿方程的曲线如图 10.22 中的虚线所示。另外，当 λ 为 0 时，将上式也示于图中。如果处于曲线上的点到直线的距离最远，可

认为在此几何参数下, 机构在获得高精度的同时, 行程也达到了最大。另外, 由图可知, 直线行程随着几何参数 α 的增大而增大, 因此选用较大的交叉角是明智的。而如果给定交叉角, 可根据点到直线距离最大来求解最优的构型参数。

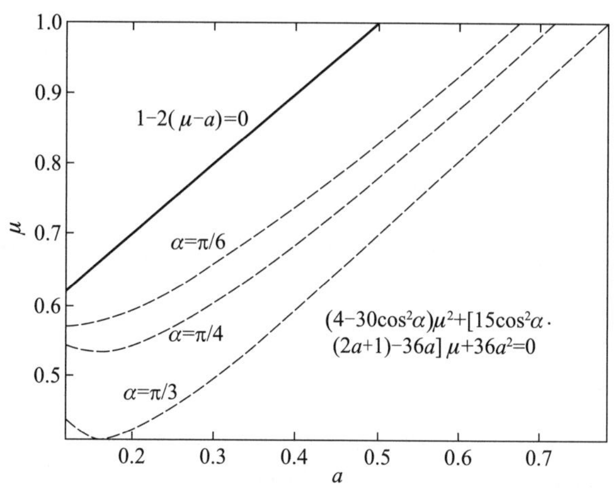

图 10.22 构型 1 实现高精度和大行程的几何参数曲线

在以上讨论的误差补偿方案中, 仅通过广义交叉簧片型柔性铰链作为基本模块, 来进行构型综合。本节将进一步探索转动型复合型柔性模块在构建直线导向机构中的应用, 以此来改善基本转动模块在性能上的缺陷。这里以构型 4 为例, 利用两个广义交叉簧片型柔性铰链镜像组合而成的复合型柔性模块来提高原有构型的性能。新的直线导向机构命名为构型 7, 其几何参数如图 10.23 所示。

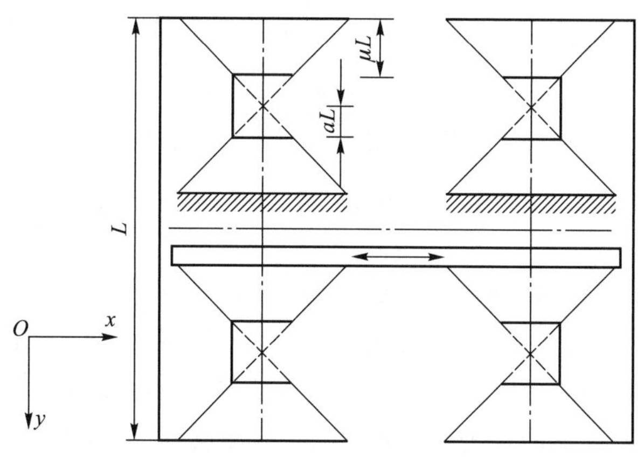

图 10.23 构型 7 的结构示意图

根据表 10.2, 构型 7 的连杆长度与构型 4 相同。但是, 如果复合型柔性转动模块的转角为 θ, 单个模块的角位移仅为 $\theta/2$, 且模块轴漂的主导项

$$d_{y_{\mathrm{no,d}}} = 2\frac{-(9a^2+9a\mu+\mu^2)}{15\mu\cos^2\alpha}\left(\frac{\theta}{2}\right)^2 = \frac{-(9a^2+9a\mu+\mu^2)}{30\mu\cos^2\alpha} \tag{10.51}$$

几何参数之间的关系为

$$\lambda = 1 + \frac{a}{\mu} \tag{10.52}$$

根据误差补偿方案 Ⅱ, 可很容易地得到补偿方程, 即

$$(2 + 30\cos^2\alpha)\mu^2 + \left[18a + 15\cos^2\alpha(2a - 1)\right]\mu + 18a^2 = 0 \tag{10.53}$$

而几何参数的约束条件为

$$a + \mu < \frac{1}{2}, \quad a > 0, \mu > 0 \tag{10.54}$$

如果进一步需要考虑一体化加工的要求, 约束条件将变得更严格, 即

$$a + \mu < \frac{1}{4}, \quad a > 0, \mu > 0 \tag{10.55}$$

从而可以推导得到几何参数的设计空间, 如图 10.24 所示。当 a 为 0 时, 复合型柔性转动模块即为车轮形柔性铰链。此时, 由于无法满足约束条件 [式 (10.55)], 对应的柔性直线导向机构也无法实现在一块金属板上的加工。

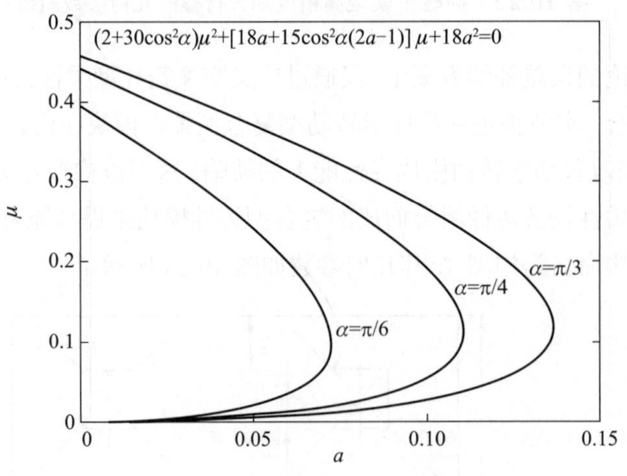

图 10.24 构型 7 的几何参数设计空间

与构型 4 相比较, 构型 7 具有明显的优点: ① 构型 7 充分利用了平面的拓扑空间, 由于对构型 4 的 “补充” 部分完全处于原有构型的空隙处, 新的构型将更加紧凑; ② 如果保持机构的行程不变, 柔性转动模块的转角将减小为原来的一半, 可降低簧片中的应力水平; ③ 驱动力的位置远离了交叉点, 可使转动模块的旋转刚度大幅减小。

10.3.2.5 机械实现与实验测试

以构型 1 和构型 3 为例, 给出了两种柔性直线导向机构的实体模型, 如图 10.25 和图 10.26 所示。

图 10.25 所示为构型 1 的 3 维模型及实物样件。其中, 样件由上下两套相同的平面结构组合而成, 需要装配。为了保证装配精度, 在加工之前采用锥销钉进行定位。

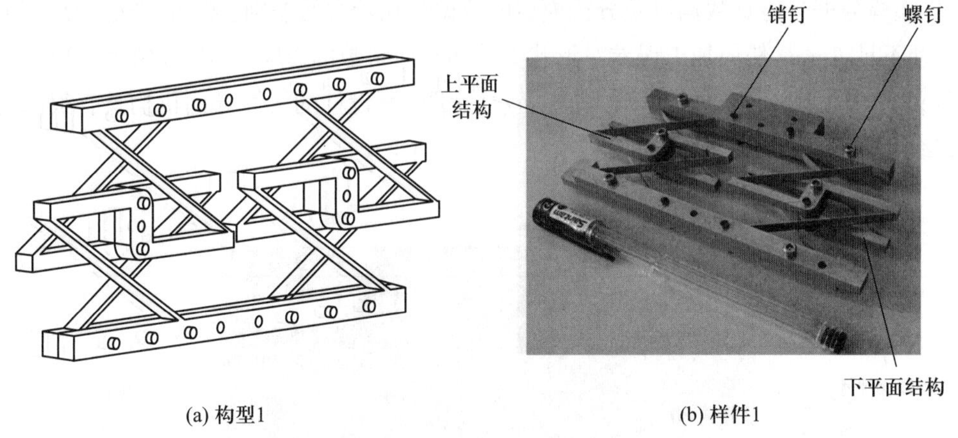

图 10.25 构型 1 的实物模型

图 10.26 所示为构型 3 的 3 维模型及实物样件。其中, 样件为一体化加工而成。

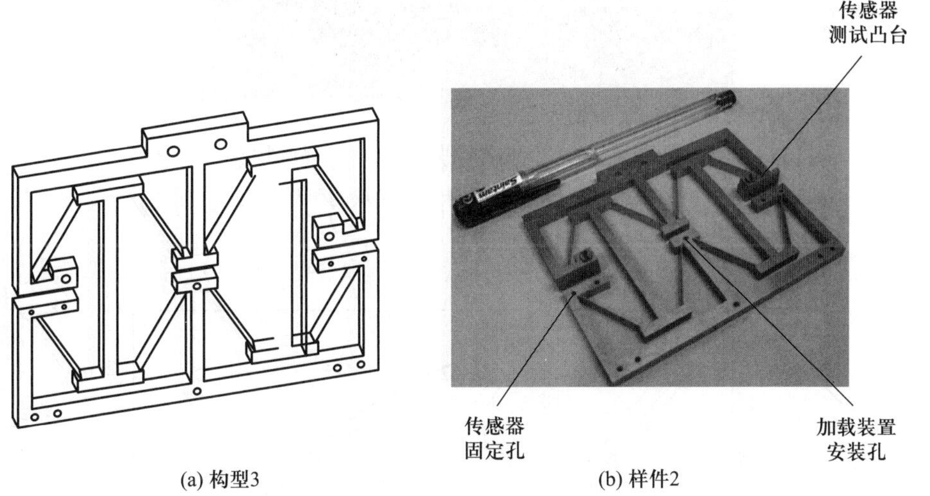

图 10.26 构型 3 的实物模型

对实物模型进行精度测试, 以构型 3 为例, 样件的各种参数如表 10.4 所示。

表 10.4 实验测试的样件参数

L/mm	W/mm	T/mm	a	ν	$\alpha/^\circ$	E/GPa
60	5	0.3	0.260 927	0.4	30	730

测试平台如图 10.27 所示, 通过螺旋测微计对直线机构进行位移加载, 然后利用两台量程为 1 mm、分辨率为 0.1 μm 的电涡流测微仪 eddyNCDT3300 对寄生运动

进行测量。同时, 通过砝码对移动柔性模块施加垂直载荷。

通过对样件 2 进行测试, 其主运动和寄生运动的关系如图 10.28 所示。可以看出, 实验数据与仿真数据以及分析模型的数据存在较大的差别。然而, 考虑到其寄生运动不足 6 μm, 任何加工误差对形状参数和几何参数的影响, 都将导致测试数据和名义值的偏差。而多次测量数据的一致性表明, 所设计的直线导向机构具有很高的直线度。

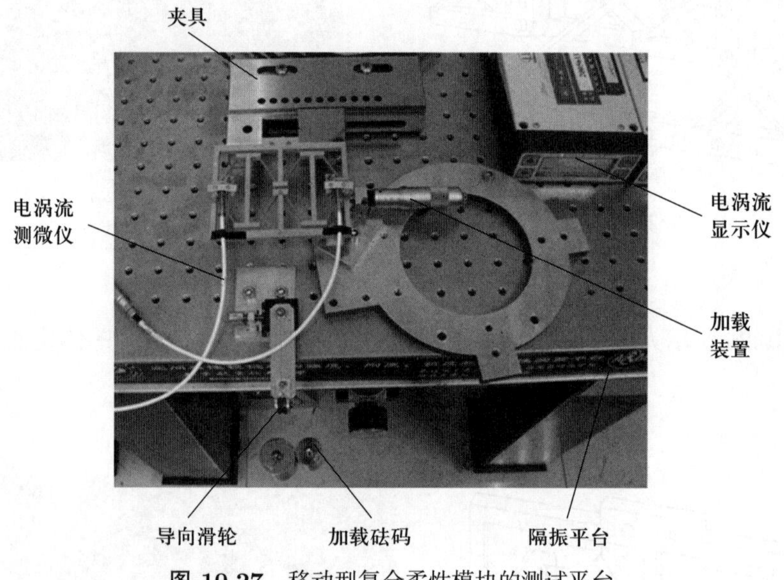

图 10.27 移动型复合柔性模块的测试平台

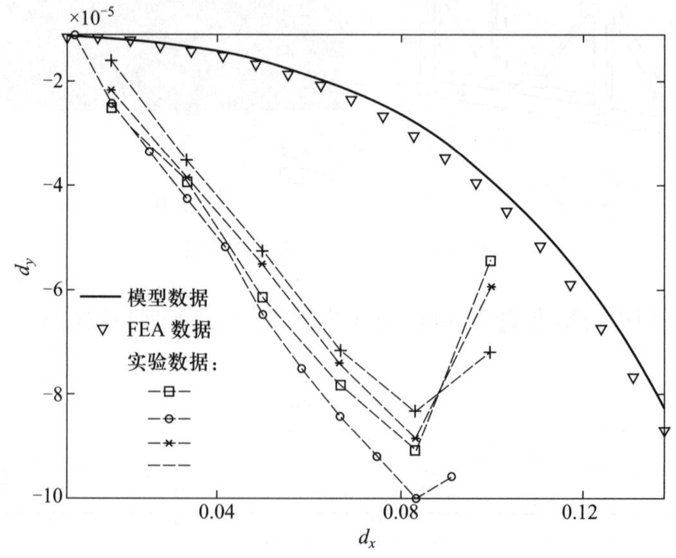

图 10.28 实验测试数据与分析模型数据的对比

10.4 基于寄生运动补偿的多轴柔性机构设计

10.2 节和 10.3 节给出了适于单轴柔性直线导向机构的误差补偿原理与设计方法。本节借助旋量理论, 尝试给出一种基于柔度矩阵的寄生运动补偿原理与设计方法, 可适用于多轴柔性设计。

10.4.1 寄生运动补偿原理

由前面对寄生运动的讨论可以知道, 寄生运动与机构的柔度之间是有关联的。在小变形假设下, 柔性机构的柔度矩阵为实对称矩阵, 且有如式 (4.5) 所示的形式。在理想情况下, 若可使 $C_{15} = C_{51} = 0$, 同时 $C_{24} = C_{42} = 0$, 柔度矩阵 $\boldsymbol{C}$ 变为对角阵形式, 即 $\boldsymbol{C} = \mathrm{diag}\left(C_{11}C_{22}C_{33}C_{44}C_{55}C_{66}\right)$。此时, 柔性机构的瞬时运动是解耦的, 例如当对柔性机构的动平台施加 x 方向的力 F_x 时, 动平台只产生 x 方向的移动 $\delta_x = C_{44}F_x$。这意味着在此情况下, 柔性机构理论上不存在寄生运动。不过, 真实柔性机构是很难实现这种理想化矩阵结构的。这时, 可用相对可行的方式替代理想柔度矩阵, 即

$$\boldsymbol{C}=\begin{bmatrix} C_{11} & 0 & 0 & 0 & C_{15}\rightarrow 0(C_{15}=0) & 0 \\ 0 & C_{22} & 0 & C_{24}\rightarrow 0(C_{24}=0) & 0 & 0 \\ 0 & 0 & C_{33} & 0 & 0 & 0 \\ 0 & C_{24}\rightarrow 0(C_{24}=0) & 0 & C_{44} & 0 & 0 \\ c_{15}\rightarrow 0(c_{15}=0) & 0 & 0 & 0 & C_{55} & 0 \\ 0 & 0 & 0 & 0 & 0 & C_{66} \end{bmatrix} \tag{10.56}$$

理想情况下, 此柔度矩阵可分解成如下形式:

$$\boldsymbol{C} = \boldsymbol{C}_{\mathrm{o}} + \boldsymbol{C}_{\mathrm{c}} = \begin{bmatrix} {}^{\mathrm{o}}C_{11} & 0 & 0 & 0 & C_{15} & 0 \\ 0 & {}^{\mathrm{o}}C_{22} & 0 & C_{24} & 0 & 0 \\ 0 & 0 & {}^{\mathrm{o}}C_{33} & 0 & 0 & 0 \\ 0 & C_{24} & 0 & {}^{\mathrm{o}}C_{44} & 0 & 0 \\ C_{15} & 0 & 0 & 0 & {}^{\mathrm{o}}C_{55} & 0 \\ 0 & 0 & 0 & 0 & 0 & {}^{\mathrm{o}}C_{66} \end{bmatrix} + \begin{bmatrix} {}^{\mathrm{c}}C_{11} & 0 & 0 & 0 & -C_{15} & 0 \\ 0 & {}^{\mathrm{c}}C_{22} & 0 & -C_{24} & 0 & 0 \\ 0 & 0 & {}^{\mathrm{c}}C_{33} & 0 & 0 & 0 \\ 0 & -C_{24} & 0 & {}^{\mathrm{c}}C_{44} & 0 & 0 \\ -C_{15} & 0 & 0 & 0 & {}^{\mathrm{c}}C_{55} & 0 \\ 0 & 0 & 0 & 0 & 0 & {}^{\mathrm{c}}C_{66} \end{bmatrix} \tag{10.57}$$

式中, C_o 和 C_c 分别表示初始机构的柔度矩阵和补偿模块的柔度矩阵。

因此, 可通过设计合适的补偿模块, 使其与初始机构组合后得到的柔度矩阵尽可能实现对角化, 以此来减小寄生运动。

前面已经提到, 柔性机构的寄生运动是普遍存在的。寄生运动的存在会对柔性机构的精度、控制等带来消极影响, 因此寄生运动是需要极力减小或抑制的。一般来说, 减小寄生运动通常有几种方法: ① 不改变柔性机构本身的构型, 仅依靠改变结构参数以及材料特性来减小寄生运动; ② 通过设计补偿模块来减小或抵消初始柔性机构的寄生运动; ③ 直接进行柔性机构的无寄生运动设计。事实上, 仅仅靠改变结构参数来改善寄生运动是非常有限的, 更不用说消除寄生运动。而直接设计不存在寄生运动的柔性机构无疑也是非常困难, 甚至不可行的。因此, 通过设计补偿模块来减小寄生运动是一种折中的选择, 具有相对的切实可行性。

不过, 补偿模块的设计必须遵循一定的原则, 否则不仅不能消除寄生运动, 甚至可能增大寄生运动或者导致其他的问题, 如有可能破坏初始机构的自由度类型。因此, 在具体设计补偿模块之前, 给出补偿模块一般要满足的几点原则:

(1) 补偿模块应至少包含初始柔性机构中存在寄生运动的转动或移动自由度类型。

(2) 补偿模块的引入不能改变初始柔性机构的自由度类型。为了不改变初始柔性机构的自由度类型, 补偿模块的转动自由度应与初始柔性机构中待补偿的转动自由度同轴, 而补偿模块的移动自由度应与初始柔性机构中待补偿机构的移动自由度方向相同。

(3) 补偿模块寄生转动或寄生移动的方向应与初始柔性机构相应的寄生转动或寄生移动方向相反。

10.4.2 设计过程

在上节给出的补偿模块设计原则的基础上, 来具体设计补偿模块, 并通过调整补偿模块的结构参数使初始机构与补偿模块组合后的柔性机构具有最小的寄生运动。下面仍以平行双簧片型柔性直线导向机构为例, 说明这种基于寄生运动补偿的柔性机构设计方法。具体步骤如下:

(1) 对初始柔性机构进行构型综合, 选定合适的构型。

对初始柔性机构的构型综合可以采用第 7 章的图谱化构型方法。本例中, 选择平行双簧片型柔性直线导向机构作为初始机构, 具体的构型过程不再详述。

(2) 对选定的初始机构进行柔度和寄生运动分析, 重点分析存在寄生运动的自由度。

有关柔性机构的柔度和寄生运动分析的方法在第 4 章中已有论述。这里, 直接给出平行双簧片型初始机构的柔度矩阵及寄生运动分析结果, 其中坐标系及各参数表达如图 10.29a 所示。

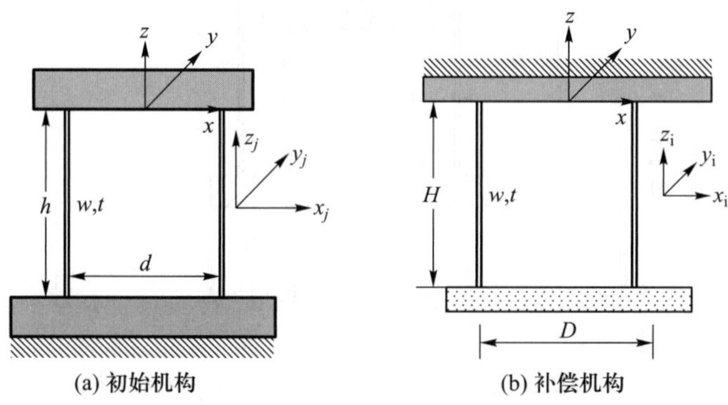

图 10.29 柔性一维移动机构的两个模块

计算可得初始机构的柔度矩阵为 $\boldsymbol{C}_{\mathrm{o}}$, 其中部分柔度分量为

$$C_{44} = \frac{h^3(4t^2+3d^2)}{2Ewt^3(t^2+3d^2)} \tag{10.58}$$

$$C_{15} = C_{51} = \frac{-3h^2}{Ew^3t} \tag{10.59}$$

$$C_{24} = C_{42} = \frac{3h^2}{Ewt(t^2+3d^2)} \tag{10.60}$$

由第 5 章中式 (5.23) 可知, 当该初始机构沿 x 方向移动时, 伴有绕 y 轴的寄生转动。

(3) 根据补偿模块的设计原则 (1), 确定补偿模块的自由度类型。

由步骤 (2) 可知, 平行双簧片型初始机构的移动自由度存在着寄生运动。因此, 根据补偿模块的设计原则 (1), 补偿模块应该具有一个沿 x 方向的移动自由度。

(4) 对补偿模块进行构型综合, 选取合适构型。

对补偿模块的构型综合仍可采用图谱法。本例中, 同样选取平行双簧片型柔性机构作为补偿模块, 如图 10.29b 所示。

(5) 对选定的补偿模块进行柔度和寄生运动分析, 方法同步骤 (2)。

本例中, 平行双簧片型补偿模块的坐标系及结构参数如图 10.29b 所示。易知, 补偿模块的柔度矩阵 $\boldsymbol{C}_{\mathrm{c}}$ 与初始机构形式相同, 只需将式 (10.58)~ 式 (10.60) 中的 h 替换为 H, d 替换为 D 即可。由对寄生运动的分析可知, 当该平行四杆型补偿模块沿 x 方向移动时, 会产生绕 $-y$ 轴的寄生转动。

(6) 根据补偿模块的设计原则 (2) 和 (3), 对初始机构和补偿模块进行组合。

本例中, 将初始柔性机构和补偿模块串联组合成如图 10.30 所示的结构形式。

该组合柔性机构中, 初始机构和补偿模块的移动方向相同, 满足补偿模块的设

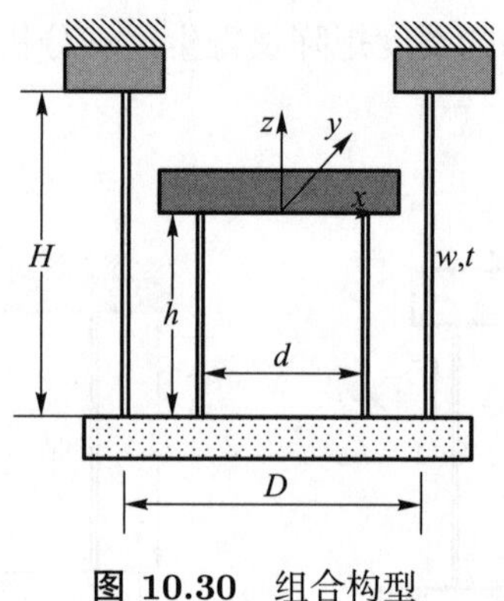

图 10.30　组合构型

计原则 (2); 初始机构的寄生转动 (绕 y 轴) 与补偿模块的寄生转动 (绕 $-y$ 轴) 的方向相反, 符合补偿模块的设计原则 (3)。

(7) 对补偿模块进行参数优化, 以使组合机构的寄生运动最小。

前面提到, 为使组合机构的寄生运动最小, 应保证组合机构的柔度矩阵最大程度的对角化，即

$$^{\mathrm{o}}C_{15} + {}^{\mathrm{c}}C_{15} \to 0, \quad {}^{\mathrm{o}}C_{24} + {}^{\mathrm{c}}C_{24} \to 0 \tag{10.61}$$

理想情况下, 当组合机构的柔度矩阵化为对角阵时, 寄生运动最小, 即

$$^{\mathrm{o}}C_{15} + {}^{\mathrm{c}}C_{15} = 0, \quad {}^{\mathrm{o}}C_{24} + {}^{\mathrm{c}}C_{24} = 0 \tag{10.62}$$

为此, 需要首先计算组合柔性机构的柔度矩阵。

本例中, 平行双簧片型初始机构和补偿模块在各自坐标系下的柔度矩阵 $\boldsymbol{C}_{\mathrm{o}}$ 和 $\boldsymbol{C}_{\mathrm{c}}$ 在步骤 (2) 和 (5) 中已经给出。在图 10.30 所示参考坐标系下, 初始机构的柔度矩阵保持不变, 而补偿模块的柔度矩阵则需要进行坐标变换。补偿模块坐标变换的伴随矩阵为

$$\mathrm{Ad} = \begin{bmatrix} \boldsymbol{I} & \boldsymbol{0} \\ \hat{\boldsymbol{t}} & \boldsymbol{I} \end{bmatrix}, \quad \hat{\boldsymbol{t}} = \begin{bmatrix} 0 & h-H & 0 \\ H-h & 0 & 0 \\ 0 & 0 & 0 \end{bmatrix} \tag{10.63}$$

因此, 参考坐标系下补偿模块的柔度矩阵为

$$\boldsymbol{C}_{\mathrm{c}}' = \mathrm{Ad}C_{\mathrm{c}}\mathrm{Ad}^{\mathrm{T}} \tag{10.64}$$

由此, 可计算得到补偿模块的部分柔度分量如下:

$$^{\mathrm{c}}C_{15} = {}^{\mathrm{c}}C_{51} = \frac{3H^2 - 6hH}{Ew^3t} \tag{10.65}$$

$$^{\mathrm{c}}C_{24} = {}^{\mathrm{c}}C_{42} = \frac{-3H^2 + 6hH}{Ewt(t^2 + 3D^2)} \tag{10.66}$$

求解式 (10.62) 所示的方程组, 可得

$$\begin{cases} H = (1+\sqrt{2})h \approx 2.414h \\ D = d \end{cases} \tag{10.67}$$

然而, 在组合机构的实际安装过程中, 若 $D = d$, 该组合机构会出现干涉。事实上, 这里的重要目的是为了消除动平台沿 x 方向移动时带来的寄生转动。换言之, 组合机构的柔度矩阵只需满足 ${}^{\mathrm{o}}C_{24} + {}^{\mathrm{c}}C_{24} = 0$, 求解可得

$$D = \sqrt{\frac{(H^2 - 2hH - h^2)t^2}{3h^2} + \frac{(H^2 - 2hH)d^2}{h^2}} \tag{10.68}$$

式 (10.68) 中, 参数 H 是需要进一步设计的。由前面分析可知, 为了尽可能使组合机构的柔度矩阵对角化, 应在满足式 (10.68) 的同时, 保证 ${}^{\mathrm{o}}C_{15} + {}^{\mathrm{c}}C_{15} \to 0$。因此, 可令 $H \to (1+\sqrt{2})h \approx 2.414h$, 即 H 的取值应尽可能地趋近 $(1+\sqrt{2})h$。

至此, 完成了含补偿模块的柔性机构设计。执行上述设计过程, 理论上可以对任一柔性机构的寄生运动进行改善。而且, 该方法并不需要对柔性机构的寄生运动进行精确的计算, 从而在一定程度上降低了计算的复杂性。

10.4.3 设计实例

10.4.3.1 单轴柔性直线机构的精度设计

1. 双梯形柔性机构

本例中, 利用增加补偿模块的设计思想和方法来对如图 10.31 所示的双梯形柔性机构进行参数优化设计。

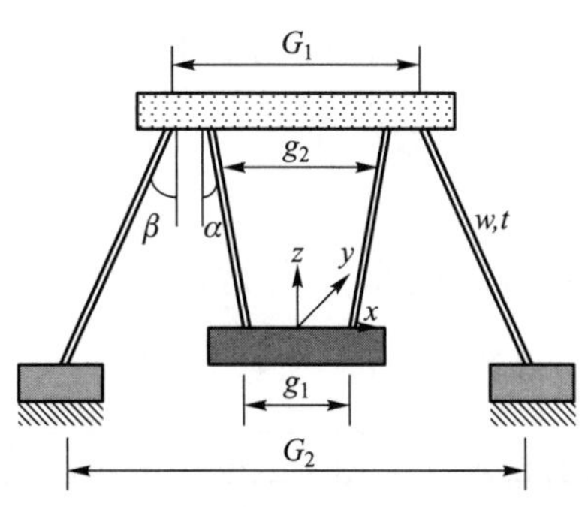

图 10.31 双梯形柔性机构

该双梯形柔性机构由两个等腰梯形柔性模块串联组合构成。机构的各个参数以及参考坐标系都标示于图中。第 4 章已经给出了梯形柔性模块的柔度矩阵, 而双梯形柔性机构的柔度则由内外两个梯形柔性模块的柔度矩阵相加得到。这里, 直接给

出双梯形柔性机构柔度矩阵的非对角线元素。

$$\begin{aligned} C_{15}=C_{51}=&\frac{3(g_2-g_1)^2\cot\alpha}{4Ewt\sin\alpha(\zeta w^2\sin^2\alpha+\zeta t^2\sin^2\alpha+w^2\cos^2\alpha)}+\\ &\frac{3[2(g_2-g_1)(G_2-G_1)\cot\alpha-(G_2-G_1)^2\cot\beta]}{4Ewt\sin\beta(\zeta w^2\sin^2\beta+\zeta t^2\sin^2\beta+w^2\cos^2\beta)} \end{aligned} \tag{10.69}$$

$$\begin{aligned} C_{24}=C_{42}=&\frac{3(g_2-g_1)[2t^2(g_1-g_2\cos2\alpha)\cos\alpha-g_2(g_2-g_1)^2\cos\alpha]}{8Ewt^3\sin^2\alpha(g_1^2+g_2^2+g_1g_2+t^2\cos^2\alpha)}-\\ &\frac{3(G_2-G_1)t^2\cos\beta[(g_2-g_1)\cot\alpha\sin2\beta+G_1-G_2\cos2\beta]}{4Ewt^3\sin^2\beta(G_1^2+G_2^2+G_1G_2+t^2\cos^2\beta)}-\\ &\frac{3(G_2-G_1)^3[(g_2-g_1)\cot\alpha\sin\beta-G_2\cos\beta]}{8Ewt^3\sin^2\beta(G_1^2+G_2^2+G_1G_2+t^2\cos^2\beta)} \end{aligned} \tag{10.70}$$

式中, $\zeta=1/2(1+\nu)$, ν 为材料的泊松比。

为进一步简化计算结果, 考虑 $\alpha=\beta$ 的特殊构型, 并令 $g=g_2-g_1, G=G_2-G_1$, 则上述公式可化简为

$$C_{15}=C_{51}=\frac{3(g^2+2gG-G^2)\cos\alpha}{4Ewt\sin^2\alpha(\zeta w^2\sin^2\alpha+\zeta t^2\sin^2\alpha+w^2\cos^2\alpha)} \tag{10.71}$$

$$\begin{aligned} C_{24}=C_{42}=&\frac{3g[2t^2(g_1-g_2\cos2\alpha)-g_2g^2]\cos\alpha}{8Ewt^3\sin^2\alpha(g_1^2+g_2^2+g_1g_2+t^2\cos^2\alpha)}-\\ &\frac{3G[4gt^2\cos^2\alpha+2t^2(G_1-G_2\cos2\alpha)+gG^2-G_2G^2]\cos\alpha}{8Ewt^3\sin^2\alpha(G_1^2+G_2^2+G_1G_2+t^2\cos^2\alpha)} \end{aligned} \tag{10.72}$$

根据本章所提的寄生运动补偿设计思想, 柔度矩阵应对角化, 即满足

$$\begin{cases} C_{15}=0 \\ C_{24}=0 \end{cases} \tag{10.73}$$

对板簧单元而言, 其厚度非常小。因此,$t\ll g_1, t\ll g_2, t\ll G_1, t\ll G_2$。于是, 将式 (10.71) 和式 (10.72) 化简并代入式 (10.73), 可得

$$\begin{cases} g^2+2gG-G^2=0 \\ \dfrac{(1+\sqrt{2})^3(G_2-g)}{G_1^2+G_2^2+G_1G_2}-\dfrac{g_2}{g_1^2+g_2^2+g_1g_2}=0 \end{cases} \tag{10.74}$$

求解方程组 (10.74) 可得到参数 G_1 和 G_2 如下:

$$\begin{cases} G_1=\dfrac{1-3(1+\sqrt{2})\gamma g+\sqrt{-3(3+2\sqrt{2})\gamma^2g^2+6(\sqrt{2}-1)\gamma g+1}}{6\gamma} \\ G_2=\dfrac{1+3(1+\sqrt{2})\gamma g+\sqrt{-3(3+2\sqrt{2})\gamma^2g^2+6(\sqrt{2}-1)\gamma g+1}}{6\gamma} \end{cases} \tag{10.75}$$

式中, $\gamma=\dfrac{(5\sqrt{2}-7)g_2}{g_1^2+g_2^2+g_1g_2}$。

由上述分析可知, 当双梯形柔性机构的结构参数满足式 (10.75) 时, 其柔度矩阵化为对角阵, 理论上不存在寄生运动。

2. 双平行四杆模块与双梯形模块的组合机构

再对双平行四边形移动模块与双梯形模块组合后的柔性机构进行优化设计, 如图 10.32 所示。

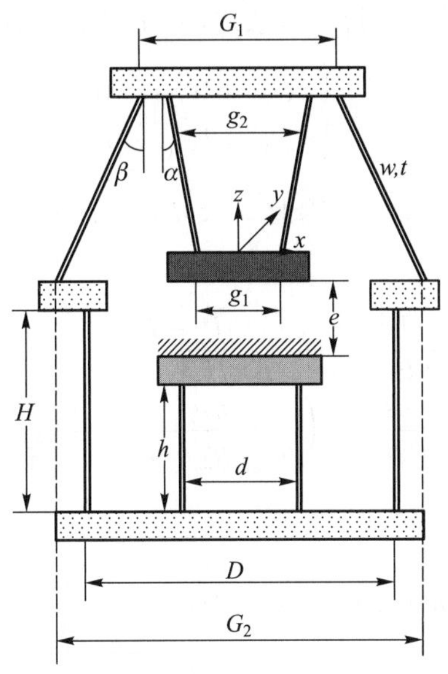

图 10.32 双平行四杆与双梯形组合机构

从图中可以看出, 该例中的机构由双平行四边形模块与双梯形模块串联组合构成, 其中双平行四边形模块以及双梯形模块前面均已讨论过。该组合机构中的各参数表示与前文相同, 参考坐标系位置如图中所示。易知, 组合机构中双梯形模块的柔度矩阵与上节中的实例完全相同。而组合机构中双平行四边形模块的坐标系沿 z 方向移动了距离 e。因此, 双平行四边形模块坐标的伴随矩阵为

$$\mathrm{Ad} = \begin{bmatrix} \boldsymbol{I} & \boldsymbol{0} \\ \hat{\boldsymbol{t}} & \boldsymbol{I} \end{bmatrix}, \quad \hat{\boldsymbol{t}} = \begin{bmatrix} 0 & e & 0 \\ -e & 0 & 0 \\ 0 & 0 & 0 \end{bmatrix} \tag{10.76}$$

直接给出双平行四边形模块柔度矩阵的非对角元素

$${}^{\mathrm{p}}C_{24} = {}^{\mathrm{p}}C_{42} = \frac{6eh + 3h^2}{Ewt(t^2 + 3d^2)} + \frac{6(e+h)H - 3H^2}{Ewt(t^2 + 3D^2)} \tag{10.77}$$

$${}^{\mathrm{p}}C_{15} = {}^{\mathrm{p}}C_{51} = \frac{-3h^2 - 6eh}{Ew^3t} + \frac{3H^2 - 6hH - 6eH}{Ew^3t} \tag{10.78}$$

而双梯形模块柔度矩阵的非对角元素 ${}^{\mathrm{t}}C_{15}$ 和 ${}^{\mathrm{t}}C_{24}$ 则可由式 (10.71) 和式 (10.72) 给出。

由于该组合机构由双平行四边形模块与双梯形模块串联组合而成, 因此该组合机构柔度矩阵的非对角元素为

$$C_{15} = C_{51} = {}^{\mathrm{p}}C_{15} + {}^{\mathrm{t}}C_{15} \tag{10.79}$$

$$C_{24} = C_{42} = {}^{\mathrm{p}}C_{24} + {}^{\mathrm{t}}C_{24} \tag{10.80}$$

根据基于寄生运动补偿的设计方法, 应对柔度矩阵对角化, 即满足

$$\begin{cases} {}^{\mathrm{p}}C_{24} + {}^{\mathrm{t}}C_{24} = 0 \\ {}^{\mathrm{p}}C_{15} + {}^{\mathrm{t}}C_{15} = 0 \end{cases} \tag{10.81}$$

对簧片而言, 其厚度非常小。因此, $t \ll d, t \ll D, t \ll g_1, t \ll g_2, t \ll G_1, t \ll G_2$。于是有

$${}^{\mathrm{p}}C_{24} \approx \frac{2eh + h^2}{Ewtd^2} + \frac{2(e+h)H - H^2}{EwtD^2} \tag{10.82}$$

$${}^{\mathrm{t}}C_{24} \approx \frac{-3\cos\alpha}{8Ewt^3\sin^2\alpha}\left(\frac{g_2 g^3}{g_1^2 + g_2^2 + g_1 g_2} + \frac{gG^3 - G_2 G^3}{G_1^2 + G_2^2 + G_1 G_2}\right) \tag{10.83}$$

代入式 (10.81), 可得

$$H = h + e \pm \sqrt{2h^2 + 4eh + e^2 - \frac{1}{3}Ew^3t\ {}^{\mathrm{t}}C_{15}} \tag{10.84}$$

$$D = d\sqrt{\frac{3(h^2 + 2eh) - Ew^3t\ {}^{\mathrm{t}}C_{15}}{3(h^2 + 2eh) + 3Ewtd^2\ {}^{\mathrm{t}}C_{24}}} \tag{10.85}$$

${}^{\mathrm{t}}C_{15}$ 和 ${}^{\mathrm{t}}C_{24}$ 分别可由式 (10.75) 和式 (10.83) 给出。

由上述分析可知, 当双梯形模块与双平行四边形模块的结构参数满足式 (10.84) 和式 (10.85) 时, 二者串联组合后的机构柔度矩阵为对角阵, 在理论上不存在寄生运动。

10.4.3.2 一种 2R1T 型多轴柔性机构的精度设计

本节将利用提出的基于寄生运动补偿的方法来设计一个 2R1T 型多轴柔性机构。

(1) 初始机构的构型综合。根据第 7 章给出的柔性机构图谱化构型综合方法, 可以得到满足 2R1T 类型的构型, 作为该例的初始柔性机构, 如图 10.33a 所示。

(2) 初始机构的柔度和寄生运动分析。本例中, 初始机构由 4 个柔性杆单元 (分别标号为 1 ~ 4) 并联构成, 各参数如图 10.33a 所示。初始机构的局部坐标系建立在各柔性单元的质心, 参考坐标系建立在基平台中心, 各机构参数如图所示。利用第 4 章的旋量理论方法对初始机构的柔度矩阵进行建模计算。具体建模过程从略, 这里直接给出柔度矩阵 $\boldsymbol{C}_{\mathrm{o}}$ 的非对角元素。

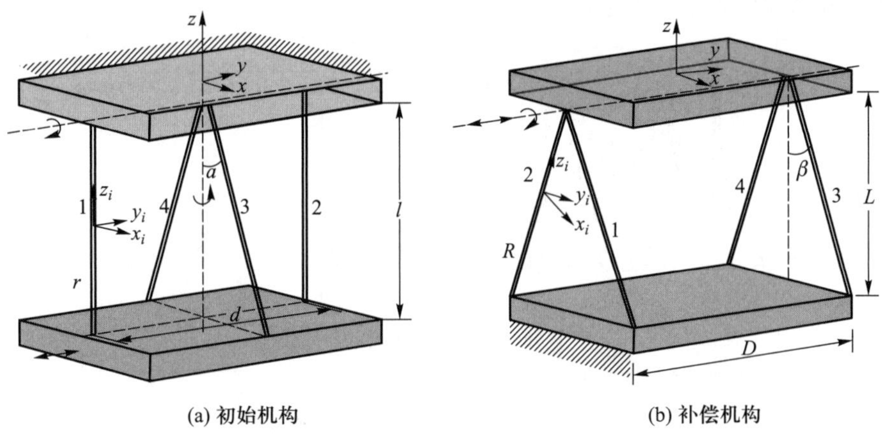

图 10.33 2R1T 型柔性机构的两个模块

$$
{}^{\circ}C_{15} = {}^{\circ}C_{51} = \frac{l^2}{\pi E r^2[d^2 + r^2(1 + \cos^3\alpha + 2\zeta\cos\alpha\sin^2\alpha)]} \tag{10.86}
$$

$$
{}^{\circ}C_{24} = {}^{\circ}C_{42} = -\frac{l^2[2l^2\cos\alpha(1-\cos\alpha) + 3r^2(1-\cos\alpha+\cos^2\alpha-2\cos^3\alpha+2\cos^4\alpha)]}{\pi E r^4[4l^2\cos\alpha\sin^2\alpha + 3r^2(1+3\cos\alpha\sin^2\alpha-3\cos^2\alpha\sin^2\alpha+\cos^5\alpha)]} \tag{10.87}
$$

注意到, $r \ll l, r \ll d$。这样, 式 (10.86) 和式 (10.87) 可简化为

$$
{}^{\circ}C_{15} = {}^{\circ}C_{51} \approx \frac{l^2}{\pi E r^2 d^2} \tag{10.88}
$$

$$
{}^{\circ}C_{24} = {}^{\circ}C_{42} \approx \frac{-l^2(1-\cos\alpha)}{2\pi E r^4 \sin^2\alpha} \tag{10.89}
$$

容易看出, 当初始机构的动平台沿 y 方向移动时, 会产生绕 x 轴的寄生转动; 而当初始机构的动平台绕 y 轴转动时, 将产生沿 $-x$ 方向的寄生移动。由于初始机构关于 z 轴对称, 因此绕 z 轴转动时不存在寄生运动。

(3) 确定补偿模块自由度类型与构型。由上面讨论可知, 初始机构绕 y 轴转动以及沿 y 方向移动均存在寄生运动。根据补偿模块的设计原则 (1), 补偿模块应该具有沿 y 轴的 1R1T 类型自由度。

(4) 补偿模块的构型综合。同样采用图谱法进行构型综合, 这里选取满足 1R1T 类型的一种构型作为补偿模块, 如图 10.33b 所示。

(5) 补偿模块的柔度和寄生运动分析。补偿模块的各坐标系以及结构参数如图 10.33b 所示。补偿模块柔度矩阵的计算方法与初始机构类似, 直接给出补偿模

块柔度矩阵 $\boldsymbol{C}_{\mathrm{c}}$ 的非对角元素

$$ {}^{\mathrm{c}}C_{15}={}^{\mathrm{c}}C_{51}=\frac{-L^4}{2\pi ER^2\cos\beta[L^2D^2\cos^2\beta+L^2R^2(2\zeta\sin^2\beta+\cos^2\beta)+3D^2R^2\sin^2\beta\cos^2\beta]} \tag{10.90} $$

$$ {}^{\mathrm{c}}C_{24}={}^{\mathrm{c}}C_{42}=\frac{L^2(2L^2\sin^2\beta+3R^2\cos^2\beta\cos 2\beta)}{2\pi ER^4\cos\beta(4L^2\sin^2\beta+3R^2\cos^4\beta)} \tag{10.91} $$

类似地, $R \ll L, R \ll D$。这样, 式 (10.90) 和式 (10.91) 可简化为

$$ {}^{\mathrm{c}}C_{15}={}^{\mathrm{c}}C_{51}\approx\frac{-L^2}{2\pi ER^2D^2\cos^3\beta} \tag{10.92} $$

$$ {}^{\mathrm{c}}C_{24}={}^{\mathrm{c}}C_{42}\approx\frac{L^2}{4\pi ER^4\cos\beta} \tag{10.93} $$

容易看出, 补偿模块的转动和移动自由度都存在寄生运动。当补偿模块沿 y 方向移动时, 产生绕 $-x$ 轴的寄生转动; 而当补偿模块绕 y 轴转动时, 产生沿 x 方向的寄生移动。

(6) 对初始机构与补偿模块进行组合。由步骤 (2) 和步骤 (5) 的分析可以看到, 初始机构和补偿模块具有方向相反的寄生运动。根据补偿模块的设计原则 (2) 和 (3), 本例补偿模块的转动轴线应与初始机构绕 y 轴的转动轴线重合。此时, 补偿模块与初始机构的移动自由度方向均沿 y 轴。因此, 可将补偿模块与初始机构串联组合, 如图 10.34 所示。

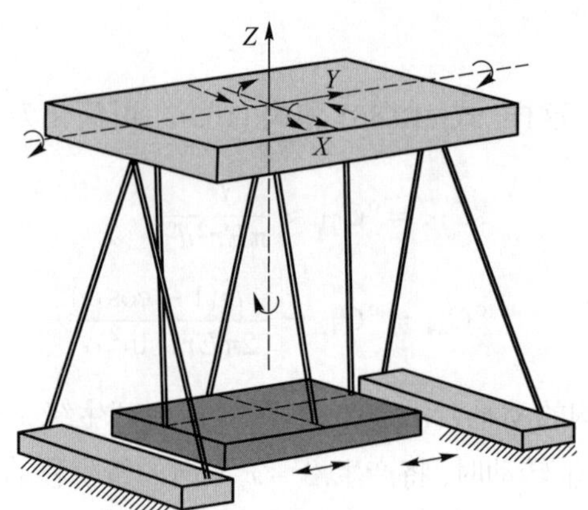

图 10.34 组合机构构型

(7) 结构参数优化。本例中组合机构在图 10.34 所示的参考坐标系下, 初始机构和补偿模块的柔度矩阵均保持不变。为实现组合机构的柔度矩阵对角化, 需满足式 (10.62)。具体将式 (10.88)、式 (10.89)、式 (10.92) 及式 (10.93) 代入, 求解可得

$$ L\approx\frac{lR^2\sqrt{2\cos\beta(1-\cos\alpha)}}{r^2\sin\alpha} \tag{10.94} $$

$$ D\approx\frac{dR\sqrt{1-\cos\alpha}}{r\sin\alpha\cos\beta} \tag{10.95} $$

至此, 设计得到了如图 10.34 所示的 2R1T 型多轴柔性机构及其参数。当该柔性机构的结构参数满足式 (10.94) 和式 (10.95) 时, 其柔度矩阵转化为对角阵, 理论上不存在寄生运动。

(8) 仿真验证。使用 ANSYS 13.0 对初始机构、加补偿模块后的组合机构以及经过优化后的组合机构进行对比仿真。本例建模采用体模型, 并用 SOLID 186 单元进行网格划分。材料选用铝合金, 其弹性模量 $E = 70$ GPa, 泊松比 $\nu = 0.346$。

根据式 (10.94) 和式 (10.95), 可计算得到

$$L \approx 76.3 \text{ mm}, \quad D \approx 64 \text{ mm}$$

3 种机构模型的结构参数如表 10.5 所示。

表 10.5 3 种机构的结构参数

几何参数	初始机构	未优化的组合机构	优化后的组合机构
初始机构中柔性杆的半径 r/mm	1.1	1.1	1.1
补偿模块中柔性杆的半径 R/mm	—	1	1
角度 α/°	22.5	22.5	22.5
角度 β/°	—	35	35
长度 l/mm	100	100	100
长度 d/mm	80	80	80
长度 L/mm	—	100	76.3
长度 D/mm	—	120	64

当对动平台施加 y 方向的水平力 F_y 时, 动平台产生 y 方向位移 δ_y 以及寄生转动 θ_x。该寄生转动导致动平台在 z 方向上产生偏移量 δ_z。3 种机构在 z 方向的偏移仿真曲线如图 10.35 所示。可以看出优化后的组合机构具有最小的寄生运动。

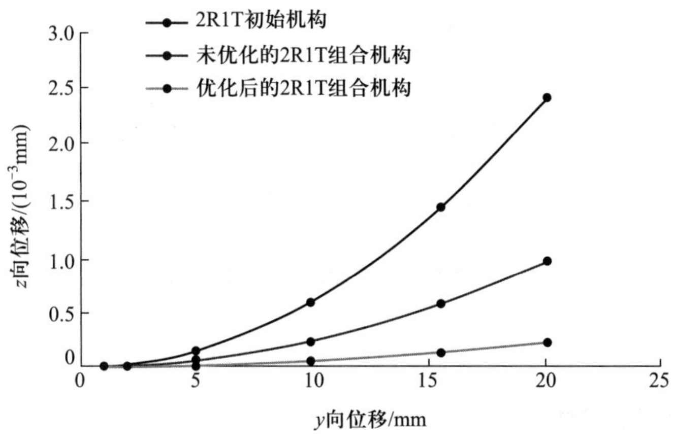

图 10.35 当对机构施加 F_y 时, z 向产生的寄生运动仿真曲线

由仿真结果可知, 当 $\delta_y=10\,\text{mm}$ 时, 初始机构动平台的 z 向偏移量为 0.597 8 mm, 而优化后组合机构动平台的 z 向偏移量为 0.059 6 mm。结果表明, 加入补偿模块后, 组合机构的 z 向偏移量 (寄生运动) 大约减小为初始机构的 1/10。这在一定程度上验证了本章所提补偿方法的正确性。

类似地, 当对动平台施加绕 y 轴的力矩 M_y 时, 动平台产生绕 y 轴的转动 θ_y 以及寄生移动。该寄生移动会导致转动轴线在 x 和 z 方向上产生偏移量 δ_x 和 δ_z, 也即是转轴的轴漂。当对动平台施加力矩 $M_y=1\ \text{N}\cdot\text{m}$ 时, 仿真数据如表 10.6 所示。可以看出, 优化后的 2R1T 组合机构的精度得到显著提高。

表 10.6 施加 M_y 所产生的轴漂

轴漂	2R1T 初始机构	未优化的 2R1T 组合机构	优化后的 2R1T 组合机构
σ_x/mm	$6.300\,0\times10^{-2}$	$1.366\,7\times10^{-5}$	$1.637\,8\times10^{-5}$
σ_z/mm	$3.797\,2\times10^{-2}$	$-3.222\,2\times10^{-5}$	$-1.367\,4\times10^{-5}$

10.5 对称设计提高精度的原理性论证

下面来简单论证一下小变形条件下, 对称设计抵消寄生运动、提高精度的基本原理。

图 10.36 给出了柔性机构对称串联和对称并联设计的示意图。图中, 模块 B 与模块 A 完全相同, 二者关于中心线对称分布。设模块 A 的柔度矩阵为 $\boldsymbol{C}_A$, 模块 B 的柔度矩阵为 $\boldsymbol{C}_B$。不失一般性, 坐标系原点建立在对称中心 O, x 轴与中心线重合, 各坐标轴方向如图中所示。

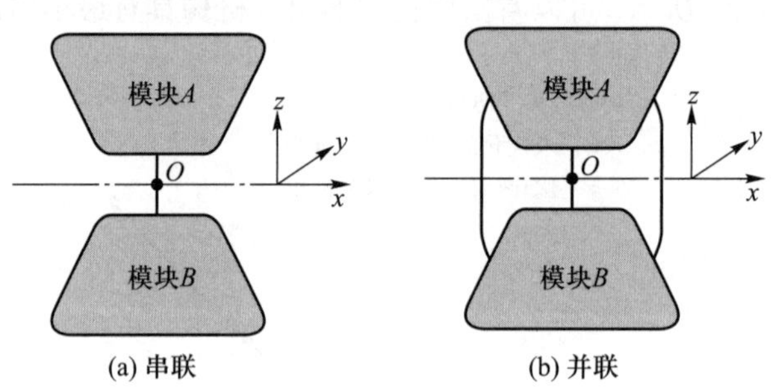

图 10.36 柔性机构的对称设计

10.5.1 对称串联设计

如图 10.36a 所示, 模块 B 与模块 A 通过串联方式连接。根据前文所述, 模块 A

柔度矩阵在坐标系 $O-xyz$ 下为实对称矩阵。将 $\boldsymbol{C}_A$ 进行分块处理, 即

$$\boldsymbol{C}_A=\begin{bmatrix}\boldsymbol{C}_{A1} & \boldsymbol{C}_{A3}\\ \boldsymbol{C}_{A4} & \boldsymbol{C}_{A2}\end{bmatrix}=\begin{pmatrix}C_{11} & & & & C_{15} & \\ & C_{22} & & C_{24} & & \\ & & C_{33} & & & \\ & C_{42} & & C_{44} & & \\ C_{51} & & & & C_{55} & \\ & & & & & C_{66}\end{pmatrix} \tag{10.96}$$

式中

$$\boldsymbol{C}_{A1}=\begin{bmatrix}C_{11} & 0 & 0\\ 0 & C_{22} & 0\\ 0 & 0 & C_{33}\end{bmatrix},\quad \boldsymbol{C}_{A2}=\begin{bmatrix}C_{44} & 0 & 0\\ 0 & C_{55} & 0\\ 0 & 0 & C_{66}\end{bmatrix},$$

$$C_{A3}=\begin{bmatrix}0 & C_{15} & 0\\ C_{24} & 0 & 0\\ 0 & 0 & 0\end{bmatrix},\quad \boldsymbol{C}_{A4}=\begin{bmatrix}0 & C_{42} & 0\\ C_{51} & 0 & 0\\ 0 & 0 & 0\end{bmatrix} \tag{10.97}$$

由于模块 B 与模块 A 完全相同, 且关于 x 轴对称。因此, 模块 B 可看作由模块 A 绕 x 轴旋转 180° 得到。于是, 模块 B 坐标变换的伴随矩阵为

$$\mathrm{Ad}=\begin{bmatrix}\boldsymbol{R} & \mathbf{0}\\ \mathbf{0} & \mathbf{R}\end{bmatrix},\quad \boldsymbol{R}=\boldsymbol{R}_X(\pi)=\begin{bmatrix}1 & 0 & 0\\ 0 & -1 & 0\\ 0 & 0 & -1\end{bmatrix} \tag{10.98}$$

由此得到模块 B 在坐标系 $Oxyz$ 下的柔度矩阵为

$$\boldsymbol{C}_B=\mathrm{Ad}C_A\mathrm{Ad}^{\mathrm{T}}=\begin{bmatrix}\boldsymbol{R}\boldsymbol{C}_{A1}\boldsymbol{R}^{\mathrm{T}} & \boldsymbol{R}\boldsymbol{C}_{A3}\boldsymbol{R}^{\mathrm{T}}\\ \boldsymbol{R}\boldsymbol{C}_{A4}\boldsymbol{R}^{\mathrm{T}} & \boldsymbol{R}\boldsymbol{C}_{A2}\boldsymbol{R}^{\mathrm{T}}\end{bmatrix} \tag{10.99}$$

由于 $\boldsymbol{R}^{\mathrm{T}}=\boldsymbol{R}$, 代入式 (10.99), 简化可得

$$\boldsymbol{C}_B=\begin{bmatrix}\boldsymbol{C}_{B1} & \boldsymbol{C}_{B3}\\ \boldsymbol{C}_{B4} & \boldsymbol{C}_{B2}\end{bmatrix}=\begin{bmatrix}\boldsymbol{C}_{A1} & -\boldsymbol{C}_{A3}\\ -\boldsymbol{C}_{A4} & \boldsymbol{C}_{A2}\end{bmatrix} \tag{10.100}$$

由于模块 A 与模块 B 串联, 因此整个机构柔度矩阵为

$$\boldsymbol{C}=\boldsymbol{C}_A+\boldsymbol{C}_B=\begin{bmatrix}2\boldsymbol{C}_{A1} & \mathbf{0}\\ \mathbf{0} & 2\boldsymbol{C}_{A2}\end{bmatrix}=\mathrm{diag}(2C_{11}2C_{22}2C_{33}2C_{44}2C_{55}2C_{66}) \tag{10.101}$$

上述分析表明, 对称串联设计使机构柔度矩阵化为对角矩阵, 理论上不存在寄生运动, 且柔度增大了一倍。

一个典型的通过对称串联设计的柔性机构实例如图 10.37a 所示, 由前面讨论的双平行四杆型柔性模块对称串联而成。

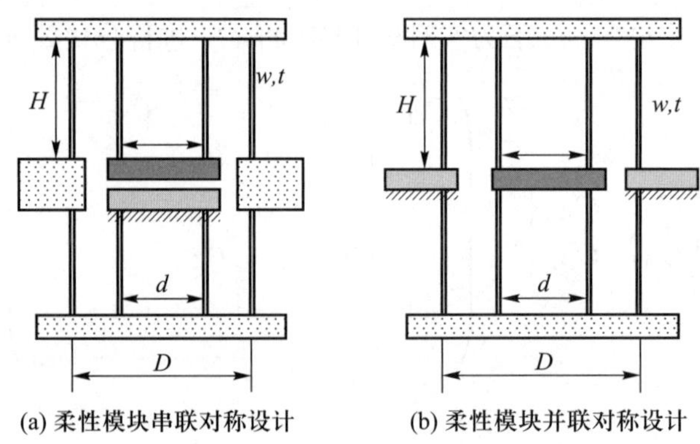

(a) 柔性模块串联对称设计　(b) 柔性模块并联对称设计

图 10.37　对称设计实例

10.5.2　对称并联设计

如图 10.36b 所示, 模块 B 与模块 A 通过并联方式连接。已知模块 A 柔度矩阵在坐标系 $Oxyz$ 下为实对称矩阵。同样容易验证, 其刚度矩阵也为实对称矩阵, 如下式所示:

$$\boldsymbol{K}_A=\begin{bmatrix}\boldsymbol{K}_{A1} & \boldsymbol{K}_{A3}\\ \boldsymbol{K}_{A4} & \boldsymbol{K}_{A2}\end{bmatrix}=\begin{bmatrix}K_{11} & & & & K_{15} & \\ & K_{22} & & K_{24} & & \\ & & K_{33} & & & \\ & K_{42} & & K_{44} & & \\ K_{51} & & & & K_{55} & \\ & & & & & K_{66}\end{bmatrix} \tag{10.102}$$

式中

$$\boldsymbol{K}_{A1}=\begin{bmatrix}K_{11} & 0 & 0\\ 0 & K_{22} & 0\\ 0 & 0 & K_{33}\end{bmatrix},\quad \boldsymbol{K}_{A2}=\begin{bmatrix}K_{44} & 0 & 0\\ 0 & K_{55} & 0\\ 0 & 0 & K_{66}\end{bmatrix},$$
$$\boldsymbol{K}_{A3}=\begin{bmatrix}0 & K_{15} & 0\\ K_{24} & 0 & 0\\ 0 & 0 & 0\end{bmatrix},\quad \boldsymbol{K}_{A4}=\begin{bmatrix}0 & K_{42} & 0\\ K_{51} & 0 & 0\\ 0 & 0 & 0\end{bmatrix} \tag{10.103}$$

与对称串联设计情况一样, 模块 B 可看作由模块 A 绕 x 轴旋转 180° 得到。于是, 模块 B 坐标变换的伴随矩阵同式 (5.15) 一样。

根据式 (10.98), 可以得到模块 B 在坐标系 $Oxyz$ 下的刚度矩阵

$$\boldsymbol{K}_B=(\mathrm{Ad}^{-1})^{\mathrm{T}}\boldsymbol{K}_A\mathrm{Ad}^{-1} \tag{10.104}$$

由于 $\boldsymbol{R}^{-1}=\boldsymbol{R}^{\mathrm{T}}=\boldsymbol{R}$, 于是有

$$(\mathrm{Ad}^{-1})^{\mathrm{T}}=\mathrm{Ad}^{-1}=\mathrm{Ad}=\begin{bmatrix}\boldsymbol{R} & \boldsymbol{0}\\ \boldsymbol{0} & \boldsymbol{R}\end{bmatrix} \tag{10.105}$$

将式 (10.105) 代入式 (10.104), 简化可得

$$\boldsymbol{K}_B = \begin{bmatrix} \boldsymbol{K}_{B1} & \boldsymbol{K}_{B3} \\ \boldsymbol{K}_{B4} & \boldsymbol{K}_{B2} \end{bmatrix} = \begin{bmatrix} \boldsymbol{R}\boldsymbol{K}_{A1}\boldsymbol{R} & \boldsymbol{R}\boldsymbol{K}_{A3}\boldsymbol{R} \\ \boldsymbol{R}\boldsymbol{K}_{A4}\boldsymbol{R} & \boldsymbol{R}\boldsymbol{K}_{A2}\boldsymbol{R} \end{bmatrix} = \begin{bmatrix} \boldsymbol{K}_{A1} & -\boldsymbol{K}_{A3} \\ -\boldsymbol{K}_{A4} & \boldsymbol{K}_{A2} \end{bmatrix} \tag{10.106}$$

由于模块 A 与模块 B 并联, 因此整个机构刚度矩阵为

$$\boldsymbol{K} = \boldsymbol{K}_A + \boldsymbol{K}_B = \begin{bmatrix} 2\boldsymbol{K}_{A1} & \boldsymbol{0} \\ \boldsymbol{0} & 2\boldsymbol{K}_{A2} \end{bmatrix} = \mathrm{diag}(2K_{11}2K_{22}2K_{33}2K_{44}2K_{55}2K_{66}) \tag{10.107}$$

相应地, 系统柔度矩阵为

$$\boldsymbol{C} = \boldsymbol{K}^{-1} = \mathrm{diag}\left(\frac{C_{11}}{2}\ \frac{C_{22}}{2}\ \frac{C_{33}}{2}\ \frac{C_{44}}{2}\ \frac{C_{55}}{2}\ \frac{C_{66}}{2}\right) \tag{10.108}$$

上述分析表明, 对称并联设计同样可使机构柔度矩阵化为对角矩阵, 理论上不存在寄生运动, 但柔度变为原来的一半。

一个典型的通过对称并联设计的柔性机构实例如图 10.37b 所示, 同样由双平行四杆型柔性模块对称并联而成。

由上节的柔性机构设计过程可以看出, 对称设计实际上是寄生运动补偿设计方法的一种特例。在对称设计方法中, 所选的补偿模块与初始机构完全相同, 经过镜像组合后, 补偿模块与初始机构的寄生运动方向相反, 可相互抵消。

10.6 本章小结

本章在对柔性机构的误差源进行枚举、分析的基础上, 对柔性机构的精度设计问题进行了初步探讨。特别是针对含簧片单元的大行程、高精度柔性机构, 所采用的基本方法为寄生运动补偿。

针对单轴柔性机构, 首先提出了一种基于刚柔耦合寄生运动相互抵消的柔性直线运动机构的设计方法。该方法的主要思想是将柔性铰链的轴漂与其转动时产生的偏移量进行抵消, 从而实现机构上一点的精确直线运动。其优点在于: 通过合理优化, 柔性机构可以在较大的行程范围内实现很高的直线度。作为设计案例, 通过对柔性 Roberts 直线导向机构的理论研究、仿真及实验, 验证了所提方法的有效性。同样, 为实现高精度、大行程柔性直线运动导向机构的设计, 还提出了另外一种利用柔性铰链的轴漂来补偿传统平行双簧片移动机构寄生运动的方法。基于所提出的补偿方案综合得到了 6 种构型, 给出了各自寄生运动的补偿条件, 以及几何参数的设计空间; 探索了利用柔性转动模块在构造新型直线导向机构的可行性。通过精度及易加工性的比较, 综合得到的新构型在精度上比平行双簧片型移动机构高两个数量级。本质上, 上述两种方法是相同的, 只是采用的技术手段有所不同。

此外, 还提出了一种通过增加物理模块补偿寄生运动的柔性机构设计方法。该方法的主要思想是通过设计补偿模块来最大程度地抵消初始机构中各自由度运动伴随的寄生运动, 所采用的手段是将补偿模块与初始机构合理地组合后, 再通过参数的优化设计使组合机构的柔度矩阵最大程度地对角化。该方法不仅适合 1 维柔性移动机构的设计, 还适合多自由度柔性精微系统的高精度设计。单轴及多轴的设计实例验证了该方法的有效性。

最后给出了小变形条件下对称设计提高系统精度的原理性解析, 得出对称设计实际上是寄生运动补偿设计方法一种特例的结论。

参考文献

[1] Awtar S, Slocum A H. Constant-based design of parallel kinematic XY flexure mechanisms. Journal of Mechanical Design, Transactions of the ASME, 2007, 129: 816-830.

[2] Awtar S, Sen S. A generalized constraint model for two-dimensional beam flexures: Nonlinear load-displacement formulation. Journal of Mechanical Design, Transactions of the ASME, 2010, 132(8): 081008.

[3] Hubbard N B, Wittwer J W, Kennedy J A, et al. A novel fully compliant planar linear-motion mechanism//ASME International DETC2004, Salt Lake City, Utah, USA, 2004.

[4] Roman G A, Wiens G J. MEMS optical force sensor enhancement via compliant mechanism//ASME International DETC2007, Las Vegas, USA, 2007.

[5] Chang S H, Li S S. A high resolution long travel friction drive micropositioner with programmable step size. Review of Scientific Instruments, 1999, 70(6): 2776-2782.

[6] Wang Y C, Chang S H. Design and performance of a piezoelectric actuated precise rotary positioned. Review of Scientific Instruments, 2006, 77(10): 105101.

[7] Zhao H Z, Bi S S, Yu J J. A novel compliant linear-motion mechanism based on parasitic motion compensation. Mechanism and Machine Theory, 2012, 50: 15-28.

[8] Yu J J, Li S Z, Bi S S, et al. Symmetry design in flexure systems using kinematic principles//ASME International DETC2013, 2013: DETC2013-12385.

[9] 裴旭. 基于虚拟运动中心概念的机构设计理论与方法. 博士学位论文. 北京: 北京航空航天大学,2009.

[10] 李守忠. 基于旋量理论的柔性精微机构综合. 博士学位论文. 北京: 北京航空航天大学,2012.

[11] 赵宏哲. 基于约束特性的柔性精密运动模块参数化设计. 博士学位论文. 北京: 北京航空航天大学,2010.

[12] Pei X, Yu J J, Zong G H, et al. Design of compliant straight-line mechanisms using flexural joints. Chinese Journal of Mechanical engineering, 2014, 27(1): 146-153.

[13] Zhao H Z, Bi S S, Yu J J. Design of a family of ultra-precision linear motion mechanisms. Journal of Mechanism and Robotics, Transactions of the ASME, 2012, 4(4): 041012.

[14] Li S Z, Yu J J. Design principle of high-precision flexure mechanisms based on parasitic-motion compensation. Chinese Journal of Mechanical Engineering, 2014, 27(4): 663-672.

[15] Li S Z, Yu J J, Zong G H, et al. A compliance-based compensation approach for designing high-precision flexure mechanism//ASME International DETC2012, DETC2012-71018.

[16] 宗光华, 裴旭, 于靖军, 毕树生. 一种新型柔性直线导向机构及其运动精度分析. 光学精密工程,2008,44(4):630-635.

[17] 于靖军. 全柔性机器人机构分析及设计方法研究. 博士学位论文. 北京: 北京航空航天大学, 2002.

[18] 毕树生. 面向生物工程的微操作机器人系统研究. 博士学位论文. 北京: 北京航空航天大学, 2002.

[19] Smith S T, Chetwynd D G. Foundations of ultraprecision mechanism design. Gordon and Breach Science Publishers, 1992.

[20] Awtar S, Slocum A H. Characteristics of beam-based flexure modules. Journal of Mechanical Design, Transactions of the ASME, 2007, 129: 625-638.

[15] [illegible] et al. A combined [illegible] approach for design [illegible] ASME International [illegible] IDETC2015 [illegible]

[16] [illegible]

[17] [illegible]

[18] [illegible]

[19] [illegible] and [illegible] Science Publishers, 1998.

[20] [illegible] Journal of Mechanical Design, Transactions of the ASME, 2001 [illegible]

第 11 章　屈 曲 设 计

前面几章主要针对柔性机构的构型设计、刚度设计、精度设计等主题进行了讨论。事实上，柔性设计过程中，强度问题是首先需要考虑的。例如，柔性机构在受外载荷作用时，主要的应力形式是弯曲应力和轴向应力。当柔性单元处的最大弯曲应力超过弯曲强度 σ_{b} (或比例极限) 时，会发生弹性失效；若轴向压力达到屈服强度 σ_{s} (或强度极限)，柔性铰链将会发生屈曲失效，此时其最大压应力不一定很高，有时甚至低于材料的比例极限；当柔性机构反复运动，超过许用的疲劳强度 σ_{f} (或疲劳极限) 时，会发生疲劳失效。为保证柔性机构正常工作，强度校核是柔性设计中不可或缺的一环[1-2]。

事实上，对柔性机构而言，强度的主题决不仅仅局限在分析校核层面；反过来，还可以用于设计，即所谓的"强度设计"。本章屈曲设计的基本思想便来自材料发生屈曲时的大变形行为，直接需求来自工业界及日常生活。

本章重点阐述的是屈曲设计原理及其在大转角柔性铰链创新中的应用[3-4]，是对强度设计这一主题的初步探索。

11.1　屈曲设计的灵感来源

当铰链受到轴向压力作用时，可能会发生屈曲失效的现象。为此，Howell 等[5] 提出了避免柔性铰链屈曲的两种方法：*倒置法* (inversion) 和*隔离法* (isolation)。

所谓倒置法是指通过改变连接方式，使柔性机构中承受压应力的柔性铰链承受拉应力，这样，柔性铰链在工作中就不会发生屈曲 (图 11.1)。图 11.2 所示为倒置法的几种应用实例。

隔离法的设计思想就是在柔性铰链旁边增设一个支链，该支链的主要功能是承受工作载荷，而运动由柔性铰链产生，这样就将产生运动的机构和承受载荷的机构

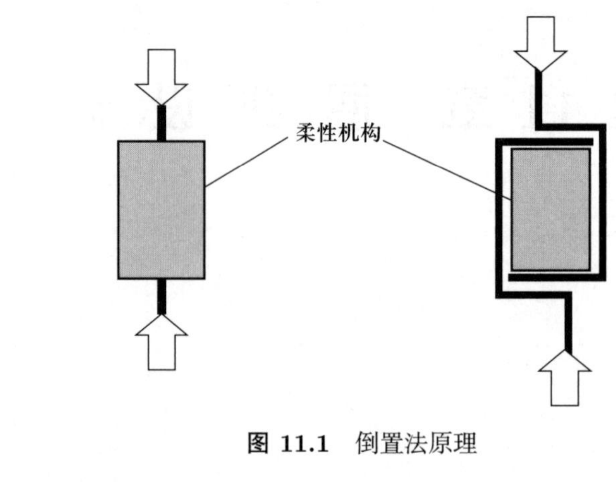

图 11.1 倒置法原理

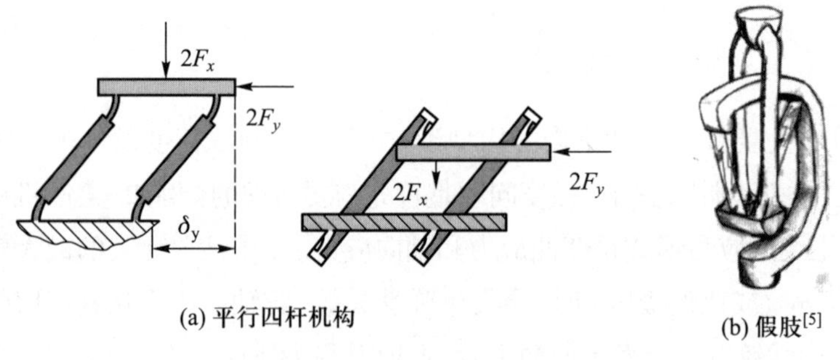

图 11.2 倒置法应用实例

巧妙地分开了, 故称这种方法为隔离法 (图 11.3)。利用隔离法设计出的机构能承受非常大的工作载荷, 如果不受机构体积的限制, 则理论上可以适用于工作载荷无限大的场合。但是因其增加了一个支链, 导致整体结构变得复杂, 实现起来比较困难。

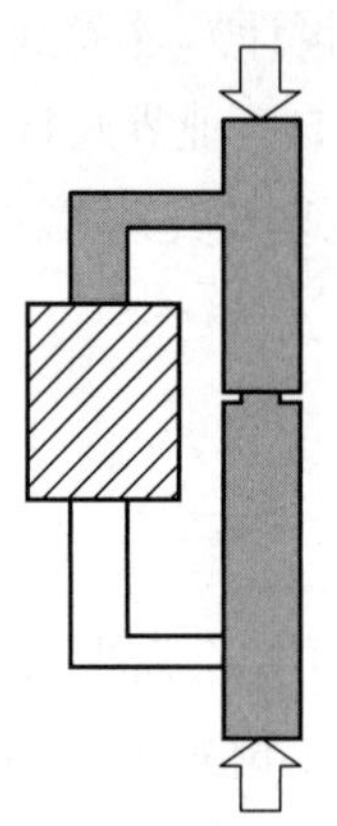

图 11.3 隔离法原理

Howell 提出的两种避免柔性铰链屈曲的方法可以作为柔性铰链结构设计的有效指导。图 11.4 为其采用隔离法设计的大变形贝壳式柔性铰链。此外, 为避免屈曲, 洛桑联邦理工学院还提出了一种阻挡法[6], 就是在柔性铰链及其机构中增加一些辅助的阻挡结构, 以限制其因受到高压载荷而产生过大的变形运动, 由此起到了 “过载保护” 的作用, 而不致使机构被意外破坏。但是与倒置法和隔离法相比, 阻挡法只能用于载荷较小的场合, 因为利用阻挡法设计的柔性机构在载荷较大时不易回复到平衡位置, 无法进行正常工作。图 11.5 所示为利用阻挡法所设计的两自由度柔性移动副。

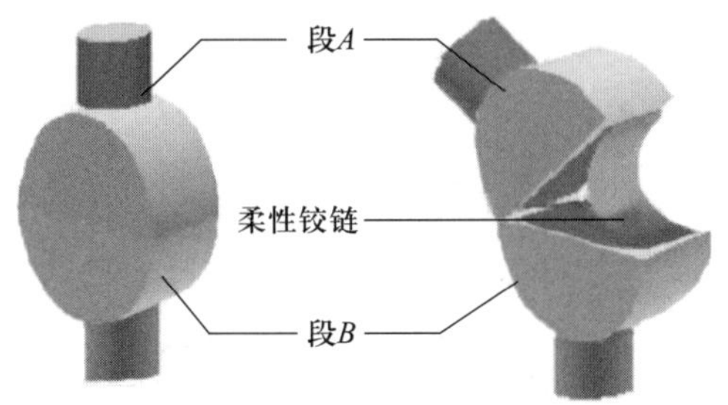

图 11.4 贝壳式柔性铰链[5]

图 11.5 阻挡法应用实例[6]

利用屈曲原理还可以设计大行程柔性铰链。Slocum 等[7] 利用受压杆件的屈曲原理设计了一种平动型柔性机构 (图 11.6); 同样, 图 11.7 所示为利用屈曲原理设计的柔性运动放大机构[8]; 此外, Sonmez 等[9] 利用压杆的屈曲特性设计了用于机构预紧和连接的弹簧 (图 11.8)。

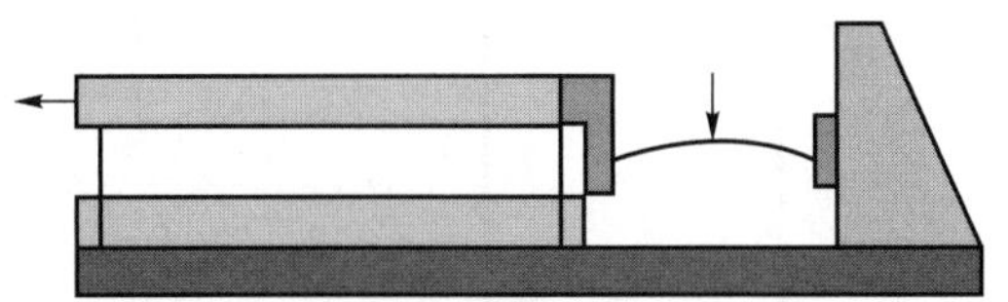

图 11.6 正交屈曲型柔性机构[7]

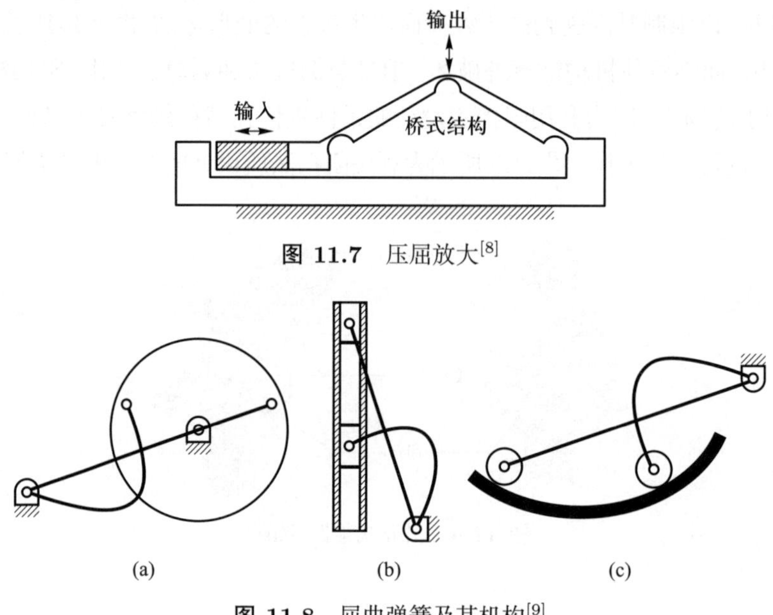

图 11.7 压屈放大[8]

图 11.8 屈曲弹簧及其机构[9]

11.2 基于屈曲理论的挠曲线构型法

11.2.1 压杆稳定的概念

当受拉杆件的应力达到屈曲极限或强度极限时, 将引起塑性变形或断裂。长度较小的受压短杆也有类似的现象, 例如低碳钢短杆被压扁, 铸铁短杆被压碎。这些都是因强度不足引起的失效。

细长杆受压时, 却表现出与强度失效全然不同的性质。例如一根细长的竹片受压时, 开始轴线为直线, 接着必然是被压弯, 发生较大的弯曲变形, 最后折断。现以图 11.9 所示两端铰支的细长压杆来说明。设压力与杆件轴线重合, 当压力逐渐增加,

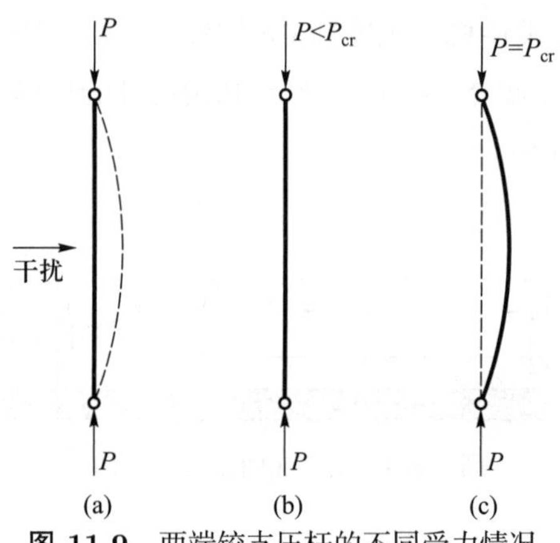

图 11.9 两端铰支压杆的不同受力情况

但小于某一极限值时, 杆件一直保持直线形状的平衡, 即使用微小的侧向干扰力使其暂时发生轻微弯曲, 干扰力解除后, 它仍将恢复直线形状。这表明压杆直线形状的平衡是稳定的。当压力逐渐增加到某一极限值时, 压杆的直线平衡状态遭到破坏, 将转变为曲线形状的平衡。这时如再用微小的侧向干扰力使其发生轻微弯曲, 干扰力解除后, 它将保持曲线形状的平衡, 不能恢复原有的直线形状。上述压力的极限值称为临界压力或临界力, 记为 P_{cr}。压杆丧失其直线形状的平衡而过渡为曲线平衡, 称为失稳, 也称屈曲 (buckling)。压杆屈曲后, 压力的微小增加将引起弯曲变形的显著增大, 杆件就丧失了承载能力。

如图 11.10 所示, 以变形前的梁轴线作为 x 轴, 垂直向上的轴为 y 轴, xy 平面为梁的纵向对称面。在对称弯曲的情况下, 变形后梁的轴线将成为 xy 平面内的一条曲线, 称为挠曲线 (deflection curve)。挠曲线上横坐标为 x 点的纵坐标, 用 v 来表示, 它代表坐标为 x 的横截面的形心沿 y 方向的位移, 称为挠度 (deflection)。挠曲线的方程式可以写为

$$v = f(x) \tag{11.1}$$

弯曲变形中, 梁的横截面对其原来位置转过的角度, 称为截面转角。根据平面假设, 弯曲变形前垂直于轴线 (x 轴) 的横截面, 变形后仍垂直于挠曲线。所以, 截面转角 θ 就是 y 轴与挠曲线法线的夹角。它应等于挠曲线的倾角, 即等于 x 轴与挠曲线切线的夹角。故有

$$\tan\theta = \frac{\mathrm{d}v}{\mathrm{d}x}, \quad \theta = \arctan\left(\frac{\mathrm{d}v}{\mathrm{d}x}\right) \tag{11.2}$$

挠度与转角是度量弯曲变形的两个基本量。在图 11.10 所示的坐标系中, 向上的挠度和逆时针的转角为正。

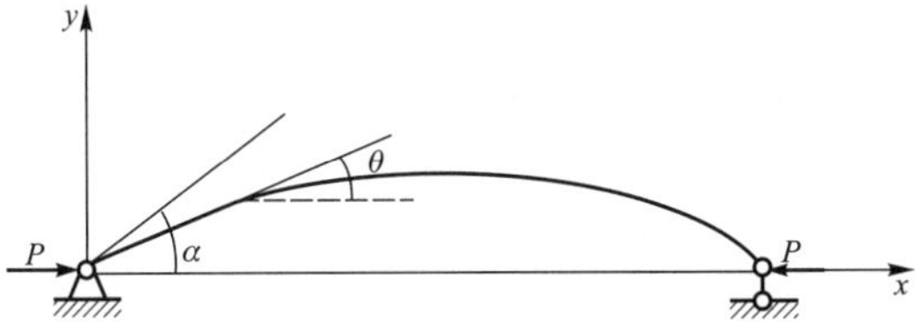

图 11.10 两端铰支压杆示意图

选取坐标系如图 11.10 所示, 距原点为 x 的任意截面的挠度为 v, 弯矩 M 的绝对值为 Pv。若只取压力 P 的绝对值, 则 v 为正时, M 为负; v 为负时, M 为正。即 M 与 v 的符号相反, 因此有

$$M = -Pv \tag{11.3}$$

对微小的弯曲变形, 挠曲线的近似微分方程为

$$\frac{\mathrm{d}^2 v}{\mathrm{d}x^2} = \frac{M}{EI} \tag{11.4}$$

式中, E 为材料的弹性模量; I 为梁的截面惯性矩。

根据杆的边界条件可以求出近似微分方程的解为

$$P=\frac{n^2\pi^2EI}{l^2},\quad n=1,2\cdots \tag{11.5}$$

只有取 $n=1$, 才使压力 P 为最小值。由此得临界力为

$$P_{\mathrm{cr}}=\frac{\pi^2EI}{l^2} \tag{11.6}$$

这就是两端铰支细长压杆临界力的计算公式, 也称为两端铰支压杆的欧拉公式。

若细长压杆的一端为固定端, 另一端为铰支座, 则可近似地把靠近铰支座一边的大约长为 $0.7l$ 的部分看作两端铰支压杆。这时, 计算其屈曲临界压力的公式可写为

$$P_{\mathrm{cr}}\approx\frac{\pi^2EI}{(0.7l)^2} \tag{11.7}$$

式 (11.6) 和式 (11.7) 可以统一写为

$$P_{\mathrm{cr}}=\frac{\pi^2EI}{(\gamma l)^2} \tag{11.8}$$

这是欧拉公式的普遍形式。式中 γl 表示把压杆折算成两端铰支杆的长度, 称为当量长度, γ 称为长度系数。常见压杆的长度系数 γ 如表 11.1 所示。

表 11.1 压杆的长度系数

压杆的约束条件	长度系数
两端固定	$\gamma=1/2$
一端固定, 另一端铰支	$\gamma=0.7$
两端铰支	$\gamma=1$
一端固定, 另一端平移	$\gamma=1$
一端固定, 另一端自由	$\gamma=2$

考虑到轴心受压杆件在屈曲后, 其纵向刚度急剧下降, 几乎接近 0 (即柔度接近无穷大) 的特点, 可以将铰链形状设计成压杆屈曲时的形状, 利用这种初弯曲 “缺陷” 来增大铰链的柔度。另外, 由稳定理论知道, 当受压杆件具有载荷初偏心时, 其极限承载力将大大减小, 从而使铰链柔度大大增加。实际上初弯曲与初偏心的本质是一样的: 初弯曲使杆件承受了附加的弯矩, 而初偏心又使其承受的弯矩加大, 最终的结果都是增加了压杆所承受的弯矩。针对轴心受压杆件的上述特点, 可以将铰链设计成具有*形状初弯曲*和*载荷初偏心*两种 “缺陷” 的受压杆件。

11.2.2 轴心受压杆件的大挠度弹性理论[10-11]

11.2.2.1 载荷挠度特性

经典 “弹性力学” 教材中给出了小挠度屈曲方程。在小挠度屈曲时, 挠曲线的曲率为

$$\kappa=\frac{1}{\rho}=\frac{v''}{(1+v'^2)^{2/3}}\approx v'' \tag{11.9}$$

但是, 当载荷超过临界载荷值以后, 压杆处于后屈曲平衡状态, 杆件产生非线性大挠度。此时式 (11.9) 不再适用, 在这种情况下, 就应该根据非线性大挠度理论来分析压杆的大挠度屈曲及有关的后屈曲性质。

以图 11.10 所示的细长压杆为例, 建立其非线性大挠度方程。为此首先作 4 点假设:

(1) 杆件的应力 – 应变关系符合胡克定律;

(2) 杆的变形或位移主要由弯曲产生;

(3) 在弯曲时杆的横截面仍保持为平面;

(4) 杆轴的长度保持不变。

在上述假设条件下, 所研究的问题纯属几何非线性问题。

对于图 11.10 所示的压杆, 根据经典的细梁弯曲理论有

$$\kappa=\frac{1}{\rho}=-\frac{M}{EI} \tag{11.10}$$

将曲率

$$\frac{1}{\rho}=\frac{\mathrm{d}\theta}{\mathrm{d}s} \tag{11.11}$$

及弯矩

$$M(s)=Pv \tag{11.12}$$

代入式 (11.10), 得到如下平衡微分方程:

$$\frac{\mathrm{d}\theta}{\mathrm{d}s}+k^2v=0 \tag{11.13}$$

式中

$$k^2=\frac{P}{EI} \tag{11.14}$$

将式 (11.13) 对 s 微分, 并利用关系式 $\mathrm{d}v/\mathrm{d}s=\sin\theta$, 得到

$$\frac{\mathrm{d}^2\theta}{\mathrm{d}s^2}+k^2\sin\theta=0 \tag{11.15}$$

上式就是细长压杆的大挠度微分方程。如果近似地取 $\sin\theta\approx\theta\approx\mathrm{d}v/\mathrm{d}x$, $\mathrm{d}\theta/\mathrm{d}s\approx\mathrm{d}^2v/\mathrm{d}x^2$, 则式 (11.15) 可以简化为线性理论的小挠度方程。

对式 (11.15) 积分, 得到

$$\frac{1}{2}\left(\frac{\mathrm{d}\theta}{\mathrm{d}s}\right)^2 = k^2\cos\theta + C_1 \tag{11.16}$$

为了确定式中的常数值, 现利用端点弯矩为 0 的边界条件, 即当 $\theta = \theta_0$ 时, $\mathrm{d}\theta/\mathrm{d}s = 0$, 从而得到

$$C_1 = -k^2\cos\theta_0 \tag{11.17}$$

因此

$$\frac{\mathrm{d}\theta}{\mathrm{d}s} = -k\sqrt{2(\cos\theta - \cos\theta_0)} \tag{11.18}$$

对式 (11.18) 进行积分, 得出

$$s = -\frac{1}{k}\int_0^{\theta}\frac{\mathrm{d}\theta}{\sqrt{2(\cos\theta - \cos\theta_0)}} + C_2 \tag{11.19}$$

根据条件 $s = 0, \theta = \theta_0$, 可以确定积分常数 C_2, 即

$$C_2 = \frac{1}{k}\int_0^{\theta_0}\frac{\mathrm{d}\theta}{\sqrt{2(\cos\theta - \cos\theta_0)}} \tag{11.20}$$

因此得到

$$ks = \int_0^{\theta_0}\frac{\mathrm{d}\theta}{\sqrt{2(\cos\theta - \cos\theta_0)}} - \int_0^{\theta}\frac{\mathrm{d}\theta}{\sqrt{2(\cos\theta - \cos\theta_0)}} \tag{11.21}$$

当 $\theta = 0, s = l/2$, 则有

$$kl = \int_0^{\theta_0}\left(1\Big/\sqrt{\sin^2\frac{\theta_0}{2} - \sin^2\frac{\theta}{2}}\right)\mathrm{d}\theta \tag{11.22}$$

以上积分式可通过变量置换转化为椭圆积分的标准形式。

令 $\sin\dfrac{\theta_0}{2} = a$, $\sin\dfrac{\theta}{2} = a\sin\phi$, 注意到 $\mathrm{d}\theta = \dfrac{2a\cos\varphi\mathrm{d}\varphi}{\sqrt{1-a^2\sin^2\varphi}}$, 且 θ 由 0 变到 θ_0 时 ϕ 由 0 变到 $\pi/2$, 则式 (11.21) 和式 (11.22) 分别转化为

$$kl = 2\int_0^{\pi/2}\frac{\mathrm{d}\varphi}{\sqrt{1-a^2\sin^2\varphi}} = 2F(\pi/2, a) \tag{11.23}$$

$$ks = 2\int_0^{\pi/2}\frac{\mathrm{d}\varphi}{\sqrt{1-a^2\sin^2\varphi}} - \int_0^{\varphi}\frac{\mathrm{d}\varphi}{\sqrt{1-a^2\sin^2\varphi}} = F(\pi/2, a) - F(\varphi, a) \tag{11.24}$$

式中, a 表示椭圆积分的模, 是一个常数, 积分结果可由椭圆积分表查得。

如果将该压杆的欧拉临界力记为 P_{cr}, 则杆件的轴向压力可以表示为

$$\frac{P}{P_{\mathrm{cr}}} = \frac{k^2EI}{\pi^2EI/l^2} = \frac{(kl)^2}{\pi^2} = \frac{4}{\pi^2}\left(\frac{kl}{2}\right)^2 \tag{11.25}$$

式中

$$\frac{kl}{2}=\int_{0}^{\pi/2}\frac{\mathrm{d}\varphi}{\sqrt{1-a^{2}\sin^{2}\varphi}}=F(\pi/2,a) \tag{11.26}$$

若取 $\theta_0=60°$, 得 $a=\sin\dfrac{\theta_0}{2}=0.5$, 由椭圆积分表不难查出 $\dfrac{kl}{2}=F(\pi/2,a)=1.685\ 8$, 从而有

$$\frac{P}{P_{\mathrm{cr}}}=\left(\frac{kl}{2}\right)^{2}\frac{4}{\pi^{2}}=1.152,\quad \frac{f}{l}=a\Big/\left(\frac{kl}{2}\right)=0.296\ 6$$

按照相同的步骤可以得到不同载荷下的挠度值 (表 11.2), 进而绘出后屈曲平衡路径曲线, 如图 11.11 和 图 11.12 所示。

表 11.2 压杆后屈曲平衡路径值

$\theta_0/°$	$a=\sin\dfrac{\theta_0}{2}$	$\dfrac{kl}{2}=F(\pi/2,a)$	$\dfrac{P}{P_{\mathrm{cr}}}=\left(\dfrac{kl}{2}\right)^2\dfrac{4}{\pi^2}$	$\dfrac{f_x}{l}=a\Big/\left(\dfrac{kl}{2}\right)$	$\dfrac{f_y}{l}=a\Big/\left(\dfrac{kl}{2}\right)$
0	0	1.570 8	1.000	0	0
10	0.087 2	1.573 8	1.004	–0.007 6	0.055 4
20	0.173 6	1.582 8	1.015	–0.030 3	0.109 7
30	0.258 8	1.598 1	1.035	–0.073 3	0.161 9
40	0.342 0	1.620 0	1.064	–0.119 0	0.211 1
50	0.422 6	1.649 0	1.102	–0.179 7	0.256 3
60	0.500 0	1.685 8	1.152	–0.259 0	0.296 6
70	0.573 6	1.731 2	1.215	–0.333 3	0.331 3
80	0.642 8	1.786 8	1.294	–0.441 0	0.359 7
90	0.707 1	1.854 1	1.393	–0.543 0	0.381 4
100	0.766 0	1.935 6	1.518	–0.655 4	0.395 7
110	0.819 2	2.034 7	1.678	–0.752 9	0.402 6
120	0.866 0	2.156 5	1.885	–0.882 3	0.401 6
130	0.906 3	2.308 8	2.160	–0.988 5	0.392 5
140	0.939 7	2.504 6	2.542	–1.104 7	0.375 2
150	0.965 9	2.768 1	3.105	–1.218 8	0.348 9
160	0.984 8	3.153 4	4.030	–1.334 5	0.312 3
170	0.996 2	3.831 7	5.950	–1.466 7	0.260 0

对上述分析结果及图中曲线进行以下讨论:

(1) 如果 $(kl/2)<\pi/2, P/P_{\mathrm{cr}}<1$, 则 $\theta=0$ 是方程式 (11.15) 的唯一解。这表明直线形式是压杆唯一的平衡形式, 换言之, 直线平衡是稳定的。

(2) 如果 $(kl/2)>\pi/2, P/P_{\mathrm{cr}}<1$, 则对应于每一载荷, 压杆有两种平衡形式 —— 直线形式和弯曲形式, 其中前者是不稳定的, 而后者是稳定的。图 11.11 所示曲线代表了压杆的后屈曲平衡路径, 它与原始平衡路径的交点就是分支点, 这也

就是说第 2 平衡路径的最小载荷值也是压杆保持直线平衡形式的最大载荷, 即临界载荷 P_{cr}。由图中可以明显看出, 当 P 超过 P_{cr} 很小时, 压杆弯曲变形将变得很大, 例如, $P/P_{cr}=1.004, f/l=0.055\,4; P/P_{cr}=1.035, f/l=0.161\,9$。另外, 在分支点处, 第 2 平衡路径具有水平切线。上述表明, 在分支点附近存在着无穷多微小弯曲的平衡形式, 这就是随遇平衡的概念。

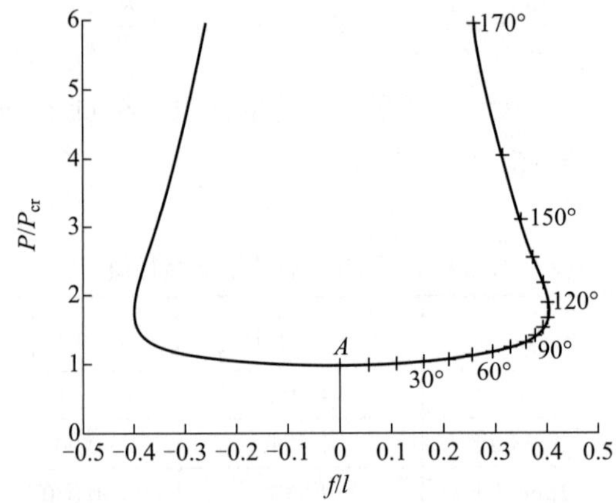

图 11.11 轴心受压直杆的载荷 – 横向挠度特性曲线 (压杆中点)

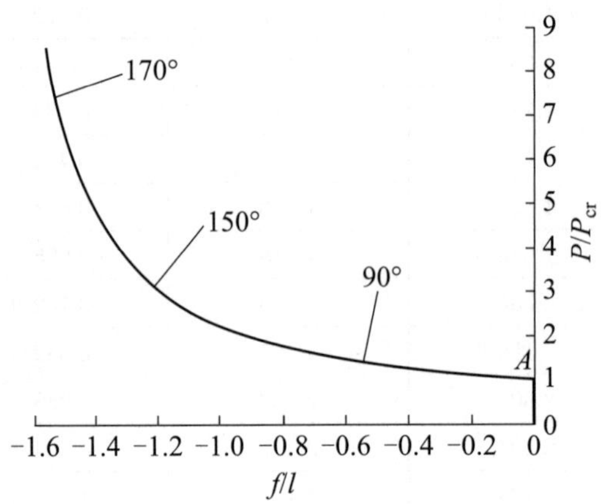

图 11.12 轴心受压直杆的载荷 – 纵向挠度特性曲线 (活动铰支点)

图 11.13 表示的是杆件屈曲后的载荷 – 挠度曲线。由图可知, 屈曲以后理想的弹性轴心受压杆件仍处在稳定平衡状态, 属于稳定的分岔失稳问题。关于大挠度理论可以总结为以下 3 点:

(1) 小挠度和大挠度弹性理论分析都指出, 对于两端铰接的轴心受压杆件, 当作用于端部的载荷 P 小于临界载荷 P_{cr} 时, 杆件处于直线的稳定平衡状态。当 $P=P_{cr}$ 时, 将出现分岔点; 当 $P>P_{cr}$ 时, 大挠度理论不仅能说明杆件屈曲以后仍处在稳定平衡状态, 而且还能给出载荷与挠度的关系式, 这是一一对应的确定数值。

(2) 大挠度理论分析得到的屈曲后载荷虽然略高于屈曲载荷, 但是当超过 P_{cr} 的 1/‰时, 挠度将达到杆件长度的 3%, 从而使杆件的中央截面产生颇大的弯曲应力。即使对于细长杆, 这时也早就进入了弹塑性状态, 因而在图 11.13 中出现曲线的下降段, 导致杆件提前屈曲。所以, 轴心受压杆件的屈曲后强度是不能被利用的。

(3) 按小挠度理论假定所作的线性理论分析结果是合理的, 这样杆件的屈曲载荷才有实际意义。

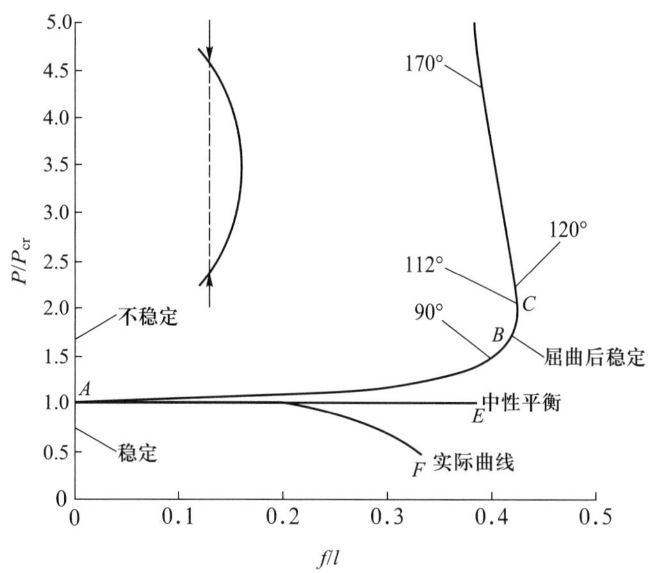

图 11.13 压杆屈曲后的载荷 – 挠度特性曲线

另外, 由以上讨论可知, 用椭圆积分查表法求解轴心受压直杆活动铰支点及中点的挠度时, 其过程十分繁琐, 会带来非常大的工作量。因此, 椭圆积分法在实际应用中很不方便。为此, 人们提出了许多近似解法, 但这些近似解法在某种程度上都有一定的局限性, 而得不到普遍应用。相反, 使用有限元法来求解轴心受压直杆活动铰支点及中点的挠度时, 其仿真结果与用椭圆积分法得到的精确解的误差一般不超过 1/‰, 因此可将有限元法分析结果当作精确解。图 11.14 所示为采用有限元法得到的两端铰支轴心受压直杆对应于不同端截面转角的挠曲线轨迹。

11.2.2.2 初始几何缺陷对轴心受压杆件的影响

前面讨论了理想的轴心受压直杆的弹性弯曲屈曲问题, 实际上杆件本身就可能存在不同程度的初始几何缺陷, 例如杆件有初弯曲, 截面的几何形状和尺寸可能稍有偏差, 载荷的作用点也可能偏离杆件的轴线, 这些对杆件都有一定的影响, 其中以初弯曲和初偏心对杆件的影响最具代表性。

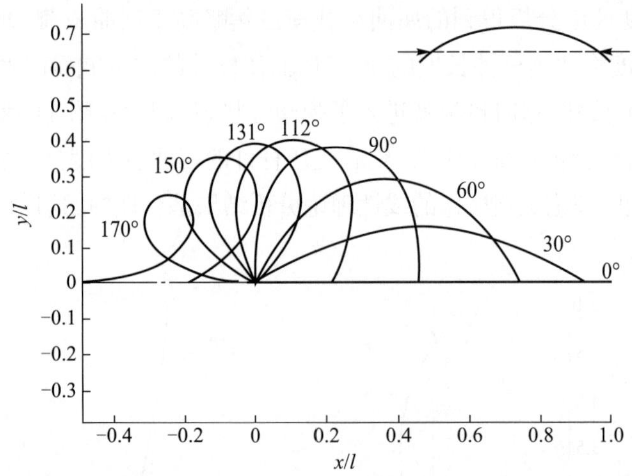

图 11.14 两端铰支轴心受压直杆在不同端截面转角下的挠曲线轨迹

1. 初弯曲对轴心受压杆件的影响

图 11.15 中用粗实线表示的图形是一种比较简单的初弯曲形状。为了考察它对轴心受压杆件的影响, 可以用傅里叶级数表示初弯曲的幅值。

在图 11.15a 中杆件任一点的初弯曲幅值为

$$y_0 = v_1 \sin\frac{\pi x}{l} + v_2 \sin\frac{2\pi x}{l} + \cdots + v_n \sin\frac{n\pi x}{l} + \cdots = \sum_{i=1}^{\infty} v_i \sin\frac{i\pi x}{l} \tag{11.27}$$

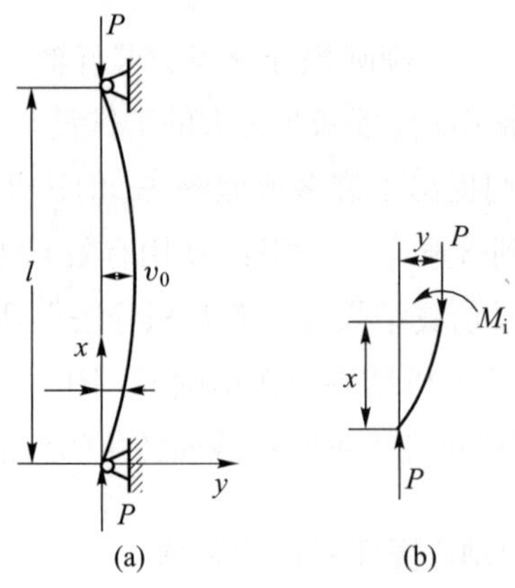

图 11.15 有初弯曲的轴心受压杆件

在未加载荷之前, 杆件任一点的曲率为 $-y_0''$, 在轴心压力 P 的作用下杆件总的挠度为 y, 曲率为 $-y''$, 见图 11.15b。截面上的内力矩 $M_{\mathrm{i}} = -EI(y'' - y_0'')$, 外力矩 $M_{\mathrm{e}} = Py$, 平衡方程为

$$EIy'' + Py = EIy_0'' \tag{11.28}$$

令 $k^2 = P/(EI)$, 并将式 (11.27) 代入式 (11.28), 则得

$$y'' + k^2 y = -\left(\frac{\pi}{l}\right)^2 \sum_{i=1}^{\infty} i^2 v_i \sin\frac{\mathrm{i}\pi x}{l} \tag{11.29}$$

这是一个非齐次线性微分方程, 其通解是特解和余解之和, 特解可写作

$$y_{\mathrm{p}} = \sum_{i=1}^{\infty} C_i \sin\frac{\mathrm{i}\pi y}{l} \tag{11.30}$$

将式 (11.30) 代入式 (11.29), 可得

$$y_{\mathrm{p}} = -\frac{\pi^2}{l^2} \sum_{i=1}^{\infty} \frac{i^2 v_i}{k^2 - i^2\pi^2/l^2} \sin\frac{i\pi x}{l} \tag{11.31}$$

由 $y'' + k^2 y = 0$ 可得余解为 $y_{\mathrm{c}} = A\sin kx + B\cos kx$, 因此通解为

$$y = A\sin kx + B\cos kx - \frac{\pi^2}{l^2} \sum_{i=1}^{\infty} \frac{i^2 v_i}{k^2 - i^2\pi^2/l^2} \sin\frac{i\pi x}{l} \tag{11.32}$$

由边界条件 $y(0) = 0$ 和 $y(l) = 0$ 得到 $B = 0$ 和 $A\sin kl = 0$。由于初弯曲时有 $P < P_{\mathrm{cr}}$, 故 $\sin kl \neq 0$, 这时只有 $A = 0, y = y_p$, 上面的特解成了式 (11.29) 的全解。因 $k^2 = P/(EI), P_{\mathrm{cr}} = \pi^2 EI/l^2, i$ 改用符号 n, 全解可写作

$$y = \frac{v_1}{1 - P/P_{\mathrm{cr}}} \sin\frac{\pi x}{l} + \frac{v_2}{1 - P/(4P_{\mathrm{cr}})} \sin\frac{2\pi x}{l} + \cdots + \frac{v_n}{1 - P/(n^2 P_{\mathrm{cr}})} \sin\frac{n\pi x}{l} + \cdots \tag{11.33}$$

比较式 (11.27) 和式 (11.33) 可知, 对于有初弯曲的杆件, 在载荷 P 的作用下, 杆件的弹性曲线相当于在原有初弯曲的各部分乘以一放大系数 $1/[1 - P/(n^2 P_{\mathrm{cr}})]$, 但是第 1 项的放大系数始终大于其他各项的放大系数, 特别是当 P 接近于 P_{cr} 时, 它们之间的差别尤为突出, 完全可以忽略其他各项对杆件的影响, 这样将式 (11.33) 近似地取为

$$y = \frac{v_0}{1 - P/P_{\mathrm{cr}}} \sin\frac{\pi x}{l} \tag{11.34}$$

因此, 杆件的初弯曲可以用半波正弦曲线来代替, 即

$$y_0 = v_0 \sin\frac{\pi x}{l} \tag{11.35}$$

式中, v_0 为杆件中点初弯曲的幅值。在 P 作用下, 杆件的最大挠度 $y_{\max} = A_{\mathrm{m}} v_0$, 最大弯矩 $M_{\max} = P y_{\max} = A_{\mathrm{m}} P v_0$。这里把 $A_{\mathrm{m}} = 1/(1 - P/P_{\mathrm{cr}})$ 称为弯矩放大系数, 反映了初弯曲对弹性轴心受压杆件的影响。

图 11.16 所示为有初弯曲的轴心受压杆件的载荷 – 挠度曲线, 实线表示杆件是完全弹性的, 以 $P = P_{\mathrm{cr}}$ 时的水平线为其渐近线, 当 P 达到轴心受压杆件的屈曲载

荷时, 最大挠度趋向于无限大, 与 v_0 值无关, 说明处于这种状态的杆件已经丧失了抗弯能力, 达到了稳定的临界状态。可以根据这种临界状态的概念, 预先给轴心受压杆件一微小的初弯曲 y_0, 用这种方法来求解其屈曲载荷 P_{cr}, 其条件是 $y_{max}=\infty$ 或 $1-P/P_{cr}=0$。对于有限初弯曲的轴心受压杆件, 当截面承受的弯矩较大时就开始屈服而进入弹塑性状态, 即如图中虚线所示的载荷 – 挠度曲线。有初弯曲的轴心受压杆件实际上属于极值点失稳问题, 且极限载荷为 P_u, 极限应力为 $\sigma_u=P_u/A$, 它与杆件截面的形式、细长比、弯曲方向和材料的屈服强度等因素有关。

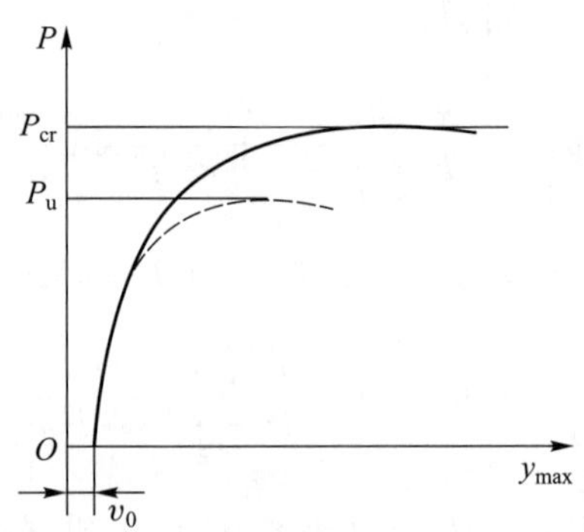

图 11.16 初弯曲轴心受压杆件的载荷 – 挠度曲线

2. 初偏心对轴心受压杆件的影响

载荷作用于杆件的端部时, 上端和下端的初始偏心可能并不完全相同, 但这种差别并不大, 可以按照图 11.17a 所示的等偏心的杆件作弹性力学分析。

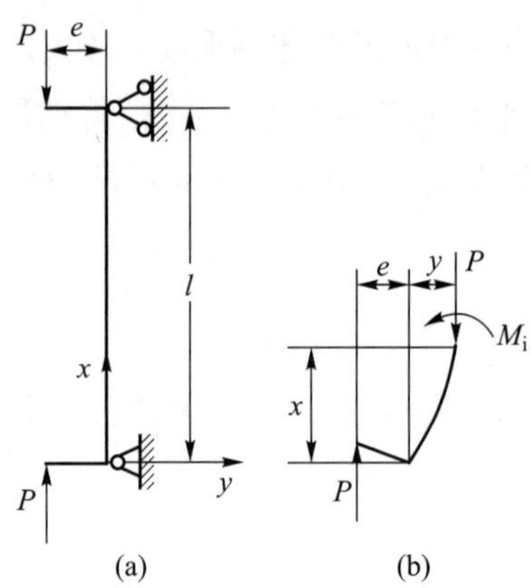

图 11.17 有初偏心的轴心受压杆件

图 11.17b 的平衡方程为

$$EIy''+P(y+e)=0 \tag{11.36}$$

令 $k^2 = P/(EI)$, 代入式 (11.36), 得到

$$y'' + k^2 y = -k^2 e \tag{11.37}$$

上式的特解为 $y_{\mathrm{p}} = -e$, 余解为

$$y = A\sin kx + B\cos kx \tag{11.38}$$

全解为

$$y = A\sin kx + B\cos kx - e \tag{11.39}$$

由杆件的边界条件 $y(0) = 0$ 和 $y(l) = 0$ 得到,$B = e$ 和 $A = e\,(1-\cos kl)/\sin kl$, 这样

$$y = \left(\frac{1-\cos kl}{\sin kl}\sin kx + \cos kx - 1\right)e \tag{11.40}$$

杆件的最大挠度为

$$y\left(\frac{l}{2}\right) = y_{\max} = \left(\sec\frac{kl}{2} - 1\right)e \tag{11.41}$$

最大弯矩为

$$M_{\max} = P(y_{\max} + e) = Pe\sec\frac{kl}{2} \tag{11.42}$$

利用三角函数的级数表达式, 当 $kl/2 < \pi/2$ 时, 或 $P < P_{\mathrm{cr}}$ 时

$$\sec\frac{kl}{2} = 1 + \frac{1}{2}(kl/2)^2 + \frac{5}{24}(kl/2)^4 + \cdots = 1 + 1.234P/P_{\mathrm{cr}} + 1.268(P/P_{\mathrm{cr}})^2 + \cdots$$
$$\approx \frac{1 + 0.234P/P_{\mathrm{cr}}}{1 - P/P_{\mathrm{cr}}}$$

因此 $M_{\max} = A_{\mathrm{m}}Pe$, 可把 $A_{\mathrm{m}} = (1 + 0.234P/P_{\mathrm{cr}})/(1 - P/P_{\mathrm{cr}})$ 看作弯矩放大系数, 也就是初偏心对弹性轴心受压杆件的影响。

图 11.18 是有初偏心的轴心受压杆件的载荷 – 挠度曲线, 它以 $P = P_{\mathrm{cr}}$ 的水平线为其渐近线, 实际上由于存在弯矩作用, 杆件部分发生屈服, 因此载荷 – 挠度曲线呈现如虚线所示的极值点失稳现象, 其极限载荷为 P_{u}。由于初弯曲和初偏心对受压杆件的影响都导致出现极值点失稳现象, 使杆件的承载力有所降低, 两种影响在本质上并无差别, 因此在研究实际杆件的承载力时, 常常把它们的影响一并考虑。

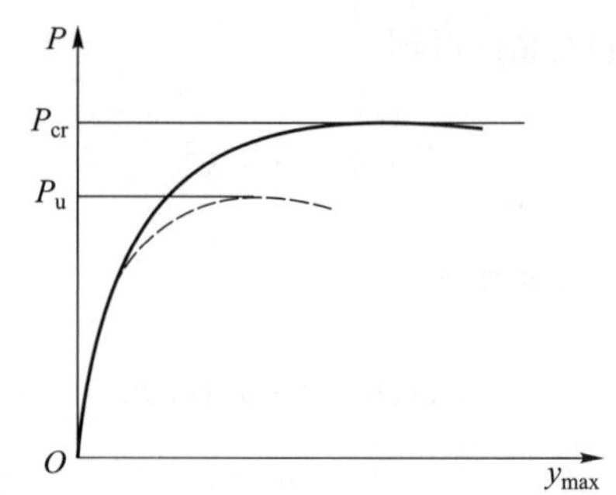

图 11.18 初偏心轴心受压杆件的载荷 – 挠度曲线

11.2.3 挠曲线构型法

由图 11.19 可知, 当压杆所受轴心压力大于 P_{cr} 时, 压杆将发生屈曲, 此时压杆的纵向刚度和横向刚度都会急剧下降, 几乎接近 0 (即压杆柔度接近无穷大)。假如把轴心受压杆件的这种屈曲特性用于直角切口型柔性铰链 (因为直角切口型柔性铰链在受压变形时的性能与轴心受压杆件十分类似) 设计的话, 应该可以得到柔度非常大的新型柔性铰链。为了设计出柔度较大的大行程柔性铰链, 就必须大大降低轴心受压杆件的刚度, 但在不考虑材料压缩变形的情况下, 轴心受压杆件在屈曲前的刚度为无穷大 (见图 11.19 所示稳定段), 而 AB 段的柔度却很大, 那么是否能将柔性铰链设计成如 AB 所示的刚度特性呢? 这样, 则需要设法去掉曲线中的 OA 段, 同时应避免压杆因材料屈服发生塑性变形而失效。为此, 可以将压杆由直杆设计成曲杆形式, 并且使曲杆的轴线与轴心受压直杆产生屈曲后的挠曲线相同。由上节关于杆件初弯曲与对轴心受压杆件屈曲特性影响的深入分析可知: 这相当于在轴心受压杆

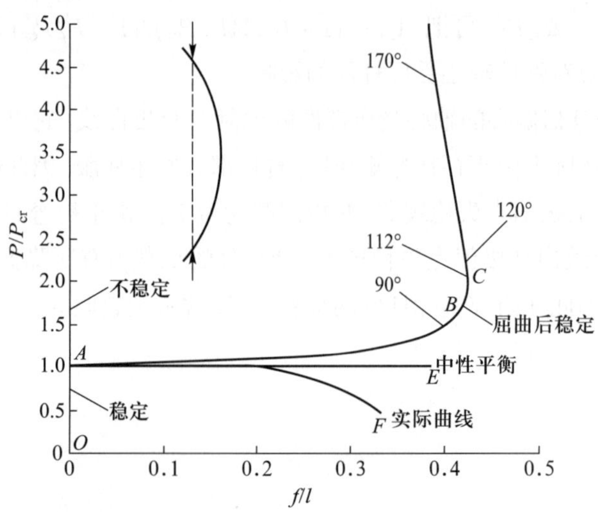

图 11.19 轴心受压直杆的载荷 – 挠度特性曲线

件上预先设置了一个非常大的初弯曲“缺陷”，从而大大增加了杆件所受的弯矩，达到了减小压杆刚度的目的。为此，将这种利用初弯曲缺陷来设计大行程柔性铰链的方法称为“挠曲线构型法”。

图 11.20a 所示为利用杆件初弯曲对轴心受压杆件影响而设计出的大变形柔性铰链 (这里称作单曲杆型柔性铰链)，其设计思想就是加大杆件初弯曲对轴心受压杆件的影响，同时使杆件轴线初弯曲的形状和大小与直杆屈曲后的挠曲线 (这里取端面转角为 90° 时的挠曲线) 相同，这样就大大减小了杆件的屈曲临界载荷，从而大幅增加了杆件的柔度。该柔性铰链的载荷 – 挠度特性曲线如图 11.20b 所示，与图 11.19 比较可知，该曲线没有稳定段，即一加载荷，杆件就处于线弹性“屈曲”状态，而此时的杆件柔度是十分大的，这正好达到了设计大变形柔性铰链的目的。

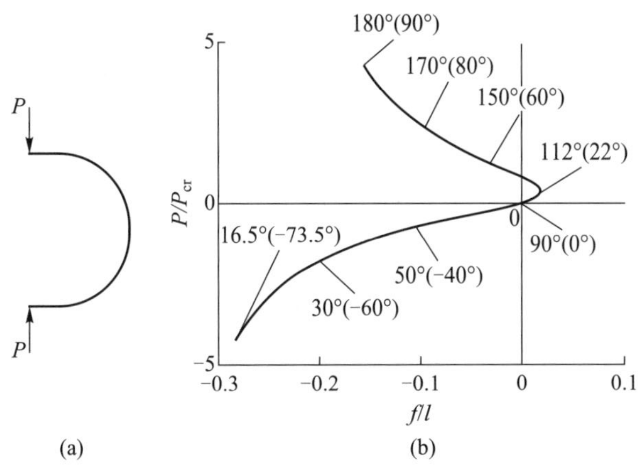

图 11.20 单曲杆型柔性铰链 (端面转角为 90°) 的载荷 – 挠度特性曲线

不过，前面所设计的新型柔性铰链除了柔度较大外，其他性能并不理想，离实际应用还有较大的距离。为此，可以在结构上增加一些“约束”来抑制其轴漂和非功能方向上的刚度，以增加实用性。例如，将其设计成由两根对称的具有初弯曲缺陷的曲杆所构成的新型柔性铰链 (图 11.21)，这样，不但减小了轴漂，同时也增加了非功能方向上的刚度。将这种新型柔性铰链形象地称作双曲杆型柔性铰链 (简称 DC 型柔性铰链)。

此外，柔性铰链曲杆轴线初弯曲的形状和大小取直杆挠曲线族中的哪一条更合适呢? 这里选 3 种不同端面转角 (60°、90° 和 112°) 的挠曲线来进行比较，其对应的柔性铰链如图 11.21 所示。为了抑制柔性铰链的漂移并保持较大的转角，在设计中希望曲杆的纵向挠度越大越好，而横向挠度越小越好。由图 11.22～ 图 11.24 可知，端面转角为 112° 的曲杆横向挠度最小，90° 的曲杆次之，60° 的曲杆最大。而按 112° 的曲杆构成的柔性铰链在受到横向作用力时，其横向刚度会很小，则引起的横向寄生运动较严重。此外，60° 的曲杆除了横向挠度较大外，受压的曲杆可以转动较大的转角, 但受拉的曲杆在转角不大时其刚度将急剧增大, 其转角范围将受到限制。相比较而言, 90° 的 DC 型柔性铰链性能最佳。

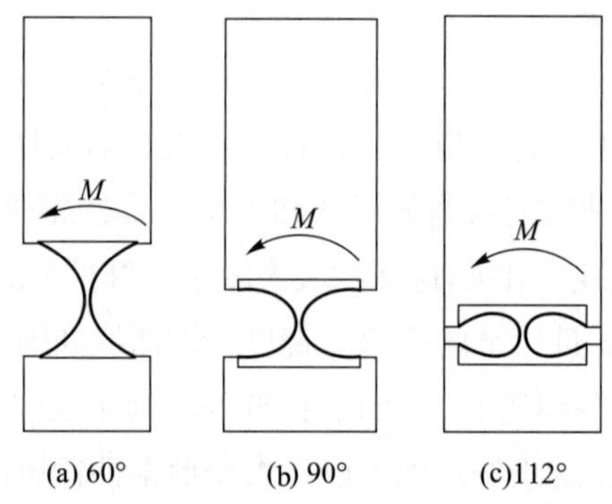

图 11.21 对应不同端面转角的双曲杆型柔性铰链

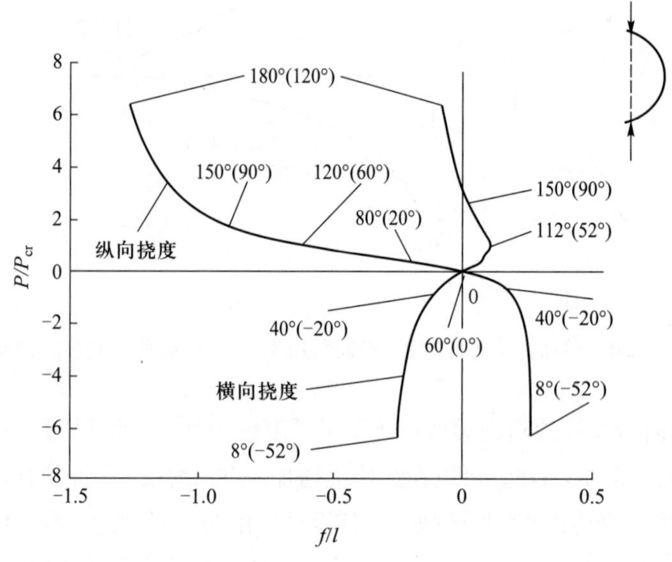

图 11.22 端面转角为 60° 时, 曲杆的载荷 – 挠度曲线

另外, 结合上节关于载荷初偏心对轴心受压杆件屈曲特性影响的深入分析可知, 载荷初偏心这种几何缺陷也可以大大增加杆件所受的弯矩, 从而大大减小压杆的刚度。为此, 可以同时利用杆件初弯曲与载荷初偏心这两种初始几何 “缺陷” 来设计大行程 DC 型柔性铰链。

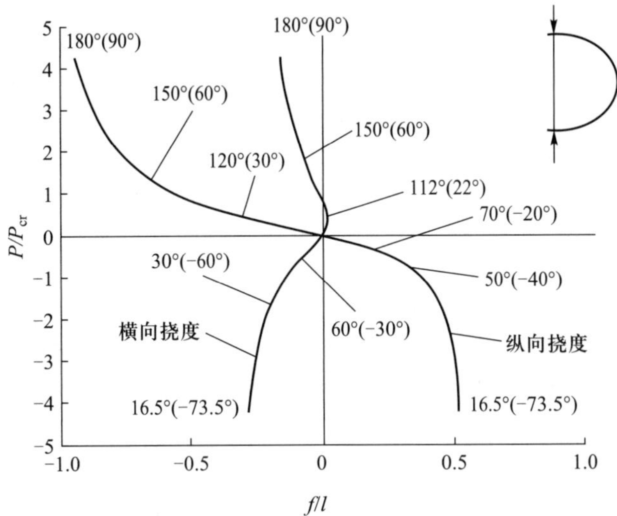

图 11.23 端面转角为 90° 时, 曲杆的载荷 – 挠度曲线

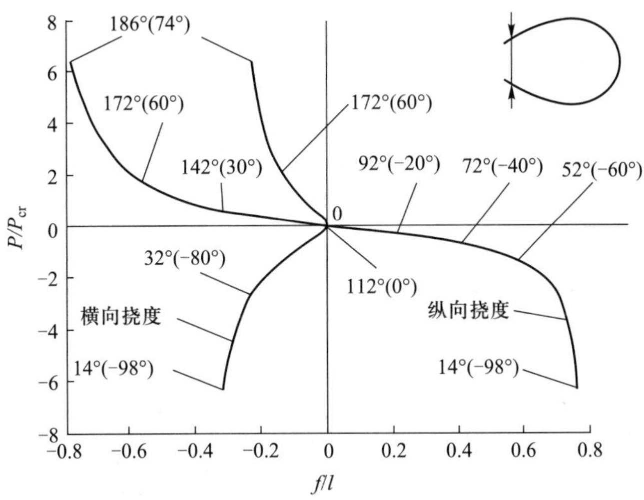

图 11.24 端面转角为 112° 时, 曲杆的载荷 – 挠度曲线

11.3 DC 型柔性铰链的设计与性能分析

11.3.1 构型设计

上节利用挠曲线构型法所设计的 DC 型柔性铰链的性能究竟如何? 下面首先对其性能作比较详细地分析与比较, 并从结构上作一些技术处理来改善性能。

DC 型柔性铰链的结构如图 11.25 所示, 结构参数如表 11.3 所示, 材料选用钛合金, $E = 95$ GPa, $\nu = 0.41$, 许用应力 $[\sigma] = 600$ MPa, 使用有限元方法进行仿真, 其结果如表 11.4 所示。

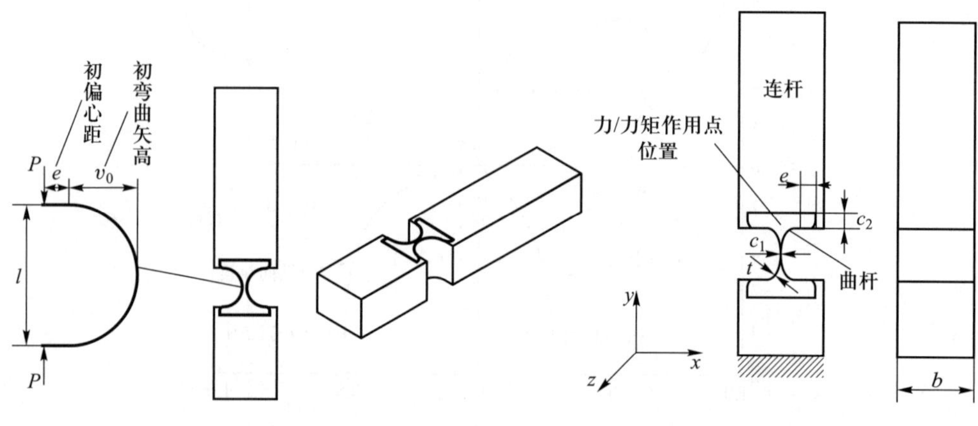

图 11.25 DC 型柔性铰链的基本结构形式

表 11.3a 曲杆轴线 (挠曲线) 主要参数

弧长/mm	端截面转角/°	矢高 v_0/mm	两端点距离 l/mm
22.5	90	8.63	10.07

表 11.3b 曲杆其余结构参数

b/mm	t/mm	e/mm	c_1/mm	c_2/mm
12.966	0.1	0.37	0.2	1

由表 11.4 中的分析数据可知, 在许用应力范围内, 柔性铰链在纯力矩作用下的转角非常大, 而在横向作用力下的转角要相对小一些。事实上, 性能好的柔性铰链在横向力作用下的转角应十分接近于纯力矩作用下的转角。在转角被约束的条件下, 该铰链在横向力和纵向力作用下的位移都比较大, 说明铰链除了有较大的转动柔度外, 其非功能方向上的刚度还比较小, 轴漂也相对较大, 整个柔性铰链的性能还不够理想。

表 11.4a DC 型柔性铰链功能方向转角

驱动力/力矩	最大应力 $\sigma_{\max}$/MPa	最大转角 $\theta_{\max}$/rad
$M_z = 20.973$ N· mm	600.006	0.918 093
$F_x = -2.995\ 7$ N	600.008	0.442 599

表 11.4b DC 型柔性铰链非功能方向位移

驱动力/N	转角 θ/rad	最大应力 $\sigma_{\max}$/MPa	x 向位移 δ_x/mm	y 向位移 δ_y/mm
$F_x = -3.901\ 1$	0	600	−6.752 03	−0.853 289
$F_y = 4.907\ 5$	0	599.993	0	3.832 96
$F_y = -4.320\ 7$	0	600.007	0	−4.772 61

为了减小上述缺点带来的不利影响, 可以将铰链的两个压杆在中点处连接起来 (图 11.26)。这样, 在柔度减小不多的情况下, 可以大大减小铰链的轴漂以及增加非功能方向上的轴向刚度和侧向刚度。再使用有限元方法对连接后的柔性铰链进行结构分析, 其结果如表 11.5 所示。

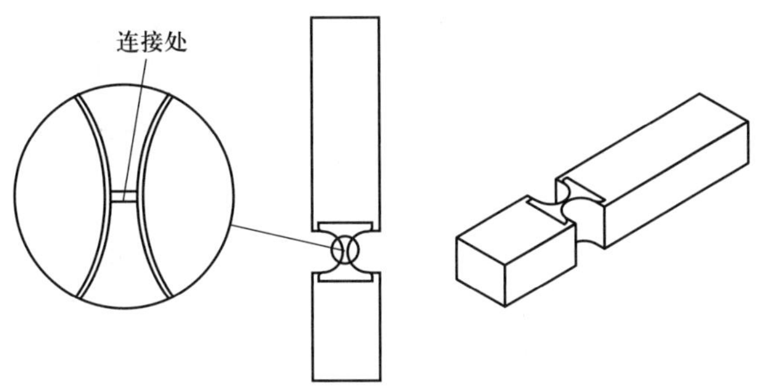

图 11.26 连接式 DC 型柔性铰链

表 11.5a 连接式 DC 型柔性铰链功能方向转角

驱动力/矩	最大应力 $\sigma_{\max}$/MPa	最大转角 $\theta_{\max}$/rad
$M_z = 23.423$ N· mm	600.008	1.008 74
$F_x = -4.252\ 8$ N	600	0.754 212

表 11.5b 连接式 DC 型柔性铰链非功能方向位移

驱动力/N	转角 θ/rad	最大应力 $\sigma_{\max}$/MPa	x 向位移 δ_x/mm	y 向位移 δ_y/mm
$F_x = -9.46$	0	599.998	−2.087 43	−1.074 26
$F_y = 9.615\ 5$	0	599.997	0	1.485 86
$F_y = -5.422\ 7$	0	599.998	0	−2.253 82

由表 11.5 中的数据分析可知, 中部连接后的柔性铰链在纯力矩作用下的转角和柔度的变化都很小, 而在横向力作用下的转角增大了几乎一倍, 在其他非功能方向上的刚度也增加了很多。由此可见, 连接后的柔性铰链的性能得到了较大程度的改善。

不过, 在中部连接后的柔性铰链只适合在工作载荷不是很大, 而要求转角范围大和转动精度高的场合。若在两压杆之间增加一根很薄的“加强筋”(图 11.27), 则该铰链就能适用于工作载荷较大的场合。其有限元仿真结果如表 11.6 所示。

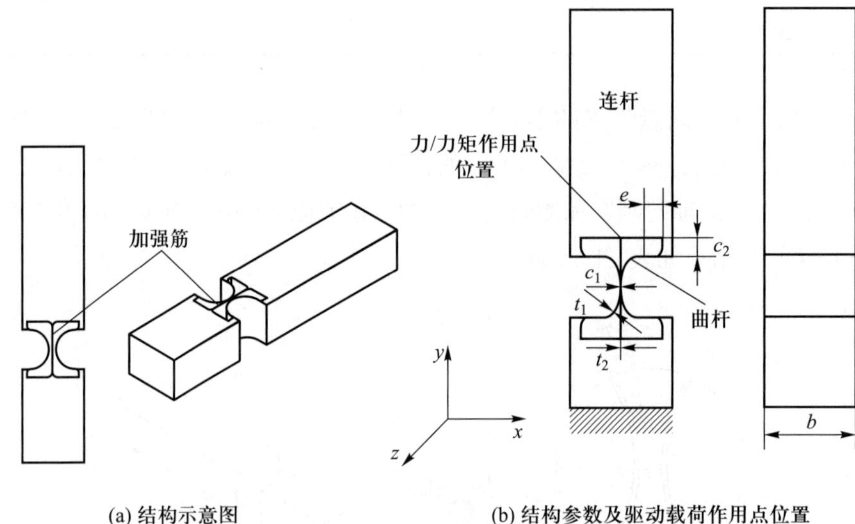

(a) 结构示意图　　(b) 结构参数及驱动载荷作用点位置

图 11.27　带加强筋的 DC 型柔性铰链

表 11.6a　带加强筋的柔性铰链功能方向转角

驱动力/矩	最大应力 $\sigma_{\max}$/MPa	最大转角 $\theta_{\max}$/rad
$M_z = 36.362\ 6$ N·mm	599.998	1.004 32
$F_x = -2.693$ N	599.995	0.440 057

表 11.6b　带加强筋的柔性铰链非功能方向位移

驱动力/N	转角 θ/rad	最大应力 $\sigma_{\max}$/MPa	x向位移 δ_x/mm	y 向位移 δ_y/mm
$F_x = -3.644\ 8$	0	600	−2.963 02	−0.445 169
$F_y = 720.069\ 5$	0	599.999	0	0.076 234 4
$F_y = -720.069\ 5$	0	599.997	0	−0.076 234 5

分析表 11.6 中的数据可知, 该柔性铰链在功能方向上的刚度增加了不少, 而非功能方向上的刚度增加更多, 最大转角几乎没有变化, 但在横向力作用下的转角却比较小。由此可见, 该铰链适用于大负载、大行程、大的回复弹力及对转动精度要求不是很高的场合。

总之, 该铰链除了轴漂稍大些外, 其余性能都还不错。为了减小轴漂, 仍然将铰链的两个压杆在中点处与加强筋连接起来 (图 11.28)。其有限元仿真结果如表 11.7

所示。

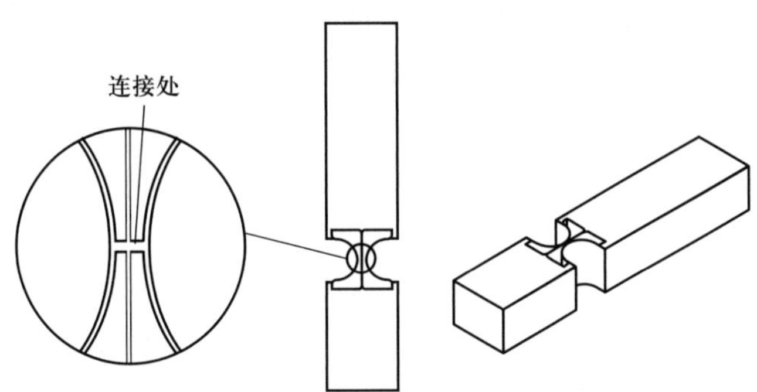

图 11.28 带加强筋的连接式 DC 型柔性铰链

由表 11.7 中数据可知, 在纯力矩作用下, 该柔性铰链的最大转角尽管减小了一些, 在非功能方向上的刚度却比前 3 种柔性铰链大很多。

表 11.7a 连接式带加强筋的柔性铰链功能方向转角

驱动力/矩	最大应力 $\sigma_{\max}$/MPa	最大转角 $\theta_{\max}$/rad
$M_z = 28.618\ 5\ \text{N} \cdot \text{mm}$	600.005	0.769 395
$F_x = -4.923\ \text{N}$	600.005	0.650 186

表 11.7b 连接式带加强筋的柔性铰链非功能方向位移

驱动力/N	转角 θ/rad	最大应力 $\sigma_{\max}$/MPa	x 向位移 δ_x/mm	y 向位移 δ_y/mm
$F_x = -11.501\ 8$	0	600.004	−1.588 66	−0.143 405
$F_y = 720.311\ 5$	0	599.999	0	0.076 235
$F_y = -720.285\ 0$	0	600.004	0	−0.076 233 5

总之, 采用挠曲线构型法设计并通过技术处理, 得到了两种性能优越的大行程柔性铰链 (图 11.26 和图 11.28)。将如图 11.26 所示的柔性铰链称为 DC– 型柔性铰链, 如图 11.28 所示的柔性铰链称为 DC+ 型柔性铰链, 统称为 DC 型柔性铰链。

11.3.2 挠曲线形状对铰链性能的影响

11.3.2.1 挠曲线形状的选择

前面分析了初弯曲和初偏心对压杆柔度的影响, 但是在初弯曲矢高、初偏心距和铰支点距离一定的情况下, 挠曲线 (含初偏心距) 的形状对压杆的柔度及转角范围也有影响。下面就对这种影响作具体分析和比较。

前面研究的柔性铰链的曲杆形状均是以轴心受压直杆在屈曲后的挠曲线来构型 (称为屈曲 DC 型柔性铰链) 的, 那么其性能是否比其他形状的挠曲线所构型的柔性铰链的性能更佳? 下面将通过比较几个典型挠曲线形状的柔性铰链来说明。

DC– 型柔性铰链 (图 11.29) 的各结构参数如表 11.8 所示, 材料选用钛合金, $E = 95$ GPa, 泊松比 $\nu = 0.41$, 许用应力 $[\sigma] = 600$ MPa, 有限元仿真结果如表 11.9 所示。

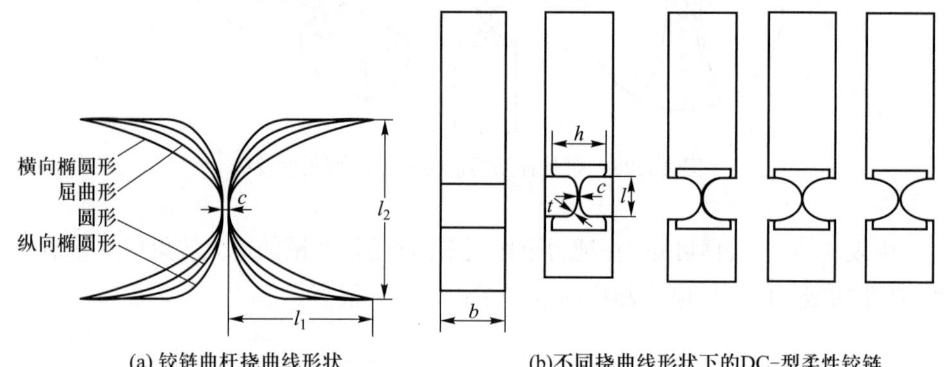

(a) 铰链曲杆挠曲线形状　　(b)不同挠曲线形状下的DC–型柔性铰链

图 11.29　对应不同挠曲线形状的 DC– 型柔性铰链

表 11.8a　DC– 型柔性铰链的公共结构参数值

l_1/mm	l_2/mm	t/mm	c/mm	h/mm	b/mm
9	10	0.1	0.2	18.3	12

表 11.8b　纵向椭圆形挠曲线参数值

长半轴/mm	短半轴/mm	e/mm
5	3	6

表 11.8c　横向椭圆形挠曲线参数值

长半轴/mm	短半轴/mm	e/mm
7	5	2

表 11.8d　正圆形挠曲线参数值

r/mm	e/mm
5	4

表 11.8e　屈曲形挠曲线参数值

直杆长/mm	端面转角/°	e/mm
22.5	90	0.374 1

表 11.9　各种挠曲线形状的 DC– 型柔性铰链仿真结果

类别	驱动力矩 $M/(\text{N·mm})$	最大应力 $\sigma_{\max}/\text{MPa}$	最大转角 $\theta_{\max}/\text{rad}$	柔度 $f/[\text{rad}/(\text{N·mm})]$
横向椭圆形	23.477 2	600.003	0.973 645	0.041 471 9
屈曲形	23.423	600.008	1.008 74	0.043 066 2
正圆形	23.302 1	600.002	1.049 88	0.045 055 2
纵向椭圆形	23.081	600	1.168 08	0.050 607 9

DC+ 型柔性铰链 (图 11.30) 的两曲杆距离 $c = 0.7$ mm, 在两曲杆之间增设了一根加强筋, 其长度 $l_2 = 12$ mm, 厚度取 $t_2 = 0.1$ mm, 其余各参数取值与 DC– 型相同。有限元仿真结果如表 11.10 所示。

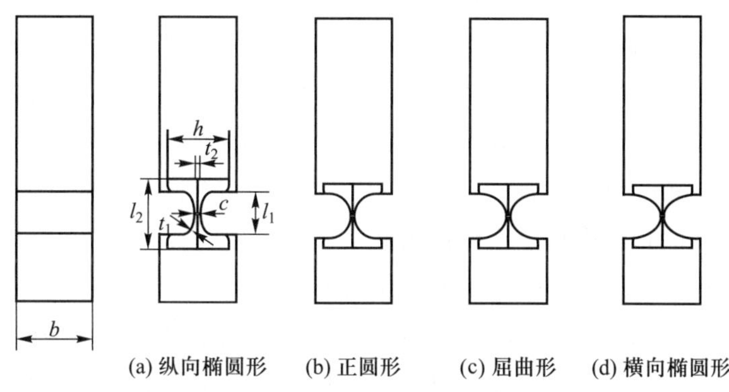

(a) 纵向椭圆形　(b) 正圆形　(c) 屈曲形　(d) 横向椭圆形

图 11.30　各种挠曲线形状的 DC+ 型柔性铰链

表 11.10　各种挠曲线形状的 DC+ 型柔性铰链仿真结果

类别	驱动力矩 $M/(\text{N·mm})$	最大应力 $\sigma_{\max}/\text{MPa}$	最大转角 $\theta_{\max}/\text{rad}$	柔度 $f/[\text{rad}/(\text{N·mm})]$
横向椭圆形	28.275 4	600.006	0.722 778	0.025 562 1
屈曲形	28.618 5	600.005	0.769 395	0.026 884 5
正圆形	29.601	600.006	0.852 412	0.028 796 7
纵向椭圆形	32.003 5	600	1.053 91	0.032 931 1

由表 11.9 及表 11.10 可知, 对于 DC– 型柔性铰链, 按柔度或最大转角从小到大排序依次为: 横向椭圆形 $<$ 屈曲形 $<$ 正圆形 $<$ 纵向椭圆形; 对于 DC+ 型柔性铰链,

其排序与 DC– 型相同。而由图 11.29a 可明显看出, 各形状曲杆轴线的弧长 (可以按弧长积分计算得出) 按从小到大排序依次为: 横向椭圆形 < 屈曲形 < 正圆形 < 纵向椭圆形。显然, 按弧长的排序和按柔度的排序完全相同, 由此可以给出一种简便有效的比较各种形状柔性铰链柔度或转角范围的方法: 在曲杆的初弯曲矢高 l_1 (含初偏心距离)、铰支点距离 l_2、两曲杆间隙 c 和抗弯刚度 EI 一定的情况下 (图 11.29), 且曲杆轴线是光滑连续的内凸曲线, 曲杆轴线的弧长越长, 则所构成的柔性铰链挠度越大, 转角也越大。简称这种方法为 “*弧长判定法*”。

由 “弧长判定法” 可以看出, 以直杆屈曲后的挠曲线构型的柔性铰链, 其柔度或转角范围并不是最大的, 但与正圆形 (偏大) 和横向椭圆形 (偏小) 比较接近, 如果考虑到设计计算、绘图以及加工工艺的简单化, *正圆形曲杆是设计 DC 型柔性铰链的最佳选择*。

11.3.2.2 挠曲线形状的影响

由前面分析知, 铰链曲线形状对其柔度、最大转角、非功能方向刚度等性能都有很大影响, 而这些性能都与铰链的精度密切相关。

首先给定柔性铰链的整体尺寸 (图 11.29 和图 11.30), 取 $E = 95$ GPa, $b = 12$ mm, $h = 18.3$ mm, $l = 7.9$ mm, $t = 0.1$ mm 和 $c = 0.2$ mm, 然后对不同曲线形状构成的柔性铰链进行精度分析。取比较典型的曲线 —— 屈曲形、正圆形、椭圆形来进行研究, 其中椭圆形又可根据长轴的方向分为横向椭圆形 (椭圆长轴垂直于连杆轴线) 和纵向椭圆形 (椭圆长轴平行于连杆轴线)。

通过有限元分析并根据第 4 章对轴漂的定义绘制各形状柔性铰链的轴漂 – 转角特性曲线, 如图 11.31 和图 11.32 所示。由图可知, 在转角相同的条件下, 不同形状柔性铰链对其精度的影响程度依次为: 纵向椭圆形 > 正圆形 > 屈曲形 > 横向椭圆形, 而对于相同形状的柔性铰链, DC– 型的轴漂比 DC+ 型的轴漂小, 原因是 DC+ 型的柔性铰链的中间增加了一根加强筋, 这同时又使其最小厚度 c 增加了 0.3 mm。此外, 按各形状曲线总弧长的大小关系排序也为: 纵向椭圆形 > 正圆形 > 屈曲形 > 横向椭圆形, 由此可以推断: 当柔性铰链的整体尺寸一定时, 在无穷多的连续凸挠曲线中, 挠曲线弧长越小, 则其对应的 DC– 型或 DC+ 型柔性铰链精度越高。这样, 在设计这类柔性铰链时, 也可以根据精度需求并采用 “弧长判定法” 来选择柔性铰链的形状。

11.3.2.3 结构参数的影响

柔性铰链的结构参数是影响其轴心漂移 δ 大小的主要因素之一。图 11.33 给出了 DC+ 型柔性铰链的轴漂 δ 随结构参数变化的有限元仿真结果 (正圆 DC+ 型柔

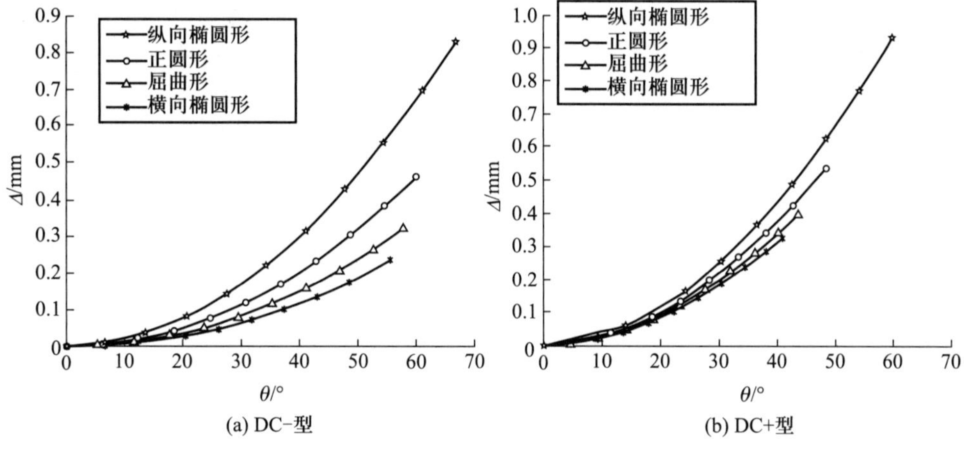

图 11.31 柔性铰链的轴漂 – 转角特性

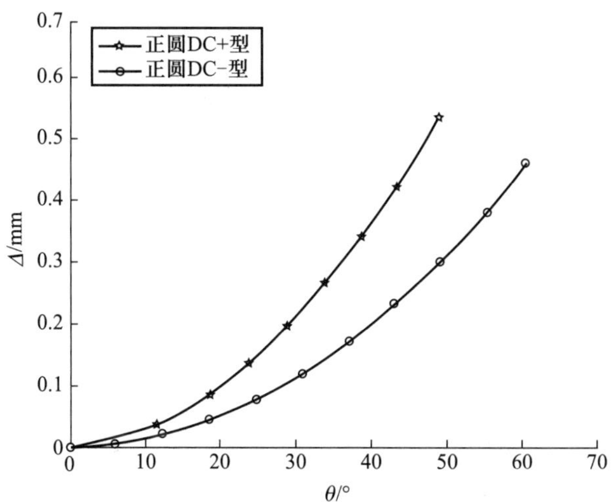

图 11.32 正圆 DC 型柔性铰链的轴漂 – 转角特性

性铰链的轴漂变化趋势与正圆 DC– 型相同)。其中, 所施加的外载荷为力矩 $M = 20\ \mathrm{N{\cdot}mm}$, 所用材料为钛合金 ($E = 95\ \mathrm{GPa}$)。

结果表明: 铰链曲杆厚度 t、曲杆半径 r 与铰链宽度 b 对铰链精度影响较大, 而曲杆初偏心距 e 对铰链精度影响相对较小。其影响趋势是: 随着铰链曲杆厚度 t 与铰链宽度 b 的减小或者曲杆半径 r 与曲杆初偏心距 e 的增大, 铰链精度变低。

11.3.2.4 最大转角的影响

当正圆 DC 型柔性铰链的最大转角与圆弧缺口型柔性铰链的最大转角相差较大时, 前者在小转角范围内的轴漂通常比后者要大。如图 11.34a 所示, 带 “○” 的曲线是最大转角为 60° 的 DC– 型柔性铰链的轴漂 – 转角特性曲线 (省略 6° ~ 60°);

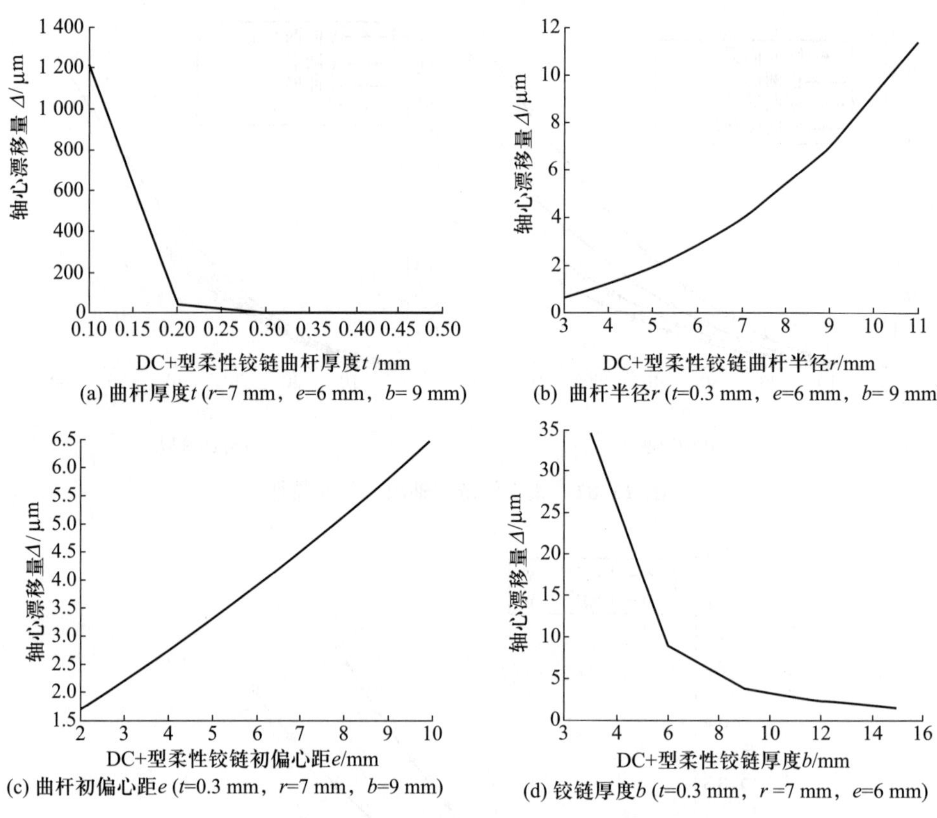

(a) 曲杆厚度t (r=7 mm，e=6 mm，b= 9 mm)　(b) 曲杆半径r (t=0.3 mm，e=6 mm，b= 9 mm)

(c) 曲杆初偏心距e (t=0.3 mm，r=7 mm，b=9 mm)　(d) 铰链厚度b (t=0.3 mm，r =7 mm，e=6 mm)

图 11.33 正圆 DC+ 型柔性铰链参数对其轴心漂移量的影响

带 “Δ” 的曲线是最大转角为 49° 的 DC+ 型柔性铰链的轴漂 – 转角特性曲线 (省略 6° ~ 49°); 带 “☆” 的曲线是最大转角为 72° 的直角切口型柔性铰链的轴漂 – 转角特性曲线 (省略 6° ~ 72°); 而带 “∗” 的曲线是最大转角为 6° 的圆弧缺口型柔性铰链的轴漂 – 转角特性曲线。

但是, 当正圆 DC 型柔性铰链与圆弧缺口型柔性铰链的最大转角相差不多时, 前者的轴漂却比后者小很多, 如图 11.34b 所示。

以上分析表明, 正圆 DC 型柔性铰链不但可以实现大转角, 而且当通过减小某些结构参数把它设计成小转角的柔性铰链时, 其精度将比圆弧缺口型柔性铰链提高 2 ~ 3 倍, 同时应力分布更合理 (大大减缓了应力集中)、疲劳强度增加、尺寸减小。此时, 用正圆 DC 型柔性铰链代替圆弧缺口型柔性铰链, 不但可以提高铰链的转动精度, 而且适用于大负载、高频振动、长寿命等场合。

11.3.2.5 驱动载荷的影响

由前面分析可知, 驱动力作用于柔性转动副所产生的转角比驱动力矩产生的转角要小, 而产生的轴漂却比驱动力矩大。显然, 对于柔性转动副, 驱动力矩是一种非

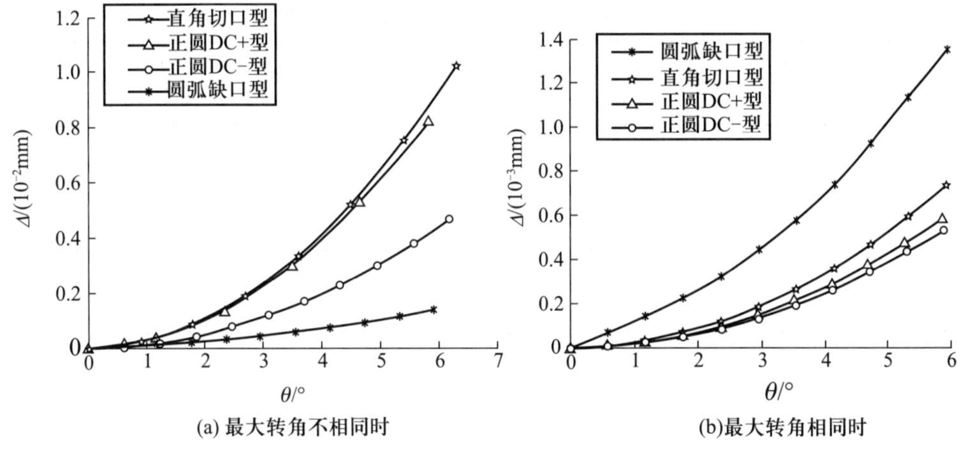

图 11.34 正圆 DC 型柔性铰链的轴漂

常理想的驱动载荷。为此, 可以将驱动力矩产生的转角和轴漂作为一个性能评价指标, 而把驱动力产生的转角和轴漂相对于驱动力矩产生的转角和轴漂之比值作为衡量柔性铰链在驱动力作用下的性能指标, 即

$$\eta_\theta=\frac{\theta_{F\max}}{\theta_{M\max}}\in(0,1),\quad \eta_\delta=\frac{\delta_{F\max}}{\delta_{M\max}}\in(0,+\infty)\tag{11.43}$$

式中, η_θ、η_δ 分别称作驱动载荷的转角比和轴漂比。这样, 驱动力相对于驱动力矩对柔性铰链的作用效果可以用转角比 η_θ 和轴漂比 η_δ 来描述。当 $\eta_\theta\to 1,\eta_\delta\to 0$ $(\delta_{F\max}\to 0,\delta_{M\max}\to 0)$, 则说明所设计的柔性铰链越接近于一个刚性转动副; 当 $\eta_\theta\to 0(\theta_{F\max}\to 0,\theta_{M\max}\to 0),\eta_\delta\to +\infty(\delta_{M\max}\to 0)$, 则说明所设计的柔性铰链越接近于一个刚性移动副; 当 $\eta_\theta\to 1,\eta_\delta\to +\infty$, 则说明所设计的柔性铰链越接近于一个由刚性移动副再串接一个刚性转动副而组成的复合型刚性铰链; 而当 $\eta_\theta\to 0,\eta_\delta\to 0$, 则说明所设计的柔性铰链越接近于一个刚体。因此, 如果要设计柔性转动副, 应尽量使 $\eta_\theta\to 1$ 及 $\eta_\delta\to 0$, 但是柔性转动副在实际工作中往往同时受到驱动力和驱动力矩的作用, 为了使其轴漂不会因为受到这两种不同性质的驱动载荷而区别太大, 在设计中应尽量使其轴漂比 $\eta_\delta\to 1$。

至此, 可以用轴漂 δ_θ、转角比 η_θ 及轴漂比 η_δ 3 个指标来评价柔性铰链精度性能的优劣。其中, 轴漂 δ_θ 是一个绝对量, 用于衡量柔性铰链的绝对精度性能; 而转角比 η_θ 和轴漂比 η_δ 是两个相对量, 用于衡量柔性铰链的相对精度性能。这样, 如果要设计一个精度性能较好的柔性铰链, 则应使其轴漂尽量小, 而转角比和轴漂比尽量接近于 1。

表 11.11~ 表 11.17 所示为 7 种不同的柔性铰链在仿真时所取的结构参数值 (其最大转角均为 6°), 而表 11.18 (最大转角为 6°) 和表 11.19 (最大转角为 30°) 所示分别为这 7 种柔性铰链在大小两种转角范围内的转角比和轴漂比的仿真结果。

表 11.11 直角切口型柔性铰链参数值

b/mm	t/mm	l/mm
12	0.1	0.82

表 11.12 正圆 DC– 型柔性铰链参数值

b/mm	r/mm	e/mm	t/mm	c_1/mm	c_2/mm
12	0.83	0	0.1	0.2	1

表 11.13 正圆 DC+ 型柔性铰链参数值

b/mm	r/mm	e/mm	t_1/mm	t_2/mm	c_1/mm	c_2/mm
12	1	0	0.1	0.1	0.2	1

表 11.14 圆弧缺口型柔性铰链参数值

b/mm	t/mm	l/mm
12	5	0.1

表 11.15 蝶形柔性铰链参数值

R/mm	r/mm	t/mm	b/mm	α/°	β/°
2.8	1.1	0.1	12	6	90

表 11.16 交叉簧片型柔性铰链参数值

l_1/mm	l_2/mm	t/mm	b/mm
0.62	0.62	0.1	12

表 11.17 车轮形柔性铰链参数值

l_1/mm	l_2/mm	t/mm	b/mm
2.4	2.4	0.1	12

表 **11.18** 有限元仿真结果 (最大转角均为 6°)

类别	驱动载荷	最大应力/MPa	转角/rad	转角比	轴漂/mm	轴漂比
直角切口型	14.644 4 N	600.003	0.051 774 2	0.5	0.007 075	38.661 2
	12 N·mm	600	0.103 579		0.000 183	
正圆 DC− 型	29.526 9 N	600.026	0.081 498 8	0.791 3	0.006 895	20.220
	30.861 3 N·mm	600.002	0.102 986		0.000 341	
正圆 DC+ 型	17.957 5 N	600.001	0.083 017 5	0.810 8	0.006 981	18.715 8
	44.152 2 N·mm	599.996	0.102 393		0.000 373	
圆弧缺口型	2.434 8 N	599.999	0.103 472	0.999	0.003 122	2.306
	12.110 3 N·mm	599.992	0.103 579		0.001 354	
蝶形	17.54 N	600.06	0.104 585	0.978 6	0.001 128	3.956 8
	49.92 N·mm	600.04	0.106 873		0.000 285	
车轮形	19.11 N	600.035	0.102 076		0.000 965	1.126 6
	23.545 N·mm	599.991	0.105 453	0.968	0.000 856	
交叉簧片型	68.41 N	600.018	0.097 732	0.929 3	0.001 13	1.001 4
	22.83 N·mm	599.949	0.105 164		0.001 128	

表 **11.19** 有限元仿真结果 (最大转角均为 30°)

类别	驱动载荷	最大应力/MPa	转角/rad	转角比	轴漂/mm	轴漂比
直角切口型	5.821 N	599.971	0.263 377	0.496 4	0.372 404	1.901 2
	48 N·mm	600	0.530 526		0.195 881	
正圆 DC− 型	12.61 N	600.1	0.449 295	0.844 5	0.417 183	3.839 8
	96.29 N·mm	600.021	0.532 005		0.108 648	
正圆 DC+ 型	10.8 N	600.099	0.445 688	0.845	0.340 97	1.990 6
	101.16 N·mm	599.968	0.529 975		0.171 293	
圆弧缺口型	0.190 15 N	599.512	0.513 742	0.999 9	0.150 346	1.023 4
	17.429 3 N·mm	600	0.513 76		0.146 908	
蝶形	9.278 N	599.998	0.519 349	0.976 8	0.100 719	1.266 5
	133.54 N·mm	600.041	0.531 676		0.079 523	
车轮形	8.112 N	599.987	0.488 451	0.915 1	0.183 604 21	0.838 5
	93.37 N·mm	600.025	0.533 751		0.218 965 46	
交叉簧片型	18.936 N	599.982	0.467 017	0.875 5	0.265 459	0.776
	80.98 N·mm	599.979	0.533 418		0.342 067	

通过比较, 各种柔性铰链按轴漂、转角比、轴漂比、整体尺寸及结构复杂程度的大小排序如下。

(1) 最大转角为 6° 时:

■ 轴漂 (仅驱动力矩作用): 圆弧缺口 > 交叉簧片 > 车轮形 > DC+ > DC− >

蝶形 > 直角切口

■ 转角比: 1> 圆弧缺口 > 蝶形 > 车轮形 > 交叉簧片 > DC+ > DC− > 直角切口

■ 轴漂比: 直角切口 > DC− > DC+ > 蝶形 > 圆弧缺口 > 车轮形 > 交叉簧片 >1

■ 整体尺寸: 圆弧缺口 > 蝶形 > 车轮形 > DC+ > DC− > 直角切口 > 交叉簧片

■ 结构复杂程度: 蝶形 > 交叉簧片 > DC+ > DC− > 车轮形 > 圆弧缺口 > 直角切口

(2) 最大转角为 30° 时:

■ 柔度: 圆弧缺口 > 直角切口 > 交叉簧片 > 车轮形 > DC− > DC+ > 蝶形

■ 轴漂 (仅驱动力矩作用): 交叉簧片 > 车轮形 > 直角切口 > DC+ > 圆弧缺口 > DC− > 蝶形

■ 转角比: 1> 圆弧缺口 > 蝶形 > 车轮形 > 交叉簧片 > DC− > DC+ > 直角切口

■ 轴漂比: DC− > DC+ > 直角切口 > 蝶形 > 圆弧缺口 > 1 > 车轮形 > 交叉簧片

■ 整体尺寸: 与转角范围 $\leqslant 6°$ 时相同

■ 结构复杂程度: 与转角范围 $\leqslant 6°$ 时相同

以上比较说明: DC 型柔性铰链在功能柔度、轴漂、整体尺寸及结构等方面性能较佳, 是一种综合性能优良的柔性铰链。

11.3.3 实验

图 11.35 所示为采用瑞士电子与显微技术中心 (CSEM) 提出的轴漂定义[12] 来测试柔性铰链轴漂的实验原理图及各种柔性铰链样件照片 (其实验装置见图 11.36)。O' 点与 A、B 两点都 “固定” 在刚性连杆上, O' 点在铰链未发生变形时的初始位置与铰链未发生变形时的几何中心点即坐标原点是重合的。当在 C 点施加力 F 时, 连杆将随着柔性铰链的变形而产生位移, 此时在工具显微镜下观察并记录下 A、B 两点相对于坐标系 XOY 的新的坐标位置 A'、B', 这样可以计算出 O' 点相对于坐标系 xoy 的新的坐标值及其连杆转动的角度, 最终求得柔性铰链的轴漂大小。通过施加不同大小的力 F, 可测得柔性铰链转角和轴漂的一系列值。表 11.20~ 表 11.23 为各柔性铰链的实验及仿真参数取值, 其结果如图 11.37~ 图 11.40 所示。

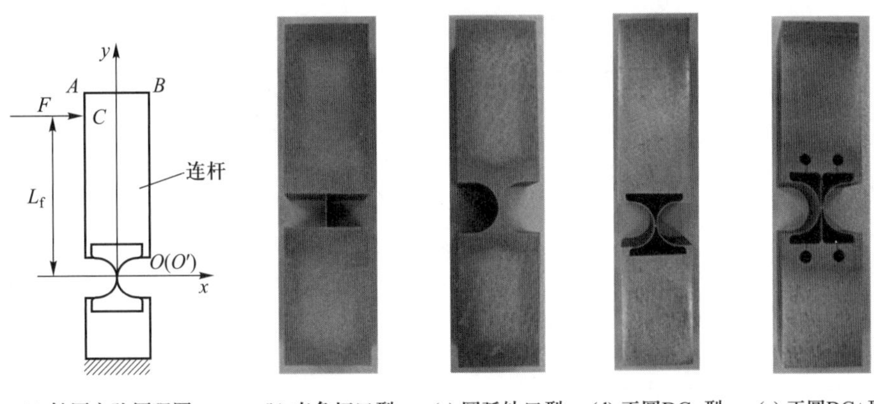

(a) 轴漂实验原理图　　(b) 直角切口型　　(c) 圆弧缺口型　　(d) 正圆DC−型　　(e) 正圆DC+型

图 11.35　轴漂实验原理及各种柔性铰链样件

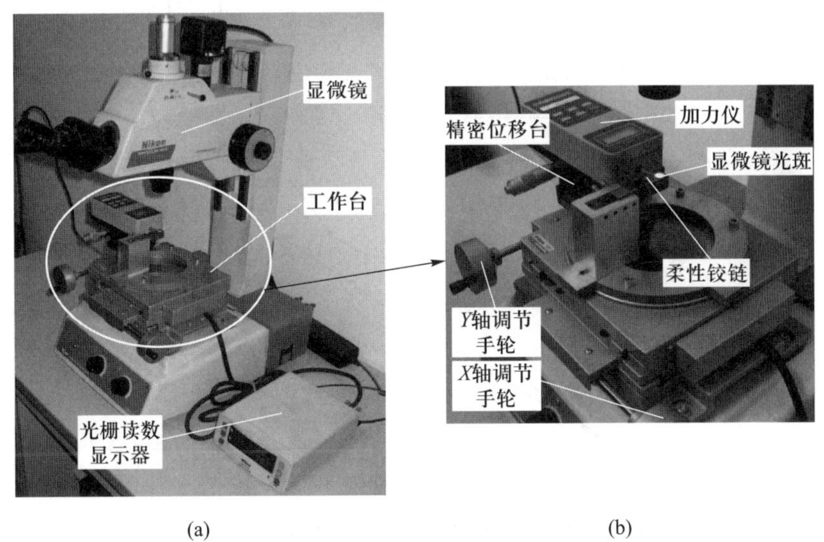

(a)　　(b)

图 11.36　用于测量柔性铰链柔度及轴漂的实验装置

表 11.20　正圆 DC− 型柔性铰链实验样件的参数值

b/mm	r/mm	e/mm	t_1/mm	t_2/mm	c_1/mm	c_2/mm	L_f/mm	F/N
12.966	4	0.5	0.122 3	0.177 7	1	28	0.5	95

表 11.21　正圆 DC+ 型柔性铰链实验样件的参数值

b/mm	r/mm	e/mm	t_1/mm	t_2/mm	c_1/mm	c_2/mm	L_f/mm	F/N	E/GPa
12.966	4	0.5	0.130 7	0.121 9	0.469 3	1	28	0.5	95

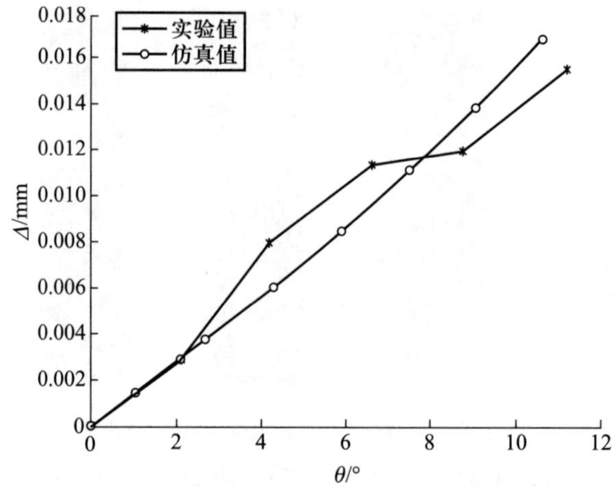

图 11.37 正圆 DC– 型柔性铰链的轴漂 – 转角关系曲线

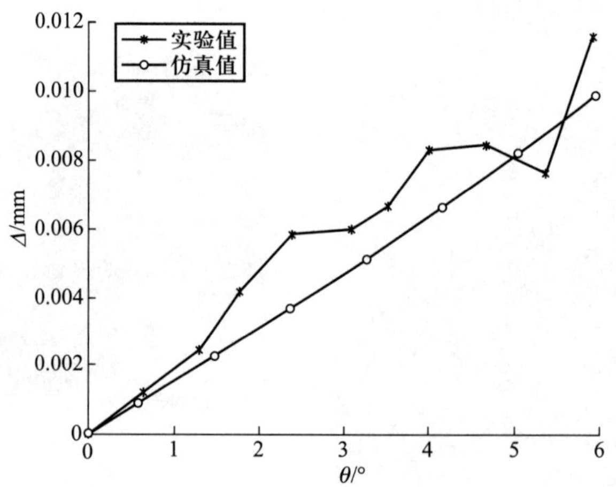

图 11.38 正圆 DC+ 型柔性铰链的轴漂 – 转角关系曲线

表 11.22 直角切口型柔性铰链实验样件的参数值

b/mm	t/mm	r/mm	L_{f}/mm	F/N	E/GPa
12.966	0.127 7	8.2	28	0.3	95

表 11.23 圆弧缺口型柔性铰链实验样件的参数值

b/mm	t/mm	r/mm	L_{f}/mm	F/N	E/GPa
12.966	0.102	4	28	0.5	95

在图 11.37 ~ 图 11.39 中, 不同类型柔性铰链的轴漂实验测试结果与其有限元仿真结果比较吻合, 说明用有限元仿真的方法来分析柔性铰链的轴漂是可行的, 其分析结果与所得结论具有很高的参考价值。而由图 11.40 所示的结果可知, 当圆弧

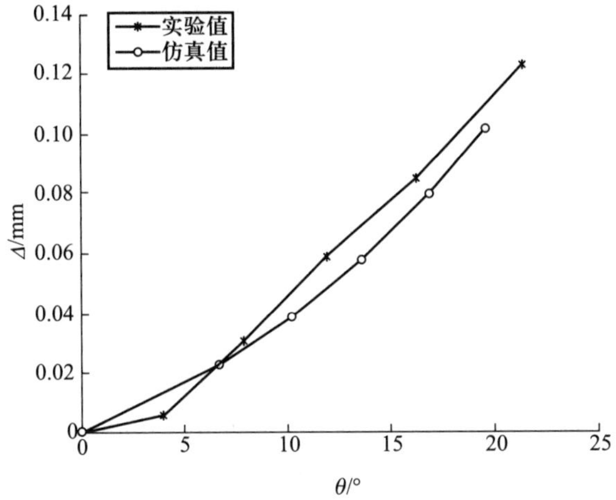

图 11.39 直角切口型柔性铰链的轴漂 – 转角关系曲线

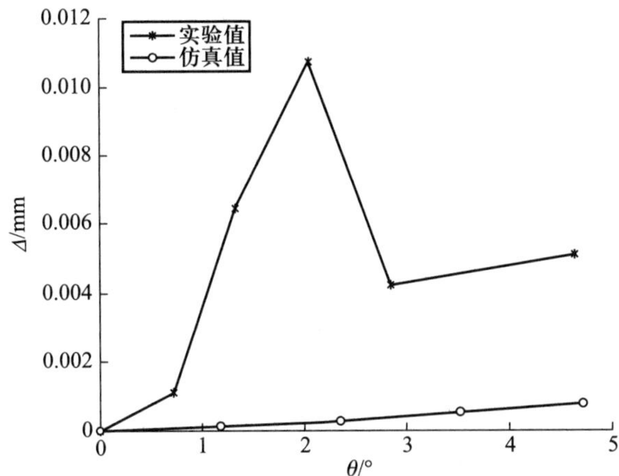

图 11.40 圆弧缺口型柔性铰链的轴漂 – 转角关系曲线

缺口型柔性铰链的轴漂小于 10 μm 时, 系统误差将占据主导地位, 从而掩盖了轴漂的真实值, 由此证明使用如图 11.37 所示的实验装置无法准确测量出圆弧缺口型柔性铰链在小转角范围下的轴漂, 需要改用其他实验方法或分辨率更高的实验装置。

11.4 本章小结

本章从屈曲的角度对柔性机构的强度设计问题进行了初步探讨。屈曲设计的基本思想来自材料发生屈曲时的大变形行为, 直接需求来自工业界及日常生活。

基于屈曲理论提出了一种设计大行程柔性铰链的挠曲线构型法, 并重点阐述其设计原理及大变形柔性铰链的构建过程; 接着利用该方法设计了两种新型 DC 型大变形柔性铰链 (DC– 型和 DC+ 型); 最后结合有限元仿真比较并总结了不同挠曲线形状对柔性铰链性能的影响。

参考文献

[1] Smith S T, Chetwynd D G. Foundations of ultraprecision mechanism design. Gordon and Breach Science Publishers, 1992.

[2] Howell L L. 柔顺机构学. 余跃庆, 译. 北京: 高等教育出版社, 2006.

[3] 余志伟. 基于屈曲的柔性铰链设计方法研究. 博士学位论文. 北京: 北京航空航天大学, 2007.

[4] Yu Z W, Zong G H, Bi S S, et al. Buckling analysis of a 2-DOF parallel mechanism composed of right-angle-notch flexure universal hinges//International Technology and Innovation Conference 2006, China, Hangzhou, 1514-1520.

[5] Guerinot E, Magleby S P, Howell L L, et al. Compliant joint design principles for high compressive load situation. Journal of Mechanical Design, Transactions of the ASME, 2005, 127(4): 774–781.

[6] http://dmtwww.epfl.ch/isr/hpr/artist.html.

[7] Slocum A H. Precision machine design. New York: Prentice-Hall, 1992.

[8] Thornley J K, et.al. Piezoelectric and electrostrictive actuators: Device selection and application techniques//Proc. IMechE Eurotech Direct 91 Conf. on Machine Systems, Drives and Actuators, Birmingham UK, 1991: 115–119.

[9] Sonmez U. Compliant mechanism design and synthesis using buckling and snap-through buckling of flexible members. Ph.D. dissertation. Pennsylvania State University, 2000.

[10] 费志中. 弹性稳定. 北京: 煤炭工业出版社, 1989: 42-50.

[11] 陈骥. 钢结构稳定理论与设计. 北京: 科学出版社, 2005: 44-47.

[12] http://www.csem.ch/detailed/e211flexpivot.html.

第 12 章　考虑能效的柔性设计

一个完整的机械系统至少包含机构本体以及驱动和传动系统两大部分。因此，整个系统的各项性能指标也要由两者同时分担。例如，欲保证系统具有高精度，除了要有能够实现精确运动的机构外，还要有能够实现高精度运动的驱动和传动系统。对于由柔性机构充当执行机构的精密机械系统，由于机构本体的特殊性，其驱动和传动部分也必然有着其特殊的体系结构。因此，本章将首先讨论有关柔性驱动和传动系统设计相关的议题，特别针对传动用柔性运放机构进行了详细阐述，包括典型的结构类型、结构设计中的诸多考虑以及新型运放机构的设计等[1]。

此外，为进一步提升柔性机构的性能和能效，扩展柔性机构的应用，本章还将对具有静平衡功能的柔性设计问题进行讨论。具体结合柔性机构模块化理念与静平衡机构零刚度设计原则，对基本的零刚度柔性移动、转动模块进行分类设计，作为构造复杂柔性静平衡机构的基础[2]。

本章内容是对柔性设计理论的进一步扩展与完善。

12.1　驱动器选择

常见的高精度驱动器有直流伺服电机、步进电机、音圈电机、形状记忆合金、压电陶瓷、尺蠖电机、超声电机等。可根据功能转换原理对上述驱动器作更具体的划分。

电磁式：典型的有直流伺服电机、步进电机、音圈电机等。从原理上讲，它们都是利用电磁效应将电能转换成机械运动的驱动器，具有工作行程大、控制方法成熟等优点。但由于采用传统的机械传动构件，如轴承、线圈、丝杠等，存在间隙、摩擦等弱点，若要实现很高的分辨率和重复精度，需要较大的成本来补偿，甚至根本无法补偿。

压电式: 包括压电陶瓷 (典型如 PZT)、尺蠖电机 (inchworm motor)、形状记忆合金 (SMA) 和超声电机等。而 PZT 中常见的又有双晶片型 (bimorph-type) 和叠堆型 (stack-type) 两种。PZT 是通过压电晶体 (钛酸铅和锆酸铅组成的多晶固熔体) 的逆压电效应实现精确定位的; 尺蠖电机是根据仿生原理由多个压电陶瓷构成的一种驱动器, 它具有行程大、运动分辨率高、输出力大等特点, 但外型体积偏大, 控制复杂; 而 SSA 是依据黏滑效应制作而成的一种移动式压电陶瓷驱动器, 其性能与尺蠖电机很类似; 超声电机是一新型驱动器, 利用多个沿圆周分布的压电陶瓷的高速振动实现旋转运动, 具有行程大、运动分辨率高的特点, 但也存在体积偏大、控制复杂等缺点, 而且很难找到成熟的产品。

电致式: 电致式驱动器主要由 PMN (Pb–Mag–Ni) 陶瓷材料组成, 从原理上讲, 与 PZT 类似, 都是利用了材料的电致伸缩效应, 而且很多性能类似于 PZT。在一定的温度范围内, 迟滞程度要比 PZT 小一些, 但对温度变化很敏感; 另外, 其电容一般要比 PZT 大几倍, 因此需要更高的驱动电压。

形状记忆合金 (SMA): 利用某些特殊材料 (典型的如 TiNi 合金) 的热效应, 使之具有形状记忆的功能。它具有体积小、重量轻、精度高、动作柔性好、不易受周围环境影响等优点, 但通常响应速度较慢, 不便于控制。

磁致式: 磁致式驱动器是一种新型的磁 (电) 能 — 机械能转换装置。其主要组成成分是稀土功能材料。与压电陶瓷等材料相比, 室温下的应变是压电陶瓷的 10 倍。另外, 响应速度也可达微秒级, 输出力最大可达到 500 N 以上。但其性能受温度影响较大, 成本也较为高昂。

静电式: 静电式驱动器也是一种通过电磁效应, 将电能转换成机械能的驱动装置。与电磁式驱动器不同之处在于, 前者的驱动源是电压, 而后者的是电流。它具有很高的运动分辨率, 但行程与输出力都很小, 而且驱动电压要求很大, 一般要超过 100 V。

表 12.1 对以上各驱动器的性能进行了比较。

从中可总结出以下几条规律:

(1) 驱动器的行程与精度通常是相互矛盾的, 精度高的驱动器一般行程较小。因此, 在大行程的纳米微定位系统中多采用运动放大机构, 而不采用直接驱动方式。

(2) 驱动器的精度与价格成正比, 精度要求越高, 价格就越高。

(3) 高精度的驱动器一般都存在迟滞等非线性特性, 多采用闭环驱动。

表 12.1 各种常见的高精度驱动器性能的比较

种类		行程	运动分辨率	输出力	响应速度	最大速度	尺寸	刚度	线性度	成本	其他性能
压电类	叠堆型 PZT	小, 一般为自身长度 1% (200 μm)	理论上无限高, 可达亚 nm 级	很大, 可达数 t 到数十 t	快, 时间达到 μs 级	2 mm/s	小	高, 可达 100 N/μm	差	较高	功耗小, 无磨损
	双晶片型 PZT	自身长度 1% ~ 5%		一般为数十 N	1 kHz			较高			
	尺蠖型和黏滑型	理论上无限大	很高, nm 级	大	快	5 mm/s	较大	高	差	高	
SMA		自身长度 3%	高, 0.1 mm	大, 10 kN/cm	很慢, 5 Hz		较小	较高	差	较低	
电致式		20 μm	10 nm	小 (mN)	较快		小	高	差	中等	
磁致式		100 μm	10 nm	较大	μs 级		小	高	差	中等	
静电式		10 μm	< 0.1 nm	小 (mN)	1 kHz		小	低	差	较低	
电磁式	音圈电机	100 mm	10 nm	100 N	100 Hz		较大	低	好	中等	
	直流电机	100 mm	5 nm	100 N	100 Hz	1.5 mm/s	较大	低	好	中等	
	步进电机滚珠丝杠	100 mm	0.1 μm	80 N	100 Hz	20 mm/s	较大	低	好	较低	

12.2 柔性运放机构的设计

12.2.1 运动缩放的必要性

精密工程领域使用的柔性机构一般要实现亚 μm 级的精度和 mm 甚至 cm 级的工作行程。而对驱动器而言, 一般压电类驱动器尽管具有运动分辨率高等优点, 但其运动范围都较小, 运动行程一般在几 μm 到几十 μm 不等。一般情况下, 即使靠机构本体的运动放大也很难实现 mm 级的运动范围, 而采用普通的交直流电机又很难使机构达到所要求的精度。为此, 提出了以下几种方案可供参考:

(1) 采用粗精结合的方式 (图 12.1)。通过对末端执行器的运动进行分解, 粗精两种不同类型的平台分别承担部分的运动。具体而言, 将精密平台叠放在粗平台之上, 利用粗平台实现相对较大的运动 (不要求很高的精度), 而利用精密平台实现高精度, 其运动范围可以很小, 只需机构本体的放大即可满足要求; 再采用分阶段交互控制的方法可有效地解决精度高、行程大的矛盾。粗平台可采用传统的传动方式, 如滚珠丝杠等, 而精密平台需采用柔性机构。该方案的优点在于可实现较大范围的运动而不受驱动器的限制, 但结构臃肿复杂、成本相对要高很多 (主要源于系统自由度的增加)。

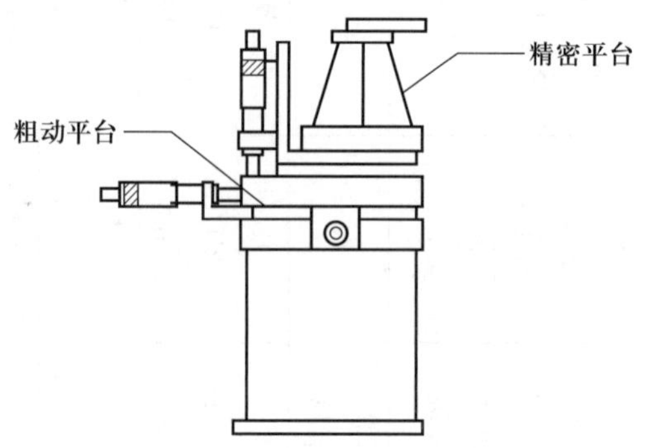

图 12.1 粗精结合方案原理图

(2) 采用*移动式驱动结构*也可有效地解决高精度与大行程的矛盾。目前, 常见的移动式驱动结构主要有两大类: 一类有基于 "*尺蠖原理*"[3], 另一类是基于 "*黏滑效应*"[4]。两者在理论上都可实现无限大的工作行程, 若采用压电元件, 其运动分辨率均可达到 nm 级, 但成本较为高昂, 控制也比较复杂。不过, 最大的问题还是移动型驱动器受其刚度的限制, 所产生的输出力相比叠堆型压电驱动器小得多, 一般只有几 N。

(3) 在驱动器与执行器之间采用某种具有运动缩放功能的结构 (称为*运放机构*)。该方案又可分为两种情况: 第 1 种是基于高精度的方法 —— 采用压电类驱动器 +

柔性运动放大机构 (图 12.2), 在运动放大无需过大的条件下, 这是一个不错的选择; 第 2 种是基于大行程的方法 —— 采用普通电机 + 运动缩小机构 (图 12.3)。如采用交流伺服电机 (或直流电机) 驱动精密滚珠丝杠机构, 再通过杠杆原理的缩小 (或特殊机构的运动缩小), 也可实现亚 μm 级的运动分辨率。该方法可在对执行器精度要求不是很高的情况下采用, 相对前面的方法, 后者技术较为成熟, 更为重要的是大大降低了成本。本节重点针对应用较广的运放机构进行讨论。

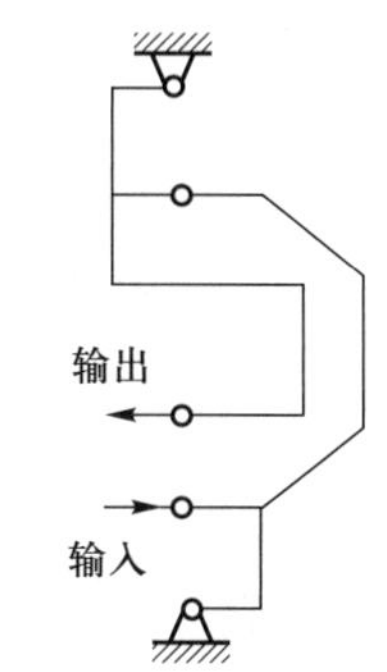

图 12.2 运动放大机构

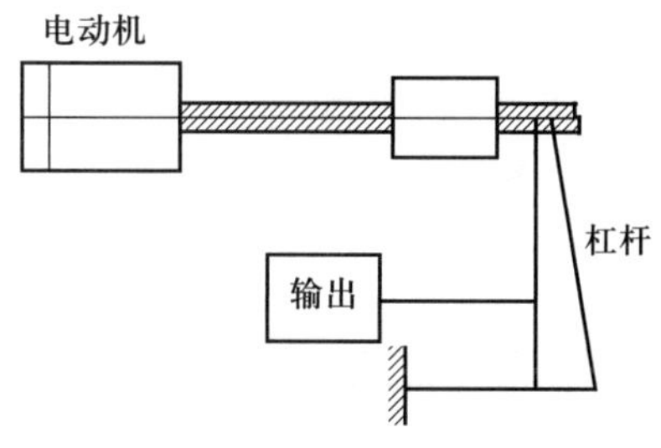

图 12.3 运动缩小机构

12.2.2 柔性运放机构的选型与设计考虑

12.2.2.1 机构类型及其特点

根据运动放大原理可将运放机构分为以下几种:

1. 运用杠杆原理实现运动放大

可使用简单的杠杆实现驱动器微位移的放大。图 12.4 中给出了一种结构示意图, 该系统用于北航研制的 3-RRPR 柔性精密定位平台的驱动装置中 (图 15.12)。从图 12.4 中可看出, 基于杠杆原理的运动放大机构结构简单、刚性好, 因此能效较高。相对其他类型的运动机构而言, 它的一个最大优点是能够在原理上使输入、输出之间保持一种运动线性关系 (运放倍数为常值), 而缺点在于由于受到空间的限制, 无法实现更大的运动放大倍数。尤其是只通过杠杆简单的一级放大, 放大的倍数是有限的，一般不超过 10 倍，有时难以满足任务的要求。因此，更多情况下，都采用两级甚至多级放大的方式即所谓的复合式杠杆运放机构。

复合式杠杆运放机构又可分为串联式和并联式。前者是指通过多个简单杠杆运放机构依次传递运动；后者则是指每两个简单杠杆运放机构之间通过中间传动件来传递运动。而串联式运放机构应用更多一些。例如，美国国家标准局 Scire 等[5]研制的单自由度柔性微定位平台中，就采用了杠杆原理与柔性铰链相结合的柔性结构 (图 12.5)，通过两级放大，可将驱动器位移放大 20 余倍。理论上，该机构的放大倍数为

$$\beta = m_1 m_2 = \left(1 + \frac{R_1}{R}\right)\left(1 + \frac{R_3}{R_2}\right) \tag{12.1}$$

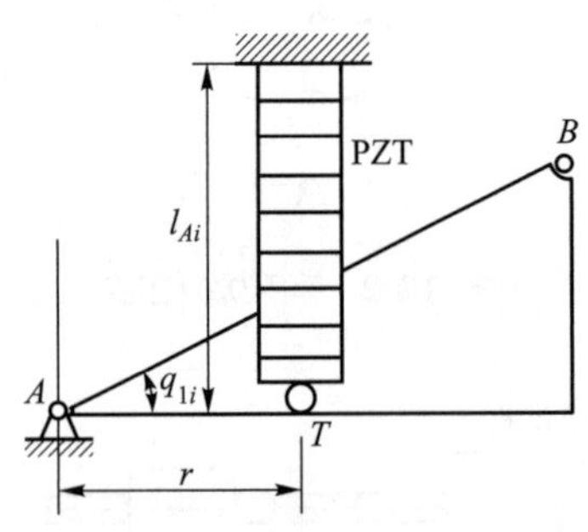

图 12.4 杠杆简单放大

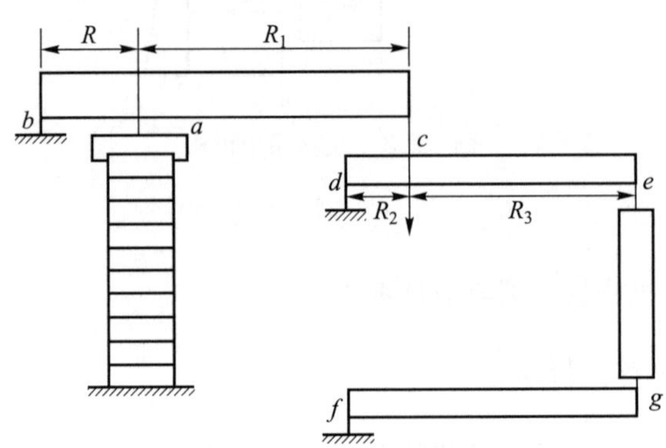

图 12.5 杠杆两级放大结构[5]

图 12.6 给出了根据杠杆原理进行三级放大的结构，实际上，只需将输入、输出的位置互换，此机构便可作为由粗运动转换到精密运动的传动机构。

2. 利用压杆失稳原理实现运动放大

运放机构还可由材料力学中的压杆失稳原理设计而成。其原理图如图 12.7a 所示。

对于细长杆，当所施加的轴向压力大于临界压力时，便发生失稳的现象。这时，

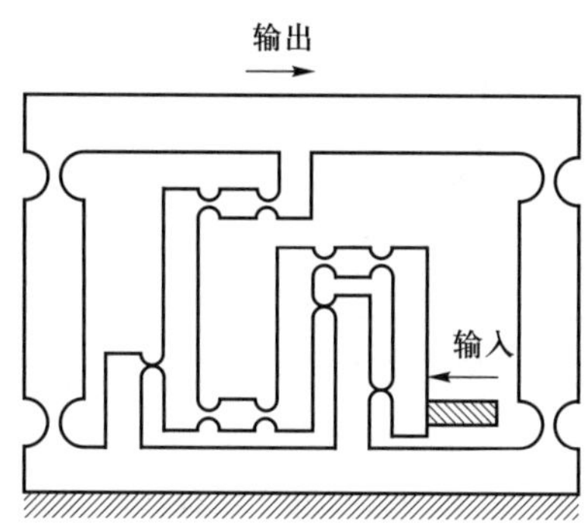

图 12.6 基于杠杆原理的三级运动放大结构

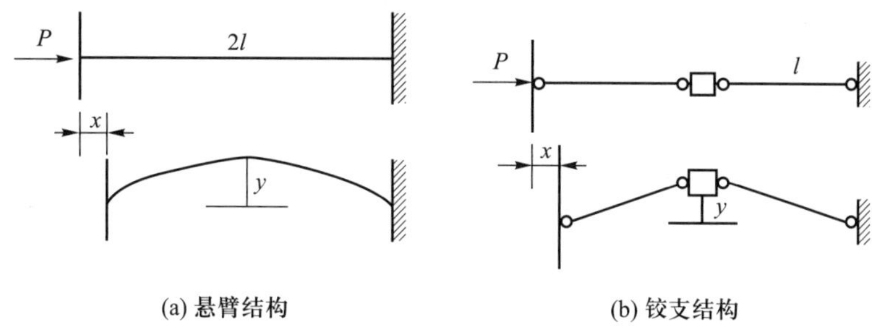

图 12.7 基于压杆失稳原理的运放机构

纵向的最大变形值与轴向变形之间的关系式为

$$y = \frac{2}{\pi}\sqrt{lx} \tag{12.2}$$

为产生更大的纵向变形, 可对上面的悬臂结构进行改进, 得到如图 12.7b 所示的结构。这时, 纵向的最大变形值与轴向变形之间的关系式为

$$y = l\sin\left[\arccos\left(1 - \frac{x}{l}\right)\right] \approx \sqrt{2lx} \tag{12.3}$$

再将此结构设计成柔性结构, 可得到如图 12.8 所示的桥式运放机构[6]。当给定输入后, 利用柔性铰链在功能方向的变形产生与输入方向垂直的运动, 如果结构参数选择合适的话, 可实现较大范围的运动。

3. 通过特殊机构实现运动放大

在通过杠杆原理实现的运动放大机构中, 由于受到最小杠杆臂的限制不能获得较大的位移放大比, 而采用多级放大方式会导致结构复杂, 因此出现了用柔性机构代替杠杆机构, 以获得较大的位移放大比。较为常用的机构包括:

1) Scott-Russell 机构

Scott-Russell 机构的结构示意图如图 12.9 所示。$AC = CB = CP$, AB 与 AP 垂直。当驱动滑块 B 沿 AB 方向水平运动时, P 点将沿 AP 所在的竖直方向运动。利用理论力学的知识很容易得到 P 点与 B 点速率比是 AB/AP, 即机构的运动缩放倍

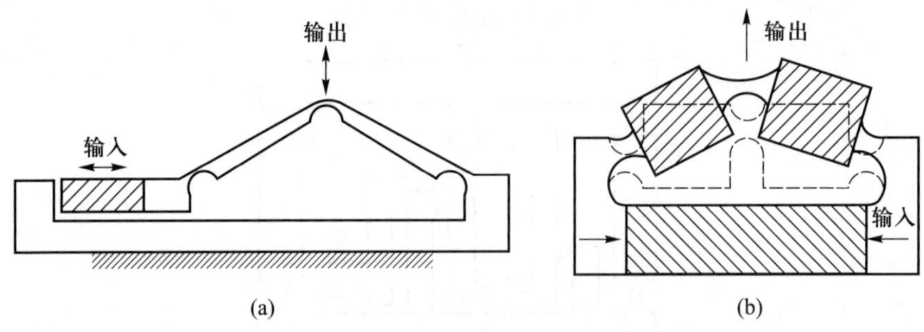

图 12.8 桥式运放机构

数, 由于输入、输出值在 μm 级范围, 而杆件尺寸一般在 cm 级范围内, 因此 AB/AP 的比值可看成常值。这时, 输入与输出是一种近似线性关系。

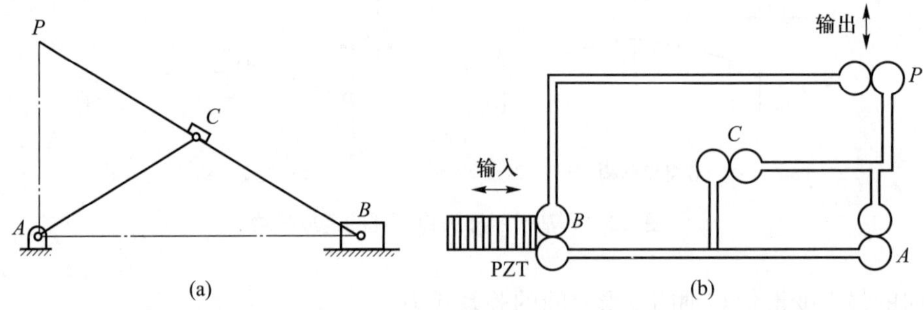

图 12.9 Scott-Russell 机构

2) 曲柄滑块机构

日本中央大学教授 Furukawa 等[7] 提出了一种滑动曲柄式柔性机构 (图 12.10) 来实现位移放大。不过这种机构的输入与输出之间存在着原理上的非线性。

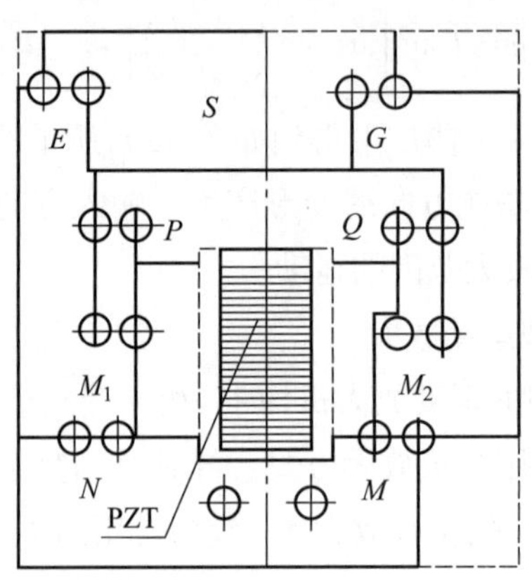

图 12.10 曲柄滑块机构

3) 平面八杆机构

有文献采用平面对称八杆式柔性机构 (图 12.11) 来实现位移放大[8]。压电陶瓷推动输入杆产生微位移, 在输出杆上产生直线运动, 从而克服了一般平面四杆机构非直线运动输出的缺点。如果合理选择输入杆、连接杆及输出杆的长度可获得较大的运动放大倍数。

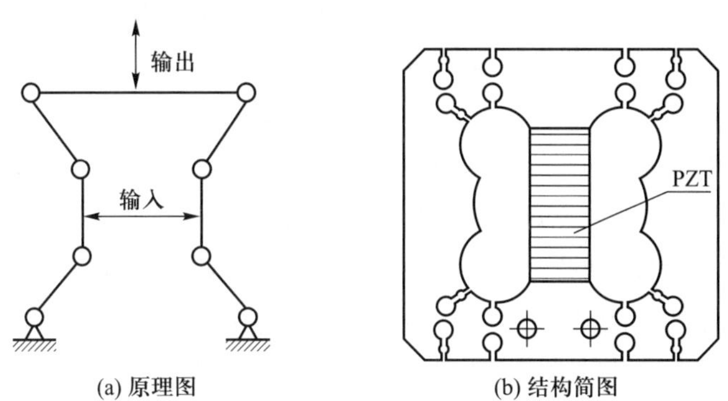

图 12.11 平面八杆机构

4. 利用液压驱动原理实现运动放大

利用液压驱动实现运动放大的工作原理如图 12.12a 所示, 在一密闭的容器中注满液体, 容器两端用截面积不等的活塞密封, 而活塞可沿径向移动。在截面积较大的活塞处施力, 使之产生一较小的位移, 这样可在截面积较小的活塞处产生较大的位移。而且, 这种位移放大是一种线性关系。芬兰 Tempere 科技大学研制了一台用于生物工程的微操作机器人[9], 其驱动系统就采用这一原理实现了运动放大, 该系统如图 12.12b 所示。具体而言, 该系统由片状压电陶瓷驱动器、储油箱、波纹管及液压油等组成。对压电陶瓷施加电压后, 造成压电陶瓷密封薄片的曲率发生变化, 同时储油腔内的液体在压力作用下流向波纹管。波纹管压力增大, 并造成波纹管沿轴线方向伸长。由于储油腔的径向尺寸比波纹管的半径大得多, 因此压电驱动器所施加的微小位移也将在波纹管处被放大。经实验测试, 该液压驱动系统可实现 25 倍的运动放大。

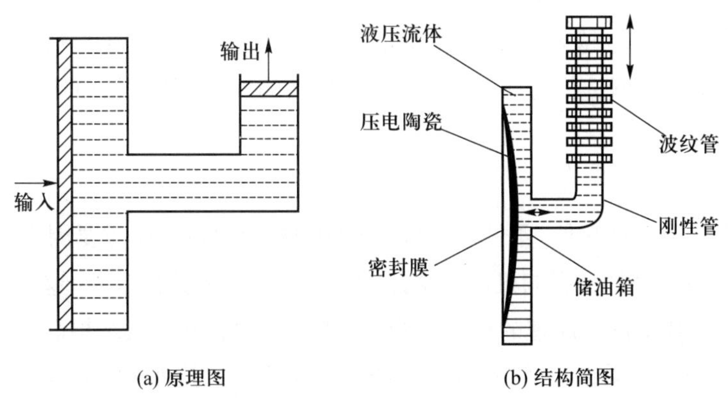

图 12.12 液压驱动运放系统

12.2.2.2 结构设计方面的考虑

上节所介绍的 4 种运放机构中, 前 3 种实际的机构设计均采用柔性机构的结构形式, 其主要目的是为了保证驱动系统的高精度, 避免传动环节的误差放大。在由驱动器和运放机构组成的驱动系统中, 运放机构除了会放大驱动器的误差外, 本身的误差也是不可忽视的因素。不过, 这种设计方法也有其消极的一面。当驱动器通过柔性运动放大机构输出运动时, 驱动器对柔性机构所做的功并没有全部传递给输出端, 而产生了能量损耗, 即运放机构中存在着能效的问题。

如果按照机械效率的定义来评价运放机构的能效是相对比较麻烦的, 一种简单的计算机械效率的方法是用实际的输出位移与其理论计算值相比较。如图 12.5 所示的运放机构, 理论设计的放大倍数为 32, 而实际测定的结果只有 20 倍左右。因此, 该机构的机械效率 (η) 仅为 62.5%。

1. 影响运放机构能效的因素

1) 材料

由于材料的刚性有限, 在材料发生变形时, 材料本身会吸收或消耗一定的能量, 机构的柔度越大就意味着有更大的功率损耗。为验证材料因素对机械效率的影响, 利用有限元法, 对图 12.4 所示的运放机构进行了效率分析, 所得结果如表 12.2 所示。

表 12.2 不同材料下运放机构的机械效率

材料	E/GPa	η/%
钛合金	206	82.5
铍青铜	126	72.6
合金钢	117	63.5
铝合金	68.6	48.3

从趋势上看, 材料刚度越大, 机械效率越高; 另一方面, 材料的刚度越大, 柔性铰链处所受的应力也越大。因此, 在保证柔性铰链所受应力处于材料弹性极限以内的前提下, 通过合理选择材质, 以提高运放机构的整体刚度, 从而达到提高能效的目的。

2) 柔性铰链

除构成机构的材料外, 柔性铰链也是影响机构刚度的一个重要因素。具体而言, 铰链的形状和数目都会影响机构的整体刚度。其中铰链数目越多, 越可能降低机构的刚度。选择基于杠杆原理的运放机构, 其主要理由就在于其结构简单、柔性铰链少、刚性好。另外, 柔性铰链在机构中主要起支撑作用, 其理想状态是像与之对应的转动副一样只有纯粹的弯曲变形。实际上, 尽管运放机构多为平面机构, 但运放机构中的杆件在传递位移的同时也有一定力的传递, 而有些力可以使柔性铰链非功能方向上产生变形, 如轴向或者侧向的变形, 这样便不可避免地消耗了一些能量。两种非功能方向的变形相比, 侧向变形一般要比轴向变形大得多, 因此所消耗的能量也比轴向要大。因此, 应尽量避免柔性铰链传递较大的侧向力。

3) 结构

影响能效大小的因素中, 材料和柔性铰链是可以预料到的。除此之外, 结构的影响同样不可忽视。不合理的结构形式甚至对运放机构的能效造成占主导地位的影响。例如, 柔性平行四边形机构中, 产生了纵向耦合运动, 这是不希望存在的运动; 另外, 不合理的结构还可能产生位移干涉问题, 导致机构产生很大的内部反力, 从而使机构中的杆件 (理论分析时均视为刚性杆) 产生轴向的非弯曲变形, 消耗了能量, 最终影响到运放效果。

2. 结构设计与加工过程中的几点考虑

1) 对称性设计

前面已经提到, 对于如图 12.2 所示的机构, 尽管纵向耦合位移通常很小, 但在其放大倍数较大时, 这种附加位移可达到 μm 级。不仅降低了运放机构的能效, 而且对机构的定位精度有较大影响。而采用结构对称性设计可有效地消除机构中的纵向耦合误差, 达到提高运放机构能效的目的。图 12.13 就是对原有一级和二级杠杆运放机构经过对称性设计后得到的结构图。

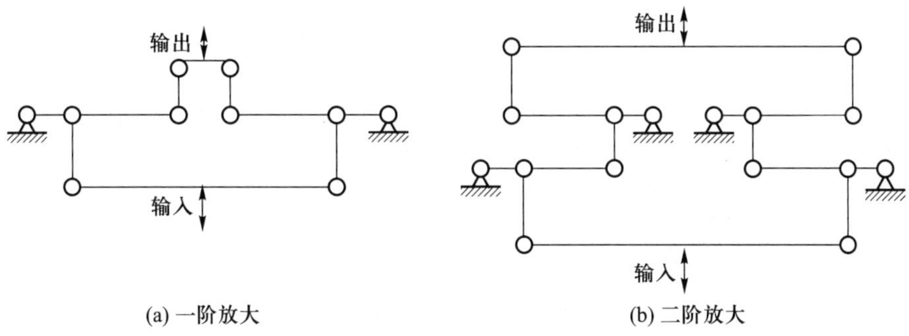

图 12.13　对称设计

2) 对运放机构进行预载

对运放机构进行预载是为了消除机构中剪力的影响, 而预载方式主要是加预载弹簧。

图 12.14a 所示是一简单的柔性杠杆运放机构, 该机构的主要缺点是杆件的转角范围比较小, 而且在驱动器收缩时, 杆件有可能出现振动, 结果使驱动器与杆件间易产生间隙。为避免上述情况的发生, 有必要在运放机构中增加预紧装置。图 12.14b 给出了图 12.14a 所示结构的一种改进方案, 即在运放机构中增加了预载弹簧。

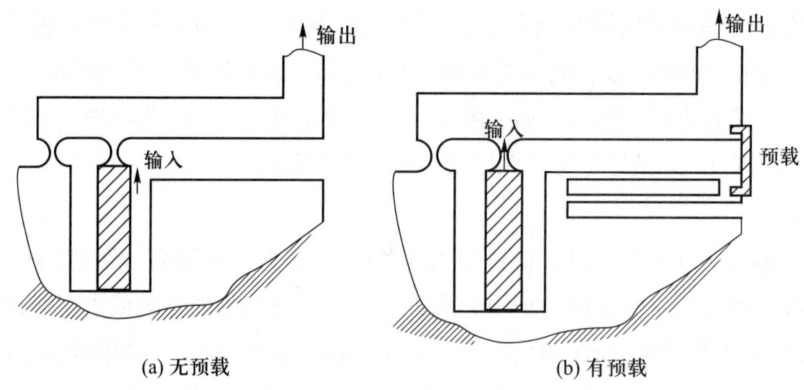

图 12.14 杠杆运放机构

3) 根据任务要求选择和设计运放机构

高精度与大行程是一对矛盾。通常情况下, 不同的任务对两者的要求是不同的。以此可将运放机构分为基于高精度的运放机构与基于大行程的运放机构。前者对机构的精度要求很高, 而对行程的要求相对要低一些, 而后者正好相反。两者在结构形式上可有不同的选择和设计方式。例如, 对称性结构由于能消除纵向耦合位移, 可保证运放机构具有更高的精度, 但并不能提高放大倍数, 因此这类结构更适合用作基于高精度的运放机构。而杠杆运放机构因为能效高, 可实现较大的放大倍数, 因此更适合用作基于大行程的运放机构。

12.2.3 新型大行程、高精度运放机构的设计方法

除了以上所介绍的各种运放机构, 开发新型的大行程、高精度运放机构也是十分必要的, 以便应用于在特殊的场合。下面给出两种基于不同原理的新型运放机构。

1. 对现有运放机构进行串联

运放机构的串联方式有杠杆 + 杠杆型、杠杆 + 机构型、机构 + 机构型等。图 12.15 给出了一种典型的机构 + 机构型串联方式: 两个或者两个以上的 Scott-Russell 机构进行串联, 可实现较大的运动放大比。

2. 差动式杠杆运放结构

为实现更大的位移输出比, 可对图 12.4 所示的结构进行改进, 形成差动式杠杆结构。其结构简图如图 12.16 所示。

假设驱动器的输入位移为 δ_{in}, 经过差动式运放机构的运动放大, 输出端的输出位移 δ_{out} 为

$$\delta_{\text{out}} = \left[\frac{R_6}{R_5}\left(\frac{R_2}{R_1}+\frac{R_4}{R_3}\right)+\frac{R_4}{R_3}\right]\delta_{\text{in}} \tag{12.4}$$

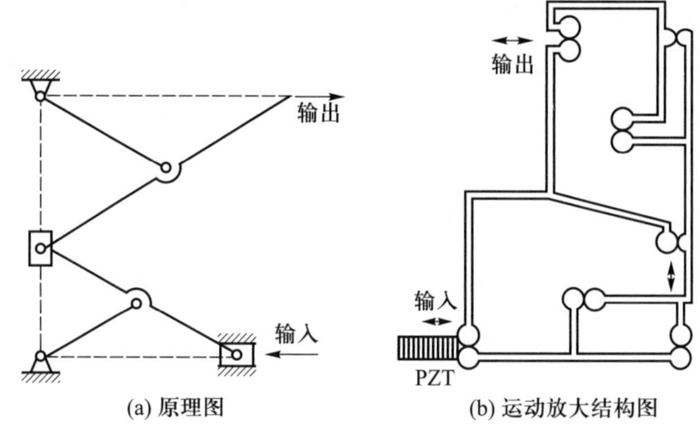

(a) 原理图　(b) 运动放大结构图

图 12.15　Scott-Russell 机构两级串联运动放大

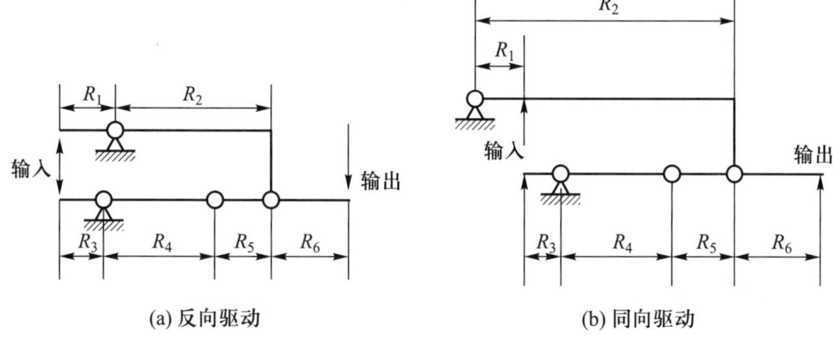

(a) 反向驱动　(b) 同向驱动

图 12.16　差动式运放机构简图

因此, 机构理论上的放大倍数为

$$\beta = \frac{R_6}{R_5}\left(\frac{R_2}{R_1} + \frac{R_4}{R_3}\right) + \frac{R_4}{R_3} \tag{12.5}$$

不妨取 $R_2/R_1 = 5$, $R_4/R_3 = 4$, $R_6/R_5 = 3$, 则 $\beta = 31$。

如果不采用差动式结构, 而采用图 12.13b 所示的运放机构, 这时 $R_3 = R_4 = 0$, 则放大倍数 $\beta' = \left(\frac{R_2}{R_1} + 1\right)\left(1 + \frac{R_6}{R_5}\right) = 24$。将结果进行比较, 显然差动式结构的放大倍数要大一些。

12.3　柔性静平衡机构的设计

回到柔性机构本体结构设计上来。功能方向刚度是衡量柔性机构性能的一个重要指标, 刚度越低, 驱动力越小, 能量利用效率 (简称能效) 越高。利用静平衡的思想是降低功能方向刚度的一种有效途径[10]。

一般情况下, 静平衡机构的设计需遵循 5 个准则: 恒定势能、连续平衡、零刚度、零虚功、零固有频率[11-13]。这 5 个原则本质上是等效的, 但外在表现不同, 恒定势能与连续平衡需要对系统从总体上进行考虑, 建立系统的势能模型, 对于柔性机构而言相对复杂; 零虚功与零固有频率相对用得较少; 而零刚度原则将正刚度与负刚度两个概念区分为两个子系统, 正好与柔性机构模块化设计理念相吻合。

12.3.1 零刚度柔性机构的一般设计思想

若系统在某一运动路径上势能恒定, 则势能相对其运动路径的广义坐标的二阶导数为 0。对于由弹性变形产生的系统而言, 势能的二阶导数代表着该方向的刚度, 即

$$K = \frac{\partial^2 V(q,g,m)}{\partial q^2} = 0 \tag{12.6}$$

上述零刚度条件只是系统达到静平衡的一个必要条件而非充分条件, 因为恒力机构也满足零刚度条件, 但却非静平衡机构。一般来讲, 直接以整个系统达到零刚度为目标进行设计的难度非常大, 可以考虑将整个系统分成两个子系统。假设这两个系统的势能分别为 V_1 和 V_2, 满足总势能为恒值条件, 即

$$V = V_1 + V_2 = \text{const} \tag{12.7}$$

对式 (12.7) 两边分别求二阶导数, 可以得到

$$\begin{gathered} \frac{\partial^2 V_1}{\partial q_1^2} + \frac{\partial^2 V_2}{\partial q_2^2} = 0 \\ K_1 + K_2 = 0 \Rightarrow K_1 = -K_2 \end{gathered} \tag{12.8}$$

式中, K_1、K_2 分别为两个子系统的刚度。由式 (12.8) 可知, 两个子系统的刚度互为相反数, 即一个正刚度的系统可以通过负刚度系统来平衡, 这与传统的刚度并联思想是一致的。物理上, 负刚度对应的是弹性元件的静力不稳定, 一般在不稳定的状态下会产生负刚度。上述这种将零刚度分为正负刚度子系统的思想恰好与柔性机构模块化的设计理念不谋而合。基于这两种思想可以找到设计柔性静平衡机构的关键所在, 即设计合适的负刚度模块。

12.3.2 负刚度柔性模块的设计

12.3.2.1 负刚度柔性移动模块

1. 压簧连杆

图 12.17 所示是利用传统弹簧与连杆构造的一个典型的负刚度移动模块 —— 压簧连杆型负刚度模块。两个连杆的长度为 L, 连杆水平时为零位, A 为负刚度输出点, F 为驱动力, y 为对应的位移, 压簧的刚度为 K, 初始压缩量为 u。通过对 A 点

作受力分析, 可以得出如下关系式:

$$F = -2K\frac{(u - L + \sqrt{L^2 - y^2})y}{\sqrt{L^2 - y^2}} \tag{12.9}$$

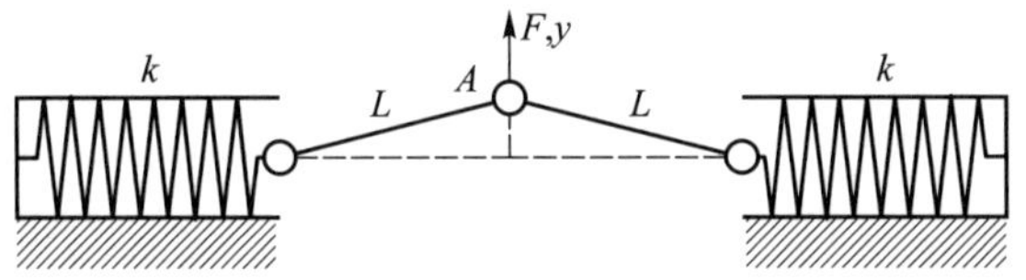

图 12.17 压簧连杆型负刚度模块

根据式 (12.9), 可以得到压簧连杆型负刚度模块在不同参数下的力学特性, 具体如图 12.18 所示。从中可以看出, 连杆水平时为系统的不稳定平衡点, 在不稳定平衡点的附近会产生负刚度: 压簧刚度主要影响负刚度的大小, 而初始压缩量则同时影响负刚度大小和区域。该负刚度模块构造简单、分析方便, 虽与柔性机构有少许区别, 但给设计新的负刚度模块带来了启示。

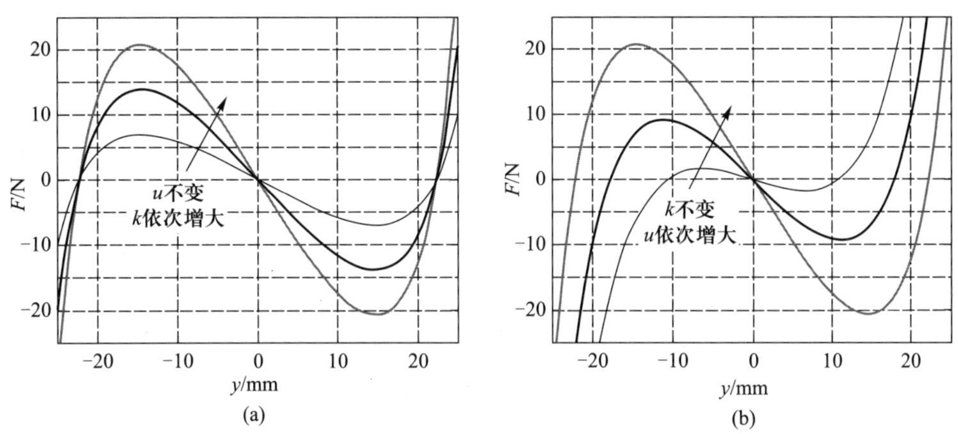

图 12.18 压簧连杆型负刚度模块的力学特性

2. 两端铰支屈曲簧片

首先简述一下结构稳定理论[14]: 当结构所受载荷达到某一值时, 若增加一个微小的增量, 结构的平衡位形将发生很大的改变, 这种情况叫作结构失稳或屈曲, 相应的载荷称为屈曲载荷或临界载荷。图 12.19a 所示为受压杆件的载荷 – 变形曲线, A 点为屈曲分支点, 该点对应的载荷即为屈曲载荷。目前, 后屈曲分析有大挠度理论和小挠度理论两种, 大挠度理论更接近实际情况, 而小挠度理论在小变形时具有较高的精度。屈曲载荷一般由欧拉公式求解, 得出的临界力是多值的, 它与杆屈曲的波形有关, 如图 12.19b 所示, P_{cr1} 表示对应于一个半波平衡的屈曲载荷, P_{cr2} 为对应于两个半波平衡的屈曲载荷, 分别对应压杆的一阶和二阶屈曲模态。事实上, 对两端铰支的杆件, 一般只有一个半波平衡是稳定的, 而对两端固支的压杆, 当载荷 P 大于 P_{cr1} 时, 则有可能出现高阶屈曲模态。

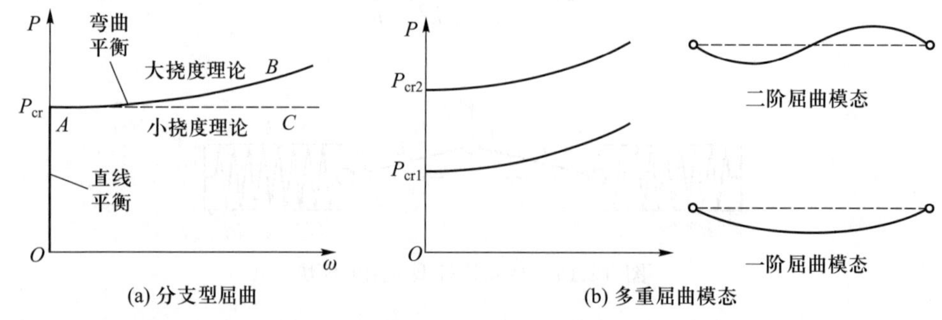

(a) 分支型屈曲　　(b) 多重屈曲模态

图 12.19　结构稳定理论

基于以上理论, 对两端铰支的直簧片屈曲特性作出合理的假设: 簧片的一端受到轴向压力产生轴向位移, 在失稳后一定的轴向位移范围内 (小变形) 簧片处于中性稳定状态, 即轴向压力与轴向位移无关, 在该范围内处于恒值状态。如图 12.20 所示, A 为定端铰支点, B 为动端铰支点, AB 水平时为零位, 簧片长度为 L, 初始压缩量 $d_L = L - L_0$, 驱动力为 F, 位移为 y。根据欧拉公式, 两端铰支直簧片的临界载荷

$$P_{\mathrm{cr}} = \frac{\pi^2 EI}{L^2} \tag{12.10}$$

若不考虑铰支点的摩擦, 则可得驱动力

$$F = -\frac{P_{\mathrm{cr}} y}{\sqrt{y^2 + L_0^2}} \tag{12.11}$$

根据小变形假设

$$\sqrt{y^2 + L_0^2} \approx L \tag{12.12}$$

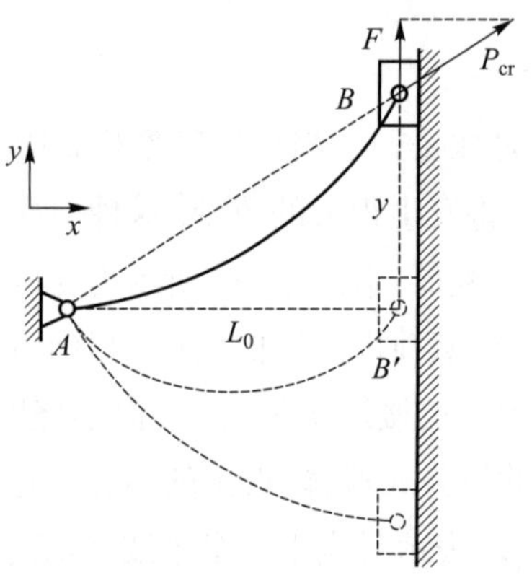

图 12.20　两端铰支屈曲簧片型负刚度模块

结合式 (12.10)~ 式 (12.12), 可得其刚度

$$K=\frac{F}{y}=-\frac{\pi^2 EI}{L^3} \tag{12.13}$$

对应负刚度的行程为

$$Y_{\text{str}}=2\sqrt{2Ld_L-d_L^2} \tag{12.14}$$

由式 (12.13) 和式 (12.14) 可知, 屈曲簧片产生的移动负刚度与初始变形量无关, 主要取决于簧片的材料特性、截面形状和长度, 而负刚度行程则同时受到簧片长度与初始变形量的影响。

3. 两端固支屈曲簧片

两端铰支屈曲簧片具有良好的负刚度特性, 但是两端的铰链仍会引入摩擦。下面考虑两端固支的情形。其变形过程仍遵循小变形假设, 且设其屈曲为一阶模态, 为消除固支端产生扭矩的影响而采用对称布置的双簧片构型, 其受力变形如图 12.21 所示, 中间为输出刚体, 输出刚体受移动副限制只能竖向移动。簧片长度为 L, 初始变形量为 d_L, 输出刚体的竖向位移为 Y。由于左右对称, 只取左半部分进行分析: O 为坐标系原点, 挠曲线上任一点线坐标为 S, 直角坐标为 $X(S),Y(S)$, 切线与 x 轴的夹角为 $\varphi(S)$, 弯矩为 $M(S)$, 剪力为 $Q(S)$, 剪力与挠曲线切线法向一致。

首先对载荷和位移进行量纲一化处理

$$\begin{aligned}&m=\frac{ML}{EI},\quad f=\frac{FL^2}{EI},\quad p=\frac{PL^2}{EI},\quad q=\frac{QL^2}{EI},\\&x=\frac{X}{L},\quad y=\frac{Y}{L},\quad s=\frac{S}{L},\quad d_l=\frac{d_L}{L}\end{aligned}$$

根据对称性及力平衡条件可知

$$f_1=f_2=\frac{1}{2}f,\quad p_1=p_2,\quad m_1=m_2 \tag{12.15}$$

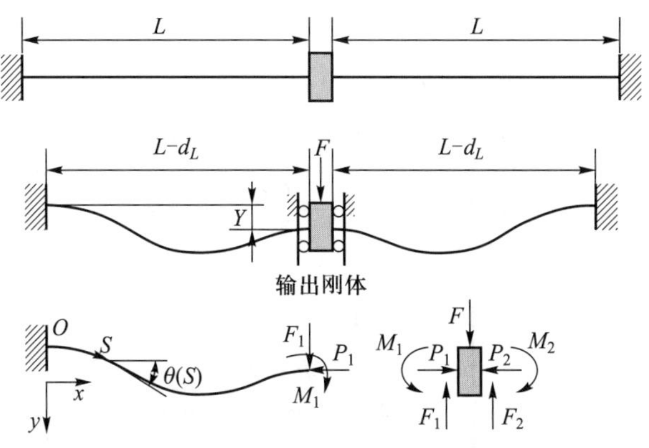

图 12.21 两端固支屈曲簧片负刚度模块

任意位置的剪应力可表示为

$$q(s) = p_1 \sin\varphi(s) + f_1 \cos\varphi(s) \tag{12.16}$$

簧片变形需满足的边界条件为

$$x(1) = 1 - d_l, \quad y(1) = y, \quad \varphi(0) = 0, \quad \varphi(1) = 0 \tag{12.17}$$

根据梁变形的 Euler-Bernoulli 方程

$$m(s) = -\frac{\mathrm{d}\varphi(s)}{\mathrm{d}s} \tag{12.18}$$

而

$$\frac{\mathrm{d}m(s)}{\mathrm{d}s} = q(s) \tag{12.19}$$

将式 (12.16) 和式 (12.18) 代入式 (12.19), 可得

$$\frac{\mathrm{d}^2\varphi(s)}{\mathrm{d}s^2} + p_1 \sin\varphi(s) + f_1 \cos\varphi(s) = 0 \tag{12.20}$$

对应的边界条件为

$$\varphi(0) = 0, \quad x(1) = \int_0^1 \cos\varphi(s)\mathrm{d}s, \quad y(1) = \int_0^1 \sin\varphi(s)\mathrm{d}s \tag{12.21}$$

由于梁为小变形, 即 $\varphi(s) \ll 1$, 微分方程可近似为

$$\frac{\mathrm{d}^2\varphi(s)}{\mathrm{d}s^2} + p_1\varphi(s) + f_1 = 0 \tag{12.22}$$

边界条件变为

$$x(1) = \int_0^1 \left[1 - \frac{\varphi(s)^2}{2}\right] \mathrm{d}s, \quad y(1) = \int_0^1 \varphi(s)\mathrm{d}s \tag{12.23}$$

令 $k^2 = p_1$, 则微分方程的通解为

$$\varphi(s) = A\cos(ks) + B\sin(ks) + C \tag{12.24}$$

根据边界条件 (12.17) 可得

$$\begin{cases} A + C = 0 \\ A\cos k + B\sin k + C = 0 \\ A\dfrac{\sin k}{k} + B\dfrac{1-\cos k}{k} + C = y \end{cases} \tag{12.25}$$

解得

$$\begin{cases} C = -A \\ A = \dfrac{yk\sin k}{2 - 2\cos k - k\sin k} \\ B = \dfrac{yk(1-\cos k)}{2 - 2\cos k - k\sin k} \end{cases} \tag{12.26}$$

式中, C 为微分方程的特解, 代入原微分方程, 可得

$$f_1 = k^2 A \tag{12.27}$$

下面根据最小势能原理来判断梁的稳定性: 弹性体在外力作用下, 在满足变形相容条件和位移边界条件的所有可能位移中, 其真实位移使弹性体总势能取得极小值[15]。梁的总势能由两部分组成

$$\varPi = U + V \tag{12.28}$$

式中, U 为弯曲应变能; V 为相对于初始状态的外力势能。这里

$$\begin{gathered} U = \frac{1}{2}\int_0^L \frac{M(S)^2}{EI}\mathrm{d}S = \frac{EI}{2L}\int_0^1 m(s)^2\mathrm{d}s = \frac{EI}{2L}\int_0^1 \left[\frac{\mathrm{d}\varphi(s)}{\mathrm{d}s}\right]^2\mathrm{d}s \\ V = -W = -P_1(d_L - d_{L_0}) = -\frac{k^2 EI}{L}(d_l - d_{l_0}) \end{gathered} \tag{12.29}$$

式中, d_{l_0} 为初始状态的簧片 x 向变形量。根据式 (12.17) 可得

$$\mathrm{d}_l = \int_0^1 \frac{\varphi(s)^2}{2}\mathrm{d}s \tag{12.30}$$

$$V = -\frac{k^2 EI}{L}\left[\int_0^1 \frac{\varphi(s)^2}{2}\mathrm{d}s - d_{l_0}\right] \tag{12.31}$$

代入式 (12.28) 得

$$\varPi = \frac{EI}{2L}\int_0^1 \left\{\left[\frac{\mathrm{d}\varphi(s)}{\mathrm{d}s}\right]^2 - k^2\varphi(s)^2\right\}\mathrm{d}s + \frac{k^2 EI}{L}d_{l_0} \tag{12.32}$$

可以看到, 梁的势能是挠曲线函数 $\varphi(s)$ 的一个泛函, 根据最小势能原理, 若梁处于平衡状态, 其一阶变分为 0。为了分析平衡的稳定性, 需考虑其二阶变分。$\varphi(s)$ 的容许函数族为

$$\varphi_1(s) = \varphi(s) + \eta(s) \tag{12.33}$$

$\eta(s)$ 为 s 的任意函数, 为 $\varphi(s)$ 的变分, 满足边界条件

$$\eta(0) = 0, \quad \eta(1) = 0 \tag{12.34}$$

而由 “在 $s = 1$ 处 y 值不变”, 可得

$$\begin{gathered} \int_0^1 \varphi_1(s)\mathrm{d}s = \int_0^1 \varphi(s)\mathrm{d}s \Rightarrow \int_0^1 \eta(s)\mathrm{d}s = 0 \\ \delta^2\varPi = \frac{EI}{L}\int_0^1 \left\{\left[\frac{\mathrm{d}\eta(s)}{\mathrm{d}s}\right]^2 - k^2\eta(s)^2\right\}\mathrm{d}s \end{gathered} \tag{12.35}$$

式中, $\delta^2 \varPi$ 为 $\eta(s)$ 的泛函。根据 Trefftz 准则[16], 系统失稳的条件为势能二阶变分的一阶变分为 0, 即

$$\delta(\delta^2 \varPi) = 0 \tag{12.36}$$

上式成立需满足的 Euler 方程为

$$\frac{\mathrm{d}^2\eta(s)}{\mathrm{d}s^2} + k^2\eta(s) = 0 \tag{12.37}$$

从而可以得到其通解为

$$\eta(s) = C_1 \cos ks + C_2 \sin ks \tag{12.38}$$

根据 $\eta(s)$ 需满足的边界条件

$$C_1 = 0, \quad C_2 \sin k = 0, \quad C_2(1 - \cos k) = 0 \tag{12.39}$$

若有非零解,k 最小等于 2π。这时

$$\eta(s) = C_2 \sin 2\pi s \tag{12.40}$$

由于 $\varphi_1(s)$ 为梁变形的容许函数, 需满足边界条件 [式 (12.17)], 即

$$C_2 = \pm\sqrt{4d_l - 3y^2} \tag{12.41}$$

C_2 表达式有意义的条件为

$$-2\sqrt{\frac{d_l}{3}} \leqslant y \leqslant 2\sqrt{\frac{d_l}{3}} \tag{12.42}$$

此时系统处于临界稳定状态, 根据式 (12.27), 可得

$$f_1 = -4\pi^2 y \tag{12.43}$$

对左右对称两根簧片而言

$$f = -8\pi^2 y \tag{12.44}$$

由此, 可得图 12.21 中两端固支屈曲簧片的刚度为

$$K = \frac{F}{Y} = -\frac{8\pi^2 EI}{L^3} \tag{12.45}$$

负刚度的行程为

$$Y_{\mathrm{str}} = 4\sqrt{\frac{Ld_L}{3}} \tag{12.46}$$

对比式 (12.13) ~ 式 (12.14) 与式 (12.45) ~ 式 (12.46) 可知, 两端固支屈曲簧片的负刚度同样与初始变形量无关, 对同样数量簧片而言, 其刚度是两端铰支簧片的 8 倍, 但行程却相对要小。

上面分析的 3 种负刚度柔性移动模块中, 压簧连杆型负刚度模块作为一种传统的负刚度机构, 虽然分析简单、构造方便, 但由于占用空间较大, 且引入了较多的刚性构件与转动副, 因此不太适宜用于柔性静平衡机构中。两种屈曲簧片负刚度单元则各有优势: 具有相同参数时, 两端固支簧片产生的负刚度大, 无刚性转动副, 更符合柔性机构的特点; 但两端铰支簧片行程更大, 且一般不会产生高阶屈曲模态, 应用中可根据实际情况选择。

12.3.2.2 负刚度柔性转动模块

1. 弹簧平衡器

首先需要介绍零长弹簧的概念。零长弹簧是指自由长度为 0 的弹簧, 其力 – 位移曲线经过原点 (图 12.22b), 即弹簧的力与总长度而不单单是伸长量成正比。与之相对应自由长度不为 0 的弹簧称为普通弹簧 (图 12.22a)。实际中并不存在零长弹簧, 可以利用普通弹簧通过一定的转换实现零长弹簧的特性, 图 12.23 所示为零长弹簧常见的实现方式。

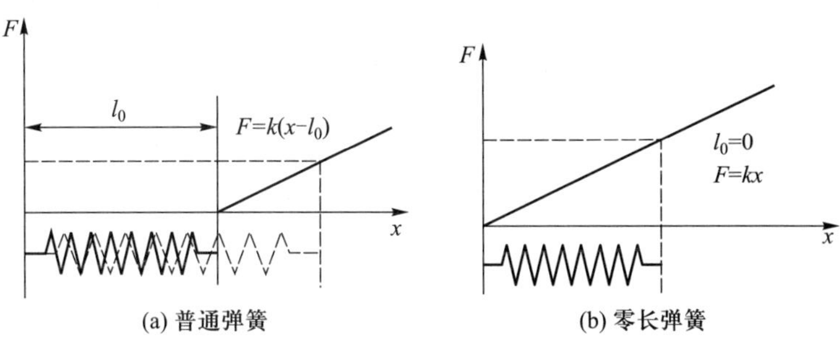

图 12.22 弹簧力学特性

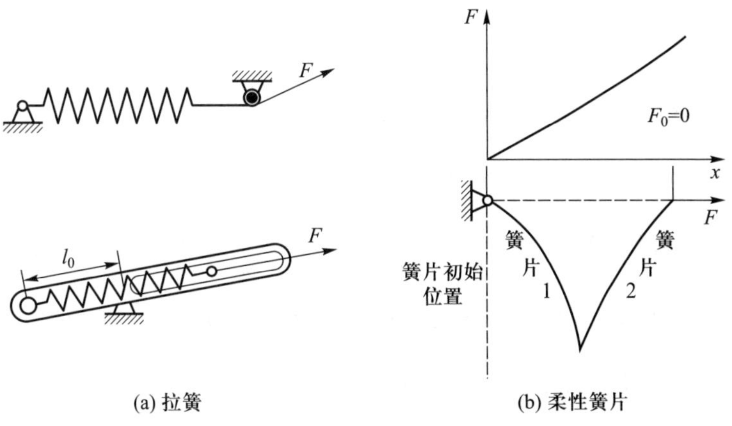

图 12.23 零长弹簧常见的实现方式

图 12.24a 所示是一个经典的静平衡机构 —— 弹簧平衡器, O 点为连接动刚体与静刚体的铰链, 弹簧 1、2 分别通过 A、B、C、D 处的铰链与动静刚体相连, 其刚度系数分别为 k_1、k_2,A、B、C、D 与 O 点之间的距离分别为 a_1、r_1、r_2、a_2, 要使整个机构保持静平衡状态, 需满足条件

$$k_1a_1r_1 = k_2a_2r_2 \tag{12.47}$$

$$\varphi_1 + \varphi_2 = \pi \tag{12.48}$$

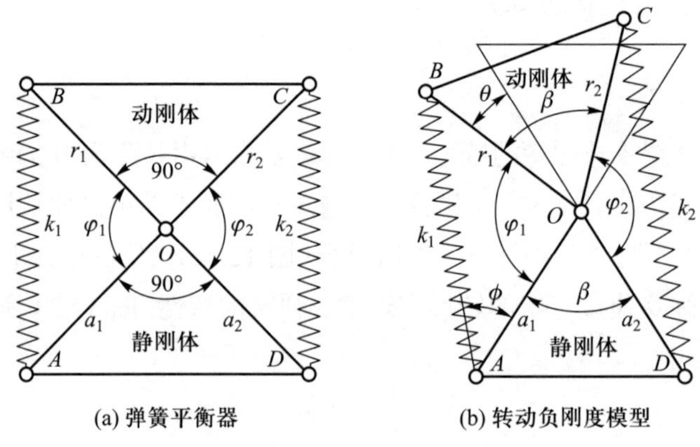

(a) 弹簧平衡器 (b) 转动负刚度模型

图 12.24 弹簧平衡器及其模型

需要注意的是, 式 (12.48) 是弹簧平衡器平衡的必要条件。下面考虑当 φ_1、φ_2 为任意值时两弹簧对 O 点的力矩效果, 见图 12.24b。弹簧 1 对 O 点的力矩为

$$M_1 = k_1l_1a_1\sin\phi \tag{12.49}$$

根据三角形正弦定理

$$\frac{l_1}{\sin\varphi_1} = \frac{r_1}{\sin\phi} \tag{12.50}$$

代入式 (12.49), 可得

$$M_1 = k_1a_1r_1\sin\varphi_1 \tag{12.51}$$

同理, 弹簧 2 对铰链的力矩为

$$M_2 = -k_2a_2r_2\sin\varphi_2 \tag{12.52}$$

铰链所受的合力矩为

$$M = k_1a_1r_1\sin\varphi_1 - k_2a_2r_2\sin\varphi_2 = k_1a_1r_1\sin(\beta+\theta) - k_2a_2r_2\sin(\beta-\theta) \tag{12.53}$$

若 $\beta = 90°$, 即 $\varphi_1 + \varphi_2 = \pi$ 时, 则

$$M = (k_1a_1r_1 - k_2a_2r_2)\cos\theta \tag{12.54}$$

只要满足式 (12.47), 铰链的合力矩始终为 0, 此时机构即为上述处于静平衡状态的弹簧平衡器。而当 $\beta \neq 90^\circ$ 时, 为了简化问题, 取 $k_1 = k_2 = k$, $a_1 = a_2 = a$, $r_1 = r_2 = r$, 可得机构保持平衡所需的驱动力矩为

$$M_{\mathrm{d}} = -M = kar\sin(\beta - \theta) - kar\sin(\beta + \theta) = -2kar\cos\beta\sin\theta \tag{12.55}$$

图 12.25 所示为 β 取不同值时机构的力学特性曲线, 其中 $a = r = 100$ mm, $k = 0.01$ N/mm。在零位附近, 系统在 $\beta > 90^\circ$ 时是正刚度, $\beta = 90^\circ$ 时为零刚度, $\beta < 90^\circ$ 时具有负刚度, 且 β 越小负刚度值越大。若 $\beta = 0^\circ$, 两根弹簧始终重合, 此时可用单根弹簧来代替, 构造起来更为简单。采用单根弹簧时, 系统驱动力矩为

$$M_{\mathrm{d}} = -kar\sin\theta \tag{12.56}$$

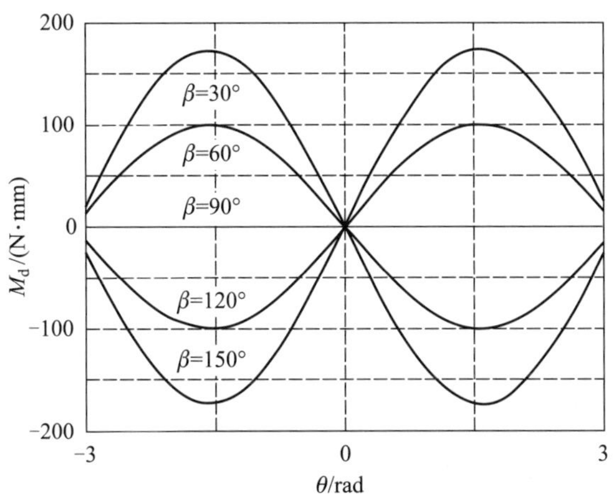

图 12.25 弹簧平衡器的力学特性

2. 扭簧

该类型的负刚度模块可通过能量法来实现。具体思路如下: 若已知所需的负刚度, 可以将其对应的正刚度作为一个元件, 通过能量法优化得出包含该元件的柔性静平衡机构, 将该元件去除后静平衡机构剩余的部分即为待求的负刚度模块。如图 12.26a 所示, $ABCD$ 为四杆机构, D 点的扭转刚度 k_d 为待求的正刚度, θ 为其转角, 连杆 AB、BC 及扭簧 k_a、k_b 组成负刚度单元, 其他参数见图, 其中的扭转刚度可以用图 12.26b 中的大行程转动柔性单元实现。

选 D 点为坐标系原点, x 轴为扭簧 k_d 的零位。C 点的坐标为

$$x_c = L_c\cos\theta, \quad y_c = L_c\sin\theta \tag{12.57}$$

AC 的长度及 AC 与水平方向的角度分别为

$$L_{ac} = \sqrt{(x_c - x_0)^2 + (y_c - y_0)^2}$$
$$\varphi_{ac} = \arctan\frac{y_c - y_0}{x_c - x_0} \tag{12.58}$$

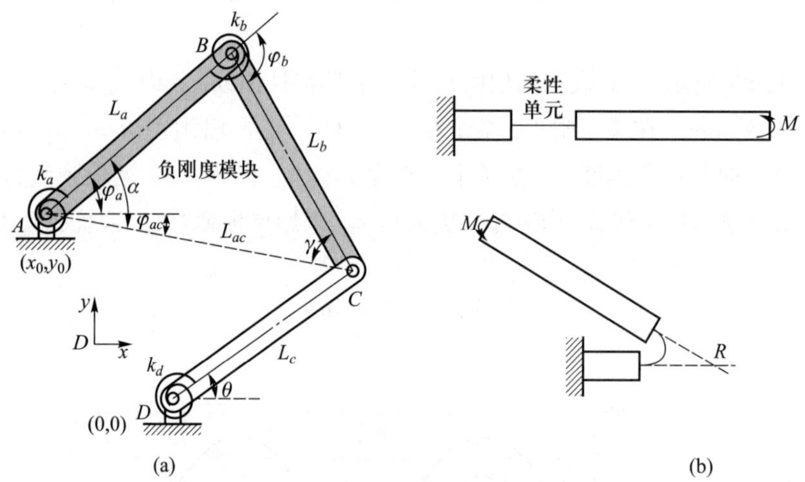

图 12.26 扭转弹簧型负刚度模块

根据三角形余弦定理, 有

$$\alpha = \arccos\frac{L_a^2 + L_{ac}^2 - L_b^2}{2L_aL_{ac}}, \quad \gamma = \arccos\frac{L_b^2 + L_{ac}^2 - L_a^2}{2L_bL_{ac}} \tag{12.59}$$

$$\varphi_a = \varphi_{ac} + \alpha, \quad \varphi_b = -(\alpha + \gamma) \tag{12.60}$$

负刚度模块的能量函数可表示为

$$U_1 = \frac{1}{2}K_a(\varphi_a - \varphi_{a0})^2 + \frac{1}{2}K_b(\varphi_b - \varphi_{b0})^2 \tag{12.61}$$

D 点扭转弹簧的能量函数为

$$U_2 = \frac{1}{2}K_d\theta^2 \tag{12.62}$$

整个系统总的势能为

$$U = U_1 + U_2 \tag{12.63}$$

势能 U 与系统的机械参数及几何参数有关, 二者可用向量 $\boldsymbol{\nu}$ 表示

$$\boldsymbol{\nu} = [x_0\ y_0\ L_a\ L_b\ L_c\ K_a\ K_b\ \varphi_{a0}\ \varphi_{b0}]^{\mathrm{T}} \tag{12.64}$$

根据静平衡机构势能恒定的原则, 能量法优化的目标函数是势能函数在运动路径范围内的方差最小, 即

$$\min\left(\frac{1}{\theta_2 - \theta_1}\int_{\theta_1}^{\theta_2}(U - \bar{U})^2\mathrm{d}\theta\right) \tag{12.65}$$

式中, $\bar{U}$ 为能量平均值。寻找函数最小值的过程可以使用遗传算法进行。下面选取一组参数进行计算验证: 目标刚度为 $K=1\ \mathrm{N\cdot m/rad}$, $\theta\in(-30^\circ,30^\circ)$, 同时为了简化问题增加约束条件 $L_a=L_b$, 编制 MATLAB 程序, 通过其 GA 工具箱可以得出优化的结果

$$\boldsymbol{\nu}=[0.418\ 0.057\ 0.419\ 0.419\ 0.185\ 0.159\ 0.582\ 0.035\ 0.14]^{\mathrm{T}}$$

基于以上参数, 得到系统的势能函数曲线如图 12.27 所示, 系统总势能在 $\theta\in(-30^\circ,30^\circ)$ 范围内基本不变。同时, 在 ADAMS 中建立机构的模型进行仿真, 可以得出系统对 D 点的力矩特性曲线 (图 12.28), 虽然负刚度在运动路径内具有一定的非线性度, 但是整个系统的驱动力矩大大降低。

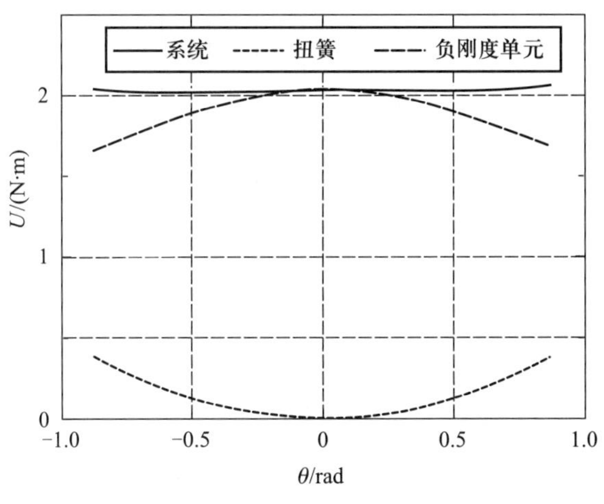

图 12.27　势能曲线

但是该方法也存在一定的缺陷: 从优化结果可以看出, 扭转弹簧型负刚度模块的转角一般都比较大, 要求材料具备较高的极限应力。

3. 两端铰支的屈曲簧片

当圆的半径足够大或圆弧段对应的圆心角足够小时, 圆弧近似于一条直线段, 则理论上小角度范围内的转动负刚度与移动负刚度可以相互转化。受此启发, 提出了一种新型的基于两端铰支屈曲簧片的转动负刚度模块, 如图 12.29 所示。

AB 为两端铰支屈曲簧片, 两点距离为 L_{AB}, 初始变形量 $d_L=L-L_0$; OB 为刚性连杆 (水平时为零位), 长度为 r (称作簧片的安装半径), θ 为其转角, 连杆保持平衡所需驱动力矩为 M, 簧片对其压力为 P_{cr}, 切向分量和径向分量分别为 F_{t}、F_{r}。根据几何关系得

$$L_{AB}=\sqrt{(L_0+r)^2+r^2-2(L_0+r)r\cos\theta} \tag{12.66}$$

$$\frac{L_0+r}{\sin\beta}=\frac{L_{AB}}{\sin\theta} \tag{12.67}$$

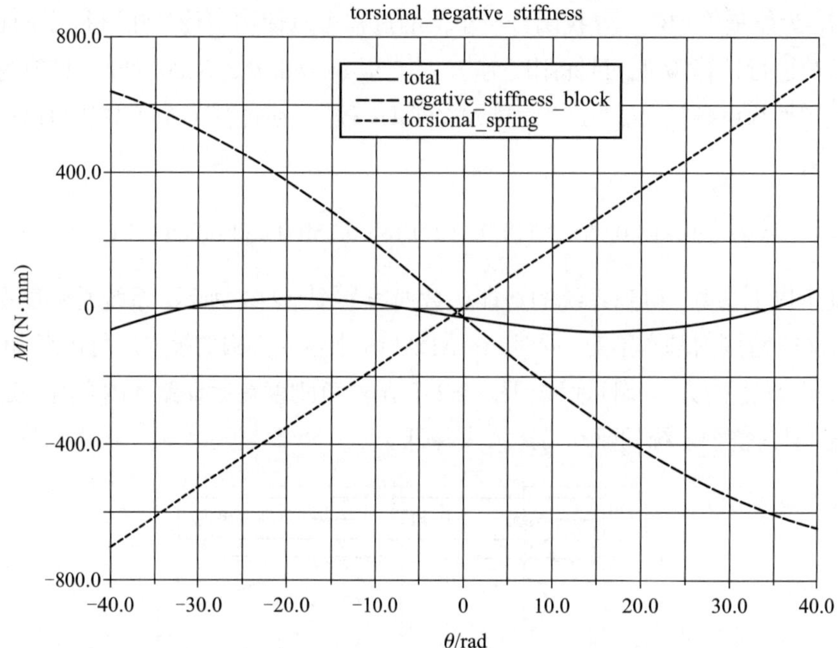

图 12.28 驱动力矩 ADAMS 仿真曲线

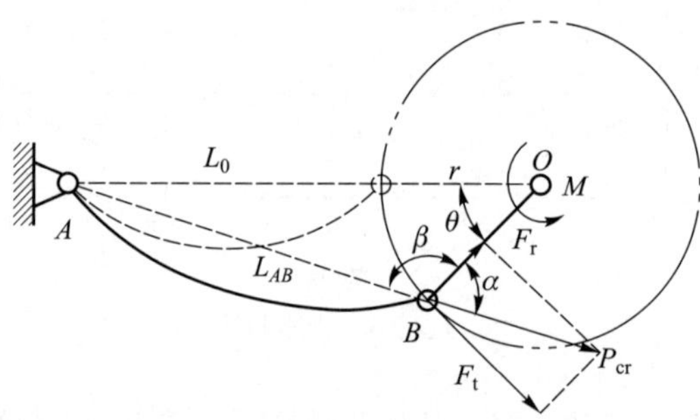

图 12.29 铰支屈曲簧片型转动负刚度模块

切向力和径向力可表示为

$$F_{\rm t} = P_{\rm cr}\sin\alpha = \frac{L_0 + r}{L_{AB}} P_{\rm cr}\sin\theta, \quad F_{\rm r} = P_{\rm cr}\cos\alpha \tag{12.68}$$

则驱动力矩

$$M = -F_{\rm t} r \tag{12.69}$$

基于簧片小变形假设, 在刚性连杆小角度转动范围内作如下近似处理, 即

$$\sin\theta \approx \theta, \quad \cos\theta \approx 1, \quad L_0 \approx L \tag{12.70}$$

可得

$$M = -\left(1 + \frac{r}{L}\right) r P_{\rm cr}\theta \tag{12.71}$$

化简得到转动负刚度的表达式如下:

$$K_{\mathrm{m}} = -\pi^2 EI\frac{(L+r)r}{L^3} \tag{12.72}$$

负刚度行程为

$$-\arccos\frac{r^2+(L_0+r)^2-L^2}{2(L_0+r)r} < \theta < \arccos\frac{r^2+(L_0+r)^2-L^2}{2(L_0+r)r} \tag{12.73}$$

根据式 (12.72), 当截面形状确定时, 两端铰支屈曲簧片产生的转动负刚度受簧片长度和安装半径影响: 刚度大小随簧片长度的增加而减小, 随安装半径的增大而增大。

通过对上述 3 种负刚度柔性转动模块的对比可知: 扭簧中柔性单元转角太大, 对材料特性要求较高, 且转动过程中的轴漂特性影响了其补偿效果。弹簧平衡器负刚度与屈曲簧片负刚度都具有较高的可行性; 相比较而言, 屈曲簧片负刚度结构更简单、占用空间更小。

12.3.3 零刚度柔性设计

12.3.3.1 零刚度柔性移动模块的设计

下面基于正负刚度并联的思想, 来构造零刚度柔性移动模块。如图 12.30 所示, 移动模块为可消除寄生运动的双平行四杆构型, 其中 (a) 为两端铰支, (b) 为两端固支。为方便起见, 将负刚度移动模块统一称作 NSTB。

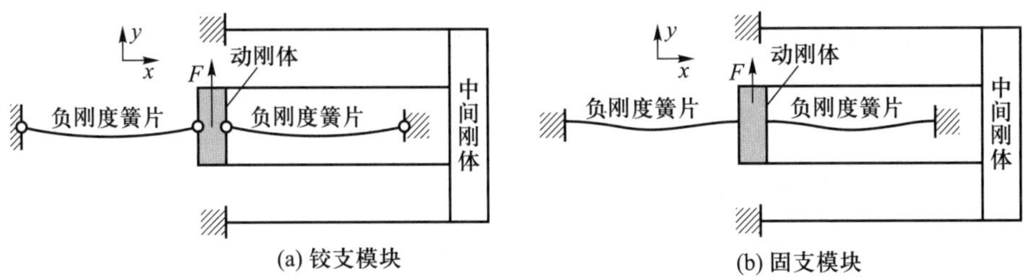

图 12.30 正负刚度并联的零刚度柔性移动副

双平行四杆型柔性移动模块的刚度为

$$K = \frac{aEI}{L^3} \tag{12.74}$$

为验证负刚度模块在构造零刚度柔性移动模块中的可行性, 选用两组参数下的双平行四杆柔性模块, 分别结合铰支型负刚度模块和固支型负刚度模块进行分析, 详细参数见表 12.3。

表 12.3　两种双平行四杆柔性移动模块的结构参数

编号	L/mm	W/mm	T/mm	K/(N/mm)
CTB1	25	10	0.5	5.84
CTB2	25	10	0.3	1.26

1. 由两端铰支屈曲簧片构造零刚度柔性移动模块

由上节分析可知, 单个铰支屈曲簧片会对动刚体产生水平方向压力, 这与双平行四杆消除寄生运动所要求的水平方向合力为 0 的条件不符, 故采用两个簧片对称布置, 以抵消水平分力。由于负刚度簧片的长度受整个零刚度模块的长度限制, 而宽度一般与移动副簧片宽度相同, 故将二者取为定值。根据式 (12.13), 补偿簧片的厚度为

$$T_{\mathrm{s}} = \sqrt[3]{\frac{6KL_{\mathrm{s}}^3}{\pi^2 EW_{\mathrm{s}}}} \tag{12.75}$$

对应的负刚度簧片参数如表 12.4 所示。

表 12.4　两种铰支屈曲簧片型移动负刚度模块的结构参数

编号	L_{s}/mm	W_{s}/mm	T_{s}/mm	K_{s}/(N/mm)
NSTB1	40	10	0.677 7	−5.84
NSTB2	40	10	0.406 6	−1.26

在 ANSYS 中对零刚度柔性移动模块进行仿真, 得其力学特性曲线, 具体如图 12.31 所示。结果表明, 在小范围内负刚度簧片的不同初始变形量对其几无影响, 故这里只给出了 $d_L = 0.5$ mm 的一组图片。可以看到, 在 ±4 mm 的行程范围内, 双平行四杆模块的正刚度几乎被负刚度模块完全抵消, 基本上实现了移动模块零刚度特性的目标。

2. 由两端固支屈曲簧片构造零刚度柔性移动模块

与铰支屈曲簧片相比, 固支负刚度簧片不存在传统转动副, 且刚度更大。若长度与宽度为定值, 根据式 (12.45), 簧片的厚度为

$$T_{\mathrm{s}} = \sqrt[3]{\frac{3KL_{\mathrm{s}}^3}{2\pi^2 EW_{\mathrm{s}}}} \tag{12.76}$$

根据式 (12.46), 负刚度簧片的初始变形量

$$d_L \geqslant \frac{3Y_{\mathrm{str}}^2}{16L_{\mathrm{s}}} \tag{12.77}$$

同样选用两种参数补偿簧片与双平行四杆柔性模块相对应, 见表 12.5。

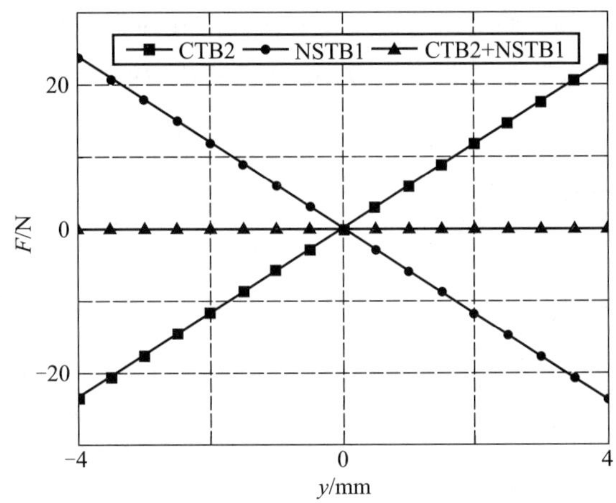

图 12.31 不同铰支屈曲簧片零刚度移动副的力学特性

表 12.5 两种固支屈曲簧片型移动负刚度模块的结构参数

编号	L_s/mm	W_s/mm	T_s/mm	K_s/(N/mm)
NSTB3	40	10	0.426 9	−5.84
NSTB4	40	10	0.256 1	−1.26

移动模块的行程为 ±4 mm, 则根据式 (12.77) 可得

$$d_L \geqslant 0.3\ \text{mm} \tag{12.78}$$

为了使负刚度簧片屈曲更接近小变形, d_L 应尽量小, 首先取 $d_L = 0.3$ mm, 即刚好满足移动副行程需要。由于实际应用中动刚体的运动具有往复性, 即从 $y = 0$ 运动到 $y = 4$ 后还要返回 $y = 0$, 因此对 CTB2 纵向位移从 $y = -4$ 到 $y = 4$ 运动过程中的力学特性进行了仿真分析, 但是结果与预期相差甚远。如图 12.32a 所示, 负刚度单元的力学曲线既偏离了原点, 又表现出强烈的非线性, 刚度的大小也与计算不符。更改参数 $d_L = 0.6$ mm, 即加大负刚度单元的行程, 可得其力学特性曲线如图 12.32b 所示。此时, 仿真结果与理论计算一致, 负刚度单元很好地抵消了柔性移动模块的驱动力, 基本上实现了零刚度特性。可见, 负刚度簧片初始变形量也即负刚度行程的选择会影响补偿效果。

为探究该问题产生的原因, 对具有这两种不同初始变形量的 NSTB3 分别经路径 1 和路径 2 运动时的簧片位形进行了仿真, 如图 12.33 所示:(a) 和 (b) 分别为 $d_L = 0.3$ mm 和 $d_L = 0.6$ mm 时负刚度模块经路径 1 的屈曲平衡路径位形图, (c) 和 (d) 分别为 $d_L = 0.3$ mm 和 $d_L = 0.6$ mm 时负刚度模块经路径 2 的屈曲平衡路径位形图。从中可以看出, 当 $d_L = 0.3$ mm 时, 簧片在行程的两个极限位置已经接近直线状态, 往回移动时, 产生了二阶屈曲模态, 即单根簧片挠曲线产生了两个半波, 与分析的前提条件已经不一致。而对 $d_L = 0.6$ mm 而言, 在极限位置时簧片仍保持一阶屈曲状态, 两个方向的运动曲线并无二致, 这是我们希望的状况。NSTB2 的情况与之相同。

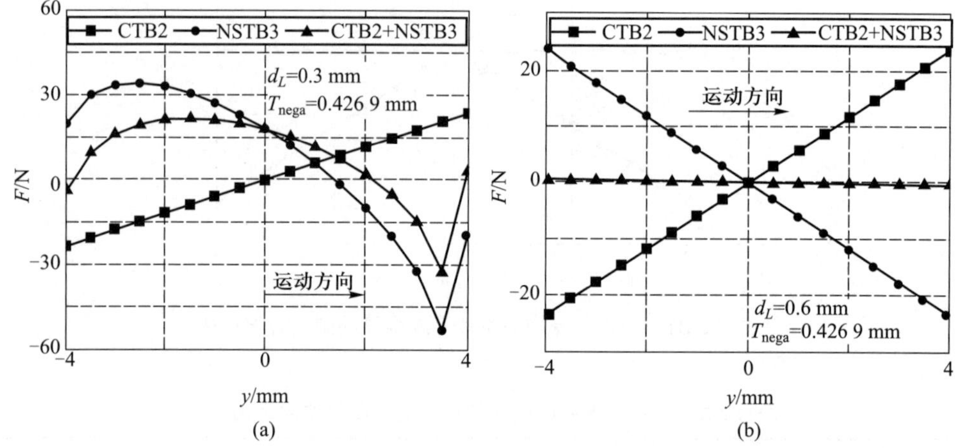

图 12.32 两种柔性移动模块的力学特性

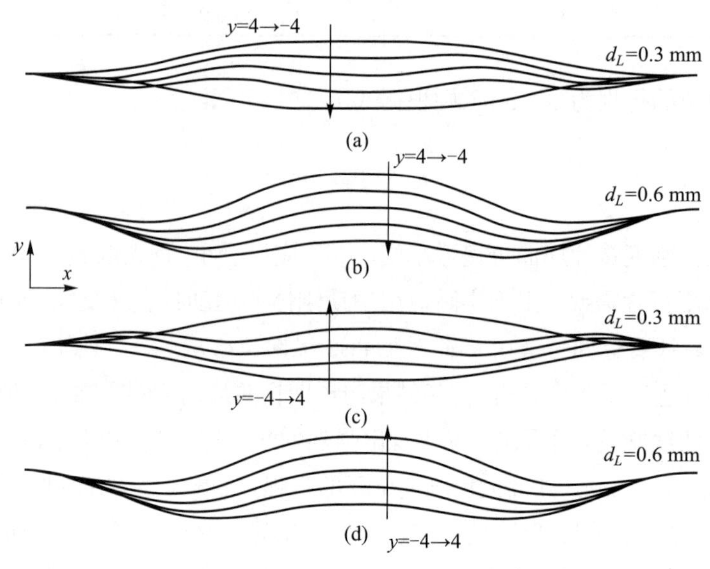

图 12.33 负刚度模块的屈曲位形

由上可知, 对于两端固支屈曲簧片型负刚度模块, 使用时一定要考虑行程问题, 行程应该留有足够余量, 以保证簧片一直处于一阶屈曲模态。经过大量仿真发现, 移动模块行程占负刚度行程的 2/3 以内即可满足要求。

12.3.3.2 基于双弹簧的零刚度柔性转动模块设计

1. 零长弹簧与普通弹簧的物理实现

柔性机构中, 零长弹簧和普通弹簧都可以通过叶片弹簧来实现, 如图 12.34 所示。叶片弹簧由两根簧片组成, 一端通过刚体固连, 刚体长度 l_0 相当于弹簧的自由长度, $l_0=0$ 时即为零长弹簧; 另一端自由, 由于弹簧两端铰支, 则产生的力必沿两铰点连线方向, 如图 12.34b 所示, 则叶片弹簧相当于两个悬臂梁的串联, 其刚度为

$$K_{\mathrm{s}}=\frac{3EI}{2L_{\mathrm{s}}^{3}} \tag{12.79}$$

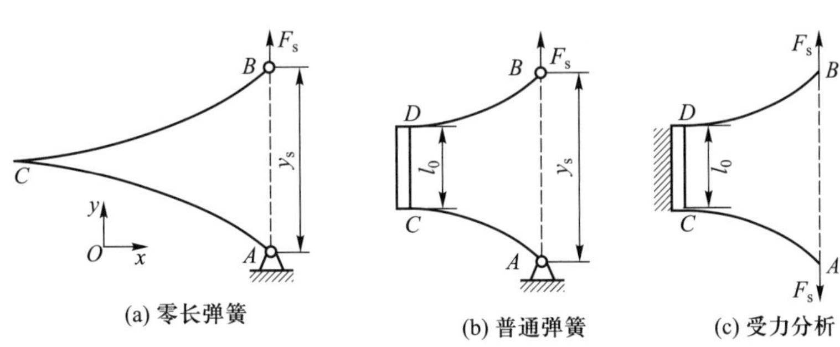

图 12.34 柔性机构弹簧的实现

2. 等效刚体模型

为了便于推导, 这里采用理想线性零长弹簧进行分析。基于文献 [12] 中的思想, 将图 12.24b 中 O 点转动副、两根平衡弹簧分别用交叉簧片型柔性铰链和叶片弹簧替换, 可得零刚度柔性铰链的概念模型 (图 12.35a), 等价于转动负刚度模块与具有转动正刚度的柔性铰链并联。交叉簧片型柔性铰链转动中心近似位于簧片初始交叉点位置, 因此一般认为, 交叉簧片型柔性铰链可以等效为一个转动副与扭转弹簧的组合, 则可得零刚度柔性铰链的等效刚体模型, 如图 12.35b 所示, 虚线为动刚体的初始位置。扭转弹簧的刚度等于交叉簧片型柔性铰链扭转刚度系数 K, 平衡弹簧刚度为 k, 下安装点和上安装点与 O 点的距离分别为 a 和 r, 其他参数如图中所示, 则平衡弹簧及扭转弹簧对 O 点转矩为

$$M=2kar\cos\beta\sin\theta-K\theta \tag{12.80}$$

柔性铰链转角一般不超过 15°, 借鉴通用处理方式, $\sin\theta\approx\theta$, 则

$$M=(2kar\cos\beta-K)\theta \tag{12.81}$$

可得铰链刚度为零的静平衡条件为

$$k=\frac{K}{2ar\cos\beta} \tag{12.82}$$

根据式 (12.82) 可以得到零刚度柔性铰链所需平衡弹簧的理论刚度。为验证其正确性, 在 ADAMS 中对模型进行了仿真分析, 仿真用参数见表 12.6。

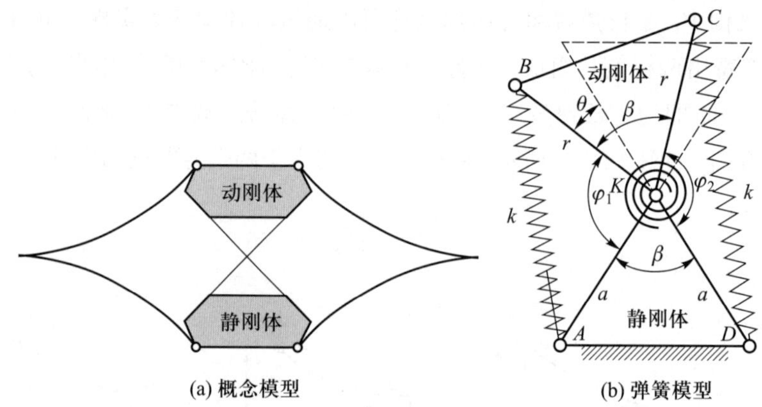

图 12.35 零刚度柔性铰链的概念模型及其等效刚体模型

表 12.6a 柔性铰链的结构参数

L/mm	W/mm	T/mm	λ	α	K/(N·mm/rad)
60	6	1	1/2	0.955 3	1 216.67

表 12.6b 平衡弹簧的结构参数

a/mm	r/mm	β/°	k/(N/mm)
50	50	30	0.28

等效刚体模型的 ADAMS 仿真结果如图 12.36 所示。可以看到, 对刚体模型而言, 平衡弹簧产生的转动负刚度基本上将扭转弹簧的驱动力矩完全抵消; 但对同样参数的概念模型而言, 铰链刚度只是稍有降低。在此基础上逐渐增加平衡弹簧刚度直至柔性铰链刚度降为零, 此时 k=0.805 N/mm, 与计算结果相差甚远。究其根本, 皆因两平衡弹簧在产生负刚度的同时, 也引入径向力, 对柔性铰链而言会影响其扭转刚度。该等效刚体模型具有很大的局限性。

3. 双平衡弹簧模型

为克服上面零刚度柔性铰链等效刚体模型的局限性, 采用文献 [17] 中基于材料力学的广义交叉簧片型柔性铰链转角模型, 重新建立零刚度柔性铰链模型 (负刚度由两个平衡弹簧产生, 故称作双平衡弹簧零刚度柔性铰链模型), 如图 12.37 所示, 其中 E 点为动平台中心, 平衡弹簧长度分别用 l_1、l_2 表示, 刚度系数均为 k, 安装半径为 a, 安装角度为 β。

由于结构对称性, 仅分析动刚体逆时针转动的情况。为简单起见, 两根平衡弹簧对运动刚体的作用力首先向 O 点简化, 再由 O 点向 E 点简化。弹簧 1 对 O 点的转

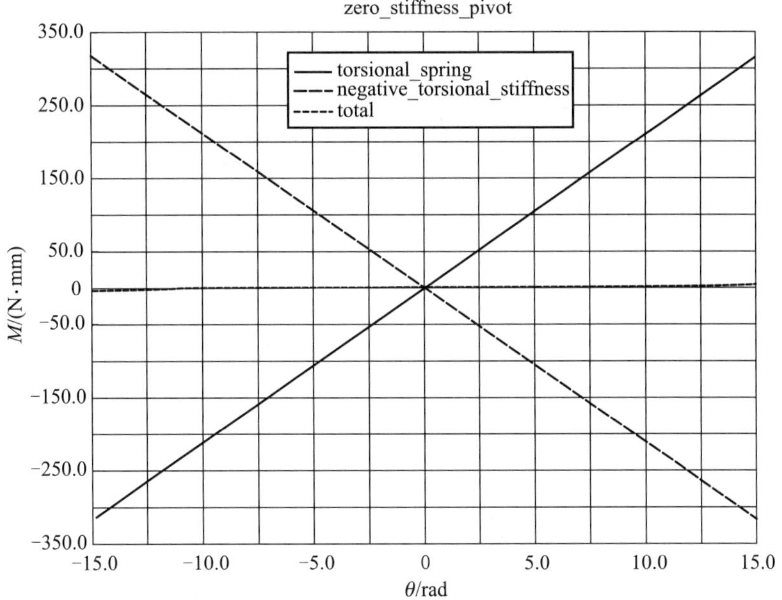

图 **12.36** 等效刚体模型的 ADAMS 仿真

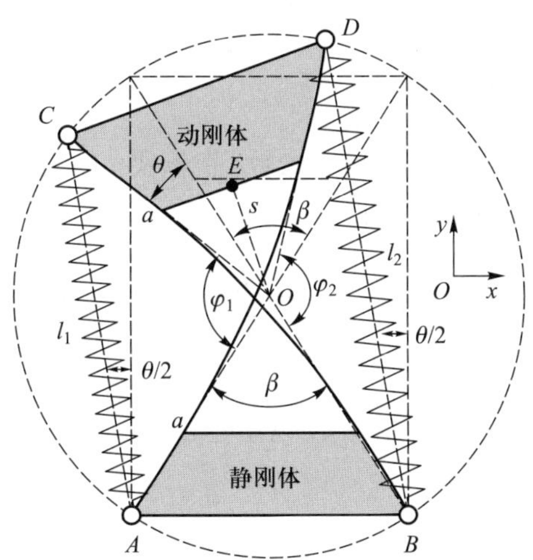

图 **12.37** 零刚度的广义交叉簧片型柔性铰链模型

矩及 x、y 方向分力为

$$M_{O1} = ka^2 \sin\varphi_1, \quad F_{Oy1} = -kl_1 \cos\frac{\theta}{2}, \quad F_{Ox1} = kl_1 \sin\frac{\theta}{2} \tag{12.83}$$

再向 E 点转化, 即

$$\begin{aligned} &M_{E1} = ka^2 \sin\varphi_1 + F_{Oy1} s \sin\theta + F_{Ox1} s \cos\theta, \\ &F_{Ey1} = -kl_1 \cos\frac{\theta}{2}, \quad F_{Ex1} = kl_1 \sin\frac{\theta}{2} \end{aligned} \tag{12.84}$$

同理, 可得弹簧 2 对 O 点的转矩及力

$$\begin{aligned} &M_{E2}=-ka^2\sin\varphi_2+F_{Oy2}s\sin\theta+F_{Ox2}s\cos\theta,\\ &F_{Ey2}=-kl_2\cos\frac{\theta}{2},\quad F_{Ex2}=kl_2\sin\frac{\theta}{2} \end{aligned} \tag{12.85}$$

两根平衡弹簧对 E 点总的转矩及力为

$$M_E=M_{E1}+M_{E2}=2ka^2\cos\beta\sin\theta-ks(l_1+l_2)\sin\frac{\theta}{2} \tag{12.86}$$

$$F_{Ey}=-k(l_1+l_2)\cos\frac{\theta}{2},\quad F_{Ex}=k(l_1+l_2)\sin\frac{\theta}{2} \tag{12.87}$$

式中

$$\begin{aligned} &\varphi_1=\pi-\beta-\theta,\quad \varphi_2=\pi-\beta+\theta,\\ &l_1=2a\sin\frac{\varphi_1}{2},\quad l_2=2a\sin\frac{\varphi_2}{2},\quad s=\lambda L\cos\alpha \end{aligned}$$

将以上参数代入式 (12.86) 和式 (12.87), 可得其简化模型为

$$\begin{aligned} &M_E=2ka\sin\theta\left(a\cos\beta-s\cos\frac{\beta}{2}\right),\quad F_{Ey}=-4ka\cos\frac{\beta}{2}\cos^2\frac{\theta}{2},\\ &F_{Ex}=2ka\cos\frac{\beta}{2}\sin\theta \end{aligned} \tag{12.88}$$

式 (12.88) 所得结果均为有量纲的参数。根据式 (4.172), 将转矩和力量纲一化处理后可得铰链刚度为零的条件, 即

$$\frac{M_EL}{EI}-\lambda\cos\alpha\frac{F_{Ox}L^2}{EI}=K_{\mathrm{m}}\theta \tag{12.89}$$

另外

$$s=\lambda L\cos\alpha \tag{12.90}$$

可得

$$2k\sin\theta\frac{aL}{EI}\left(a\cos\beta-2\lambda L\cos\alpha\cos\frac{\beta}{2}\right)=K_{\mathrm{m}}\theta=(A_{\mathrm{m}}p+B_{\mathrm{m}})\theta \tag{12.91}$$

由于 K_{m} 包含受径向力影响的 A_{m} 项, 而在铰链转动过程中, 平衡弹簧对 E 点的径向力变化规律过于复杂。为简化分析, 只关注参数满足 A_{m} 为 0 的铰链, 则所需平衡弹簧的刚度为

$$k=\frac{B_{\mathrm{m}}EI}{2aL}\left(a\cos\beta-2\lambda L\cos\alpha\cos\frac{\beta}{2}\right)^{-1} \tag{12.92}$$

式 (12.92) 反映了平衡弹簧刚度与柔性铰链刚度及自身安装位置之间的关系: 铰链刚度增大, 平衡弹簧刚度增大; 安装半径增大, 角度减小, 平衡弹簧刚度减小。弹簧安装半径过大会增加铰链所占空间, 实际应用中应予以考虑。

12.3.3.3 基于单平衡弹簧的零刚度柔性转动模块设计

根据上述分析可知, 非功能方向载荷对铰链刚度的影响使得双平衡弹簧模型仅适用于 A_{m} 为 0 的工况; 其次, 结构原理决定系统需要配置两根平衡弹簧, 其结构空间的利用效率值得商榷。因此, 结构更加合理、载荷适应性更强的单平衡弹簧零刚度柔性铰链的研究也有意义。根据上一节分析, 当 β 为 0 时, 两个平衡弹簧始终重合, 等价于仅有单根弹簧, 该弹簧对转动中心具有转动的负刚度。据此, 可得单平衡弹簧零刚度柔性铰链模型, 如图 12.38 所示, 其中 E 为动平台中心点, O 为动平台与铰链转动中心重合点。AO 平行于 y 轴, 长为 a, OE 长为 s。平衡弹簧对 E 点的转矩及力为

$$M = \lambda k(l - l_0)L\cos\alpha\sin\theta \tag{12.93}$$

$$F_y = k(l - l_0) \tag{12.94}$$

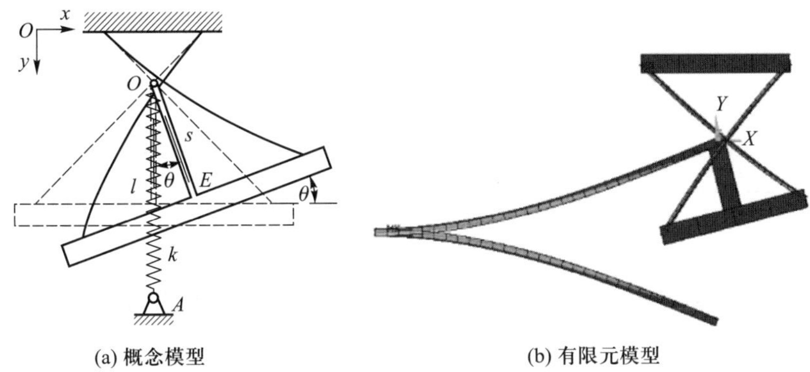

(a) 概念模型　　(b) 有限元模型

图 12.38　基于单平衡弹簧的零刚度柔性铰链模型

由于 O 点位置基本不变, 弹簧对动平台不产生切向力, 欲使铰链刚度为 0, 需满足

$$\frac{\lambda k(l - l_0)L^2\cos\alpha\sin\theta}{EI} = K_{\mathrm{m}}\theta = (A_{\mathrm{m}}p + B_{\mathrm{m}})\theta \tag{12.95}$$

式中

$$p = \frac{F_y L^2}{EI} \tag{12.96}$$

基于小变形条件 $\sin\theta \approx \theta(\theta < 15^\circ)$, 平衡弹簧刚度表达式为

$$k = \frac{B_{\mathrm{m}}EI}{(\lambda\cos\alpha - A_{\mathrm{m}})(l - l_0)L^2} \tag{12.97}$$

由此可得径向力

$$F_y = \frac{B_{\mathrm{m}}EI}{(\lambda\cos\alpha - A_{\mathrm{m}})L^2} \tag{12.98}$$

根据式 (12.98), 当铰链参数确定后, 弹簧所产生的径向力为一定值。事实上, 由于 O 点位置基本不变,A 点为固定点, 弹簧伸缩量基本为 0, 也即该处只需要给 O 点提供一个恒定的垂直力即可。

对比分析式 (12.97) 与式 (12.92), 该模型可同时适用于 A_{m} 为 0 与不为 0 的情况。选取两种铰链参数 (表 12.7) 进行有限元分析, 其中平衡弹簧采用 COMBIN14 单元模拟, l 长度为 50 mm, 弹簧初始长度为 0。通过仿真可以得到平衡弹簧刚度值 (表 12.8)。结果表明, 不论径向力对铰链刚度有无影响, k_{f} 与理论刚度 k_{t} 之间的误差都非常小, 充分证明了理论模型的正确性。

表 12.7 基于单平衡弹簧的零刚度广义交叉簧片型柔性铰链几何参数

序号	λ	α	A_{m}
1	1/2	0.955 3	0
2	1/2	45°	0.117 9

表 12.8 两种铰链平衡弹簧理论计算与 FEA 结果对比

序号	K/(N·mm/rad)	k_{t}/(N/mm)	k_{f}/(N/mm)	δ/%
1	1 216.67	1.405	1.38	1.8
2	1 216.67	1.721	1.68	2.4

为了验证叶片弹簧作为平衡弹簧在零刚度柔性铰链中的可行性, 进而采用叶片弹簧代替 COMBIN14 单元建立了有限元模型, 其补偿簧片的长度为 100 mm, 厚度为 2 mm, 宽度分别为 17.8 mm、21.6 mm。两铰链的仿真结果如图 12.39 和图 12.40 所示, 叶片弹簧对柔性铰链的补偿效果非常理想。与双平衡弹簧方式相比, 单平衡弹簧模型没有 A_{m} 为 0 条件的限制, 适用范围更广、精度更高; 弹簧长度基本不变, 对

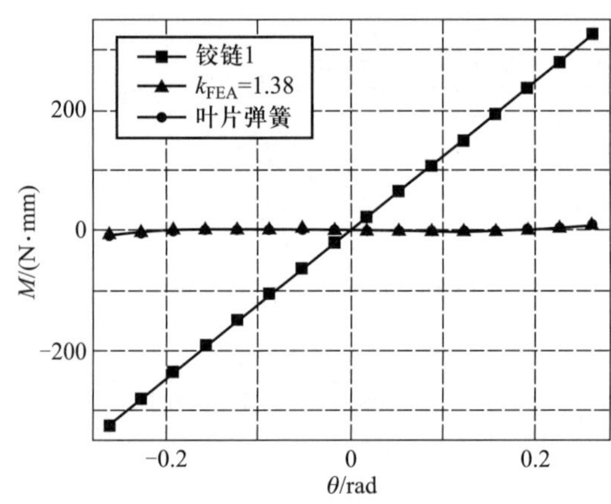

图 12.39 铰链 1 的力学特性

弹簧线性度要求较低; 但由于叶片弹簧与柔性铰链簧片交叉, 需在轴向装配, 降低了轴向空间的紧凑性。

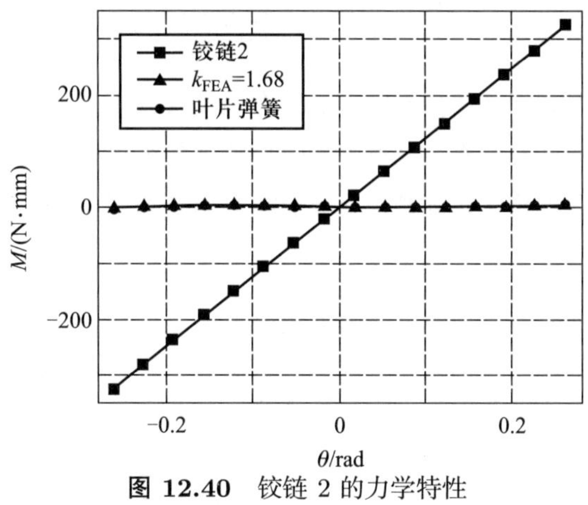

图 12.40 铰链 2 的力学特性

12.3.3.4 基于铰支屈曲簧片的零刚度柔性转动模块设计

根据前述分析, 基于弹簧平衡器的转动负刚度模块始终会给柔性铰链引入时变的径向力, 不是一种纯转动负刚度; 而径向力一般会对柔性铰链的刚度产生影响, 这样对理论分析带来较大困难, 而且理论分析与实际结果容易产生较大误差。为此, 这里基于两端铰支屈曲簧片来设计一种不会引入径向力的纯转动负刚度模块。由于单个簧片也会产生径向力, 故可采用多个簧片对称布置, 从而抵消其径向分力, 图 12.41 所示为其两种基本配置: (a) 中两个簧片呈 180° 对称布置; (b) 中 3 个簧片均匀间隔 120° 配置。在这两种基本配置的基础上, 可以增加簧片进行组合, 从而增大扭转刚度。

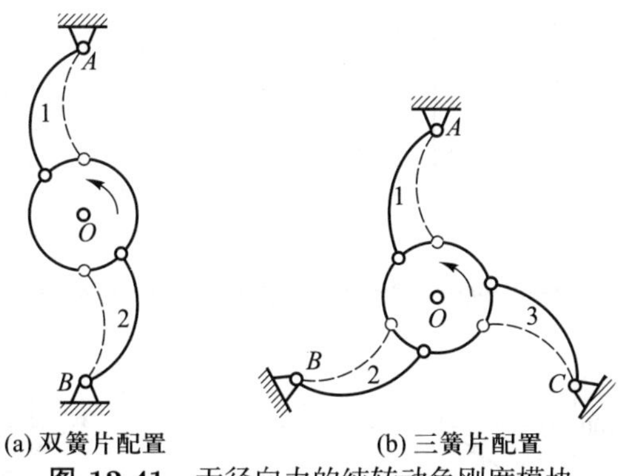

图 12.41 无径向力的纯转动负刚度模块

假设负刚度模块簧片的数量为 n, 根据式 (12.72), 负刚度为

$$K_{\mathrm{s}} = -n\pi^2 EI\frac{(L_{\mathrm{s}}+r)r}{L_{\mathrm{s}}^3} \tag{12.99}$$

对给定刚度为 K 的铰链, 若取负刚度簧片的长度和宽度为定值, 则其厚度为

$$T_{\mathrm{s}}=\sqrt[3]{\frac{-12KL_{\mathrm{s}}^{3}}{n\pi^{2}EW_{\mathrm{s}}(L_{\mathrm{s}}+r)r}} \tag{12.100}$$

下面对采用该方式平衡的铰链 1 和 2 在 ANSYS 中进行仿真验证, 其中负刚度簧片选用两个簧片 180° 配置, 由此构造的零刚度交叉簧片型柔性铰链如图 12.42 所示; 对应的负刚度簧片及安装参数见表 12.9。为方便起见, 将负刚度转动模块统一称作 NSRB。

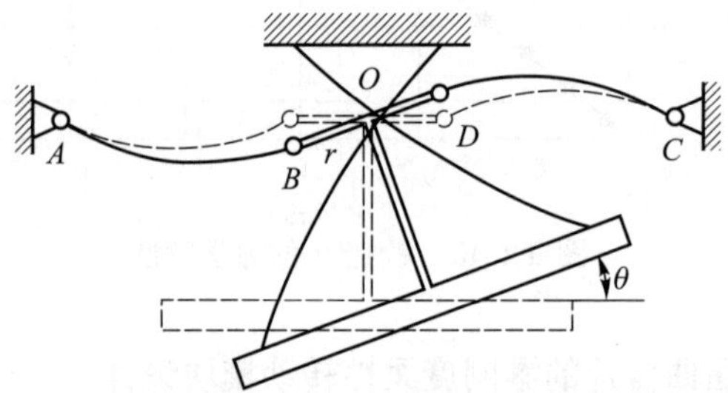

图 12.42 基于铰支屈曲簧片的零刚度交叉簧片型柔性铰链

表 12.9 铰支负刚度模块的结构参数

编号	n	L_{s}/mm	W_{s}/mm	T_{s}/mm	r/mm	K_{s}/(N·mm/rad)
NSRB1	2	50	10	0.595 4	10	−1 216.67

图 12.43 给出了直接采用理论计算得到的铰链 1 和 2 的力学特性曲线。从中可以看出, 对不同刚度的铰链, 该方式都可以得到非常好的补偿效果, 铰链驱动力矩基

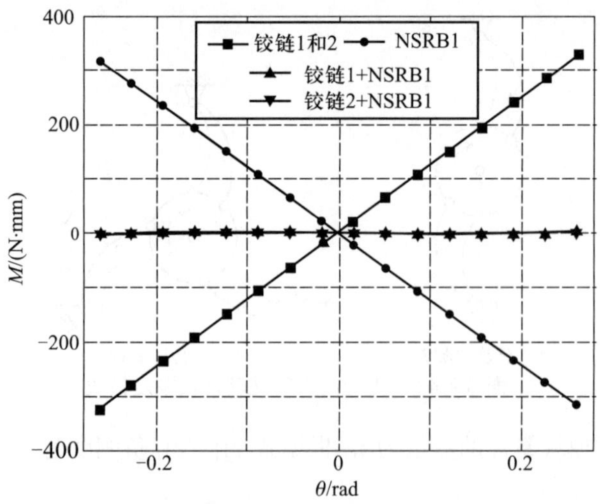

图 12.43 铰链 1 和 2 采用铰支屈曲簧片平衡时的力学特性

本降为 0, 理论计算结果非常精确。尤其需要注意的是, 对铰链 1 和 2 而言, 由于簧片半夹角不同, 其中只有铰链 1 的 A_{m} 项为 0, 铰链 2 的扭转刚度受其径向力影响。

12.3.4 模型制作与性能测试

零刚度交叉簧片型柔性铰链的装配过程示意图如图 12.44 所示。铰链装配时, 通过辅助安装平台保证动、静刚体相互平行, 动、静刚体端部与滑槽配合, 进而安装铰链簧片。为避免干涉, 簧片分别装在刚体的正反面 (图 12.44a); 图 12.44b 所示为安装完成的柔性铰链, 动、静刚体上分别固定有两个弹簧安装轴, 用于安装叶片弹簧; 图 12.44c 所示为完整的零刚度柔性铰链, 通过滑块调整叶片弹簧的长度, 改变其刚度, 从而使铰链实现零刚度特性。

接下来, 对铰链进行了力学实验, 通过对比柔性铰链在安装叶片弹簧前后的力矩 – 转角特性, 可得其实际的补偿效果。实验测试平台如图 12.45 所示, 铰链的加载与转角测量均使用间接法, 即通过加载力实现扭矩, 通过测量直线位移确定转角。

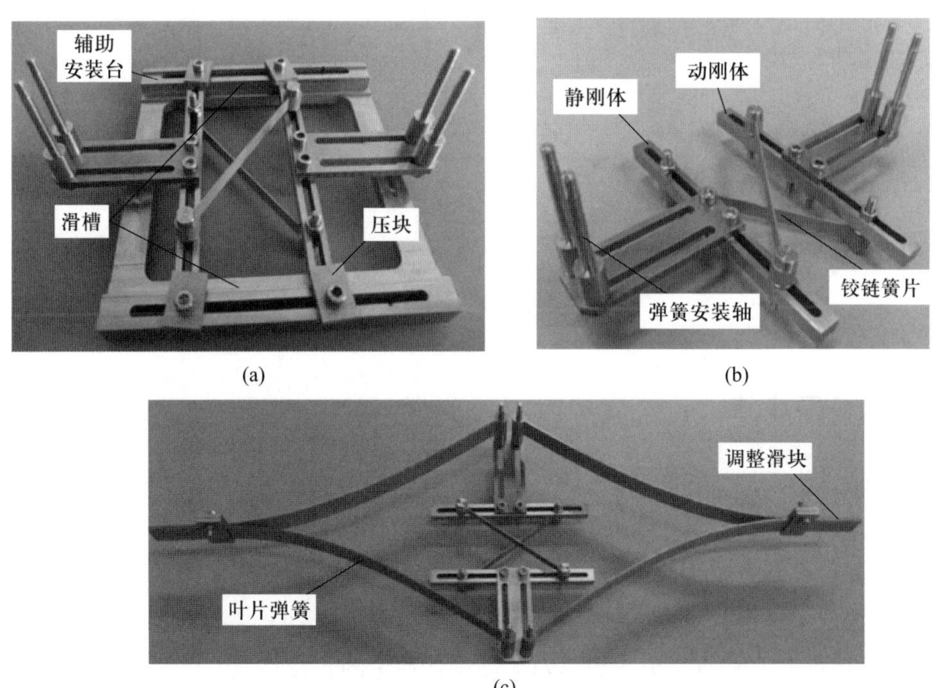

图 12.44 零刚度交叉簧片型柔性铰链的装配过程

实验结果与有限元仿真和理论模型之间的对比如图 12.46 所示。从中可以看出, 柔性铰链在平衡弹簧的作用下, 基本上实现了零刚度特性。虽与有限元分析结果尚有些许差距, 但确实使柔性铰链的驱动力矩大大降低, 达到了设计零刚度柔性铰链的初衷。

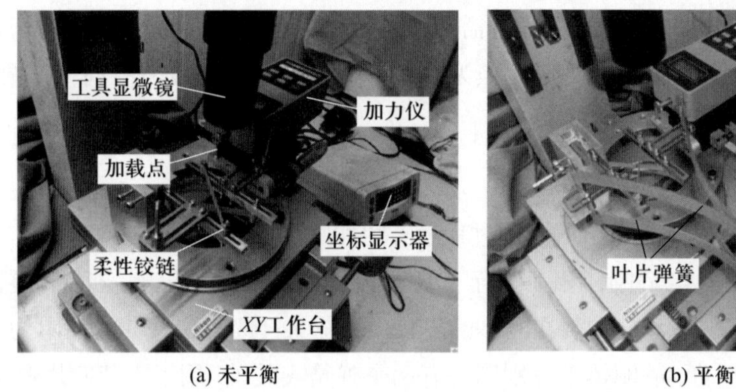

(a) 未平衡　　(b) 平衡

图 12.45　柔性铰链测试平台 (见书后彩图)

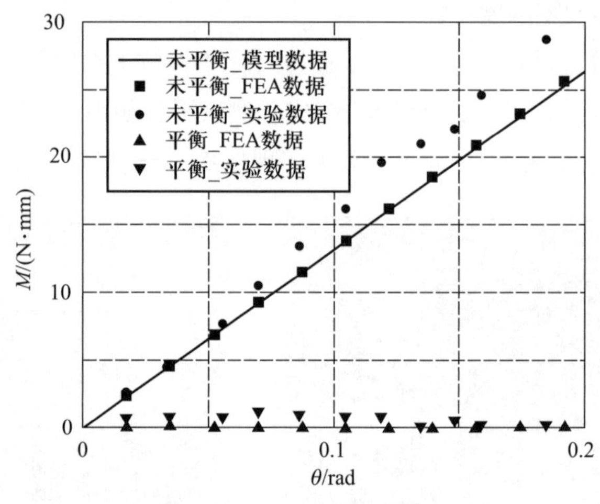

图 12.46　铰链的力学特性

12.4　本章小结

本章作为柔性设计的补充议题, 重点从能效的角度对柔性系统设计过程中有关驱动和传动系统的设计、静平衡设计等主题进行了探讨。

首先对柔性系统中典型驱动器的性能进行了比较。在总结典型的运放机构类型基础上提出了 3 类新型的运放机构。作为以柔性机构为机构本体所构筑的精密系统中必不可少的一环, 这部分内容是对柔性设计理论的有益补充。

结合柔性机构模块化理念与静平衡机构零刚度设计原则, 对简单静平衡柔性机构的设计问题进行了初步研究: ① 对负刚度移动模块和负刚度转动模块的实现方式进行了探索, 为柔性静平衡机构的设计提供了必要的补偿模块; ② 提出了基于正负刚度模块刚度相抵来构造零刚度柔性移动模块和零刚度柔性转动模块的方法及实现过程, 实验验证了铰支屈曲簧片型负刚度转动模块在构造零刚度柔性铰链中的可行性。

参考文献

[1] 于靖军, 毕树生, 宗光华. 全柔性微位移放大机构的设计技术研究. 航空学报,2004(1): 74-78.

[2] 张雷. 柔性静平衡机构的设计研究. 硕士学位论文, 北京: 北京航空航天大学, 2012.

[3] Zhang B, Zhu Z Q. Developing a linear piezomotor with nanometer resolution and high stiffness. IEEE/ASME Transactions on Mechatronics, 1997, 2(1): 22-28.

[4] Pernette E, Clavel R. Ultra-accurate actuator with long travel. SPIE, 1998, 3202: 54-65.

[5] Scire F E, Teague E C. A piezo driven 50μm range stage with sub-nanometer resolution. Review of Scientific Instruments, 1978, 49(12): 1735-1740.

[6] Breguet J M, Perez R, Bergander A, et.al. Piezoactuators for motion control from centimeter to nanometer//Proceedings of the 2000 IEEE/RSJ International Conference on Intelligent Robots and Systems, 2000.

[7] Furukawa E, Mizuno M, Terada K. A magnifying mechanism for use on piezo-driven mechanisms. Journal of the Japan Society of Precision Engineering, 1991, 57(8): 1363-1368.

[8] Furukawa E, Mizuno M. Displacement amplification and reduction by means of linkage. Journal of the Japan Society of Precision Engineering, 1990, 24(4): 285-290.

[9] Kallio P, Lind M, Kojola H, et al. An actuation system for parallel link micromanipulators//Proceedings of the 1996 IEEE/RSJ International Conference on Intelligent Robots and Systems, Osaka, Japan, 1996: 856-862.

[10] Gallego J A, Herder J L. Criteria for the static balancing of compliant mechanisms //Proc. of ASME IDETC2010, Montreal, Quebec, Canada, 2010.

[11] Herder J L. Energy free systems: Theory, conception and design of statically balanced spring mechanisms. Ph. D. dissertation. Delft: Delft University of Technology, 2001.

[12] Radaelli G, Gallego J A, Herder J L. An energy approach to static balancing of systems with torsion stiffness//Proc. of ASME IDETC2010, Montreal, Quebec, Canada, 2010.

[13] Morsch F M, Herder J L. Design of a generic zero stiffness compliant joint//Proc. of ASME IDETC2010, Montreal, Quebec, Canada, 2010.

[14] 周绪红. 结构稳定理论. 北京: 高等教育出版社,2010.

[15] 付宝连. 弹性力学中的能量原理及其应用. 北京: 科学出版社,2004.

[16] 费志中. 弹性稳定. 北京: 煤炭工业出版社,1989.

[17] Zhao H Z, Bi S S. Stiffness and stress characteristics of the generalized cross-spring pivot. Mechanism and Machine Theory, 2010, 45(3): 378-391.

第三篇　设 计 实 例

第 13 章　大行程柔性轴承

随着精密仪器和精密机械的快速发展, 对系统的定位精度要求越来越高, 达到亚 μm 级甚至 nm 级。传统的刚性轴承由于具有摩擦和间隙等, 已难以满足超精密定位的要求。相反, 柔性轴承由于其卓越的性能, 开始在精密工程领域中得到应用。鉴于传统广义交叉簧片型柔性轴承的轴漂问题比较突出, 而理论上零轴漂的环形柔性轴承却因约束过强导致运动受限。因此, 设计具有高精度和大行程的柔性轴承便成为解决问题的关键。

利用前面介绍的柔性设计理论, 针对两种大行程柔性轴承 (广义三交叉簧片型柔性轴承和内外环柔性轴承) 开展研究, 通过改变拓扑构型, 来构造新型大行程高精度柔性轴承, 并对其刚度、精度等特性进行理论建模、仿真分析和实验测试。

13.1　柔性轴承及其应用

轴承是用于确定旋转轴与其他零件相对运动位置的零部件, 起着支承或导向作用。而柔性轴承则是有别于刚性轴承的一种特殊轴承, 其工作原理同柔性机构类似, 利用柔性单元在外力作用下变形产生相对运动。因此, 柔性轴承同样具有 "三无两免" (无摩擦、无间隙、无磨损、免润滑、免维护) 的特性。正是因为具有这些优点, 使得柔性轴承已应用于诸多领域, 如精密定位平台、微特电机、光栅扫描机构、地震检波器等方面[1-2]。在航天领域, 柔性轴承也崭露头角, 如卫星太阳帆板展开机构、天文望远镜自适应调整机构、航天器微波天线的对准机构等[3]。

就类别而言, 柔性轴承包括柔性转动轴承、柔性移动轴承、柔性球轴承等。评价柔性轴承的主要性能指标有行程、刚度、轴漂、温漂、疲劳寿命、频率等[4]。下面以柔性转动轴承为例。

行程: 柔性轴承的行程是指其在线弹性变形范围内沿着其功能方向上的最大转

动范围。也就是说柔性轴承在运动过程中, 在能回复到原始位置的前提下所能达到的最大运动范围。柔性轴承的行程与其材料、尺寸以及拓扑结构有关。行程是柔性轴承的一个重要特征参数, 其大小影响着柔性轴承的应用范围。由于当前对柔性轴承的运动范围还没有明确的界定, 这里给出柔性轴承的一个初步分类, 如表 13.1 所示。

表 13.1 柔性轴承按行程分类

转动范围 $\gamma/°$	分类
$\gamma < 5$	小行程柔性轴承
$5 \leqslant \gamma < 15$	中行程柔性轴承
$\gamma \geqslant 15$	大行程柔性轴承

刚度: 柔性轴承的刚度分为功能刚度和非功能刚度。其中, 功能刚度是指柔性轴承的旋转刚度, 功能刚度越小, 则意味着所需要的驱动力越小, 柔性轴承更容易驱动。非功能刚度是一般指柔性轴承的径向刚度和轴向刚度, 这两种刚度直接决定了柔性轴承的承载能力, 即负载大小。过小的非功能刚度会使得柔性轴承在负载作用下变形较大, 严重影响柔性轴承的运动精度; 较大的非功能刚度则可降低柔性轴承对各个方向上的载荷变化的敏感度。因此, 应尽量提高径向刚度与旋转刚度之比 (简称*径旋刚比*) 以及提高轴向刚度与旋转刚度之比 (简称*轴旋刚比*)。

轴漂: 轴漂是柔性轴承一个非常重要的特征参数, 直接决定了其运动精度。轴漂的大小受拓扑构型、材料以及载荷的影响, 另外还与转动角度有关。一般转动角度越大, 轴漂越大。

温漂: 与轴漂类似, 但特指由温度载荷引起的轴心漂移。温漂主要受温度载荷、拓扑构型以及材料的影响。温漂的大小直接决定了柔性轴承可否在温差较大的恶劣环境中应用。

疲劳寿命: 柔性轴承由于依赖柔性单元的变形实现运动, 在经受循环往复的交变载荷时, 容易发生疲劳断裂。疲劳寿命受许多因素的影响, 如工作转角、材料、表面粗糙度、应力集中水平等。寿命的大小影响着柔性轴承的使用年限。

屈曲临界力: 当柔性轴承受到径向载荷作用时, 随着载荷增大, 柔性轴承的稳定性会降低。当增大到一定程度时, 柔性轴承的变形单元如簧片将会发生屈曲变形而失效。这种形式的失效, 并非柔性轴承的强度不足, 而是稳定性不足。

固有频率: 固有频率属于柔性轴承的一个重要动态特性, 通常希望固有频率尽可能高, 以获得较好的抗振性能, 降低对外界干扰的敏感度。但提高固有频率 (特别是一阶固有频率) 意味着有更高的旋转刚度, 这与尽量降低功能刚度的初衷违背。

Bendix 公司于 1955 年就开发出了交叉簧片型柔性轴承产品, 2004 年被美国

Riverhawk 公司并购后继续研制了多种形式的柔性轴承[5]。其研发的柔性轴承包括单端输出和双端输出两种机械接口，如图 13.1 所示，最大旋转角度 $\pm 15^\circ$，有不同尺寸规格以及不同承载能力的多种型号可选。C-FLEX 公司[6] 开发了基于同样原理的柔性轴承，如图 13.2 所示。

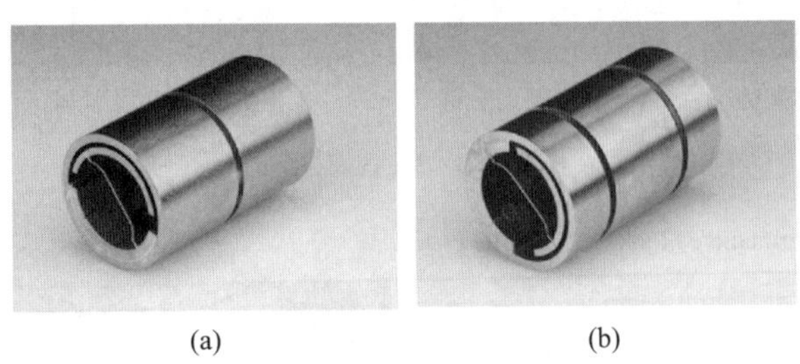

(a) (b)

图 13.1 Riverhawk 交叉簧片型柔性轴承

图 13.2 C-FLEX 柔性轴承系列

基于航天工程的需求，瑞士电子学及微技术中心 (CSEM) 与欧洲天文台 (ESO)、欧洲航天局 (ESA)、欧洲 SR 设备商等合作开发出多种规格的大行程柔性轴承，测试了柔性轴承的动静态性能参数，分析了各类柔性轴承的变形机理，图 13.3 所示为 Henein 等[7-8] 利用 4 个梯形柔性模块串联构造的蝶形复合柔性轴承，其通过转轴共线和轴漂方向对称性布局的约束，增大了转角行程，并显著减小了轴漂，使其在 $\pm 10^\circ$ 转角时轴漂仅为 1 μm，在空间测量仪器的位姿调整中起了很大作用。此外，他们通过对车轮形柔性轴承引入辅助支链来抑制轴漂，设计加工出由多个缺口型柔性轴承组合而成的颚形柔性轴承，如图 13.4 所示。

美国杨百翰大学研发了几种接触式柔性轴承[9-11]。图 13.5 所示为一种柔性接触单元 (CORE)，由 3 个相同的单元装配而成，可通过调整初始曲率半径来获得整个运动范围内的恒扭矩特性，并且轴漂非常小。图 13.6 所示为基于 CORE 设计的柔性滚动接触轴承，其运动原理类似行星齿轮机构，这类柔性轴承摩擦损失小，可达到 120° 的纯转动，恒扭矩，无轴漂，同时具有很高的径向刚度；还有一种椭圆 CORE 轴承，原

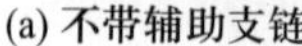
(a) 不带辅助支链

(b) 带辅助支链

(c) 蝶形柔性轴承测试平台

图 13.3　蝶形柔性轴承

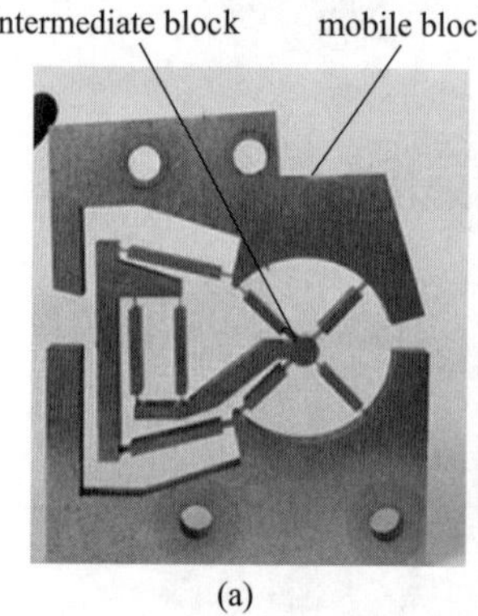

(a)

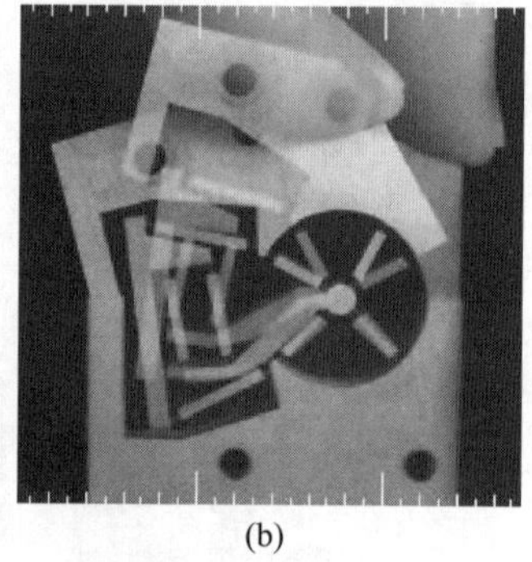
(b)

图 13.4　颚形柔性轴承

理类似于椭圆齿轮的啮合, 这种柔性轴承减小了簧片上的应力, 且结构更为紧凑, 不足是转角范围相对较小。

(a)　　(b)

图 13.5　柔性接触单元

东京大学[2,12] 基于等厚簧片蝶形柔性轴承研制了一种三相静电旋转步进式微特电机, 安装于磁盘读写头上, 用于读写头的角度补偿, 来提高硬盘容量和性能, 如图 13.7 所示。该电机利用施加在定子与转子之间的电压所产生的静电力进行驱动, 旋转范围为 $\pm 13^\circ$, 半步和微步模式下分辨率分别为 $1/6^\circ$ 和 $1/48^\circ$, 速度可达 $1.67^\circ/\mathrm{ms}$。随后又改用非等厚簧片, 改进后的微电机直径仅为 1.4 mm, 旋转范围可达 $\pm 15^\circ$

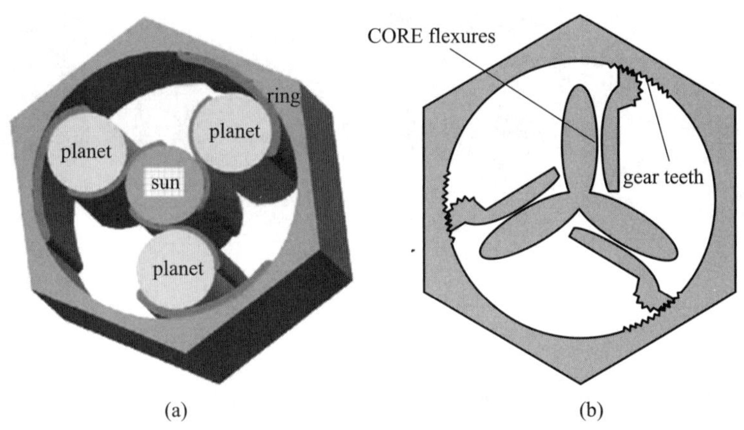

图 13.6 柔性滚动接触轴承

(图 13.8)。

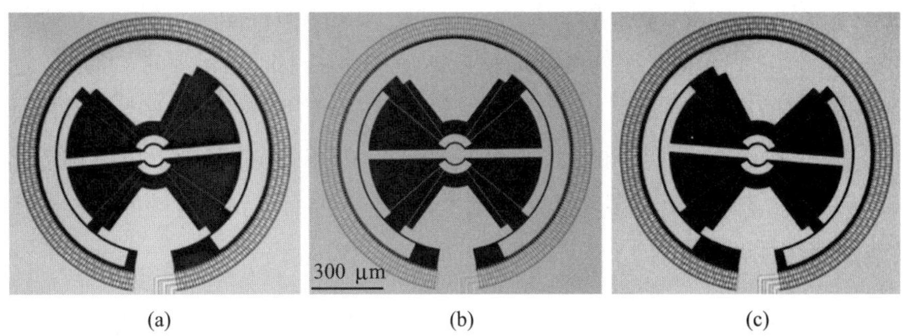

图 13.7 等厚簧片蝶形柔性轴承微电机

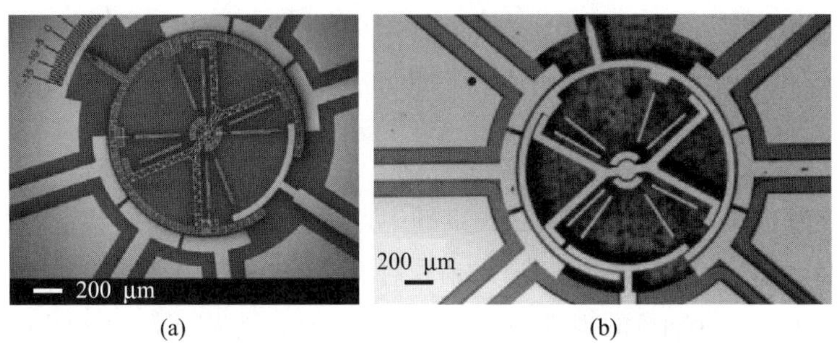

图 13.8 非等厚簧片蝶形柔性轴承微电机

北京航空航天大学也一直致力于大行程柔性轴承的研究[13-21], 提出了广义多交叉簧片型柔性轴承构型设计方法, 并根据此方法设计了多种具有较大转动范围的柔性轴承, 如图 13.9 所示。本章将详细介绍与之相关的研究内容。

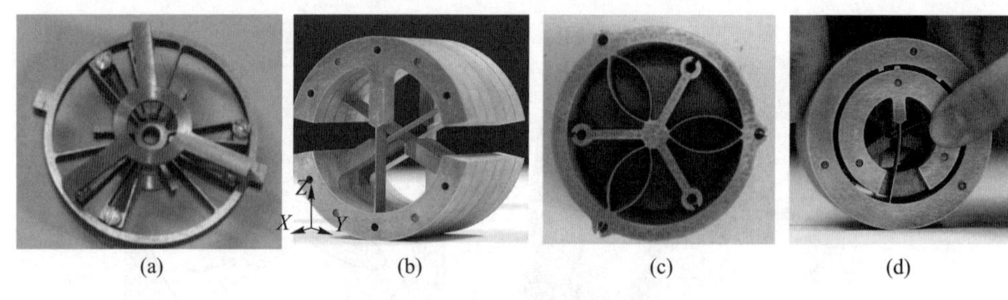

(a) (b) (c) (d)

图 13.9 环形多簧片柔性轴承

13.2 广义三交叉簧片型柔性轴承的设计、分析与测试

13.2.1 构型设计与优选

传统的交叉簧片型柔性铰链或车轮形柔性铰链虽然可以实现 20° 以上的大行程, 但存在较大的轴漂、精度特性较差。即使广义交叉簧片型柔性铰链 (GCSFP) 的旋转精度可以达到最高, 在某些超高精度的应用中也不能满足要求。为此, 通过引入 GCSFP 和增加簧片数量, 以期在多簧片相互耦合作用下, 能够改善运动刚体的载荷分配关系, 从而提高柔性轴承的旋转精度。在 GCSFP 的基础上可以构造出三簧片、四簧片、五簧片甚至更多交叉簧片型柔性铰链, 进而得到综合性能最佳的广义多交叉簧片型柔性轴承 (图 13.10)。

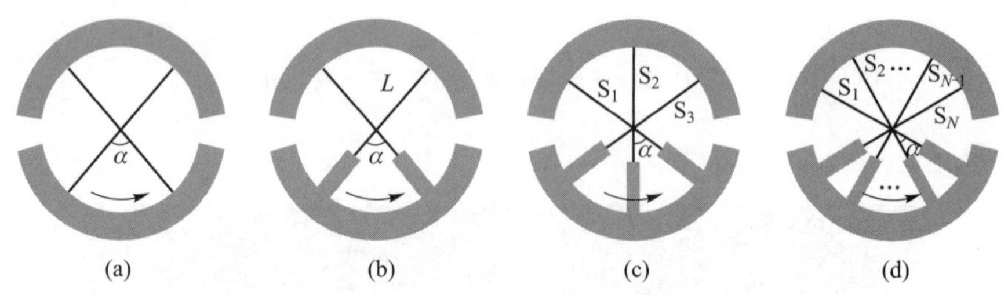

(a) (b) (c) (d)

图 13.10 广义多交叉簧片型柔性轴承的构型演化

由于簧片交叉点不再位于簧片长度的中点位置, 因此由特定数量的簧片组成的柔性轴承将会有多种变异构型。图 13.11 列出了 GCSFP–2、GCSFP–3、GCSFP–4 以及 GCSFP–5 柔性轴承的型谱 (type atlas), 其中 α 为相邻簧片之间的夹角。可以看出, 簧片数量越多, 柔性轴承的构型也越多。通过结构是否具有对称性, 可对柔性轴承进行分类。图中深色线所示的构型均为对称构型, 浅色线所示为非对称构型。相对而言, 对称构型实用性更强。

以上环形柔性轴承的轴漂解析模型推导极为复杂, 因此通过理论模型来对比各构型的精度特性较为困难。一种行之有效的方法是有限元分析 (FEA)。利用 ANSYS

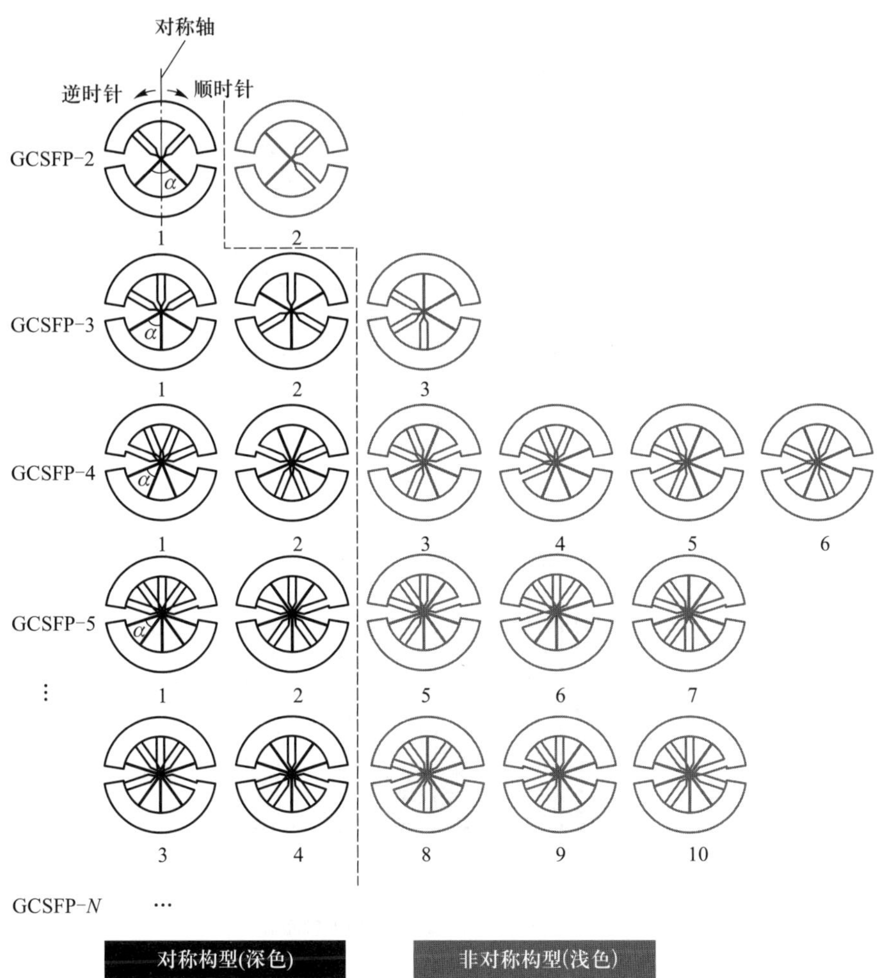

图 13.11 部分广义多交叉簧片型柔性轴承的型谱

仿真软件对图 13.11 中的对称构型进行数值仿真, 以判断轴漂的变化规律, 并据此来优选构型。图 13.12a 所示为各构型轴漂特性的对比曲线, 图 13.12b 所示为各构型在 20° 转角时的轴漂值。

由图 13.12 可知, 通过增加簧片数量, 同时选择合理构型, 是提高柔性轴承运动精度的一种可行途径。但在实现过程中还要考虑加工成本、复杂度等因素。由于簧片均为空间交叉排列, 柔性轴承难以一体化加工, 随着簧片数量的增加, 制造难度和制造成本都会急剧增大。因此, 在轴漂特性都很小 (基本接近) 的 GCSFP-3#2 和 GCSFP-5#2 中, 簧片数量较少的 GCSFP-3#2 自然成为首选。

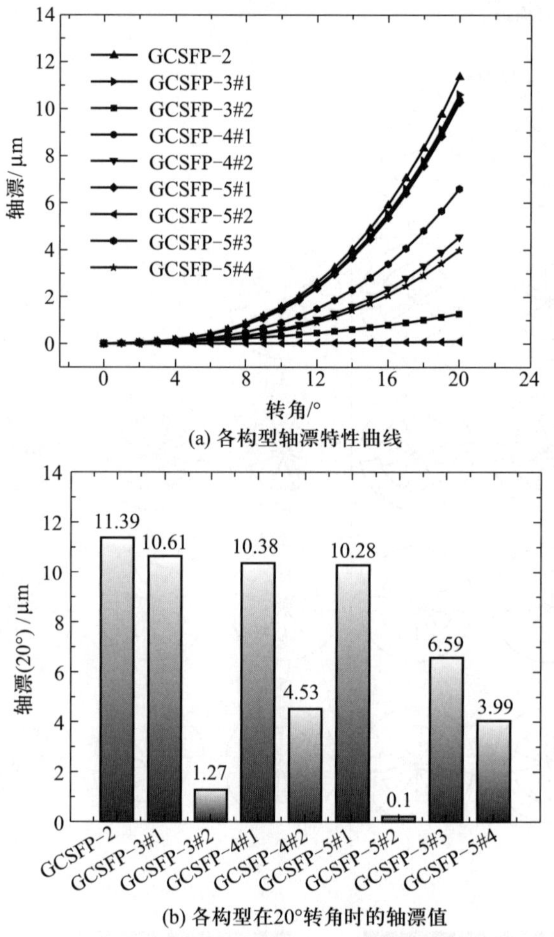

图 13.12 多交叉簧片型柔性轴承的轴漂特性对比

13.2.2 刚度与精度建模

广义三交叉簧片型柔性轴承 (GTCSFP) 的 3 维模型如图 13.13a 所示。当运动刚体上施加一组广义力后, 相应旋转角度 θ (图 13.13b), 载荷同时传递到 3 根簧片上。由于刚体的刚度远大于簧片, 这里认为刚体在受力后没有变形, 因此 3 根簧片的末端转动也为角 θ。

对该柔性轴承的刚度建模过程本质上可归结为弹性力学问题, 因此需要满足物理本构关系、几何协调关系以及载荷平衡关系。物理本构关系由单根簧片的变形模型提供, 几何协调关系根据柔性轴承的几何约束条件可以确定, 载荷平衡关系可根据静力学平衡方程得到。由于柔性轴承运动的对称性, 只需对转角为正的情况进行分析即可。

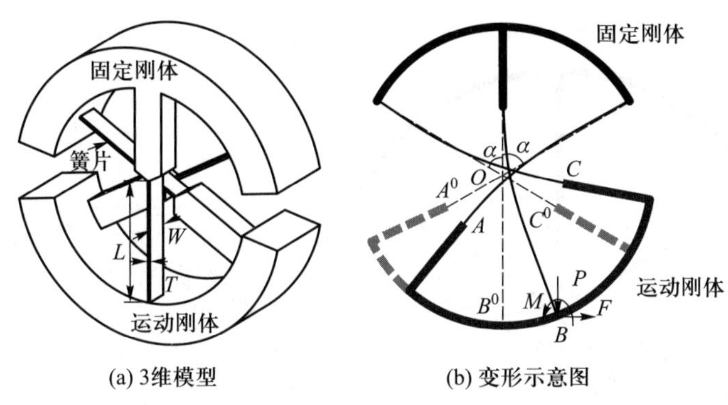

(a) 3维模型　　(b) 变形示意图

图 13.13　广义三交叉簧片型柔性轴承

13.2.2.1 载荷平衡关系

如图 13.14 所示, 对簧片和运动刚体进行受力分析, 可得

$$
\begin{cases}
(F_1+F_3)\cos\alpha+(P_3-P_1)\sin\alpha+F_2-F=0 \\
(F_1-F_3)\sin\alpha+(P_1+P_3)\cos\alpha+P_2-P=0 \\
(M_1+M_2+M_3)+(1-\lambda-\lambda\cos\alpha)LP_1\sin(\alpha+\theta)+\lambda L\sin\alpha P_1\cos(\alpha+\theta)+ \\
\quad \lambda L\sin\alpha F_1\sin(\alpha+\theta)-(1-\lambda-\lambda\cos\alpha)LF_1\cos(\alpha+\theta)- \\
\quad \lambda L\sin\alpha P_3\cos(\alpha-\theta)-(1-\lambda-\lambda\cos\alpha)LP_3\sin(\alpha-\theta)- \\
\quad (1-\lambda-\lambda\cos\alpha)LF_3\cos(\alpha-\theta)+\lambda L\sin\alpha F_3\sin(\alpha-\theta)-M=0
\end{cases}
\tag{13.1}
$$

式中, 下角标 1、2、3 分别指簧片 1、簧片 2 和簧片 3。载荷参考坐标系分别为簧片各自的局部坐标系 $O_1x_1y_1$、$O_2x_2y_2$、$O_3x_3y_3$。在运动过程中, 载荷和位移的方向保持不变。

对式 (13.1) 整理并量纲一化, 可得

$$
\begin{cases}
(f_1+f_3)\cos\alpha+(p_3-p_1)\sin\alpha+f_2=f \\
(f_1-f_3)\sin\alpha+(p_1+p_3)\cos\alpha+p_2=p \\
m_1+m_2+m_3+(p_1+p_3)\left[(1-\lambda)\cos\alpha-\lambda\right]\sin\theta+(p_3-p_1)(1-\lambda)\sin\alpha\cos\theta+ \\
\quad (f_1+f_3)\left[-(1-\lambda)\cos\alpha+\lambda\right]\cos\theta+(f_1-f_3)(1-\lambda)\sin\alpha\sin\theta=m
\end{cases}
\tag{13.2}
$$

13.2.2.2 几何协调关系

如图 13.15 所示, 利用几何关系可以写出 A、B、C 3 点的坐标

$$
\begin{cases}
A:(\Delta_{y1}\cos\alpha+\Delta_{x1}\sin\alpha-\lambda L\sin\alpha,\Delta_{y1}\sin\alpha-\Delta_{x1}\cos\alpha+\lambda L\cos\alpha) \\
B:(\Delta_{y2},(1-\lambda)L-\Delta_{x2}) \\
C:(\Delta_{y3}\cos\alpha-\Delta_{x3}\sin\alpha+\lambda L\sin\alpha,\lambda L\cos\alpha-\Delta_{y3}\sin\alpha-\Delta_{x3}\cos\alpha)
\end{cases}
$$

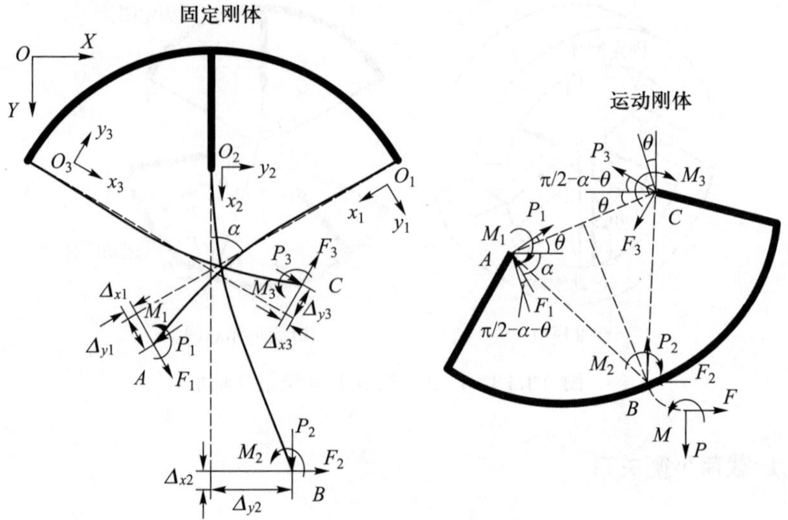

图 13.14 广义三交叉簧片型柔性轴承的受力分解图

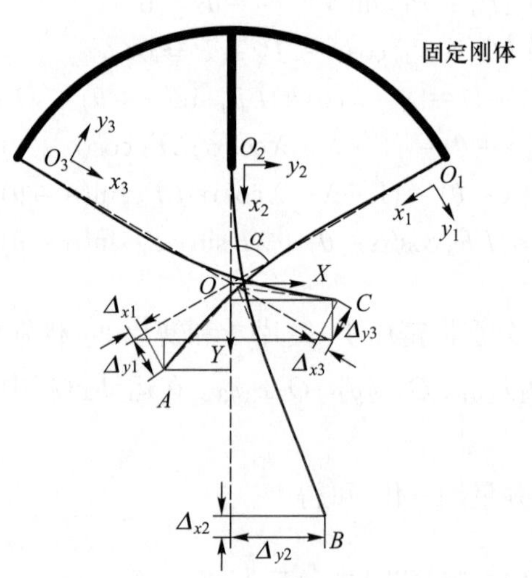

图 13.15 利用几何关系得到的 3 点坐标表达

如图 13.16 所示, 定义轴漂为 d_X、d_Y, 在 OXY 坐标系下, 含有轴漂的 3 点坐标表达式为

$$\begin{cases} A: (-\lambda L\sin(\alpha-\theta)+d_X, \lambda L\cos(\alpha-\theta)+d_Y) \\ B: ((1-\lambda)L\sin\theta+d_X, (1-\lambda)L\cos\theta+d_Y) \\ C: (\lambda L\sin(\alpha+\theta)+d_X, \lambda L\cos(\alpha+\theta)+d_Y) \end{cases}$$

上述坐标是描述同样 3 点位置的两种不同方式。因此, 对比两种坐标表达式

可得

$$
\begin{cases}
-\lambda L\sin(\alpha-\theta)+d_X=\Delta_{y1}\cos\alpha+\Delta_{x1}\sin\alpha-\lambda L\sin\alpha\\
\lambda L\cos(\alpha-\theta)+d_Y=\Delta_{y1}\sin\alpha-\Delta_{x1}\cos\alpha+\lambda L\cos\alpha\\
(1-\lambda)L\sin\theta+d_X=\Delta_{y2}\\
(1-\lambda)L\cos\theta+d_Y=(1-\lambda)L-\Delta_{x2}\\
\lambda L\sin(\alpha+\theta)+d_X=\Delta_{y3}\cos\alpha-\Delta_{x3}\sin\alpha+\lambda L\sin\alpha\\
\lambda L\cos(\alpha+\theta)+d_Y=\lambda L\cos\alpha-\Delta_{y3}\sin\alpha-\Delta_{x3}\cos\alpha
\end{cases}
\tag{13.3}
$$

整理上式并量纲一化, 可得

$$
\begin{cases}
\delta_{x1}=\lambda(1-\cos\theta)-d_y\cos\alpha+d_x\sin\alpha\\
\delta_{x2}=(1-\lambda)(1-\cos\theta)-d_y\\
\delta_{x3}=\lambda(1-\cos\theta)-d_y\cos\alpha-d_x\sin\alpha\\
\delta_{y1}=\lambda\sin\theta+d_y\sin\alpha+d_x\cos\alpha\\
\delta_{y2}=(1-\lambda)\sin\theta+d_x\\
\delta_{y3}=\lambda\sin\theta-d_y\sin\alpha+d_x\cos\alpha
\end{cases}
\tag{13.4}
$$

式 (13.4) 揭示了簧片末端 A、B、C 3 点的坐标与轴漂的关系。当已知 A、B、C 任一点坐标及转角 θ 后, 即可得到轴漂; 反之, 由轴漂和转角 θ 也可确定 A、B、C 3 点的位置。

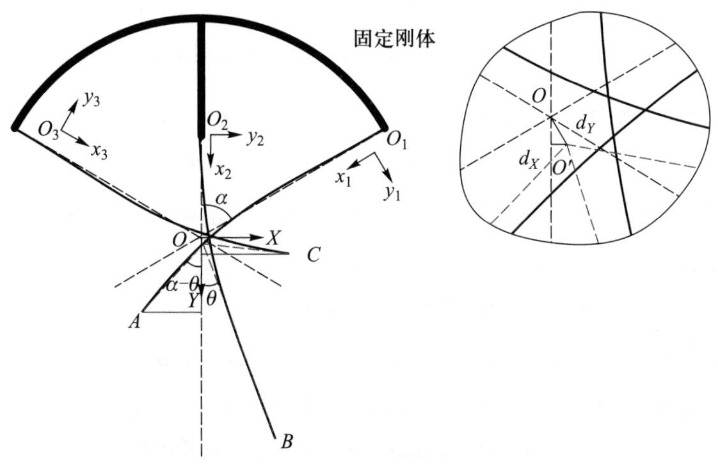

图 13.16　利用轴漂得到的 3 点坐标表达

13.2.2.3 物理本构关系

根据 Awtar 的 BCM 模型[12], 可得

$$\begin{cases} f_i = 12\delta_{yi} - 6\theta + \left(\dfrac{6}{5}\delta_{yi} - \dfrac{1}{10}\theta\right) p_i \\ m_i = -6\delta_{yi} + 4\theta + \left(-\dfrac{1}{10}\delta_{yi} + \dfrac{2}{15}\theta\right) p_i \\ p_i = \dfrac{-6\,300\delta_{xi} + 210(18\delta_{yi}^2 - 3\delta_{yi}\theta + 2\theta^2)}{\dfrac{6\,300}{d} + 9\delta_{yi}^2 - 9\delta_{yi}\theta + 11\theta^2} \end{cases} \tag{13.5}$$

式中, 下角标 i 为簧片号, $i = 1, 2, 3$。

13.2.2.4 刚度模型

根据小变形假设, 有

$$\sin\theta \approx \theta, \quad \cos\theta \approx 1 - 0.5\theta^2 \tag{13.6}$$

将式 (13.4) 和式 (13.6) 代入式 (13.5), 有

$$\begin{cases} f_1 = 12(\lambda\theta + d_y \sin\alpha + d_x \cos\alpha) - 6\theta + [1.2(\lambda\theta + d_y \sin\alpha + d_x \cos\alpha) - 0.1\theta]p_1 \\ f_2 = 12[(1-\lambda)\theta + d_x] - 6\theta + \{1.2[(1-\lambda)\theta + d_x] - 0.1\theta\}p_2 \\ f_3 = 12(\lambda\theta - d_y \sin\alpha + d_x \cos\alpha) - 6\theta + [1.2(\lambda\theta - d_y \sin\alpha + d_x \cos\alpha) - 0.1\theta]p_3 \\ m_1 = -6(\lambda\theta + d_y \sin\alpha + d_x \cos\alpha) + 4\theta + \left[-0.1(\lambda\theta + d_y \sin\alpha + d_x \cos\alpha) + \dfrac{2}{15}\theta\right] p_1 \\ m_2 = -6[(1-\lambda)\theta + d_x] + 4\theta + \left\{-0.1[(1-\lambda)\theta + d_x] + \dfrac{2}{15}\theta\right\} p_2 \\ m_3 = -6(\lambda\theta - \sin\alpha d_y + \cos\alpha d_x) + 4\theta + \left[-0.1(\lambda\theta - \sin\alpha d_y + \cos\alpha d_x) + \dfrac{2}{15}\theta\right] p_3 \\ p_1 = \dfrac{\begin{gathered}-6\,300(0.5\lambda\theta^2 - \cos\alpha d_y + \sin\alpha d_x) + 3\,780(\lambda\theta + \sin\alpha d_y + \cos\alpha d_x)^2 - \\ 630(\lambda\theta + \sin\alpha d_y + \cos\alpha d_x)\theta + 420\theta^2\end{gathered}}{\dfrac{6\,300}{d} + 9(\lambda\theta + \sin\alpha d_y + \cos\alpha d_x)^2 - 9(\lambda\theta + \sin\alpha d_y + \cos\alpha d_x)\theta + 11\theta^2} \\ p_2 = \dfrac{\begin{gathered}-6\,300\left[0.5(1-\lambda)\theta^2 - d_y\right] + 3\,780\left[(1-\lambda)\theta + d_x\right]^2 - \\ 630\left[(1-\lambda)\theta + d_x\right]\theta + 420\theta^2\end{gathered}}{\dfrac{6\,300}{d} + 9\left[(1-\lambda)\theta + d_x\right]^2 - 9\left[(1-\lambda)\theta + d_x\right]\theta + 11\theta^2} \\ p_3 = \dfrac{\begin{gathered}-6\,300(0.5\lambda\theta^2 - \cos\alpha d_y - \sin\alpha d_x) + 3\,780(\lambda\theta - \sin\alpha d_y + \cos\alpha d_x)^2 - \\ 630(\lambda\theta - \sin\alpha d_y + \cos\alpha d_x)\theta + 420\theta^2\end{gathered}}{\dfrac{6\,300}{d} + 9(\lambda\theta - \sin\alpha d_y + \cos\alpha d_x)^2 - 9(\lambda\theta - \sin\alpha d_y + \cos\alpha d_x)\theta + 11\theta^2} \end{cases} \tag{13.7}$$

联立式 (13.2) 和式 (13.7), 共 12 个方程, 12 个变量 (d_x、d_y、θ、f_1、f_2、f_3、m_1、m_2、m_3、p_1、p_2、p_3), 从而可以求解出轴漂 d_x、d_y 和转角 θ。

理论上, 虽然可以求解出各个变量, 并得出柔性轴承的通用刚度模型表达, 但毋庸置疑, 推导过程将十分复杂, 几乎得不到解析表达。相反, 若给定轴漂 d_x、d_y 和转角 θ, 并指定其他相关几何参数, 则可以方便地求出运动刚体上所需加载的广义力 m、f、p。

13.2.2.5 零轴漂载荷条件

虽然几乎任何构型的柔性轴承在特定的载荷作用下都可以实现零轴漂, 但对载荷的要求程度不同。好的构型可以在纯弯矩 m 或者纯切向力 f 作用下即可满足零轴漂条件, 而不需要同时施加 3 种载荷。因此, 有必要对广义三交叉簧片型柔性轴承零轴漂时需满足的载荷情况进行分析。

令 $d_x=0$, $d_y=0$, 则式 (13.7) 退化为

$$\begin{cases} f_1=f_3=6(2\lambda-1)\theta+(1.2\lambda-0.1)\theta p_1 \\ f_2=6(1-2\lambda)\theta+(1.1-1.2\lambda)\theta p_2 \\ m_1=m_3=(4-6\lambda)\theta+\left(\dfrac{2}{15}-0.1\lambda\right)\theta p_1 \\ m_2=(6\lambda-2)\theta+\left[\dfrac{2}{15}-0.1(1-\lambda)\right]\theta p_2 \\ p_1=p_2=p_3=\dfrac{420(9\lambda^2-9\lambda+1)\theta^2}{6\,300/d+(9\lambda^2-9\lambda+11)\theta^2} \end{cases} \tag{13.8}$$

将式 (13.8) 代入式 (13.2), 整理得

$$\begin{cases} f=6(1-2\cos\alpha)(1-2\lambda)\theta+\dfrac{42d\left[2\cos\alpha(12\lambda-1)-12\lambda+11\right](9\lambda^2-9\lambda+1)\theta^3}{6\,300+d(9\lambda^2-9\lambda+11)\theta^2} \\ p=\dfrac{420d(2\cos\alpha+1)(9\lambda^2-9\lambda+1)\theta^2}{6\,300+d(9\lambda^2-9\lambda+11)\theta^2} \\ m=6\theta\left\{1-\lambda+\left[\lambda-(1-\lambda)\cos\alpha\right](2\lambda-1)(2-\theta^2)\right\}+ \\ \quad \left\{3-21\lambda+20(1-\lambda)\cos\alpha+\left[\lambda-(1-\lambda)\cos\alpha\right](12\lambda-1)(2-\theta^2)\right\}\cdot \\ \quad \dfrac{42d(9\lambda^2-9\lambda+1)\theta^3}{6\,300+d(9\lambda^2-9\lambda+11)\theta^2} \end{cases} \tag{13.9}$$

式 (13.9) 揭示了 GTCSFP 达到零轴漂时 3 种广义载荷应满足的关系。显然, 实现零轴漂或最小轴漂时, 对载荷的要求越弱越好, 尤其是作为非驱动力的载荷 p。为此, 需要找寻零轴漂前提下可使 p 为 0 的几何参数。

根据式 (13.9), 令

$$p=\frac{420d(2\cos\alpha+1)(9\lambda^2-9\lambda+1)\theta^2}{6\,300+d(9\lambda^2-9\lambda+11)\theta^2}=0 \tag{13.10}$$

解得 $\lambda \approx 0.127\,3$ 或 $\alpha = 120°$。这意味着几何参数 λ 和 α 任意一个满足前面的条件, 即可实现无载荷 p 作用下的零轴漂。这里分两种情况讨论:

(1) 当满足 $\lambda = 0.127\,3$ 时, 式 (13.9) 退化为

$$\begin{cases} f = 6(1-2\cos\alpha)(1-2\lambda)\theta \\ m = 6\theta\left\{1-\lambda+\left[\lambda-(1-\lambda)\cos\alpha\right](2\lambda-1)(2-\theta^2)\right\} \end{cases} \tag{13.11}$$

(a) 纯弯矩 m 作用时, 令 $f = 0$, 则 $\alpha = 60°$, 此时柔性轴承在纯弯矩 m 作用下即可获得零轴漂特性。如图 13.17 所示, 当 $\lambda = 0.127\,3$ 且 $\alpha = 60°$ 时, 无论转角为何, f 均为 0。

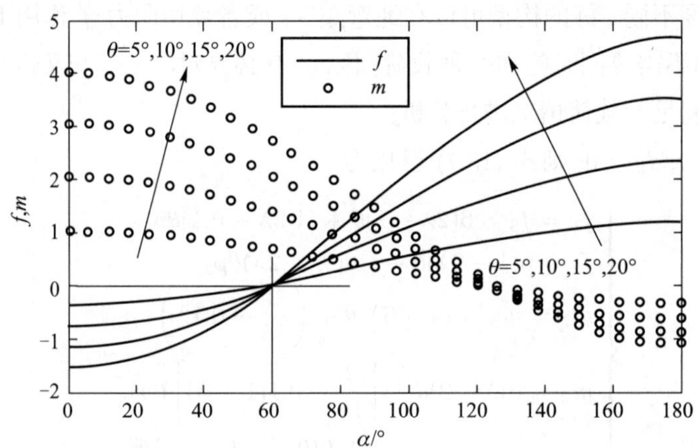

图 13.17 $\lambda = 0.127\,3$ 时, f、m 与簧片夹角 α 的关系

(b) 纯力 f 作用时, 令 $m = 0$, 解得 $\alpha = \arccos\left[\dfrac{\lambda}{1-\lambda} + \dfrac{1}{(2\lambda-1)(2-\theta^2)}\right]$, 此时簧片夹角 α 并非恒定数值, 而是与柔性轴承的转角 θ 有关, 这也意味着不可能在只有 f 作用下获得零轴漂。图 13.18 所示为 $m = 0$ 时, 簧片夹角 α 与转角 θ 的关系。可以看到, 在 $\theta = \pm 30°$ 以内, α 取值为 $120° \sim 130°$。

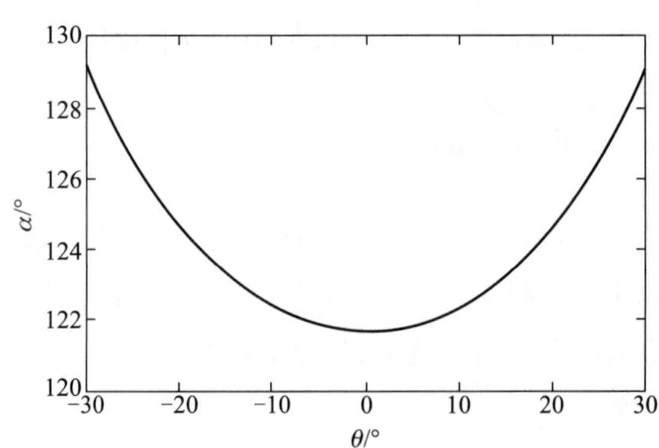

图 13.18 $m = 0$ 时, 簧片夹角 α 与转角 θ 的关系

(2) 当满足 $\alpha = 120°$ 时, 式 (13.9) 退化为

$$\begin{cases} f = 12(1-2\lambda)\left[1+\dfrac{42d(9\lambda^2-9\lambda+1)\theta^2}{6\,300+d(9\lambda^2-9\lambda+11)\theta^2}\right]\theta \\ m = 6\theta\left[1-\lambda+0.5(\lambda+1)(2\lambda-1)(2-\theta^2)\right]+ \\ \qquad \dfrac{42d\left[-11\lambda-7+0.5(\lambda+1)(12\lambda-1)(2-\theta^2)\right](9\lambda^2-9\lambda+1)\theta^3}{6\,300+d(9\lambda^2-9\lambda+11)\theta^2} \end{cases} \tag{13.12}$$

(a) 纯弯矩 m 作用时, 令 $f = 0$, 则 $\lambda = 0.5$ 或 $\lambda = 0.5-\dfrac{15}{774}\sqrt{301\left(1-12\dfrac{t^2}{\theta^2}\right)}$ (其中, t 为簧片量纲为一时的厚度, 且 $t^2 = 12/d$)。为保证根号里的数值为正, 应满足 $\theta \geqslant 2\sqrt{3}t$。$\lambda$ 与厚度 t 和转角 θ 的关系如图 13.19 所示。可以看出, λ 介于 0.16 和 0.22 之间。因此, 当 $\alpha = 120°$ 时, 要实现纯弯矩作用时的零轴漂特性, 则 λ 应取值 0.5; 若因物理结构所限而无法取 0.5 时, 则应尽量保证 λ 位于 0.16 和 0.22 之间, 从而可以获得最小的轴漂特性。

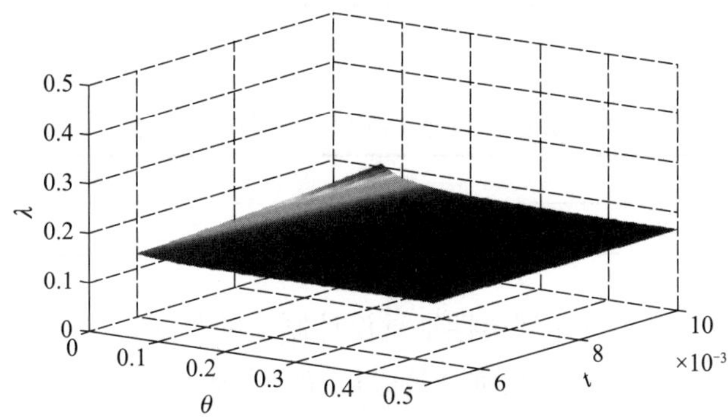

图 13.19 当 $\alpha = 120°$ 时, λ 与簧片量纲为一时厚度 t 和转角 θ 的关系

(b) 纯力 f 作用时, 根据式 (13.12), 令

$$m = m_1 + m_2 \tag{13.13}$$

式中

$$m_1 = 6\theta\left[1-\lambda+0.5(\lambda+1)(2\lambda-1)(2-\theta^2)\right]$$

$$m_2 = \frac{42d\left[-11\lambda-7+0.5(\lambda+1)(12\lambda-1)(2-\theta^2)\right](9\lambda^2-9\lambda+1)\theta^3}{6\,300+d(9\lambda^2-9\lambda+11)\theta^2}$$

由图 13.20 可以看出, m_2 为 m 的绝对主导项 (d 的取值不影响这一结论), 因此只需求解方程 $m_2 = 0$ 即可使 m 最大程度地接近于 0。显然, 当 $9\lambda^2 - 9\lambda + 1 = 0$ 时, $m_2 = 0$, 此时 $\lambda \approx 0.127\,3$。这与第 1 种情况的 f 作用时得出的结论不谋而合。

总结以上分析, 几何参数 λ 和簧片夹角 α 在满足表 13.2 所示的组合条件时, 广义三交叉簧片型柔性轴承可以获得零轴漂特性或最小轴漂特性。

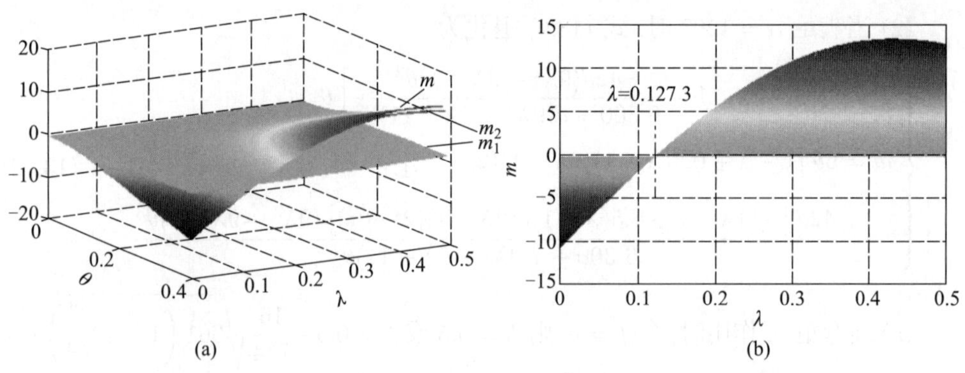

图 13.20 当 $\alpha=120°$ 时, m 与 λ 和 θ 的关系 (见书后彩图)

表 13.2a 纯弯矩 m 作用时 λ 和 α 的取值

λ	$\alpha/°$
0.127 3	60
0.5	120

表 13.2b 纯力 f 作用时 λ 和 α 的取值

λ	$\alpha/°$
0.127 3	120 ~ 130

考虑到广义三交叉簧片型柔性轴承设计制造的难易程度, 簧片夹角最好小于 90°。因此, 要获得零轴漂特性的唯一最优几何参数为 $\lambda=0.127\ 3$ 且 $\alpha=60°$。此时, 由式 (13.11) 可知, 柔性轴承的刚度解析模型为

$$m=(8-1.381\ 8\theta^2)\theta \tag{13.14}$$

不难看出, 若忽略 θ 高阶项, 则此时刚度模型具有近似线性的特性。通过 ANSYS 仿真分析 (图 13.21), 发现理论模型与 FEA 结果吻合非常好, 验证了模型的准确性。

13.2.3 样机模型与测试

13.2.3.1 设计与组装

GTCSFP 中的簧片为空间交叉排列, 普通加工工艺无法实现一体化加工。为此, 采用叠层装配、簧片对称布置, 以消除柔性轴承在运动过程可能发生的翘曲变形。图 13.22 所示为 GTCSFP 的设计示意图, 主要包括层叠件、圆柱销和超薄垫片。超薄垫片用于防止柔性轴承运动时相邻簧片之间产生摩擦, 厚度为 0.2 mm。圆柱销用于定位与紧固 6 个层叠件。为了方便柔性轴承与测试平台的快速对接, 在 GTCSFP

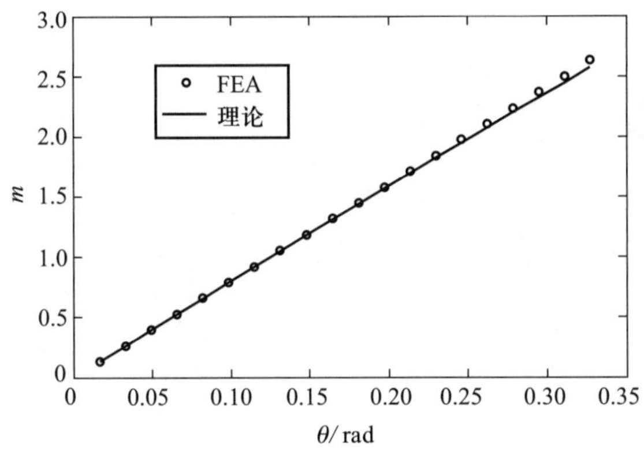

图 13.21 $\lambda = 0.127\,3$ 时, GTCSFP 的刚度模型与 FEA 验证

的两端各装配一个机械接口, 如图 13.22 中 ❸、❹所示。表 13.3 为 GTCSFP 的设计参数。

表 13.3 GTCSFP 的设计参数

材料	L/mm	W/mm	T/mm	D/mm	d/mm	λ	$\alpha/^\circ$	H/mm
AL7075–T6	25	5.1	0.25	60	43.64	0.127 3	60	31.84

GTCSFP 的材料选用高强度铝合金 AL7075–T6, 采用高精慢走丝线切割机床加工。图 13.23 所示为装配好的 GTCSFP 实物图片。

13.2.3.2 性能测试

1. 旋转刚度测试

测试柔性轴承旋转刚度的实验装置如图 13.24 所示, 主要由扭矩传感器、精密测角转台、待测柔性轴承和传感器数显仪等组成。精密转台读数精度为 $2'$, 可整周旋转; 采用美国 Interface 高精度扭矩传感器, 精度为 0.1%, 量程为 0.2 N·m。测试结果如图 13.25 所示。从图中可以看出, GTCSFP 的扭矩 – 转角曲线基本为线性, 平均旋转刚度为 0.261 N·m/rad, 实验数据与 FEA 仿真结果吻合得较好。

2. 径向/轴向刚度测试

柔性轴承的径向刚度和轴向刚度测试装置基本相同, 只是测试时柔性轴承的安装方式有所不同, 主要由精密手动 3 维移动平台、力传感器、电涡流传感器、力传感器数显仪、电涡流数显仪以及待测柔性轴承等组成, 如图 13.26 所示。3 维移动平台用于施加载荷, 最大可输出 500 N 的推力。力传感器量程为 50 kg, 精度为 0.05%。选用德国 eddyNCDT 3300 电涡流传感器, 测量范围为 1 mm, 分辨率 $\leqslant \pm 0.005\%(0.05\ \mu m)$。

图 13.27a 和 b 分别为 GTCSFP 径向刚度和轴向刚度的测试结果曲线。测量结果

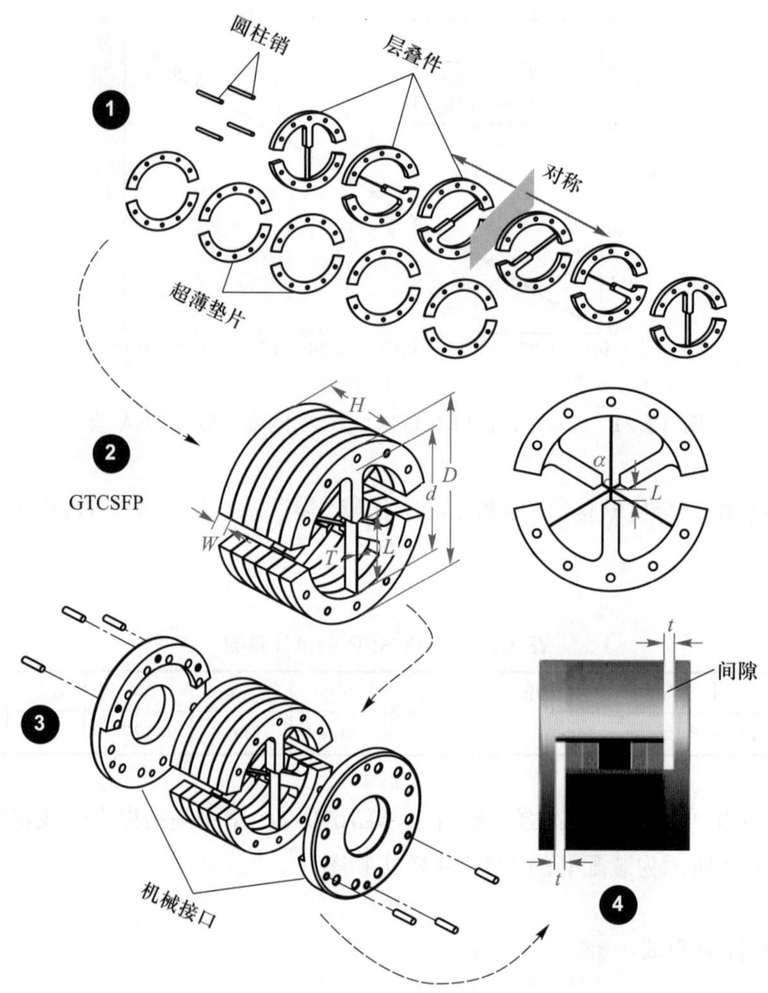

图 13.22 GTCSFP设计示意图 (见书后彩图)

显示, GTCSFP 的平均径向刚度和平均轴向刚度分别为 9.01 N/μm 和 0.603 N/μm。

3. 轴漂测试

柔性轴承轴漂的测量装置如图 13.28 所示, 主要由十字随动滑台、精密测角转台、电涡流传感器、电涡流数显仪以及待测柔性轴承等组成。其中, 十字随动滑台用于抵消精密测角转台与柔性轴承安装时的偏心, 同时起到传递转矩的作用。图 13.29 给出了刚体在两种不同弹性模量取值 (一种为理想刚体, 弹性模量很大; 另一种为实际刚体, 其弹性模量与簧片值相同) 下得到的轴漂仿真及实验结果。可以看出, 两种仿真结果相差非常大, 实际刚体对应的轴漂要远大于理想刚体的。还可以看出, 在 10° 以内的转角范围内, 实验测量结果与实际刚体对应的仿真结果基本一致, 而当角度增大时, 二者存在较大差距。

这里需要特别说明的是, 轴漂仿真的结果与刚体的弹性模型设定值有很大关系,

图 13.23 GTCSFP 的实物图片 其中 (c)、(d) 带机械接口 (见书后彩图)

图 13.24 GTCSFP旋转刚度测试装置

通常会认为刚体在运动过程中不存在变形, 从而将其弹性模量设定为远大于簧片的弹性模量值。但事实上, 不存在绝对的刚体。在运动过程中, 运动刚体或多或少会有变形, 从而会影响轴漂。例如, 图 13.30 所示的柔性轴承在刚体受力不均后产生变形, 进而引起簧片变形。

通过测量, 可以确定 GTCSFP 的实际轴漂远远低于传统交叉簧片型柔性轴承的。以 C–FLEX J–10 柔性轴承为例, 转角为 ±10° 时, 轴漂约为 122 μm (簧片长度为 17.5 mm), 而 GTCSFP 的测量轴漂在 ±10° 时仅为 0.8 μm (簧片长度为 25 mm)。

4. 温漂测试

柔性轴承的工作环境有时比较恶劣。例如, 应用于空间望远镜中的柔性轴承, 要

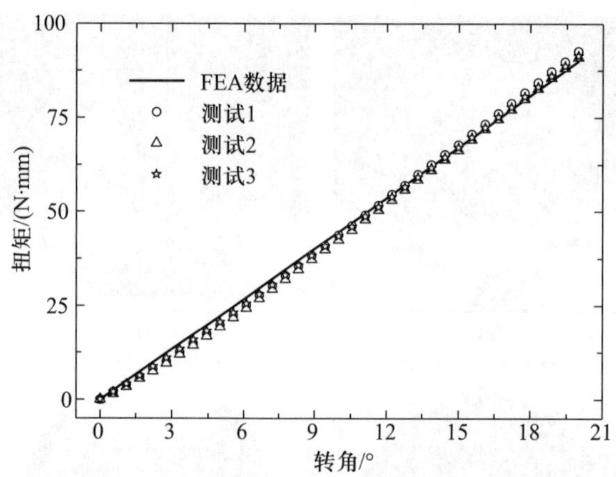

图 13.25 GTCSFP 旋转刚度测试结果及测量误差

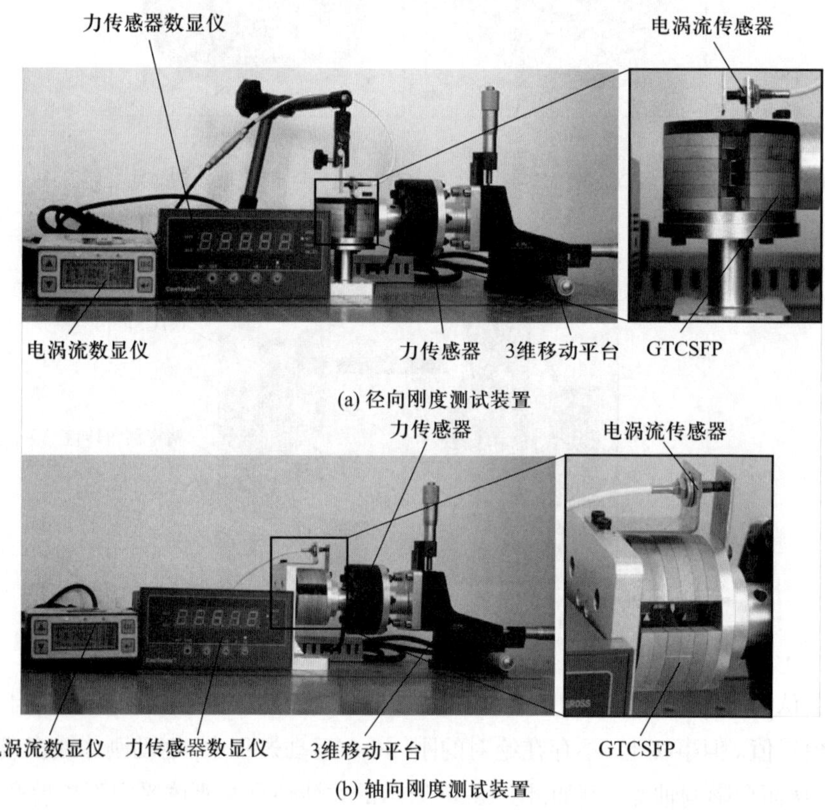

(a) 径向刚度测试装置

(b) 轴向刚度测试装置

图 13.26 GTCSFP 的径向/轴向刚度测试装置

承受昼夜达 300 °C 的太空温差。因此, 因金属的热胀冷缩而引起的温漂对柔性轴承来说是一个不可忽视的问题。

温漂测量装置如图 13.31 所示, 主要包括温控仪、热电偶、电涡流传感器、电涡流数显仪、陶瓷加热圈以及待测柔性轴承等。测量在室温 26°C 下进行, 施加的温度

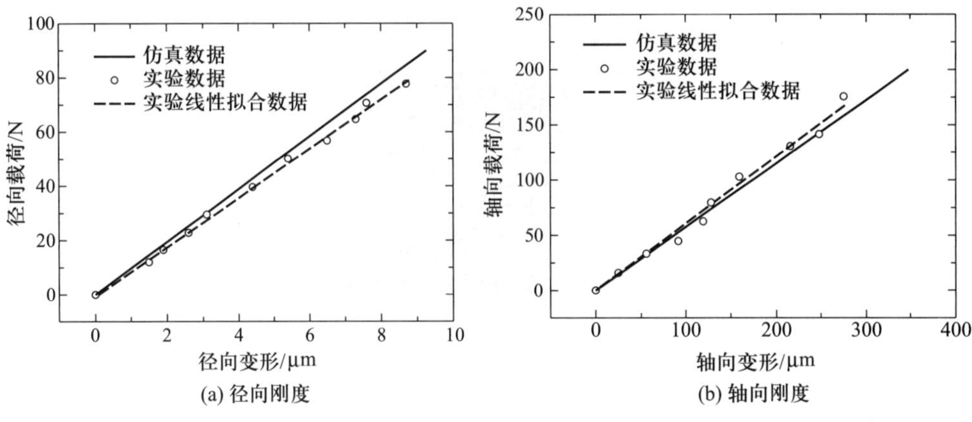

图 13.27 GTCSFP 径向、轴向刚度测试结果

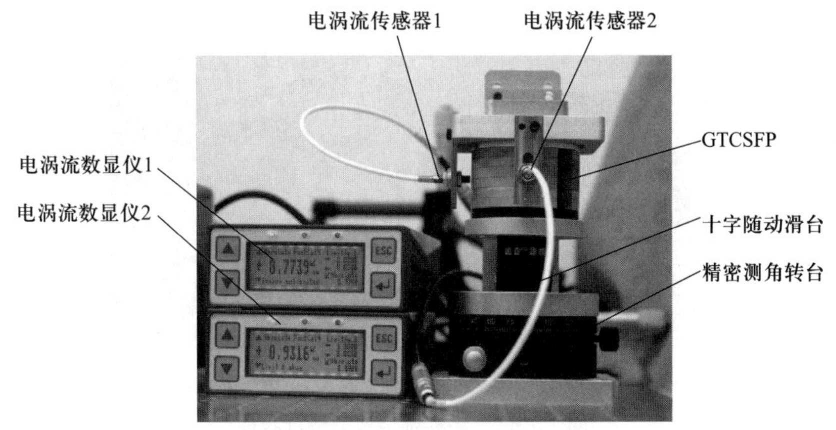

图 13.28 柔性轴承轴漂测试装置

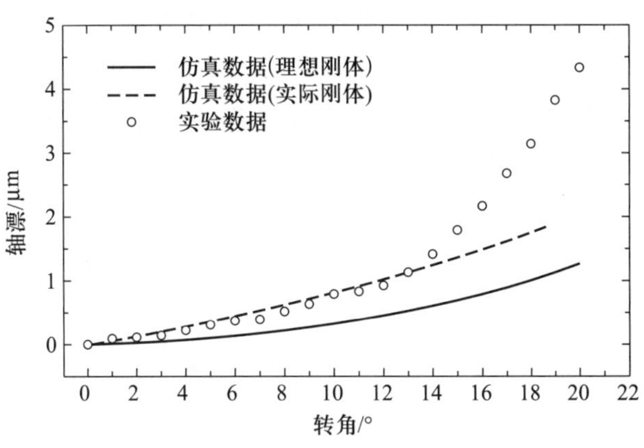

图 13.29 GTCSFP 轴漂测量结果

载荷变化范围为: 低温 $-3 \sim 26°C$, 高温 $26 \sim 110°C$。其中, 低温是通过冰箱冷冻室对柔性轴承进行降温而获得的; 高温载荷是通过陶瓷加热圈施加的; 加热温度由温控仪进行设定, 而由热电偶进行温度反馈, 从而实现定温加热。铝合金 AL7075–T6

图 13.30　刚体受力不均导致簧片变形

的热膨胀系数 (CTE) 为 2.3×10^{-5}。

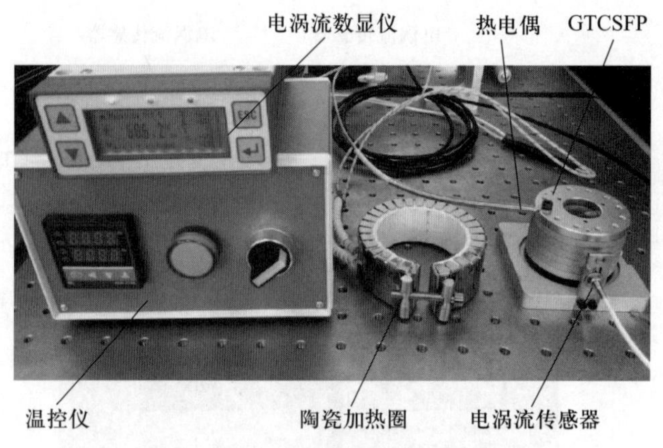

图 13.31　柔性轴承温漂测试装置

测试结果如图 13.32 所示。可以看出, GTCSFP 在温度载荷作用下有明显变形, 在高温 100°C 时温漂约为 44 μm; 在低温 −3°C 时, 温漂约为 16 μm。这个温漂值还仅仅是在柔性轴承没有转动时产生的, 若伴随着运动刚体的转动, 其轴心漂移还会

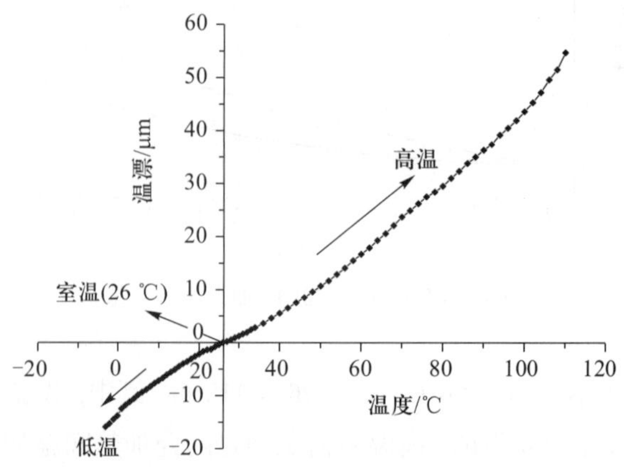

图 13.32　GTCSFP 温漂测量结果

更大。具体温漂产生的变形见图 13.33。明显可以看出，在受到高温载荷作用时，柔性轴承的运动刚体沿径向向外移动；相反，受到低温载荷作用时，运动刚体将沿径向向内移动。

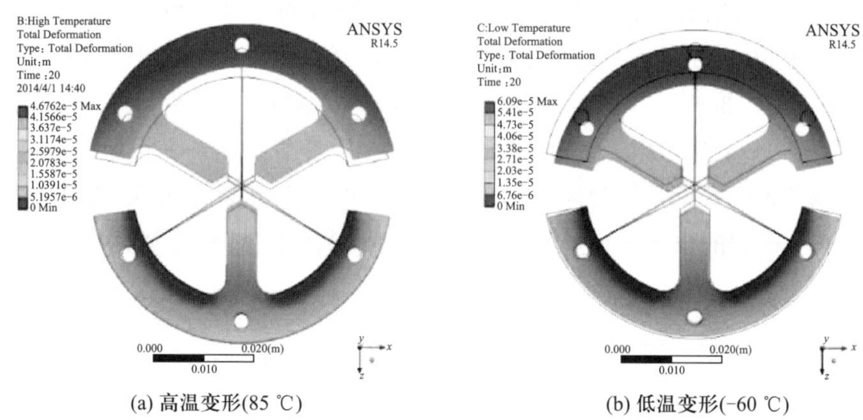

(a) 高温变形(85 ℃)　　(b) 低温变形(−60 ℃)

图 13.33　GTCSFP在温度载荷作用下的仿真变形图(显示放大比例为 50:1) (见书后彩图)

金属受温度影响而热胀冷缩，导致这种广义交叉簧片型柔性轴承的精度对温度载荷非常敏感，特别对于类似 GTCSFP 这种运动刚体和固定刚体对开式分布的柔性轴承。因此，GTCSFP 通常不适于温差较大的工作环境。

5. 疲劳寿命测试

第 4 章已经给出了柔性铰链疲劳寿命测试原理。图 13.34 所示为 GTCSFP 的寿

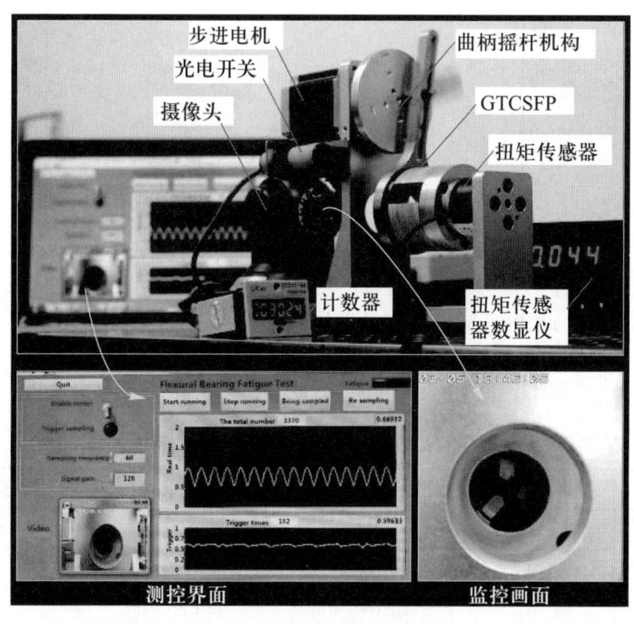

图 13.34　GTCSFP 寿命测试装置 (见书后彩图)

命测试实物图, 整个测试在 4 Hz 的频率下进行。图 13.35 给出了 GTCSFP 在 ±10° 寿命测试时扭矩随着循环次数增加的变化曲线。可以看出: 当循环 179 379 次时, 扭矩发生跳变, 表明此时有簧片断裂, 通过扭矩值的变化量还可判断, 此时仅有一根簧片断裂。寿命测量结果如表 13.4 所示。可以看出: 柔性轴承在小于 ±5° 转角下, 工作寿命大于 10^6 次, 可认为具有无限寿命; 随着转角的增大, 寿命快速降低, 在 ±15° 时, 寿命仅为 5 368 次。图 13.36 所示为 GTCSFP 寿命测试结果与 ANSYS 仿真结果的对比。可以看出, 测试结果明显大于仿真结果。产生差异的一个重要因素是仿真结果以簧片发生疲劳损坏为标准, 而实验测试是以簧片断裂为标准。在簧片发生疲劳但又没有断裂的情况下, 电动机不会停转, 实验测试仍在继续, 因此导致测量的结果比仿真值大。

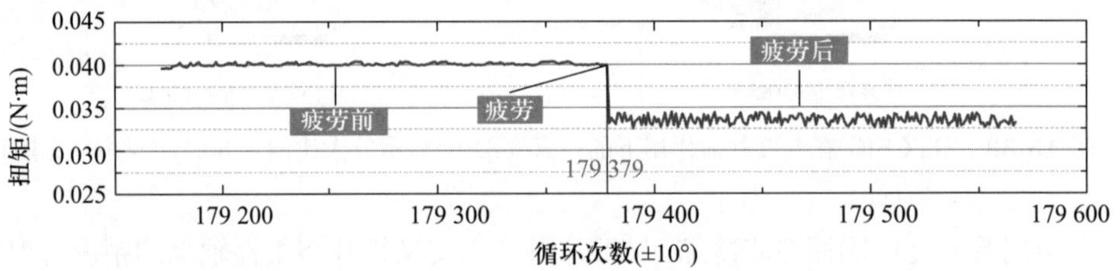

图 13.35 GTCSFP 在转角 ±10° 疲劳断裂时的扭矩变化 (见书后彩图)

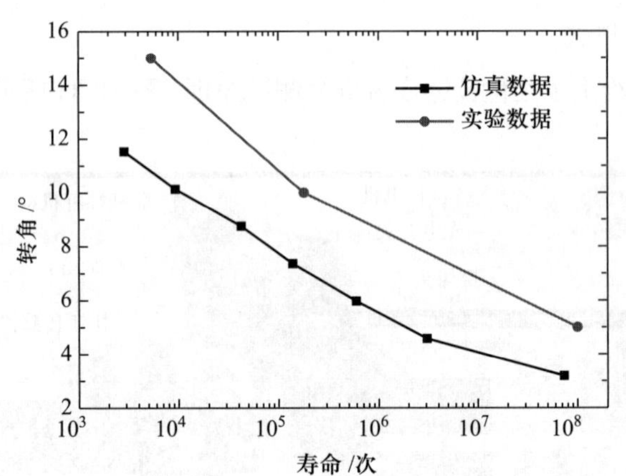

图 13.36 寿命测试结果与仿真结果对比 (见书后彩图)

表 13.4 GTCSFP 的寿命测试结果

材料	测试编号	转角/°	仿真疲劳寿命/次	实验疲劳寿命/次
AL7075–T6	1	±5	6 700 000	> 1 000 000
	2	±10	127 573	179 379
	3	±15	2 626	5 368

图 13.37 所示为 GTCSFP 的寿命安全因子仿真图。可以看出, 簧片靠内侧的安全因子最低, 即最容易发生断裂, 这一点可由图 13.38 得以印证。图 13.38 展示了 GTCSFP 疲劳断裂后的状态, 可以看出: 断裂均发生在簧片靠内侧的末端, 簧片并未严重变形。主要原因应是簧片根部应力集中导致的局部疲劳。因此, 通过在簧片根部增添圆角等方法减小簧片根部的应力集中, 将有助于提高柔性轴承的寿命周期。

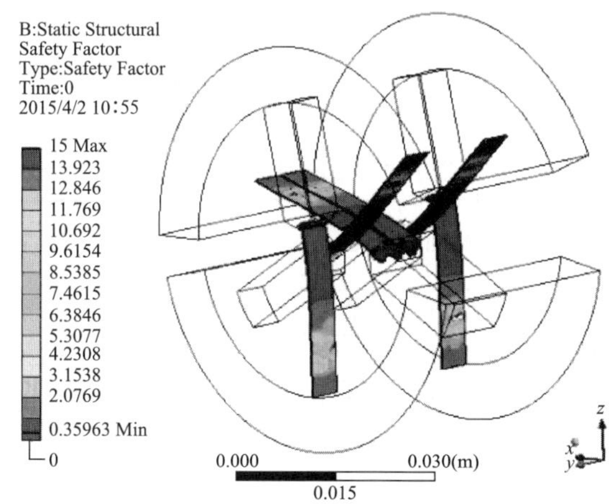

图 13.37 GTCSFP 的寿命安全因子仿真 (见书后彩图)

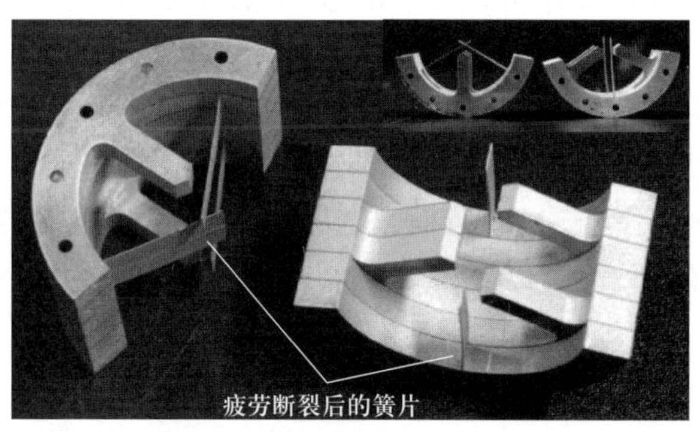

图 13.38 疲劳断裂后的 GTCSFP

6. 性能对比

为证明 GTCSFP 在性能上确有 “过人之处”, 这里对 CSEM 蝶形轴承[3]、C–FLEX J–10 柔性轴承[6] 和 GTCSFP 的性能进行对比, 如图 13.39 所示。

对比结果如表 13.5 所示。

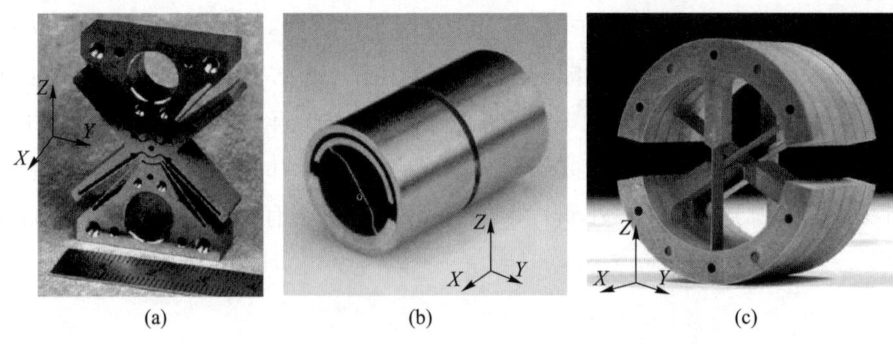

图 13.39 (a) 为蝶形轴承, (b) 为 C–FLEX 柔性轴承, (c) 为 GTCSFP

表 13.5 GTCSFP、CSEM 蝶形轴承和 C–FLEX J–10 的性能对比

柔性轴承	材料	L/mm	W/mm	T/mm	$K_{\theta X}$/ (N·m/rad)	$K_X/K_{\theta X}$	$K_Z/K_{\theta X}$	量纲一轴漂 (±10°)	行程/°
CSEM 蝶形	Ti6AL4V	15	10	0.35	1.00	0.35	1.90	6.7×10^{-5}	±15
C–FLEX J–10	AISI420	17.5	9.7	0.3	0.77	5.69	4.56	6.9×10^{-3}	±30
GTCSFP	AL7075–T6	25	5.1	0.25	0.26	2.32	34.65	3.2×10^{-5}	±22

可以看出:

(1) GTCSFP 与蝶形轴承的量纲一轴漂接近, 均大幅优于 C–FLEX J–10;

(2) 相比蝶形轴承, GTCSFP 具有更大的 $K_X/K_{\theta X}$ 和 $K_Z/K_{\theta X}$ 比值, 承载能力较强;

(3) 蝶形轴承可一体化加工, 而 GTCSFP 和 C–FLEX J–10 均需装配, 加工难度较蝶形轴承高。但蝶形轴承需要抑制内部自由度。

综上, GTCSFP 具有较大的行程、较好的轴漂特性以及较高的径旋刚比和轴旋刚比。不足之处在于: ① 由于无法一体化加工, 导致实际存在加工和装配误差, 难以实现理论上的高旋转精度; ② 对温度比较敏感。因此, 有必要进一步探索综合性能更好的柔性轴承设计。

13.3 内外环柔性轴承的设计、分析与测试

13.3.1 构型设计

由多条结构相同的簧片围绕圆心对称阵列而构成的环形柔性铰链 (annulus-shaped flexural pivot, ASFP)[17], 因簧片的圆周均匀分布而具有很好的运动对称性, 因此精度极高, 理论上为零轴漂, 且对温度载荷的变化不敏感, 如图 13.40 所示。

可将 GTCSFP 行程大和 ASFP 对温度不敏感的优点有机结合, 设计一种新型

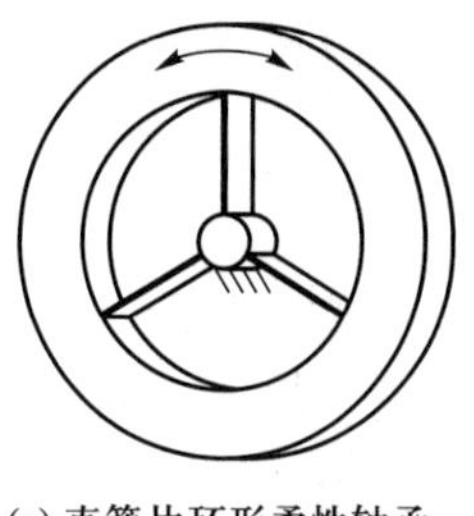

(a) 直簧片环形柔性轴承

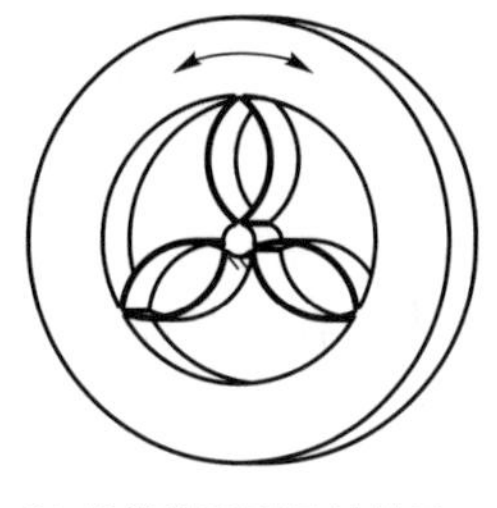

(b) 曲簧片环形柔性轴承

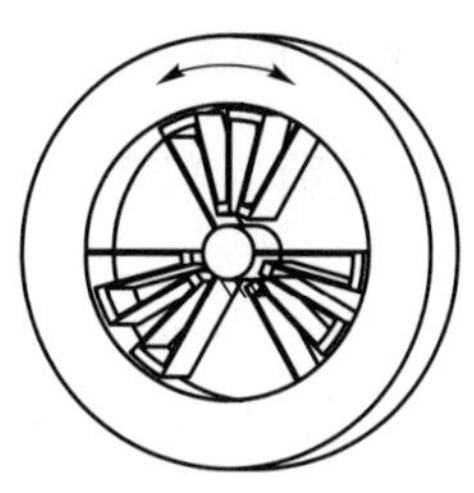

(c) 串并联环形柔性轴承

图 13.40 3 种环形柔性轴承

的柔性轴承构型, 称为内外环柔性轴承 (inner and outer ring flexural pivot, IORFP), 如图 13.41 所示。其由内环刚体、外环刚体以及空间交叉的 3 个或更多簧片组成, 图中的 L、W、T 表示簧片的长、宽、厚, O 为三簧片的交叉点, 簧片之间的交叉角 $\alpha = 120°$。R_{I} 为内环刚体内半径, R_{O} 为外环刚体内半径, λ 为 IO 和 IJ 的比值。

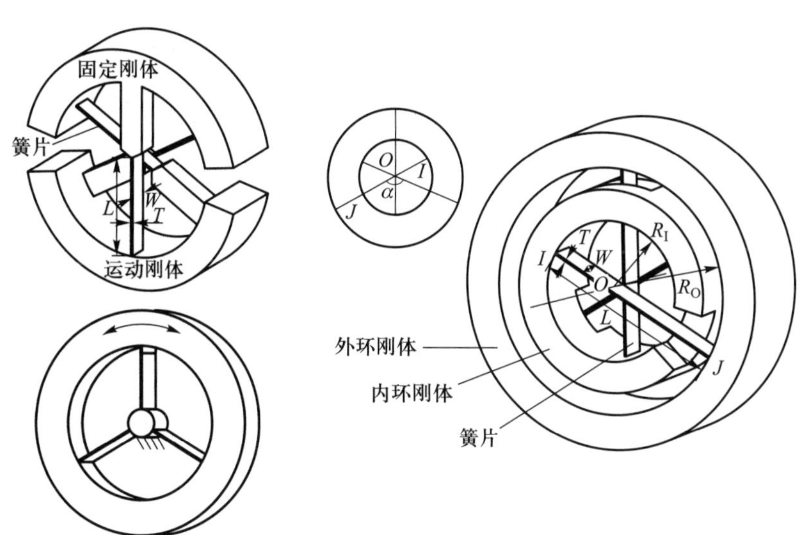

图 13.41 内外环柔性轴承的生成过程

通过对 IORFP 的刚度、轴漂、应力、行程、刚度是否线性以及对温度的敏感性等指标进行仿真分析对比[15], 可以确定 $\lambda = 0.127\,3$ 的柔性轴承是综合性能最佳的设计方案。这类柔性轴承具有线性刚度, 轴漂近似为零, 同时具有较大的运动范围、较好的应力特性, 且对温度变化不敏感。稍稍遗憾的是, 由于簧片重叠交叉, 使得该轴承仍不可一体化加工, 而需要进行装配。

13.3.2 刚度特性分析

13.3.2.1 载荷 – 转角关系

如图 13.42 所示, 固定外环刚体, 在内环刚体上施加一组广义载荷 (M、F、P), 内环刚体在载荷作用下转动角度 θ。由于簧片沿圆周对称布置, 内外环刚体在相对转动时几乎没有轴漂产生, 因此为了简化计算, 假设满足零轴漂条件, 即

$$\begin{aligned}\delta_x \approx \delta_{x_1} \approx \delta_{x_2} \approx \delta_{x_3} \\ \delta_y \approx \delta_{y_1} \approx \delta_{y_2} \approx \delta_{y_3}\end{aligned} \tag{13.15}$$

根据几何相容性条件, 可得

$$\begin{aligned}\delta_x \approx \delta_{x_1} \approx \delta_{x_2} \approx \delta_{x_3} = -\lambda(1-\cos\theta) \\ \delta_y \approx \delta_{y_1} \approx \delta_{y_2} \approx \delta_{y_3} = \lambda\sin\theta\end{aligned} \tag{13.16}$$

由于假设无轴漂, 3 个簧片变形完全相同, 故应变能也相同。将式 (13.16) 代入式 (6.62), 有

$$u_1 = u_2 = u_3 = \frac{d}{2}\frac{\left[\lambda(\cos\theta-1)+\frac{1}{2}\left(\frac{6}{5}\lambda^2\sin^2\theta-\frac{1}{5}\lambda\theta\sin\theta+\frac{2}{15}\theta^2\right)\right]^2}{1-d\left(-\frac{1}{700}\lambda^2\sin^2\theta+\frac{1}{700}\lambda\theta\sin\theta-\frac{11}{6\,300}\theta^2\right)}+ (6\lambda^2\sin^2\theta-6\lambda\theta\sin\theta+2\theta^2) \tag{13.17}$$

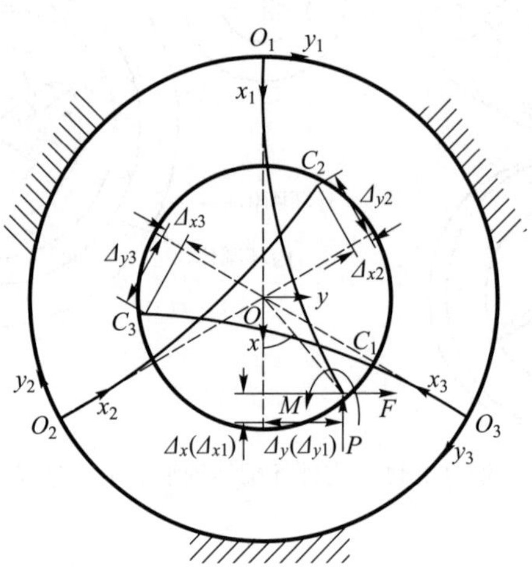

图 13.42 IORFP的受力分析图

IORFP 中, 总的应变能为

$$u_{\rm IORFP} = \sum_{i=1}^{3} u_i = \frac{21d}{2}\frac{\left[30\lambda(\cos\theta-1)+18\lambda^2\sin^2\theta-3\lambda\theta\sin\theta+2\theta^2\right]^2}{6\,300+d(9\lambda^2\sin^2\theta-9\lambda\theta\sin\theta+11\theta^2)}+ 6(3\lambda^2\sin^2\theta-3\lambda\theta\sin\theta+\theta^2) \tag{13.18}$$

由虚功原理可知

$$\frac{\mathrm{d}u_{\mathrm{IORFP}}}{\mathrm{d}\theta}=-p\frac{\mathrm{d}\delta_x}{\mathrm{d}\theta}+f\frac{\mathrm{d}\delta_y}{\mathrm{d}\theta}+m \tag{13.19}$$

联立式 (13.17)~ 式 (13.19), 有

$$p\lambda\sin\theta+f\lambda\cos\theta+m=\frac{\mathrm{d}}{\mathrm{d}\theta}\left\{\frac{21d}{2}\frac{\left[30\lambda(\cos\theta-1)+18\lambda^2\sin^2\theta-3\lambda\theta\sin\theta+2\theta^2\right]^2}{6\ 300+d(9\lambda^2\sin^2\theta-9\lambda\theta\sin\theta+11\theta^2)}+6(3\lambda^2\sin^2\theta-3\lambda\theta\sin\theta+\theta^2)\right\} \tag{13.20}$$

为简化式 (13.20), 可消除模型中的三角函数, 令 $\sin\theta\approx\theta-\theta^3/6,\cos\theta\approx1-\theta^2/2$, 则式 (13.20) 简化为

$$m+\lambda\left(1-\frac{\theta^2}{2}\right)f=\left[\frac{168d\theta^2(9\lambda^2-9\lambda+1)^2}{6\ 300+d\theta^2(9\lambda^2-9\lambda+11)}+12(3\lambda^2-3\lambda+1)-\lambda\left(1-\frac{\theta^2}{6}\right)p\right]\theta \tag{13.21}$$

式 (13.21) 即为在假设无轴漂前提下, 经过简化的 IORFP 载荷 – 转角关系式。其中, 弯矩 m 和切向力 f 对 IORFP 起驱动作用, 径向力 p 则会影响 IORFP 的刚度。

13.3.2.2 刚度特性分析

由于弯矩 m 和切向力 f 对 IORFP 的驱动作用相互解耦, 因此 IORFP 的弯矩旋转刚度 K_{m} 和力旋转刚度 K_{f} 可分别由式 (13.21) 对转角 θ 求导得到, 即

$$K_{\mathrm{m}}=\frac{\left(\overline{H}\,\overline{J}+\overline{I}\right)\overline{J}\theta^4+\left(18\ 900\overline{I}+12\ 600\overline{H}\,\overline{J}\right)\theta^2+39\ 690\ 000\overline{H}}{(6\ 300+\overline{J}\theta^2)^2}+\left(\frac{1}{2}\theta^2-1\right)\lambda p \tag{13.22}$$

$$K_{\mathrm{f}}=\frac{1}{\lambda\left(1-\dfrac{\theta^2}{2}\right)}\left[\frac{\left(\overline{H}\,\overline{J}+\overline{I}\right)\overline{J}\theta^4+\left(18\ 900\overline{I}+12\ 600\overline{H}\,\overline{J}\right)\theta^2+39\ 690\ 000\overline{H}}{(6\ 300+\overline{J}\theta^2)^2}+\left(\frac{1}{2}\theta^2-1\right)\lambda p\right]=\frac{K_{\mathrm{m}}}{\lambda\left(1-\dfrac{\theta^2}{2}\right)} \tag{13.23}$$

式中, $\overline{H}=12(3\lambda^2-3\lambda+1)$; $\overline{I}=168d(9\lambda^2-9\lambda+1)^2$; $\overline{J}=d(9\lambda^2-9\lambda+11)$。

可以看出, IORFP 的弯矩转动刚度 K_{m} 是力转动刚度 K_{f} 的 $\lambda(1-0.5\theta^2)$ 倍。根据力学特性不难理解: 作用在转动刚体上的切向力在转动中心 O 处产生力矩, 其力臂正是 $\lambda(1-0.5\theta^2)$。特别地, 当 $9\lambda^2-9\lambda+1=0$ $(0<\lambda<0.5)$, 即 $\lambda\approx0.127\ 3$

时,$\overline{I}=0, \overline{H}=8$, IORFP 刚度模型退化为

$$K_{\mathrm{m}}=8-0.127\,3(1-0.5\theta^2)p \tag{13.24}$$

$$K_{\mathrm{f}}=\frac{8}{0.127\,3(1-0.5\theta^2)}-p \tag{13.25}$$

可以看出, 当 p 取值为正时, K_{m} 和 K_{f} 变小, 即 IORFP 的刚度减小; 反之, 当 p 取值为负时, K_{m} 和 K_{f} 变大, IORFP 的刚度增大。通过分析不难作出解释: 当 p 取值为正时, 随着柔性轴承运动刚体转动一定的角度 θ, 由径向载荷 p 产生的附加弯矩 $p\delta_y$ 与 m 方向一致, 从而增大了驱动弯矩, 对外表现为 IORFP 的刚度变小; 相反, 当 p 取值为负时, 随着柔性轴承运动刚体转动一定的角度 θ, 附加弯矩 $p\delta_y$ 与 m 方向相反, 从而抑制了驱动弯矩, 对外表现为 IORFP 的刚度增大。

不考虑径向力 p, 当 $t=0.01$ 时, IORFP 的弯矩刚度 K_{m} 如图 13.43 所示。可以看出:

(1) 当变形角度很小时 (临界角度的大小与 t 取值有关), 刚度 K_{m} 随 λ 的增大而减小; 当 $\lambda=0.5$ 时, 刚度最小。

(2) 当变形角度较大时, 随 λ 的增大, 刚度 K_{m} 先减小后增大; $\lambda\approx0.14$ 时, 刚度最小。

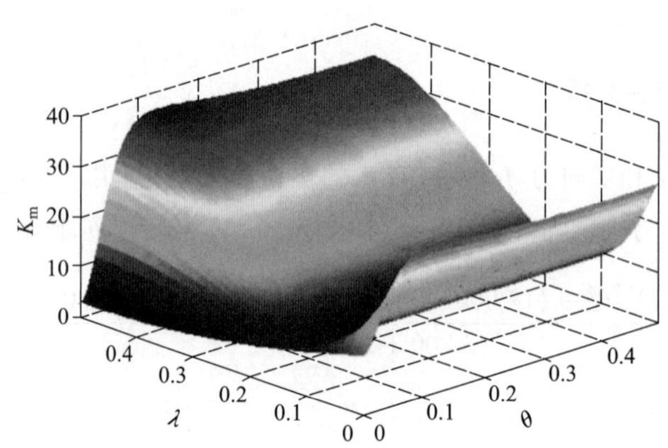

图 13.43 K_{m} 与 λ 和 θ 的关系 (见书后彩图)

当 $\theta=0$, 即 IORFP 处于平衡位置时, 其弯矩转动刚度变为

$$K_{\mathrm{m}}=\overline{H}=12\left(3\lambda^2-3\lambda+1\right) \tag{13.26}$$

且当 $\lambda=0.5$ 时, K_{m} 取到最小, 最小值为 3 (此值不受 t 大小的影响)。

13.3.2.3 数值验证

采用 ANSYS 仿真软件对 IORFP 刚度模型的准确性进行数值验证。簧片采

用 Beam189 梁单元, λ 取值分别为 –0.1 (此时为 ASFP)、0、0.05、0.08、0.127 3、0.15、0.17、0.185、0.2、0.3、0.4、0.49, 仿真参数见表 13.6。

表 13.6 数值仿真参数

L/mm	W/mm	T/mm	E/GPa	λ
25	5.1	0.25	73	–0.1、0、0.05、0.08、0.127 3、0.15、0.17、0.185、0.2、0.3、0.4、0.49

1. 纯弯矩 m 作用下的载荷 – 转角关系

当只有纯弯矩 m 作用时, IORFP 的仿真变形结果如图 13.44 所示。图 13.45 给出了 IORFP 在不同 λ 下载荷 – 转角曲线的理论与仿真结果对比。

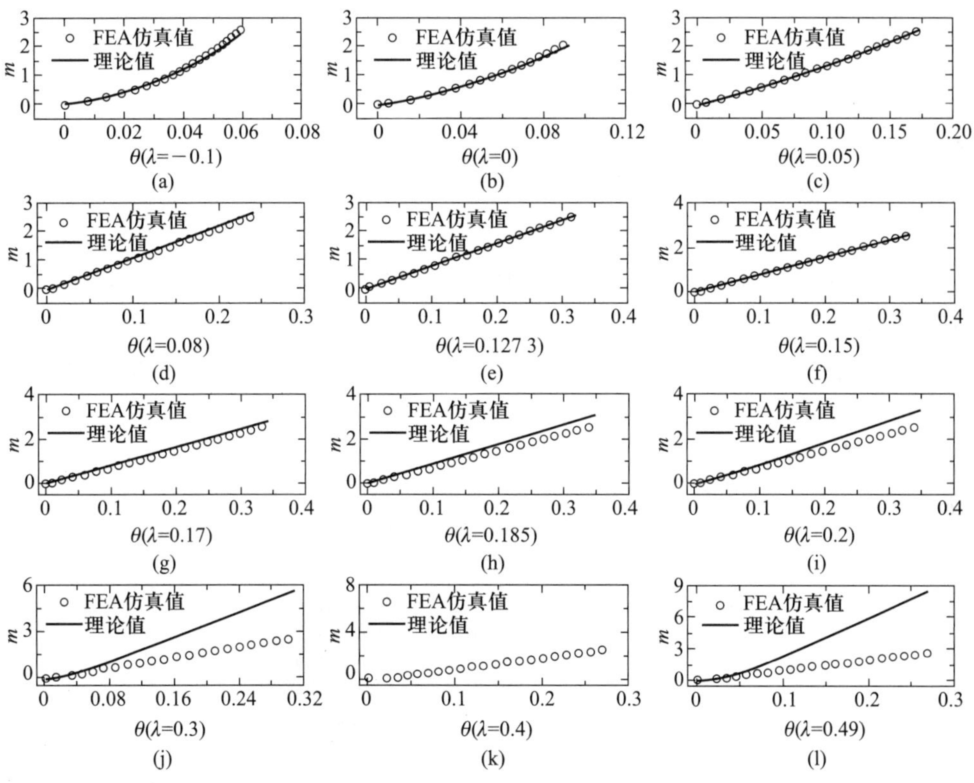

图 13.44 IORFP 在不同 λ 下的载荷 – 转角曲线仿真结果

从中可以看出:

(1) 当 $\lambda \leqslant 0$ 时, 对 ASFP 而言, 式 (13.21) 所示的刚度模型依然适用。

(2) 当 $0 < \lambda < 0.2$ 时, 理论模型与有限元分析结果吻合度非常高。

(3) 当 $0.2 \leqslant \lambda \leqslant 0.5$ 时, 刚度模型在小角度 ($\theta < 0.05$) 条件下依然有效, 如图 13.45 所示; 但当角度较大时, 理论模型与有限元分析结果之间的误差逐渐增大, 且 λ 越大, 误差越大。此时, 模型失效。这是由于过于简化的模型引入的误差随着 λ

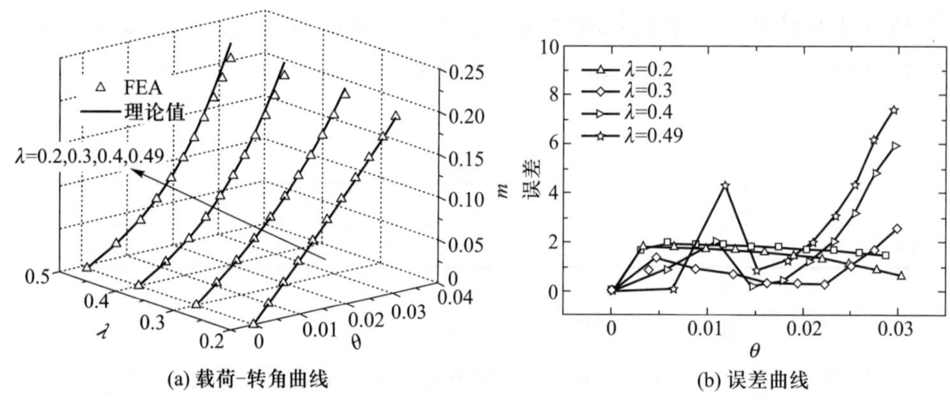

(a) 载荷-转角曲线　　(b) 误差曲线

图 13.45　当 $0.2 \leqslant \lambda \leqslant 0.5$, IORFP 在小角度下的载荷 – 转角曲线及误差曲线

和 θ 的增大而急剧增大。

(4) 当 $\lambda = 0.127\,3$ 时, 柔性轴承具有很好的线性载荷 – 转角关系, 且与理论模型的结果一致。而当 λ 取值一般时, 柔性轴承在小角度转动时具有一定的非线性, 随着角度增加, 轴承刚度趋于线性关系。

通过仿真可以看出, 当 $\lambda \in [0.127\,3, 0.2]$ 时, 柔性轴承具有较好的线性刚度和较大的转角范围, 且刚度模型描述准确。因此, 在对 IORFP 进行设计时, 建议优先将 λ 设计在 $[0.127\,3, 0.2]$ 区间内。图 13.46 给出了 IORFP 刚度理论模型的适用范围, 图中展示了刚度理论模型的适用区和失效区, 同时展示了 ASFP 和 IORFP 的刚度非线性系数曲线。其中, 红色区为理论模型失效区, 绿色和黄色区表示理论模型适用区, 且绿色区为建议优先设计区。

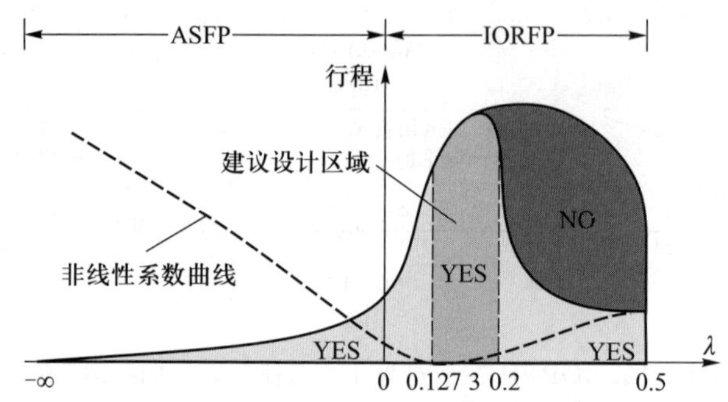

图 13.46　刚度理论模型的适用范围示意图 (见书后彩图)

2. m 和 p 作用下的载荷–转角关系

图 13.47 反映了在弯矩载荷 m 作用下, 径向载荷 p 对 IORFP 载荷 – 转角关系的影响。可以看出, IORFP 的旋转刚度会受正的径向载荷 p 的影响而减小, 受负的径向载荷 p 的影响而增大。

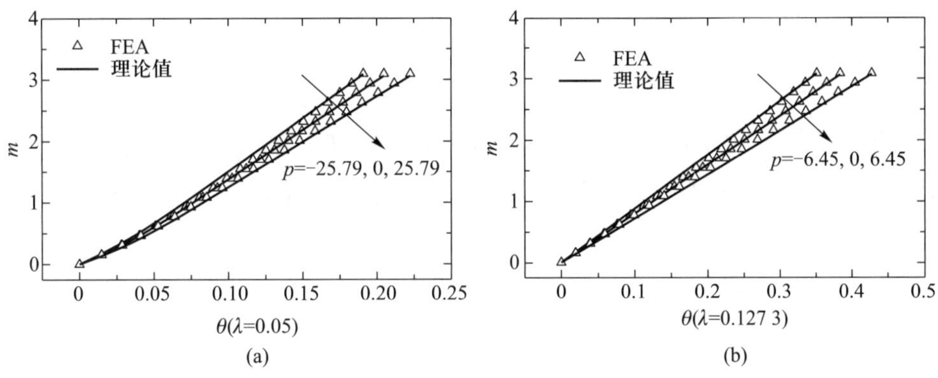

图 13.47 m 和 p 作用下的载荷 – 转角曲线及模型误差曲线

3. f 和 p 作用下的载荷 – 转角关系

图 13.48 反映了在力载荷 f 作用下, 径向载荷 p 对 IORFP 载荷 – 转角关系的影响。同样, IORFP 的旋转刚度受正的径向载荷 p 的影响而减小, 受负的径向载荷 p 影响而增大。

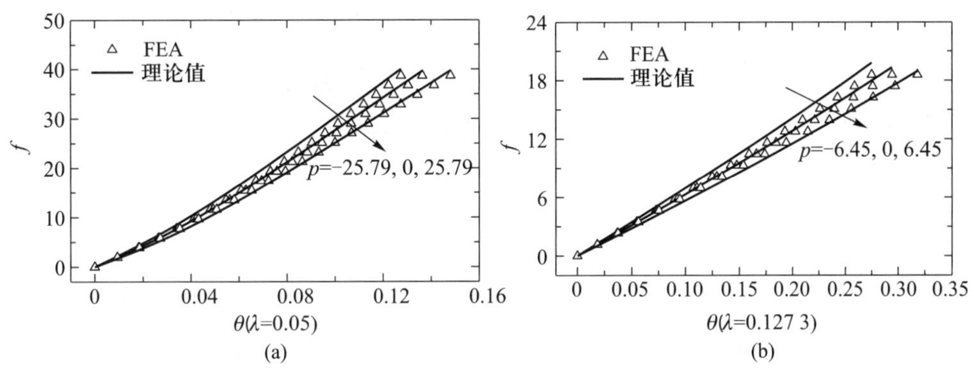

图 13.48 f 和 p 作用下的载荷 – 转角曲线及模型误差曲线

13.3.3 实验测试

13.3.3.1 设计与组装

与 GTCSFP 类似, 由于簧片的空间交叉, 导致 IORFP 难以一体化加工。为了保证簧片精度, IORFP 仍采用叠层装配设计方案, 并采用簧片对称布置形式, 以便消除柔性轴承在运动过程可能发生的翘曲变形。IORFP 结构设计的爆炸图如图 13.49 所示,IORFP 由层叠件、圆柱销和超薄垫片组成, D 表示外圆直径, H 表示总高度。每个层叠件的构型及尺寸均相同, 从而方便批量加工, 采用高精慢走丝线切割机床可一次加工 6 层叠板, 不但效率高, 而且易于保证各层叠件尺寸的一致性, 在装配时相邻层叠件错位 120° 即可。

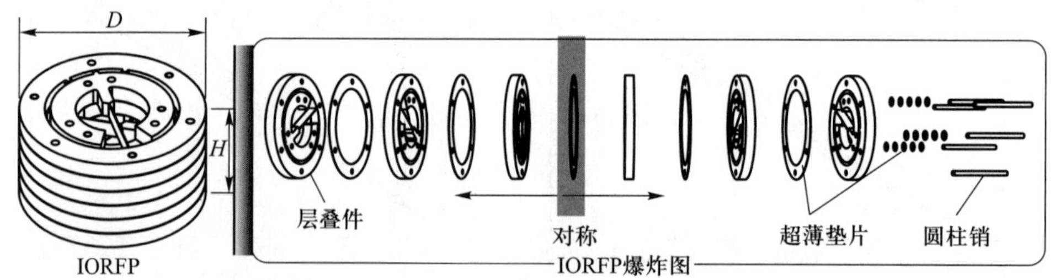

图 13.49　IORFP 装配设计方案

IORFP 配有两种机械接口, 如图 13.50 所示, 其中机械接口 I 用于与测试平台的快速对接; 机械接口 II 则使 IORFP 有了在精密机构或精密仪器中应用的可能, 例如带机械接口 II 的 IORFP 可以与两根连杆相连, 构成一个柔性关节。

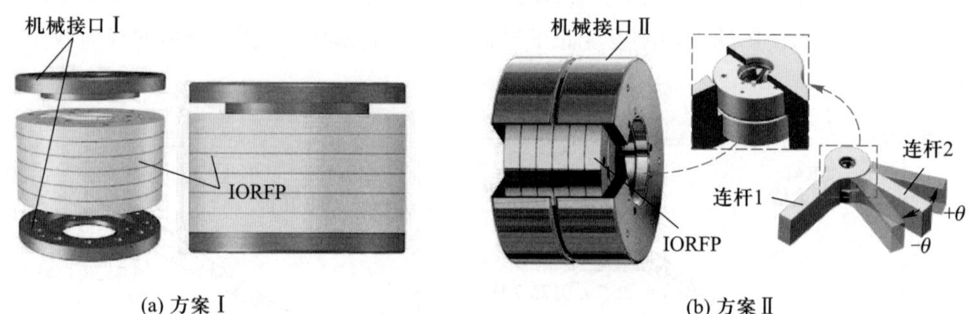

(a) 方案 I　　(b) 方案 II

图 13.50　两种带机械接口的IORFP实物图 (见书后彩图)

表 13.7 是 7 种不同尺寸和材料的 IORFP 设计参数表。其中 IORFP #1、IORFP #3、IORFP #6 和 IORFP #7 的材料、外径 D 相同, 但几何参数 λ 不同;IORFP #2 和 IORFP #3 的材料、几何参数 λ 相同, 但外径 D 不同; IORFP #3、IORFP #4 和 IORFP #5 的几何参数 λ 和外径 D 相同, 但材料不同。

表 13.7　7 种不同尺寸和材料的 IORFP 设计参数

轴承编号	λ	材料	D/mm	H/mm	簧片尺寸			设计行程/°
					L/mm	W/mm	T/mm	
IORFP #1	0.05	AL7075–T6	60	31.6	22.97	5.1	0.25	±9
IORFP #2	0.127 3	AL7075–T6	21	31.6	8	5.1	0.23	±20
IORFP #3	0.127 3	AL7075–T6	60	31.6	25	5.1	0.25	±22
IORFP #4	0.127 3	TC4(Ti–6Al–4V)	60	31.6	25	5.1	0.25	±26
IORFP #5	0.127 3	304 不锈钢	60	28	25	4.5	0.25	±3.5
IORFP #6	0.185	AL7075–T6	60	31.6	26.77	5.1	0.25	±25
IORFP #7	0.3	AL7075–T6	60	31.6	31.17	5.1	0.25	±16

图 13.51 给出了表 13.7 中所述的 7 种柔性轴承实物图片。图中的 IORFP #3 安装了机械接口 I, IORFP #4 安装了机械接口 II, IORFP #2 既有机械接口 I 又有机械接口 II。

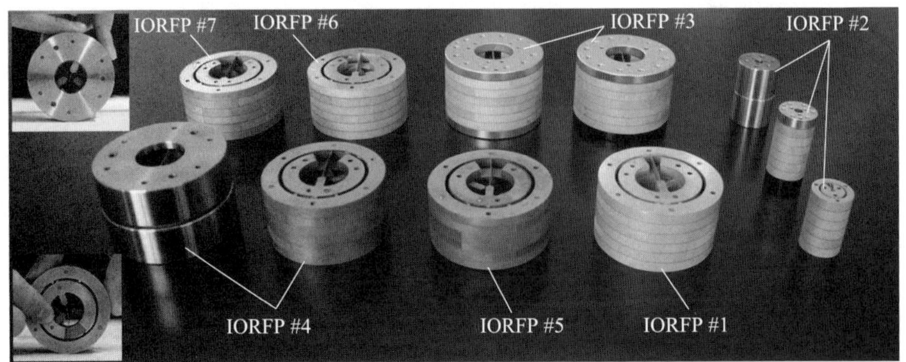

图 13.51 加工装配后的 IORFP 实物图 (见书后彩图)

13.3.3.2 内外环柔性轴承的刚度测试

旋转刚度测试图如图 13.52 所示,IORFP#1、IORFP#3 的旋转刚度测试结果如图 13.53 所示。从图中可以看出, 实验结果与理论分析及仿真数据吻合得比较好。

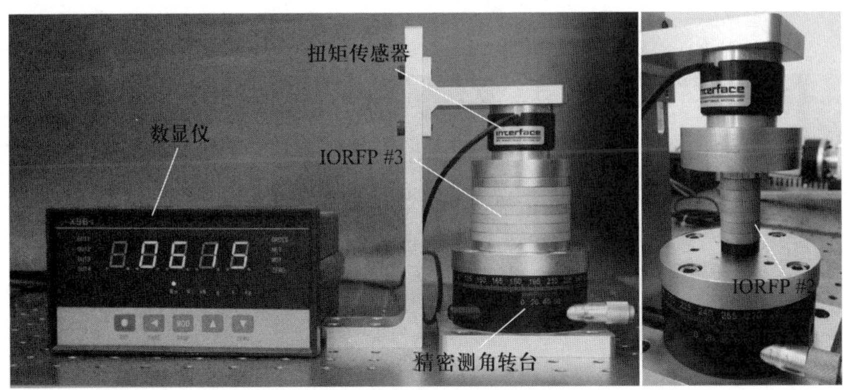

图 13.52 IORFP 旋转刚度的测试装置

13.3.3.3 疲劳寿命测试

为了得到 IORFP#3 的疲劳寿命, 对其进行了疲劳测试, 测试条件与 13.2 节的描述一致。测试在 ±10° 的转角下进行, 大约在循环转动了 140 441 次后, 一根簧片发生了断裂。图 13.54 所示为疲劳断裂后的实物照片。可以看出, 簧片断裂发生在内环根部。这是由于在旋转变形时簧片靠近内环刚体的端部应力最大, 因此最容易疲劳受损。

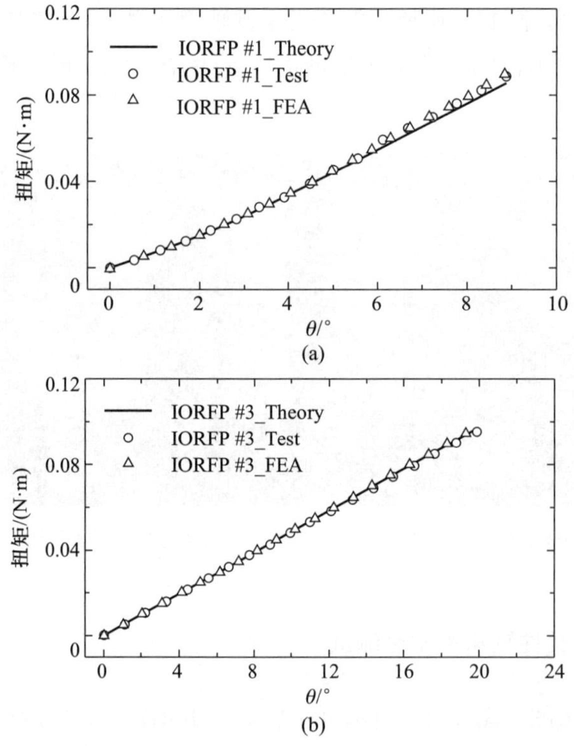

图 13.53 IORFP #1、IORFP #3 旋转刚度的测试结果

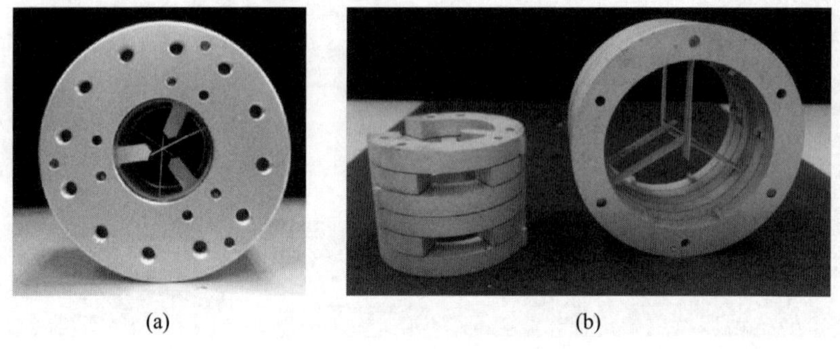

图 13.54 疲劳断裂后的 IORFP#3 (见书后彩图)

13.4 本章小结

传统柔性轴承因为构型的限制行程往往较小, 而增大行程的方法又基本以牺牲径向刚度或精度为代价。本章利用前面提出的柔性设计理论, 针对大行程柔性轴承设计进行了研究, 构造了两种新构型, 并对其刚度特性进行了理论建模仿真分析与实验测试。

(1) 提出了一种广义三交叉簧片型柔性轴承。在纯弯矩作用下, 当几何参数取特殊值 ($\lambda = 0.127\ 3$ 且 $\alpha = 60°$) 时, 该柔性轴承理论上可实现圆周运动, 具有很高的运动精度; 同时, 具有近似线性的刚度特性, 但对温度载荷比较敏感。

(2) 提出了一种内外环柔性轴承新构型。这种柔性轴承具有大行程、零轴漂、对温度载荷不敏感的特性, 但其刚度呈现非线性特性。

由于柔性轴承在众多特性方面优于刚性轴承, 但行程的大小却远远不及后者, 因此继续提高柔性轴承的行程显得非常必要。除了采用优化结构以提高柔性轴承的运动行程等途径之外, 开展全周转动柔性轴承的研究也是一项颇有前景的工作。

参考文献

[1] Awtar S. Synthesis and analysis of parallel kinematic XY flexure mechanisms. Ph. D. dissertation. Boston: Massachusetts Institute of Technology, 2003.

[2] Sarajlic E, Yamahata C, Cordero M, et al. Three-phase electrostatic rotary stepper micromotor with a flexural pivot bearing. Journal of Microelectromechanical Systems, 2010, 19(2): 338-349.

[3] Henein S, Spanoudakis P, Droz S, et al. Flexure pivot for aerospace mechanisms. 2003.

[4] Trease B P, Moon Y, Kota S. Design of large-displacement compliant joints. Journal of mechanical design, Transactions of the ASME, 2005, 127: 788.

[5] http://www.flexpivots.com.

[6] http://www.c-flex.com/index.html.

[7] Henein S, Kjelberg I, Zelenika S. Flexible bearings for high-precision mechanisms in accelerator facilities//CSEM, Neuchâtel, Switzerland S. Zelenika, PSI, Villigen, Switzerland, 2002.

[8] Henein S, Aymon C, Bottinelli S, et al. Articulated structures with flexible joints dedicated to high precision robotics//International Advanced Robotic Programme, Moscow, 1999: 135-140.

[9] Cannon J R. Compliant mechanisms to perform bearing and spring functions in high precision applications. Ph. D. dissertation. Salt Lake City: Brigham Young University, 2004.

[10] Cannon J R, Howell L L. A compliant contact-aided revolute joint. Mechanism and machine theory, 2005, 40(11): 1273-1293.

[11] Halverson P A, Howell L L, Magleby S P. Tension-based multi-stable compliant rolling-contact elements. Mechanism and Machine Theory, 2010, 45(2): 147-156.

[12] Sarajlic E, Yamahata C, Cordero M, et al. Electrostatic rotary stepper micromotor for skew angle compensation in hard disk drive//IEEE, International Conference on Micro Electro Mechanical Systems, 2009: 1079-1082.

[13] 赵山杉. 大变形环形柔性铰链性能分析与设计方法研究. 博士学位论文, 北京: 北京航空航天大学, 2010.

[14] 赵宏哲. 基于约束特性的柔性精密运动模块参数化设计. 博士学位论文, 北京: 北京航空航天大学, 2010.

[15] 刘浪. 大行程簧片式柔性轴承的设计与研究. 博士学位论文, 北京: 北京航空航天大学, 2015.

[16] Zhao H Z, Bi S S. Accuracy characteristics of the generalized cross-spring pivot. Mechanism and Machine Theory, 2010, 45(10): 1434-1448.

[17] Bi S S, Zhao S S, Zhu X F. Dimensionless design graphs for three types of annulus-shaped flexure hinges. Precision Engineering, 2010, 34(3): 659-666.

[18] 谭坤, 宗光华, 毕树生, 等. 大变形柔性铰链的多簧片构型. 军民两用技术与产品, 2007, 3: 38-42.

[19] Zhao S S, Bi S S, Yu J J, et al. A large-deflection annulus-shape flexure hinge based on curved beams//Proceedings of the ASME 2008 International Design Engineering Technical Conferences & Computers and Information in Engineering Conference (IDETC/CIE).

[20] Liu L, Bi S S, Yang Q Z, et al. Design and experiment of generalized triple-cross-spring flexure pivots applied to the ultra-precision instruments. Review of Scientific Instruments. 2014, 85(10): 105102.

[21] Liu L, Zhao H Z, Bi S S, et al. Research of performance comparison of topology structure of cross-spring flexural pivots//Proceedings of the ASME 2014 International Design Engineering Technical Conferences & Computers and Information in Engineering Conference (IDETC/CIE), August 17-20, 2014, New York, USA.

第 14 章　大行程 XY 柔性工作台

XY 工作台是指可实现平面二维移动的精密定位系统。充分利用柔性机构无摩擦、无磨损、无间隙、免润滑等特点, 设计得到的 XY 柔性工作台具有纳米级的定位精度。

在某些特殊场合, 如电子探针纳米印刷技术、原子力显微镜、半导体封装、数据存储等应用[1-3] 中, 要求 XY 柔性工作台在满足所期望的刚度、行程、精度等性能的同时, 还具有如下特性: ① 功能方向具有较大的工作行程; ② 交叉轴的寄生运动几乎不存在; ③ 输入位移和输出位移解耦; ④ 较大的驱动刚度及带宽; ⑤ 较高的温度和加工容错性。

基于上述指标, 本章来讨论大行程 XY 柔性工作台设计问题。以光电子封装行业的应用指标作为设计目标: ① 行程$\geqslant$ 10 mm; ② 定位精度为 ± 2.5 μm; ③ 分辨率 $\leqslant$ 100 nm。首先基于模块化思想对各柔性单元模块进行设计比较, 再进行参数化刚度设计, 设计了一种直驱式 2 自由度高度解耦的移动工作台。

14.1　构型设计

14.1.1　拓扑结构演化

最近 10 年, 一些学者对大行程 XY 柔性工作台进行了系统研究[4-13], 从中可以总结出现有 XY 工作台构型的变化规律: 基本都采用单轴柔性移动模块的串并联组合形式。最基本、也最简单的并联构型是 2–PP 模型[4], 该模型如图 14.1a 所示。它具有并联机构最简单的两支链形式, 虽然 2–PP 模型运动解耦, 但是系统刚度较低, 且因非对称结构, 不能很好地约束掉面内旋转和寄生移动。4–PP 模型[4-11] (图 14.1b) 通过对称支链提供的冗余约束很好地解决了上述问题。为了提高面外约束刚度, 在 4–PP

基础上进一步添加冗余约束 E (平面约束单元), 构建了如图 14.1c 所示的 4–PP&1–E 模型[12-13]。该机构在继承了 4–PP 机构运动解耦特性的同时, 冗余约束单元 E 提高了面外的运动刚度, 且不影响整体自由度类型。

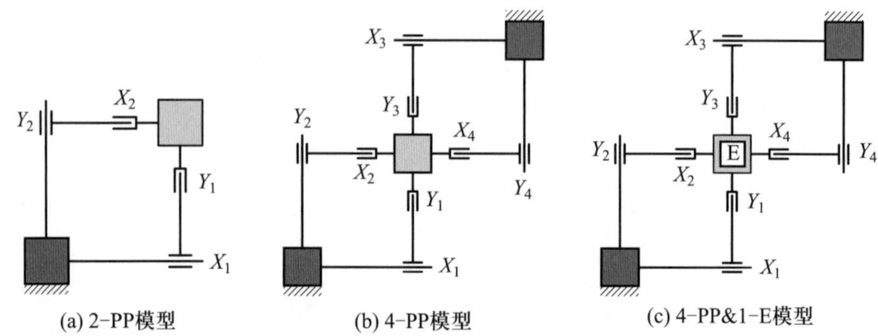

图 14.1 XY 平台机构的 3 种模型

14.1.2 柔性模块的构型设计

14.1.2.1 柔性移动模块的选型

若机构中存在构件上的某点 (部分) 运动轨迹为直线或近似直线, 则称其为直线机构; 若某个构件可以沿着直线平动, 则称该机构为直线导向机构。通常情况下, 单轴柔性移动模块通过直线机构或直线导向机构构造实现。

刚性机构中, 直线及直线导向机构种类繁多, 可以用柔性单元通过运动或约束等效替换其中相应的刚性铰链, 以获得想要的柔性直线及直线导向机构。

常见的直线机构有 Hoeken 机构、Chebyshev 机构、Roberts 机构和 Watt 机构等[14-15] (图 14.2)。其中, Watt 机构的直线特征点在连杆中间, 且位于机构空间内侧, 难以设计成柔性直线机构; Chebyshev 机构存在杆件交叉, 不能实现一体化加工柔性单元; 由 Hoeken 机构和 Roberts 机构可衍生出柔性直线机构。

文献 [16] 对传统 Hoeken 尺寸比例进行了优化, 得出 $r_1 = 1, r_2 = r_3 = 4, r_4 = 3, l_2 = 8$ 的情况下, 参考点的直线度得到明显改善, 并以此为原型得到大行程柔性 Hoeken 移动单元 (图 14.3a)。文献 [17] 通过伪刚体建模, 并基于转动误差补偿设计了图 14.3b 所示的柔性 Roberts 机构。

在得到柔性直线单元以后, 下面再来讨论柔性直线导向单元的构造方法。具体而言, 可以将柔性直线单元简单并联得到柔性直线导向单元, 也可以通过串联后再并联获得行程更大的直线导向单元。图 14.4 给出了几种典型的由柔性直线单元组合后得到的大行程柔性直线导向模块。

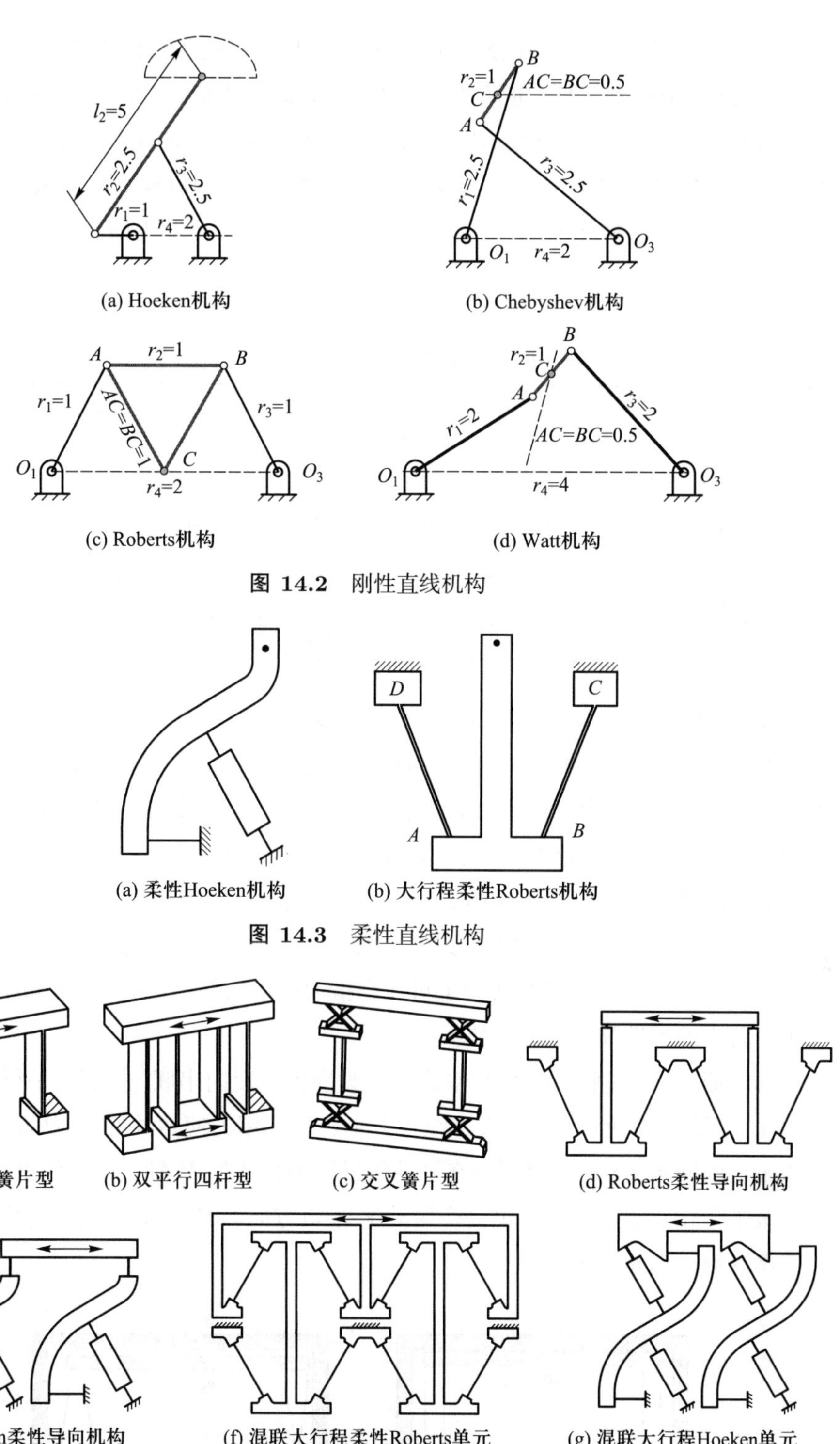

(a) Hoeken机构　(b) Chebyshev机构

(c) Roberts机构　(d) Watt机构

图 14.2 刚性直线机构

(a) 柔性Hoeken机构　(b) 大行程柔性Roberts机构

图 14.3 柔性直线机构

(a) 平行双簧片型　(b) 双平行四杆型　(c) 交叉簧片型　(d) Roberts柔性导向机构

(e) Hoeken柔性导向机构　(f) 混联大行程柔性Roberts单元　(g) 混联大行程Hoeken单元

图 14.4 柔性直线导向单元

文献 [18] 对图 14.4 中部分大行程柔性直线导向机构的综合性能 (包括功能方向的最大行程、机构紧凑性、非功能方向的寄生运动、最大工作应力、固有频率等) 作了分析和比较。通过 ANSYS 有限元仿真比较了柔性平行双簧片机构 (图 14.4a)、柔性双平行四杆机构 (图 14.4b)、交叉簧片型柔性直线运动机构 (图 14.4c)、梯形模块型柔性直线运动机构 (图 14.4f) 以及柔性 Hoeken 直线运动机构 (图 14.4e), 综合性能分析结果如表 14.1 所示。

表 14.1 不同柔性移动单元的综合性能比较

柔性移动单元	行程/mm	一阶固有频率/Hz	最大应力/MPa	寄生运动/μm	轮廓尺寸/(mm×mm)
平行双簧片型	8	25.993	155	656	60 × 40
双平行四杆型	8	14.627	74.9	0.186	60 × 40
交叉簧片型	8	29.862	226	44.8	60 × 73
梯形 (Roberts) 模块型	8	36.5	279	5.82	60 × 89
柔性 Hoeken 型	8	—	263.9	11.53	64 × 105

从表 14.1 的比较结果可以看出, 在运动刚体输出相同行程的位移情况下, 交叉簧片型、梯形模块型和柔性 Hoeken 型移动单元的簧片由于过度弯曲, 最大应力值较大, 过早地趋近于应力极限。而柔性平行双簧片型和双平行四杆型各移动单元簧片变形均匀, 最大应力值较小, 距离应力极限条件还有很大余量, 且双平行四杆型的最大应力仅为其他构型移动单元的 $1/3 \sim 1/4$, 其最大行程远不止 8 mm。另外, 双平行四杆机构的寄生运动误差远小于其他 4 种构型, 且同时拥有更小的轮廓尺寸, 结构紧凑, 簧片受力及变形均匀, 理论上可完全抵消寄生误差。因此, 可将其选作 XY 柔性工作台中的柔性移动单元模块。

具体而言, 通过将两个平行双簧片型柔性模块反向串联, 得到双平行四杆柔性模块 I, 如图 14.5 所示。通过在二级平台上施加作用力使簧片变形, 从而实现一级、二级平台的同步运动。一级平台在平动的过程中会产生 Y 轴负方向的寄生运动, 同时二级平台相对于一级平台也会产生沿 Y 轴负方向的寄生运动, 两种寄生运动通过反向串联设计而相互抵消。

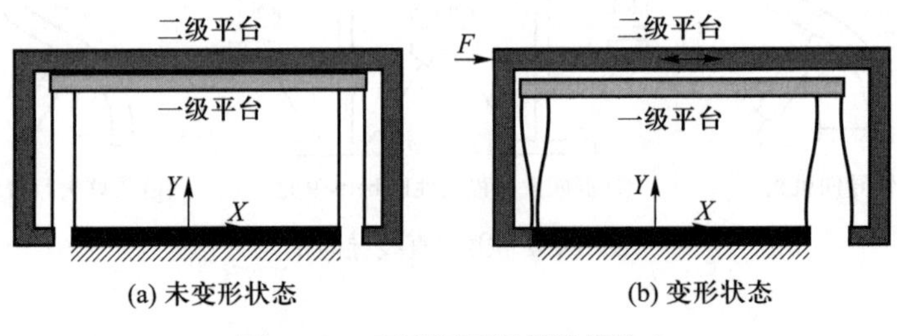

图 14.5 双平行四杆柔性模块 I

另外一种改变平行双簧片型柔性模块拓扑结构的方法是采用串并混联的方式。首先将两个平行双簧片型柔性模块进行反向串联，然后通过镜像布置得到两个双平行四杆柔性模块，最后将两个分支并联，得到如图 14.6 所示的柔性模块 Ⅱ。

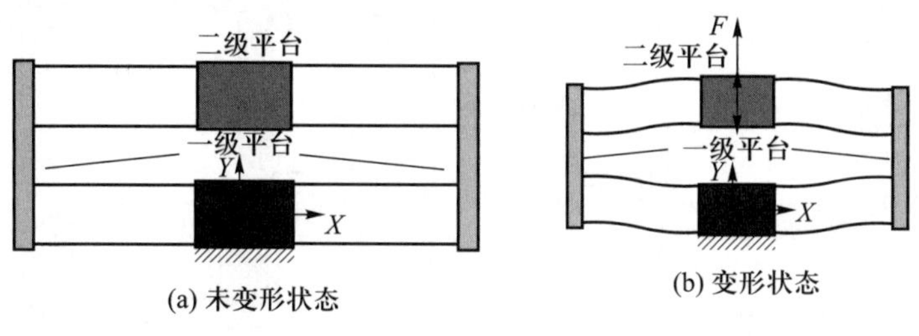

图 14.6　双平行四杆柔性模块 Ⅱ

14.1.2.2 面外柔性约束模块的选型

文献 [12] 中运用面外约束单元 E，成功地提高了面外非功能方向的刚度。

文献 [19] 运用自由度与约束拓扑的方法设计出图 14.7a 所示的柔性模块，该模块具有平面运动特性。这里将图 14.7a 所示的两个柔性模块串联，以增大平面单元的运动范围，结构如图 14.7b 所示。相比于文献 [12] 的设计，此柔性平面运动单元可实现一体化加工，精度更容易得到保证。

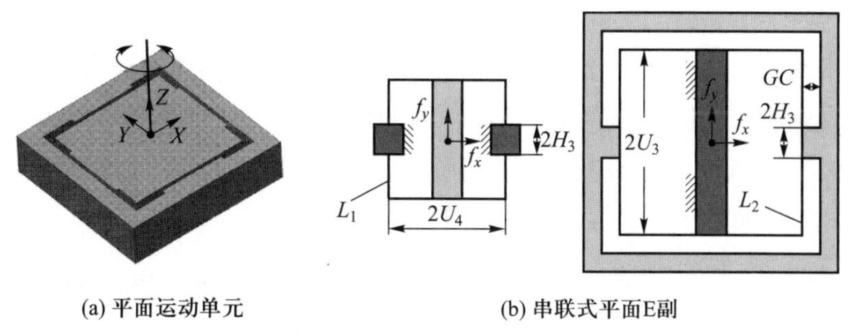

图 14.7　柔性平面 E 副

14.1.3　柔性 XY 工作台的构型设计

典型的 4–PP 型柔性并联工作台结构如图 14.8a 所示，即对刚性 4–PP 模型每条支链的移动副用上一小节提出的双平行四杆柔性模块替换，可以得到 XY 平台整体结构。为了提高工作台系统刚度，增加冗余约束度，可以再增加 4 条冗余支链，得到图 14.8b 所示的 8–PP 型旋转对称结构。

由 4–PP 模型还可以衍生出类 4–PP 模型，如 4–P–2P、4–2P–P (2P–P: 两个移动副并联后再和一个移动副串联) 和 16–P 模型，如图 14.9 所示。

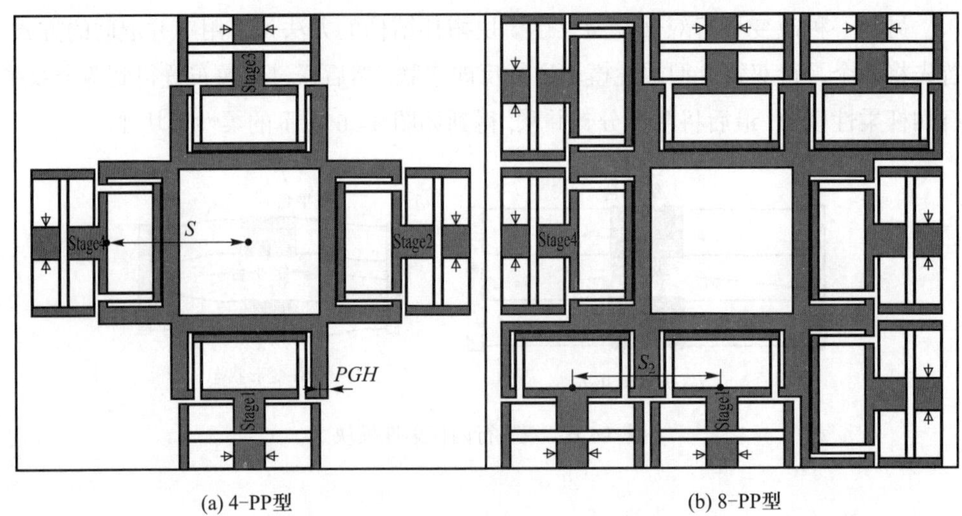

(a) 4-PP型　　(b) 8-PP型

图 14.8　大行程柔性 XY 并联工作台

如图 14.9a 所示, 该模型由 12 个双平行四杆柔性模块通过串并混联而得到。柔性模块的并联可以提高整体平台的刚度, 在一定程度上可以提升系统抗外界干扰的能力。而且运动平台与 4 条支链的连接部分共有 8 个, 极大程度上提高了平台绕 X/Y 轴的面外旋转刚度。通过在 X、Y 向分别施加载荷 F_x、F_y, 可以使运动平台在 XY 平面上运动。但是考虑到载荷分布的位置, 此模型的驱动安装是个很大的问题。

如图 14.9b 所示, 该模型也是由 12 个双平行四杆柔性模块通过串并混联而得到。此模型的驱动可以放置在平台外面, 从而解决了 4–P–2P 模型驱动安装的位置。但是, 运动平台和 4 条支链只有 4 个连接部分, 较少的连接部分会导致平台绕 X/Y 轴的面外旋转刚度较低, 严重影响运动平台的精度。

如图 14.9c 所示, 该模型由 16 个双平行四杆柔性模块通过串并混联而得到。采用更多的双平行四杆柔性模块的原因在于可以通过串并联完全消除柔性模块的寄生运动, 而且采用更多的双平行四杆柔性模块无疑可以提高平台的整体刚度, 但是对驱动功率的要求也相应地提高。不必要地提高刚度会导致驱动器过于笨重, 而且过多的双平行四杆柔性模块会增加加工难度。

如图 14.9d 所示, 该模型也是由 16 个双平行四杆柔性模块通过串并混联而得到。同样, 更多的双平行四杆柔性模块可以完全消除寄生运动, 同时增加平台的整体刚度和结构的复杂程度。为了实现平台在 XY 平面内的移动, 必须施加如图所示的作用力, 可以看出此模型的驱动布置较为复杂, 必须保证同方向的两个驱动力在同一时刻输出力的值大小相同, 否则会造成平台的面内绕 Z 轴的旋转。在相同的条件下, 此方案对驱动控制精确度的要求更高。

以上 4 种拓扑结构均反映了"串联增大行程、并联提高刚度、镜像布置提高面内旋转刚度"的设计理念。可以看出, 合理的串联、并联、镜像布置会对 XY 柔性平台的静态工作特性起到积极作用, 但总体上会造成系统刚度下降, 影响其动态特性。

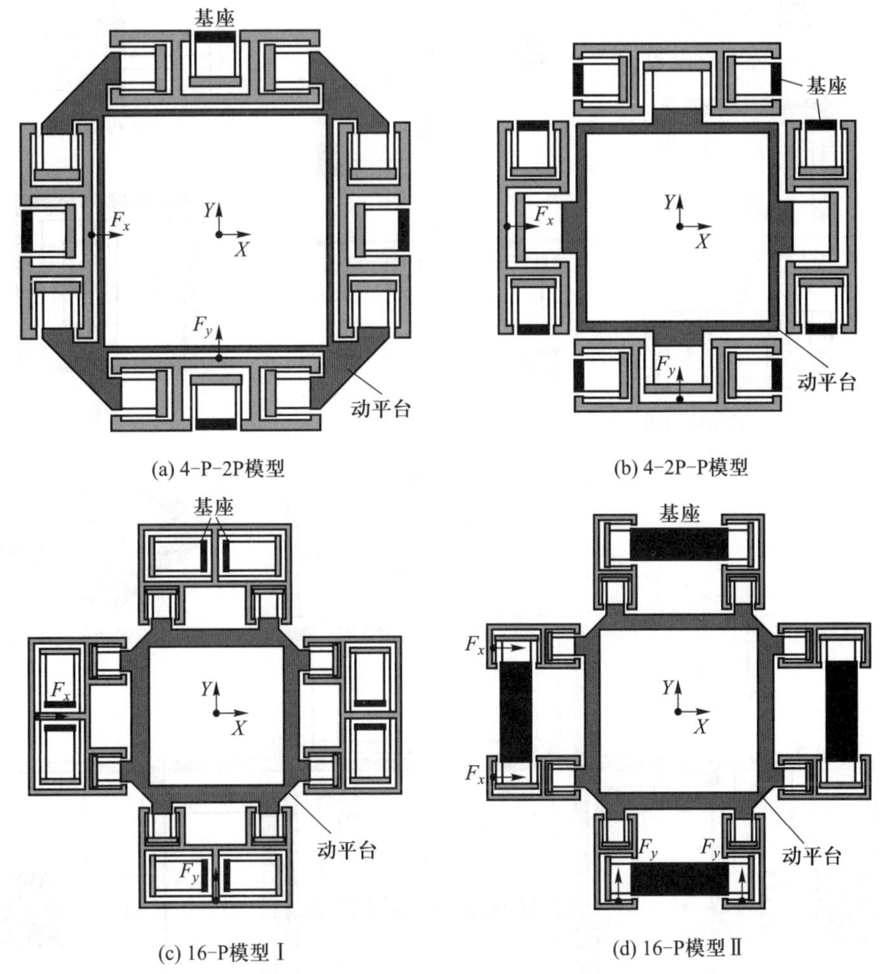

图 14.9 4 种类 4–PP 工作台模型

为了减小平台 Z 轴方向的寄生运动, 可在平台的中心增加一个平面 E 副, 从而构建出 4–PP&1–E 模型[20], 冗余单元 E 副在不影响 X/Y 方向自由度的同时提高了 Z 方向的运动刚度。具体将柔性移动副 $\mathrm{P_I}$、$\mathrm{P_{II}}$ 和平面副 E 替换到 4–PP&1–E 运动模型中, 柔性平台的构建过程及结果如图 14.10 所示。这种结构满足一体化加工的特点, 无需装配, 同时平面副 E 的使用在提高系统刚度的同时减小了运动平台的动质量, 在一定程度上提高了系统的动态性能。

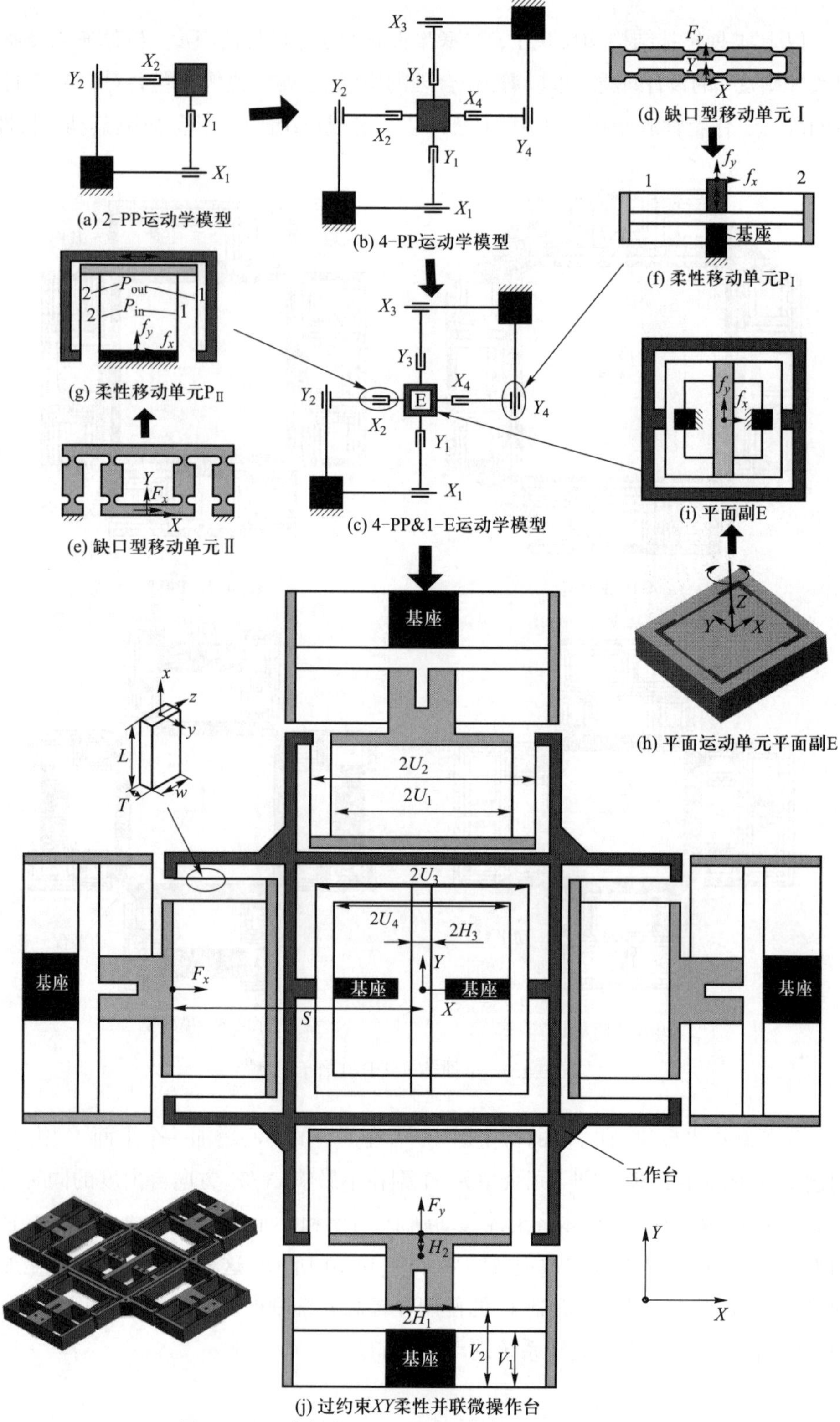

图 14.10　大行程 XY 柔性工作台的概念设计过程

14.2 参数设计

14.2.1 参数化刚度设计

运用参数化思想, 分析柔性 P 副及 PP 分支尺寸参数对自身性能的影响, 通过选取合适的参数达到性能的最优。

14.2.1.1 簧片尺寸的确定

在确定尺寸之前, 需要选择制备柔性工作台的材料, 具体选用 AL7075–T6。该材料具有较高的屈服强度/弹性模量比、低加工应力和长期相稳定性等特点, 常用于航空零部件。AL7075–T6 的最大许用应力为 505 MPa, 杨氏弹性模量取修正值 $E=81$ GPa, 泊松比 $\nu=0.33$, 密度 $\rho=2\ 810$ kg/m^3。另外, AL7075 铝合金具有良好的阳极反应特性, 非常适合放电加工进行切割。

图 14.11 所示的平行双簧片柔性模块的运动行程为

$$\varDelta=\frac{FL^3}{2EWT^3} \tag{14.1}$$

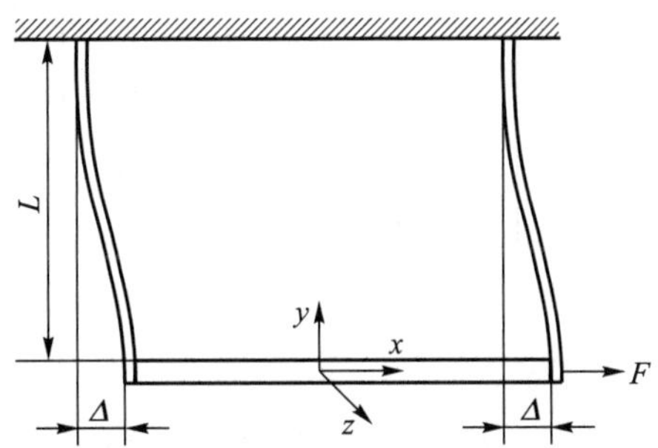

图 14.11 平行双簧片柔性模块的载荷与变形

由于簧片的长度 L 一般远大于簧片的厚度 T, 所以剪应力可忽略, 仅考虑正应力的作用, 则有

$$\left.\begin{aligned}\sigma_{\max}&=\frac{My_{\max}}{I_z}=\frac{M}{WT^2/6}\\ I_z&=\frac{WT^3}{12}\\ M&=\frac{F}{2}\frac{L}{2}\end{aligned}\right\}F=\frac{2WT^2\sigma_{\max}}{3L} \tag{14.2}$$

将式 (14.2) 代入式 (14.1), 可得双平行四杆机构的最大行程为

$$\varDelta_{\text{double}}=2\varDelta=\frac{2L^2\sigma_{\max}}{3ET}=\frac{2L^2\left[\sigma\right]}{3\eta ET} \tag{14.3}$$

式中, L、T 分别为簧片长度与厚度; E 为材料的弹性模量; $[\sigma]$ 为许用应力; η 为安全系数。

由式 (14.3) 可以看出, 双平行四杆机构的行程与簧片宽度及作用力大小无关, 仅与簧片长度、厚度和材料属性 (弹性模量和许用应力) 有关。本设计中, 目标行程为 10 mm, 即单向行程 $\Delta_{\text{double}} = 5$ mm, 同时根据加工条件和经验可以选择簧片厚度 $T = 0.4$ mm, 宽度 $W = 24$ mm。

将 $[\sigma] = 505$ MPa 及安全系数 $\eta = 2$ 代入式 (14.3) 中, 可得簧片长度 L 为

$$L = \sqrt{\frac{3\eta \Delta_{\text{double}} ET}{2\,[\sigma]}} = 31.03 \text{ mm}$$

因此, 取簧片长度 $L = 33 \text{ mm} \geqslant 31.03$ mm。

14.2.1.2 柔性副 $\mathrm{P_I}$ 尺寸的确定

将图 14.10 所示柔性移动单元 $\mathrm{P_I}$ (双平行四边形柔性模块 Ⅱ) 中尺寸参数进行归一化, 即 $v_1 = V_1/L, v_2 = V_2/L, h_1 = H_1/L, h_2 = H_2/L$, 按第 4 章所给的柔度计算方法得到

$$\boldsymbol{C}_{\mathrm{P_I}} = \begin{bmatrix} c_{11} & 0 & 0 & 0 & 0 & c_{16} \\ 0 & c_{22} & 0 & 0 & 0 & 0 \\ 0 & 0 & c_{33} & c_{34} & 0 & 0 \\ 0 & 0 & c_{43} & c_{44} & 0 & 0 \\ 0 & 0 & 0 & 0 & c_{55} & 0 \\ c_{61} & 0 & 0 & 0 & 0 & c_{66} \end{bmatrix} \tag{14.4}$$

式中

$$c_{11} = \frac{l^2}{2\chi l^2 + 6\gamma v_1^2 + 2\chi\gamma l^2}$$

$$c_{22} = \frac{\chi l^4 + \gamma l^2(\chi l^2 + 3v_1^2 + 3v_2^2)}{2\gamma \begin{pmatrix} 4\chi l^4 + 12\chi h_1^2 l^2 + 36\gamma h_1^2 v_1^2 + 12\gamma l^2 v_1^2 + 3\gamma l^2 v_2^2 + \\ 4\chi\gamma l^4 + 12\chi h_1 l^3 + 12\chi\gamma h_1 l^3 + 36\gamma h_1 l v_1^2 + 12\chi\gamma h_1^2 l^2 \end{pmatrix}}$$

$$c_{33} = \frac{l^2 t^2}{8l^2t^2 + 6l^2v_1^2 + 12h_1 l t^2 + 6h_1 t^2}$$

$$c_{44} = \frac{t^2 \begin{pmatrix} 12h_1^2 t^4 + 36h_1^2 t^2 v_1^2 + 36h_1^2 t^2 v_2^2 + 12h_1 l t^4 + 36h_1 l t^2 v_1^2 + \\ 36h_1 l t^2 v_2^2 + 12h_2^2 l^2 t^2 + 36h_2^2 l^2 v_1^2 + 12h_2 l^2 t^2 v_1 + \\ 12h_2 l^2 t^2 v_2 + 36h_2 l^2 v_1^3 + 36h_2 l^2 v_1^2 v_2 + 4l^2 t^4 + 18l^2 t^2 v_1^2 + \\ 6l^2 t^2 v_1 v_2 + 15l^2 t^2 v_2^2 + 18l^2 v_1^4 + 18l^2 v_1^3 v_2 + 18l^2 v_1^2 v_2^2 \end{pmatrix}}{24(t^2 + 3v_1^2)(12h_1^2 t^2 + 12h_1 l t^2 + 4l^2 t^2 + 3l^2 v_1^2)}$$

$$c_{55} = \frac{l^2}{24}$$

$$c_{66} = \frac{\chi l^4 + \gamma l^2(12h_2^2 + 12h_2 v_1 + 12h_2 v_2 + \chi l^2 + 6v_1^2 + 6v_1 v_2 + 6v_2^2)}{24\gamma(\chi l^2 + 3\gamma v_1^2 + \chi\gamma l^2)}$$

已知簧片尺寸为 $T = 0.4$ mm, $L = 33$ mm, $W = 24$ mm, 设计参数包括 V_1、V_2、H_1、H_2 (或 v_1、v_2、h_1、h_2)。下面讨论这 4 个参数对柔性移动单元 P_I 主柔度的影响。为了方便各参数下不同主柔度之间的比较, 需再将移动柔度 (后 3 项) 进行量纲一化 (除以 L^2)。然后都除以功能方向柔度 c_{55}。其中, 功能方向的主柔度 c_{55} 仅与簧片长度和材料属性有关。

图 14.12a 给出了尺寸参数 v_1 对主柔度各参数的影响。可以看出: 相比于 c_{55}, 其他 5 个主柔度参数均受到 v_1 的影响; 随 v_1 的增大而减小, 且 c_{11}、c_{22} 和 c_{66} 在整个取值范围中均小于 $c_{55}/100$; 而 c_{33} 和 c_{44} 在 v_1 较小的范围内随着 v_1 的增大而急剧减小, 然后很快趋近于 0。总的来说, 当设计柔性移动单元 P_I 时, 尺寸参数 v_1 取值越大, 非功能方向的柔度比重越小, 一维移动特性越好, 但是高于某一拐点后, 对主柔度性能的影响甚微。

图 14.12b 给出了尺寸参数 v_2 对主柔度各参数的影响。因为 v_2 大于 v_1, 所以 v_2 取值在在 $0.5 \sim 1.5$ 之间变化。可以看出: 在参数 v_2 整个取值范围内, 主柔度 c_{ii} ($i = 1, 2, 3, 4$ 和 6) 均小于 c_{55} 的 1/100, 其中 c_{11} 和 c_{33} 不受尺寸参数 v_2 的影

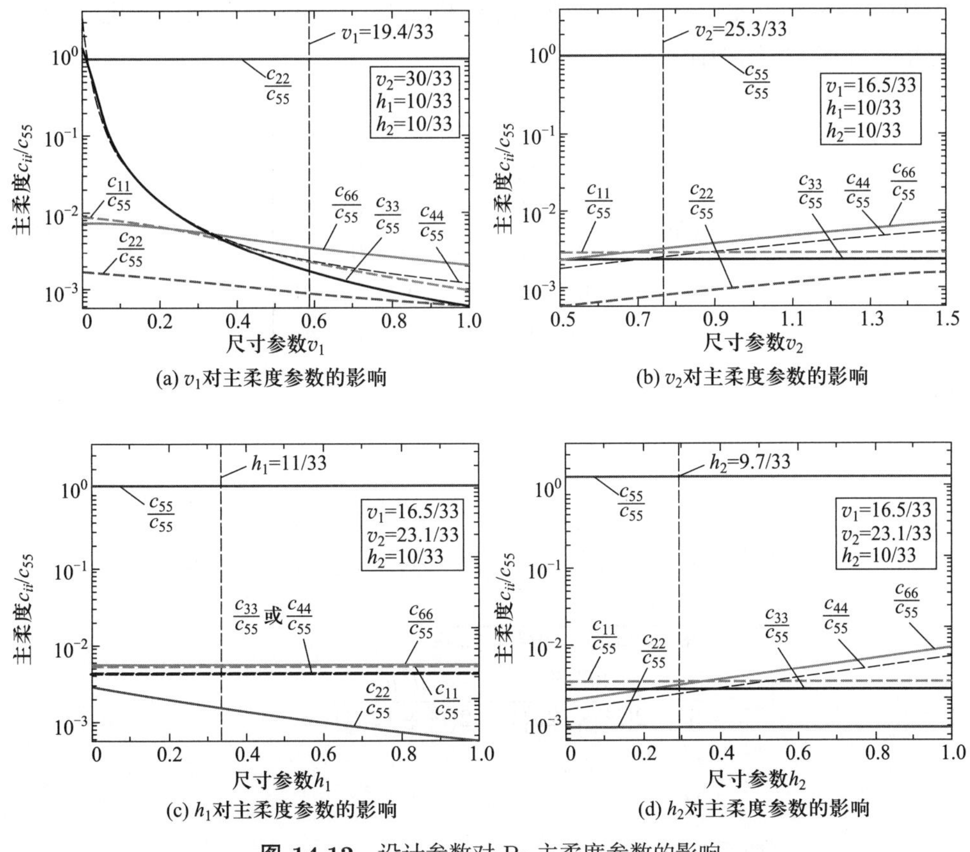

(a) v_1对主柔度参数的影响

(b) v_2对主柔度参数的影响

(c) h_1对主柔度参数的影响

(d) h_2对主柔度参数的影响

图 14.12 设计参数对 P_I 主柔度参数的影响

响; 而细微的变化趋势显示, 主柔度参数 c_{22}、c_{44} 和 c_{66} 都随着 v_2 增大而缓慢增长。总体上, 尺寸参数 v_2 对主柔度性能影响不大, 但其取值应尽可能小。

图 14.12c 给出了尺寸参数 h_1 对主柔度性能的影响。可以看出: 在参数 v_1 整个取值范围内, 主柔度参数 c_{11} 和 c_{66} 不受尺寸参数 h_1 的影响; 而细微的变化趋势显示, 主柔度参数 c_{22}、c_{33} 和 c_{44} 都随着 h_1 增大而减小。总体上, 尺寸参数 h_1 对主柔度性能影响不大, 但其取值越大, 功能方向柔度性能越凸显。

图 14.12d 给出了尺寸参数 h_2 对主柔度性能的影响。当 h_2 在 $0 \sim 1$ 之间变化时, 主柔度 c_{ii} ($i = 1, 2, 3, 4$ 和 6) 均小于 c_{55} 的 1/100, 其中主柔度参数 c_{11}、c_{22} 和 c_{33} 不受尺寸参数 h_2 的影响, c_{44} 和 c_{66} 都随着 h_2 增大而略有减小。总的来看, 尺寸参数 h_2 对主柔度性能影响不大, 但其取值应尽可能小。

从以上分析可以看出, 柔性移动单元 $\mathrm{P_I}$ 结构由 4 个尺寸参数 (v_1、v_2、h_1 和 h_2) 确定。为了优化功能方向的柔度性能 (即 c_{55}), 应使参数 v_1 和 h_1 尽可能大, 而参数 v_2 和 h_2 尽可能小。

14.2.1.3 柔性移动单元 $\mathrm{P_{II}}$ 尺寸的确定

将柔性移动单元 $\mathrm{P_{II}}$ (双平行四边形柔性模块 I) 中尺寸参数进行归一化, 即 $u_1 = U_1/L, u_2 = U_2/L$, 同理计算得到

$$\boldsymbol{C}_{\mathrm{P_{II}}} = \begin{bmatrix} c_{11} & 0 & 0 & 0 & 0 & c_{16} \\ 0 & c_{22} & 0 & 0 & 0 & 0 \\ 0 & 0 & c_{33} & c_{34} & 0 & 0 \\ 0 & 0 & c_{43} & c_{44} & 0 & 0 \\ 0 & 0 & 0 & 0 & c_{55} & 0 \\ c_{61} & 0 & 0 & 0 & 0 & c_{66} \end{bmatrix} \tag{14.5}$$

式中

$$\begin{aligned} c_{11} &= \frac{1}{\gamma} \\ c_{22} &= \frac{l^2}{2\chi l^2 + 24\gamma u_1^2 + 2\chi\gamma l^2} + \frac{l^2}{2\chi l^2 + 24\gamma u_2^2 + 2\chi\gamma l^2} \\ c_{33} &= \frac{t^2}{2t^2 + 24u_1^2} + \frac{t^2}{2t^2 + 24u_2^2} \\ c_{44} &= \frac{l^2}{3} - \frac{3l^2u_1^2}{2(t^2 + 12u_1^2)} - \frac{3l^2u_2^2}{2(t^2 + 12u_2^2)} \\ c_{55} &= \frac{t^2}{12} \\ c_{66} &= \frac{l^2}{3\gamma} \end{aligned}$$

设计参数包括 U_1、U_2, 或 $u_1(u_1 = U_1/L)$、$u_2(u_2 = U_2/L)$。下面讨论这两个尺寸参数对柔性移动单元 P_{II} 主柔度性能的影响。同样, 为方便比较, 需再将移动柔度 (后 3 项) 进行量纲一化 (除以 L^2)。尺寸参数 u_1 和 u_2 对主柔度性能的影响曲线如图 14.13 所示。

图 14.13a 给出了尺寸参数 u_1 对主柔度性能的影响。当参数 u_1 在 $0.5 \sim 3.0$ 范围内变化时, 主柔度参数 c_{ii} $(i = 1, 2, 3, 5$ 和 $6)$ 均小于 c_{44} 的 1/100, 且柔度 c_{11}、c_{55} 和 c_{66} 不受参数 u_1 取值变化的影响; 而旋转柔度 c_{22} 和 c_{33} 均随 u_1 取值增大而减小, 最终趋于某一稳定值。因此, 为了抑制非功能方向的柔度, 在一定取值范围内可以使参数 u_1 尽可能大。

图 14.13b 给出了尺寸参数 u_2 对主柔度性能的影响。因为 u_2 大于 u_1, 所以 u_2 在 $2 \sim 4$ 之间变化, 在 $u_2 = 2 \sim 4$ 取值范围内, 主柔度参数 $c_{ii}(i = 1, 2, 3, 5$ 和 $6)$ 均小于 c_{44} 的 1/100, 且参数 u_2 取值的变化对主柔度 c_{11}、c_{22} 和 c_{33} 无影响, c_{22} 和 c_{33} 随参数 u_2 取值的增大而减小, 但是变化范围较小。总体上, 尺寸参数 u_2 对主柔度性能影响甚微, 但其取值应尽可能小。

综上所述, 柔性移动单元 P_{II} 结构由两个尺寸参数 (u_1 和 u_2) 确定。通过对主柔度性能分析可知, 为了优化功能方向的柔度性能 (即 c_{44}), 在取值允许范围内参数 u_1 应尽可能大, 而参数 u_2 应尽可能小。

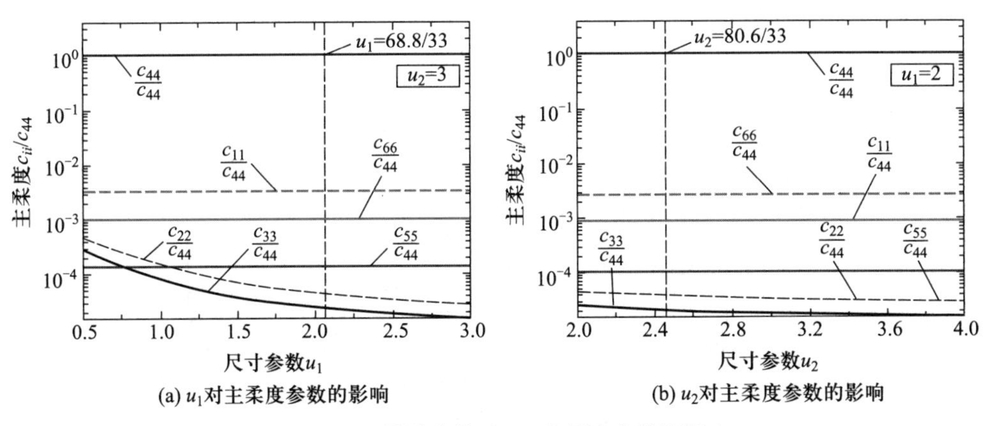

(a) u_1对主柔度参数的影响

(b) u_2对主柔度参数的影响

图 14.13 设计参数对 P_{II} 主柔度参数的影响

14.2.1.4 柔性 PP 分支尺寸的确定

柔性副 P_I 和 P_{II} 的尺寸确定后, 将 P_I 和 P_{II} 串联得到 PP 支链。为了确定 PP 支链的尺寸参数, 还需引入设计变量 B 和其他结构常量, 具体如图 14.14 所示。

考虑到平台整体尺寸的要求, 设计变量 B 的取值限定在 $0.08 \sim 0.15$ m。图 14.15 给出了尺寸参数 B 对 PP 支链主柔度的影响。可以看出, 参数 B 在 $0.92 \sim 0.15$ 范

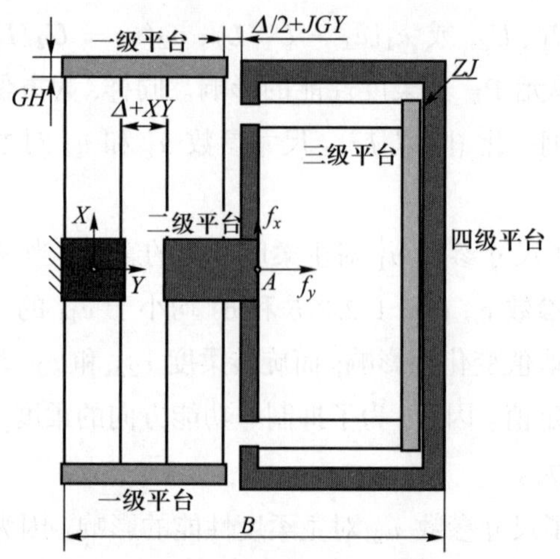

图 14.14 PP 分支结构示意图

围内取值时, 主柔度 c_{ii} 均小于 c_{55} 的 1/100, 且 c_{11}、c_{22}、c_{33} 和 c_{66} 均随着 B 取值增大而减小。在 0.92 ∼ 0.15 范围内选取 $B = 0.1$ m, 此时非功能方向柔度 c_{ii} 均小于功能方向柔度的 1/100, 足够小, 可以忽略。

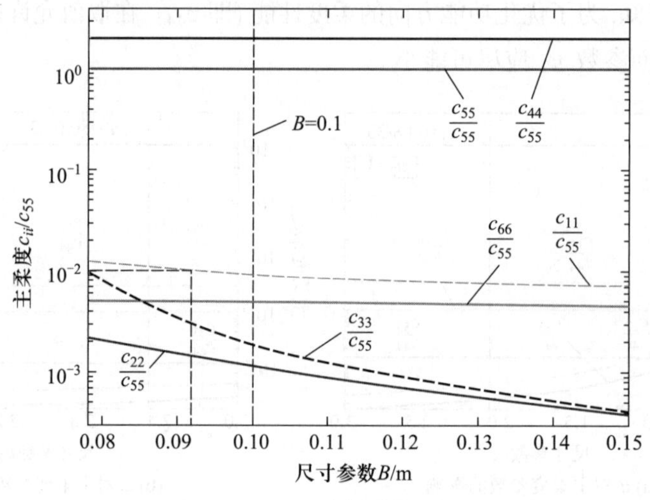

图 14.15 B 对主柔度的影响

其他结构常量 (具体参数见图 14.7b、图 14.8 和图 14.14) 取值如表 14.2 所示, 而结构变量按表 14.3 所给的参数表达式来计算。

表 14.2 结构常量参数

参数名称	参数值/mm
单向行程 Δ (图 14.14)	5
刚体厚度 GH (图 14.14)	6
平台刚体厚度 PGH (图 14.8)	5.5
指定间隙 ZJ (图 14.14)	0.4
刚体长度 GC (图 14.7b)	4
行程余量 XY (图 14.14)	0.5
间接刚体余量 JGY (图 14.14)	1

表 14.3 结构变量参数表达式

模块单元	参数变量表达式
柔性移动单元 $\mathrm{P_{I}}$	$U_2 = B/2 - T/2 - \Delta/2 - GH - JGY$ $U_1 = U_2 - T - XY - \Delta$ $H_1 = B/2 - GH - L$ $H_2 = GH + \Delta/2 + JGY + T/2$
柔性移动单元 $\mathrm{P_{II}}$	$V_1 = (B - 2GH - ZJ - L - H/2 - \Delta - XY - 3T/2)/2$ $V_2 = V_1 + \Delta + XY + T$
柔性工作台	$S_1 = B/2 + PGH + 2GH + ZJ + L$ (图 14.8) $S_2 = B + PGH$ (图 14.8)
平面运动单元 E	$H_3 = GH$ $U_3 = B/2 - T/2 - GC$ (图 14.7b) $U_4 = U_3 - \Delta - JGY - T$ (图 14.8)

根据表 14.3 中参数表达式, 可以确定出 PP 分支其他尺寸参数: $V_1 = 19.4$ mm, $V_2 = 25.3$ mm, $H_1 = 11$ mm, $H_2 = 9.7$ mm, $U_1 = 68.8$ mm, $U_2 = 80.6$ mm。将柔性平台的所有尺寸参数综合在一起, 如表 14.4 所示。

表 14.4 柔性平台尺寸参数

模块单元	参数变量	参数值/mm
柔性簧片	L	33
	T	0.4
	W	24
柔性 P 副 I	V_1	19.4
	V_2	25.3
	H_1	11
	H_2	9.7

续表

模块单元	参数变量	参数值/mm
柔性 P 副 Ⅱ	U_1	34.4
	U_2	40.3
平面 E 副	U_3	45.8
	U_4	39.4
柔性工作台	S	100.9

14.2.2 基于误差补偿的精度设计

14.2.1 节针对柔性单元的主柔度性能完成了 XY 柔性工作台的参数设计。考虑到本设计的结构对称性, 其柔度矩阵满足主对角阵形式, 因此还可以采用第 10 章提出的寄生误差补偿方法, 进一步优化平台的结构参数。

14.2.2.1 柔性移动单元 $\mathbf{P_{II}}$ 的补偿设计

对于组成 XY 柔性工作台的柔性单元和平台整体而言, 在忽略重力的情况下, 仅受平面载荷作用, 即力旋量 $\boldsymbol{F}=(0,0,M_z;F_x,F_y,0)^{\mathrm{T}}$, 针对柔性移动单元 $\mathrm{P_{II}}$ 的柔度矩阵式 (14.5), 则运动旋量的形式如下:

$$\boldsymbol{T}=\begin{bmatrix}\theta_x\\\theta_y\\\theta_z\\\delta_x\\\delta_y\\\delta_z\end{bmatrix}=\begin{bmatrix}0\\0\\c_{33}M_z+c_{34}F_x\\c_{44}F_x+c_{43}M_z\\c_{55}F_y\\0\end{bmatrix}\tag{14.6}$$

式 (14.6) 中的 $c_{34}F_x$ 项即为驱动力 F_x 产生的寄生转动误差, 消除 c_{34} 即可有效抑制寄生误差。式 (10.68) 给出了柔性平行四杆组合机构补偿寄生运动的条件, 重写为

$$D=\sqrt{\frac{(H^2-2hH-h^2)t^2}{3h^2}+\frac{(H^2-2hH)d^2}{h^2}}\tag{14.7}$$

针对图 14.10g 所示的大行程柔性移动单元 $\mathrm{P_{II}}$, 内侧柔性模块 $\mathrm{P_{in}}$ 为平行四杆型初始机构, 外侧柔性模块 $\mathrm{P_{out}}$ 为平行四杆型补偿模块, 几何参数 $D=2U_{C2}$, $h=L$, $t=T$, $H=L_{C1}$, 其中 L_{C1} 为补偿模块的簧片长度, 代入式 (14.7) 后得到新的寄生误差补偿条件为

$$2U_{C2}=\sqrt{\frac{(L_C^2-2LL_C-L^2)T^2}{3L^2}+\frac{4(L_C^2-2LL_C)U_{C1}^2}{L^2}}\tag{14.8}$$

将 $L = 33$ mm, $T = 0.4$ mm, $U_{C2} = U_1 + 5.5$ mm 代入式 (14.8), 同时考虑避免柔性支链单元干涉, 取 $U_{C1} = 41.8, L_{C1} = 50.8$ mm。最终获得补偿后的柔性移动单元 $\mathrm{P_{II}}$ 如图 14.16 所示。

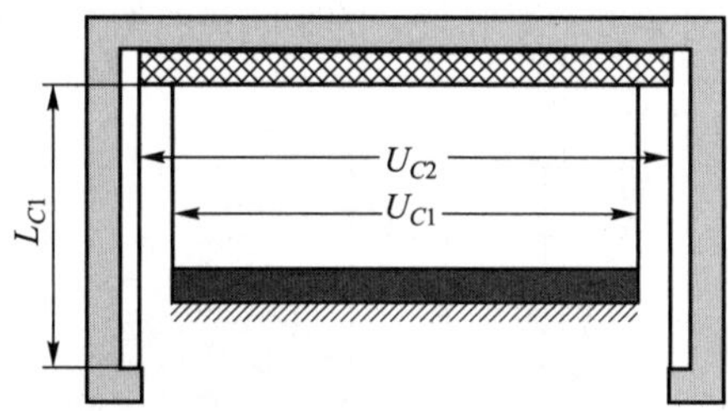

图 14.16 补偿后的柔性移动单元 $\mathrm{P_{II}}$

将补偿后的尺寸参数代入柔性移动单元 $\mathrm{P_{II}}$ 的柔度矩阵式 (14.5), 计算得到

$$\boldsymbol{C}_{\mathrm{P_{II}-Compensated}} = \begin{bmatrix} 11.253 & 0.000\,0 & 0.000\,0 & 0.000\,0 & 0.000\,0 & 0.124\,9 \\ 0.000\,0 & 0.848\,4 & 0.000\,0 & 0.000\,0 & 0.000\,0 & 0.000\,0 \\ 0.000\,0 & 0.000\,0 & 0.265\,6 & 0.003\,1 & 0.000\,0 & 0.000\,0 \\ 0.000\,0 & 0.000\,0 & 0.003\,1 & 6.729\,4 & 0.000\,0 & 0.000\,0 \\ 0.000\,0 & 0.000\,0 & 0.000\,0 & 0.000\,0 & 0.000\,5 & 0.000\,0 \\ 0.124\,9 & 0.000\,0 & 0.000\,0 & 0.000\,0 & 0.000\,0 & 0.003\,4 \end{bmatrix} \times 10^{-4} \tag{14.9}$$

在未补偿前, 柔性移动单元 $\mathrm{P_{II}}$ 的柔度矩阵为

$$\boldsymbol{C}_{\mathrm{P_{II}}} = \begin{bmatrix} 8.863\,1 & 0.000\,0 & 0.000\,0 & 0.000\,0 & 0.000\,0 & 0.146\,2 \\ 0.000\,0 & 0.572\,8 & 0.000\,0 & 0.000\,0 & 0.000\,0 & 0.000\,0 \\ 0.000\,0 & 0.000\,0 & 0.310\,7 & 0.005\,1 & 0.000\,0 & 0.000\,0 \\ 0.000\,0 & 0.000\,0 & 0.005\,1 & 2.895\,7 & 0.000\,0 & 0.000\,0 \\ 0.000\,0 & 0.000\,0 & 0.000\,0 & 0.000\,0 & 0.000\,4 & 0.000\,0 \\ 0.146\,2 & 0.000\,0 & 0.000\,0 & 0.000\,0 & 0.000\,0 & 0.003\,2 \end{bmatrix} \times 10^{-4} \tag{14.10}$$

可以对比补偿前后非对角元素的比值, 即

$$(c_{34}/c_{44})_{\mathrm{P_{II}-Compensated}} = 0.003\,1/6.729\,4 = 4.60 \times 10^{-4}$$

$$(c_{34}/c_{44})_{\mathrm{P_{II}}} = 0.005\,1/2.895\,7 = 17.61 \times 10^{-4}$$

补偿后将 c_{34}/c_{44} 降低为原来的 1/4, 限制了寄生误差, 性能在尺寸优化设计后得到进一步提高。

14.2.2.2 柔性移动单元 $\mathrm{P_I}$ 的补偿设计

由柔性移动单元 $\mathrm{P_I}$ 柔度矩阵推导出的运动旋量同样具有式 (14.6) 的形式, 削弱柔度参数 c_{33} 和 c_{34}, 能达到抑制寄生运动的目的。在确定补偿柔性移动单元 $\mathrm{P_{II}}$ 的结构参数后, 柔性单元 P_I 的尺寸参数 H_{C1} 随即被确定为 3 mm, 还可根据表 14.4 确定参数 H_2。参数 $V_2 = V_1 + 5.5$ mm, 所以柔性移动单元 P_I 的柔度矩阵最终由两个尺寸参数 V_1 和 L_{C2} 决定, 其中 L_{C2} 为单元 P_I 补偿模块的簧片长度。利用 MATLAB 对尺寸参数 V_1 和 L_{C2} 对柔度 c_{33} 和 c_{34} 的影响进行分析, 结果如图 14.17 所示。

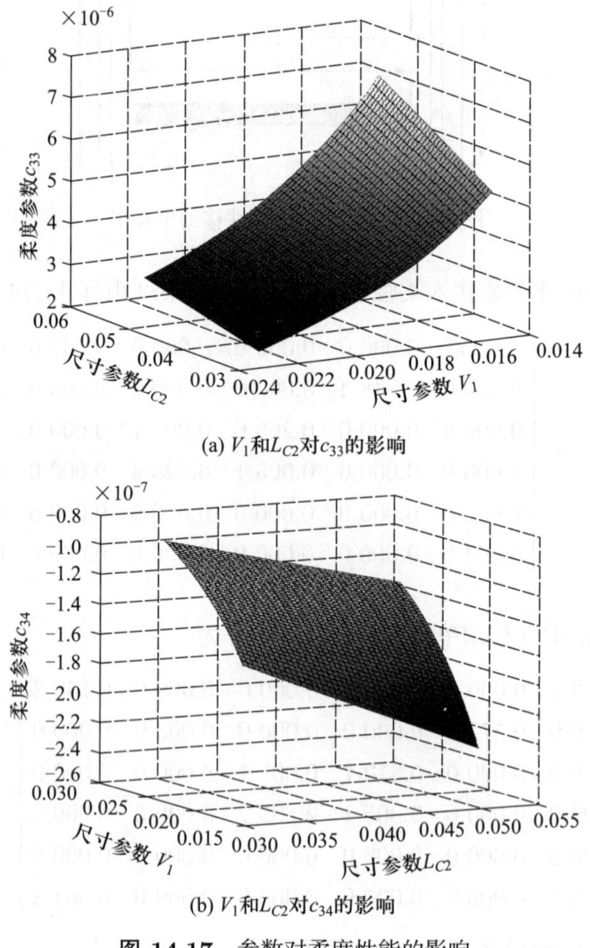

(a) V_1和L_{C2}对c_{33}的影响

(b) V_1和L_{C2}对c_{34}的影响

图 14.17 参数对柔度性能的影响

由图 14.17 可以看出, 尺寸参数 V_1 越大, 参数 L_{C2} 越小, 柔度参数 c_{33} 和 c_{34} 的绝对值越小, 寄生误差也就越小。最终确定尺寸参数 $V_1 = 19.4, L_{C2} = L = 33$ mm。

至此, 已完成柔性移动单元 P_{II} 和 P_I 的补偿设计, 用这些单元综合出 4–PP 补偿型 XY 柔性工作台 (拓扑结构与图 14.8a 完全相同)。

14.2.3 不同类型平台的柔度矩阵比较

下面对前面给出的4种 XY 柔性工作台构型 (4–PP 型、8–PP 型、4–PP&1–E 型、4–PP 补偿型, 如图 14.8 和图 14.10 所示) 进行分析。为了更好地比较它们的性能差异, 进而从中找到更优的结构, 这里采用第 4 章给出的柔度建模方法分别对其进行柔度建模。相关柔性单元的尺寸参数如表 14.5 所示。

表 14.5 尺 寸 参 数

模块单元	参数变量	参数值/mm	模块单元	参数变量	参数值/mm
柔性簧片	L	33	平面运动单元 E	U_3	45.8
	T	0.4		U_4	39.4
	W	24		H_3	6
柔性移动单元 $\mathrm{P_I}$	V_1	19.4	补偿柔性单元	H_{C1}	3
	V_2	25.3		U_{C1}	41.8
	H_1	11		L_{C1}	50.8
	H_2	9.7			
柔性移动单元 $\mathrm{P_{II}}$	U_1	34.4	柔性工作台	S	100.9
	U_2	40.3		S_2	105.5

1. 4–PP 型 (或 4–PP 补偿型) 柔性工作台

4–PP 型 (或 4–PP 补偿型) 柔性工作台的动平台相对中心点处参考坐标系的柔度矩阵如下:

$$\boldsymbol{C}_{\mathrm{S\_4-PP}}=\begin{bmatrix}2.428\,9 & 0.000\,0 & 0.000\,0 & 0.000\,0 & 0.000\,0 & 0.000\,0\\ 0.000\,0 & 2.428\,9 & 0.000\,0 & 0.000\,0 & 0.000\,0 & 0.000\,0\\ 0.000\,0 & 0.000\,0 & 6.330\,7 & 0.000\,0 & 0.000\,0 & 0.000\,0\\ 0.000\,0 & 0.000\,0 & 0.000\,0 & 4.827\,6 & 0.000\,0 & 0.000\,0\\ 0.000\,0 & 0.000\,0 & 0.000\,0 & 0.000\,0 & 4.827\,6 & 0.000\,0\\ 0.000\,0 & 0.000\,0 & 0.000\,0 & 0.000\,0 & 0.000\,0 & 0.017\,9\end{bmatrix}\times 10^{-5}\ \mathrm{m/N}$$

$$=\mathrm{diag}(2.428\,9\quad 2.428\,9\quad 6.330\,7\quad 4.827\,6\quad 4.827\,6\quad 0.017\,9)\times 10^{-5}\ \mathrm{m/N} \tag{14.11}$$

$$\boldsymbol{C}_{\mathrm{S\_4-PPCompensated}}=\begin{bmatrix}2.511\,1 & 0.000\,0 & 0.000\,0 & 0.000\,0 & 0.000\,0 & 0.000\,0\\ 0.000\,0 & 2.511\,1 & 0.000\,0 & 0.000\,0 & 0.000\,0 & 0.000\,0\\ 0.000\,0 & 0.000\,0 & 6.268\,6 & 0.000\,0 & 0.000\,0 & 0.000\,0\\ 0.000\,0 & 0.000\,0 & 0.000\,0 & 5.959\,2 & 0.000\,0 & 0.000\,0\\ 0.000\,0 & 0.000\,0 & 0.000\,0 & 0.000\,0 & 5.959\,2 & 0.000\,0\\ 0.000\,0 & 0.000\,0 & 0.000\,0 & 0.000\,0 & 0.000\,0 & 0.018\,9\end{bmatrix}\times 10^{-5}\ \mathrm{m/N}$$

$$=\mathrm{diag}(2.511\,1\ 2.511\,1\ 6.268\,6\ 5.959\,2\ 5.959\,2\ 0.018\,9)\times 10^{-5}\ \mathrm{m/N} \tag{14.12}$$

2. 8–PP 型柔性工作台

8–PP 型柔性工作台的动平台相对中心点处参考坐标系的柔度矩阵如下:

$$
\boldsymbol{C}_{\mathrm{S\_8-PP}} = \begin{bmatrix} 0.881\,9 & 0.000\,0 & 0.000\,0 & 0.000\,0 & 0.000\,0 & 0.000\,0 \\ 0.000\,0 & 0.881\,9 & 0.000\,0 & 0.000\,0 & 0.000\,0 & 0.000\,0 \\ 0.000\,0 & 0.000\,0 & 3.134\,8 & 0.000\,0 & 0.000\,0 & 0.000\,0 \\ 0.000\,0 & 0.000\,0 & 0.000\,0 & 2.413\,8 & 0.000\,0 & 0.000\,0 \\ 0.000\,0 & 0.000\,0 & 0.000\,0 & 0.000\,0 & 2.413\,8 & 0.000\,0 \\ 0.000\,0 & 0.000\,0 & 0.000\,0 & 0.000\,0 & 0.000\,0 & 0.009\,0 \end{bmatrix} \times 10^{-5}\ \mathrm{m/N}
$$

$$
= \mathrm{diag}(0.881\,9\ \ 0.881\,9\ \ 3.134\,8\ \ 2.413\,8\ \ 2.413\,8\ \ 0.009\,0) \times 10^{-5}\ \mathrm{m/N} \tag{14.13}
$$

3. 4–PP&1–E 型柔性工作台

4–PP&1–E 型柔性工作台的动平台相对中心点处参考坐标系的柔度矩阵如下:

$$
\boldsymbol{C}_{\mathrm{S\_4-PP\&1-E}} = \begin{bmatrix} 2.184\,6 & 0.000\,0 & 0.000\,0 & 0.000\,0 & 0.000\,0 & 0.000\,0 \\ 0.000\,0 & 2.184\,6 & 0.000\,0 & 0.000\,0 & 0.000\,0 & 0.000\,0 \\ 0.000\,0 & 0.000\,0 & 6.326\,0 & 0.000\,0 & 0.000\,0 & 0.000\,0 \\ 0.000\,0 & 0.000\,0 & 0.000\,0 & 4.200\,4 & 0.000\,0 & 0.000\,0 \\ 0.000\,0 & 0.000\,0 & 0.000\,0 & 0.000\,0 & 4.200\,4 & 0.000\,0 \\ 0.000\,0 & 0.000\,0 & 0.000\,0 & 0.000\,0 & 0.000\,0 & 0.011\,9 \end{bmatrix} \times 10^{-5}\ \mathrm{m/N}
$$

$$
= \mathrm{diag}(2.184\,6\ \ 2.184\,6\ \ 6.326\,0\ \ 4.200\,4\ \ 4.200\,4\ \ 0.011\,9) \times 10^{-5}\ \mathrm{m/N} \tag{14.14}
$$

为了方便比较转动柔度和移动柔度, 对式 (14.11) ~ 式 (14.14) 进行量纲一化处理 [将转动柔度除以 $L/(EI_y)$, 移动柔度除以 $L^3/(EI_y)$], 并进行简化, 可得

$$
\boldsymbol{C}'_{\mathrm{S\_4-PP}} \approx \mathrm{diag}(0\ \ 0\ \ 0\ \ 1\ \ 1\ \ 0) \times 4.827\,6 \times 10^{-5} \times \frac{EI_y}{L^3} \tag{14.15}
$$

$$
\boldsymbol{C}'_{\mathrm{S\_8-PP}} \approx \mathrm{diag}(0\ \ 0\ \ 0\ \ 1\ \ 1\ \ 0) \times 2.413\,8 \times 10^{-5} \times \frac{EI_y}{L^3} \tag{14.16}
$$

$$
\boldsymbol{C}'_{\mathrm{S\_4-PP\&1-E}} \approx \mathrm{diag}(0\ \ 0\ \ 0\ \ 1\ \ 1\ \ 0) \times 4.200 \times 10^{-5} \times \frac{EI_y}{L^3} \tag{14.17}
$$

$$
\boldsymbol{C}'_{\mathrm{S\_4-PPCompensated}} \approx \mathrm{diag}(0\ \ 0\ \ 0\ \ 1\ \ 1\ \ 0) \times 5.959\,2 \times 10^{-5} \times \frac{EI_y}{L^3} \tag{14.18}
$$

可以看出, 在上述 4 种柔度矩阵模型中, 两个功能方向的移动柔度是其他柔度值的 100 倍以上, 因此可将其他柔度值近似忽略。因此, 4 种柔性平台均只有两个移动自由度, 为平台中心坐标系下的 X 轴移动和 Y 轴移动。同时, 对比柔度矩阵的数值可以得到如下结论:

(1) 4–PP 型具有明显的 X 轴移动和 Y 轴移动自由度;

(2) 8–PP 型相对 4–PP 型在整体柔度上减小了一半, 对 3 个旋转柔度都起到较好的约束作用, 分别降低了 27.4%、27.4%和 1.0%;

(3) 4–PP&1–E 模型同样具有两个移动自由度及解耦特性, 整体柔度减小了 13.0%, 同时对面外柔度起到了一定约束作用, 两个面外旋转和一个面外移动柔度分别降低了 10.1%、10.1%和 23.4%;

(4) 4–PP 补偿型同样具有两个移动自由度及解耦特性, 面内转动柔度减小了 21.4%, 寄生转动误差得到了有效补偿。

14.2.4 有限元分析与改进设计

14.2.4.1 有限元分析

为了验证前面 4 种柔性平台理论建模的正确性, 再采用有限元法分析平台的特性, 并将仿真结果与理论数据进行对比。有限元仿真采用通用有限元分析软件 ANSYS 13.0, 实体单元选择 SOLID186, 网格单元最小尺寸为 0.2 mm, 分析类型为大变形静态分析, 固定位移约束施加在基座上, X 向驱动载荷施加在二级平台上, Y 向驱动载荷施加在二级平台上。

首先对 4 种 XY 柔性工作台进行模态分析, 仿真分析结果如表 14.6 所示。从仿真结果可看出, 4 种构型工作台的一阶和二阶模态的固有频率相同, 都在 20 Hz 左右, 且均明显低于更高阶次模态频率, 说明了柔性工作台在这两阶模态下更容易发生变形, 工作台具有两个移动自由度。

进而分析了 4 种 XY 柔性工作台的其他性能, 包括主柔度、交叉轴解耦、面内寄生转动等, 并对有限元仿真结果和理论结果进行了对比 (图 14.18 ~ 图 14.20)。

图 14.18 给出的是在给定 "Y 轴方向驱动力 $F_y = 0$、X 轴方向加载驱动力" 条件下 "驱动力 – 位移" 的理论计算与 FEA 仿真曲线。可以看出,"驱动力 – 位移" 关系近似为直线。说明这 4 种柔性工作台主柔度值波动很小, 均可认为是常值柔度: 4–PP 型的平均柔度为 50.48 mm/kN, 波动范围是 0.86%; 8–PP 型的平均柔度为 25.27 mm/kN, 波动范围是 0.86%; 4–PP&1–E 型的平均柔度为 44.99 mm/kN, 波动范围是 0.93%; 而 4–PP 补偿型的平均柔度为 62.30 mm/kN, 波动范围是 1.07%。另外发现, 理论柔度比有限元仿真结果略小 (4–PP 型仿真模型比理论模型小了 4.36%, 8–PP 型小了 4.50%, 4–PP&1–E 型小了 6.64%, 4–PP 补偿型小了 4.35%), 这在一定程度上归因于建立柔度矩阵模型时依据的是小变形假设, 以及对刚体部分作了理想化处理。

驱动刚体沿 Y 轴方向输入恒定位移 $D_y = 5$ mm, X 轴方向输入不同位移量 ($D_x = 0 \sim 5$ mm) 时, 动平台沿 Y 轴的位移输出情况如图 14.19a 所示, X 轴的位移输出情况如图 14.19b 所示。理想情况下, 动平台输出位移 U_x 初值和 U_y 波动量均应为 0。仿真结果反映了 X 轴和 Y 轴间的交叉耦合性能。可以看出, 4–PP

型的动平台 U_x 初始值为 0.002 489 mm, U_y 的波动量为 0.139 3 mm, 交叉轴解耦性明显优于 8–PP 型 (U_x 初始值为 0.002 445 mm, U_y 的波动量为 0.305 225 mm), 略好于 4–PP&1–E 型 (U_x 初始值为 0.002 528 mm, U_y 的波动量为 0.162 75 mm)。虽然 4–PP 补偿型有最小的 U_y 的波动量 (0.038 mm), 但是其 U_x 初始值 (0.153 27 mm) 相对较大, 可以判断其交叉轴解耦特性要比 4–PP 型略差。

表 14.6 *XY* 柔性工作台的固有频率对比

振型阶数	4–PP	8–PP	4–PP&1–E	4–PP 补偿型
1	23.945	26.386	25.124	20.217
2	23.945	26.386	25.158	20.217
3	98.520	98.480	73.335	71.857
4	98.655	98.557	79.992	72.284
5	99.681	98.586	98.520	72.512
6	99.681	98.604	98.655	72.512

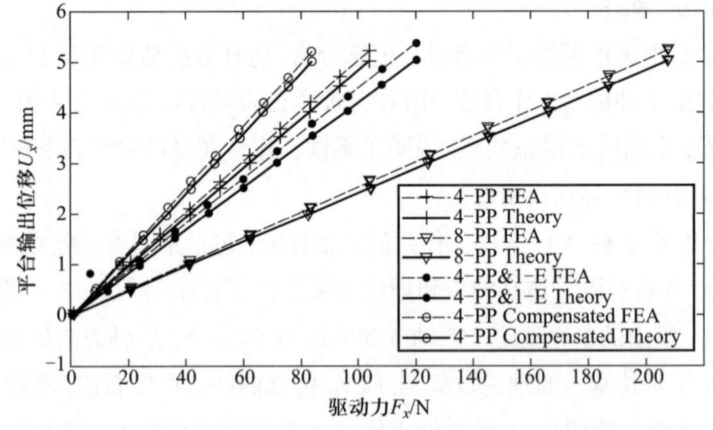

图 14.18 主柔度比较

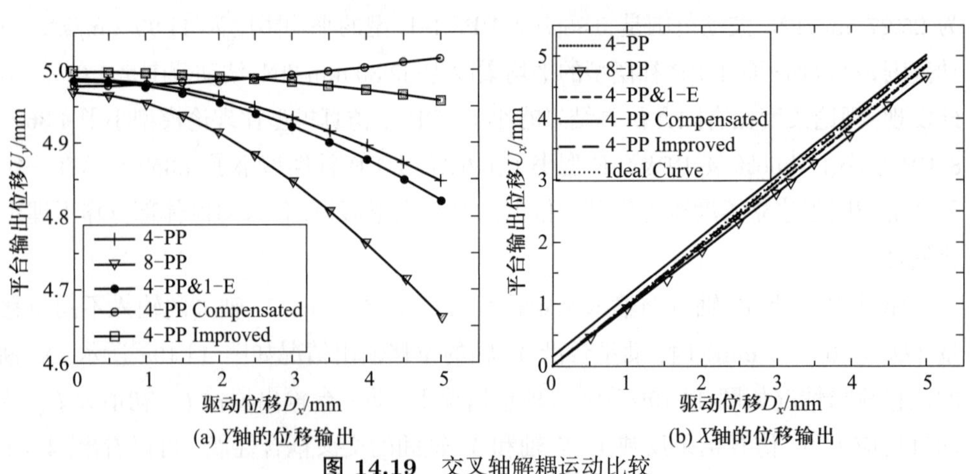

图 14.19 交叉轴解耦运动比较

图 14.20 给出了平台在两轴同时加载驱动力的情况下, 动平台面内寄生转动误差随 X 轴输入位移的变化情况。从仿真结果可以看出, 8–PP 型具有最大的转动角度, 为 29.5 μrad, 这一结果也说明, 所采用的旋转对称构型并不能很好地约束面内旋转, 与理论分析相一致; 而 4–PP 基本型的镜像对称分布构型能较好地约束寄生转动误差, 旋转角度为 7 μrad; 4–PP&1–E 型添加的 E 副并没有对寄生转动误差进行改善约束, 所以旋转角度与 4–PP 型相近, 为 11.22 μrad; 4–PP 补偿型对面内寄生转动进行了有效补偿, 具有最小的面内寄生转动误差 (为 3.48 μrad), 为补偿前的 50%, 验证了补偿设计的有效性。

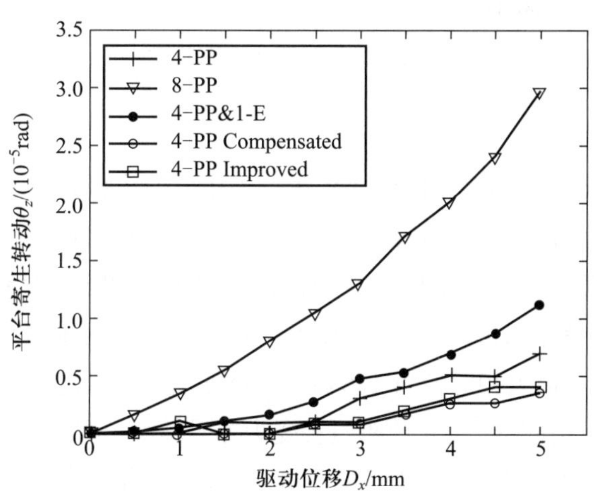

图 14.20 面内寄生转角比较

14.2.4.2 改进型设计

8–PP 型、4–PP&1–E 型以及 4–PP 补偿型都对传统 4–PP 型进行了不同程度的改进。例如, 8–PP 型的柔度波动范围更小, 通过并联冗余约束获得了更高的刚度; 4–PP&1–E 型相比于 4–PP 型显著提高了面外刚度; 4–PP 补偿型则对面内寄生转动误差起到了很好的补偿作用。但是, 8–PP 型旋转对称形式对面内旋转误差的约束能力较差; 4–PP&1–E 型对面内寄生误差也没有起到实质性的约束效果; 4–PP 补偿型的交叉轴轴运动解耦性能不佳, 且主柔度的波动范围较大。因此, 综合主柔度值的稳定性、交叉轴运动解耦性以及面内寄生转动等性能, 4–PP 型反而具有更好的综合性能表现。

在分析图 14.1 所示的运动学模型时可以发现, 运动刚体 1 和 3、2 和 4 通过理想移动副约束时具有相同的运动情况, 所以相对运动应该为 0。对刚体 1 和 3、2 和 4 的相对运动情况进行有限元分析, 结果如图 14.21 所示。

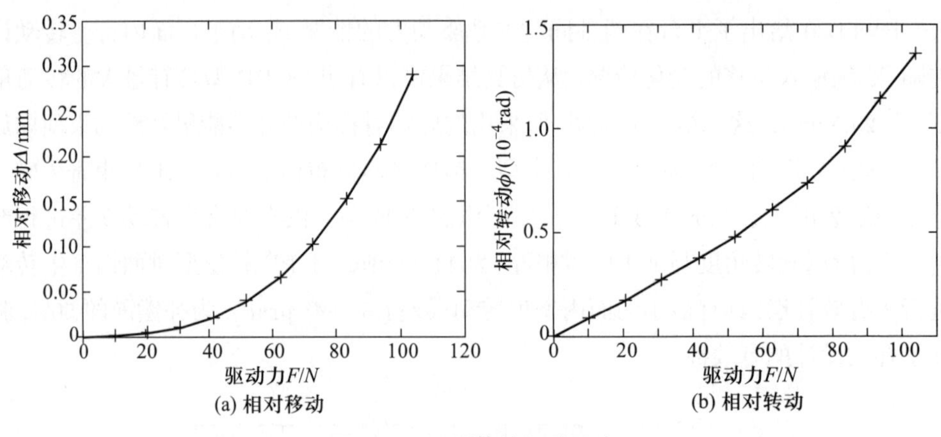

(a) 相对移动 (b) 相对转动

图 14.21 刚体的相对运动

图 14.21a 和 b 分别为 4–PP 型 XY 柔性工作台加载驱动力 F_x、F_y (同时为 0 ~ 200 N) 时, 刚体 1 和 3、2 和 4 的相对移动与相对转动情况。由于刚体 2 和 4、刚体 1 和 3 之间的相对运动完全相同 (根据结构对称性), 图中仅显示刚体 1 和 3 的相对运动情况。由仿真结果可以看出, 在输入最大驱动力时, 刚体 1 和 3 具有最大相对位移 0.291 1 mm 和最大相对转角 136 μrad。分析原因, 这种相对运动是由平台柔性单元中受力差异所引起的。为了改善这种受力差异情况, 可以将 1 和 3、2 和 4 分别进行刚性连接, 限制它们之间的相对运动, 以改善工作台的精度性能。改进后的 XY 柔性工作台模型如图 14.22 所示。

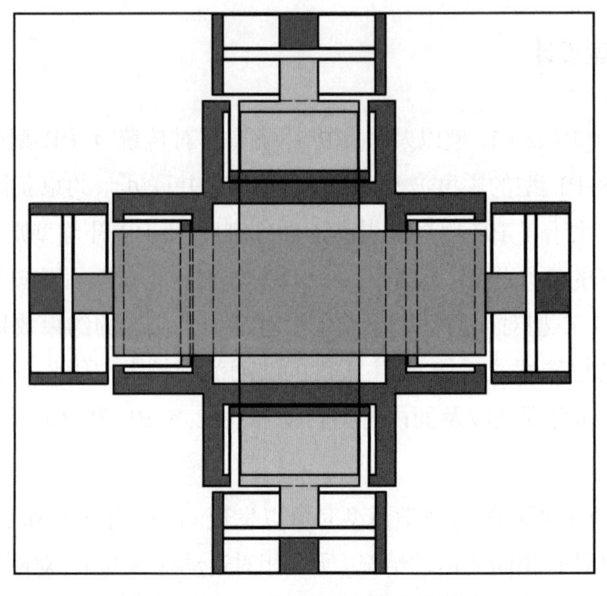

图 14.22 4–PP 改进型柔性工作台

再针对 4–PP 改进型柔性工作台, 对前面提到的几种性能作分析比较, 如图 14.19 和图 14.20 所示。结果表明, 改进后的柔性工作台的性能得到明显改善。例如, 4–PP 改进型动平台 U_x 的初始值为 0.000 119 mm, U_y 的初始值为 4.997 mm, 加载过程中 U_y 的波动量为 0.039 15 mm, 说明其交叉轴解耦性明显优于其他 4 种构型。另外, 4–PP 改进型动平台的面内寄生转动误差明显减小。

此外, 还对 4–PP 型、4–PP 补偿型和 4–PP 改进型作了 3 种驱动力加载分析仿真, 分别是: ① $F_x = 0 \sim 104$ (或 86) N, $F_y = 0$ N; ② $F_x = 0 \sim 104$ (或 86) N, F_y =104 (或 86) N; ③ $F_x = 0 \sim 104$ (或 86) N, $F_y = 0 \sim 104$ (或 86) N。分别计算出 X 轴和 Y 轴方向柔度曲线, 分布情况如图 14.23 所示。

根据仿真结果可以看出, 在不同载荷加载情况下, 4–PP 改进型的主柔度波动值均小于其他两种类型。4–PP 改进型柔度波动范围在 50.146 ~ 50.826 mm/kN 之间, 变动量为 1.33%, 相比于 4–PP 型 (柔度波动范围在 50.181 ~ 52.073 mm/kN 之间, 变动量为 3.63%), 得到了较大改善。同样, 优于 8–PP 型的柔度波动量 10.84%、4–PP&1–E 型的 4.19%、4–PP 补偿型的 5.55%。

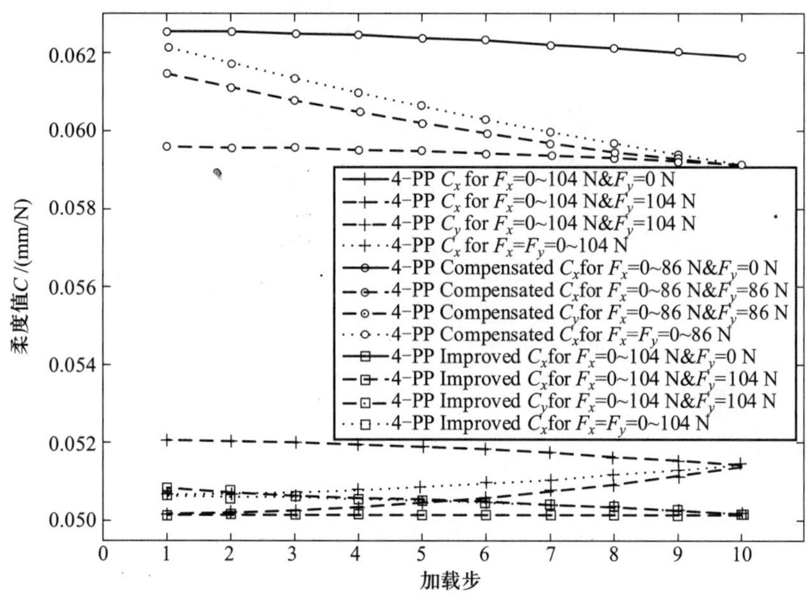

图 14.23 4–PP 改进型的主柔度波动值比较

综上所述, 4–PP 改进型在交叉轴解耦性、约束面内寄生转动误差性能上都明显优于之前的 4 种构型, 整体精度更高。而且柔度波动范围更小, 满足线性加载要求。

14.3 原型设计与性能测试

14.3.1 样机组成

14.3.1.1 实体结构

前面运用理论建模与 FEA 仿真建立了 5 种 XY 柔性工作台机构本体的刚度模型, 通过模型分析结果对比可知, 4–PP 改进型具有最佳的综合性能。因此, 最终选择了 4-PP 改进型作为实验平台[20]。

4–PP 改进型柔性工作台的 3 维 CAD 模型如图 14.24 所示, 结构参数如表 14.7 所示。

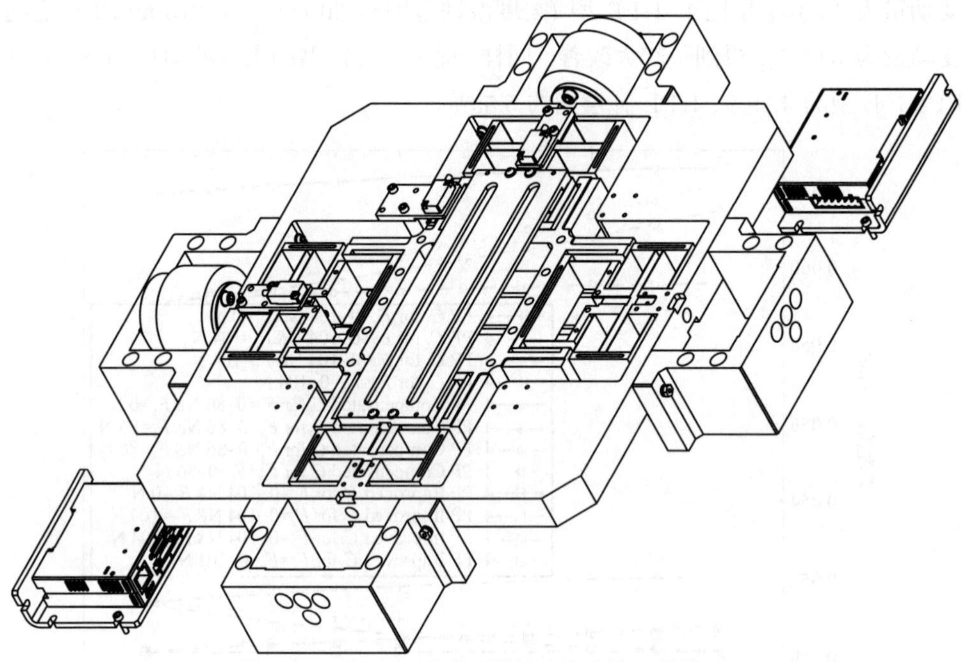

图 14.24 4–PP 改进型柔性工作台的 3 维模型

表 14.7 平台结构参数

	柔性平台	XY 系统工作台
长/mm	311	492
宽/mm	311	492
高/mm	24	76
簧片长/mm	33	
簧片厚/mm	0.4	
X 轴向行程/mm	10	
Y 轴向行程/mm	10	

14.3.1.2 驱动器与传感器

柔性工作台系统的驱动元件精度直接关系到系统整体的精度, 为了满足高精度的设计要求, 必须选择高精度驱动方式, 目前较常见的有压电陶瓷驱动和音圈电机驱动。压电陶瓷可以达到纳米级的驱动精度, 但可实现的最大行程通常为其长度的 1/1 000, 行程较小, 需要配合位移放大器使用, 由此导致结构复杂、成本加大。音圈电机具有高频响、高精度、推力大、无滞后等特点, 可实现高速往复运动, 同时具有较大的运动行程 (可达 50 mm), 采用闭环控制模式也可以达到纳米级的精度。将两种驱动方式进行对比, 音圈电机无论是从行程还是从精度方面都比较适合作为此大行程柔性平台的驱动。

根据工作行程的要求, 驱动电机确定为 BEI Kimco Magnetics 公司的直线型音圈电机 (型号为 LA24–20–000A), 该电动机具有 16 mm 行程及 111.2 N 峰值力, 可直接用于柔性平台驱动。同时, 为音圈电机选配了以色列 Elmo 公司 Harmonica 系列驱动器 (型号为 HAR5/60)。

闭环控制系统的精度主要取决于位移传感器的测量精度。虽然电容式、电感式、电涡流式、应变式传感器均可以达到亚微米级精度, 但是由于不能满足大测量范围的要求而无法使用。相反, 直线光栅及磁栅等位置传感器可同时满足精度和测量范围要求。最终选择了 MicroE 公司的增量式光栅位移传感器 (型号为 Mercury Ⅱ 6700), 同时配备了 Mercury Ⅱ L30 玻璃光栅尺, 该传感器最高可实现 5 nm 的分辨率, 短行程定位精度为 ±20 nm, 测量行程为 30 mm。

14.3.1.3 控制系统

图 14.25 给出了该柔性平台的控制系统示意图, 该系统主要由音圈电机、驱动器、光栅尺编码器和上位机组成。上位机通过串口 RS–232 实现与电机驱动器的通信, 电机驱动器与音圈电机和光栅尺位移传感器构成闭环系统, 共同控制柔性平台运动。在运动过程中驱动器实时记录平台位移, 上位机可以通过串口 RS–232 采集驱动器记录的位移信息, 并结合 MATLAB 绘制图形, 以便分析实际轨迹与理论轨迹的误差。

利用 Elmo 驱动器自带的软件 Composer 配置电动机的电流环、速度环和位置环的控制参数。其中, 电流环采用 PI 控制器, 可以自动调节增益, 速度环采用 PI 控制器和前馈控制, 位置环采用 P 控制器, 驱动器自带高频滤波和低通滤波器功能。

基于 LABVIEW 开发了上位机控制软件界面。通过控制界面可以实现工作台系统单轴运动和两轴联动, 完成多种轨迹功能操作, 包括定点控制、直线、倾斜直线、正方形轨迹以及圆形轨迹等。

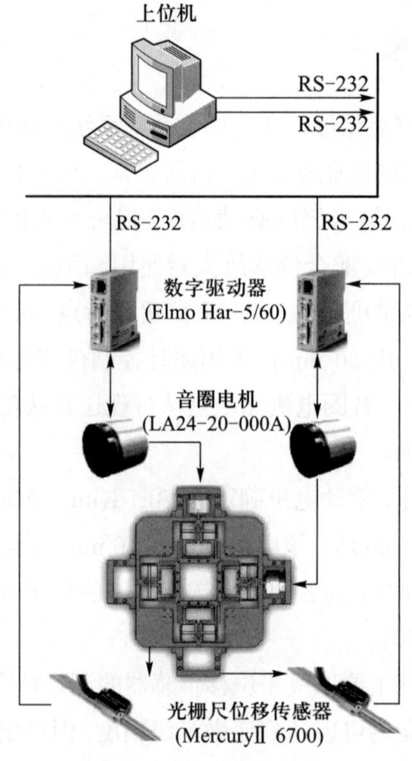

图 14.25 系统控制图

以圆形轨迹为例, 工作台 X 轴方向的驱动位移为 $\sin x$ 曲线 (图 14.26a), Y 轴方向的驱动位移为 $\cos x$ 曲线, 则动平台的运动轨迹为图 14.26b 所示的圆形轨迹, 轨迹半径为 3.5 mm。其中, 绿色为指令曲线, 红色为实验曲线, 可以看出两条曲线吻合较好。

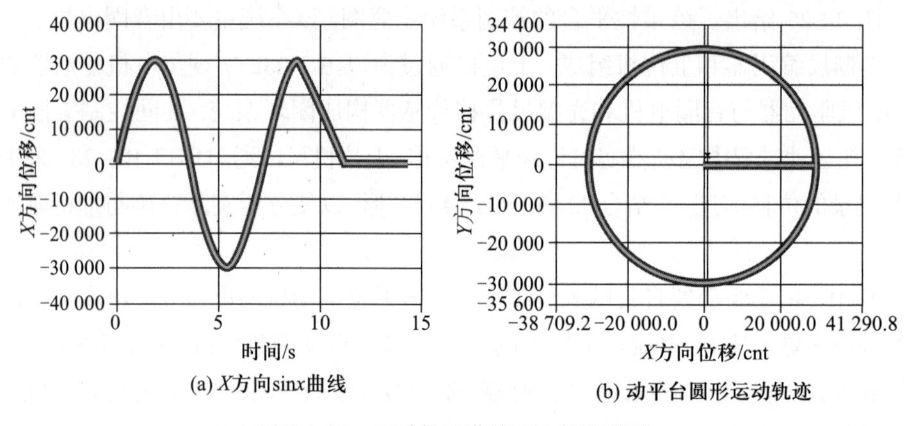

图 14.26 运动轨迹曲线 (见书后彩图)

通过上位机自带的误差分析功能分析平台在运动过程中的位移误差。从图 14.27

所示的误差曲线可以看出, 平台在 X 向运动的误差在 ±20 cnt 左右, 由光栅编码器的分辨率为 50 nm/cnt可知, X 向误差大小为 ±1 μm。相比于 X 向位移, 位移跟随误差大小为行程的 0.67%, 满足当初的设计要求。

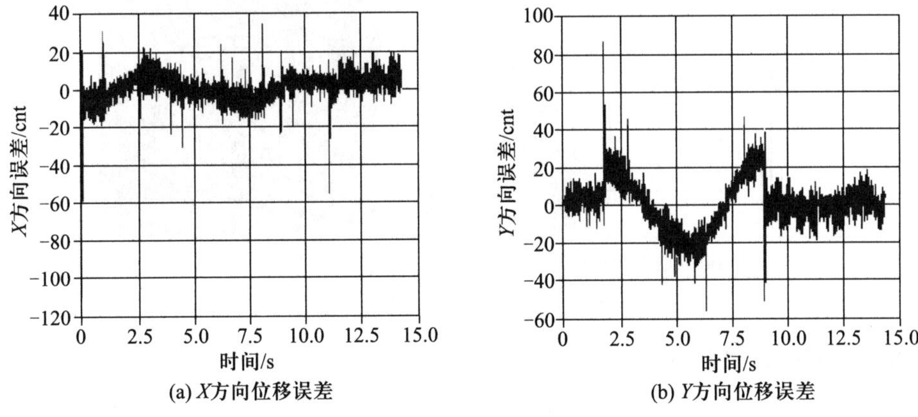

图 14.27 位移误差曲线 (见书后彩图)

14.3.2 性能测试

为了验证理论及有限元建模的正确性, 搭建了相关的性能测试平台。通过施加不同的载荷, 对其中两种柔性 XY 工作台 (4–PP 型和 4–PP 改进型) 的综合性能进行测量及分析。

14.3.2.1 实验设备与实验方案

实验设备主要包括力和位移加载设备、光栅尺位移传感器、电涡流传感器和气动隔振台, 具体参数如表 14.8 所示。

为了验证 4–PP 型和 4–PP 改进型的刚度特性及寄生运动特性, 设计了如图 14.28a 所示的实验方案。手动移动台与测力仪固连到一起, 通过手动控制移动台为柔性平台施加位移载荷, 同时读取柔性平台变形时的驱动力及位移。最终搭建的实验系统如图 14.28b 所示。

表 14.8 实验设备参数

实验设备	量程	分辨率	精度	说明
数字测力仪	500 N	0.2 N	±1.2 N	加载驱动力
手动移动台	±25 mm	0.02 mm	—	加载驱动位移
光栅尺传感器	30 mm	50 nm	±20 nm	测量动平台位移
电涡流传感器	1 mm	0.1 um	—	测量寄生运动

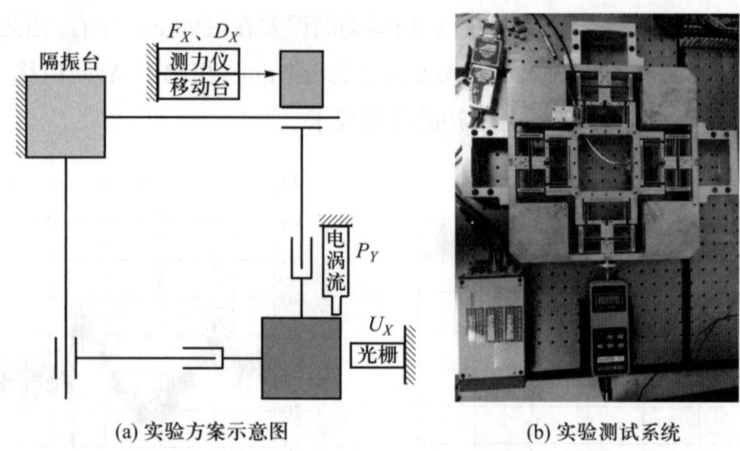

图 14.28 性能测试实验系统

14.3.2.2 实验结果分析

通过在 3 种不同的载荷条件下对两种平台进行性能测试, 比较了两种平台的整体性能。

1. 载荷条件: $F_Y = 0$ N, $\boldsymbol{F}_X = 0 \sim 80$ N

在平台 Y 向施加力载荷 $F_Y = 0$ N, 通过在 X 方向施加 $0 \sim 80$ N 渐变的力载荷 F_X 可以得到平台沿 X 方向的载荷 – 位移曲线。如图 14.29a 所示, 其中显示了 4 次加载试验结果, 可以看出 4 次实验结果重合度较好。载荷 – 位移曲线基本上满足线性关系, 且线性度较好。对数据进一步处理可得载荷 – 柔度曲线, 如图 14.29b 所示。4–PP 型和 4–PP 改进型平台的柔度分别为 49.37 mm/kN、49.51 mm/kN, 均较小于有限元结果, 而误差均小于 3.8%, 验证了有限元结果的正确性。两种平台的柔度曲线均有波动, 但是波动较小, 分别是 0.88%和 0.39%, 可以认为是常值柔度。

2. 载荷条件: $D_Y = 3.4$ mm, $F_X = 0 \sim 80$ N

在平台 Y 向施加位移载荷 $D_Y = 3.4$ mm, 通过在 X 方向施加 $0 \sim 80$ N 渐变的力载荷 F_X 可以得到平台沿 X 方向载荷 – 位移曲线。如图 14.30a 所示, 载荷 – 位移曲线基本上满足线性关系, 且线性度较好。对数据进一步处理可得载荷 – 柔度曲线, 如图 14.30b 所示。4–PP 型和 4–PP 改进型平台的柔度分别为 49.76 mm/kN、49.43 mm/kN, 均较小于有限元结果, 但是误差均小于 5.0%, 验证了有限元结果的正确性。同时, 两种平台的柔度曲线均有波动, 但是波动较小, 分别是 0.77% 和 0.40%, 可以认为是常值柔度。

3. 载荷条件: $D_Y = 3.4$ mm, $D_X = -0.5 \sim 3.5$ mm

交叉轴耦合性能指 X 轴驱动位移输入 D_X 对动平台输出位移 U_Y 的影响, 其大小为 U_Y 的寄生变动量 P_Y, 用电涡流传感器直接测量。

当 Y 轴加载定值驱动位移 $D_Y = 3.4$ mm, X 轴加载驱动力 $F_X = 0 \sim 80$ N

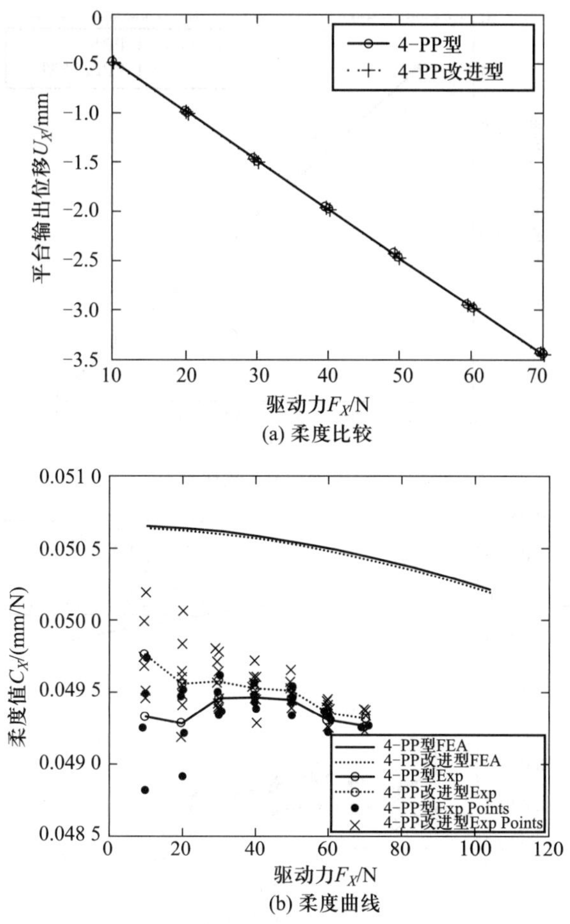

(a) 柔度比较

(b) 柔度曲线

图 14.29 载荷条件 1 下的性能测试结果

时, 获得的动平台输出位移 D_X 与耦合误差 P_Y 曲线如图 14.31 所示。从实验结果来看, 4–PP 改进型柔性工作台的交叉轴耦合量明显小于 4–PP 型的, 解耦度更高, 寄生移动误差更小, 与有限元结果一致。

综上, 通过在 4–PP 型和 4–PP 改进型柔性工作台上完成的 3 组实验, 可以得出如下结论: ① 两种柔性工作台的功能柔度均可认为是常值, 实验柔度值与理论模型和有限元模型结果误差小于 5%; ② 4–PP 改进型柔性工作台的交叉轴解耦特性优于 4–PP 型的, 寄生误差更小。

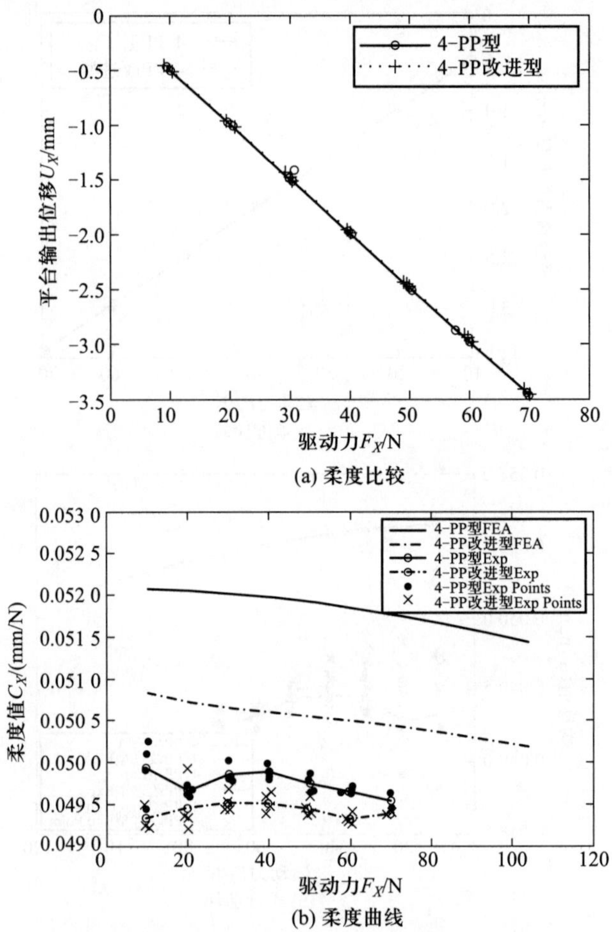

(a) 柔度比较

(b) 柔度曲线

图 14.30 载荷条件 2 下的性能测试结果

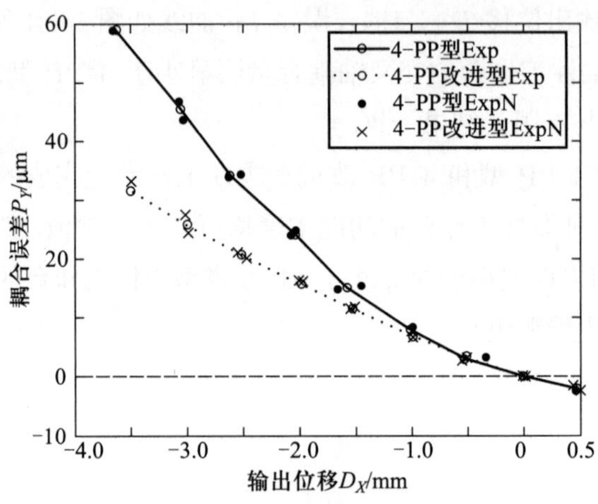

图 14.31 交叉轴耦合误差

14.4 本章小结

本章以光电子封装为应用背景, 主要研究了大行程、高精度 XY 柔性工作台的构型与刚度设计。

(1) 基于约束设计法以及胞元设计理念, 综合得到了多种 XY 解耦型柔性工作台的构型。

(2) 针对 4–PP 型、8–PP 型、4–PP&1–E 型和 4–PP 补偿型 4 种 XY 柔性工作台, 分别建立了它们的柔度矩阵理论模型及有限元仿真模型; 基于仿真与理论分析结果, 实现了对 4–PP 型的改进设计。有限元分析表明, 4–PP 改进型工作台的交叉轴解耦、抑制寄生误差等特性均优于原型的。

(3) 搭建了大行程 XY 柔性工作台实验样机, 对原型与改进型柔性工作台进行了刚度、寄生运动等特性的对比实验。实验结果验证了改进型设计的有效性。系统轨迹跟踪实验结果表明, 自行设计的 4–PP 改进型柔性 XY 工作台具有较大的行程和较高的精度, 可满足光电子封装行业应用的需求。

大行程、高精度柔性工作台应用前景十分广阔, 本章虽然给出了一种设计方案, 但主要还是从运动学 (或静力学) 的角度进行设计研究, 如何设计具有良好动力学性能的柔性 XY 工作台仍是一项具有挑战性的工作。特别是针对其疲劳特性、振动特性和动态特性的分析、设计与实验, 对大行程柔性机构的拓展应用有着重要的意义。

参考文献

[1] Salaita K, Wang Y, Mirkin C A. Applications of dip-pen nanolithography. Nature Nanotechnology, 2007, 2(3): 145-155.

[2] Schitter G, Thurner P J, Hansma P K. Design and input-shaping control of a novel scanner for high-speed atomic force microscopy. Mechatronics, 2008, 18(5): 282-288.

[3] Ding H, Xiong Z. Motion stages for electronic packaging design and control. Robotics & Automation Magazine, 2006, 13(4): 51-61.

[4] Awtar S. Synthesis and analysis of parallel kinematic XY flexure mechanisms. Ph. D. dissertation. Boston: Massachusetts Institute of Technology, 2003.

[5] Awtar S, Parmar G. Design of a large range XY nanopositioning system. Journal of Mechanisms and Robotics, Transactions of the ASME, 2013, 5(2): 021008.

[6] Choi K, Kim D. Monolithic parallel linear compliant mechanism for two axes ultraprecision linear motion. Review of Scientific Instruments. 2006, 77(6): 065106-1-7.

[7] Yong Y K, Aphale S S, Moheimani S R. Design, identification, and control of a flexure-based XY stage for fast nanoscale positioning. IEEE Transactions on Nanotechnology. 2009, 8(1): 46-54.

[8] Dinesh M, and Ananthasuresh G K. Micro-mechanical stages with enhanced range. International Journal of Advances in Engineering Sciences and Applied Mathematics, 2010, 2(1-2): 35-43.

[9] Li Y, Xu Q. Design and analysis of a totally decoupled flexure-based XY parallel micromanipulator. IEEE Transactions on Robotics, 2009, 25(3): 645-657.

[10] Li Y, Xu Q. Modeling and performance evaluation of a flexure-based XY parallel micromanipulator. Mechanism and Machine Theory, 2009, 44(12): 2127-2152.

[11] Li Y M, Huang J M, Tang H. A compliant parallel XY micromotion stage with complete kinematic decoupling. IEEE Transactions on Automation Science and Engineering, 2012, 9(3): 538-553.

[12] Hao G, Kong X. A novel large-range XY compliant parallel manipulator with enhanced out-of-plane stiffness. Journal of Mechanical Design, Transactions of the ASME, 2012, 134(6): 061009.

[13] Yu J J, Yan X, Li Z G, et al. Design and experimental testing of an improved large-range decoupled XY compliant parallel micromanipulator. Journal of Mechanism and Robotics, Transactions of the ASME, 2015, 7(4):044503.

[14] 于靖军. 机械原理. 北京: 机械工业出版社,2013.

[15] 颜鸿森. 机构学. 4 版. 台北: 东华书局, 2014.

[16] Beroz J, Awtar S, Bedewy M, et al. Compliant microgripper with parallel straight-line jaw trajectory for nanostructure manipulation//Proceedings of 26th American Society of Precision Engineering Annual Meeting, Denver, 2011.

[17] 裴旭. 基于虚拟运动中心概念的机构设计理论与方法. 博士学位论文. 北京: 北京航空航天大学, 2009.

[18] 徐熠. 模块化柔性精密直线运动机构的设计预实验研究. 硕士学位论文. 北京: 北京航空航天大学, 2013.

[19] Hopkins J B, Culpepper M L. Synthesis of precision serial flexure systems using freedom and constraint topologies (FACT). Precision Engineering, 2011, 35(4): 638-649.

[20] 李振国. 大行程高精度二维移动柔性工作台设计. 硕士学位论文. 北京: 北京航空航天大学,2014.

第 15 章　柔性微操作机器人

微操作机器人系统具有宏主体、微对象的特征, 广泛用于生物医学领域中的细胞与基因操作、精细外科手术、微电子装配、微细加工、光纤对接等领域。微操作机器人系统的核心是微操作机构, 而柔性和并联机构正好满足微操作中高精度的要求[1]。

本章以北京航空航天大学近年来开发的微操作机器人系统为例, 介绍多自由度并/混联柔性微操作机构的设计过程与应用[2-8]。

15.1　典型的微操作机器人系统

根据操作对象尺寸与操作精度的不同, 机器人操作可按如下方法划分[9]: 被操作对象的尺寸在 1 mm 以上、操作精度在 25 μm 以上为宏操作 (macromanipulation); 被操作对象尺寸介于 1μm ~ 1 mm、操作精度介于 100 nm ~ 25μm 之间的为微操作 (micromanipulation); 而纳操作 (nanomanipulation) 的操作对象尺寸小于 1 μm, 而精度则高于 100 nm。

现代科学技术正迅速向微小、超精密领域发展, 即毫米级、微米级, 继而涉足纳米级, 如生物细胞 (10 ~ 150 μm) 及染色体操作, 微纳系统器件 (10 ~ 100 μm) 的微装配与微加工, 光纤 (125 μm) 对接, 显微外科手术等。微/纳米技术的兴起, 越来越多地涉及对微纳尺度的物体进行加工、测试、操作的系统, 即微操作系统。由于微操作系统的主要物理结构包括微操作手、控制器、传感器等, 具有机器人的性质, 因此微操作系统 (micromanipulation system) 也称为 "微操作机器人系统"。

不同的应用背景、不同的操作对象、不同的操作介质对微操作机器人系统的功能要求不尽一致, 也就决定了微操作机器人系统的体系结构、功能特点、技术指标、自动化程度等有所区别。下面以两个典型的微操作机器人系统为例, 来讨论这类系统中的共性与个性。

15.1.1 面向生物工程显微操作的机器人系统

1. 工作原理

手工完成一项典型的操作任务, 3 个基本动作往往不可或缺: 左手拿住操作对象; 右手对其操作; 双眼时刻监视着工作过程 (图 15.1)。对于生物工程中的显微操作, 其工作机理也是如此。但由于其操作对象是十分微小的细胞、染色体等, 在进行显微操作时, 必须在宏微之间解决以下 3 个基本问题: 信息感知、信息传递与缩放、信息再造 (图 15.2)。由于环境等因素的干扰, 这 3 个环节中, 都有可能产生偏差, 对系统的精度、稳定性及自动化程度造成致命的影响。3 个环节关系越 "密切", 系统精度越高、稳定性越好。因此, 在构筑面向生物工程的微操作机器人系统时, 必须采取具体措施, 选用合适的微操作方式, 使得 3 个环节自成一体、相辅相成, 这样, 系统的精度、稳定性及自动化程度才能得到较好的保证。

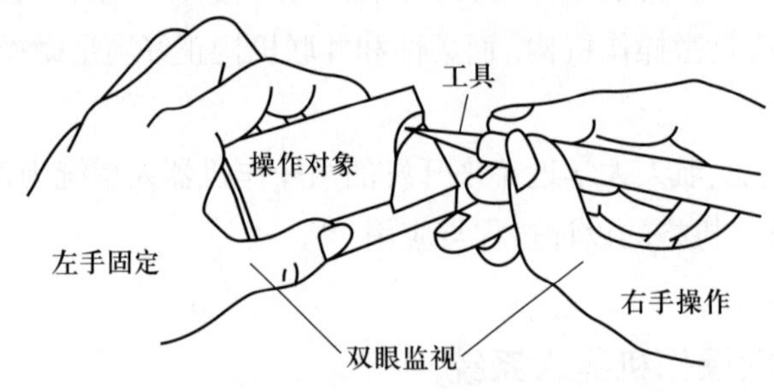

图 15.1 手工操作机理

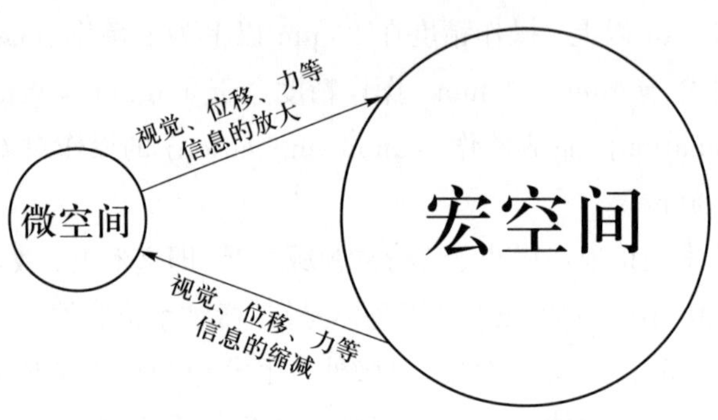

图 15.2 宏微之间信息转换

据测算, 人手的可控抖动量在 50 μm 左右, 力的感知能力约为 50 mN, 所以在微操作中不希望人有过多的参与。由于手动操作微小物体, 对操作员的素质和能力要求十分苛刻, 一般需要对操作员进行较长时间的培训; 另外操作员长时间作业, 可能造成其身心疲惫和效率低下。因此, 操作者普遍希望以机械代替人工, 以自动代替手动, 使显微操作技术能够简单化、自动化、智能化。全自主式的微操作系统正好迎合了这种要求。全自主式微操作的特点是速度快、精度高、效率高、重复性好, 但 “柔性” 较差, 难以应付各种意外事故或故障, 而且现有的微位移、微力传感器技术并非十分成熟。因此, 实现显微操作的全自主化还不太现实。相反, 人的智能、判断力和应变能力仍是目前机器人所无法替代的。基于这样的思想, 采用交互环境下面向任务的遥微操作机器人 (图 15.3) 更为合适。考虑到如细胞这样微小物体的无序性、相似性及游动性, 在每一个操作过程中, 人可通过人机交互接口, 将需要完成的任务 “分派” 给微操作机器人系统, 例如确定操作对象、操作位置等, 而图像等信息处理与传递、路径规划等主体任务由微操作机器人系统自主完成。

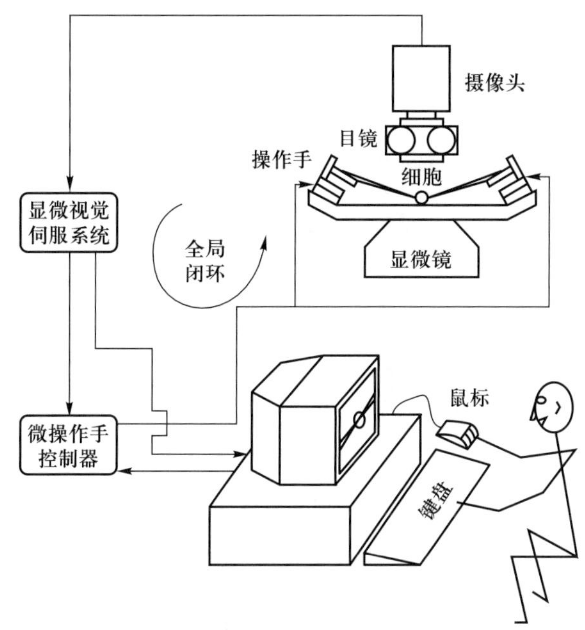

图 15.3 面向任务的遥微操作系统结构原理

2. 系统组成

在构筑微操作机器人系统时, 除将信息感知、信息传递与缩放、信息再造 3 部分有机地整合在一起外, 还应考虑到人机交互方式、系统的精度要求、各硬件单元之间的匹配关系、系统对外界环境的要求、性价比等问题 (图 15.4)。综合考虑上述因素, 北京航空航天大学 (简称北航) 构筑了一套能够理解操作意图, 可对活体细胞或基因进行操作的微操作机器人系统的实验样机 (图 15.5)。该微操作系统硬件部分主要包括倒置生物显微镜、左右微操作手、CCD 摄像头及图像处理单元、主控计算机、人机交互接口、隔振平台、伺服控制器、压电陶瓷驱动电源、细胞吸附及基因注射装置 (图中未标出) 等。

该微操作系统采取了视觉大闭环、驱动器加传感器局部反馈的策略, 来对左右末端执行器、细胞的相对位姿进行控制。即在操作过程中，显微镜下的场景 (细胞、吸管、注射针及其他) 通过摄像头和图像采集卡进入图像处理机，并在监视器上显示。操作员根据监视器上观察到的景象，利用鼠标选定被操作细胞及右操作手最终的操作位置。图像处理机对采集到的图像进行处理，实时计算出被选定细胞、吸管、注射针的相对位姿信息，并通过网络传到主控计算机，由主控计算机解算出机器人各关节的运动指令，由应变仪进行位置反馈后对左右微操作手进行轨迹规划和任务规划，从而实现对细胞的显微操作。

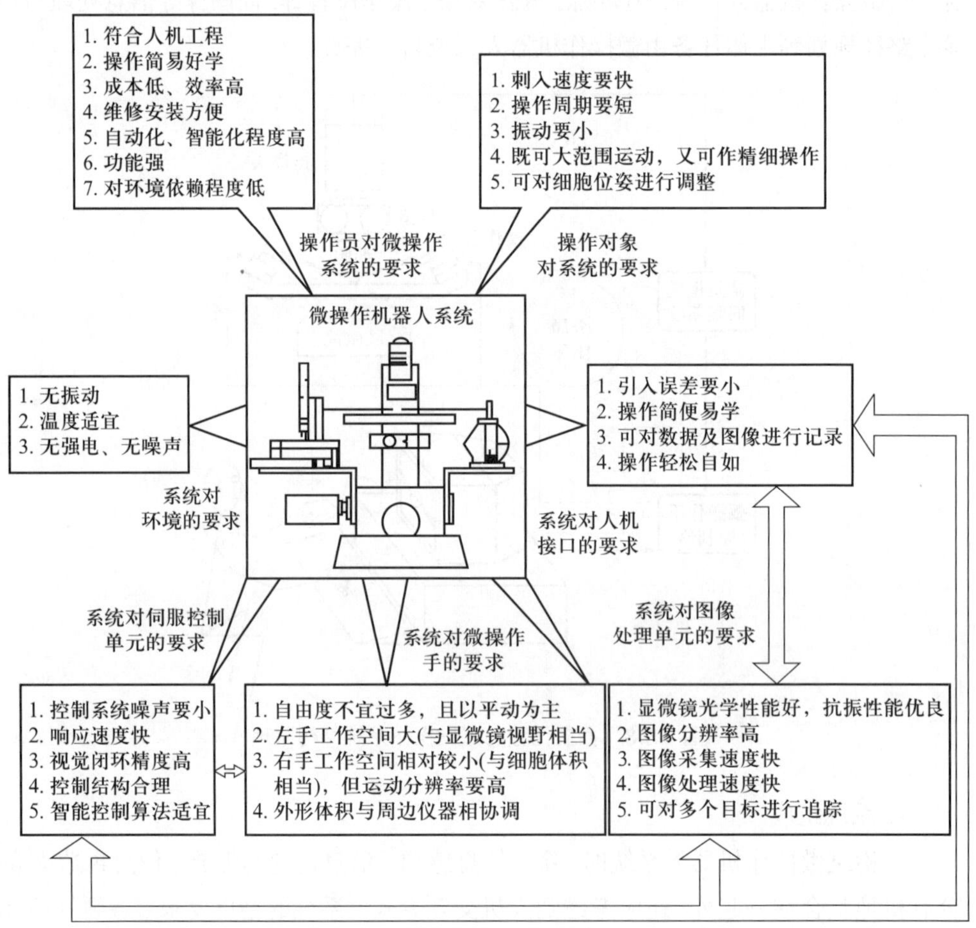

图 15.4 各组成单元之间的关系

3. 机构选型

基于类似人手操作的仿生学思想，在构筑面向生物工程的微操作机器人系统时，将大范围、低精度的宏运动分配给“左手”完成，小范围、高精度的微运动分配给“右手”完成。即左微操作手完成细胞的捕捉、追踪、固定等，右微操作手完成细胞的切割、基因的注射等。因此在设计选择左右微操作手时，对微操作机构的结构形式、驱

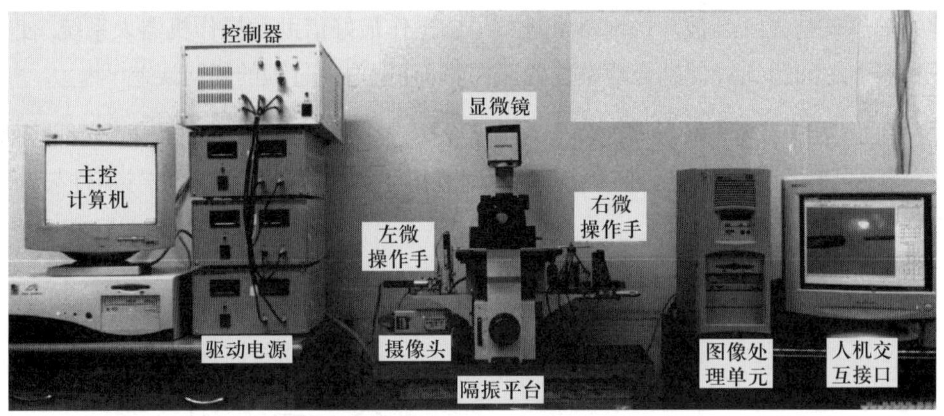

图 15.5　微操作机器人系统实验样机

动原理及各项技术参数等应各有侧重。对于左微操作手, 其精度要求高于 5 μm, 传统刚性机构即可实现。对于右微操作手, 其精度要求十分苛刻, 其精度要求高于 2 μm, 传统运动副已不能满足要求, 柔性机构便成了合适的选择。自由度配置方面, 文献 [2] 对此进行了详细讨论, 结论可以简述为: 微操作机器人的自由度愈多, 成本愈高。柔性机构可以获得很高的平动精度和运动分辨率, 但很难通过微动机构获得较大角位移。因此, 右手机构选择 3 维平动柔性机构最为合适。实际系统中, 左微操作手选用了 3 自由度直角坐标式结构, 由直线电机驱动, 精密圆柱导轨导向, 预紧弹簧消除间隙 (图 15.6a); 右微操作手采用了压电陶瓷驱动的 3 维平动并联柔性微操作手 (图 15.6b)。

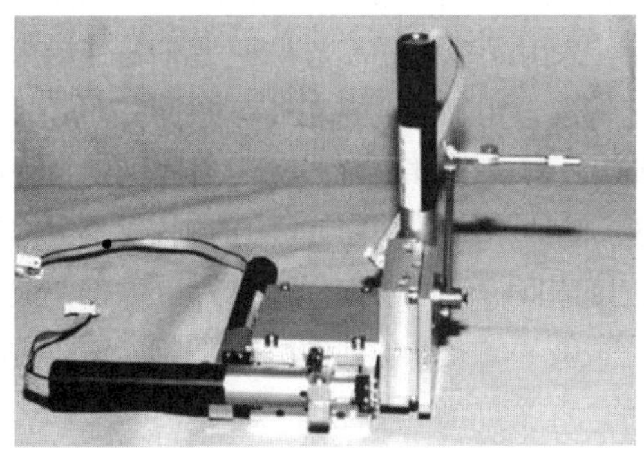

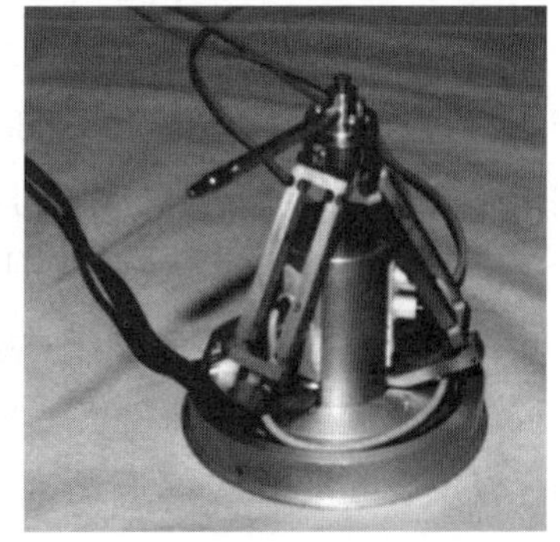

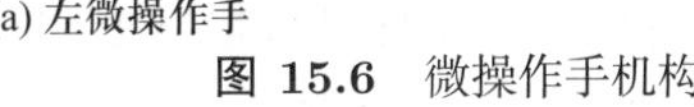

(a) 左微操作手　　(b) 右微操作手

图 15.6　微操作手机构

15.1.2　面向光波导器件耦合对接的微操作机器人系统

1. 工作原理

在光纤通信中广泛应用的集成光电子器件均需要通过光纤进行输入、输出耦合连接。如波导器件的生产和封装中最重要的环节就是尾纤处理, 而尾纤处理中最关键的操作就是光纤与波导的对准和连接。该操作最好借助微操作机器人系统, 使光纤和器件之间达到最佳耦合功率位置, 并自动补偿这一过程的任何误差[10]。

图 15.7 所示为光波导器件耦合对接概念图。图中包含 3 个部件: 输入光纤阵列、波导器件、输出光纤阵列。通过微动平台调节相互间的位置关系, 使波导器件与光纤阵列达到最佳的耦合效果。

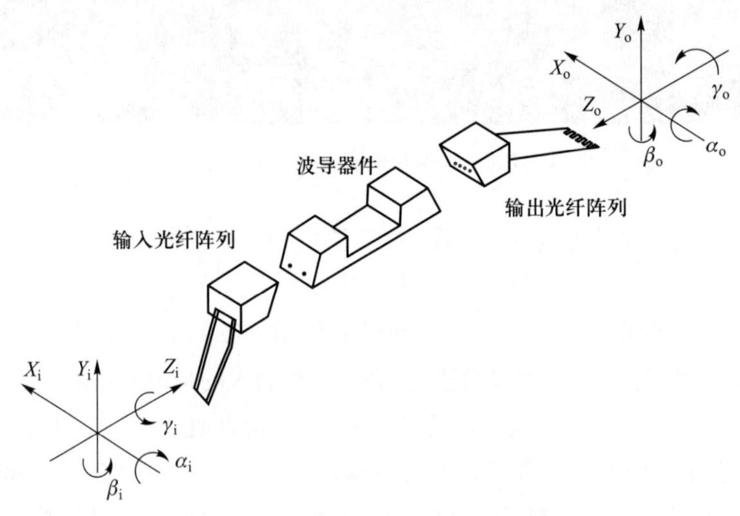

图 15.7 光波导器件耦合对接概念图

典型的光波导器件封装操作流程如下: 手动将光纤阵列和光波导安装好, 利用视觉系统观察, 手动粗略对准输入端, 使入射光基本进入光波导, 然后利用软件自动对准, 最后点胶固化, 完成操作后取下器件。为了避免封装过程中的手动操作环节, 可利用视觉伺服系统实现粗动对准操作的自动化, 具体而言就是首先利用高分辨率视觉系统检测出光波导与光纤阵列端部间的相对位姿, 通过以太网传递给主控计算机, 进行视觉闭环系统调节操作对象间的相对位置, 直至有光功率输出, 即完成粗对准过程。然后, 应用光功率搜索算法完成波导与光纤阵列的精确对接。最后, 进行点胶固化以及后续操作, 完成封装。

光电子对接中, 光纤与光波导的直接端面耦合最常见, 也最具典型性 (图 15.8)。因此, 研究光纤与光波导的直接端面对接是研究光电子对接的基础。从图中不难看出, 典型的光波导对接时需要进行 6 维调节, 而光纤与光波导直接端面耦合则只需要进行 5 个自由度调节。事实上, 由于光纤也是特殊的光波导器件, 因此两根光纤耦合对接是光纤与光波导直接端面耦合的特殊形式。光纤可分为单模光纤和多模光纤, 其中单模光纤的外径是 125 μm, 纤芯直径是 6 ~ 9 μm, 而多模光纤的纤芯是 50 ~ 62.5 μm。

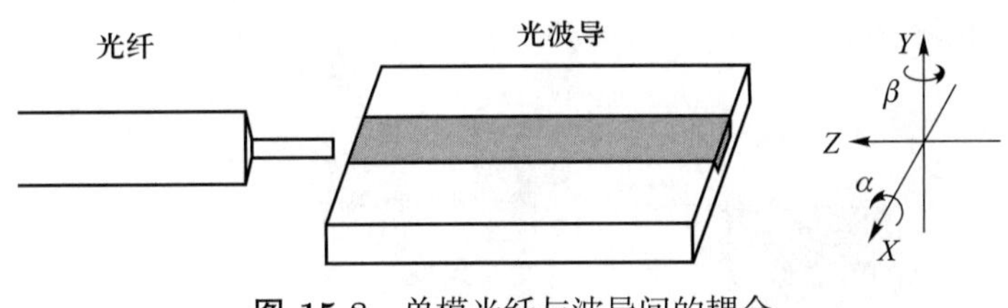

图 15.8 单模光纤与波导间的耦合

由文献 [10] 可知, 光纤、波导端面的平移参数与角度偏差是影响耦合效率的主要因素。只有平移参数达到亚微米级、角度偏差达到角秒级, 才能保证耦合效率在 99%以上。据此, 确定自动对接机器人系统运动单元精度指标, 列于表 15.1 中。

表 15.1 机器人系统的运动单元精度

自由度		重复定位精度	分辨率
平动	X	0.5 μm	50 nm
	Y	0.5 μm	50 nm
	Z	0.5 μm	50 nm
转动	α	0.05°	0.005°
	β	0.05°	0.005°
	γ	0.05°	0.005°

2. 系统组成

在上述分析基础上, 自动对接机器人系统在结构和功能上应满足:

(1) 具有大行程、高精度运动能力, 能实现空间 6 维姿态调节功能;

(2) 具有视觉系统, 能够确定操作对象的位姿, 通过视觉伺服控制实现粗对准操作;

(3) 具有微光功率反馈功能, 能实时检测对接时的光功率损耗;

(4) 针对不同的封装对象, 通过设计合适的夹具, 机器人系统应该具有较好的通用性;

(5) 控制系统性能稳定可靠, 具有可扩展性, 并具有自动化操作能力。

根据上述功能要求, 北航开发研制了 APSW 型光电子自动对接机器人系统样机 (图 15.9)。

机器人系统主要由机器人机构本体、视觉系统、微光功率检测系统、硬件驱动系统、软件控制系统以及辅助设备等组成, 图 15.10 所示为该机器人系统的结构框图。

3. 机构选型

为满足封装系统对接运动大行程、高精度的要求, 机器人机构本体即运动平台采用宏 – 微结合的方法。宏动平台满足大行程的要求, 具有 3 个平动自由度; 而精

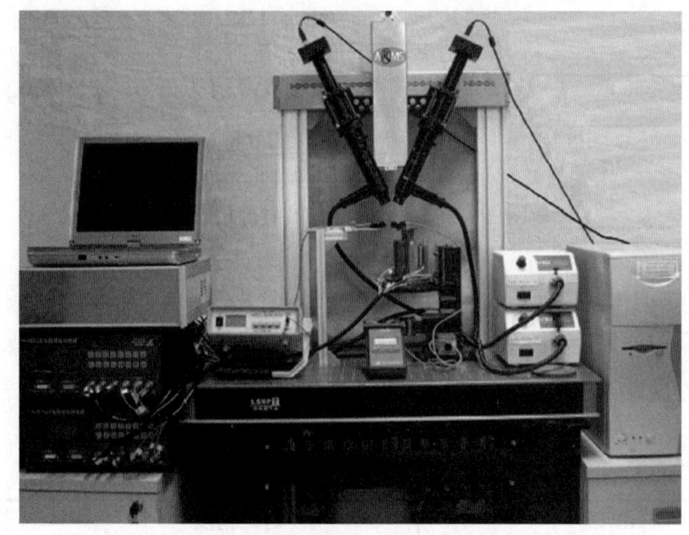

图 15.9　自动对接机器人系统样机

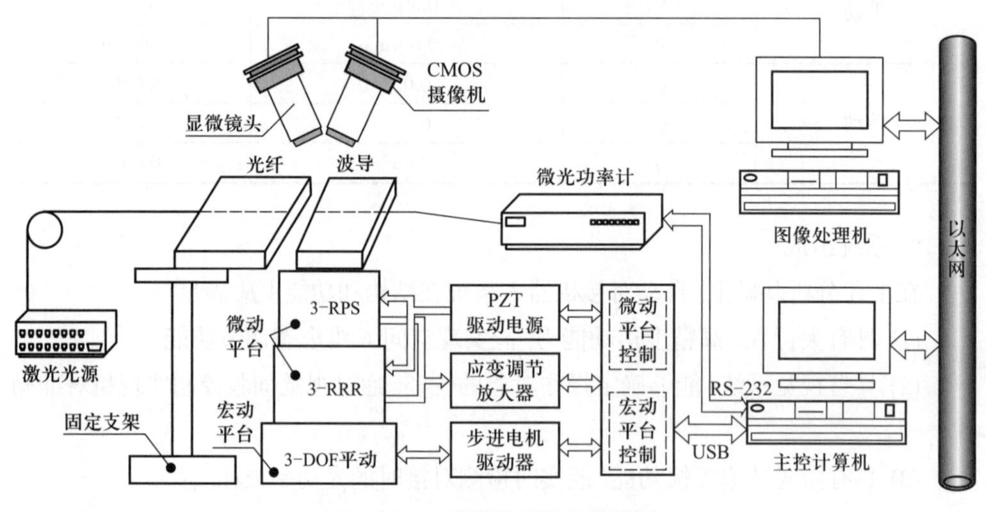

图 15.10　机器人系统结构框图

密运动平台则实现高精度定位, 具有空间 6 个自由度。整个运动平台的行程为: 平动行程 10 mm × 10 mm × 10 mm, 转动范围 ±0.5° × ±0.5° × ±0.5°; 精度为: 平动分辨率 50 nm, 定位精度 200 nm, 转动分辨率 0.005°, 定位精度则为 ±0.5°。宏 – 微运动平台实物如图 15.11 所示。

微动机器人要求具有 6 个自由度。根据上述的机构选型原则, 在充分调研的基础上, 发现平面 3–RRR 并联机器人和空间 3–RPS 并联机器人分别具有面内 3 自由度 (X, Y, γ) 和面外 3 自由度 (α, β, Z), 对这两种构型并联机器人的研究日趋成熟, 其运动学、动力学特性相对简单。把两者结合起来恰好具有全自由度的运动能力, 且两者之间还具有运动解耦的特性[2]。这样, 在控制时可以分别对这两种机构建

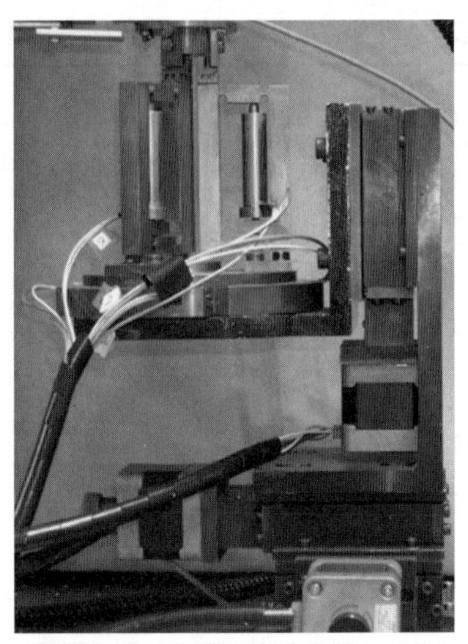

图 15.11　宏 – 微运动平台实物

模。3–RRR 并联机构属于平面机构, 而 3–RPS 并联机构属于空间机构, 两者串接成的混联微动机器人外形体积较小、结构紧凑。

此外, 这种选型方式使得机构的优化设计更加灵活。例如, 通过对 3–RRR 机器人和 3–RPS 机器人的机构本体分别进行优化设计, 可以对特定方向的运动性能进行优化, 如对 γ 的运动范围进行优化设计, 可以在 γ 方向上得到较大的转动空间, 这是其他 6 自由度平台并联机构 (如 6–SPS 并联机器人) 难以比拟的。因此, 最终选择了平面 3–RRR 并联机构和空间 3–RPS 并联机构作为机器人的机构本体。

15.2　典型的微操作机器人机构

由上一节的分析可知, 柔性机构很适合作为微操作机器人系统的执行机构, 这里简称为柔性微操作机构。同时, 柔性微操作机构与并联机构有着密切的联系。从机构学的角度讲, 并联机构的一些特点在一定程度上正好加强和弥补了柔性机构的优点与不足, 两者的有机结合正好满足一些应用领域中特有的运动分辨率高 (nm 级)、响应快 (几十到几百 Hz)、尺寸小等要求。第 2 章已经对并联机构精度高、刚度大、结构紧凑、对称性好、速度高、自重负荷比小、动力学性能好等优点进行了具体阐述。总之, 并联式结构非常适合作为柔性微操作机构的 “型”。

一般说来, 根据驱动方式可将并联机构划分为 3 大类: ① 旋转驱动型 (简称 RA 型); ② 腿长可变型或称 Stewart 型 (简称 VL 型); ③ 固定导向驱动型 (简称 FL 型)。结合微操作机器人的特点, 表 15.2 对此 3 类机构的性能特征进行了比较。

表 15.2 3 类并联机构性能特征的比较

机构类型 / 技术指标	RA 型	VL 型	FL 型
工作空间	较大	小	大
运动速度	快	较快	较快
结构	简单、紧凑	复杂	较复杂
加工难度	易	难	难
刚度	差	好	好
驱动器位置	机架	运动支链上	机架
运动分辨率	低	较高	高

1. RA 型并联微操作机器人

图 15.12 所示为北航研制的柔性微操作机器人。它采用的是改进型 Delta 并联机构 (图 15.12a), 有 3 个移动自由度 (X, Y, Z)。每条支链包括 3 个转动副与 1 个平行四边形移动副, 均采用圆弧缺口型柔性铰链形式。该微操作机器人的特点是: ① 巧妙地利用了 RA 型并联机构刚性差的 "弱点", 使得机构本体更易驱动; ② 避免了球铰的出现, 加工难度和成本大大降低; ③ 整个机械本体由少数零件装配而成, 基本实现了整体式结构, 所以装配误差基本达到最低限度; ④ 采用内藏式驱动方式, 即将压电陶瓷驱动器垂直放置, 处于 3 条支链、运动平台、基平台所包围的空间内, 所以结构紧凑, 与周围仪器设备比较协调 (体积约为 100 mm × 100 mm × 100 mm); ⑤ 工作空间较大, 单方向可达 400 μm; ⑥ 运动速度较快, 适于完成细胞注射、捕捉等操作; ⑦ 采用压电陶瓷驱动, 机器人可达到纳米级的运动分辨率。

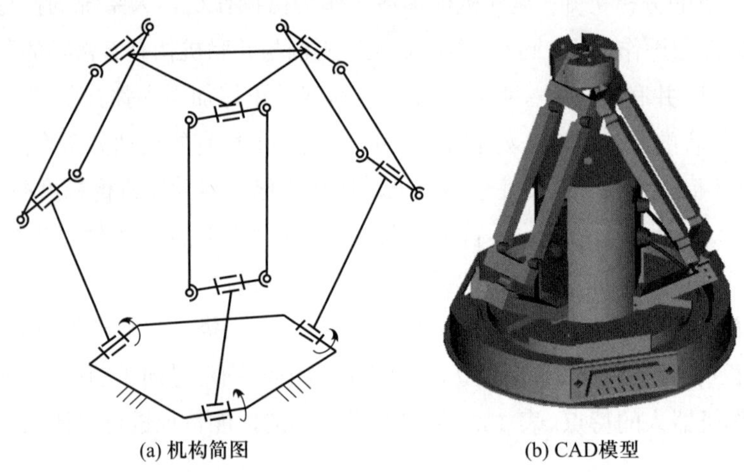
(a) 机构简图　　(b) CAD模型

图 15.12 Delta 微操作机器人

2. VL 型并联微操作机器人

图 15.13a 所示为芬兰 Tempere 科技大学研制的一台液压驱动式微操作机器人模型[11]。该机器人的运动平台与机架之间由 3 条支链连接。每条支链的结构形式如图 15.13b 所示, 它由压电陶瓷驱动器、密封膜、储液槽、刚性管、波纹管、油液等组成。驱动器是一弯形压电薄片, 当输入不同的电压时, 其曲率半径发生变化, 并推动储液槽内的液体流向波纹管。因波纹管的径向尺寸不变, 通过增压使波纹管沿轴线方向伸长。由于储液槽的径向尺寸是波纹管的几倍或几十倍, 所以压电驱动器的微小位移在波纹管的末端将被放大很多。波纹管与运动平台连接, 刚性管与机架连接, 共同组成了一个并联微操作机器人, 其机构形式类似于空间 3-RPS 机构。该微操作机器人有 3 个自由度 (α,β,Z), 外形尺寸为 40 mm × 40 mm × 40 mm, 压电驱动器的驱动范围是 20 μm, 而机器人的工作空间为 1.5 mm × 0.6 mm × 0.2 mm, 运动分辨率高于 1 μm。

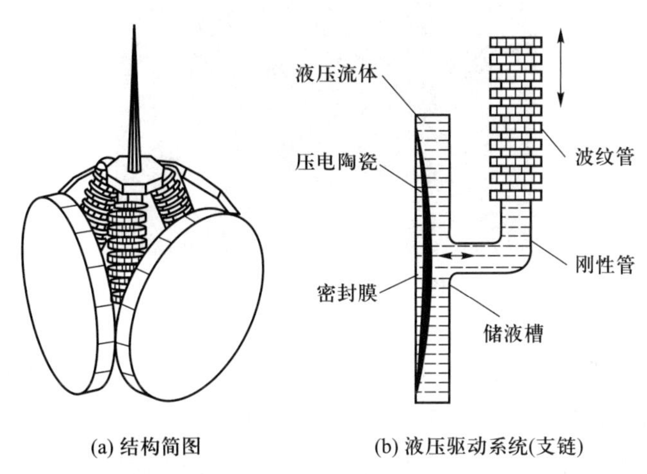

(a) 结构简图　　(b) 液压驱动系统(支链)

图 15.13　液压式微操作机器人

3. FL 型并联微操作机器人

图 15.14 所示为瑞士电子与显微技术中心 (CSEM) 研制的行程微操作机器人[12], 其应用背景是光纤对接。它采用的是 3–PPSR 并联机构, 每条支链通过转动副与运动平台连接, 通过球副与 2 自由度驱动器连接, 驱动器可在基平面内自由移动。该机器人的突出特点是: ① 外形体积小 (体积 4 cm^3), ② 工作空间大 ($X \geqslant \pm 5$ mm, β、$\gamma \geqslant \pm 2.5°$, Y、Z、α 的运动范围从理论上说是无限的), ③ 运动分辨率高 (0.1 μm)。但由于采用的是传统的运动副形式, 回滞误差偏大。如果运动副采用柔性铰链形式, 运动性能将会有很大改善, 因为球副和转动副的运动范围并不大。

图 15.15 所示为哈尔滨工业大学研制开发的微操作机器人样机[13], 是 6–PSS 并联机构, 采用压电陶瓷驱动, 其运动分辨率可达几十纳米。

同时, 并联微操作机构又多属于柔性机构的范畴。虽然也是由杆件、运动副、驱

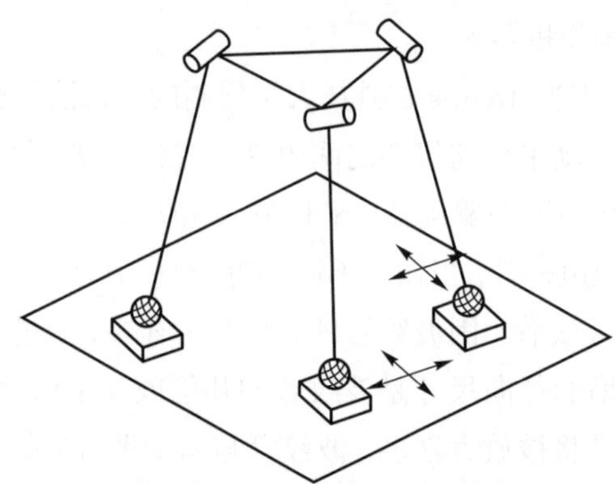

图 15.14　3–PPSR 机构

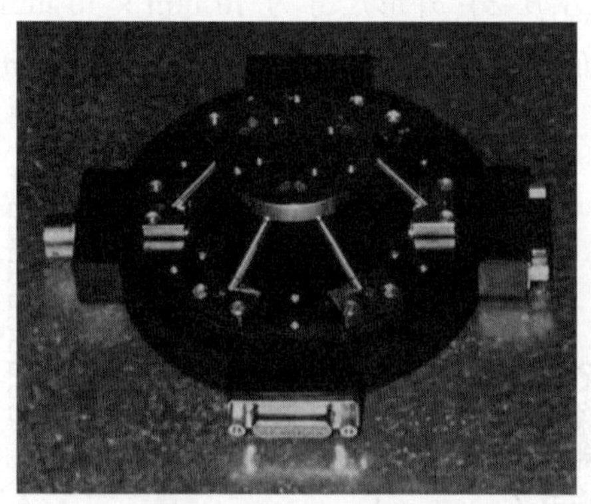

图 15.15　6–PSS 机构

动器等组成, 但遵循的物理法则、研究方法及技术路线与普通刚性机构有所区别。通常微操作机构的选择、设计、加工应执行下列原则:

(1) 运动学设计原则。所谓运动学设计原则是根据物体要求运动的方式 (即要求自由度) 确定施加的约束数。在选择微操作机构时应注意: ① 自由度不宜过多, 理论上讲, 机器人自由度越多, 其操作灵活性越好, 但过多的自由度也意味着控制难度的增加及成本的提高, 况且在微观世界里也不易实现大范围转角; ② 在选择微动机构时, 应尽量避免球铰出现, 主要原因是铰链的加工难度太大, 成本太高。

(2) 变形最小原则。在微操作系统工作过程中, 无论是受力引起的变形还是因温度变化等因素而引起的蠕变, 都是无法避免的。因此, 在设计中应采取各种措施, 使变形为最小。例如, 优先选用对称式并联机构。

(3) 传动链最短原则。在总体布局时传动链越短越好, 结构越简单, 性能越稳定可靠, 精度就越容易保证。为了增强抗振能力、减小装配误差、提高结构刚度, 系统应尽量减少运动环节。这也是并联机构在微操作领域备受青睐的原因之一。

(4) 冗余原则。它包含两方面的含义: ① 微操作机构工作空间要比视觉系统的视野大。一般来说, 显微操作都是在显微镜下进行的, 而显微镜的视野是受限的。为了充分利用有限的空间, 避免微操作手在工作空间边界附近可操作性及灵活性差的情况出现, 微操作手的工作空间应尽量比显微镜的视野范围大。② 微操作机器人的理论工作空间要比其实际工作空间大。数学模型的不精确性、驱动器的不稳定性、机构材料的弹性变形等因素的存在, 使微操作机器人的实际可达域或工作空间要比理论可达域小。

(5) 速度 (加速度) 大范围可调原则。某些微操作对速度或加速度的要求变化比较苛刻, 如生物工程中的细胞操作。

15.3 3 维平动柔性微操作机构的构型综合

根据对工作行程或空间的要求不同, 并联柔性机构的构型主要有两大类可供选择: 简单全并联式柔性机构和广义全并联式柔性机构。第 7 章给出了实现这两类柔性并联机构的统一构型综合方法 —— 图谱法, 同时给出了实现简单全并联的条件。

下面以 3 维平动微操作机构的构型综合为例。

首先根据第 7 章给出的实现简单全并联的条件, 可以很容易地判断出无法实现简单全并联的 3 维平动, 必须采用广义全并联构型。而广义全并联构型的拓扑结构来自与之对应的刚性并联机构。因此, 3 维平动柔性微操作机构的构型综合问题可以归结为与之对应的 3 维平动并联机构 (TPM) 的构型综合[2,14-15]。因篇幅所限, 这里不再赘述构型综合的具体过程 (可参考文献 [2]), 只给出综合结果。

(1) 具有 2R3P 型分支结构的 TPM 包括: 3–P(4S) 机构 、3–H(4S) 机构、3–RP(4U) 机构、3–PR(4U) 机构、3–H(4U) 机构、3–C(4U) 机构、3–RP(3–SS) 机构、3–PR(3–SS) 机构、3–H(3–SS) 机构、3–C(3–SS) 机构等。典型机构如直线驱动 Delta 机构 [3–P(4S)]。

(2) 具有 3R2P 型分支结构的 TPM 包括: 3–CCR 机构、3–RCC 机构、3–PCU 机构、3–CPU 机构、3–UPC 机构、3–P(4R)RRR 机构、3–C(4R)RR 机构、3–C(4R)U 机构、3–R(4S) 机构、3–RR(4U) 机构和 3–RR(3-SS) 机构等。典型机构如 Delta 机构 [3–R(4S)]。

(3) 具有 4R1P 型分支结构的 TPM 包括: 3–UPU 机构、3–PUU 机构、3–RCU 机构、3–RUC 机构、3–CRU 机构、3–PSS 机构和 3–HSS 机构等。

(4) 具有 5R 型分支结构的 TPM 包括: 3–RUU 机构和 3–URU 机构等。

(5) 具有 1R3P 型分支结构的 TPM 包括: 3–CPP 机构、3–C(4R)(4R) 机构、3–CP(4R) 机构、3–C(4R)P 机构、3–PPC 机构、3–PCP 机构、3–PC(4R) 机构、3–P(4U) 机构、3–H(3-SS) 机构和 3–P(3-SS) 机构等。

(6) 具有 2R2P 型分支结构的 TPM 包括: 3–RPRP 机构、3–RRPP 机构、3–

PRRP 机构、3–PPRR 机构、3–PRPR 机构、3–RPPR 机构、3–CPR 机构、3–CRP 机构、3–R(4R)(4R)R 机构、3–R(4R)R(4R) 机构、3–RR(4R)(4R) 机构、3–R(4U) 机构和 3–R(3–SS) 机构等。典型机构如 Star 机构 [3–RH(4R)R, 图 15.16a] 和 Orthoglide 机构 [3–PR(4R)R, 图 15.16b]。

(7) 具有 3R1P 型分支结构的 TPM 包括: 3–RPRR 机构、3–R(4R)RR 机构、3–RRRP 机构、3–RRR(4R) 机构、3–RRPR 机构、3–RR(4R)R 机构、3–PRRR 机构、3–(4R)RRR 机构、3–RRRH 机构、3–RRC 机构、3–CRR 机构和 3–RCR 机构等。这类机构中最为典型的机构如 Tsai 氏机构 [3–RR(4R)R, 图 15.16c]。

(8) 具有 3P 型分支结构的 TPM 包括: 3–PPP 机构和 3–P(4R)(4R) 机构等。

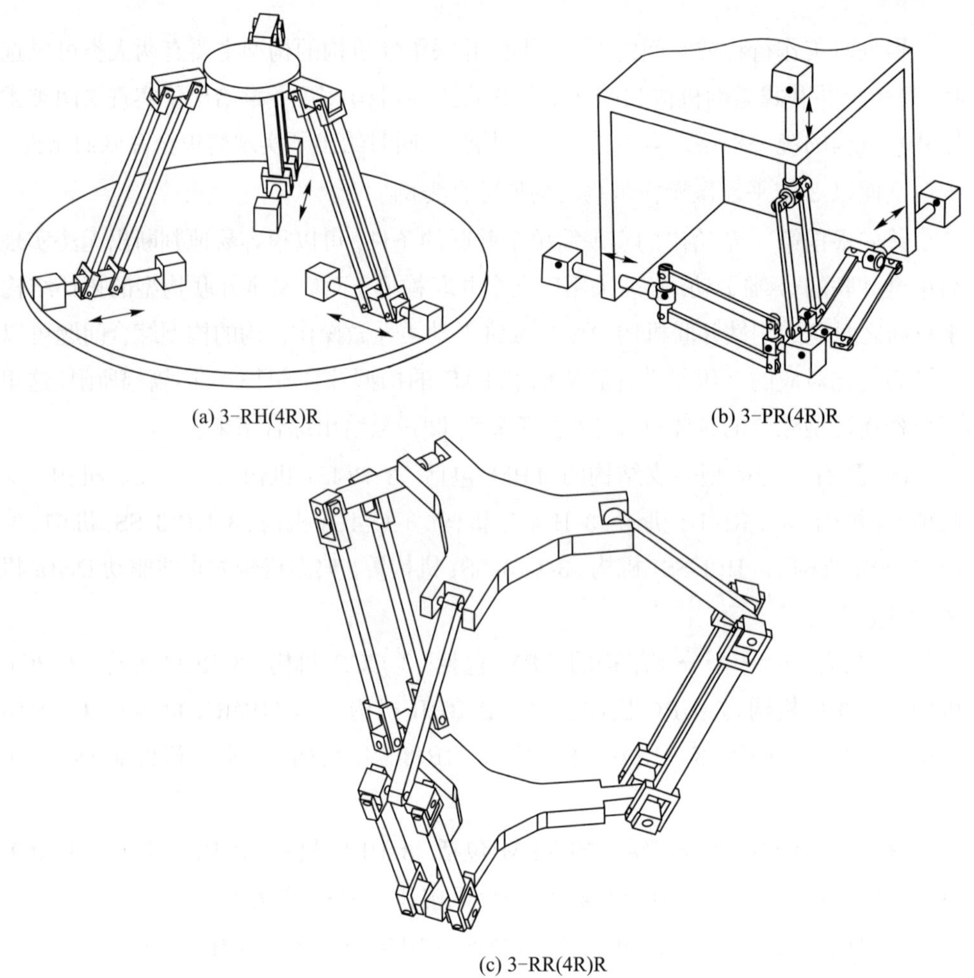

(a) 3–RH(4R)R　(b) 3–PR(4R)R

(c) 3–RR(4R)R

图 15.16　3 种典型的 TPM 机构

由于微操作机构的运动副多采用柔性铰链形式, 在进行微操作机构选型时, 应尽量遵循以下原则: 从加工角度考虑, 微操作机构应避免球副 S、虎克铰 U、螺旋副 H

的出现; 为减小误差和降低成本, 应选择结构对称式并联机构; 速度及加速度要大; 工作可达域要大; 各运动副的运动范围应均衡; 驱动部分应安置在机架上。简言之, 从结构特点及加工的角度考虑, 含 U 副、含 S 副、含 H 副、结构不对称的构型不符合上述原则, 因此不适合作为微操作机构。

含两个 P 副的 3–RPPR 并联机构有以下缺点: ① 各支链呈星形分布, 外形体积较大; ② 各支链含两个移动副 P, 加工难度较大; ③ 对驱动器的刚度及驱动力要求较高。如果用平行四边形机构替代移动副 P, 则每条支链至少有 10 个柔性铰链, 若驱动器刚度偏低、驱动力太小, 机构可能实现不了预定的运动。

相反, 只含一个 P 副的并联机构则摒弃了上述不足, 而且它们具有运动速度及加速度较高、工作空间大的特点。因此, 图 15.16c 所示的三维平动并联机构比较适合用于生物工程中的显微操作。事实上, 如果用柔性铰链代替机构中的所有运动副, 两种并联机构的物理结构是一样的, 每条支链上均含有 3 个相互平行的柔性转动副和由 4 个柔性铰链组成的移动副。

最后, 微操作机构选用了 Delta 变形机构形式, 支链形式为 RR(4R)R, 其中 P 副由平行四边形机构代替。优点在于其中的铰链完全为转动副, 避免了球铰等复合铰的出现, 这样有利于简化工艺、提高精度。另外, 这样的结构形式紧凑、运动尺寸链短, 可保证其较高的刚度和良好的动态性能。最终设计的结构 CAD 模型如图 15.12b 所示。

为保证该机构具有较大的工作空间和很高的运动精度, 变形部件材料选用了铍青铜 QBe_2, 非变形部件材料为锡青铜 QSn6.5–1, 并以最大工作空间为目标函数对机构的参数进行了优化。该柔性机器人的驱动元件采用三路叠堆型高压压电驱动器 P–178.37 (PI 公司), 定位精度可达 2.4 nm, 输出位移与输入电压关系近似线性, 最大输入电压为 1 000 V, 最大位移量约为 40 μm。经过测试, 该机器人的工作空间为 400 $mm^3 \times 400\ mm^3 \times 200\ mm^3$, 关节分辨率可达 2.5 nm, 经过对驱动器和机器人末端的两级控制, 闭环末端精度可达 1 μm。

15.4 混联式柔性微操作机构的参数设计

本节以面向光电子器件封装的微操作机器人为例, 阐述一下复杂柔性微操作机构的参数设计。该机器人机构由两个 3–DOF 的并联柔性机构串联组合而成, 因此为混联结构 (图 15.17)。3–RRR 并联机构属于平面机构, 实现面内运动; 而 3–RPS 并联机构属于空间机构, 实现面外运动; 两者串接, 正好实现全自由度运动。

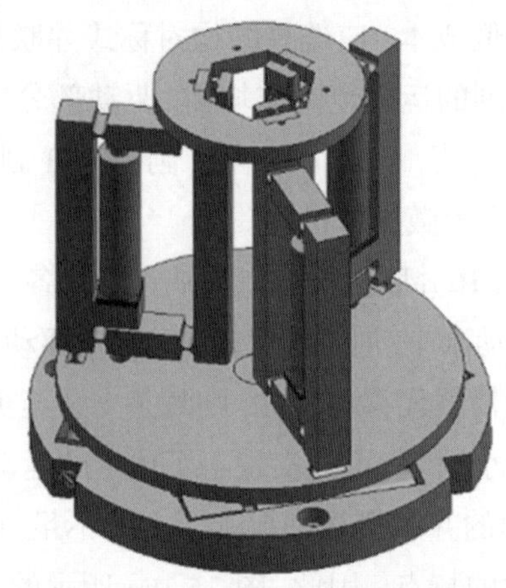

图 15.17 6–DOF 混联柔性微操作机器人机构

15.4.1 平面 3–RRR 并联柔性平台的结构一体化设计

1. 结构设计

平面 3–RRR 并联机构可实现 X、Y 两个方向的移动和绕 Z 轴的相对转动 (X, Y, γ)。它是并联式机构中较为简单的一种构型, 结构紧凑、运动学和动力学都相对简单, 因此应用十分广泛。为实现精确作业如微定位、微操作等, 这里将其设计成柔性机构。整个机构本体如图 15.18 所示, 它是在一整块铝青铜的基础上经过一次性线切割加工而成的, 真正实现了柔性机构中加工一体化、无装配的理想境界。这样在机械结构上可保证该机器人具有很高的精度和分辨率。实际上, 可实现平面运动的微定位平台目前有很多选择, 但多采用单轴解耦式的设计形式, 虽然控制起来相对简单, 但却是以牺牲工作空间和精度为代价的。

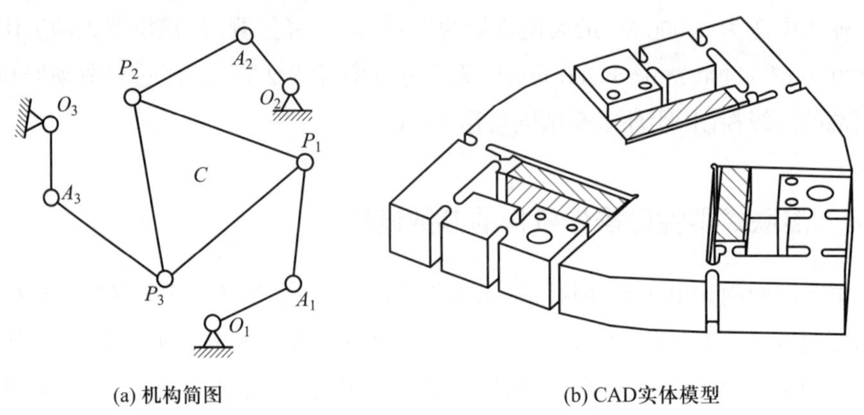

(a) 机构简图　　(b) CAD实体模型

图 15.18 3–RRR 柔性微操作机器人

由于 3–RRR 柔性平台的运动精度要达到亚微米级, 因此该机器人的驱动器也要有很高的运动精度。为此选择压电陶瓷驱动 (型号为 PSt 150/7/40 VS12), 闭环控制下其运动分辨率可达 1 nm, 但最大的驱动量只有 40 μm。为了增加输入的位移量, 在驱动器与执行器之间采用柔性运放机构来放大输入的位移量。

第 12 章详细讨论了运放机构的结构类型、特点和设计原则, 并列举了多种运放机构。综合比较几种常用的运放机构, 最终选择了基于杠杆原理的运动放大机构。主要因为这种运放机构结构简单、刚性好, 相对其他类型的运放机构而言, 它的一个最大优点是设计值和实验值比较接近, 能够使输入输出之间保持一种运动线性关系 (运放倍数为常值)。根据所需要的驱动转角和压电陶瓷的行程, 选用一级杠杆放大, 如图 15.19 所示。运动放大倍数为

$$\lambda = \frac{l_b}{l_a} = 2 \tag{15.1}$$

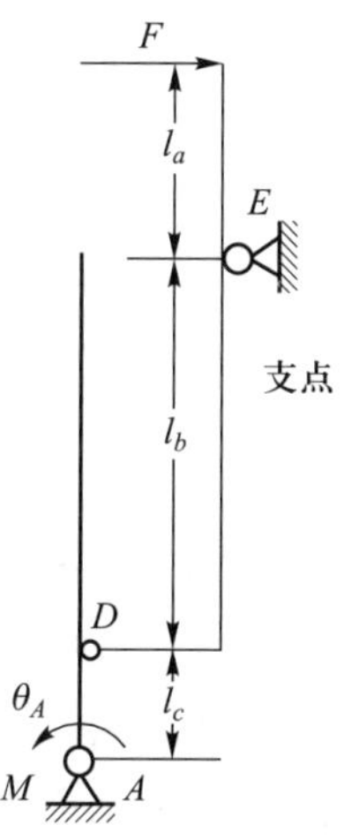

图 15.19 运放机构简图

压电陶瓷的直线位移经过杠杆放大 2 倍, 通过铰链 D 推动铰链 A 转动。当压电陶瓷伸长为 d 时, 输入的转角 $\theta_{Ai} = d\lambda/l_c$。

最终设计的 3–RRR 机构简图如图 15.20 所示, 图中各个参数列于表 15.3 中。根据机构简图进行了实体建模 (图 15.21), 并加工了相应的实验样机, 如图 15.22 所示。

表 15.3 3–RRR 柔性并联机器人的全部参数

几何参数	尺寸	几何参数	尺寸
l_1	9.75 mm	R_s	9.993 mm
l_2	20 mm	r	2 mm
l_3	16.5 mm	b	10 mm
l_4	5 mm	t	0.5 mm
l_5	4.5 mm	φ_1	72.58°
l_{ab}	26.725 mm	φ_2	71.97°
l_{bc}	26.725 mm		

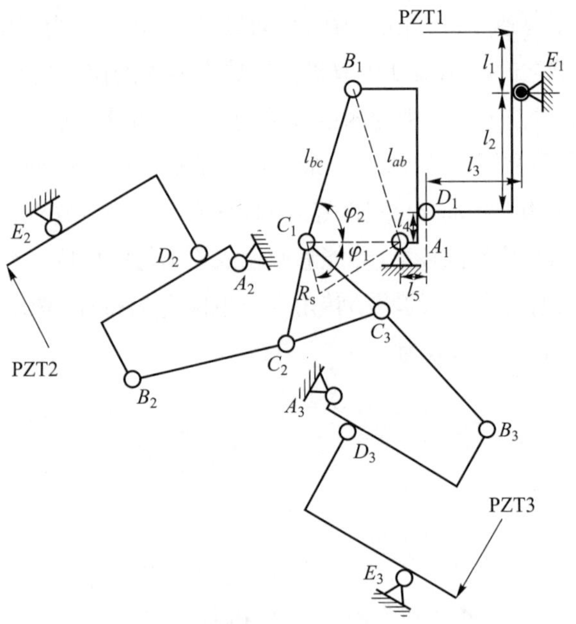

图 15.20 一体化设计的 3–RRR 柔性并联机构简图

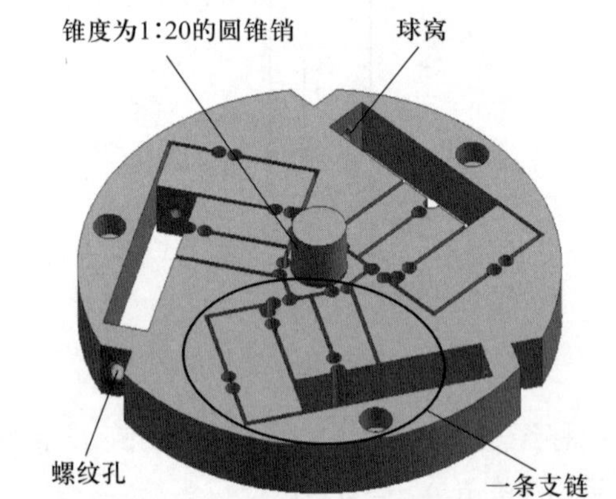

图 15.21 3–RRR 柔性并联机器人实体模型

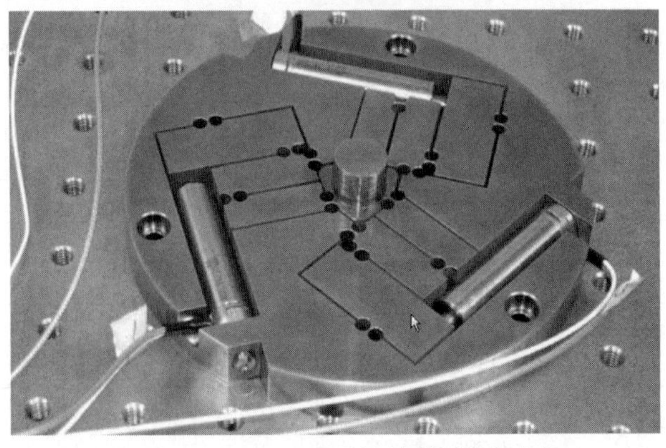

图 15.22 3–RRR 柔性并联机器人实物

2. 工作空间

3–RRR 柔性并联微操作机器人的工作空间可根据运动学方程得到。借助软件 MATLAB 对驱动输入空间进行离散化处理, 从而得到位姿输出空间, 进而得到机器人的工作空间。图 15.23 所示为当驱动输入 $(\Delta\theta_{A_1}, \Delta\theta_{A_2}, \Delta\theta_{A_3}) \in (0°, 0°, 0°) \sim (0.38°, 0.38°, 0.38°)$ 时机器人的工作空间的形状及最大输出。

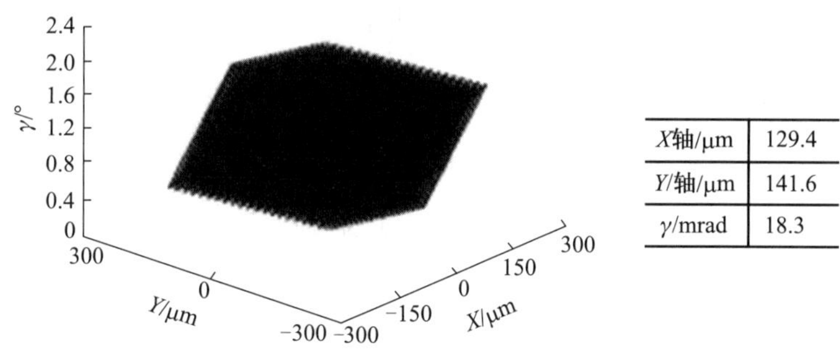

X轴/μm	129.4
Y/轴/μm	141.6
γ/mrad	18.3

图 15.23 3–RRR 柔性微操作机器人的工作空间

15.4.2 空间 3–RPS 并联柔性平台的参数设计

1. 结构设计

图 15.24 所示为 3–RPS 并联机构的结构简图, 可以看出该机构由基平台、动平台以及连接两平台的 3 个支链组成。为了消除材料、温度等各方面的误差影响, 以及考虑到分体加工的模块化设计, 将其设计成对称结构。其中, 3 条支链与平台相连的运动副为球副 S, 与固定平台相连的运动副为转动副 R, 在转动副与球面副之间是一移动副 P, 作为机构的驱动副。每条支链中 R 副的转动轴线与固定平台共面, 且与 P 副运动方向垂直, 动平台能够实现在 3 个自由度 (α, β, Z) 的空间运动。

实际设计过程中, 3–RPS 机构采用单支链整体式结构设计、一体化加工方法, 然后把 3 条支链、基平台、动平台组装起来, 构成完整的 3–RPS 机构。

传统的球铰如图 15.25a 所示, 但该结构的加工难度较大, 现有的技术难以保证各尺寸参数。图 15.25b 所示为等效球铰, 由一个虎克铰 U(由两个转动副组成) 与一个转动副 R 组合而成,3 个转动副的轴线在空间交于一点, 因而具有绕空间 x、y、z 轴转动的自由度, 与球铰的功能一致。与传统的柔性球铰相比, 该结构更容易保证加工精度, 因此采用这种球铰加工的 3–RPS 机器人比采用传统柔性球铰的 3–RPS 微动机器人具有更准确的运动学模型。图 15.25c 所示为等效柔性球铰加工完成后的图片。

驱动采用平行四边形构成的移动副, 考虑到安装因素, 图 15.26 中的两幅图是支链的不同视图, 每条支链包含一个转动副 R、一个移动副 P 和一个复合球副 S; 此

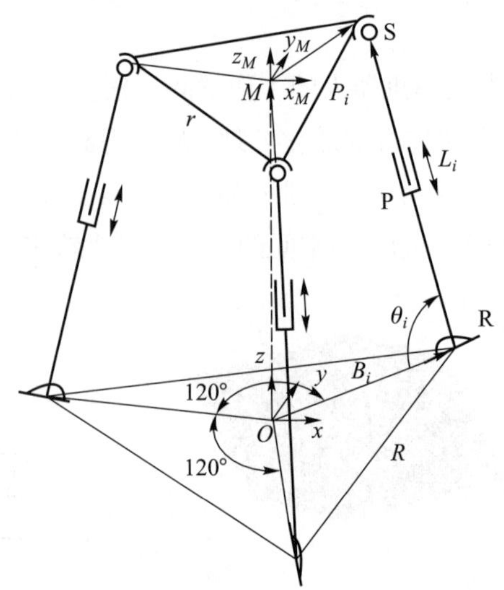

图 15.24 3–RPS 并联机构的结构简图

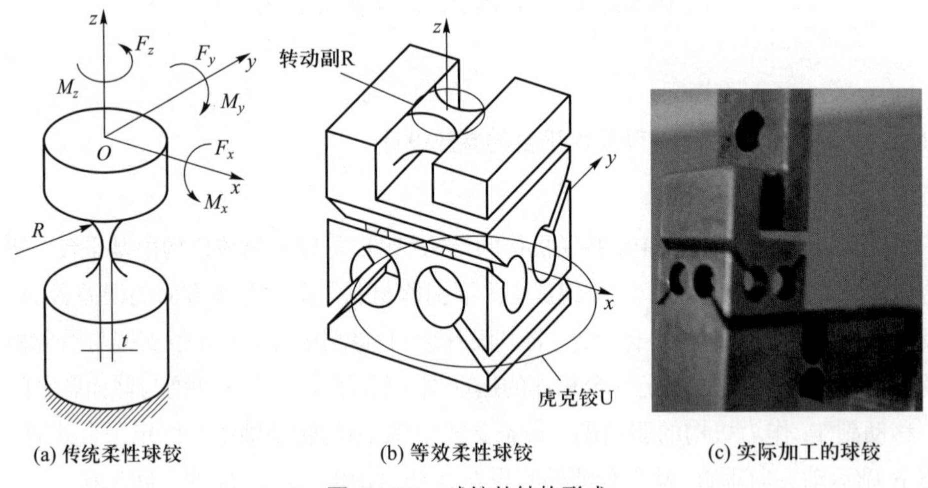

(a) 传统柔性球铰　(b) 等效柔性球铰　(c) 实际加工的球铰

图 15.25 球铰的结构形式

外, 还包括安装和定位用的销孔、螺纹孔、工艺孔以及球窝等。

为了便于加工, 把底座设计成圆盘形状 (图 15.27a), 从图中可以看出, 在底座圆盘的中心加工了一个锥度为 1:20 的锥孔, 用于与 3–RRR 机器人相连接。每条支链与底盘的连接靠两个螺栓。另外, 设计了两个定位销来确保支链与底盘的精确定位。支链与动平台的连接通过两个端部带螺纹的销钉来实现。为保证驱动器的输入满足要求, 设计了相应的预紧装置来调节预紧力。图 15.27b 所示为装配后的 3–RPS 机器人的样机。

2. 工作空间

在机器人设计时, 驱动器选择的是压电陶瓷, 且 3 根压电陶瓷的规格相同 (德国 PM 公司的 PSt 150/7/40 VS12)。根据运动学方程计算得到 3–RPS 微操作机器人

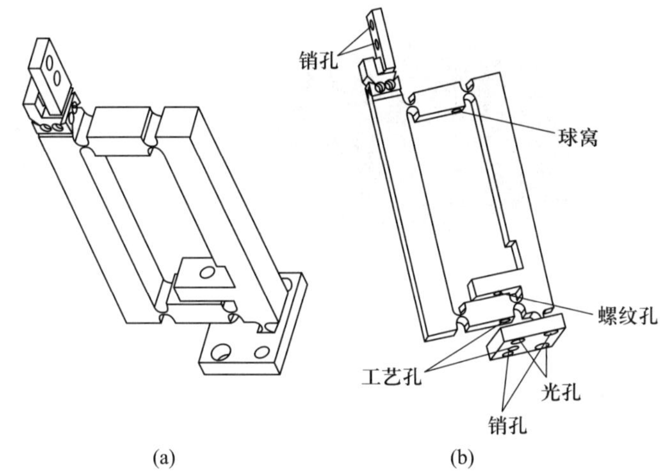

图 15.26 柔性移动副

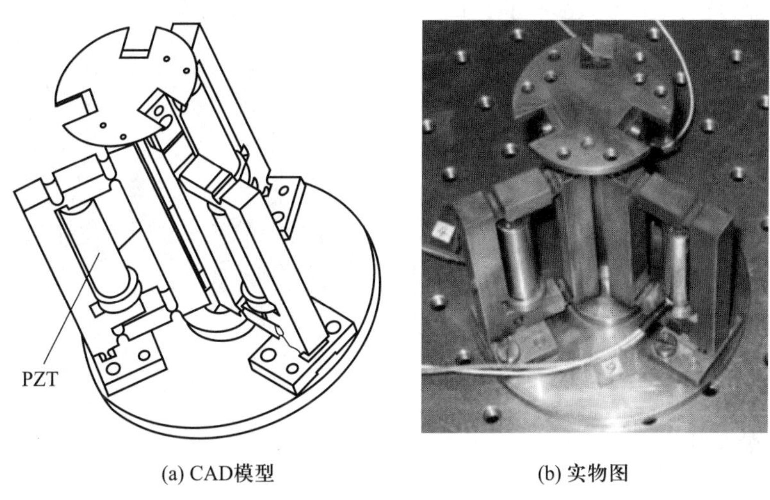

(a) CAD模型　(b) 实物图

图 15.27 3–RPS 微操作机器人

的位姿输出, 借助软件 MATLAB 对驱动输入空间进行离散化处理, 得到输出位姿, 即机器人的工作空间。机器人末端执行器的工作空间形状及最大输出如图 15.28 所示。

15.4.3 6–DOF 柔性微操作机器人的性能指标

3–RRR 柔性并联微动机器人和 3–RPS 柔性并联微动机器人的连接是通过 3–RRR 上 1:20 的锥销和 3–RPS 上 1:20 的锥孔之间的紧密配合来完成的。这样的连接方式简便、实用, 且具有自锁功能, 经过实验验证能够可靠连接。图 15.29 所示为将两者装配后组成的 6 自由度微操作机器人样机。

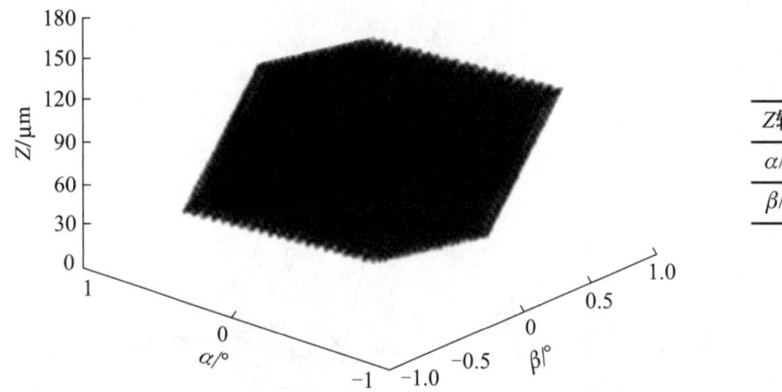

Z轴/μm	118
α/mrad	17.5
β/mrad	15.1

图 15.28 3–RPS 微操作机器人的工作空间形状及最大输出

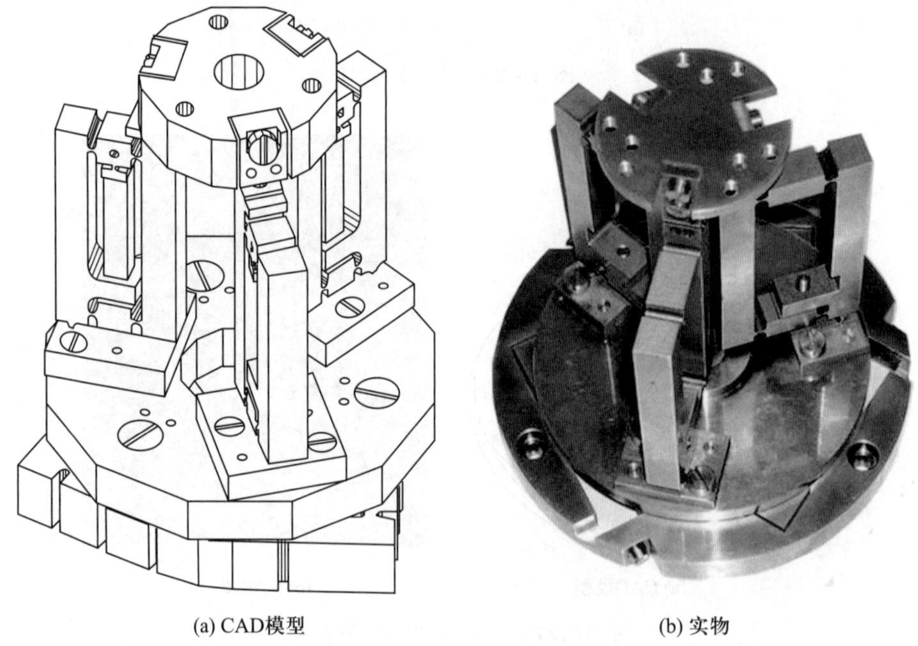

(a) CAD模型　　(b) 实物

图 15.29 6 自由度微操作机器人样机

考虑到两个单机的运动存在解耦特性, 最终所设计的 6 自由度微操作机器人的性能指标就是对 3–RRR 微操作机器人和 3–RPS 微操作机器人性能指标的综合, 具体指标见表 15.4。

表 15.4 6 自由度微操作机器人的理论运动性能

自由度	X/μm	Y/μm	Z/μm	α/mrad	β/mrad	γ/mrad
运动范围	129.4	141.6	118	17.5	15.1	18.3

15.5 微操作机器人系统自动对接实验

下面以一次典型的光纤对接实验 (图 15.30) 为例, 详细说明光纤自动对接操作的过程。首先, 主控计算机建立与图像处理计算机的通信连接, 主控计算机检测光功率计, 并开始实施视觉伺服控制。光纤间的初始位置关系如图 15.31 所示。

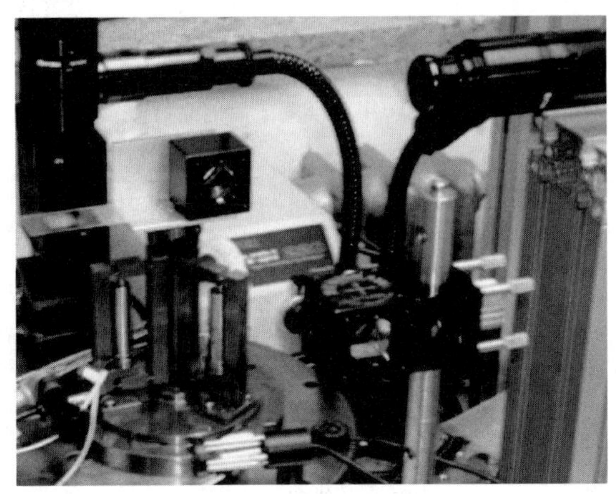

图 15.30 光纤对接实验系统

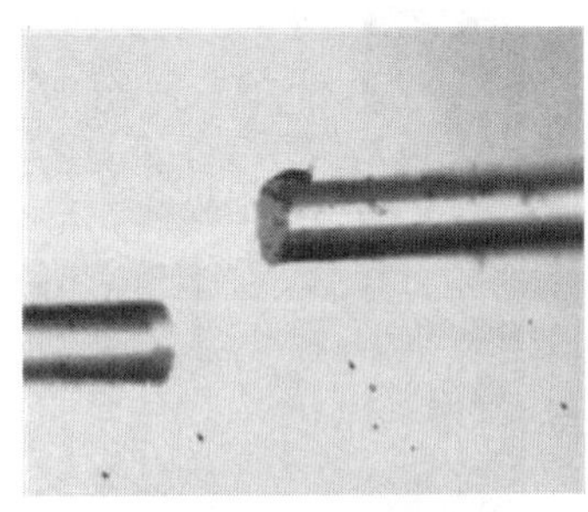

(a) 左摄像机图像

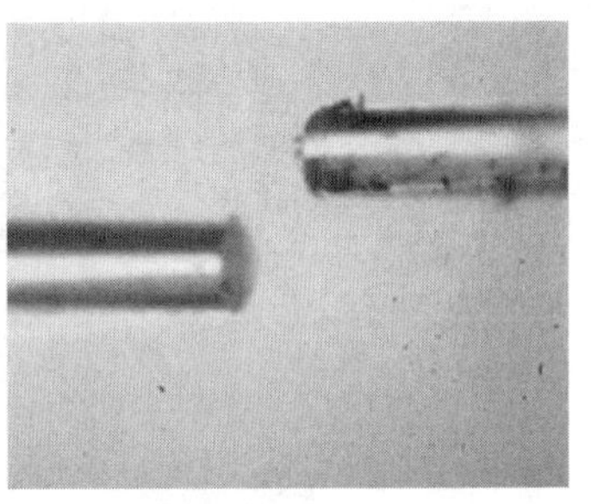

(b) 右摄像机图像

图 15.31 光纤初始位置

以视觉系统检测的光纤姿态信息作为反馈信号进行视觉伺服控制, 调整光纤的位姿偏差。实验中, 经过视觉伺服控制, 光功率输出值为 21.4 μW, 超过了预先设定的阈值 10μW, 视觉伺服粗对准完成。此刻两根光纤在摄像机下的图像如图 15.32 所示, 不难看出与图 15.31 相比, 光纤间的位姿偏差得到了有效校正, 尾纤有一定的光功率输出。

在此基础上, 进行微光功率伺服控制。具体采用单纯形法寻优, 搜索最大光功率输出点, 实现光纤间的精密对准。图 15.33 所示则是对接完成后摄像机采集的图像, 与图 15.31 和图 15.32 相比, 显然, 光纤间的位姿误差进一步得到有效校正。

图 15.34 所示为对接两根光纤实验时的现场照片。

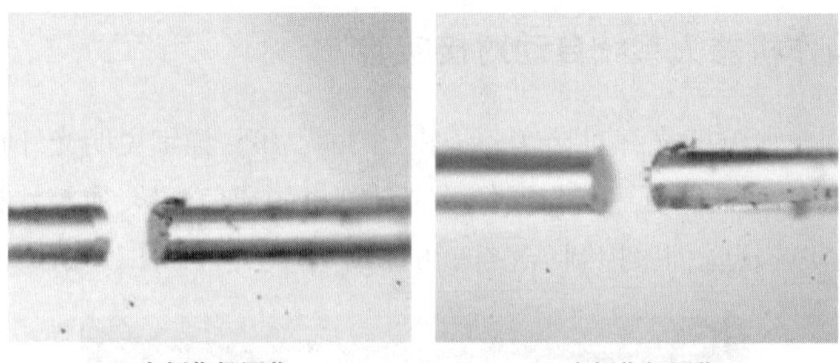

(a) 左摄像机图像　　(b) 右摄像机图像

图 15.32　粗对准完成后的光纤图像

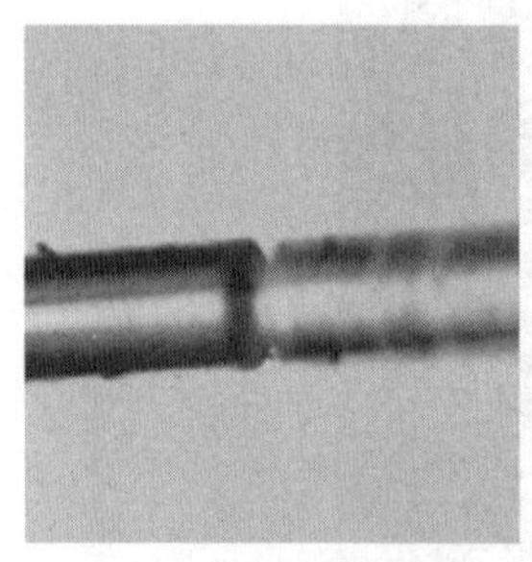

(a) 左摄像机图像　　(b) 右摄像机图像　　(c) 对接完成

图 15.33　精密对接完成后的光纤图像 (见书后彩图)

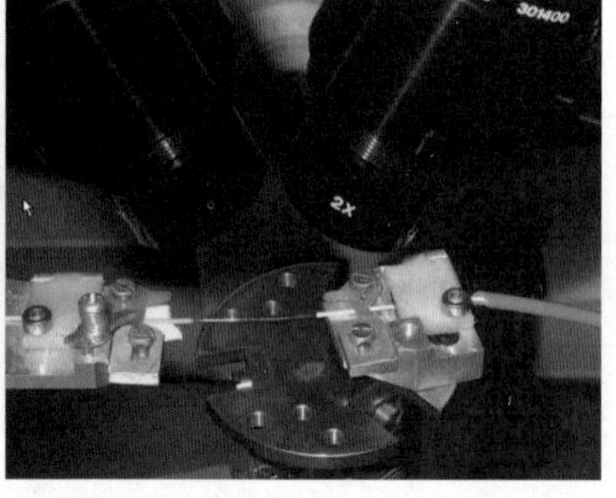

(a)　　(b)

图 15.34　对接实验的局部照片 (见书后彩图)

表 15.5 列出了当输入 570 μW 的光功率时, 光纤对接前光功率计检测到的光功率输出值、视觉伺服控制过程中光功率计检测到的光功率输出值以及微光功率伺服控制结束后光功率计检测到的光功率输出值。

表 15.5　光功率输出值　　单位: μW

光功率初始值	光功率输入值	视觉伺服控制过程中	微光功率伺服控制结束
0	570	21.4	564.7

15.6 本章小结

本章以典型微操作机器人系统为例, 概要介绍了多自由度并/混联柔性机构在其中的应用。

首先深入分析了为实现自动显微操作, 微操作机器人在宏微之间必须解决的 3 个基本问题以及典型的微操作方式, 讨论了微操作机器人系统的物理结构、逻辑结构及功能特点; 在此基础上, 总结出了 “面向生物工程的微操作机器人系统” 的构筑原则。这些设计原则不单适用于面向生物工程的微操作机器人系统, 对构筑其他应用领域的微操作系统或精密仪器设备也有一定的价值。同时, 总结出了微操作机构选择所呈现的特征, 分析枚举了确定微操作机构形式的理论依据和典型构型。

开发出一套用于光电子封装的自动对接机器人系统。采用显微立体视觉伺服系统和微光功率伺服系统相结合的控制模式, 并通过宏 – 微精密运动平台实现对光电子对接中关键动作的精确与自动化操作。依据柔性并联机器人的定位优势和选型原则, 选定平面 3–RRR 并联机构和空间 3–RPS 并联机构共同组成一个 6 自由度的混联式微操作机器人平台。此种构型具有运动部分解耦、控制简单的优点。最后, 针对多级伺服控制, 采用协调控制策略, 先视觉伺服再微光功率伺服的控制过程实现了自动对接操作, 实验结果验证了利用柔性微操作机器人系统进行光纤自动对接的可行性。

参考文献

[1] 于靖军, 宗光华, 毕树生. 全柔性机构与 MEMS. 光学精密工程,2001, 9(1): 1-5.

[2] 毕树生. 面向生物工程的微操作机器人系统研究. 博士学位论文. 北京: 北京航空航天大学, 2002.

[3] 晁代宏. 光电子封装中自动对接机器人系统的关键技术研究. 博士学位论文. 北京: 北京航空航天大学, 2007.

[4] 毕树生, 于靖军, 宗光华. 微操作手自由度的选择. 中国机械工程, 2003, 14(4): 327-329.

[5] 赵玮, 于靖军, 宗光华, 等. 串并联微操作机器人系统的研究. 北京航空航天大学学报, 2001, 27(5): 623-627.

[6] 毕树生, 宗光华. 并联微操作机构的研究与应用. 高技术通讯, 2001, 11(2): 107-110.

[7] Yu J J, Hu Y D, Bi S S, et.al. Kinematics feature analysis of a 3 DOF in-parallel compliant mechanism for micro manipulation. Chinese Journal of Mechanical Engineering, 2004, 47(1): 127-131.

[8] Yu J J, Bi S S, Zong G H. On the design of compliant-based micro-motion manipulators with a nanometer range resolution//IEEE/ASME International Conference on Advanced Intelligent Mechatronics, 2003, Kobe, Japan, 149-154.

[9] Morishima K, Arai F, Fukuda T, et al. Bio-micromanipulation system for high throughput screening of microbes in microchannel//Proceeding of the 1998 IEEE International Conference on Robotics and Automation, May, 1198-1203.

[10] Zhang R. Study of novel algorithms for fiber-optic alignment and packaging automation. Ph.D. dissertation. USA: University of California, 2003.

[11] Kallio P, Lind M, Koivo H N. A 3DOF Piezohydraulic parallel micromanipulator//Proceeding of the 1998 IEEE International Conference on Robotics and Automation, May, 1998: 1823-1828.

[12] Pernette E, Henein S, Magnani I, et al. Design of parallel robots in microrobots. Robotica, 1997, 15: 417-420.

[13] 安辉. 压电陶瓷驱动六自由度并联机器人的研究. 博士学位论文. 哈尔滨: 哈尔滨工业大学, 1995.

[14] 于靖军, 毕树生, 宗光华, 等. 面向生物工程的微操作机器人机构型综合研究. 北京航空航天大学学报, 2001, 26(3): 356-360.

[15] Yu J J, Bi S S, Zong G H, et al. Type synthesis of three-DOF translational parallel mechanisms//ASME International DETC2003, Chicago, September 2-6, 2003: DAC-48820.

附录　旋量理论基础及图谱表达

A.1　旋量理论基础

A.1.1　旋量

旋量 (screw, 也称为*螺旋*, 图 A.1a) 是由直线引申而来的。根据 Ball 的定义,“旋量是一条具有节距的直线[1]”。旋量可用双矢量来表示, 单位旋量可记作

$$\boldsymbol{\$} = (\boldsymbol{s};\boldsymbol{s}^0) = (\boldsymbol{s};\boldsymbol{r}\times\boldsymbol{s}+h\boldsymbol{s}) = (L,M,N;P^*,Q^*,R^*) \tag{A.1}$$

或者

$$\boldsymbol{\$} = \begin{bmatrix}\boldsymbol{s}\\ \boldsymbol{s}^0\end{bmatrix} = \begin{bmatrix}\boldsymbol{s}\\ \boldsymbol{r}\times\boldsymbol{s}+h\boldsymbol{s}\end{bmatrix} \tag{A.2}$$

式中, $\boldsymbol{s}$ 为旋量轴线方向的单位矢量, 可用 3 个方向余弦表示, 即 $\boldsymbol{s}=(L,M,N), L^2+M^2+N^2=1$; $\boldsymbol{s}^0$ 为旋量的对偶部矢量, $\boldsymbol{s}^0=(P^*,Q^*,R^*)$; $\boldsymbol{r}$ 为旋量轴线上的任意一点 (可以看出, $\boldsymbol{r}$ 用 $\boldsymbol{\$}$ 上其他点 $\boldsymbol{r}'(\boldsymbol{r}'=\boldsymbol{r}+\lambda\boldsymbol{s})$ 代替时, 式 (A.2) 得到的结果相同, 即 $\boldsymbol{r}$ 在 $\boldsymbol{\$}$ 上可以任意选定); h 为*节距* (pitch),$h=\boldsymbol{s}\cdot\boldsymbol{s}^0/(\boldsymbol{s}\cdot\boldsymbol{s})$。

式 (A.1) 是旋量的 Plücker 坐标表示形式, 式 (A.2) 是旋量的向量表示形式, 其中 $\boldsymbol{s}$ 为原部矢量, $\boldsymbol{s}^0$ 为对偶部矢量。当节距 h 为零 (即 $\boldsymbol{s}\cdot\boldsymbol{s}^0=0$) 时, 单位旋量退化为*单位线矢量* (unitary line vector, 图 A.1b), 记作

$$\boldsymbol{\$} = \begin{bmatrix}\boldsymbol{s}\\ \boldsymbol{r}\times\boldsymbol{s}\end{bmatrix} \tag{A.3}$$

当节距 h 为 ∞ 时, 单位旋量退化为*单位偶量* (unitary couple, 图 A.1c), 记作

$$\boldsymbol{\$} = \begin{bmatrix}\boldsymbol{0}\\ \boldsymbol{s}\end{bmatrix} \tag{A.4}$$

定义

$$\$ = \rho\$ = (\mathcal{L}, \mathcal{M}, \mathcal{N}; \mathcal{P}^*, Q^*, \mathcal{R}^*) \tag{A.5}$$

式中, ρ 表示旋量的大小。

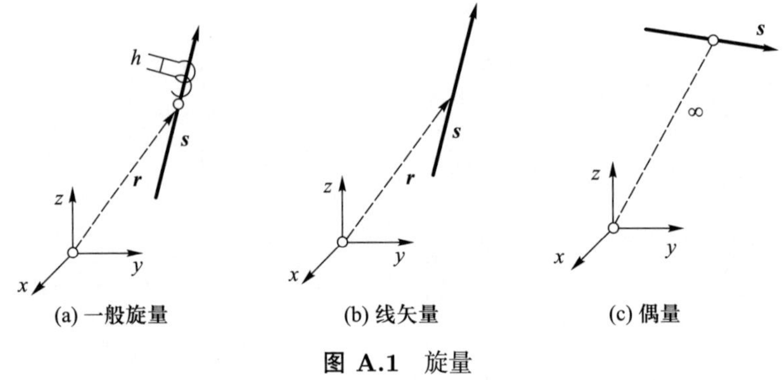

图 A.1 旋量

单位旋量在空间对应有一条确定的轴线 (是直线), 其轴线方程为

$$\boldsymbol{r} \times \boldsymbol{s} = \boldsymbol{s}^0 - h\boldsymbol{s} \tag{A.6}$$

式中, 位置矢量 $\boldsymbol{r}$ 可通过下式来计算, 即

$$\boldsymbol{r} = \frac{\boldsymbol{s} \times \boldsymbol{s}^0}{\boldsymbol{s} \cdot \boldsymbol{s}} \tag{A.7}$$

将单位旋量的对偶部矢量 $\boldsymbol{s}^0$ 分解成平行和垂直于 $\boldsymbol{s}$ 的两个分量: $h\boldsymbol{s}$ 和 $\boldsymbol{s}^0 - h\boldsymbol{s}$, 记作

$$\$ = (\boldsymbol{s}; \boldsymbol{s}^0) = (\boldsymbol{s}; \boldsymbol{s}^0 - h\boldsymbol{s}) + (\boldsymbol{0}; h\boldsymbol{s}) = (\boldsymbol{s}; \boldsymbol{r} \times \boldsymbol{s}) + (\boldsymbol{0}; h\boldsymbol{s}) \tag{A.8}$$

式 (A.8) 表明, 一个旋量可以看作一个线矢量与一个偶量的同轴叠加。

A.1.2 运动旋量与力旋量

旋量可以表示运动学中的一般刚体运动或者静力学中的广义力 (包含力和力偶)。前者称为*运动旋量* (twist), 后者称为*力旋量* (wrench), 具体如图 A.2 所示。

Chasles 证明了任何物体从一个位置到另一个位置的运动都可以通过*螺旋运动* (screw motion) 来实现。而这种刚体运动的无穷小量称为*运动旋量*, 从而将旋量与螺旋运动紧密结合起来。如果考虑幅值的存在, 则式 (A.5) 变为

$$\boldsymbol{T} = \begin{bmatrix} \boldsymbol{\omega} \\ \boldsymbol{v} \end{bmatrix} = [\omega_x \ \omega_y \ \omega_z \ v_x \ v_y \ v_z]^{\mathrm{T}} \tag{A.9}$$

式中, $\boldsymbol{\omega}$ 表示刚体绕坐标轴旋转的角速度; $\boldsymbol{v}$ 则表示刚体上与原点重合的点的瞬时线速度。不考虑幅值的存在, 则变成单位运动旋量。

$$\begin{bmatrix} \boldsymbol{\omega} \\ \boldsymbol{v} \end{bmatrix} = \begin{bmatrix} \boldsymbol{\omega} \\ \boldsymbol{r} \times \boldsymbol{\omega} + h\boldsymbol{\omega} \end{bmatrix} \tag{A.10}$$

如果式中 $\boldsymbol{T}$ 的节距为零, 则该运动旋量退化为一条直线, 螺旋运动则退化成旋转运动, 相应的单位运动旋量可以表示该转动的转轴。如果式中 $\boldsymbol{T}$ 的节距为无穷大, 则该运动旋量退化为一个偶量, 螺旋运动则退化成移动运动, 相应的单位运动旋量可表示移动线的方向。反之, 式中 $\boldsymbol{T}$ 的节距为有限大的非零值, 则整个运动旋量可以表示为该旋量轴线的移动与转动的耦合运动 (即一般螺旋运动)。

另一方面, Poinsot 发现作用在刚体上的任何力系都可以合成为一个由沿某直线的集中力与绕该直线轴的力偶组成的广义力, 这一广义力称为*力旋量*, 记作

$$\boldsymbol{W} = \begin{bmatrix} \boldsymbol{F} \\ \boldsymbol{M} \end{bmatrix} = [F_x \ F_y \ F_z \ M_x \ M_y \ M_z]^{\mathrm{T}} \tag{A.11}$$

式中, $\boldsymbol{F}$ 表示作用在刚体上的力; $\boldsymbol{M}$ 则表示对原点的矩。不考虑幅值的存在, 则变成单位力旋量

$$\begin{bmatrix} \boldsymbol{f} \\ \boldsymbol{m} \end{bmatrix} = \begin{bmatrix} \boldsymbol{f} \\ \boldsymbol{c} \times \boldsymbol{f} + h\boldsymbol{f} \end{bmatrix} \tag{A.12}$$

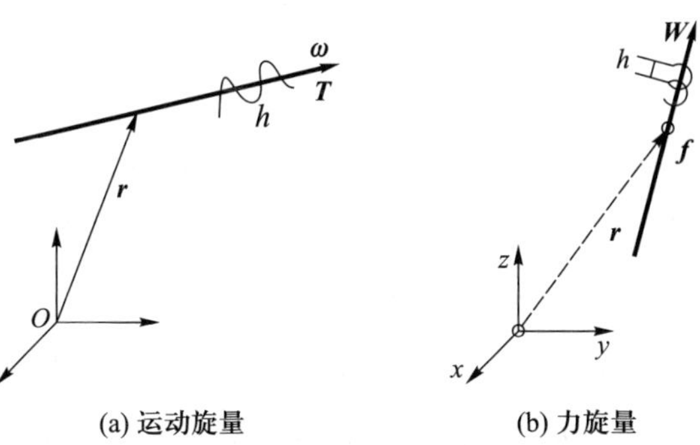

图 A.2 运动旋量与力旋量

考虑两种特殊的力旋量: ① 力 (force), 作用在刚体上的纯力可表示为 $f(\boldsymbol{s}; \boldsymbol{r} \times \boldsymbol{s})$, 其中 f 为作用力的大小, $(\boldsymbol{s}; \boldsymbol{r} \times \boldsymbol{s})$ 为单位线矢量; ② 力偶 (moment), 在刚体上作用两个大小相等、方向相反的平行力构成一个力偶, 同样也可用一个特殊的旋量 —— 偶量来表示 $\boldsymbol{m}(\boldsymbol{0}; \boldsymbol{s})$, 其中 m 为作用力偶的大小。力偶是自由矢量, 它可在空间内自由地平行移动, 但并不改变对刚体的作用效果。

如果有任意多个力旋量同时作用在同一个刚体上, 则都可以等效简化为一个力旋量即合力旋量的作用, 而作用在刚体上的合力旋量可通过力旋量的叠加来确定。其

通用的表达形式是 $f\$ = f(\boldsymbol{s};\boldsymbol{r}\times\boldsymbol{s}+h\boldsymbol{s})$, 它表示一个力 $f(\boldsymbol{s};\boldsymbol{r}\times\boldsymbol{s})$ 和一个与之共轴的力偶 $f(\boldsymbol{0};h\boldsymbol{s})$ 之和。

A.1.3 旋量的互易积与约束旋量

互易积是旋量理论中一个十分重要的概念。两单位旋量的*互易积* (reciprocal product)[2] 是指将两单位旋量 $\$_1$、$\$_2$ 的原部矢量与对偶矢量交换后作点积之和, 即

$$\$_1\circ\$_2=\boldsymbol{s}_1\cdot\boldsymbol{s}^{02}+\boldsymbol{s}_2\cdot\boldsymbol{s}^{01}=\mathcal{L}_1\mathcal{P}_2+\mathcal{M}_1\mathcal{Q}_2+\mathcal{N}_1\mathcal{R}_2+\mathcal{L}_2\mathcal{P}_1+\mathcal{M}_2\mathcal{Q}_1+\mathcal{N}_2\mathcal{R}_1 \tag{A.13}$$

如图 A.3 所示, 一个刚体只允许沿 $\$_1=(\boldsymbol{s}_1;\boldsymbol{r}_1\times\boldsymbol{s}_1+h_1\boldsymbol{s}_1)$ 作螺旋运动, 相对应的单位运动旋量坐标为 $(\boldsymbol{\omega};\boldsymbol{v})=(\boldsymbol{\omega};\boldsymbol{r}_1\times\boldsymbol{\omega}+h_1\boldsymbol{\omega})$。设想在其上沿 $\$_2=(\boldsymbol{s}_2;\boldsymbol{r}_2\times\boldsymbol{s}_2+h_2\boldsymbol{s}_2)$ 方向作用一个单位力旋量 $(\boldsymbol{f};\boldsymbol{m})=(\boldsymbol{f};\boldsymbol{r}_2\times\boldsymbol{f}+h_2\boldsymbol{f})$。

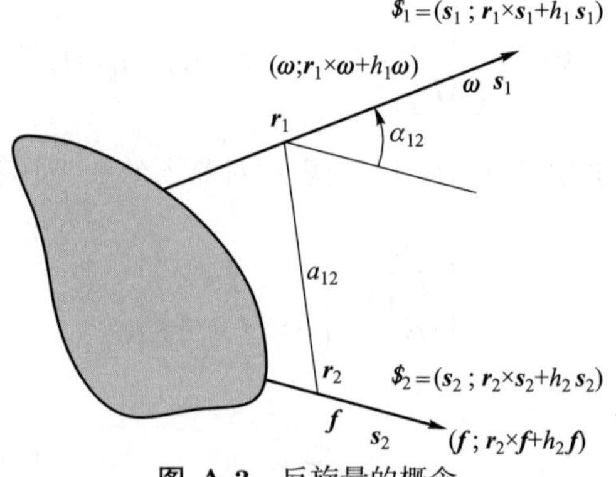

图 A.3 反旋量的概念

不失一般性, 假定点 $\boldsymbol{r}_1$、$\boldsymbol{r}_2$ 分别位于距离最近的两轴线上, 因此 $\boldsymbol{r}_2$ 可改写为 $\boldsymbol{r}_2=\boldsymbol{r}_1+a_{12}\boldsymbol{n}$, 其中 $\boldsymbol{n}$ 是垂直于两轴线的单位向量。这时, 瞬时功率为

$$\begin{aligned}P_{12}&=\boldsymbol{f}\cdot\boldsymbol{v}+\boldsymbol{m}\cdot\boldsymbol{\omega}\\&=\boldsymbol{f}\cdot(\boldsymbol{r}_1\times\boldsymbol{\omega}+h_1\boldsymbol{\omega})+\boldsymbol{\omega}\cdot(\boldsymbol{r}_2\times\boldsymbol{f}+h_2\boldsymbol{f})\\&=(h_1+h_2)(\boldsymbol{\omega}\cdot\boldsymbol{f})+(\boldsymbol{r}_2-\boldsymbol{r}_1)\cdot(\boldsymbol{f}\times\boldsymbol{\omega})\\&=(h_1+h_2)\cos\alpha_{12}-a_{12}\sin\alpha_{12}\end{aligned} \tag{A.14}$$

而根据两旋量互易积的定义, 可得

$$\begin{aligned}\$_1\circ\$_2=\$_1^{\mathrm{T}}\varDelta\$_2&=\boldsymbol{s}_1\cdot(\boldsymbol{r}_2\times\boldsymbol{s}_2+h_2\boldsymbol{s}_2)+\boldsymbol{s}_2\cdot(\boldsymbol{r}_1\times\boldsymbol{s}_1+h_1\boldsymbol{s}_1)\\&=(h_1+h_2)(\boldsymbol{s}_1\cdot\boldsymbol{s}_2)+(\boldsymbol{r}_2-\boldsymbol{r}_1)\cdot(\boldsymbol{s}_2\times\boldsymbol{s}_1)\\&=(h_1+h_2)\cos\alpha_{12}-d_{12}\sin\alpha_{12}\end{aligned} \tag{A.15}$$

式中, 算子 $\varDelta=\begin{bmatrix}\boldsymbol{0}&\boldsymbol{I}\\\boldsymbol{I}&\boldsymbol{0}\end{bmatrix}$。

对比式 (A.14) 与式 (A.15), 结果完全相同, 则表明力旋量与运动旋量的互易积正是这两个旋量产生的瞬时功率。因此, 如果 $\boldsymbol{\$}_1$、$\boldsymbol{\$}_2$ 的互易积为零, 则意味着力旋量与运动旋量的瞬时功率为零。这种情况下, 无论该力旋量中力或力矩有多大, 都不会对刚体作功, 也不能改变该约束作用下刚体的运动状态。由此称与运动旋量构成互易积为零的力旋量称为*约束旋量* (constraint wrench) 或反旋量 (reciprocal wrench)。一般情况下, 单位反旋量用 $\boldsymbol{\$}^{\mathrm{r}}$ 表示。

由式 (A.15) 可知, 旋量 $\boldsymbol{\$}$ 与反旋量 $\boldsymbol{\$}^{\mathrm{r}}$ 满足如下关系式:

$$(h+h_{\mathrm{r}})\cos\alpha_{12}-a_{12}\sin\alpha_{12}=0 \tag{A.16}$$

从式 (A.16) 可以看出, 两个旋量的互易性与坐标系的选择无关。

为此, 可得到以下几点重要结论:

(1) 两个线矢量互易的充要条件是共面;

(2) 两个偶量必然互易;

(3) 一个线矢量与一个偶量只有当相互垂直时才互易;

(4) 线矢量与偶量都具有自互易性 (self-reciprocity);

(5) 任何垂直相交的两个旋量必然互易, 且与其节距大小无关。

注意在射影几何 (projective geometry) 中, 可将平面平行看作平面汇交的一种特例 (交于无穷远点), 如图 A.4 所示。

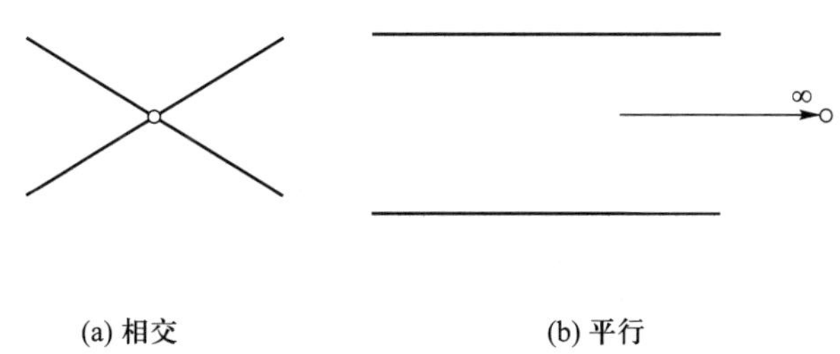

(a) 相交　　(b) 平行

图 A.4　线矢量共面的两种情况 (平行可以看作相交的一种特例)

【Blanding 法则】: 机构的转动自由度轴线与所受约束力作用线必然相交[3]。

A.1.4　旋量系与旋量空间

m 个单位旋量 $\boldsymbol{\$},\boldsymbol{\$}_2,\cdots,\boldsymbol{\$}_m$ 可以组成一个旋量集, 记为 $\boldsymbol{S}=\{\boldsymbol{\$}_1,\boldsymbol{\$}_2,\cdots,\boldsymbol{\$}_m\}$。如果在旋量集 $\boldsymbol{S}$ 中, 存在一组线性无关的单位旋量 $\$_1,\$_2,\cdots,\$_n$, 并且 $\boldsymbol{S}$ 中的其他所有旋量都是这 n 个旋量的线性组合, 则称该 n 个旋量为旋量集 $\boldsymbol{S}$ 的一组基, 即组成所谓的*旋量系* (screw system)。n 为该旋量系的阶数或维数。

由于旋量系的概念源于刚体运动, 而刚体运动最多为 6 个自由度, 因此旋量系的最高维数也是 6。根据旋量系的维数可将旋量系分为 $1\sim6$ 阶旋量系, 简称旋量一系、旋量二系、旋量三系、旋量四系、旋量五系和旋量六系。任何一种旋量系都可以表示成一组基的表达。例如, 下面的旋量系就可以看作由 3 个线性无关的单位线矢量组成的一组基:

$$\begin{cases} \boldsymbol{\$}_1 = (1,0,0;0,0,0) \\ \boldsymbol{\$}_2 = (0,1,0;0,0,0) \\ \boldsymbol{\$}_3 = (0,0,1;0,0,0) \end{cases} \tag{A.17}$$

特别指出的是: 若 n 阶旋量系中由 n 个线性无关的单位线矢量组成一组基, 则可以形成许多种具有不同几何特性的特殊旋量系。法国数学家 Grassmann 在 19 世纪的时候就开始研究它们的几何特性, 后人称之为 Grassmann *线几何* (line geometry)。

事实上, 不仅仅是线几何, 包括一般旋量系而言, 都具有代数 (旋量坐标) 和几何 (图形或图谱) 的双重特性及表达。

不仅如此, 旋量系还有着明确的物理意义。例如, 可用线矢量表示约束力。如果一个刚体受到空间共点力的约束, 这就意味着非共面的 3 个共点力就足够实现预期的约束, 任何多余的共点力都是*冗余约束* (redundant constraint) 或者虚约束, 即增加的约束不会改变对刚体的约束效果, 而包括线性独立的约束元素和冗余约束在内的所有空间共点力约束可以组成一个*旋量空间* (screw space)。旋量空间满足*线性空间* (linear space) 的所有特性。

A.1.5 运动旋量系与约束旋量系

研究旋量系的主要目的在于从更深层研究机构或机械系统的运动或约束特性。根据旋量系的运动特性及约束特性可将旋量系分为*运动旋量系* (twist system) 和*约束旋量系* (constraint wrench system), 相应的旋量空间又可以表现为*自由度空间* (freedom space) 和*约束空间* (constraint space)。

对于一个 n 阶旋量系 $\boldsymbol{s} = \{\boldsymbol{\$}_1, \boldsymbol{\$}_2, \cdots, \boldsymbol{\$}_n\}$, 必然存在一个 $6-n$ 阶旋量系 $\boldsymbol{S}^{\mathrm{r}} = \{\boldsymbol{\$}_1^{\mathrm{r}}, \boldsymbol{\$}_2^{\mathrm{r}}, \cdots, \boldsymbol{\$}_{6-n}^{\mathrm{r}}\}$ 与之互易, 该旋量系由 $6-n$ 个与 $\boldsymbol{S}$ 中各个旋量都互易 (简称与 $\boldsymbol{S}$ 互易) 的旋量组成。设 n 阶旋量系 $\boldsymbol{S}$ 的矩阵表示形式为 $\boldsymbol{A} = [\boldsymbol{\$}_1, \boldsymbol{\$}_2, \cdots, \boldsymbol{\$}_n]^{\mathrm{T}}$, $6-n$ 阶互易旋量系 $\boldsymbol{S}^{\mathrm{r}}$ 的矩阵表示形式为 $\boldsymbol{J}^{\mathrm{r}} = [\boldsymbol{\$}_1^{\mathrm{r}}, \boldsymbol{\$}_2^{\mathrm{r}}, \cdots, \boldsymbol{\$}_{6-n}^{\mathrm{r}}]$, 则

$$\boldsymbol{A}\Delta\boldsymbol{J}^{\mathrm{r}} = \boldsymbol{0} \tag{A.18}$$

令 $\Delta\boldsymbol{J}^{\mathrm{r}} = \boldsymbol{B}$, 则

$$\boldsymbol{A}\boldsymbol{B} = \boldsymbol{0} \tag{A.19}$$

利用上式可求得互易旋量系 $\boldsymbol{S}^{\mathrm{r}}$, 其求解过程可归结为线性代数中的求解齐次线性方程的零空间 (null space) 问题。除了代数方法外, 还可以采用几何法。前面已经

给出了一个互易旋量对应满足的几何关系, 由此可进一步导出运动旋量系与其约束旋量系之间的几何关系:

(1) 运动旋量系中的所有转动线一定与其互易旋量系中的每条约束力线相交;

(2) 运动旋量系中的所有转动线一定与其互易旋量系中的每个约束力偶的方向线正交;

(3) 运动旋量系中的所有移动方向线一定与其互易旋量系中的每条约束力线正交;

(4) 运动旋量系中一般旋量的轴线与其互易旋量系中每个一般旋量的轴线应满足

$$(p_i + q_j)\cos\alpha_{ij} - a_{ij}\sin\alpha_{ij} = 0, \quad (i = 1, 2, \cdots, n; j = 1, 2, \cdots, 6-n) \tag{A.20}$$

式中, p_i 和 q_j 分别为运动旋量系和约束旋量系中各旋量节距。

A.2 旋量理论的图谱化表达

A.2.1 基本概念

3 维空间中的自由物体具有 6 个独立的自由度 —— 3 个移动 (自由度) 和 3 个转动 (自由度)。

1. 自由度线

前面提到, 运动旋量当退化为线矢量时, 表示绕轴线的转动。转动自由度线可表示为与转动轴线重合的一条直线, 如图 A.5 所示。

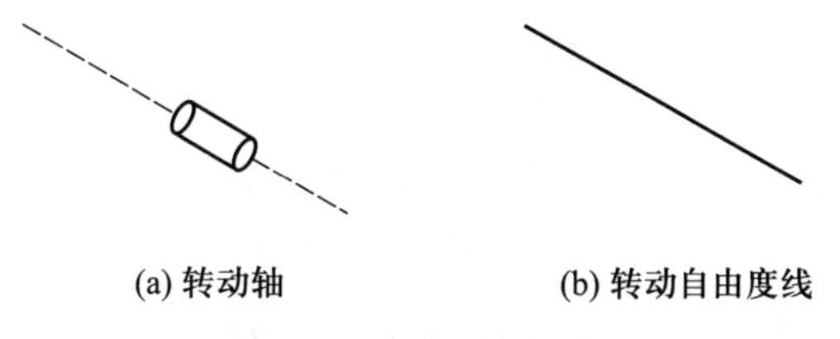

(a) 转动轴　　(b) 转动自由度线

图 A.5　转动自由度线

当运动旋量退化为偶量时, 表示沿轴线方向的移动。移动自由度线可表示为移动方向的带箭头的直线。由于移动只和方向有关, 因此移动自由度线是一条自由矢量线。移动可以看作无穷远处的转动, 如图 A.6 所示, 转动自由度线和移动自由度线垂直。

2. 约束线

类似地, 当力旋量退化为线矢量时, 表示作用线为轴线的力约束。考虑两端连着球铰的连杆, 如图 A.7a 所示。对于这样一根连杆, 只有沿着连杆方向的运动被约束

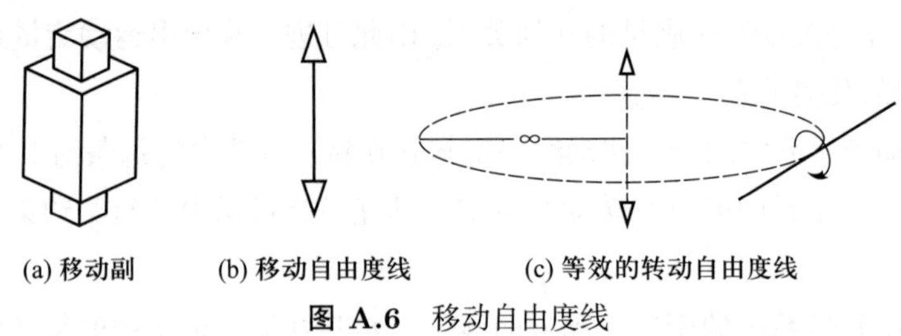

(a) 移动副　(b) 移动自由度线　(c) 等效的转动自由度线

图 A.6　移动自由度线

了, 其他方向的运动都是自由的。

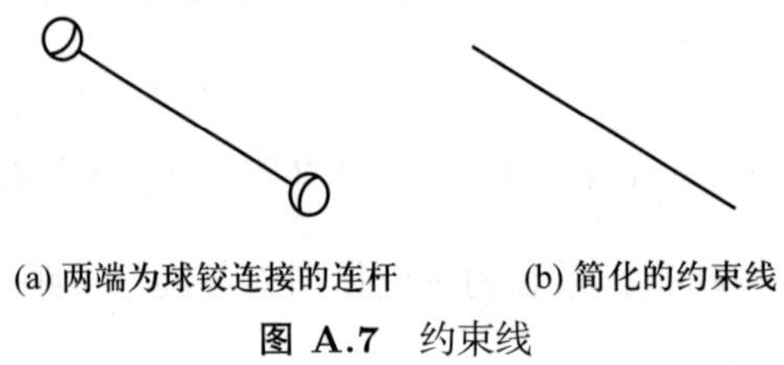

(a) 两端为球铰连接的连杆　(b) 简化的约束线

图 A.7　约束线

与研究自由度线类似, 约束线也有对应移动自由度线的类型, 可称之为力偶约束线。如果一条约束线可以理解为单一方向上移动的限制, 力偶约束线则可理解为转动的限制。与移动自由度线相似, 可将力偶约束线表示为图 A.8 所示的形式。力偶约束线也是自由矢量。

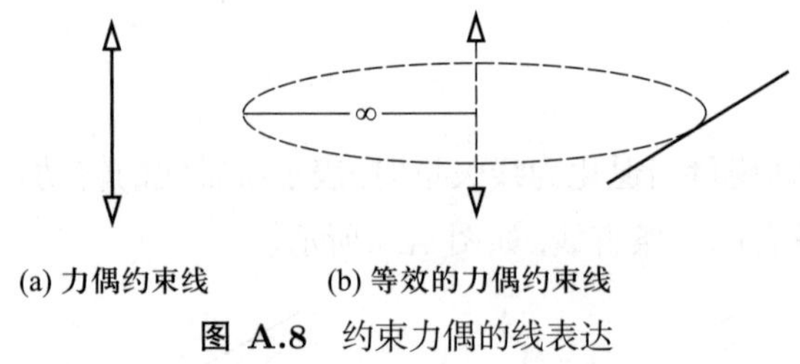

(a) 力偶约束线　(b) 等效的力偶约束线

图 A.8　约束力偶的线表达

3. 自由度 (或约束) 空间与自由度 (或约束) 线图

自由度空间 (freedom space) 是物体运动旋量所张成的空间, 它表征了物体所允许的空间运动。相对地, *约束空间* (constraint space) 是物体所受约束力旋量张成的空间, 它表征了物体受限的空间运动, 即所受理想约束的集合。

而自由度 (或约束) 线图则是自由度 (或约束) 空间的可视化几何表达形式。下文如无特殊说明, 可以用自由度 (或约束) 空间来替代自由度 (或约束) 线图。

一个运动链或机构总是含有若干个运动副。如果每个运动副都表示成自由度线的形式, 这些运动副就组成了一个自由度线图 (freedom line pattern)。如图 A.9a 所示的运动链, 就可用自由度线图的形式来表示 (图 A.9b)。

类似地, 一个约束装置中若含若干个约束, 也可以将每个约束表示成线图的形式, 这些约束也组成了一个约束线图 (constraint line pattern)。如图 A.10a 所示的约

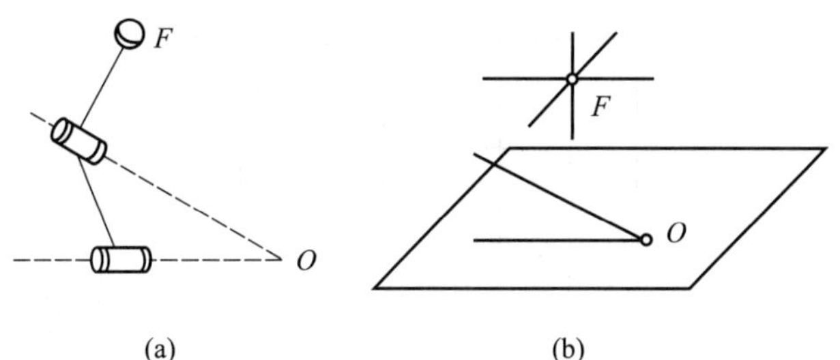

图 A.9　5–DOF RRS 运动链及其自由度线图

束装置, 可用约束线图的形式来表示 (图 A.10b)。

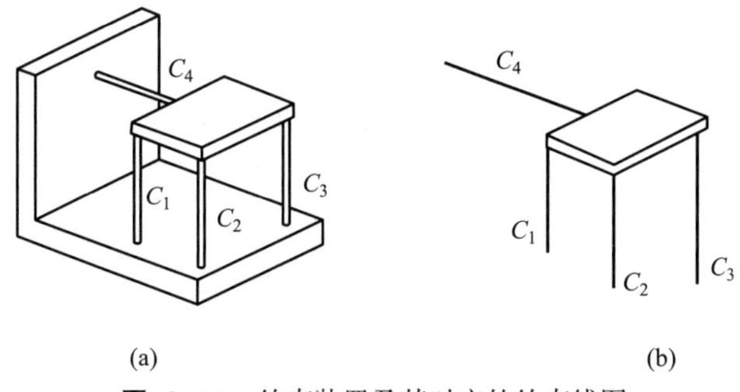

图 A.10　约束装置及其对应的约束线图

A.2.2　自由度 (约束) 等价线

假设一个 2 维物体在某种约束下只有一个通过其质心的转动自由度, 如图 A.11 所示。在此情况下, 两条过转动轴线与 XY 平面交点且位于 XY 平面内的约束可以满足条件。然而, 这两条约束线之间的夹角却不能确定。例如, 图 A.12 所示的两种约束线布置均符合约束条件。

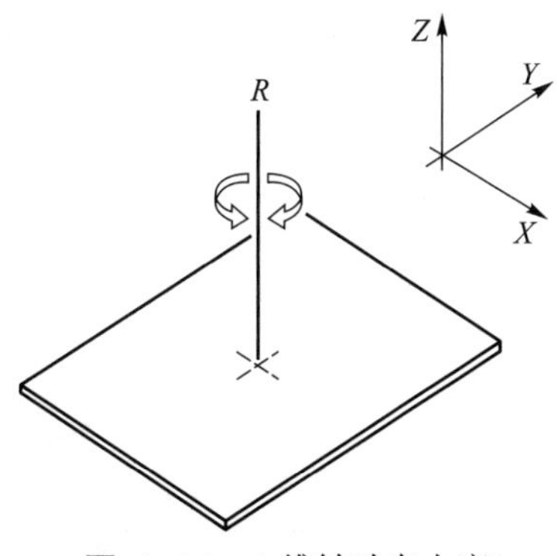

图 A.11　1 维转动自由度

由此, 可以得出一对相交约束的等效性: 相交于给定点的任一对约束, 在功能上与其他相交于同一点且位于相同平面的任意一对约束是等效的。类似地, 也可以得

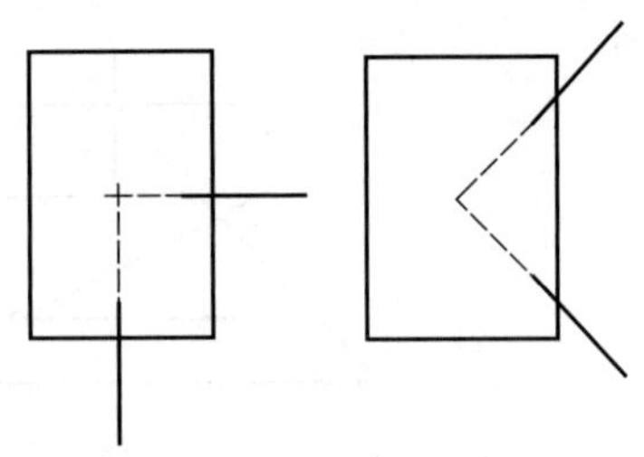

图 A.12 约束线的两种布置方式

出一对相交转动自由度的等效性: 任何一对相交的转动自由度和相交在同一点且在同一平面的其他转动自由度等价。

由上述讨论可知, 一对相交约束 (自由度) 确定了一簇径向线 (径向线圆盘), 选择任意两条可以等效代替先前的一对。如图 A.13 所示, 两条线相交可等价为圆心在交点处的一个圆盘, 表示圆盘上通过圆心的任意两条直线与原来的两条线等价。

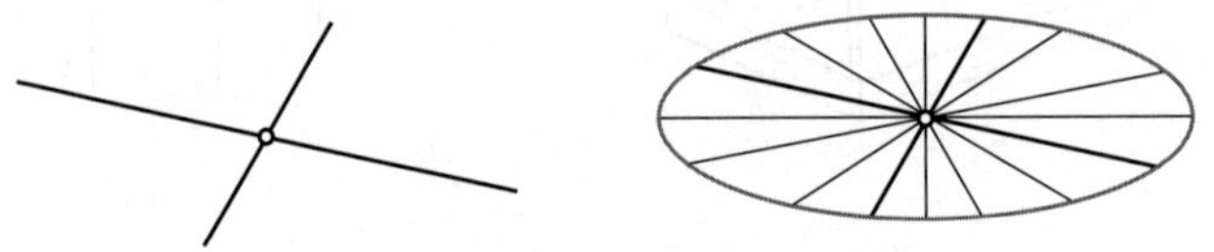

图 A.13 两条线相交构成一个圆盘

类似地, 可以得出表 A.1 所示的所有等价线图 (详细描述请参考文献 [4])。

表 A.1 常见基本型线图及其等价线图

维数	基本型线图	等价线图	
1	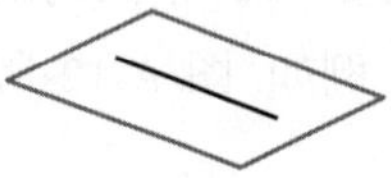	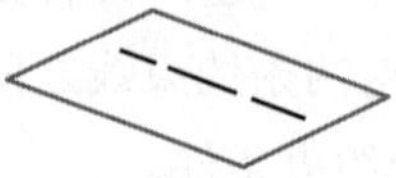	
	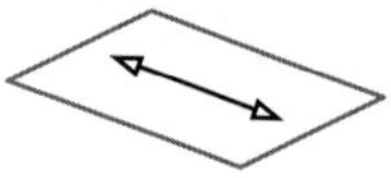	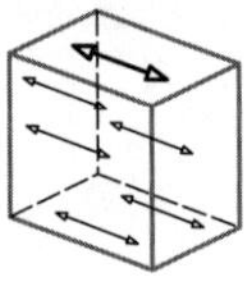	
2	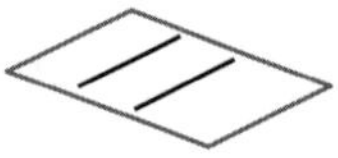	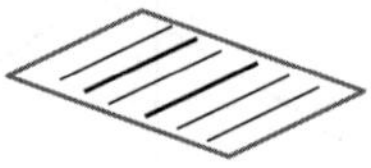	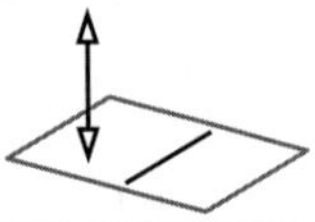
	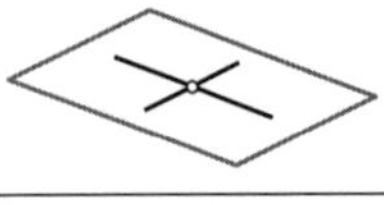	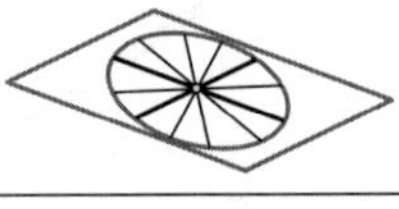	
	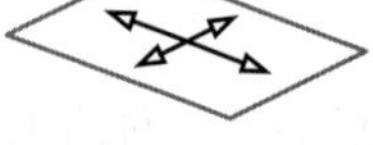	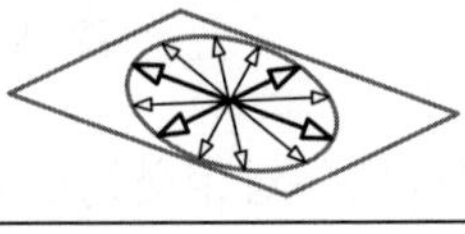	

续表

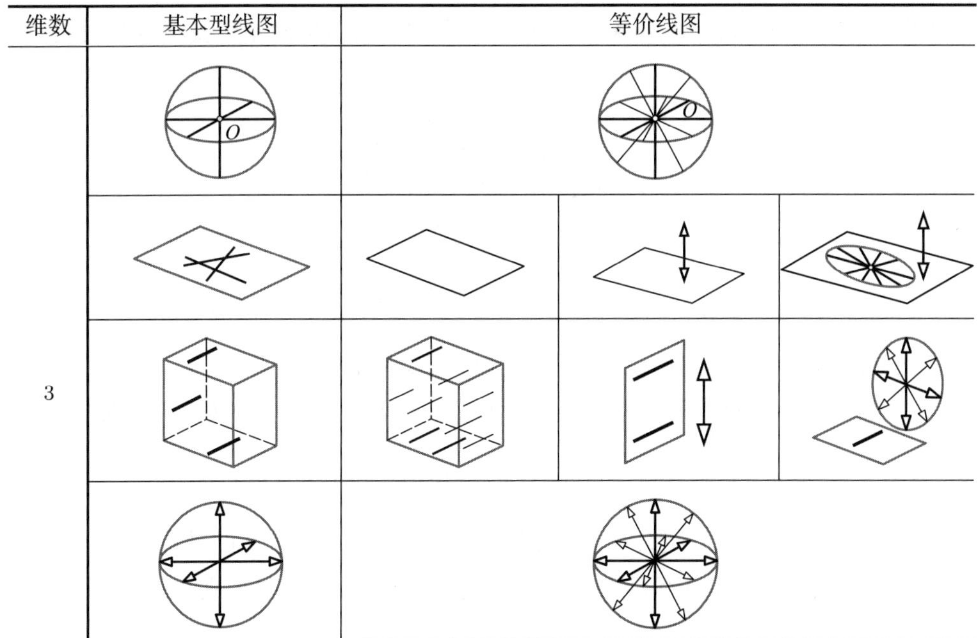

A.2.3 冗余线

当一个线图中包含有冗余线时，能够进行正确的识别是很重要的。一族含有冗余线的约束线图包含过约束 (overconstraint)；一族含有冗余线的自由度线图包含冗余自由度 (redundant DOF)。

最简单的一种冗余是两条直线共线的情形。假设沿着同一直线同时对物体施加两个约束，如图 A.14 所示，就会产生过约束的情形。

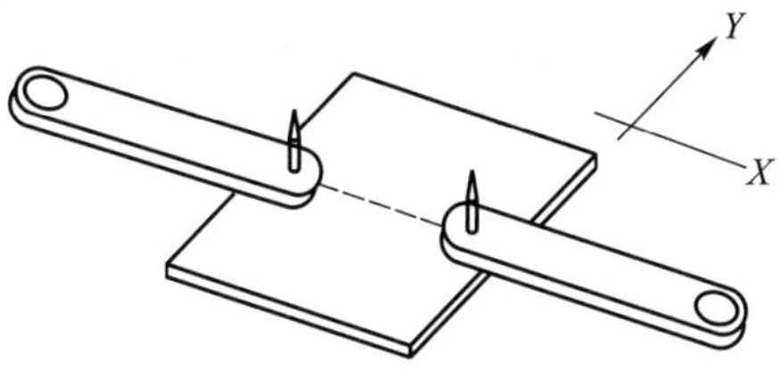

图 A.14 过约束

那么如何来正确辨识一个线图中的冗余线呢? 首先定义一个线图中独立线的数量为该线图的维数。例如一族平面相交 (或平行) 线图的维数为 2，一族空间相交 (或平行) 线图的维数为 3。当从线图中选取的线数量超过线图维数时，就必然存在冗余线。

除了单个线图中存在独立线和冗余线外, 两个或者两个以上的线图也可组成新的线图, 称为组合线图。如图 A.15 所示的线图即由两组平面相交线图组合而成。

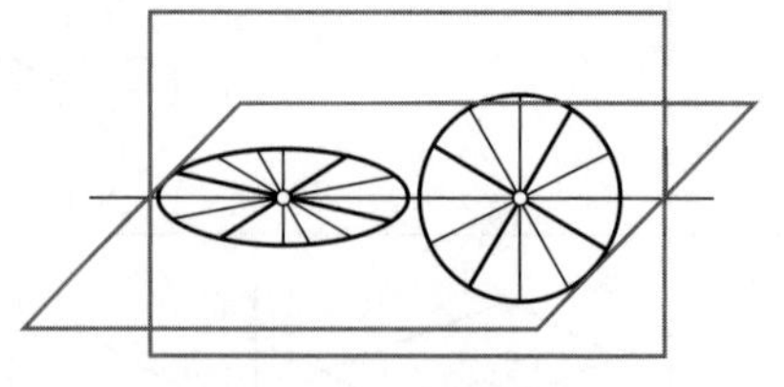

图 A.15 两圆盘相交

对于组合线图, 可以采用集合论中的维数定理判断其维数。

【维数定理】: 两个集合并集的维数等于各自维数之和减去其交集的维数

$$\dim(\boldsymbol{S}_A \cup \boldsymbol{S}_B) = \dim(\boldsymbol{S}_A) + \dim(\boldsymbol{S}_B) - \dim(\boldsymbol{S}_A \cap \boldsymbol{S}_B) \tag{A.21}$$

对于图 A.16 所示的组合线图, 根据上式可以计算得到线图的维数为 3。

根据上面两节有关等价线和冗余线的描述, 可以得到以下规则:

(1) 一个平面内最多有 3 条独立线;

(2) 平面内的平行线中只有两条互相独立;

(3) 空间内的平行线中只有 3 条互相独立;

(4) 空间内的平行偶量中只有一条独立;

(5) 平面内的偶量只有两个互相独立;

(6) 空间内的偶量最多有 3 个互相独立;

(7) 平面内过一个点的所有线只有两条互相独立;

(8) 空间内过一个点的所有线只有 3 条互相独立;

(9) 两个相交平面内, 存在两组相交线 (或者一组相交, 一组平行), 如果交点在两平面的交线上, 则只有 3 条互相独立, 如图 A.16 所示;

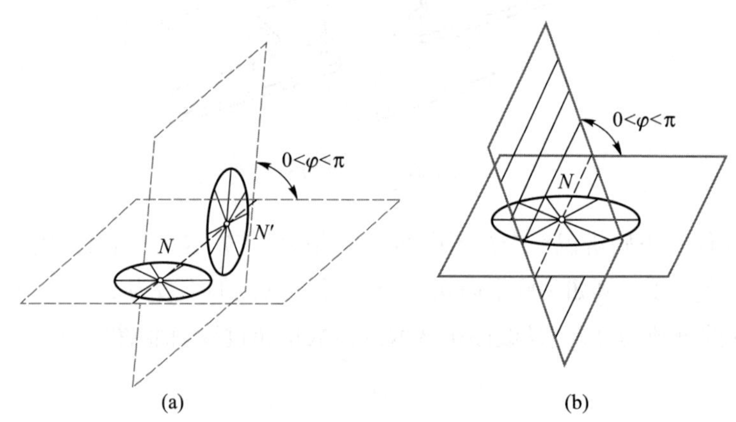

图 A.16 相交圆盘或圆盘与一组平行线

(10) 有共同交线的两个或两个以上 (含无穷多) 相交平面内的所有线最多有 5 条相互独立, 如图 A.17a 所示;

(11) 有公共法线的两个或两个以上 (含无穷多) 平行平面内的所有线最多有 5 条相互独立, 如图 A.17b 所示。

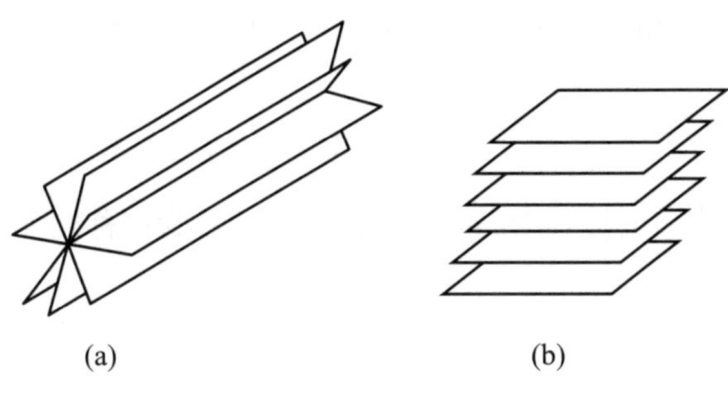

(a) (b)

图 A.17 共线平面族和平行平面族

A.2.4 对偶法则

Maxwell 提出, 一个受到约束的物体所具有的自由度与其受到的独立约束之间存在对偶 (reciprocal) 关系。同时, 还应满足如下公式:

$$f + c = 6 \tag{A.22}$$

式中, f 表示自由度数; c 表示独立约束数。

事实上, 自由度与其对偶约束之间的关系是唯一确定的。如果给出施加在物体上的约束特性, 便可以确定出其自由度; 同样, 如果从物体想要的自由度特性出发, 也可以确定出施加到物体上的能够产生预期运动的约束。式 (A.21) 仅给出了自由度与其对偶约束之间关系的量化表达, 但这是远远不够的。我们希望定性地找到机构自由度和其约束之间的对偶关系, 从而对机构的自由度和运动形式进行定性分析和设计。Blanding 在其专著中给出了一个存在于约束与自由度之间应遵循的法则: 假设某一线图中有 n 条非冗余线, 那么与其对偶的线图中将包含有 $6-n$ 条 (非冗余) 线, 并且线图中的每条线都与其对偶线图中的所有线相交。上述法则称为 "对偶线图法则", 简称为 Blanding 法则。

应用 Blanding 法则可以方便地确定物体的自由度或约束, 然而 Blanding 法则仅给出了线与线之间的关系, 即转动自由度与力约束之间的关系。那么对于移动、力偶约束, 甚至螺旋运动与一般力旋量之间又存在何种关系呢? 具体根据旋量系理论可以导出如下结论:

(1) 自由度线图中每条转动自由度线都与其对偶约束线图中所有的力约束线相交或平行; 反之亦然。

(2) 自由度线图中的每条移动方向线都与其对偶约束线图中所有的力约束线正交; 反之, 约束线图中的每个偶量法线都与其对偶自由度线图中的所有转动自由度线正交。

(3) 自由度线图中的移动方向线与其对偶约束线图中的偶量法线可以任意配置。

(4) 自由度线图中的一般螺旋运动轴线与其对偶约束线图中的一般力旋量轴线满足

$$p_i + q_j = d_{ij} \tan \alpha_{ij}, \quad (i = 1, 2, \cdots, n; j = 1, 2, \cdots, 6 - n) \tag{A.23}$$

可以看出, 上述结论是对 Blanding 法则的扩展, 为此称之为“广义对偶线图法则”。

A.2.5 自由度与对偶约束空间图谱

根据广义对偶线图法则可以进一步绘制出不同自由度类型下的自由度与对偶约束空间线图表达, 简称为 F&C 空间图谱 (只含直线和偶量), 具体如表 A.2 所示。

由表 A.2 发现: 含有两个及两个以上移动自由度的自由度空间, 其约束空间无法完全由直线组成, 其中必含偶量元素。

参考文献

[1] Ball R S. A treatise on the theory of screws. London: Cambridge University Press, 1998.

[2] 黄真, 赵永生, 赵铁石. 高等空间机构学. 北京: 高等教育出版社, 2006.

[3] Blanding D L. Exact constraint: Machine design using kinematic principle. New York: ASME Press, 1999.

[4] 于靖军, 裴旭, 宗光华. 机械装置的图谱化创新化设计. 北京: 科学出版社, 2014.

表 A.2 由典型自由度线空间与对偶约束空间组成的图谱（F&C 空间图谱）

自由度数	类型	自由度线图	自由度线图特征	约束线图(只含直线)	约束线图(同时含直线和偶量)
0	刚性连接	∅	空集	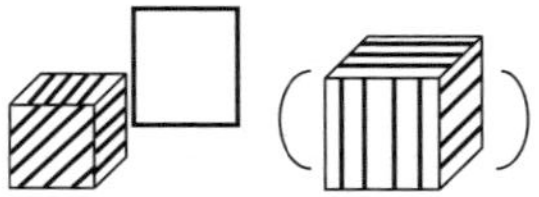	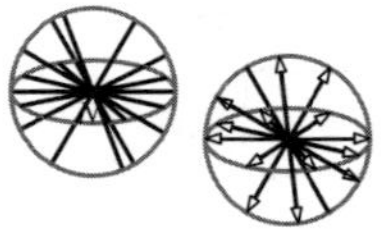
1	1R	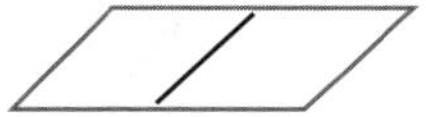	1 维转动	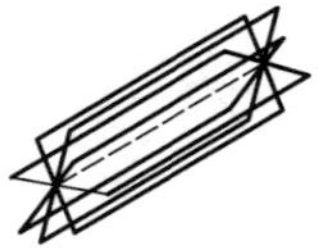	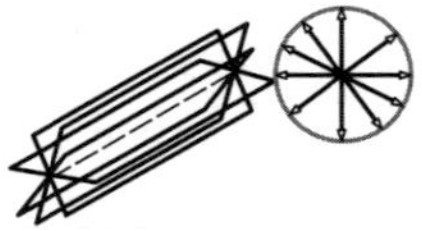
	1T	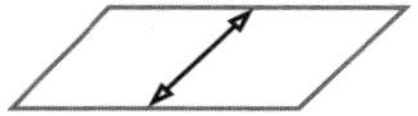	1 维移动	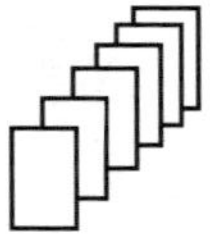	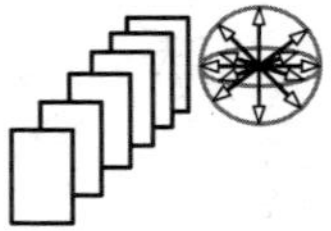
2	2R	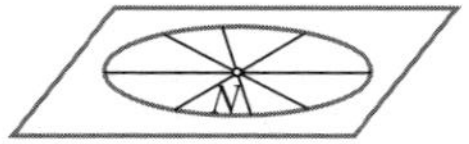	2 维球面转动，且两个转动自由度轴线相交	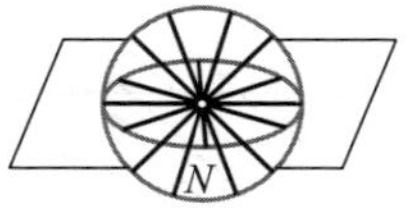	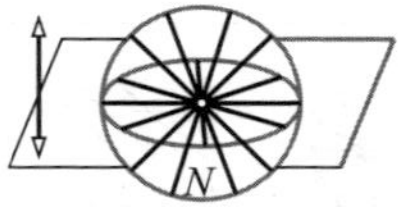
		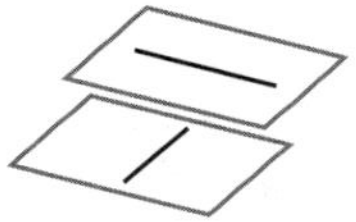	2 维移动，且两个转动自由度轴线异面	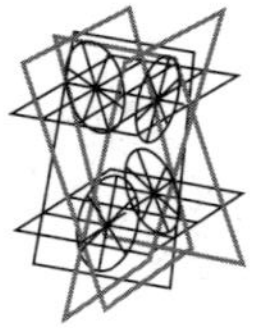	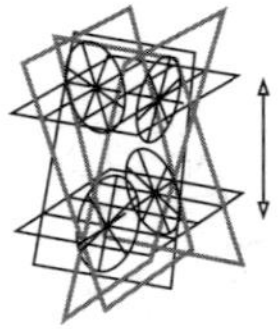
	2T	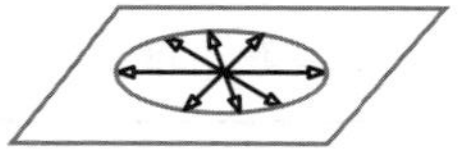	2 维移动	不存在	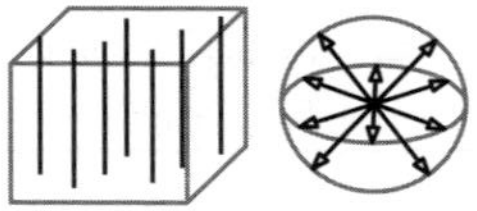

续表

自由度数	类型	自由度线图	自由度线图特征	约束线图（只含直线）	约束线图（同时含直线和偶量）
2	1R1T	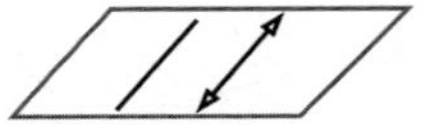	2 维圆柱运动 (转轴与移动方向平行)	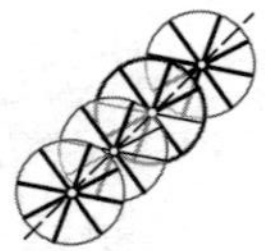	
		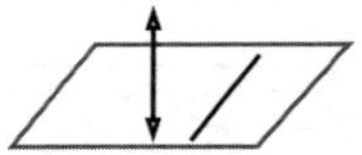	1 维转动 +1 维移动，且转轴与移动方向垂直	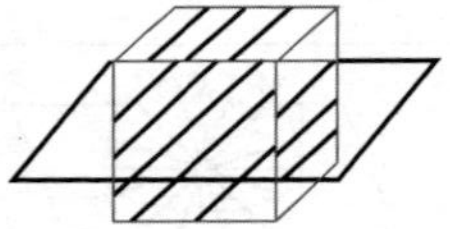	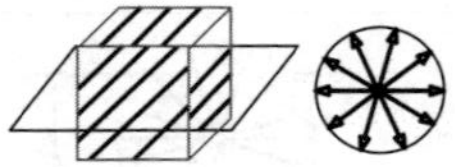
		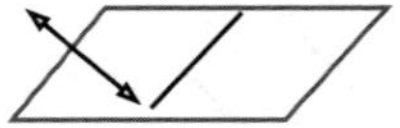	1 维转动 +1 维移动，且转轴与移动方向既不垂直也不平行	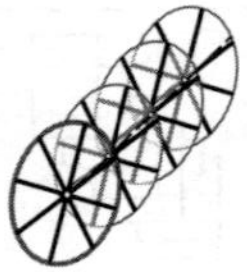	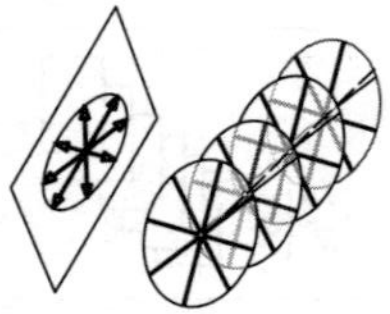
		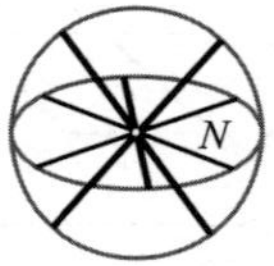	3 维球面转动	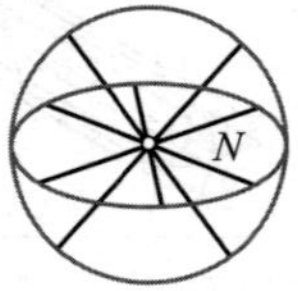	不存在
		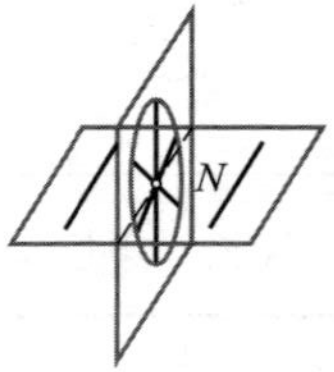	3 维转动，其中两个转轴平面相交，第 3 个转轴在相交转轴平面之外，且与之平行	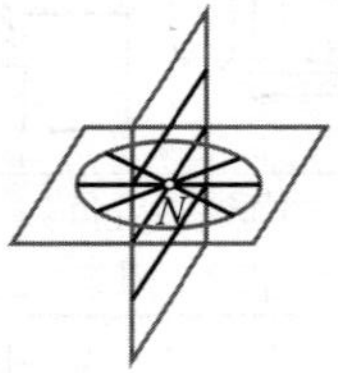	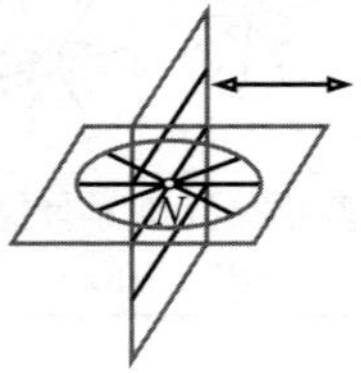

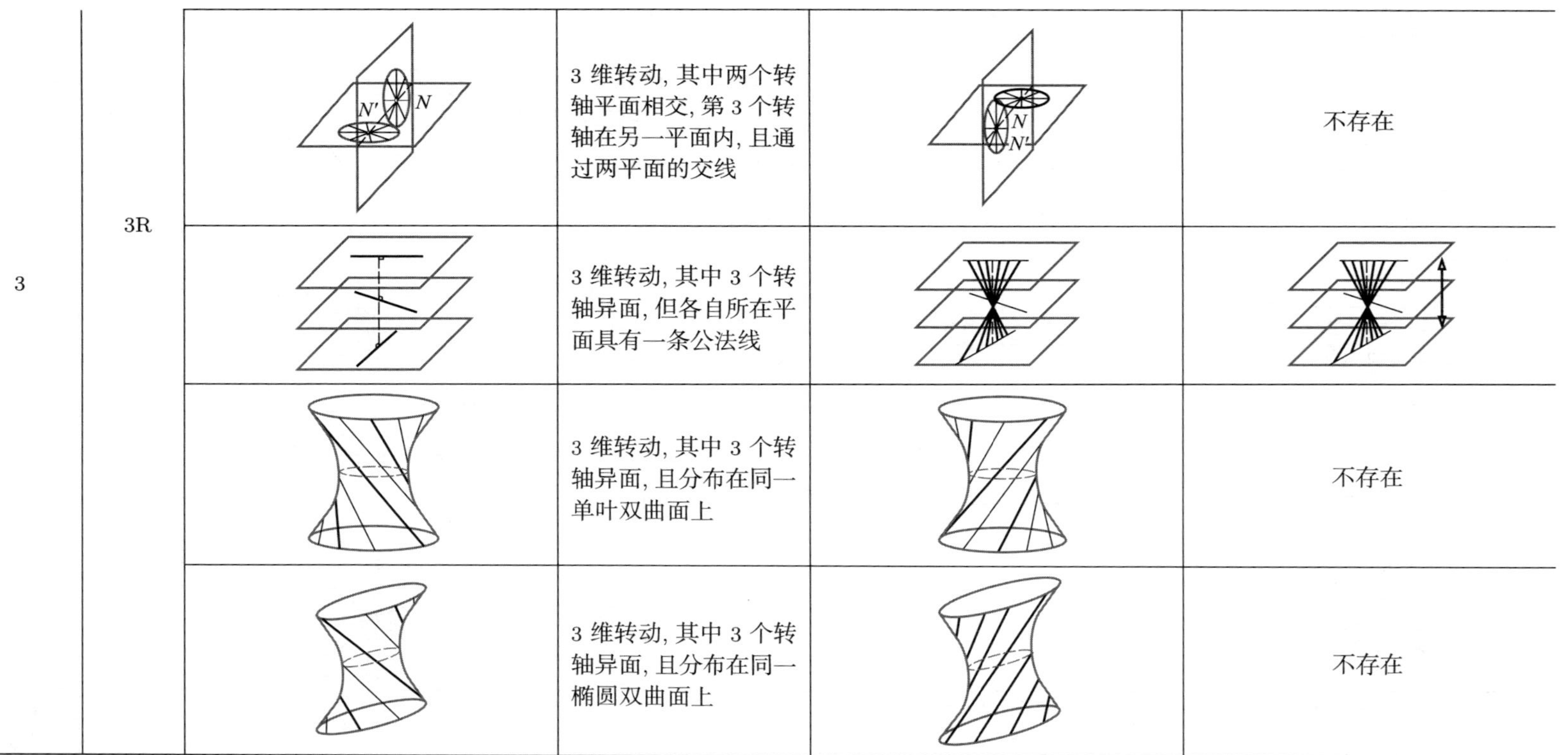

3	3R		3 维转动, 其中两个转轴平面相交, 第 3 个转轴在另一平面内, 且通过两平面的交线		不存在
			3 维转动, 其中 3 个转轴异面, 但各自所在平面具有一条公法线		
			3 维转动, 其中 3 个转轴异面, 且分布在同一单叶双曲面上		不存在
			3 维转动, 其中 3 个转轴异面, 且分布在同一椭圆双曲面上		不存在

续表

自由度数	类型	自由度线图	自由度线图特征	约束线图(只含直线)	约束线图(同时含直线和偶量)
3	3T	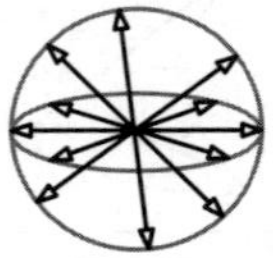	空间 3 维移动	不存在	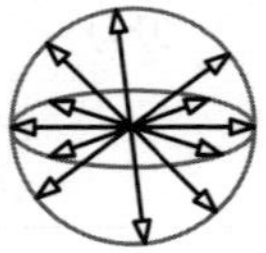
	2R1T	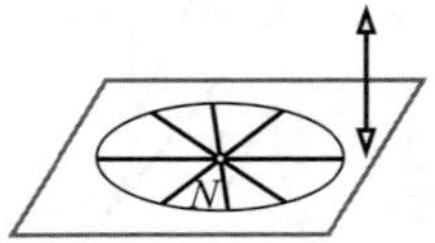	2 维球面转动 +1 维移动, 且移动方向与两转轴所在平面垂直	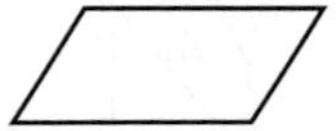	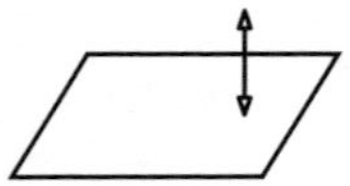
		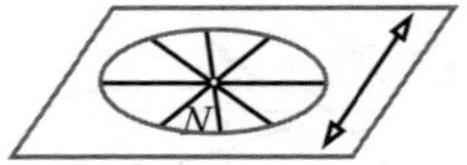	2 维球面转动+1 维移动, 且移动方向与两转轴所在平面平行	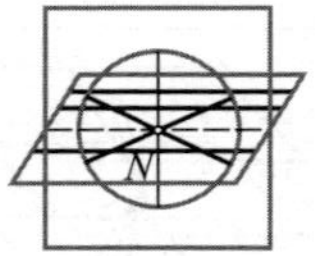	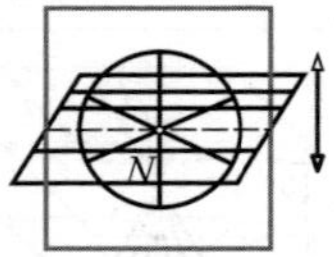
		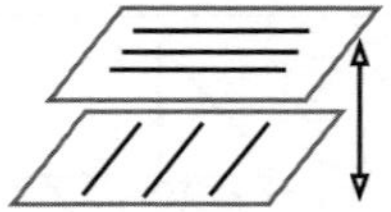	2 维转动 +1 维移动, 两转轴异面, 且移动方向与两转轴所在平面均垂直	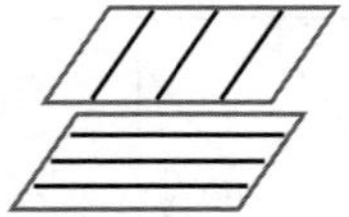	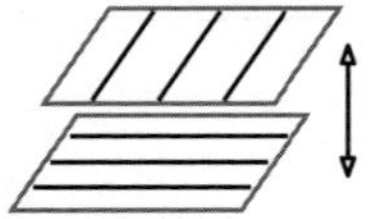
		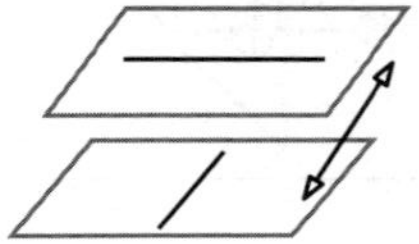	2 维转动 +1 维移动, 两转轴异面, 且移动方向与两转轴所在平面均平行	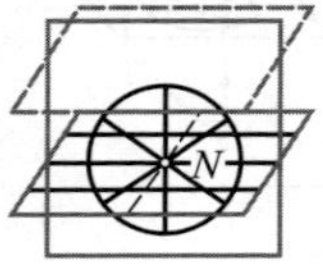	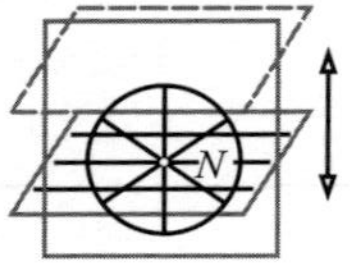

			平面 2 维移动+1 维转动, 且转轴与移动平面垂直		
			平面 2 维移动 +1 维转动, 且转轴与移动平面平行	不存在	
4	3R1T		3 维球面转动 +1 维移动		不存在
			3 维转动 +1 维移动		不存在
	3T1R		3 维移动 +1 维转动	不存在	
	2R2T		2 维球面转动 +2 维移动, 且两移动方向与转轴平面垂直		

续表

自由度数	类型	自由度线图	自由度线图特征	约束线图(只含直线)	约束线图(同时含直线和偶量)
5	3R2T	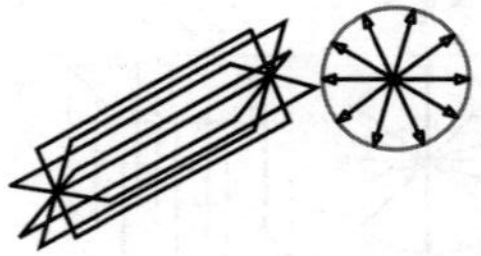	空间 3 维球面转动 +2 维移动	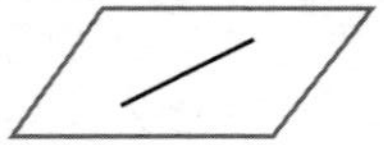	不存在
	3T2R	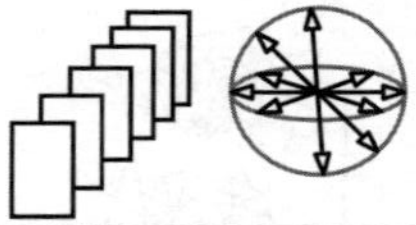	空间 3 维移动 +2 维球面转动	不存在	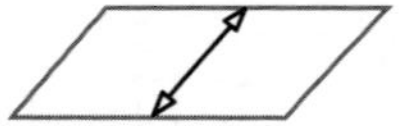
6	3R3T	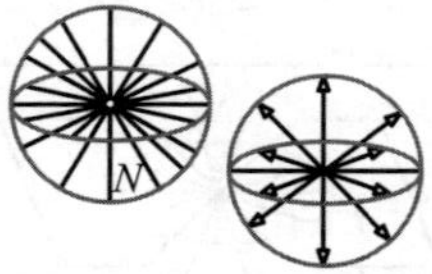	3 维转动 +3 维移动	∅	∅

索　引

R

S

T

W

X

Y

Z

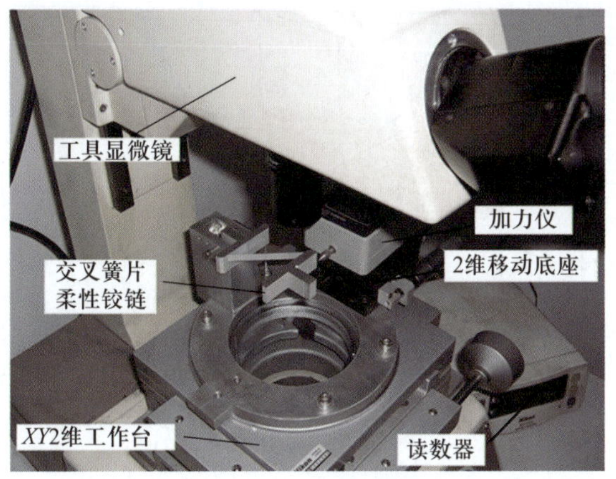

图 4.58　交叉簧片型柔性铰链的测试平台

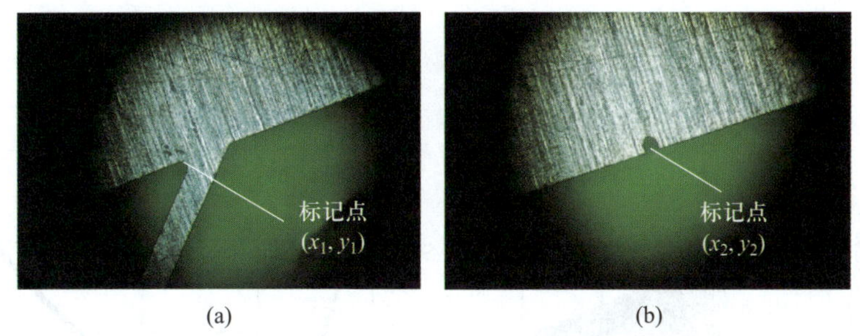

图 4.60　显微镜下的测试标记点

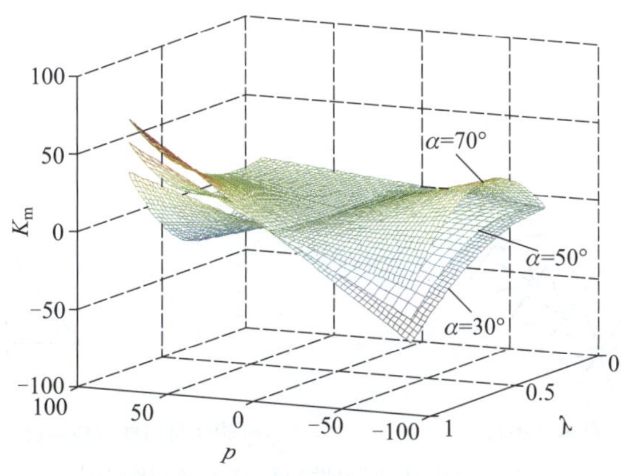

图 4.63　弯矩刚度与 p、λ、α 关系

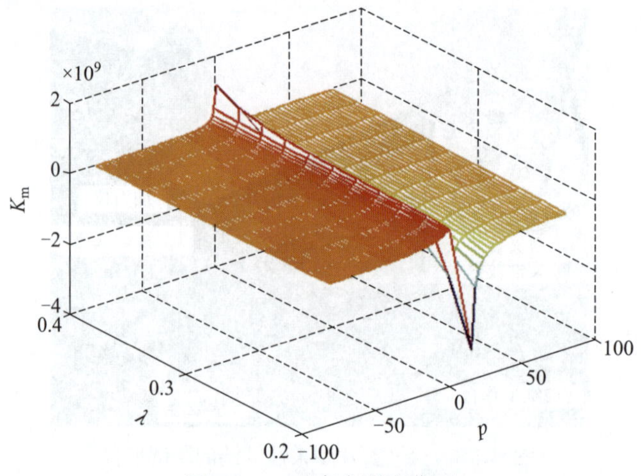

图 4.64 垂直力刚度曲面

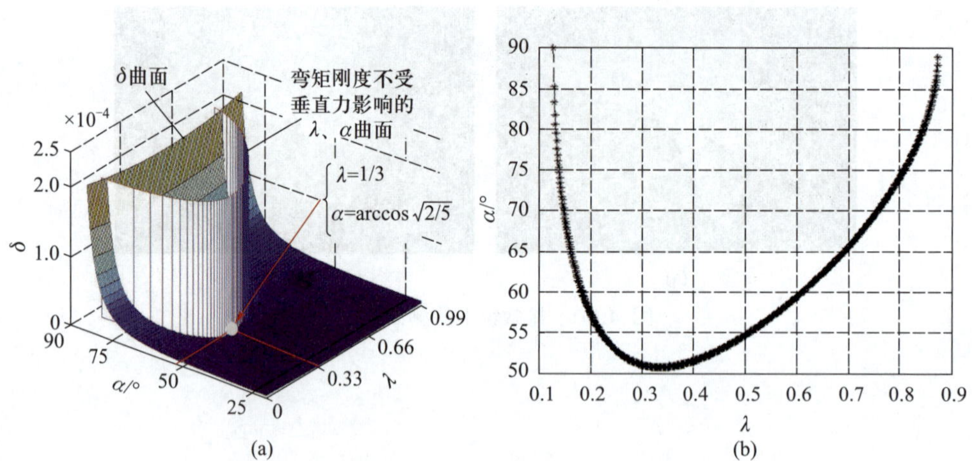

图 4.67 满足刚度简化式的 λ、α 关系曲线

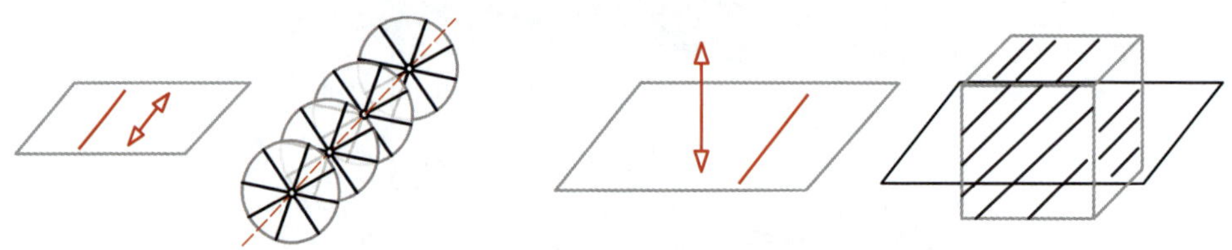

(a) 旋转自由度和移动自由度平行　　(b) 旋转自由度和移动自由度正交

图 8.13 1R1T 型柔性机构自由度与约束空间

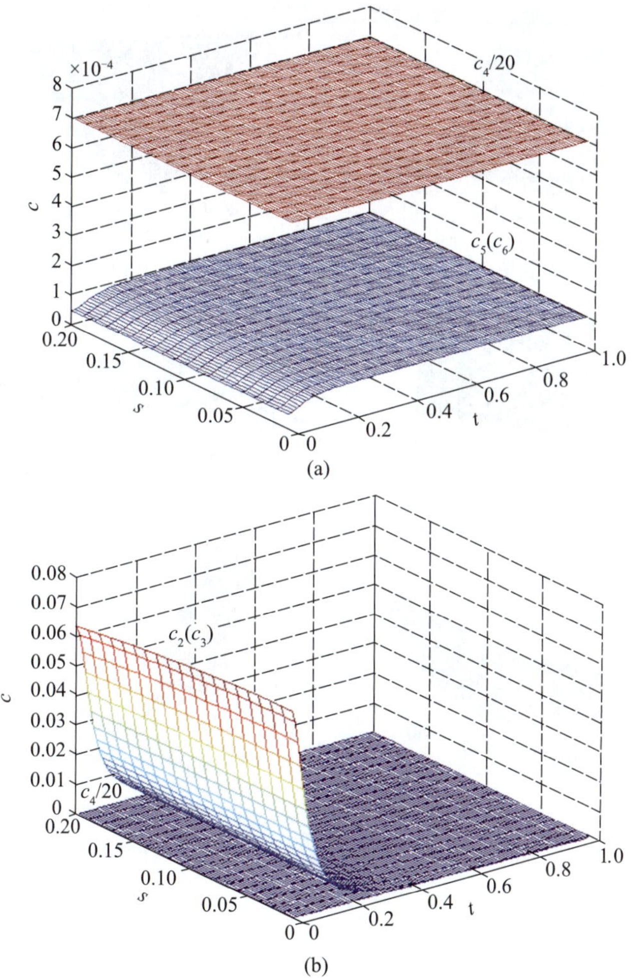

图 8.17 $t \in (0, 1]$ 时, 量纲一化的柔度 c_2、c_3、c_5、c_6 随参数 s、t 变化曲线

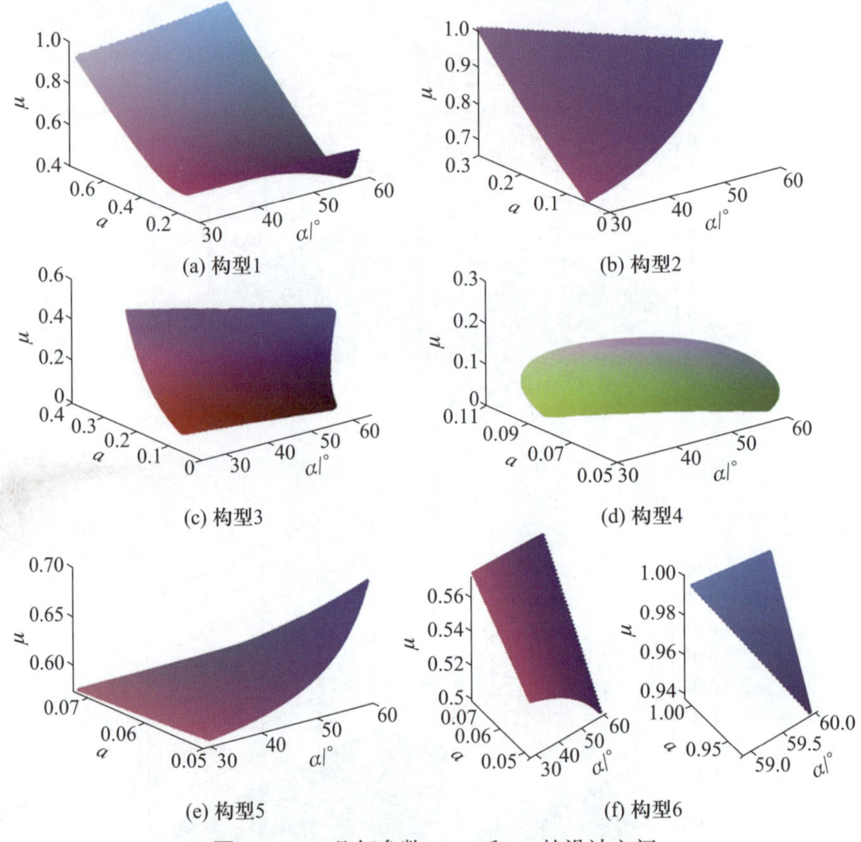

(a) 构型1 (b) 构型2

(c) 构型3 (d) 构型4

(e) 构型5 (f) 构型6

图 10.21 几何参数 μ、a 和 α 的设计空间

工具显微镜
加力仪
加载点
坐标显示器
柔性铰链
*XY*工作台
叶片弹簧

(a) 未平衡 (b) 平衡

图 12.45 柔性铰链测试平台

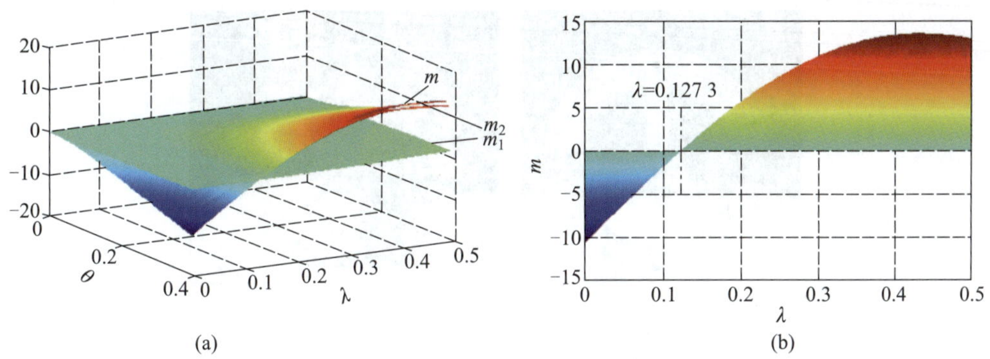

图 13.20　当 $\alpha = 120^\circ$ 时, m 与 λ 和 θ 的关系

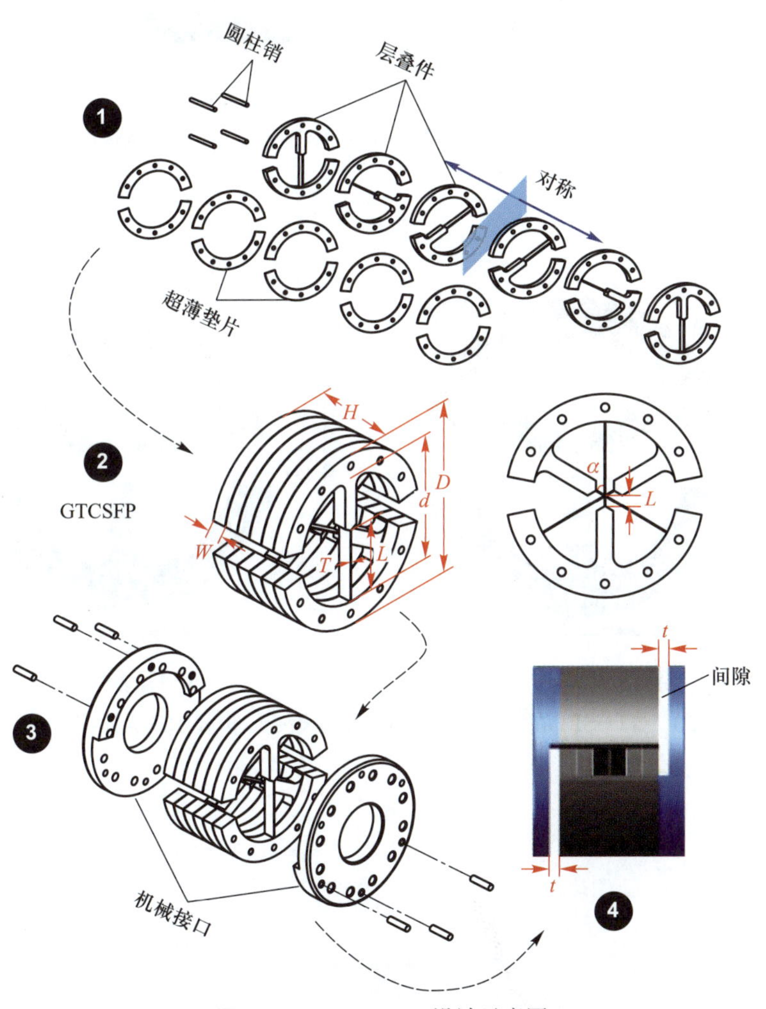

图 13.22　GTCSFP设计示意图

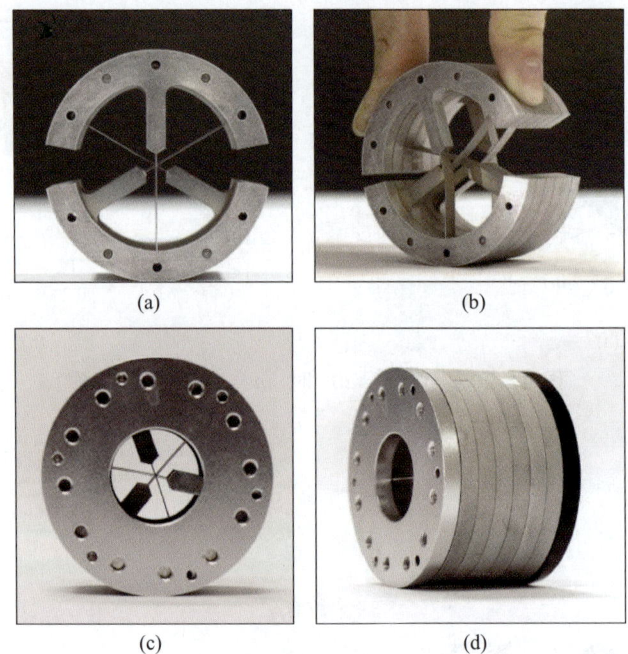

图 13.23　GTCSFP 的实物图片 其中 (c)、(d) 带机械接口

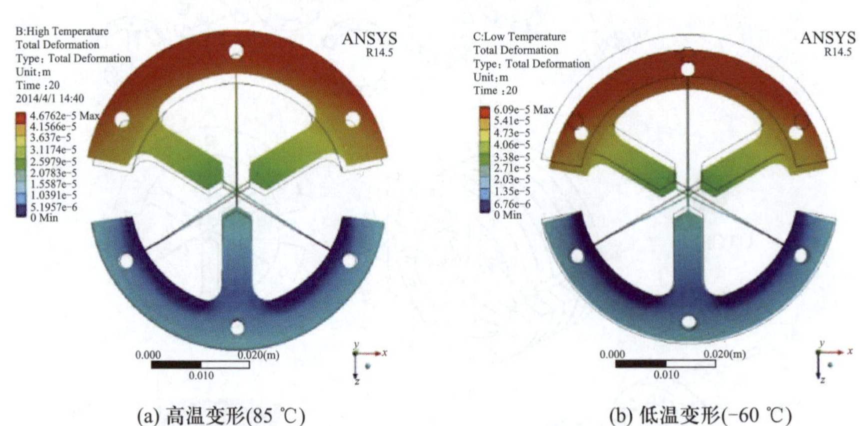

(a) 高温变形(85 ℃)　　(b) 低温变形(−60 ℃)

图 13.33　GTCSFP在温度载荷作用下的仿真变形图(显示放大比例为 50:1)

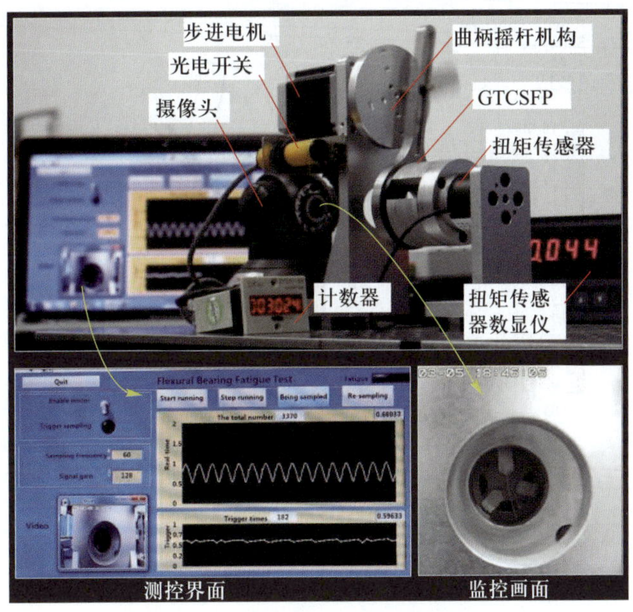

图 13.34　GTCSFP 寿命测试装置

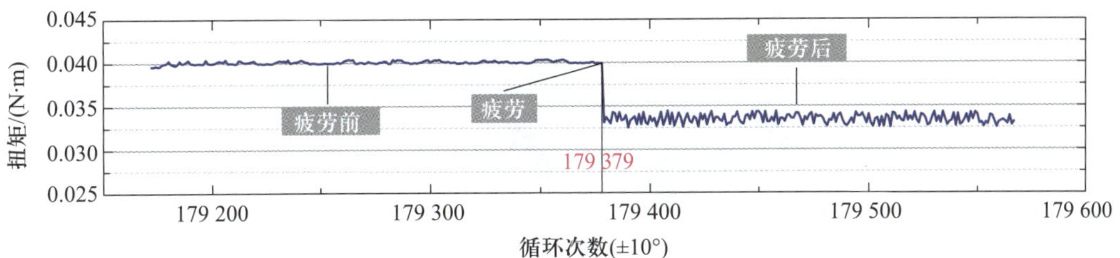

图 13.35　GTCSFP 在转角 ±10° 疲劳断裂时的扭矩变化

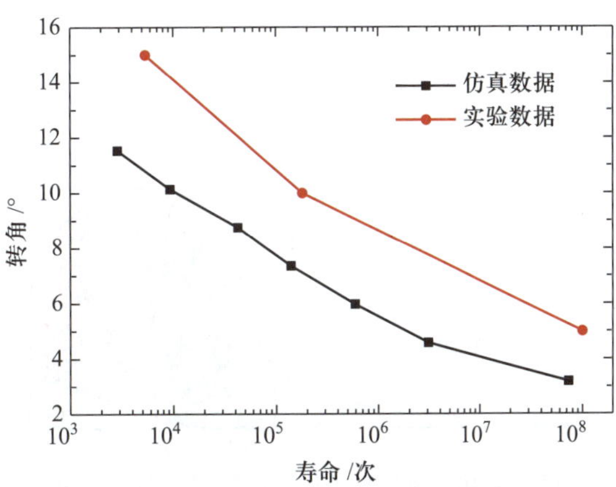

图 13.36　寿命测试结果与仿真结果对比

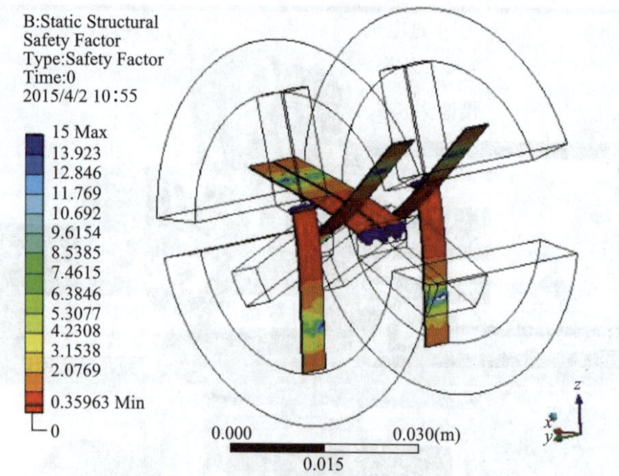

图 13.37　GTCSFP 的寿命安全因子仿真

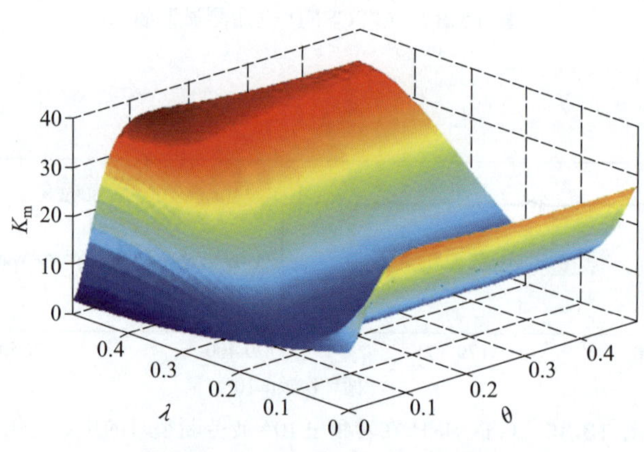

图 13.43　K_{m} 与 λ 和 θ 的关系

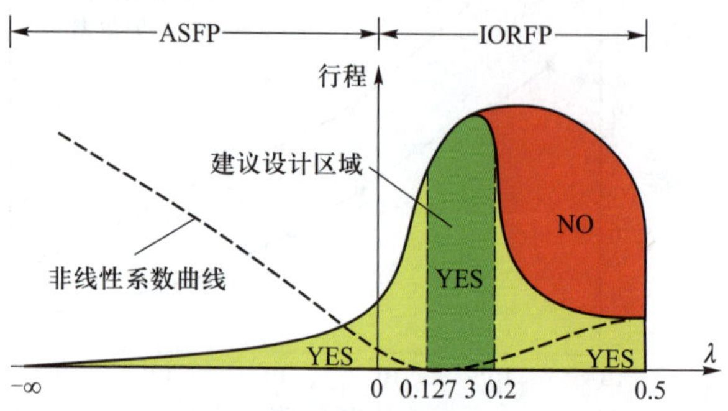

图 13.46　刚度理论模型的适用范围示意图

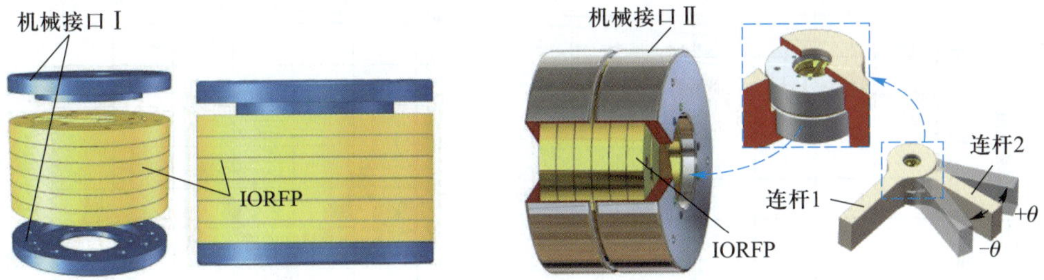

(a) 方案Ⅰ　　(b) 方案Ⅱ

图 13.50　两种带机械接口的IORFP实物图

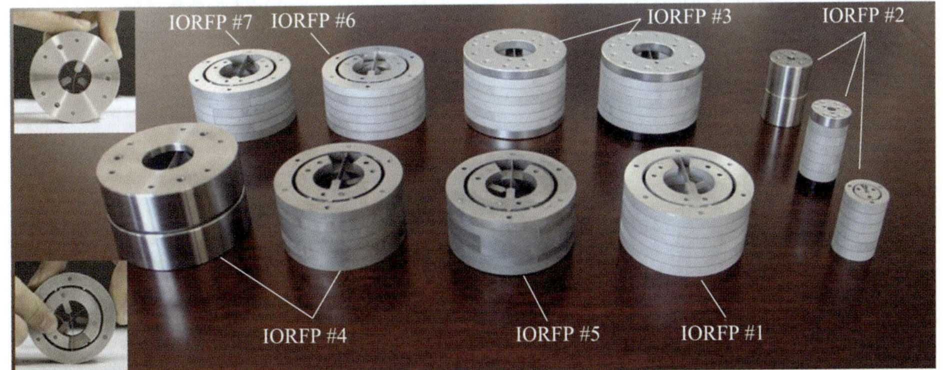

图 13.51　加工装配后的 IORFP 实物图

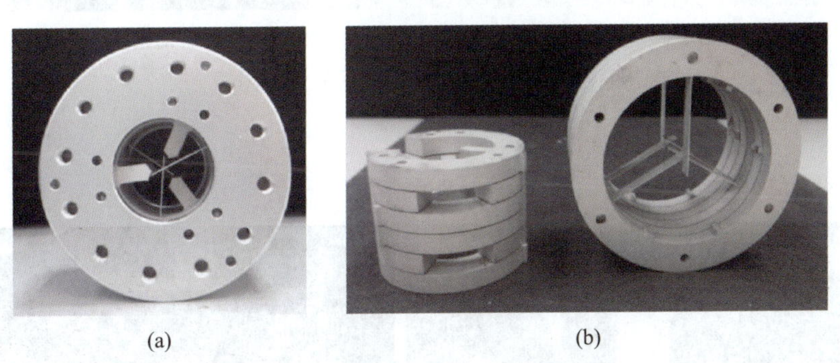

(a)　　(b)

图 13.54　疲劳断裂后的 IORFP#3

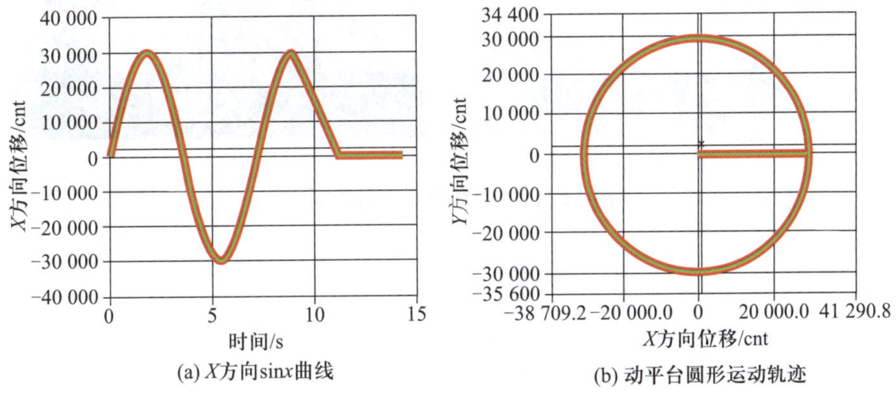

(a) X方向sin$x$曲线　　(b) 动平台圆形运动轨迹

图 14.26　运动轨迹曲线

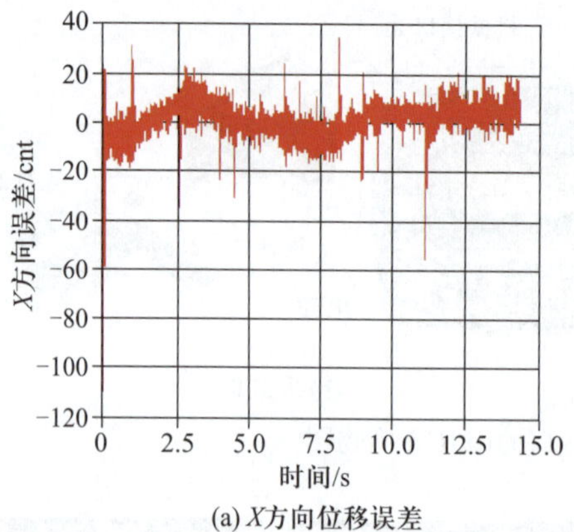

(a) X方向位移误差

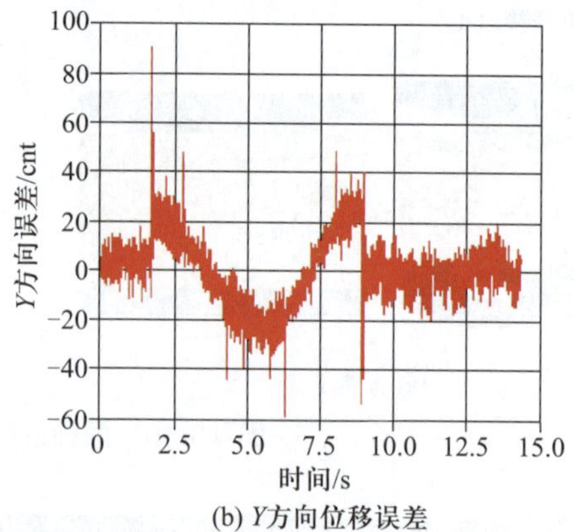

(b) Y方向位移误差

图 14.27　位移误差曲线

(a) 左摄像机图像

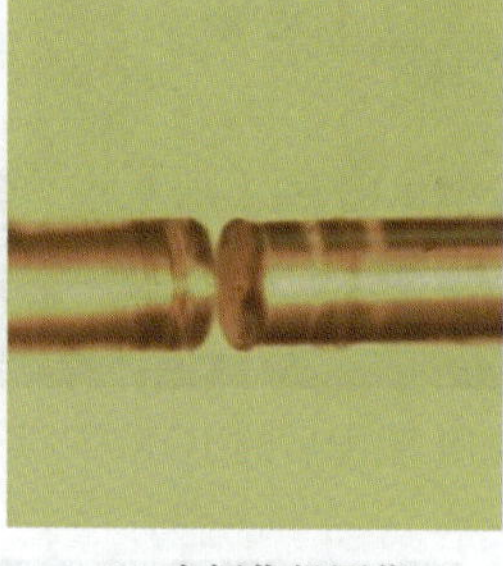

(b) 右摄像机图像

(c) 对接完成

图 15.33　精密对接完成后的光纤图像

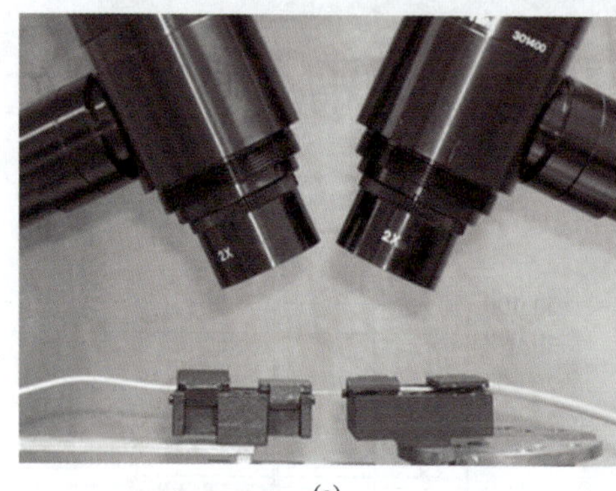

(a)

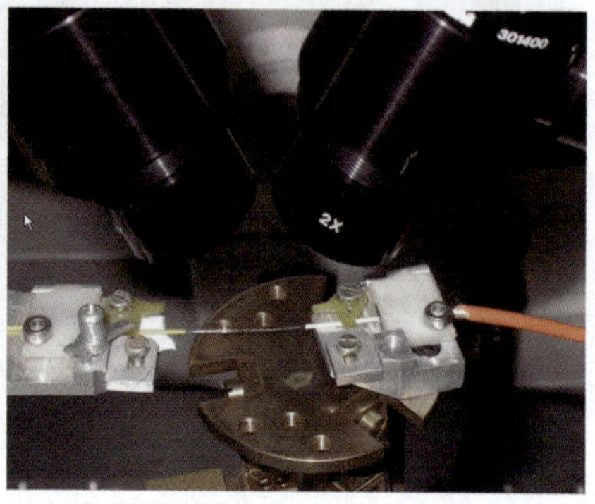

(b)

图 15.34　对接实验的局部照片

郑重声明

高等教育出版社依法对本书享有专有出版权。任何未经许可的复制、销售行为均违反《中华人民共和国著作权法》，其行为人将承担相应的民事责任和行政责任；构成犯罪的，将被依法追究刑事责任。为了维护市场秩序，保护读者的合法权益，避免读者误用盗版书造成不良后果，我社将配合行政执法部门和司法机关对违法犯罪的单位和个人进行严厉打击。社会各界人士如发现上述侵权行为，希望及时举报，本社将奖励举报有功人员。

反盗版举报电话 （010）58581999 58582371 58582488

反盗版举报传真 （010）82086060

反盗版举报邮箱 dd@hep.com.cn

通信地址 北京市西城区德外大街 4 号

高等教育出版社法律事务与版权管理部

邮政编码 100120

图书在版编目（CIP）数据

柔性设计：柔性机构的分析与综合 / 于靖军等著 .
-- 北京 : 高等教育出版社，2018. 1
（机械工程前沿著作系列）
ISBN 978-7-04-048777-0

Ⅰ. ①柔… Ⅱ. ①于… Ⅲ. ①柔性连杆机构 Ⅳ.
① TH112.1

中国版本图书馆 CIP 数据核字（2017）第 264937 号

策划编辑 刘占伟　责任编辑 刘占伟　封面设计 杨立新　版式设计 杜微言
插图绘制 杜晓丹　责任校对 刘丽娴　责任印制 刘思涵

出版发行 高等教育出版社
社　　址 北京市西城区德外大街4号
邮政编码 100120
印　　刷 山东临沂新华印刷物流集团
开　　本 787mm × 1092mm 1/16
印　　张 39.75
字　　数 760千字
插　　页 5
购书热线 010-58581118
咨询电话 400-810-0598
网　　址 http://www.hep.edu.cn
　　　　 http://www.hep.com.cn
网上订购 http://www.hepmall.com.cn
　　　　 http://www.hepmall.com
　　　　 http://www.hepmall.cn
版　　次 2018年1月第1版
印　　次 2018年1月第1次印刷
定　　价 99.00 元

本书如有缺页、倒页、脱页等质量问题，请到所购图书销售部门联系调换
版权所有 侵权必究
物 料 号 48777-00

HEP 机械工程前沿著作系列
MEF HEP Series in Mechanical Engineering Frontiers

已出书目

- 现代机构学进展（第 1 卷）
  邹慧君 高峰 主编
- 现代机构学进展（第 2 卷）
  邹慧君 高峰 主编
- TRIZ 及应用——技术创新过程与方法
  檀润华 编著
- 相控阵超声成像检测
  施克仁 郭寓岷 主编
- 颅内压无创检测方法与实现
  季忠 编著
- 精密工程发展论
  Chris Evans 著，蒋向前 译
- 磁力机械学
  赵韩 田杰 著
- 微流动及其元器件
  计光华 计洪苗 编著
- 机械创新设计理论与方法
  邹慧君 颜鸿森 著
- 润滑数值计算方法
  黄平 著
- 无损检测新技术及应用
  丁守宝 刘富君 主编
- 理想化六西格玛原理与应用
  ——产品制造过程创新方法
  陈子顺 檀润华 著
- 车辆动力学控制与人体脊椎振动分析
  郭立新 著
- 连杆机构现代综合理论与方法
  ——解析理论、解域方法及软件系统
  韩建友 杨通 尹来容 钱卫香 著
- 液压伺服与比例控制
  宋锦春 陈建文 编著
- 生物机械电子工程
  王宏 李春胜 刘冲 编著
- 现代机构学理论与应用研究进展
  李瑞琴 郭为忠 主编
- 误差分析导论——物理测量中的不确定度
  John R. Taylor 著，王中宇等 译
- 齿轮箱早期故障精细诊断技术
  ——分数阶傅里叶变换原理及应用
  梅检民 肖云魁 编著
- 基于 TRIZ 的机械系统失效分析
  许波 檀润华 著
- 功能设计原理及应用
  曹国忠 檀润华 著
- 基于 MATLAB 的机械故障诊断技术案例教程
  张玲玲 肖静 编著
- 机构自由度计算——原理和方法
  黄真 曾达幸 著
- 全断面隧道掘进机刀盘系统现代设计理论及方法
  霍军周 孙伟 马跃 郭莉 李震 张旭 著
- 系统化设计的理论和方法
  闻邦椿 刘树英 郑玲 著
- 专利规避设计方法
  李辉 檀润华 著
- 柔性设计——柔性机构的分析与综合
  于靖军 毕树生 裴旭 赵宏哲 宗光华 著